ENCYCLOPÉDIE THÉORIQUE ET PRATIQUE

DES

CONNAISSANCES CIVILES ET MILITAIRES

*(Publiée sous le patronage de la Réunion des officiers)*

# TRAITÉ DE MÉCANIQUE

STATIQUE, CINÉMATIQUE, DYNAMIQUE, HYDRAULIQUE,
RÉSISTANCE DES MATÉRIAUX, CHAUDIÈRES A VAPEUR,
MOTEURS A VAPEUR ET A GAZ



PAR

**L. ARNAL**

Ingénieur des Arts et Manufactures, Chef des travaux graphiques à l'École Centrale
Professeur aux Écoles municipales supérieures et à l'Association polytechnique
Ancien élève de l'École d'arts et métiers d'Aix
Ancien professeur à l'École d'arts et métiers de Châlons, ex-ingénieur des Arts et Metiers d'Aix

*TOME III*

STATIQUE GRAPHIQUE ET RÉSISTANCE DES MATÉRIAUX

(Comprenant 483 pages et 463 figures dans le texte)

PARIS

FANCHON ET ARTUS, ÉDITEURS

25, RUE DE GRENELLE, 25

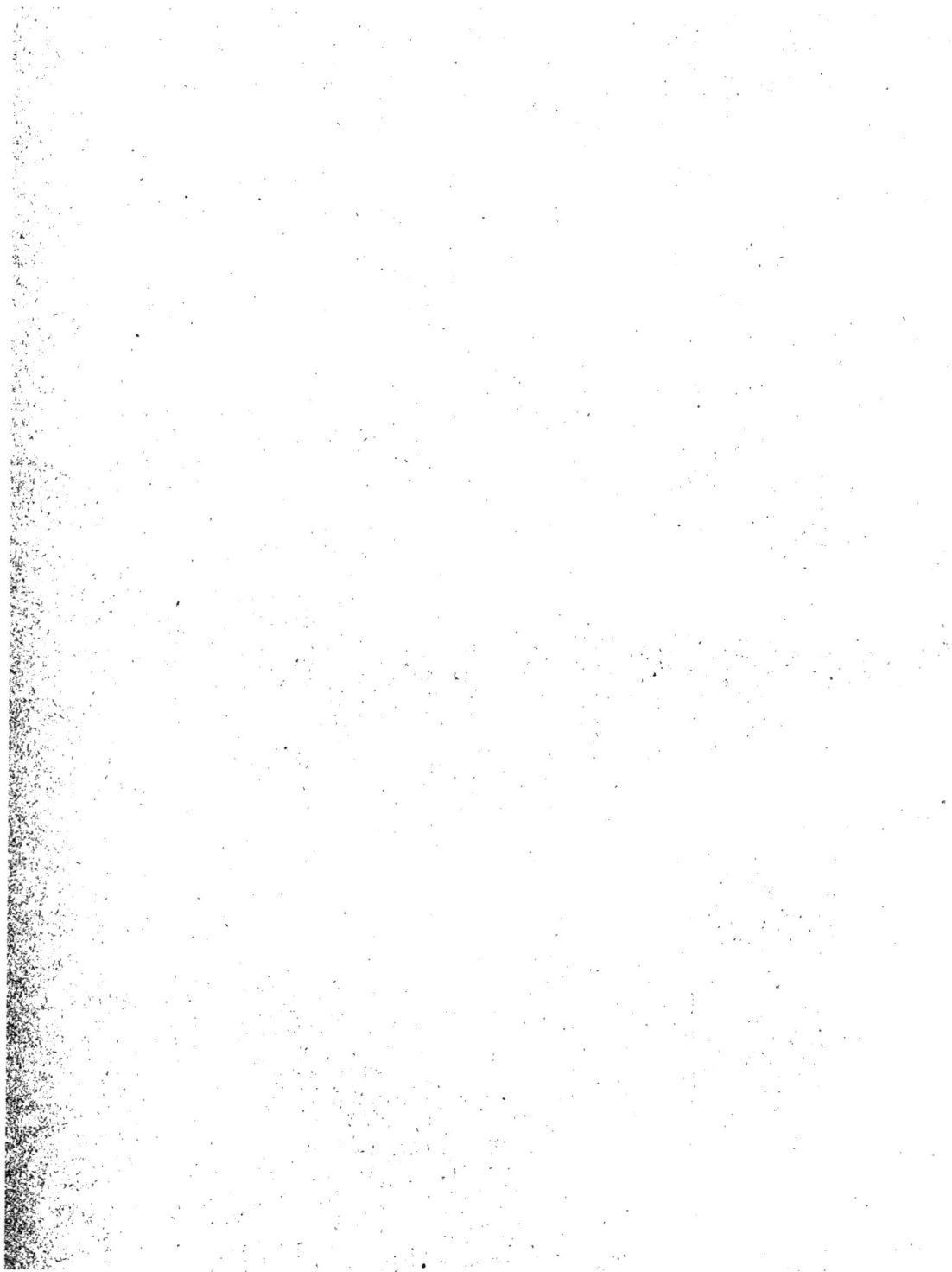

# TRAITÉ

DE

# MÉCANIQUE

TOURS. — IMPRIMERIE DESLIS FRÈRES
6, Rue Gambetta, 6

ENCYCLOPÉDIE THÉORIQUE ET PRATIQUE

DES

CONNAISSANCES CIVILES ET MILITAIRES

(*Publiée sous le patronage de la Réunion des officiers*)

# TRAITÉ DE MÉCANIQUE

STATIQUE, CINÉMATIQUE, DYNAMIQUE, HYDRAULIQUE, RÉSISTANCE DES MATÉRIAUX, CHAUDIÈRES A VAPEUR, MOTEURS A VAPEUR ET A GAZ

PAR

**L. ARNAL**

Ingénieur des Arts et Manufactures, Chef des travaux graphiques à l'École Centrale
Professeur aux Écoles municipales supérieures et à l'Association polytechnique
Ancien élève de l'École d'arts et métiers d'Aix
Ancien professeur à l'École d'arts et métiers de Châlons, ex-ingénieur des Arts et Métiers d'Aix
Officier d'Académie



## STATIQUE GRAPHIQUE ET RÉSISTANCE DES MATÉRIAUX

PARIS
FANCHON ET ARTUS, ÉDITEURS
25, RUE DE GRENELLE, 25

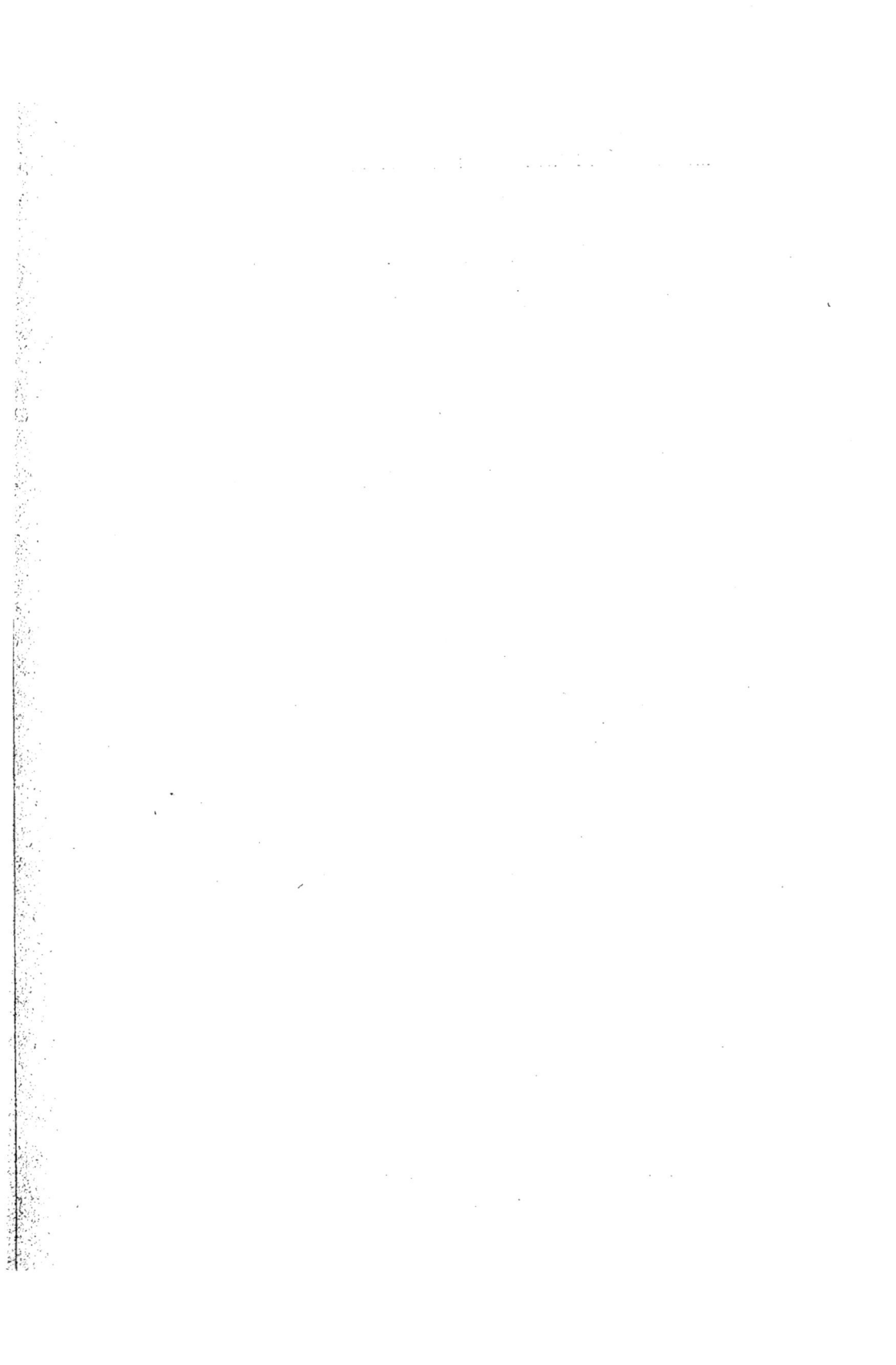

# TRAITÉ

DE

# MÉCANIQUE

## CINQUIÈME PARTIE

## RÉSISTANCE DES MATÉRIAUX

### STATIQUE GRAPHIQUE

**1.** La graphostatique, ou statique graphique, que l'on a primitivement employée en Suisse et en Allemagne dans le calcul de résistances des constructions, tend à se généraliser de plus en plus en France. C'est ainsi que, depuis une dizaine d'années, son enseignement se trouve inscrit dans le programme des Écoles industrielles, telles que l'École centrale des Arts et Manufactures, l'École des Ponts et Chaussées et l'École des Mines. Il serait à souhaiter que les notions, au moins élémentaires, fussent enseignées dans les Écoles d'Arts et Métiers et dans les établissements où l'enseignement professionnel se rattache à la construction métallique, car il n'est pas aujourd'hui d'établissement industriel où l'on ne constate l'avantage de la statique graphique sur les calculs analytiques.

Cette science que l'on peut dire nouvelle, puisqu'elle date de 1866, a été à cette époque réunie en corps de doctrine par le professeur Culmann, de l'École polytechnique de Zurich. Son traité présente certaines difficultés, parce qu'il nécessite une connaissance approfondie de la géométrie de position que l'on n'enseigne pas dans les Ecoles supérieures.

Les traités de statique graphique dont on fait usage aujourd'hui se bornent principalement à trouver l'équilibre des forces qui agissent dans un système de construction stable et à en déduire les dimensions qui conviennent aux différentes parties. Les principes de cette science ont été aussi appliqués, pour la première fois, par le professeur Hermann de l'École polytechnique d'Aix-la-Chapelle, à la recherche des proportions des forces exercées dans un mécanisme en mouvement. En choisissant une position convenable des mécanismes, il arrive à déterminer leur rendement et celui de la machine qu'ils constituent, ainsi que les efforts que subissent leurs organes, et par suite les dimensions convenables de ces derniers.

Notre but n'est pas d'indiquer dans cet ouvrage toutes les applications que l'on peut faire de la statique graphique, mais seulement de donner les notions suffisantes pour étudier avec fruit les traités spéciaux dans lesquels les problèmes les plus importants sont développés.

Nous citerons :

La *Statique graphique*, par M. Culmann ;

*Traité de statique graphique*, par M. Maurice Lévy ;

*Applications de la statique graphique* par M. Maurice Koechlin ;

*Statique graphique appliquée aux constructions*, par M. Maurice Maurer ;

*Statique graphique des mécanismes*, par M. Gustave Hermann.

Il ne faut pas cependant conclure, comme le font beaucoup de partisans de la graphostatique, qu'elle peut toujours remplacer le calcul avec avantage. Suivant les cas, c'est l'une ou l'autre des méthodes qui sera préférable, et bien souvent il conviendra de les combiner. Sans pouvoir encore distinguer l'importance de ces procédés graphiques, on comprend que des figures ou épures peuvent mettre sous les yeux, beaucoup mieux que des formules, les lois de la répartition des efforts et arriver, par suite, à des solutions souvent plus simples que celles de l'analyse algébrique, dans le cas notamment où certains éléments à déterminer sont des grandeurs géométriques, qui doivent, en définitive, être reportées sur des plans.

Le calcul algébrique permet, il est vrai, de pousser l'exactitude d'une solution à une plus grande approximation que ne peut donner une épure ; mais les hypothèses qui servent de point de départ à la résistance des matériaux, les données mêmes des calculs ne sont pas mathématiques, et il est bien inutile de chercher une exactitude plus grande dans les résultats.

Afin de rendre plus intelligibles les applications que nous ferons dans la suite, nous croyons devoir rappeler quelques-uns des principes fondamentaux du calcul graphique que l'on désigne sous les noms d'*arithmétique graphique* ou *arithmographie*, dont les méthodes forment une subdivision de la statique graphique.

---

# CHAPITRE PREMIER

## NOTIONS PRÉLIMINAIRES D'ARITHMOGRAPHIE

### Addition et soustraction.

**2.** Les lignes dont on fait usage dans l'arithmétique graphique se mesurent au compas et à la règle divisée ; suivant l'unité choisie, elles peuvent exprimer des mètres, des décimètres ou des millimètres, des litres, des poids, des vitesses, des monnaies, etc. Ces grandeurs linéaires sont positives ou négatives ; suivant qu'elles sont comptées dans un sens ou dans l'autre, on les fait précéder dans le calcul du signe + ou —.

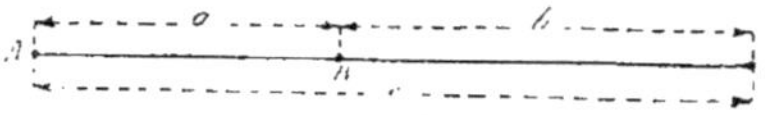

Fig. 1.

*Exemple*. — Soient trois points A, B, C en ligne droite (*fig*. 1) ; ils donnent lieu à trois segments ayant pour valeurs absolues les longueurs $a$, $b$, $c$. En admettant que les segments soient positifs lorsque le point d'arrivée est à droite du point de départ, on écrira :

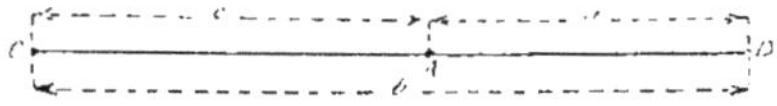

Fig. 2.

$$AB = a \qquad BA = -a$$

ou $AB = -BA$ ou $AB + BA = 0$.

On aurait de même la relation générale suivante : $AB + BC + CA = 0$ (1)

car en valeur absolue $AC = C = a + b$

donc $CA = -c = -a - b$.

Ainsi, $AB + BC + CA$

revient à $a + b - c = 0$

La relation (1) est vraie quelles que soient les positions relatives des trois points donnés ; ainsi pour une position quelconque du point C (*fig.* 2) on a :

$$AB + BC + CA = 0$$

revient en réalité à

$$a - b + c = 0$$

**3.** L'addition et la soustraction sont pour ainsi dire une seule et même opération, puisque l'addition des quantités positives et négatives revient à une soustraction. C'est ce que l'on appelle une addition algébrique dans laquelle on tient non seulement compte des valeurs absolues des grandeurs, mais aussi de leurs signes.

*Exemple.* — Quelle est la somme des grandeurs représentées par les lignes $a = 33, b = -48, c = 80, d = 25, e = -42$.

Sur une droite indéfinie, prenons un point quelconque O comme origine, et

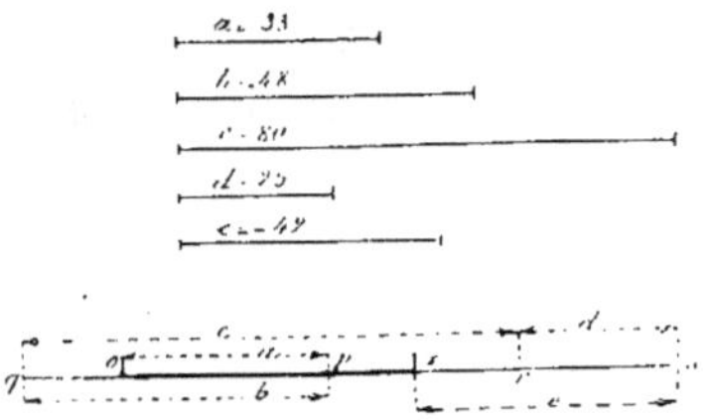

Fig. 3.

adoptons, comme positive, la direction du point $o$ vers la droite, et comme négative l'autre sens. Les grandeurs données permettent d'adopter l'échelle de 1 millimètre par unité ; c'est-à-dire que la ligne $a = 33$ sera représentée par 33 millimètres.

Portons donc (*fig.* 3) la longueur $a$ à partir de $o$ jusqu'en $p$, puis $b$ de $p$ en $q$ vers la gauche ; ensuite $c$ vers la droite de $q$ en $r$. De même nous porterons $d$, avec son signe, de $r$ en $s$, et enfin la quantité négative $e$ de $s$ en $x$. La droite $ox$ représente, à la même échelle, le résultat de l'addition. Le point $x$ tombant à droite du point d'origine $o$ indique que ce résultat est positif et égal à 43.

Pour faciliter la lecture de la figure et suivre la marche dans laquelle la somme des quantités aura été effectuée, nous avons indiqué les longueurs positives au-dessus de la base et les longueurs négatives au dessous.

Le calcul donne également :

$$ox = a - b + c + d - e$$

ou $ox = 33 - 48 + 80 + 25 - 42 = 43.$

## Multiplication des lignes.

**4.** Le problème de la multiplication des lignes paraît complexe au premier abord, mais si l'on veut bien se rappeler que toute mesure revient à comparer une grandeur donnée avec l'unité, la multiplication graphique se réduit en réalité à trouver une ligne qui soit à la ligne prise comme unité dans le rapport donné par

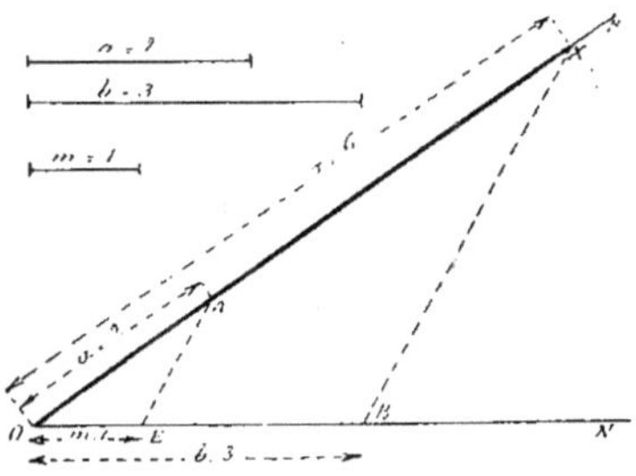

Fig. 4.

d'autres lignes mesurées avec cette même unité.

Soit à faire le produit d'une ligne de longueur $a$ par une ligne de longueur $b$, cela revient à trouver une longueur $x$ qui contienne $a$ autant de fois que l'unité est contenue dans $b$.

Ce problème peut se résoudre d'un grand nombre de manières en utilisant les propriétés des triangles semblables, dans lesquels les côtés homologues sont dans le même rapport.

**5.** *Première solution.* — Soit à construire le produit des deux droites $a$ et $b$ mesurées avec la même unité $m$, que nous représenterons par 1, et telle que $a = 2m$ ou 2, et $b = 3m$ ou 3. On devra avoir, en représentant par $x$ leur produit :

$$x = ab = 6$$

Traçons un angle quelconque MON (*fig.* 4) et sur l'un des côtés portons OA $= a$, et sur l'autre côté OB $= b$. La longueur $m$ choisie pour unité peut être portée en OE. Joignons EA, et par le point B menons une parallèle à cette droite qui coupe le côté OM au point X. La longueur cherchée est OX $= x$.

En effet, la droite AE étant parallèle au côté BX du triangle, OBX détermine un second triangle semblable au premier, ce qui donne la proportion :

$$\frac{\text{OA}}{\text{OE}} = \frac{\text{OX}}{\text{OB}}$$

ou $$\frac{a}{1} = \frac{x}{b}$$

d'ou en faisant le produit des extrêmes et des moyens $x = ab$

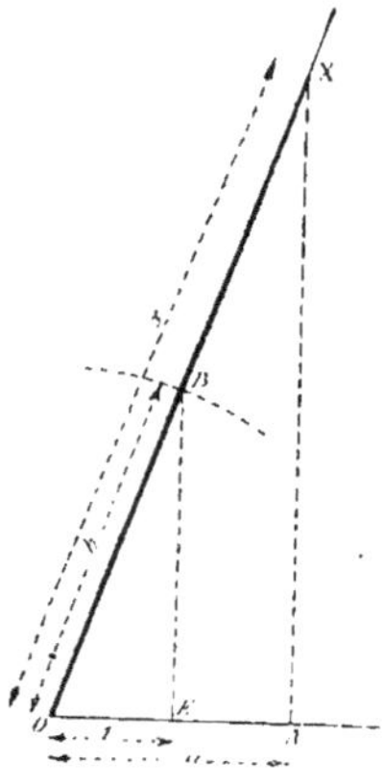

Fig. 5.

en remplaçant $a$ et $b$ par leurs valeurs, on trouve : $x = 2 \times 3 = 6$
en mesurant sur la figure on voit bien que la longueur $x$ est égale à six fois la longueur $m$ prise pour unité.

**6.** *Deuxième solution.* — Sur une droite ON (*fig.* 5) on porte OE égal à l'unité de mesure $m$ ; du point E on élève une perpendiculaire, jusqu'à sa rencontre en B avec l'arc de cercle de rayon OB $= b$. Du point A, tel que OA $= a$, on mène une parallèle AX à EB, et la longueur OX donne le produit cherché. En effet on a la proportion :

$$\frac{\text{OX}}{\text{OB}} = \frac{\text{OA}}{\text{OE}}$$

ou $$\frac{x}{b} = \frac{a}{1}$$

d'où $$x = ab.$$

*Remarque.* — Cette construction sup-

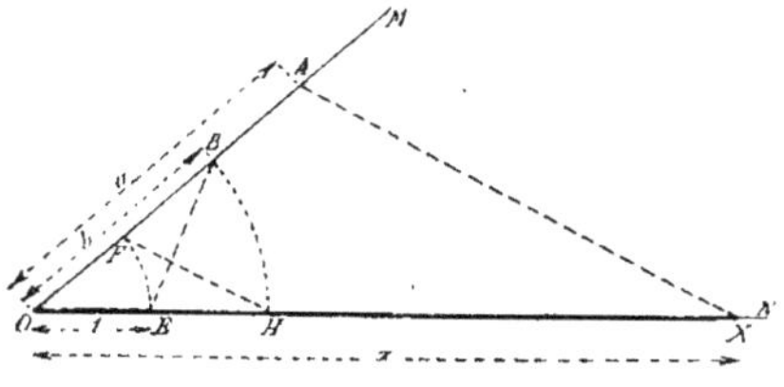

Fig. 6.

pose que l'un des facteurs $b$ est plus grand que l'unité $m$.

**7.** *Troisième solution.* — Sur les côtés d'un angle MON (*fig.* 6) on porte OE $= m = 1$, puis sur l'autre côté OA $= a$ et OB $= b$.

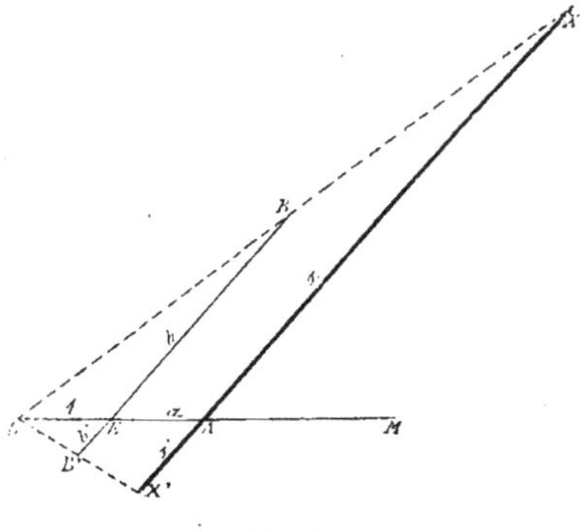

Fig. 7.

On joint EB, et, au point A, on mène une droite AX telle que l'angle OAX soit égal à l'angle OEB, c'est-à-dire antiparallèle à EB. Le produit est alors OX. En effet, en appliquant la propriété connue des lignes antiparallèles, on a :

$$\text{OA} \times \text{OB} = \text{OX} \times \text{OE}$$

ou $$ab = x.$$

D'ailleurs les triangles OBE et OAX sont semblables comme ayant l'angle O commun et les angles OEB et OAX égaux par construction. Ils donnent la proportion :

$$\frac{OB}{OX} = \frac{OE}{OA}$$

d'où en faisant le produit des extrêmes et des moyens $x = ab$.

*Remarque.* — Pour ne pas avoir à construire l'angle A, on décrit du point O, les arcs EF et BH et on mène AX parallèle à la droite FH.

**8.** *Quatrième solution.* — Sur une droite OM (*fig.* 7), on porte OE = 1 et OA = $a$. Au point E, on trace une perpendiculaire ou une oblique sur laquelle on porte EB = $b$ ; on joint OB, et la parallèle AX

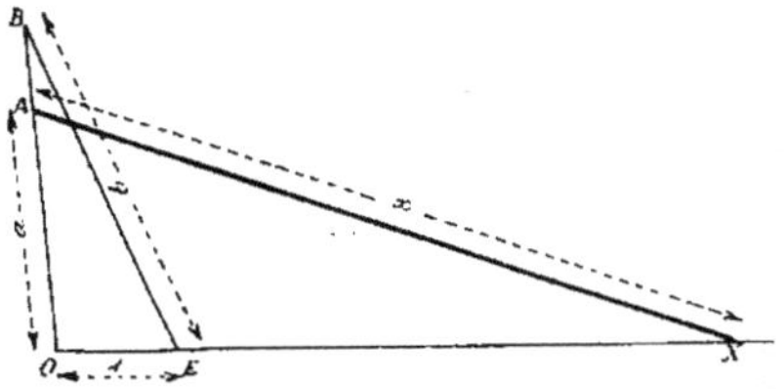

Fig. 8.

à EB est le résultat cherché. Car on a la proportion :

$$\frac{AX}{EB} = \frac{OA}{OE}$$

ou $x = ab$.

*Remarque.* — Si, sur le prolongement de BE, on porte une longueur EB' = $b'$ et qu'on joigne OB' jusqu'à sa rencontre avec XA, la ligne AX' = $x'$ est le produit de $a$ par $b'$, et par suite XX' sera le produit de $a$ par BB' et l'on aura en additionnant les deux égalités :

$$x = ab$$
$$x' = ab'$$
$$x + x' = a(b + b'). \qquad (1)$$

Sur la figure 7 nous avons pris : $a = 2$, $b = 3$ et $b' = 0,5$. En remplaçant les lettres par leurs valeurs dans l'égalité (1) il vient :

$$x + x' = 2(3 + 0,5) = 7.$$

Or en mesurant XX' on reconnaît que ce résultat est bien égal à sept fois l'unité OE.

**9.** *Cinquième solution.* — On construit un triangle OEB (*fig.* 8) tel que OE = 1 et EB = $b$ ; sur le troisième côté on porte OA = $a$, puis au point A, on fait un angle OAX égal à l'angle OEB ; la longueur AX est le produit des lignes $a$ et $b$. Car

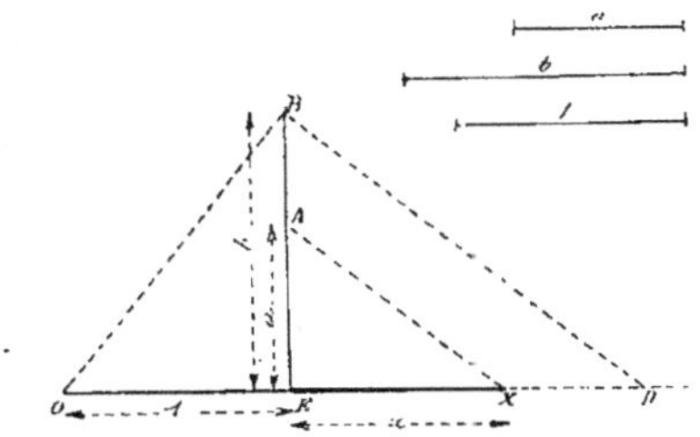

Fig. 9.

les deux triangles OBE et OAX, ayant deux angles égaux, sont semblables et donnent la proportion :

$$\frac{AX}{EB} = \frac{OA}{OE}$$

ou $x = a.b.$

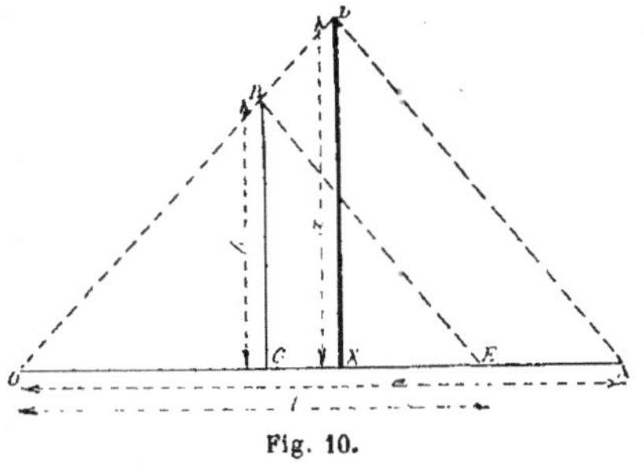

Fig. 10.

**10.** *Sixième solution.* — A l'extrémité E (*fig.* 9) d'une droite OE égale à l'unité, on élève une perpendiculaire EB = $b$ et l'on porte EA = $a$. Avec OB, on fait un angle droit OBD, et par le point A on mène une parallèle à BD qui détermine en EX le résultat. En effet les triangles rectangles OEB et AEX ayant les côtés perpendiculaires sont semblables et donnent la proportion :

$$\frac{EX}{EB}=\frac{EA}{OE}$$

d'où, $x=a.b.$

Nous avons pris l'uuité OE, telle que

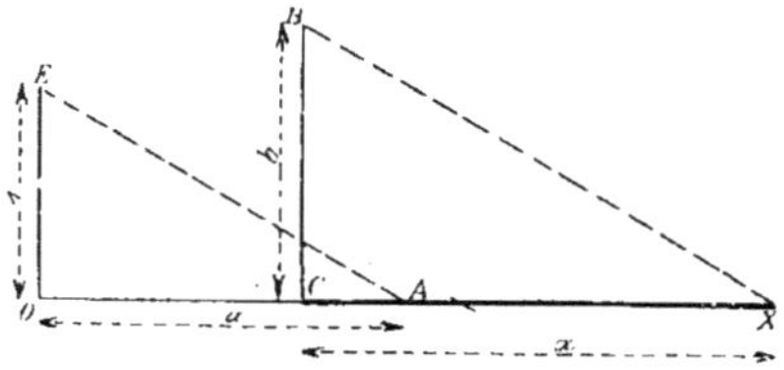

Fig. 11.

$a=\frac{3}{4}$ OE et $b=\frac{5}{4}$ OE, leur produit est donc : $x=\frac{3}{4}\times\frac{5}{4}=\frac{15}{16}$.

En mesurant EX, on trouve bien qu'il est égal à $\frac{15}{16}$ de OE.

**11.** Les constructions que nous venons d'indiquer, pour déterminer graphiquement le produit de deux lignes, sont indé-

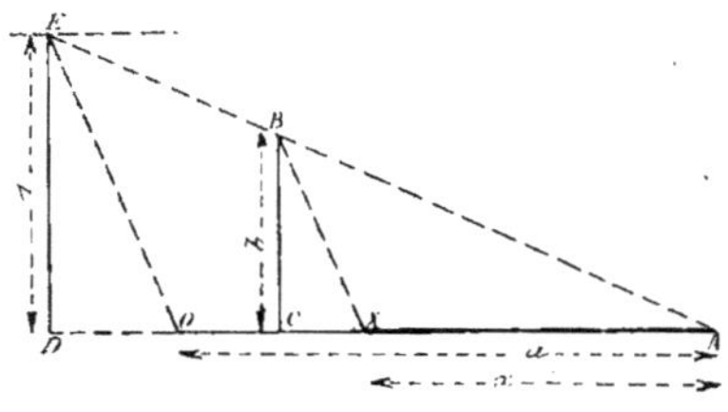

Fig. 12.

pendantes de la position que ces lignes peuvent occuper dans un dessin. Il est quelquefois plus commode de chercher le résultat en opérant sur les lignes, telles qu'elles sont placées dans une épure. Nous allons donner quelques exemples des tracés qu'on peut adopter dans les cas de ce genre.

**12.** 1° Supposons que les deux facteurs OA $=a$ et BC $=b$ soient perpendiculaires ou inclinés, comme l'indique la figure 10, et que le point C tombe entre O et A. On porte sur OA l'unité OE et on joint BE; puis on mène AD parallèle à BE et par le point D la ligne DX parallèle à BC. Le produit $x$ cherché est égal à DX.

En effet les triangles ODA et OBC étant semblables, les parallèles DX et BC sont homologues et donnent la proportion :

$$\frac{DX}{OA}=\frac{BC}{OE}$$

ou $x=ab$;

**13.** 2° Comme précédemment, les droites OA $=a$ et BC $=b$ sont perpendiculaires ou inclinées (*fig.* 11). Du joint O, on mène une parallèle OE à BC et égale à l'unité. On joint EA et, par le point B, on mène

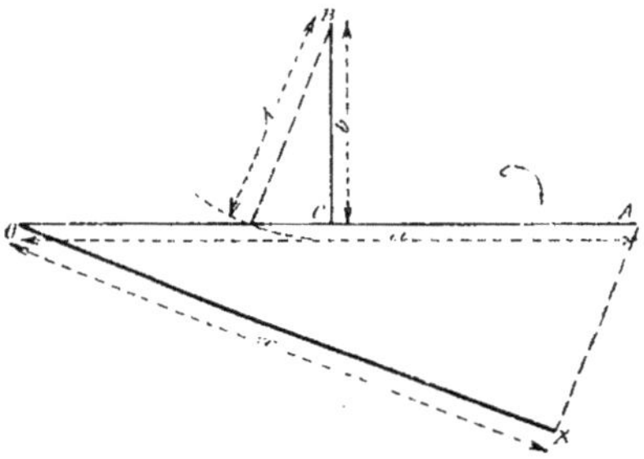

Fig. 13.

BX parallèle à EA. Le produit cherché $x$ est donné par CX ; car les triangles OEA et CBX sont semblables comme ayant deux angles égaux, d'où la proportion :

$$\frac{OE}{CB}=\frac{OA}{CX}$$

et $x=a.b$;

**14.** 3° Les droites OA $=a$ et BC $=b$ sont perpendiculaires (*fig.* 12). On joint AB qu'on prolonge jusqu'à sa rencontre en E avec la parallèle à OA, menée à la distance DE égale à l'unité. On joint EO et, par B, on mène une parallèle BX qui donne pour résultat la longueur AX. En effet les parallèles EO et BX étant deux lignes homologues des triangles semblables, DEA et BCA, on a la proportion :

$$\frac{DE}{BC}=\frac{OA}{AX}$$

d'où $$AX = \frac{BC \times OA}{DE}$$

ou $$x = ab;$$

**15.** 4° $OA = a$ et $BC = b$, perpendiculaire sur OA (*fig.* 13). Du point B avec l'unité pour rayon, on décrit un arc qui coupe OA au point E. On mène AX parallèle à BE et on abaisse OX perpendiculaire sur AX. Cette droite OX est le produit demandé.

Les deux triangles rectangles OAX et BEC ont un angle aigu égal, savoir : angle OAX = angle BEC comme alternes internes par rapport aux parallèles AX et BC et à la sécante OA. D'où la proportion :

$$\frac{OA}{BE} = \frac{OX}{BC}$$

ou $$x = a.b;$$

**16.** 5° Lorsque les droites $OA = a$ et

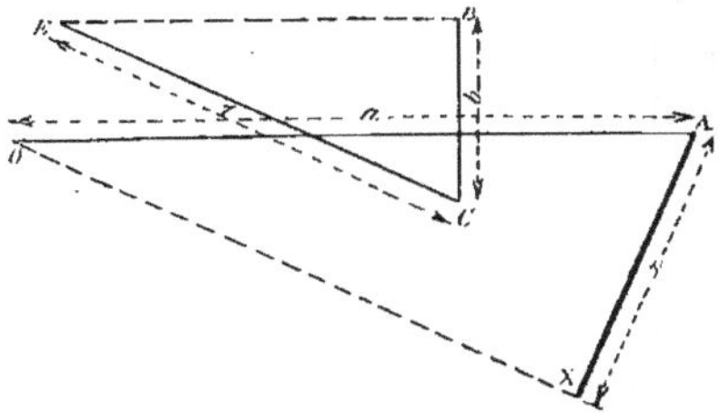

Fig. 14.

$BC = b$ se coupent à angle droit (*fig.* 14), on procède comme il suit : par le point B on mène une parallèle à OA, et du point C avec l'unité pour rayon on décrit un arc qui coupe cette parallèle au point E. On mène OX parallèle à EC, puis AX perpendiculaire à OX. La longueur AX est le produit cherché. Car les deux triangles rectangles ont les angles BEC et AOX égaux comme ayant les côtés parallèles, d'où :

$$\frac{AX}{BC} = \frac{OA}{CE}$$

et par suite $$x = a.b.$$

**17.** Toutes ces méthodes de multiplication de deux facteurs que nous avons décrites ne sont pas les seules qui peuvent donner le produit. On peut trouver d'autres constructions toujours basées sur les triangles semblables.

S'il s'agit de trouver le produit de plusieurs facteurs $a, b, c, d$, on déterminera d'abord le produit $x_1 = ab$, puis le produit $x_2 = x_1 c$, et enfin le produit $x = x_2 d$. Ce dernier résultat $x$ est bien égal à $abcd$.

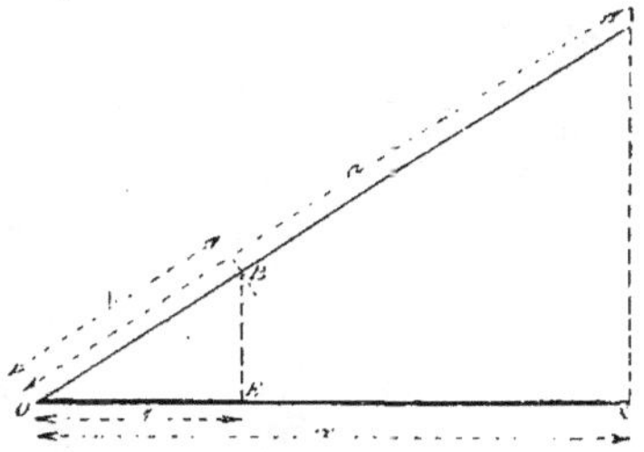

Fig. 15.

## Division des lignes.

**18.** D'après la définition de la division, il est facile de voir que les méthodes servant à trouver le quotient de deux lignes $a$ et $b$ se déduisent, sans difficulté, de celles exposées pour la multiplication.

Diviser une ligne $a$ par une ligne $b$ re-

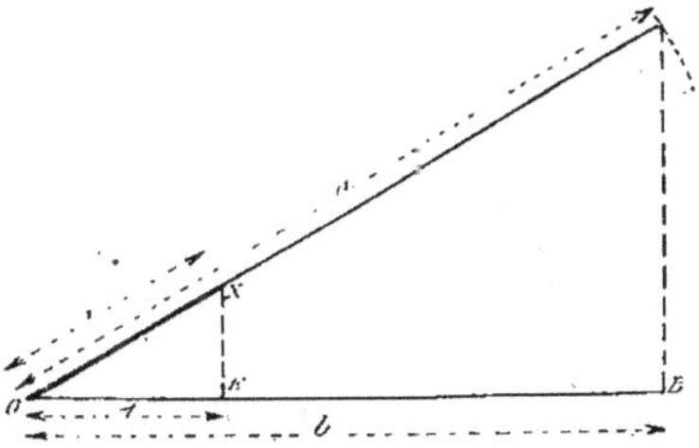

Fig. 16.

vient à trouver une troisième ligne $x$ qui contienne $\frac{a}{b}$ fois l'unité commune de $a$ et de $b$.

Sans donner autant de procédés que pour l'opération précédente, nous indiquerons trois de ceux les plus employés.

**19.** 1° Prenons OE égale à l'unité de mesure (*fig.* 15); élevons en E une perpendiculaire, ou une oblique, qui rencontre en B l'arc décrit avec $OB = b$ (diviseur) comme rayon, et prenons $OA = a$ (dividende). La parallèle AX à BE détermine sur OE le quotient $OX = x$, en vertu de la relation :

$$\frac{OX}{OE} = \frac{OA}{OB}$$

ou $$\frac{x}{1} = \frac{a}{b} \quad \text{et} \quad x = \frac{a}{b};$$

**20.** 2° On porte $OE = 1$ (*fig.* 16), puis $OB = b$ (diviseur); on élève en B une perpendiculaire jusqu'à sa rencontre avec l'arc de rayon $OA = a$ (dividende) décrit du point O. La perpendiculaire EX à OB détermine sur OA le quotient OX cherché, car on a encore :

$$\frac{OX}{OE} = \frac{OA}{OB} \quad \text{ou} \quad x = \frac{a}{b};$$

**21.** 3° On prend comme précédemment

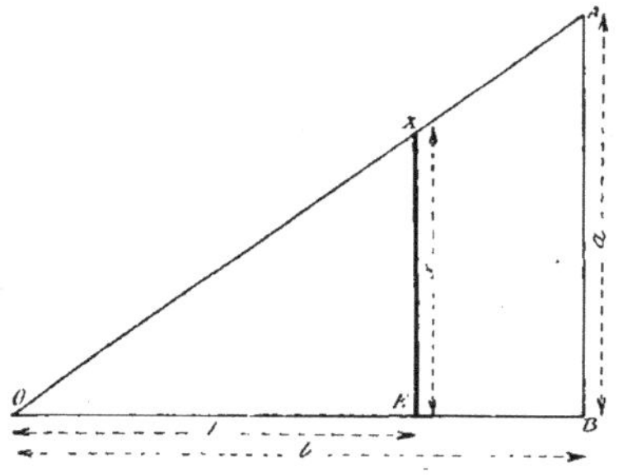

Fig. 17.

$OE = 1$ et $OB = b$ (*fig.* 17). Perpendiculairement à OB, on prend AB, égal au dividende $a$, on joint OA et, par le point E, on mène une perpendiculaire à OE, qui détermine sur OA le quotient EX. En effet, on a la relation :

$$\frac{EX}{OE} = \frac{AB}{OB}$$

ou $$x = \frac{a}{b}.$$

## Multiplication et division combinées.

**22.** Soit à construire $x = \frac{ab}{c}$; cette formule indique la multiplication de $a$ par $b$, puis une division de $ab$ par $c$. Elle peut se mettre sous la forme d'une proportion :

$$\frac{x}{a} = \frac{b}{c},$$

ce qui montre que les deux opérations peuvent se faire simultanément et se réduire à une multiplication dans laquelle, au lieu de l'unité OE employée précédemment, on introduira $c$. La ligne $a$ se trouve alors multipliée par le rapport $\frac{b}{c}$ au lieu de l'être par le rapport $\frac{b}{1}$.

D'ailleurs $x = \frac{ab}{c}$ est une quatrième proportionnelle aux longueurs $a$, $b$ et $c$. La géométrie plane indique dans son troisième livre la résolution de ce problème.

Tous les modes de multiplication qui

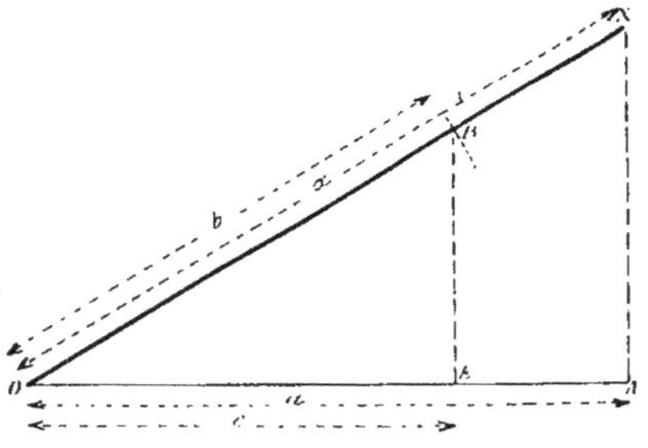

Fig. 18.

ont été traités plus haut pourraient être appliqués à construire $x = \frac{ab}{c}$, en observant que OE devait être remplacé par $c$.

Nous indiquerons quelques exemples qui suffiront pour indiquer la marche à suivre.

**23.** Soient $a$, $b$, $c$ les lignes données (*fig.* 18). On porte sur une même direction $OE = c$ et $OA = a$, puis on élève une perpendiculaire ou une oblique EB jusqu'à sa rencontre avec l'arc de cercle de rayon $OB = b$; par le point A, on mène une parallèle à EB, et la longueur OX est le produit cherché de $a$ par $\frac{b}{c}$.

Car les parallèles EB et AX divisent les

deux côtés de l'angle AOX en parties proportionnelles, c'est-à-dire que l'on a :

$$\frac{OX}{OB} = \frac{OA}{OE}$$

ou $$\frac{x}{b} = \frac{a}{c}$$

et $$x = \frac{ab}{c}.$$

*Remarque.* — Si l'on voulait obtenir le produit $x = \frac{ab}{2}$ que nous appliquerons plus loin pour le calcul des surfaces, il faudra employer la construction suivante (*fig.* 19).

On prend OA $= a$, OE $= 2$ fois l'unité, EB $= b$, et on joint OB ; la ligne AX est le produit cherché $x$, car

$$\frac{AX}{EB} = \frac{OA}{OE}$$

ou $$x = \frac{ab}{2}.$$

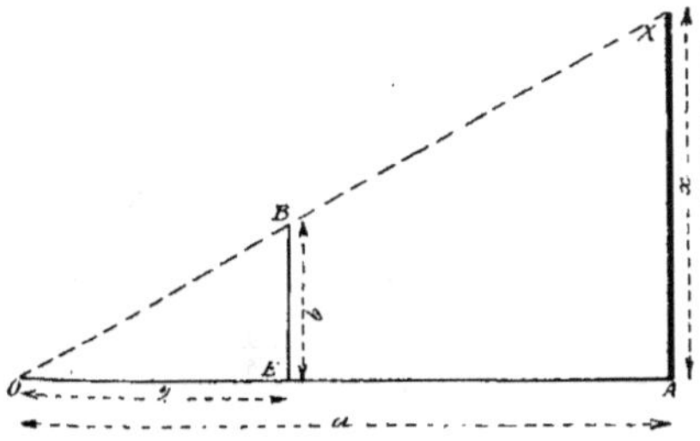

Fig. 19.

## Puissance des lignes.

**24.** La formule générale qui exprime la multiplication ou la division, $x = \frac{ab}{c}$ devient, en faisant $c = 1$ et $b = a$,

$$x = a^2 ;$$

par suite la multiplication se transforme en une élévation à la deuxième puissance.

En général, élever une grandeur $a$ à une puissance quelconque $n$ c'est chercher une grandeur $x$ qui contienne autant de fois l'unité de mesure de $a$ que l'indique la puissance $n$ de $a$.

Si ce nombre $n$ est entier, positif ou négatif, la méthode se ramène à la multiplication ou à la division graphique, puisqu'il s'agit de multiplier ou de diviser un certain nombre de fois $a$.

L'opération graphique peut s'exécuter d'un grand nombre de manières suivant le type adopté pour la multiplication ou la division.

Nous indiquerons les solutions les plus commodes :

**25.** 1° Portons OE $= 1$ (*fig.* 20) et élevons une perpendiculaire du point E jusqu'à sa rencontre $A_1$ avec l'arc décrit du point O et ayant $a$ pour rayon.

Rabattons $OA_1 = a$ en $OB_1$, puis menons $B_1A_2$ parallèle à $EA_1$. La longueur $OA_2$ représente la deuxième puissance de

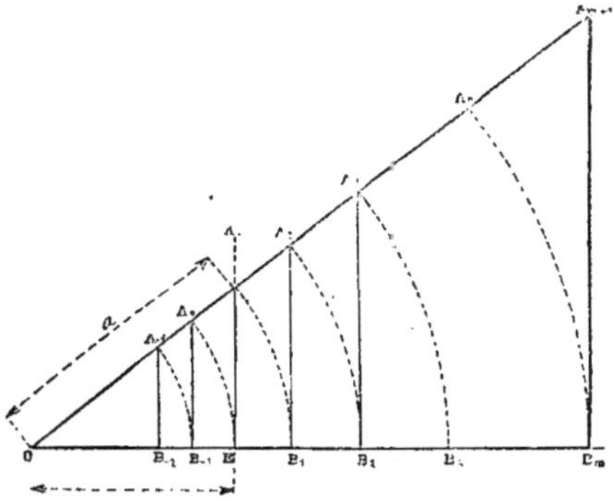

Fig. 20.

$a$, car les deux triangles rectangles semblables donnent la relation :

$$\frac{OA_2}{OA_1} = \frac{OB_1}{OE}$$

ou $$OA_2 = OA_1 \times OB_1 = a^2.$$

Rabattons ensuite $OA_2$ en $OB_2$ : la perpendiculaire $B_2A_3$ coupe la ligne $OA_1$ au point $A_3$ tel que $OA_3$ est la troisième puissance de $a$.

Il suffit, pour s'en convaincre, de considérer les deux triangles rectangles semblables $OEA_1$ et $OB_2A_3$ qui donnent :

$$\frac{OA_3}{OA_1} = \frac{OB_2}{OE}$$

et en remplaçant $OA_1$ par $a$ et $OB_2$ qui est égal à $OA_2$ ou $a^2$, il vient :

$$\frac{OA_3}{a} = \frac{a^2}{1}$$

ou $OA_3 = a^3$.

En continuant la même construction on obtiendrait les puissances successives de $a$. D'une manière générale, la longueur $OB_m$ correspondant à la puissance $m$ de $a$, la perpendiculaire en $B_m$ déterminera sur $OA_1$ la droite $OA_{m+1}$ qui sera la puissance $(m+1)$ de $a$.

*Remarque I.* — La figure montre que, si l'on connaissait une puissance quelconque de $a$ en $OA_{m+1}$ la projection $OB_m$ de cette ligne sur OE représentera la valeur de $a$ à une puissance moins élevée d'une unité. En continuant la construction inverse, on trouverait les cinquième, quatrième, troisième, deuxième et première puissances $OA_1$ de $a$.

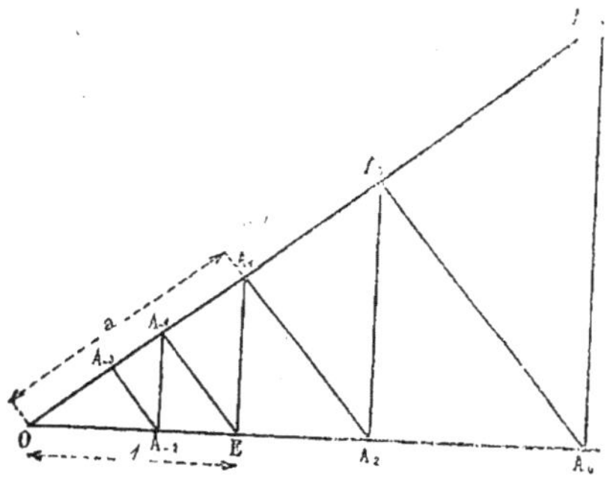

Fig. 21.

*Remarque II.* — En continuant la construction donnant lieu à la remarque I, on arrivera après la première puissance de $a$ à la puissance zéro de $a$. Or, d'après l'algèbre, $a^0 = 1 = OE$.

Si donc on reporte OE en $OA_0$ et qu'on abaisse $A_0B_{-1}$ parallèlement à $A_1B$, la longueur $OB_{-1} = OA_{-1}$ sera égale à $a^{-1}$ ou $\frac{1}{a}$; en répétant cette construction vers le point O, on aura successivement $\frac{1}{a^2}$, $\frac{1}{a^3}$,..... $\frac{1}{a^m}$;

**26.** 2° En combinant deux des procédés de la multiplication, on obtient le tracé suivant (*fig.* 21) :

On construit comme ci-dessous le triangle rectangle $OEA_1$ tel que $OE = 1$ et $AO_1 = a$; puis au point $A_1$ on mène la perpendiculaire $A_1A_2$ à la ligne $OA_1$ et l'on a $OA_2 = a^2$; car les lignes antiparallèles $EA_1$ et $A_1A_2$ donnent :

$$\overline{OA_1}^2 = OA_2 \times OE$$

ou $a^2 = OA_2$.

En menant en $A_2$ la perpendiculaire $A_2A_3$ sur OE, on a pour la même raison $OA_3 = a_3$. Une nouvelle perpendiculaire sur $OA_1$ donnera en $OA_4$ la valeur $a_4$ et ainsi de suite.

Dans cette construction, les puissances mesurées sur OE sont les puissances paires positives de $a$ et celles mesurées sur $OA_1$

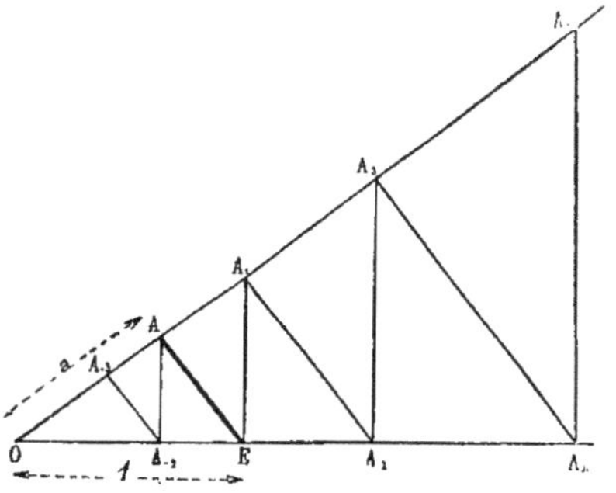

Fig. 22.

sont les puissances impaires et également positives de $a$.

*Remarque I.* — Si, à partir du point E, on fait la construction inverse en se dirigeant vers le point O, on obtient, comme dans le tracé précédent, les puissances négatives de $a$, paires ou impaires, ou autrement dit :

$$OA_{-1} = \frac{1}{a} = a^{-1}$$

$$OA_{-2} = \frac{1}{a^2} = a^{-2}$$

» »

$$OA_{-2n-1} = \frac{1}{a^{2n-1}} = a^{-(2n-1)}$$

$$OA_{-2n} = \frac{1}{a^{2n}} = a^{-2n}.$$

*Remarque II.* — Ces deux tracés supposent que $a$ est plus grand que l'unité. Dans le cas où $a < 1$ on pourra employer les méthodes suivantes;

**27.** 3° On porte OE = 1, puis OA = $a$, de manière que EA soit perpendiculaire à OA (*fig.* 22); ensuite on mène les perpendiculaires $EA_1$, $A_1A_2$, $A_2A_3$, etc., successivement aux lignes OE et $OA_1$; et l'on a :

$$OA_1 = \frac{1}{a},$$

car les lignes antiparallèles EA et $AE_1$ donnent :

$$\overline{OE}^2 = OA \times OA_1$$

d'où

$$OA_1 = \frac{\overline{OE}^2}{OA} = \frac{1}{a};$$

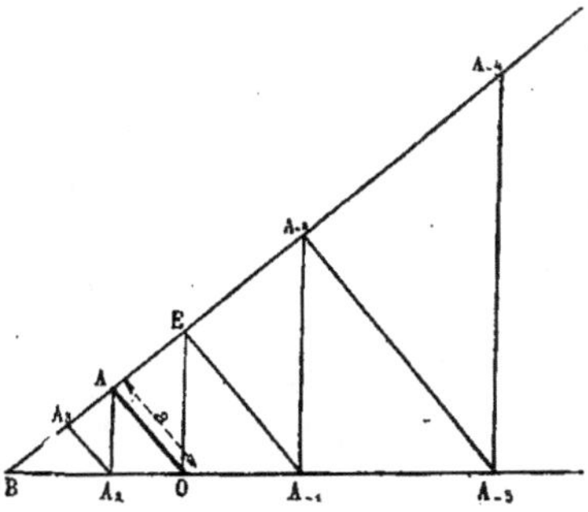


Fig. 23.

on a de même

$$OA_2 = \frac{1}{a^2}$$

$$OA_3 = \frac{1}{a^3}, \text{ etc.}$$

En répétant les mêmes tracés sur la gauche de E, on obtient :

$$OA_{-2} = a^2$$

$$OA_{-3} = a^3.$$

$$OA_{-4} = a^4, \text{ etc.}$$

D'après cette construction, les puissances positives de $a$ se trouvent mesurées sur la gauche de AE, et les puissances négatives sur la droite;

**28.** 4° Le tracé précédent peut être modifié comme l'indique la figure 23. On prend OE = 1 et OA = $a$, de manière que l'angle OAE soit droit; on prolonge AE dans les deux sens et on mène OB perpendiculaire sur OE. On trace ensuite comme précédemment, dans les deux sens, la série des perpendiculaires successives et on obtient :

$$OE = a^0 \quad EA_{-1} = a^{-1} = \frac{1}{a},$$

$$A_{-1}A_{-2} = a^{-2} = \frac{1}{a^2}$$

» » »

d'autre part $OA = a$

$$AA_2 = a^2$$

$$A_2A_3 = a^3;$$

**29.** 5° Sur l'unité OE, comme diamètre, on décrit un demi-cercle (*fig.* 24), on mène la corde O1 = $a$, et du point 1 on abaisse sur OE la perpendiculaire 1.2; on a alors O2 = $a^2$, car la corde O1 est moyenne proportionnelle entre le diamètre OE et sa projection O2 sur ce diamètre; c'est-à-dire :

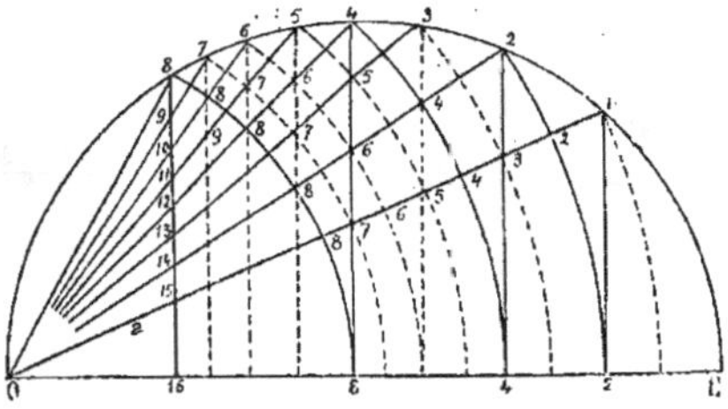

Fig. 24.

$$\overline{O1}^2 = OE \times O2$$

d'où $O2 = a^2$.

Du point O, avec un rayon O2, on décrit un arc de cercle qui coupe la première circonférence au point 2, et de ce point on abaisse la perpendiculaire 2.4 sur OE; on obtient O4 = $a^4$ et, en continuant de la même manière, on obtient successivement O8 = $a^8$, O16 = $a^{16}$, etc.

Le point d'intersection 3 de la perpendiculaire 2.4 avec le rayon O1 se trouve à une distance du point O égale à $a^3$; on a en effet :

$$\frac{O3}{O1} = \frac{O4}{O2}$$

ou

$$\frac{O3}{a} = \frac{a^4}{a^2}$$

et par suite $O3 = a^3$.

Chacune des perpendiculaires abaissées sur OE d'un point de puissance de la circonférence se trouve ainsi couper le rayon vecteur précédent en un point dont la distance au point O est représentée par une puissance de $a$ dont l'indice est inférieur d'une unité à celui qui correspond au point de la circonférence. On peut donc obtenir, au moyen de perpendiculaires et d'intersections de lignes, les puissances de $a$ comprises entre la première, la deuxième, la quatrième, la huitième, etc. Les points d'intersection dont il vient d'être question se trouvent tous situés sur un nouveau cercle qui passe par le point O et qui a pour diamètre $a^2$, etc.

**30.** 6° Nous terminerons les tracés donnant les puissances d'une ligne par le suivant qui peut s'appliquer à des valeurs quelconques de $a$ (*fig.* 25).

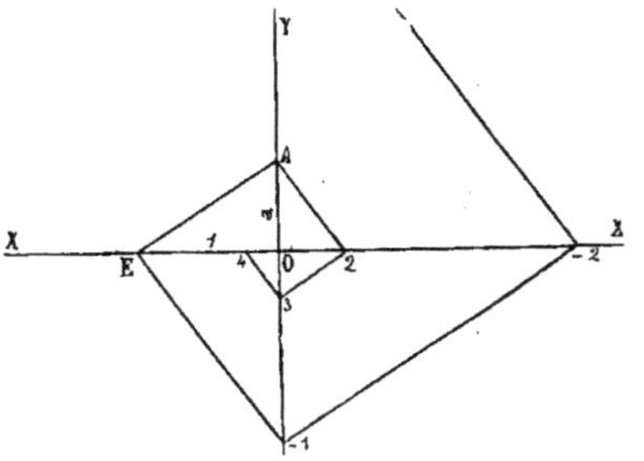

Fig. 25.

On trace deux droites rectangulaires XOX et YOY ; sur la première on porte OE $= 1$ et sur la deuxième OA $= a$ ; on mène A2 perpendiculaire à EA ; la droite O2 est égale à $A^2$ ; car dans le triangle rectangle OA2, la perpendiculaire OA est moyenne proportionnelle entre les deux segments qu'elle détermine sur l'hypoténuse, c'est-à-dire :

$$\overline{OA}^2 = OE \times O2$$

ou

$$O2 = a^2.$$

On mène ensuite 2.3 perpendiculaire à A2, puis 3.4 perpendiculaire à 2.3 et ainsi de suite ; ce qui donne

$$O3 = a^3,\ O4 = a^4,\ O5 = a^5,\ \text{etc.}$$

Si l'on suit le même tracé en sens inverse, on diminue l'exposant de $a$ d'une unité en passant d'un axe à l'autre ; ainsi on trouve successivement OE $= a^0 = 1$,

$$O-1 = a^{-1} = \frac{1}{a},\ O-2 = a^{-2} = \frac{1}{a^2},\ \text{etc.}$$

Ce procédé qui est le plus commode, permet d'élever à une puissance quelconque certaines lignes tracées sur un dessin Les puissances paires se trouvent sur l'axe des X et les puissances impaires sur l'axe des Y.

## Puissances des fonctions trigonométriques.

**31.** On peut appliquer les méthodes ci-dessus au calcul des puissances des fonctions trigonométriques.

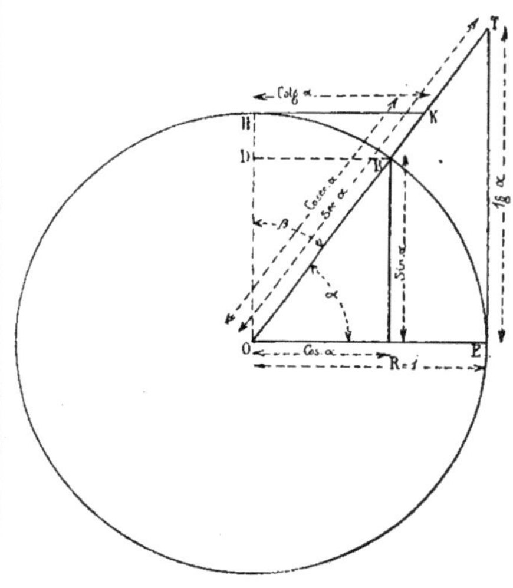

Fig. 26.

Rappelons les définitions des lignes trigonométriques d'un angle donné, ou plutôt de l'arc qui lui sert de mesure. Soit EOB un angle $\alpha$ (*fig.* 26) ; de son sommet décrivons une circonférence de rayon OE $= 1$.

Le sinus de l'angle $\alpha$ est la perpendiculaire BC abaissée d'une extrémité de l'arc sur le rayon passant par l'autre extrémité :

$$\sin \alpha = BC.$$

Le cosinus est la distance OC du centre au pied du sinus.

$$\cos \alpha = OC.$$

Ce cosinus est égal au sinus de l'angle complémentaire BOH $= \beta$.

La tangente est la longueur ET de la tangente menée à l'une des extrémités de l'arc et limitée au rayon passant par l'autre extrémité :

$$\operatorname{tg} \alpha = ET.$$

La cotangente de l'angle $\alpha$ est la tangente HK de l'angle complémentaire $\beta$ :

$$\operatorname{cotg} \alpha = HK.$$

La sécante est le rayon prolongé OT jusqu'à l'extrémité de la tangente.

$$\operatorname{séc} \alpha = OT.$$

Enfin la cosécante est la sécante OK du complément $\beta$ de l'angle :

$$\operatorname{coséc} \alpha = OK.$$

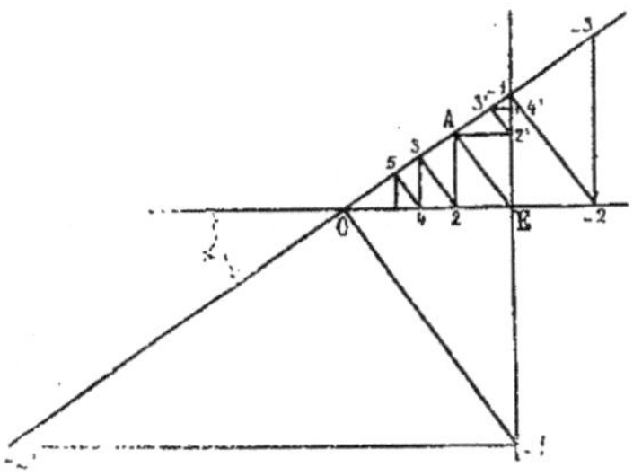

Fig. 27.

**32.** 1° *Puissances des sinus et cosinus.* — Soit EOA l'angle donné $\alpha$ (*fig.* 27), on prend OE $= 1$ et on abaisse EA perpendiculairement à OA ; cette droite EA est le sinus de l'angle $\alpha$ et OA en est le cosinus.

Si maintenant on abaisse les perpendiculaires successives A2, 2.3, 3.4, etc., puis E — 1, — 1 — 2, etc., on a :

$$OA = \cos \alpha, \quad O2 = \overline{\cos}^2 \alpha, \quad O3 = \overline{\cos}^3 \alpha, \quad O4 = \overline{\cos}^2 \alpha,$$

puis $O - 1 = \dfrac{1}{\cos \alpha}, \quad O - 2 = \dfrac{1}{\overline{\cos}^2 \alpha}$, etc.

Si d'autre part on trace les perpendiculaires successives A2', 2'3', 3'4', etc.... O — 1' — 1', — 2', etc., on aura :

$$AE = \sin \alpha, \quad A2' = \overline{\sin}^2 \alpha, \quad 2'3' = \overline{\sin}^3 \alpha, \quad 3'4' = \overline{\sin}^4 \alpha$$

et $O - 1 = \dfrac{1}{\sin \alpha}, \quad -1 - 2 = \dfrac{1}{\overline{\sin}^2 \alpha}$, etc;

**33.** 2° *Puissances des tangentes et cotangentes.* — On trace (*fig.* 28) l'angle OEA $= \alpha$, le côté OE $= 1$ ; l'autre côté OA de l'angle droit est la tangente de l'angle donné. A partir du point A dans les deux sens, on

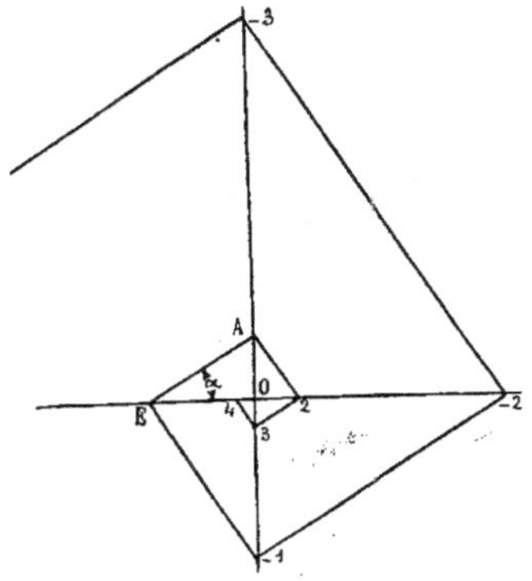

Fig. 28.

trace les perpendiculaires successives comme dans la figure 25 ; on obtient alors les valeurs suivantes OA $= \operatorname{tang} \alpha$, $O2 = \overline{\operatorname{tg}}^2 \alpha$, $O3 = \overline{\operatorname{tang}}^3 \alpha$, $O - 1 \operatorname{cotang} \alpha$, $O - 2 = \overline{\operatorname{cotang}}^2 \alpha$, etc. Cette figure rend

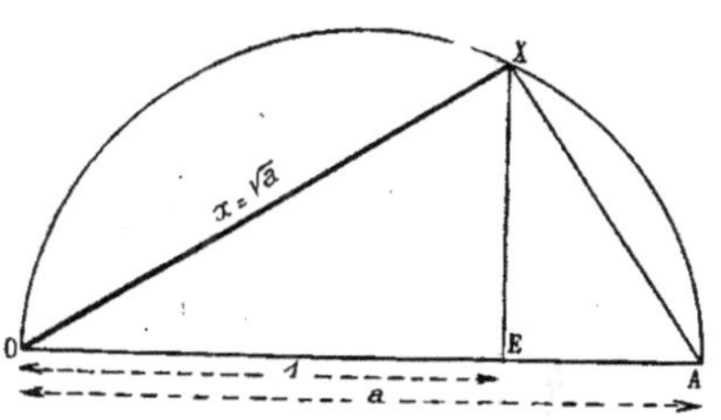


Fig. 29.

parfaitement sensible à l'œil la loi de convergence ou de divergence de la série formée par les puissances successives.

## Extraction des racines.

**34.** L'extraction d'une racine carrée se fait par les constructions analogues à celles indiquées pour la moyenne proportionnelle; il suffit de considérer $\sqrt{a}$ comme moyenne proportionnelle entre $a$ et l'unité, c'est-à-dire :

$$x^2 = a \times 1, \quad \text{d'où} \quad x = \sqrt{a}.$$

Nous indiquerons les trois tracés suivants :

**35.** 1° Portons OE $= 1$ et OA $= a$, et

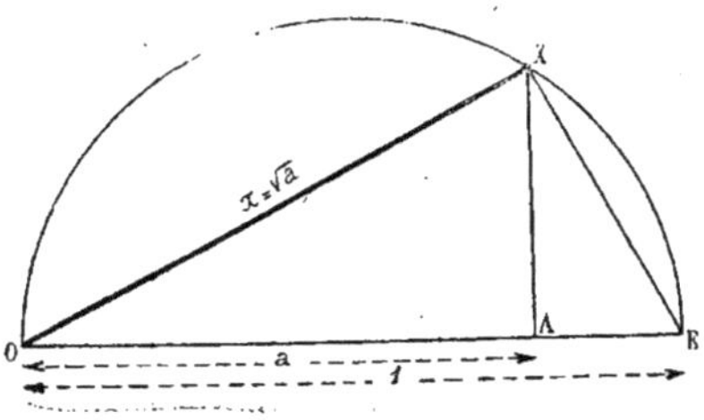


Fig. 30,

décrivons sur OA comme diamètre une circonférence (*fig.* 29), puis élevons la perpendiculaire EX et joignons OX, cette ligne donne la valeur cherchée $x = \sqrt{a}$ ;

**36.** 2° Si $a$ est plus petit que l'unité on peut faire usage de la figure 30, sur la-

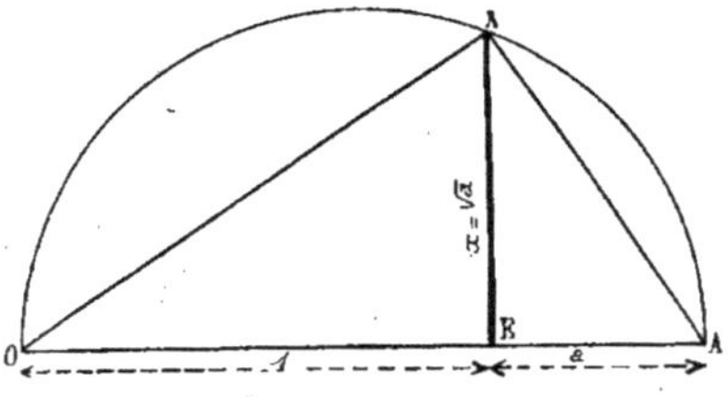


Fig. 31.

quelle on porte OA $= a$ et OE $= 1$ ; la corde OX est la valeur de $\sqrt{a}$ ;

**37.** 3° A la suite l'une de l'autre, on porte OE $= 1$ et EA $= a$ (*fig.* 31), puis sur A $+ 1$ comme diamètre on décrit une demi-circonférence qui rencontre au point X la perpendiculaire élevée par le point E; EX est la valeur cherchée $x = \sqrt{a}$.

*Remarque.* — La racine quatrième de $a$ peut s'obtenir à l'aide de deux extractions successives de racine carrée, et on peut opérer de la même manière pour toutes les racines qui ont comme indice une puissance de 2.

L'extraction des racines cubiques, cinquièmes, etc., est plus compliquée ; aussi comme nous n'aurons à faire aucune application des méthodes indiquées par Culmann et Schlesinger, nous n'insisterons pas sur ce sujet.

## Surface du triangle.

**38.** La surface d'un triangle étant égale au demi-produit de sa base par sa hauteur, le calcul graphique de cette surface

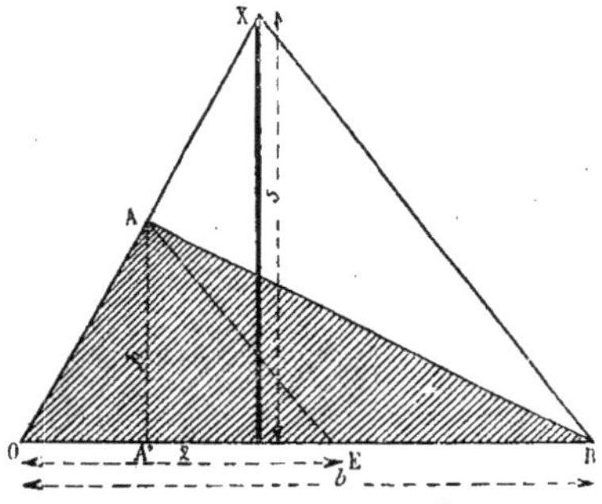


Fig. 32.

peut se faire par l'une des méthodes indiquées pour le calcul du produit des lignes.

Prenons la formule :

$$x = \frac{ab}{c}, \qquad (1)$$

si $b$ est la base du triangle, $h$ sa hauteur,

sa surface $$s = \frac{bh}{2}. \qquad (2)$$

On voit qu'il suffit de faire, dans la formule (1) $c = 2$. D'où les constructions suivantes déduites de celles déjà connues :

**39.** 1° Soit OAB le triangle donné (*fig.* 32), ayant pour base OB $= b$ et pour hauteur AA' $= h$. Portons sur la base une longueur OE $= 2$ ; joignons AE et par le point B menons BX parallèle à AE. La perpendiculaire XX' représente la surface cherchée $s$.

On a, en effet, dans les triangles semblables, OAE, OXB, la proportion :

$$\frac{XX'}{AA'} = \frac{OB}{OE}$$

ou $\frac{s}{h} = \frac{b}{2}$ et $s = \frac{bh}{2}$ ;

**40.** 2° A l'extrémité de la base du triangle OAB (*fig.* 33) on élève une perpendiculaire OE = 2 ; on joint EB et, par le sommet A, on mène AX parallèle à EB.

Le segment A'X est la surface du triangle ; car les deux triangles semblables OEB, AA'X donnent :

$$\frac{OE}{OB} = \frac{AA'}{A'X} \quad \text{ou} \quad \frac{2}{b} = \frac{h}{s}$$

et $s = \frac{bh}{2}$ ;

**41.** 3° On inscrit entre les côtés BA et

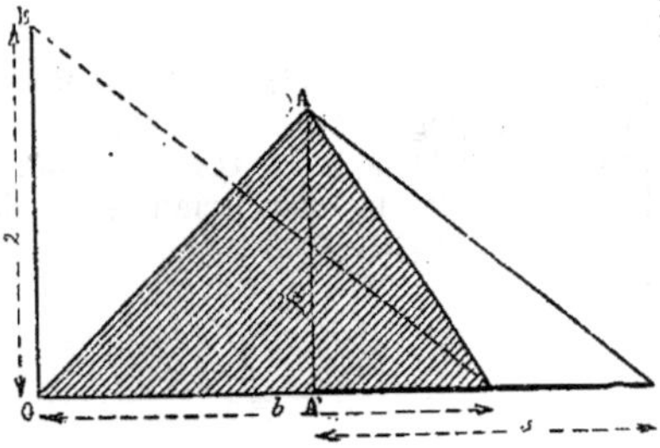


Fig. 33.

BC du triangle donné (*fig.* 34), ou sur leur prolongement, une droite OE = 2, telle qu'elle soit parallèle à la hauteur AA' du triangle. On joint EC, et par le sommet A on mène AX parallèle à EC. Le segment BX est la surface *s* du triangle. Car on a la proportion :

$$\frac{BX}{BC} = \frac{AA'}{OE}$$

ou $\frac{s}{b} = \frac{h}{2}$

et $s = \frac{b.h}{2}$ ;

**42.** 4° Du sommet O du triangle donné AOB (*fig.* 35), on décrit avec un rayon OE = 2 un arc qui coupe la base au point E. On mène BX parallèle à OE, puis du point A une perpendiculaire sur BX ; la ligne AX est la surface cherchée. Car les deux triangles rectangles semblables OEO' et ABX donnent :

$$\frac{AX}{AB} = \frac{OO'}{OE}$$

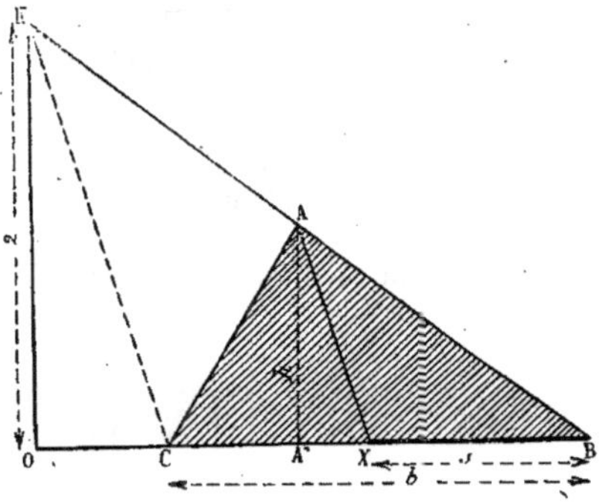


Fig. 34.

ou $\frac{s}{b} = \frac{h}{2}$

et par suite $s = \frac{b.h}{2}$.

*Remarque.* — Dans les calculs graphiques de la surface d'un triangle, si l'unité adoptée est le mètre, le décimètre, le centimètre ou le millimètre, la surface *s* mesurée avec la même unité exprimerait des

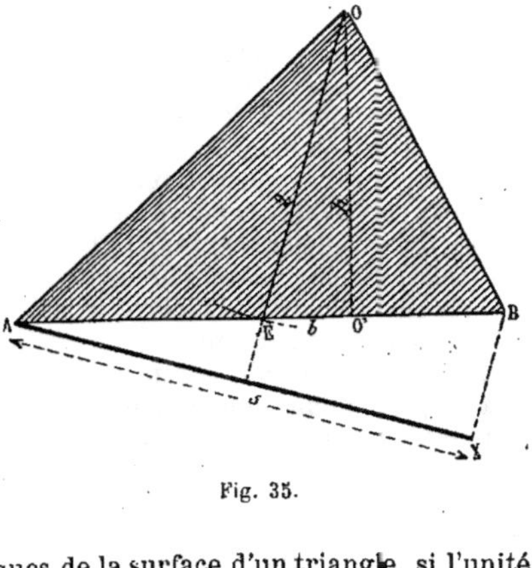


Fig. 35.

mètres carrés, des décimètres, des centimètres carrés ou des millimètres carrés. Ainsi, par exemple, si l'unité adoptée était le décimètre et que $s$ soit égale à 40 millimètres, on aurait :

$s = 0{,}40$ décimètres carrés ou 4 000 millimètres carrés.

### Surface des quadrilatères.

**43.** La surface d'un quadrilatère de forme quelconque peut se mesurer de deux manières :

1° En transformant ce quadrilatère en un triangle équivalent et en appliquant l'un des procédés ci-dessus ;

2° On peut, par une diagonale, décomposer le quadrilatère en deux triangles ; chercher les surfaces $s$ et $s_1$ de chaque triangle et ajouter les résultats. La longueur ainsi obtenue sera proportionnelle à la surface du quadrilatère.

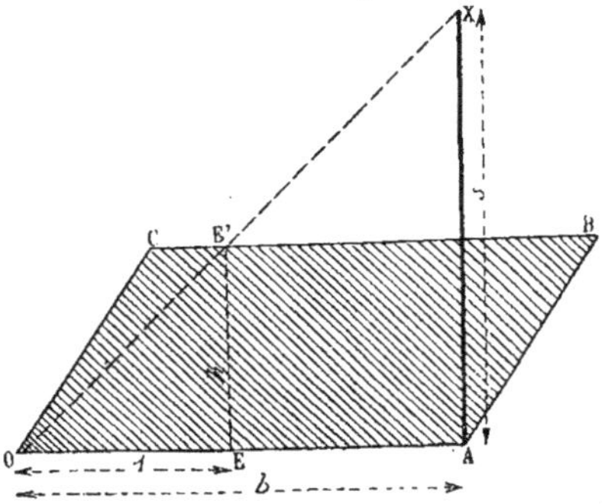


Fig. 36.

**44.** 1° *Surface du parallélogramme.* — Soit un parallélogramme ABCO (*fig.* 36) ayant OA comme base. Sur cette base on porte OE = l'unité, on élève la hauteur EE' du parallélogramme et on prolonge la droite OE' jusqu'à sa rencontre X avec la perpendiculaire à la base élevée à l'extrémité A de la base. La longueur AX est la surface du parallélogramme, car les triangles semblables donnent :

$$\frac{AX}{EE'} = \frac{OA}{OE}$$

ou $$\frac{s}{h} = \frac{b}{1}$$

et par suite $$s = b.h.$$

*Remarque.* — On peut appliquer la même construction pour le rectangle et le losange ;

**45.** 2° *Surface du trapèze.* — La surface de ce quadrilatère est égale au produit de sa base moyenne par la hauteur.

Soit OP = $b'$ la base moyenne du trapèze ABCD et $h$ sa hauteur (*fig.* 37). Sur

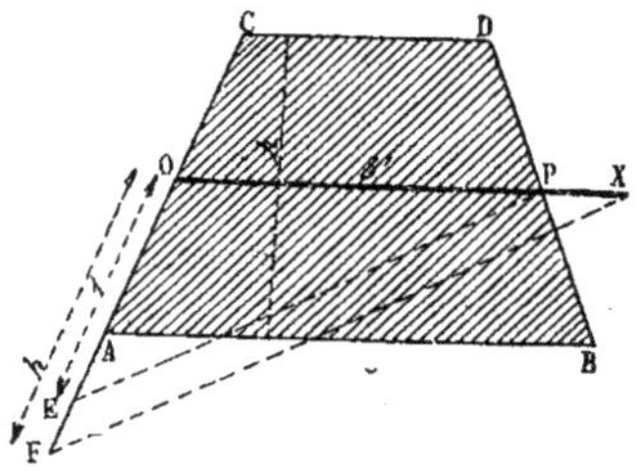


Fig. 37.

l'un des côtés du trapèze portons OE = 1 et OF = $h$ ; joignons EP et menons FX parallèle à EP ; la droite OX est la surface cherchée ; car les deux triangles semblables FOX et EOP donnent :

$$\frac{OX}{OP} = \frac{OF}{OE}$$

ou $$\frac{s}{b'} = \frac{h}{OE}$$

et $$s = b'h.$$

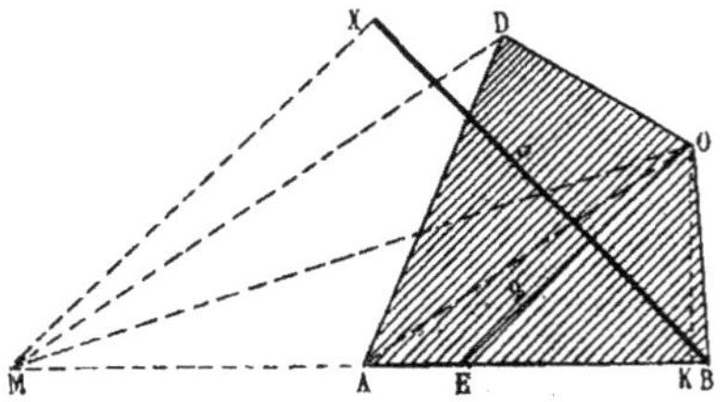


Fig. 38.

Donnons un exemple numérique. Sur la figure 37 nous avons pris OE = 2, $b' = 3$ et $h = 2{,}5$ ; et on trouve $s = 3{,}75$. Or l'unité adoptée étant une longueur 2, il s'ensuit que la surface du trapèze sera :

$3{,}75 \times 2 = 7{,}5$ unités de surface.

**46.** 3° *Surface d'un quadrilatère quelconque.* — Soit ABOD un quadrilatère (*fig.* 38) ; transformons-le en un triangle équivalent; pour cela, du sommet D, menons DM parallèle à la diagonale OA; le triangle AOD peut être remplacé par son équivalent AOM, puisqu'ils ont même base OA et leur sommet D et M sur une parallèle à leur base commune. Donc le quadrilatère donné a même surface que le triangl eMOB. Pour calculer cette surface prenons OE = 2 et menons MX parallèle à OE jusqu'à sa rencontre X avec la perpendiculaire BX à OE. Le segment BX est la surface du triangle et par suite du quadrilatère ; car

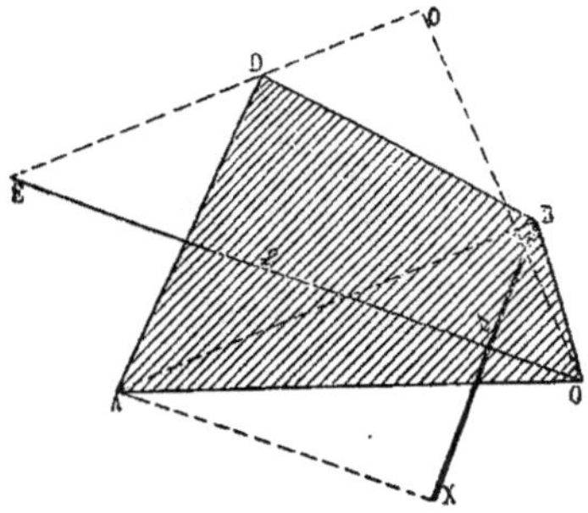


Fig. 39.

les deux triangles OEK et BMX sont semblables et donnent:

$$\frac{BX}{BM} = \frac{OK}{OE}$$

ou $$BX = \frac{B.M \times OK}{OE}$$

et $$s = \frac{b.h}{2}$$

$b$ et $h$ étant la base et la hauteur du triangle équivalent.

**47.** *Autre procédé.* — Si par le sommet D du quadrilatère AOBD (*fig.* 39) on mène une parallèle à la diagonale AB, la surface du quadrilatère peut s'exprimer par le produit de AB par $\frac{OO'}{2}$, car AB est la base commune des deux triangles ainsi formés, et OO' est la somme des deux hauteurs. Ce produit $AB \times \frac{OO'}{2}$ peut se faire d'après un des procédés connus. Par le point D on mène une parallèle à la diagonale AB et avec un rayon OE = 2 on décrit un arc qui coupe cette parallèle en E. Du point A, on mène une parallèle à OE ; la perpendiculaire BX à AX est le produit cherché $s$, c'est-à-dire la surface du quadrilatère. Les deux triangles rectangles semblables ABX et OEO' donnent:

$$\frac{BX}{AB} = \frac{OO'}{OE}$$

ou $$\frac{BX}{AB} = \frac{OO'}{2}$$

et $$BX = s = AB \cdot \frac{OO'}{2}.$$

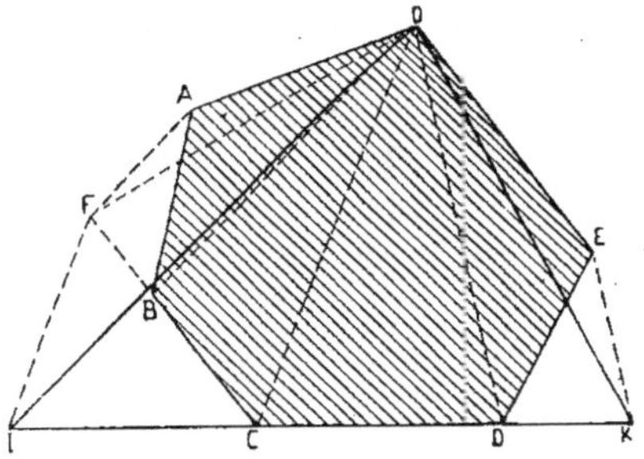


Fig. 40.

## Surfaces des polygones.

**48.** La surface d'un polygone régulier de $n$ côtés s'obtient facilement en la décomposant en $n$ triangles égaux isocèles ayant chacun, pour base, le côté du polygone et pour hauteur l'apothème. Il suffira de construire la surface de l'un de ces triangles et de multiplier le résultat par $n$. D'ailleurs le triangle équivalent à ce polygone régulier aurait pour base le périmètre et pour hauteur l'apothème du polygone.

Si le polygone donné est irrégulier, on pourrait le décomposer en triangles, mesurer la surface de chacun d'eux et en faire la somme. Mais il est préférable de le transformer en un triangle équivalent de la manière suivante:

Soit OABCDE (*fig.* 40) le polygone donné, nous allons le réduire successivement à un polygone de 5, 4 et 3 côtés ; pour cela menons par le sommet A une parallèle à la diagonale OB jusqu'à sa rencontre F avec le prolongement de CB ; le triangle OAB peut être remplacé par le triangle équivalent OBF. Du nouveau sommet F menons FI parallèle à la diagonale OC, de manière à substituer au triangle OFC, son équivalent IOC. Enfin menons EK parallèle à la diagonale OD, ce qui permet de remplacer le triangle ODE par le triangle ODK. On voit ainsi que le polygone donné est équivalent au triangle OIK que l'on calculera par un des procédés connus.

### Surface d'un segment parabolique.

**49.** Un segment parabolique est la surface comprise entre un arc de parabole et la corde qui joint les extrémités de cet arc. Si la corde est perpendiculaire à l'axe de la parabole, comme dans la figure 41, la surface du segment est les deux tiers de la surface du rectangle ABCD, ayant pour dimensions la corde sous-tendue et la portion de l'axe compris dans le segment

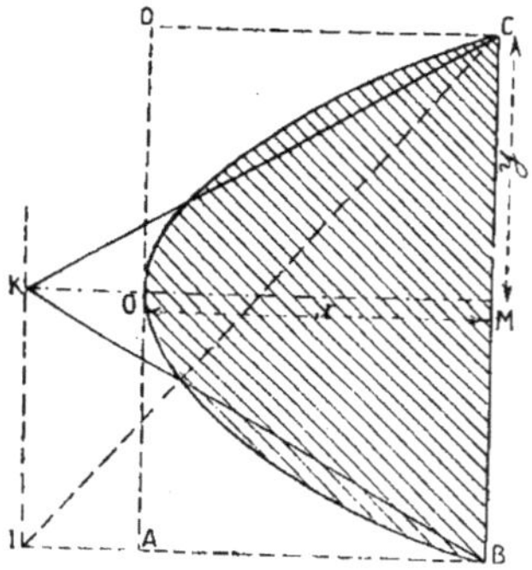


Fig. 41.

$$S = \frac{2}{3} OM \times BC = \frac{4}{3} x.y$$

en désignant par $x$ et $y$ les coordonnées de l'extrémité C de l'arc.

On pourrait donc calculer cette surface comme celle d'un rectangle, en prenant comme unité le dénominateur 3 et comme facteurs $4x$ et $y$.

**50.** Si la corde du segment n'est pas perpendiculaire à l'axe comme dans la figure 42, la surface du segment COB est donnée par la formule :

$$S = \frac{4}{3} yx \sin \alpha,$$

dans laquelle, $y$ est la moitié de la corde, $x$ la distance de la droite qui joint le milieu de la corde au point du contact O de la tangente parallèle à cette corde, et $\alpha$ l'angle formé par $x$ et $y$.

Si du point O on abaisse la perpendiculaire OD sur la corde, cette ligne est égale

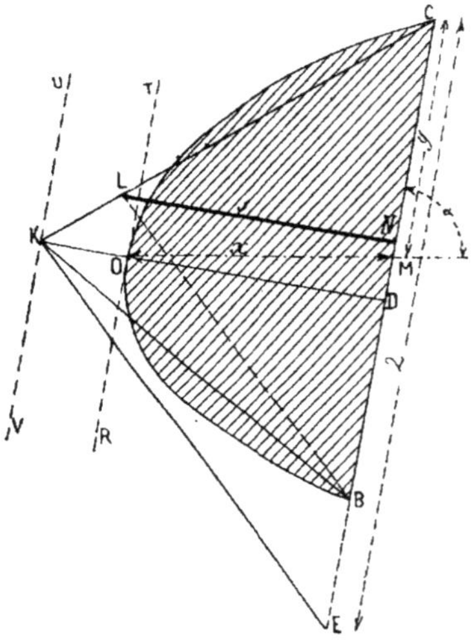


Fig. 42.

à $x \sin \alpha$ ; car le triangle rectangle MOD donne :

$$OD = x \sin \alpha.$$

Portons sur le prolongement de DO une longueur,

$$OK = \frac{1}{3} OD$$

et joignons K aux extrémités de l'arc.

Nous allons démontrer que le triangle CKB est équivalent au segment parabolique. En effet la surface du segment

$$S = \frac{4}{3} y.x \sin \alpha$$

peut s'écrire :

$$S = 2y \frac{\left(x \sin \alpha + \frac{1}{3} x \sin \alpha\right)}{2}$$

Or, $x \sin \alpha = OD$

et $\frac{1}{3} x \sin \alpha = \frac{OD}{3} = OK$

donc, $S = 2y \frac{DK}{2} = \frac{BC \times DK}{2}$

qui est bien la surface du triangle CKB.

En appliquant à ce triangle l'une des constructions déjà indiquées, on aura la surface du segment parabolique équivalent. Le sommet K du triangle peut être pris en un point quelconque de la parallèle UV à BC.

Portons CE = 2, joignons EK et par le point B menons BL parallèle à EK ; la longueur LN sera la surface du triangle et par suite celle du segment parabolique.

Cette construction peut également s'appliquer au cas de la figure 41 ; en portant $OK = \frac{1}{3}$ OM. Le triangle CKB ou le triangle rectangle CIB sont tous deux équivalents au segment parabolique COB.

## Surface d'une figure limitée par une courbe quelconque.

**51.** Soit à trouver la grandeur proportionnelle de la surface ABCDEFHK (*fig.* 43). Nous mènerons les cordes AC, CE et EH formant avec la courbe les segments ABCA, CDEC et EFHE que nous considérerons comme paraboliques, car cette supposition donne une erreur moindre qu'en faisant d'autres hypothèses, c'est-à-dire en les considérant comme des cercles ou des ellipses.

La surface donnée se compose alors du polygone rectiligne ACEHKA, augmenté des deux segments ABCA, EFHE et diminué du segment CDEC.

Nous allons, d'après la figure 42, transformer chacun de ces segments en triangles équivalents.

Commençons par le segment ABCA. A cet effet portons une longueur BL égale au tiers de BN et menons LM parallèle à la corde CA ; le triangle CMA est équivalent au segment et par suite peut remplacer celui-ci.

Opérons de même sur le segment suivant ; portons sur une perpendiculaire à la corde CE une longueur DO égale au tiers de PD et menons OQ parallèle à la corde jusqu'à sa rencontre Q avec MC. Le triangle ECQ étant équivalent au segment CDEC se trouve ainsi retranché.

Enfin pour le troisième segment, portons sur la perpendiculaire à la corde une longueur FR égale au tiers de FS et menons la parallèle RT à la corde, jusqu'à sa rencontre T avec KH.

Le triangle HET remplacera le segment EFHE.

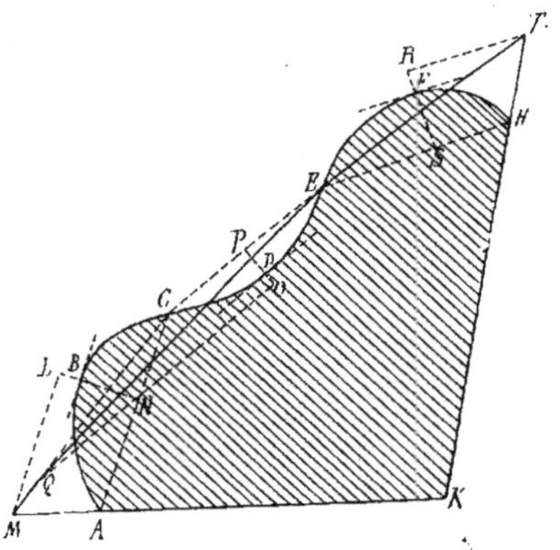


Fig. 43.

La surface donnée se trouve ainsi transformée en polygone rectiligne équivalent MQETKM dont nous savons mesurer la surface, en cherchant celle du triangle équivalent. Nous nous dispenserons de cette dernière opération pour ne pas compliquer l'épure.

## Représentation d'un volume par une ligne proportionnelle.

**52.** Soit $a$, $b$, $c$ les trois dimensions d'un solide dont le produit représente son volume V. Pour pourvoir le représenter par une ligne proportionnelle, nous devrons diviser ce volume par un produit de deux longueurs arbitraires $m$

et $n$ : En désignant par $x$ le résultat de cette division, on pourra poser :

$$x = \frac{abc}{mn} = \frac{ab}{m} \cdot \frac{c}{n}.$$

Si dans le facteur $\frac{ab}{m}$ on prend pour unité le denominateur $m$ ; la surface $ab$ ramenée à cette unité que nous savons déterminer, sera une droite proportionnelle $s$; nous aurons alors :

$$x = s \frac{c}{n}.$$

Expression que l'on sait également construire en prenant pour unité le dénominateur $n$.

**53.** *Volume d'un parallélipipède rectangle.* — Soit ABCD, et BCFH les projections d'un parallélipipède rectangle.

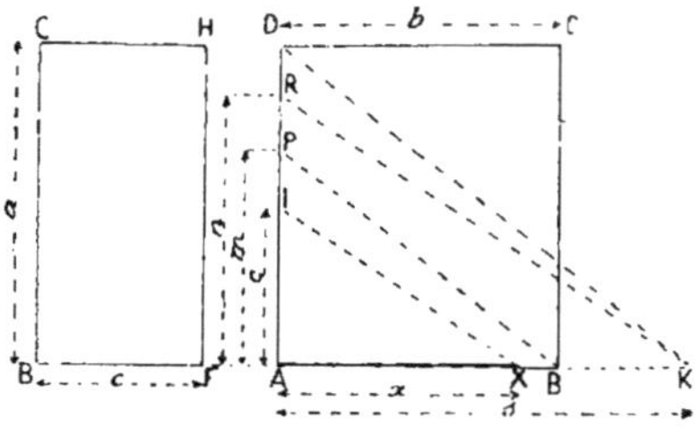


Fig. 44.

La première projection serait l'élévation, et la seconde, le profil ou vue de côté (*fig.* 44).

Désignons les dimensions de ce parallélipipède par $a$, $b$, $c$ ; nous aurons :

$$V = abc$$

ou comme nous l'avons dit plus haut, en prenant les unités $m$ et $n$.

$$x = \frac{ab}{m} \cdot \frac{c}{n} = s \frac{c}{n}.$$

Calculons $\frac{ab}{m} = s$ ; pour cela, portons sur le côté AD une longueur $AP = m$, joignons PB et par le sommet D menons DK parallèle à PB ; cette droite coupe le prolongement de AB en un point K, tel que $AK = s$. En effet, les triangles rectangles semblables PAB et DAK, donnent :

$$\frac{AK}{AB} = \frac{AD}{m}$$

ou

$$\frac{s}{b} = \frac{a}{m}$$

et

$$s = \frac{ab}{m}.$$

Pour calculer $s \frac{c}{n}$ ou $x$; portons sur AD une longueur $AR = n$, $AI = c$ et par le point I menons une parallèle IX à RK, la longueur AX représente la quantité $x$ ou le volume du parallélipipède, car les triangles semblables AIX et ARK donnent:

$$\frac{AX}{AK} = \frac{AI}{AR}$$

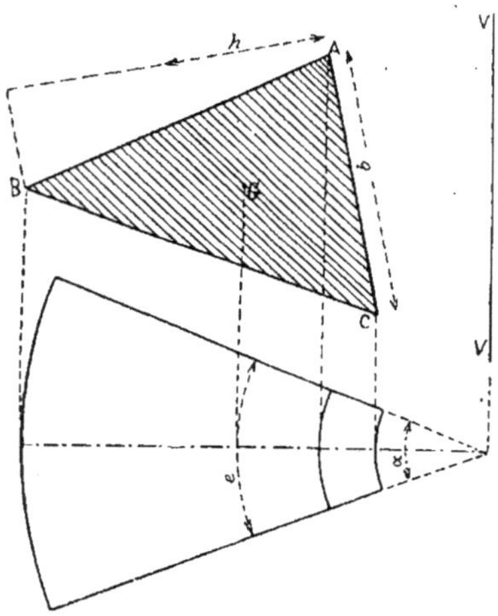


Fig. 45.

ou

$$\frac{x}{AK} = \frac{c}{n}$$

et

$$x = AK. \frac{c}{n}$$

en remplaçant AK par sa valeur, on a bien:

$$x = \frac{ab}{m} \cdot \frac{c}{n}.$$

Donnons un exemple numérique et supposons aux dimensions les longueurs suivantes :

$$a = 3{,}00, \quad b = 2{,}5, \quad c = 1{,}50.$$

Le volume sera :

$$V = 3{,}00 \times 2{,}5 \times 1{,}50 = 11{,}25 \text{ unités.}$$

Dans la construction nous avons pris :

$$m = 2 \quad \text{et} \quad n = 2,5,$$

la surface $s$ du rectangle ABCD est donc :

$$s = \frac{ab}{m} = \frac{3 \times 2,5}{2} = 3,75$$

et enfin le volume $x$ réduit aux deux bases $m$ et $n$

$$x = 3,75 . \frac{1,50}{2,5} = 2,25$$

par suite le volume :

$$V = x.m.n = 2,25 \times 2 \times 2,5$$
$$= 11,25 \text{ unités.}$$

Si les longueurs $s$, $m$ et $n$ sont exprimées en mètres, la grandeur du volume le sera en mètres cubes.

**54.** *Volume engendré par la rotation d'une surface plane.* — Supposons un triangle ABC (*fig.* 45) tournant autour d'un axe VV situé dans son plan; le volume engendré par cette surface est, d'après un théorème de Guldin, égal à la surface génératrice multipliée par le chemin que décrit son centre de gravité G.

Désignons par $b$ et $h$, la base et la demi-hauteur du triangle et par $e$ le chemin parcouru par son centre de gravité, lequel se trouve à la rencontre des médianes. Ce chemin est une circonférence dans le cas d'une rotation complète ou un arc $e$ de cette circonférence si la rotation est d'un angle $\alpha$.

Le volume sera donc :

$$V = b.h.e$$

et en prenant deux unités $m$ et $n$, la longueur $x$ proportionnelle à ce volume sera :

$$x = \frac{bhe}{mn} = \frac{bh}{m} . \frac{e}{n}$$

et en faisant $s = \frac{bh}{m}$,

$$x = s . \frac{e}{n},$$

pour calculer $s$, portons sur les cotés d'un angle POR (*fig.* 46), les longueurs OB $= b$. OH $= h$ et OM $= m$; la parallèle BS à la droite MH détermine OS $= s$, d'après les triangles semblables OBS et OMH qui donnent :

$$\frac{OS}{OB} = \frac{OH}{OM}$$

ou $$s = \frac{b.h}{m}.$$

En nous servant du même angle, portons OE $= e$ et ON $= n$ ; la parallèle SX à la droite NE détermine le segment OX $= x$, toujours d'après les triangles OSX et ONE qui donnent :

$$\frac{OX}{OS} = \frac{OE}{ON}$$

ou $$x = s . \frac{e}{n}$$

et en remplaçant $s$ par sa valeur :

$$x = \frac{bh}{m} . \frac{e}{n}.$$

**55.** *Remarque I.* — Si l'on prenait comme bases de réduction $m$ et $n$, deux des dimensions principales; la troisième de ces dimensions donnerait directement la longueur proportionnelle cherchée $x$.

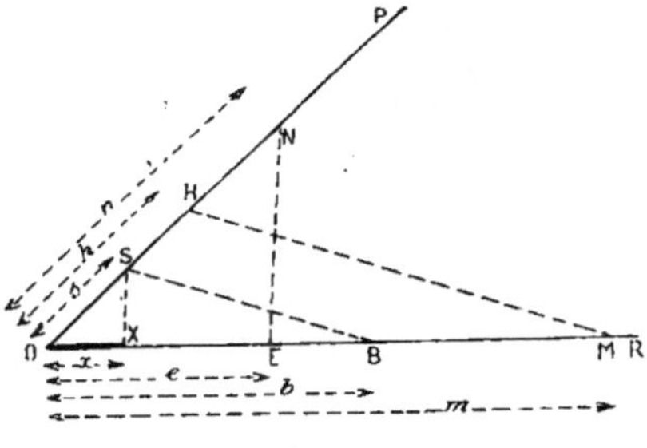


Fig. 46.

**56.** *Remarque II.* — Si deux volumes sont calculés avec les mêmes bases de réduction, ces volumes seront entre eux dans le même rapport que les longueurs déterminées $x$.

**57.** *Remarque III.* — Lorsque le volume d'un corps ne peut être défini par une expression algébrique simple de ses dimensions; il devra être transformé en volumes élémentaires par des plans parallèles et à égale distance. Chacun de ces volumes élémentaires sera calculé séparément comme nous venons de l'indiquer et la somme des longueurs obtenues représentera la longueur proportionnelle cherchée. Il sera préférable de prendre comme bases de réduction, $m$ et $n$, des longueurs égales à la distance des plans parallèles, ou bien des multiples ou sous-multiples de cette distance.

### Représentation du moment statique d'une force.

**58.** On appelle moment d'une force F par rapport à un point (statique n° 75), le produit de l'intensité de cette force par la perpendiculaire abaissée de ce point sur la direction de la force. On attribue au moment d'une force, le signe + ou — suivant que le sens de la rotation qu'il tend à produire a lieu, de droite à gauche ou de gauche à droite. Généralement le signe + est réservé au moment d'une force, lorsque la rotation, qu'elle tend à produire, a lieu suivant le mouvement des aiguilles d'une montre.

Ainsi le point O (*fig.* 47) étant le centre

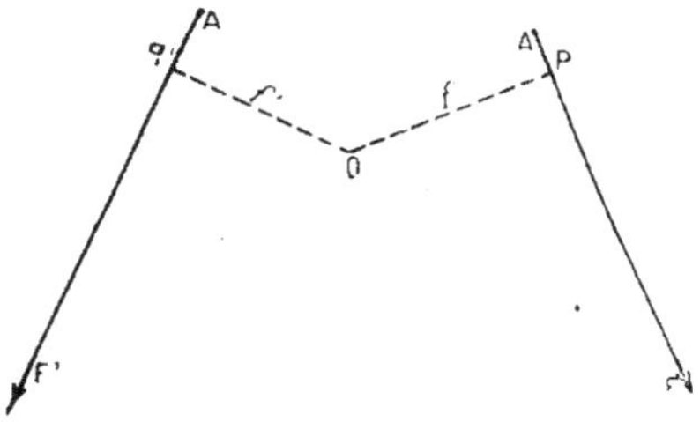


Fig. 47.

des moments et F, F' des forces appliquées aux points A et A' du plan de la figure; le moment de F par rapport au point O sera $+ F \times OP$, et celui de la force F' sera $- F' \times OP'$, ou en désignant par $f$ et $f'$ les bras de leviers

$$+ F f \text{ et } - F' f'$$

Le moment d'une force par rapport à une droite non située dans le même plan est le produit de cette force par sa distance à la droite qu'on appelle axe du moment. Ainsi le moment de la force F (*fig.* 47) pris par rapport à l'axe projeté en O est donné par le produit $Ff$; son sens est positif, comme l'indique la rotation. Ce moment s'écrit :

$$M = Ff.$$

Pour représenter par une ligne, cette expression du second degré, il faudra la diviser par une longueur prise pour unité.

Comme la force est exprimée en kilogrammes, et son bras de levier $f$ en unités de longueur, nous pourrons exprimer la base de réduction soit en unités de poids, soit en unités de longueur. Dans le premier cas, la longueur proportionnelle trouvée sera à lire en unités de longueur; dans le second en unités de poids.

En désignant par $m$ la base à laquelle nous voulons ramener ce moment, la longueur proportionnelle $x$ du moment sera :

$$x = \frac{M}{m} = \frac{Ff}{m}.$$

Expression que nous savons construire.

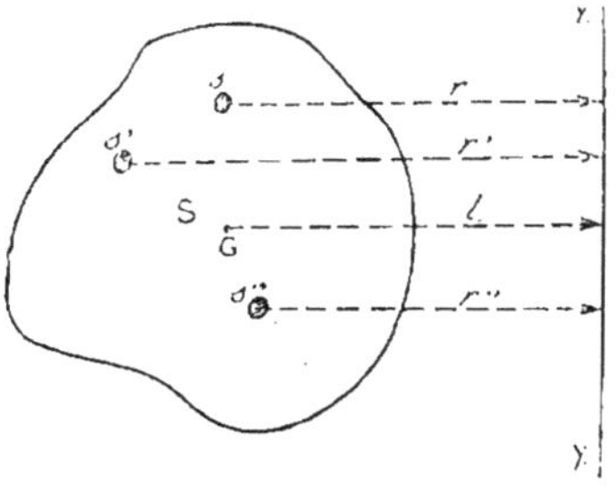


Fig. 48.

Si F est donné en kilogrammes, $f$ en mètres et la base de réduction $m$ en mètres; $x$ représentera des kilogrammes et on peut écrire :

$$x = \frac{Ff_m}{m_m}.$$

### Représentation du moment d'une surface.

**59.** Le moment d'une surface, par rapport à un axe de rotation, est la somme des produits de chaque élément, dont se compose cette surface, par leur distance à l'axe XX.

En désignant par $s$, $s'$ $s''$ ..... les éléments d'une surface S (*fig*, 48) et par $r$, $r'$, $r''$ ..... leur distance à l'axe on a :

$$M = sr + s'r' + s''r'' + \ldots\ldots = \Sigma\, sr.$$

Or, nous avons démontré dans la statique, que le moment d'une surface était égal au produit de la surface S par la distance $l$ de son centre de gravité à l'axe; c'est-à-dire,

$$M = \Sigma\, sr = Sl.$$

Cette expression $Sl$ est du troisième degré, puisque la surface S est elle-même du second.

Nous trouverons la longueur $x$, proportionnelle à $Sl$, comme nous l'avons fait pour le volume d'un parallélipipède rectangle.

Si la surface considérée S est irrégulière, nous procèderons d'une manière analogue à celle employée pour la mesure d'un corps irrégulier; c'est-à-dire en partageant la surface totale, en surfaces élémentaires; chaque surface élémentaire étant ensuite multipliée par la distance de son centre à l'axe. Le résultat cherché sera la somme des moments élémentaires.

## Représentation du moment d'inertie des surfaces planes.

**60.** Le moment d'inertie d'une surface par rapport à un axe, est la somme des produits de chaque élément, dont se compose la surface, par le carré de leur distance à l'axe. En désignant par $s, s' s''$.... les éléments de la surface; $r, r' r''$..... les distances à l'axe et par I le moment d'inertie; on a :

$$I = sr^2 + s'r'^2 + s''r''^2 + \ldots\ldots = \Sigma sr^2$$

La surface étant du second degré, il s'ensuit que le moment d'inertie I sera du quatrième degré.

Donc pour représenter I par une longueur proportionnelle il faudra le diviser par le produit de trois quantités du premier degré. Si $x$ est cette grandeur proportionnelle, et $m, n, p$ les trois bases de réduction, nous pourrons poser :

$$x = \frac{I}{mnp}.$$

On voit qu'en divisant I par $m$ on aura une expression du troisième degré, ou un volume. En divisant ce volume par $n$ nous trouverons une surface qui deviendra une ligne proportionnelle en la réduisant à une troisième base $p$. On aura donc successivement :

$$\frac{L_m{}^4}{m_m} = K_m{}^3$$

$$\frac{I_{m4}}{m_m n_m} = \frac{K_m{}^3}{n_n} = F_m{}^2$$

$$\frac{I_m{}^4}{m_m . n_m . p_m} = \frac{F_m{}^2}{p_m} = x_m.$$

Et en multipliant $x_m$ par les trois bases $m, n, p$, nous obtiendrons la valeur de I

$$I = x . m . n . p.$$

## Observations.

**61.** Nous avons pu constater, dans les constructions graphiques, que les longueurs proportionnelles exprimant les résultats étaient d'autant plus petites que les bases de réduction étaient elles-mêmes plus grandes et réciproquement. Il faudra donc dans les épures choisir des bases qui ne soient ni trop grandes ni trop petites; de plus, pour la commodité de l'opération nous recommandons de choisir des nombres ronds et mieux des puissances de 10, comme 1, 10, 100, etc. de manière à lire de suite le résultat. Le choix des échelles demande également un soin particulier, leur grandeur dépendra des dimensions données ; dans tous les cas, il faudra de préférence prendre une échelle décimale. Enfin, il faut éviter que les lignes ne se coupent sous des angles trop aigus, afin que la position de chaque point soit parfaitement déterminée.

# CHAPITRE II

## ÉLÉMENTS DE LA STATIQUE GRAPHIQUE

**62.** Dans les constructions graphiques que nous avons indiquées dans le chapitre premier, nous n'avons tenu compte que de la grandeur absolue des lignes et de leur mesure, sans trop nous préoccuper de leur direction et de leur position. Or, lorsqu'il s'agit de forces appliquées sur un corps et se faisant équilibre, il faut nécessairement envisager le point d'application, la direction et l'intensité de ces forces. On est donc amené à un autre ordre de problème constituant la graphostatique.

Nous rappellerons quelques définitions données déjà dans le chapitre premier de la statique.

### Force. — Éléments d'une force.

**63.** On appelle force, toute cause de production ou de modification de mouvement. Suivant la nature des effets qu'elles produisent, on leur donne diverses dénominations, telles que : *traction*, *pression*, *extension*, *compression*, *impulsion*, *poussée*, *percussion*, *effort tranchant*, *charge*, *résistance au glissement*, *au frottement*, *au cisaillement*, etc., etc.

Une force quelconque est déterminée par trois éléments :

1° Son *point d'application*, c'est-à-dire le point du corps où elle agit directement;

2° La *direction*, c'est-à-dire la ligne droite suivant laquelle elle tend à entraîner son point d'application.

3° Son *intensité*, ou autrement dit sa valeur par rapport à l'unité de force qui est le kilogramme.

Nous représenterons une force par une droite terminée par une flèche indiquant le sens de son action, et son intensité par une longueur proportionnelle donnant le nombre d'unité qu'elle contient.

Dans une épure, toutes les forces devront être portées à la même échelle, qu'on appelle échelle des forces. La grandeur de cette échelle dépendra de l'importance des forces et sera choisie de telle sorte que les constructions graphiques à effectuer puissent être contenues dans les limites de la feuille à dessiner.

Dans les constructions des charpentes ponts, etc. on ne rencontre en général que, des forces agissant dans un seul plan ; aussi nous ne nous occuperons, dans cette partie de l'ouvrage, que des problèmes relatifs aux forces agissant dans un seul et même plan.

### Résultante de deux forces concourantes.

**64.** Soient deux forces $F_1$ et $F_2$ (*fig.* 49) données en direction, l'une appliquée au point A et l'autre au point B ; leurs intensités étant représentées par les longueurs proportionnelles $AF_1$ et $BF_2$. Pour déterminer leur résultante, qui est donnée par la diagonale du parallélogramme construit sur $F_1$ et $F_2$, menons d'un point quelconque O une droite O*a* égale et parallèle à $F_1$ puis du point *a* une autre droite *ab*, égale et parallèle à $F_2$. Joignons O*b* ; cette ligne sera la grandeur et la résultante R des deux forces $F_1$ et $F_2$. Le sens de cette résultante est opposé à la force qui ferait équilibre aux deux forces données. Nous obtiendrons la position de cette résultante en menant une parallèle CR à O*b*, par le point d'intersection C des deux forces du système.

Le triangle O*ab* s'appelle le *triangle des forces*.

**65.** *Remarque. I* — On arriverait au même résultat en suivant un ordre inverse, c'est-à-dire en traçant *ba* égal et parallèle à $F_2$, puis *a*O parallèle et égal à $F_1$.

Si dans ce triangle, nous changeons le sens de la flèche de la résultante R, toutes les flèches auront alors la même direction et dans ce cas R représentera la force faisant équilibre aux forces $F_1$ et $F_2$. On peut donc dire :

*Si dans un triangle des forces, toutes les flèches ont même direction, les trois forces sont en équilibre.*

**66.** *Remarque II.* — Si les deux composantes forment un angle de zéro degré, c'est-à-dire, si elles ont même direction et même sens, le triangle se réduit à une

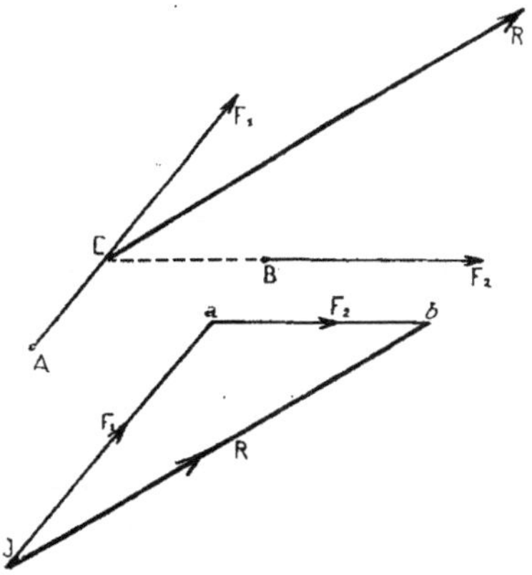


Fig. 49.

ligne droite, et la résultante à même sens et égale, comme intensité, à la somme des composantes.

Si elles font un angle de 180 degrés ou ce qui revient à dire qu'elles ont même direction, mais des sens opposés, leur résultante est égale à la différence des composantes et agit dans le sens de la plus grande.

## Résultante de plusieurs forces qui se coupent au même point.

**67.** Soit un système de plusieurs forces, $F_1$, $F_2$, $F_3$, $F_4$, $F_5$ dont les directions se coupent au même point S (*fig.* 50). Pour trouver leur résultante, il suffira de répéter la construction du triangle des forces, plusieurs fois.

A cet effet, à partir d'un point quelconque *o*, portons les unes à la suite des autres, et avec leurs signes, les forces $F_1$, $F_2$, $F_3$, $F_4$, $F_5$ ; chacune des droites *oa*, *ab*, *bc*, etc., étant respectivement égales et parallèles aux forces du système. La droite O*e* joignant le point O au point *e*, déterminé en dernier lieu, donnera en

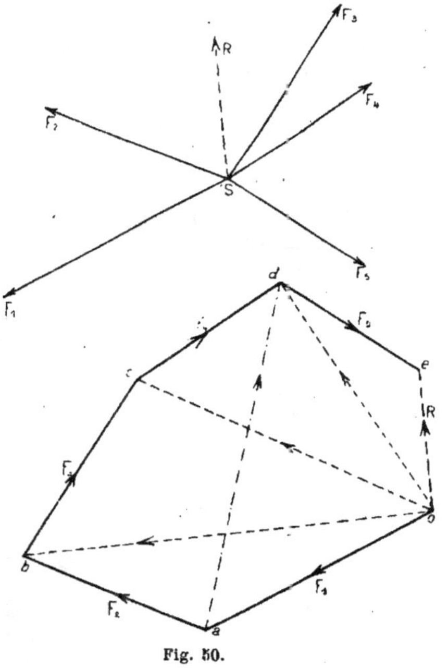


Fig. 50.

grandeur et en direction la résultante cherchée R.

Cette résultante R est de direction opposée à celle des composantes.

Pour avoir la position de R, il suffira de mener par le point S une droite égale et parallèle à la résultante trouvée.

Le polygone *oabcde* se nomme le *polygone des forces*.

Toutes les diagonales du polygone des forces issues du point O, donnent en grandeur et en direction les résultantes partielles $r_1$, $r_2$, $r_3$, par suite le rayon *oc* représentera bien la résultante des forces du système.

On obtiendrait la position de ces résultantes partielles, en menant par le point S des parallèles égales à $r_1$, $r_2$, $r_3$.

Si on mène dans le polygone une diagonale quelconque, par exemple *ad*; cette droite représentera en grandeur et en direction la résultante partielle des forces comprises entre les deux sommets *a* et *d* c'est-à-dire des forces $F_2$, $F_3$, $F_4$. La position de cette résultante partielle s'obtiendra en menant du point S une droite égale et parallèle à *ad*.

Les flèches indicatrices des résultantes sont toujours de sens opposé à celles des composantes.

**68.** *Remarque I.* — L'ordre que l'on suit pour construire le polygone des forces n'influe en rien sur la résultante R, qui reste la même, en grandeur et en direction.

**69.** *Remarque II.* — Il peut arriver que le point extrême de la dernière composante se confonde avec le point d'origine O ; c'est-à-dire que le polygone des forces se ferme de lui-même. Dans ce cas la résultante est nulle, ce qui montre que les forces du système se font équilibre. Les flèches ont alors toutes la même direction et chaque composante, prise en sens contraire, peut être considérée comme la résultante de toutes les autres.

**70.** *Remarque III.* — Le polygone des forces, lorsqu'il ne se ferme pas, permet de déterminer la grandeur et la direction de la force qui ajoutée, au système, donnerait un ensemble de forces se faisant équilibre. Cette force serait donnée par la droite *oe* fermant le polygone et de sens contraire à R ; c'est-à-dire que la flèche indicatrice serait de même sens que les autres forces.

## Résultante des forces ne se coupant pas en un même point.

**71.** Supposons un système de forces $F_1$, $F_2$, $F_3$, $F_4$, $F_5$ (*fig.* 51), situées dans un même plan. Cherchons d'abord la résultante des deux premières, en menant d'un point O, une droite *oa* égale et parallèle à la force $F_1$, puis à la suite *ab* représentant la force $F_2$. La ligne *ob* représentera la résultante des forces $F_1$, $F_2$ ; sa direction est opposée à celle des composantes.

La position de cette résultante s'obtien-

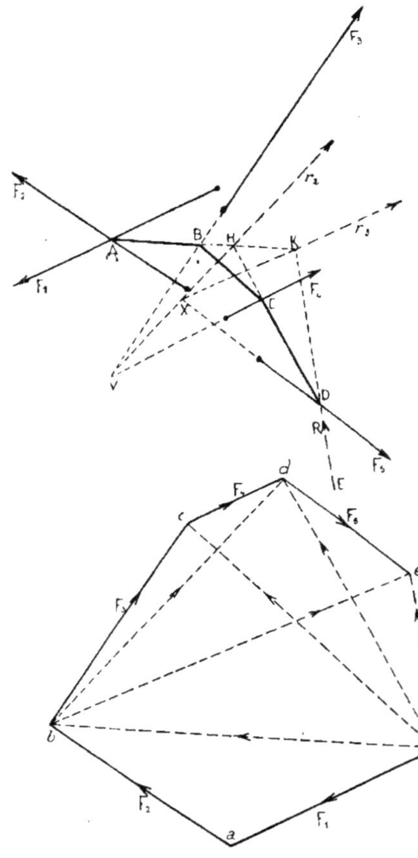


Fig. 51.

dra en menant par le point A de rencontre des forces $F_1$, $F_2$, une parallèle à *ob*.

Les forces $F_1$ et $F_2$ peuvent alors être remplacées par leur résultante *ob* agissant suivant la direction BA ; en la composant avec la force $F_3$, c'est-à-dire en menant dans le polygone *bc* égal et parallèle à $F_3$.

La ligne *oc* est la résultante des forces

$F_1$, $F_2$, $F_3$ et de direction opposée aux composantes ; elle a dans le système son point d'application au point B de rencontre de la première résultante avec $F_3$. Cette résultante des trois premières forces aura pour direction BC parallèle à *oc*.

En composant successivement la résultante précédente avec la force suivante du système, on obtiendra la résultante *od* des quatre premières forces, dont la position sera CD ; puis finalement la résultante $oe = R$ du système donnée en position par la ligne DE parallèle à *oe*.

*Polygone funiculaire.* — La ligne brisée $F_1$ ABCDE est ce qu'on appelle le *polygone funiculaire* des forces du système donné. Chaque côté du polygone funiculaire représente la position de la résultante partielle des forces qui le précèdent ; les grandeurs de ces résultantes partielles sont données dans le polygone des forces par la parallèle au côté correspondant du polygone funiculaire menée du point d'origine *o*.

Leurs directions déterminées également par le polygone des forces étant toujours de sens opposé à celui des composantes, le polygone funiculaire et le polygone des forces jouissent encore des propriétés suivantes :

Chaque côté du polygone funiculaire est parallèle au rayon du polygone des forces joignant le point *o* au point d'intersection des deux forces adjacentes au côté considéré. Ainsi la ligne BC est parallèle au rayon *oc* et la ligne CD est parallèle au rayon *od*.

La ligne joignant deux sommets quelconques du polygone des forces, donne en grandeur et en direction la résultante des forces comprises entre ces deux sommets. Ainsi la ligne *bd* représentera en grandeur et en direction la résultante des forces $F_3$ et $F_4$, ayant son point d'application à l'intersection H des deux côtés correspondants du polygone funiculaire prolongés.

De même la résultante des forces $F_3$, $F_4$, $F_5$ sera déterminée en grandeur et en direction par la ligne *be* et son point d'application sera à l'intersection K des deux côtés du polygone funiculaire AB et ED prolongés. En effet cette résultante $r_3$ des forces $F_3$, $F_4$, $F_5$ doit passer par le point X de la résultante $r_2$ des forces $F_3$ et $F_4$, et de la force $F_5$.

Si, au contraire, on veut déterminer la résultante d'un certain nombre de forces désignées dans le polygone funiculaire, on mènera par le point *o* deux rayons parallèles aux côtés correspondants du polygone funiculaire. La ligne, joignant les deux points ainsi obtenus, donnera en grandeur et en direction la résultante partielle cherchée.

Ainsi la résultante des forces $F_3$, $F_4$, $F_5$ se trouve représentée en grandeur et en direction par la droite *be* interceptée dans le polygone des forces par les rayons *ob* et *oe* menés parallèlement aux côtés AB et ED du polygone funiculaire. Cette résultante agissant au point de rencontre K des côtés AB et ED.

**72.** *Remarque.* — Les propriétés que nous venons d'énoncer au sujet des forces, sont également vraies pour toutes les grandeurs dans lesquelles on a à tenir compte de la direction : c'est ainsi qu'elles s'appliquent aux vitesses réelles ou virtuelles, aux trajectoires passant par des points déterminés, aux lignes qui, dans une voûte, passent par les centres de gravité des voussoirs, etc.

## Résultante des forces parallèles de même sens.

**73.** Soit à déterminer la résultante des forces parallèles $F_1$, $F_2$, $F_3$, $F_4$, $F_5$, $F_6$ (*fig.* 52) et dirigées dans le même sens.

Nous allons construire comme précédemment le polygone des forces et le polygone funiculaire. A cet effet, considérons une force auxiliaire P, dont la grandeur *oa* est portée à partir d'un point quelconque *o*. A partir du point *a* portons, à la suite les unes des autres, les forces du système $F_1$, $F_2$, $F_3$ etc., et joignons le point *o* aux points *b*, *c*, *d*, etc., qui sont ici sur une même droite.

Le polygone funiculaire s'obtiendra, en prolongeant la force auxiliaire P jusqu'à sa rencontre B avec la force $F_1$ ; par le point B nous menons BC parallèle au rayon *ob*, puis CD parallèle au rayon *od*, et ainsi de suite jusqu'à la droite HK parallèle au dernier rayon *oh*.

La résultante de tout le système des forces est donnée en grandeur et en direction par la ligne $oh = P_1$ qui ferme le polygone des forces. Sa direction est op posée à celle des composantes. Le polygone funiculaire est ABCDEGHK.

Pour déterminer la résultante partielle des forces comprises entre P et $P_1$, prolongeons les côtés extrêmes AB et KH du polygone funiculaire jusqu'à leur point de rencontre X. Ce point est le point

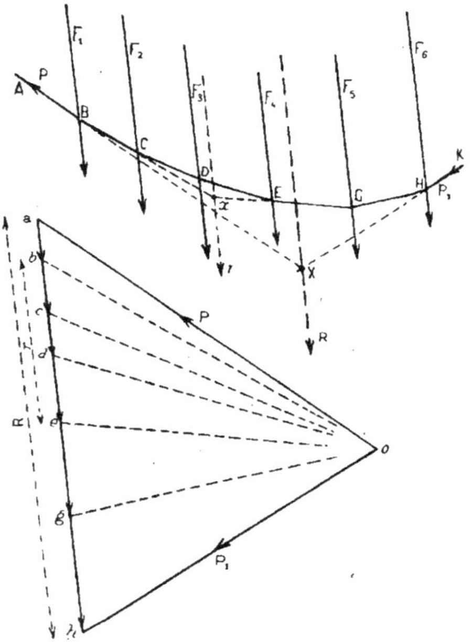


Fig. 52.

d'application de la résultante R, elle est parallèle aux composantes et son intensité est *ah* ou

$$R = F_1 + F_2 + F_3 + F_4 + F_5 + F_6,$$

On pourrait déterminer, d'une manière analogue la résultante partielles de quelques forces du système, par exemple, des forces $F_2$, $F_3$, $F_4$.

Pour cela nous mènerons dans le polygone des forces les rayons *ob*, *oe* parallèles aux côtés correspondants BC et EG du polygone funiculaire. La grandeur *be* interceptée par ces rayons sur la ligne *ah* représentera en grandeur et en direction la résultante *r* des forces $F_2$, $F_3$, $F_4$. Son point d'application sera au point *x* de rencontre des côtés BC et EG du polygone funiculaire.

**74.** *Remarque I.* — Si l'on fait varier

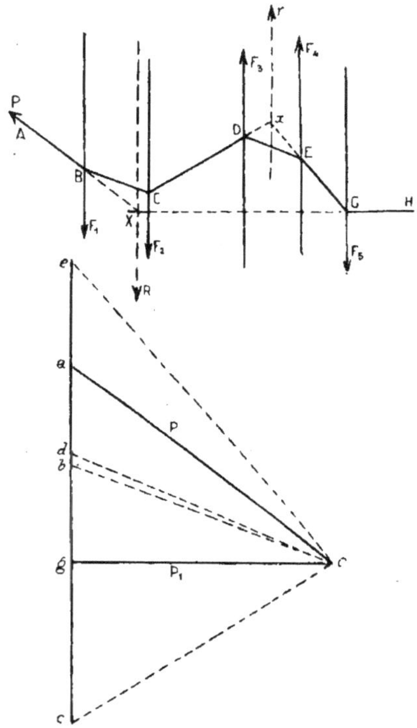


Fig. 53.

la grandeur de la force auxiliaire P, le polygone funiculaire variera de forme, mais la résultante totale des forces parallèles, aussi bien que les résultantes partielles ne changeront pas.

**75.** *Remarque II.* — Dans presque tous les calculs graphiques, les forces parallèles que l'on a à considérer, sont verticales.

## Résultante des forces parallèles et de directions opposées.

**76.** Soit un système de forces parallèles, les unes $F_1$, $F_2$, $F_5$ agissant de haut en bas et les autres $F_3$ et $F_4$ agissant en sens contraire (*fig.* 53).

La composition de ce système est analogue à celle du cas précédent, à condition d'observer dans la construction du polygone des forces, le sens de chacune d'elles.

Nous aurons encore recours à l'emploi d'une force auxiliaire non parallèle P, que nous porterons en grandeur et en direction suivant *oa* parallèlement à BA. Les forces données seront portées successivement sur une droite parallèle à leur direction et dans l'ordre suivant :

$$ab = F_1$$
$$bc = F_2$$
$$cd = F_3$$
$$de = F_4$$
$$eg = F_5.$$

Le polygone funiculaire s'obtiendra, en menant successivement les droites BC, CD, DE, EG, GH respectivement parallèles aux rayons *ob*, *oc*, *od*, *oe*, *og*. La résultante de toutes les forces considérées, y compris la force auxiliaire P est donnée en grandeur et en direction par le rayon *og* qui ferme le polygone des forces, et en position par le côté HG du polygone funiculaire.

La résultante des forces parallèles du système donné, se déterminera comme une résultante partielle du système total. Sa position sera donnée par le point X de rencontre des côtés AB et HG du polygone funiculaire, sa direction et sa grandeur sont indiquées dans le polygone des forces par la ligne *ag* interceptée par les rayons *oa* et *og* parallèles aux côtés correspondants AB et HG du polygone funiculaire.

On pourrait également déterminer une résultante partielle. Ainsi la force *r* est la résultante des forces $F_3$ et $F_4$ ; elle passe par le point de rencontre *x* des deux côtés CD et EG du polygone funiculaire, elle est déterminée en grandeur et en direction, dans le polygone des forces par la ligne *ec*, interceptée sur la verticale par les rayons *oe* et *oc*, menés par le point *o* parallèlement aux côtés CD et EG.

**77.** *Remarque I.* — Si les côtés extrêmes du polygone funiculaire se confondent en une seule et même droite, comme l'indique la figure 54, la résultante des forces parallèles est alors nulle, c'est-

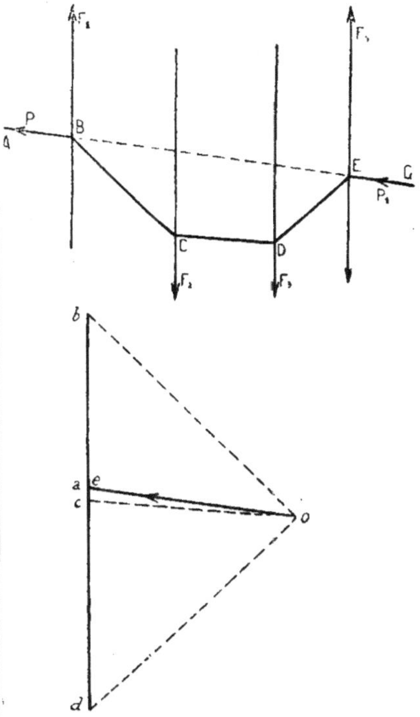


Fig. 54.

à-dire que le système est en équilibre. Les rayons du polygone des forces, qui déterminent, dans ce cas, la résultante en grandeur et en direction ne formant qu'un seul et même rayon, la résultante sera nulle. Le polygone des forces, qui, dans ce cas se réduit à une droite, se ferme de lui-même. C'est-à-dire que si nous portons à partir d'un point quelconque pris comme origine, toutes les forces données en grandeur et en direction, nous retomberons par la construction même au point d'origine.

**78.** *Remarque II.* — Il peut arriver que les côtés extrêmes du polygone funiculaire soient parallèles, comme sur la figure 55, le polygone des forces se ferme néanmoins de lui-même, car les rayons menés par le point O parallèlement aux côtés AB et EH se confondent et la résultante R est également nulle. Cela indique que les forces parallèles $F_1$, $F_2$, $F_3$, $F_4$ ne se font pas équilibre mais que leur résultante est alors un couple.

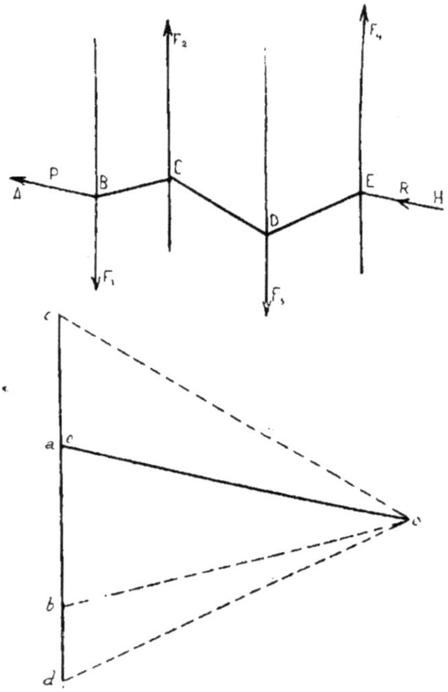


Fig. 55.

## Couple.

**79.** On appelle couple un système de deux forces égales, parallèles mais de sens opposé. Ainsi les forces P et $P_1$ (*fig.* 56) telles que $P = P_1$ forment un couple.

Un couple se mesure par la grandeur de son moment, qui est égal au produit de l'une des forces par la perpendiculaire commune aux deux forces qui le composent. En désignant par $p$ la distance des forces P et $P_1$, le moment du couple est :

$$M = Pp.$$

Le centre du moment peut-être pris en un point quelconque du plan des forces ; dans tous les cas son moment est constant. Ainsi le centre des moments étant le point $o$, on aura :

$$M = P_1 \times oa - P \times ob$$

ou $$M = P\,(oa - ob) = Pp.$$

On peut aussi entendre pour centre du moment l'axe de rotation, perpendiculaire

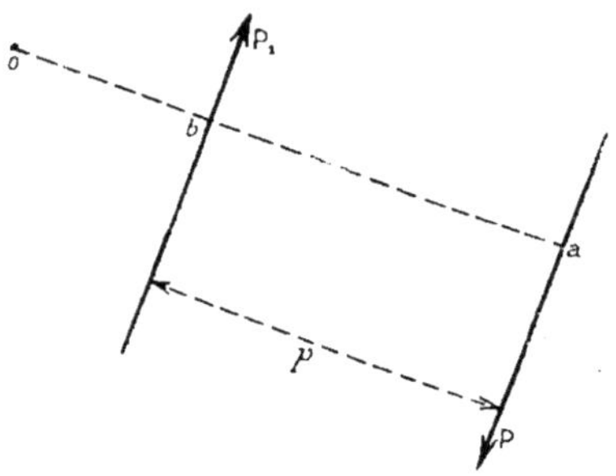


Fig. 56.

au plan des deux forces, dont la projection serait le point $o$ considéré.

Nous savons qu'un couple engendre une rotation qu'on peut représenter facilement en supposant chacune des forces P et $P_1$ agissant aux extrémités d'un levier fixé en son milieu, c'est-à-dire au pied de l'axe mené par ce point perpendiculairement au plan des deux forces.

La figure 57 indique les rotations que produiraient deux couples, $P,P_1$ et $QQ_1$, le premier donnerait lieu à une rotation de gauche à droite et le deuxième de droite à gauche.

Dans le premier cas, le couple est dit négatif et dans le second cas positif.

D'après cela un couple est déterminé par l'intensité des forces, par la grandeur de son bras de levier et par le sens de la rotation qu'il produit.

Deux couples sont donc égaux, lorsque produisant la même rotation, il ont même moment. Ce moment P*p* étant le produit de deux facteurs il en résulte que si P augmente ou diminue, *p* devra diminuer ou augmenter dans le même rapport, pour que le moment soit constant. Par conséquent à un seul et même moment correspond une infinité de couples.

De cette propriété on peut tirer une nouvelle définition du couple. Si les forces décroissent constamment, elles arriveront à avoir une valeur infiniment petite, agissant à une distance infiniment grande

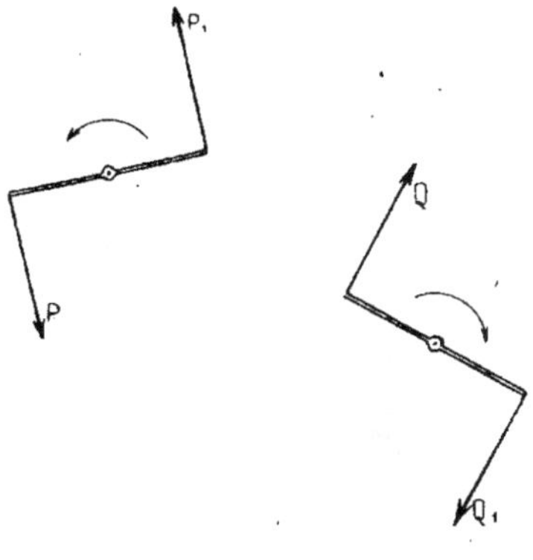


Fig. 57.

et nous pourrons définir le couple: *le moment de deux forces infiniment petites situées à l'infini.*

## Résultante d'un couple et d'une force.

**80.** Soit à composer un couple $P, P_1$, et une force R (*fig.* 58). Puisque la résultante du couple est nulle, il s'ensuit que la résultante totale du système proposé sera égale et parallèle à la force R, mais sa position se trouve déplacée dans le sens de la rotation.

En effet, composons d'abord R et $P_1$, puis leur résultante avec la force P, en construisant le polygone des forces. La droite *ad* qui forme le polygone est la résultante, elle est égale à R et de sens opposé aux composantes.

Pour trouver la direction de cette résultante, construisons le polygone funiculaire correspondant.

A cet effet nous prolongerons les forces R et $P_1$ jusqu'à ce qu'elles se coupent au point A; par ce point nous mènerons une parallèle au rayon *ac* et nous la prolonge-

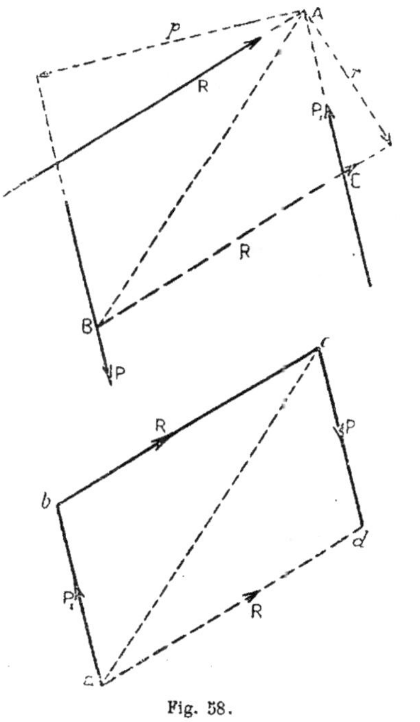


Fig. 58.

rons jusqu'à la rencontre en B avec la force P. Par B nous mènerons une parallèle au rayon *ad;* et nous trouverons en BC la résultante R.

On voit donc que la force R se trouve transportée parallèlement à elle-même, puisque le polygone des forces est un parallélogramme.

La grandeur du déplacement dépend de l'intensité de la force R et du moment du couple ; le déplacement sera d'autant plus petit que la force aura une plus grande intensité, et il sera d'autant plus grand que le moment du couple sera plus grand.

D'ailleurs ce déplacement peut se mesurer au polygone funiculaire, car nous savons que la somme algébrique des moments des composantes, est égale au moment de la résultante. Si nous rapportons les moments au point A, le mo-

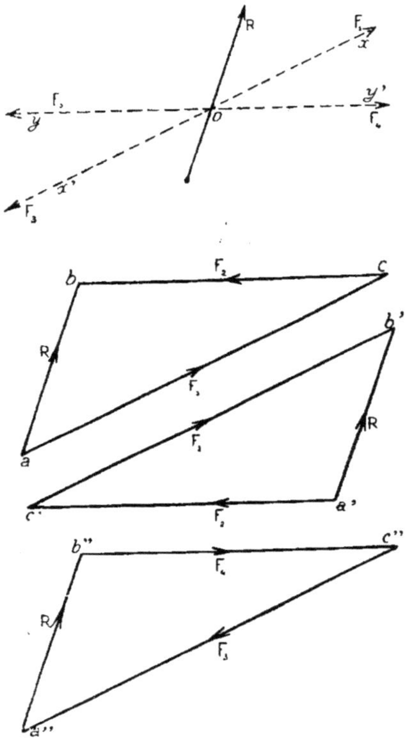


Fig. 59.

ment des forces R et P est nul et nous aurons l'équation :

$$Pp = Rr$$

d'où la grandeur du déplacement

$$r = \frac{Pp}{R}.$$

Cette grandeur est égale au moment du couple divisé par la force R.

Reportons-nous à la figure 55, nous verrons que la résultante des forces parallèles $F_1$, $F_2$, $F_3$, $F_4$ est un couple et que, sous l'action de ce couple, la force P se trouve transportée de la position AB en une position parallèle EH, et par suite EH est la direction de la résultante des forces P, $F_1$, $F_2$, $F_3$, $F_4$.

Si maintenant nous déterminons par les constructions connues la résultante de toutes les forces parallèles, nous remarquerons que les côtés extrêmes du poly-

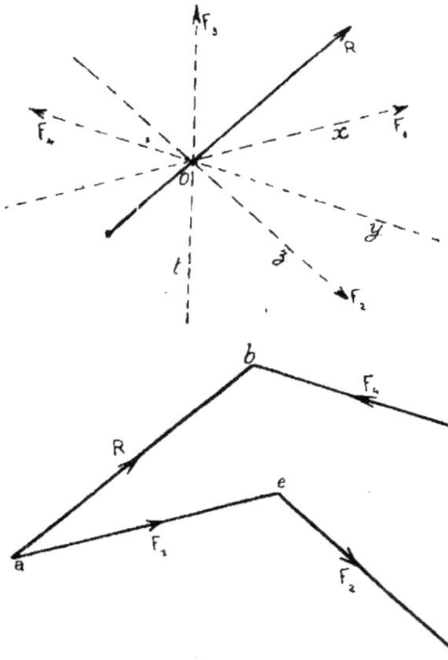


Fig. 60.

gone funiculaire se coupent à l'infini et que les rayons menés parallèlement à ces côtés par le pôle $o$ du polygone des forces donne comme résultante une valeur nulle.

D'après cela, on voit que pour qu'il y ait équilibre entre plusieurs forces parallèles, il ne suffit pas que le polygone des forces se ferme de lui-même, mais il faut encore que les côtés extrêmes du polygone funiculaire se confondent en une seule et même ligne droite.

### Décomposition d'une force en deux composantes de directions angulaires données.

**81.** Soit à décomposer une force donnée R en deux composantes dont les directions sont *ox* et *oy*; ces directions se coupant sur la force donnée (*fig.* 59).

Construisons le triangle des forces ; pour cela portons en *ab* la force R en grandeur et en direction, et par les extrémités *a* et *b* menons respectivement des parallèles aux directions *ox* et *oy*.

Ces parallèles se coupent au point *c*, et les côtés *ac* et *bc* donnent les grandeurs des composantes cherchées. Les directions de ces composantes doivent être de sens opposé à celle de la résultante R.

On arriverait au même résultat en suivant, dans la décomposition, l'ordre indiqué par le triangle des forces *a'b'c'* ; le côté *b'c'* donne la grandeur de la composante $F_1$ suivant *ox*, et le côté *a'c'* donne la composante $F_2$ suivant *oy*.

Si l'on voulait déterminer les deux forces qui agissent suivant les mêmes directions et font équilibre à la force donnée R, nous emploierions le triangle des forces *a"b"c"*, dans lequel les flèches indicatrices seraient de même sens que celle de R, et alors *a"c"* donnerait la grandeur de la force $F_3$ dirigée suivant *ox'*, et *b"c"* la force $F_4$ dirigée suivant *oy'*. Ces forces $F_3$ et $F_4$ font bien équilibre à la force R puisque leur résultante est égale et directement opposée à la force donnée.

### Décomposition d'une force en plusieurs composantes de directions angulaires données.

**82.** La décomposition d'une force donnée R en plusieurs composantes ayant des directions déterminées et se coupant au même point de R est en général indéterminée. Le problème devient déterminé si les composantes, à l'exception de deux, sont données en grandeur et en direction.

Supposons que l'on ait à décomposer la force R (*fig.* 60) suivant les quatre directions *ox*, *oy*, *oz*, *ot*, se coupant au point *o*; les composantes $F_1$ et $F_4$ dirigées suivant *ox* et *oy* étant connues en grandeur et en direction.

Pour déterminer la grandeur et le sens des deux autres composantes, construisons le polygone des forces, qui est ici un quadrilatère, dont trois côtés sont connus. Portons en *ab* la force R en grandeur et en direction, puis *ae* égale et parallèle à $F_1$ et *bc* représentant $F_4$. Du point *e* menons une parallèle à *oz*, et du point *c* une parallèle à *ot*. Les côtés *ed* et *dc* donnant les grandeurs et les sens des forces

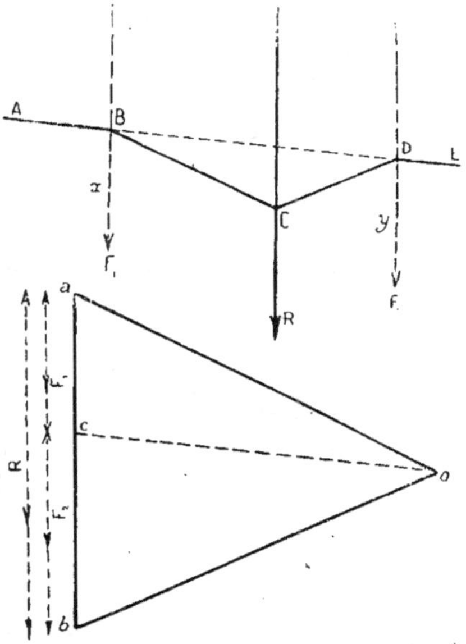


Fig. 61.

$F_2$ et $F_3$. Les flèches indicatrices des composantes sont de même sens et opposées au sens de la résultante R.

### Décomposition d'une force en deux composantes parallèles à cette force.

**83.** Soit à décomposer une force R (*fig.* 61) en deux composantes dont les directions *x* et *y*, parallèles à R, sont données.

Nous en déterminerons la grandeur à l'aide du polygone funiculaire. Portons la longueur *ab* égale et parallèle à R, puis une droite *oa* quelconque représentant une force auxiliaire P; joignons *oa* et *ob*. Le polygone funiculaire s'obtiendra en menant BC parallèle à *oa* et CD parallèle à *ob*.

En désignant par $F_1$ et $F_2$ les deux composantes cherchées, les côtés extrêmes AB et DE du polygone funiculaire doivent se confondre en une seule droite si les

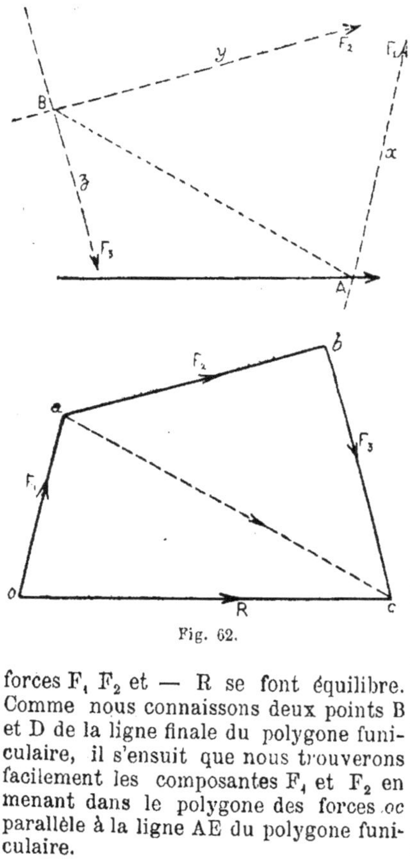


Fig. 62.

forces $F_1$ $F_2$ et — R se font équilibre. Comme nous connaissons deux points B et D de la ligne finale du polygone funiculaire, il s'ensuit que nous trouverons facilement les composantes $F_1$ et $F_2$ en menant dans le polygone des forces *oc* parallèle à la ligne AE du polygone funiculaire.

La force $F_1$ sera déterminée par les rayons *oc* et *oa* et son intensité sera donnée par *ac*; tandis que la seconde composante $F_2$ aura pour valeur *cb*.

Les composantes et la force R sont de directions opposées. La force R agissant de haut en bas, les composantes $F_1$, $F_2$ agiront aussi dans le même sens.

## Décomposition d'une force en trois composantes dont les directions ne se coupent pas au même point.

**84.** Soit une force R (*fig.* 62) à décomposer en trois composantes $F_1$, $F_2$, $F_3$ suivant les directions $x$, $y$, $z$. Prenons le point A d'intersection de la direction $x$ avec la force R et joignons-le au point B de rencontre des deux autres directions $y$ et $z$.

La force R peut se décomposer suivant les directions $x$ et AB; ces composantes seront données dans le polygone des forces par les longueurs *oa* et *ac*. A son tour la force *ac* dirigée suivant AB peut être décomposée suivant les directions $y$ et $z$, et ces composantes seront données en grandeur et en direction par les côtés *ab* et *bc* du polygone des forces.

Toutes ces composantes sont de sens opposé à celle de la résultante.

## Applications des principes précédents.

**85.** Nous empruntons à l'ouvrage de Reuleaux quelques problèmes sur la composition et la décomposition des forces d'après les principes si simples exposés plus haut.

**86.** Problème. — *Une grue* ABC (*fig.* 63) *est chargée en* A *d'un poids* L; *la partie* B *est cylindrique et engagée dans un support à galets; la partie* C *repose dans une crapaudine. Le corps de la grue a un poids* G *et son centre de gravité est en* S. *On demande de déterminer les forces* X *et* Y *en* B *et* C.

Les forces L et G étant verticales, on peut déterminer leur résultante Q, qui est égale à L + G et dont le point d'application s'obtiendra par un des procédés connus.

Nous supposerons, en négligeant les frottements, que la force X qui s'exerce en B est horizontale. Le point O de rencontre des forces Q et X doit appartenir à la direction de la force Y. Cette force doit d'ailleurs passer également par le centre du pivot en C, en admettant que la crapaudine enveloppe le pivot. Donc la direction de la force Y est CO, et nous pouvons, par suite, à l'aide du polygone des forces, déterminer les grandeurs des inconnues X et Y.

Pour cela, il suffit de porter sur une

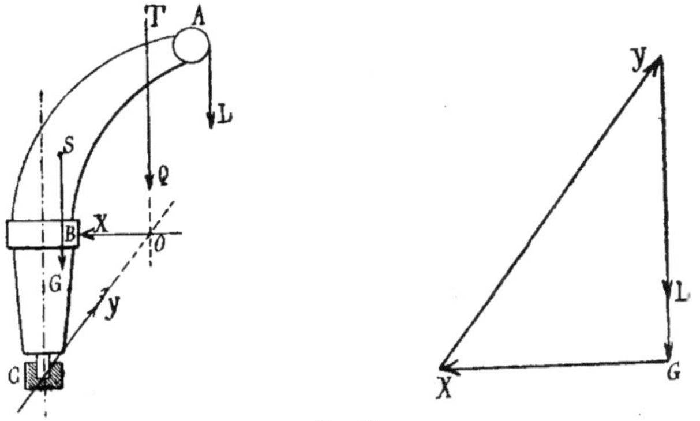


Fig. 63.

verticale en GY la force Q = L + G, de mener GX parallèle à OX et YX parallèle à CO, pour obtenir les forces X et Y.

La décomposition de Y en deux composantes, l'une verticale et l'autre horizontale, représenterait, pour la première, la pression verticale qui agit sur le pivot, et

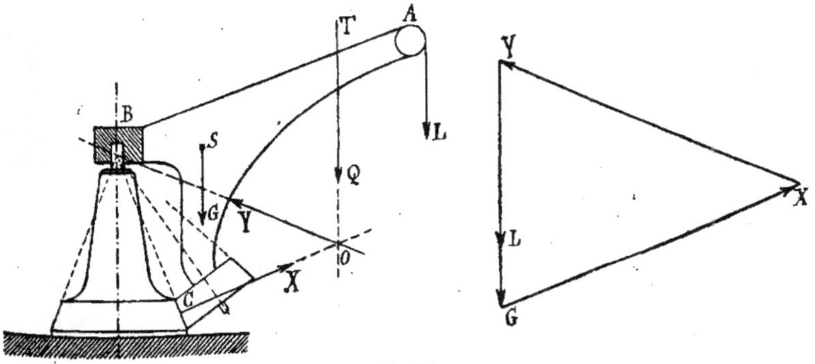


Fig. 64.

pour la seconde, la poussée que reçoit la crapaudine.

**87.** Problème. — *Une grue, chargée comme précédemment (fig. 64), s'appuie en* B *sur un pivot cylindrique et est soutenue en* C *par un galet conique, roulant sur un tronc de cône. Les deux cônes ont leur sommet commun au milieu du tourillon* B. *Déterminer les forces* X *et* Y *qui agissent sur le tronc de cône et sur le pivot.*

Comme précédemment, on connaît la résultante Q = L + G du poids qui agit à l'extrémité de la volée et du poids de la grue ; on connait également la direction de la pression X qui s'exerce en C, normalement à la surface du cône : on con-

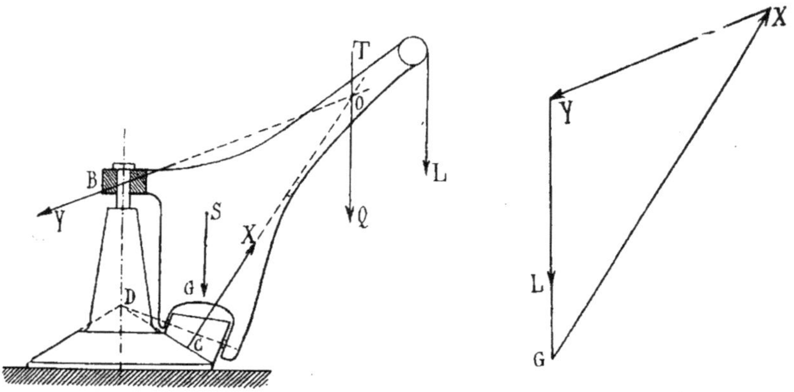


Fig. 65.

naît, par suite, le point d'intersection O des forces X et Q, et ce point doit appartenir à la direction de la réaction Y du tourillon.

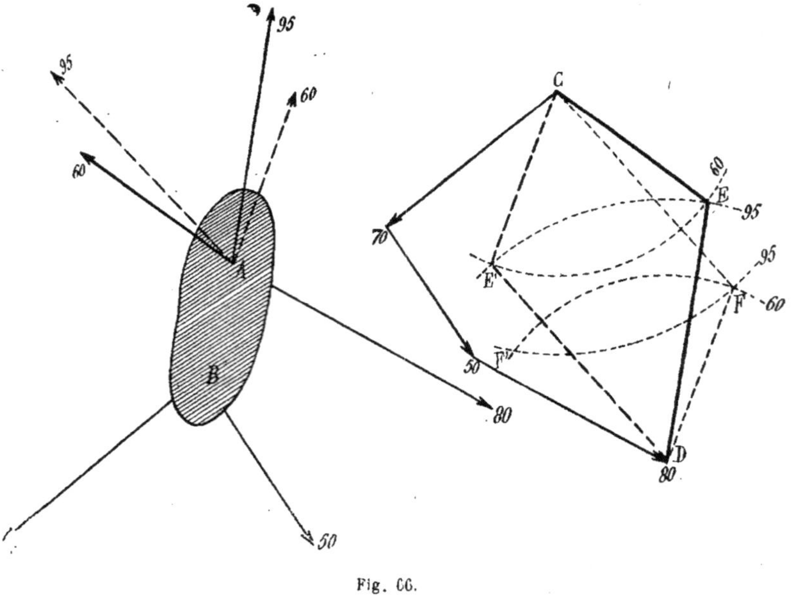


Fig. 66.

On peut donc construire immédiatement le polygone des forces en menant une verticale égale à Q et des parallèles aux deux forces X et Y.

La force Y pourra se décomposer en deux composantes, l'une verticale et l'autre horizontale. On peut remarquer que cette composante verticale est ici plus petite que la charge Q, tandis que, dans le premier exemple, elle lui était égale. Cette différence tient à ce que le cône supporte une partie de la charge.

**88.** PROBLÈME. — *Dans une grue du même genre* (*fig.* 65) *le sommet commun des deux cônes est en* D, *au-dessous du centre du tourillon* B. *Déterminer les forces* X *et* Y *pour que le système soit en équilibre.*

On détermine encore le point O en élevant CO perpendiculaire à DC, et on construit le polygone des forces. Par suite de l'hypothèse faite sur la position du point D, la force Y qui agit sur le tourillon s'exerce obliquement et vers le bas, tandis qu'elle s'exerçait vers le haut dans le cas précédent. Le tourillon doit donc être muni en B, au-dessus de la portée, d'un épaulement suffisamment résistant.

**89.** PROBLÈME. — *Trois forces de* 70, 50 *et* 80 *kilogrammes agissent dans un plan et sous les angles indiqués sur la figure* 66. *Ces forces agissent sur un corps* AB, *de*

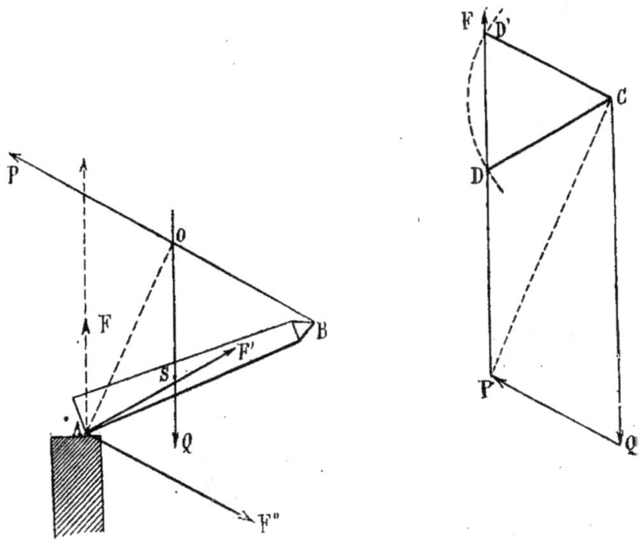


Fig. 67.

*telle sorte que leur résultante passe par le point* A. *En ce point* A *agissent deux autres forces, l'une de* 95 *kilogrammes, l'autre de* 60 *kilogrammes qui doivent faire équilibre aux précédentes: Quels angles doivent-elles faire avec les premières forces.*

Construisons le polygone des forces en portant de C en D les forces 70, 50 et 80 kilogrammes, puis décrivons des points C et D deux arcs de cercle avec les rayons 60 et 95; nous obtenons ainsi les points d'intersection E et E' ou F et F', ce qui donne pour les directions des forces DE et EC, ou, comme deuxième solution, les forces DF et FC.

On mènera du point A des droites parallèles aux directions ci-dessus, et l'on aura les directions des forces de 60 et 95 kilogrammes, qui feront équilibre aux trois forces données.

**90.** PROBLÈME. — *Un obélisque doit être dressé sur un socle, par rotation autour de l'arête* A *de sa base* (*fig.* 67), *la force motrice* P *étant appliquée à l'extrémité supérieure dans une direction donnée. Suivant quelle direction doit-on faire agir* en A *une force d'intensité déterminée pour que le socle ne soit soumis qu'à une pression verticale.*

On prolonge la ligne qui passe par le centre de gravité S de l'obélisque et qui figure le poids Q à élever, jusqu'à son intersection en O avec la force P.

Pour qu'il y ait équilibre, il faut d'abord que OA soit la direction de la résultante des forces Q et P.

Décomposons cette résultante en deux forces, l'une F dirigée verticalement, l'autre F' de grandeur donnée.

Après avoir porté Q et P dans le tracé CQP, on mène par le point P une verticale PF et du point C, avec une ouverture de compas égale à F', on décrit un cercle qui, si le rayon est suffisant, coupe PF en deux points D et D'.

Le problème comporte donc deux solutions, suivant qu'on prend pour F la grandeur PD et pour F' la direction DC, ou qu'on fait :

$$F = PD'$$

alors F' recevra la direction D'C.

Il faut d'ailleurs, pour que le problème soit possible, que F' soit au moins égal à la perpendiculaire abaissée de C sur PF'.

Ces deux solutions sont rapportées sur la figure en AF' et AF'''.

## Des Poutres.

**91.** On appelle poutre toute construction destinée à franchir, à couvrir, à fermer un espace et capable de supporter, en dehors de son poids propre, des charges accidentelles.

Les poutres sont supportées en un ou plusieurs points appelés points d'appui. Le nombre des points d'appui est la base du classement de ces pièces de construction.

Les forces qui agissent sur une poutre peuvent être divisées en deux groupes distincts. L'un de ces groupes comprend les forces provenant du poids propre de la pièce et des surcharges accidentelles ; l'autre groupe comprend les réactions des points d'appui. Ces réactions sont évidemment la conséquence des forces du premier groupe ; leurs directions dépendent de la forme des surfaces en contact et des effets du frottement ; néanmoins nous négligerons le frottement pour ne considérer que les réactions comme étant normales aux surfaces de contact.

La grandeur des réactions dépend de la grandeur et de la direction des charges, ainsi que de la forme de la poutre, quelquefois même de la nature du matériel employé.

Pour que ces deux groupes de forces se fassent équilibre il faut que la résultante des charges et la résultante des réactions soient égales, agissent au même point et aient des directions contraires.

Lorsque la poutre est droite, les réactions sont verticales ; lorsque la poutre est courbe, elles sont inclinées.

Ces points d'appui peuvent être sur un même plan horizontal, ou à des niveaux différents.

Les forces qui agissent sur une poutre peuvent être concentrées ou bien réparties. On entend par forces concentrées celles qui agissent en certains points ; par forces réparties, celles dont les points d'application se trouvent infiniment rapprochés les uns des autres. Ces forces réparties peuvent agir sur une certaine partie de la portée, ou bien sur toute la longueur ; elles peuvent, de plus, être réparties uniformément, ou d'une manière variable.

Ces charges réparties peuvent être représentées par une surface. Il suffit de porter aux différents points de la poutre, où sont appliquées les forces, des ordonnées proportionnelles à ces forces.

Le rectangle ombré, indiqué sur la figure 68, est la surface représentative d'une charge uniformément répartie sur toute la longueur ; tandis que la figure 69 indique une surface représentative d'une charge répartie d'une manière quelconque.

Dans les problèmes qui suivent nous ne nous occuperons que des forces agissant sur une poutre et des réactions engendrées à chaque point d'appui ; c'est-à-dire que nous négligerons le poids propre de la poudre, son mode de construction et la nature de la matière employée.

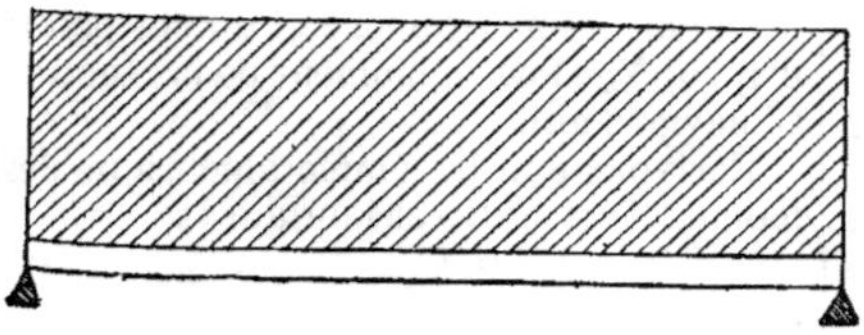

Fig. 68.

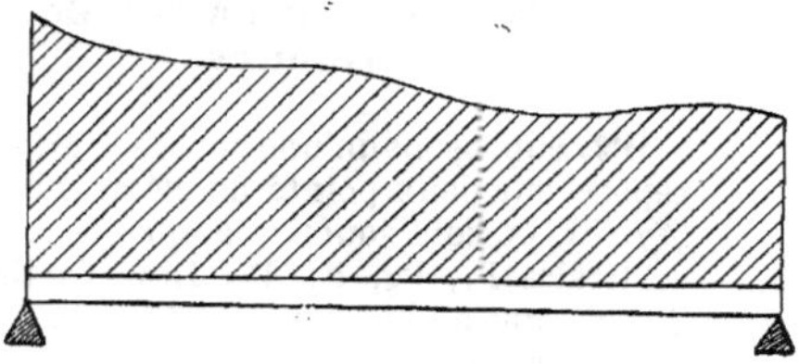

Fig. 69.

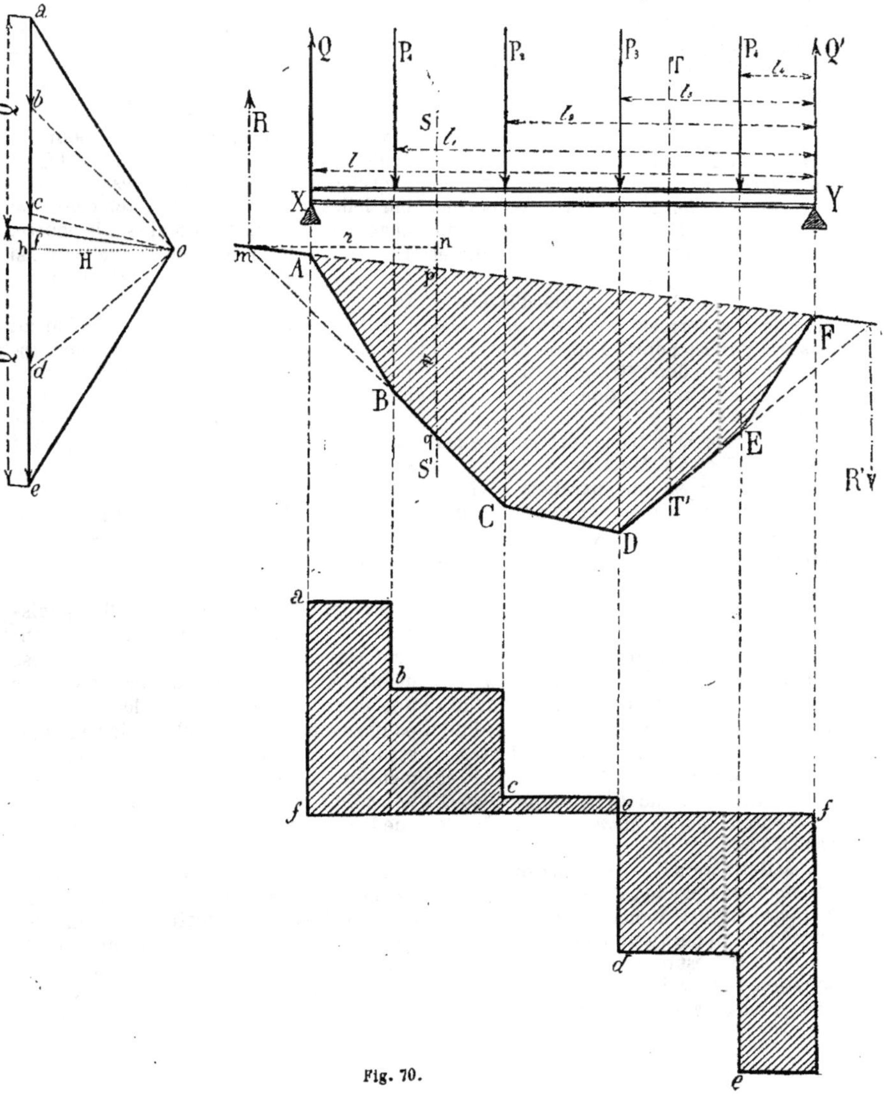


Fig. 70.

## Poutre reposant en ses deux extrémités.

**92.** Supposons qu'une poutre droite XY repose sur deux points de même niveau (*fig.* 70) et soit soumise à quatre forces verticales $P_1$, $P_2$, $P_3$, $P_4$. Les réactions Q et Q', qui agissent aux points d'appui, sont aussi verticales et dirigées de bas en haut. Pour déterminer la valeur de ces réactions, construisons le polygone des forces au moyen d'une force auxiliaire *oa*, ainsi que le polygone funiculaire correspondant.

Les réactions faisant équilibre aux charges qui agissent sur la poutre et ayant les mêmes directions, mais de sens contraire, leur somme est représentée au polygone des forces par la grandeur *ae*.

Les côtés extrêmes du polygone funiculaire sont dirigés suivant une seule et même droite ; ils doivent couper les côtés voisins AB et EF aux points d'intersection de ces derniers avec les verticales passant par les points d'appui ; leur position se trouve donc être parfaitement déterminée et leur direction est donnée par la droite AF.

La réaction Q se trouve déterminée par les côtés AB et AF. Mais, dans le polygone des forces, *oa* est une parallèle à AB ; il suffira donc de mener par le point *o* une parallèle à AF. La droite *af*, interceptée par les rayons *oa* et *of* donne la grandeur de la réaction Q. La direction est opposée à celles des forces $P_1$, $P_2$, etc.

La réaction Q' se détermine de la même manière et sera donnée par la droite *ef*.

**93.** Remarque I. — Le polygone des forces qui agissent sur la poutre se réduit à une droite ; et comme elles se font équilibre, il faut que les flèches indicatrices suivent toujours la même direction, ce qui montre bien que les réactions Q et Q' représentées par *af* et *fe* sont dirigées de bas en haut.

**94.** Remarque II. — On pourrait trouver ces réactions par le calcul, en appliquant le théorème des moments de toutes les forces par rapport à un point. Si le centre des moments est quelconque, on aura une équation à deux inconnues, qu'on pourrait résoudre avec une autre équation de condition. Il est préférable de prendre les moments par rapport à l'un des points d'appui Y, alors le moment de la réaction Q' devient nul.

Écrivons que la somme algébrique des moments est nulle et l'on aura :

$$Q.l - P_1l_1 - P_2l_2 - P_3l_3 - P_4l_4 = 0$$

d'où

$$Q = \frac{P_1l_1 + P_2l_2 + P_3l_3 + P_4l_4}{l}$$

Comme l'on a aussi

$$Q + Q' = P_1 + P_2 + P_3 + P_4$$

on en déduira

$$Q' = P_1 + P_2 + P_3 + P_4 - Q.$$

**95.** Remarque III. — On pourrait également trouver les réactions Q et Q' en cherchant successivement les réactions partielles des forces $P_1$, $P_2$, etc., comme si chacune d'elles agissait seule sur la poutre. La somme des réactions partielles ainsi obtenues représenterait la réaction totale.

**96.** Remarque IV. — Si les charges étaient placées symétriquement par rapport à l'axe de la poutre, ou bien uniformément réparties, les réactions Q et Q' seraient égales, et chacune aurait pour valeur la demi-somme des forces agissant sur la poutre.

## Moments fléchissants dans une poutre reposant en ses deux extrémités.

**97.** Lorsque des forces parallèles agissent normalement sur une pièce, elles tendent à la faire fléchir, ou, si l'on veut, elles déforment la pièce en lui faisant affecter une nouvelle forme. Dans le calcul des poutres soumises à des efforts de flexion, il est nécessaire pour déterminer leurs dimensions de connaître les *moments statiques* ou *moments des forces fléchissantes*, que l'on désigne, par abréviation, par moment fléchissant.

Le moment fléchissant est la somme des moments des forces par rapport à un axe mené dans une section normale déterminée perpendiculairement au plan de flexion. Ce moment fléchissant porte encore le nom de *moment de flexion*.

Le polygone funiculaire et celui des

forces permettent d'obtenir facilement ce résultat.

Supposons qu'on ait tracé le polygone des forces et le polygone funiculaire correspondant aux forces $P_1, P_2, P_3, P_4$; on déterminera, comme précédemment, les réactions $Q = af$ et $Q' = fe$ (*fig.* 70).

Le moment statique M pour le point S de la pièce est le produit de la résultante de toutes les forces qui se trouvent d'un même côté (à droite ou à gauche) de la ligne SS' parallèle à la direction des forces, et de la distance $r$ de cette résultante à SS'.

La grandeur de cette résultante est donnée par la ligne $bf$ du polygone des forces, qui se trouve comprise entre les rayons $ob$ et $of$ parallèles à BC et AF du polygone funiculaire.

La position de cette résultante s'obtiendra en prolongeant les deux côtés précédents du polygone funiculaire jusqu'à leur intersection $m$.

Cette résultante R ayant pour intensité $bf$ sera dirigée de bas en haut; son bras de levier $r$ sera la distance $mn$ du point d'application à la ligne SS'.

Le moment de la résultante R qui tend à fléchir la pièce en S est donc

$$M = Rr.$$

On obtiendrait de la même manière le moment fléchissant par rapport à une section quelconque de la poutre.

Il faut remarquer que, suivant la position de la section, le point d'application de la résultante des forces qui agissent à gauche de cette section tombe soit à gauche soit à droite de la section.

On voit en effet que pour la section TT' le point d'application $n$ de la résultante des forces se trouve à la rencontre des cotés DE et AF du polygone funiculaire; de plus, cette résultante R' agira de haut en bas.

Remarquons que pour trouver les résultantes correspondant aux différentes sections de la poutre, on considère toujours le coté AF du polygone funiculaire, puis l'autre côté du polygone funiculaire correspondant à la même section. Il s'ensuit que, si par le pôle $o$ du polygone des forces nous menons un rayon $of$ parallèle à la ligne finale AF, les diverses résultantes agiront de bas en haut, tant que les autres rayons menés par le pôle $o$ se trouveront au-dessus du rayon $of$; et de haut en bas, dans le cas contraire.

La résultante, ou autrement la force extérieure à la section considérée, tombera toujours en-dessus du rayon $of$, si les côtés correspondants du polygone funiculaire se coupent à gauche de la section considérée, et inversement.

Nous pouvons donc résumer la règle suivante:

La force extérieure à une section quelconque s'obtient en menant par le pôle du polygone des forces des parallèles aux côtés correspondants du polygone funiculaire; elle est représentée en grandeur par le segment intercepté par ces parallèles sur la verticale où se trouvent portées les forces agissant sur la poutre, et est dirigée suivant la verticale passant par le point d'intersection des côtés du polygone funiculaire prolongés. Ce point d'intersection tombe-t-il à gauche de la section considérée, la résultante agit de bas en haut; tombe-t-il, au contraire, à droite, elle agit en sens inverse.

Nous avons dit que le moment statique par rapport à la section SS' était:

$$M = R.r$$

Cependant R.$r$ peut être remplacé par par un autre produit égal. Menons dans le polygone des forces la perpendiculaire $oh$ à la ligne $ae$; les triangles $obf$ et $mpq$ étant semblables, les hauteurs $oh$ et $mn$ sont dans le même rapport, et l'on a :

$$\frac{bc}{oh} = \frac{pq}{m.n}$$

ou $$bc \times mn = oh \times pq.$$

Mais $bc$ est la résultante R déterminée ci-dessus; $mn$ est le bras de levier $r$ de cette force. Si nous désignons la perpendiculaire $oh$ par H et l'ordonnée $pq$ par $v$, on aura: $M = Rr = H.v$.

Quelle que soit la section considérée de la poutre, le moment statique est égal au produit de cette constante H par l'ordonnée du polygone funiculaire parallèle aux forces et limitée à la ligne finale AF. Les moments statiques sont donc entre eux, comme les ordonnées de ce polygone funiculaire, parallèles aux forces. Si l'on prend H pour unité, le produit H$v$, ou le moment statique, aura pour mesure l'ordonnée $v$.

On voit alors que la surface comprise entre la ligne finale AF et les autres côtés du polygone funiculaire permet d'obtenir immédiatement, par l'ordonnée correspondant à la section, la valeur du moment fléchissant ; c'est pour cela qu'on appelle cette surface la *surface représentative des moments*. Il est avantageux de renforcer cette surface par une légère teinte, ou bien de renforcer seulement par des hachures la ligne qui limite les ordonnées représentatives des moments.

Le polygone funiculaire une fois tracé, il n'est plus nécessaire de chercher la position $m$ de la force résultante, et, de plus, s'il s'agit simplement d'établir des rapports entre les différents moments statiques, il est indifférent que H ait été pris ou non à l'avance comme unité de mesure.

**98.** Remarque I. — La longueur H n'est autre chose que la composante horizontale constante des forces représentées par les rayons du polygone des forces, c'est-à-dire des tensions du polygone funiculaire; pour cette raison, on le désigne sous le nom de *tension horizontale*.

**99.** Remarque II. — Cette tension horizontale entrant comme facteur dans l'expression du moment, il sera bon de choisir le pôle $o$ du polygone des forces, de telle façon que la grandeur H soit représentée par un nombre exact d'unités, par exemple 1, 2, 3, 4, 5, 10, 100 (cette mesure facilitera en effet beaucoup les lectures à faire sur les épures).

**100.** Remarque III. — Dans une poutre reposant sur deux appuis, toutes ces ordonnées tombent en-dessous de la ligne finale du polygone funiculaire ; les moments seront donc de même signe et seront tous positifs.

Dans le cas de charges concentrées, le moment fléchissant a une valeur maxima qui correspond toujours à l'un des sommets du polygone funiculaire.

D'après la figure 70, le moment fléchissant est maximum pour la section passant par la force $P_3$ ou le sommet D du polygone funiculaire. On voit également que le moment fléchissant est nul en chacun des points d'appui.

**101.** Remarque IV. — Les importantes propriétés du polygone funiculaire, pour les forces parallèles, reçoivent des applications dans le calcul des arbres et dans beaucoup d'autres cas,

## Efforts tranchants dans une poutre reposant en ses deux extrémités.

**102.** L'effort tranchant tend à désagréger, à trancher ou à cisailler les molécules de la matière constituant une poutre.

Si l'on considère une section quelconque TT' d'une poutre, l'effort tranchant est la composante de la force extérieure à cette section agissant dans le plan même de cette section; ou bien c'est la somme des projections, sur un axe mené dans le plan de la flexion perpendiculairement à l'axe longitudinal de la poutre, de toutes les forces extérieures qui sollicitent le solide depuis la section normale considérée jusqu'à son extrémité.

Dans une poutre droite où toutes les forces sont verticales, cette composante ne différera pas de la résultante des forces situées à gauche de la section considérée.

Pour obtenir la ligne représentative des efforts tranchants, nous déterminerons pour toutes les sections d'une poutre les forces extérieures et nous porterons, à partie d'un axe horizontal et sur la verticale correspondant à chaque section, la valeur de cette résultante.

A cet effet prenons un axe horizontal $ff$ égal à la longueur de la poutre. Si nous prenons une section infiniment voisine de l'extrémité X de la poutre, la seule force agissant sur cette section sera la réaction Q, laquelle représente l'effort tranchant dans cette section qui est donné en $af$ dans le polygone des forces; nous porterons donc cette valeur sur la perpendiculaire à l'axe $ff$ passant par le point X. Cette longueur sera portée au-dessus de $ff$, puisque la force Q agit de bas en haut.

En répétant cette construction pour

toutes les sections comprises entre Q et $P_1$, on voit que l'effort tranchant est toujours égal à Q, puisqu'il n'y a pas d'autres forces entre ces deux sections. L'effort tranchant entre Q et $P_1$ sera donc représenté par une parallèle à l'axe *ff* menée par le point *a*.

De même si nous considérons une section entre $P_1$ et $P_2$ infiniment rapprochée de $P_1$, la résultante des forces à gauche de cette section s'obtiendra en menant du point *o* du polygone des forces des rayons parallèles à la ligne finale AF et au côté AB du polygone funiculaire rencontrés par la section considérée; la droite *fb* interceptée représente la grandeur de la résultante qui est égale à

$$Q - P_1 = fa - ab = fb.$$

Comme pour toutes les sections comprises entre $P_1$ et $P_2$ la résultante est égale à *fb* et agit de bas en haut; l'effort tranchant sera constant et par suite représenté par une droite menée par le point *b* parallèlement à l'axe *ff*.

En continuant le même raisonnement pour les autres sections, on obtiendra la ligne des efforts tranchants au moyen du polygone des forces; en observant que les efforts tranchants *fd* et *fe* doivent être portés au-dessous de la ligne *ff*.

Nous voyons sur la figure que l'effort tranchant est maximum au point X, positif et diminué jusqu'au point O où il est nul, puis il change de signe et atteint un maximum au point Y.

En comparant les positions de ces maxima et de ce minimum avec celles des minima et du maximum des moments fléchissants, on peut établir la règle suivante.

Dans une poutre reposant en ses deux extrémités, le moment fléchissant est maximum là où l'effort tranchant est nul, et réciproquement.

### Moments fléchissants et efforts tranchants d'une poutre reposant en ses deux extrémités, sous une charge répartie d'une manière variable.

**103.** Supposons (*fig.* 71) que la charge variable agissant sur une poutre horizontale XY soit représentée par la surface ombrée XYMLN; c'est-à-dire que chaque mètre carré de cette surface exprime un poids de 10 tonnes par exemple; la surface totale réduite à une base donnera le nombre de tonnes composant la charge entière.

Partageons cette surface ombrée en plusieurs surfaces élémentaires, cinq par exemple, ce qui revient à partager les charges en un même nombre de groupes. Mesurant séparément chacun de ces éléments nous obtiendrons la grandeur de la résultante des forces comprises dans chaque groupe. Ces résultantes, que nous désignerons par $P_1$, $P_2$, $P_3$, $P_4$, $P_5$, agiront aux centres de gravité des éléments considérés.

Nous construirons, à l'aide de ces cinq résultantes et d'après les mêmes procédés de la figure 70, le polygone funiculaire ABCDEFG, ainsi que le polygone des forces correspondant *oabcdefo*.

Or, la charge étant répartie sur toute la longueur de la poutre, le polygone funiculaire, au lieu d'être rectiligne, affectera la forme d'une courbe ayant pour tangentes les côtés AB, BC, CD, etc., du polygone rectiligne des forces $P_1$, $P_2$, $P_3$, etc.

Les points de tangences se trouvent déterminés par la rencontre des côtés du polygone funiculaire avec les verticales de séparation de deux surfaces élémentaires considérées. En joignant convenablement tous ces points de tangences on aura la courbe des moments fléchissants A*pqru*G correspondant à la charge considérée.

Il est facile de démontrer que le côté BC du polygone funiculaire est une tangente au point *p* à la courbe des moments fléchissants.

En effet, les côtés infiniment petits du polygone funiculaire, aux points *p* et A prolongés, doivent se couper en un point de la force $P_1$ considérée comme résultante des forces comprises entre A et *p*. De même les côtés infiniment petits du polygone funiculaire aux points *p* et *q* doivent se couper sur la force $P_2$. Mais les côtés du polygone funiculaire AB, BC, ainsi que les côtés BC et CD, se coupent également sur la direction des forces $P_1$ et $P_2$. De plus, d'après notre hypothèse, les points A, $p$, $q$ sont aussi des points de la courbe des moments. Le côté BC doit

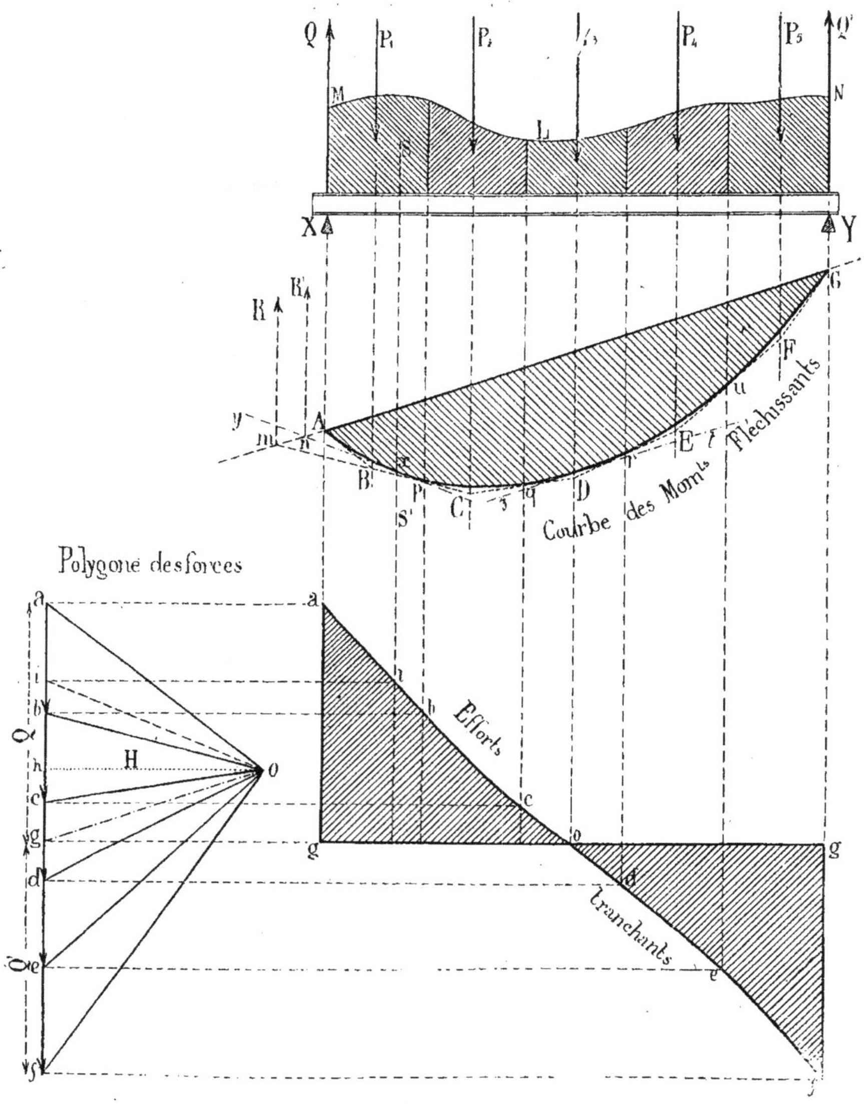


Fig. 71.

se confondre avec le prolongement du côté infiniment petit du polygone funiculaire passant par le point $p$ ; BC sera donc une tangente à la courbe avec $p$ comme point de tangence.

Il en est de même de tous les autres côtés du polygone funiculaire.

La courbe des moments fléchissants sera d'autant mieux tracée que l'on aura divisé en un plus grand nombre de parties la surface ombrée représentant la charge agissant sur le solide.

Pour déterminer les réactions aux deux points d'appui X et Y, menons dans le polygone des forces une droite $og$ parallèle à la ligne finale AG du polygone funiculaire; elle déterminera deux segments $ga$ et $gf$ qui représentent en grandeur et en direction les réactions Q et Q'.

Si l'on veut connaître la position de la résultante des forces agissant sur une section considérée, on opérera comme dans l'exemple précédent.

Ainsi la résultante agissant sur la section passant par $p$ aura son point d'application $m$ à la rencontre de la ligne finale AG du polygone funiculaire et de la tangente BC au point $p$ de la courbe des moments fléchissants. L'intensité de cette résultante R s'obtiendra en menant par le pôle $o$ du polygone des forces des rayons parallèles aux côtés BC et AG du polygone funiculaire. On aura $R = bg$.

De même, pour avoir la résultante agissant sur la section SS', on mènerait au point $x$ une tangente à la courbe, laquelle rencontrerait la ligne finale au point $n$ qui serait le point d'application de cette résultante R', ayant pour intensité $ig$ donné par le polygone des forces.

Comme on le voit, la détermination de ces résultantes se fait comme dans l'exemple de charges concentrées ; mais, au lieu de considérer les côtés du polygone funiculaire, nous devrons ici opérer avec les tangentes à la courbe des moments.

La valeur du moment fléchissant correspondant à un certain nombre de forces se déterminera de la même manière que dans le cas de charges concentrées ; la surface ombrée A$pqru$GA est la surface représentative des moments.

La surface représentative des efforts tranchants s'obtiendra aussi d'après les mêmes principes. Il faudrait considérer dans la poutre un nombre infini de sections ; mais on se contentera de déterminer l'effort tranchant correspondant à un certain nombre d'entre elles. Sur la figure 71, nous avons pris les sections passant par les verticales de division. A partir d'un axe horizontal $gg$, nous portons comme ordonnée la valeur de la force extérieure et nous joignons par un trait continu les extrémités de ces ordonnées.

Nous avons disposé la construction de la courbe des efforts tranchants en regard du polygone des forces afin de l'obtenir par une simple projection. Pour avoir l'effort tranchant en une section quelconque SS' nous menons la tangente $xn$ à la courbe des moments, puis par le pôle du polygone des forces un rayon $oi$ parallèle à cette tangente ; la verticale $gi$ comprise entre le rayon $oi$ et le rayon $og$ donne l'effort tranchant cherché.

L'effort tranchant atteint ses maxima sur les points d'appui de la poutre ; il est nul là où le moment fléchissant est maximum. Le moment fléchissant maximum s'obtiendra en menant à la courbe une tangente $zt$ parallèle à la ligne finale AG. Sur la figure le point de tangence correspond à la verticale de $P_3$.

### Poutre reposant en ses deux extrémités et soumise à une charge uniformément répartie.

**104.** La poutre étant soumise à une charge uniforme sur toute sa longueur, cette charge est représentée par une surface rectangulaire XMNY (*fig.* 72).

On pourrait décomposer cette surface en un certain nombre de parties égales; chacune de ces parties exprimant la résultante des forces agissant au centre de gravité des surfaces correspondantes, puis obtenir le polygone des forces, la courbe des moments fléchissants et celle des efforts tranchants, comme dans les cas précédents. Mais il est plus simple d'opérer comme il suit ; d'après les remarques déjà énoncées, décomposons la surface XMNY en deux parties égales et construisons le polygone des forces $ab = bc$ puis le polygone funiculaire correspondant AKIF.

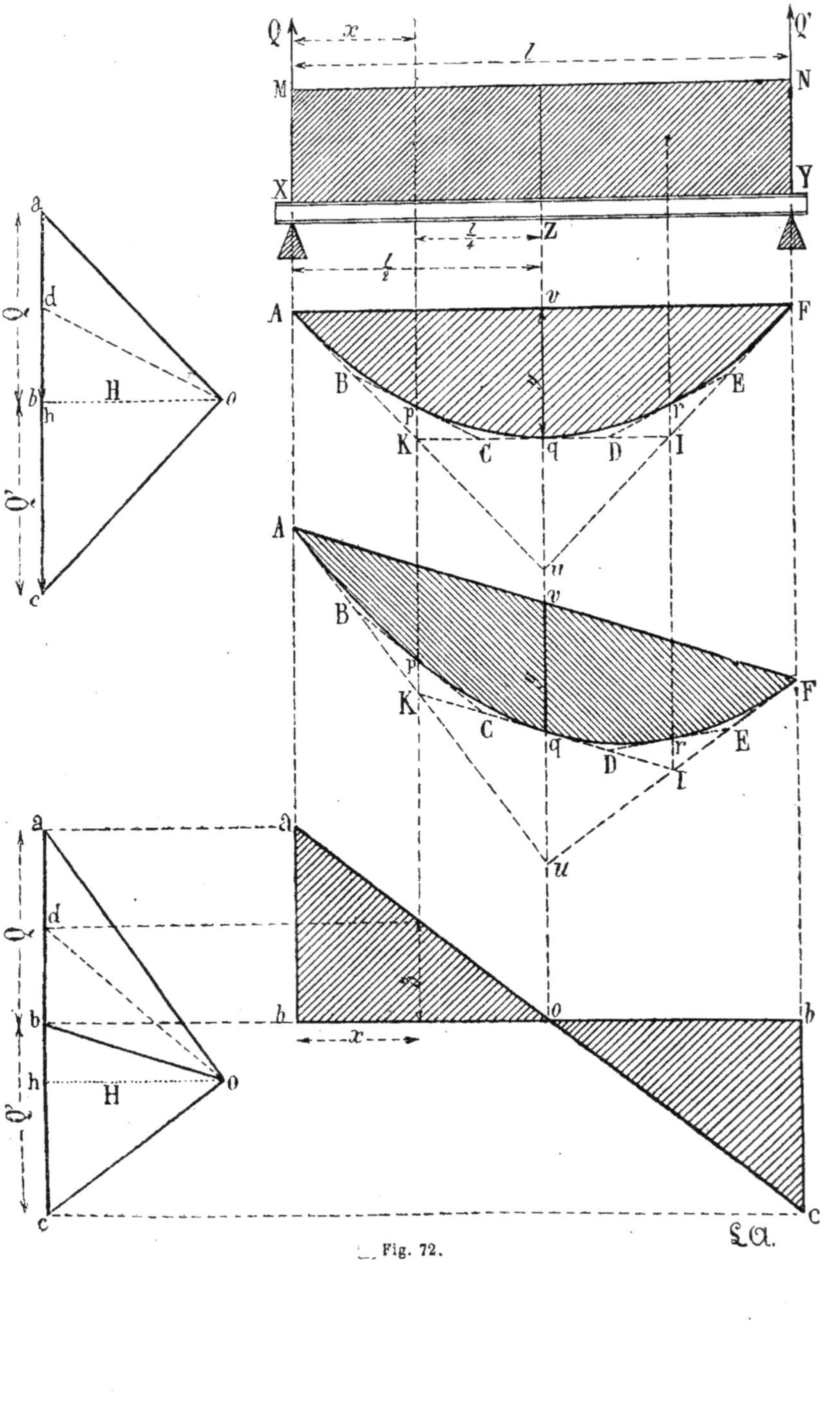


Fig. 72.

La courbe des moments fléchissants sera tangente aux côtés AK, KI et IF aux points A, $q$, F. Si nous répétons la même construction pour la partie XZ, c'est-à-dire si nous la divisons à son tour en deux parties égales, nous aurons le polygone des forces *oadb* et le polygone funiculaire ABG$q$ correspondant; les points A, $p$, $q$ seront des points de la courbe des moments et les tangentes en ces points seront les lignes AB, BC, CD.

En appliquant la même construction à l'autre moitié ZY de la poutre, on aurait la courbe entière des moments fléchissants qui serait A$pqr$F.

On peut remarquer que dans cette construction chaque nouvelle tangente à la courbe n'est autre que la ligne joignant les deux points milieux B et C des deux tangentes BK et K$q$.

D'après cette construction, la courbe des moments fléchissants dans le cas d'une charge uniformément répartie est une parabolequ'on peut facilement construire, connaissant les deux tangentes extrêmes A$u$ et F$u$.

Donc le segment parabolique ombré représentera la surface des moments fléchissants dont le maximum correspondra au milieu de la poutre.

Sur la figure 72 nous avons construit cette surface:

1° En supposant que le polygone ou triangle des forces est isocèle; dans ce cas la corde AF du segment parabolique est parallèle à la poutre;

2° En prenant le pôle $o$ du polygone des forces quelconque.

Il est évident que dans ces deux constructions, les moments fléchissants sont représentés par des ordonnées égales.

Les réactions $ab = Q$ et $bc = Q'$ sont égales chacune d'elles à:

$$p\,\frac{l}{2},$$

$p$ représentant la charge par mètre courant, et $l$ la longueur de la poutre exprimée en mètres.

La courbe parabolique des moments fléchissants pourrait être aussi construite si l'on connaissait l'ordonnée maxima $vq$, c'est-à-dire le moment fléchissant maximum.

En effet, nous prendrions une ligne finale AF limitée aux verticales des points d'appui; en son milieu nous mènerions une verticale $vu$ égale au double de l'effort tranchant maximum $vq$. Les droites A$u$ et F$u$ seraient des tangentes à la parabole en leurs points de rencontre avec la ligne finale du polygone funiculaire. Il resterait à appliquer la construction précédente.

**105.** *Valeur algébrique du moment fléchissant maximum.* — Considérons la section passant par le milieu de la poutre et déterminons le moment de toutes les forces situées à gauche de cette section. Les forces sont la réaction $Q = p\frac{l}{2}$, qui a pour bras de levier $\frac{l}{2}$ et la charge agissant sur la partie XZ de la poutre; cette charge a pour valeur $p\,\frac{l}{2}$, son bras de levier est $\frac{l}{4}$.

Les forces Q et $p\,\frac{l}{2}$ agissant en sens contraire, le moment maximum dans la section considérée sera:

$$M = p\,\frac{l}{2}\cdot\frac{l}{2} - \frac{pl}{2}\cdot\frac{l}{4}$$

$$M = \frac{pl^2}{4} - \frac{pl^2}{8} = \frac{1}{8}pl^2.$$

D'après le n° 97, le moment est aussi exprimé par le produit de la tension horizontale H et de l'ordonnée $y$.

Donc:

$$M = \frac{1}{8}pl^2 = y\text{H}.$$

d'où l'ordonnée:

$$y = \frac{\frac{1}{8}pl^2}{\text{H}}.$$

**106.** *Efforts tranchants.* — La ligne des efforts tranchants, dans le cas d'une charge uniformément répartie, est une ligne droite dont les points extrêmes sont donnés par les réactions des points d'appui. Ces réactions Q et Q' étant égales, la ligne des efforts tranchants coupe l'axe en son milieu O où l'effort tranchant est nul, ce minimum correspondant au maximum $y$ du moment fléchissant.

Le calcul permet de trouver la valeur de l'effort tranchant en une section quelconque. Soit, par exemple, à déterminer cet effort dans la section située à une distance $x$ du point d'appui X.

La résultante $R_x$ de toutes les forces agissant entre cette section et le point d'appui est :

$$R_x = Q - px.$$

Or :

$$Q = \frac{pl}{2},$$

donc :

$$R_x = \frac{pl}{2} - px. \quad (1)$$

En posant $R_x = z$, l'expression :

$$z = \frac{pl}{2} - px \quad (2)$$

est l'équation d'une droite dont les abscisses sont $x$ et les ordonnées sont $z$.

Donc les variations des efforts tranchants sont représentées par la droite $aoc$.

Si dans la formule (2) on fait $x = \frac{l}{2}$, il vient :

$$z = \frac{pl}{2} - \frac{pl}{2} = o$$

et si l'on fait $x = o$ ou $x = l$, il vient :

$$z = \frac{pl}{2} = Q$$

et : $$z = \frac{pl}{2} - pl = -\frac{pl}{2} = -Q'.$$

Donc pour le cas d'une poutre chargée uniformément et reposant en ses deux extrémités, la courbe des moments fléchissants est une parabole ; celle des efforts tranchants, une ligne droite dont l'angle $\alpha$, qu'elle fait avec l'horizontale, dépend de la charge $p$ par mètre courant.

### Poutre reposant en ses deux extrémités et chargée uniformément sur une partie de sa longueur.

**107.** Soit la poutre XY (*fig.* 73) soumise à la charge uniformément répartie sur une partie de sa longueur et représentée par la surface du parallélogramme MN.

Cette charge $P_1$ étant supposée appliquée au centre de gravité du rectangle permettra de construire comme précédemment le parallélogramme des forces $oac$ et le polygone funiculaire correspondant ABC.

Si nous menons les verticales des extrémités M et N de la charge, le polygone funiculaire entre les points $p$ et $r$ se trouve remplacé par une parabole $pqr$, puisque, entre ces points, la charge est uniformément répartie ; les côtés AB et CB étant des tangentes aux points A et C. La ligne des moments fléchissants est alors représentée par la ligne A$pqr$C.

Pour obtenir la ligne des efforts tranchants, remarquons qu'au point d'appui X l'effort tranchant est égal à la réaction $Q = ab$ et qu'il reste constant jusqu'à la section qui passe par le point $p$, puisque aucune charge n'agit entre X et M. Au point Y l'effort tranchant est égal à l'autre réaction Q' et reste constant entre N et Y, et enfin, entre les points extrêmes de la charge uniformément répartie, la ligne des efforts tranchants est une droite dont l'inclinaison dépend de l'intensité de la charge par mètre courant.

Comme précédemment le moment fléchissant maximum $y$ correspond au minimum de l'effort tranchant.

### Poutre soumise à l'influence de différentes charges uniformément réparties.

**108.** Admettons que la poutre XY (*fig.* 74) soit soumise à l'action de charges proportionnelles aux surfaces ombrées rectangulaires M et N. Remplaçons ces charges par leurs résultantes $P_1$ et $P_2$, agissant aux centres de gravité des rectangles et construisons le polygone des forces $abc$ et le polygone funiculaire correspondant ABCD. La courbe des moments fléchissants, entre les sections X et S, sera une parabole ayant pour tangentes, aux points A et $p$, les côtés AB et BC ; de même, entre les sections S et Y la courbe des moments fléchissants sera une parabole ayant pour tangente, aux points $p$ et D, les côtés BC et CD.

La courbe totale se compose donc de

deux arcs de paraboles ayant même tangente comme BC, la droite AD étant la ligne finale du polygone funiculaire.

La ligne des efforts tranchants, se compose de deux droites *ab* et *bc*, la droite *ab* étant moins inclinée sur l'horizontale que *bc* puisque la charge M est plus petite par mètre linéaire que la charge N.

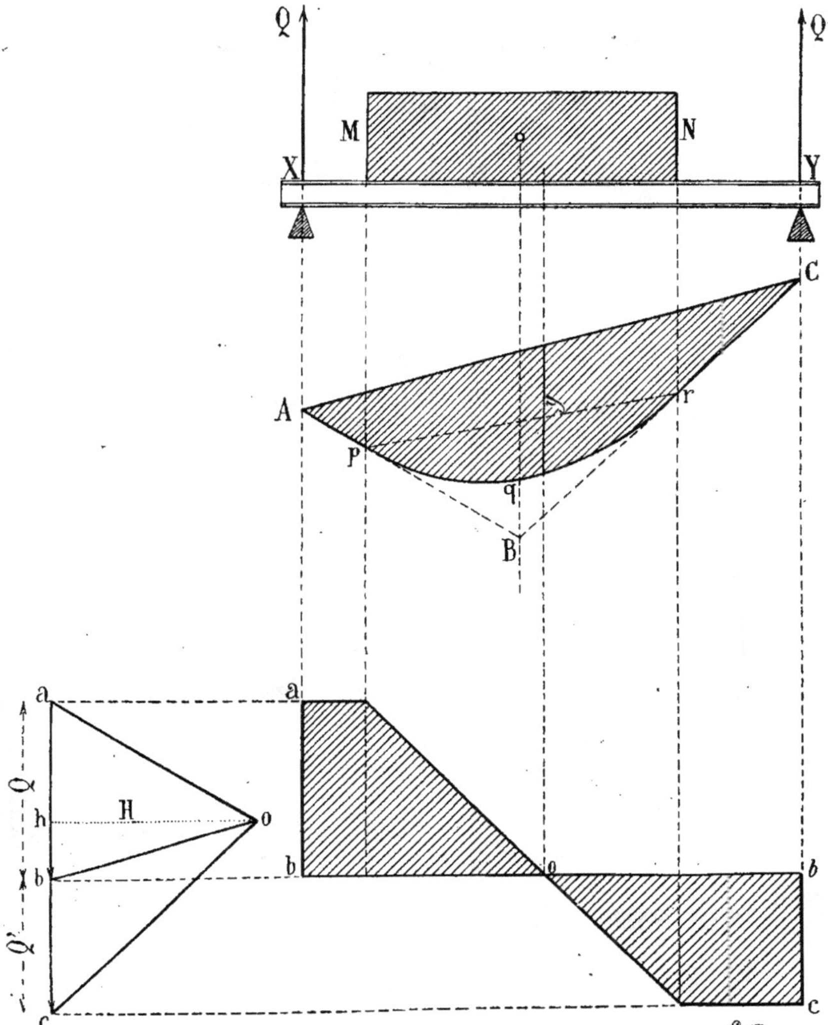


Fig. 73.

Au point d'appui X, l'effort tranchant est égal à $Q = ad$. Au point S l'effort tranchant est égal à $P_1 - Q = bf$, et enfin au point d'appui Y l'effort tranchant est $Q' = dc$.

A l'effort tranchant minimum correspond le maximum $y$ du moment fléchissant.

Pour bien comprendre les valeurs numériques présentées graphiquement dans les constructions précédentes, nous donnerons un exemple appliqué à la figure 74.

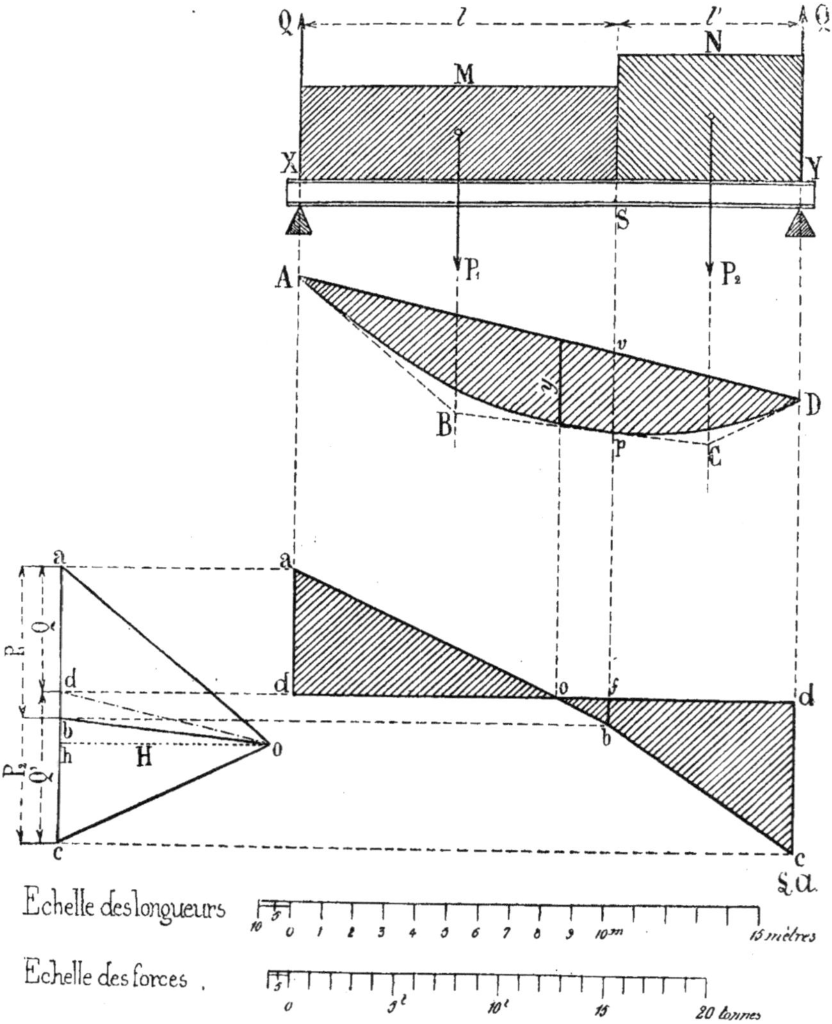


Fig. 74.

**109.** Exemple : *Supposons que la poutre ait une longueur de* **16** *mètres entre ses points d'appui et qu'elle soit chargée sur une lon-*

*gueur de 10 mètres d'une charge de 750 kilogrammes par mètre courant, puis l'autre partie de 6 mètres d'une charge de 1 000 kilogrammes par mètre courant.*

La charge M agissant sur la longueur $l$ de la poutre sera :

$$P_1 = pl = 750 \times 10 = 7\,500 \text{ kilog.}$$

et la charge N sera :

$$P_2 = p'l' = 1000 \times 6 = 6\,000 \text{ kilog.}$$

Pour déterminer par le calcul les réactions aux points d'appui, on décomposerait les forces $P_1$ et $P_2$, chacune en deux composantes parallèles, et en additionnant les composantes aux points X et Y on aurait les réactions Q et Q'.

Désignons par $q$ et $q_1$ les composantes de $P_1$ et par $q'$ et $q_1'$ les composantes de $P_2$ ; on aura :

$$q = P_1 \frac{11}{16}$$

$$q' = P_1 \frac{5}{16}$$

$$q_1 = P_2 \frac{3}{16}$$

$$q_1' = P_2 \frac{13}{16}$$

d'où :

$$Q = q + q_1 = 7\,500 \times \frac{11}{16} + 6000 \times \frac{3}{16}$$

$$Q = \frac{82\,500 + 18\,000}{16} = 6\,281^k,25$$

$$Q' = q' + q'_1 = 7\,500 \times \frac{5}{16} + 6\,000 \times \frac{13}{16}$$

$$Q' = \frac{37\,500 + 78\,000}{16} = 7\,218^k,75.$$

Si nous prenons pour les longueurs et les forces, les échelles indiquées sur la figure 74 et qu'on mesure les longueurs $Q = ad$ et $Q' = dc$, on trouve environ pour les réactions :

$$Q = 6 \text{ tonnes } 3/10$$

$$Q' = 7 \text{ tonnes } 2/10.$$

Calculons le moment fléchissant au point S de la poutre; il est égal au moment de Q ayant pour bras de levier $l$, diminué du moment de $P_1$ qui a pour bras de levier $\frac{l}{2}$, donc :

$$M_s = Ql - P_1 \frac{l}{2}$$

$$M_s = 6\,281,25 \times 10 - 7\,500 \times 5 = 25\,312^{mk},5.$$

Ce moment fléchissant est donné graphiquement par le produit de l'ordonnée $pv$, multipliée par la tension horizontale H.

En mesurant $pv$ à l'échelle des forces et H à l'échelle des longueurs, on trouve :

$$pv = 3^{tonnes},85 \text{ environ}$$

$$H = 6^m,6 \text{ environ}$$

d'où : $M_s = pv.\ H = 3^t,85 \times 6,6 = 25^{mt},4.$

Le moment maximum, représenté par l'ordonnée $y$ est :

$$M_m = y \times H$$

Or l'ordonnée $y$ mesurée à l'échelle des forces donne :

$$y = 4 \text{ tonnes}$$

d'où : $M_m = 4 \times 6,6 = 26^{mt},4.$

L'effort tranchant à la section S est égal à ; $Q - P_1$

$$6\,281,2 - 7\,500 = 1\,218^k,8.$$

Graphiquement il est représenté par l'ordonnée $bd = bf$, et l'on trouve, d'après l'échelle des forces :

$$bf = 1^t,2 \text{ environ.}$$

Il est évident que les résultats graphiques seraient d'autant plus exacts que les échelles seraient plus grandes.

### Poutre soumise à l'action de surcharges concentrées et de surcharges réparties.

**110.** Supposons qu'une poutre XY (*fig.* 75) soit soumise à l'action de trois forces $P_1$, $P_2$, $P_3$ et de deux charges uniformément réparties représentées par les rectangles ombrés M et N. Pour construire la courbe des moments fléchissants et celle des efforts tranchants nous partagerons les charges réparties en un certain nombre d'éléments et nous remplacerons chacun d'eux par sa résultante agissant en son centre de gravité. Lorsque pour une section de la poutre une force concentrée s'ajoutera à l'action d'un groupe de forces élémentaires, il faudra alors faire concorder la division avec la position de cette force.

En opérant ainsi, on voit que la poutre est soumise à l'action des charges $P_1$, $P_2$, $P_3$, $T_1$, $T_2$, $T_3$, qui nous permettront de construire le polygone des forces en les portant les unes à la suite des autres et suivant l'ordre dans lequel elles se présentent, c'est-à-dire $T_1$, $P_1$, $P_2$, $T_2$, $P_3$, $T_3$. Nous construisons de même le polygone funiculaire correspondant ABDEFGIK. A cause des charges uniformément réparties, ce polygone funiculaire rectiligne

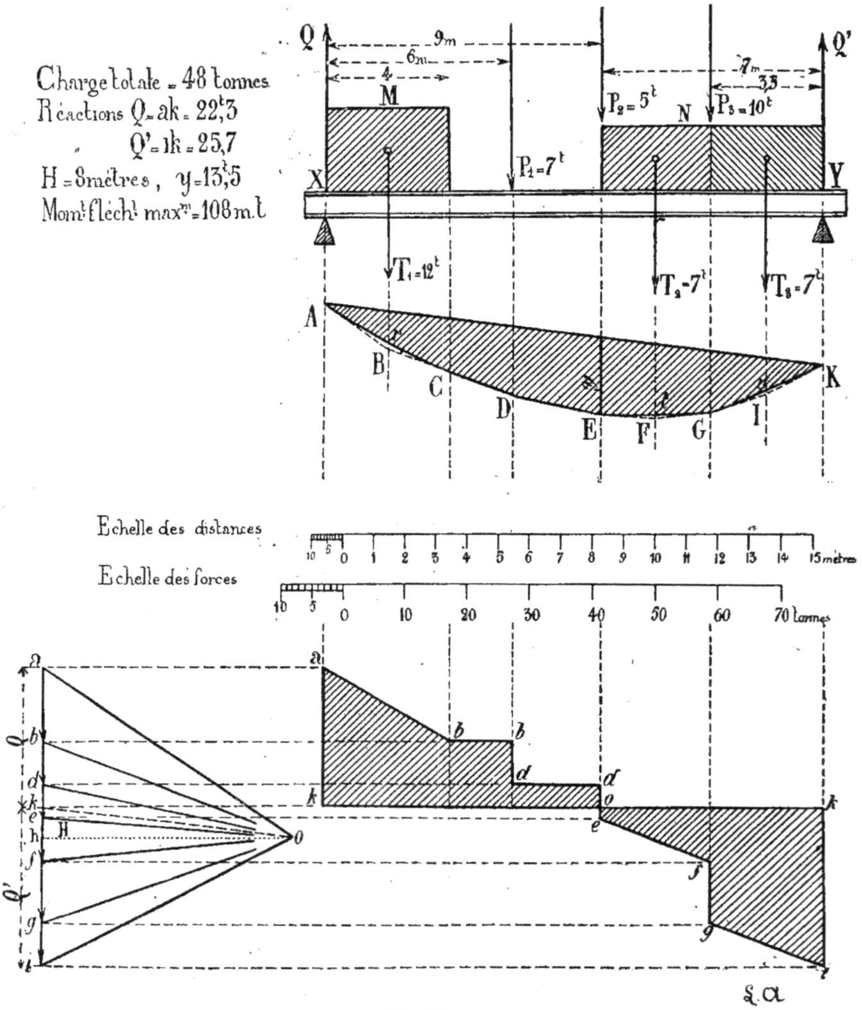


Fig. 75.

sera modifié par les arcs de parabole A*r*C, E*t*G, G*u*K, ces arcs ayant pour tangentes à leurs extrémités les côtés AB, CB, EF, GF, GI, KI, de telle sorte que le polygone funiculaire, ou la courbe des moments fléchissants sera la ligne A*r*CDE*t*, G*u*K.

Pour la ligne des efforts tranchants,

nous la construirons en considérant toutes les sections menées par chaque point de division d'une charge répartie et, par les verticales $P_1$, $P_2$, $P_3$, nous obtiendrons ainsi la ligne *habbddokigfeo*.

Les lignes *ef* et *gi*, correspondant à des charges égales et uniformément réparties, devront être parallèles. Dans l'exemple de la figure 75, nous avons pris les données suivantes:

*Portée de la poutre* = 16 *mètres;*

*Charge* M *uniformément répartie sur* 4 *mètres de longueur, à raison de* 3 *tonnes par mètre courant, d'où* $T_1$ = 12 *tonnes;*

*Charge* N *uniformément répartie sur* 7 *mètres de largeur, à raison de* 2 *tonnes par mètre courant, d'où* $T_2 = T_3 = 7$ *tonnes;*

*Les forces concentrées sont* $P_1$ = 7 *tonnes, agissant à* 6 *mètres du point d'appui* X; $P_2$ = 5 *tonnes, appliquée à* 9 *mètres du point* X, *et enfin* $P_3$ = 10 *tonnes, appliquée à* 3m,50 *du point* Y.

Si nous prenons, pour représenter les forces, une longueur de 1 millimètre par tonne et, pour les distances, une longueur de 1/2 centimètre par mètre; de plus, si nous faisons H = 8 mètres, on trouve les résultats suivants :

*Charge totale* : 48 tonnes.

*Réactions* : Q = *ak* = 22t,3, Q' = *iK* = 25t,7.

*Moment fléchissant maximum* = *y*.H = 108m.t.

**Poutre en porte-à-faux, ou supportée en une extrémité, soumise à l'action de charges concentrées.**

**111.** Une poutre est en porte-à-faux lorsque les charges qui agissent sur elle sont d'un même côté d'un point où elle est fixée; elle est alors encastrée, comme le montre la figure 76, ou maintenue par des tirants dont les réactions T, T forment un couple dont le moment est appelé *moment d'encastrement*.

Le point d'appui Y donne lieu à une réaction qui ne peut, seule, équilibrer les forces qui agissent sur la poutre. Ces forces tendent à faire tourner la poutre autour du point d'appui, en vertu du moment même de ces forces; il faut donc pour équilibrer l'action de ce couple, un autre couple tendant à produire un mouvement contraire.

Soit (*fig.* 76) une poutre XY reposant en un seul point Y et soumise à l'action des forces $P_1$, $P_2$, $P_3$, agissant en des points déterminés.

Pour construire le polygone des forces, prenons une force auxiliaire F et portons successivement, suivant *ad*, les forces $P_1$ = *ab*, $P_2$ = *bc*, $P_3$ = *cd;* nous pourrons alors déterminer le polygone funiculaire correspondant IABCD. Au point Y agit la seule réaction possible Q, qui est égale à la somme des forces agissant sur la poutre, mais de bas en haut.

Si l'on composait les forces $P_1$, $P_2$, $P_3$, leur résultante formerait avec la réaction Q un couple tendant à faire tourner la poutre autour de son point d'appui.

Portons alors sur le polygone des forces la réaction Q en *da* et menons, par le point D du polygone funiculaire, une parallèle à *oa*, ce qui donnera le côté extrême DG du polygone funiculaire.

Ce côté DG sera la direction de la résultante des forces F, $P_1$, $P_2$, $P_3$, et aura une intensité égale à F.

D'après ce que nous avons dit au n° 78, les côtés extrêmes IA et DG du polygone funiculaire, étant parallèles, la résultante des forces $P_1$, $P_2$, $P_3$ et la réaction du point d'appui forment un couple.

Pour équilibrer ce couple, il faut un autre couple de sens inverse agissant également au point d'appui, ce que l'on obtient par l'encastrement.

On peut avoir une idée très précise du moment de ce couple nécessaire à l'équilibre en fixant l'extrémité de la poutre à la paroi du mur, au moyen de deux boulons. Ces boulons sont soumis à des tensions T, T de sens contraire et dont le moment est T*s*. Ce moment est égal au moment du couple formé par les forces $P_1$, $P_2$, $P_3$ et Q.

Le polygone funiculaire étant ainsi établi, on pourrait déterminer, comme dans les cas précédents, les moments fléchissants pour une section quelconque de la poutre ; on remarquera que l'un des côtés du polygone funiculaire à prolonger pour obtenir la résultante des forces agissant sur une section est le côté IA commun à toutes ces sections. Si alors nous prolongeons IA jusqu'en K nous obtiendronsla ligne AK qui détermine avec le

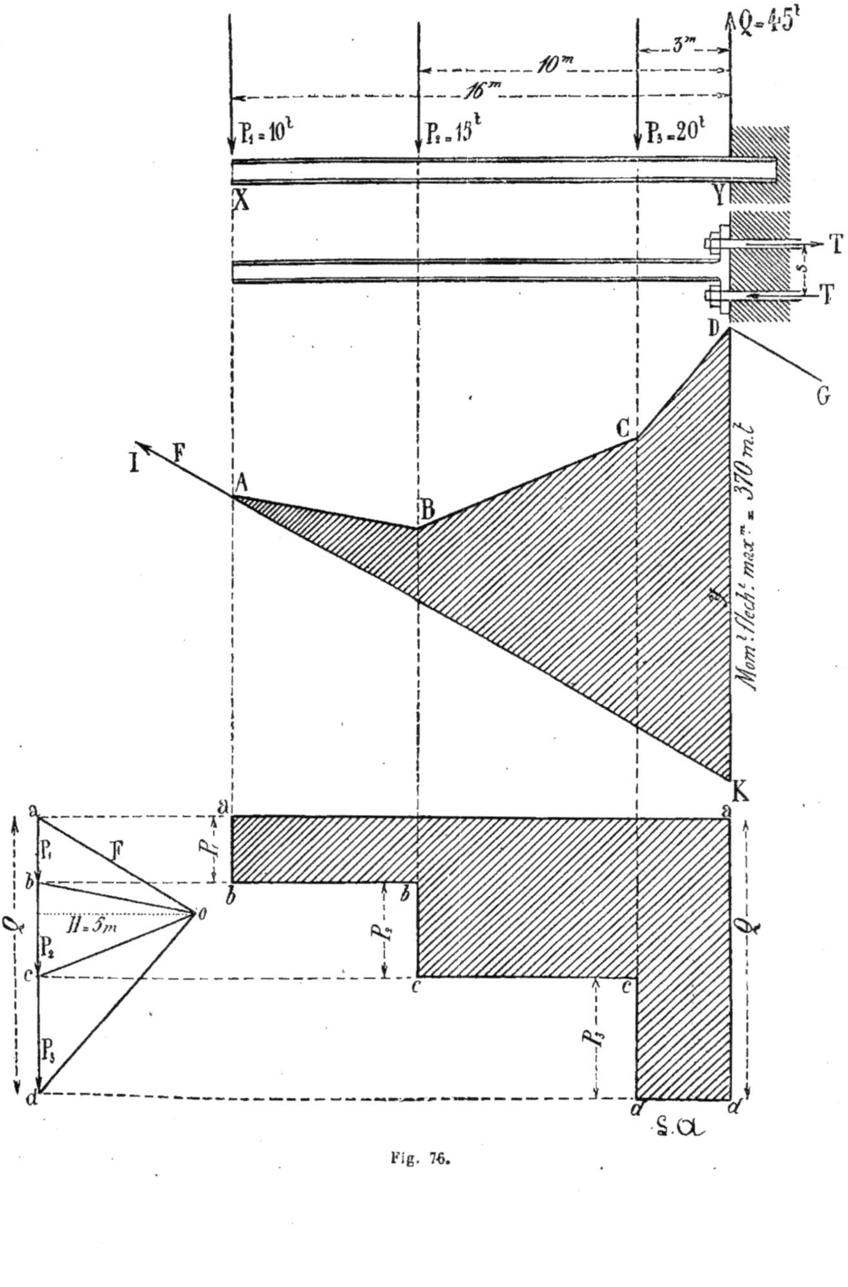


Fig. 76.

polygone funiculaire les ordonnées de tous les moments. Donc AK est la ligne finale du polygone funiculaire.

On voit que le moment fléchissant est nul à l'extrémité libre de la poutre, tandis qu'il est maximum au point d'encastrement Y.

La courbe des efforts tranchants se déterminera par les procédés connus, ce qui montre qu'entre les forces $P_1$ et $P_2$, l'effort tranchant est constant et égal à $P_1$; qu'entre $P_2$ et $P_3$ il est égal à $P_1 + P_2$, et qu'enfin entre $P_3$ et l'encastrement il est maximum et a pour valeur $P_1 + P_2 + P_3$.

Dans l'exemple de la figure 76 où la poutre a 16 mètres de portée les données sont :

$$P_1 = 10 \text{ tonnes};$$

$$P_2 = 15 \text{ tonnes};$$

$$P_3 = 20 \text{ tonnes};$$

et les résultats principaux sont :

$$Mm = KD \times H = 74^t \times 5^m = 370^{mt};$$

Effort tranchant maximum : $ad = Q = 45$ tonnes.

Le moment fléchissant $Mm$ est d'ailleurs facile à calculer; en effet on a:

$$Mm = 10^t \times 16 + 15 \times 10 + 20 \times 3 = 370^{mt}.$$

**112.** *Remarque.* — Les échelles des forces et des distances sont les mêmes que celles de la figure 75.

### Poutre en porte-à-faux chargée uniformément sur toute sa longueur.

**113.** La figure 77 indique une poutre encastrée à son extrémité et dont la charge uniformément répartie est représentée par un rectangle ombré.

Nous adopterons ici une disposition plus commode pour la construction de la courbe des moments fléchissants et celle des efforts tranchants, en donnant au côté *oa* du polygone des forces une direction horizontale, le point *o* étant du côté opposé à l'encastrement.

Si nous décomposons la surface rectangulaire, que représente la charge, en un certain nombre de parties égales, nous pourrons supposer que chaque partie peut être remplacée par une force agissant au centre de gravité de la surface élémentaire. Il est plus rationnel de faire des divisions égales, de cette façon les forces $P_1$, $P_2$, $P_3$, $P_4$ auront même valeur.

Le polygone des forces s'obtiendra toujours en portant les unes à la suite des autres ces forces concentrées, ce qui donnera le polygone funiculaire rectiligne ABCDEF correspondant.

A cause de la charge uniformément répartie, le polygone funiculaire réel sera une parabole dont les points de tangence seront les extrémités A et F, ainsi que les milieux des côtés du polygone rectiligne.

La courbe des moments fléchissants et alors l'axe de parabole A*pqr*F et les ordonnées représentatives de ces moments sont comprises entre la parabole et la ligne finale AG du polygone funiculaire. Cette parabole pourrait être construite directement, car le moment fléchissant maximum à la section d'encastrement peut être connu.

En effet la résultante de la charge uniformément répartie est égale à $pl$, $p$ désignant la charge par mètre courant, et $l$, la portée: son bras de levier est $\frac{l}{2}$; d'où,

$$M_m = pl.\frac{l}{2} = \frac{pl^2}{2}.$$

Comme ce moment a aussi pour valeur :

$$y.H$$

il s'ensuit que l'ordonnée maximum $y$ est égal à $\frac{M_m}{H} = \frac{pl^2}{2H}$.

En faisant les calculs pour $p = 3$ tonnes et $l = 16$ mètres, on a :

$$M_m = \frac{pl^2}{2} = \frac{3 \times \overline{16}^2}{2} = 384^{m.t.}$$

en faisant H = 8 mètres, il vient :

$$y = 48 \text{ tonnes}.$$

Connaissant le sommet A de la parabole

et l'ordonnée $y$, il sera facile de construire la courbe des moments fléchissants.

Quant à la courbe des efforts tranchants, nous l'obtiendrons toujours de la

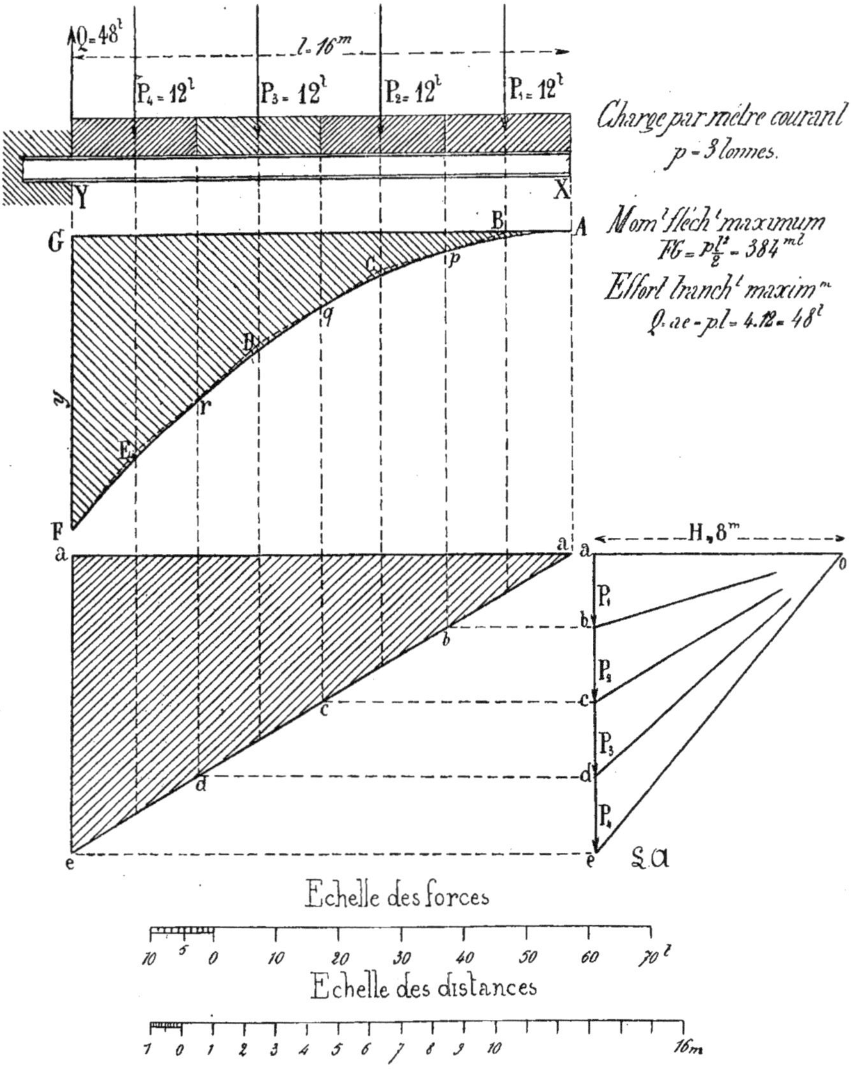


Fig. 77.

même manière ; c'est ici une droite $ac$. Comme précédemment, l'effort tranchant est nul à l'extrémité libre, il est maximum et égal à Q à l'encastrement.

### Poutre en porte-à-faux, chargée uniformément sur une partie de sa longueur.

**114.** Soit (*fig.* 78) une poutre encastrée à son extrémité Y et chargée uniformément à son autre extrémité sur une longueur $l'$; la charge par mètre courant étant $p$.

La courbe des moments fléchissants se composera d'un arc de parabole AB, tangente à l'horizontale AK, et d'une droite BC. Les ordonnées BI et KC peuvent s'obtenir aisément ; on a en effet :

Moment fléchissant dans la section BI $= pl' \frac{l'}{2} = \frac{pl'^2}{2}$ d'où,

$$BI = \frac{pl'^2}{2H}.$$

Moment fléchissant maximum à l'encastrement,

$$M_m = pl'\left(l'' + \frac{l'}{2}\right)$$

et
$$CK = \frac{M_m}{H}.$$

Connaissant les ordonnées BI, CK et le sommet A de la parabole, il sera facile de construire la ligne CBA des moments fléchissants.

La ligne des efforts tranchants se compose d'une horizontale $bb$ et d'une droite $ba$, car, entre l'encastrement et la section BI, l'effort tranchant est constant et a pour valeur :

$$T = pl'.$$

Cet effort tranchant est nul à l'extrémité X de la poutre.

Nous avons supposé dans cet exemple :

$$l = 12 \text{ mètres},$$
$$l' = 7 \text{ mètres},$$
$$p = 2 \text{ tonnes}$$
$$H = 5 \text{ mètres}.$$

On obtient :

$$\text{Moment à la section IB} = \frac{pl'^2}{2}$$
$$= \frac{2 \times 7^2}{2} = 49^{\text{m.t.}}$$
$$IB = \frac{49}{5} = 9^{t},8.$$

Moment maximum à l'encastrement :

$$M_m = pl'\left(l'' + \frac{l'}{2}\right) = 2 \times 7\ (5 + 3,5)$$
$$M_m = 119^{\text{m.t.}}$$

d'où, $$AC = \frac{119}{5} = 23^{t},8.$$

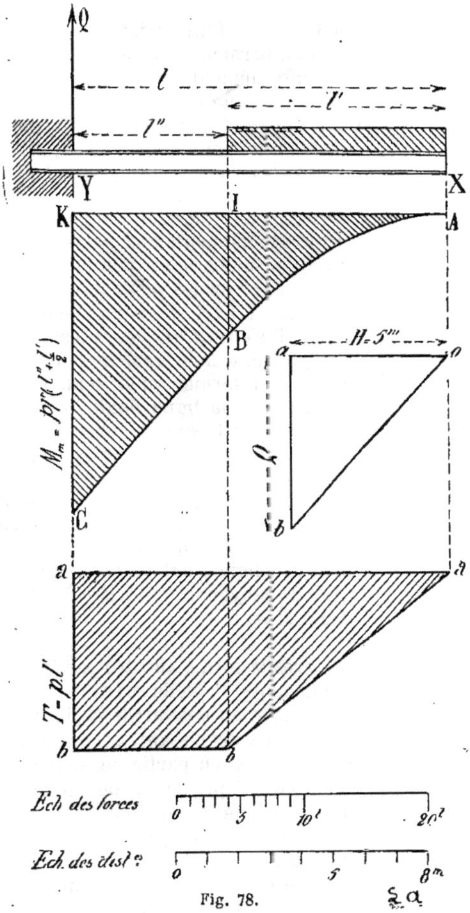


Fig. 78.

Effort tranchant à l'encastrement :

$$T = pl' = 2 \times 7 = 14 \text{ tonnes}.$$

### Poutre reposant en deux points d'appui intermédiaires.

**115.** Considérons une poutre XY (*fig.* 79)

chargée uniformément sur toute sa longueur, reposant en deux points intermédiaires X et Y ; la longueur totale est $l$ et la charge par mètre courant est $p$.

Construisons le polygone des forces $oab$, en prenant une tension horizontale H et en portant $ab = pl$, c'est-à-dire la charge totale.

La courbe funiculaire correspondante sera une parabole AEB, puisque la charge est uniformément répartie.

Pour déterminer les valeurs des réactions appliquées aux points d'appui, observons que, pour qu'il y ait équilibre, il faut que le polygone des forces et le polygone funiculaire se ferment.

Prolongeons alors les tangentes à la courbe des moments aux points extrêmes A et B, jusqu'en leurs points d'intersection C et D avec les verticales passant par les appuis Y et X. Le polygone devant se fermer, il s'ensuit que les cotés extrêmes de ce polygone menés par les points C et D doivent n'en former qu'un seul. La droite CD sera alors la ligne finale du polygone funiculaire, et la surface des moments fléchissants sera représentée par la figure AEBDCA.

Les réactions Q et Q′ s'obtiendront en menant dans le polygone des forces les droites $oc$, $oa$ et $ob$, respectivement parallèles à la ligne finale CD et aux côtés AC et BD du polygone funiculaire.

On a ainsi :

$$Q = bc, \quad Q' = ac.$$

D'après la forme affectée par la surface des moments, laquelle se trouve en partie au-dessus et au-dessous de la ligne finale, les moments fléchissants seront aussi en partie positifs, en partie négatifs.

Toujours d'après la même méthode, on peut déterminer le moment fléchissant en une section quelconque. Ainsi le moment fléchissant correspondant au point d'appui Y sera négatif et aura pour valeur :

$$M = -CC' \times H$$

De même le moment fléchissant à la section $x$ aura pour valeur positive :

$$M = EE' \times H.$$

D'après la figure, on voit que les moments fléchissants ont trois valeurs maxima : savoir aux points Y et X pour les moments négatifs, et à la section $x$ pour les moments positifs. Aux extrémités de la poutre les moments sont nuls.

La résultante d'un certain nombre de forces se déterminera également en employant la méthode générale.

Ainsi pour obtenir la résultante R des forces, agissant sur la section Y, nous n'aurons qu'à mener par le pôle $o$ du polygone des forces, des rayons parallèles aux côtés correspondants du polygone funiculaire, c'est-à-dire au côté CA et à la tangente $rs$ au point C′. Les rayons $oa$ et $od$ déterminent en grandeur et en direction la résultante $R = ad$. Le point d'application de cette résultante est le point $r$.

Pour la ligne des efforts tranchants, considérons d'abord les sections comprises entre A et CC′. Au point A, l'effort tranchant est nul ; à partir de ce point, il croît uniformément et atteint en CC′ la valeur déterminée $R = ad$. Si nous portons comme ordonnées à partir d'un axe horizontal les valeurs trouvées pour les résultantes et si nous joignons par une droite $ad$ les extrémités de ces ordonnées, cette droite $ad$ donnera les valeurs des efforts tranchants pour les sections intermédiaires.

Considérons maintenant une section infiniment rapprochée et à droite de la section CC′. Pour cette section, l'effort tranchant sera donné en grandeur et en direction par la ligne $dc$ interceptée par les rayons du polygone des forces menées par le point $o$ parallèlement au côté CD et la tangente $rs$ du polygone funiculaire. Cette résultante tombant au-dessus du rayon $oc$ parallèle à la ligne finale, elle devra être également portée au point $c$ en $cd$ au-dessus de l'axe considéré.

En cette section correspond un des moments fléchissants négatifs maxima, les efforts tranchants changeront donc de signe.

Prenons maintenant une section voisine et à gauche du point d'appui X. Pour cette section, l'effort tranchant cherché se trouve en grandeur et en direction dans le polygone des forces, par la droite $ce$ interceptée par les rayons menés parallèlement au côté CD et à la tangente $uv$, au point D′. La droite $ce$ tombant au-dessous du rayon $oc$, il faudra alors porter $eb$ en-dessous de l'axe *ab*. La charge, qui agit sur la poutre étant uniformément répartie, la droite *de* limitera la surface des efforts tranchants.

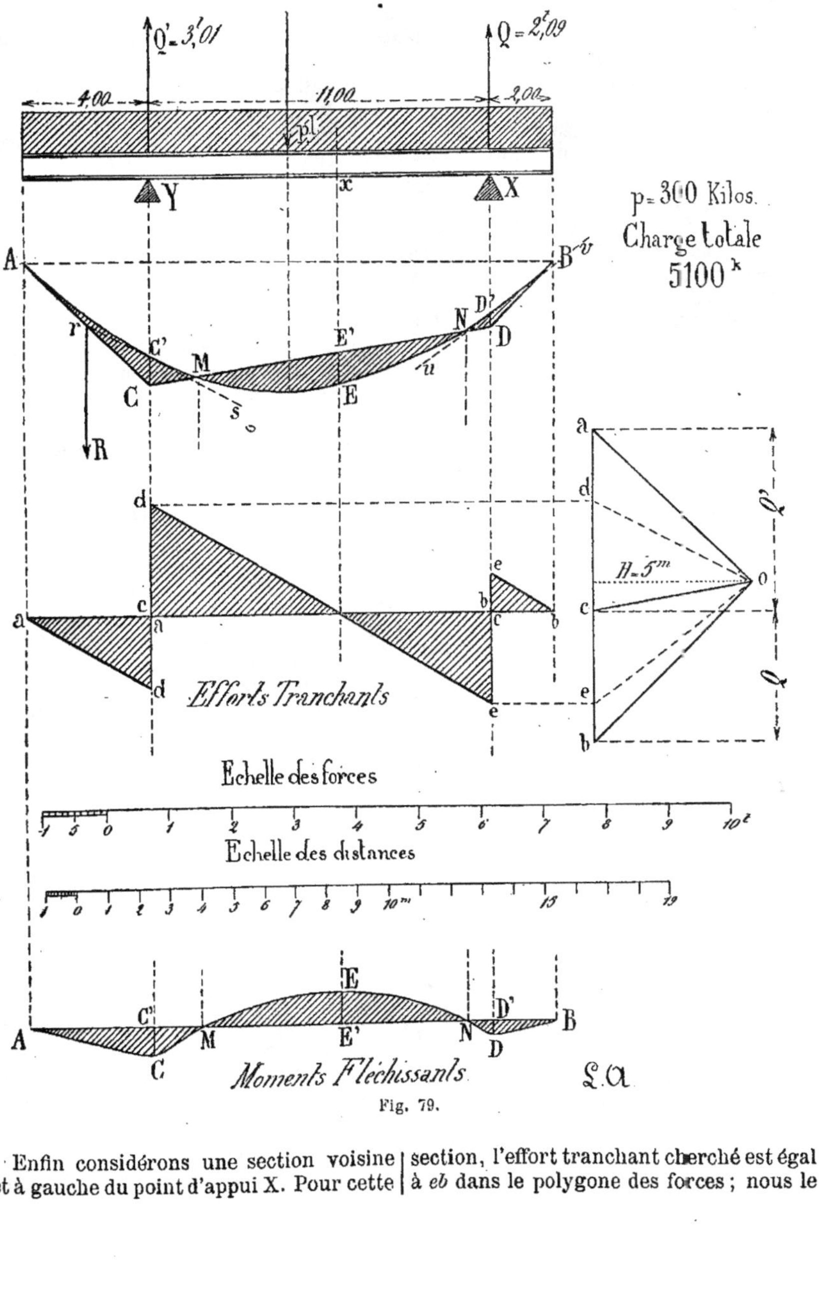


Fig. 79.

Enfin considérons une section voisine et à gauche du point d'appui X. Pour cette section, l'effort tranchant cherché est égal à *eb* dans le polygone des forces ; nous le porterons de *b* en *e* et au-dessus de l'axe. A l'extrémité de la poutre, l'effort tranchant est nul, donc la droite *eb* représentera la variation des efforts tranchants pour cette partie de la poutre.

**116.** *Remarque I.* — Si nous nous reportons à la figure 72, on voit que, la poutre étant supportée à ses deux extrémités, le polygone funiculaire serait représenté dans ce cas par la parabole AEB et la ligne finale par AB.

On voit alors que, pour une poutre supportée en deux points intermédiaires, les ordonnées proportionnelles aux moments fléchissants sont beaucoup plus faibles que dans une poutre de même longueur, mais supportée en ses deux extrémités.

Plus les points d'appui se rapprocheront et plus les ordonnées représentant les moments positifs diminueront.

Pour une certaine distance des appuis, le maximum de ces ordonnées positives deviendra zéro. Cette limite une fois passée, c'est-à-dire si l'écartement entre les appuis diminuait encore, il n'y aurait plus alors dans la poutre que des moments fléchissants négatifs.

Si enfin les points d'appui se confondaient en un seul et même point, par exemple au milieu de la poutre dans le cas d'une charge uniformément répartie, la poutre pourrait alors être considérée comme formée de deux poutres distinctes, reposant en un point d'appui.

**117.** *Remarque II.* — Nous avons vu que, lorsqu'une poutre reposait en ses deux extrémités, les maxima des efforts tranchants se trouvaient être égaux, en valeur absolue aux réactions des appuis.

Pour une poutre reposant sur des appuis intermédiaires, la somme des efforts tranchants à droite et à gauche des appuis, pris en valeur absolue, est aussi égale à la réaction des appuis.

**118.** *Remarque III.* — Nous avons représenté les moments fléchissants en les rapportant à une ligne horizontale AB, comme l'indique le bas de la figure 79. Les moments négatifs placés au dessous et les moments positifs au dessus.

*Les données de cet exemple sont :*

*Longueur de la poutre* $l = 17$ mètres;

*Écartement des appuis* = 11 mètres;

*Porte-à-faux de gauche* = 4 mètres;

— *de droite* = 2 mètres;

*Charge par mètre courant* $p = 0^t,300$.

Les résultats donnés par la construction sont :

Réaction à l'appui X $Q = 2^t,09$

— Y $Q' = 3^t,01$

Résultante $R = 1_{,,}2$.

Efforts tranchants en X :

$ec = 1^t,49 \qquad eb = 0^t,6.$

Efforts tranchants en Y :

$ad = 1^t,2 \qquad cd = 1^t,81$

d'où, $Q = 1,49 + 0,6 = 2^t,09$

$Q' = 1,2 + 1,81 = 3^t.01.$

Moment fléchissant en Y :

$M = -CC'.H = -0^t,48 \times 5 = -2^{m.t.},40$

Moment fléchissant maximum positif :

$M_m = EE'.H = 0^t,61 \times 5 = 3^{m.t.},05.$

## Poutre reposant en une extrémité et en un point intermédiaire, soumise à l'action de charges concentrées.

**119.** Nous supposons (*fig.* 80) une poutre soumise à l'action des charges concentrées $P_1$, $P_2$, $P_3$, $P_4$, la première de ces charges agissant en porte à faux, les autres entre les points d'appui X et Y.

Pour construire le polygone des forces portons à la suite les unes des autres les charges données :

$$ab = P_1 ;$$
$$bc = P_2 ;$$
$$cd = P_3 ;$$
$$de = P_4 .$$

Puis, au moyen de la tension horizontale que nous ferons passer par le point *a*, nous construirons le polygone funiculaire ABCDE correspondant, sans avoir égard aux réactions des appuis.

Prolongeons l'horizontale du point A jusqu'à la verticale de l'appui X et joignons EF ; cette ligne sera la ligne finale de la surface des moments.

Les moments sont négatifs dans la partie droite de l'appui X. Celui correspondant à cet appui est :

$$M = -FF' \times H.$$

Celui correspondant à la section CC' est : $M = CC' \times H.$

Les efforts tranchants ont été construits comme dans le cas précédent. Pour les sections à droite du point X, l'effort tranchant a une valeur constante et égale

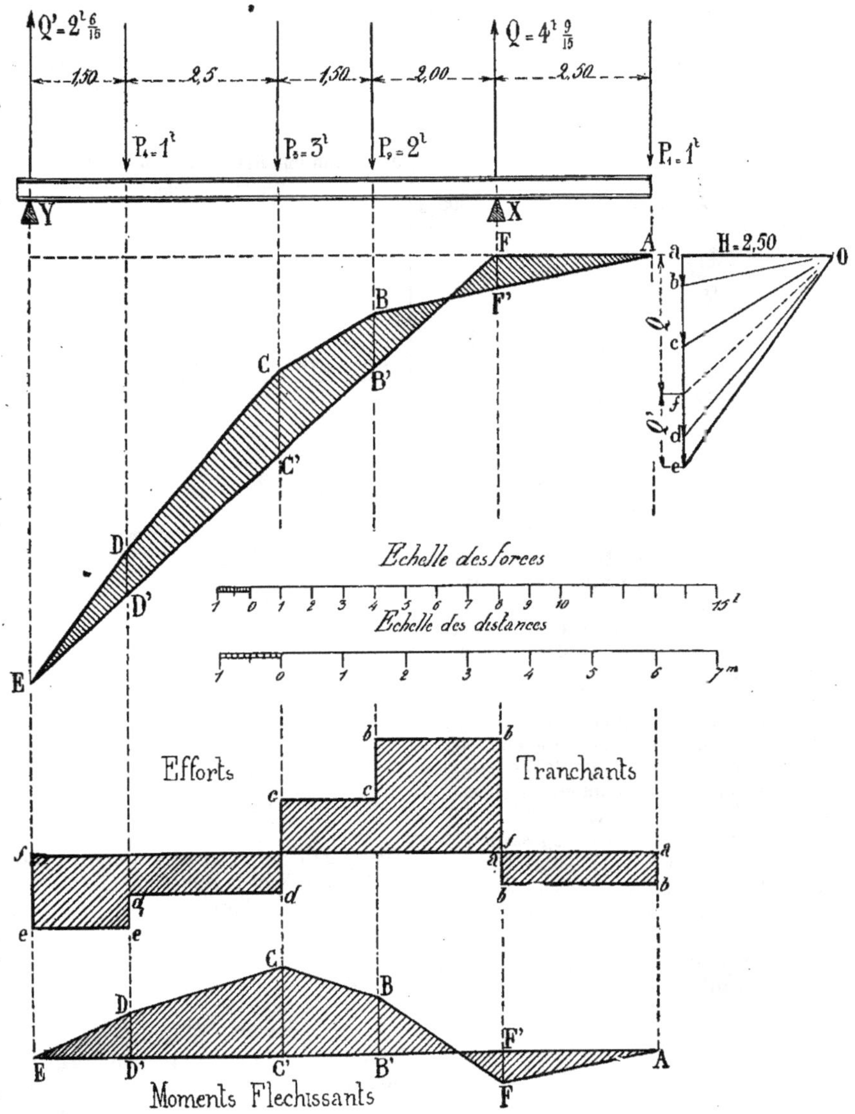


Fig. 80.

à $ab = P_1$ ; comme il agit de haut en bas, il devra être porté au-dessous de l'axe des abscisses, etc.

Les efforts tranchants changent de signe aux points correspondants des moments fléchissants maxima soit positif, soit négatif.

Données:

Longueur totale de la poutre = 10 mètres ;

Intervalle des appuis $7^m,50$ ;

$P_1 = 1\,000^k$ ; $P_2 = 2\,000^k$ ; $P_3 = 3\,000^k$ ; $P_4 = 1\,000^k$ ;

Résultats :

$$Q = 4^t \frac{9}{15} = 4\,600^k,$$

$$Q' = 2^t \frac{6}{15} = 2\,400^k.$$

Moment fléchissant en BB' $= 4^{m.t.} \frac{21}{30}$.

Moment fléchissant maximum en CC' $= 7^{m.t.},1$.

## Charges roulantes ou mobiles.

**120.** Généralement les constructions, telles que ponts, charpentes, etc., sont soumises à l'action de leur poids propre ou charge permanente, mais souvent à l'action d'une surcharge qui se déplace. Ainsi un train ou une voiture lancée sur un pont constitue une charge roulante. Il y a intérêt à déterminer à quelle position de la surcharge mobile correspondent, dans une section considérée de la poutre, les valeurs maxima des moments fléchissants et des efforts tranchants.

Considérons une poutre reposant en ses deux extrémités X et Y (*fig.* 81) et soumise à la charge P ; cette charge est située à des distances $a$ et $b$ des extrémités de la poutre.

Les réactions Q et Q' sont dans ce cas et en négligeant le poids propre de la pièce :

$$Q = \frac{Pb}{l} \qquad (1)$$

$$Q' = \frac{Pa}{l}. \qquad (2)$$

Le moment fléchissant par rapport à une section Z est :

$$M_1 = Q.\, x.$$

A mesure que P se rapproche de la section Z, le bras de levier $b$ augmente et, d'après la formule (1), la réaction Q augmente et, par suite, le moment M croît dans le même sens.

Lorsque la force P agit directement au-dessus de la section $z$ considérée la réaction Q devient $Q_1$ telle que :

$$Q_1 > Q$$

et le moment fléchissant devient :

$$M_1 = Q_1 x.$$

Si la force P, continuant à se déplacer

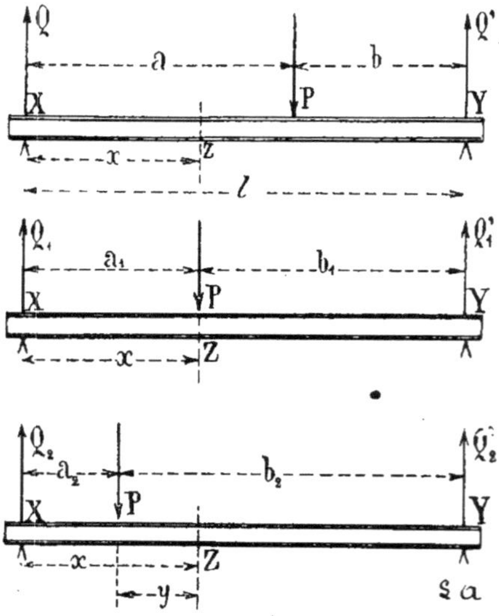


Fig. 81.

vers la gauche, se trouve comprise entre l'extrémité X et la section Z, le moment fléchissant est alors :

$$M_2 = Q_2 x - Py$$

ou bien, en considérant les forces situées à droite de la section Z :

$$M_2 = -\frac{Q' b_2}{l}.$$

Ce moment a une valeur moindre que $M_1$ puisque la réaction sur l'appui Y devient de plus en plus petite à mesure que P se rapproche de X.

Enfin, lorsque la force P, continuant son mouvement, se trouve sur l'appui X, son moment par rapport à la section Z est nul.

On peut donc dire que, dans le cas d'une charge mobile P, le moment pour une section donnée est maximum, lorsque cette charge agit directement au-dessus de la section. Il en serait de même pour toutes les autres sections. Bien entendu ; les réactions et le moment maximum pour une section seront d'autant plus grands que la charge mobile P sera plus grande.

Si la poutre était soumise à deux charges concentrées mobiles P et $P_1$, l'intensité de la réaction Q et, par suite, celle du moment fléchissant croîtront. On peut donc conclure que, pour une section quelconque, le moment fléchissant dû aux charges mobiles atteint sa valeur maximum :

1° Quand ces charges sont placées directement au-dessus de cette section ;

2° Quand la plus grande ou les plus grandes de ces charges se trouvent encore placées au-dessus de la section ;

3° Quand ces charges agiront en plus grand nombre sur la poutre.

On peut facilement se rendre compte de la variation des efforts tranchants.

En effet, l'effort tranchant dans la section Z sera constamment égal à la réaction Q, tant que la charge P se trouvera à droite de la section : Plus P se rapprochera de Z, plus la réaction croîtra et avec elle la valeur de l'effort tranchant.

Lorsque la force P agira à gauche de la section, la réaction augmentera encore, mais l'effort tranchant diminuera, car sa valeur sera égale à :

$$Q - P$$

et comme $P > Q$ l'effort tranchant changera de signe et deviendra nul lorsque P sera au point d'appui X.

On peut donc dire que l'effort tranchant augmentera d'intensité à mesure que la force P se rapprochera de la section. Sa valeur maximum aura lieu quand P passera par la verticale de cette section.

S'il y avait deux charges concentrées P et $P_1$ placées à droite de la section considérée, la réaction Q augmenterait et par suite l'effort tranchant. Mais, si l'une des forces $P_1$ était à gauche de la section, la réaction augmenterait, et l'effort tranchant diminuerait, car, dans ce cas, il serait égal à la réaction diminuée des forces placées entre le point d'appui et la section considérée.

On peut donc conclure que l'effort tranchant atteindra son maximum positif ou négatif, quand la surcharge s'étendra sur la partie de la poutre située à droite ou à gauche de la section considérée. Si la surcharge mobile est uniformément répartie, les efforts tranchants seront maxima quand elle s'étendra depuis l'un des appuis jusqu'à la section considérée.

En déterminant pour toutes les sections d'une poutre les valeurs maxima du moment fléchissant et des efforts tranchants, et en portant en ordonnées ces valeurs, on obtiendra en joignant les extrémités de ces ordonnées par un trait continu, la courbe des moments et des efforts tranchants maxima. Les plus grandes de ces ordonnées représenteront les maxima absolus que l'on appelle maxima maximorum.

## Courbe des moments fléchissants maxima.

**121.** Considérons une poutre de longueur $l$ reposant en ses deux extrémités et soumise à la charge roulante P. Désignons par $a$ et $b$ les distances de la charge aux extrémités X et Y de la poutre (*fig.* 82).

Le moment dans une section quelconque Z a pour valeur :

$$M = Q \times a,$$

mais, $$Q = \frac{Pb}{l}$$

d'où, $$M = \frac{P.a.b}{l}.$$

Si l'on calcule de même le moment fléchissant dans une section Z' le moment sera :

$$M' = \frac{P.a'b'}{l}$$

et ainsi de suite.

Le moment fléchissant maximum maximorum aura lieu au milieu de la poutre et aura pour valeur :

$$M_m = \frac{P.l}{4}.$$

En effet, le maximum de l'expression

$\frac{P.a.b}{l}$ aura lieu, lorsque les deux facteurs $a$ et $b$, dont la somme est constante et égale à $l$, seront égaux à $\frac{l}{2}$. Donc :

$$M_m = \frac{P.l^2}{4l} = \frac{Pl}{4}.$$

En portant ces moments en ordonnées,

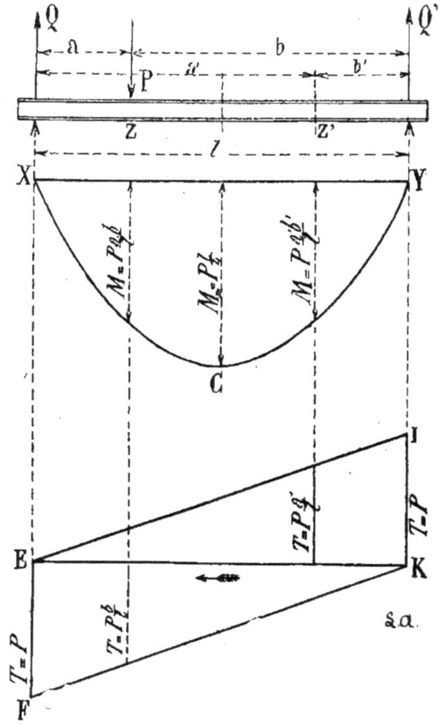


Fig. 82.

on obtiendra la parabole XCY, et le segment parabolique représentera la surface des moments maxima.

La courbe des efforts tranchants maxima sera la droite FK, et le triangle rectangle EFK représentera la surface des efforts maxima.

Car l'effort tranchant maximum ayant lieu lorsque la charge mobile est au-dessus de la section considérée, sa valeur est égale à la réaction Q ou :

$$T = Q = \frac{Pb}{l},$$

c'est-à-dire que cet effort est proportionnel à $b$. Il sera nul à l'appui Y et maximum et égal à P sur l'autre appui.

Si l'on considérait les efforts situés à droite de la section considérée, la surface représentative des efforts tranchants serait le triangle EKI.

**122.** *Remarque.* — Dans tous les exemples qui précèdent nous n'avons pas tenu compte du poids propre de la poutre. Il est évident que, dans les questions que l'on aura à résoudre, il faudra ajouter aux moments fléchissants et aux efforts tranchants produits par les surcharges ceux résultant de la charge permanente.

Nous terminerons cette partie relative aux poutres droites et pleines, en donnant un résumé des charges, surcharges imposées par l'Administration dans la Circulaire ministérielle du 9 juillet 1877 pour les ponts de chemin de fer et les ponts pour routes. Nous indiquerons également sous forme de schéma, les dimensions et les charges des plus lourdes locomotives des compagnies des chemins de fer en France, ainsi que des chariots qui servent à l'épreuve des ponts.

## Charges des ponts de chemins de fer.

**123.** Les charges d'un pont se composent du poids propre de la construction métallique, du poids de la voie et de la surcharge.

Les surcharges imposées par l'Administration sont les suivantes :

Article premier. — Les ponts à travées métalliques qui portent des voies de fer devront être en état de livrer passage à toutes les machines et à tous les trains autorisés à circuler sur le réseau auquel ils appartiennent.

Art. 2. — Les dimensions des pièces métalliques des travées seront calculées de telle sorte que, dans la position la plus défavorable des surcharges que l'ouvrage peut avoir à supporter, le travail du métal par millimètre carré de section soit limité, savoir :

A 1 kilogramme et demi pour la fonte travaillant à l'extension directe;

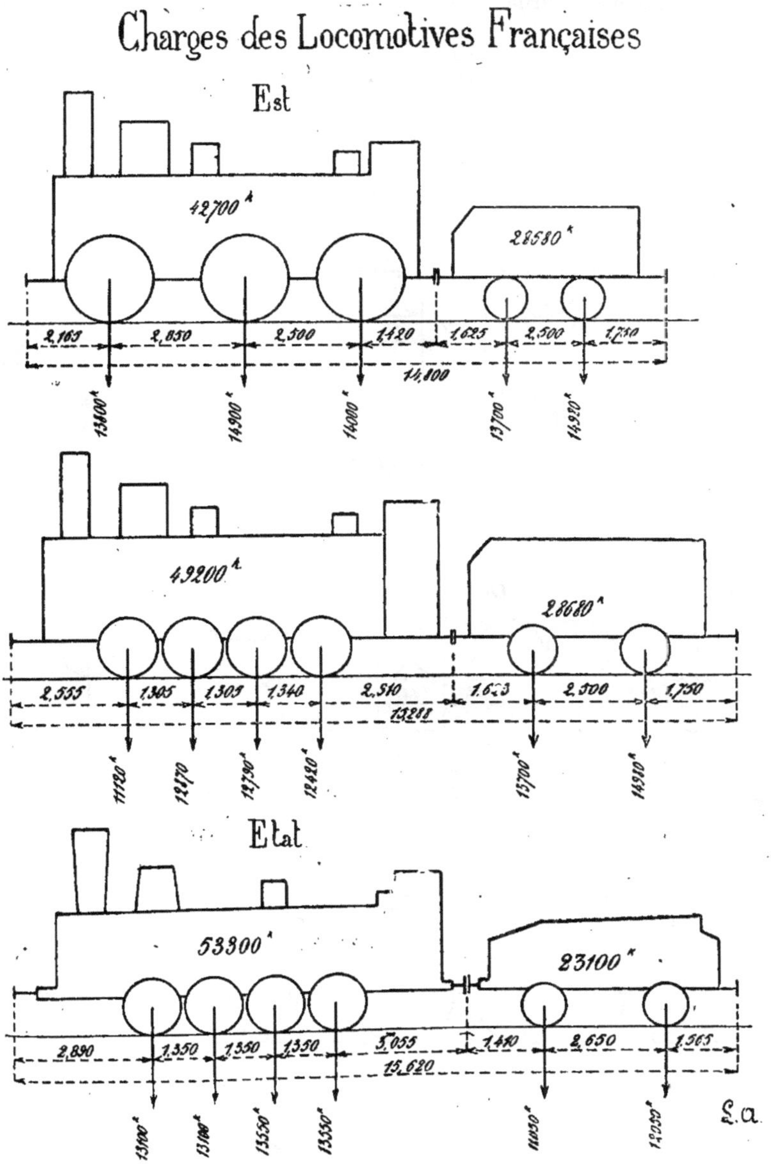


Fig. 83.

A 3 kilogrammes pour la fonte travaillant à l'extension dans une pièce fléchie;

A 5 kilogrammes pour la fonte travaillant à la compression, soit directement soit dans une pièce fléchie;

A 6 kilogrammes pour le fer forgé ou

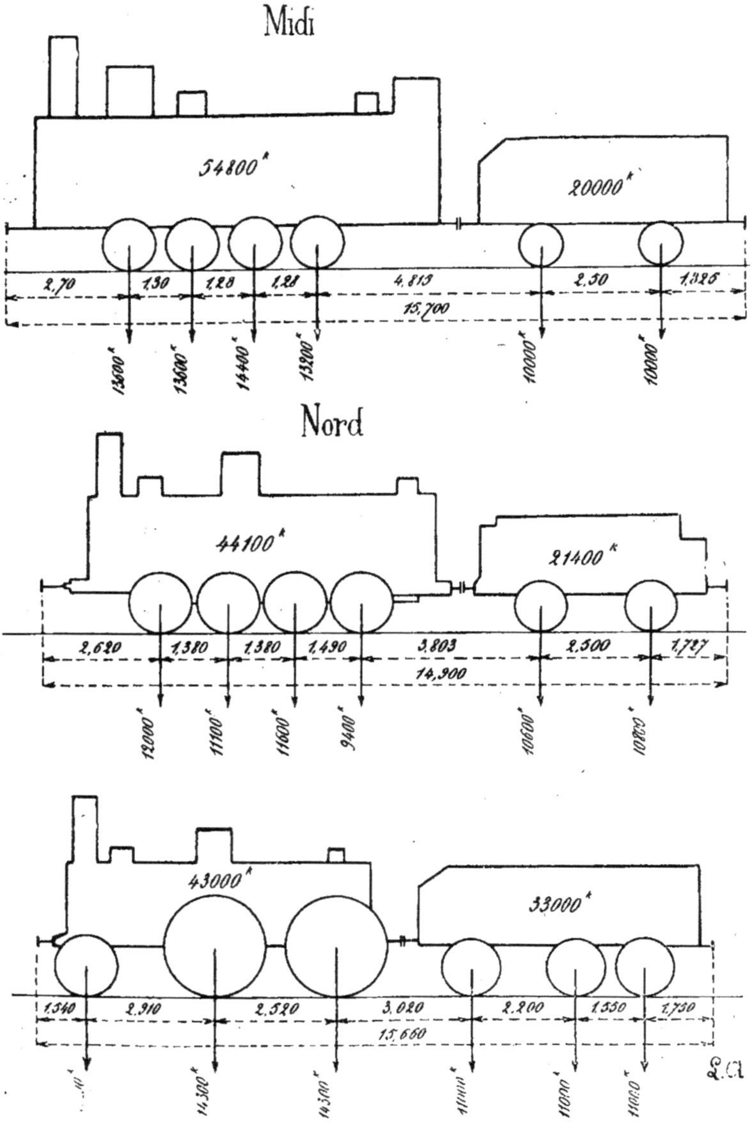


Fig. 84.

laminé, tant à l'extension qu'à la compression.

Toutefois l'Administration se réserve d'admettre des limites plus élevées pour

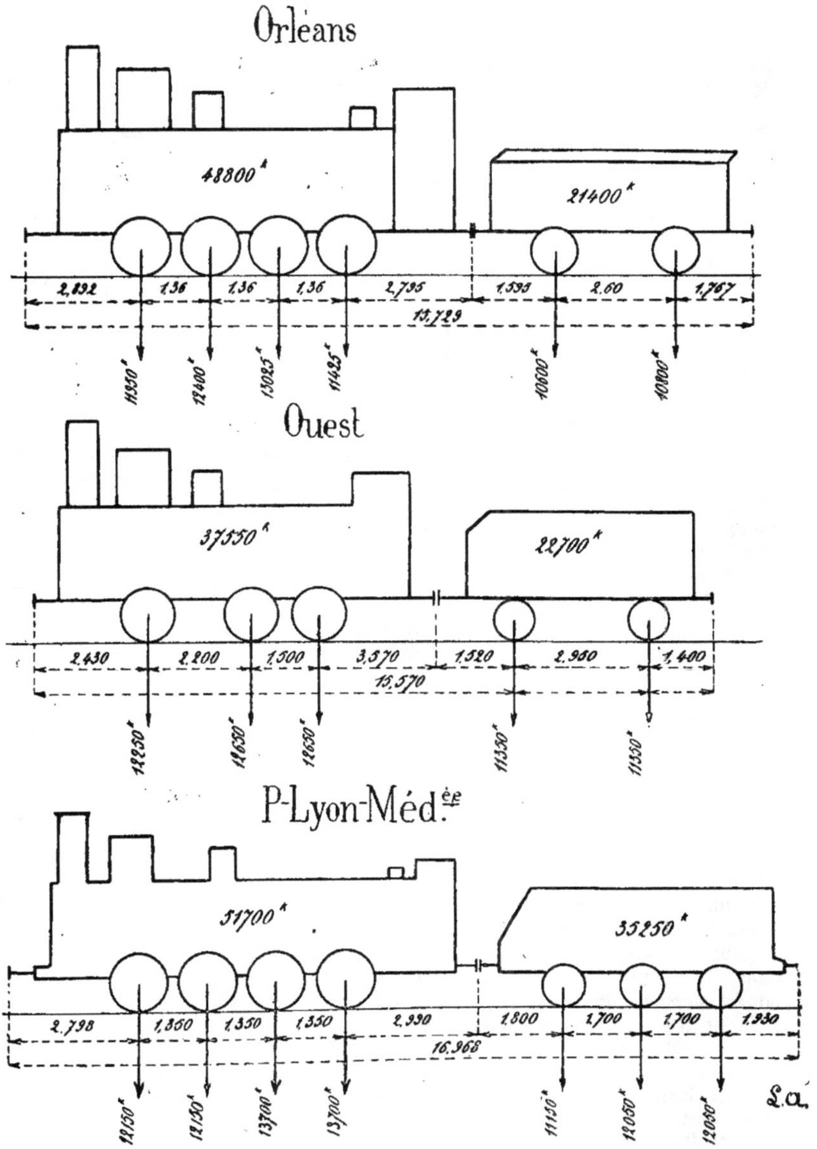


Fig. 85.

les grands ponts, lorsque des justifications suffisantes seront produites en ce qui touche les qualités des matières, les formes et les dispositions des pièces.

Art. 3. — Les auteurs des projets de travées métalliques devront justifier, par des calculs suffisamment détaillés, qu'ils se sont conformés aux prescriptions de l'article précédent.

En ce qui concerne les fermes longitudinales, ils pourront admettre l'hypothèse de surcharges uniformément réparties. Dans ce cas, ces surcharges, par mètre courant de simple voie seront réglées conformément au tableau suivant.

| PORTÉE DES TRAVÉES | SURCHARGES UNIFORMES | PORTÉE DES TRAVÉES | SURCHARGES UNIFORMES | PORTÉE DES TRAVÉES | SURCHARGES UNIFORMES |
|---|---|---|---|---|---|
| mètres | kil. | mètres | kil. | mètres | kil. |
| 2 | 12 000 | 13 | 6 200 | 40 | 4 100 |
| 3 | 10 500 | 14 | 5 900 | 45 | 4 000 |
| 4 | 10 200 | 15 | 5 700 | 50 | 3 900 |
| 5 | 9 800 | 16 | 5 500 | 55 | 3 800 |
| 6 | 9 500 | 17 | 5 400 | 60 | 3 700 |
| 7 | 8 900 | 18 | 5 200 | 70 | 3 500 |
| 8 | 8 300 | 19 | 5 100 | 80 | 3 400 |
| 9 | 7 800 | 20 | 4 900 | 90 | 3 300 |
| 10 | 7 300 | 25 | 4 500 | 100 | 3 200 |
| 11 | 6 900 | 30 | 4 300 | 125 | 3 100 |
| 12 | 6 500 | 35 | 4 200 | 150 | 3 000 |

Les surcharges correspondant à des portées intermédiaires à celles qui sont indiquées dans ce tableau seront déterminées par voie d'interpolation.

Les dimensions des pièces qui ne font pas partie des formes longitudinales et notamment de celles des pièces de pont seront calculées d'après les plus grands efforts qu'elles peuvent avoir à supporter.

### Poids des ponts en fer au mètre courant.

**124.** Le poids des tabliers métalliques est très variable ; il dépend à la fois du système de construction, de la hauteur des poutres et des dispositions des pièces de pont. Le tableau suivant, que nous empruntons à l'ouvrage de M. Maurice Koechlin, donne les poids approximatifs, s'appliquant à des travées discontinues ; dans les ponts à poutres continues on pourra se servir des mêmes tableaux en prenant les poids correspondant à des portées réduites dans les rapports qui suivent :

0,851 dans le cas d'un grand nombre de travées ;

0,901 dans le cas de deux travées continues.

| PORTÉES | PONTS A UNE VOIE — MOYEN | PONTS A UNE VOIE — MINIMUM | PONTS A DEUX VOIES — POIDS MOYEN |
|---|---|---|---|
| mètres | kil. | kil. | kil. |
| 4 | 600 | 350 | 1 020 |
| 5 | 650 | 370 | 1 170 |
| 6 | 670 | 400 | 1 220 |
| 7 | 700 | 420 | 1 280 |
| 8 | 725 | 440 | 1 320 |
| 9 | 750 | 460 | 1 380 |
| 10 | 775 | 480 | 1 420 |
| 12 | 850 | 520 | 1 550 |
| 14 | 925 | 570 | 1 670 |
| 16 | 980 | 620 | 1 790 |
| 18 | 1 050 | 680 | 1 910 |
| 20 | 1 110 | 720 | 2 040 |
| 25 | 1 300 | 840 | 2 370 |
| 30 | 1 480 | 970 | 2 700 |
| 35 | 1 680 | 1 100 | 3 070 |
| 40 | 1 880 | 1 220 | 3 430 |
| 45 | 2 100 | 1 400 | 3 820 |
| 50 | 2 300 | 1 580 | 4 200 |
| 60 | 2 750 | 2 100 | 5 000 |
| 70 | 3 200 | 2 540 | 5 800 |
| 80 | 3 650 | 3 000 | 6 700 |
| 90 | 4 150 | 3 500 | 7 500 |
| 100 | 4 600 | 3 900 | 8 400 |

**125.** Les poids de la voie ferrée au mètre courant sont les suivants :

Voie sur traverses espacées de $0^{m},70$ . . . . . . . . . . 190 kil.

Voie sur longrines . . . . . 160

Platelage de 0,08 d'épaisseur. 300

### Charges des ponts pour routes.

**126.** Les surcharges des ponts pour routes sont imposées par l'Administration, d'après la circulaire ministérielle du 9 juillet 1877, dont nous donnons ici un extrait.

« ARTICLE PREMIER. — Les ponts à travées métalliques dépendant des voies de terre devront être en état de livrer passage à toutes voitures dont la circulation est autorisée par le règlement du 10 août 1852 sur la police du roulage et des messageries, c'est-à-dire aux voitures attelées au maximum de cinq chevaux si elles sont à deux roues et de huit chevaux si elles sont à quatre roues.

ART. 2. — Les dimensions des pièces métalliques des travées seront calculées de telle sorte que, dans la position la plus défavorable des surcharges que l'ouvrage peut avoir à supporter, et notamment sous l'action des épreuves prescrites par l'article 3, le travail du métal par millimètre carré de section soit limité :

A 1 kilogramme et demi pour la fonte travaillant à l'extension directe ;

A 3 kilogrammes pour la fonte travaillant à l'extension dans une pièce fléchie ;

A 5 kilogrammes pour la fonte travaillant à la compression soit directement, soit dans une pièce fléchie ;

A 6 kilogrammes pour le fer forgé ou laminé, tant à l'extension qu'à la compression.

Toutefois, l'Administration se réserve d'admettre des limites plus élevées pour les grands ponts, lorsque des justifications suffisantes seront produites en ce qui touche les qualités des matières, les formes et les dispositions des pièces.

ART. 3. — Dans les calculs de stabilité des travées, on admettra que le poids des plus lourdes voitures, véhicule et chargement, s'élève à 11 tonnes si elles sont à deux roues, et à 16 tonnes si elles sont à quatre roues ; l'écartement des essieux étant d'ailleurs fixé pour ces dernières à 3 mètres. Dans les localités où ces poids seraient exagérés, ils pourront être réduits eu égard aux circonstances locales, sans que, dans aucun cas, le poids du véhicule et de son chargement puisse être inférieur à 6 tonnes pour les voitures à deux roues et 8 tonnes pour les voitures à quatre roues, sur les routes soumises à la police du roulage.

En ce qui concerne le calcul des fermes longitudinales, on admettra, pour la voie charretière, celle des deux combinaisons de poids suivantes qui fera subir à ces formes la plus grande fatigue eu égard à leur portée, savoir : une surcharge uniformément répartie et évaluée à raison de 300 kilogrammes par mètre carré, ou bien une surcharge composée d'autant de voitures ayant les poids ci-dessus déterminés que le tablier pourra en contenir, avec leurs attelages, sur le nombre de files que comporte la largeur de la voie. On fera d'ailleurs le choix entre les voitures à deux roues ou à quatre roues, de manière à obtenir le plus grand travail de métal, et l'on supposera qu'une file de voitures occupe une zone de $2^m,50$ de largeur.

Dans les deux cas, les trottoirs seront censés porter une charge de 300 kilogrammes par mètre carré.

Les dimensions des pièces qui ne font point partie des formes longitudinales, notamment celles des pièces de pont, seront calculées d'après les plus grands efforts qu'elles pourront avoir à supporter ».

**127.** On trouve dans les *Annales des Ponts et Chaussées* la disposition des voitures de 16 000 et 11 000 kilogrammes avec leurs attelages, ainsi que celles de 8 000 et 6 000 kilogrammes admises dans les calculs des ponts du service vicinal.

L'écartement des roues d'un même essieu pour ces dernières voitures est de $1^m,60$ et la distance des roues voisines de deux voitures marchant de front est de $0^m,60$.

La figure 86 indique les poids et les dimensions de ces chariots et de leurs attelages. Nous avons indiqué la position de la résultante des poids d'une voiture et de son attelage.

D'après la circulaire, on devra, dans le calcul des poutres, considérer deux hypothèses : celle d'une charge roulante et celle d'une charge uniformément répartie et choisir celle des deux qui donnera les plus grands efforts.

Afin de faciliter ce choix, on pourra consulter le tableau suivant tiré du *Mémoire* de M. Kleitz et complété par M. Maurice Koechlin, dans lequel les

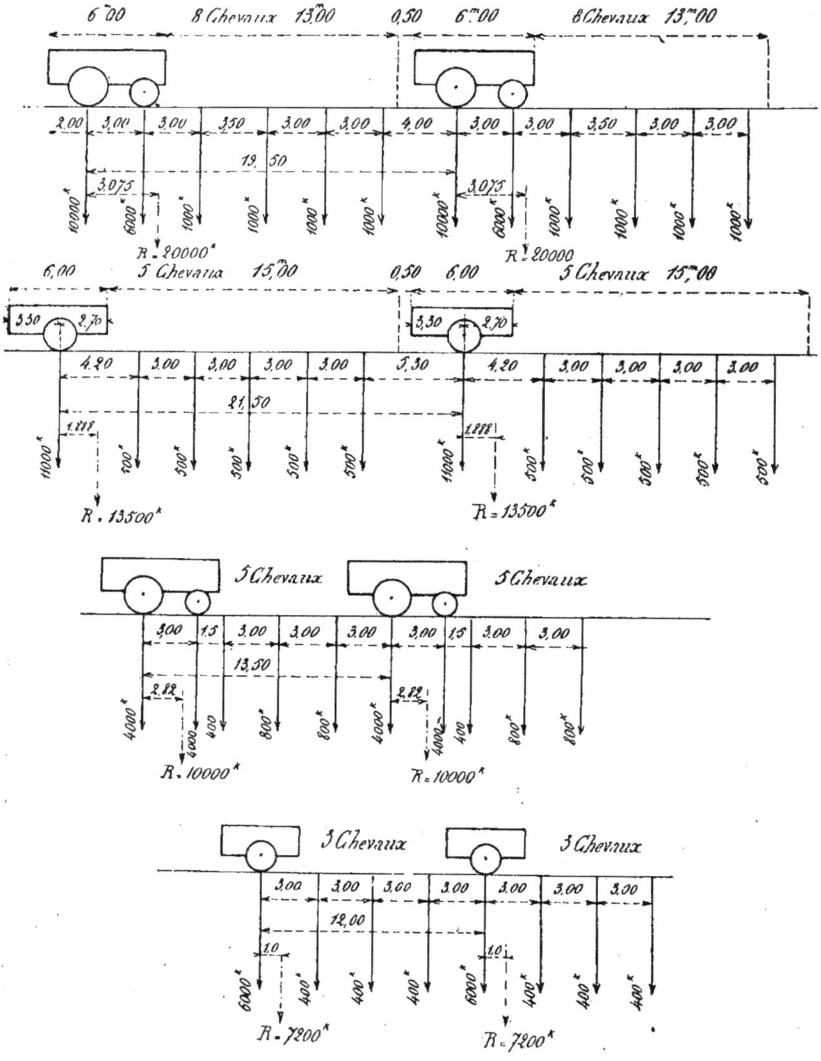


Fig. 86.

charges mortes par mètre courant équivalent aux charges roulantes ci-dessus.

Dans une colonne on trouve la charge morte qui donne le même moment fléchissant que la charge roulante, et dans l'autre la charge morte qui produit le même effort tranchant maximum que la charge roulante.

| PORTÉE | CHAR DE 11 TONNES | | CHAR DE 16 TONNES | | CHAR DE 6 TONNES | | CHAR DE 8 TONNES | |
|---|---|---|---|---|---|---|---|---|
| | Charge au mètre courant correspondant à la charge roulante pour le moment maximum | Charge au mètre courant correspondant à la charge roulante pour l'effort tranchant | Charge au mètre courant correspondant à la charge roulante pour le moment maximum | Charge au mètre courant correspondant à la charge roulante pour l'effort tranchant | Charge au mètre courant correspondant à la charge roulante pour le moment maximum | Charge au mètre courant correspondant à la charge roulante pour l'effort tranchant | Charge au mètre courant correspondant à la charge roulante pour le moment maximum | Charge au mètre courant correspondant à la charge roulante pour l'effort tranchant |
| m. | kil. | kil. | kil. | kil. | kil. | kil. | kil. | kil. |
| 4 | 5 500 | 5 500 | 5 210 | 5 750 | 3 000 | 3 050 | 2 050 | 2 500 |
| 5 | 4 400 | 4 430 | 4 350 | 4 960 | 2 400 | 2 460 | 1 660 | 2 260 |
| 6 | 3 670 | 3 720 | 3 760 | 4 330 | 2 000 | 2 070 | 1 530 | 2 030 |
| 7 | 3 150 | 3 200 | 3 370 | 3 880 | 1 750 | 1 800 | 1 450 | 1 840 |
| 8 | 2 750 | 2 820 | 3 050 | 3 500 | 1 550 | 1 590 | 1 370 | 1 680 |
| 9 | 2 450 | 2 530 | 2 820 | 3 190 | 1 390 | 1 420 | 1 290 | 1 560 |
| 10 | 2 220 | 2 290 | 2 620 | 2 930 | 1 260 | 1 300 | 1 200 | 1 440 |
| 12 | 1 860 | 1 930 | 2 300 | 2 540 | 1 060 | 1 100 | 1 100 | 1 275 |
| 14 | 1 610 | 1 680 | 2 050 | 2 240 | 940 | 1 080 | 1 000 | 1 170 |
| 16 | 1 430 | 1 490 | 1 860 | 2 020 | 840 | 1 030 | 930 | 1 100 |
| 18 | 1 290 | 1 340 | 1 720 | 1 840 | 750 | 980 | 860 | 1 080 |
| 20 | 1 180 | 1 220 | 1 600 | 1 717 | 700 | 940 | 810 | 1 060 |
| 25 | 980 | 1 120 | 1 380 | 1 630 | 620 | 830 | 760 | 990 |
| 30 | 850 | 1 060 | 1 240 | 1 540 | | 820 | 760 | 930 |
| 35 | 810 | 985 | 1 190 | 1 460 | | 780 | 770 | 920 |
| 40 | 770 | 930 | 1 160 | 1 360 | | 760 | 770 | 890 |
| 45 | 740 | 890 | 1 140 | 1 350 | | 740 | 760 | 870 |
| 50 | 700 | 870 | 1 130 | 1 320 | | 710 | 750 | 860 |
| 60 | | | 1 070 | 1 260 | | | 750 | 840 |
| 70 | | | 1 050 | 1 230 | | | 750 | 820 |
| 80 | | | 1 040 | 1 190 | | | 740 | 815 |

**128.** *Poids du plancher.* — Lorsqu'on a arrêté les dispositions du pont à construire, on peut, au moins approximativement, fixer le poids du plancher, d'après les indications suivantes :

| | Poids au mètre carré. |
|---|---|
| Chaussée épaisseur moyenne. | 360 kil. |
| Voûtes en briques de $0^m,11$ d'épaisseur avec remplissage en béton et chape en ciment de 2 centimètres. . . . . . . . . . | 400 |
| Voûtes en briques de $0^m,22$ d'épaisseur avec remplissage en béton et chape en ciment de 2 centimètres. . . . . . . . . | 650 |
| Plancher en fers zorès. . . . | 60 |
| Plancher en tôles cintrées ou embouties de 8 millimètres d'épaisseur. . . . . . . . . . . . | 75 |

**129.** *Poids du tablier métallique.* — La partie métallique d'un pont pour route est plus variable que celle d'un pont de chemin de fer, et d'ailleurs comme on en cherche les dimensions, on ne peut, comme études préliminaires, que prendre un poids approximatif d'après les ouvrages déjà construits. Nous donnons dans les tableaux suivants, les poids moyens correspondant aux ponts pour le passage des voitures de 16 000 et de 11 000 kilogrammes. Le deuxième tableau correspond aux ponts plus légers pour les chars de 8 000 et 6 000 kilogrammes.

Les poids de ces tableaux sont établis pour des travées indépendantes.

Dans les ponts à poutres continues, on pourra se servir des mêmes tableaux en prenant les poids correspondant à des portées réduites dans les rapports qui suivent :

0,851 dans le cas d'un grand nombre de travées ;

0,901 dans le cas de deux travées continues.

## PONTS POUR VOITURES DE 16 000 ET 11 000 KILOS (*Poids moyen du métal*)

| PORTÉE | PONTS A CHAUSSÉES EMPIERRÉES sur voûtes en briques ou plancher métallique | | | | PONTS A PLATELAGE EN BOIS | | | |
|---|---|---|---|---|---|---|---|---|
| | PONTS A DEUX VOIES largeur totale 7 mètres | | PONTS A UNE VOIE largeur totale 4 mètres | | PONTS A DEUX VOIES largeur totale 7 mètres | | PONTS A UNE VOIE largeur totale 4 mètres | |
| | POIDS au mètre courant | POIDS au mètre carré | POIDS au mètre courant | POIDS au mètre carré | POIDS au mètre courant | POIDS au mètre carré | POIDS au mètre courant | POIDS au mètre carré |
| m. | kil. | kil. | kil. | kil. | kil. | kil. | kil. | kil. |
| 5 | 1 078 | 154 | 640 | 160 | 840 | 120 | 500 | 125 |
| 6 | 1 113 | 159 | 660 | 165 | 861 | 123 | 512 | 128 |
| 8 | 1 183 | 169 | 700 | 175 | 924 | 132 | 548 | 137 |
| 10 | 1 260 | 180 | 740 | 185 | 980 | 140 | 580 | 145 |
| 12 | 1 337 | 191 | 788 | 197 | 1 043 | 149 | 616 | 154 |
| 15 | 1 449 | 207 | 856 | 214 | 1 120 | 160 | 664 | 166 |
| 20 | 1 631 | 233 | 964 | 241 | 1 281 | 183 | 760 | 190 |
| 25 | 1 813 | 259 | 1 076 | 269 | 1 456 | 208 | 864 | 216 |
| 30 | 2 002 | 286 | 1 196 | 299 | 1 621 | 231 | 976 | 244 |
| 35 | 2 191 | 313 | 1 316 | 329 | 1 806 | 258 | 1 080 | 270 |
| 40 | 2 394 | 342 | 1 436 | 359 | 1 981 | 283 | 1 180 | 295 |
| 45 | 2 590 | 370 | 1 560 | 390 | 2 163 | 309 | 1 300 | 325 |
| 50 | 2 800 | 400 | 1 700 | 425 | 2 352 | 336 | 1 420 | 355 |
| 55 | 3 024 | 432 | 1 848 | 462 | 2 555 | 365 | 1 580 | 395 |
| 60 | 3 227 | 461 | 2 008 | 502 | 2 765 | 395 | 1 720 | 430 |
| 65 | 3 486 | 498 | 2 200 | 550 | 2 975 | 425 | 1 880 | 470 |
| 70 | 3 710 | 530 | 2 400 | 600 | 3 185 | 455 | 2 050 | 512 |
| 75 | 3 955 | 565 | 2 620 | 655 | 3 395 | 485 | 2 230 | 557 |
| 80 | 4 200 | 600 | 2 852 | 713 | 3 605 | 515 | 2 420 | 605 |

## PONTS POUR VOITURES DE 6 000 ET 8 000 KILOS (*Poids moyen du métal*)

| PORTÉE | PONTS A CHAUSSÉES EMPIERRÉES sur voûtes en briques ou plancher métallique | | | | PONTS A PLATELAGE EN BOIS | | | |
|---|---|---|---|---|---|---|---|---|
| | PONTS A DEUX VOIES largeur totale 6 mètres | | PONTS A UNE VOIE largeur totale 3m,80 | | PONTS A DEUX VOIES largeur totale 6 mètres | | PONTS A UNE VOIE largeur totale 3m,80 | |
| | POIDS au mètre courant | POIDS au mètre carré | POIDS au mètre courant | POIDS au mètre carré | POIDS au mètre courant | POIDS au mètre carré | POIDS au mètre courant | POIDS au mètre carré |
| m. | kil. | kil. | kil. | kil. | kil. | kil. | kil. | kil. |
| 5 | 810 | 135 | 532 | 140 | 516 | 86 | 342 | 90 |
| 6 | 828 | 138 | 548 | 144 | 540 | 90 | 357 | 94 |
| 8 | 876 | 146 | 580 | 152 | 588 | 98 | 388 | 102 |
| 10 | 936 | 156 | 610 | 161 | 636 | 106 | 418 | 110 |
| 12 | 990 | 165 | 640 | 168 | 684 | 114 | 438 | 118 |
| 15 | 1 074 | 179 | 685 | 180 | 750 | 125 | 494 | 130 |
| 20 | 1 218 | 203 | 780 | 205 | 870 | 145 | 570 | 150 |
| 25 | 1 362 | 227 | 880 | 232 | 990 | 165 | 654 | 172 |
| 30 | 1 506 | 251 | 1 000 | 263 | 1 100 | 185 | 737 | 194 |
| 35 | 1 644 | 274 | 1 100 | 290 | 1 266 | 211 | 843 | 222 |
| 40 | 1 812 | 302 | 1 215 | 320 | 1 422 | 237 | 958 | 252 |
| 45 | 1 980 | 330 | 1 340 | 353 | 1 602 | 267 | 1 080 | 285 |
| 50 | 2 150 | 358 | 1 480 | 389 | 1 740 | 290 | 1 197 | 315 |
| 55 | 2 310 | 385 | 1 630 | 429 | 1 950 | 325 | 1 349 | 355 |
| 60 | 2 508 | 418 | 1 800 | 474 | 2 142 | 357 | 1 500 | 395 |
| 65 | 2 750 | 458 | 1 960 | 516 | 2 340 | 390 | 1 653 | 435 |
| 70 | 2 950 | 492 | 2 120 | 558 | 2 550 | 425 | 1 805 | 475 |
| 75 | 3 150 | 525 | 2 280 | 600 | 2 760 | 460 | 1 976 | 520 |
| 80 | 3 380 | 565 | 2 480 | 653 | 2 970 | 495 | 2 130 | 560 |

Pour compléter ce qui est relatif aux surcharges des ponts, nous donnons dans le tableau qui suit les poids des matières le plus souvent employées.

| MATÉRIAUX | POIDS spécifiques | MATÉRIAUX | POIDS spécifiques |
|---|---|---|---|
| Grès dur | 2.50 | Fer | 7.79 |
| Grès ordinaire | 2.35 | Acier cémenté | 7.82 |
| Pierre calcaire | 2.45 | Acier fondu | 7.92 |
| Dolomie | 2.76 | Fonte | 7.21 |
| Marbre | 2.73 | Zinc martelé | 7.85 |
| Granit | 2.80 | Zinc fondu | 7.04 |
| Gneiss | 2.55 | Cuivre martelé | 9.00 |
| Porphyre | 2.83 | Cuivre fondu | 8.79 |
| Béton | 2.47 | Bronze martelé | 8.90 |
| Ciment | 1.66 | Bronze fondu | 8.20 |
| Sable pur | 1.90 | Etain | 7.38 |
| Glaise | 1.60 | Plomb martelé | 11.39 |
| Argile | 1.50 | Plomb fondu | 11.35 |
| Terre végétale | 1.40 | Tilleul sec | 0.45 |
| Quartz | 2.62 | Peuplier sec | 0.39 |
| Cailloutis | 2.55 | Aulne sec | 0.65 |
| Schiste argileux | 2.53 | Poirier sec | 0.73 |
| Miraschiste | 2.45 | Chêne sec | 0.91 |
| Basalte serre | 3.02 | Chêne fraîchement abattu | 1.06 |
| Basalte ordinaire | 2.66 | Charme sec | 0.69 |
| Lave | 2.62 | Charme fraîchement abattu | 0.89 |
| Briques à grains serrés | 2.17 | Hêtre sec | 0.59 |
| Briques ordinaires | 1.81 | Hêtre fraîchement abattu | 0.79 |
| Verre à vitres | 2.64 | Mélèze sec | 0.56 |
| Verre à glaces | 2.46 | Mélèze fraîchement abattu | 0.92 |
| Cristal | 2.89 | Pin sec | 0.55 |
| Porcelaine | 2.32 | Pin fraîchement abattu | 0.90 |
| Eau | 1.00 | Sapin blanc sec | 0.55 |
| Maçonnerie en grès fraîche | 2.10 | Sapin blanc fraîchement abattu | 0.90 |
| — sèche | 2.00 | Sapin sec | 0.46 |
| Maçonnerie de pierre calcaire fraîche | 2.43 | Sapin fraîchement abattu | 0.80 |
| — — sèche | 2.41 | Noyer sec | 0.66 |
| Maçonnerie en briques fraîche | 1.66 | Ebène sec | 1.21 |
| — — sèche | 1.53 | Acajou sec | 0.75 |
| Mortier de chaux | 1.86 | | |

### Charges des toitures métalliques.

**130.** Les charges que portent les couvertures se composent:

1° Du poids propre de la construction;

2° De la couverture;

3° Des surcharges.

Le poids propre dépend du mode de couverture plus ou moins pesant, des surcharges variables avec les climats et enfin de la disposition de la construction elle-même.

La couverture éprouve aussi de grandes variations de poids suivant son épaisseur et sa composition, mais elle est généralement une donnée du problème.

La surcharge varie avec les climats, elle dépend de la quantité de neige que les toitures ont à supporter et de l'intensité des vents qui règnent dans la localité.

**131.** *Poids propre de l'ossature.* — Les poids contenus dans le tableau suivant sont des nombres moyens, qui peuvent servir à un calcul préliminaire et que l'on rectifiera après. Ils supposent un travail du métal de 8 kilogrammes par millimètre carré.

Ces poids ne comprennent pas les chéneaux, les piliers et les parties de la construction qui ne sont pas portées par les fermes.

Les poids indiqués dans ce tableau pour les fermes supposent des portées de 10 à 20 mètres, qui sont les plus usitées.

POIDS DU MÉTAL AU MÈTRE CARRÉ DE SURFACE COUVERTE HORIZONTALEMENT

| DÉSIGNATION des PIÈCES CONSTITUTIVES | COUVERTURES EN TUILES à emboîtement de 50 kil, au mètre carré | ZINC SUR VOLIGES de 36 kil. au mètre carré | TOLES ONDULÉES de 1mm 1/2 d'épaisseur | ARDOISE SUR VOLIGES de 50 kil. au mètre carré |
|---|---|---|---|---|
| | kil. | kil. | kil. | kil. |
| Fermes | 12.00 | 11 | 10 | 12 |
| Pannes | 9.50 | 9 | 9 | 10 |
| Chevrons | 8.00 | » | » | 8 |
| Lattis | 10.00 | » | » | » |
| Contreventement | 2.00 | 2 | 2 | 2 |
| Poids totaux au mètre carré | 41.50 | 22 | 21 | 32 |

**132.** *Poids de la couverture.* — Les poids des couvertures généralement employées sont les suivants.

*Couverture en tuiles à emboîtement* (Muller, Montchanin). — Les poids au mètre carré de projection horizontale pour les différentes inclinaisons sont les suivants :

| Inclinaisons | 0,00 | 0,20 | 0,30 | 0,40 | 0,50 | 0,60 |
|---|---|---|---|---|---|---|
| Poids correspondants | 45K | 46,5 | 47 | 48,5 | 50,5 | 52,5 |

*Couverture en zinc sur voliges.* — Le zinc le plus employé est du n° 14, de 0mm,87 d'épaisseur sur frises de 34 millimètres d'épaisseur.

| Inclinaisons | 0,00 | 0,20 | 0,30 | 0,40 | 0,50 | 0,60 |
|---|---|---|---|---|---|---|
| Poids au mètre carré de proj. horizont. | 33K,5 | 34 | 35 | 36 | 37 | 38,5 |

*Couverture en tôles ondulées.* — Les tôles ondulées ont 1 millimètre et demi d'épaisseur, la corde de l'ondulation est 130 millimètres et la flèche 30 millimètres.

| Inclinaisons | 0,00 | 0,20 | 0,30 | 0,40 | 0,50 | 0,60 |
|---|---|---|---|---|---|---|
| Poids au mètre carré de proj. horizont. | 17K | 17,3 | 17,7 | 18,3 | 18,9 | 20 |

*Ardoises sur voliges.* — Les voliges ont 25 millimètres et les ardoises pèsent 38 kilogrammes au mètre carré.

| Inclinaisons | 0,00 | 0,20 | 0,30 | 0,40 | 0,50 | 0,60 |
|---|---|---|---|---|---|---|
| Poids au mètre carré de proj. horizont. | 45K | 46,5 | 47 | 48,5 | 50,5 | 52,5 |

## Surcharges.

**133.** *Neige.* — En comptant pour la neige 100 kilogrammes par mètre d'épaisseur, on aura pour les épaisseurs suivantes les poids correspondant au mètre carré :

| Épaisseur de la neige | 0m,25 | 0,50 | 0.75 | 1,00 |
|---|---|---|---|---|
| Charge par mètre carré | 25K | 50 | 75 | 100 |

**134.** *Vent.* — Si l'on admet que le vent souffle horizontalement avec une intensité $p$ par mètre carré, et si $\alpha$ désigne l'angle d'inclinaison de la toiture, la pression verticale P par mètre carré de projection horizontale sera :

$$P = p. \sin^2 \alpha$$

et l'effort horizontal Q par mètre carré de projection verticale sera aussi :

$$Q = p. \sin^2 \alpha.$$

Si le vent agit normalement sur une surface, la pression qu'il exerce par mètre carré peut être calculée par la formule :

$$P = 0,116\ v^2,$$

ou $v$ désigne la vitesse du vent en mètres.

Le tableau suivant résume les valeurs de P correspondant à des vitesses différentes.

| NATURE DU VENT | VITESSE EN MÈTRES par seconde | PRESSION EN KILOS par mètre carré |
|---|---|---|
| Vent frais ou brise | 4 à 6 | 2 à 4 |
| Très forte brise | 10 12 | 12 17 |
| Vent très fort | 15 18 | 26 38 |
| Vent impétueux | 18 22 | 38 56 |
| Tempête | 22 26 | 56 78 |
| Tempête violente | 26 32 | 78 119 |
| Ouragan | 36 40 | 150 180 |
| Grand ouragan | 45 | 235 |

On admet aussi quelquefois que le vent agit dans une direction légèrement inclinée sur l'horizontale; cet angle est estimé généralement à 10 degrés.

Si l'on désigne par $\beta$ cet angle, l'effort normal N sur la surface frappée sera :

$$N = P \sin (\alpha + \beta).$$

Les composantes verticales et horizontales seront dans ce cas :

$$P = Q = P \overline{\sin}^2 (\alpha + \beta.)$$

### Des forces extérieures et des forces intérieures dans une poutre homogène.

**135.** Considérons (*fig.* 87) un corps quelconque M soumis à deux forces F et $F_1$ égales et directement opposées, c'est-à-dire se

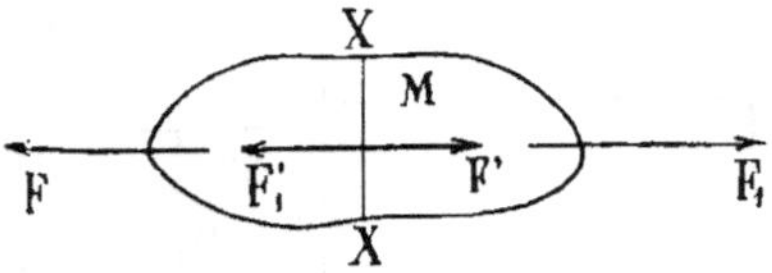


Fig. 87.

faisant équilibre. Sous l'influence de ces forces le corps tend à se rompre si la force de cohésion des molécules n'est pas assez grande pour résister à cette rupture.

Admettons que le corps soit coupé suivant une section XX ; chaque partie serait nécessairement entraînée, l'une vers la gauche sous l'influence de la force F, l'autre vers la droite sous l'action de $F_1$. Pour s'opposer à ces mouvements, il suffirait d'appliquer dans la section des forces F' et $F_1'$ égales et directement opposées aux forces F et $F_1$. Donc, si les molécules ne se trouvent pas séparées, c'est qu'il se développe dans la section considérée des efforts de cohésion qui s'opposent au mouvement.

Ces forces de résistances ayant pour résultantes F' et $F_1'$ tiennent en équilibre les forces F et F' et sont de plus en équilibre, c'est-à-dire que

$$F' = F_1'.$$

Les forces F et $F_1$ sont appelées forces extérieures et tendent à produire, dans ce cas, l'extension du corps M ; tandis que les forces F' et $F_1'$ sont appelées forces intérieures.

Si les forces extérieures agissaient comme l'indique la figure 88, elles produiraient une compression et seraient équilibrées par les forces intérieures qui s'opposeraient à l'écrasement dans la section considérée.

Supposons maintenant que le corps soit soumis à plusieurs forces F, $F_1$, $F_2$, P, $P_1$, $P_2$ agissant toutes dans un même plan

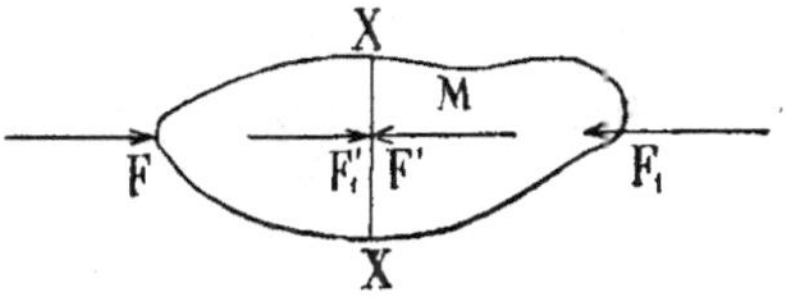


Fig. 88.

(*fig.* 89). Si une section XX partage ce système des forces en deux groupes ayant chacun pour résultante les forces R et $R_1$, ces résultantes produiront les effets que nous avons analysés plus haut, c'est-à-dire qu'elles seront tenues en équilibre par les forces de cohésion R' et $R_1'$.

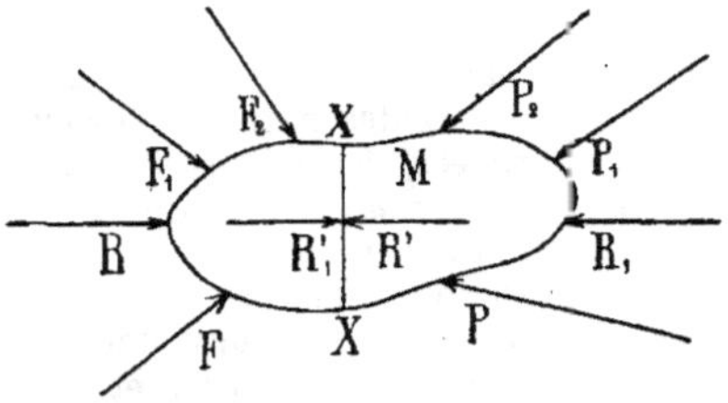


Fig. 89.

On voit donc que la résultante R des forces de gauche est en équilibre avec la résultante R' des forces intérieures exercées par la partie voisine ou bien encore avec la résultante $R_1$ des forces extérieures agissant sur la partie voisine. Ces deux dernières résultantes pourront alors être indifféremment substituées l'une à l'autre.

D'après cela, on pourra toujours supposer enlevée la partie à droite de la section, et la remplacer par la résultante des forces intérieures sans que pour cela les conditions d'équilibre se trouvent changées.

Donc, la résultante des forces extérieures à une section est-elle connue, la résultante des forces intérieures dans cette section le sera aussi.

La répartition de cette résultante des forces intérieures dans les éléments de la section ne pourra être connue que dans certains cas particuliers, comme nous allons le voir.

Remarquons d'abord que les pièces de construction sont en général formées par l'assemblage de pièces rigides, dont les différentes parties sont soumises à des actions de différentes natures ; les unes sont comprimées, les autres cisaillées, certaines sont soumises à des efforts de flexion, de tension ou de torsion.

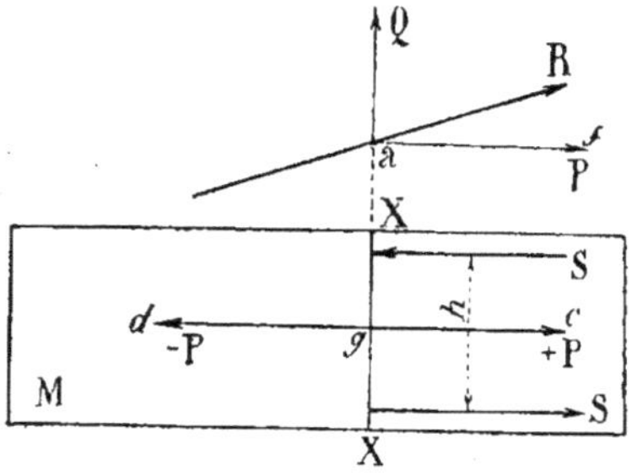


Fig. 90.

Pour déterminer les forces intérieures, nous considérerons toujours une section XX faite dans la pièce, et nous décomposerons la résultante des forces extérieures en deux directions, l'une parallèle et l'autre perpendiculaire à la section considérée.

Prenons quelques exemples :

1° Soit un corps M de forme prismatique (*fig.* 90) dans lequel nous considérons une section XX. Supposons que R soit la résultante de toutes les forces extérieures situées à gauche de la section considérée.

Cette résultante, prise en signe contraire, sera égale à la résultante de toutes les forces intérieures agissant dans la section.

Comme nous l'avons dit plus haut, décomposons la résultante R en deux directions, l'une Q perpendiculaire à l'axe du prisme et l'autre P parallèle à cet axe.

La composante Q tend à cisailler le prisme suivant la section ; cet effort de cisaillement est équilibré par les forces intérieures dont la résultante est égale à Q, mais dirigée en sens contraire.

Pour se rendre compte de l'effort P, portons à partir du centre de gravité $g$ de la section, deux forces égales à P, mais de sens opposés : l'une $gc = +$ P, et l'autre $gd = -$ P. Ce système des forces $+$ P et $-$ P ne change en rien les conditions d'équilibre.

On voit alors que la force $+$ P agissant contre la section et en sens contraire des forces situées à droite produit une compression ; tandis que les forces $af$ et $gd$ forment un couple ayant pour moment :

$$M = P.\ ag.$$

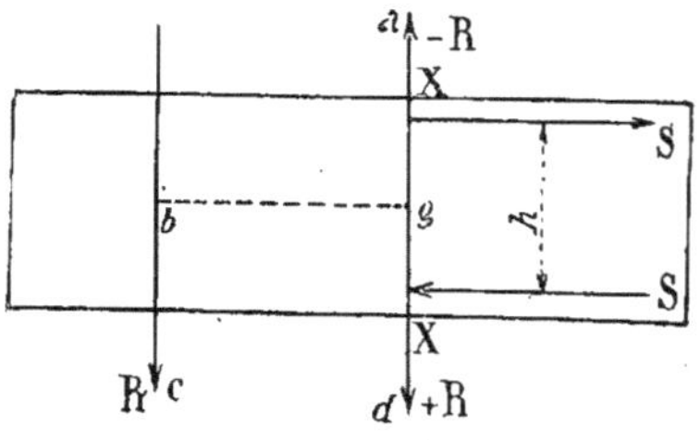


Fig. 91.

Ce couple sera équilibré par un autre couple développé par les forces intérieures dans la section considérée. Nous pouvons admettre que ce couple sera celui des forces SS ayant pour moment :

$$M = -\ S.\ h.$$

On voit donc que le couple P.$ag$ tend à faire fléchir le prisme dans le sens longitudinal.

En résumé, la résultante R donne lieu à un effort de cisaillement Q, à une compression P $= gc$ et à un moment fléchissant P.$ag$ ;

2° Supposons que la résultante R (*fig.* 91) des forces extérieures situées à gauche de la section XX soit perpendiculaire à l'axe longitudinal du prisme. Cette force n'engendrera alors qu'un effort de cisaillement et un moment fléchissant.

En effet, portons à partir du point $g$ deux forces égales et de sens contraire $gd = + R$ et $ga = - R$, lesquelles ne modifient pas les conditions d'équilibre.

La force $gd = R$ donne lieu à un cisaillement qui est équilibré par la force intérieure égale et directement opposée à $gd$. Il reste les deux forces $bc = R$ et $ga = R$, qui forment un couple dont le moment est

$$M = R.gb.$$

Ce moment fléchissant peut être tenu en équilibre par un moment $Sh$ de sens contraire et développé par les forces intérieures.

**136.** Remarque. — Ces effets se pro-

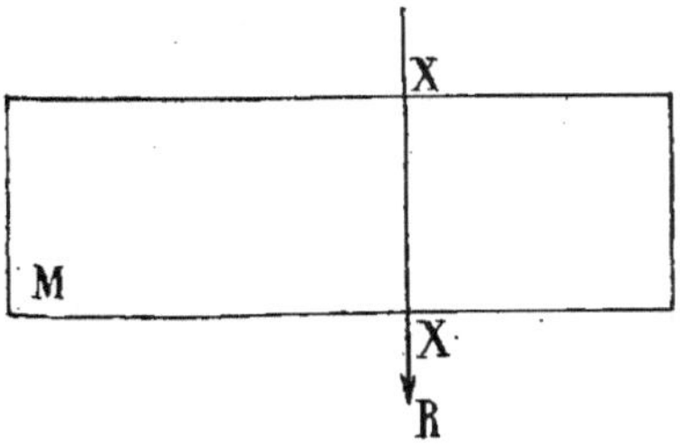


Fig. 92.

duisent dans les poutres droites dont les appuis sont au même niveau.

3° Si la résultante R tombe dans la section considérée XX (*fig.* 92), la poutre ne sera soumise qu'à un effort de cisaillement égal à R et équilibré par la force intérieure égale à — R.

4° Dans le cas où la résultante R est parallèle à l'axe du prisme (*fig.* 93), l'effort de cisaillement est nul, mais alors il y a un moment fléchissant positif ou négatif, et un effort de tension ou de compression. En effet, portons au point $g$ deux forces égales et de sens opposés $gc = + R$ et $gd = - R$. La force $gc$ produira une compression équilibrée par une force intérieure égale et de sens contraire; tandis que le moment $R. ag$ sera équilibré par un moment de sens contraire $Sh$ développé par les forces intérieures.

5° Enfin si la résultante R concorde avec l'axe du prisme (*fig.* 94), celui-ci ne sera soumis qu'à des efforts de traction ou de compression.

Ce genre d'effort se produit dans les pièces verticales qui ont à supporter à leur partie inférieure des charges agissant dans l'axe de ces pièces.

**137.** Remarque. — Dans les différents

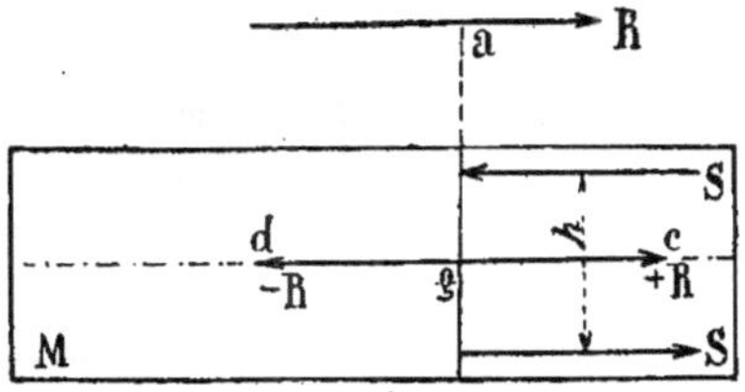


Fig. 93.

cas que nous venons d'examiner, il résulte que, dans une section de la poutre, se développent des efforts de tension et de compression, des moments de flexion et des efforts de cisaillement ou efforts tranchants.

Si l'on veut qu'une pièce quelconque d'une construction ne soit soumise qu'à des efforts de traction ou de compression, il faudra que la résultante des forces ex-

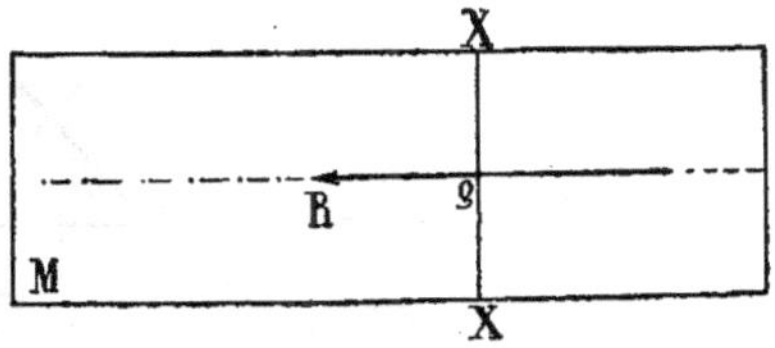


Fig. 94.

térieures à une section agisse suivant l'axe longitudinal de cette pièce.

Si les forces extérieures n'étaient pas toutes situées dans le même plan, il se produirait en outre des efforts de torsion. C'est pourquoi, dans les constructions, on doit, pour éviter ces torsions, répartir les charges permanentes et les surcharges de manière qu'elles se concentrent dans le plan vertical passant par l'axe de la poutre.

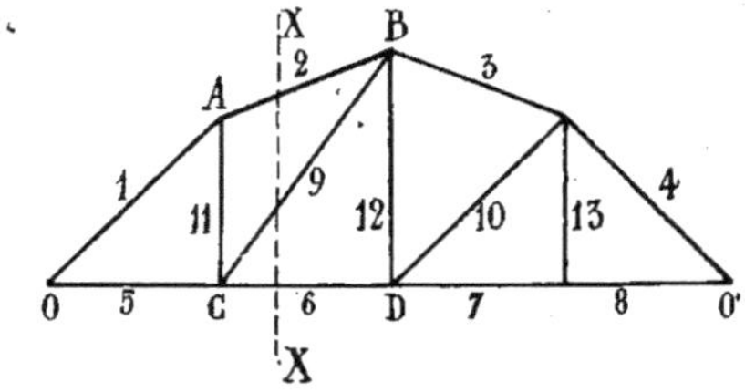


Fig. 95.

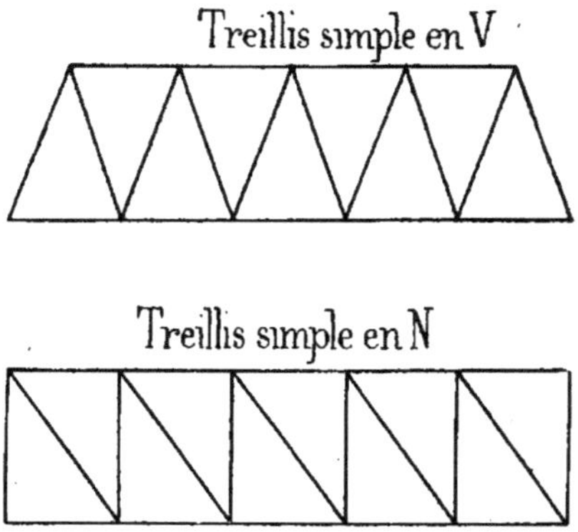


Fig. 96.

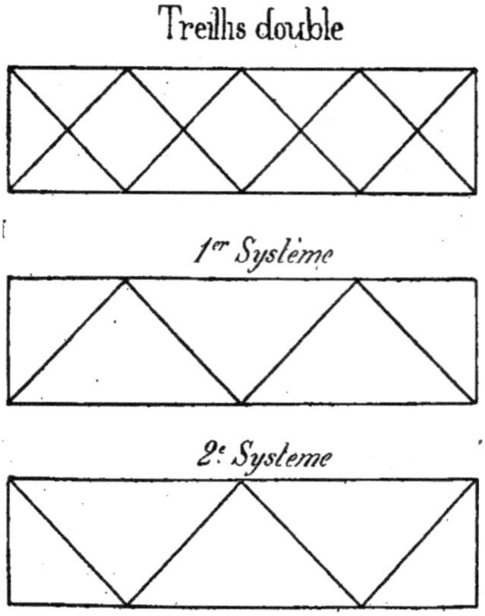


Fig. 97.

## Forces intérieures et extérieures dans une poutre composée.

**138.** Dans le chapitre précédent nous avons vu comment on pouvait déterminer les forces intérieures dans une poutre homogène, c'est-à-dire ne se composant, dans

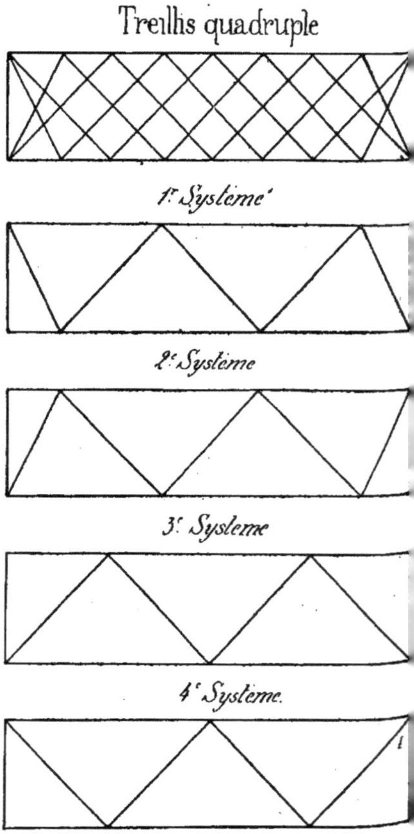


Fig. 98.

toutes ses parties, que d'un seul élément, comme dans les pièces en forme de I. Nous allons, dans ce qui va suivre, indiquer les méthodes les plus employées pour connaître les forces agissant dans une poutre composée.

On entend par poutre composée ou à

treillis, celle dans laquelle une section rencontre deux ou plusieurs éléments.

Dans une poutre composée, on appelle *membrures* les pièces qui constituent le contour de la poutre et on désigne par *barres de treillis* les pièces intermédiaires. Toute barre de treillis qui est verticale prend le nom de *montant*.

Dans la figure 95, les pièces 1 à 8 sont les membrures, les pièces 9 et 10 les barres de treillis et enfin les pièces 11, 12, 13 les montants.

Les points A, B, C, D, etc., où se réunissent plusieurs éléments, s'appellent des *nœuds*.

On appelle poutre à treillis simple, un système de treillis tel qu'une section verticale faite en dehors d'un nœud ne rencontre jamais plus d'une barre de treillis (*fig.* 96).

Par contre, une poutre à treillis multiple se compose de plusieurs systèmes de barres de treillis. Le nombre de barres rencontrées par une section verticale faite en dehors des nœuds détermine le nombre des systèmes de barres.

Un treillis à deux systèmes est double (*fig.* 97); un treillis à quatre systèmes est quadruple (*fig.* 98), et ainsi de suite.

### Méthode de Culmann.

**139.** La méthode de Culmann pour déterminer les forces intérieures qui se produisent dans une section XX d'une poutre composée, consiste à décomposer la résultante R des forces extérieures suivant les axes des éléments coupés par la section.

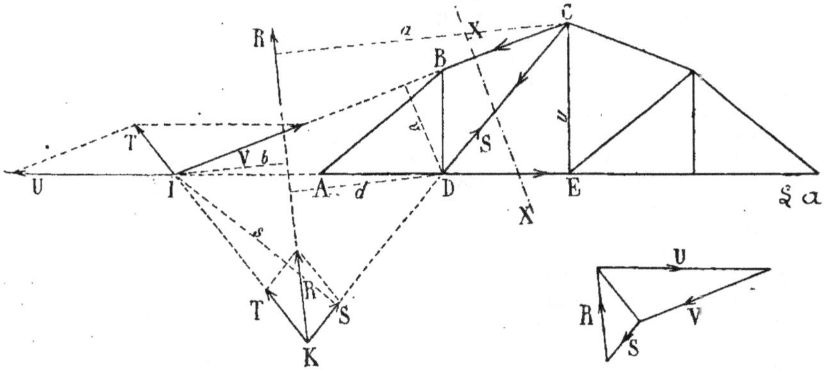


Fig. 99.

Soit XX la section faite dans une poutre composée (*fig.* 99) et supposons que R soit la résultante des forces extérieures situées à gauche de la section. Pour déterminer le genre d'effort auquel sont soumises les pièces CB, CD et DE, prolongeons la résultante R jusqu'à sa rencontre K avec l'un des éléments CD; puis déterminons le point de rencontre I des deux autres éléments CB, DE. Décomposons R en deux forces S et T suivant les directions KC et KI; puis, après avoir transporté la composante T au point I, décomposons cette dernière en deux forces V et U dans les directions IC et DI.

Les forces intérieures de chaque élément feront équilibre aux composantes S, U, V; elles seront égales et dirigées en sens contraire. Les directions de ces efforts intérieurs seront indiquées par des flèches sur les pièces de la poutre et à droite de la section; suivant que ces efforts éloignent ou rapprochent de la section, on aura de la tension ou de la compression dans la pièce correspondante.

La figure 99 montre que les pièces BC et DC sont comprimées, tandis que la pièce DE est tendue.

**140.** Remarque.— Ces décompositions successives peuvent se faire dans un polygone des forces; le sens de ces efforts intérieurs se déduit du polygone en remarquant que, la force R extérieure faisant équilibre aux forces intérieures, les flèches doivent être dans le même sens.

En répétant la même construction on pourra déterminer très rapidement tous les efforts agissant dans la poutre.

On choisira toujours les sections de manière qu'elles ne coupent que trois éléments de la poutre ; toutefois, les deux sections voisines des appuis n'en rencontreront que deux.

## Méthode des moments statiques ou méthode de Ritter.

**141.** On sait que l'une des conditions d'équilibre de plusieurs forces agissant dans un même plan est que la somme de leurs moments pris par rapport à un point quelconque de ce plan soit égale à zéro.

On pourra alors, pour toute section d'une poutre, établir l'équation des moments des forces agissant dans cette section ; ces forces sont la résultante des forces intérieures et les efforts intérieurs développés dans les éléments considérés.

En choisissant convenablement le centre des moments, le problème se trouvera simplifié. Pour cela, nous établirons trois équations des moments, en prenant pour points les intersections de deux des éléments; alors les moments des forces intérieures dirigées suivant ces éléments seront nuls et chaque équation se réduira à deux moments, savoir : celui de la force extérieure qui est connue et celui de la troisième force intérieure. Ainsi, dans l'exemple de la figure 99, en prenant les moments successivement par rapport aux points I, C et D, on a les équations :

$$T.b = Ss \quad (1)$$

$$T.a = U.u \quad (2)$$

$$T.d = V.v \quad (3)$$

d'où l'on tire les efforts dans les trois pièces ci-dessous :

$$S = \frac{T.b}{s}$$

$$U = \frac{T.a}{u}$$

$$V = \frac{T.d}{v}.$$

Le sens de ces efforts se déduit très facilement par la règle suivante.

Considérons la pièce CD par exemple et le point I d'intersection des deux autres éléments. On applique la force S à gauche de la section à la pièce CD, avec un signe tel qu'il donne par rapport au point I un moment de même signe que celui de la force extérieure R par rapport au même point. Dans le cas où la force S vient appuyer contre la section XX, il y a compression dans la pièce CD. Si, au contraire, la force S tendait à s'éloigner de la section XX, il y aurait tension dans cette pièce. Cette méthode est souvent employée lorsqu'il s'agit de déterminer l'augmentation ou la diminution des forces intérieures qu'entraînerait dans un élément de la poutre une variation de la surcharge.

## Méthode de Crémona.

**142.** La méthode de Crémona est employée de préférence lorsque la poutre n'est soumise qu'à l'action des forces constantes; elle permet de déterminer plus rapidement les efforts qui agissent sur les pièces qui composent une poutre à treillis. Cette méthode est la suivante : on considère l'un après l'autre, en commençant par la gauche, tous les nœuds de la poutre ; on détermine la résultante des forces connues agissant en chaque nœud et on décompose ensuite cette résultante suivant les forces inconnues qui se coupent en ce même point. Les composantes prises en signe contraire donnent la valeur des forces intérieures cherchées.

Considérons la ferme représentée sur la figure 100, soumise en ses différents nœuds A, B, C, D, E, F à des forces dont les intensités seront indiquées par les mêmes lettres.

Les réactions aux points d'appui Q et Q′ ont des valeurs faciles à déterminer que nous désignerons aussi par Q et Q′. Chaque pièce de la poutre porte un numéro, qui sera aussi celui de l'effort agissant dans la pièce.

Portons les unes à la suite des autres en tenant compte de leur signe, les différentes forces, dans l'ordre suivant lequel on les rencontre en faisant le tour de la poutre.

Q, A, B, C, Q', D, E, F ;

puis prenons successivement les nœuds

Q, A, F, B, E, C, D, Q'

Au nœud Q la réaction Q se décompose

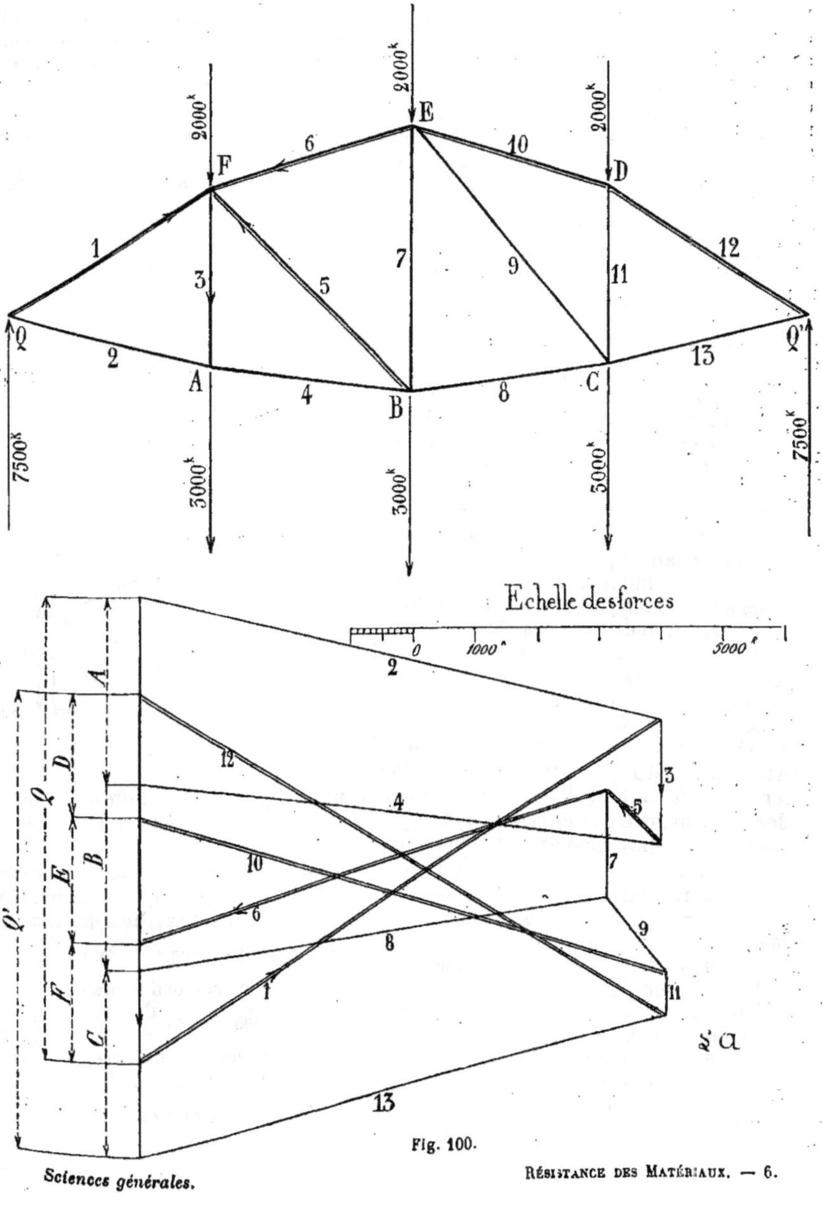


Fig. 100.

directement suivant les deux pièces 1 et 2 et la décomposition se fait dans le polygone des forces.

On passe ensuite au nœud A ; en ce point agissent les efforts A, 2, 3, 4. Les efforts A et 2 sont connus ; 3 et 4 sont inconnus ; ils se déterminent en menant dans le polygone des forces à l'extrémité de l'effort 2 une parallèle à 3, et à l'extrémité A une parallèle à 4. On constitue ainsi le polygone fermé A, 2, 3, 4 qui donne les efforts 2 et 3. Du nœud A, on passe au nœud F, où les efforts 5 et 6 sont inconnus, tandis que les 1, 3, F sont connus. On forme dans le polygone des forces, le polygone F, 1, 3, 5, 6, en menant à l'extrémité de F, une parallèle à la pièce 6 et à l'extrémité de 3 une parallèle à 5. Ce polygone détermine ainsi les efforts 5 et 6.

Après le nœud F, on passe successivement aux autres nœuds, dans l'ordre indiqué plus haut, et on arrive ainsi à déterminer dans une même figure tous les efforts agissant dans les pièces de la poutre.

Comme vérification de l'exactitude du tracé, les efforts 13 et 12 et la réaction Q' doivent se faire équilibre.

Afin de distinguer la nature des efforts, nous avons tracé par un simple trait tous les efforts de tension et les pièces correspondantes par un simple trait, tandis que les pièces soumises à la compression sont indiquées par un double trait.

Le sens des efforts se détermine très simplement en un nœud quelconque. Ainsi au nœud F par exemple, toutes les forces se faisant équilibre, on donnera dans le polygone des forces F, 1, 3, 5, 6, des flèches indicatrices dans le même sens que la force F, dont la direction est connue. On reportera ces flèches sur les pièces correspondantes. Toutes celles qui se dirigent vers le point F, indiquent de la compression ; et celles qui s'éloignent de F, indiquent de la tension,

**143.** Nous allons appliquer la méthode de Cremona à la détermination des efforts développés dans différentes poutres et fermes employées dans les constructions. Les quelques exemples qui vont suivre suffiront à bien faire comprendre cette méthode, afin qu'elle puisse être appliquée dans un cas quelconque.

## Poutre armée à une seule contre-fiche.

**144.** Soit (*fig.* 101) une poutre AB reposant en ses deux extrémités sur des appuis simples ; elle porte en son milieu une contre-fiche dont l'extrémité D est reliée par des tirants AD, BD aux extrémités de la partie horizontale. L'ensemble de cette poutre armée comprend cinq éléments que nous désignerons par les nu-

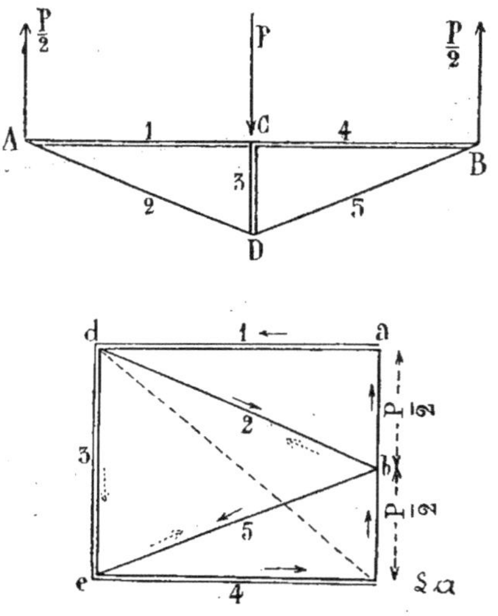


Fig. 101.

méros 1, 2, 3, 4, 5 ; ces chiffres indiqueront aussi la valeur des efforts auxquels sont soumises ces pièces.

Supposons que cette poutre porte en son milieu une charge P normale à la ligne des appuis. Les réactions aux points A et B seront égales chacune à $\frac{P}{2}$.

Considérons d'abord le nœud A, où sont appliquées les forces $\frac{P}{2}$, 1, 2 ; pour déterminer ces deux dernières, traçons le triangle des forces *abd*, dans lequel $ab = \frac{P}{2}$, $ad = 1$ et $bd = 2$.

Passons ensuite au nœud C, dont les forces 1 et P sont connues; le quadrilatère, obtenu en menant *de* parallèle à CD et *ce* parallèle à BC, donne les intensités des forces 3 et 4 :

$$de = 3 \qquad ce = 4.$$

Enfin au nœud D nous connaissons les forces 2, 3 ; la ligne de fermeture *be* donne la force 5 qui, du reste, est égale à la force 2 par raison de symétrie.

Pour trouver la nature des efforts dans les différents éléments, il suffit, comme nous l'avons déjà dit, de considérer le polygone des forces en chaque nœud et de placer les flèches indicatrices dans le même sens, puisque les forces se font équilibre. Ainsi au point A nous connaissons la direction de $\frac{P}{2}$, d'où se déduisent celles des forces 1 et 2. La force 1 étant dirigée vers le point A, la pièce CA est comprimée, tandis que le tirant AD est tendu.

Il en est de même pour les pièces BC et BD. Quant à la contre-fiche DC, on peut voir si elle est comprimée ou tendue, en considérant le nœud C ou le nœud D. En observant le triangle des forces *bde*, correspondant à cette dernière articulation, on voit, à l'aide des flèches en pointillés, que, les pièces AD et BD étant soumises à l'extension, la contre-fiche est soumise à la compression. Sur la figure et sur le polygone de Cremona, nous avons indiqué par un double trait les éléments qui ont à résister à des compressions et par un trait simple ceux qui sont soumis à des efforts de traction.

**145.** Remarque. — Si la charge P, au lieu d'être appliquée en un seul point C, était uniformément répartie sur toute la longueur de la poutre, chacune des portées AC et CB donne lieu à un effort $\frac{P}{4}$ à chaque point A, C, B, de telle sorte qu'en résumé la pièce peut être considérée comme soumise aux forces $\frac{P}{4}$ en A et B et à une force $\frac{P}{2}$ au milieu C. Si l'on construisait le polygone des efforts correspondant à ces charges, il serait semblable au précédent mais avec des dimensions linéaires moitié moindres.

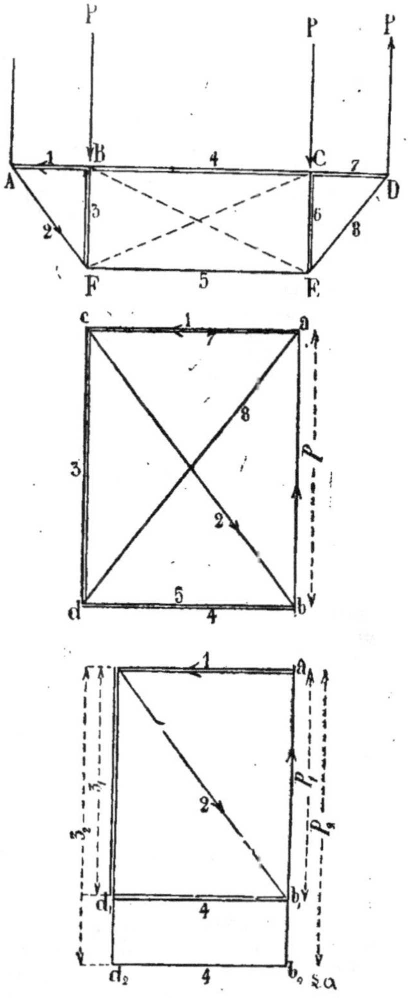


Fig. 102.

### Poutre armée à deux contre-fiches.

**146.** La forme de poutre à deux contre-fiches représentée par la figure 102 est fréquemment employée dans les wagons et dans les ponts à bascule. Les extrémités A et D de la partie horizontale sont reliées aux parties inférieures des contre-fiches par les tirants AF, FE, ED. Des forces égales mais de sens contraire agissent aux points A et B, ainsi qu'aux points D et C.

Pour obtenir les efforts développés dans chaque élément, nous considérons d'abord le nœud A, où sont appliquées la force P dirigée de bas en haut et les forces 1 et 2; ces dernières sont données dans le polygone des forces par *ac* et *bc;* le sens des flèches indique que la pièce AB est comprimée et AF tendue.

Passant ensuite au nœud B où les forces P et 1 sont connues, on détermine $cd = 3$ et $bd = 4$; la force P étant dirigée ici de haut en bas, les flèches indicatrices montrent que la contre-fiche BF est comprimée avec une force $cd = P$, alors que l'élément CB est comprimé avec une force égale à celle qui comprime l'élément AB.

Passant ensuite au point F, on voit que le tirant FE est soumis à un effort de tension ayant pour intensité *bd*.

La seconde moitié de la poutre étant symétrique de la première, les efforts développés sur ses éléments sont respectivement les mêmes que ceux que nous venons de déterminer.

**147.** Remarque. — Supposons, ce qui arrive fréquemment dans la pratique, que les forces agissant en A et B ne soient pas égales. Si $P_1 = ab_1$ est la force appliquée en A, et $P_2 = ab_2$ celle appliquée en B. Le polygone des forces donne pour la contre-fiche BF des efforts de compression $3_1$ et $3_2$ suivant que l'on considère les nœuds A ou B. Ces efforts différents tendraient à déformer l'assemblage et les pièces finiraient par prendre des inclinaisons telles que les deux décompositions précédentes fourniraient la même valeur pour la compression de la pièce BF. C'est pour éviter cette déformation qu'on ajoute des pièces de renforcement disposées suivant les diagonales du rectangle BCEF.

### Poutre à trois contre-fiches.

**148.** La figure 103 représente une poutre armée à trois contrefiches, soumises aux points B, C et D à des forces égales à P; les réactions aux appuis A et E sont égales chacune à $\frac{3P}{2}$.

Le triangle des forces *aec* donne les intensités des forces $1 = ac$, $2 = ec$; la première est une compression, l'autre une traction. Au point B, les forces $1 = ac$ et $P = ab$ sont connues, leur résultante *bc* décomposée suivant BF et BC donne les forces $3 = cd$ et $db = 4$.

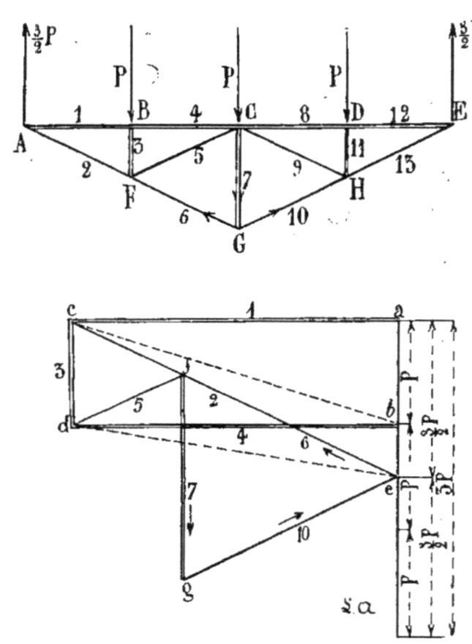


Fig. 103.

De même, au nœud F, la résultante *de* des forces connues 2 et 3 donne les composantes $df = 5$ et $fe = 6$.

A cause de la symétrie de la figure, la force 10 est égale à la force 6; par suite, en menant *eg* parallèle à GH et telle que $eg = fe$, la ligne de fermeture *gf* donnera l'intensité de la force 7.

En vertu de l'axe de symétrie CG de la poutre et des forces, l'autre partie du plan des forces sera la reproduction de celle que nous venons d'indiquer.

Remarquons toujours que, pour avoir

la nature des efforts, il faut que les flèches indicatrices des forces appliquées au nœud considéré soient dans le même sens. Ainsi le triangle *efg* montre que la contre-fiche du milieu est comprimée et les tirants GF et GH sont tendus.

### Autre disposition de poutre à trois contre-fiches.

**149.** Dans la disposition représentée par la figure 104, la travée BC a une longueur double de la travée BA. La charge que nous supposerons uniformément répartie et que nous représenterons par 10 P, afin de simplifier la valeur des composantes aux divers assemblages, sera distribuée comme l'indique la figure.

Si dans le plan des forces nous prenons $ae = 5P$ les côtés *ac* et *ce* donneront les valeurs des forces 1 et 2.

A l'assemblage B nous connaissons $3P = ab$ et la force $1 = ac$ ; donc, en achevant le parallélogramme en menant des parallèles à BF et BC, nous obtenons les forces 3 et 4.

De même, à l'assemblage F, nous obtiendrons 5 et 6 en menant *df* parallèle à FC et *ef* parallèle à FG.

Comme précédemment, et à cause de la symétrie de la poutre, la force 10 est égale à la tension 6, ce qui permet d'obtenir la compression $7 = fg$. Nous n'avons tracé le polygone de Cremona que pour la moitié de la poutre, l'autre étant identique.

Le sens des flèches, à l'articulation F, montre quelles sont les parties tendues et comprimées.

### Poutre armée à plusieurs contre-fiches.

**150.** La poutre représentée sur la figure 105 est divisée en huit travées égales, chargées uniformément. En représentant par 14 P la charge totale, les charges aux extrémités des travées sont exprimés par 2P, et les réactions aux points d'appui sont égales chacune à 7P.

Cette notation que nous avons employée quelquefois simplifie l'expression des diverses charges.

Au nœud A, la charge $7P = am$ se décompose en $ae = 1$ et $me = 2$.

Au point B nous connaissons $2P = ab$ et $1 = ac$ ayant pour résultante *be*, laquelle, décomposée parallèlement à BJ et BC, donne les forces $3 = ef$ et $4 = bf$.

En J, la résultante *fm* des forces 2 et 3 se décompose parallèlement à JC et JK, en donnant les composantes $5 = fg$ et $6 = gm$.

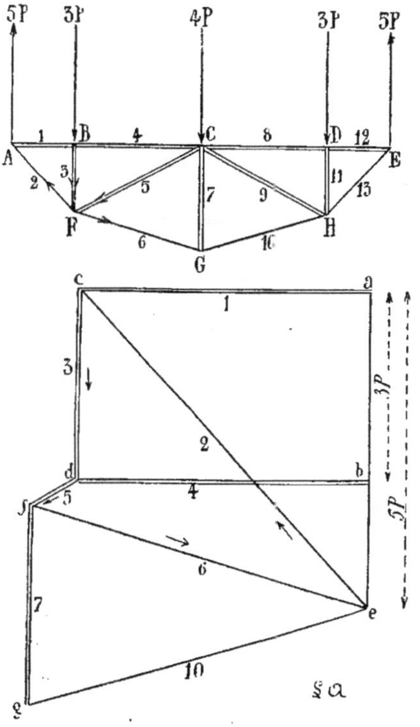


Fig. 104.

Pour les points K et C se présente une difficulté qui n'existait pas dans les cas précédents ; on a en effet à décomposer la force 6 suivant les directions KC, KL, KM, ou bien au point C, à décomposer la résultante des forces 2P, 4 et 5 suivant les trois directions CD, CL, CK. Cette décomposition donnerait lieu à une solution indéterminée.

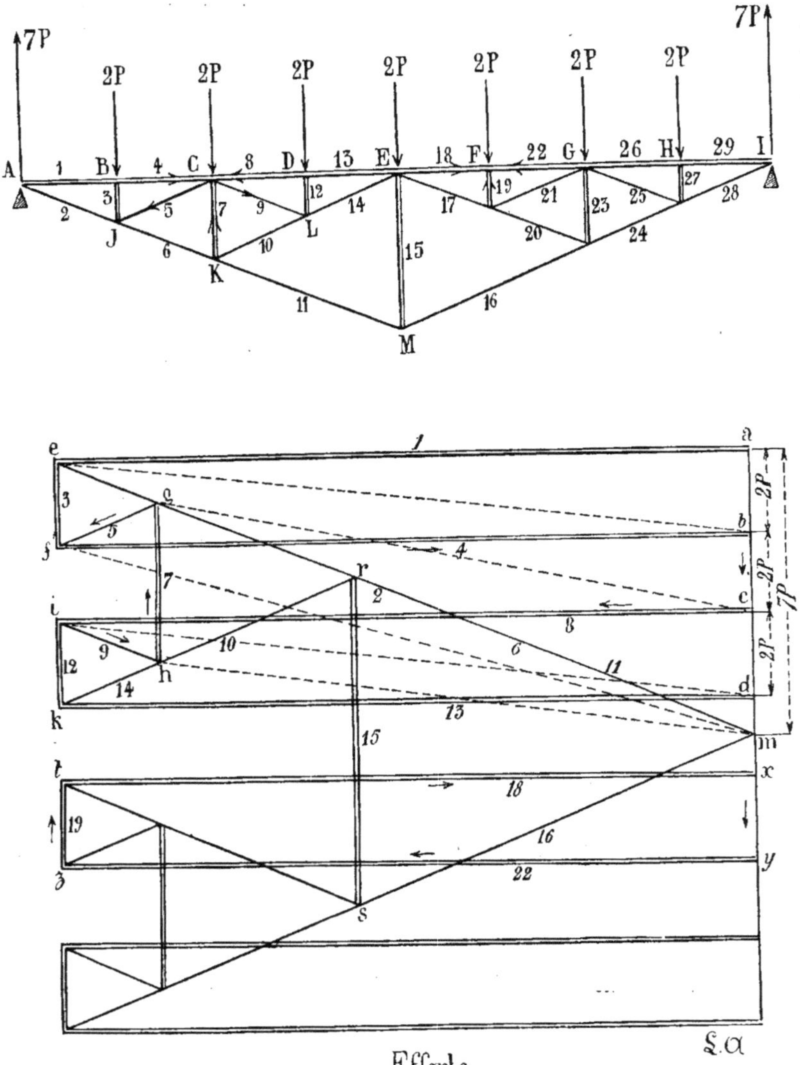


## Efforts

| Traction | | Compression | |
|---|---|---|---|
| 2 = me | 10 = hr | 1 = ae | 8 = ci |
| 5 = fg | 11 = mr | 3 = ef | 12 = ki |
| 6 = mg | 14 = hi | 4 = bf | 13 = kd |
| 9 = ih | 16 = ms | 7 = gh | 15 = rs |

Fig. 105.

Pour lever l'indétermination, il faut connaître l'intensité de l'une de ces composantes, la force 7 par exemple.

Pour cela remarquons que la contre-fiche CK est symétrique par rapport aux forces qui agissent au point C, que de plus elle est comprimée; par suite les forces 5 et 9 sont égales, ainsi que les forces 4 et 8. Le polygone des forces au nœud C sera donc $bc = 2P$, $ci = 8$, $ih = 9$, $hg = 7$, $gf = 5$ et enfin $fb = 4$.

On voit d'après la figure que la compression 7 de la contre-fiche KC est égale à 4P; d'ailleurs les forces 5 et 9 étant symétriques et supportant des pièces également chargées BJ et DL, la ligne *gh* représentant la force 7 aura une longueur égale à 2P, plus deux fois la projection de 5 sur la verticale. La force 7 étant déterminée, on passera au nœud K, en décomposant la résultante *hm* des forces 6 et 7 parallèlement aux directions KL et KM, ce qui donne $10 = hr$ et $11 = rm$. En continuant de la même manière on détermine les autres forces 12, 13, 14, 15. Les autres forces, de 15 à 29, s'obtiennent de la même façon; elles sont d'ailleurs respectivement égales aux forces symétriques situées à gauche de la contre-fiche EM.

Nous avons indiqué dans les polygones des forces et aux points C et G le sens des flèches indicatrices qui ont été reportées sur les éléments de la poutre et qui montrent les pièces soumises à la compression ou à l'extension.

Afin de pouvoir mieux suivre les décompositions successives, nous avons indiqué, au bas de la figure, les longueurs proportionnelles des différentes composantes.

**151.** Remarque. — En consultant attentivement le plan des forces, on remarque que la poutre horizontale AI est égalemement comprimée en tous ses points, puisque les compressions 1, 4, 8, 13, 18, 22, 26, 29 sont exprimées par des longueurs égales.

Quant aux compressions des contre-fiches, elles sont des multiples de 2P, ainsi :

$$3 = 12 = 19 = 27 = 2P;$$
$$7 = 23 = 4P;$$
$$15 = 8P.$$

## Poutre droite à treillis simple en V.

**152.** La poutre représentée sur la figure 106 se compose de deux membrures parallèles, reliées entre elles par un treillis dont les barres sont disposées symétriquement et forment toutes le même angle avec l'horizontale. Cette disposition des barres de treillis en forme de V est très souvent employée.

Nous supposerons que cette poutre droite, chargée également aux nœuds de la membrure supérieure, a une portée de 20 mètres et une hauteur de 3 mètres. Les réactions Q et Q' sont égales chacune à $\frac{5}{2}$P.

En appliquant la méthode de Cremona, comme l'indique la figure, nous obtiendrons les différents efforts agissant sur les membrures et les barres de treillis. Ainsi, au point A, le triangle des forces est *abc* dans lequel $ab = Q$, $ac = 1$ et $bc = 2$. Au point B le quadrilatère *adec* donne $ad = P$, $ca = 1$, $ce = 3$, $ed = 4$. Au point G, la résultante des forces connues $2 = bc$ et $3 = ce$, décomposée parallèlement dans les directions GC et GH, donne $5 = ef$, $6 = bf$. Et ainsi de suite.

En admettant que P égale 4 000 kilogrammes, et en adoptant les échelles tracées sur la figure, on détermine les efforts de compression ou d'extension des diverses pièces et, par suite, les sections qu'elles doivent avoir en faisant travailler chacune d'elles aux charges limites indiquées par les circulaires ministérielles du 9 juillet 1877. Inversement, une poutre étant construite, on peut calculer les charges par millimètre carré de section que supportent les diverses parties.

**153.** Remarque. — On pourrait déterminer les efforts de compression ou d'extension des éléments, en appliquant soit la méthode de Culmann, soit celle de Ritter; pour cela on construirait les courbes des moments fléchissants et celle des efforts tranchants, qui permettraient de déterminer les résultantes des forces extérieures agissant à la gauche d'une section considérée coupant les éléments de la poutre.

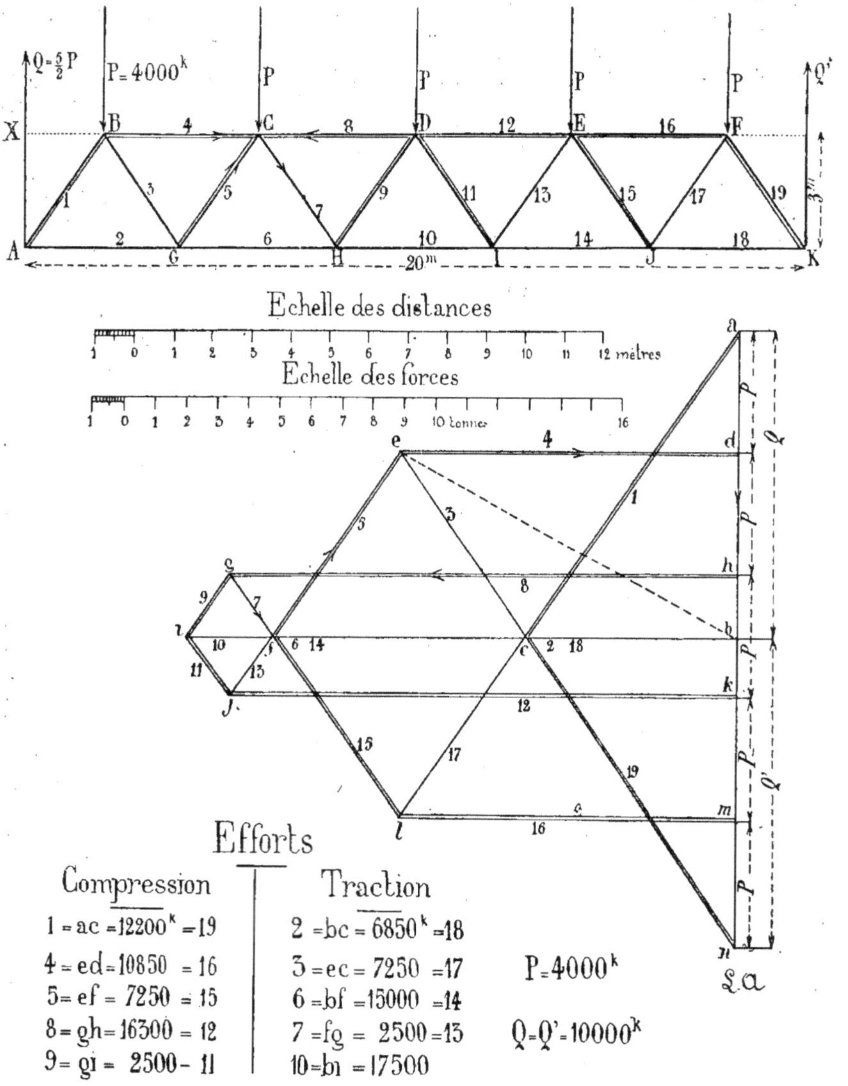


Fig. 106.

### Poutre à treillis simple en N.

**154.** La figure 107 représente une poutre de 20 mètres de portée et d'une hauteur égale au dixième de la longueur totale ; les barres de treillis sont alternativement verticales et inclinées sur l'horizontale, et les membrures parallèles.

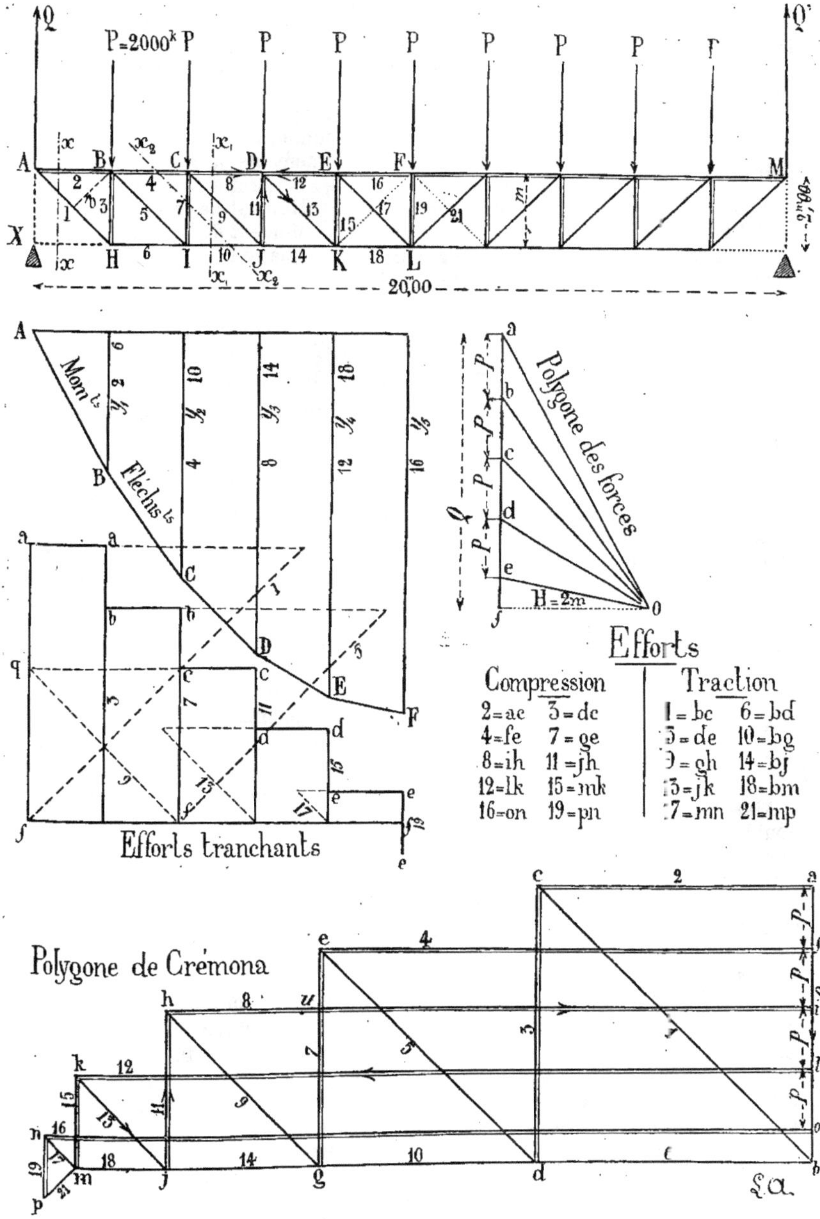
P=2000k
20,00
2,00
Momts
Fléchsts
Polygone des forces
H=2m
Efforts
Compression
2=ae 3=dc
4=fe 7=ge
8=ih 11=jh
12=lk 15=mk
16=on 19=pn
Traction
1=bc 6=bd
5=de 10=bg
9=gh 14=bj
13=jk 18=bm
17=mn 21=mp
Efforts tranchants
Polygone de Crémona

Fig. 107.

Quelquefois, on désigne sous le nom de poutres en treillis avec montants et contre-fiches, les poutres présentant cette forme en N.

Admettons que chaque montant supporte une charge P ; chaque réaction aux points d'appui sera $\frac{9}{2}$ P.

Nous avons construit sur cette figure :

1° Le polygone des forces en prenant pour distance polaire H, une longueur double de la hauteur $m$ de la poutre ;

2° La courbe des moments fléchissants;

3° Celle des efforts tranchants ;

4° Le plan des forces, pour la moitié seulement de la poutre, d'après la méthode de Cremona.

Sur cette poutre, nous allons appliquer d'abord la méthode de Ritter ou méthode des moments statiques.

Considérons une section $xx$ coupant les éléments AB et AH ; pour déterminer la force 2 prenons les moments de la force extérieure et celle des forces 1 et 2, par rapport au point H ; on aura :

Moment de la force extérieure $= y_1$H;
Moment de la force $1 = 0$ ;
Moment de la force $2 = 2 \times$ BH $= 2m$
d'où l'équation:

$$y_1 \text{H} - 2m = 0.$$

Or la distance polaire H est le double de la hauteur $m$ de la poutre, donc :

$$\text{force } 2 = 2y_1.$$

Ainsi l'effort dans la membrure AB est double de l'ordonnée $y_1$ de la surface des moments fléchissants.

On peut remarquer que, pour la section $xx$, la force extérieure est égale à Q et son point d'application est à l'extrémité A ; l'équation des moments pourrait aussi s'écrire :

$$\text{Q.AB} = 2 \times \text{HB}$$

et comme AB $=$ HB, il s'ensuit que la force 2 est égale à Q ; ce que l'on peut constater dans le polygone de Cremona, qui donne pour la force 2 la longueur $ac = ab$, puisque la direction $cb$ de la force 1 est à 45 degrés.

La direction de la force 2 sera telle qu'en l'appliquant suivant AB elle donne un moment de même signe que la force extérieure Q ; elle sera donc dirigée dans le sens BA et donnera lieu à une compression.

Pour avoir la force 1 sur la barre de treillis AH, nous prendrons les moments des forces par rapport au point B ; ce qui donnera :

Moment de la force extérieure à la section $xx = y_1$H ;
Moment de la force $2 = 0$ ;
Moment de la force $1 = 1z$.
d'où l'équation :

$$y_1 \text{ H} = 1 .\ z.$$

Or : $\text{H} = 2m$ et $z = \frac{m}{\sqrt{2}}$,
donc :

$$\text{Force } 1 = y_1 .\ \sqrt{2}$$

Cette équation des moments peut aussi s'écrire : $\text{Q. AB} = 1 .\ z$

mais $\text{AB} = m$ et $z = \frac{m}{\sqrt{2}}$
d'où :

$$\text{force } 1 = \text{Q} \sqrt{2}. = \text{Q} \times 1{,}41421.$$

Cette valeur est bien celle que l'on trouve en $bc$ dans le polynôme de Cremona.

Pour calculer les efforts dans les autres membrures, nous considérerons par exemple une section $x_1x_1$.

En rapportant les moments par rapport au point C, puis par rapport au point J, on aura les équations suivantes (1) et (2).

$$y_2 \text{ H} - 10 .\ m = 0 \qquad (1)$$
$$y_3 \text{ H} - 8\, m = 0 \qquad (2)$$

et comme H $= 2m$, on tire,

$$\text{force } 10 = 2y_2,$$
$$\text{force } 8 = 2y_3.$$

En appliquant les mêmes calculs, on trouverait que :

$$\text{force } 14 = 2y_3,$$
$$\text{force } 12 = 2y_4,$$
$$\text{force } 18 = 2y_4,$$
$$\text{force } 16 = 2y_5,$$

Ces valeurs se retrouvent exactement dans le polygone de Cremona.

La poutre étant symétrique, il en sera de même pour les efforts à droite et à gauche de l'axe de symétrie.

Pour déterminer les efforts dans les barres de treillis, nous considérerons la section $x_1x_1$ qui coupe la barre CJ et nous décomposerons la force extérieure suivant une composante horizontale et suivant une parallèle à la barre de treillis ; cette dernière composante sera l'effort développé dans CJ.

Or la force extérieure par rapport à la section considérée $x_1x_1$ s'obtient en menant dans le polygone des forces une parallèle *od* au côté DC du polygone funiculaire et une parallèle *of* à l'horizontale du point A ; la distance *cf* prise sur le polygone des forces représente la force extérieure, qui est égale ici à l'effort tranchant *cf*.

La décomposition de cette force extérieure *cf* peut se faire sur la surface représentative des efforts tranchants, en menant du point *c* l'horizontale *cq* et du point *f*, une parallèle *fq* à la barre de treillis CJ. Cette longueur *fq* représentera l'effort 9 et exprimera une tension.

Remarquons que le polygone de Cremona donne la même valeur pour cet effort car le triangle *guh* est égal au triangle rectange *fqf*.

On aurait par une construction analogue les efforts 13 et 17. Quant aux efforts 1 et 5 qui sont égaux aux efforts symétriques 37 et 33, nous avons fait la construction en rabattant les triangles vers la droite.

Les efforts dans les barres de treillis situés à droite de l'axe de symétrie se détermineraient de la même façon sur la deuxième partie de la surface des efforts tranchants, que nous n'avons pas représentée, mais qui serait située à droite de *ef* et au-dessous de la ligne horizontale *ff*.

Restent à déterminer les efforts développés dans les montants. Cherchons par exemple la force 7 et pour cela menons sur la poutre la section $x_2x_2$. La force extérieure correspondante est égale à *bf* pris sur le polygone des forces, laquelle n'est autre que l'effort tranchant *bf*. Cette force *bf* représente l'intensité de la force cherchée 7, puisque la force extérieure décomposée suivant une verticale et une horizontale donne comme composante horizontale une force d'intensité 0.

En appliquant la méthode connue, on verra que le montant 7 est comprimé. Il en sera de même pour tous les autres montants.

La valeur trouvée de l'effort 7 correspond bien à celle que donne le polygone de Cremona ; on voit en effet que la longueur *ge* qui représente l'intensité de cette compression est égale à l'effort tranchant Q-P.

**155.** Remarque I. — Cette poutre peut être considérée comme une modification de la poutre représentée (*fig.* 106). En effet si, dans cette dernière, on fait varier l'inclinaison des barres comprimées jusqu'à ce qu'elles deviennent verticales, on obtient la forme indiquée (*fig.* 107).

**156.** Remarque II. — Les barres XA et XH ne sont pas, à proprement parler, indispensables à la construction et sont plutôt à considérer comme pièces complétant l'ensemble. Ainsi, dans la figure 106, les barres XA et XB ne servent qu'à transmettre directement à l'appui les charges appliquées au point X. Dans la poutre (*fig.* 107), la barre XA doit transmettre la réaction Q à l'appui.

**157.** Remarque III. — Si la poutre considérée était soumise à l'action de surcharges mobiles, les barres de treillis des panneaux du milieu pourraient être alternativement tendues et comprimées suivant le sens de l'effort tranchant. Aussi il faut leur donner une section capable de résister à l'un et à l'autre de ces efforts.

Il peut également arriver que les efforts tranchants changeant de signes, les barres de treillis ne travaillant qu'à la traction, leur résistance serait nulle; on ajoute alors des barres de treillis en sens inverse suivant KF de manière à rétablir l'équilibre.

Très souvent on construit des poutres dans le genre de la figure 107 en mettant dans tous les panneaux ces treillis inverses qu'on appelle contre-fiches.

**158.** Remarque IV. — Les poutres que nous venons d'étudier sont à *treillis simple*, c'est-à-dire qu'une section verticale faite en dehors des nœuds ne rencontre jamais plus d'une barre de treillis. Si l'on avait affaire à une poutre double composée de deux systèmes de treillis il y aurait deux cas à considérer :

1° Si la poutre comporte des montants, on dédoublerait les systèmes en appliquant à chacun d'eux la demi-charge. On additionnerait ensuite, pour les membrures et les montants qui sont des pièces communes, les efforts trouvés dans les systèmes ;

2° Dans le cas où il n'y a pas de montants (*fig.* 97) on dédoublerait aussi les treillis et l'on calculerait chacun des systèmes en appliquant à chacun de ses

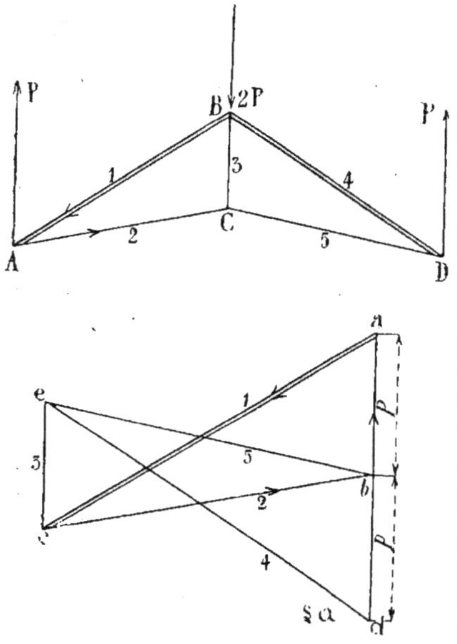


Fig. 108.

nœuds la partie de la charge qui lui est transmise.

Pour les poutres ayant plus de deux systèmes de treillis (*fig.* 98), on les divise en treillis simples ou en treillis doubles, en appliquant à chacun des nœuds la partie de la charge qui lui est transmise.

## Ferme simple sans contre-fiches.

**159.** On donne plus particulièrement le nom de fermes à un assemblage de pièces, sur lesquelles viennent s'en appuyer d'autres destinées à soutenir un comble. Nous allons donner quelques exemples de ces pièces de charpente.

Celle représentée (*fig.* 108) se compose de deux *arbalétriers* AB, DB, chacun portant une charge uniformément répartie 2P; ces deux principales pièces sont liées entre elles par les tiges AC, CD, CB dont les deux premières portent le nom de *tirants*, et la dernière le nom de poinçon. Cet as-

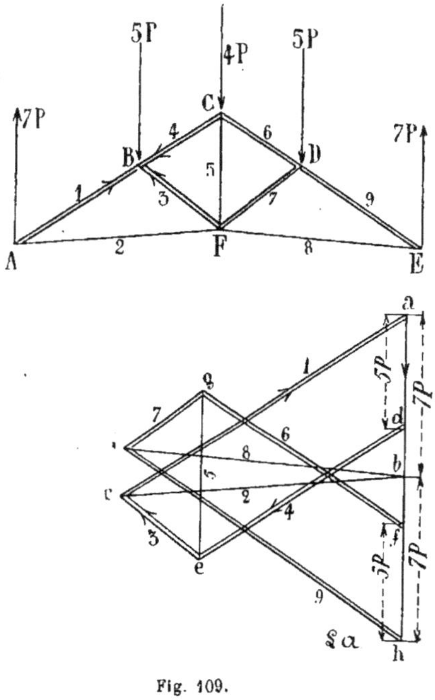


Fig. 109.

semblage forme un système indéformable et repose aux deux points A et D.

Les forces extérieures agissant aux points A, B, D sont respectivement P, 2P, P.

Pour déterminer les divers efforts développés dans chaque partie, appliquons la méthode de Cremona ; pour cela portons $ab = P$ et menons par le point $a$ une parallèle à l'arbalétrier AB, et par le point $b$ une parallèle au tirant AC ; les côtés $ac$ et $bc$ du triangle des forces appliquées au nœud A donnent à la même échelle les efforts dans les deux pièces considérées.

La nature de ces efforts s'obtient toujours de la même manière, en considérant que, les forces P, 1, 2 se faisant équilibre, les flèches qui indiquent le sens des forces sont dirigées dans le même sens, dans le triangle des forces ; la force P agissant de bas en haut, la force 1 se dirige vers le point A et représente une compression, tandis que la force 2 qui s'en éloigne indique une tension.

Passons ensuite au nœud B, dont les forces 2P = *ad* et 1 = *ac* sont connues. En menant *ce* parallèle au poinçon et *de* parallèle à l'arbalétrier BD, on obtient les forces 3 et 4, la première de ces composantes étant une tension et l'autre une compression. On pourrait passer aux autres nœuds, comme l'indique le plan des forces, mais, à cause de la symétrie de la figure, les forces 1 et 4 ont même intensité et sont de même nature, il en est de même des forces d'extension 2 et 3.

**Ferme avec arbalétriers munis de contre-fiches.**

**160.** Lorsque la portée augmente, on soutient les arbalétriers, comme le montre la figure 109, par des contre-fiches BF et DF.

Connaissant le rapport des longueurs des travées AB et BC, on peut déterminer les intensités des forces extérieures aux différents points de l'assemblage. Nous avons supposé que les travées ci-dessus étaient dans le rapport :

$$\frac{AB}{BC} = \frac{3}{2}.$$

ce qui donne pour les forces extérieures les valeurs représentées sur la figure.

Dans le plan des forces décomposons *ab* = 7P, en 1 et 2, suivant les lignes *ac* et *bc*, respectivement parallèles à AB et AF. Décomposons ensuite la résultante *cd* des forces 5P et 1 suivant les directions BC et BF, ce qui donne les efforts *ce* = 3 et *de* = 4.

Les forces 9, 8, 7 et 6 étant par raison de symétrie respectivement égales à 1, 2, 3, 4, on pourra déterminer la force 5, soit en considérant le nœud C ou le nœud F.

**Autre forme de ferme avec arbalétriers contre-butés en un seul point.**

**161.** Si dans la forme précédente les deux contre-fiches sont ramenées sur l'horizontale, on obtient la figure 110. Nous supposons que les travées AB et BC sont égales, elles supportent alors les

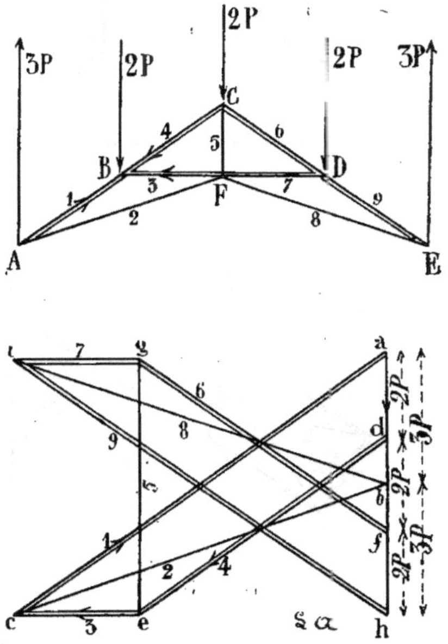


Fig. 110.

mêmes charges, et les forces extérieures aux points B, C, D, sont égales à 2P, alors que les réactions aux points d'appui valent chacune 3P.

Le plan des forces que l'on obtiendra, comme dans les exemples précédents, donnera la valeur et la nature des efforts développés en chaque élément.

**Ferme Polonceau à une bielle.**

**162.** La ferme Polonceau, du nom de l'ingénieur qui l'a imaginée, est employée dans un très grand nombre de combles. Suivant la portée, les arbalétriers sont soutenus par une ou plusieurs contre-fiches.

La ferme représentée (*fig.* 111) est à une seule contre-fiche ou bielle. Afin de

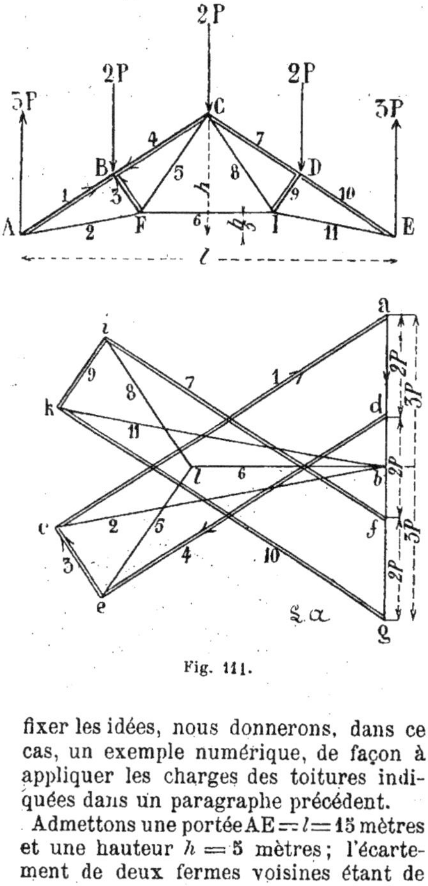


Fig. 111.

fixer les idées, nous donnerons, dans ce cas, un exemple numérique, de façon à appliquer les charges des toitures indiquées dans un paragraphe précédent.

Admettons une portée $AE = l = 15$ mètres et une hauteur $h = 5$ mètres; l'écartement de deux fermes voisines étant de 4 mètres, la surface de la toiture dont la charge agira sur chaque ferme sera :

$$S = 4 \times 2\sqrt{7{,}5^2 + 5^2} = 72 \text{ mètres carrés.}$$

Supposons une toiture en ardoises reposant sur un lattis en cornières. La charge permanente par mètre carré superficiel sera de 50 kilogrammes, le poids de la ferme y compris. La surcharge de neige correspondante à l'inclinaison du comble qui est égale à 1/3, en considérant les deux pentes, sera de 25 kilogrammes par mètre carré.

Prenons, pour pression du vent, 66 kilogrammes par mètre carré. La charge entière que supporte une ferme est alors :

| | | |
|---|---|---|
| Charpente permanente. | 50 × 72 = | 3 600 kilos |
| Surcharge (neige)..... | 25 × 72 = | 1 800 — |
| Pression du vent...... | 66 × 72 = | 4 752 — |
| Total.......... | | 10 152 — |

Le quart de cette charge se concentre en chaque point B, C, D, et le huitième seulement à chaque extrémité de la poutre.

Donc la charge 2P qui se concentre aux points B, C, D sera :

$$2P = \frac{10\,152}{4} = 2\,538 \text{ kilos.}$$

La réaction à chaque point d'appui devient :

$$3P = \frac{2\,538}{2} \cdot 3 = 3\,807 \text{ kilos.}$$

Pour déterminer les efforts développés dans les divers éléments de la ferme, nous construirons, d'après la méthode de Cremona, le plan des forces et nous nous contenterons de résumer les intensités de ces efforts donnés par l'épure. On pourrait également obtenir ces intensités, en appliquant la méthode de Culmann ou celle de Ritter.

D'après l'échelle de la figure on trouve :

| Compression | Extension |
|---|---|
| $ah = gc = 1 = 10 = 9\,920$ kilos | $bc = bk = 2 = 11 = 8\,400$ kilos |
| $ce = ki = 3 = 9 = 2\,160$ — | $el = il = 5 = 8 = 4\,140$ — |
| $de = fi = 4 = 7 = 8\,480$ — | $bl = 6 = 4\,740$ — |

## Ferme Polonceau à trois bielles.

**163.** Lorsque la portée est plus conséquente, l'arbalétrier est soutenu à l'aide de trois bielles, comme l'indique la figure 112. La répartition de la charge qui agit uniformément sur le comble est indiquée sur l'épure.

La détermination graphique des efforts se trouve également sur le plan des

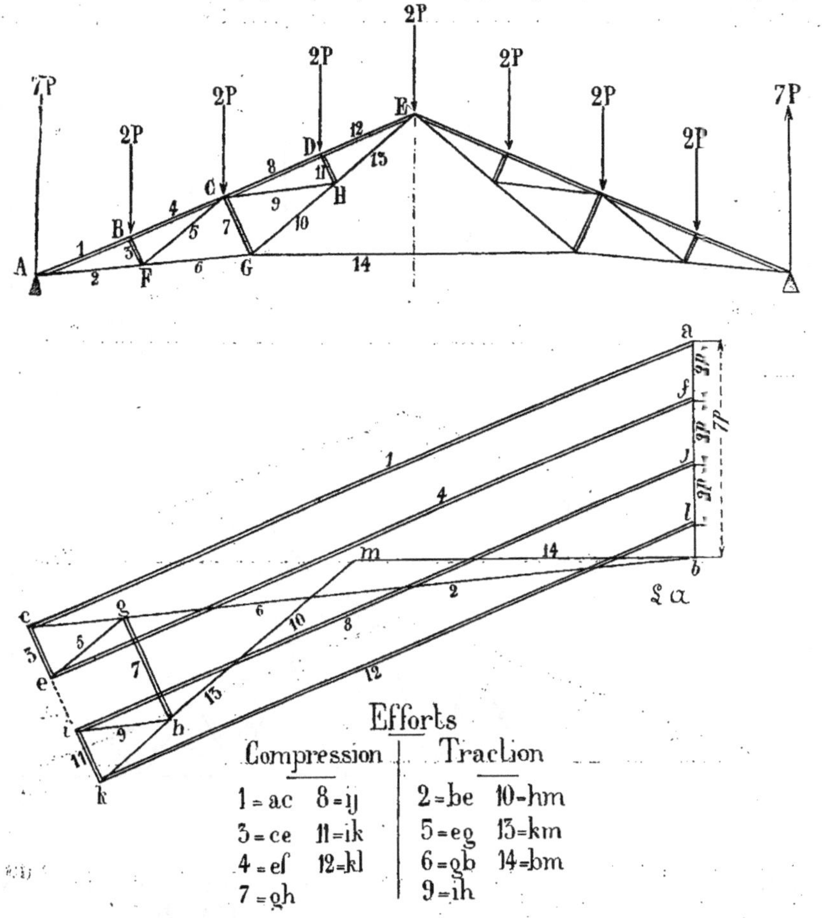


Fig. 112.

forces, dont nous n'avons représenté que la moitié. Le procédé n'offre rien de particulier, si ce n'est pour le point C. En effet, après avoir considéré les nœuds A, B, F, on connaît les forces 4, 5 et 2P dont la résultante doit être décomposée dans les trois directions CG, CH, CD. Le problème étant alors indéterminé, on a recours à une hypothèse qui consiste à admettre que les forces 5 et 9 sont égales.

Le polygone *feghijf* des forces appliquées au point C se déduit aisément et donne les intensités des efforts $7 = gh$ et $8 = ij$.

## Fermes anglaises.

**164.** On donne aussi aux combles à grandes portées les dispositions indiquées sur la figure 113 ; la première et la deuxième de ces dispositions sont du système anglais ; les barres de treillis sont verticales et inclinées ; quant à la troisième disposition, elle a toutes ses barres de treillis inclinées sur la verticale.

Nous croyons inutile de tracer pour ces fermes les plans des forces qui s'obtiendraient toujours de la même façon. On reconnaîtrait facilement qu'en rapprochant les résultats obtenus de ceux de la ferme Polonceau à trois bielles, on trouverait que les pièces sont soumises à des efforts concordant sensiblement.

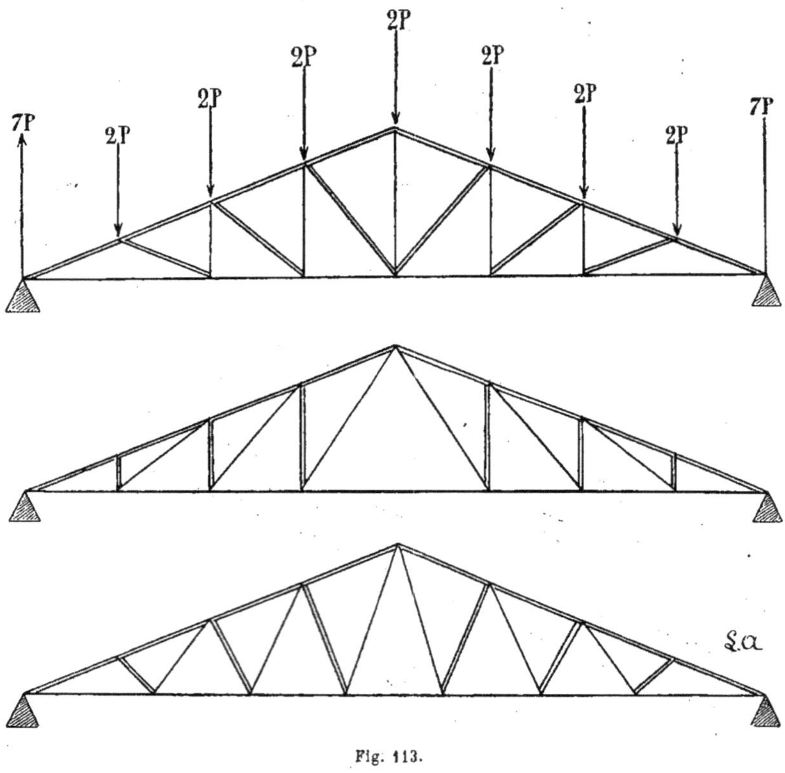


Fig. 113.

Nous avons indiqué seulement par un simple trait les pièces tendues, et par un trait double celles qui sont comprimées.

## Ferme reposant en deux points intermédiaires.

**165.** Nous avons indiqué, sur la figure 114, une ferme reposant en deux points d'appui intermédiaires, formant marquise aux deux extrémités.

Nous donnerons dans cet exemple une application numérique. Ainsi nous supposerons une portée totale L = 30 mètres ; les points d'appui sont à 9 mètres de l'axe de la ferme, et en contre-bas de $0^m,50$ des extrémités de la poutre. Les marquises ont chacune 3 mètres de portée.

Admettons une couverture en zinc, sur toute la longueur de la toiture, à l'exception de la partie milieu qui se trouve vitrée sur une longueur égale à 1/5 de la portée totale L.

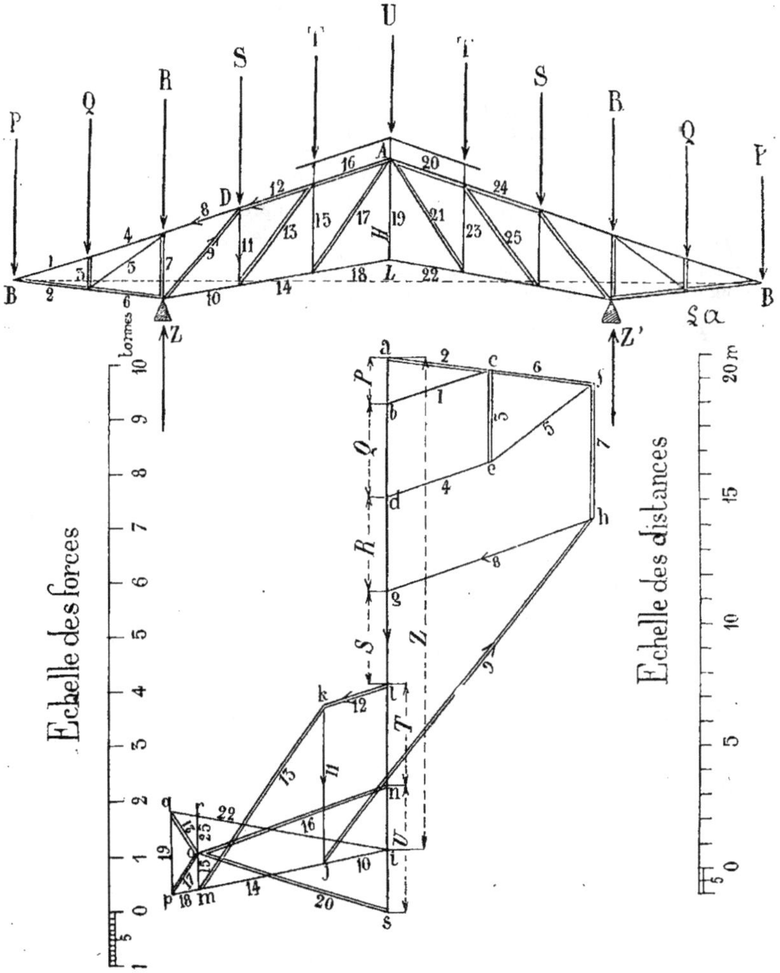


Fig. 114.

La hauteur du faîtage A est H = 5 mètres, de sorte que $\frac{H}{L} = \frac{5}{30} = \frac{1}{6}$.

La charge par mètre superficiel peut se composer comme il suit :

| | | |
|---|---|---|
| Charge permanente. . . . | 24 | kilos. |
| Surcharge (neige). . . . . | 56 | — |
| Pression du vent . . . . . | 28 | — |
| Total. . . . | 108 | kilos. |

Pour la partie vitrée :

| | | |
|---|---|---|
| Charge permanente. . . . | 60 | kilos. |
| Surcharge (neige). . . . . | 56 | — |
| Pression du vent . . . . . | 28 | — |
| Total. . . . | 144 | kilos. |

La demi-largeur du tout est :

$$AB = \sqrt{\left(\frac{L}{2}\right)^2 + H^2} = \sqrt{15^2 + 5^2}$$

$$AB = 15^m,77.$$

En supposant les fermes écartées de 5 mètres, il s'ensuit que chacune d'elles supportera une surface de couverture :

$$2 \times 15,77 \times 5,00 = 157^{m2},7,$$

dont la cinquième partie est vitrée. La charge est donc la suivante :

Pour la partie en zinc :

$$157,7 \times \frac{4}{5} \times 108 = 13\,625^k,28\,;$$

Pour la partie vitrée :

$$\frac{157,7}{5} \times 144 = 4\,541^k,76,$$

d'où les réactions :

$$Z + Z' = 13625,28 + 4541,76 = 18167^k,03$$

et, comme ces réactions sont égales, on aura :

$$Z = Z' = \frac{18\,167,04}{2} = 9\,083^k,52.$$

Les pannes qui relient les fermes entre elles et placées au droit des montants étant écartées de 3 mètres, les charges qui se concentrent en chaque nœud auront pour valeur :

$$P = \frac{1}{16} \cdot 13\,625,28 = 851^k,58,$$

$$Q = R = S = 2P = 2.851,58 = 1\,703^k,76,$$

$$T = P + \frac{1}{4} \cdot 4\,541,76 = 851,58$$

$$+ 1\,135,44 = 1\,987^k,\,02,$$

$$U = \frac{1}{2} \cdot 4\,541,76 = 2\,270,88.$$

Nous avons construit le plan des forces, d'après la méthode de Cremona pour la demi-ferme seulement. Il faut remarquer qu'au nœud A les efforts 16 et 20 sont égaux, ainsi que 17 et 21, ce qui permet de déterminer l'effort 19.

Afin de pouvoir apprécier aisément les efforts obtenus sur l'épure, nous les résumerons dans les deux tableaux suivants. Les efforts de compression et d'extension se déterminent toujours, par la considération de la direction des flèches indicatrices, comme nous l'avons fait pour le nœud D.

| Compression | Traction |
|---|---|
| 2 = *ac* | 1 = *bc* |
| 3 = *ec* | 4 = *dc* |
| 6 = *af* | 5 = *ef* |
| 7 = *fh* | 8 = *gh* |
| 9 = *jh* | 10 = *ij* |
| 12 = *kl* | 11 = *jk* |
| 13 = *mk* | 14 = *mi* |
| 16 = *no* | 15 = *mo* |
| 17 = *op* | 18 = *pi* |
| 21 = *oq* | 19 = *pq* |

## Ferme reposant en deux points avec marquise d'un seul côté.

**166.** La figure 115 représente une ferme reposant par l'une de ses extrémités et en un autre point intermédiaire ; la distance L, de ces points d'appui, est de $10^m,50$ ; la hauteur H = 4 mètres.

La marquise a une portée $l = 6$ mètres, $h = 1^m,40$ et $h_1 = 0^m,60$.

Nous supposerons que les fermes sont distantes de 4 mètres. L'inclinaison de la marquise est :

$$\frac{h_1}{l} = \frac{0,60}{6} = \frac{1}{10}.$$

En admettant une couverture en zinc, le poids du mètre superficiel sera :

| | |
|---|---|
| Charge permanente........ | 24 kil. |
| Surcharge (neige)......... | 59 » |
| Total......... | 83 kil. |

L'autre partie de la ferme, de longueur L, a pour largeur :

$$\sqrt{(H-h)^2 + L^2} = \sqrt{2,6^2 + 10,5^2} = 10^m,82$$

et comme inclinaison :

$$\frac{H-h}{L} = \frac{2,6}{10,5} = \frac{1}{4} \text{ environ.}$$

La surface vitrée *vv*, nous permettra de calculer les poids au mètre superficiel, comme il suit :

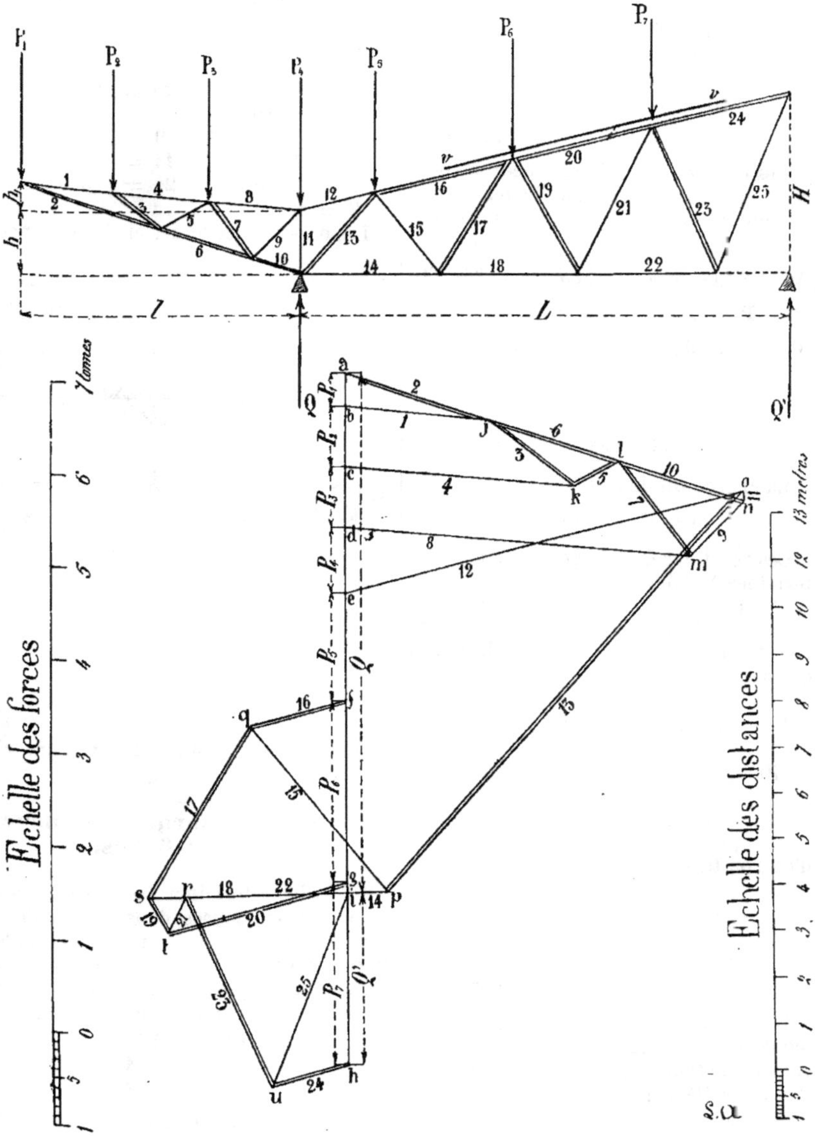


Fig. 115.

| | |
|---|---|
| Charge permanente........ | 24 kil. |
| Surcharge (neige)......... | 53 » |
| Pression du vent.......... | 45 » |
| Total.... | 122 kil. |

Pour la partie vitrée :

| | |
|---|---|
| Charge permanente..... | 60 kil. |
| Surcharge (neige)....... | 53 » |
| Pression du vent........ | 45 » |
| Total...... | 158 kil. |

Ces charges étant déterminées, on opérera leur décomposition de manière à obtenir les forces $P_1$, $P_2$.., qui se concentrent à chaque nœud ; on trouvera :

$$P_1 = 1^m,00 \times 4,00 \times 83^k,00 = 332^k,00$$

$$P_2 = P_3 = 2 \times P_1 = 664^k,00$$

$$P_5 = 2^m,319 \times 4,00 \times 122 = 1\ 131^k,67$$

$$P_4 = \frac{P_2}{2} \times \frac{P_5}{3} = 709,22$$

$$P_6 = P_7 = 3^m,092 \times 4,00 \times 158 = 1\ 954^k,24.$$

La charge totale est donc :

$$Q + Q' = 7\ 409^k,57.$$

Ces réactions Q et Q′ pourraient se déterminer à l'aide du polygone des forces et du polygone funiculaire, ou bien en établissant l'équation des moments, en les rapportant au point d'appui de droite, ce qui donne :

$$Q.L - \Big[332 \times 16,5 + 664\ (14,5 + 12,5) + 709,22 \times 10,5 + 1\ 131,67 \times 9 + 1\ 954,24\ (6,00 + 3,00)\Big] = o.$$

d'où l'on tire :

$$Q = \frac{58\ 626}{10,5} = 5\ 583^k,4$$

par suite :

$$Q' = 7\ 409,37 - 5\ 583,5 = 1\ 825^k,97.$$

L'application de la méthode de Crémona indiquée sur la figure donne les valeurs de toutes les forces agissant sur les divers éléments de la ferme.

Ces efforts sont résumés dans le tableau suivant :

| Compression | Tension |
|---|---|
| 2 = 1 550 kil. | 1 = 1 500 kil. |
| 6 = 3 500 | 4 = 2 460 |
| 10 = 4 570 | 8 = 3 800 |
| 13 = 5 660 | 12 = 4 460 |
| 16 = 860 | 15 = 2 420 |
| 20 = 1 830 | 18 = 1 980 |
| 24 = 750 | 22 = 1 610 |
| 14 = 700 | 25 = 2 160 |
| 17 = 2 180 | 5 = 520 |
| 19 = 390 | 9 = 810 |
| 23 = 2 200 | 11 = 160 |
| 3 = 1 210 | 21 = 390 |
| 7 = 1 390 | |

Les échelles des forces et des distances

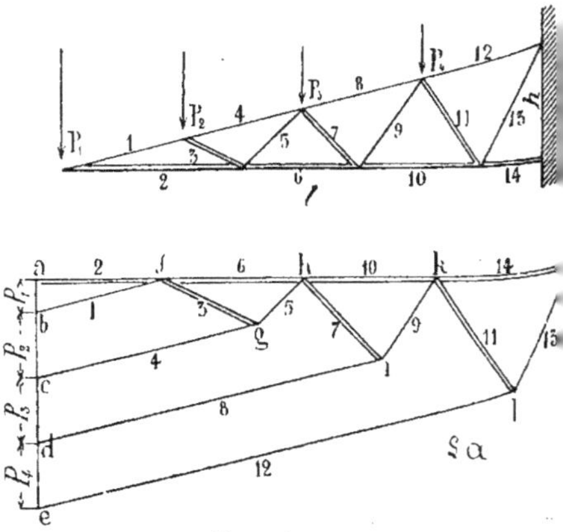

Fig. 116.

permettent de mesurer les valeurs ci-dessus.

## Ferme pour marquise à fiches et contrefiches.

**167.** Pour terminer les exemples sur les fermes employées dans les combles, nous donnerons l'épure des forces d'une marquise fixée à l'une de ses extrémités. Dans la figure 116, la portée est supposée de 6 mètres et la hauteur à l'encastrement est $1^m,50$ ; d'où la pente :

$$\frac{h}{l} = \frac{1,50}{6} = \frac{1}{4}.$$

Admettons encore une couverture en zinc, et les fermes espacées de 3 mètres ;

chaque ferme supportera une surface représentée par :

$$3{,}00\sqrt{l^2+h^2}=3{,}00\sqrt{6^2+1{,}5^2}=18^{m^2}{,}54.$$

Le poids par mètre superficiel sera :

| | |
|---|---|
| Charge permanente. . . . . | 24 kil. |
| Surcharge (neige). . . . . . | 53 |
| Pression du vent. . . . . . | 45 |
| Total. . . . | 122 kil. |

d'où la charge totale qu'une ferme aura à supporter :

$$122 \times 18{,}54 = 2\,261^k{,}88.$$

Cette charge décomposée aux différents nœuds donnera les composantes :

$$P_1 = \frac{2\,261{,}88}{8} = 282^k{,}8$$

$$P_2 = P_3 = P_4 = \frac{2\,261{,}88}{4} = 565^k{,}47.$$

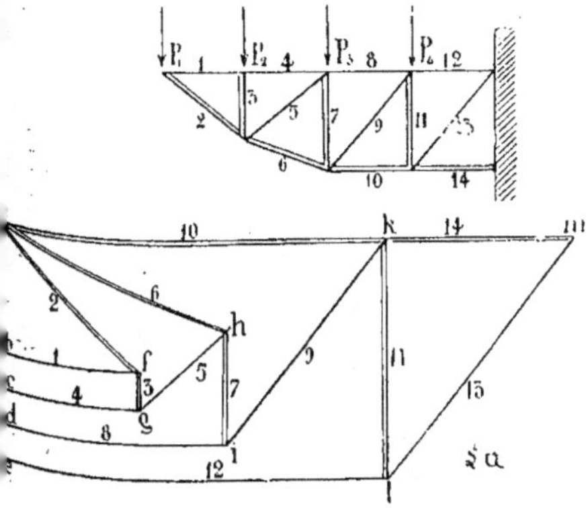

Fig. 117.

L'épure des forces donne les résultats suivants :

| Compression | | | Tension | | |
|---|---|---|---|---|---|
| $af =$ | $2 =$ | 1 120 kil. | $bf =$ | $1 =$ | 1 160 kil. |
| $ah =$ | $6 =$ | 2 250 | $cg =$ | $4 =$ | 1 930 |
| $ak =$ | $10 =$ | 3 370 | $di =$ | $8 =$ | 3 020 |
| $am =$ | $14 =$ | 4 470 | $el =$ | $12 =$ | 4 130 |
| $fg =$ | $3 =$ | 510 | $gh =$ | $5 =$ | 530 |
| $hi =$ | $7 =$ | 620 | $ik =$ | $9 =$ | 810 |
| $kl =$ | $11 =$ | 1 160 | $lm =$ | $13 =$ | 1 060 |

## Pièce en treillis libre à une de ses extrémités.

**168.** La figure 117 représente une pièce de charpente encastrée à l'une de ses extrémités et dont la partie supérieure est horizontale ; on les désigne généralement sous le nom de *consoles*.

Les dimensions sont $l = 4$ mètres et $h = 1$ mètre.

Nous admettrons que les charges appliquées aux nœuds supérieurs sont :

$$P_1 = 4\,000 \text{ kilogrammes.}$$

$$P_2 = P_3 = P_4 = 1\,000 \text{ kilogrammes.}$$

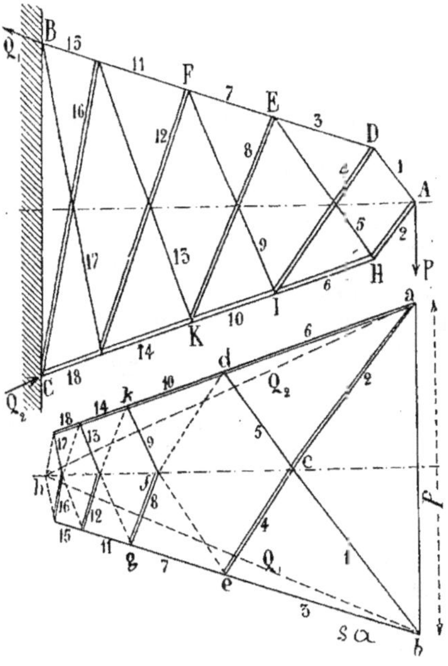

Fig. 118.

L'application de la même méthode donne les résultats suivants :

| Compression | | | Tension | | |
|---|---|---|---|---|---|
| $af =$ | $2 =$ | 6 030 kil. | $bf =$ | $1 =$ | 4 500 kil. |
| $ah =$ | $6 =$ | 7 880 | $cg =$ | $4 =$ | 4 500 |
| $ak =$ | $10 =$ | 12 500 | $di =$ | $8 =$ | 7 500 |
| $am =$ | $14 =$ | 18 250 | $el =$ | $12 =$ | 12 500 |
| $fg =$ | $3 =$ | 1 000 | $gh =$ | $5 =$ | 4 000 |
| $hi =$ | $7 =$ | 3 680 | $ik =$ | $9 =$ | 7 800 |
| $kl =$ | $11 =$ | 7 000 | $lm =$ | $13 =$ | 9 130 |

## Autre pièce libre à une de ses extrémités.

**169.** Le genre des pièces représentées par les deux figures suivantes est souvent employé pour les balanciers, les volées de grues, etc. La figure 118 indique l'une de ces fermes encastrée à l'une de ses extrémités BC et supportant à son autre extrémité, perpendiculaire à son axe une force P.

Pour obtenir le diagramme des forces, on peut s'y prendre de la manière suivante :

Après avoir porté $ab = P$, on décompose cette force suivant les directions AD et AH, ce qui donne :

$$bc = 1 \quad \text{et} \quad ac = 2.$$

Chacune de ces forces se décompose à son tour en deux autres forces ; l'une $bc = 1$, dans les directions DE et DI, ce qui donne $be = 3$ et $ce = 4$ ; l'autre, la force $ac = 2$, se décompose dans les directions HE et HI et donne les composantes $cd = 5$ et $ad = 6$.

En considérant le nœud E, où sont connues les forces 3 et 5, on pourra obtenir 7 et 8, en menant $ef$ égal et parallèle à 5, puis $fg$ parallèle au treillis EK, on obtient alors :

$$fg = 8 \quad \text{et} \; bg = 7.$$

Au nœud I, on connaît les forces 6 et 4, il suffit alors de mener $df$ égal et parallèle à la force 4, puis $fk$ parallèle à la barre IF, on obtient alors :

$$fk = 9 \quad \text{et} \; ak = 10.$$

En continuant à opérer de la même manière, on obtiendra les efforts agissant sur les barres de treillis, qui d'ailleurs sont symétriques par rapport à l'axe de la pièce.

Les lignes $hb$ et $ha$, qu'on obtient en composant les forces 15 et 17 d'une part, et 16 et 18, peuvent être considérées comme représentant les forces extérieures qui, appliquées en B et C, suffiraient pour assurer la fixation de la pièce en ces points, en supposant, bien entendu, que l'on ait la liberté pour le choix des directions de ces forces extérieures $Q_1$ et $Q_2$.

## Pièce analogue à la précédente, chargée en deux points.

**170.** La figure 119 représente une pièce analogue à la précédente, fixée aux points B et C et soumise en A et D à deux forces verticales $P_1$ et $P_2$ dirigées en sens contraire.

La détermination des forces de 1 à 13 s'obtient de la même manière que dans l'exemple précédent. En D, les pièces qui se croisent sont supposées reliées d'une manière invariable, de telle sorte que la force $P_2$ puisse agir sur 15 et 16 ; en même temps que la force $P_2$, agissent, au point d'assemblage D, les forces 12 et 13. Si

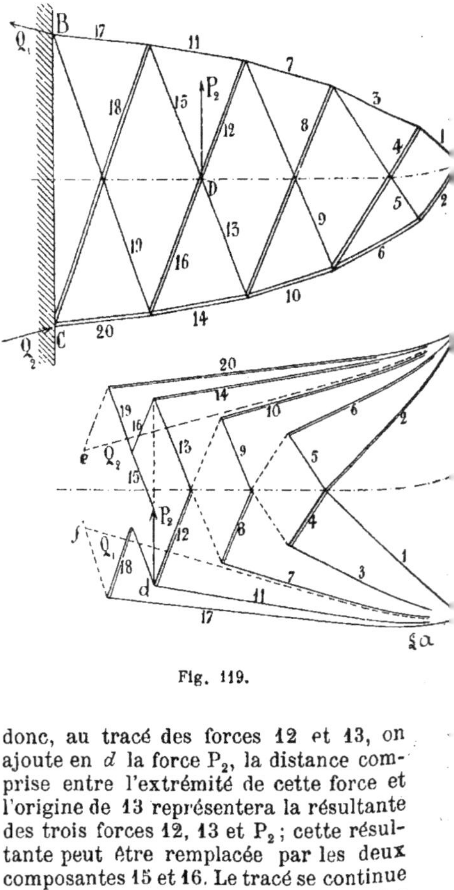

Fig. 119.

donc, au tracé des forces 12 et 13, on ajoute en $d$ la force $P_2$, la distance comprise entre l'extrémité de cette force et l'origine de 13 représentera la résultante des trois forces 12, 13 et $P_2$ ; cette résultante peut être remplacée par les deux composantes 15 et 16. Le tracé se continue ensuite de la même manière et donne les forces jusqu'à 20. Enfin les résultantes $bf$ et $ae$ des composantes 17, 19 et de 20 et 18 représentent les forces extérieures

$Q_1$ et $Q_2$ faisant équilibre aux forces $P_1$ et $P_2$.

**171.** Nous terminerons ici les questions de la graphostatique appliquée à la détermination des forces, agissant dans les pièces qui constituent les charpentes. Les exemples à donner pourraient être plus nombreux, mais le cadre de cet ouvrage ne nous permet pas une extension plus considérable sur cette partie, si intéressante de la mécanique. Espérons que ces quelques applications permettront de pouvoir suivre, avec facilité, les divers ouvrages qui traitent, sur une plus grande

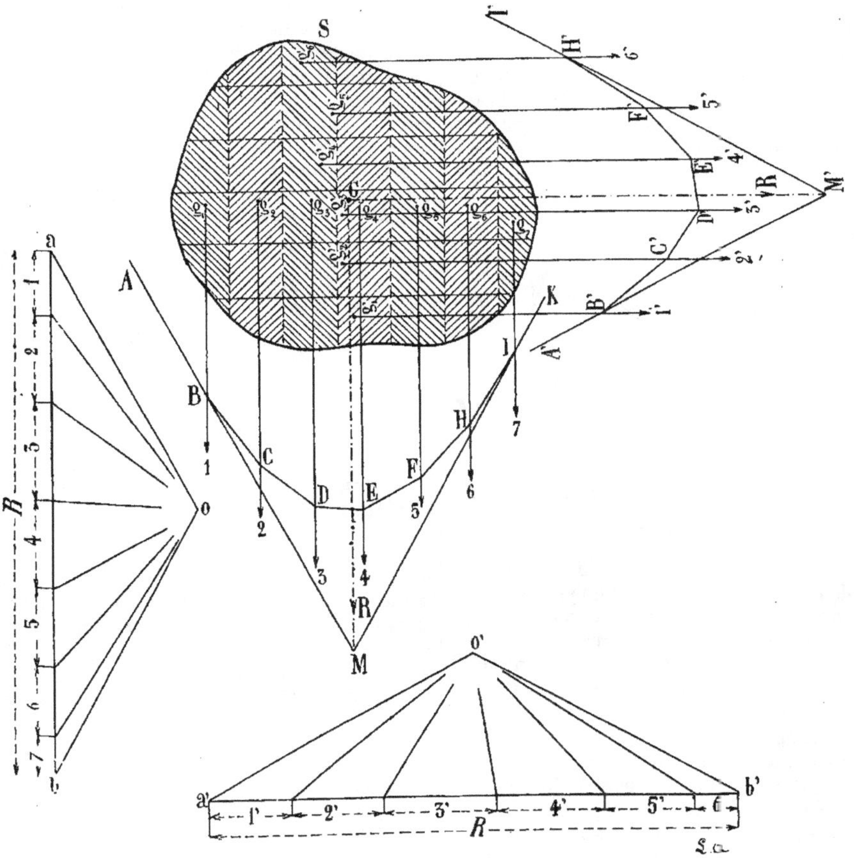


Fig. 120.

échelle, toutes les questions de statique graphique.

Dans ce qui va suivre, nous montrerons comment on peut appliquer ces principes à la détermination du centre de gravité et du moment d'inertie d'une surface, ces deux éléments étant d'un très grand usage dans les calculs de résistance.

## Construction graphique du centre de gravité des surfaces planes.

**172.** *Méthode générale.* — Considérons

une surface de forme quelconque S (*fig.* 120), que nous diviserons en surfaces élémentaires par des lignes parallèles. Chaque élément de surface pourra être évalué avec la plus grande approximation possible, à l'aide des procédés connus, ainsi que leurs centres de gravité $g_1$, $g_2$, $g_3$, etc.

Si aux centres de gravité de ces éléments nous supposons des forces 1,2,3,etc., proportionnelles à leurs surfaces, il sera facile de construire le polygone des forces *oab* et le polygone funiculaire ABCD...IK.

Le point M, de rencontre des côtés extrêmes AB et KI du polygone funiculaire, est un point de la direction de la résultante R, des forces considérées. Si alors,

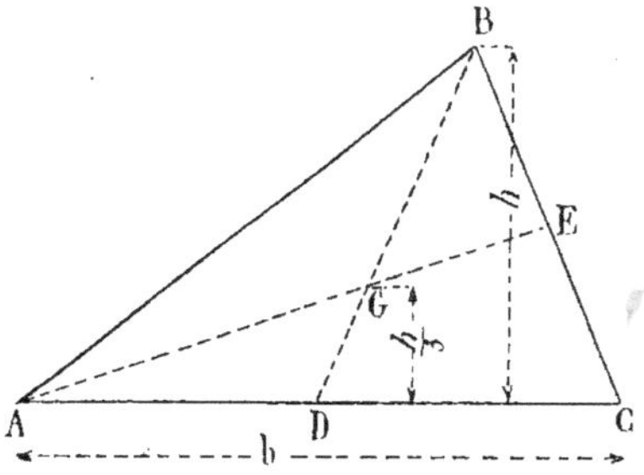


Fig. 121.

de ce point M, on mène une parallèle aux composantes, cette droite passera par le centre de gravité de la surface.

Pour avoir une autre droite contenant le centre de gravité, nous diviserons la surface en nouveaux éléments, au moyen de lignes parallèles faisant avec les premières un angle quelconque, mais qu'il est préférable de faire égal à 90 degrés.

En appliquant le même procédé, on construira le polygone des forces $o'a'b'$ et le polygone funiculaire correspondant A'B'C'...H',I'. Les côtés extrêmes A'B' et I'H' prolongés donnent le point M' de passage de la résultante R des forces 1'2'3'... La ligne menée par M', parallèlement aux composantes, contient également le centre de gravité de la surface S. Ce centre de gravité G est donc à l'intersection des directions des résultantes R,R, obtenues dans les deux tracés.

Telle est la méthode générale pour déterminer le centre de gravité d'une surface quelconque. Le tracé ne comporterait qu'un seul polygone funiculaire si la surface avait un axe de symétrie. Dans ce cas, les parallèles qui décomposeraient la surface totale en éléments seraient perpendiculaires à l'axe de symétrie.

Les surfaces élémentaires peuvent avoir la forme de triangles, de trapèzes, de segments paraboliques, etc.; il est donc utile de connaître la position des centres de gravité de ces surfaces élémentaires que nous donnons ci-après.

**173.** *Centre de gravité d'un triangle.*— Le centre de gravité d'un triangle ABC (*fig.* 121) se trouve à la rencontre des mé-

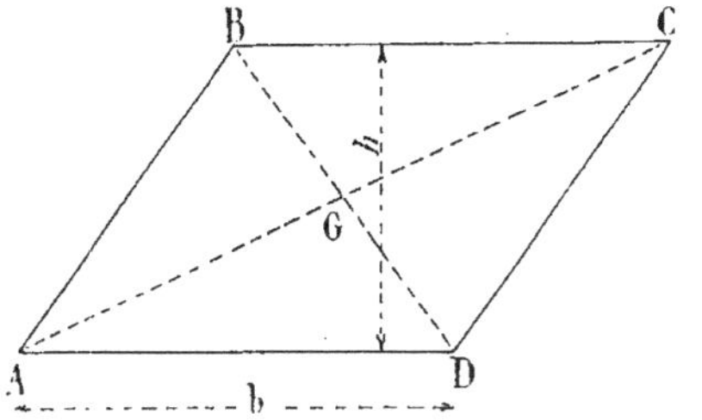


Fig. 122.

dianes; et, comme celles-ci se coupent au tiers à partir des côtés, il s'ensuit que le point G se trouve sur l'une des médianes et au tiers de la hauteur.

La surface d'un triangle est:

$$S = \frac{bh}{2}.$$

**174.** *Centre de gravité d'un parallélogramme.* — Le centre de gravité d'un parallélogramme et de ses variétés est au point de rencontre des diagonales (*fig.* 122). Sa surface est exprimée par :

$$S = bh.$$

**175.** *Centre de gravité d'un trapèze.*— Pour obtenir le centre de gravité d'un trapèze ACDE (*fig.* 123), on trace la ligne IL qui joint les milieux des deux bases, puis on porte, à la suite de la grande base

AE, une longueur EK, égale à la petite base CD, et à la suite de la petite base et dans l'autre sens une longueur CF égale à la grande base. La rencontre de FK et de IL donne le centre de gravité G. La

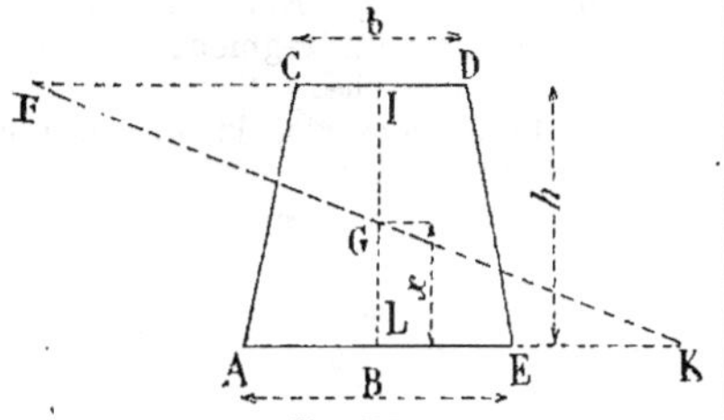


Fig. 123.

hauteur du point G au-dessus de la grande base B est égale à :

$$x = \frac{h}{3}\,\frac{2b + B}{2B + b}.$$

La surface du trapèze est :

$$S = \frac{B + b}{2}\,h.$$

**176.** *Centre de gravité d'un quadrilatère.* — On construit le centre de gravité d'un quadrilatère quelconque ABCD (*fig.* 124) de la manière suivante :

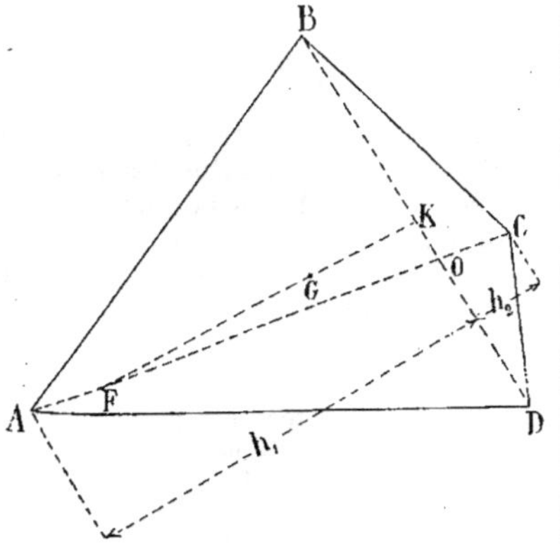


Fig. 124.

On trace les deux diagonales BD et AC, on prend le milieu K de l'une d'elles BD. On porte ensuite sur l'autre diagonale AF égale à CO, on mène FK. Le centre de gravité se trouve sur cette ligne FK à une distance KG égale au 1/3 de FK.

La surface du quadrilatère est la somme

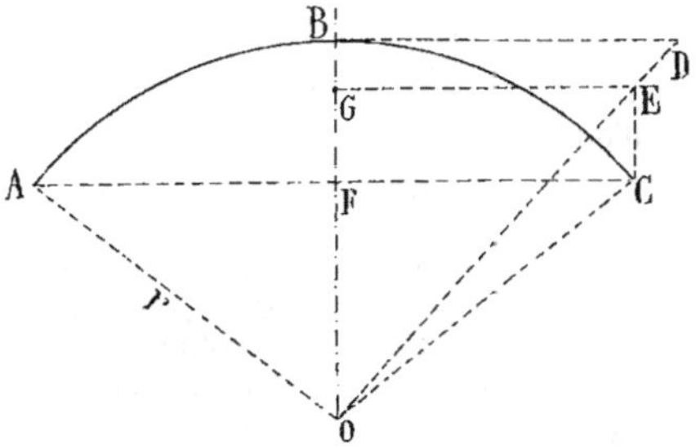


Fig. 125.

des surfaces des deux triangles, ABD et BCD, donc :

$$S = BD\,\frac{h_1 + h_2}{2}.$$

**177.** *Centre de gravité d'un arc de cercle.* — Le centre de gravité (*fig.* 125) se trouve sur la perpendiculaire OB, à la corde de l'arc, et à une distance :

$$OG = r\,\frac{\text{corde}}{\text{arc}}.$$

Cette distance peut se construire en

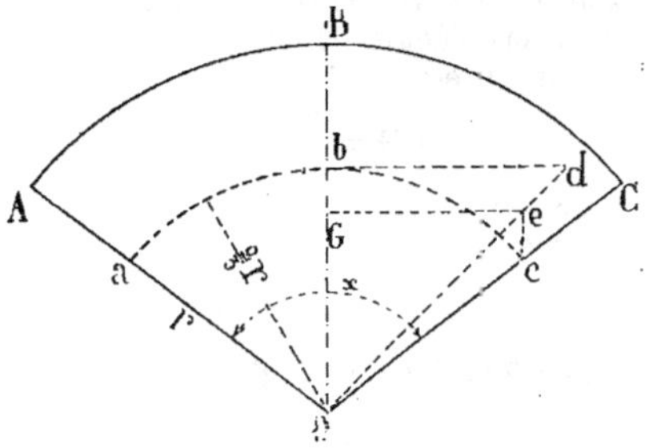


Fig. 126.

portant BD égal au développement BC du demi-arc, en joignant OD du point E de rencontre de cette ligne avec la parallèle CE à OB, on mène EG parallèle à la corde.

Les deux triangles rectangles semblables OBD, OGE donnent :

$$\frac{BD}{GE} = \frac{OB}{OG},$$

ou :

$$\frac{\frac{1}{2}\,\text{arc ABC}}{\frac{1}{2}\,\text{corde AC}} = \frac{r}{OG},$$

d'où :

$$OG = r\,\frac{\text{corde}}{\text{arc}}.$$

**178.** *Centre de gravité d'un secteur de cercle.* — Le centre de gravité du secteur OABCO (*fig.* 126) est le même que celui d'un arc de cercle *abc* mais dont le rayon est les 2/3 du rayon du secteur. La figure

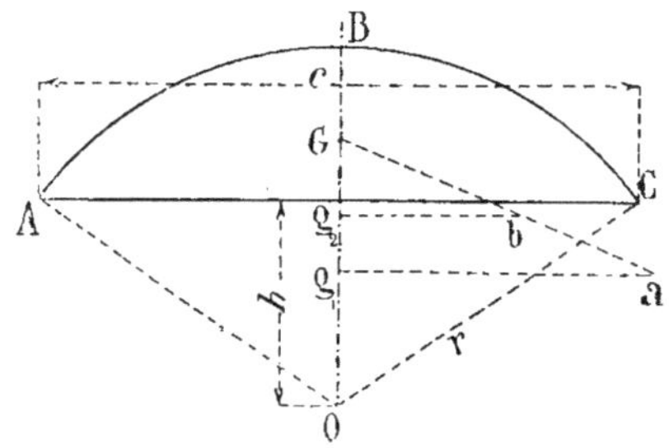


Fig. 127.

reproduit la même construction que celle de la précédente figure.

Par suite :

$$OG = \frac{2}{3}\,r\,\frac{\text{corde}}{\text{arc}}.$$

La surface du secteur en fonction de la longueur de l'arc est :

$$S = \text{arc}\,\frac{r}{2},$$

ou en fonction de l'angle $\alpha$ :

$$S = \pi r^2\,\frac{\alpha}{360}.$$

**179.** *Centre de gravité d'un segment de cercle.* — Soit un segment de cercle ABCA (*fig.* 127) ; le centre de gravité peut s'obtenir en cherchant la résultante de deux forces parallèles de signe contraire, proportionnelles, l'une à la surface du secteur OABCO, l'autre à la surface du triangle OAC.

Si $g_1$ et $g_2$ sont les centres de gravité du triangle OAC et du secteur, on élève les perpendiculaires $g_1a$ et $g_2b$ proportionnelles, la première à la surface du secteur, et la seconde à la surface du triangle ; la ligne *ab* prolongée rencontre l'axe de symétrie du segment au centre de gravité G cherché.

Pour le demi-cercle, la distance du centre de gravité est :

$$x = \frac{4}{3}\,\frac{r}{\pi}.$$

La surface du segment est égale à la surface du secteur, diminuée de celle du triangle.

**180.** *Centre de gravité d'un segment parabolique.* — Pour déterminer le centre

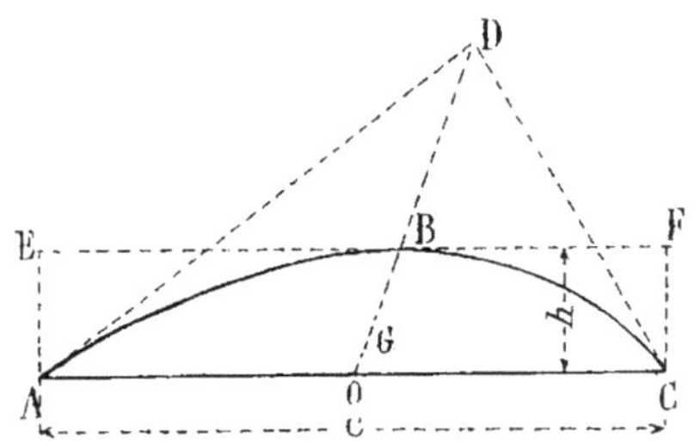


Fig. 128.

de gravité d'un segment parabolique ABCA (*fig.* 128), on mène les tangentes extrêmes AD et CD, puis on joint le point D au milieu O de la corde AC du segment. Le centre G se trouve sur OB, à une distance du sommet B.

$$BG = \frac{3}{5}\,OB.$$

La surface du segment parabolique est égale aux deux tiers de celle du rectangle AEFC :

$$S = \frac{2}{3}\,ch.$$

**181.** *Centre de gravité de la section d'un rail.* — Comme application, nous donnons dans la figure 129, la recherche du centre de gravité de la section d'un rail à patin ayant un axe de symétrie XX. Il suffira donc de construire un seul polygone funiculaire. A cet effet nous décomposons la section en éléments, par des lignes perpendiculaires à l'axe, en remplaçant le contour curviligne par un contour polygonal, indiqué en pointillé sur la partie gauche de la figure. Le nombre des éléments étant assez grand, on peut faire cette substitution sans erreur sensible. Les éléments ont ainsi la forme de rectangles et de trapèzes dont on évaluera aisément les surfaces et les positions des centres de gravité.

L'élément supérieur contient un rectangle et deux arcs de cercle.

Nous construirons alors le polygone des forces *aob*, en portant sur $ab_1$, les unes à la suite des autres des longueurs proportionnelles aux surfaces élémentaires 1, 2, 3..... 13, 14; puis nous tracerons le polygone funiculaire ABCD.....MPQ, dont les côtés extrêmes prolongés se rencontrent en un point situé sur la direction de la résultante des forces. La droite menée par R parallèlement aux composantes, rencontre l'axe de symétrie du rail en un point G, qui est le centre de gravité.

**182.** Remarque. — La figure 129 permet d'obtenir le moment, dit du premier degré, d'une figure relativement à une direction donnée. Il suffit de décomposer la surface en éléments et faire la somme des produits des éléments par leur distance à la direction donnée. La décomposition de la surface en éléments devra se faire par des parallèles à la direction donnée.

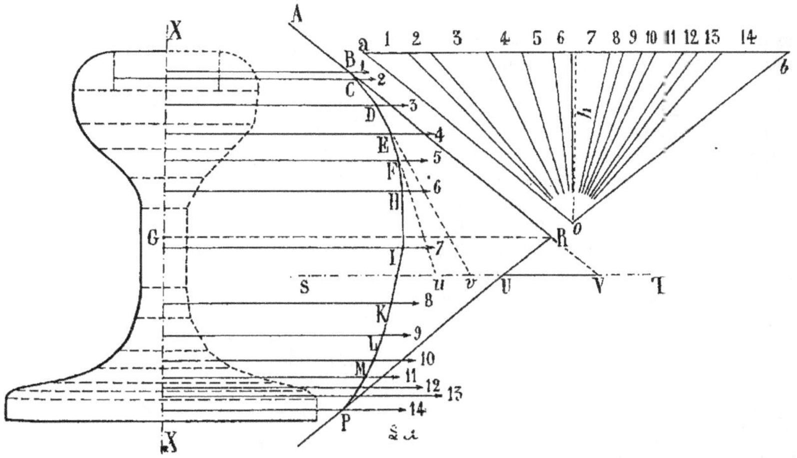


Fig. 129.

Ainsi dans la figure précédente, le moment de la surface du rail par rapport à une ligne ST est proportionnel au segment UV, intercepté entre les côtés extrêmes du polygone funiculaire.

Si l'on désigne par *n*, le nombre par lequel il faut multiplier les segments du polygone des forces, pour obtenir les surfaces des éléments, et par *h* la distance polaire, le moment qui a pour valeur le produit de la surface entière par la distance du centre de gravité à la ligne des moments, aura pour valeur :

$$M = n.UV.h.$$

On voit d'ailleurs, que le moment de la surface est nul par rapport à tout axe qui passe par le centre de gravité de la surface.

Le segment *uv* intercepté sur la ligne ST entre deux côtés consécutifs du polygone funiculaire est aussi proportionnel au moment des éléments par rapport à la ligne ST.

## Moment d'inertie d'une surface plane.

**183.** Rappelons que le moment d'inertie I d'une surface, par rapport à un axe, est la somme $\Sigma fr^2$ des produits des surfaces élémentaires par le carré de la distance de leur centre de gravité à l'axe

$$I = \Sigma fr^2.$$

Comme nous le verrons, dans les calculs de résistance, on a souvent besoin de connaître le moment d'inertie d'une surface par rapport à un axe passant par le centre de gravité de cette surface. De plus, cet axe est parallèle à l'une des principales dimensions de la surface considérée.

Nous allons nous occuper de la détermination de ce moment d'inertie, en prenant comme surface la section d'un fer à simple té représentée sur la figure 130. Ce moment d'inertie est proportionnel à la surface ombrée, comprise entre le polygone funiculaire *abcdj* et les tangentes extrêmes *a*M et *j*M à ce polygone. L'axe du moment passant par le centre de gravité G est parallèle à la tête du té. Décomposons cette surface en surfaces élémentaires que l'on pourra évaluer, et que nous assimilerons à des forces 1, 2, 3, 4, 5 appliquées chacune au centre de gravité $g_1$, $g_2$, $g_3$, $g_4$, $g_5$ de ces éléments.

Au moyen de la distance polaire $h$, nous construirons le polygone des forces *omn* et le polygone funiculaire rectiligne ABCDEFK. Les côtés extrêmes de ce polygone funiculaire prolongés, donnent le point M qui est, comme nous l'avons vu précédemment, un point de la direction de la ligne qui passe par le centre de gravité. Donc en menant par M une droite parallèle à la direction des forces 1, 2... on obtiendra, sur l'axe de symétrie de la surface, le centre de gravité G.

En raison de la surface qui est uniformément répartie sur l'axe du té, la courbe funiculaire se composera de deux arcs de paraboles tangentes au point *e*; chacun de ces arcs, ont pour points de tangence, sur les côtés du polygone funiculaire rectiligne, les points *a*, *b*, *c*, *d*, *e*, *j*.

Pour démontrer que le moment d'inertie de la section, par rapport à l'axe MG est proportionnel à la surface ombrée *abcdej*M*a*, nous considérons un élément $f$ de la section du fer (cet élément est indiqué par des hachures croisées); la distance de son centre de gravité à l'axe MG étant $x$.

Le moment d'inertie $i$ de cet élément sera, par définition :

$$i = fx^2$$

et la sommation des moments d'inertie de tous les éléments, entrant dans la section considérée, représentera le moment d'inertie cherché, donc :

$$I = \Sigma fx^2.$$

Le moment du premier degré $fx$, peut se construire facilement. Pour cela, décomposons dans le polygone des forces, la force 2 en ses deux composantes $f$ et $2 - f$, et menons dans le polygone funiculaire, le nouveau côté *lp*. Les deux côtés *lp* et *pk*, correspondant à l'élément $f$, prolongés interceptent sur l'axe MG la longueur $y = qr$ (c'est-à-dire l'ordonnée proportionnelle), au moment cherché $fx$.

On peut donc écrire :

$$f.x = y.h.$$

En multipliant cette égalité par $x$, on aura :

$$fx^2 = y.h.x.$$

Or le produit $y.x$ est le double de la surface du triangle *pqr*, donc :

$$fx^2 = h \times 2 \text{ (surf. } pqr)$$

d'où $\Sigma fx^2 = \Sigma h 2 \text{ (surf. } pqr) = I$

et en faisant sortir du signe $\Sigma$, la constante $2h$, il vient :

$$I = 2h\Sigma \text{ (surf. } pqr).$$

Mais $\Sigma$ surf. *pqr*, c'est-à-dire la somme des surfaces analogues à celle du triangle élémentaire *pqr*, n'est autre chose que la surface ombrée *abcdef*M*a*. En désignant cette surface par S, on aura :

$$I = 2S.h.$$

Remarquons que les surfaces élémentaires du fer à té ont été représentées en prenant une base de réduction $\alpha$, par suite, l'expression de la surface S sera égale à la surface ombrée multipliée par la base de réduction $\alpha$, par suite :

$$I = 2.h.\alpha \text{ (surf. ombrée)}.$$

Si on mesure cette surface ombrée, en la rapportant à la base $\beta$, et si nous désignons par $\gamma$ sa longueur proportionnelle, nous aurons :

$$I = 2h.\alpha.\beta.\gamma \qquad (1)$$

ou

$$\gamma = \frac{I}{2h.\alpha.\beta}.$$

A cet effet, nous avons transformé la surface $abcdej$M$a$ en un triangle équivalent MTU, nous avons porté en TV le double de la base $\beta$, et nous trouvons en ZZ la valeur de $\gamma$, c'est-à-dire une longueur proportionnelle au moment d'inertie cherché.

**184.** Remarque I. — Le moment d'inertie I' d'une surface par rapport à un

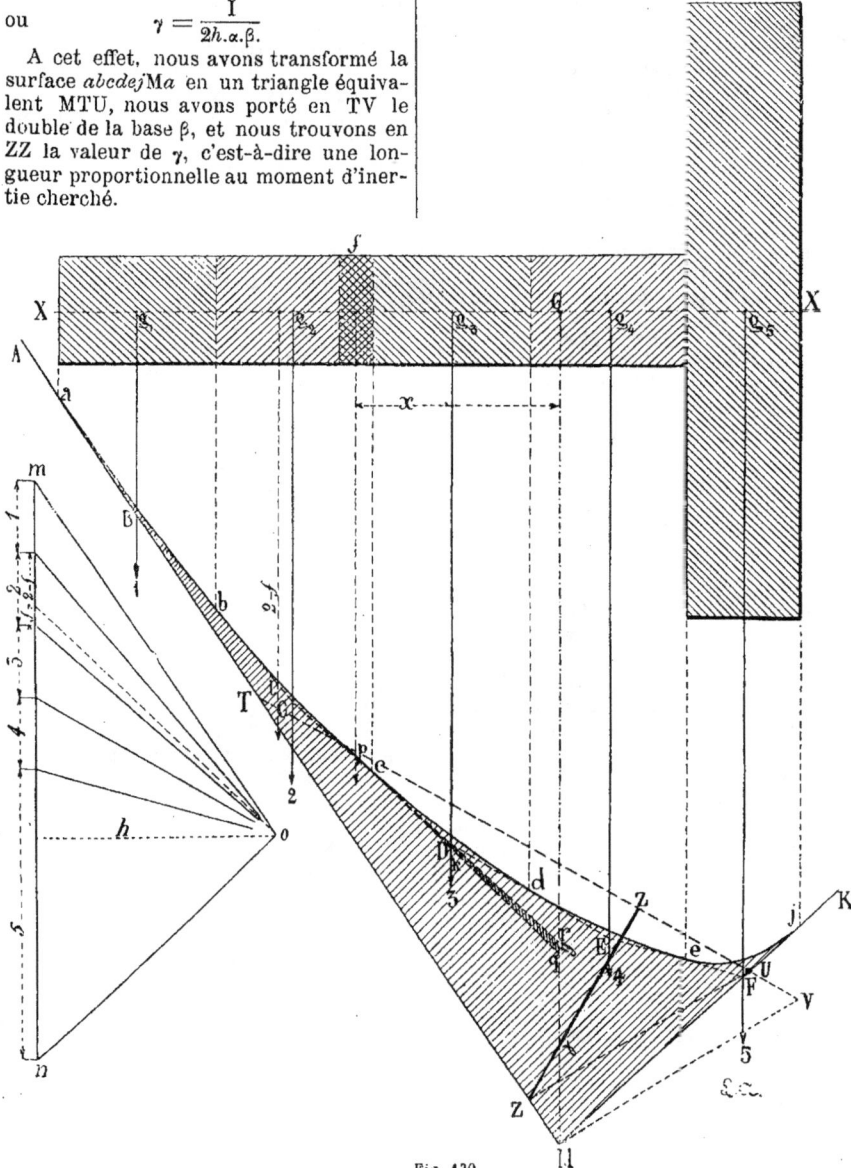

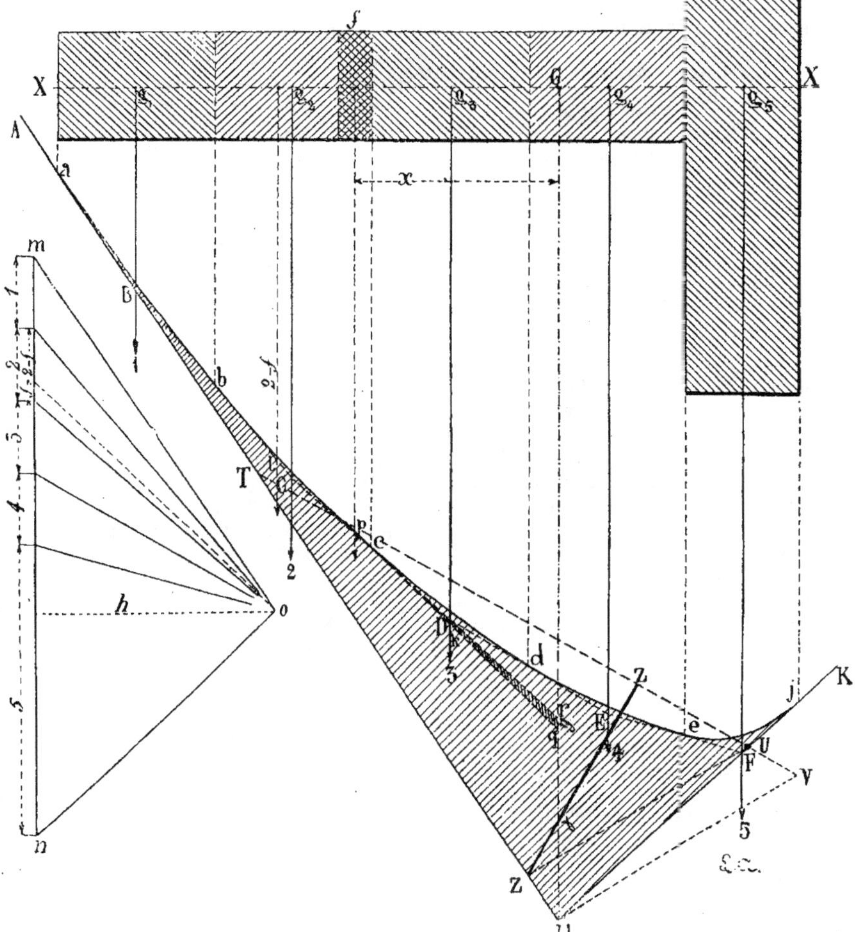


Fig. 130.

axe ne passant pas par le centre de gravité de la surface est :

$$I' = I + FK^2;$$

dans laquelle I est le moment d'inertie par rapport à l'axe passant par le centre de gravité et parallèle au premier ; F étant la surface considérée et K la distance entre les deux axes.

**185.** Remarque II. — En représentant par F la surface considérée, le moment d'inertie par rapport à un axe passant par le centre de gravité, peut s'écrire :

$$I = \Sigma sr^2 = FR^2,$$

dans laquelle R est ce que l'on désigne sous le nom de rayon de giration (*Dynamique*, n° 135).

Donc d'après la relation (1) précédente, on peut écrire :

$$FR^2 = 2h\alpha\beta\gamma.$$

Or la surface F de la section du fer à té est égale à la distance *mn* du polygone des forces (*fig.* 130) multipliée par la base de réduction $\alpha$. On a alors :

$$R^2 = \frac{2h\alpha\beta\gamma}{\alpha.\ (mn)}.$$

Et si l'on prend la base de réduction $\beta$ de la surface ombrée, de manière que $2\delta = mn$, l'équation ci-dessus devient :

$$R^2 = h\gamma,$$

d'où : $$R = \sqrt{h\gamma}.$$

C'est-à-dire que le rayon de giration, est une moyenne proportionnelle, entre la distance polaire *h* du polygone des forces, et la largeur $\gamma$ proportionnelle à la surface ombrée. Cette moyenne proportionnelle est facile à construire comme nous l'avons indiquée dans l'arithmographie.

Si on détermine les valeurs de R, correspondant à tous les axes passant par le centre de gravité, et si à partir du point G on porte sur chaque axe la valeur trouvée, et qu'on joigne par un trait continu les extrémités de R, on obtient une ellipse qu'on appelle l'*ellipse d'inertie* de la section considérée, et l'ellipse correspondant au centre de gravité s'appelle l'*ellipse centrale*.

Le petit axe de cette ellipse coïncide avec l'axe pour lequel le moment d'inertie est un minimum, le grand axe correspond au maximum.

Comme une ellipse est déterminée par ses deux axes, on construira dans chaque cas particulier les valeurs maxima et minima du moment d'inertie. Dans une surface à un axe de symétrie, le grand axe de l'ellipse coïncide avec l'axe de symétrie, tandis que le petit axe est encore indéterminé. Dans une surface à deux axes de symétrie, les deux axes se confondent avec les axes de symétrie.

Pour une surface régulière, l'ellipse d'inertie se transforme en un cercle ; il suffit dans ce cas de construire une seule valeur de R.

## Fibre neutre. — Noyau central.

**186.** Dans certains calculs de résistance, nous aurons souvent l'occasion de parler de la fibre neutre d'une pièce et du noyau central. Il est bon d'en dire quelques mots ; mais avant définissons ce que l'on entend par *pôle*, *polaire*, *antipôle* et *antipolaire*. Ces définitions sont extraites de la *Résistance des Matériaux* de M. Collignon.

On appelle *polaire* d'un point par rapport à une courbe du second degré, le lieu des points de rencontre M des deux tangentes MB, MC à la courbe, aux points B et C, où elle est coupée par une transversale PQ, menée du point P (*fig.* 131).

Ce lieu est une droite MN qui passe par les points de contact de la courbe avec les tangentes issues du point P.

La droite MN est la *polaire* du point P qui est appelé *pôle* de la droite MN.

Le diamètre PO et la polaire MN sont parallèles à un système de diamètres conjugués de la courbe.

On appelle *antipolaire* d'un point P, par rapport à une courbe du second degré, la droite M'N', symétrique de la polaire MN du point P par rapport au centre de la courbe ; le point P est l'antipôle de la droite M'N'.

Si, en particulier, nous prenons le cercle comme courbe du second degré, on voit que la polaire MN d'un point P (*fig.* 132) est une droite perpendiculaire au diamètre qui passe par le pôle. On démontre en géométrie que le diamètre AB qui passe par le pôle est divisé harmoniquement par le pôle P et le pied H de la polaire, on a donc en grandeur et en signe :

$$OH \times OP = R^2$$

R étant le rayon du cercle.

C'est-à-dire que le rayon est moyen proportionnel entre les distances du centre au pôle et à la polaire.

De cette relation on déduit les propriétés suivantes :

1° Le pôle et la polaire sont toujours d'un même côté du centre du cercle ; la polaire est extérieure au cercle si le pôle est intérieur ; elle coupe le cercle si le pôle est extérieur ;

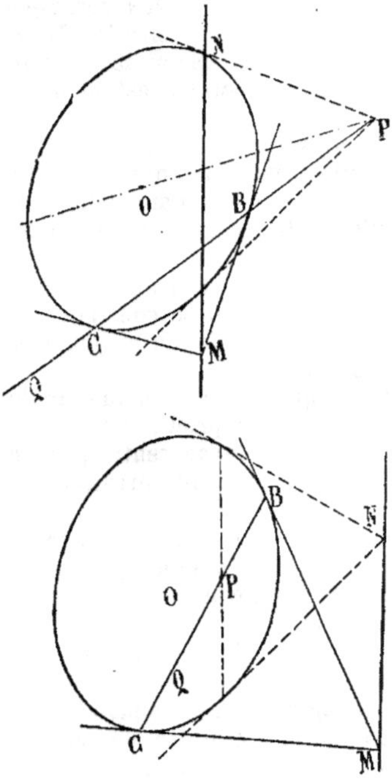


Fig. 131.

2° La polaire du centre est à l'infini, et la polaire d'un point qui s'est éloigné indéfiniment dans une direction donnée est le diamètre perpendiculaire à cette direction ;

3° La polaire d'un point du cercle est la tangente en ce point, et inversement ; le pôle d'une tangente est son point de contact.

**187.** *Fibre neutre.* — Considérons une section *mn* d'une pièce soumise à un effort P agissant en dehors de son centre de gravité G, au point C par exemple (*fig.* 133).

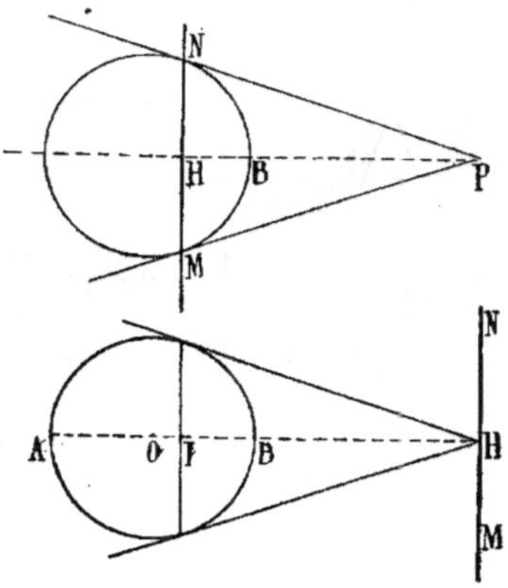


Fig. 132.

Cette section éprouve à la fois un déplacement parallèlement à elle-même, et une rotation autour du point G.

Le plan de la section déplacée vient en *m'n'* laquelle coupe la section primitive *mn*

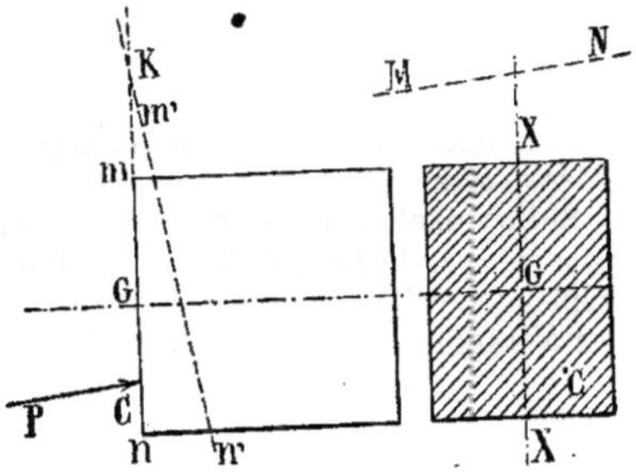


Fig. 133.

suivant une ligne MN qui est l'antipolaire du point G relativement à l'ellipse centrale de la section.

Lorsque la ligne MN rencontre la section, toutes les fibres coupées par cette ligne ne subissent aucun effort et s'appellent *fibres neutres*.

En général, l'effort P agit dans le plan moyen XX, et la ligne MN est perpendiculaire à ce plan qu'elle rencontre en un point K. Le lieu des points K de toutes

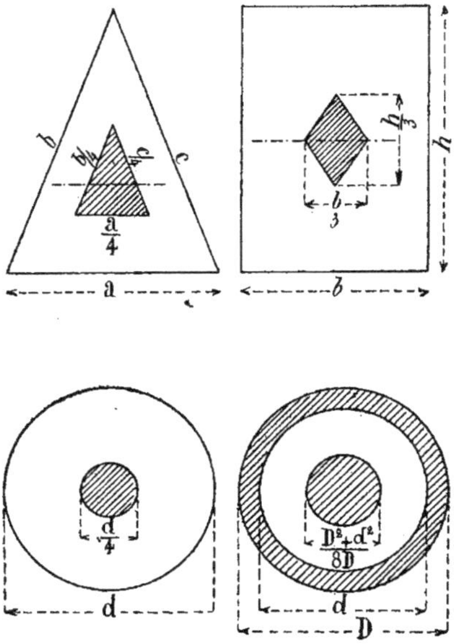

Fig. 134.

les sections est alors ce qu'on appelle la *fibre neutre*.

Si l'on déplace la force P sur une ligne passant par le centre G, l'antipolaire se déplace parallèlement à elle-même ; elle est à l'infini lorsque la force P agit au centre G de la section et se rapproche du point G à mesure que la force P s'en éloigne. Lorsque la ligne MN ne coupe pas la section, toutes les parties de celle-ci sont soumises à des efforts du même signe ; dans le cas contraire la ligne MN est la ligne de séparation des deux parties de la section qui subissent des efforts de signe contraire.

**188.** *Noyau central.* — Si l'on fait tourner la ligne MN autour de la section, de manière à envelopper celle-ci, à chaque position de la ligne MN correspond un point C qui est son antipôle. La surface comprise à l'intérieur de la figure, engendré par le point C est le noyau central.

Ce noyau central jouit de la propriété suivante : toute force qui agit à l'intérieur de ce noyau n'engendre dans toutes les parties de la section que des efforts de même sens.

Il ressort de la définition du noyau central, qu'il peut se construire à l'aide de l'ellipse centrale, au moyen des pôles et des polaires.

Remarquons qu'à chaque angle, dans le contour du profil, correspond une droite dans le noyau central, et à chaque ligne droite du profil, correspond un point dans le noyau. Le profil et son noyau central sont deux figures réciproques.

La figure 134 indique, par des surfaces ombrées, le noyau central de quelques figures simples.

Comme généralement les pièces que l'on emploie sont symétriques et que les efforts agissent dans ce plan de symétrie, il n'est pas nécessaire de construire le noyau central complet ; il suffit d'avoir les deux points qui sont situés sur l'axe de symétrie.

# RÉSISTANCE DES MATÉRIAUX

# CHAPITRE PREMIER

## GÉNÉRALITÉS

**189.** La partie de la mécanique, désignée sous le nom de *résistance des matériaux*, a pour objet de déterminer les dimensions à donner aux différentes pièces qui composent les machines et les constructions fixes, pour qu'elles puissent résister aux forces auxquelles elles sont soumises. Les forces qui agissent sur les organes de construction peuvent être connues directement par leur direction et leur intensité, ou bien elles peuvent être déterminées par les théorèmes de la statique et de la dynamique; enfin, certaines considérations permettront, dans plusieurs cas, de les déterminer.

Les dimensions qu'il convient de donner aux pièces, résultent aussi des conditions de résistance des matériaux que l'on emploie dans la construction. Il faut donc connaître d'abord les propriétés résistantes des matériaux employés et, de plus, savoir comment on a constaté et vérifié ces propriétés.

### Définitions.

**190.** Dans le cours de cet ouvrage, nous emploierons certaines notations qu'il faut définir. Rappelons d'abord ce que l'on entend par élasticité des corps : c'est la propriété plus ou moins grande qu'ils ont de reprendre leur forme ou leur volume, lorsque la cause qui modifiait cette forme cesse d'agir.

Dans le cas où le corps ne reprendrait plus sa forme primitive, on dit que l'élasticité est altérée, ou bien que l'état moléculaire se trouve modifié, de telle sorte que cette pièce ne présenterait plus les conditions de sécurité qu'elle avait auparavant.

**191.** Les efforts auxquels les corps peuvent être soumis, sont rangés en cinq catégories :

1° *Effort de traction longitudinale ou d'extension.* — Cet effort détermine un allongement du corps pouvant amener la rupture. Tel est le cas des cordes, des chaînes, des tiges des pistons, etc. ;

2° *Effort de compression.* — Comme l'indique le nom, cet effort agit pour comprimer un corps ou le raccourcir et, par suite, produire la rupture par l'écrasement ou le flambage. Tel est le cas des piliers, colonnes, etc. ;

3° *Effort transversal ou de flexion.* — Cet effort tend à faire fléchir les pièces et leur faire prendre une courbure plus ou moins prononcée pouvant amener la rupture. Tel est le cas des balanciers, des poutres, des planches, etc. ;

4° *Effort de torsion.* — Ce genre d'effort qui se produit lorsqu'une pièce est soumise à l'action d'un couple, tend à la déformer en la faisant tourner autour de son axe géométrique, c'est-à-dire que dans une section quelconque, les éléments sont soumis à un effort de glissement. Tel est le cas des tarauds, alésoirs, arbres de transmission, etc. ;

5° *Effort de glissement ou de cisaillement.* — Ce genre d'effort qui tend à trancher une pièce, se produit lorsque la force extérieure agit dans le plan de la section que l'on a considérée. C'est cet effort que l'on considère surtout dans la résistance des rivets.

**192.** *Charge par unité de surface.* — Si N est la pression ou tension exercée sur une surface S, le quotient $\frac{N}{S}$ est la pression sur l'unité de surface. On adopte généralement pour unité de longueur le mètre, pour unité de surface le mètre carré, et pour unité de force le kilogramme. Cependant, lorsque les efforts sont très considérables, on prend pour unité de force la tonne ou 1 000 kilogrammes.

**193.** *Allongement élastique.* — Lorsqu'une pièce fixée par une extrémité est soumise, à l'autre, à des forces dont la résultante agit suivant l'axe moyen de la pièce, de manière à produire une extension, l'allongement élastique est la partie de l'allongement total qui disparaît par la suppression de la charge.

L'*allongement permanent* est la partie de l'allongement qui subsiste après la suppression de la charge.

**194.** *Coefficient ou module de charge.* — Ce coefficient, qu'on appelle encore charge limite d'élasticité, est l'effort, rapporté à l'unité de surface, à partir duquel l'élasticité serait modifiée, c'est-à-dire qu'à partir de cette charge les déformations permanentes deviennent appréciables.

Suivant la nature des efforts exercés, on distingue les coefficients de charge à l'extension et à la compression.

**195.** *Coefficient ou module de rupture.* — Qu'on appelle encore charge de rupture est la tension ou la compression, rapportée à l'unité de surface, susceptible de déterminer la rupture d'une fibre moléculaire.

**196.** *Coefficient ou module d'élasticité.* — C'est le rapport de la charge par unité de surface à l'allongement proportionnel; il représente la charge qui pour une section d'un mètre carré doublerait la longueur de la pièce, ou la raccourcirait d'une quantité égale à sa longueur primitive, en supposant que pareille déformation fût possible.

**197.** *Limite théorique de charge.* — C'est la force qui, dans un corps soumis à un effort quelconque (extension, pression, torsion, etc.), détermine dans la fibre la plus exposée une tension équivalente au module de charge; autrement dit, c'est la charge sous laquelle un corps travaille à sa limite d'élasticité.

**198.** *Limite pratique de charge.* — C'est la charge qui, inférieure à celle qui produirait la limite d'élasticité, peut déformer la pièce ; laquelle déformation disparaît, lorsque la charge cesse son action.

**199.** *Coefficient de sécurité.* — C'est le rapport entre la limite théorique de charge et la charge réelle, ou bien entre le module de charge et la plus grande tension ou compression développée.

C'est cette charge que l'on introduit dans les formules, pour calculer les dimensions des pièces.

**200.** Il est bon de remarquer que, dans l'établissement des formules de résistance, on suppose que les pièces ne sont pas en mouvement. Or l'état de mouvement peut, dans certains cas, augmenter les efforts intérieurs qui se développent ; il est alors prudent de ne prendre pour charge de sécurité que le tiers ou les deux cinquièmes de la charge limite d'élasticité.

### Résistance du fer et de la fonte soumis à des efforts d'extension.

**201.** Lorsqu'un corps de forme cylindrique ou prismatique est solidement fixé à sa partie supérieure et qu'un poids P est appliqué à l'autre extrémité, la tige s'allonge d'une quantité proportionnelle à sa longueur. En désignant par L la longueur initiale, et $l$ l'allongement total, l'allongement $i$ par mètre de longueur sera :

$$i = \frac{l}{L}.$$

La section transversale de la barre étant S, la charge supportée par l'unité de surface sera :

$$\frac{P}{S}.$$

Si nous admettons que l'allongement soit aussi proportionnel à la charge, les rapports $\frac{P}{S}$ et $\frac{l}{L}$ demeurent constants.

C'est ce rapport entre la charge par unité de surface et l'allongement par unité de longueur que nous avons appelé coefficient ou module d'élasticité ; en le représentant par E, on aura :

$$\frac{P}{S} : i = \frac{P}{Si} = E. \qquad (1)$$

Si dans cette formule nous supposons

$S = 1$ mètre carré et $i = 1$ ou $l = L$, on a :

$$P = E,$$

c'est-à-dire que le coefficient d'élasticité E, est le poids qu'il faudrait suspendre à l'extrémité d'un corps pour l'allonger d'une quantité $l$, égale à sa longueur primitive L, si cela était possible.

Dans ce cas, la charge $R = \frac{P}{S}$ par unité de surface sera :

$$R = \frac{P}{S} = Ei. \qquad (2)$$

Nous supposons, bien entendu, que l'effort P agit graduellement et petit à petit. Si, au lieu de cela, on supposait que cette charge agisse tout entière et brusquement avec une vitesse $V_0$, l'allongement $i'$ proportionnel maximum, dans l'hypothèse où on peut négliger la masse de la tige, serait :

$$i' = i\left[1 + \sqrt{\left(1 + \frac{2h}{iL}\right)}\right]. \qquad (3)$$

dans laquelle $i$ serait l'allongement proportionnel que prendrait la pièce, si cette charge était appliquée petit à petit, lequel allongement peut se déduire de la formule (1).

$h$ étant la hauteur due à la vitesse $V_0$.

Cette formule (3) déduite de l'équation différentielle du mouvement du système montre que l'allongement étant plus du double de celui donné par la formule (1), les tensions intérieures, qui se développent dans la pièce, ont une valeur qui dépasse le double de la charge par unité de surface, déduite de la formule (1).

On voit alors que, si l'on veut ne jamais dépasser la charge limite d'élasticité, il faut prendre pour la charge de sécurité moins de la moitié de celle de la charge d'élasticité.

Si dans la formule (3), on supposait que la vitesse initiale $V_0$ soit nulle, c'est-à-dire $h = o$, on trouve :

$$i' = 2\,i.$$

Les efforts intérieurs qui se développent dans ce cas, sont juste le double de ceux qui répondent à l'hypothèse d'une action graduée de la charge.

**202.** Les expériences nombreuses qui ont été faites, pour déterminer les coefficients d'élasticité des corps les plus employés dans les constructions, ont donné pour le fer en barre de qualité ordinaire ;

$$E = 20\ 000\ 000\ 000 \text{ kilogrammes},$$

c'est-à-dire qu'il faudrait appliquer une charge de vingt milliards de kilogrammes à l'extrémité d'une barre de 1 mètre carré de section pour qu'elle s'allonge d'une quantité égale à sa longueur.

Il est préférable de prendre comme unité de surface le millimètre carré ; dans ce cas :

$$E = 20\ 000 \text{ kilogrammes}$$

On a remarqué également que la limite de charge, c'est-à-dire la force limite qui altérera l'élasticité est de 12 kilogrammes pour le fer ordinaire, et de 14 à 15 kilogrammes pour le fer de bonne qualité, pour 1 millimètre carré de section.

Le coefficient de rupture à l'extension, est de 40 kilogrammes pour le fer forgé, de 70 kilogrammes pour le fil de fer et de 32 pour la tôle de fer.

Les expériences faites sur la fonte soumise à l'extension donnent 10 000 kilogrammes pour le coefficient d'élasticité, $7^k,5$ pour le coefficient de charge et 11 kilogrammes pour le coefficient de rupture, toujours par millimètre carré de section.

Pour les bois, la proportion entre les efforts et les allongements n'est pas constante ; pour les plus faibles charges, il n'est pas facile de calculer le coefficient d'élasticité E. Cependant pour le chêne et le sapin soumis à des efforts d'extension, le coefficient E rapporté au millimètre carré est :

$$E = 1\ 000 \text{ à } 1\ 100 \text{ kilogrammes} ;$$

la charge altérant l'élasticité est de 2 kilogrammes, et la charge de rupture 9 kilogrammes.

D'après ces données et celles contenues dans le tableau suivant, la charge de sécurité doit être inférieure au coefficient de la charge qui, à partir de ce moment, altérerait l'élasticité. Ainsi pour le fer en barre soumis à l'extension, on prend dans les cas ordinaires 5 kilogrammes par millimètre carré ; pour la fonte, $2^k,5$ à 3 kilogrammes ; pour le chêne et le sapin, 0,8 à 1 kilogramme.

Si les constructions doivent présenter de la légèreté, on peut prendre, pour la charge de sécurité, les trois quarts du coefficient de charge, à la condition d'employer des matériaux de bonne qualité.

Ainsi, pour les fers de première qualité, on peut aller jusqu'à 8 et 9 kilogrammes par millimètre carré.

Si les pièces doivent présenter une résistance exceptionnelle, pour le cas de charges accidentelles, on prendra le tiers et même le quart de la charge correspondant à la limite d'élasticité.

**203.** Nous croyons intéressant de donner textuellement une analyse faite par M. Camille Turquoy sur l'ouvrage de M. Love ayant pour titre : *Des diverses résistances et autres propriétés de la fonte, du fer et de l'acier et de l'emploi de ces métaux dans la construction.*

L'ouvrage de M. Love ne traite que des faits relatifs à la résistance des métaux par traction ; le texte principal repose sur ce principe que, lorsqu'un corps est soumis à des efforts de traction allant en croissant, deux phénomènes distincts se produisent : l'allongement d'abord, la rupture ensuite.

M. Love étudie successivement ces deux phénomènes et, d'après les expériences faites par les auteurs français et étrangers, et les expériences faites sous sa direction, il confirme les assertions qu'il avait émises quelque temps auparavant et qu'il formule ainsi :

1° La proportionnalité entre l'allongement et la charge n'existe pas pour la fonte d'une manière absolue et pour le fer doux ; cette loi ne peut s'affirmer en général que pour des charges comprises entre zéro et la moitié de celle qui produirait la rupture instantanée ;

2° Un allongement permanent se manifeste sous les plus petites charges, et le point où les allongements croissent beaucoup plus vite que ces charges est très variable, même dans les fers de même provenance. Par conséquent la limite d'élasticité, en tant qu'elle existe, n'a pas le caractère défini qu'on lui a attribué et perd forcément toute importance auprès du praticien ;

3° Sous la même charge, la fonte s'allonge beaucoup plus que le fer ;

4° Les écarts considérables de résistance observés sur les échantillons de fer ou de fonte de même calibre, mais de provenances diverses, ne permettent en aucune façon de compter sur une *moyenne de résistance*. Il en résulte que, lorsqu'on ne connaît pas la résistance particulière du métal dont on dispose, la prudence conseille d'adopter le taux minimum de résistance fourni par l'observation ;

5° Le fer et la fonte, soustraits aux chocs ou aux vibrations, supportent indéfiniment les charges les plus voisines de celles capables de produire la rupture instantanée ;

6° Les formules tirées de la théorie en vigueur ne peuvent être appliquées qu'après avoir subi des transformations importantes.

M. Love justifie ensuite ses diverses assertions et il insiste tout spécialement sur la non-proportionnalité de l'allongement et de la charge par les expériences de M. Hodgkinson, qui ont confirmé les faits énoncés en 1829 par Bornet.

Il fait remarquer que, pour la fonte, une loi régulière et générale relie l'allongement à la charge.

C'est ce qu'il appelle la loi d'*élasticité naturelle*, parce que, dans la fonte, les molécules prennent les arrangements et la position qui conviennent le mieux à leurs affinités, puisqu'elles ne sont dérangées par aucune action mécanique extérieure. Tandis que, dans le fer, les molécules, par suite du travail auquel elles ont été soumises, s'arrangent dans un équilibre instable, que les chocs, les vibrations viennent détruire, en altérant la qualité recherchée dans le métal.

L'auteur désirerait qu'abandonnant la routine on cherchât à perfectionner chacun des métaux employés dans l'industrie, qu'on les fabriquât spécialement pour l'usage particulier auquel ils sont destinés ; que, dans les mélanges de fonte, par des alliages et des combinaisons chimiques nouvelles, on cherchât à augmenter la résistance du fer, de la fonte et de l'acier, chacun d'eux devant trouver sa place dans l'industrie, sans que le préjugé ou la mode fît préférer l'un ou l'autre dans tous les cas.

M. Love étudie successivement les effets de traction sur la fonte, sur le fer en barre, en fil, en tôle, et sur l'acier, examinant d'abord pour chaque métal les phénomènes qui se produisent pendant l'allongement, et ensuite ceux qui se présentent au moment de la rupture; il établit les faits suivants: des fontes dont la résistance à la rupture s'écarte peu de 1 100 kilogrammes par centimètre carré ne peuvent s'allonger au-delà de $^1/_{600}$ de leur longueur sans se rompre (Hodgkinson).

A un point très éloigné de celui de rupture, la fonte retient déjà un allongement permanent, c'est-à-dire que, la charge étant enlevée, elle ne reprend pas entièrement sa longueur primitive; il n'y a donc pas d'élasticité ou, au moins, cette limite est atteinte avant que la charge n'égale $^1/_7$ de la charge de rupture.

Les allongements ne sont pas proportionnels aux charges ; ils croissent plus rapidement.

La formule qui lie les allongements aux charges est :

$$P = 9\,689\,568 \frac{A}{L} - 188\,500\,268 \frac{A^2}{L^2}$$

dans laquelle :

P est le poids en kilogrammes dont est chargée la barre par centimètre carré;

A, l'allongement en centimètres ;

L, la longueur en centimètres.

De cette formule on tire :

$$A = L\,(0{,}00257194 - \sqrt{0{,}00000661412 - 0{,}000000000530303P}.$$

Pour le fer :

$$A = \frac{P.L}{1934565}.$$

En appliquant ces formules à des barres de fer et de fonte de même section et de même longueur, on trouve que, pour une barre de 10 mètres et sous une charge de 1 000 kilogrammes, la fonte s'est allongée de $1^{cm},373$, et le fer de $0^{cm},516$, c'est-à-dire que, dans ce cas, la fonte s'allonge de près de trois fois autant que le fer.

Lorsqu'on a cassé une barre, les tronçons restants ont une résistance à la rupture supérieure à celle primitivement observée, des allongements permanents plus faibles, mais des allongements instantanés qui restent sensiblement les mêmes.

**204.** *Fer.* — L'emploi qu'on fait du fer comme tirant, comme câble, etc., rend très importante l'étude de sa résistance à la traction.

Lorsque le fer est soumis à des efforts de traction, l'allongement présente deux phases distinctes : dans la première phase, jusqu'à une limite très variable, suivant la nature et le calibre du fer, les rapports des charges aux allongements, tout en diminuant de quantités très faibles, peuvent être regardés comme constants. Puis, dans la deuxième phase, à partir de la limite précédente, les allongements croissent plus rapidement que les charges. Il est à remarquer, en outre, qu'il semble résulter des expériences de Bornet et d'Hodgkinson que, dans la première phase, les allongements sont d'autant plus petits que les barres sont plus fortes, tandis que, dans la deuxième phase, l'inverse a lieu.

Dans la première phase de l'allongement, une barre restant continuellement chargée atteint, au bout de quelques instants, son degré définitif d'allongement ; dans la deuxième phase, l'allongement est plus grand, dans les premiers moments que l'allongement définitif qu'aura la barre; puis elle revient à la longueur qu'elle conservera indéfiniment, et cela pour des charges très voisines du point de rupture.

En un mot, dans la première période où l'élasticité du fer suit sensiblement la loi de proportionnalité, une barre de ce métal atteint, dans les premiers instants, sous la charge, son degré définitif d'allongement : le fer soustrait aux chocs et aux vibrations peut porter indéfiniment une charge voisine de la rupture, sans s'allonger définitivement plus qu'il ne l'a fait au bout de quelques heures d'action de la charge.

Si l'on rapproche l'allongement instantané du fer de celui de la fonte, on voit qu'il est un peu moins de moitié de celui de la fonte ; l'allongement permanent n'en est que $^1/_{20}$.

Mais, lorsque l'on compare ces allongements près du point de rupture, pour la fonte, et près du point où les allongements ne sont plus réguliers, pour le fer, on voit que l'allongement instantané du fer est presque égal à celui de la fonte, et l'allongement permanent le double à la limite extrême de sa résistance ; l'allongement permanent du fer est sensiblement égal à l'allongement instantané de ce même métal, tandis que, pour la fonte, à cette limite extrême, l'allongement permanent n'est que $^1/_8$ de l'allongement instantané.

**205.** Les expériences faites par Hodgkinson, Gouin, Lavalley confirment sur les tôles essayées à la traction les faits qu'on vient d'indiquer pour les fers en barres.

Pour les fils de fer, des expériences très complètes sont dues à Vicat, Leblanc et Séguin. D'après ces expériences, M. Love conclut que, lorsqu'il ne s'agit que d'efforts momentanés, le fil de fer semble avoir sur le fer en barres une supériorité marquée, parce qu'il présente tous les caractères attribués à l'élasticité parfaite sous une charge qui, à section égale, ferait rompre le premier ; mais que le fer en barre lui est supérieur pour résister à un effort prolongé, puisqu'il peut supporter indéfiniment les charges les plus voisines de celles de la rupture.

Lorsque l'on expérimente des fils de fer, au commencement les allongements sont plus grands qu'ils ne devraient l'être, par rapport aux charges ; cela tient à ce que le fil se redresse, que les cosses ou inflexions du fil disparaissent (il faut 300 à 350 kilogrammes par centimètre carré pour produire cet effet) ; mais, à part ces faits, les résultats précédemment rapportés pour le fer en barre se reproduisent. La loi de proportionnalité de la charge à l'allongement est exacte pour des charges plus élevées que pour le fer en barre ; mais elle paraît devoir cesser vers $^1/_3$ ou $^1/_4$ de la charge de rupture.

**206.** Pour l'acier, les expériences faites par Lavalley sur les aciers de Jackson et par Tenbrinck sur des aciers de diverses provenances sont trop peu nombreuses et faites sur des échantillons trop petits pour pouvoir servir à déterminer des lois bien exactes ; néanmoins, M. Love pense que, d'après ces expériences, on peut conclure pour l'acier une loi régulière d'allongement, qui n'est pas celle de proportionnalité depuis les plus petites charges jusqu'aux plus grandes.

Malgré le peu de certitude du coefficient d'allongement pour les fers et les aciers, M. Love à cherché à traduire par des formules la loi de l'allongement du fer, et il en propose plusieurs de la forme $\frac{PL}{M}$, dans lesquelles P est le poids en kilogrammes agissant par centimètre carré sur une barre ou un fil de longueur L ; M, un coefficient dépendant de la nature du fer à employer, et de la tension initiale qu'il a subie ; L est la longueur qu'a le fil après avoir subi cette tension, dont il est tenu compte d'ailleurs dans le coefficient M.

Enfin M. Love résume dans un tableau comparatif les allongements dus à des charges diverses pour les différentes espèces de fer, la fonte et l'acier ; et, d'après ce tableau, il fait remarquer que la fonte, près de sa limite de résistance, s'allonge trois fois autant que le fer de petit échantillon et l'acier et que, vers 1/6 de sa résistance absolue, la différence est encore du simple au double.

Il suit de là qu'on ne peut rationnellement associer le fer à la fonte pour résister à un même effort de traction, de même qu'on ne devrait pas associer pour un même travail des fers de diverses sortes.

**207.** M. Love passe ensuite aux expériences poussées jusqu'à la rupture. Pour les fontes anglaises, la résistance résultant des expériences d'Hodgkinson varie entre 776 et 1 811 kilogrammes par centimètre carré, suivant la provenance, et on ne peut admettre une moyenne générale de résistance. Mais, au contraire, on peut admettre des moyennes locales qui seraient, pour les fontes de Marquise, en France, 1 811 ou 1 832 kilogrammes par centimètre carré ; pour les fontes des Landes, suivant l'usine de provenance, 1 342, 1 555, 1 424 ; pour les fontes de Bességes, 1 800 ; pour les fontes de Mazières et certaines de Commentry, 1 446 ; et il n'y a dans ces moyennes que des écarts de 1/4 à 1/5 entre la plus forte résistance et la plus faible.

La variation de la résistance absolue

provient de la nature des minerais employés et aussi de la dimension des barres expérimentées, comme le démontrent les expériences faites par Lainé à l'usine de Torteron, où les barres de fort échantillon ont donné une résistance de 1 441 kilogrammes, tandis que des barres plus minces ont donné une résistance de 2 080 kilogrammes par centimètre carré.

**208.** Enfin M. Love étudie la résistance finale à la rupture par traction du fer et de l'acier.

Les expériences les plus anciennes sont celles de Rondelot et de Soufflot : les chiffres obtenus dans ces expériences, aussi bien que ceux attribués à Buffon et Péronnet, et rapportés par Dulau, présentent des écarts tellement considérables qu'il est impossible de s'en servir comme base de raisonnement sérieux ; mais ils montrent bien évidemment qu'il est irrationnel d'admettre une moyenne de résistance à la rupture.

Les premières expériences qui aient éclairé quelque peu la question sont dues à Emile Martin, en 1834; et ces expériences prouvent que, si le praticien ne peut admettre une résistance moyenne générale, il peut, sans danger, admettre des moyennes locales, c'est-à-dire des moyennes pour chaque provenance, et que, pour les fers en barres, la résistance paraît diminuer en raison inverse des dimensions transversales.

En passant, l'auteur, avec Brunel, fait observer que les indices sur la résistance donnés par une cassure faite au marteau n'ont rien d'absolu et qu'on ne peut à volonté obtenir une cassure à grain ou une cassure à nerf d'un même échantillon; que, pour que les cassures donnent des indications certaines et comparables, il faut qu'elles soient obtenues par traction directe continue et sans choc.

M. Love revient d'ailleurs sur ce fait que presque tous les fers, dont la résistance à la rupture n'a varié que de $^1/_9$ à $^1/_{28}$ en plus ou en moins de la résistance moyenne, ont donné des allongements très variables, allongements qui, pour les fers de Rigny par exemple, varient du simple au double, et pour les fers du Creusot, du simple au triple; pour les fers de la Moselle, du simple au quintuple.

Les fers à rivets, dont la résistance à la rupture est de 4 000 kilogrammes par centimètre carré, donnent des résultats identiques, ainsi que l'ont démontré les expériences de MM. Lavalley et Tenbrinck, et celles faites sous la direction de MM. Faure et Houlbrat. Il en est de même encore pour les fils de fer servant aux ponts suspendus ; mais la résistance de ces fils varie avec leur diamètre, et il existe plusieurs maxima de résistance correspondant à différents diamètres ; ces maxima, d'ailleurs, suivent une certaine loi qui semble bien démontrée par les expériences de Séguin, bien que celui-ci ne l'ait pas reconnue. Ceci confirme la loi qui a été énoncée plusieurs fois de la variation de la résistance du fer avec son calibre, et montre la loi suivant laquelle a lieu cette variation, due probablement à certains groupements particuliers des molécules, par suite du travail qu'on fait subir au fer.

On a voulu se rendre compte de l'effet d'une charge continue sur le fil de fer, et il résulte des expériences de Leblanc que, bien que l'augmentation de l'allongement des fils de fer fût progressive pendant qu'ils étaient soumis à un effort de traction, la résistance finale n'était pas diminuée, et qu'ils pouvaient supporter pendant un temps très long une charge égale aux $^9/_{10}$ de celle qui les ferait rompre.

**209.** *Résistance de la tôle à la traction.* — Les expériences faites sur la résistance des tôles à la rupture par traction sont peu nombreuses; mais celles dues à Edwin Clarke démontrent une fois de plus que, si les allongements varient beaucoup, la résistance à la rupture ne varie que de $^1/_{10}$ à $^1/_9$ en plus ou en moins de la résistance moyenne par le métal de même provenance, et qu'on ne peut baser de théorie sérieuse sur l'allongement du métal.

La traction dans le sens du laminage produit un allongement plus grand (double) que la traction dans le sens perpendiculaire; mais, en même temps, le métal résiste plus longtemps avant de se rompre. Il est à remarquer, d'ailleurs, que les tôles provenant de fonte au coke ont une résistance finale plus grande que les tôles provenant des fontes au bois, contrairement à l'opinion admise, et que, d'après Fairbairn, il serait possible d'obtenir des tôles ayant la même résistance dans les deux sens en croisant les mises dans les paquets.

Pour compléter les expériences faites sur les tôles et les fers ordinaires, M. Love a eu l'idée de déterminer, par des essais, la résistance des différentes parties des cornières et des fers spéciaux de diverses provenances destinés à entrer dans la construction des ponts métalliques.

Ces expériences ont montré que la résistance était à peu près uniforme dans toutes les parties, et sensiblement égale à la résistance moyenne des fers de la même provenance, quoiqu'il y ait, en général, une petite augmentation dans les parties les plus extérieures qui sont en général, les plus minces, ce qui confirme encore la loi de la résistance en raison inverse des dimensions.

Les fers feuillards, essayés par Flachat et Petiet, ont présenté des résistances analogues.

Les expériences faites par Tenbrinck sur la résistance des aciers démontrent qu'elle est supérieure à celle du fer, mais variable avec la provenance.

Les aciers anglais pour outils se rompent à 8 118 kilogrammes par centimètre carré ;

Les aciers Petin Gaudet, à 7 000 kilogrammes ;

Les aciers doux de Gouvy et Jackson, à 4 800 kilogrammes ;

Les aciers de Sonderson, à 5 447.

### Résistance du fer et de la fonte soumis à des efforts de compression.

**210.** Ce que nous venons de dire pour la résistance à l'extension peut s'appliquer à la compression, mais sous la réserve que la longueur du corps ne soit pas trop considérable par rapport à la section, car, dans le cas contraire, la pièce se trouve soumise à des efforts mixtes de compression et de flexion ; d'ailleurs nous étudierons particulièrement la résistance des pièces chargées debout.

Les expériences faites sur la compression du fer et de la fonte montrent que le coefficient d'élasticité de la fonte est moitié de celui du fer ; que la fonte supporte une moindre tension et une plus forte pression que le fer, et cependant, soit par extension, soit par compression, la fonte se déforme plus que le fer ; c'est ce qui fait qu'on préfère employer le fer dans les ouvrages qui doivent être exposés à des efforts variables et où l'on désire éviter des déformations trop sensibles.

La fonte de qualité moyenne atteint sa limite d'élasticité à la compression sous une charge de 14 à 15 kilogrammes par millimètre carré, tandis que pour le fer elle est de 12 kilogrammes environ.

On voit alors que, s'il s'agit d'une pièce simplement comprimée, il y a avantage à prendre la fonte ; mais, si elle doit être tantôt comprimée, tantôt tendue, il n'y a pas d'avantage, comme économie, à choisir la fonte, car la pièce serait plus lourde que celle en fer.

Nous croyons utile de rappeler que les fontes présentent des qualités très différentes et qu'il ne faut faire usage des nombres précédents que pour une fonte de qualité moyenne, c'est-à-dire une fonte de deuxième fusion présentant un grain gris serré régulier et avec arrachements.

Comme suite aux expériences faites par Love sur la traction, que nous avons résumées dans le numéro précédent, nous donnerons les résultats qu'il a obtenus pour le fer et la fonte soumis à la compression.

La formule qui, déduite de ses observations, donne le raccourcissement d'une barre est pour la fonte :

$$r = L\,(0{,}0119 - \sqrt{0{,}000125387 - 0{,}0000000246P}).$$

pour le fer, $r = \dfrac{PL}{1621231}$,

dans laquelle P est exprimé en kilogrammes ; $r$ et L, en centimètres.

Si l'on soumet des barres de fer et de fonte de 1 centimètre carré de section et de 10 mètres de longueur, à une charge de 1 000 kilogrammes, on trouve un raccourcissement de $1^{cm},16$ pour la fonte, et de $0^{cm},678$ pour le fer.

Ainsi donc, pour le raccourcissement comme pour l'allongement, c'est la fonte qui travaille le plus. Ce résultat est tout à fait opposé aux idées admises auparavant. Quant à la rupture par compression, il résulte des expériences faites par Hodgkinson sur dix-sept espèces de fonte que la résistance moyenne par millimètre carré est de $60^{k},267$, alors qu'on admettait avant 10 kilogrammes.

Dans ces expériences, la hauteur de la barre était de une fois et demie à quatre fois la largeur de la barre; c'est du résultat obtenu dans ces circonstances que l'on part pour établir les formules de résistance des piliers ou colonnes.

Le fer et la fonte, sous la forme de prismes ou cylindres, dont la hauteur ne dépasse pas quatre ou cinq fois le diamètre, se comportent différemment sous des efforts de compression. La fonte éclate en plusieurs morceaux ; le fer s'aplatit visiblement en se gonflant vers le milieu de sa hauteur, puis se gerce. Dans le premier cas, rien n'est plus facile de saisir le point de rupture ; dans le second, ce point est au contraire difficile à saisir. Il paraîtrait cependant que l'on peut fixer à 40 kilogrammes par millimètre carré la résistance maximum à la compression du bon fer en barre et à 38 kilogrammes celle de la tôle de bonne qualité ayant de 1/2 millimètres à 15 millimètres d'épaisseur.

On peut voir immédiatement les résistances différentes du fer soumis soit à la traction, soit à la compression ; ainsi, une barre de fer de $0^{m},01$ de diamètre résistera à un effort de 3 000 kilogrammes à la traction, soit qu'elle ait $0^{m},01$ ou 1 mètre de longueur, tandis que la même barre, soumise à l'écrasement, supportera 10 000 kilogrammes dans le premier cas et 200 seulement dans le second.

Nous reviendrons plus tard sur la résistance à la compression des piliers et des colonnes.

On voit néanmoins que la résistance intrinsèque du fer à l'écrasement est énorme, mais, soumis à un écrasement disproportionné à sa longueur, le fer ne s'écrase pas, il se déforme ; il faut, par conséquent, augmenter sa section au milieu pour obtenir de la rigidité et renoncer, par suite, à utiliser la résistance absolue à l'écrasement du fer employé. En résumé, on trouve de grands avantages dans l'emploi du fer à l'écrasement, quand on peut éviter sa déformation sous l'effort.

## Résistance des bois.

**211.** Les bois présentent des conditions de résistance des plus variables, suivant leur essence et suivant le mode d'emploi.

MM. Chevandier et Wertheim ont fait de nombreuses expériences sur la résistance des bois. Les conclusions de leurs travaux peuvent se résumer comme il suit :

La densité diminue en général avec la dessiccation et proportionnellement à celle-ci.

Le coefficient d'élasticité augmente avec la dessiccation.

La limite d'élasticité s'élève et l'allongement maximum diminue avec la dessiccation.

La résistance à la rupture augmente dans presque tous les cas avec la perte d'eau.

Lorsqu'on considère un tronc, les propriétés mécaniques augmentent d'une manière constante, et même dans une grande proportion, du centre à la circonférence pour le sapin, quelque soit son âge, pour le pin, le charme, le frêne, l'orme, l'érable, le sycomore, le tremble, l'aune et l'acacia.

Dans le vieux chêne et le vieux bouleau, les propriétés augmentent jusqu'au tiers du rayon et diminuent ensuite jusqu'à la circonférence. Pour chaque couche annuelle prise séparément, les propriétés mécaniques diminuent dans l'arbre avec la hauteur.

On ne remarque aucun rapport régulier entre la densité des arbres et leur âge, l'épaisseur de leurs couches, l'exposition et la nature du terrain.

L'époque de l'abatage des arbres ne paraît pas modifier ces propriétés.

Le coefficient d'élasticité et de résistance à la rupture diminue à mesure que l'âge des arbres augmente.

Ce coefficient d'élasticité est plus élevé pour les bois exposés au nord et dans des terrains secs, tandis qu'il est moindre pour ceux qui poussent dans des terrains fangeux. Ces influences se manifestent surtout pour le hêtre (Voir les tableaux suivants).

## Résistance du cuivre, de métaux divers et des alliages.

**212.** Le cuivre rouge n'a pas, comme le fer et la fonte, des applications aussi nombreuses, en raison de sa résistance qui est moins grande et surtout à cause de son prix élevé. Sa grande malléabilité permet de l'employer comme tôle, dans certaines chaudières, parce qu'il résiste à l'oxydation ; on s'en sert aussi pour la confection de tuyaux, boulons, rivets, entretoises, etc. Ses usages sont plus nombreux, lorsqu'il est allié à l'étain pour former le bronze, et au zinc pour constituer le laiton.

Le bronze joue dans les machines le même rôle que la fonte, il se coule et se travaille facilement, résiste à l'oxydation à l'action des acides et à la chaleur; sa résistance à la compression est très grande, il donne un coefficient de frottement très faible ; c'est en raison de ces deux dernières propriétés qu'il est d'un usage fréquent pour les coussinets de paliers, bielles, etc.

Sa dureté varie suivant la proportion d'étain qu'il renferme.

Le laiton est plus malléable que le bronze ; son emploi dans les machines est limité aux robinets à eau et aux tubes ; sa résistance à la compression est supérieure à celle de la fonte et du bronze ; il jouit d'une grande propriété élastique qui le fait employer pour des ressorts.

Les autres métaux, comme le zinc, l'étain, le plomb, ne sont pas utilisés pour résister à l'extension ou à la compression ; aussi l'étude de leurs propriétés ne présente aucun intérêt dans cet ouvrage.

## Résistance des pierres naturelles et artificielles.

**213.** Les substances minérales naturelles ou artificielles ne sont pas utilisées pour résister à des efforts de tractions ou de flexion ; cependant, dans quelques constructions, comme les balcons, les encorbellements, certaines pierres spéciales ayant une grande cohésion doivent résister, comme des pièces encastrées, à des forces qui tendent à les faire fléchir ou les cisailler.

Les pierres ont surtout à résister à la compression ; leur force portante est dépendante de leur densité.

Les expériences relatives à la résistance à l'écrasement ont été faites, sur plusieurs échantillons, par Vicat, Dejardin et le général Morin ; ces résultats sont contenus dans un des tableaux qui suivent. Dans la pratique, la charge permanente qu'il convient de faire supporter aux matériaux n'est que $1/10$ de celle qui produirait la rupture ; dans les constructions légères elles ne dépassent pas $1/6$ et dans les constructions de moellons ou de petits matériaux et souvent de pierres de taille on la réduit à $1/15$ et même $1/20$.

Lorsque les supports en maçonnerie sont isolés et que le rapport de la hauteur à la section transversale est très grand, on les calcule en prenant $1/15$ à $1/20$ de la charge de rupture.

Dans toutes les expériences sur l'écrasement des matériaux naturels ou artificiels, on a remarqué qu'ils résistent d'autant mieux que leur section se rapproche de la forme circulaire. Ainsi deux pierres de même hauteur et d'égale section ont donné des résistances dans le rapport de 8 à 9, suivant que la section était carrée ou circulaire.

On a remarqué aussi que, la résistance d'un cube étant 1, celle du cylindre inscrit était 0,80 quand il repose sur sa base, et 0,32 quand il repose sur une arête, et que celle de la sphère inscrite est 0,26.

Le tableau qui donne les charges d'écrasement d'un certain nombre de matériaux est assez complet pour être consulté dans la plupart des cas ; cependant, si l'on avait à employer exceptionnelle-

TABLEAU DES COEFFICIENTS DE RÉSISTANCE DU FER ET DE LA FONTE, DU CUIVRE, ETC.

| MATIÈRE | MODULE D'ÉLASTICITÉ | CHARGE CORRESPONDANT A LA LIMITE D'ÉLASTICITÉ PAR MÈTRE CARRÉ | | COEFFICIENT DE RUPTURE | | COEFFICIENT DE TORSION | CHARGE DE RUPTURE PAR TORSION |
|---|---|---|---|---|---|---|---|
| | | DE TRACTION | DE COMPRESSION | A LA TRACTION | A LA COMPRESSION | | |
| | | kil. | kil. | kil. | kil. | kil. | kil. |
| Fer forgé en petites dimensions...... | $20 \times 10^9$ | $15 \times 10^6$ | $15 \times 10^6$ | $40 \times 10^6$ | $22 \times 10^6$ | $10 \times 10^9$ | $40 \times 10^6$ |
| Fer forgé en grandes dimensions ..... | $15 \times 10^9$ | $12 \times 10^6$ | $12 \times 10^6$ | $33 \times 10^6$ | $22 \times 10^6$ | $6 \times 10^9$ | $33 \times 10^6$ |
| Fil de fer de 1 à 2 millimètres...... | $19 \times 10^9$ | $30 \times 10^6$ | — | $70 \times 10^6$ | — | $7.2 \times 10^6$ | $70 \times 10^6$ |
| Tôle laminée de qualité ordinaire.... | $17 \times 10^9$ | $12 \times 10^6$ | — | $33 \times 10^6$ | — | — | — |
| Cornières d'Hayange de 0m,06 sur 0m,06. | — | $15 \times 10^6$ | — | $38 \times 10^6$ | — | — | — |
| Fers plats d'Hayange. | — | $13 \times 10^6$ | — | $36 \times 10^6$ | — | — | — |
| Fers plats d'Ars-sur-Moselle.......... | — | $14 \times 10^6$ | — | $37 \times 10^6$ | — | — | — |
| Acier de bonne qualité recuit à l'huile. | $21 \times 10^9$ | $25 \times 10^6$ | — | $60 \times 10^6$ | — | $10 \times 10^9$ | $60 \times 10^6$ |
| Acier fondu fin, recuit à l'huile et trempé.......... | $30 \times 10^9$ | $66 \times 10^6$ | $80 \times 10^6$ | $100 \times 10^6$ | $160 \times 10^6$ | $12 \times 10^9$ | $100 \times 10^6$ |
| Acier Bessemer pour rails ........... | $19 \times 10^9$ | $30 \times 10^6$ | — | $70 \times 10^6$ | — | — | — |
| Acier ordinaire.... | $20 \times 10^9$ | $30 \times 10^6$ | — | $80 \times 10^6$ | — | $12 \times 10^9$ | $80 \times 10^6$ |
| Fonte de moulage. | $10 \times 10^9$ | $6 \times 10^6$ | $13 \times 10^6$ | $12 \times 10^6$ | $63 \times 10^6$ | $2 \text{ à } 4 \times 10^9$ | $17 \text{ à } 26 \times 10^6$ |
| Fonte grise ordinaire ........... | $9 \times 10^9$ | — | — | $12 \times 10^6$ | — | — | — |
| Fonte de Devonshire n° 3 à air chaud........... | — | — | — | $15.4 \times 10^6$ | $102 \times 10^6$ | — | — |
| Fonte du Coel-Tulon n° 2 à air chaud. | — | — | — | $12 \times 10^6$ | $58 \times 10^6$ | — | — |
| Cuivre rouge battu. | $11 \times 10^9$ | $2.5 \times 10^6$ | — | $30 \times 10^6$ | $70 \times 10^6$ | — | — |
| Fil de cuivre...... | $13 \times 10^9$ | $12 \times 10^6$ | — | $40 \times 10^6$ | — | | — |
| Laiton ........... | $6.5 \times 10^9$ | $4.8 \times 10^6$ | — | $12 \times 10^6$ | $110 \times 10^6$ | — | |
| Fil de laiton...... | $10 \times 10^9$ | $13 \times 10^6$ | — | $50 \times 10^6$ | — | — | |
| Métal de cloches bronze.......... | $3.2 \times 10^9$ | $9 \times 10^6$ | — | $13 \times 10^6$ | — | — | |
| Bronze phosphoré.. | — | $1 \text{ à } 5 \times 10^6$ | — | $36 \times 10^6$ | — | — | |
| Plomb............ | $0.5 \times 10^9$ | $1 \times 10^6$ | — | $1.3 \times 10^6$ | $5 \times 10^6$ | | |

ment d'autres substances, il serait bon, comme cela se fait tous les jours au Conservatoire des Arts et Métiers, de les faire soumettre à des essais.

CHARGES ET ALLONGEMENTS DU FER A BARRE POUR CABLE ET FIL DE FER, FAITES PAR M. BORNET

| FER A CABLE DUCTILE | | FIL DE FER | | |
|---|---|---|---|---|
| CHARGE PAR MILLIMÈTRE CARRÉ | ALLONGEMENT PAR MÈTRE COURANT | CHARGE PAR MILLIMÈTRE CARRÉ | ALLONGEMENT PAR MÈTRE COURANT | |
| | | | FER DOUX RECUIT | FER DUR NON RECUIT |
| kil. | millim. | kil. | millim. | millim. |
| 2 | 0.08 | 5 | 0.294 | 0.260 |
| 4 | 0.16 | 10 | 0.588 | 0.520 |
| 6 | 0.31 | 12 | 0.882 | 0.780 |
| 8 | 0.36 | 15 | 1.176 | 1.040 |
| 10 | 0.47 | 20 | 1.470 | 1.300 |
| 12 | 0.58 | 25 | 2.500 | 1.569 |
| 14 | 0.69 | 30 | 13.000 | » |
| 16 | 0.86 | 32.5 | 14.100 | 2.220 |
| 18 | 2.20 | 35.0 | 18.000 | 2.400 |
| 20 | 15.76 | 40.0 | 20.500 | » |
| 22 | 24.34 | 42.5 | Rupture | 2.820 |
| 24 | 34.97 | 45.0 | | 3.100 |
| 26 | 46.96 | 49.0 | | Rupture |
| 28 | 67.70 | 50.0 | | |
| 30 | 89.39 | | | |
| 32 | 132.48 | | | |
| | Rupture | | | |

LIMITE D'ÉLASTICITÉ DE DIFFÉRENTS BOIS D'APRÈS MM. CHEVANDIER ET WERTHEIM

| ESSENCE DES BOIS | BOIS VERTS | BOIS DESSÉCHÉS | |
|---|---|---|---|
| | | DANS UN LOCAL CLOS | A L'AIR ET AU SOLEIL |
| | kil. | kil. | kil. |
| Acacia | » | 3.175 | 3.188 |
| Sapin | » | 1.595 | 2.153 |
| Charme | 1.282 | » | » |
| Bouleau | 0.761 | » | 1.617 |
| Hêtre | » | 2.018 | 2.317 |
| Chêne à glands sessiles | » | 1.936 | 2.349 |
| Pin silvestre | » | 1.391 | 1.633 |
| Orme | 0.987 | » | 1.842 |
| Sycomore | 1.647 | » | 2.303 |
| Frêne | 1.726 | » | 2.029 |
| Aune | 1.449 | » | 1.809 |
| Tremble | 2.302 | » | 3.082 |
| Érable | » | » | 2.715 |
| Peuplier | » | 1.200 | 1.484 |

TABLEAU DES COEFFICIENTS DE RÉSISTANCE DE DIFFÉRENTES ESPÈCES DE BOIS

| QUALITÉ ET PROVENANCE DES BOIS | DENSITÉ | COEFFICIENT D'ÉLASTICITÉ AU MÈTRE CARRÉ | RÉSISTANCE A LA RUPTURE AU MÈTRE CARRÉ | AUTEURS |
|---|---|---|---|---|
| | | kil. | | |
| Chêne anglais | 0.934 | $1.018 \times 10^9$ | $7.053 \times 10^6$ | Barlow. |
| » » | 0.969 | $0.614 \times 10^9$ | $4.982 \times 10^6$ | » |
| » de Dantzig | 0.756 | $0.835 \times 10^9$ | $6.296 \times 10^6$ | » |
| » de l'Adriatique | 0.993 | $0.681 \times 10^9$ | $5.824 \times 10^6$ | » |
| » du Canada | 0.872 | $1.507 \times 10^9$ | $7.452 \times 10^6$ | » |
| » de Riga | 0.688 | $1.131 \times 10^9$ | $9.033 \times 10^6$ | Ebbel et Tredgold. |
| Sapin blanc de Christiania | 0.512 | $1.268 \times 10^9$ | $8.678 \times 10^6$ | » |
| » de Québec | 0.465 | $0.875 \times 10^9$ | $7.211 \times 10^6$ | » |
| » d'Ecosse | 0.529 | $0.845 \times 10^9$ | $7.363 \times 10^6$ | » |
| » d'Angleterre | 0.555 | $0.977 \times 10^9$ | $5.883 \times 10^6$ | » |
| Pin rouge ou d'Ecosse | 0.657 | $1.290 \times 10^9$ | $5.658 \times 10^6$ | Barlow. |
| » de Riga ou du Nord | 0.753 | $0.932 \times 10^9$ | $4.672 \times 10^6$ | » |
| Épicéa (pitch-pin) | 0.660 | $0.861 \times 10^9$ | $6.887 \times 10^6$ | » |
| Pin jaune de Riga | 0.480 | $1.506 \times 10^9$ | $6.705 \times 10^6$ | Ebbel et Tredgold. |
| Pin jaune de Norwège | 0.640 | $1.268 \times 10^9$ | $7.959 \times 10^6$ | » |
| Pin jaune de Memel | 0.553 | $1.751 \times 10^9$ | $6.895 \times 10^6$ | » |
| Hêtre, un an de coupe | 0.696 | $0.950 \times 10^9$ | $6.566 \times 10^6$ | Barlow. |
| Orme | 0.553 | $0.492 \times 10^9$ | $4.274 \times 10^6$ | » |

TABLEAU DES COEFFICIENTS ADOPTÉS DANS LES ÉTUDES DE PROJETS

| DÉSIGNATION DES BOIS | COEFFICIENT DE RUPTURE PAR EXTENSION | COEFFICIENT DE RUPTURE PAR COMPRESSION | COEFFICIENT DE RUPTURE PAR TORSION | COEFFICIENT D'ÉLASTICITÉ LONGITUDINALE | COEFFICIENT DE TORSION | AUTEURS |
|---|---|---|---|---|---|---|
| | kil. | kil. | kil. | kil. | kil. | |
| Bois de chêne | $7.20 \times 10^6$ | — | $2.80 \times 10^6$ | $1.20 \times 10^9$ | $0.48 \times 10^9$ | Redtenbacher. |
| Bois d'érable | $11.95 \times 10^6$ | — | $4.78 \times 10^6$ | $1.12 \times 10^9$ | $0.488 \times 10^9$ | — |
| Bois de sapin | $8.54 \times 10^6$ | — | $2.40 \times 10^6$ | $1.00 \times 10^9$ | $0.400 \times 10^9$ | — |
| Bois de hêtre | $8.03 \times 10^6$ | — | $3.21 \times 10^6$ | $0.93 \times 10^9$ | $0.370 \times 10^9$ | — |
| Chêne | $8.00 \times 10^6$ | $5.00 \times 10^6$ | — | $1.20 \times 10^9$ | — | De Mastaing. |
| Sapin | $7.00 \times 10^6$ | $7.00 \times 10^6$ | — | $1.50 \times 10^9$ | — | — |
| Chêne dans le sens des fibres, fort | $8.00 \times 10^6$ | — | — | — | $0.40 \times 10^9$ | Morin. |
| Chêne dans le sens des fibres, faible | $6.00 \times 10^6$ | — | — | — | — | — |
| Tremble dans le sens des fibres | $6$ à $7 \times 10^6$ | — | — | — | — | — |
| Sapin dans le sens des fibres | $8$ à $9 \times 10^6$ | — | — | — | $0.433 \times 10^9$ | — |
| Sapin des Vosges | $4.00 \times 10^6$ | — | — | — | — | — |
| Pin silvestre des Vosges | $2.48 \times 10^6$ | — | — | — | — | — |
| Frêne | $12.00 \times 10^6$ | $6.10 \times 10^6$ | — | — | — | — |
| Orme | $10.40 \times 10^6$ | — | — | — | — | — |
| Hêtre | $8.00 \times 10^6$ | $5.43 \times 10^6$ | — | — | — | — |

## CHARGE DE RUPTURE ET EFFORT DE SÉCURITÉ, EN PRATIQUE, DES PRINCIPAUX CORPS EMPLOYÉS DANS LES CONSTRUCTIONS (CLAUDEL)

| DÉSIGNATION DES MATIÈRES | CHARGE DE RUPTURE par millim. carré | EFFORT DE SÉCURITÉ par millim. carré |
|---|---|---|
| **1° *Bois.*** | kil. | kil. |
| Orme des Vosges dans le sens des fibres | 6.99 | 0.699 |
| Hêtre — | 8.00 | 0.800 |
| Teak — employé aux constructions navales | 11.00 | 1.100 |
| Buis | 14.00 | 1.400 |
| Poirier | 6.90 | 0.690 |
| Acajou | 5.60 | 0.560 |
| Tremble des Vosges | 7.20 | 0.720 |
| Tremble latéralement aux fibres | 0.57 | 0.057 |
| Sapin — | 0.42 | 0.042 |
| Chêne perpendiculairement aux fibres | 1.60 | 0.160 |
| Peuplier — | 1.25 | 0.125 |
| Larix — | 0.94 | 0.094 |
| Chêne ou sapin. { Pièces droites formées de morceaux assemblés par entailles | 4.00 | 0.400 |
| { Arcs en planches de champ ou en bois plié | 3.00 | 0.300 |
| Chêne dans le sens des fibres | 8.00 | 0.800 |
| Tremble — | 6.00 | 0.600 |
| Sapin — | 8.00 | 0.800 |
| Sapin des Vosges — | 4.00 | 0.400 |
| Pin sylvestre des Vosges dans le sens des fibres | 2.48 | 0.248 |
| Frêne | 12.00 | 1.200 |
| Frêne des Vosges | 6.78 | 0.678 |
| Orme | 10.40 | 1.040 |
| **2° *Métaux.*** | | |
| Fer forgé ou { Le plus fort de petit échantillon | 60.00 | 10.00 |
| étiré { Le plus faible de très gros échantillon | 25.00 | 4.16 |
| en barres. { Moyen | 40.00 | 6.66 |
| Fer ou tôle { Tiré dans le sens du laminage | 41.00 | 7.00 |
| laminée. { Tiré dans le sens perpendiculaire | 36.00 | 6.00 |
| Tôles fortes corroyées dans les deux sens | 35.00 | 6.00 |
| Fer dit ruban très doux | 45.00 | 7.5 |
| Fil de fer { De Laigle, employé à la carderie, de 0,23 millimètres de diamètre | 90.00 | 15.00 |
| non { Le plus fort, de 0,5 à 1,0 millimètre de diamètre | 80.00 | 13.33 |
| recuit. { Le plus faible d'un grand diamètre | 50.00 | 8.33 |
| { Moyen de 1 à 3 millimètres de diamètre | 60.00 | 10.00 |
| Fil de fer en faisceau ou câble | 30.00 | 5.00 |
| Chaines en fer { Ordinaires à maillons oblongs | 24.00 | 4.00 |
| doux. { Renforcées par des étançons | 32.00 | 5.33 |
| Fonte de fer { La plus forte, coulée verticalement | 13.50 | 2.25 |
| grise. { La plus faible coulée horizontalement | 12.50 | 2.08 |
| Acier { Fondu ou de cémentation, étiré au marteau, 1re qualité | 100.00 | 16.67 |
| { Le plus mauvais, en barres, gros échantillon, mal trempé | 36.00 | 6.00 |
| { Moyen | 75.00 | 12.50 |
| Bronze de canons, moyennement | 16,00 à | 23.00 | 3.83 |
| Cuivre rouge. { Laminé, dans le sens de la longueur | 21.00 | 3.50 |
| { Laminé, de qualité supérieure | 26.00 | 4.33 |
| { Battu | 25.00 | 4.17 |
| { Fondu | 13.40 | 2.33 |
| Cuivre jaune ou laiton fin | 12.60 | 2.10 |
| Cuivre rouge { Le plus fort de moins de 1 millimètre de diamètre | 70.00 | 11.67 |
| en fil { Moyen, de 1 à 2 millimètres de diamètre | 50.00 | 8.33 |
| non recuit. { — le plus mauvais | 40.00 | 6.67 |
| Laiton en fil { Le plus fort de moins de 1 millimètre de diamètre | 85.00 | 14.16 |
| non recuit. { Moyen, de plus de 1 millimètre de diamètre | 50.00 | 8.33 |
| Fil de platine écroui, non recuit, de 0,ᵐᵐ127 de diamètre | 116.00 | 19.33 |
| Fil de platine recuit | 34.00 | 5.67 |
| Etain fondu | 3.00 | 0.50 |
| Zinc laminé | 6.00 | 0.833 |
| Plomb fondu | 1.28 | 0.213 |
| Plomb laminé | 1.35 | 0.225 |
| Fil de plomb de coupelle, fondu et étiré, de 4 millimètres de diamètre | 1.36 | 0.227 |

CHARGE DE RUPTURE ET EFFORT DE SÉCURITÉ, EN PRATIQUE, DES PRINCIPAUX CORPS
EMPLOYÉS DANS LES CONSTRUCTIONS (CLAUDEL) (suite).

| DÉSIGNATION DES MATIÈRES | CHARGE DE RUPTURE par millim. carré | EFFORT DE SÉCURITÉ par millim. carré |
|---|---|---|
| **3° Cordes.** | kil. | kil. |
| Aussières et grelins en chanvre de Strasbourg de 13 à 14 millimètres de diamètre. | 8.80 | 4.40 |
| Aussières et grelins en chanvre de Lorraine de 13 à 17 millimètres.......... | 6.50 | 3.25 |
| Aussières et grelins en chanvre de Lorraine ou de Strasbourg de 23 millimètres. | 6.00 | 3.00 |
| Aussières et grelins de Strasbourg de 40 à 54 millimètres.................. | 5.50 | 2.75 |
| Cordages goudronnés..................................... | 4.40 | 2.20 |
| Vieille corde de 23 millimètres........................................ | 4.20 | 2.10 |
| Courroie en cuir noir.............................................. | » | 0.20 |
| **4° Matières diverses.** | | |
| Verre et cristal, en tubes ou en tiges pleines............................ | 2.48 | 0.248 |
| Basalte d'Auvergne..................................................... | 0.770 | 0.077 |
| Calcaire { de Portland............................ | 0.600 | 0 060 |
| blanc d'un grain fin et homogène............... | 0.144 | 0.0144 |
| à tissu compact (lithographique)................... | 0.308 | 0.0308 |
| à tissu arénacé (sablonneux)................. | 0.229 | 0.0229 |
| à tissu oolithique (globuleux).................. | 0.137 | 0.0137 |
| Roche de Bagneux, près Paris................................... | 0.151 | 0.0151 |
| Pierre tendre du Vergelet................................... | 0.073 | 0.0073 |
| Briques { de Provence, très bien cuite, grain très uni.............. | 0.195 | 0.0195 |
| ordinaires, faibles....................... | 0.080 | 0.0080 |
| de Bourgogne, très dures... ..................... | 0.207 | 0.0207 |
| de Paris, bien cuites......................... | 0.119 | 0.0119 |
| Plâtre { gâché ferme..................................... | 0.117 | 0.0117 |
| — moins ferme que le précédent..................... | 0.058 | 0.0058 |
| — fabriqué à la manière ordinaire.............. | 0.040 | 0.0040 |
| au panier, gâché très serré.................... | 0.098 | 0.0098 |
| au sas, gâché moins serré que le précédent........... | 0.070 | 0.0070 |
| au panier, gâché pour enduits, pas trop serré........ | 0.049 | 0.0049 |
| Ciment et mortier. { En chaux hydraulique des Buttes-Chaumont, près Paris, un an après son emploi................... | 0.071 | 0.0071 |
| En chaux grasse et sable, âgé de 14 ans..................... | 0.042 | 0.0042 |
| En chaux grasse, mauvais......................... | 0.0075 | 0.00075 |
| En chaux hydraulique ordinaire et sable ................ | 0.0900 | 0.0090 |
| En chaux éminemment hydraulique................... | 0.1500 | 0.0150 |
| En ciment de Pouilly et sable (parties égales), après un an de durcissement dans l'air ou dans l'eau .................. | 0.0962 | 0.00962 |
| En ciment de Vassy et sable (parties égales), après un an de durcissement............. | 0.151 | 0.0151 |
| En ciment de Vassy pur, après un an de durcissement dans un massif de fondation humide.................. | 0.207 | 0.0207 |
| En ciment de Vassy pur, après un durcissement d'un mois dans l'eau de mer .................. | 0.113 | 0.0113 |
| En ciment de Vassy et sable (parties égales), après un mois de durcissement dans l'eau de mer ......................... | 0.085 | 0.0085 |

**Résistance vive d'élasticité d'une pièce soumise à l'extension ou à la compression.**

**214.** Il peut arriver que l'effort qui agit sur une pièce et qui tend à l'allonger ou à la comprimer, au lieu d'avoir son action progressive, exerce son effet d'une manière brusque, comme celui produit par un poids tombant d'une certaine hauteur. Il faut que les efforts intérieurs développés par ces actions dynamiques ne dépassent pas la limite d'élasticité.

Nous avons dit précédemment que, si la charge agissait à l'extrémité d'une tige avec une vitesse initiale $V_0$, l'allongement proportionnel $i'$ était :

$$i' = i \left( 1 + \sqrt{1 + \frac{2h}{il}} \right),$$

dans laquelle $i$ est l'allongement proportionnel que prendrait la pièce si cette charge agissait petit à petit, et $h$ la hauteur due à la vitesse $V_0$.

On appelle *résistance vive d'élasticité* la quantité de travail qu'il faudrait dépenser pour atteindre la limite d'élasticité.

La *résistance vive de rupture* est la quantité de travail nécessaire pour déterminer la rupture de la pièce.

**215.** La résistance vive d'élasticité peut s'obtenir à l'aide d'une surface.

En effet, considérons deux axes rectangulaires, OX et OY (*fig.* 135); sur l'axe OX, portons des longueurs proportionnelles aux allongements d'une barre de 1 mètre de longueur et de 1 mètre carré de section, et élevons en ces points des

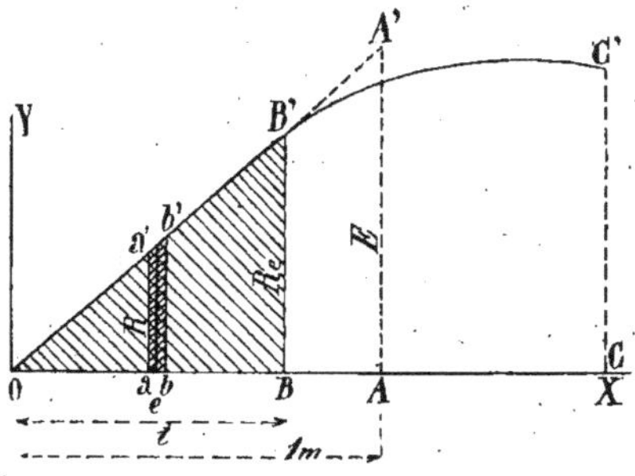


Fig. 135.

ordonnées parallèles à OY et proportionnelles aux charges produisant ces allongements.

L'expérience démontre que les extrémités de ces ordonnées sont en ligne droite, tant que l'élasticité n'est pas altérée. D'ailleurs, il ne peut en être autrement puisque l'on admet que les allongements sont proportionnels aux charges qui les produisent. Au-delà de la limite d'élasticité, les extrémités des ordonnées forment une courbe tournant sa concavité vers l'axe OX.

Remarquons que, si on porte OA = 1 mètre, l'ordonnée AA' représente le *coefficient ou module d'élasticité* (E). Supposons que l'ordonnée BB' soit la charge limite d'élasticité $Re$, l'allongement total sera représenté par OB, et la surface du triangle OBB' exprimera le travail qui a produit cet allongement, c'est-à-dire la résistance vive d'élasticité.

En effet, considérons deux ordonnées infiniment voisines $aa'$, $bb'$ ; on peut admettre que l'allongement infiniment petit $ab = e$ est produit par la force qui aurait pour intensité l'ordonnée moyenne R, par suite le travail élémentaire $t$ serait :

$$t = R \times ab = Re,$$

c'est-à-dire la surface du trapèze élémentaire. On aurait de même pour un autre allongement $e'$ :

$$t' = R'e'$$

et ainsi de suite.

De sorte que la somme des surfaces de ces trapèzes élémentaires, ou la surface du triangle OBB' représente le travail total $Te$ :

$$Te = \frac{OB \times BB'}{2}$$

or $OB =$ l'allongement proportionnel $i$ et

$$i = \frac{Re}{E}$$

$$BB' = Re.$$

Donc :

$$Te = Re \times \frac{Re}{2E}$$

ou :

$$T_2 = \frac{(Re)^2}{2E}.$$

Si la section de la pièce était $\Omega$ et sa longueur $l$, la résistance vive de cette pièce serait :

$$Te = \frac{(Re)^2}{2\,E}\,\Omega l.$$

**216.** Remarque. — On pourrait déterminer également la résistance vive de rupture, en évaluant la surface de la figure OB'C'CO, dans laquelle OC serait l'allongement total de rupture et CC' la force d'extension finale ; mais nous savons qu'après la rupture l'allongement total n'est pas proportionnel à la longueur de la tige ; de plus, la courbe B'C' ne peut être soumise au calcul ; par suite, on ne peut établir une formule qui donne le travail représentant la résistance vive de rupture.

**217.** Problème. — *Une barre de fer soumise à un effort de traction longitudinale P = 45 000 kilogrammes, s'est rompue, le diamètre était d = $0^m,075$. On demande si la charge limite par millimètre carré de section a été dépassée.*

La section de cette barre en millimètres carrés est :

$$\Omega = \frac{\pi d^2}{4} = \frac{3,1416 \times \overline{75}^2}{4} = 4\ 417,86.$$

La charge supportée par millimètre carré est :

$$R = \frac{45\ 000}{4\ 417,86} = 10^k,19.$$

En supposant que la barre soit en fer de bonne qualité, la charge de rupture serait de 40 kilogrammes par millimètre carré.

Donc la charge qu'elle supportait était bien supérieure à ce coefficient, ce qui indique qu'il existait un défaut dans cette pièce.

**218.** Problème. — *Quel doit être le diamètre d'un tirant ayant à supporter à l'une de ses extrémités un effort de 20 000 kilogrammes.*

En admettant que la charge de sécurité que ce tirant peut supporter soit de 5 kilogrammes par millimètre carré, on aura :

$$5.\frac{\pi d^2}{4} = 20\ 000 \text{ kilogrammes,}$$

d'où :

$$d = \sqrt{\frac{80\ 000}{5\pi}} = \sqrt{\frac{80\ 000}{5 \times 3,1416}}$$

$$d = \sqrt{\frac{16\ 000}{3,1416}} = 71^{mm},5.$$

Le diamètre devra être de $71^{mm},5$, soit 72 millimètres.

**219.** Problème. — *Quelle charge peut-on faire supporter en toute sécurité à une barre de fer carré dont le côté c = 25 millimètres, par voie de traction longitudinale.*

Admettons un fer de très bonne qualité, chaque millimètre carré de section pourra supporter un effort de 6 kilogrammes.

Donc :

$$P = \overline{25}^2 \times 6 = 625 \times 6 = 3\ 750.$$

Résultat : 3 750 kilogrammes.

**220.** Problème. — *Quel est l'allongement d'un fil de fer de 50 mètres de longueur, supportant à son extrémité une charge de 40 kilogrammes, son diamètre étant de $2^{mm},5$.*

Nous savons que le rapport de la charge par unité de surface à l'allongement par unité de longueur représente le coefficient d'élasticité.

Si P est la charge sur la section Ω, *i* l'allongement par mètre courant, et E le coefficient d'élasticité, on a :

$$\frac{P}{\Omega} : i = E$$

d'où :

$$i = \frac{P}{\Omega E};$$

l'allongement total *l* sera égal à *i*, multiplié par la longueur L du fil. Donc :

$$l = L.i = \frac{PL}{\Omega E};$$

P = 40 kilogrammes ;
L = 50 mètres ou 50 000 millimètres ;
E = 20 000 ;

$$\Omega = \frac{\pi d^2}{4} = 4^{mm^2},9087;$$

En remplaçant les lettres par leur valeur, on a :

$$l = \frac{40 \times 50\ 000}{4,9087 \times 20\ 000} = 20,37.$$

Ce fil s'allongera de $20^{mm},37$.

La charge limite d'élasticité n'est pas atteinte puisque chaque millimètre carré supporte un poids de :

$$\frac{40}{4,9087}$$

alors que pour le fil de fer elle est de 30 kilogrammes.

**221.** Problème. — *Quelle serait la longueur d'une pièce prismatique en fonte qui se romprait sous l'action de son propre poids, la pièce étant fixée à sa partie supérieure.*

Supposons que, sous l'action de son poids, la pièce prismatique se rompe à sa partie supérieure.

Comme le coefficient de rupture de la fonte soumise à l'extension est de 11 kilogrammes par millimètre carré, il faudra que le poids de ce solide, ayant un millimètre carré de section et pour longueur la longueur $x$ cherchée, soit de 11 kilogrammes.

On aura donc, en prenant pour densité de la fonte 7;21 et pour section un mètre carré :

$$11\ 000\ 000^k = x \times 7\ 210^k$$

d'où :

$$x = \frac{11\ 000\ 000}{7\ 210} = 1\ 525^m,65.$$

Ainsi une tige prismatique ou ronde en fonte de 1 525$^m$,65 se romprait sous l'action de son propre poids.

### Conditions de résistance imposées par la marine.

**222.** Dans les marchés importants faits par certaines administrations, les métaux, fer, acier et fontes, doivent remplir certaines conditions imposées par les cahiers des charges. Afin de donner un exemple de ces conditions, nous indiquerons quelques extraits d'une circulaire du ministre de la marine, en date du 14 mai 1876, se rapportant aux aciers, et de celle du 5 août 1867, relative à la classification des tôles, cornières et fer à T.

Les épreuves sont faites à froid et à chaud ; celles à froid consistent à se rendre compte des charges de rupture à la traction ou à la compression, des allongements produits et de la résistance à la flexion et à la torsion ; les épreuves à chaud ont pour but de voir comment les fers et les aciers se comportent sous l'action de certains efforts, c'est-à-dire s'ils ne présentent ni gerçures, ni déchirures, ni fentes longitudinales, en un mot quel est leur degré de corroyage.

**223.** Les épreuves par traction sont faites sur des échantillons nommés éprouvettes ayant la forme indiquée sur la figure 136. Si lorsque la rupture a été produite, on rapproche les morceaux de l'éprouvette et qu'on mesure l'allongement total de la partie prismatique, on remarque que cet allongement est composé de deux parties. L'une assez considérable provenant de la déformation de la pièce, au voisinage de la rupture ; et l'autre, d'un allongement produit sur les parties sensiblement déformées. La première de ces déformations varie avec la qualité du métal et les dimensions transversales de l'éprouvette, mais elle reste constante pour la même éprouvette, quelle que soit la longueur de la partie prismatique.

Cette partie prismatique étant relativement grande, il en résulte que l'allongement proportionnel permanent sera plus grand pour les éprouvettes de petite longueur.

Les expériences faites à l'usine de Terre-Noire sur des éprouvettes du même acier, mais de longueurs différentes ont donné les allongements proportionnels suivants :

| Longueur des éprouvettes | Allongements |
|---|---|
| 0$^m$,200 | 10 0/0 |
| 0$^m$,150 | 11,3 id. |
| 0$^m$,100 | 15,7 id. |

Les résultats des essais sont différents, suivant la forme de la section donnée à l'éprouvette et les conditions dans lesquelles on prépare les éprouvettes. Pour la torsion, on soumet la pièce à un couple d'intensité parfaitement connu et on mesure avec soin les déplacements angulaires des sections extrêmes.

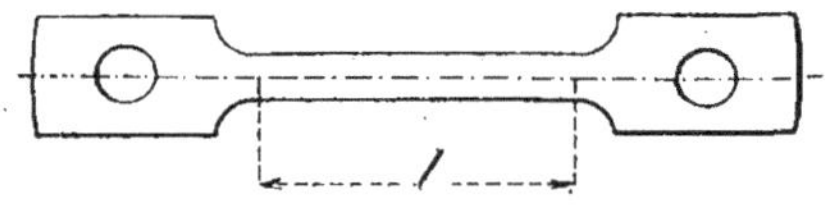


Fig. 136.

## EXTRAIT DE LA CIRCULAIRE DU MINISTRE DE LA MARINE
(14 mai 1879)

### TOLES D'ACIER

**224.** 1° *Epreuves à froid.* — « Ces épreuves auront pour but de déterminer la résistance à la rupture et la faculté d'allongement du métal, tant dans le sens du laminage que dans le sens perpendiculaire.

« On établira séparément les résultats moyens de résistance et d'allongement obtenus dans chacun de ces deux sens au moyen de cinq épreuves au moins pour chacun d'eux.

« Pour ces épreuves, on découpera des

barrettes de tôles dans un certain nombre de feuilles prises au hasard dans chaque livraison, en ayant soin d'expérimenter, pour chaque feuille, un nombre égal de barrettes dans le sens du laminage et dans le sens perpendiculaire. Ces barrettes seront façonnées de manière à avoir pour section un rectangle dont l'un des côtés aura 30 millimètres de largeur et l'autre l'épaisseur de la tôle. Toutefois, pour les tôles d'acier minces au-dessous de 5 millimètres la largeur de la barrette d'épreuve sera réduite à 20 millimètres, et, pour les tôles de 18 millimètres d'épaisseur et au dessus, cette même dimension pourra être réduite à l'épaisseur de la tôle.

« La longueur de la partie prismatique soumise à la traction sera toujours exactement de 20 centimètres. Dans aucun cas, les barrettes d'essais ne devront être recuites.

« La charge initiale sera déterminée de manière à produire un effort de traction égal aux huit dixièmes de l'effort de rupture calculé d'après les données du tableau ci-dessous. Cette première charge sera maintenue en action pendant cinq minutes. Les charges additionnelles seront ensuite placées à des intervalles de temps sensiblement égaux et d'environ une demi-minute; elles seront calculées autant que possible à raison de un demi-kilogramme de traction par millimètre carré de la section de la barrette à rompre : on notera pour chaque charge l'allongement correspondant mesuré sur la longueur prismatique primitive de 20 centimètres. L'allongement final sera celui produit sous la tension au moment de la rupture.

« Pour les tôles, les résultats moyens qui devront être comparés aux chiffres de ce tableau seront ceux qui auront été obtenus dans le sens de la moindre résistance.

« Pour les cornières et barres à boudin d'une épaisseur variant de 3 à 16 millimètres, la charge moyenne minima sera de 48 kilogrammes et un allongement final moyen minimum de 22 0/0.

» Pour les barres à T, ces chiffres sont respectivement de 48 kilogrammes et de 20 0/0 et pour les barres à I de 46 kilogrammes et de 18 0/0. »

| ÉPAISSEUR en MILLIMÈTRES | TOLES D'ACIER | | | |
|---|---|---|---|---|
| | POUR CONSTRUCTIONS | | POUR CHAUDIÈRES | |
| | CHARGE MOYENNE minima | ALLONGEMENT FINAL moyen minimum | CHARGE MOYENNE minima | ALLONGEMENT FINAL moyen minimum |
| | kil. | | kil. | |
| 1 1/2 | 47 | 10 0/0 | » | » 0/0 |
| 2 à 3 exclusivement | 47 | 12 » | » | » » |
| 3 à 4 » | 47 | 14 » | » | » » |
| 4 à 5 » | 46 | 16 » | » | » » |
| 5 à 6 » | 46 | 18 » | » | » » |
| 6 à 8 » | 45 | 20 » | 42 | 24 » |
| 8 à 20 » | 45 | 20 » | 42 | 26 » |

**225.** *Classification des fers.* — Les fers employés dans les constructions affectent des formes différentes, aussi on les classe en quatre catégories définies par des caractères physiques et des propriétés spéciales à chacune d'elles, savoir :

La qualité *commune*, la qualité *fers forts*, la qualité *fers forts supérieurs* et la qualité *fers fins* ou *au bois*.

Dans la marine et dans les établissements qui en dépendent, les tôles, cornières et fers à T sont classés d'après la circulaire du 5 août 1867.

| | |
|---|---|
| *Première catégorie.* — Tôles communes. Désignation commerciale : « Tôles communes améliorées. | Cheminées. Cloisons. Bordé de ponts. Soutes. Ouvrages relatifs aux cuisines. Parquets. Petite tôlerie. Chalands et autres bâtiments de servitude. |
| *Deuxième catégorie.* — Tôles ordinaires. Désignation commerciale : « Fers forts. » | Bordé de carènes. Varangues. Tôles pour barrots. Enveloppes de chaudières. Doublage des soutes |
| *Troisième catégorie.* — Tôles supérieures. Désignation commerciale : « Fers forts supérieurs. » | Façades des chaudières à vapeur. Fonds. Coffres à vapeur. Sécheurs. Cendriers. Parties façonnées des chaudières à terre. Galborts. Dalots. |
| *Quatrième catégorie.* — Tôles fines. Désignation commerciale : « Tôles forgées. — Tôles au bois. » | Plaques de tête des chaudières à vapeur. Foyers des chaudières à vapeur. Boîtes à feu à vapeur Boîtes à fumée à vapeur. Conduits de fumée à vapeur. |

Les cornières sont divisées en :

| | |
|---|---|
| Cornières ordinaires (en fer corroyé). | Pour coques, barrots et ouvrages analogues. |
| Cornières supérieures (en fer fort supérieur). | Pour chaudières. |

Enfin les fers à T et à I comprennent ceux de qualité ordinaire pour barrots et ceux de qualité commune pour édifices.

. . . . . . . . . . . . . . .

Les conditions des épreuves sont ainsi arrêtées :

TOLES COMMUNES

**226.** « Pour s'assurer de la qualité des tôles, il sera fait deux sortes d'épreuves, des épreuves à chaud et des épreuves à froid.

« *Épreuves à chaud.* — Il sera exécuté, avec un morceau de tôle de dimension convenable, découpé dans une feuille prise au hasard dans chaque livraison, un cylindre ayant pour hauteur et pour diamètre intérieur vingt-cinq fois l'épaisseur de la tôle.

Ce cylindre exécuté avec le soin convenable ne devra présenter ni fentes ni gerçures.

« Cette expérience sera faite pour toutes les tôles d'épaisseur différente ; elle pourra être renouvelée si la Commission de recette le juge convenable.

« *Épreuves à froid.* — Ces épreuves consisteront à déterminer la force de rupture des tôles et leur faculté d'allongement, tant dans le sens du laminage que dans le sens perpendiculaire.

« On établira séparément les résultats moyens de résistance et d'allongement obtenus, dans chacun de ces deux sens, au moyen de cinq épreuves au moins pour chacun d'eux.

« Dans le sens qui aura donné la moindre résistance, la charge de rupture moyenne par millimètre carré de section sera d'au moins 28 kilogrammes, et l'allongement moyen correspondant d'au moins 3 1/2 0/0.

« En outre, aucune épreuve isolée faite sur une bande reconnue saine ne devra donner un résultat inférieur à 25 kilogrammes par millimètre carré ni un allongement inférieur à 2 1/2 0/0.

« Pour ces épreuves, on découpera des bandes de tôle dans un certain nombre de feuilles prises au hasard, dans chaque livraison, en ayant soin d'expérimenter, pour chaque feuille, un nombre égal de bandes dans le sens du laminage et dans le sens perpendiculaire. Ces bandes seront façonnées de manière à avoir pour section de rupture un rectangle dont l'un des côtés aura 30 millimètres de largeur et l'autre l'épaisseur de la tôle. Par exception pour les tôles minces, au-dessous de 5 millimètres, la largeur de la bande d'épreuve sera réduite à 20 millimètres. La longueur de la partie prismatique soumise à la traction sera toujours de 20 centimètres.

« Ces bandes seront soumises, au moyen de poids agissant directement ou par l'intermédiaire de leviers tarés avec soin, à des efforts de traction croissant jusqu'à ce que la rupture ait lieu.

« La charge initiale sera calculée de manière à produire un effort de traction de 25 kilogrammes par millimètre carré de section; cette première charge sera tenue en action pendant cinq minutes. Les charges additionnelles seront ensuite placées à des intervalles de temps sensiblement égaux et d'environ une minute. Elles seront calculées, aussi approximativement que le permettra la division des poids en usage, à raison de un quart de kilogramme de traction par millimètre carré de section.

« On notera, pour chaque charge, l'allongement correspondant mesuré sur la longueur totale de la bande.

« Les livraisons qui ne satisferont pas à ces conditions seront rebutées. »

### TOLES SUPÉRIEURES

**227.** « Pour s'assurer de la qualité des tôles, il sera fait deux sortes d'épreuves : des épreuves à chaud et des épreuves à froid.

« *Épreuves à chaud.* — Il sera exécuté, avec un morceau de tôle de dimension convenable, découpé dans une feuille prise au hasard dans chaque livraison, une calotte sphérique avec bord plat conservé dans le plan primitif de la tôle. La corde de cette calotte, mesurée intérieurement, sera égale à trente fois l'épaisseur de la tôle, et sa flèche, mesurée aussi intérieurement, sera égale à dix fois cette épaisseur.

Le bord plat circulaire de cette pièce aura pour largeur sept fois l'épaisseur de la tôle et sera raccordé à la partie sphérique par un congé ayant pour rayon l'épaisseur même de la tôle. Ce congé sera mesuré dans l'intérieur de l'angle.

« La calotte ainsi exécutée avec tout le soin nécessaire ne devra présenter ni fentes ni gerçures.

« Cette expérience sera faite pour toutes les tôles d'épaisseurs différentes, elle pourra être renouvelée si la Commission de réception le juge nécessaire.

« *Épreuves à froid.* — Ces épreuves auront pour objet de déterminer la force de rupture des tôles et leur faculté d'allongement, tant dans le sens du laminage que dans le sens perpendiculaire.

« On établira separément les résultats moyens de résistance et d'allongement obtenus dans chacun de ces deux sens; au moyen de cinq épreuves au moins pour chacun d'eux.

« Dans le sens qui aura donné la moindre résistance, la charge de rupture moyenne par millimètre carré de section sera d'au moins 32 kilogrammes, et l'allongement correspondant d'au moins 7 0/0.

« En outre, aucune épreuve isolée faite sur une bande reconnue saine ne devra donner un résultat inférieur à 29 kilogrammes par millimètre carré de section ni un allongement inférieur à 5 1/2 0/0.

« Pour ces épreuves, on découpera des bandes de tôle dans un certain nombre de feuilles prises au hasard dans chaque livraison, en ayant soin d'expérimenter, pour chaque feuille, un nombre égal de bandes dans le sens du laminage et dans le sens perpendiculaire.

Ces bandes seront façonnées de manière à avoir pour section de rupture un rectangle dont l'un des côtés aura 30 millimètres de largeur et l'autre l'épaisseur de la tôle. Par exception, pour les tôles minces au-dessous de 5 millimètres.

. . . . . . . . . . . . . . . . . . . . . . . .

### CORNIÈRES ORDINAIRES

**228.** « *Épreuves à chaud.* — Il sera exécuté avec un bout de cornière coupé dans une barre prise au hasard dans chaque livraison, un manchon cylindrique tel qu'une des lames de la cornière reste dans le plan perpendiculaire à l'axe du cylindre formé par l'autre lame. Le diamètre intérieur de ce cylindre sera égal à cinq fois la largeur de la lame restée plane.

« Un autre bout, coupé dans une autre barre, sera ouvert jusqu'à ce que l'angle formé par les deux faces extérieures des lames soit de 135 degrés.

« Un troisième bout coupé dans une troisième barre, sera fermé jusqu'à ce que l'angle formé par les deux faces extérieures des lames soit de 45 degrés. Les morceaux ainsi essayés ne devront présenter ni gercures ni déchirures, ni fentes longitudinales, indiquant un corroyage parfait.

« *Epreuves à froid.*— Ces épreuves auront pour but de déterminer la force de rupture du fer et sa faculté d'allongement. A cet effet en découpera, dans les lames d'un certain nombre de barres, prises au hasard dans chaque livraison, des bandes plates qui seront façonnées de manière à avoir une section de rupture à très peu près rectangulaire ; l'épaisseur de ces bandes sera celle des lames des cornières, leur largeur sera de 30 millimètres pour toutes les cornières ayant plus de 5 centimètres de coté et de 20 millimètres pour toutes celles de dimensions moindres.

« La largeur de la partie prismatique soumise à la traction sera exactement de 20 centimètres.

« Les bandes seront soumises au moyen de poids agissant directement ou par l'intermédiaire de leviers tarés avec soin à des efforts de traction croissant jusqu'à ce que la rupture ait lieu.

« La charge initiale sera calculée de manière à produire un effort de traction de 30 kilogrammes par millimètre carré de section.

« Aucune bande reconnue saine ne devra rompre sous cette charge, qui sera maintenue en action pendant cinq minutes, et ne devra, sous cette même charge, s'allonger de moins de 6 0/0 de sa longueur primitive.

« Les charges additionnelles seront ensuite placées à des intervalles de temps sensiblement égaux et d'environ une minute. Ces charges seront calculées, aussi approximativement que le permettra la division des poids en usage, à raison de 1/4 de kilogramme de traction par millimètre carré.

« Les résultats moyens de ces expériences, au nombre de six au moins par livraison, ne devront pas être inférieurs aux chiffres suivants :

« Charge de rupture moyenne par millimètre carré de section. . . 34 kilogr. ;

« Allongement correspondant à cette charge. . . . . . . . . . . . . . . 9 0/0.

CORNIÈRES SUPÉRIEURES

**229.** « *Épreuves à chaud.* — Il sera exécuté, avec un bout de cornière coupé dans une barre prise au hasard, dans chaque livraison, un manchon cylindrique, tel qu'une des lames de la cornière reste dans le plan perpendiculaire à l'axe du cylindre formé par l'autre lame. Le diamètre intérieur de ce cylindre sera égal à deux fois et demie la largeur de la lame restée plane.

« Un autre bout, coupé dans une autre barre, sera ouvert jusqu'à ce que les deux faces extérieures soient sensiblement dans le même plan.

« Un troisième bout, coupé dans une troisième barre, sera fermé jusqu'à ce que les deux lames soient au contact.

« Les morceaux ainsi essayés ne devront présenter ni gerçures, ni déchirures, ni fentes longitudinales, indiquant un corroyage imparfait.

« *Epreuves à froid.* — Ces épreuves auront pour but de déterminer la force de rupture du fer et sa faculté d'allongement. A cet effet, on découpera dans les lames....

« Les résultats moyens de ces expériences, au nombre de six au moins par livraison, ne devront pas être inférieurs aux chiffres suivants :

« Charge de rupture moyenne par millimètre carré de section. . . 35 kilogr. ;

« Allongement correspondant à cette charge . . . . . . . . . . . . . 12 0/0.

. . . . . . . . . . . . . . . .

**230.** Nous donnons ci-dessous un extrait du cahier des charges pour les tabliers métalliques de la compagnie du chemin de fer du Nord, concernant les fontes qui entrent dans la composition de ces tabliers.

« La fonte devra être exclusivement de deuxième fusion et de la meilleure qualité ; elle présentera dans sa cassure un grain gris serré, régulier et avec arrachements. Elle sera exempte de gerçures, gravelures, soufflures, gouttes froides et autres défauts susceptibles d'altérer sa résistance et la netteté des formes des pièces.

« Elle devra être à la fois douce et tenace, facile à entamer au burin et à la lime, susceptible d'être refoulée au marteau; elle devra prendre peu de retrait au refroidissement. Elle sera égale sous tous les rapports aux meilleures fontes de moulage.

« Toutes les pièces de fonte devront être soigneusement moulées; elles seront, après le moulage, ébarbées avec le plus grand soin au burin et à la lime.

« Les fontes devront résister aux épreuves suivantes au choc et à la flexion.

« *Première épreuve.* — Un barreau de 20 centimètres de longueur et de 4 centimètres d'équarrissage, placé horizontalement sur deux couteaux en acier espacés de 16 centimètres, devra supporter sans se rompre le choc d'un mouton de 12 kilogrammes tombant librement sur le barreau de 40 centimètres de hauteur au milieu de l'intervalle des points d'appui. L'enclume portant les couteaux présentera un poids d'au moins 800 kilogrammes.

« *Deuxième épreuve.* — Un lingot de 4 centimètres d'équarrissage soumis par l'appareil Monge à un effort de flexion supportera, sans se rompre, l'action d'un poids de 160 kilogrammes agissant sur le levier à une distance de $1^m,50$ du point d'appui le plus voisin du poids.

« Le poids du levier, celui du plateau et des accessoires, ramenés à la même distance de $1^m,50$, seront compris dans le poids de 160 kilogrammes indiqué plus haut.

« Si l'une des pièces est brisée dans l'épreuve qui lui est relative, toutes les pièces provenant de la même coulée seront refusées sans aucun autre examen. »

## Résistance au cisaillement.

**231.** Lorsqu'une force extérieure agit sur un solide et qu'on considère sa section passant par cette force, celle-ci tend à couper la pièce, c'est-à-dire à produire un glissement ou cisaillement.

L'expérience démontre que cette résistance transversale est proportionnelle à l'aire de la section, de telle sorte, que si on désigne par S cette section, P l'effort qui agit dans cette section, qu'on appelle encore effort tranchant, et par R la résistance par mètre carré, on a :

$$P = S R.$$

Pour le fer la résistance au cisaillement est sensiblement la même que la résistance à la rupture par extension, c'est-à-dire environ 30 kilogrammes par millimètre carré ; pour l'acier elle est d'environ 50 kilogrammes.

La limite d'élasticité est atteinte, lorsque R est égal aux 4/5 du plus petit des deux modules de charge à l'extension et à la compression ; ainsi, pour le fer forgé, le module de charge qui est égal à 15, sera égal à 12 pour le cisaillement ; avec la fonte dont le module à l'extension est 7, 5 il sera égal à 6 pour le cisaillement.

Dans les constructions ou dans les machines, on ne doit pas faire supporter au métal plus du cinquième de l'effort tranchant qui produirait la rupture par cisaillement, c'est-à-dire que pour le fer on prendra R égal à 6 kilogrammes par millimètre carré, soit $R = 6 \times 10^6$ par mètre carré, et pour l'acier 10 kilogrammes par millimètre carré, soit $R = 10 \times 10^6$ par mètre carré.

Nous aurons à tenir compte de cette résistance transversale de glissement dans le calcul des rivets.

## Résistance à la flexion.

**232.** Considérons un corps posé sur deux appuis (*fig.* 137) est soumis, en un point quelconque, à un effort perpendiculaire à son axe ; on observe que ce corps fléchit, c'est-à-dire qu'il affecte une courbe dont la forme dépend du nombre et du mode des points d'appui, ainsi que de la position de la charge qui le déforme ainsi. La pièce travaille à la flexion.

On constate que la partie inférieure CD du solide, qui affecte l'arc C'D' s'est allongée, alors que la partie supérieure AB s'est raccourcie, c'est-à-dire :

$$\text{arc}\, C'D' > CD\,;$$
$$\text{arc}\, A'B' < AB.$$

Il en résulte que les molécules inférieures sont soumises à l'extension, et que les molécules supérieures sont comprimées. Donc il existe à l'intérieur du corps des molécules qui ne sont soumises à aucun effort et dont l'ensemble forme ce que l'on appelle *la couche neutre ou invariable*. Nous démontrerons plus loin que cette couche neutre passe par le centre de gravité d'une section quelconque faite normalement à l'axe du corps. Le lieu des centres de gravité de ces sections porte le nom d'axe neutre. Tant

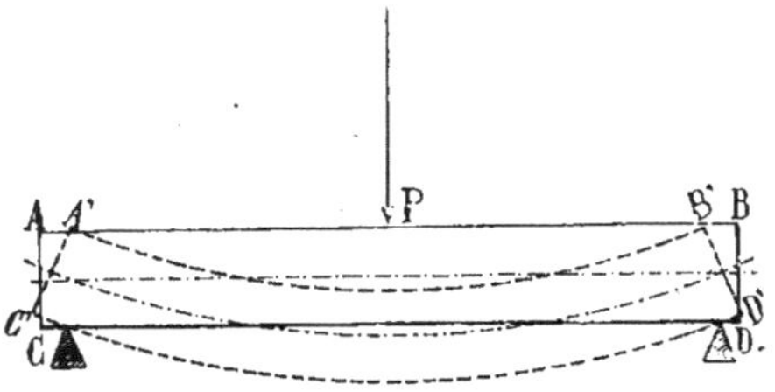


Fig. 137.

qu'on ne dépasse pas la limite d'élasticité il se produit, dans chaque section normale à l'axe de la pièce, un équilibre entre le moment des forces extérieures et celui des forces moléculaires développées dans la section, ces moments étant pris par rapport à l'axe neutre.

Ces efforts d'extension et de compression qui se développent dans les fibres ont des intensités proportionnelles aux distances de ces fibres, à la couche neutre. Il suit de là que les fibres situées de part et d'autre et à la même distance de la couche neutre, subissent des déformations égales, mais de sens contraire.

On voit donc que la résistance à la flexion se compose de deux résistances combinées, l'une à la traction, l'autre à la compression, ces deux résistances se trouvant compliquées, d'ailleurs, par le fait de la rotation autour d'un axe.

Cela posé, nous allons donner la théorie de la résistance à la flexion des corps fibreux et nous établirons une formule générale qui est d'un usage fréquent dans le calcul des pièces soumises à une flexion transversale.

### Pièce encastrée à l'une de ses extrémités et sollicitée à l'autre par une force unique P.

**233.** Considérons un corps prismatique AB (*fig.* 138) solidement fixé à l'une

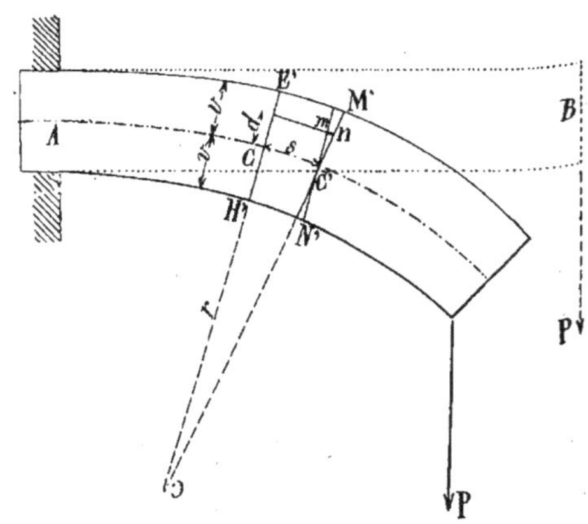


Fig. 138.

de ses extrémités A et soumise à l'autre extrémité B à l'action d'une charge P perpendiculaire à l'axe de la pièce et dans le plan de la section B.

Sous l'action de la charge P, le corps fléchit et chaque fibre est soumise à un mouvement de rotation. Prenons deux sections infiniment voisines EH, MN ; ces sections restant normales à l'axe viennent en E'H' et M'N' après la flexion. Établissons la condition d'équilibre au point de vue de la translation longitudinale; pour cela par le point C' menons une parallèle à E'H', puis considérons une fibre située à la distance *d* de l'axe; cette fibre qui, avant la flexion, avait une longueur *s*, égale à la distance entre les deux sections infiniment voisines, s'est allongée de la quantité $mn = l$, de sorte que sa nouvelle longueur est $s + l$.

Désignons par $r$ le rayon de courbure de l'axe neutre ; les triangles semblables OCC' et C'$mn$ donnent la relation :

$$\frac{mn}{CC'} = \frac{d}{r}$$

ou :

$$\frac{l}{s} = \frac{d}{r}$$

de laquelle on tire l'allongement $l$ de la fibre :

$$l = \frac{sd}{r}.$$

Cette longueur $l$ représente l'allongement d'une fibre de longueur $s$ ; par suite, l'allongement $i$ de l'unité de longueur sera :

$$i = \frac{l}{s},$$

ou en remplaçant $l$ par sa valeur :

$$i = \frac{sd}{rs} = \frac{d}{r}.$$

Cette fibre située à la distance $d$ de l'axe neutre subit un effort d'extension que nous désignerons par $p$. En désignant par $a$ l'aire de la section transversale de cette fibre et par E le coefficient d'élasticité, nous aurons :

$$E = \frac{p}{ai},$$

d'où :

$$p = Eai$$

et, en substituant à $i$ sa valeur :

$$p = Ea\frac{d}{r} = \frac{E}{r}ad.$$

Si maintenant nous considérons une autre fibre de section $a'$ et située à une distance $d'$ de l'axe neutre, nous aurons pour l'effort d'extension $p'$ :

$$p' = \frac{E}{r}a'd'.$$

On aurait de même :

$$p'' = \frac{E}{r}a''d''$$

et ainsi de suite.

Si nous avions considéré les fibres situées au-dessous de la couche neutre, lesquelles sont comprimées, on aurait également en supposant le même coefficient d'élasticité E, et en désignant par $p_1$, $p'_1$, $p''_1$, ..... les efforts de compression sur les fibres de section $a_1$, $a'_1$, $a''_1$, ..... et situées à des distances $d_1$, $d'_1$, $d''_1$..... :

$$p_1 = \frac{E}{r}a_1d_1 ;$$

$$p'_1 = \frac{E}{r}a'_1d'_1 ;$$

$$p''_1 = \frac{E}{r}a''_1d''_1.$$

Or les efforts d'extension et de compression étant de sens contraire, leur somme algébrique doit être égale à zéro, d'où :

$$\frac{E}{r}(ad + a'd' + a''d'' + \ldots\ldots - a_1d_1 - a'_1d'_1 - a''_1d''_1 - \ldots\ldots) = o.$$

Or le premier membre de cette égalité ne peut être égal à zéro que si la parenthèse est nulle.

Remarquons que chaque terme de la parenthèse est le produit de l'aire d'un élément de la section EH par sa distance à la couche neutre ; il faut donc pour que cette somme algébrique de produits soit nulle que le centre de gravité de la section se trouve dans la couche neutre.

Nous pouvons conclure, comme nous le disions plus haut, que, l'équilibre existant, par rapport à la translation longitudinale, le centre de gravié de la section, EH ou E'H' se trouve sur la couche invariable. Etablissons maintenant la condition d'équilibre au point de vue de la rotation de la section considérée. Remarquons pour cela qu'une section quelconque d'une pièce soumise à la flexion, tourne autour d'un axe qui est l'intersection de la couche invariable avec la section considérée. Les forces d'extension et de compression s'opposant à ce mouvement de rotation, il faudra, pour qu'il y ait équilibre, que la somme des moments des efforts d'extension et de compression, soit égale à la somme des moments des forces extérieures.

Les efforts d'extension et de compression sont :

$$p,\ p',\ p'',\ \ldots\ldots\ p_1,\ p'_1,\ p''_1\ \ldots\ldots$$

ou :

$$\frac{E}{r}a.d,\ \frac{E}{r}.\ a'd',\ \text{etc.},$$

leurs moments par rapport à l'axe projeté en C seront :

$$\frac{E}{r} a.d^2, \frac{E}{r} a'd'^2, \frac{E}{r} a''d''^2 \ldots\ldots - \frac{E}{r} a_1 d_1{}^2 - \frac{E}{r} a'_1 d'^2_1.$$

En désignant par $\mu$ la somme des moments des forces extérieures, l'équation d'équilibre sera :

$$\frac{E}{r}(ad^2 + a'd'^2 + \ldots\ldots - a_1 d_1{}^2 - a'_1 d'^2_1 - \ldots\ldots) = \mu.$$

Or la parenthèse n'est autre que le moment d'inertie de la section EH considérée par rapport à l'axe projeté en C et passant par le centre de gravité de cette section. Si I représente ce moment d'inertie, l'équation ci-dessus devient :

$$\frac{EI}{r} = \mu. \qquad (1)$$

Cette condition doit être satisfaite pour toutes les sections, et les fibres qui se déforment le plus ne doivent jamais dépasser la limite d'élasticité.

L'allongement ou le raccourcissement des fibres est maximum pour les fibres les plus éloignées de la couche neutre ; ces fibres sont celles qui subissent la plus grande extension ou compression, en d'autres termes ce sont elles qui fatiguent le plus.

Désignons par $v$ la distance de la fibre la plus éloignée à la couche neutre, on aura pour l'allongement $i$ par mètre de cette fibre :

$$i = \frac{v}{r}$$

d'où :

$$r = \frac{v}{i}.$$

L'équation (1) devient pour cette fibre la plus fatiguée :

$$\frac{EI}{r} = \frac{\frac{E.I}{v}}{i} = \frac{E.I.i}{v} = \mu.$$

Représentons maintenant par R la charge qu'on peut appliquer en toute sécurité sur l'unité de section, on aura :

$$E = \frac{R}{i}, \qquad \text{d'où :} \qquad i = \frac{R}{E}$$

et l'équation exprimant la condition d'équilibre devient :

$$E.I. \frac{R}{Ev} = \mu,$$

d'où enfin :

$$\frac{RI}{v} = \mu \qquad (1)$$

Telle est la formule qui exprime la condition d'équilibre, pour chaque section d'une pièce soumise à la flexion.

Dans cette formule, $\frac{RI}{v}$ représente la somme des moments des forces moléculaires, R la charge par unité de section, I le moment d'inertie de la section considérée par rapport à un axe passant par son centre de gravité et perpendiculaire à la résultante des forces extérieures et, enfin, $v$ la distance de la couche invariable aux fibres les plus éloignées.

**234.** Remarque. — Le produit $\frac{RI}{v}$ est le moment statique de toutes les tensions moléculaires par rapport à l'axe neutre et se nomme le *moment de tension* de la section considérée, ou encore le *moment de charge* de cette section pour la tension R, ou bien *moment de résistance*. Si l'on désigne par P la résultante des forces qui déterminent la flexion, par $x$ son bras de levier pour une section quelconque, le moment $\mu$ des forces extérieures est $Px$ pour cette section. Ce moment varie suivant la section que l'on considère.

La section pour laquelle ce moment est maximum porte le nom de *section dangereuse*.

Dans le cas de la figure 138, pour une charge P appliquée à l'extrémité libre de la pièce, le moment $\mu = Px$ ; est maximum pour la plus grande valeur de $x$, c'est-à-dire que la section dangereuse est la section d'encastrement ; si $l$ est la longueur de la pièce, le moment maximum est $Pl$; on le désigne sous le nom de *moment fléchissant ou de rupture*.

**235.** Remarque II. — Nous avons vu que l'équation qui exprimait la condition d'équilibre entre les forces intérieures et les forces extérieures était :

$$\mu = \frac{EI}{r},$$

dans laquelle $r$ est le rayon de courbure de l'axe neutre quand la pièce est fléchie. L'expression $\frac{EI}{r}$ se nomme le *moment d'élasticité*, et comme

$$\mu = \frac{EI}{r} = \frac{RI}{v},$$

il s'ensuit que le *moment d'élasticité* est égal au *moment de tension* pour la section considérée.

**236.** Remarque III. — La formule $\mu = \frac{RI}{v}$ s'applique aussi bien aux fibres tendues qu'aux fibres comprimées.

## Ligne élastique des solides fléchis.

**237.** Lorsque la ligne qui réunit les centres de gravité des différentes sections est située dans le même plan que la résultante des forces extérieures, cette ligne n'éprouve par l'effet de la flexion qu'un allongement nul, elle est simplement courbée et le rayon de courbure $r$ pour chaque section est donné par la relation.

$$\mu = \frac{EI}{r},$$

d'où :

$$r = \frac{EI}{\mu}.$$

Lorsque les forces qui font fléchir la pièce n'altèrent pas l'élasticité, la courbe affectée par le lieu des centres de gravité des sections s'appelle *ligne élastique*.

Proposons-nous de construire cette ligne élastique dans le cas d'un solide encastré à l'une de ses extrémité et sollicitée à l'autre extrémité par une force P perpendiculaire à sa longueur.

A la section d'encastrement A (*fig.* 139), le moment fléchissant est $Pl$, d'où :

$$\frac{EI}{r} = Pl$$

et :

$$r = \frac{EI}{Pl}.$$

On porte ce rayon de A en O et du point O on décrit un arc de cercle avec $r$ pour rayon. Sur cet arc et à partir du point A on prend un élément AA' correspondant à un angle très petit, 2 degrés par exemple. Cela fait, on joint le point A' au point O et on détermine le rayon de courbure $r'$ de la section A', ce rayon sera :

$$r' = \frac{EI}{Pl'}$$

que l'on porte en A'O' ; du point O' avec $r'$ pour rayon on décrit un nouvel arc correspondant à 2 degrés. On continue à opérer de la même façon pour un certain nombre de sections comprises entre A et

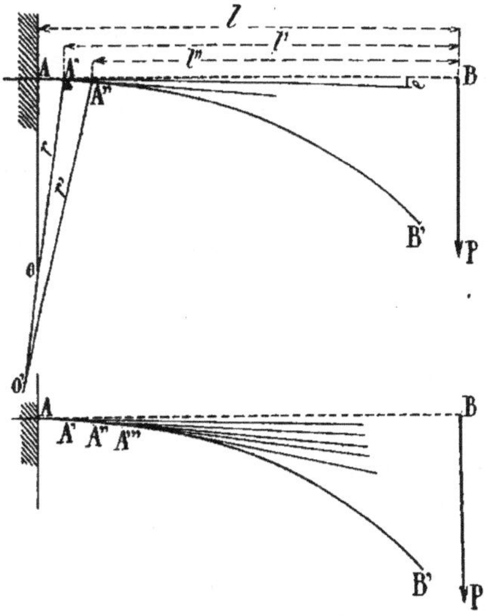


Fig. 139.

B. La succession de ces arcs élémentaires forme la ligne élastique du solide.

La formule $r = \frac{EI}{l}$ montre que le rayon de courbure va constamment en augmentant lorsque $l$ diminue ; il peut donc arriver que les dimensions de la feuille ne permettent pas de tracer entièrement la courbe affectée par l'axe du solide ; dans ce cas, on peut procéder de la manière suivante :

Menons la tangente à la courbe au point A' ; cette tangente forme avec AB un angle de 2 degrés. Or, si nous considérons un arc $e$ décrit à l'unité de distance et que l'on appelle $s$ l'arc élémentaire de la courbe élastique, on aura :

$$s = er$$

ou :

$$s = e \frac{EI}{Pl}.$$

L'angle étant de 2 degrés, il sera facile de calculer l'arc $e$ donné par la relation connue :

$$\frac{e}{2\pi} = \frac{2^\circ}{360},$$

d'où :

$$e = \frac{2\pi \times 2^\circ}{360} = \frac{6,2832}{180} = 0,035,$$

donc :

$$s = \frac{EI}{Pl} 0,035.$$

Pour l'élément suivant, on aurait par analogie :

$$s' = \frac{EI}{Pl'} 0,035$$

et ainsi de suite.

Pour construire la ligne élastique, on fera, au point A, un angle de 2 degrés et on portera de A en A' une longueur :

$$AA' = s = \frac{EI}{Pl} 0,035,$$

puis au point A' on fera avec la première tangente un nouvel angle de 2 degrés et on portera, à partir de A', une longueur :

$$A'A'' = s' = \frac{EI}{Pl'} 0,035$$

et ainsi de suite.

La ligne enveloppe de toutes ces tangentes sera la ligne élastique.

**238.** *Flèche de courbure.* — Supposons toujours une pièce encastrée à son extrémité A (*fig.* 140) et fléchissant sous l'action d'une force P agissant à son autre extrémité perpendiculairement à la longueur de la pièce.

La flèche maxima est l'abaissement vertical de son extrémité libre. Cette extrémité décrit une courbe que nous pouvons considérer comme une développante.

Concevons un élément $cc'$ de la ligne élastique et menons les tangentes en ces points ; elles rencontrent la courbe décrite par l'extrémité B aux points $b$ et $b'$ ; par le point $b$ menons une horizontale et, par $b'$, une verticale ; nous formons un triangle rectangle $abb'$ qui est semblable au triangle formé par l'horizontale du point C et par la verticale du point C'.

Ces triangles donnent :

$$\frac{ab'}{bb'} = \frac{cd}{cc'}$$

Désignons par $s$ l'élément $cc'$ de la ligne élastique et, par $x$, sa projection $cd$ sur l'horizontale, puis projetons l'extrémité B' sur cette horizontale et représentons par X la distance $cm$, on aura :

$$ab' = bb' \frac{x}{s}.$$

Or l'arc de développante $bb'$ se confond avec l'arc de cercle de rayon $cb$, on aura

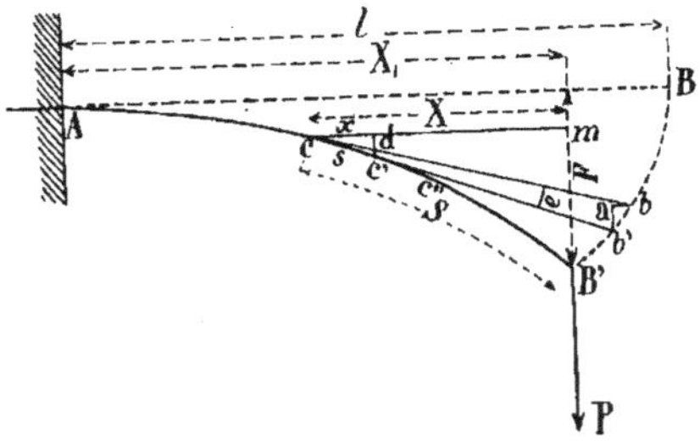


Fig. 140.

donc en prenant un arc $e$ à l'unité de distance :

$$bb' = e \times cb.$$

Comme en général les lignes élastiques sont peu prononcées on peut prendre pour $cb$ la distance $cB' = S$.

Or l'arc $e$ est égal à $\frac{s}{r}$, $r$ étant le rayon de courbure de la ligne élastique, donc :

$$bb' = e.S = \frac{s}{r} \cdot S,$$

et, par suite :

$$ab' = \frac{s}{r} S. \frac{x}{s} = \frac{Sx}{r}. \qquad (1)$$

Prenons maintenant la formule :

$$\frac{EI}{r} = \mu$$

dans laquelle le moment fléchissant $\mu$, pour la section du point $c$, est :

$$\mu = \text{PX}$$

d'où :

$$\frac{\text{EI}}{r} = \text{PX}$$

et :

$$r = \frac{\text{EI}}{\text{PX}},$$

l'équation (1) devient :

$$ab' = \frac{\text{S}.x.\text{P}.\text{X}}{\text{EI}},$$

ou :

$$ab' = \frac{\text{P}}{\text{EI}} \cdot \text{SX}x.$$

La courbe étant très faible, on peut faire $\text{S} = \text{X}$, d'où :

$$ab' = \frac{\text{P}}{\text{EI}} \cdot \text{X}^2 x.$$

Telle est l'expression de la valeur de l'élément $ab'$ de la flèche.

En considérant un autre élément $c'c''$ de la ligne élastique et en faisant les mêmes raisonnements :

$$a'b'' = \frac{\text{P}}{\text{EI}} \text{X}'^2 x',$$

puis :

$$a''b''' = \frac{\text{P}}{\text{EI}} \text{X}''^2 x''$$

et ainsi de suite.

En additionnant tous ces éléments de flèche, on aura la flèche de la courbure de la portion $c\text{B}'$ de la ligne élastique ; désignons par $f$ cette flèche ; on aura :

$$f = \frac{\text{P}}{\text{EI}} (\text{X}^2 x + \text{X}'^2 x' + \text{X}'' x'' + \ldots\ldots) \quad (1)$$

Le calcul intégral donne pour la valeur de la parenthèse $\frac{\text{X}^3}{3}$, d'où :

$$f = \frac{\text{PX}^3}{3\text{EI}}.$$

Cette parenthèse peut se calculer élémentairement de la manière suivante :

Portons sur une droite OM (*fig.* 141) et à partir du point O des longueurs égales à X, X', X''....., et élevons en ces points des ordonnées limitées à la droite ON faisant un angle de 45 degrés avec OM ; ces ordonnées seront égales aux abscisses.

Considérons un élément infiniment petit $x'$ et élevons à ses extrémités les ordonnées ; l'abscisse et l'ordonnée moyennes étant X', la surface du petit trapèze sera $\text{X}'x'$, et si nous multiplions cette surface élémentaire par X', nous aurons le terme $\text{X}'^2 x'$, qui représente le moment du trapèze par rapport à l'axe OY perpendiculaire à OM. Il en serait de même pour tous les éléments de la surface du triangle OAB. Or la somme des moments des éléments est égale au moment de la surface du triangle par rapport au même axe. Donc :

$$\text{X}^2 x + \text{X}'^2 x' + \text{X}''^2 x'' + \ldots\ldots = \frac{\text{X}^2}{2} \times \frac{2}{3}\text{X} = \frac{\text{X}^3}{3}.$$

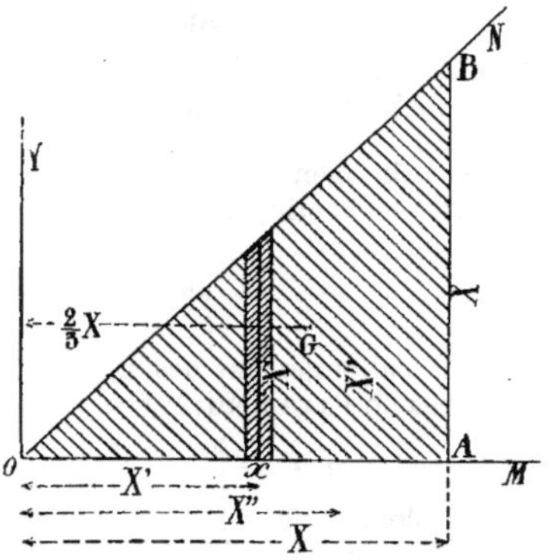


Fig. 141.

D'où, en remplaçant dans l'égalité (1), on a :

$$f = \frac{\text{PX}^3}{3\text{EI}}.$$

Si maintenant on considère la courbe totale depuis son encastrement jusqu'à l'extrémité B', et que $\text{X}_1$ soit sa projection sur l'horizontale, la flèche totale serait :

$$\text{F} = \frac{\text{PX}_1{}^3}{3\text{EI}}.$$

Or, la courbe étant peu prononcée, on peut remplacer $\text{X}_1$ par la longueur $l$ de la poutre. Donc :

$$\text{F} = \frac{\text{P}l^3}{3\text{EI}}.$$

On voit que la flèche de la ligne élastique est proportionnelle à l'effort P et au cube de la longueur du solide ; inversement proportionnelle au module d'élasticité E et au moment d'inertie I de la section transversale.

### Pièce encastrée à une extrémité, et soumise à une force P perpendiculaire à son axe et à une force normale à sa section transversale.

**239.** Supposons une pièce AB encastrée en A et soumise à l'extrémité B à la force P et à la force N parallèle à son axe.

Sous l'action de la force N, les fibres du corps s'allongent par mètre carré, d'une quantité $i''$ donnée par la relation :

$$i'' = \frac{N}{\Omega E},$$

dans laquelle $\Omega$ représente l'aire de la section considérée, et E le module d'élasticité.

A cet allongement vient s'ajouter celui produit par l'action de la force P ; cet allongement $i'$ est :

$$i' = \frac{\mu v}{EI}.$$

Donc l'allongement des fibres les plus éloignées de l'axe neutre sera :

$$i' + i'' = \frac{v\mu}{EI} + \frac{N}{\Omega E}$$

Cet allongement doit aussi être égal à l'allongement que détermine la charge R qu'on peut appliquer en toute sécurité, ou :

$$i' + i'' = \frac{R}{E},$$

et par suite :

$$\frac{R}{E} = \frac{v\mu}{EI} + \frac{N}{\Omega}$$

ou : $$R = \frac{v\mu}{I} + \frac{N}{\Omega}$$

Si la force N, agissait par compression, les fibres les plus éloignées de l'axe neutre subiraient, sous l'action de cette force, un raccourcissement $i''$, tel que :

$$i'' = \frac{N}{\Omega E}.$$

Le raccourcissement produit par la force P serait :

$$i' = \frac{v\mu}{EI},$$

et le raccourcissement total serait :

$$i' + i'' = \frac{v\mu}{EI} + \frac{N}{\Omega E}$$

Ce raccourcissement total, par mètre, doit être égal à celui que produit la charge R qu'on peut appliquer en toute sécurité sur l'unité de section et qui a pour valeur $\frac{R}{E}$, d'où :

$$\frac{R}{E} = \frac{v\mu}{EI} + \frac{N}{\Omega E},$$

et enfin : $$R = \frac{v\mu}{I} + \frac{N}{\Omega}$$

On voit donc que la formule :

$$R = \frac{v\mu}{I} + \frac{N}{\Omega}$$

se rapporte aux fibres les plus tendues, lorsque N agit par extension, et se rapporte également aux fibres les plus comprimées, quand N agit par compression.

Si la force N tend à allonger la pièce, les allongements $i''$ et $i'$ s'ajoutent, tandis qu'ils se retrancheraient, si la force N comprime la pièce ; dans ce dernier cas, la relation pour les fibres les plus tendues serait pour $i' > i''$ :

$$R = \frac{v\mu}{I} - \frac{N}{\Omega}$$

et : $$R = -\frac{v\mu}{I} + \frac{N}{\Omega},$$

si $i'' > i'$.

Considérons les fibres comprimées au cas où N agit par extension ; alors les raccourcissements se retranchent, et l'on a :

$$R = \frac{v\mu}{I} - \frac{N}{\Omega}$$

pour $i' < i''$,

et : $$R = -\frac{v\mu}{I} + \frac{N}{\Omega}$$

si $i'' > i'$.

En résumé, la formule générale est :

$$R = \pm\frac{v\mu}{I} \pm \frac{N}{\Omega}$$

ce qui donne quatre valeurs, suivant les signes à considérer.

Cette relation, qui a lieu pour une section quelconque, aura sa valeur le maximum, pour le maximum de : $\frac{v\mu}{I}$ et de même signe que $\frac{N}{\Omega}$.

Or le terme $\frac{v\mu}{I}$ est maximum pour les plus grandes valeurs de $v$ et de $\mu$ ; c'est-à-dire pour les fibres les plus éloignées de l'axe neutre, et pour le maximum du moment fléchissant $\mu$. Cette formule :

$$R = \frac{v\mu}{I} + \frac{N}{\Omega}$$

est celle que l'on applique dans le calcul d'une pièce soumise à la flexion; et comme le terme $\frac{N}{\Omega}$ est généralement très petit par rapport à $\frac{v\mu}{I}$, on fait plus souvent usage de :

$$R = \frac{v\mu}{I}$$

ainsi que celle dont nous avons déjà parlé :

$$\frac{EI}{r} = \mu,$$

dans laquelle $r$ est le rayon de courbure de la ligne élastique à la section considérée.

## Tables de sections.

**240.** La formule établie plus haut

$$\mu = \frac{RI}{v}$$

contient le moment d'inertie I de la section considérée d'une pièce soumise à la flexion. Avant de donner les formules pratiques pour les cas usuels, nous indiquerons l'expression des moments d'inertie, par rapport à un axe passant par le centre de gravité, des sections les plus en usage dans les constructions. La valeur $\frac{I}{v}$ dépend évidemment des dimensions de la section de la pièce; ce rapport se désigne sous le nom de *module de section*.

Nous avons groupé en une seule page les profils numérotés, et donné dans un tableau :

1° Le moment d'inertie I par rapport à l'axe neutre représenté par la ligne $x. x$;

2° La distance $v$ des fibres, tendues ou comprimées les plus éloignées de l'axe neutre, ou les distances $v'$ et $v''$ pour chacun des côtés, lorsque ces distances ne sont pas égales en raison de la forme de la section;

3° Le module $\frac{I}{v}$ qui peut avoir deux valeurs différentes quand $v'$ et $v''$ sont différents ;

4° La surface $\Omega$ de la section. Cette surface est nécessaire pour calculer le poids des pièces.

Pour quelques profils, la distance $v$, a une expression algébrique trop complexe pour qu'elle puisse être appliquée dans

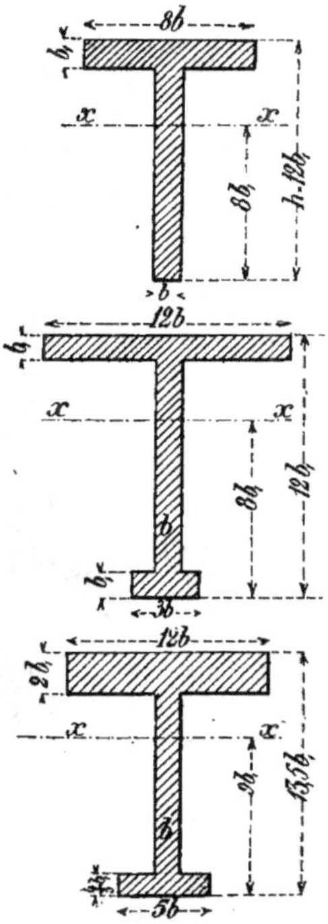


Fig. 142.

la pratique. On l'obtient alors soit par les méthodes de la graphostatique, soit par l'expérience, de la façon suivante. On découpe un modèle en carton de la section considérée, et on détermine le centre de gravité par expérience.

En examinant les formules qui donnent les moments d'inertie, on voit l'influence considérable de la hauteur des sections et des parties de ces sections situées à une grande distance de l'axe neutre. C'est

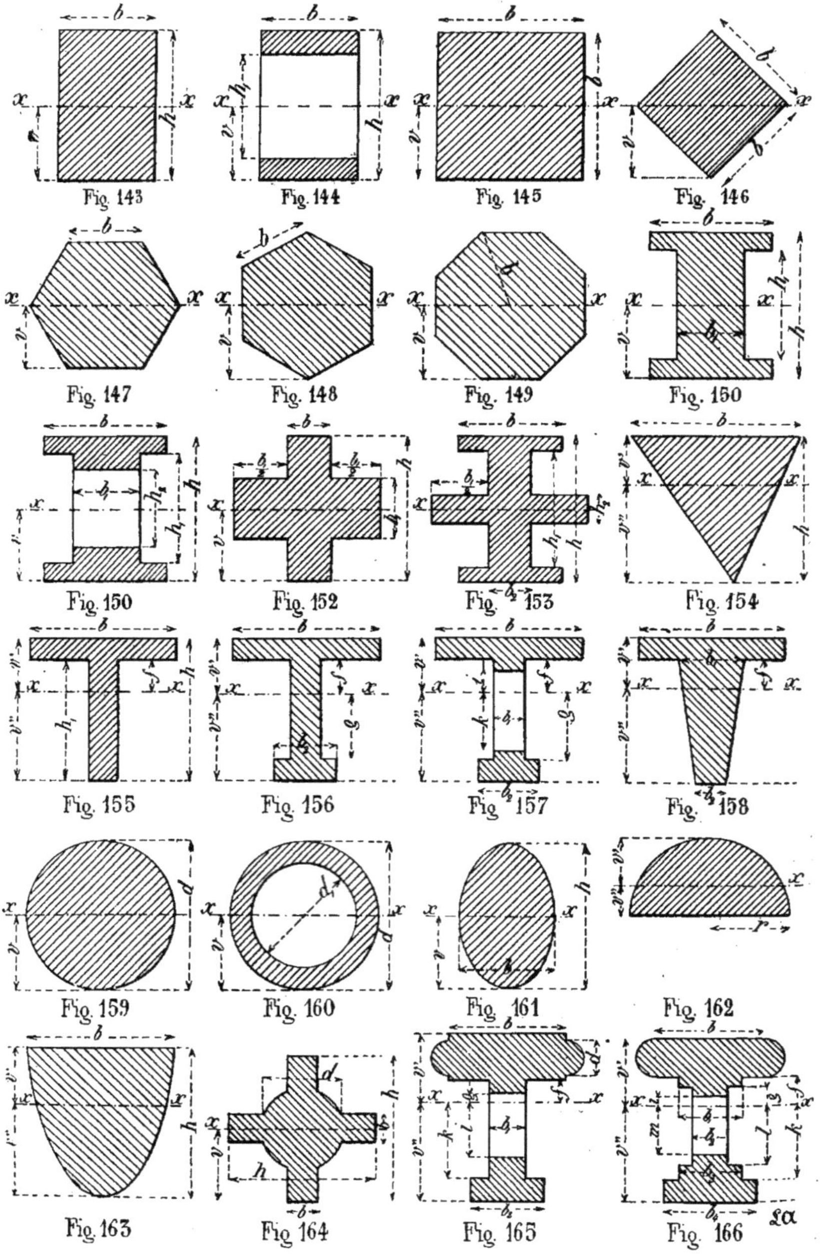
Fig. 143
Fig. 144
Fig. 145
Fig. 146
Fig. 147
Fig. 148
Fig. 149
Fig. 150
Fig. 150
Fig. 152
Fig. 153
Fig. 154
Fig. 155
Fig. 156
Fig. 157
Fig. 158
Fig. 159
Fig. 160
Fig. 161
Fig. 162
Fig. 163
Fig. 164
Fig. 165
Fig. 166

Fig. 143 à 166.

| N° des profils | MOMENT D'INERTIE I | DISTANCE $v$ | MODULE DE SECTION $\frac{I}{v}$ | SURFACE $\Omega$ |
|---|---|---|---|---|
| 143 | $\frac{bh^3}{12}$ | $\frac{h}{2}$ | $\frac{bh^2}{6}$ | $bh$ |
| 144 | $\frac{b(h^3 - h_1^3)}{12}$ | $\frac{h}{2}$ | $\frac{b(h^3 - h_1^3)}{6h}$ | $b(h - h_1)$ |
| 145 | $\frac{b^4}{12}$ | $\frac{b}{2}$ | $\frac{b^3}{6}$ | $b^2$ |
| 146 | $\frac{b^4}{12}$ | $\frac{b}{\sqrt{2}}$ | $\frac{\sqrt{2}}{12} b^3 = 0{,}118 b^3$ | $b^2$ |
| 147 | $\frac{5\sqrt{3}}{16} b^4 = 0{,}5413 b^4$ | $b\sqrt{\frac{3}{4}} = 0{,}866 b$ | $\frac{5}{8} b^3$ | $\frac{3\sqrt{3}}{2} b^2 = 2{,}598 b^2$ |
| 148 | $\frac{5\sqrt{3}}{16} b^4$ | $b$ | $\frac{5\sqrt{3}}{16} b^3$ | $\frac{3\sqrt{3}}{2} b^2$ |
| 149 | $\frac{1 + 2\sqrt{2}}{6} b^4 = 0{,}638 b^4$ | $0{,}924 b$ | $0{,}677 b^3$ | $2{,}828 b^2$ |
| 150 | $\frac{bh^3 - (b - b_1) h_1^3}{12}$ | $\frac{h}{2}$ | $\frac{bh^3 - (b - b_1) h_1^3}{6h}$ | $bh - (b - b_1) h_1$ |
| 151 | $\frac{b(h^3 - h_1^3) + b_1(h_1^3 - h_2^3)}{12}$ | $\frac{h}{2}$ | $\frac{b(h^3 - h_1^3) + b_1(h_1^3 - h_2^3)}{6h}$ | $b(h - h_1) + b_1(h_1 - h_2)$ |
| 152 | $\frac{bh^3 + b_1 h_1^3}{12}$ | $\frac{h}{2}$ | $\frac{bh^3 + b_1 h_1^3}{6h}$ | $bh + b_1 h_1$ |
| 153 | $\frac{bh^3 - (b - b_2) h_1^3 + b_1 h_2^3}{12}$ | $\frac{h}{2}$ | $\frac{bh^3 - (b - b_2) h_1^3 + b_1 h_2^3}{6h}$ | $bh - (b - b_2) h_1 + b_1 h_2$ |
| 154 | $\frac{bh^3}{36}$ | $v' = \frac{h}{3}$ $v'' = \frac{2}{3} h$ | $\frac{I}{v'} = \frac{bh^2}{12}$ $\frac{I}{v''} = \frac{bh^2}{18}$ | $\frac{bh}{2}$ |
| 155 | $\frac{1}{3}[b(v'^3 - f^3) + b_1(f^3 + v''^3)]$ | $v' = \frac{bh_2^2 + b_1 h_1 (h + h_2)}{2[bh - (b - b_1) h_1]}$ <br> $v'' = h - v'$ | $\frac{I}{v'}$ et $\frac{I}{v''}$ | $b_1 h_1 + b h_2$ |
| 156 | $\frac{1}{3}[b(v'^3 - f^3) + b_1(f^3 + g^3) + b_2)(v''^3 - g^3)]$ | A déterminer par expérience ou graphiquement | $\frac{I}{v'}$ et $\frac{I}{v''}$ | $b(v' - f) + b_1(f + g) + b_2(v'' - g)$ |
| 157 | $\frac{1}{3}[b(v'^3 - f^3) + b_1(f^3 + g^3 - i^3 - k^3) + b_2(v''^3 - g^3)]$ | A déterminer par expérience ou graphiquement | $\frac{I}{v'}$ et $\frac{I}{v''}$ | $b(v' - f) + b_1(f + g - i - k) + b_2(v'' - g)$ |
| 158 | $\frac{1}{3}\left[\frac{b_1 - b_2}{4(f + v'')}(v''^4 - f^4) + b(v'^3 - f^3) + b_2(f^3 + v''^3)\right]$ | A déterminer par expérience ou graphiquement | $\frac{I}{v'}$ et $\frac{I}{v''}$ | $b(v' - f) + \frac{b_1 + h_2}{2}(f + v'')$ |
| 159 | $\frac{\pi}{64} d^4 = 0{,}0491 d^4$ | $\frac{d}{2}$ | $\frac{\pi}{32} d^3$ | $\frac{\pi}{4} d^2$ |
| 160 | $\frac{\pi}{64}(d^4 - d_1^4) = 0{,}0491 (d^4 - d_1^4)$ | $\frac{d}{2}$ | $\frac{\pi}{32} \frac{d^4 - d_1^4}{d}$ | $\frac{\pi}{4}(d^2 - d_1^2$ |
| 161 | $\frac{\pi}{64} bh^3$ | $\frac{h}{2}$ | $\frac{\pi}{32} bh^2$ | $\frac{\pi}{4} bh$ |
| 162 | $0{,}110 r^4$ | $v' = 0{,}5755 r$ <br> $v'' = 0{,}4244 r$ | $\frac{I}{v'} = 0{,}19 r^3$ $\frac{I}{v''} = 0{,}26 r^3$ | $\frac{\pi r^2}{2}$ |
| 163 | Segment parabolique <br> $\frac{8}{175} bh^3 = 0{,}0457 bh^3$ | $v' = \frac{2}{5} h$ $v'' = \frac{3}{5} h$ | $\frac{I}{v'} = \frac{4}{35} bh^2 = 0{,}114 bh^2$ <br> $\frac{I}{v''} = \frac{8}{105} bh^2 = 0{,}076 bh^2$ | $\frac{2}{3} bh$ |
| 164 | $\frac{1}{12}\left[\frac{3\pi}{16} d^4 + b(h^3 - d^3) + b^3(h - d)\right]$ | $\frac{h}{2}$ | $\frac{1}{6h}(0{,}589 d^4 + b(h^3 - d^3) + b^3(h - d)$ | $\frac{\pi}{4} d^2 + 2b(h - d)$ |
| 165 | $\frac{1}{3}\left[b(v'^3 - f^3) + b_1(f^3 - g^3 + k^3 - l^3) + b_2(v''^3 - k^3) + \frac{\pi}{64}(d^4 + 16 d^2 i^2)\right]$ | A déterminer par expérience ou graphiquement | $\frac{I}{v'}$ et $\frac{I}{v''}$ | $b(v' - f) + b_1(f - g + k - l) + b_2(v'' - k) + \frac{\pi}{4} d^2$ |
| 166 | $\frac{1}{3}[b(v'^3 - f^3) + b_1(f^3 - g^3) + b_2(g^3 - i^3 + l^3 - m^3) + b_3(k^3 - l^3) + b_4(v''^3 - k^3)] + \frac{\pi}{64}[(v' - f)^4 + 8(v' + f)(v' - f)^2]$ | A déterminer par expérience ou graphiquement | $\frac{I}{v'}$ et $\frac{I}{v''}$ | $b(a - f) + b_1(f - g) + b_2(g - i + l - m) + b_3(k - l) + b_4(a - k) + \frac{\pi}{4}(v' - f)^2$ |

ce qui explique les avantages des nervures de renforcement qu'on emploie, surtout dans les pièces de fonte.

Dans les pièces exposées à la flexion, ces nervures exercent une double action : l'une directe, qui tient à l'excédent de matière qu'elles introduisent; l'autre plus importante, qui consiste en ce qu'elles éloignent de la masse principale les couches neutres des autres parties.

Ainsi, supposons une section en forme de T comme celle représentée sur la figure 155, les dimensions étant :

$$b = 8b_1, \quad h = 12b_1, \quad h_1 = 11b_2.$$

Imaginons cette section divisée en deux parties, l'une verticale, l'autre horizontale. En considérant isolément chaque partie, elles ont pour modules de section :

$$\frac{11^2 b_1^3}{6} = \frac{121}{6} b_1^3$$

et :

$$\frac{8b_1^3}{6},$$

soit au total : $21{,}5b_1^3$.

Mais la même section, considérée comme formant un seul tout, a pour module :

$$34{,}8b_1^3.$$

C'est-à-dire que la résistance se trouve, dans ce cas, augmentée de moitié, et la nervure verticale a décuplé, ou à peu près, la résistance qu'aurait présentée la partie horizontale, si on l'avait considérée isolément.

**241.** Problème. — *Calculer le moment d'inertie d'une section rectangulaire, analogue à celle de la figure* 143 ; *sachant que* $h = 30$ *millimètres, et* $b = 5$ *millimètres.*

On aura d'après le tableau :

$$I = \frac{bh^3}{12},$$

ou :

$$I = \frac{5 \times 30^3}{12} = 11\,250.$$

Si l'axe $xx$ était parallèle à la plus grande dimension, son moment d'inertie $I_1$ serait :

$$I_1 = \frac{hb^3}{12}$$

$$I_1 = \frac{30 \times 5^3}{12} = 312{,}5.$$

**242.** Problème. — *Calculer le moment d'inertie d'une section circulaire de* 120 *millimètres de diamètre.*

On aura :

$$I = \frac{\pi}{64} d^4 = 0{,}0491 d^4$$

$$I = 0{,}0491 \times \overline{120}^4 = 10181376.$$

**243.** Problème. — *Calculer le module de section d'un profil hexagonal par rapport à une diagonale ; le côté* $b = 40$ *millimètres.*

D'après la figure 147, on a :

$$\frac{I}{v} = \frac{5}{8} b^3$$

$$\frac{I}{v} = \frac{5}{8} \overline{40}^3 = 40000.$$

## Valeur de la tension.

**244.** Dans la formule $R = \frac{v\mu}{I}$, nous avons supposé que R représentait la charge de sécurité, laquelle est une fraction de la limite d'élasticité, soit à l'extension ou à la compression. La limite d'élasticité est atteinte lorsque R devient égal à $R_e$ ou $R_c$. Il importe donc que cette limite ne soit dépassée dans aucun cas.

Lorsque les sections présentent deux axes de symétrie, cette condition est remplie, en prenant pour R la plus petite des deux valeurs $R_e$ ou $R_c$, divisée par le coefficient de sécurité. Ainsi, pour la fonte, on devra toujours prendre le coefficient de charge à l'extension qui est plus petit que celui de compression.

Lorsque les distances $v'$ et $v''$ des fibres les plus éloignées de la couche neutre, sont différentes, on commencera par chercher quel est le côté de la section qui travaille par extension, et quel est celui qui travaille à la compression ; supposons que $v'$ soit l'écartement des fibres sur le côté soumis à l'extension, et $v''$ sur la partie soumise à la compression.

Représentons par $R_e$ et $R_c$ les coefficients de charge à l'extension et à la compression.

$\mu$ le moment fléchissant ;

K le coefficient de sécurité, qui suivant le cas sera 2, 3 ou 4,

On aura :

pour $\frac{v'}{v''} > \frac{R_e}{R_c}$ $\quad \mu = \frac{R_e}{K} \frac{I}{v'}$

pour $\frac{v'}{v''} < \frac{R_e}{R_c}$ $\quad \mu = \frac{R_c}{K} \frac{I}{v''}$

pour $\frac{v'}{v''} = \frac{R_e}{R_c}$ $\quad \mu = \frac{R_e}{K} \frac{I}{v'}$ ou $\frac{R_c}{K} \frac{I}{v''}$.

Afin de comprendre l'importance de ces relations, considérons une pièce en fonte soumise à la flexion, et dont le profil parabolique est celui représenté sur la figure 163.

On a :

$$\frac{R_e}{R_c} = \frac{7,5}{15} = \frac{1}{2};$$

d'un autre côté, dans la section parabolique, la corde se trouve placée sur le côté soumis à l'extension, et l'on a :

$$v' = \frac{2}{5} h \qquad v'' = \frac{3}{5} h,$$

d'où :

$$\frac{v'}{v''} = \frac{2}{3},$$

et par suite :

$$\frac{v'}{v''} > \frac{R_e}{R_c}.$$

On devra prendre pour la charge de sécurité R :

$$R = \frac{R_e}{K} = \frac{7,5}{K}$$

et :

$$\mu = \frac{7,5}{K} \cdot \frac{4}{35} bh^2.$$

Pour le fer forgé, où la charge d'élasticité est sensiblement la même à l'extension et à la compression, il n'est pas nécessaire de faire un calcul analogue ; on prendra pour $v$ la plus grande valeur de $v'$ ou de $v''$.

## Sections d'égale résistance.

**245.** La formule $R = \frac{v\mu}{I}$ ou $\mu = R \frac{I}{v}$ montre que pour une même valeur de R le moment fléchissant est proportionnel au module de section $\frac{I}{v}$; or ce module est proportionnel à la première puissance des dimensions transversales, et à la deuxième puissance des dimensions parallèles à la direction de l'effort fléchissant.

Il convient donc pour assurer la meilleure utilisation de la matière, de la répartir aussi loin que possible de l'axe neutre, tout en conservant entre les diverses parties des liaisons suffisantes.

Il est bon aussi que les parties comprimées et allongées arrivent à travailler en même temps à leur limite d'élasticité, il faut alors que

$$\frac{v'}{v''} = \frac{R_e}{R_c}.$$

On donne le nom de *sections d'égale résistance* à celles dont le rapport ci-dessus est observé. Ce rapport a lieu pour les pièces en fer présentant deux axes de symétrie.

Pour la fonte, on sait que $R_c = 2 R_e$, par suite les sections d'égale résistance seront celles pour lesquelles

$$v'' = 2 v'.$$

Les sections représentées par la figure 142 ont été tracées en se basant sur ces relations, les dimensions $b$ et $b_1$, pouvant avoir un rapport arbitraire. Si l'on fait $b = b_1$, on a pour chacune de ces sections :

| | | |
|---|---|---|
| $I = 278\ b^4$ | $440\ b^4$ | $992\ b^4$ |
| $\frac{I}{v''} = 34,8\ b^3$ | $55\ b^3$ | $102,4\ b^4$ |
| $\Omega = 19\ b^2$ | $25\ b^2$ | $40,8\ b^2$. |

Le côté soumis à l'extension est celui qui est le plus rapproché de l'axe neutre ; comme module de section, on a alors la valeur $\frac{I}{v'}$, de telle sorte que l'on doit prendre pour la charge R de sécurité $\frac{R_e}{K}$.

Si la force fléchissante, agit alternativement dans des directions opposées, les sections à deux axes de symétrie sont, même pour la fonte, les plus avantageuses, et l'on prend constamment comme valeur limite de R le plus petit des modules de charge.

Si la direction de la force change d'une manière continue, de telle sorte que l'axe neutre tourne en passant par le centre de gravité de la section, comme dans les arbres de transmission, la section annulaire est la plus avantageuse ; mais on peut aussi employer les sections en croix ou étoilées.

### Moments d'inertie calculés pour les applications usuelles.

**246.** Dans le tableau précédent nous avons indiqué les valeurs des moments d'inertie de plusieurs profils en fonction de leurs dimensions.

Dans la construction des ponts, poutres, planchers, etc., on fait usage des fers du commerce, appelés cornières, fers à **T**, **I**, **U**, employés séparément, ou bien en les assemblant sous forme de poutres composées.

Il est donc utile d'avoir les valeurs numériques des moments d'inertie des sections les plus usuelles.

### Moments d'inertie des cornières à ailes égales.

**247.** Le tableau n° 1 contient les moments d'inertie I des cornières à ailes égales, les plus usitées, par rapport à l'axe *xx* (*fig.* 167) passant par leur centre de gravité, ainsi que les distances $v$ et $v'$ à cet axe, des fibres les plus éloignées. Il contient également les modules de section $\frac{I}{v}$ et $\frac{I}{v'}$.

TABLEAU N° 1

*Moments d'inertie des cornières à ailes égales.*

| LARGEUR $a$ DES AILES en millimètres | ÉPAISSEUR $e$ DES AILES en millimètres | $v$ | I | $\frac{I}{v}$ | $\frac{I}{v'}$ |
|---|---|---|---|---|---|
| m.m. 60 | 6 | 17.2 | 0,000.000.231 | 0,000.013.4 | 0,000.005.4 |
| | 7 | 17.6 | 264 | 15.0 | 6.2 |
| | 8 | 17.9 | 296 | 16.5 | 7.0 |
| | 9 | 18.3 | 327 | 17.8 | 7.8 |
| 65 | 7 | 18.7 | 342 | 0,000.018.2 | 0,000.007.3 |
| | 8 | 19.1 | 383 | 20.0 | 8.4 |
| | 9 | 19.4 | 424 | 21.8 | 9.3 |
| | 10 | 19.8 | 463 | 23.4 | 0,000.010.2 |
| 70 | 7 | 20.1 | 428 | 0,000.021.4 | 0,000.008.6 |
| | 8 | 20.6 | 482 | 23.5 | 9.7 |
| | 9 | 20.8 | 530 | 25.4 | 0,000.010.8 |
| | 10 | 21.1 | 583 | 27.8 | 11.9 |
| 75 | 8 | 21.5 | 0,000.000.602 | 0,000.028.1 | 0,000.011.3 |
| | 9 | 21.9 | 664 | 30.5 | 12.2 |
| | 10 | 22.4 | 725 | 32.7 | 13.8 |
| | 12 | 22.6 | 783 | 34.8 | 14.9 |
| 80 | 8 | 22.9 | 0,000.000.737 | 0,000.032.0 | 0,000.012.8 |
| | 9 | 23.3 | 815 | 34.8 | 14.5 |
| | 10 | 23.7 | 890 | 37.6 | 15.8 |
| | 12 | 24.5 | 0,000.001.032 | 42.3 | 18.5 |
| 85 | 10 | 24.9 | 0,000.001.079 | 0,000.043.3 | 0,000.018.0 |
| | 11 | 25.3 | 1.167 | 46.1 | 19.5 |
| | 12 | 25.6 | 1.252 | 48.9 | 21.1 |
| 90 | 10 | 26.2 | 1.291 | 49.3 | 20.2 |
| | 11 | 26.5 | 1.399 | 52.5 | 22.1 |
| | 12 | 26.9 | 1.503 | 55.9 | 23.8 |
| 95 | 10 | 27.4 | 0,000.001.532 | 0,000.055.9 | 0,000.022.7 |
| | 11 | 27.8 | 1.660 | 59.7 | 24.7 |
| | 12 | 28.1 | 1.785 | 63.5 | 26.7 |
| 100 | 10 | 28.5 | 0,000.001.800 | 0,000.063.0 | 0,000.025.1 |
| | 11 | 29.0 | 1.953 | 67.3 | 27.5 |
| | 12 | 29.4 | 2.102 | 71.5 | 29.7 |
| | 14 | 30.1 | 2.383 | 79.2 | 34.1 |
| | 15 | 30.5 | 2.520 | 83.3 | 36.7 |
| 110 | 12 | 32.1 | 0,000.002.810 | 0,000.087.2 | 0,000.036.0 |
| | 14 | 32.9 | 3.180 | 97.0 | 41.1 |
| 120 | 13 | 34.7 | 0,000.003,990 | 0,000.115.0 | 0,000.047.0 |
| | 15 | 35.5 | 4.490 | 126.0 | 53.0 |

## TABLEAU N° 2

*Moments d'inertie des fers à laminés symétriques.*

| PROVENANCE | N°s d'ordre | $h$ | $b$ | $e$ | $e_1$ | POIDS par mètre courant $p_1$ | $\frac{I}{v}$ |
|---|---|---|---|---|---|---|---|
| | | mm. | mm. | mm. | mm. | kil. | |
| Châtillon | 1 | 80 | 40 | 7 | 3.5 | 6.50 | 0.000.020 |
| | 2 | 80 | 46.5 | 7 | 10 | 11.00 | 0.000.029 |
| Creusot | 3 | 80 | 40 | 7 | 4.5 | 6.75 | 0.000.021 |
| | 4 | 80 | 45.5 | 7 | 10 | 10.18 | 0.000.027 |
| Châtillon | 5 | 100 | 43 | 7 | 5 | 8.25 | 0.000.032 |
| | 6 | 100 | 48 | 7 | 10 | 12.45 | 0.000.041 |
| Creusot | 7 | 100 | 43 | 7.5 | 5 | 8.40 | 0.000.032 |
| | 8 | 100 | 48.5 | 7.5 | 10.5 | 12.70 | 0.000.042 |
| Châtillon | 9 | 120 | 45 | 7 | 5 | 9.50 | 0.000.043 |
| | 10 | 120 | 52.5 | 7 | 12.5 | 17.30 | 0.000.065 |
| Creusot | 11 | 120 | 45 | 8.2 | 5.5 | 9.60 | 0.000.047 |
| | 12 | 120 | 50.5 | 8.2 | 11 | 14.75 | 0.000.061 |
| Châtillon | 13 | 140 | 47 | 8.25 | 6 | 12.50 | 0.000.061 |
| | 14 | 140 | 54.5 | 8.25 | 13.5 | 21.30 | 0.000.099 |
| Creusot | 15 | 140 | 49 | 8.5 | 6 | 12.25 | 0.000.065 |
| | 16 | 140 | 55 | 8.5 | 12 | 18.50 | 0.000.084 |
| Châtillon | 17 | 160 | 48 | 8.25 | 6.5 | 13.60 | 0.000.080 |
| | 18 | 160 | 57.5 | 8.25 | 16 | 26.70 | 0.000.118 |
| Creusot | 19 | 160 | 54 | 9.2 | 6.5 | 14.50 | 0.000.089 |
| | 20 | 160 | 59.5 | 9.2 | 12 | 21.50 | 0.000.112 |
| Châtillon | 21 | 180 | 55 | 9.5 | 7.5 | 20.00 | 0.000.121 |
| | 22 | 180 | 63.5 | 9.5 | 16 | 31.00 | 0.000.167 |
| Creusot | 23 | 180 | 58 | 10 | 8 | 18.75 | 0.000.122 |
| | 24 | 180 | 65 | 10 | 15 | 28.50 | 0.000.160 |
| Creusot | 25 | 200 | 60 | 11 | 8 | 21.20 | 0.000.154 |
| | 26 | 200 | 67 | 11 | 15 | 32.15 | 0.000.190 |
| Châtillon | 27 | 200 | 60 | 11.75 | 8 | 23.00 | 0.000.171 |
| | 28 | 200 | 68 | 11.75 | 16 | 37.50 | 0.000.225 |
| Creusot | 29 | 220 | 64 | 11.2 | 8.5 | 24.60 | 0.000.196 |
| | 30 | 220 | 71 | 11.2 | 15.5 | 36.60 | 0.000.261 |
| Châtillon | 31 | 220 | 64 | 11.5 | 8 | 25.00 | 0.000.199 |
| | 32 | 220 | 72 | 11.5 | 16 | 40.00 | 0.000.265 |
| Châtillon | 33 | 260 | 69 | 12.5 | 10 | 31.50 | 0.000.282 |
| | 34 | 260 | 79 | 12.5 | 20 | 50.00 | 0.000.397 |
| Châtillon | 35 | 80 | 55 | 7 | 3.5 | 7.50 | 0.000.028 |
| | 36 | 80 | 60 | 7 | 8.5 | 10.50 | 0.000.033 |
| Châtillon | 37 | 100 | 60 | 7.5 | 4 | 10.00 | 0.000.047 |
| | 38 | 100 | 65 | 7.5 | 9 | 14.00 | 0.000.055 |
| Châtillon | 39 | 120 | 70 | 10.5 | 7 | 16.60 | 0.000.084 |
| | 40 | 120 | 77 | 10.5 | 14 | 22.50 | 0.000.102 |
| Creusot | 41 | 125 | 75 | 8.5 | 7 | 16.00 | 0.000.081 |
| | 42 | 125 | 78 | 8.5 | 10 | 19.00 | 0.000.089 |
| Châtillon | 43 | 140 | 80 | 12 | 8 | 22.24 | 0.000.137 |
| | 44 | 140 | 84 | 12 | 12 | 26.52 | 0.000.145 |
| Châtillon | 45 | 160 | 80 | 11 | 8 | 22.00 | 0.000.149 |
| | 46 | 160 | 84 | 11 | 12 | 27.00 | 0.000.169 |
| Châtillon | 47 | 180 | 100 | 12.5 | 8 | 29.00 | 0.000.220 |
| | 48 | 180 | 104 | 12.5 | 12 | 34.50 | 0.000.250 |
| Châtillon | 49 | 200 | 110 | 13 | 9 | 33.00 | 0.000.307 |
| | 50 | 200 | 117 | 13 | 16 | 43.70 | 0.000.342 |
| Châtillon | 51 | 220 | 95 | 13.5 | 9 | 33.60 | 0.000.314 |
| | 52 | 220 | 100 | 13.5 | 14 | 40.50 | 0.000.346 |
| Châtillon | 53 | 235 | 95 | 13 | 10 | 35.00 | 0.000.338 |
| | 54 | 235 | 100 | 13 | 15 | 44.00 | 0.000.378 |
| Creusot | 55 | 235 | 95 | 12 | 9 | 32.00 | 0.000.297 |
| | 56 | 235 | 100 | 12 | 14 | 41.00 | 0.000.343 |
| Creusot | 57 | 250 | 130 | 13.5 | 11 | 46.00 | 0.000.438 |
| | 58 | 250 | 135 | 13.5 | 16 | 56 00 | 0.000.490 |
| Châtillon | 59 | 260 | 117 | 15 | 9 | 44.00 | 0.000.481 |
| | 60 | 260 | 122 | 15 | 14 | 51.00 | 0.000.536 |
| Châtillon | 61 | 300 | 120 | 17 | 12 | 65.00 | 0.000.732 |
| | 62 | 300 | 128 | 17 | 20 | 85.00 | 0.000.857 |

## Moments d'inertie des fers à I laminés symétriques.

**248.** Le tableau n° 2 contient les valeurs du module de section $\frac{I}{v}$ des fers à

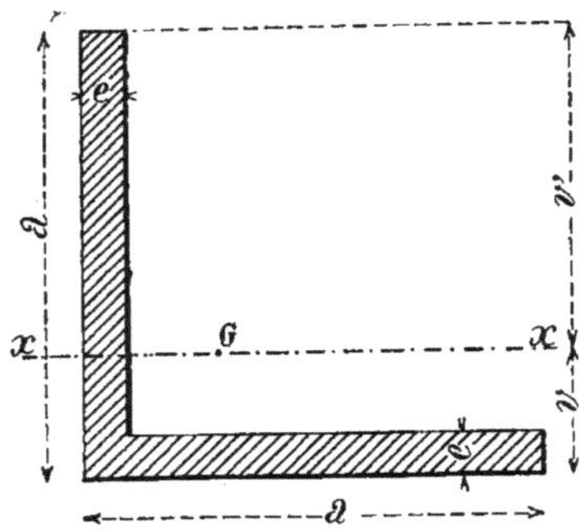


Fig. 167.

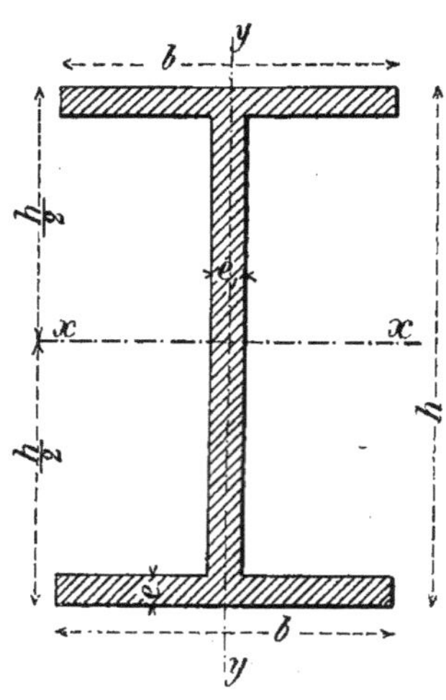


Fig. 168.

I laminés, dont la section est indiquée par la figure 168.

Le moment d'inertie par rapport à l'axe *xx*, passant par le centre de gravité et perpendiculaire à l'axe *yy* de la section, s'obtiendra en multipliant le module de section $\frac{I}{v}$ par la valeur de $v = \frac{h}{2}$ correspondante.

## Moments d'inertie des fers à U.

**249.** Le tableau n° 3 contient les valeurs de $\frac{I}{v}$ des sections des fers à U les plus employés. Les moments d'inertie étant pris par rapport à l'axe *xx* (*fig.* 169).

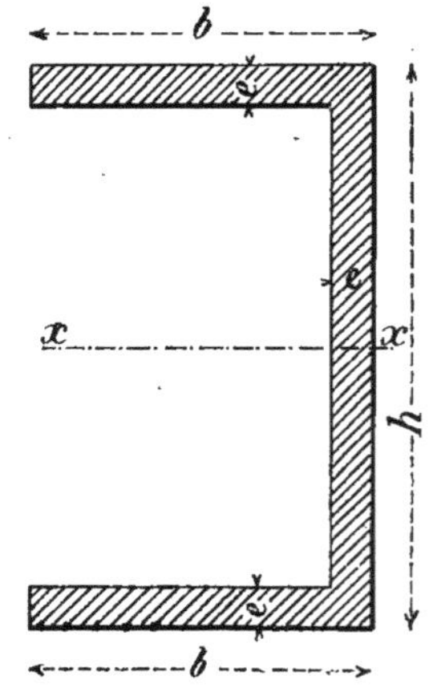


Fig. 169.

## Moments d'inertie des poutres composées symétriques.

**250.** Les poutres simples ne peuvent, en raison des difficultés du laminage, dépasser des dimensions déterminées ; c'est pourquoi lorsque la hauteur *h* atteint 30 centimètres, on est obligé de les composer avec des fers plats réunis par des cornières, comme l'indique la figure 170. Ces différentes parties sont réunies entre elles par des rivets et des couvre-joints.

Les tableaux 4, 5, 6 contiennent les moments d'inertie des âmes, des quatre cornières et des deux platebandes de telle sorte qu'on pourra toujours déterminer le moment d'inertie d'un profil composé avec les éléments contenus dans ces tableaux.

*Valeurs des* $\frac{I}{v}$ *pour différentes sections de fers à* **U**. (*Poids par mètre en kilogrammes et sections en millimètres carrés*).

| Nos D'ORDRE | *h* | *b* | *e* | POIDS PAR MÈTRE en kilogrammes | SECTION EN millimètres carrés | $\frac{I}{v}$ |
|---|---|---|---|---|---|---|
| 1 | 30 | 15 | 4 | 1.600 | 205 | 0,000.00160 |
| 2 | 40 | 20 | 5 | 2.750 | 352 | 0,000.00365 |
| 3 | 50 | 25 | 5 | 3.800 | 487 | 0,000.00615 |
| 4 | 60 | 30 | 5,5 | 5.000 | 641 | 0,000.01180 |
| 5 | 80 | 28 | 6 | 6.500 | 833 | 0,000.01728 |
| 6 | 80 | 40 | 6 | 7.55 | 968 | 0,000.02321 |
| 7 | 100 | 38 | 6 | 9.500 | 1 218 | 0,000.03499 |
| 8 | 100 | 50 | 7 | 11.100 | 1 423 | 0,000.04382 |
| 9 | 120 | 45 | 7 | 13.750 | 1 762 | 0,000.05199 |
| 10 | 120 | 60 | 7,5 | 14.500 | 1 859 | 0,000.06736 |
| 11 | 140 | 45 | 7 | 13.500 | 1 730 | 0,000.06883 |
| 12 | 140 | 50 | 7 | 14.00 | 1 795 | 0,000.07707 |
| 13 | 160 | 55 | 7 | 19.00 | 2 435 | 0,000.10610 |
| 14 | 175 | 55 | 10 | 21.30 | 2 730 | 0,000.12723 |
| 15 | 200 | 70 | 8,5 | 24.500 | 3 141 | 0,000.18247 |
| 16 | 220 | 70 | 10 | 27.500 | 3 525 | 0,000.21715 |
| 17 | 235 | 50 | 10 | 26.000 | 3 333 | 0,000.20492 |
| 18 | 250 | 80 | 10 | 32.000 | 4 102 | 0,000.28747 |

## TABLEAU N° 4. — POUTRES A I COMPOSÉES.

*Tableau des moments d'inertie des âmes pour des poutres de différentes hauteurs.*

| HAUTEUR de l'âme *h* = | ÉPAISSEUR DE L'AME | | | | |
|---|---|---|---|---|---|
| | 6 | 8 | 10 | 12 | 15 |
| 150 | 0.00000168 | 0.00000224 | 0.00000280 | 0.00000336 | 0.00000420 |
| 180 | 0.00000292 | 389 | 487 | 583 | 729 |
| 200 | 400 | 534 | 667 | 800 | 999 |
| 220 | 532 | 710 | 888 | 1065 | 0.00001331 |
| 250 | 781 | 0.00001042 | 0.00001302 | 1563 | 1953 |
| 300 | 0.00001350 | 1800 | 2251 | 2700 | 3376 |
| 350 | 2144 | 2859 | 3573 | 4288 | 5360 |
| 400 | 3200 | 4267 | 5334 | 6400 | 8000 |
| 450 | 4556 | 6075 | 7594 | 9113 | 0.00011392 |
| 500 | 6250 | 8334 | 0.00010417 | 0.00012500 | 15625 |
| 550 | 8319 | 0,00011092 | 13865 | 16638 | 20798 |
| 600 | 0.00010800 | 14401 | 18000 | 21600 | 27009 |
| 650 | 13732 | 18309 | 22886 | 27463 | 34329 |
| 700 | 17152 | 22868 | 28584 | 34300 | 42875 |
| 750 | 21094 | 28125 | 35157 | 42188 | 52735 |
| 800 | 25601 | 34134 | 42667 | 51200 | 64000 |
| 850 | 30705 | 40942 | 51177 | 61413 | 76768 |
| 900 | 36451 | 48602 | 60751 | 72900 | 91125 |
| 950 | 42869 | 57160 | 71448 | 85738 | 0 00107173 |
| 1,00 | 50001 | 66667 | 83333 | 99988 | 125000 |
| 1.10 | 66501 | 88734 | 0.00110900 | 0.00133000 | 166400 |
| 1.20 | 86400 | 0.00101390 | 144000 | 172800 | 216000 |
| 1.30 | 0.00109900 | 146470 | 183081 | 219700 | 274625 |
| 1.40 | 137200 | 182940 | 228670 | 274400 | 343000 |
| 1,50 | 168800 | 224980 | 281250 | 337500 | 421880 |
| 1.60 | 204800 | 273072 | 341334 | 409600 | 512000 |
| 1.70 | 245625 | 327534 | 409417 | 491300 | 614125 |
| 1.80 | 291602 | 387987 | 480090 | 583200 | 729000 |
| 1.90 | 342930 | 457209 | 571584 | 685900 | 857400 |
| 2.00 | 399850 | 533406 | 666676 | 799887 | 0.01000000 |
| 2.50 | 781272 | 0.01041670 | 0.01302084 | 0.01562486 | 1953125 |
| 3.00 | 0.001349921 | 1800000 | 2250000 | 2699887 | 3375000 |
| 3.50 | 2143800 | 2858340 | 3572900 | 4287500 | 5359374 |
| 4.00 | 3199208 | 4266710 | 5333341 | 6398997 | 8000000 |
| 5.00 | 6249987 | 8333340 | 0.10416703 | 0.12498986 | 0.15600000 |
| 6.00 | 0.1079805 | 0.1440000 | 0.18000000 | 0.21598798 | 27000000 |

## TABLEAU N° 5

*Poutres à* I *composées. — Moments d'inertie des quatre cornières.*

| HAUTEUR SUR CORNIÈRES $h$ | $\frac{60 \times 60}{6}$ | $\frac{60 \times 60}{8}$ | $\frac{70 \times 70}{9}$ | $\frac{70 \times 70}{10}$ | $\frac{80 \times 80}{10}$ |
|---|---|---|---|---|---|
| 150 | 0.000011 | | | | |
| 180 | 15 | 20 | | | |
| 200 | 0.000020 | 0.000025 | 0.000032 | 0.000035 | 0.000038 |
| 220 | 25 | 32 | | 43 | 48 |
| 250 | 33 | 42 | 53 | 58 | 65 |
| 300 | 49 | 64 | 80 | 89 | 99 |
| 350 | 69 | 90 | 0.000115 | 0.000125 | 0,000141 |
| 400 | 92 | 0.000120 | 153 | 169 | 190 |
| 450 | 0.000120 | 155 | 200 | 218 | 248 |
| 500 | 150 | 194 | 250 | 275 | 312 |
| 550 | 183 | 238 | 307 | 338 | 382 |
| 600 | 220 | 286 | 370 | 305 | 462 |
| 650 | 260 | 340 | 438 | 482 | 548 |
| 700 | 305 | 396 | 513 | 565 | 642 |
| 750 | 350 | 459 | 594 | 653 | 745 |
| 800 | 402 | 524 | 680 | 750 | 853 |
| 850 | 455 | 595 | 773 | 850 | 970 |
| 900 | 515 | 670 | 871 | 960 | 0.001094 |
| 950 | 574 | 750 | 975 | 0.001073 | 1226 |
| 1.00 | 640 | 835 | 0.001085 | 0.001195 | 1365 |
| 1.10 | » | » | » | » | 1666 |
| 1.20 | » | » | » | » | 1997 |
| 1.30 | » | » | » | » | 2357 |
| 1.40 | » | » | » | » | 2748 |
| 1.50 | » | » | » | » | 3169 |
| 1.60 | » | » | » | » | 3620 |
| 1.70 | » | » | » | » | 4101 |
| 1.80 | » | » | » | » | 4612 |
| 1.90 | » | » | » | » | 5152 |
| 2.00 | » | » | » | » | 5723 |

## TABLEAU N° 5

*Poutres à* I *composées. — Moments d'inertie des quatre cornières* (suite).

| HAUTEUR sur CORNIÈRES $h$ | $\frac{90 \times 90}{10}$ | $\frac{90 \times 90}{12}$ | $\frac{100 \times 100}{10}$ | $\frac{100 \times 100}{12}$ | $\frac{120 \times 120}{12}$ | $\frac{150 \times 150}{14}$ |
|---|---|---|---|---|---|---|
| 1.00 | 0.001532 | 0.001811 | 0.001696 | 0.002007 | 0.002387 | 0.003384 |
| 1.05 | 1697 | 2007 | 1879 | 2225 | 2649 | 3760 |
| 1.10 | 1871 | 2213 | 2073 | 2454 | 2924 | 4157 |
| 1.15 | 2053 | 2429 | 2276 | 2695 | 3213 | 4573 |
| 1.20 | 2244 | 2655 | 2488 | 2946 | 3516 | 5009 |
| 1.25 | 2444 | 2891 | 2710 | 3210 | 3832 | 5466 |
| 1.30 | 2651 | 3137 | 2941 | 3484 | 4162 | 5942 |
| 1.35 | 2868 | 3393 | 3182 | 3770 | 4506 | 6438 |
| 1.40 | 3093 | 3660 | 3432 | 4067 | 4863 | 6955 |
| 1.45 | 3326 | 3936 | 3692 | 4375 | 5234 | 7491 |
| 1.50 | 3568 | 4223 | 3961 | 4694 | 5619 | 8048 |
| 1.60 | 4077 | 4826 | 4529 | 5367 | 6429 | 9220 |
| 1.70 | 4620 | 5469 | 5134 | 6085 | 7296 | 0.010473 |
| 1.80 | 5197 | 6153 | 5777 | 6848 | 8214 | 11806 |
| 1.90 | 5809 | 6878 | 6458 | 7656 | 9189 | 13220 |
| 2.00 | 6454 | 7642 | 7177 | 8510 | 0.010219 | 14713 |
| 2.50 | 0.010190 | 0.012070 | 0 011344 | 0.013453 | 16186 | 23380 |
| 3.00 | 14776 | 17506 | 16460 | 19524 | 23522 | 34050 |
| 3.50 | 20212 | 23949 | 22526 | 26723 | 32225 | 46721 |
| 4,00 | 26498 | 31400 | 29542 | 35051 | 42297 | 61394 |
| 4.50 | 33634 | 39860 | 37508 | 44506 | 53737 | 78070 |
| 5.00 | 41620 | 49328 | 46424 | 55089 | 66541 | 96747 |
| 5.50 | 50456 | 59803 | 56290 | 66801 | 80720 | 0.117426 |
| 6.00 | 60142 | 71287 | 67106 | 79640 | 95261 | 140108 |

## TABLEAU N° 6. — Poutres à I composées.

*Moments d'inertie des deux platebandes de 100 millimètres de largeur.*

| ÉPAISSEUR des platebandes $e =$ | HAUTEUR SOUS PLATEBANDES $h =$ | | | | | | | | | |
|---|---|---|---|---|---|---|---|---|---|---|
| | 0.20 | 0.25 | 0.30 | 0.35 | 0.40 | 0.45 | 0.50 | 0.55 | 0.60 | 0.65 |
| 8 | 0.000017 | 0.000027 | 0.000038 | 0.000051 | 0.000066 | 0.000084 | 0.000103 | 0.000124 | 0.000148 | 0.000173 |
| 10 | 022 | 034 | 048 | 065 | 084 | 106 | 130 | 157 | 186 | 218 |
| 12 | 027 | 041 | 058 | 079 | 102 | 128 | 157 | 189 | 225 | 263 |
| 14 | 032 | 049 | 069 | 093 | 120 | 151 | 185 | 223 | 264 | 309 |
| 15 | 035 | 053 | 074 | 100 | 129 | 162 | 199 | 239 | 284 | 332 |
| 16 | 037 | 057 | 080 | 107 | 138 | 174 | 213 | 256 | 304 | 355 |
| 18 | 043 | 065 | 091 | 122 | 157 | 197 | 241 | 290 | 344 | 402 |
| 20 | 048 | 073 | 102 | 137 | 176 | 221 | 270 | 325 | 384 | 449 |
| 22 | 054 | 081 | 114 | 152 | 196 | 245 | 300 | 360 | 426 | 497 |
| 24 | 060 | 090 | 126 | 168 | 216 | 270 | 330 | 396 | 467 | 545 |
| 25 | 063 | 095 | 132 | 176 | 226 | 282 | 345 | 413 | 458 | 570 |
| 28 | 073 | 108 | 151 | 200 | 257 | 320 | 391 | 468 | 552 | 644 |
| 30 | 080 | 118 | 164 | 217 | 278 | 346 | 422 | 505 | 596 | 694 |

## TABLEAU N° 6. — POUTRES A I COMPOSÉES.

*Moments d'inertie des deux platebandes de 100 millimètres de largeur (suite).*

| ÉPAISSEUR des platebandes | HAUTEUR SOUS PLATEBANDES $h$ = | | | | | | | | | |
|---|---|---|---|---|---|---|---|---|---|---|
| $e$ = | 0.70 | 0.75 | 0.80 | 0.85 | 0.90 | 0.95 | 1.00 | 1.10 | 1.20 | 1.30 |
| 8 | 0.000200 | 0.000230 | 0.000261 | 0.000294 | 0.000330 | 0.000367 | 0.000406 | 0.000491 | 0.000584 | 0.000684 |
| 10 | 252 | 289 | 328 | 370 | 414 | 461 | 510 | 616 | 732 | 858 |
| 12 | 304 | 348 | 396 | 446 | 499 | 555 | 614 | 742 | 881 | 1033 |
| 14 | 357 | 409 | 464 | 522 | 585 | 650 | 720 | 869 | 1032 | 1209 |
| 15 | 383 | 439 | 498 | 561 | 628 | 698 | 773 | 932 | 1107 | 1297 |
| 16 | 410 | 469 | 533 | 600 | 671 | 746 | 826 | 996 | 1183 | 1385 |
| 18 | 464 | 531 | 602 | 678 | 758 | 843 | 933 | 1125 | 1335 | 1563 |
| 20 | 518 | 593 | 672 | 757 | 846 | 941 | 1040 | 1254 | 1488 | 1742 |
| 22 | 573 | 656 | 743 | 836 | 935 | 1039 | 1149 | 1385 | 1643 | 1923 |
| 24 | 629 | 719 | 815 | 917 | 1025 | 1139 | 1258 | 1516 | 1798 | 2104 |
| 25 | 657 | 751 | 851 | 957 | 1069 | 1188 | 1313 | 1582 | 1876 | 2195 |
| 28 | 742 | 848 | 960 | 1079 | 1206 | 1339 | 1480 | 1782 | 2111 | 2469 |
| 30 | 800 | 913 | 1033 | 1162 | 1298 | 1441 | 1592 | 1916 | 2270 | 2053 |

## TABLEAU N° 6. — POUTRES A I COMPOSÉES.

*Moments d'inertie des deux platebandes de 100 millimètres de largeur (suite).*

| ÉPAISSEUR des platebandes e = | HAUTEUR SOUS PLATEBANDES h = | | | | | | | | | |
|---|---|---|---|---|---|---|---|---|---|---|
| | 1.40 | 1.50 | 1.60 | 1.70 | 1.80 | 1.90 | 2.00 | 2.50 | 3.00 | 3.50 |
| 8 | 0.000793 | 0.000910 | 0.001034 | 0.001167 | 0.001307 | 0.001456 | 0.001613 | 0.002516 | » | » |
| 10 | 994 | 1140 | 1296 | 1462 | 1638 | 1824 | 2022 | 3150 | 0.001330 | 0.006160 |
| 12 | 1196 | 1372 | 1559 | 1758 | 1970 | 2193 | 2429 | 2786 | » | » |
| 14 | 1400 | 1604 | 1823 | 2056 | 2303 | 2564 | 2839 | 4424 | » | » |
| 15 | 1502 | 1721 | 1956 | 2206 | 2471 | 2750 | 3045 | 4744 | 68 | 9266 |
| 16 | 1604 | 1839 | 2089 | 2356 | 2638 | 2937 | 3251 | 5064 | » | » |
| 18 | 1810 | 2074 | 2356 | 2656 | 2975 | 3311 | 3665 | 5706 | » | » |
| 20 | 2016 | 2310 | 2624 | 2958 | 3312 | 3686 | 4080 | 6350 | 9121 | 12391 |
| 22 | 2224 | 2548 | 2894 | 3262 | 3652 | 4064 | 4497 | 6997 | » | » |
| 24 | 2433 | 2787 | 3165 | 3567 | 3993 | 4442 | 4916 | 7645 | » | » |
| 25 | 2538 | 2907 | 3301 | 3720 | 4163 | 4632 | 5126 | 7970 | 11439 | 15532 |
| 28 | 2855 | 3269 | 3711 | 4181 | 4678 | 5204 | 5738 | 8947 | » | » |
| 30 | 3068 | 3312 | 3986 | 4490 | 5024 | 5588 | 6182 | 9602 | 13772 | 18692 |

Les moments d'inertie des platebandes ont été calculés pour une largeur de 100 millimètres. Comme pour une épaisseur donnée ils sont proportionnels à leurs largeurs, il suffira, pour avoir le moment d'inertie d'une platebande de largeur $l$ de multiplier le nombre indiqué dans la table par le rapport $\frac{l}{100}$ ($l$ étant exprimé en millimètres).

Exemple. — Soit à déterminer le

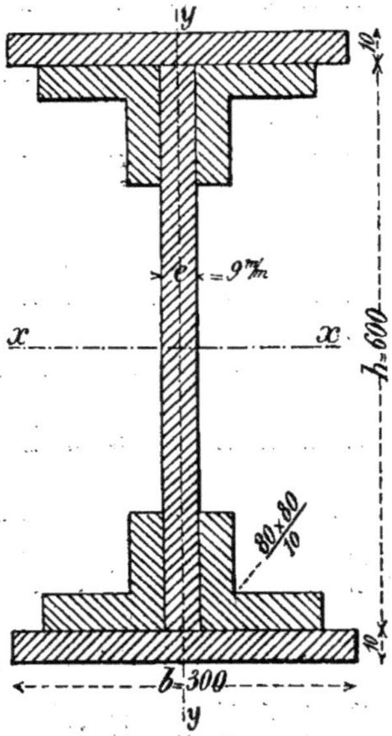


Fig. 170.

moment d'inertie de la section représentée par la figure 170.

On aura d'après les tables :

1° Moment d'inertie de l'âme :

$$I_a = 0{,}000180\,;$$

2° Moment d'inertie des quatre cornières. $I_c = 0{,}000462$;

3° Moment d'inertie des deux plate bandes :

$$I_p = 0{,}000186\,\frac{300}{100} = 0{,}000558\,;$$

d'où le moment d'inertie total :

$$I = 0{,}000180 + 0{,}000462 + 0{,}000558$$
$$I = 0{,}001200$$

**251.** Remarque. — Si dans le calcul du moment d'inertie d'une poutre composée on doit tenir compte de la matière enlevée par les rivets, il suffira de déduire du moment d'inertie total le moment d'inertie d'un rectangle pour chaque trou de rivet.

## Pièce à section constante, encastrée à une extrémité et libre à l'autre, chargée sur toute sa longueur d'une charge uniformément répartie de $p$ kilogrammes par mètre courant et supportant en outre à son extrémité un poids P.

**252.** Désignons par $l$ la longueur de la pièce AB réduite à la fibre moyenne, avant

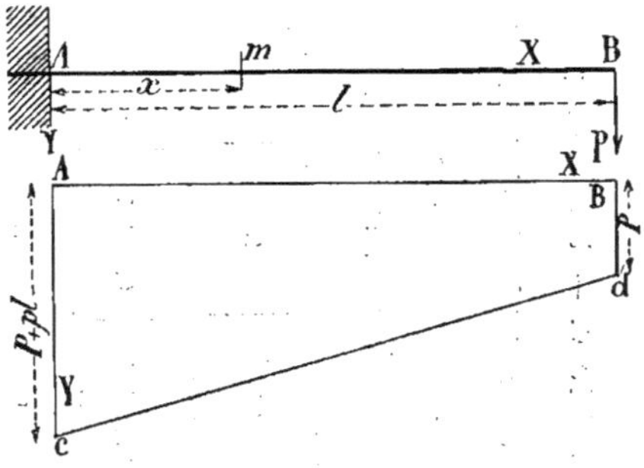


Fig. 171.

la déformation (*fig.* 171) et déterminons, pour une section $m$, l'effort tranchant, le moment fléchissant, ainsi que la section dangereuse et la flèche maximum.

1° *Effort tranchant.* — Au n° 102 de la graphostatique nous avons défini l'effort tranchant qui tend à trancher, cisailler les molécules. Pour une section quelconque $m$, l'effort tranchant est la composante de la force extérieure à cette section agissant dans le plan même de cette section ; ou bien c'est la somme des projections, sur un axe mené dans le plan de la flexion, perpendiculaire à l'axe longitudinal de la poutre, de toutes les forces extérieures qui sollicitent le solide depuis la section considérée jusqu'à son extrémité.

Donc, si $x$ représente la distance de la section $m$ à la section d'encastrement, l'effort tranchant dans cette section sera :

$$T = P + p(l - x), \qquad (1)$$

équation du premier degré, qui peut être représentée par la droite $cd$, rapportée aux axes AX et AY.

Les ordonnées extrêmes sont données, en faisant dans l'équation (1) $x = o$ et $x = l$ ;

d'où :

$$Bd = P$$
$$Ac = P + pl.$$

Le maximum de l'effort tranchant en A a lieu pour $x = o$, et le minimum en B pour $x = l$.

2° *Moment fléchissant.* — Le moment fléchissant dans la section $m$ a pour expression :

$$\mu = P(l - x) + p(l - x)\left(\frac{l - x}{2}\right)$$

ou :

$$\mu = P(l - x) + \frac{p}{2}(l - x)^2. \qquad (2)$$

En faisant varier la distance $x$, on aura la valeur du moment fléchissant pour une section quelconque.

D'ailleurs l'équation (2) est celle d'une parabole à axe vertical.

Le maximum du moment de flexion a lieu dans la section d'encastrement A, pour $x = o$, ce qui donne :

$$\mu_{max} = Pl + \frac{pl^2}{2}.$$

Le minimum a lieu à l'extrémité B de la poutre pour $x = l$ ; on a alors :

$$\mu_{min} = o.$$

La section d'encastrement A est donc celle où se produit, en même temps, l'effort tranchant maximum et le moment fléchissant maximum ; c'est donc la section dangereuse.

L'extrémité libre B n'a qu'à résister à l'effort tranchant P.

3° *Calcul de la flèche.* — Nous avons indiqué au n° 238 le calcul de la flèche maxima d'une pièce encastrée et soumise à son autre extrémité à une force P. Ce calcul, basé sur les élémentaires, pourrait être répété dans le cas qui nous occupe. Nous croyons cependant utile d'indiquer comment le calcul intégral permet d'arriver plus rationnellement à la détermination de la flèche maximum.

Le rayon de courbure $r$ de la ligne élastique pour une section est donné par la relation déjà établie :

$$r = \frac{EI}{\mu}$$

et la courbe affectée par la ligne neutre a pour équation différentielle (1) :

$$\frac{d^2y}{dx^2} = \frac{\mu}{EI},$$

ou :

$$EI\frac{d^2y}{dx^2} = \mu.$$

Pour une section $m$, le moment fléchissant est :

$$\mu = P(l - x) + \frac{p}{2}(l - x)^2,$$

d'où l'équation :

$$EI\frac{d^2y}{dx^2} = P(l - x) + \frac{p}{2}(l - x)^2.$$

En intégrant une première fois on trouve :

$$EI\frac{dy}{dx} = P\left(lx - \frac{x^2}{2}\right) + \frac{p}{2}\left(l^2x - lx^2 + \frac{x^3}{3}\right) + C.$$

Pour déterminer cette constante C, il suffit d'écrire que pour $x = o$ la tangente

(1) On sait qu'en désignant par $y$ l'ordonnée d'une courbe, et par $y'$ et $y''$ ses deux premières dérivées, le rayon de courbure a pour expression :

$$r = \frac{(1 + y'^2)^{\frac{3}{2}}}{y''}$$

lorsque la convexité de la courbe est tournée vers l'axe des $x$, comme cela arrive pour la fibre moyenne.

La courbure étant toujours très faible, l'angle de la tangente à la courbe avec l'axe des $x$ est toujours très faible, et l'on peut en conséquence négliger le carré de $y'$ vis-à-vis de l'unité, et écrire :

$$r = \frac{1}{y''}.$$

La dérivée seconde $y''$ se représente par $\frac{d^2y}{dx^2}$.

Par suite l'équation :

$$r = \frac{EI}{\mu}$$

peut s'écrire :

$$\frac{d^2y}{dx^2} = \frac{\mu}{EI}.$$

en A reste horizontale, puisque c'est une condition de l'encastrement complet, c'est-à-dire :

$$\frac{dy}{dx} = o,$$

il en résulte $C = o$.

En intégrant une deuxième fois, on obtient :

$$EIy = P\left(\frac{lx^2}{2} - \frac{x^3}{6}\right) + \frac{p}{2}\left(\frac{l^2x^2}{2} - \frac{lx^3}{3} + \frac{x^4}{12}\right) + C_1.$$

Cette nouvelle constante $C_1$ se déterminera par la condition que pour $x = o$ on a aussi $y = o$ ; il en résulte :

$$C_1 = o.$$

La flèche maximum qui a lieu à l'extrémité de la poutre s'obtiendra en faisant $x = l$ ; l'ordonnée $y$ de la ligne élastique sera la flèche maximum $f$ ; on a alors :

$$EIf = P\left(\frac{l^3}{2} - \frac{l^3}{6}\right) + \frac{p}{2}\left(\frac{l^4}{2} - \frac{l^4}{3} + \frac{l^4}{12}\right)$$

ou :

$$f = \frac{Pl^3}{3EI} + \frac{pl^4}{8EI}. \qquad (3)$$

**253.** Remarque I. — *Cas où la charge uniformément répartie est négligeable.*

Les formules précédentes peuvent s'appliquer au cas où la charge uniformément répartie est négligeable ; il suffit de faire $p = o$, ce qui donne :

1° Effort tranchant à la section d'encastrement :

$$T = P;$$

2° Moment fléchissant dans une section $m$ :

$$\mu = P\,(l - x);$$

3° Moment maximum à l'encastrement :

$$\mu_m = Pl;$$

4° Équation de la fibre neutre déformée :

$$EI.\ y = P\left(\frac{lx^2}{2} - \frac{x^3}{6}\right);$$

5° Flèche maximum à l'extrémité de la poutre :

$$f = \frac{Pl^3}{3EI}.$$

**254.** Remarque II. — *Cas où la poutre ne supporte qu'une charge uniformément répartie.*

Il suffit de faire $P = O$ dans les formules générales ; on obtient ainsi :

1° Effort tranchant dans une section $m$ :

$$T = p\,(l - x);$$

2° Effort tranchant dans la section d'encastrement :

$$T = pl;$$

3° Moment fléchissant dans une section quelconque :

$$\mu = \frac{p}{2}(l - x)^2;$$

4° Moment fléchissant à l'encastrement :

$$\mu_m = \frac{pl^2}{2};$$

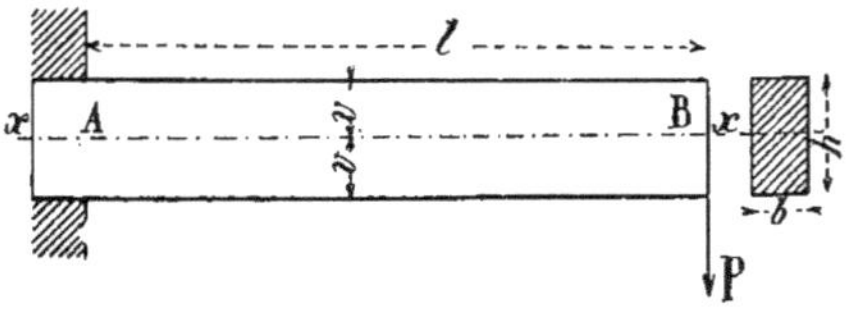


Fig. 172.

5° Equation de la fibre neutre déformée :

$$EI.\ y = \frac{p}{2}\left(\frac{l^2x^2}{2} - \frac{lx^3}{3} + \frac{x^4}{12}\right);$$

6° Flèche maximum à l'extrémité libre :

$$f = \frac{pl^4}{8EI}.$$

## Formules pratiques pour le calcul des solides suivant leur forme et leur nature.

**255.** Nous allons appliquer les formules précédentes à quelques solides, encastrés à une extrémité, chargés uniformément et soumis à l'action d'une force P agissant à l'extrémité libre.

**256.** 1° *La pièce est à section rectangulaire, la dimension verticale est h et la dimension horizontale b, sa longueur l* (*fig.* 172).

Prenons la formule générale :

$$\mu = \frac{RI}{v},$$

dans laquelle :

$$I = \frac{bh^3}{12},$$

$$v' = \frac{h}{2},$$

d'où : $$\frac{I}{v'} = \frac{bh^3}{12} : \frac{h}{2} = \frac{bh^2}{6}.$$

Le moment fléchissant à l'encastrement est :

$$\mu = Pl + \frac{pl^2}{2}.$$

En substituant dans la relation :

$$\frac{I}{v} = \frac{\mu}{R},$$

on a :

$$\frac{bh^2}{6} = \frac{Pl + \frac{pl^2}{2}}{R} = \frac{l\left(P + \frac{pl}{2}\right)}{R}.$$

Prenons pour la charge de sécurité :

*fer* $R = 6 \times 10^6$,

*fonte* $R = 2{,}5 \times 10^6$,

*chêne*, *sapin* $R = 0{,}6 \times 10^6$.

on aura :

*pour le fer :* $$bh^2 = \frac{l\left(P + \frac{pl}{2}\right)}{1\ 000\ 000},$$

*pour la fonte :*

$$bh^2 = \frac{l\left(P + \frac{pl}{2}\right)}{375\ 000},$$

*pour le chêne et sapin :*

$$bh^2 = \frac{l\left(P + \frac{pl}{2}\right)}{100\ 000}.$$

Dans le cas où on néglige la charge uniformément répartie ; on obtient :

*pour le fer :* $$bh^2 = \frac{Pl}{1\ 000\ 000},$$

*pour la fonte :* $$bh^2 = \frac{Pl}{375\ 000},$$

*pour le chêne et sapin :*

$$bh^2 = \frac{Pl}{100\ 000}.$$

Si la pièce est simplement soumise à la charge uniformément répartie, on a:

*pour le fer :* $$bh^2 = \frac{pl^2}{2\ 000\ 000},$$

*pour la fonte :* $$bh^2 = \frac{pl^2}{750\ 000},$$

*pour le chêne et sapin :*

$$bh^2 = \frac{pl^2}{200\ 000}.$$

**257.** Remarque I. — Si la section du solide est un carré ayant $b$ pour côté, il suffira de remplacer dans les formules précédentes, $bh^2$ par $b^3$.

**258.** Remarque II. — Connaissant le rapport entre $b$ et $h$, on pourra déterminer facilement, à l'aide de ces formules, les dimensions de la pièce rectangulaire, selon qu'elle est en fer, en fonte, en chêne ou en sapin.

**259.** 2° *Le solide est à section circulaire.* — Le moment d'inertie d'un cercle par rapport à un de ses diamètres est :

$$I = \frac{\pi d^4}{64},$$

$$v = \frac{d}{2},$$

d'où : $$\frac{I}{v} = \frac{\pi d^3}{32}.$$

Si la pièce est chargée uniformément, et soumise à son extrémité à la force P, on aura :

$$\frac{I}{v} = \frac{\mu}{R}$$

ou :

$$\frac{\pi d^3}{32} = \frac{l\left(P + \frac{pl}{2}\right)}{R}$$

et les formules pratiques seront :

*pour le fer :* $$d^3 = \frac{l\left(P + \frac{pl}{2}\right)}{589\ 050},$$

*pour la fonte :* $$d^3 = \frac{l\left(P + \frac{pl}{2}\right)}{245\ 440},$$

*pour le chêne et sapin :* $$d^3 = \frac{l\left(P + \frac{pl}{2}\right)}{58\ 905}.$$

Si la charge uniformément répartie est nulle, on aura :

*pour le fer :* $d^3 = \frac{Pl}{589\ 050}$,

*pour la fonte :* $d^3 = \frac{Pl}{245\ 440}$,

*pour le chêne et sapin :* $d^3 = \frac{Pl}{58\ 905}$.

Enfin, s'il n'y a que la charge uniformément répartie, P = O et l'on obtient :

*pour le fer :* $d^3 = \frac{pl^2}{1\ 178\ 100}$,

*pour la fonte :* $d^3 = \frac{pl^2}{490\ 880}$,

*pour le chêne et sapin :* $d^3 = \frac{pl^2}{117\ 810}$.

**260.** 3° *Section en forme de* **I** (*fig.* 173). — Si la section de la pièce encastrée à

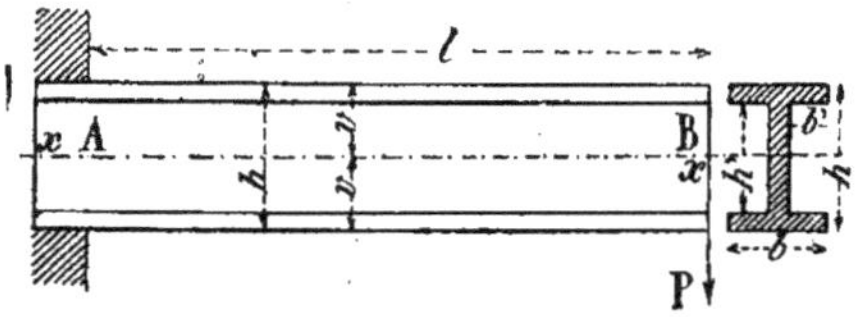


Fig. 173.

l'une de ses extrémités a la forme d'un **I**, le moment d'inertie est :

$$I = \frac{bh^3 - 2b'h'^3}{12}$$

$$v = \frac{h}{2}$$

d'où :

$$\frac{I}{v} = \frac{bh^3 - 2b'h'^3}{6b}$$

et l'équation générale est :

$$\frac{bh^3 - 2b'h'^3}{6h} = \frac{l\left(P + \frac{pl}{2}\right)}{R}.$$

Les formules pratiques deviennent dans ce cas :

*pour le fer :*

$$\frac{bh^3 - 2b'h'^3}{h} = \frac{l\left(P + \frac{pl}{2}\right)}{1\ 000\ 000},$$

*pour la fonte :*

$$\frac{bh^3 - 2b'h'^3}{h} = \frac{l\left(P + \frac{pl}{2}\right)}{416\ 666},$$

*pour le chêne et sapin :*

$$\frac{bh^3 - 2b'h'^3}{h} = \frac{l\left(P + \frac{pl}{2}\right)}{100\ 000}.$$

Pour les formules pratiques, dans les cas de $p = 0$ ou $P = o$, il sera facile de les établir.

En se donnant les rapports entre les dimensions de la section en fonction de l'une d'elles, $h$ par exemple, on obtiendra le profil cherché.

**261.** 4° *Section en forme de croix* (*fig.* 174). — Si le solide a une section en forme de croix et se trouve placé dans les

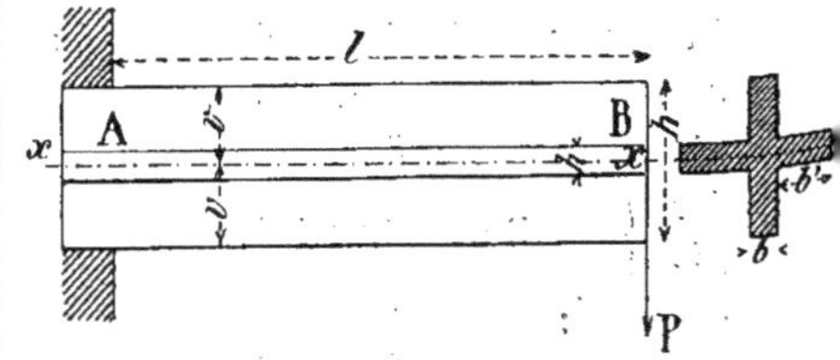


Fig. 174.

mêmes conditions, le moment d'inertie est :

$$I = \frac{bh^3 + 2b'h'^3}{12}$$

$$v = \frac{h}{2}$$

donc :

$$\frac{bh^3 + 2b'h'^3}{6h} = \frac{l\left(P + \frac{pl}{2}\right)}{R}.$$

On a alors :

*pour le fer :*

$$\frac{bh^3 + 2b'h'^3}{h} = \frac{l\left(P + \frac{pl}{2}\right)}{1\ 000\ 000},$$

*pour la fonte :*

$$\frac{bh^3 + 2b'h'^3}{h} = \frac{l\left(P + \frac{pl}{2}\right)}{416\ 666},$$

*pour le chêne et sapin :*

$$\frac{bh^3+2b'h'^3}{h}=\frac{l\left(P+\frac{pl}{2}\right)}{100\,000}.$$

**262.** 5° *Section en forme de rectangle creux* (*fig.* 175). — Le moment d'inertie est :

$$I=\frac{bh^3-b'h'^3}{12}$$

$$v=\frac{h}{2}$$

d'où :

$$\frac{bh^3-b'h'^3}{6h}=\frac{l\left(P+\frac{pl}{2}\right)}{R}$$

*pour le fer :*

$$\frac{bh^3-b'h'^3}{h}=\frac{\left(P+\frac{pl}{2}\right)l}{1\,000\,000},$$

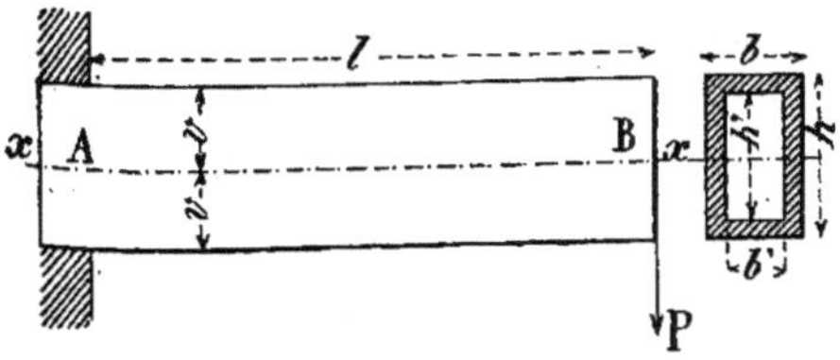


Fig. 175.

*pour la fonte :*

$$\frac{bh^3-b'h'^3}{h}=\frac{l\left(P+\frac{pl}{2}\right)}{416\,666},$$

*pour le chêne et sapin :*

$$\frac{bh^3-b'h'^3}{h}=\frac{l\left(P+\frac{pl}{2}\right)}{100\,000}.$$

**263.** 6° *Section annulaire* (*fig.* 176).

$$I=\frac{\pi d^4-\pi d'^4}{64}$$

$$v=\frac{d}{2}$$

d'où :

$$\frac{\pi\,(d^4-d'^4)}{32d}=\frac{l\left(P+\frac{pl}{2}\right)}{R}.$$

Supposons $d'=\frac{4}{5}\,d$, on a :

*pour le fer :* $$d^3=\frac{l\left(P+\frac{pl}{2}\right)}{347\,775},$$

*pour la fonte :* $$d^3=\frac{l\left(P+\frac{pl}{2}\right)}{145\,000},$$

*pour le chêne et sapin :* $$d^3=\frac{l\left(P+\frac{pl}{2}\right)}{34\,777},$$

**264.** REMARQUE I. — Dans les formules que nous venons d'établir, on a supposé que la force P et la charge uniformément répartie agissaient dans le même sens ; si elles agissaient en sens contraire, les moments fléchissants seraient :

$$\mu=Pl-\frac{pl^2}{2},$$

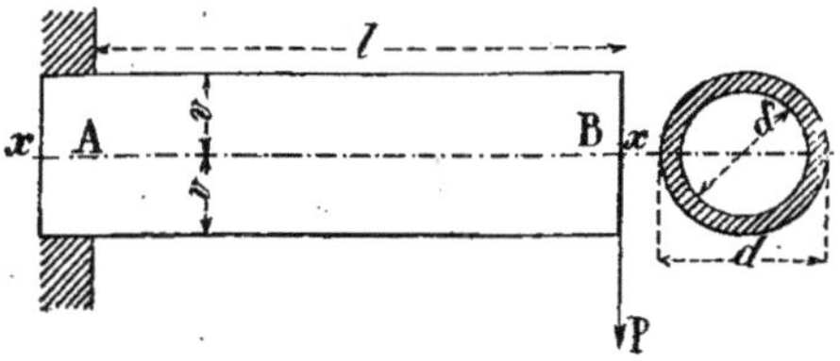


Fig. 176.

ou : $$\mu=\frac{pl^2}{2}-Pl$$

selon que l'on aurait :

$$Pl \gtrless \frac{pl^2}{2},$$

**265.** REMARQUE II. — Si la pièce encastrée à l'une de ses extrémités était soumise à deux forces P et P', parallèles et de même sens, et agissant à des distances $l$ et $l'$ de la section d'encastrement, le moment fléchissant à l'encastrement serait :

$$\mu=Pl+P'l';$$

si de plus elle était chargée uniformément d'un poids $p$ par mètre courant, le moment deviendrait :

$$\mu=Pl+P'l'+\frac{pl^2}{2}.$$

Enfin si les forces agissaient en sens contraire, on aurait pour l'encastrement :

$$\mu = Pl - P'l',$$

et pour la section passant par la force P' :

$$\mu = P(l - l').$$

Dans cette dernière hypothèse, on choisira des deux moments celui qui est le plus grand.

### Poutre encastrée à ses deux extrémités et supportant une charge uniformément répartie par mètre courant.

**266.** Soit AB (*fig.* 177) une poutre encastrée à ses deux extrémités et chargée d'un poids $p$ par mètre courant.

Les forces verticales qui s'exercent aux

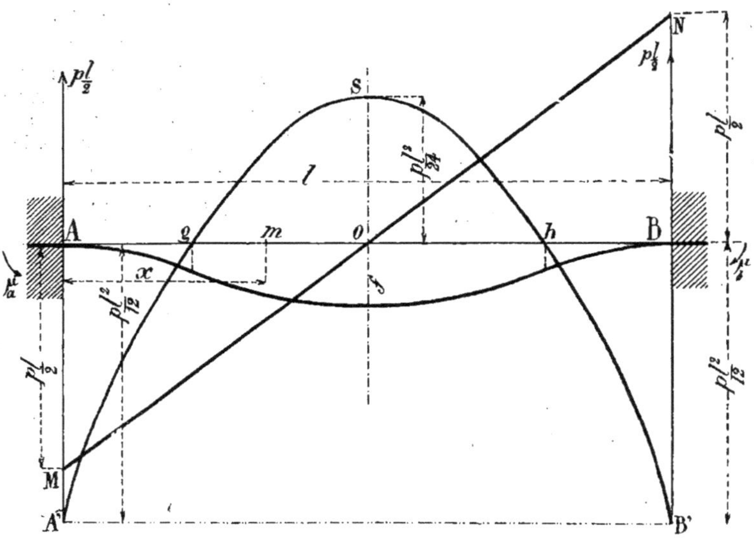


Fig. 177.

sections d'encastrement A et B sont égales aux réactions $\frac{pl}{2}$, qui se développeraient en ces points si la pièce était posée sur deux appuis simples.

Pour une section $m$ située à une distance $x$ de l'encastrement A, le moment fléchissant $\mu$ se compose :

1° Du moment de la réaction verticale $\frac{pl}{2}$ de l'appui A ;

2° Du moment en sens contraire de la charge uniformément répartie qui agit sur la portion A$m$ ; cette charge, qui a pour valeur $px$, peut être considérée comme appliquée au milieu de A$m$ ;

3° Du moment du couple d'encastrement qui se développe dans la section A et de même signe que le précédent. En désignant par $\mu_a$ le moment de ce couple, on aura pour le moment fléchissant $\mu$ dans la section $m$ :

$$\mu = \frac{pl}{2}x - px.\frac{x}{2} - \mu_a, \qquad (1)$$

ou :

$$\mu = \frac{plx}{2} - \frac{px^2}{2} - \mu_a.$$

Pour déterminer le moment d'encastrement $\mu_a$, prenons l'équation différentielle de la fibre neutre déformée :

$$EI\frac{d^2y}{dx^2} = \mu = \frac{plx}{2} - \frac{px^2}{2} - \mu_a. \qquad (2)$$

En intégrant une première fois, on a :

$$EI\frac{dy}{dx} = \frac{p}{2}\left(\frac{lx^2}{2} - \frac{x^3}{3}\right) - \mu_a x + C. \quad (3)$$

A cause de l'encastrement, la tangente à la fibre moyenne au point A restant horizontale, on doit avoir :

$$\frac{dy}{dx} = o \text{ pour } x = o.$$

Il en résulte que la constante C est nulle.

De même à cause de l'encastrement en B on a aussi :

$$\frac{dy}{dx} = o \text{ pour } x = l,$$

c'est-à-dire :

$$o = \frac{p}{2}\left(\frac{l^3}{2} - \frac{l^3}{3}\right) - \mu_a l$$

ou :

$$\frac{p}{2}\frac{l^3}{6} - \mu_a l = o,$$

et :

$$\mu_a = \frac{pl^2}{12}. \quad (4)$$

L'équation (1) devient alors :

$$\mu = \frac{plx}{2} - \frac{px^2}{2} - \frac{pl^2}{12}$$

ou :

$$\mu = \frac{p}{2}\left(lx - x^2 - \frac{l^2}{6}\right). \quad (5)$$

Ce qui donne la valeur du moment fléchissant pour la section $m$.

Pour obtenir l'équation de la fibre moyenne, reprenons l'équation (3) en remplaçant $\mu_a$ par sa valeur :

$$EI\,\frac{dy}{dx} = \frac{p}{2}\left(\frac{lx^2}{2} - \frac{x^3}{3} - \frac{lx^2}{6}\right), \quad (6)$$

et intégrons de nouveau, on aura :

$$EI.y = \frac{p}{2}\left(\frac{lx^3}{6} - \frac{x^4}{12} - \frac{l^2x^2}{12}\right),$$

ou :

$$EI.y = \frac{px^2}{24}(2lx - x^2 - l^2),$$

et enfin :

$$EI.y = -\frac{px^2}{24}(l - x)^2. \quad (7)$$

Cette équation de la fibre moyenne montre que pour $x = o$ et $x = l$ on a $y = o$, et que le maximum de $y$ a lieu pour $x = \frac{l}{2}$.

*Flèche.* — La valeur maximum de $y$ représentera la flèche $f$ de la fibre neutre, on l'obtiendra donc en remplaçant dans l'équation (7) $x$ par $\frac{l}{2}$, ce qui donnera :

$$f = -\frac{p}{24EI}\cdot\frac{l^2}{4}\left(l - \frac{l}{2}\right)^2.$$

ou :

$$f = \frac{p}{24EI} \times \frac{l^4}{16} = \frac{pl^4}{384EI}.$$

*Efforts tranchants.* — Pour une section quelconque $m$, l'effort tranchant T sera :

$$T = \frac{pl}{2} - px = p\left(\frac{l}{2} - x\right).$$

Cette équation du premier degré montre, comme nous l'avons vu dans la graphostatique, que la ligne représentative des efforts tranchants est une droite MN, passant par le milieu de AB et dont les ordonnées aux points A et B sont :

$$\frac{pl}{2} \text{ et } -\frac{pl}{2},$$

*Courbe des moments fléchissants.* — L'équation (5)

$$\mu = \frac{p}{2}\left(lx - x^2 - \frac{l^2}{6}\right)$$

représente une parabole à axe vertical, dont le paramètre est $\frac{2}{p}$. Cette courbe peut se construire facilement à une échelle donnée, en remarquant que :

pour $x = o$ $\mu = -\frac{pl^2}{12}$,

pour $x = l$ $\mu = -\frac{pl^2}{12}$,

pour $x = \frac{l}{2}$ $\mu = \frac{pl^2}{24}$.

On connaît le sommet S de la parabole située sur la verticale menée au milieu de la poutre et les deux points A′ et B′. Les points $g$ et $h$ où la parabole coupe l'axe des $x$ (AB), sont les points pour lesquels les moments fléchissants sont nuls.

En ces points on a donc :

$$\frac{d^2y}{dx^2} = o,$$

ce qui signifie que les points $g$ et $h$ sont des points d'inflexion de la fibre neutre fléchie qui affecte la forme indiquée par le trait fort, c'est-à-dire qu'en ces points la fibre change de courbure.

Entre les points $g$ et $h$, la pièce se comporte comme une poutre simplement appuyée en ces points. Ces points d'inflexion peuvent s'obtenir en résolvant l'équation :

$$\frac{p}{2}\left(lx - x^2 - \frac{l^2}{6}\right) = o,$$

ou :

$$x^2 - lx + \frac{l^2}{6} = o,$$

ce qui donne :

$$x = \frac{l}{2}\left(1 \pm \frac{\sqrt{3}}{3}\right).$$

### Poutre encastrée aux deux extrémités, et chargée d'un poids unique en un point de sa longueur.

**267.** Soit AB (*fig.* 178) une poutre encastrée à ses deux extrémités et supportant au point C une force P. Représentons par Q et Q′ les réactions aux extrémités et par $\mu_a$ et $\mu_b$ les moments d'encastrement en ces points.

La poutre étant en équilibre sous l'action de ces forces, on aura :

$$Q + Q' = P,$$

en prenant les moments par rapport au point A, on a :

$$Pl' - Q'l - \mu_a + \mu_b = o,$$

les moments pris par rapport au point B donnent :

$$Ql - Pl'' - \mu_a + \mu_b = o.$$

Le moment fléchissant dans une section quelconque $m$, a pour expression :

$$\mu_m = P(l' - x) - Q'(l - x) + \mu_b.$$

De même le moment fléchissant dans la section $n$ du deuxième tronçon sera :

$$\mu_n = \mu_b - Q'(l - x).$$

*Équation de la fibre moyenne dans le tronçon AC.* On a :

$$EI\frac{d^2y}{dx^2} = \mu_m = P(l' - x) - Q'(l - x) + \mu_b$$

et en intégrant :

$$EI\frac{dy}{dx} = P\left(l'x - \frac{x^2}{2}\right) - Q'\left(lx - \frac{x^2}{2}\right) + \mu_b x, \quad (1)$$

la constante à ajouter est évidemment nulle, car, puisqu'il y a encastrement en A, la tangente reste horizontale en ce point.

En intégrant une deuxième fois, on obtient :

$$EI.y = P\left(\frac{l'x^2}{2} - \frac{x^3}{6}\right) - Q'\left(\frac{lx^2}{2} - \frac{x^3}{6}\right) + \mu_b\frac{x^2}{2}. \quad (2)$$

La constante à ajouter est encore ici évidemment nulle.

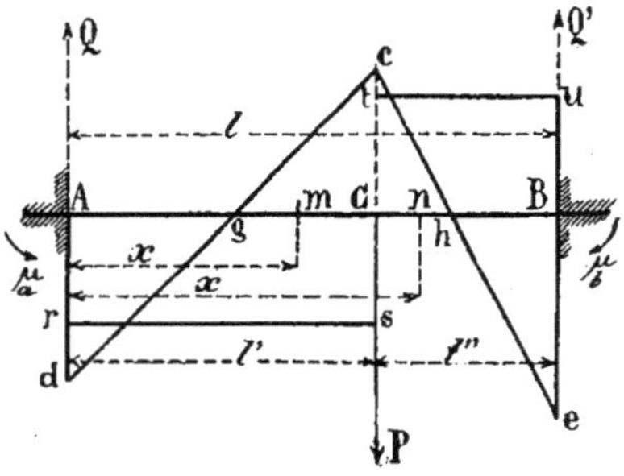


Fig. 178.

*Équation de la fibre moyenne dans le tronçon BC.* On a :

$$EI\frac{d^2y}{dx^2} = \mu_n = \mu_b - Q'(l - x),$$

et :

$$EI\frac{dy}{dx} = \mu_b x - Q'\left(lx - \frac{x^2}{2}\right) + \text{constante}. \quad (3)$$

Pour déterminer cette constante, il suffit de marquer que les deux portions de la fibre neutre dans les tronçons AC et CB se raccordent dans la section C, et qu'en ce point elles ont une tangente commune. Si alors on fait $x = l'$ dans les équations (1) et (3), on doit obtenir le même résultat.

Comme elles ne diffèrent que par le terme P, on a :

$$C = P\left(l'^2 - \frac{l'^2}{2}\right) = \frac{Pl'^2}{2}.$$

L'équation (3) devient :

$$\frac{EIdy}{dx} = \mu_b x - Q'\left(lx - \frac{x^2}{2} + \frac{Pl'^3}{2}\right). \quad (4)$$

Et en intégrant une deuxième fois :

$$EI.y = \mu_b \frac{x^2}{2} - Q'\left(\frac{lx^2}{2} - \frac{x^3}{6}\right) + \frac{Pl'^2 x}{2} + C'. \quad (5)$$

La constante C' se déterminera en remarquant que, puisque les courbes se raccordent dans la section C, les équations (2) et (5) doivent être identiques pour $x = l'$, on obtient ainsi :

$$P\left(\frac{l'^3}{2} - \frac{l'^3}{6}\right) = \frac{Pl'^3}{2} + C'$$

ou :

$$C' = -\frac{Pl^3}{6}.$$

Donc :

$$EI.y = \mu_b \frac{x^2}{2} - Q'\left(\frac{lx^2}{2} - \frac{x^3}{6}\right) + \frac{Pl'^2 x}{2} - \frac{Pl'^3}{6}. \quad (6)$$

*Détermination de* Q' *et* $\mu_b$. — La fibre neutre déformée passant par le point B, si l'on fait $x = l$ dans les équations (4) et (6), la première doit donner :

$$\frac{dy}{dx} = o \quad \text{et la seconde} \quad y = o$$

l'équation (4) devient alors :

$$O = \mu_b l - Q'\frac{l^2}{2} + \frac{Pl'^2}{2}.$$

et l'équation (6) :

$$O = \mu_b \frac{l^2}{2} - Q'\frac{l^3}{3} + \frac{Pl'^2 l}{2} - \frac{Pl'^3}{6}.$$

Ces équations résolues donnent :

$$Q' = \frac{Pl'^2(3l - 2l')}{l^3} = \frac{Pl'^2(l' + 3l'')}{l^3}$$

et :

$$\mu_b = \frac{Pl'^2 l''}{l^2}.$$

*Détermination de* Q *et* $\mu_a$. — On pourra déterminer ces quantités en écrivant que la projection de toutes les forces agissantes, sur la verticale est nulle, ainsi que la somme de leurs moments autour d'un point quelconque du plan.

On obtient ainsi :

$$P - Q - Q' = 0$$

et :

$$Pl' - Q'l + \mu_b - \mu_a = 0$$

d'où :

$$Q = \frac{Pl''^2(l'' + 3l')}{l^3}$$

et :

$$\mu_a = \frac{Pl''^2 l'}{l^2}.$$

*Maximum du moment fléchissant.* — Pour avoir le maximum du moment fléchissant dans toute la poutre, il faudra chercher à part le maximum de $\mu_m$ et de $\mu_n$, et prendre le plus grand des deux.

*Flèche maximum.* — Par des calculs analogues aux précédents, on trouvera que la flèche maximum a lieu dans le tronçon AC, lorsque $l' > l''$, pour une valeur de $x$ :

$$x = \frac{2l'(l' + l'')}{3l' + l''},$$

Cette flèche est :

$$f = \frac{P}{EI} \cdot \frac{2}{3} \cdot \frac{l'^3 l''}{(3l' + l'')^2}.$$

Dans la section C la flèche est :

$$f' = \frac{P}{EI} \frac{l'^3 l''^3}{3(l' + l'')^3}.$$

*Epure des moments fléchissants et des efforts tranchants.* — La ligne représentative des moments fléchissants se compose de deux droites inclinées *cd* et *ce*, définies par les ordonnées A*d*, C*c*, B*e*, ayant pour valeurs :

$$Ad = \mu_a = \frac{Pl''^2 l'}{l^2},$$

$$Be = \mu_b = \frac{Pl'^2 l''}{l^2},$$

et :

$$Cc = \frac{2Pl'^2 l''^2}{l^3}.$$

Les points *g* et *h*, où les moments sont nuls, sont définis par les équations :

$$Ag = \frac{l'^2 + l'l''}{3l' + l''}$$

$$Bh = \frac{l''^2 + l'l''}{3l'' + l'}$$

qui s'obtiennent en posant $\mu_m = \mu_n = o$.

L'effort tranchant dans une section

quelconque du premier tronçon, a pour expression :

$$T = P - Q' = Q ;$$

dans une section quelconque du deuxième tronçon il a pour valeur :

$$T = - Q'.$$

Il est donc constant dans chaque tronçon, et les droites *rs* et *tu* qui représentent le diagramme des efforts tranchants sont parallèles à AB, tel que :

$$Ar = Q \quad \text{et} \quad Bu = - Q'.$$

**268.** Remarque. — Dans le cas particulier où la force unique P agit au milieu de la poutre, les équations établies précédemment deviennent (*fig.* 179) :

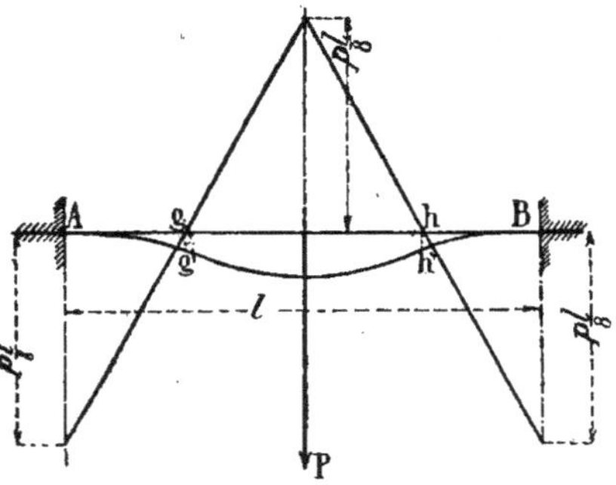


Fig. 179.

$$Q = Q' = \frac{P}{2}$$

$$\mu_a = \mu_b = \frac{Pl}{8}.$$

Le moment fléchissant $\mu_m$ dans une section du premier tronçon a pour expression :

$$\mu_m = P\left(\frac{l}{2} - x\right) - \frac{P}{2}(l - x) + \frac{Pl}{8} = \frac{P}{2}\left(\frac{l}{4} - x\right). \quad (7)$$

De même le moment fléchissant dans une section quelconque du deuxième tronçon a pour valeur :

$$\mu_n = -\frac{P}{2}(l - x) + \frac{Pl}{8} = \frac{P}{2}\left(x - \frac{3l}{4}\right). \quad (8)$$

Dans l'équation (7), l'abscisse $x$ ne peut varier que de $o$ à $\frac{l}{2}$, et dans l'équation (8) de $\frac{l}{2}$ à $l$.

Le maximum de $\mu_m$ a donc lieu pour la plus petite valeur de $x$, c'est-à-dire pour $x = o$, on obtient donc :

$$\text{Max de } \mu_m = \frac{Pl}{8},$$

tandis que le maximum de $\mu_n$ a lieu pour la plus grande valeur de $x$, qui est $x = l$; d'où :

$$\text{Max de } \mu_n = \frac{Pl}{8}.$$

Le moment fléchissant au milieu de la poutre, s'obtiendra en faisant dans les équations (8) et (9) $x = \frac{l}{2}$; elles donnent :

$$\mu_m = -\frac{Pl}{8}$$

$$\mu_n = -\frac{Pl}{8}$$

Il en résulte que les deux sections d'encastrement et la section du milieu de la poutre sont toutes les trois dangereuses.

Les triangles montrent que les points où les moments fléchissants sont nuls, sont tels que :

$$Ag = \frac{l}{4}$$

$$Ah = \frac{3l}{4};$$

d'ailleurs, si dans les équations (8) et (9) on fait :

$$x = \frac{l}{4} \text{ et } x = \frac{3l}{4},$$

on trouve :

$$\mu_m = o \text{ et } \mu_n = o.$$

Ces points $g$ et $h$ correspondent aux points d'inflexion de la fibre neutre déformée. Entre ces points la pièce se comporte comme si elle était simplement posée sur deux appuis simples $g$ et $h$.

## Poutre encastrée à une de ses extrémités et appuyée simplement à l'autre.

**269.** Soit une poutre AB (*fig.* 180)

encastrée en A, et posant librement sur un point fixe en B. Si cette poutre supporte une charge uniformément répartie de $p^k$ par mètre courant, les réactions seront telles que :

$$Q + Q' = pl. \qquad (1)$$

Les moments pris par rapport au point A donnent :

$$\frac{pl^2}{2} - \mu_a - Q'l = o, \qquad (2)$$

et les moments pris par rapport au point B donnent :

$$Ql - \mu_a - \frac{pl^2}{2} = o, \qquad (3)$$

d'où on tire :

$$\mu_a = Ql - \frac{pl^2}{2} = \frac{pl^2}{2} - Q'l. \qquad (4)$$

Le moment fléchissant dans une section quelconque $m$, ayant pour abscisse $x$, aura pour expression :

$$\mu = Qx - \frac{px^2}{2} - \mu_a; \qquad (5)$$

par suite l'équation différentielle de la fibre neutre déformée sera :

$$\text{EI}\frac{d^2y}{dx^2} = Qx - \frac{px^2}{2} - \mu_a,$$

et en intégrant :

$$\text{EI}\frac{dy}{dx} = \frac{Qx^2}{2} - \frac{px^3}{6} - \mu_a x + \text{C}^{te}. \qquad (6)$$

A cause de l'encastrement dont l'abscisse $x = o$, on a $\frac{dy}{dx} = o$, puisque la tangente en A est horizontale, par suite la constante est nulle.

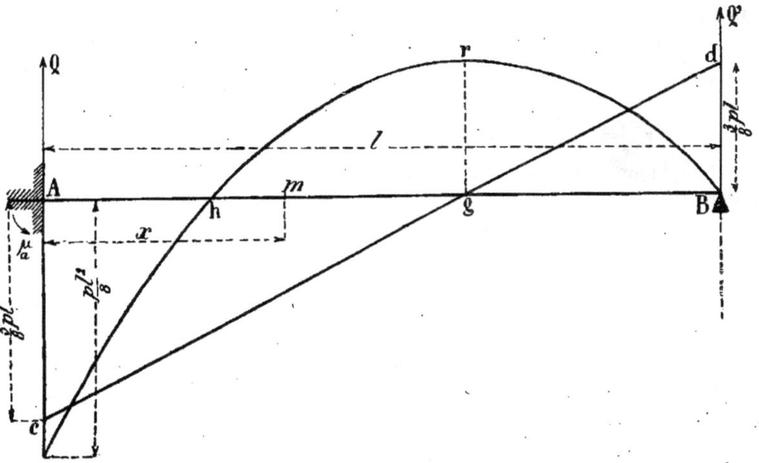


Fig. 180.

En intégrant une deuxième fois, on obtient :

$$\text{EI}.y = \frac{Qx^3}{6} - \frac{px^4}{24} - \frac{\mu_a x^2}{2}.$$

La constante est encore nulle, car on a $y = o$ pour $x = o$, puisque la fibre neutre déformée passe par le point A ; mais on doit, pour la même raison, avoir $y = o$ pour $x = l$, ce qui donne :

$$\frac{Ql^3}{6} - \frac{pl^4}{24} - \frac{\mu_a l^2}{2} = o,$$

d'où on tire :

$$\mu_a = \frac{Ql}{3} - \frac{pl^2}{12} = \frac{l}{3}\left(Q - \frac{pl}{4}\right). \qquad (7)$$

D'autre part, d'après l'équation (4), on a :

$$\mu_a = Ql - \frac{pl^2}{2},$$

donc :

$$\frac{l}{3}\left(Q - \frac{pl}{4}\right) = Ql - \frac{pl^2}{2},$$

ou : $$Ql - \frac{Ql}{3} = \frac{pl^2}{2} - \frac{pl^2}{12},$$

et : $$Q = \frac{5}{8} pl. \qquad (8)$$

En remplaçant Q par cette valeur dans l'équation (7) on obtient :

$$\mu_a = \frac{l}{3}\left(\frac{5pl}{8} - \frac{pl}{4}\right) = \frac{pl^2}{8}. \qquad (9)$$

Enfin cette valeur de $\mu_a$ portée dans l'équation (2) donne :

$$\frac{pl^2}{2} - \frac{pl^2}{8} - Q'l = o,$$

d'où : $$Q' = \frac{3pl}{8}. \qquad (10)$$

Ces valeurs de Q et Q' sont différentes et non égales comme dans le cas de la poutre posant sur deux appuis simples.

*Diagrammes des moments fléchissants et des efforts tranchants.* — Si dans l'équation (5) :

$$\mu = Qx - \frac{px^2}{2} - \mu_a,$$

nous remplaçons Q et $\mu_a$ par leurs valeurs, on obtient :

$$\mu = \frac{5plx}{8} - \frac{px^2}{2} - \frac{pl^2}{8},$$

ou : $$\mu = \frac{p}{2}\left(\frac{5}{4} lx - x^2 - \frac{l^2}{4}\right), \qquad (11)$$

qui est l'équation d'une parabole à axe vertical facile à construire en faisant varier $x$, de $o$ à $l$.

Le diagramme des efforts tranchants est une ligne droite $cd$, dont les ordonnées aux points A et B ont pour valeur :

$$\frac{5pl}{8} \text{ et } \frac{3pl}{8}.$$

On déduit de là :

$$Ag = \frac{5}{8} l.$$

et pour valeur de $gr$, ordonnée du sommet de la courbe des moments fléchissants.

$$gr = \frac{9pl^2}{128},$$

obtenue en faisant $x = \frac{5l}{8}$ dans l'équation (11).

**Poutre reposant librement sur deux appuis de niveau et soumise à l'action d'une charge uniformément répartie par mètre courant.**

**270.** Soit AB (*fig.* 181) la fibre neutre, avant la flexion, d'une poutre posée librement à ses extrémités, de telle sorte qu'ils donnent lieu à des réactions verticales seulement.

En désignant par $l$ la portée, et $p$ la charge par mètre courant que supporte la poutre ; la charge totale est $pl$, et chacun des appuis en supporte la moitié, c'est-à-dire $\frac{pl}{2}$. Chaque point d'appui exerce donc une réaction dirigée de bas en haut égale à $\frac{pl}{2}$.

La poutre est donc en équilibre sous l'action des deux réactions égales et de la charge totale $pl$ qu'elle supporte.

Déterminons, pour une section $m$, située à une distance $x$ du point A, le moment fléchissant et l'effort tranchant.

Les forces qui agissent sur la portion A$m$, sont la réaction $Q = \frac{pl}{2}$, dont le moment par rapport au point $m$ est $\frac{pl}{2} x$ ; puis la charge uniformément répartie sur la longueur A$m$, qui a pour valeur $px$, et dont le moment est $px, \frac{x}{2}$.

Si $\mu$ désigne le moment fléchissant dans la section $m$, on aura l'équation :

$$\mu = \frac{pl}{2} x - \frac{px^2}{2} = \frac{px}{2}(l - x).$$

Cette équation suppose que la section $m$ termine le tronçon A$m$, et exprime que le moment $\mu$ des forces moléculaires qui s'exercent dans cette section est égal au moment des forces extérieures appliquées sur le tronçon de poutre A$m$. Mais en réalité, il se développe dans cette section deux groupes d'efforts moléculaires égaux et directement opposés, qui sont : l'action et la réaction de l'un des tronçons sur l'autre ; ils doivent faire équilibre, d'une part, aux forces appliquées au tronçon A$m$ et, d'autre part, aux forces appliquées au tronçon $m$B. La somme de leurs moments, qui doit faire équilibre au moment fléchissant, et la somme de leurs composantes verticales qui doit faire équilibre à l'effort tranchant, auront donc des signes différents, suivant qu'on considérera l'équilibre de l'un ou de l'autre tronçon.

On attribuera le signe $+$ au moment des forces qui tendent à faire tourner leurs points d'application dans le sens des aiguilles d'une montre autour de l'axe des moments, et le signe — aux moments des forces qui tendent à faire tourner leurs points d'application en sens contraire.

L'effort tranchant aura le signe de la dérivée du moment fléchissant. D'après le choix de nos axes AX et AY, il sera positif lorsqu'il sera représenté par une

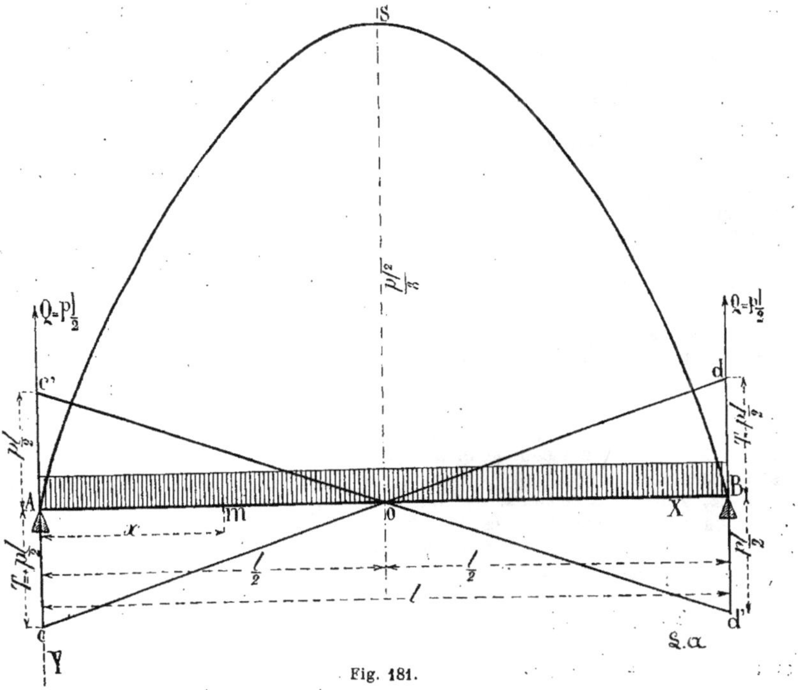

Fig. 181.

force verticale descendante et négatif lorsqu'il sera représenté par une force ascendante.

Si, au lieu de considérer les forces agissant sur le tronçon A$m$, nous considérons celles agissant sur le tronçon $m$B, nous trouverons la même équation que précédemment pour expression du moment fléchissant $\mu$ dans la section $m$. Les forces à considérer seraient alors la réaction $\frac{pl}{2}$, sur l'appui B, ayant pour bras de levier $(l - x)$, et la charge totale sur $m$B qui a pour valeur $p\,(l - x)$ et pour bras de levier $\left(\frac{l-x}{2}\right)$.

Le moment fléchissant $\mu$ dans la section $m$ serait :

$$\mu = -\frac{pl}{2}(l - x) + p\,(l - x)\,\frac{l - x}{2}$$

ou :

$$\mu = -\frac{px}{2}(l - x)\ldots \qquad (1)$$

Sous cette forme, on voit de suite que le maximum du moment fléchissant aura lieu pour la section du milieu de la poutre, car dans l'équation on a le produit de deux facteurs $x$ et $(l - x)$ dont la somme est constante; leur produit sera maximum, si d'après un théorème connu on a :

$$x = \frac{l}{2}.$$

Ce moment fléchissant maximum au point O aura pour valeur :

$$\mu = \frac{pl^2}{8}.$$

Aux points d'appui A et B, le moment de flexion est nul, car l'équation (1) donne $\mu = o$, pour $x = o$ et $x = l$; ce qui est évident *a priori*.

**271.** *Courbe des moments fléchissants.* — L'équation (1), dans laquelle les variables sont $\mu$ et $x$, est celle d'une parabole dont l'axe est parallèle à AY ; elle passe par les points A et B et son ordonnée au milieu de AB est représentée par $\frac{pl^2}{8}$.

Au n° 104 de la graphostatique nous avons trouvé la même courbe et indiqué sa construction.

**272.** *Efforts tranchants.* — L'effort tranchant dans la section $m$ est la somme des projections sur l'axe AY de toutes les forces qui agissent sur le tronçon A$m$.

On a donc :

$$T = p(l - x) - \frac{pl}{2}$$

ou :

$$T = \frac{pl}{2} - px. \qquad (2)$$

Cette équation représente une droite $cd$ qui donne le diagramme des efforts tranchants. Si la partie positive de l'axe AY était au-dessus de AB, on aurait la droite $c'd'$ :

Si $x = 0$, on a :

$$T = \frac{pl}{2} = Ac,$$

c'est le maximum positif.

Si $x = l$, on a :

$$T = -\frac{pl}{2} = Bd,$$

c'est le maximum négatif.

Enfin pour $x = \frac{l}{2}$, on a :

$$T = o,$$

c'est-à-dire que l'effort tranchant est nul dans la section où le moment fléchissant est maximum.

**273.** Remarque. — L'effort tranchant peut s'obtenir en prenant, en signe contraire la dérivée du moment fléchissant exprimé par l'équation (1) :

$$\frac{d\mu}{dx} = -T = px - \frac{pl}{2}.$$

**274.** *Equation de la fibre neutre déformée.* — Prenons l'équation différentielle de la fibre neutre déformée :

$$EI\frac{d^2y}{dx^2} = \mu = -\frac{px}{2}(l - x).$$

ou :

$$EI\frac{d^2y}{dx^2} = \frac{px^2}{2} - \frac{plx}{2}.$$

En intégrant une première fois, on obtient :

$$EI\frac{dy}{dx} = \frac{px^3}{6} - \frac{plx^2}{4} + C. \qquad (a)$$

En intégrant à nouveau :

$$EIy = \frac{px^4}{24} - \frac{plx^3}{12} + Cx + C'. \qquad (b)$$

Mais pour $x = o$ et $x = l$, on doit avoir $y = o$, puisque après la déformation, la fibre neutre passe toujours par les points A et B.

Si dans cette dernière équation on fait $x = o$ et $y = o$, il en résulte que $C' = o'$ et si on y fait $x = l$ et $y = o$, on obtient :

$$o = \frac{pl^4}{24} - \frac{pl^4}{12} + Cl$$

d'où l'on déduit :

$$C = \frac{pl^3}{24},$$

et l'équation $(b)$ devient :

$$EI.y = \frac{px^4}{24} - \frac{plx^3}{12} + \frac{pl^3x}{24}$$

ou :

$$EI.y = \frac{p}{12}\left(\frac{x^4}{2} - lx^3 + \frac{l^3x}{2}\right). \qquad (c)$$

Telle est l'équation de la fibre moyenne.

En remplaçant C par sa valeur dans l'équation $(a)$, on aura l'inclinaison $\frac{dy}{dx}$ de la fibre neutre en chaque point sur l'axe AX, c'est-à-dire :

$$\mathrm{EI}\frac{dy}{dx} = \frac{px^3}{6} - \frac{plx^2}{4} + \frac{pl^3}{4}.$$

Pour $x = o$, cette équation devient :

$$\mathrm{EI}\frac{dy}{dx} = \frac{pl^3}{24}.$$

et pour $x = l$ :

$$\mathrm{EI}\frac{dy}{dx} = \frac{pl^3}{6} - \frac{pl^3}{4} + \frac{pl^3}{24} = \frac{4pl^3 - 6pl^3 + pl^3}{24}$$

$$= -\frac{pl^3}{24}.$$

Les inclinaisons de la fibre neutre déformée sont égales et de signe contraire

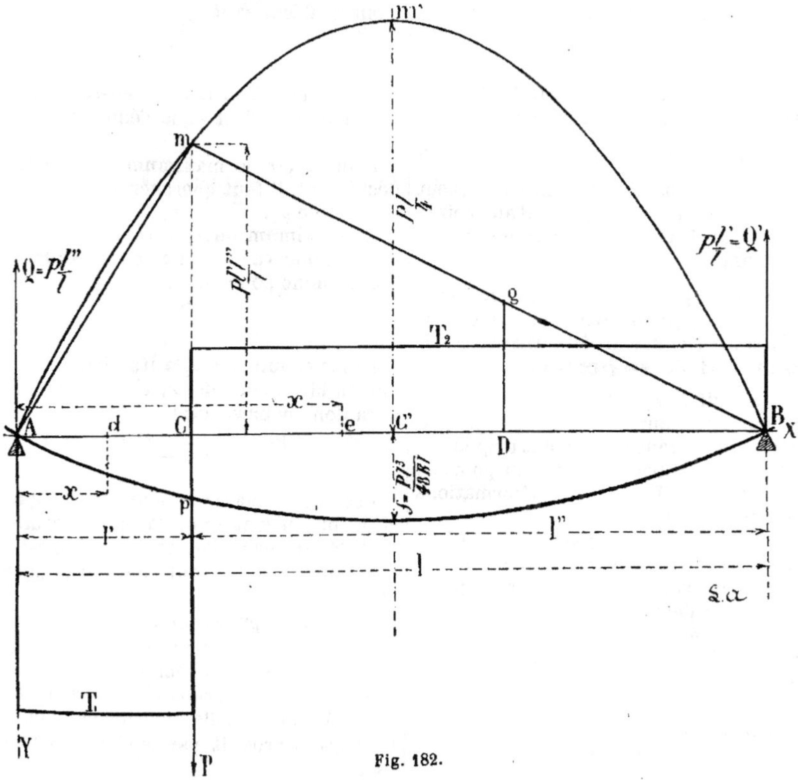


Fig. 182.

aux appuis A et B. Pour avoir l'inclinaison au milieu, il suffit de faire $x = \frac{l}{2}$, et l'on obtient :

$$\mathrm{EI}\frac{dy}{dx} = \frac{pl^3}{48} - \frac{3pl^3}{48} + \frac{pl^3}{24}$$

ou :

$$\mathrm{EI}\frac{dy}{dx} = o.$$

Ce qui prouve que l'inclinaison de la fibre déformée est nulle au milieu de la poutre, ou autrement dit sa tangente est horizontale.

**275.** *Calcul de la flèche* — La flèche maximum $f$, au milieu de la poutre s'obtiendra en remplaçant $x$ par $\frac{l}{2}$ dans l'équation ($c$), ce qui donne :

$$\mathrm{EI}.f = \frac{p}{12}\left(\frac{l^4}{32} - \frac{l^4}{8} + \frac{l^4}{4}\right),$$

ou :

$$EI.f = \frac{p}{12}\left(\frac{5l^4}{32}\right),$$

et :

$$f = \frac{5pl^4}{384EI} \qquad (d)$$

**276.** REMARQUE. — Dans le calcul d'une poutre reposant sur deux appuis, on se servira de la formule connue :

$$R = \frac{v\mu}{I},$$

dans laquelle $\mu$ sera le moment fléchissant maximum, qui a lieu au milieu de la portée et qui a pour valeur $\frac{pl^2}{8}$. Puis on s'assurera que la section de la poutre peut résister au cisaillement produit aux points A et B par l'effort tranchant qui y est maximum.

### Poutre reposant librement sur deux appuis de niveau, et chargée d'un poids unique en un point de sa portée.

**277.** Soit P (*fig.* 182) une charge agissant sur une poutre AB, en un point C situé à une distance $l'$ du point d'appui A. Cherchons, abstraction faite du poids de la poutre, les efforts et les déformations dus à cette charge.

1° *Réactions des appuis.* — Les réactions Q et Q' inégales ont pour somme P. Pour les déterminer, on peut décomposer la force P en deux composantes appliquées en A et B : ou bien prendre les moments des forces P, Q, Q' par rapport à un point quelconque du plan.

Ces moments pris autour du point A donnent l'équation d'équilibre :

$$Pl' = Q'l$$

d'où :

$$Q' = \frac{Pl'}{l},$$

et pris par rapport au point B, ils donnent :

$$Ql = Pl''$$

$$Q = \frac{Pl''}{l}.$$

2° *Moments fléchissants.* — Nous allons déterminer le moment fléchissant en une section de chaque tronçon. Pour une section $d$, du tronçon AC, situé à la distance $x$ de l'appui A, le moment fléchissant peut s'écrire :

$$\mu_1 = P(l' - x) - \frac{Pl'}{l}(l - x),$$

ou :

$$\mu_1 = -Px\left(\frac{l - l'}{l}\right) = -\frac{Pxl''}{l} \qquad (1)$$

Pour une section $e$, du tronçon CB, le moment fléchissant $\mu_2$ est :

$$\mu_2 = -\frac{Pl'}{l}(l - x) \qquad (2)$$

Dans l'équation (1), l'abscisse $x$ peut varier de O à $l'$, et dans l'équation (2) de $l'$ à $l$.

Pour avoir le maximum du moment fléchissant, il faut chercher le maximum de $\mu_1$ et de $\mu_2$.

Le maximum de $\mu_1$ aura lieu pour la plus grande valeur de $x$, c'est-à-dire $l'$ ; il aura donc pour valeur :

$$\frac{Pl'l''}{l} \qquad (3)$$

Le maximum de $\mu_2$ aura lieu pour la plus faible valeur de $x$, c'est-à-dire $l'$, il aura donc pour valeur :

$$\frac{Pl'}{l}(l - l') = \frac{Pl'l''}{l}.$$

Les deux maxima sont donc égaux et se produisent dans la même section caractérisée par l'abscisse $x = l'$, c'est-à-dire dans la section qui contient la charge P.

La ligne représentative des moments fléchissants se compose de deux droites A$m$ et B$m$ comme l'indiquent les équations (1) et (2); l'ordonnée C$m$ représentant, à une échelle choisie, le moment fléchissant produit par la charge dans la section C.

De sorte que le moment de flexion en une section quelconque D sera représenté par l'ordonnée D$g$.

**278.** REMARQUE. — Si la charge P se déplace, $l'$ sera variable, et en posant dans l'équation (2) $l' = x$, elle pourra s'écrire :

$$Cm = y = \frac{Px}{l}(l - x) \qquad (4)$$

Équation d'une parabole à axe vertical, passant par les points A et B, car pour $x = o$ et $x = l$ on a $y = o$. L'axe de cette parobole est donc perpendiculaire à AB au point C' situé au milieu de la portée et l'ordonnée $C'm'$, en ce point, représentera la valeur du moment fléchissant maximum qui se développe dans les différentes sections de la poutre, lorsque la charge P se déplace.

La valeur de ce moment fléchissant maximum s'obtient en faisant dans l'équation (4) $x = \frac{l}{2}$, ce qui donne :

$$y = \frac{Pl}{4}.$$

3° *Efforts tranchants.* — Par définition, l'effort tranchant $T_1$ dans la section $d$, du tronçon AC est :

$$T_1 = P - Q' = P - \frac{Pl'}{l}$$

ou :

$$T_1 = P\left(1 - \frac{l'}{l}\right) = \frac{Pl''}{l};$$

dans le tronçon CB, l'effort tranchant a pour valeur :

$$T_2 = -Q' = -\frac{Pl'}{l}.$$

On voit donc que dans toutes les sections d'un même tronçon l'effort tranchant est constant ; leurs diagrammes sont donc représentés par deux lignes droites parallèles à AB.

Au point C de la force P, l'effort tranchant a donc deux valeurs différentes suivant qu'on considère la section comme appartenant à l'un ou à l'autre tronçon.

**279.** Remarque I. — Si la charge se déplace, le diagramme des efforts tranchants pour toutes les sections de la poutre est une droite A$d$ (*fig.* 183) passant par l'appui A et dont l'ordonnée B$d$ à l'autre appui est égale à la charge P.

En effet, supposons la charge roulante en une position C de la portée, l'effort tranchant immédiatement à droite du point C sera :

$$T = P - Q,$$

Q désignant la réaction à l'appui A, or :

$$Q = \frac{P}{l}(l - x),$$

donc :

$$T = P - \frac{P}{l}(l - x) = -\frac{Px}{l} \qquad (7)$$

C'est-à-dire que l'effort tranchant en ce point est égal à la réaction que cette charge détermine, dans la position où elle se trouve, sur l'appui B.

C'est l'équation d'une ligne droite.

Pour $x = o$, on a : $T = o$.

Pour $x = l$, on a : $T = -P$.

Cette ligne A$d$ est donc la ligne représentative des efforts tranchants maxima qui correspondent à une charge unique P parcourant la poutre de A vers B.

Si la charge P se déplaçait de B vers A, la ligne des efforts tranchants maxima serait la ligne B$d'$ parallèle à la première.

Dans les deux cas l'effort tranchant est nul lorsque la charge est sur l'appui, il

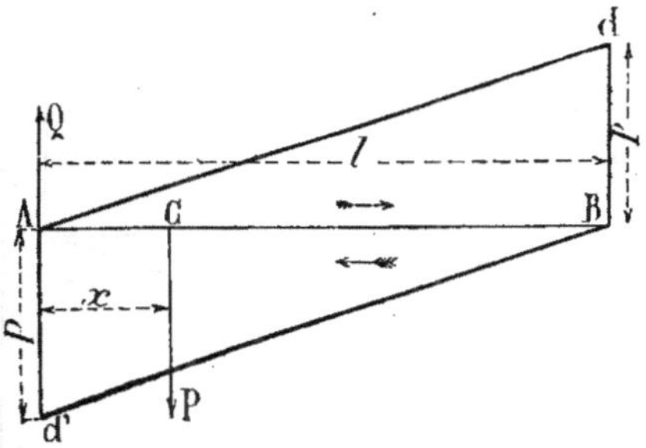


Fig. 183.

augmente graduellement et devient maximum maximorum lorsque la charge arrive tout près de l'appui B où il est égal à P.

**280.** Remarque II. — Considérons maintenant (*fig.* 184) une section fixe $g$, et cherchons suivant quelle loi varieront les efforts tranchants dans cette section lorsque la charge P se déplacera de A vers B.

Lorsque la charge est entre A et $g$, l'effort tranchant dans la section $g$ est égal à la réaction que cette charge détermine dans la position où elle se trouve sur l'appui B ; la ligne représentative des efforts tranchants sera donc A$h$. Lorsque la force P dépasse la section G, l'effort tranchant dans cette section diminue brusquement de la valeur de la charge P. En menant B$d'$ parallèle à A$d$, la portion B$h'$ de cette ligne, constituera la deuxième partie de la ligne représentative des efforts tranchants qui se développent dans la section $g$, lorsque la charge P se déplace de $g$ en B. L'effort tranchant est donc nul quand la charge est sur l'appui B ; il augmente à mesure que la charge se rapproche de $g$, où il passe brusquement de la valeur positive $gh'$ à la valeur négative $gh$, puis décroît ensuite suivant les ordonnées de la droite $h$A pour redevenir seul au point A.

**281.** *Déformation de la poutre. Calcul de la flèche.* — Considérons toujours l'équation fondamentale,

$$\mathrm{EI}\,\frac{d^2y}{dx^2} = \mu,$$

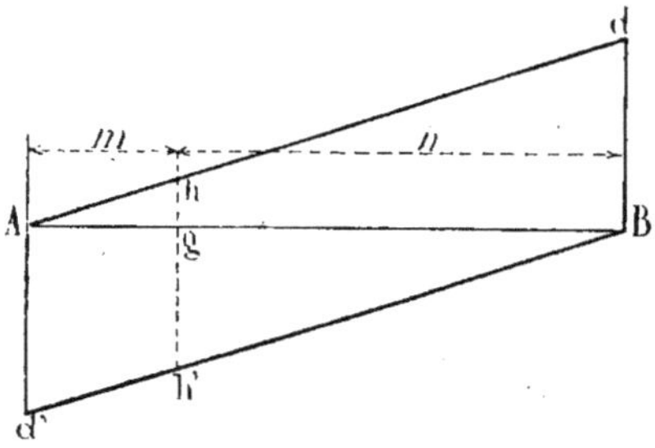


Fig. 184.

et appliquons-la à chaque tronçon AC et CB (*fig.* 182).

1° *Tronçon* AC. — L'équation des moments de flexion est :

$$\mu_1 = -\frac{\mathrm{P}xl''}{l},$$

on aura donc :

$$\mathrm{EI}\,\frac{d^2y}{dx^2} = -\frac{\mathrm{P}xl''}{l}.$$

En intégrant il vient :

$$\mathrm{EI}\,\frac{dy}{dx} = -\frac{\mathrm{P}l''x^2}{2l} + \mathrm{C}. \quad (8)$$

Cette équation intégrée à nouveau donne :

$$\mathrm{EI}.y = -\frac{\mathrm{P}l''x^3}{6l} + \mathrm{C}x + \mathrm{C}'.$$

La fibre neutre déformée passant par le point A, on aura $y = o$ pour $x = o$; donc la constante C' est nulle et on a simplement :

$$\mathrm{EI}.y = -\frac{\mathrm{P}l''x^3}{6l} + \mathrm{C}x. \quad (9)$$

2° *Tronçon* CB. — Pour le deuxième tronçon on a :

$$\mu_2 = -\frac{\mathrm{P}l'}{l}(l - x) = -\mathrm{P}l' + \frac{\mathrm{P}l'x}{l},$$

d'où l'équation différentielle :

$$\mathrm{EI}\,\frac{d^2y}{dx^2} = -\mathrm{P}l' + \frac{\mathrm{P}l'x}{l},$$

d'où l'on déduit par deux intégrations successives :

$$\mathrm{EI}\,\frac{dy}{dx} = -\mathrm{P}l'x + \frac{\mathrm{P}l'x^2}{2l} + \mathrm{C}_1 \quad (10)$$

et :

$$\mathrm{EI}.y = -\frac{\mathrm{P}l'x^2}{2} + \frac{\mathrm{P}l'x^3}{6l} + \mathrm{C}_1x + \mathrm{C}_1'. \quad (11)$$

Ces équations (10) et (11), ont pour le tronçon CB les mêmes significations que les équations (8) et (9) pour le tronçon AC.

Dans ces quatre équations, il existe trois constantes C, $\mathrm{C}_1$, $\mathrm{C}'_1$, qui peuvent être déterminées par les conditions du problème.

Nous aurons une première condition, en écrivant que la fibre déformée du deuxième tronçon passe par le point B, c'est-à-dire que dans l'équation (11) on doit avoir $y = o$ pour $x = l$ ; on aura alors :

$$o = -\frac{\mathrm{P}l'l^2}{2} + \frac{\mathrm{P}l'l^2}{6} + \mathrm{C}_1l + \mathrm{C}_1',$$

d'où on déduit :

$$\mathrm{C}_1l + \mathrm{C}_1' = \frac{\mathrm{P}l'l^2}{3}.$$

Nous avons deux autres conditions, en écrivant que les courbes se raccordent au point $p$, situé sur la verticale du point d'application de la charge P, et ont en ce point une tangente commune. On exprimera évidemment cette condition en égalant les équations (9) et (11) d'une part, et (8) et (10), d'autre part, après y avoir fait $x = l'$ ; on aura :

$$-\frac{\mathrm{P}l''l'^3}{6l} + \mathrm{C}l' = -\frac{\mathrm{P}l'^3}{2} + \frac{\mathrm{P}l'^4}{6l} + \mathrm{C}_1l + \mathrm{C}_1', \quad (13)$$

et :

$$-\frac{\mathrm{P}l''l'^2}{2l} + \mathrm{C} = -\mathrm{P}l'^2 + \frac{\mathrm{P}l'^3}{2l} + \mathrm{C}_1. \quad (14)$$

Cette dernière équation multipliée par $l'$ devient :

$$-\frac{Pl''l'^3}{2l}+Cl'=-Pl'^3+\frac{Pl'^4}{2l}+C_1l'. \quad (15)$$

Retranchons membre à membre l'équation (13) de (14), il vient :

$$-\frac{Pl''l'^3}{2l}+\frac{Pl''l'^3}{6l}=-\frac{Pl'^3}{2}+\frac{Pl'^4}{3l}-C_1'.$$

Mais comme $l=l'+l''$, cette équation donne :

$$C_1'=-\frac{Pl'^3}{6}.$$

Cette valeur transportée dans l'équation (12) donne :

$$C_1=\frac{Pl'(2l^2+l'^2)}{6l}$$

Cette valeur mise dans l'équation (14) donne :

$$C=\frac{Pl'l''(2l-l')}{6l}.$$

Les équations qui définissent la forme de la fibre moyenne sont donc, dans le premier tronçon :

$$EI.y=-\frac{Pl''x^3+Pl'l''(2l-l')x}{6l} \quad (9\,bis)$$

et dans le deuxième tronçon :

$$EI.y=-\frac{Pl'x^2}{2}+\frac{Pl'x^3+Pl'(2l^2+l'^2)}{6l}-\frac{Pl'^3}{6}. \quad (11\,bis)$$

**282.** *Flèche maximum.* — Pour avoir la flèche maximum dans toute la poutre, il faut d'abord rechercher dans lequel des deux tronçons la fibre neutre déformée admet une tangente horizontale, c'est-à-dire celui des deux tronçons pour lequel on a:

$$EI\frac{dy}{dx}=o.$$

Cette condition donne pour le premier tronçon d'après l'équation (8) en remplaçant la constante C par sa valeur :

$$-\frac{Pl''x^2}{2l}+\frac{Pl'l''(2l-l')}{6l}=o;$$

de cette équation on déduit:

$$-3Pl''x^2+2Pl'l''l-Pl'^2l''=o$$

et :

$$x^2=\frac{l'(2l-l')}{3} \quad (16)$$

Pour que la flèche maximum se produise dans le premier tronçon, il faut que la valeur de $x$, obtenue par l'équation (16) soit plus petite que $l'$, c'est-à-dire qu'on ait :

$$\frac{l'(2l-l')}{3}<l'^2,$$

ou :

$$2l-l'<3l$$

et :

$$l'>\frac{l}{2}$$

équation qui prouve que la flèche maximum doit se produire dans le plus grand tronçon.

Supposons que l'on ait :

$$AC>CB,$$

alors la valeur de $x$, déduite de l'équation (16), est l'abscisse de la section dans laquelle se produit la flèche maximum.

Or en remarquant que $l=l'+l''$, on a :

$$x=l'\sqrt{\frac{2l'+2l''-l'}{3l'}}=l'\sqrt{\frac{1}{3}+\frac{2l''}{3l'}} \quad (17)$$

ce qui peut s'écrire :

$$x=l'\left(\frac{1}{3}+\frac{2l''}{3l'}\right)^{\frac{1}{2}}.$$

Cette valeur mise dans l'équation (9), donne en remplaçant C par sa valeur :

$$EI.y=\frac{Pl''}{6l}.l'^3\left[\frac{1}{3}+\frac{2l''}{3l'}\right]^{\frac{3}{2}}+\frac{Pl'l''(2l-l')}{6l}.l'\left[\frac{1}{3}+\frac{2l''}{3l'}\right]^{\frac{1}{2}}$$

d'où on déduit en remarquant que :

$$2l-l'=\frac{x^2\times 3l'}{l'^2}$$

$$EI.y=\frac{Pl'^3l''}{3l}\left[\frac{1}{3}+\frac{2l''}{3l'}\right]^{\frac{3}{2}}$$

et:

$$y=\frac{Pl'^3l''}{3l.EI}\left[\frac{1}{3}+\frac{2l''}{3l'}\right]^{\frac{3}{2}}=f; \quad (18)$$

telle est la valeur de la flèche maximum $f$.

**283.** *Cas particulier.* — Si la charge P agit au milieu de la portée, on aura :

$$l'=l''=\frac{l}{2}.$$

Le moment fléchissant maximum aura lieu au milieu de la poutre, et sa valeur sera :

$$\mu=\frac{Pl}{4}.$$

L'abscisse $x$, dans laquelle se produit la

flèche maximum étant définie par l'équation (17)

$$x = l'\sqrt{\frac{1}{3} + \frac{2}{3}\frac{l''}{l'}}$$

devient en faisant

$$l' = l'' = \frac{l}{2}$$

$$x = \frac{l}{2}\sqrt{\frac{1}{3} + \frac{2}{3}} = \frac{l}{2}.$$

Cette valeur mise dans l'équation (18) donne pour flèche maximum :

$$f = \frac{Pl^4}{48lEI} = \frac{Pl^3}{48EI}.$$

**284.** Remarque. — Si la charge P, au lieu d'être appliquée au milieu, était uniformément répartie sur la longueur de la poutre, la charge par mètre courant serait :

$$p = \frac{P}{l}.$$

Le moment fléchissant maximum deviendrait :

$$\mu = \frac{pl^2}{8} = \frac{Pl}{8};$$

C'est-à-dire la moitié de celui produit par la charge distincte.

La flèche serait dans ce cas :

$$f = \frac{5}{384}\frac{Pl^4}{EI} = \frac{5Pl^3}{384EI},$$

tandis que la charge distincte produit une flèche $f'$ qui a été trouvée :

$$f' = \frac{Pl^3}{48EI} = \frac{8Pl^3}{384EI}.$$

On voit alors que

$$\frac{f}{f'} = \frac{5}{8},$$

ou :

$$f' = \frac{8}{5}f.$$

c'est-à-dire que la charge distincte produit une flèche plus grande que la même charge uniformément répartie.

## Poutre reposant librement sur deux appuis de niveau et chargés de plusieurs poids isolés agissant en des points différents de la portée.

**285.** Supposons qu'une poutre AB (*fig.* 185) soit chargée des poids $P_1$, $P_2$, $P_3$, $P_4$. On pourrait chercher par le calcul l'équation du moment fléchissant pour chaque tronçon, et en déduire le maximum.

Il est préférable pour l'obtenir d'appliquer le principe de la superposition des effets des forces.

On calcule pour cela le moment de flexion que chaque force, considérée isolément, produit dans la section où elle est appliquée, d'après la formule trouvée au n° 277 ; on obtient ainsi les diagrammes AgB, AhB, AiB, AjB. Il suffit ensuite

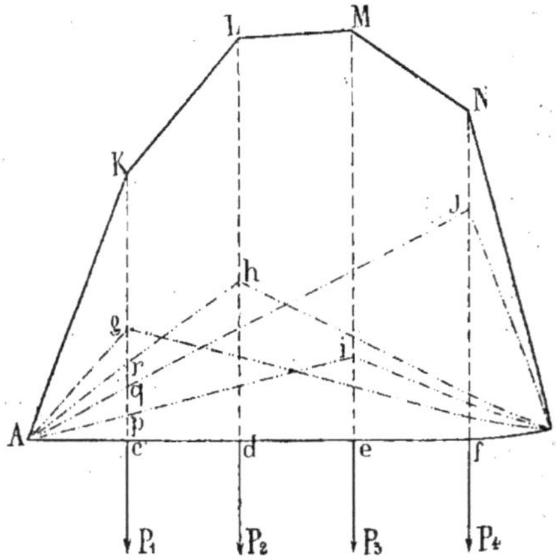


Fig. 185.

d'ajouter en chaque point d'application les moments de flexion partiels.

$$ck = cg + cr + cq + cp$$

$$dl = \ldots\ldots$$

$$\ldots\ldots\ldots$$

On voit d'après cela, que le contour AKLMNB, est un polygone, car les différentes valeur de $\mu$ qu'on ajoute dans chaque section pour obtenir un de ses points sont exprimées par des équations du premier degré ; leur somme est donc encore du premier degré, et dans chaque intervalle, entre deux charges, on n'aura que des lignes droites.

Le maximum du moment de flexion dans toutes les sections de la poutre ne peut donc se produire qu'en une des sections qui correspondent à un des sommets du polygone AKLMNB, c'est-à-dire qu'en un des points d'application des charges isolées.

### Poutre reposant librement sur deux appuis de niveau, et chargée uniformément sur une partie de sa longueur.

**286.** Soit AB (*fig.* 186) une poutre de portée $l$, chargée sur une partie $de$ seulement de sa longueur, d'une charge uniformément répartie $p$ par mètre courant; soient $c$ l'abscisse du point $d$, et $l'$ la longueur $de$.

Les réactions Q et Q', des points d'appui A et B s'obtiennent : la première Q, en écrivant que la somme des moments des forces agissantes autour du point A est également nulle.

La charge totale uniformément répartie $pl'$ doit être considérée comme une force

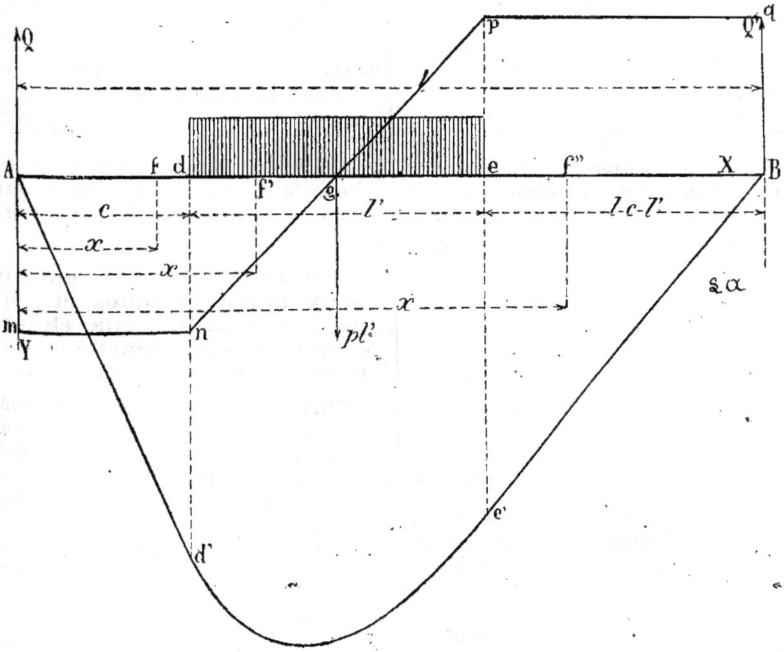


Fig. 186.

isolée agissant au milieu de $de$, c'est-à-dire à une distance du point B égale à :

$$l - c' - l' + \frac{l'}{2} = l - c - \frac{l'}{2}$$

et à une distance $c + \frac{l'}{2}$ du point A.

Les équations des réactions seront :

$$Ql - pl'\left(l - c - \frac{l'}{2}\right) = o$$

$$Q'l - pl'\left(c + \frac{l'}{2}\right) = o,$$

d'où l'on déduit :

$$Q = \frac{Pl'}{l}\left(l - c - \frac{l'}{2}\right)$$

$$Q' = \frac{pl'}{l}\left(c + \frac{l'}{2}\right).$$

Le moment fléchissant dans la partie A$d$ de la poutre, aura pour expression :

1° Dans une section $f$ à une distance $x$ de l'appui de gauche :

$$\mu = Qx = \frac{pl'}{l}x\left(l - c - \frac{l'}{2}\right) \quad (1)$$

2° Dans une section $f'$ de la partie *de* :

$$\mu = Qx - p(x-c)\frac{x-c}{2},$$

ou :

$$\mu = \frac{pl'}{l}\,x\left[l - c - \frac{l'}{2}\right] - \frac{p}{2}(x-c)^2 \quad (2)$$

Pour avoir l'abscisse $x$ de la section dans laquelle se produit le moment fléchissant maximum, dans le tronçon *de*, il suffit de prendre la dérivée de l'équation (2) et de l'égaler à $o$.

On a :

$$\frac{d\mu}{dx} = o = \frac{pl'}{l}\left(l - c - \frac{l'}{2}\right) - p(x-c)^2,$$

d'où l'on déduit :

$$x = \frac{l'}{l}\left(l - c - \frac{l'}{2} + c\right) = l' + c - \frac{l'}{l}\left(c + \frac{l'}{2}\right).$$

Cette valeur portée dans l'équation (2) donnera le moment fléchissant maximum dans le tronçon *de* ;

3° Dans une section quelconque $f''$ de la partie $cB$ :

$$\mu = qx - pl'\left[x - c - \frac{l'}{2}\right]$$

ou :

$$\mu = \frac{pl'}{2}\left(l - c - \frac{l'}{2}\right)x - pl'\left(x - c - \frac{l'}{2}\right)$$

$$\mu = \frac{pl'}{l}\left(lc - cx + \frac{l'l}{2} - \frac{lx}{2}\right)$$

$$= \frac{pl'}{2}\left[c + \frac{l'}{2}\right](l - x) \quad (3)$$

Les équations (1) et (3) représentent deux lignes droites, tandis que l'équation (2), représente une parabole à axe vertical ; il en résulte que le diagramme des moments de flexion est représenté, dans la partie chargée *de*, par une parabole à axe vertical, et dans les parties $Ad$ et $eB$ par des droites $Ad'$ et $Be'$ tangentes à cette parabole.

**287.** *Efforts tranchants.* — La valeur absolue de l'effort tranchant dans une section déterminée est, comme nous le savons, égale à la dérivée du moment de flexion dans cette section.

Dans le tronçon $Ad$ on aura donc :

$$T = \frac{pl'}{l}\left(l - c - \frac{l'}{2}\right) \quad (4)$$

Dans le tronçon *de* :

$$T = \frac{pl'}{l}\left(l - c - \frac{l'}{2}\right) - p(x - c) \quad (5)$$

Et enfin dans le tronçon $eB$ :

$$T = -\frac{pl'}{l}\left(c + \frac{l'}{2}\right) \quad (6)$$

Les équations (4) et (6) représentent deux droites *mn* et *pq*, parallèles à l'axe AX, puisqu'il n'entre, dans le deuxième membre de chacune d'elles, que des quantités constantes.

L'équation (5), au contraire, représente une ligne droite *np* qui coupe l'axe AX au point d'abscisse $x$ obtenu en posant

$$o = \frac{pl'}{l}\left(l - c - \frac{l'}{2}\right) - p(x - c),$$

puisque en ce point on doit avoir $T = o$.

De cette équation on tire :

$$x = \frac{l'}{l}\left(l - c - \frac{l'}{2}\right) + c = Ag.$$

C'est la valeur de l'abscisse du point $g$.

Donc le diagramme des efforts tranchants se compose de la ligne brisée *mnpq*.

### Poutre reposant librement sur deux appuis simples et supportant à la fois une charge uniformément répartie et une charge isolée en son milieu.

**288.** On pourrait traiter le problème dans toute sa généralité en suivant une marche analogue à celle des cas précédents, mais il est plus simple d'appliquer le principe de la superposition des effets des forces.

Ce principe peut toujours être appliqué lorsque, comme on le suppose, les déformations subies par la pièce considérée sont faibles.

Dans le cas dont nous nous occupons, le moment de flexion maximum produit par chaque charge considérée comme agissant isolément se produit dans la section située au milieu de la portée ; il suffira donc de les ajouter, pour avoir le moment de flexion maximum dû aux charges agissant simultanément.

Ce moment de flexion au milieu de la portée sera donc :

$$\mu = \frac{pl^2}{8} + \frac{Pl}{4} = \frac{l}{4}\left(\frac{pl}{2} + P\right),$$

dans laquelle :

$p$ représente la valeur de la charge uniformément répartie par mètre courant :

P, la charge distincte appliquée au milieu de la portée;

$l$, la portée de la poutre.

*Efforts tranchants.* — Le diagramme des efforts tranchants produits dans les différentes sections de la poutre, s'obtiendra en ajoutant, dans chaque section et en tenant compte des signes, les efforts tranchants que les charges considérées, comme agissant isolément, y déterminent.

*Flèche.* — Dans le cas qui nous occupe, les flèches dues aux deux charges ont lieu au milieu de la portée. Elles s'ajoutent donc pour donner la flèche totale qui a alors pour valeur:

$$f = \frac{Pl^3}{48EI} + \frac{5pl^4}{384EI} = \frac{l^3}{48EI}\left(P + \frac{5}{8}pl\right).$$

**Poutre posée sur deux appuis simples de niveau, supportant des charges mobiles liées invariablement.**

**289.** Considérons (*fig.* 186 *bis*) un système de poids P, P', P'', P''', se déplaçant le long de la poutre AB, mais de manière que les distances qui les séparent restent

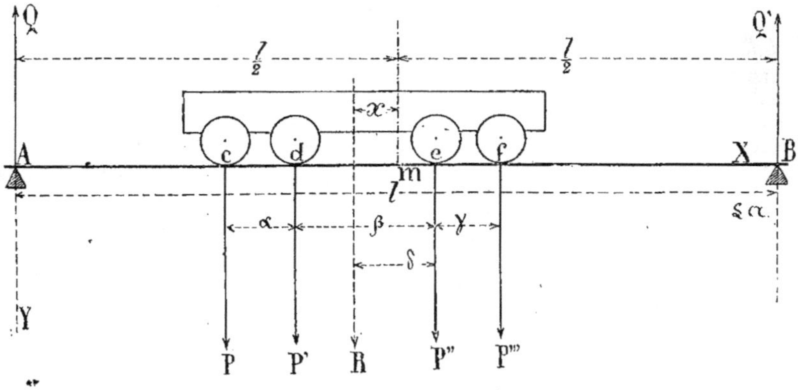


Fig. 186 *bis*.

invariables, et proposons-nous de déterminer la position que ce système de poids doit occuper sur la poutre, pour que le moment de flexion soit maximum en l'un des points d'application $c$, $d$, $e$, $f$, des forces mobiles.

Supposons que la position pour laquelle le moment de flexion est maximum en $e$, est celle indiquée sur la figure.

Soient R la résultante des quatre forces, et $x$ sa distance à la section $m$ du milieu de la portée AB de la poutre.

Pour cette position des charges, la réaction Q sur l'appui A aura pour expression :

$$Q = \frac{R}{l}\left(\frac{l}{2} + x\right). \qquad (1)$$

Le moment de flexion dans la section $e$ a de même pour expression, d'après les notations de la figure :

$$\mu = Q \times Ae - P \times ce - P' \times de;$$

mais :

$$Ae = \frac{l}{2} + \delta - x.$$

Donc :

$$\mu = \frac{R}{l}\left(\frac{l}{2} + x\right)\left(\frac{l}{2} + \delta - x\right) - P \times ce - P' \times de. \qquad (2)$$

Pour obtenir la valeur de $x$ qui rend $\mu$ maximum, il faut écrire que la dérivée de $\mu$ par rapport à $x$ est nulle, c'est-à-dire : $\frac{d\mu}{dx} = o$.

On obtient :

$$\left(\frac{l}{2}+\delta-x\right)-\left(\frac{l}{2}+x\right)=o,$$

d'où :

$$x=\frac{\delta}{2}. \qquad (3)$$

Le maximum du moment de flexion au droit de la charge P″, se produit donc, pour une position des charges, telle que le milieu $m$ de la portée divise en deux parties égales la distance $\delta$, de la résultante R des charges agissantes au point d'application de la charge P″.

Ce qui précède est évidemment applicable à chacun des points d'application $c, e, d, f$ des charges ; mais nous savons que, lorsqu'une poutre est soumise à l'action d'une série de charges distinctes, le moment fléchissant maximum dans toutes les sections de la poutre se produit au droit de l'une des charges ; si donc à l'aide du théorème précédent nous calculons le moment fléchissant maximum qui peut se produire au droit de chacune d'elles, le plus grand de ces moments sera le moment maximum maximorum produit dans la poutre sous le passage des charges mobiles, et la portion correspondante des charges sera la plus défavorable.

Si, en outre des charges mobiles ci-dessus, la poutre supportait une charge uniformément répartie de $p$ kilogrammes par mètre courant, la réaction Q de l'appui A deviendrait :

$$Q=\frac{R}{l}\left(\frac{l}{2}+x\right)+\frac{pl}{2} \qquad (4)$$

et le moment fléchissant qui se développe dans la section $e$ a pour expression :

$$\mu=Q\times Ae-P\times ce-P'\times de-\frac{p}{2}\overline{Ae}^2,$$

mais on a encore :

$$Ae=\frac{l}{2}+\delta-x.$$

Donc :

$$\mu=\left[\frac{R}{l}\left(\frac{l}{2}+x\right)+\frac{pl}{2}\right]\left(\frac{l}{2}+\delta-x\right)-P\times ce-P'\times de-\frac{p}{2}\left(\frac{l}{2}+\delta-x\right)^2. \qquad (5)$$

Pour obtenir la valeur de $x$ qui rend maximum, il faut encore poser :

$$\frac{d\mu}{dx}=o,$$

c'est-à-dire :

$$\frac{d\mu}{dx}=\frac{R}{l}\left(\frac{l}{2}+\delta-x\right)-\frac{R}{l}\left(\frac{l}{2}+x\right)-\frac{pl}{2}+p\left(\frac{l}{2}+\delta-x\right)$$

ou :

$$\frac{R\delta}{l}-\frac{2Rx}{l}-px+p\delta=o,$$

et :

$$x(2R+pl)=\delta(R+pl),$$

d'où on déduit :

$$x=\frac{\delta(R+pl)}{2R+pl}.$$

On voit que, si $p=o$, on a :

$$x=\frac{\delta}{2}, \qquad (6)$$

c'est-à-dire qu'on retrouve le cas précédent.

En remplaçant dans l'équation (5) la valeur de $x$, calculée à l'aide de l'équation (6), on aura le moment maximum qui peut se produire au droit de la charge P″. On opérera de même pour chacun des autres points d'application des charges, et le plus grand de tous les moments fléchissant maximum obtenus sera le moment fléchissant maximum maximorum qui peut se produire dans la poutre : la valeur de $x$ qui, introduite dans l'équation (5) donne ce moment, détermine la section la plus fatiguée.

**290.** Nous donnons ci-dessous le résumé des différents cas que peut présenter une poutre, à section constante et soumise à la flexion. Dans les figures 187 à 192 la charge P agit en un point de la longueur de la pièce, tandis que sur les figures 193 à 200 la charge est répartie soit uniformément, soit suivant une loi indiquée par la surface ombrée. Le tableau qui suit donne, pour chaque cas, le moment fléchissant, l'équation de la fibre neutre déformée, et la grandeur de la flèche. La dernière colonne indique le mode d'appui et les sections dangereuses que l'on doit déterminer dans le calcul du profil de la pièce.

**291.** Le tableau, pages 184 et 185, indique le poids P dont on peut charger en leur milieu les poutres en bois reposant sur deux appuis placés à leurs extrémités, et les flèches $f$ que ces poutres subissent sous l'action des poids P, la longueur de la poutre ou, mieux, la distance des appuis étant L, et sa section étant un carré de côté $c$. Dans ce tableau, extrait de l'*Aide-mémoire* de Claudel, on a adopté 1 200 000 000 pour le coefficient d'élasticité E et 600 000 pour le coefficient de sécurité. Le poids de la poutre a été négligé, ce que l'on peut faire lorsque le rapport de L à $c$ ne dépasse pas une certaine limite.

**292.** *Usage du tableau suivant.* — 1° Supposons une poutre d'une longueur L = 4 mètres entre ses appuis et chargée en son milieu d'un poids P = 800 kilogrammes. Le tableau donne directement :

Côté du carré $c = 0{,}20$;
Flèche $f = 6^{mm},67$.

Si la longueur $L = 4^{m},10$ et $P = 860$ kilogrammes, la table montre que $c$ est compris entre $0^{m},20$ et $0^{m},21$, limites des valeurs qu'on pourra alors adopter sans inconvénient dans la pratique. D'ailleurs les formules correspondant à la figure 188, qui sont :

$$P = \frac{4RI}{vl} \quad \text{et} \quad f = \frac{Pl^3}{48EI}$$

deviennent en faisant :

$$I = \frac{c^4}{12},\ v = \frac{c}{2} \text{ et } l = L$$

$$P = \frac{2Rc^3}{3L} \text{ et } f = \frac{PL^3}{4Ec^4},$$

d'où l'on tire :

$$c = \sqrt[3]{\frac{3PL}{2R}}$$

$$c = \sqrt[3]{\frac{3 \times 860 \times 4{,}10}{2 \times 600\,000}} = 0^{m},2065.$$

**293.** 2° Pour L = 4 mètres et P = 600 kilogrammes, si la section transversale de la pièce est un rectangle dont la hauteur $h$ est à la base $b$ dans le rapport de 4 à 3, cette pièce travaille dans les mêmes conditions qu'une pièce de même longueur L = 4 mètres, d'une section carrée dont le côté $c = h$, et chargée en son milieu d'un poids $P = 600 \times \frac{4}{3} = 800$ kilogrammes.

Cela établi, on a d'après 1° : $h = 0^{m},20$, puis $b = 0{,}20 \times \frac{3}{4} = 0^{m},15$.

La flèche $f$ a évidemment même valeur $6^{mm},67$ pour les deux poutres.

**294.** 3° Si la première pièce du 1° et celle du 2° sont respectivement chargées uniformément sur toute leur longueur d'un poids total $pL$ de 1 600 kilogrammes et de 1 200 kilogrammes, ces poids étant équivalents aux poids uniques $\frac{1\,600}{2} =$ 800 kilogrammes et $\frac{1\,200}{2} = 600$ kilogrammes, appliqués au milieu de la longueur, on a d'après 1° : $c = 0{,}20$, et d'après le 2°, $h = 0^{m},20$ et $b = 0^{m},15$.

Quant à la flèche qui est la même pour les deux pièces, elle est :

$$f = 6{,}67 \times \frac{5}{8} = 4^{mm},17.$$

**295.** 4° Pour L = 4 mètres entre les appuis, un poids de 650 kilogrammes placé au milieu de la longueur de la pièce, et un poids $pL = 300$ kilogrammes réparti uniformément, la poutre fatiguant comme si elle était chargée en son milieu d'un poids unique :

$$650 + \frac{300}{2} = 800 \text{ kilogrammes.}$$

Si la section est un carré, on a d'après le 1° : $c = 0^{m},20$

Si P = 450 kilogrammes et $pL = 300$ kilogrammes, la pièce fatigue comme si elle était chargée en son milieu du poids unique :

$$450 + 150 = 600 \text{ kilogrammes}$$

et, si la section est un rectangle dont $h$ et $b$ sont dans le rapport 4 à 3, on a d'après le 2° :

$$h = 0^{m},20 \text{ et } b = 0^{m},15.$$

**296.** *Cas où la pièce est encastrée par une de ses extrémités.* — 5° Si le poids P suspendu à l'extrémité de la longueur L = 4 mètres de la pièce, est de 200 kilogrammes, la pièce fatiguant au point d'encastrement comme elle fatiguerait en

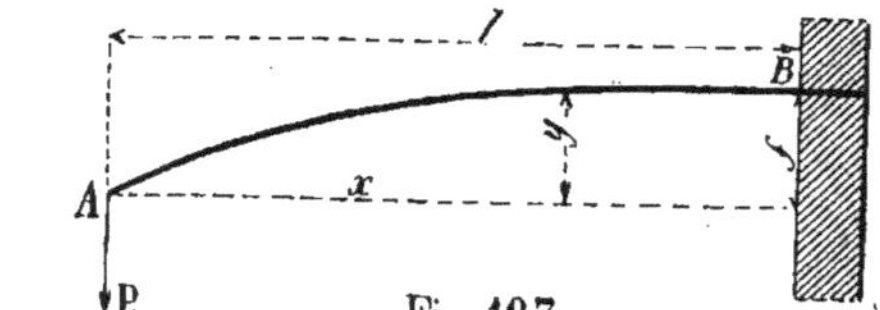


Fig. 187

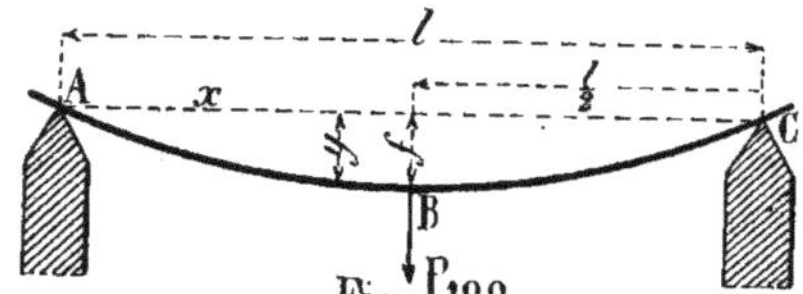


Fig. 188

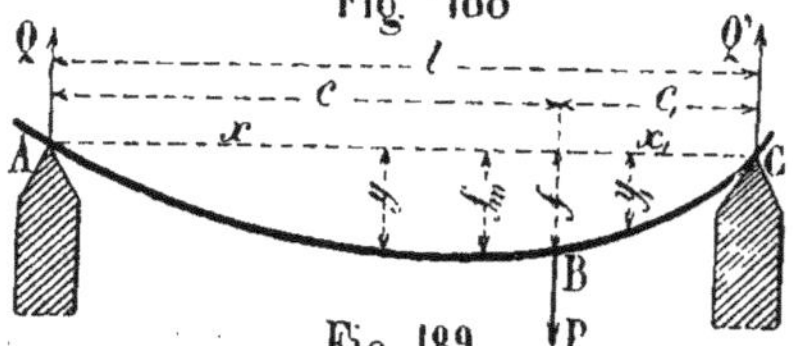


Fig. 189

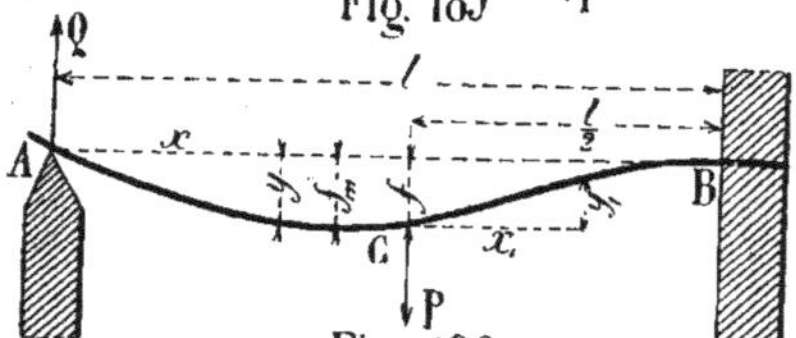


Fig. 190

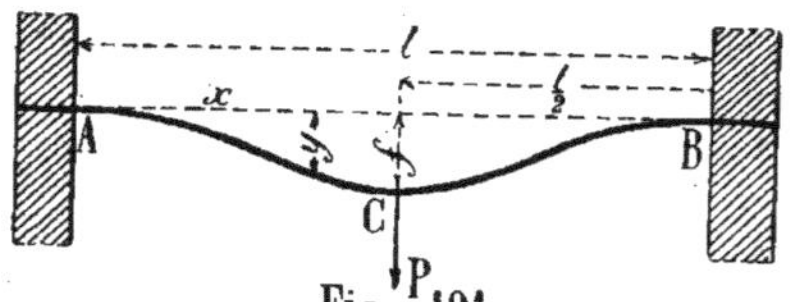


Fig. 191

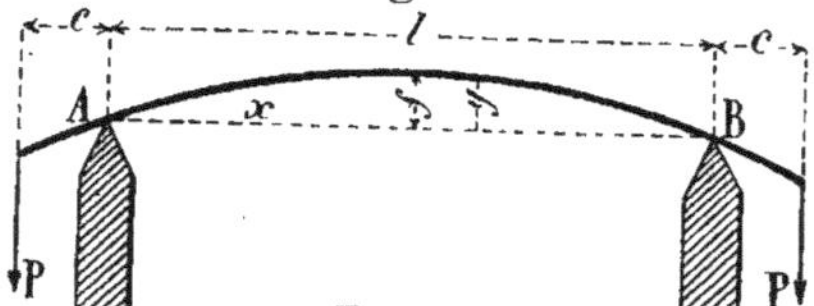


Fig. 192

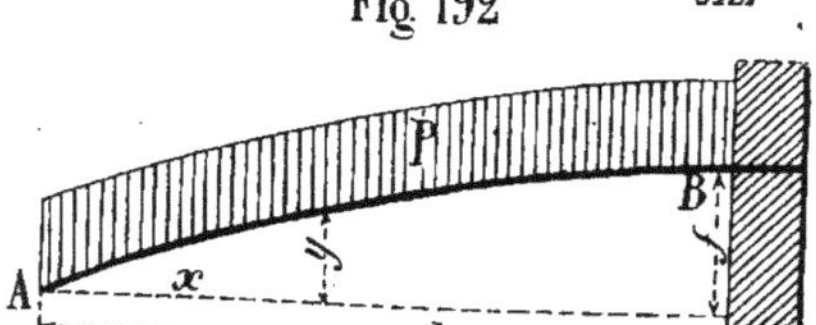


Fig. 193

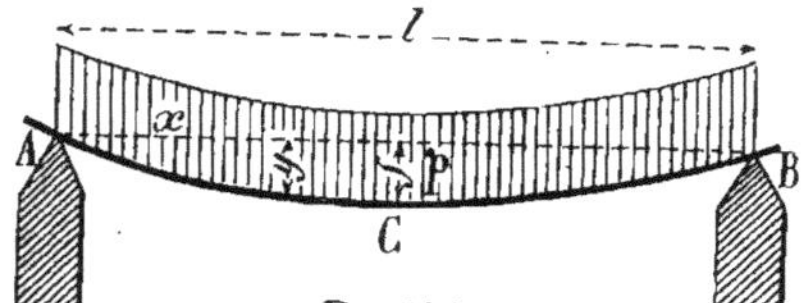


Fig. 194

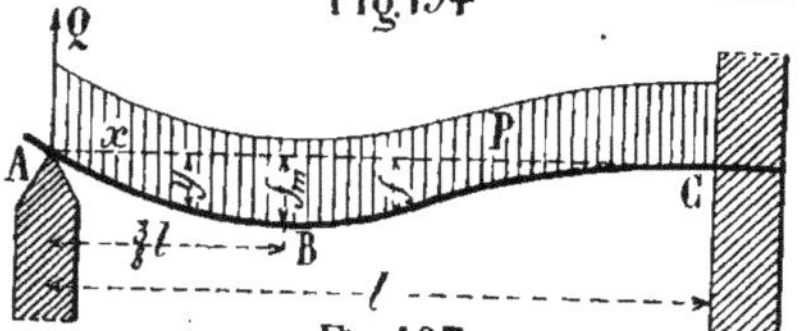


Fig. 195

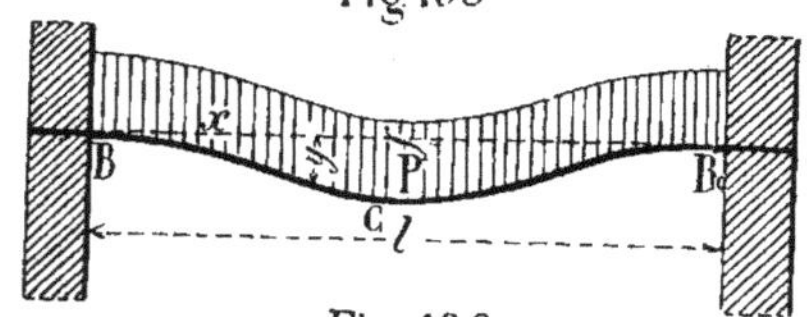


Fig. 196

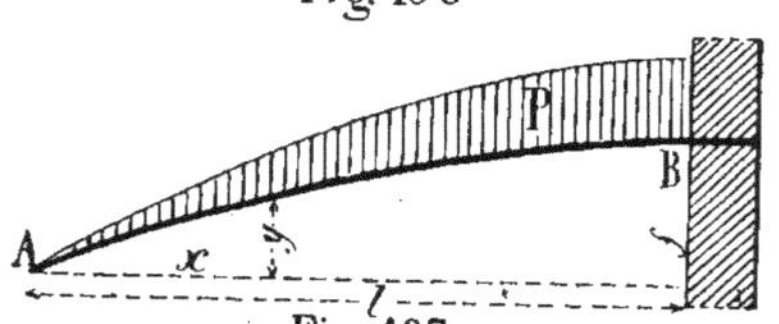


Fig. 197

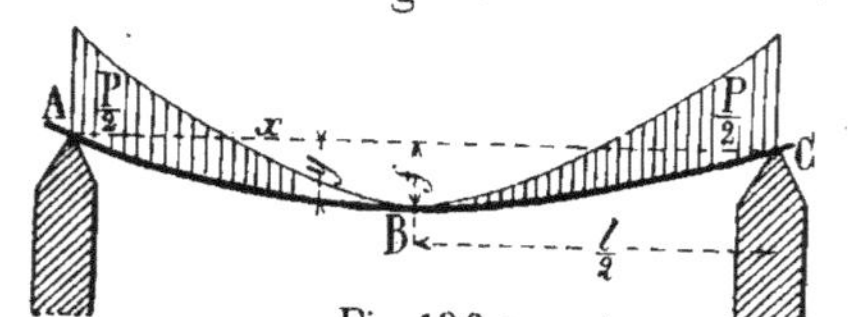


Fig. 198

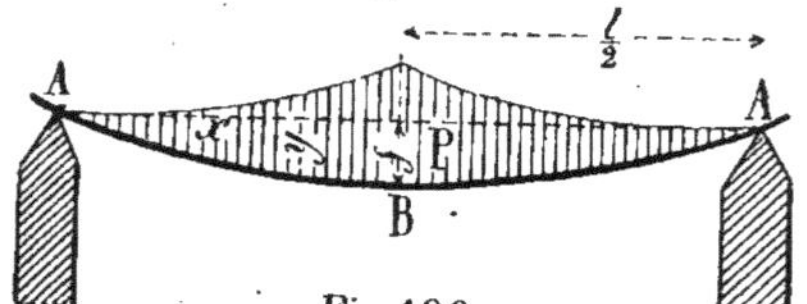


Fig. 199

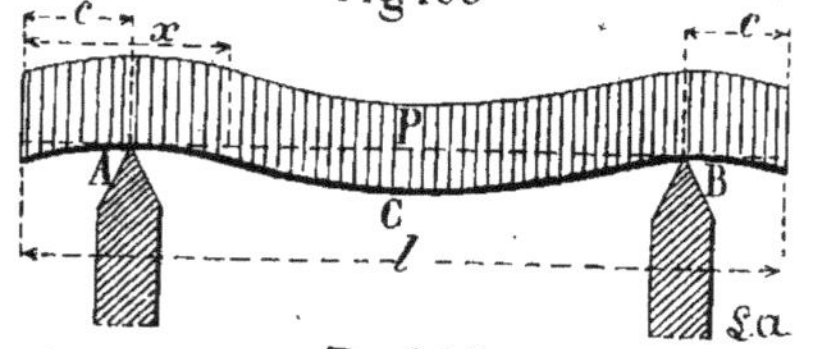


Fig. 200

Fig. 187 à 200

…LEAU RÉSUMÉ DES PRINCIPAUX CAS QUI SE PRÉSENTENT EN PRATIQUE POUR LE CALCUL DES POUTRES A UNE TRAVÉE. (*Extrait de Reuxleaux, le Constructeur.*)

| …ÉROS figures …quant mode …lication …charge | MOMENT FLÉCHISSANT $\mu$ | CHARGE P | ÉQUATION de la FIBRE NEUTRE DÉFORMÉE | FLÈCHE | OBSERVATIONS |
|---|---|---|---|---|---|
| 187 | $\mu = Px$ | $P = \frac{RI}{vl}$ | $y = \frac{P.l^3}{2.EI}\left[\frac{x}{l} - \frac{x^3}{3l^3}\right]$ | $f = \frac{Pl^3}{3EI}$ | Une des extrémités libre. Section dangereuse en B. |
| 188 | $\mu = \frac{Px}{2}$ | $P = \frac{4.RI}{vl}$ | $y = \frac{Pl^3}{16\,EI}\left[\frac{x}{l} - \frac{4x^3}{3l^3}\right]$ | $f = \frac{Pl^3}{48EI}$ | Pièce posée sur deux appuis simples de niveau. Section dangereuse au milieu |
| 189 | Pour AB $\mu = \frac{Pc_1 x}{l}$ Pour CB : $\mu = \frac{Pcx_1}{l}$ | $P = \frac{l}{cc_1} \cdot \frac{RI}{v}$ | $y = \frac{Pc^2 c_1^2}{6EIl}\left[2\frac{x}{c} + \frac{x}{c_1} - \frac{x^3}{c^2 c_1}\right]$ $y_1 = \frac{Pc_1^2 c}{6EIl}\left[2\frac{x_1}{c_1} + \frac{x_1}{c} - \frac{x^3}{c_1^2 c}\right]$ | $f = \frac{P}{EI}\frac{l^3}{3}\frac{c^2}{l^2}\frac{c_1^2}{l^2}$ Maximun de $f$ pour $x = c\sqrt{\frac{1}{3} + \frac{2}{3}\frac{c_1}{c}}$ | Section dangereuse en B. Réaction $Q = \frac{Pc_1}{l}$ $Q' = \frac{Pc}{l}$ |
| 190 | Pour AC : $\mu = \frac{5Px}{16}$ Pour BC : $\mu = Pl\left(\frac{5}{32} - \frac{11}{16}\frac{x_1}{l}\right)$ | $P = \frac{16}{3}\frac{RI}{vl}$ | $y = \frac{P}{EI}\frac{l^3}{32}\left[\frac{x}{l} - \frac{5}{3}\frac{x^3}{l^3}\right]$ $y_1 = \frac{P}{EI}\frac{l^3}{32}\left[\frac{1}{4}\frac{x_1}{l} + \frac{5}{2}\frac{x_1^2}{l^2} - \frac{11}{3}\frac{x_1^3}{l^3}\right]$ | $f = \frac{P}{EI}\frac{7l^3}{768}$ $f$ maximum $= \sqrt{\frac{1}{5}}\frac{Pl^3}{48EI}$ pour $x = l\sqrt{\frac{1}{5}}$ | Pièce encastrée en B et appuyée à l'autre extrémité Section dangereuse en B. Réaction $Q = \frac{5P}{16}$ |
| 191 | $\mu = \frac{Pl}{2}\left(\frac{x}{l} - \frac{1}{4}\right)$ | $P = \frac{8RI}{vl}$ | $y = \frac{P}{EI}\frac{l^3}{16}\left[\frac{x^2}{l^2} - \frac{4x^3}{3l^3}\right]$ | $f = \frac{Pl^3}{192EI}$ | Pièce encastrée à ses deux extrémités. Sections dangereues en A, C, B. |
| 192 | Pour AB : $\mu = Pc.$ | $P = \frac{RI}{vc}$ | $y = f - \rho + \sqrt{\rho^2 - x^3 + l\left(x - \frac{l}{4}\right)}$ Equation dans laquelle $P = \frac{EI}{Pc}$ | $f = \frac{P}{EI}\frac{l^3}{8}\frac{c}{l}$ | Pièce posée sur deux appuis avec porte-à-faux. Section dangereuse en l'un qoelconque des points entre A et B. |
| 193 | $\mu = \frac{Px^2}{vl}$ | $P = \frac{2RI}{vl}$ | $y = \frac{Pl^3}{6EI}\left[\frac{x}{l} - \frac{x^4}{4l^4}\right]$ | $f = \frac{Pl^3}{8EI}$ | Pièce encastrée en B, libre en A. Section dangereuse en B. |
| 194 | $\mu = \frac{Px}{2}\left(1 - \frac{x}{l}\right)$ | $P = \frac{8RI}{vl}$ | $y = \frac{Pl^3}{24EI}\left[\frac{x}{l} - \frac{2x^3}{l^3} + \frac{x^4}{l^4}\right]$ | $f = \frac{5Pl^3}{384EI}$ | Pièce posée sur deux appuis simples de niveau. Section dangereuse au milieu |
| 195 | $\mu = \frac{Px}{2}\left(\frac{3}{4} - \frac{x}{l}\right)$ | $P = \frac{8RI}{vl}$ | $y = \frac{Pl^3}{48EI}\left[\frac{x}{l} - \frac{3x^3}{l^3} + \frac{2x^4}{l^4}\right]$ | $f = \frac{Pl^3}{192EI}$ | Pièce encastrée à une extrémité et libre à l'autre. Flèche maximum pour $x = \frac{l}{16}(1 + \sqrt{33})$ Réaction $Q = \frac{3}{8}P$ Point d'inflexion en $x = \frac{3l}{4}$ |
| 196 | $\mu = \frac{Pl}{2}\left(\frac{1}{6} - \frac{x}{l} + \frac{x^2}{l^2}\right)$ | $P = 12\frac{RI}{vl}$ | $y = \frac{Pl^3}{24EI}\left[\frac{x^2}{l^2} - \frac{2x^3}{l^3} + \frac{x^4}{l^4}\right]$ | $f = \frac{Pl^3}{384EI}$ | Pièce encastree à ses deux extrémités. Sections dangereuses en B. Point d'inflexion pour $x = \frac{l}{2}\left(1 - \sqrt{\frac{1}{3}}\right)$ |
| 197 | $\mu = \frac{Px^3}{3l^2}$ | $P = 3\frac{RI}{vl}$ | $y = \frac{Pl^3}{12EI}\left[\frac{x}{l} - \frac{x^5}{5l^5}\right]$ | $f = \frac{Pl^3}{15EI}$ | Pièce encastrée à une extrémité et libre à l'autre. Section dangereuse en B. |
| 198 | $\mu = Px\left(\frac{1}{2} - \frac{x}{l} + \frac{2xl}{3l^2}\right)$ | $P = \frac{12RI}{vl}$ | $y = \frac{Pl^3}{12EI}\left[\frac{3x}{8l} - \frac{x^3}{l^3} + \frac{x^4}{l^4} - \frac{2x^5}{5l^5}\right]$ | $f = \frac{3Pl^3}{320EI}$ | Pièce posée sur deux appuis simples de niveau. Section dangereuse au milieu |
| 199 | $\mu = Px\left(\frac{1}{2} - \frac{2}{3}\frac{x^2}{l^2}\right)$ | $P = 6\frac{RI}{vl}$ | $y = \frac{Pl^3}{12EI}\left[\frac{5x}{8l} - \frac{x^3}{l^3} + \frac{2x^5}{5l^5}\right]$ | $f = \frac{Pl^3}{60EI}$ | Pièce posée sur deux appuis simples de niveau. Section dangereuse au milieu |
| 200 | $\mu = \frac{Px}{2}\left(\frac{x}{l} - 1 + \frac{c}{x}\right)$ | $P = 47\frac{RI}{vl}$ pour $c = 0{,}207l$ | | | Mode d'appui défavorable. Sections dangereuses en A, B, C. |

## TABLEAU

DES POIDS P DONT ON PEUT CHARGER EN LEUR MILIEU LES POUTRES EN BOIS REPOSANT SUR DEUX APPUIS A LEURS EXTRÉMITÉS ET DES FLÈCHES $f$ QUE CES POUTRES SUBISSENT SOUS L'ACTION DU POIDS P, LA DISTANCE DES APPUIS ÉTANT L ET SA SECTION ÉTANT UN CARRÉ DE COTÉ $c$ (*Extrait de l'Aide-Mémoire de J. Claudel*).

| L = / c = | | 1ᵐ,00 | 1ᵐ,50 | 2ᵐ,00 | 2ᵐ,50 | 3ᵐ,00 | 3ᵐ,50 | 4ᵐ,00 | 4ᵐ,50 | 5ᵐ,00 | 5ᵐ,50 | 6ᵐ,00 | 7ᵐ,00 | 8ᵐ,00 | 9ᵐ,00 | 10ᵐ,00 |
|---|---|---|---|---|---|---|---|---|---|---|---|---|---|---|---|---|
| 0.08 | P | 205 | 137 | 102 | 82 | 68 | 58 | 51 | | | | | | | | |
| | f | 1.04 | 2.35 | 4.15 | 6.52 | 9 34 | 12.65 | 16.60 | | | | | | | | |
| 0.09 | P | 292 | 194 | 146 | 117 | 97 | 83 | 73 | | | | | | | | |
| | f | 0.93 | 2.08 | 3.71 | 5.80 | 8.32 | 11.30 | 14 83 | | | | | | | | |
| 0.10 | P | 400 | 267 | 200 | 160 | 133 | 114 | 100 | 89 | 80 | | | | | | |
| | f | 0.83 | 1.88 | 3.33 | 5.21 | 7.48 | 10.18 | 13.33 | 16.90 | 20.83 | | | | | | |
| 0.11 | P | 532 | 355 | 266 | 213 | 177 | 152 | 133 | 118 | 106 | | | | | | |
| | f | 0.76 | 1.70 | 2.98 | 4.74 | 6.80 | 9.27 | 12.11 | 15.30 | 18.85 | | | | | | |
| 0.12 | P | 691 | 461 | 346 | 276 | 230 | 197 | 173 | 154 | 138 | 126 | 115 | | | | |
| | f | 0.69 | 1.56 | 2.78 | 4.33 | 6.24 | 8.49 | 11.13 | 14.10 | 17.33 | 21.06 | 24.96 | | | | |
| 0.13 | P | 879 | 586 | 439 | 352 | 293 | 251 | 220 | 195 | 176 | 160 | 146 | | | | |
| | f | 0.64 | 1.44 | 2.56 | 4.01 | 5.77 | 7.85 | 10.27 | 12.96 | 16.05 | 19.42 | 23.00 | | | | |
| 0.14 | P | 1 098 | 732 | 549 | 439 | 366 | 314 | 274 | 244 | 220 | 200 | 183 | | | | |
| | f | 0.60 | 1.34 | 2.38 | 3.72 | 5.36 | 7.30 | 9.51 | 12.06 | 14.91 | 18.05 | 21.44 | | | | |
| 0.15 | P | 1 350 | 900 | 675 | 540 | 450 | 386 | 338 | 300 | 270 | 245 | 225 | 193 | 169 | | |
| | f | 0.56 | 1.25 | 2.22 | 3.47 | 5.00 | 6.81 | 8.90 | 11.25 | 13.89 | 16.77 | 20.00 | 27.24 | 35.61 | | |
| 0.16 | P | 1 638 | 1 092 | 819 | 655 | 546 | 468 | 410 | 364 | 328 | 298 | 273 | 234 | 205 | | |
| | f | 0.52 | 1.17 | 2.08 | 3.26 | 4.69 | 6.38 | 8.33 | 10.55 | 13.02 | 15.76 | 18.75 | 25.52 | 33.33 | | |
| 0.17 | P | 1 965 | 1 310 | 983 | 786 | 655 | 561 | 491 | 437 | 393 | 357 | 328 | 281 | 246 | | |
| | f | 0.49 | 1.10 | 1.96 | 3.06 | 4.41 | 6.00 | 7.84 | 9.93 | 12.25 | 14.83 | 17.65 | 24.02 | 31.37 | | |
| 0.18 | P | 2 333 | 1 555 | 1 166 | 933 | 778 | 667 | 583 | 518 | 467 | 424 | 389 | 333 | 292 | 259 | |
| | f | 0.46 | 1.04 | 1.85 | 2.89 | 4.17 | 5.67 | 7.41 | 9.38 | 11.57 | 14.00 | 16.67 | 22.69 | 29.63 | 37.50 | |
| 0.19 | P | 2 744 | 1 829 | 1 372 | 1 097 | 915 | 784 | 686 | 610 | 549 | 499 | 457 | 392 | 343 | 305 | |
| | f | 0.44 | 0.99 | 1.75 | 2.74 | 3.95 | 5.37 | 7.02 | 8.88 | 10.96 | 13.27 | 15.79 | 21.49 | 28.07 | 35.53 | |
| 0.20 | P | 3 200 | 2 133 | 1 600 | 1 280 | 1 067 | 914 | 800 | 711 | 640 | 582 | 533 | 457 | 400 | 355 | |
| | f | 0.42 | 0.94 | 1.67 | 2.60 | 3.75 | 5.10 | 6.67 | 8.44 | 10.42 | 12.60 | 15.00 | 20.42 | 26.07 | 33.75 | |
| 0.21 | P | 3 704 | 2 469 | 1 852 | 1 482 | 1 235 | 1 058 | 926 | 823 | 741 | 673 | 617 | 529 | 463 | 412 | |
| | f | 0.40 | 0.89 | 1.59 | 2.48 | 3.57 | 4.86 | 6.35 | 8.04 | 9.92 | 12.00 | 14.29 | 19.44 | 25.40 | 32.14 | |
| 0.22 | P | 4 259 | 2 839 | 2 130 | 1 704 | 1 420 | 1 217 | 1 065 | 946 | 852 | 774 | 710 | 608 | 532 | 473 | 426 |
| | f | 0.38 | 0.85 | 1.52 | 2.37 | 3.41 | 4.64 | 6.06 | 7.67 | 9.47 | 11.46 | 13.64 | 18.56 | 24.24 | 30.68 | 37.88 |
| 0.23 | P | 4 867 | 3 245 | 2 433 | 1 947 | 1 622 | 1 391 | 1 217 | 1 082 | ‹073 | 885 | 811 | 695 | 608 | 541 | 487 |
| | f | 0.36 | 0.82 | 1.45 | 2.26 | 3.26 | 4.44 | 5.80 | 7.34 | 9.06 | 10.96 | 13.04 | 17.75 | 23.24 | 29.35 | 36.23 |
| 0.24 | P | 5 530 | 3 686 | 2 765 | 2 212 | 1 843 | 1 580 | 1 382 | 1 229 | 1 106 | 1 005 | 922 | 790 | 691 | 614 | 553 |
| | f | 0 35 | 0.78 | 1.39 | 2.17 | 3.13 | 4.25 | 5.56 | 7.03 | 8.68 | 10.50 | 12.50 | 17 01 | 22.22 | 28.13 | 34.72 |
| 0.25 | P | 6 250 | 4 167 | 3 125 | 2 500 | 2 083 | 1 786 | 1 562 | 1 388 | 1 250 | 1 136 | 1 042 | 893 | 781 | 694 | 625 |
| | f | 0.33 | 0.75 | 1.33 | 2.08 | 3.00 | 4.08 | 5.33 | 6.75 | 8.33 | 10.08 | 12.00 | 16.33 | 21.33 | 27.00 | 33.33 |
| 0.26 | P | 7 030 | 4 687 | 3 515 | 2 812 | 2 343 | 2 009 | 1 758 | 1 562 | 1 406 | 1 278 | 1 172 | 1 004 | 879 | 781 | 703 |
| | f | 0.32 | 0.72 | 1.28 | 2.00 | 2.89 | 3.93 | 5.13 | 6.49 | 8.01 | 9 70 | 11.54 | 15.71 | 20.51 | 25.96 | 32.05 |
| 0.27 | P | 7 873 | 5 249 | 3 937 | 3 149 | 2 624 | 2 249 | 1 968 | 1 750 | 1 575 | 1 431 | 1 312 | 1 125 | 984 | 875 | 787 |
| | f | 0.31 | 0.69 | 1.23 | 1 93 | 2.78 | 3.78 | 4.94 | 6.25 | 7.72 | 9.34 | 11.11 | 15.12 | 19.75 | 25.00 | 30.86 |
| 0.28 | P | 8 781 | 5 854 | 4 390 | 3 512 | 2 927 | 2 509 | 2 195 | 1 951 | 1 756 | 1 597 | 1 463 | 1 254 | 1 098 | 976 | 878 |
| | f | 0.30 | 0.67 | 1.19 | 1.86 | 2.68 | 3.65 | 4.76 | 6.03 | 7.44 | 9.00 | 10.71 | 14.58 | 19.05 | 24.11 | 29.76 |
| 0.29 | P | 9 756 | 6 504 | 4 878 | 3 902 | 3 252 | 2 787 | 2 439 | 2.168 | 1 951 | 1 774 | 1 626 | 1 394 | 1 219 | 1 084 | 976 |
| | f | 0.29 | 0.65 | 1.15 | 1.80 | 2.59 | 3.52 | 4.60 | 5.82 | 7.18 | 8.69 | 10.34 | 14.08 | 18.39 | 23.28 | 28.74 |
| 0.30 | P | 10 800 | 7 200 | 5 400 | 4 320 | 3 600 | 3 086 | 2 700 | 2 400 | 2 160 | 1 963 | 1 800 | 1 543 | 1 350 | 1 200 | 1 080 |
| | f | 0.28 | 0.63 | 1.11 | 1.74 | 2.50 | 3 40 | 4.44 | 5.63 | 6.94 | 8.40 | 10.00 | 13.61 | 17.78 | 22.50 | 27.78 |
| 0.31 | P | 11 916 | 7 944 | 5 958 | 4 767 | 3 972 | 3 405 | 2 979 | 2 648 | 2 383 | 2 167 | 1 986 | 1 702 | 1 490 | 1 324 | 1 192 |
| | f | 0.27 | 0.60 | 1.08 | 1.68 | 2.42 | 3.29 | 4.30 | 5.44 | 6.72 | 8.13 | 9.68 | 13.17 | 17.20 | 21.77 | 26.88 |
| 0.32 | P | 13 107 | 8 738 | 6 554 | 5 243 | 4 369 | 3 745 | 3 277 | 2.913 | 2 621 | 2 383 | 2 185 | 1 872 | 1 638 | 1 456 | 1 311 |
| | f | 0.26 | 0.59 | 1.04 | 1.63 | 2.34 | 3.19 | 4.17 | 5.27 | 6.51 | 7.88 | 9.38 | 12.76 | 16.67 | 21.09 | 26.04 |
| 0.33 | P | 14 375 | 9 583 | 7 187 | 5 750 | 4 792 | 4 107 | 3 594 | 3 194 | 2 875 | 2 614 | 2 396 | 2 053 | 1 797 | 1 597 | 1 437 |
| | f | 0.25 | 0.57 | 1.01 | 1.58 | 2.27 | 3 09 | 4.04 | 5.11 | 6.31 | 7.64 | 9.09 | 12.37 | 16.16 | 20.45 | 25.25 |
| 0.34 | P | 15 722 | 10 481 | 7 861 | 6 289 | 5 241 | 4 492 | 3 930 | 3 494 | 3 144 | 2 858 | 2 620 | 2 246 | 1 965 | 1 747 | 1 572 |
| | f | 0.25 | 0.55 | 0.98 | 1.53 | 2.21 | 3.00 | 3.92 | 4.96 | 6.13 | 7.41 | 8.82 | 12.01 | 15.69 | 19.83 | 24.51 |
| 0.35 | P | 17.150 | 11 433 | 8 575 | 6 860 | 5 717 | 4 900 | 4 288 | 3 811 | 3 430 | 3 118 | 2 858 | 2 450 | 2 144 | 1 906 | 1 715 |
| | f | 0.24 | 0.54 | 0.95 | 1.49 | 2.14 | 2.92 | 3.81 | 4.82 | 5.95 | 7.20 | 8.57 | 11.67 | 15.24 | 19.29 | 23.81 |
| 0.36 | P | 18 662 | 12 442 | 9 331 | 7.465 | 6 221 | 5 332 | 4 666 | 4.147 | 3 732 | 3 393 | 3 110 | 2 666 | 2 333 | 2 074 | 1 866 |
| | f | 0.23 | 0.52 | 0.93 | 1.45 | 2.08 | 2.84 | 3.70 | 4.69 | 5.79 | 7.00 | 8.33 | 11.34 | 14.81 | 18.75 | 23.15 |
| 0.37 | P | 20 261 | 13 507 | 10 131 | 8 104 | 6 754 | 5 789 | 5 065 | 4 502 | 4 052 | 3 684 | 3 377 | 2 894 | 2 533 | 2 251 | 2 020 |
| | f | 0.23 | 0.51 | 0.90 | 1.41 | 2.03 | 2.76 | 3.60 | 4.56 | 5.63 | 6.81 | 8.11 | 11 04 | 14.41 | 18.24 | 22.52 |
| 0.38 | P | 21 949 | 14 633 | 10 974 | 8 780 | 7 316 | 6 271 | 5 487 | 4 878 | 4 390 | 3 991 | 3 658 | 3 130 | 2 744 | 2 439 | 2 195 |
| | f | 0.22 | 0.49 | 0.88 | 1.37 | 1.97 | 2.69 | 3.51 | 4.44 | 5.48 | 6.63 | 7.89 | 10.75 | 14.04 | 17.76 | 21.93 |
| 0.39 | P | 23 728 | 15 818 | 11 864 | 9 491 | 7 909 | 62779 | 5 932 | 5 273 | 4 740 | 4 314 | 3 955 | 3 390 | 2 966 | 2 636 | 2 373 |
| | f | 0.21 | 0.48 | 0.85 | 1.34 | 1.92 | .62 | 3.42 | 4.33 | 5.34 | 6.49 | 7.66 | 10.47 | 13.68 | 17.31 | 21.37 |

TABLEAU (*suite*)

| L = / c = | | 1m,00 | 2m,00 | 3m,00 | 4m,00 | 5m,00 | 6m,00 | 7m,00 | 8m,00 | 9m,00 | 10m,00 | 11m,00 | 12m,00 | 13m,00 | 14m,00 | 15m,00 |
|---|---|---|---|---|---|---|---|---|---|---|---|---|---|---|---|---|
| 0.40 | P | 25 600 | 12 800 | 8 533 | 6 400 | 5 120 | 4 267 | 3 657 | 3 200 | 2 844 | 2 560 | 2 327 | 2 133 | | | |
| | f | 0.21 | 0.83 | 1.88 | 3.33 | 5.21 | 7.50 | 10.21 | 13.36 | 16.88 | 20.83 | 25.21 | 30.00 | | | |
| 0.41 | P | 27 568 | 13 784 | 9 190 | 6 892 | 5 514 | 4 595 | 3 938 | 3 446 | 3 063 | 2 757 | 2 506 | 2 297 | | | |
| | f | 0.20 | 0.81 | 1.83 | 3.25 | 5.08 | 7.32 | 9.96 | 13.01 | 16.46 | 20.33 | 24.59 | 29.27 | | | |
| 0.42 | P | 29 635 | 14 818 | 9 878 | 7 409 | 5 927 | 4 939 | 4 234 | 3 704 | 3 293 | 2 964 | 2 694 | 2 470 | | | |
| | f | 0.20 | 0.79 | 1.79 | 3.17 | 4.96 | 7.14 | 9.72 | 12.70 | 16.07 | 19.84 | 24.01 | 28.57 | | | |
| 0.43 | P | 31 803 | 15 901 | 10 601 | 7 951 | 6 361 | 5 300 | 4 543 | 3 975 | 3.534 | 3 180 | 2 891 | 2 650 | | | |
| | f | 0.19 | 0.78 | 1.74 | 3.10 | 4.85 | 6.98 | 9.50 | 12.40 | 15.70 | 19.38 | 23.45 | 27.91 | | | |
| 0.44 | P | 34 074 | 17 037 | 11 358 | 8 518 | 6 815 | 5 679 | 4 868 | 4 259 | 3 786 | 3 407 | 3 098 | 2 840 | | | |
| | f | 0.19 | 0.76 | 1.70 | 3.03 | 4.73 | 6.82 | 9.28 | 12.12 | 15.34 | 18.94 | 22.92 | 27.27 | | | |
| 0.45 | P | 36 450 | 18 225 | 12 150 | 9 113 | 7 290 | 6 075 | 5 207 | 4 556 | 4 050 | 36 45 | 3 314 | 3 038 | 2 803 | | |
| | f | 0.19 | 0.74 | 1.67 | 2.96 | 4.63 | 6.67 | 9.07 | 11.85 | 15.00 | 18.52 | 22.41 | 26.67 | 31.30 | | |
| 0.46 | P | 38 934 | 19 467 | 12 978 | 9 734 | 7 787 | 6 489 | 5 562 | 4 867 | 4 326 | 3 893 | 3 540 | 3 245 | 2 995 | | |
| | f | 0.18 | 0.72 | 1.63 | 2.90 | 4.53 | 6.52 | 8.88 | 11.59 | 14.67 | 18.12 | 21.92 | 26.09 | 30.62 | | |
| 0.47 | P | 41 529 | 20 765 | 13 843 | 10 382 | 8 306 | 6 922 | 5 933 | 5 191 | 4 614 | 4 153 | 3 775 | 3 461 | 3 194 | | |
| | f | 0.18 | 0.71 | 1.60 | 2.84 | 4.43 | 6.38 | 8.69 | 11.35 | 14.36 | 17.73 | 21.45 | 25.53 | 29.97 | | |
| 0.48 | P | 44 237 | 22 118 | 14 746 | 11 059 | 8 847 | 7 373 | 6 320 | 5 530 | 4 915 | 4 424 | 4 022 | 3 686 | 3 402 | | |
| | f | 0.17 | 0.69 | 1.56 | 2.78 | 4.34 | 6.25 | 8.51 | 11.11 | 14.06 | 17.36 | 21.01 | 25.00 | 29.34 | | |
| | | 47 060 | 23 530 | 15 687 | 11 765 | 9 412 | 7 843 | 6 723 | 5 882 | 5 229 | 4 706 | 4 278 | 3 922 | 3 620 | | |
| | | 0.17 | 0.68 | 1.53 | 2.72 | 4.25 | 6.12 | 8.33 | 10.88 | 13.78 | 17.01 | 20.58 | 24.49 | 28.74 | | |
| 0.50 | P | 50 000 | 25 000 | 16 667 | 12 500 | 10 000 | 8 333 | 7 143 | 6 250 | 5 556 | 5 000 | 4 545 | 4 167 | 3 846 | 3 571 | |
| | f | 0.17 | 0.67 | 1.50 | 2.67 | 4.17 | 6.00 | 8.17 | 10.67 | 13.50 | 16.67 | 20.17 | 24.00 | 28.17 | 32.67 | |
| 0.51 | P | 53 060 | 26 530 | 17 687 | 13 265 | 10 612 | 8 843 | 7 580 | 6 633 | 5 896 | 5 306 | 4 824 | 4 422 | 4 081 | 3 790 | |
| | f | 0.16 | 0.65 | 1.47 | 2.61 | 4.09 | 5.88 | 8.01 | 10.46 | 13.24 | 16.34 | 19.77 | 23.53 | 27.62 | 32.03 | |
| 0.52 | P | 56 243 | 28 122 | 18 748 | 14 061 | 11 249 | 9 374 | 8 035 | 7 030 | 6 249 | 5 624 | 5 113 | 4 687 | 4 326 | 4 017 | |
| | f | 0.16 | 0.64 | 1.44 | 2.56 | 4.01 | 5.77 | 7.85 | 10.26 | 12.98 | 16.02 | 19.39 | 23.08 | 27.09 | 31.41 | |
| 0.53 | P | 59 551 | 29 775 | 19 850 | 14 888 | 11.910 | 9 925 | 8 507 | 7 444 | 6 617 | 5 955 | 5 414 | 4 963 | 4 580 | 4 253 | |
| | f | 0.16 | 0.63 | 1.41 | 2.52 | 3.93 | 5.66 | 7.70 | 10.06 | 12.74 | 15.72 | 19.92 | 22.64 | 26.57 | 30.82 | |
| 0.54 | P | 62 986 | 31 493 | 20 995 | 15 746 | 12 597 | 10 498 | 8 998 | 7 873 | 7 998 | 6 299 | 5 726 | 5 249 | 4 845 | 4 499 | |
| | f | 0.15 | 0.62 | 1.39 | 2.47 | 3.86 | 5.56 | 7.56 | 9.88 | 12.50 | 15.43 | 18.67 | 22.22 | 26.08 | 30.25 | |
| 0.55 | P | 66 550 | 33-275 | 22 183 | 16 638 | 13 310 | 11 092 | 9 507 | 8 319 | 7 394 | 6 655 | 6 050 | 5 546 | 5 119 | 4 753 | 4 437 |
| | f | 0.15 | 0.61 | 1.36 | 2.42 | 3.79 | 5.45 | 7.42 | 9.70 | 12.27 | 15.15 | 18.33 | 21.82 | 25.61 | 29.70 | 34.09 |
| 0.56 | P | 70 246 | 35 123 | 23 415 | 17 562 | 14 049 | 11 708 | 10 035 | 8 781 | 7 805 | 7 025 | 6 386 | 5 854 | 5 403 | 5 017 | 4 683 |
| | f | 0.15 | 0.60 | 1.34 | 2.38 | 3.72 | 5.36 | 7.29 | 9.52 | 12.05 | 14.88 | 18.01 | 21.43 | 25.15 | 29.17 | 33.48 |
| 0.57 | P | 74 077 | 37 039 | 24 692 | 18 519 | 14 815 | 12.346 | 10 582 | 9 260 | 8 231 | 7 408 | 6 734 | 6 173 | 5 698 | 9 291 | 4 938 |
| | f | 0.15 | 0.58 | 1.32 | 2.34 | 3.65 | 5.26 | 7.16 | 9.36 | 11.84 | 14.62 | 17.89 | 21.30 | 24.71 | 28.66 | 32.89 |
| 0.58 | P | 78 045 | 39 022 | 26 015 | 19 511 | 15 609 | 13 007 | 11 149 | 9 756 | 8 672 | 7 804 | 7 095 | 6 504 | 6 003 | 5 574 | 5 203 |
| | f | 0.14 | 0.57 | 1.29 | 2.30 | 3.59 | 5.17 | 7.04 | 9.20 | 11.64 | 14.37 | 17.38 | 20.69 | 24.28 | 28.16 | 32.33 |
| 0.59 | P | 82 152 | 41 076 | 27 384 | 20 538 | 16 430 | 13 692 | 11 736 | 10 269 | 9 128 | 8 215 | 7 468 | 6 846 | 6 319 | 5 868 | 5 477 |
| | f | 0.14 | 0.56 | 1.27 | 2.26 | 3.53 | 5.08 | 6.92 | 9.04 | 11.44 | 14.12 | 17.09 | 20.34 | 23.87 | 27.69 | 31.78 |
| 0.60 | P | 86 400 | 43 200 | 28 800 | 21 600 | 17 280 | 14 400 | 12 343 | 10 800 | 9 600 | 8 640 | 7 855 | 7 200 | 6 646 | 6 171 | 5 760 |
| | f | 0.14 | 0.56 | 1.25 | 2.22 | 3.47 | 5.00 | 6.81 | 8.89 | 11.25 | 13.89 | 16.81 | 20.00 | 23.47 | 27.23 | 31 25 |
| 0.61 | P | 90 792 | 45 396 | 30 264 | 22 698 | 18 159 | 15 132 | 12 970 | 11 349 | 10 088 | 9 079 | 8 254 | 7 566 | 6 984 | 6 485 | 6 053 |
| | f | 0.14 | 0.55 | 1.23 | 2.19 | 3.42 | 4.92 | 6.69 | 8.74 | 11.07 | 13.66 | 16.53 | 19.67 | 23.09 | 26.78 | 30 74 |
| 0.62 | P | 95.331 | 47 666 | 31 777 | 23 833 | 19 066 | 15 889 | 13 619 | 11.916 | 10 592 | 9 533 | 8 666 | 7 944 | 7 333 | 6 809 | 6 355 |
| | f | 0.13 | 0.54 | 1.21 | 2.15 | 3.36 | 4.84 | 6.59 | 8.60 | 10.89 | 13.44 | 16.26 | 19.35 | 22.72 | 26.35 | 30 24 |
| 0.63 | P | » | 50 009 | 33 340 | 25 005 | 20 004 | 16 670 | 14 288 | 12 502 | 11 113 | 10 002 | 9 093 | 8 335 | 7 693 | 7 144 | 6 668 |
| | f | » | 0.53 | 1.19 | 2.12 | 3.31 | 4.76 | 6.48 | 8.47 | 10.71 | 13.23 | 16.01 | 19.05 | 22.36 | 25.93 | 29.76 |
| 0.64 | P | » | 52 429 | 34 953 | 26 214 | 20 972 | 17 476 | 14 980 | 13 107 | 11 651 | 10 486 | 9 533 | 8 738 | 8 066 | 7 490 | 6 991 |
| | f | » | 0.52 | 1.17 | 2.08 | 3.26 | 4.69 | 6.38 | 8.33 | 10.55 | 13.02 | 15.76 | 18.75 | 22.01 | 25.52 | 29.30 |
| 0.65 | P | » | 54 925 | 36 617 | 27 463 | 21 970 | 18 308 | 15 693 | 13 731 | 12 206 | 10 985 | 9 986 | 9 154 | 8 450 | 7 846 | 7 323 |
| | f | » | 0.52 | 1.15 | 2.05 | 3.21 | 4.62 | 6.28 | 8 21 | 10.38 | 12.82 | 15.51 | 18.46 | 21.67 | 25.13 | 28.85 |
| 0.66 | P | » | 57 499 | 38 333 | 28 750 | 23 000 | 19.166 | 16 428 | 14 375 | 12 778 | 11 500 | 10 454 | 9 583 | 8 846 | 8 214 | 7 667 |
| | f | » | 0.51 | 1.14 | 2.02 | 3.16 | 4.55 | 6.19 | 8.08 | 10.23 | 12.63 | 15.28 | 18.18 | 21.34 | 24.75 | 28.41 |
| 0.67 | P | » | 60 153 | 40 102 | 30 076 | 24 061 | 20 051 | 17 186 | 15 038 | 13 367 | 12 031 | 10 937 | 10 025 | 9.254 | 8 593 | 8 020 |
| | f | » | 0.50 | 1.12 | 1.99 | 3.11 | 4.48 | 6.09 | 7.96 | 10.07 | 12.44 | 15.05 | 17.91 | 21.02 | 24.38 | 27.98 |
| 0.68 | P | » | 62 886 | 41 924 | 31 443 | 25 155 | 20 962 | 17 968 | 15 722 | 13 975 | 12 577 | 11 434 | 10 481 | 9 675 | 8 984 | 8 385 |
| | f | » | 0.49 | 1.10 | 1.96 | 3.06 | 4.41 | 6.00 | 7.84 | 9.93 | 12.25 | 14.83 | 17.65 | 20.71 | 24.02 | 27.57 |
| 0.69 | P | » | 65 702 | 43 801 | 32 851 | 26 281 | 21 901 | 18 772 | 16 425 | 14 600 | 13 140 | 11 946 | 10 950 | 10 108 | 9 386 | 8 760 |
| | f | » | 0.48 | 1.09 | 1.93 | 3.02 | 4.35 | 5.92 | 7.73 | 9.78 | 12.08 | 14.61 | 17.39 | 20.41 | 23.67 | 27.17 |
| 0.70 | P | » | 68 600 | 45 733 | 34 300 | 27 440 | 22 867 | 19 600 | 17 150 | 15 244 | 13 720 | 12.473 | 11 433 | 10 554 | 9 800 | 9 147 |
| | f | » | 0.48 | 1.07 | 1.90 | 2.98 | 4.29 | 5.83 | 7.62 | 9.64 | 11.90 | 14.40 | 17.14 | 20.12 | 23.33 | 26.79 |

son milieu si, reposant sur deux appuis, elle était chargée en ce milieu d'un poids de $200 \times 4 = 800$ kilogrammes. Si la pièce est carrée on a, d'après le 1° :

$$c = 0^m,20$$

**297.** 6° Le poids appliqué à l'extrémité de la pièce étant de 150 kilogrammes, si la section est un rectangle dont $\frac{h}{b} = \frac{4}{3}$, la pièce travaille comme une pièce à section carrée de $c = h$ de côté supportant à son extrémité un poids de $150 \times \frac{4}{3} = 200$ kilogrammes. On a alors, d'après le 5° :

$$h = c = 0^m,20, \text{ et } b = 0^m,20 \times \frac{3}{4} = 0^m,15.$$

**298.** 7° Si, la section étant un carré, la charge répartie uniformément $pL = 400$ kilogrammes, la pièce travaille au point d'encastrement, comme si elle était chargée à son extrémité d'un poids de $\frac{400}{2} = 200$ kilogrammes. Le problème est alors ramené à celui de 5° et l'on a $c = 0^m,20$.

**299.** 8° Si la section est un rectangle tel que $\frac{h}{b} = \frac{3}{4}$, et que le poids réparti uniformément soit $pL = 300$ kilogrammes, la pièce travaille, comme si étant carrée, elle supportait un poids de $300 \times \frac{4}{3} = 400$ kilogrammes, réparti uniformément. On a alors :

$$h = c = 0^m,20, \text{ et } b = 0^m,20 \times \frac{3}{4} = 0^m,15.$$

**300.** 9° La section étant un carré, si le poids P appliqué à l'extrémité est de 100 kilogrammes, et le poids $pL$ uniformément réparti de 200 kilogrammes, la pièce travaille au point d'encastrement comme si elle était chargée à son extrémité d'un poids unique

$$P + \frac{pL}{2} = 100 + 100 = 200^k$$

et l'on a, d'après le 5°, $c = 0^m,20$.

**301.** 10° Si la section est un rectangle dont $\frac{h}{b} = \frac{4}{3}$, le poids $P = 75$ kilogrammes et $pL = 150$ kilogrammes, la pièce travaille comme une pièce à section carrée de $c = h$ de côté, chargée du poids $75 \times \frac{4}{3} = 100$ kilogrammes appliqué à son extrémité, et du poids $150 \times \frac{4}{3} = 200$ kilogrammes, réparti uniformément. Le problème est ainsi ramené à celui du 9°, et l'on a

$$h = 0^m,20, \text{ et } b = 0^m,20 \times \frac{3}{4} = 0^m,15.$$

**302.** Dans l'établissement des ponts, poitrails et planchers on fait un fréquent

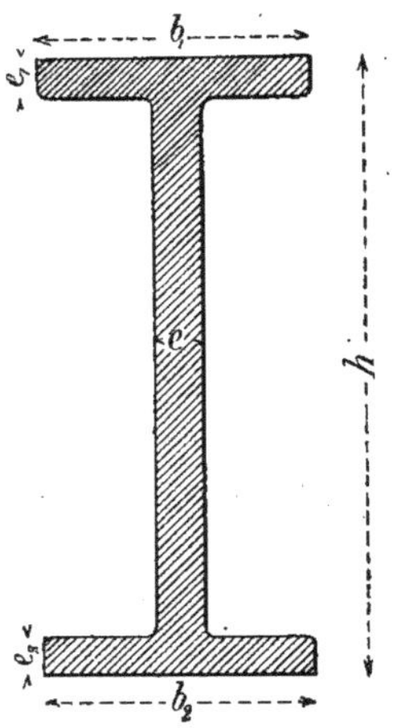


Fig. 201.

usage des fers à double I, dont le profil est indiqué par la figure 201. Les tableaux suivants donnent la charge uniformément répartie que ces poutres peuvent supporter en toute sécurité, pour des portées de 2 à 8 mètres.

On suppose que ces pièces reposent librement à leurs extrémités sur deux appuis de niveau.

Ce tableau donne les dimensions du profil, exprimées en millimètres ; Il contient, en outre, le poids par mètre courant, la valeur du module de section $\frac{I}{v}$, et trois coefficients de sécurité, 6, 8 et 10 kilogrammes par millimètre carré de

CHARGES UNIFORMÉMENT RÉPARTIES, QUE PEUVENT SUPPORTER LES SOLIVES REPOSANT LIBREMENT A LEURS EXTRÉMITÉS POUR DES PORTÉES DE 2 A 8m,00.

| Hauteur de la solive. | Épaiss. de la lame. | Largeur des ailes. | PROFILS | Poids du mètre. | Valeurs de $\frac{I}{v}$. | Valeurs de R. | 2m,00 | 2m,25 | 2m,50 | 2m,75 | 3m,00 | 3m,25 | 3m,50 | 3m,75 | 4m,00 | 4m,25 | 4m,50 | 5m,00 | 5m,50 | 6m,00 | 6m,50 | 7m,00 | 7m,50 | 8m,00 |
|---|---|---|---|---|---|---|---|---|---|---|---|---|---|---|---|---|---|---|---|---|---|---|---|---|
| 0m,08 | mill. 3,5 | mill. 40 | 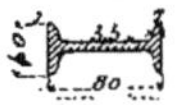 | kil. 6,50 | 0,00019703 | 6 | 472 | 420 | 378 | 343 | 315 | 291 | 270 | 252 | 236 | 222 | 210 | 189 | 172 | 157 | 146 | 135 | 126 | 118 |
| | | | | | | 8 | 630 | 560 | 504 | 458 | 420 | 388 | 360 | 336 | 315 | 296 | 280 | 252 | 229 | 210 | 194 | 180 | 168 | 157 |
| | | | | | | 10 | 788 | 700 | 630 | 573 | 525 | 485 | 450 | 420 | 394 | 370 | 350 | 315 | 286 | 263 | 242 | 225 | 210 | 197 |
| 0m,10 | 5 | 43 | 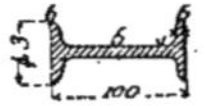 | 8,25 | 0,00029075 | 6 | 698 | 620 | 558 | 507 | 465 | 429 | 399 | 372 | 349 | 328 | 310 | 279 | 251 | 233 | 215 | 199 | 186 | 174 |
| | | | | | | 8 | 930 | 827 | 744 | 676 | 620 | 572 | 531 | 496 | 465 | 438 | 413 | 372 | 338 | 310 | 287 | 266 | 248 | 233 |
| | | | | | | 10 | 1163 | 1033 | 930 | 845 | 775 | 715 | 665 | 620 | 581 | 547 | 517 | 465 | 420 | 388 | 358 | 332 | 310 | 291 |
| 0m,12 | 4,5 | 45 | 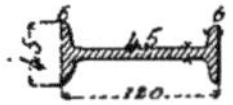 | [illegible],20 | 0,00038010 | 6 | 912 | 811 | 730 | 664 | 608 | 561 | 521 | 486 | 456 | 429 | 405 | 365 | 332 | 304 | 281 | 260 | 243 | 228 |
| | | | | | | 8 | 1216 | 1081 | 973 | 884 | 811 | 748 | 695 | 649 | 608 | 572 | 540 | 485 | 442 | 405 | 374 | 347 | 324 | 304 |
| | | | | | | 10 | 1521 | 1351 | 1216 | 1106 | 1014 | 935 | 869 | 811 | 760 | 715 | 676 | 608 | 553 | 507 | 468 | 438 | 409 | 384 |
| 0m,14 | 5,5 | 47 | 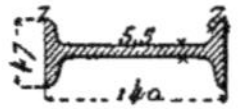 | 11,80 | 0,00055896 | 6 | 1312 | 1192 | 1073 | 975 | 894 | 826 | 766 | 715 | 671 | 631 | 596 | 536 | 488 | 447 | 412 | 383 | 355 | 335 |
| | | | | | | 8 | 1789 | 1590 | 1431 | 1301 | 1192 | 1100 | 1022 | 954 | 894 | 812 | 79 | 715 | 650 | 596 | 550 | 511 | 477 | 447 |
| | | | | | | 10 | 2236 | 1987 | 1788 | 1626 | 1490 | 1376 | 1277 | 1192 | 1118 | 1052 | 993 | 894 | 813 | 745 | 688 | 639 | 596 | 559 |
| 0m,16 | 6,5 | 48 | 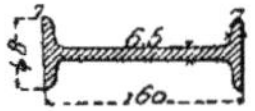 | 14,10 | 0,00082292 | 6 | 1975 | 1755 | 1580 | 1437 | 1316 | 1215 | 1128 | 1053 | 987 | 929 | 877 | 790 | 718 | 658 | 608 | 561 | 526 | 494 |
| | | | | | | 8 | 2633 | 2340 | 2106 | 1915 | 1755 | 1621 | 1502 | 1404 | 1316 | 1239 | 1170 | 1053 | 957 | 878 | 810 | 752 | 702 | 658 |
| | | | | | | 10 | 3292 | 2926 | 2633 | 2394 | 2194 | 2025 | 1881 | 1755 | 1646 | 1549 | 1463 | 1316 | 1197 | 1097 | 1013 | 940 | 878 | 823 |
| 0m,18 | 7 | 55 | 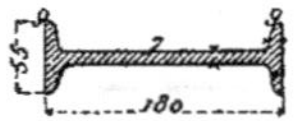 | 18,10 | 0,00110011 | 6 | 2640 | 2347 | 2112 | 1920 | 1760 | 1624 | 1508 | 1405 | 1320 | 1242 | 1173 | 1056 | 960 | 880 | 812 | 754 | 710 | 660 |
| | | | | | | 8 | 3520 | 3129 | 2816 | 2560 | 2346 | 2166 | 2011 | 1880 | 1760 | 1657 | 1565 | 1408 | 1280 | 1173 | 1083 | 1006 | 938 | 880 |
| | | | | | | 10 | 4400 | 3911 | 3520 | 3200 | 2933 | 2708 | 2514 | 2347 | 2200 | 2070 | 1956 | 1760 | 1600 | 1466 | 1354 | 1257 | 1173 | 1100 |
| 0m,20 | 8 | 60 |  | 22,00 | 0,00145515 | 6 | 3492 | 3104 | 2794 | 2540 | 2328 | 2149 | 1995 | 1862 | 1716 | 1643 | 1552 | 1397 | 1270 | 1154 | 1074 | 988 | 931 | 873 |
| | | | | | | 8 | 4656 | 4139 | 3725 | 3385 | 3104 | 2865 | 2660 | 2483 | 2328 | 2191 | 2069 | 1862 | 1693 | 1552 | 1133 | 1330 | 1242 | 1164 |
| | | | | | | 10 | 5821 | 5174 | 4656 | 4232 | 3880 | 3582 | 3326 | 3107 | 2910 | 2710 | 2587 | 2328 | 2116 | 1940 | 1791 | 1663 | 1552 | 1455 |
| 0m,22 | 8,5 | 64 | 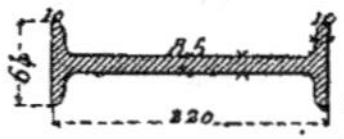 | 25,20 | 0,00018263 | 6 | 4390 | 3902 | 3512 | 3193 | 2927 | 2701 | 2508 | 2314 | 2195 | 2066 | 1951 | 1756 | 1598 | 1463 | 1351 | 1254 | 1170 | 1097 |
| | | | | | | 8 | 5854 | 5203 | 4683 | 4257 | 3902 | 3602 | 3345 | 3121 | 2927 | 2754 | 2601 | 2341 | 2129 | 1951 | 1801 | 1672 | 1561 | 1463 |
| | | | | | | 10 | 7317 | 6504 | 5854 | 5321 | 4876 | 4503 | 4181 | 3902 | 3658 | 3443 | 3252 | 2927 | 2661 | 2439 | 2251 | 2090 | 1951 | 1829 |
| 0m,26 | 10 | 69 | 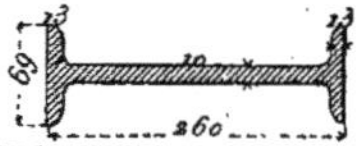 | 31,50 | 0,00028226 | 6 | 6774 | 6022 | 5419 | 4927 | 4516 | 4168 | 3871 | 5613 | 3387 | 3187 | 3010 | 2710 | 2463 | 2258 | 2084 | 1935 | 1806 | 1693 |
| | | | | | | 8 | 9032 | 8029 | 7226 | 6569 | 6022 | 5558 | 5 61 | 4817 | 4516 | 4250 | 4014 | 3613 | 3284 | 3011 | 2779 | 2580 | 2408 | 2258 |
| | | | | | | 10 | 11290 | 10036 | 9032 | 8211 | 7527 | 6918 | 6451 | 6021 | 6645 | 5313 | 5018 | 4516 | 4105 | 3763 | 3174 | 3225 | 3010 | 2823 |

TABLEAU N° 2. — RÉSISTANCE DES FERS I AILES ORDINAIRES DU COMMERCE.

CHARGES UNIFORMÉMENT RÉPARTIES, QUE PEUVENT SUPPORTER LES SOLIVES REPOSANT LIBREMENT A LEURS EXTRÉMITÉS POUR DES PORTÉES DE 2 A 8m,00.

| Hauteur de la solive. | Épaisseur de la lame. | Largeur des ailes. | PROFILS | Poids du mètre. | Valeurs de $\frac{I}{v}$ | Valeurs de R. | 2m,00 | 2m,25 | 2m,50 | 2m,75 | 3m,00 | 3m,25 | 3m,50 | 3m,75 | 4m,00 | 4m,25 | 4m,50 | 5m,00 | 5m,50 | 6m,00 | 6m,50 | 7m,00 | 7m,50 | 8m,00 |
|---|---|---|---|---|---|---|---|---|---|---|---|---|---|---|---|---|---|---|---|---|---|---|---|---|
| | mill. | mill. | | kil. | | | | | | | | | | | | | | | | | | | | |
| 0m,08 | 10 | 46,5 | 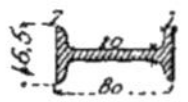 | 11,00 | 0,000028697 | 6 | 688 | 612 | 550 | 500 | 459 | 423 | 393 | 367 | 344 | 324 | 306 | 275 | 250 | 229 | 211 | 196 | 183 | 172 |
| | | | | | | 8 | 918 | 816 | 734 | 667 | 612 | 565 | 524 | 489 | 459 | 432 | 408 | 367 | 333 | 306 | 282 | 262 | 244 | 229 |
| | | | | | | 10 | 1147 | 1020 | 918 | 834 | 765 | 706 | 655 | 612 | 573 | 540 | 510 | 459 | 417 | 382 | 353 | 327 | 306 | 285 |
| 0m,10 | 10 | 48 |  | 12,45 | 0,000040694 | 6 | 976 | 868 | 781 | 710 | 651 | 601 | 558 | 520 | 488 | 459 | 434 | 390 | 355 | 325 | 300 | 279 | 260 | 244 |
| | | | | | | 8 | 1302 | 1157 | 1041 | 917 | 868 | 801 | 744 | 694 | 651 | 612 | 578 | 520 | 473 | 434 | 400 | 372 | 347 | 325 |
| | | | | | | 10 | 1627 | 1446 | 1302 | 1183 | 1085 | 1001 | 930 | 868 | 813 | 766 | 723 | 651 | 591 | 542 | 500 | 465 | 434 | 406 |
| 0m,12 | 12,5 | 52,5 |  | 17,00 | 0,000065333 | 6 | 1568 | 1393 | 1254 | 1140 | 1045 | 964 | 895 | 836 | 784 | 737 | 697 | 627 | 570 | 523 | 482 | 447 | 418 | 391 |
| | | | | | | 8 | 2090 | 1858 | 1672 | 1520 | 1393 | 1286 | 1194 | 1115 | 1045 | 983 | 929 | 836 | 760 | 697 | 643 | 597 | 557 | 522 |
| | | | | | | 10 | 2612 | 2323 | 2090 | 1900 | 1742 | 1608 | 1493 | 1394 | 1306 | 1229 | 1161 | 1045 | 950 | 871 | 804 | 747 | 696 | 653 |
| 0m,14 | 13,5 | 54,5 | 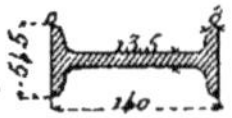 | 21,30 | 0,000099153 | 6 | 2196 | 1952 | 1776 | 1597 | 1464 | 1351 | 1255 | 1171 | 1098 | 1033 | 976 | 878 | 798 | 732 | 675 | 627 | 585 | 549 |
| | | | | | | 8 | 2928 | 2603 | 2342 | 2129 | 1952 | 1801 | 1673 | 1561 | 1464 | 1377 | 1301 | 1171 | 1064 | 976 | 900 | 836 | 780 | 732 |
| | | | | | | 10 | 3661 | 3254 | 2928 | 2662 | 2140 | 2252 | 2092 | 1952 | 1830 | 1722 | 1627 | 1464 | 1331 | 1220 | 1126 | 1016 | 976 | 915 |
| 0m,16 | 16 | 57,5 | 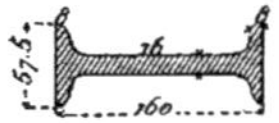 | 26,70 | 0,000118252 | 6 | 2838 | 2522 | 2270 | 2064 | 1891 | 1746 | 1623 | 1513 | 1419 | 1335 | 1261 | 1135 | 1032 | 945 | 873 | 810 | 756 | 709 |
| | | | | | | 8 | 3784 | 3363 | 3027 | 2752 | 2522 | 2328 | 2164 | 2017 | 1892 | 1780 | 1681 | 1513 | 1376 | 1260 | 1164 | 1080 | 1008 | 945 |
| | | | | | | 10 | 4730 | 4204 | 3784 | 3440 | 3153 | 2910 | 2705 | 2522 | 2365 | 2225 | 2102 | 1892 | 1720 | 1576 | 1455 | 1351 | 1261 | 1182 |
| 0m,18 | 16 | 63,5 | 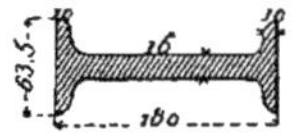 | 31,00 | 0,000167400 | 6 | 4018 | 3571 | 3214 | 2921 | 2678 | 2472 | 2287 | 2143 | 2008 | 1891 | 1786 | 1607 | 1460 | 1339 | 1236 | 1148 | 1071 | 1004 |
| | | | | | | 8 | 5357 | 4762 | 4285 | 3895 | 3571 | 3296 | 3049 | 2857 | 2678 | 2521 | 2381 | 2143 | 1947 | 1786 | 1648 | 1530 | 1428 | 1339 |
| | | | | | | 60 | 6696 | 5952 | 5356 | 4869 | 4464 | 4120 | 3812 | 3571 | 3348 | 3151 | 2976 | 2678 | 2434 | 2232 | 2060 | 1913 | 1785 | 1674 |
| 0m,20 | 16 | 68 | 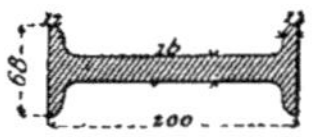 | 37,50 | 0,000225111 | 6 | 5402 | 4802 | 4322 | 3929 | 3601 | 3325 | 3087 | 2881 | 2701 | 2542 | 2401 | 2161 | 1964 | 1801 | 1662 | 1543 | 1441 | 1351 |
| | | | | | | 8 | 7203 | 6403 | 5763 | 5239 | 4802 | 4433 | 4116 | 3842 | 3602 | 3390 | 3201 | 2881 | 2619 | 2401 | 2216 | 2058 | 1921 | 1801 |
| | | | | | | 10 | 9004 | 8003 | 7203 | 6549 | 6003 | 5541 | 5145 | 4802 | 4502 | 4237 | 4001 | 3601 | 3274 | 3001 | 2770 | 2573 | 2401 | 2251 |
| 0m,22 | 16 | 72 |  | 40,00 | 0,000265180 | 6 | 6402 | 5656 | 5091 | 4628 | 4242 | 3916 | 3636 | 3394 | 3151 | 2994 | 2828 | 2545 | 2314 | 2121 | 1957 | 1818 | 1696 | 1590 |
| | | | | | | 8 | 8485 | 7542 | 6788 | 6171 | 5656 | 5221 | 4848 | 4525 | 4202 | 3993 | 3771 | 3393 | 3085 | 2828 | 2610 | 2424 | 2262 | 2120 |
| | | | | | | 10 | 10607 | 9428 | 8485 | 7714 | 7071 | 6527 | 6061 | 5657 | 5253 | 4991 | 4714 | 4242 | 3857 | 3535 | 3263 | 3030 | 2828 | 2651 |
| 0m,26 | 20 | 79 |  | 50,00 | 0003907789 | 6 | 9522 | 8464 | 7618 | 6925 | 6349 | 5860 | 5441 | 5078 | 4761 | 4481 | 4232 | 3803 | 3463 | 3174 | 2930 | 2720 | 2539 | 2380 |
| | | | | | | 8 | 12697 | 11286 | 10158 | 9234 | 8465 | 7814 | 7255 | 6771 | 6349 | 5975 | 5643 | 5079 | 4617 | 4232 | 3907 | 3627 | 3386 | 3174 |
| | | | | | | 10 | 15872 | 14108 | 12697 | 11543 | 10581 | 9767 | 9069 | 8464 | 7936 | 7469 | 7051 | 6349 | 5771 | 5290 | 4884 | 4534 | 4232 | 3968 |

section. Pour le cas d'une charge placée au milieu de la portée, il ne faudra prendre que la moitié des nombres inscrits sur le tableau.

## Solides d'égale résistance.

**303.** Un solide d'égale résistance à la flexion est celui qui présente la même

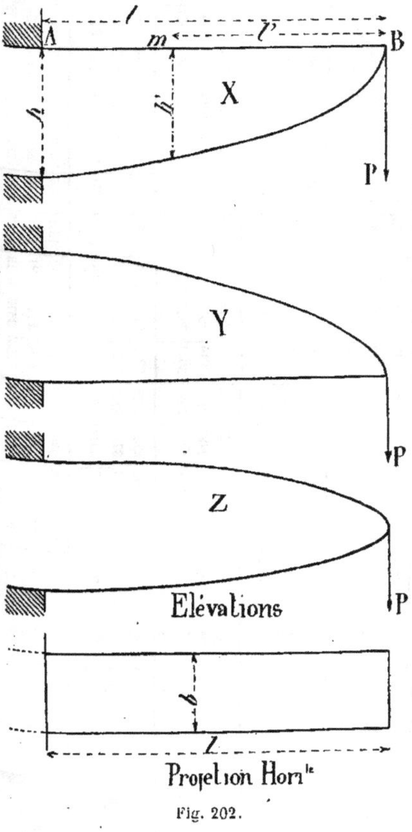


Fig. 202.

résistance en chacun des points de sa longueur, soit sur le côté comprimé, soit sur le côté allongé.

Si la pièce est encastrée à l'une de ses extrémités, et chargée à l'autre d'un poids P, le moment de cette force pour rompre la pièce en un point quelconque est d'autant plus petit que ce point est plus éloigné de l'encastrement. Il s'ensuit que, pour ne pas employer de matière inutile, les sections transversales de la pièce doivent aller en diminuant depuis l'encastrement jusqu'au point d'application du poids, point où la section est nulle.

En vertu de la formule générale de la flexion :

$$R = \frac{v\mu}{I},$$

l'équation qui exprimera la forme du corps sera :

$$\frac{v\mu}{I} = \text{constante}.$$

Les formes de solides d'égale résistance à la flexion et surtout les formes approchées ont de nombreuses applications dans la construction des machines.

Pour les pièces encastrées à l'une des extrémités, elles affectent la forme parabolique, lorsque la dimension perpendiculaire à l'effort P est constante ; et la forme triangulaire, lorsque la dimension dans le sens de P est constante.

**304.** 1° Soit la pièce (*fig.* 202) ayant pour dimensions à l'encastrement $b$ et $h$. La relation d'équilibre

$$R = \frac{v\mu}{I}$$

est pour cette section d'encastrement :

$$R = \frac{\frac{h}{2}}{\frac{bh^3}{12}} Pl.$$

ou :

$$R = \frac{6}{bh^2} Pl. \qquad (1)$$

Pour une autre section $m$ située à une distance $l'$ de l'extrémité B, on aura :

$$R = \frac{\frac{h'}{2}}{\frac{bh'^3}{12}} Pl'$$

ou :

$$R = \frac{6}{bh'^2} Pl'. \qquad (2)$$

Donc la valeur de R devant être la même, on aura :

$$\frac{6}{bh^2} Pl = \frac{6}{bh'^2} Pl',$$

ou :

$$\frac{h^2}{h'^2} = \frac{l}{l'}.$$

## TABLEAU N° 3. — RÉSISTANCE DES FERS I LARGES AILES DU COMMERCE.

| Hauteur de la solive. | Épaisseur de la lame. | Largeur des ailes. | PROFILS | Poids du mètre. | Valeurs de $\frac{I}{v}$. | Valeurs de R. | CHARGES UNIFORMÉMENT RÉPARTIES, QUE PEUVENT SUPPORTER LES SOLIVES REPOSANT LIBREMENT A LEURS EXTRÉMITÉS POUR DES PORTÉES DE 2 A 8ᵐ,00. | | | | | | | | | | | | | | | | | |
|---|---|---|---|---|---|---|---|---|---|---|---|---|---|---|---|---|---|---|---|---|---|---|---|---|
| | | | | | | | 2ᵐ,00 | 2ᵐ,25 | 2ᵐ,50 | 2ᵐ,75 | 3ᵐ,00 | 3ᵐ,25 | 3ᵐ,50 | 3ᵐ,75 | 4ᵐ,00 | 4ᵐ,25 | 4ᵐ,50 | 5ᵐ,00 | 5ᵐ,50 | 6ᵐ,00 | 6ᵐ,50 | 7ᵐ,00 | 7ᵐ,50 | 8ᵐ,00 |
| | mill. | mill. | | kil. | | | | | | | | | | | | | | | | | | | | |
| 0ᵐ,08 | 8,5 | 60 | 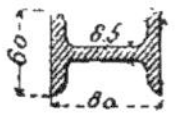 | 10,50 | 0,000033220 | 6 | 797 | 708 | 637 | 579 | 531 | 490 | 455 | 425 | 398 | 375 | 354 | 318 | 289 | 265 | 245 | 227 | 212 | 199 |
| | | | | | | 8 | 1063 | 944 | 850 | 773 | 708 | 654 | 607 | 566 | 531 | 500 | 472 | 425 | 386 | 354 | 327 | 303 | 283 | 265 |
| | | | | | | 10 | 1328 | 1181 | 1063 | 966 | 885 | 817 | 759 | 708 | 664 | 625 | 590 | 531 | 483 | 442 | 408 | 379 | 351 | 332 |
| 0ᵐ,10 | 4 | 60 | 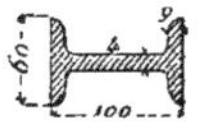 | 10,00 | 0,000046804 | 6 | 1111 | 987 | 888 | 808 | 740 | 683 | 634 | 592 | 555 | 522 | 493 | 414 | 403 | 370 | 341 | 317 | 295 | 277 |
| | | | | | | 8 | 1481 | 1316 | 1184 | 1077 | 987 | 911 | 846 | 789 | 740 | 696 | 658 | 592 | 538 | 493 | 455 | 423 | 394 | 369 |
| | | | | | | 10 | 1852 | 1646 | 1481 | 1347 | 1234 | 1139 | 1058 | 987 | 926 | 871 | 823 | 740 | 673 | 617 | 569 | 529 | 493 | 463 |
| 0ᵐ,10 | 9 | 65 | 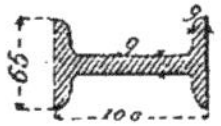 | 14 00 | 0,000051853 | 6 | 1315 | 1168 | 1051 | 956 | 876 | 808 | 751 | 701 | 657 | 618 | 584 | 525 | 478 | 438 | 404 | 375 | 350 | 328 |
| | | | | | | 8 | 1753 | 1558 | 1402 | 1275 | 1168 | 1.68 | 1001 | 935 | 876 | 824 | 779 | 700 | 637 | 584 | 539 | 500 | 467 | 438 |
| | | | | | | 10 | 2192 | 1948 | 1753 | 1594 | 1461 | 1348 | 1252 | 1169 | 1096 | 1031 | 974 | 876 | 797 | 730 | 674 | 626 | 584 | 548 |
| 0ᵐ,12 | 7 | 70 | 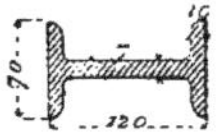 | 16,00 | 0,000081195 | 6 | 2020 | 1796 | 1616 | 1469 | 1347 | 1243 | 1154 | 1078 | 1010 | 950 | 898 | 808 | 734 | 673 | 622 | 577 | 538 | 505 |
| | | | | | | 8 | 2694 | 2395 | 2155 | 1959 | 1796 | 1658 | 1539 | 1437 | 1347 | 1267 | 1197 | 1078 | 979 | 898 | 829 | 770 | 718 | 673 |
| | | | | | | 10 | 3368 | 2994 | 2694 | 2449 | 2245 | 2073 | 1924 | 1796 | 1684 | 1584 | 1496 | 1347 | 1224 | 1123 | 1036 | 962 | 898 | 841 |
| 0ᵐ,12 | 14 | 77 | 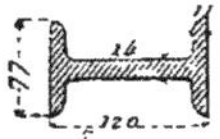 | 22,50 | 0,000102256 | 6 | 2454 | 2181 | 1963 | 1784 | 1636 | 1510 | 1402 | 1308 | 1227 | 1154 | 1090 | 982 | 892 | 818 | 755 | 701 | 654 | 613 |
| | | | | | | 8 | 3272 | 2908 | 2618 | 2379 | 2181 | 2014 | 1869 | 1745 | 1636 | 1539 | 1454 | 1309 | 1190 | 1090 | 1007 | 934 | 872 | 818 |
| | | | | | | 10 | 409) | 3655 | 3272 | 2974 | 2786 | 2517 | 2337 | 2181 | 2045 | 1924 | 1818 | 1636 | 1487 | 1363 | 1258 | 1168 | 1090 | 1023 |
| 0ᵐ,14 | 8 | 80 | 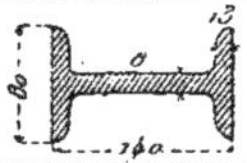 | 22,24 | 0,000136622 | 6 | 3278 | 2914 | 2623 | 2381 | 2185 | 2017 | 1873 | 1748 | 1639 | 1543 | 1457 | 1311 | 1192 | 1093 | 1009 | 937 | 874 | 820 |
| | | | | | | 8 | 4371 | 3886 | 3497 | 3179 | 2914 | 2690 | 2498 | 2331 | 2186 | 2057 | 1943 | 1748 | 1590 | 1457 | 1345 | 1249 | 1166 | 1093 |
| | | | | | | 10 | 5464 | 4858 | 4371 | 3974 | 3643 | 3363 | 3123 | 2914 | 2772 | 2571 | 2429 | 2185 | 1987 | 1821 | 1681 | 1561 | 1457 | 1366 |
| 0ᵐ,14 | 12 | 84 | 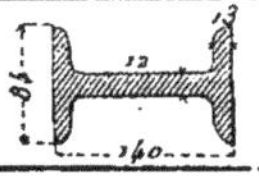 | 26,52 | 0,000145070 | 6 | 3481 | 3094 | 2785 | 2532 | 2321 | 2142 | 1989 | 1856 | 1741 | 1638 | 1547 | 1393 | 1266 | 1160 | 1071 | 994 | 928 | 870 |
| | | | | | | 8 | 4642 | 4126 | 3714 | 3376 | 3095 | 2856 | 2652 | 2475 | 2321 | 2184 | 2063 | 1857 | 1688 | 1547 | 1428 | 1326 | 1237 | 1160 |
| | | | | | | 10 | 5803 | 5158 | 4642 | 4220 | 3869 | 3570 | 3315 | 3094 | 2901 | 2730 | 2579 | 2321 | 2110 | 1934 | 1785 | 1657 | 1547 | 1450 |
| 0ᵐ,16 | 8 | 80 | 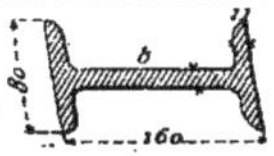 | 22,00 | 0,000149335 | 6 | 3584 | 3186 | 2867 | 2606 | 2389 | 2205 | 2018 | 1912 | 1792 | 1687 | 1593 | 1433 | 1303 | 1195 | 1102 | 1024 | 955 | 896 |
| | | | | | | 8 | 4778 | 4248 | 3823 | 3475 | 3186 | 2941 | 2731 | 2549 | 2389 | 2249 | 2124 | 1911 | 1738 | 1593 | 1470 | 1365 | 1274 | 1194 |
| | | | | | | 10 | 5973 | 5310 | 4779 | 4344 | 3983 | 3676 | 3413 | 3186 | 2986 | 2811 | 2655 | 2389 | 2172 | 1991 | 1838 | 1706 | 1593 | 1493 |

| | | | | | | | | | | | | | | | | | | | | | | | | |
|---|---|---|---|---|---|---|---|---|---|---|---|---|---|---|---|---|---|---|---|---|---|---|---|---|
| 0m,16 | 12 | 84 | 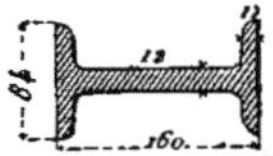 | 27,000 | 0,00016891 3 | 6 | 4051 | 3603 | 3243 | 2948 | 2702 | 2491 | 2316 | 2162 | 2026 | 1907 | 1801 | 1621 | 1474 | 1351 | 1247 | 1158 | 1081 | 1013 |
| | | | | | | 8 | 5405 | 4804 | 4324 | 3931 | 3603 | 3326 | 3088 | 2883 | 2702 | 2543 | 2402 | 2162 | 1965 | 1802 | 1663 | 1544 | 1441 | 1351 |
| | | | | | | 10 | 6756 | 6005 | 5405 | 4914 | 4504 | 4158 | 3860 | 3603 | 3378 | 3179 | 3003 | 2702 | 2456 | 2252 | 2078 | 1930 | 1801 | 1689 |
| 0m,18 | 8 | 100 | 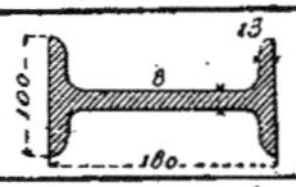 | 29,00 | 0,00021996 3 | 6 | 5279 | 4692 | 4223 | 3833 | 3519 | 3248 | 3016 | 2815 | 2639 | 2484 | 2346 | 2111 | 1916 | 1759 | 1624 | 1508 | 1407 | 1319 |
| | | | | | | 8 | 7039 | 6256 | 5631 | 5111 | 4692 | 4331 | 4022 | 3754 | 3519 | 3312 | 3128 | 2815 | 2555 | 2346 | 2166 | 2011 | 1877 | 1759 |
| | | | | | | 10 | 8799 | 7820 | 7039 | 6389 | 5865 | 3414 | 5027 | 4692 | 4399 | 4140 | 3910 | 3519 | 3194 | 2933 | 2707 | 2514 | 2346 | 2199 |
| 0m,18 | 12 | 104 | 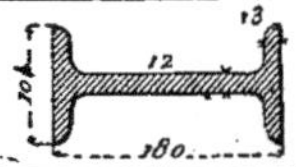 | 31,50 | 0,00025005 0 | 6 | 6001 | 3334 | 4801 | 4364 | 4000 | 3693 | 3429 | 3200 | 3001 | 2824 | 2667 | 2400 | 2182 | 2000 | 1816 | 1714 | 1600 | 1500 |
| | | | | | | 8 | 8002 | 7112 | 6401 | 5819 | 5334 | 4924 | 4572 | 4267 | 4001 | 3765 | 3556 | 3200 | 2910 | 2667 | 2462 | 2286 | 2134 | 2000 |
| | | | | | | 10 | 10002 | 8890 | 8001 | 7274 | 6668 | 6155 | 5715 | 5334 | 5001 | 4706 | 4445 | 4000 | 3637 | 3334 | 3078 | 2858 | 2667 | 2500 |
| 0m,20 | 10 | 110 | 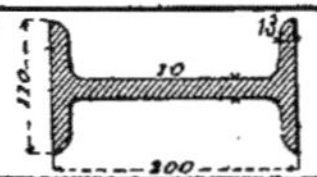 | 38,00 | 0,00030686 9 | 6 | 7364 | 6546 | 5891 | 5356 | 4909 | 4532 | 4208 | 3927 | 3682 | 3466 | 3273 | 2945 | 2678 | 2455 | 2266 | 2101 | 1963 | 1841 |
| | | | | | | 8 | 9819 | 8728 | 7855 | 7142 | 6546 | 6043 | 5611 | 5237 | 4910 | 4621 | 4361 | 3927 | 3571 | 3273 | 3021 | 2806 | 2618 | 2455 |
| | | | | | | 10 | 12274 | 10910 | 9819 | 8927 | 8183 | 7553 | 7014 | 6547 | 6137 | 5776 | 5455 | 4909 | 4463 | 4091 | 3776 | 3507 | 3273 | 3069 |
| 0m,20 | 17 | 117 | 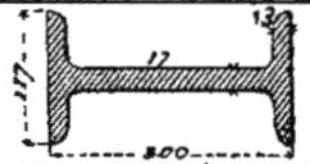 | 50,00 | 0,00031234 5 | 6 | 8216 | 7303 | 6573 | 5975 | 5477 | 5056 | 4701 | 4381 | 4108 | 3866 | 3652 | 3286 | 2987 | 2738 | 2527 | 2347 | 2191 | 2054 |
| | | | | | | 8 | 10955 | 9738 | 8764 | 7967 | 7303 | 6741 | 6268 | 5812 | 5477 | 5155 | 4869 | 4382 | 3983 | 3651 | 3370 | 3130 | 2921 | 2739 |
| | | | | | | 10 | 13694 | 12172 | 10955 | 9959 | 9129 | 8426 | 7835 | 7303 | 6846 | 6444 | 6086 | 5178 | 4979 | 4564 | 4213 | 3912 | 3651 | 3423 |
| 0 ,22 | 9 | 95 | 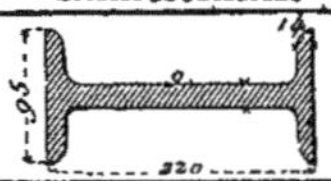 | 33.60 | 0,00031432 1 | 6 | 7513 | 6705 | 6034 | 5486 | 5029 | 4612 | 4310 | 4023 | 3772 | 3550 | 3353 | 3017 | 2743 | 2514 | 2321 | 2155 | 2011 | 1885 |
| | | | | | | 8 | 10058 | 8940 | 8046 | 7315 | 6705 | 6190 | 5747 | 5361 | 5029 | 4733 | 4470 | 4023 | 3657 | 3352 | 3095 | 2874 | 2682 | 2514 |
| | | | | | | 10 | 12572 | 11175 | 10058 | 9144 | 8381 | 7737 | 7184 | 6705 | 6286 | 5916 | 5587 | 5029 | 4571 | 4190 | 3869 | 3502 | 3353 | 3143 |
| 0m,22 | 14 | 100 | 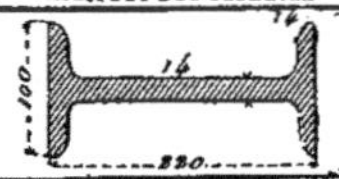 | 40,50 | 0,00034627 5 | 6 | 8311 | 7387 | 6648 | 6041 | 5540 | 5414 | 4748 | 4492 | 4155 | 3910 | 3691 | 3324 | 3022 | 2770 | 2557 | 2374 | 2216 | 2077 |
| | | | | | | 8 | 11081 | 9850 | 8864 | 8059 | 7387 | 6819 | 6331 | 5910 | 5510 | 5214 | 4925 | 4432 | 4029 | 3694 | 3409 | 3166 | 2955 | 2770 |
| | | | | | | 10 | 13851 | 12312 | 11080 | 10073 | 9231 | 8524 | 7914 | 7387 | 6925 | 6518 | 6156 | 5540 | 5036 | 4617 | 4261 | 3957 | 3696 | 3463 |
| 0m,26 | 9 | 117 | 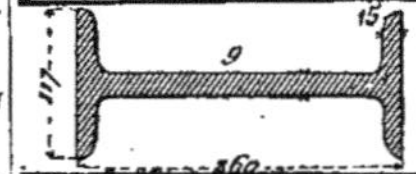 | 43,00 | 0,00048519 | 6 | 11532 | 10251 | 9226 | 8386 | 7687 | 7096 | 6589 | 6151 | 5766 | 5427 | 5125 | 4612 | 4193 | 3843 | 3548 | 3295 | 3075 | 2883 |
| | | | | | | 8 | 15376 | 13668 | 12301 | 11182 | 10250 | 9462 | 8786 | 8201 | 7688 | 7236 | 6834 | 6150 | 5591 | 5125 | 4731 | 4393 | 4100 | 3841 |
| | | | | | | 10 | 19220 | 17085 | 15376 | 13978 | 12813 | 11828 | 10983 | 10251 | 9610 | 9045 | 8542 | 7688 | 6989 | 6406 | 5914 | 5491 | 5125 | 4805 |
| 0m,26 | 14 | 122 | 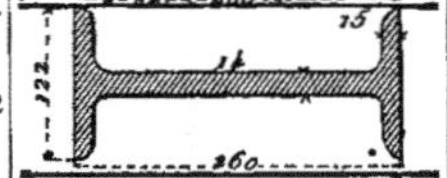 | 51,00 | 0,00053600 0 | 6 | 12864 | 11434 | 10291 | 9355 | 8576 | 7915 | 7351 | 6860 | 6432 | 6053 | 7716 | 5146 | 4618 | 4288 | 3958 | 3675 | 3430 | 3216 |
| | | | | | | 8 | 17152 | 15246 | 13722 | 12474 | 11455 | 10554 | 9801 | 9147 | 8576 | 8071 | 7622 | 6861 | 6237 | 5717 | 5277 | 4900 | 4574 | 4288 |
| | | | | | | 10 | 21440 | 19057 | 17152 | 15592 | 14293 | 13193 | 12251 | 11434 | 10720 | 10089 | 9528 | 8576 | 7796 | 7146 | 6596 | 6125 | 5717 | 5360 |
| 0m,30 | 12 | 120 | 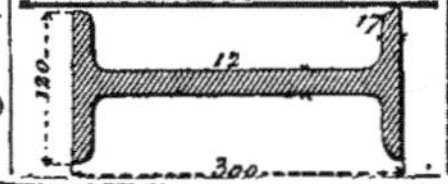 | 65,00 | 0,00073214 2 | 6 | 17571 | 15619 | 14057 | 12779 | 11714 | 10813 | 10040 | 9371 | 8785 | 8269 | 7810 | 7028 | 6389 | 5857 | 5406 | 5020 | 4685 | 4393 |
| | | | | | | 8 | 23428 | 20825 | 18743 | 17039 | 15619 | 14417 | 13387 | 12495 | 11714 | 11025 | 10413 | 9371 | 8519 | 7809 | 7208 | 6694 | 6247 | 5857 |
| | | | | | | 10 | 29285 | 26031 | 23429 | 21299 | 19524 | 18021 | 16734 | 15610 | 14613 | 13781 | 13016 | 11714 | 10649 | 9761 | 9010 | 8367 | 7809 | 7321 |

Les abscisses $l$ et $l'$ étant proportionnelles aux carrés des ordonnées correspondantes, la courbe sera une parabole ayant son sommet au point B, et pourra affecter l'une des trois formes X, Y et Z; la projection horizontale étant pour chacune d'elles un rectangle ayant pour dimensions $l$ et $b$.

**305.** 2° Supposons que la hauteur $h$ soit constante (*fig.* 203); on aura pour la section d'encastrement :

$$R = \frac{6}{bh^2} Pl,$$

et pour une section $m$ :

$$R = \frac{6}{b'h^2} Pl';$$

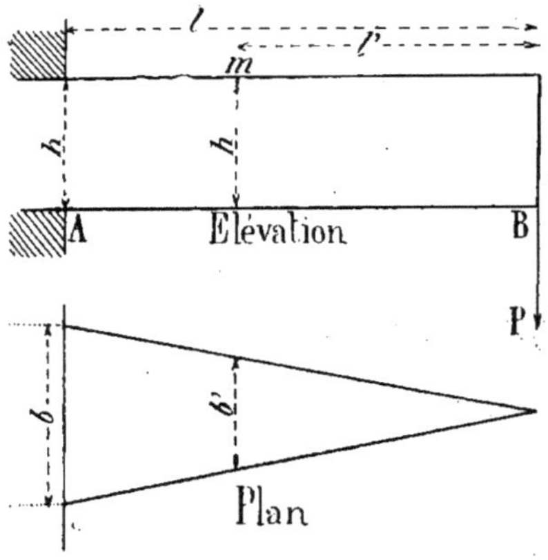


Fig. 203.

d'où, en égalant :

$$\frac{6}{bh^2} Pl = \frac{6}{b'h^2} Pl'$$

et :

$$\frac{b}{b'} = \frac{l}{l'},$$

c'est-à-dire que la largeur du solide est proportionnelle à sa distance à l'extrémité B. Donc en projection verticale le solide sera un rectangle et en projection horizontale un triangle.

**306.** 3° Supposons que la pièce soit chargée uniformément sur toute sa longueur et que sa projection horizontale soit un rectangle de dimensions $l$ et $b$ (*fig.* 204). Le moment fléchissant $\mu$ à l'encastrement est :

$$\mu = pl \times \frac{l}{2} = \frac{pl^2}{2};$$

donc l'équation :

$$R = \frac{v\mu}{I}$$

devient :

$$R = \frac{\frac{h}{2}}{\frac{bh^3}{12}} \frac{pl^2}{2},$$

ou :

$$R = \frac{3pl^2}{bh^2}. \qquad (1)$$

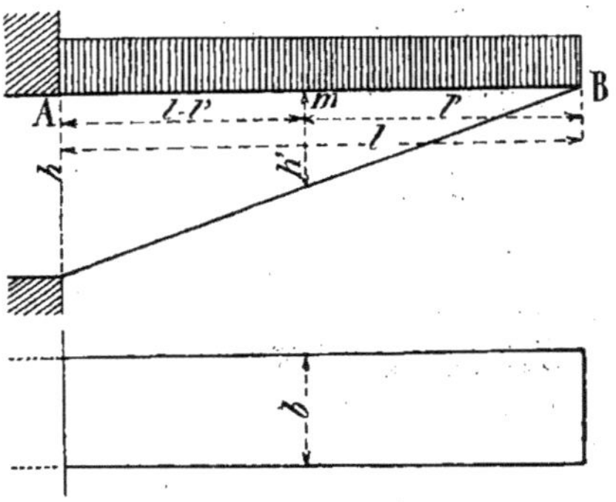


Fig. 204.

Pour une section $m$, le moment fléchissant $\mu$ est :

$$\mu = \frac{pl'^2}{2},$$

et par suite :

$$R = \frac{3pl'^2}{bh'^2}. \qquad (2)$$

En égalant (1) et (2), il vient :

$$\frac{3pl^2}{bh^2} = \frac{3pl'^2}{bh'^2},$$

ou :

$$\frac{h}{h'} = \frac{l}{l'};$$

donc l'élévation de la pièce est un triangle rectangle. On peut, en suivant une marche analogue, déterminer la forme des solides d'égale résistance, pour toutes les manières dont peuvent reposer les solides et quelle que soit la façon dont ils sont chargés.

**307.** *4° Poutre posée sur deux appuis simples et chargée d'un poids p uniformément réparti.*

Supposons que la section variable soit rectangulaire ; on aura :

$$\mu = \frac{RI}{v}$$

et :

$$\frac{I}{v} = \pm \frac{bh^2}{6}.$$

Pour les fibres inférieures, $v = + \frac{h}{2}$, et pour les fibres supérieures, $v = - \frac{h}{2}$.

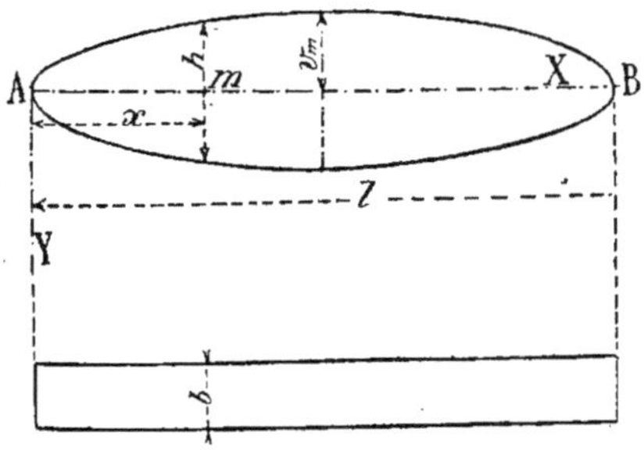


Fig. 205.

Considérons les fibres supérieures ; on aura :

$$\frac{I}{v} = - \frac{bh^2}{6},$$

et comme pour ces fibres R est positif :

$$\mu = - \frac{Rbh^2}{6}. \qquad (1)$$

On obtiendrait le même résultat pour les fibres inférieures, car alors $\frac{I}{v}$ serait positif et R négatif. D'autre part, dans une section quelconque $m$ d'abscisse $x$, on a pour expression du moment fléchissant :

$$\mu = \frac{p}{2}(l - x)^2 - \frac{pl}{2}(l - x),$$

ou :

$$\mu = \frac{px^2}{2} - \frac{plx}{2}. \qquad (2)$$

En égalant les équations (1) et (2), on obtient :

$$- \frac{Rbh^2}{6} = \frac{px^2}{2} - \frac{plx}{2} \qquad (3)$$

formule dans laquelle $x$, $b$ et $h$ sont variables. Comme il y a une variable de trop, nous allons supposer tout d'abord que la largeur $b$ de la poutre est constante et que la hauteur $h$ est variable (*fig.* 205).

L'équation (3) peut se mettre sous la forme :

$$\frac{Rb}{6} h^2 + \frac{p}{2} x^2 - \frac{plx}{2} = 0,$$

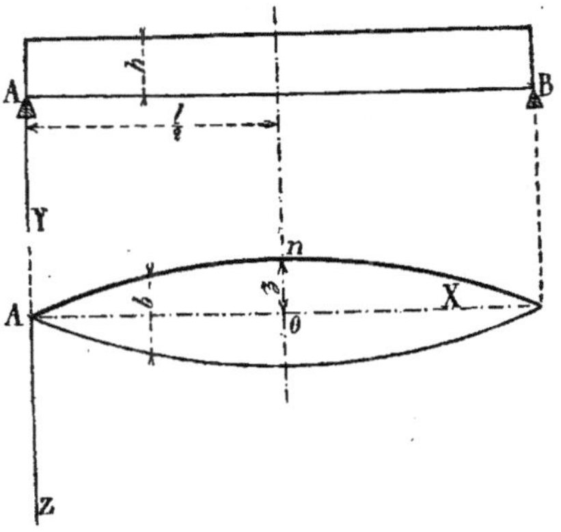


Fig. 206.

ou en remarquant que $h = 2v$ :

$$\frac{2Rb}{3} v^2 + \frac{p}{2} x^2 - \frac{pl}{2} x = 0. \qquad (4)$$

C'est l'équation de la courbe qui limite le profil de la poutre dans le plan vertical ; elle représente une ellipse rapportée à l'axe des $x$ et à la tangente au sommet de gauche.

Le grand axe de l'ellipse a évidemment pour longueur $l$, et le petit axe s'obtiendra en faisant dans la formule (4) $x = \frac{l}{2}$, on obtient :

$$v_m = \frac{l}{4} \sqrt{\frac{3p}{Rb}}.$$

**308.** Supposons maintenant la hau-

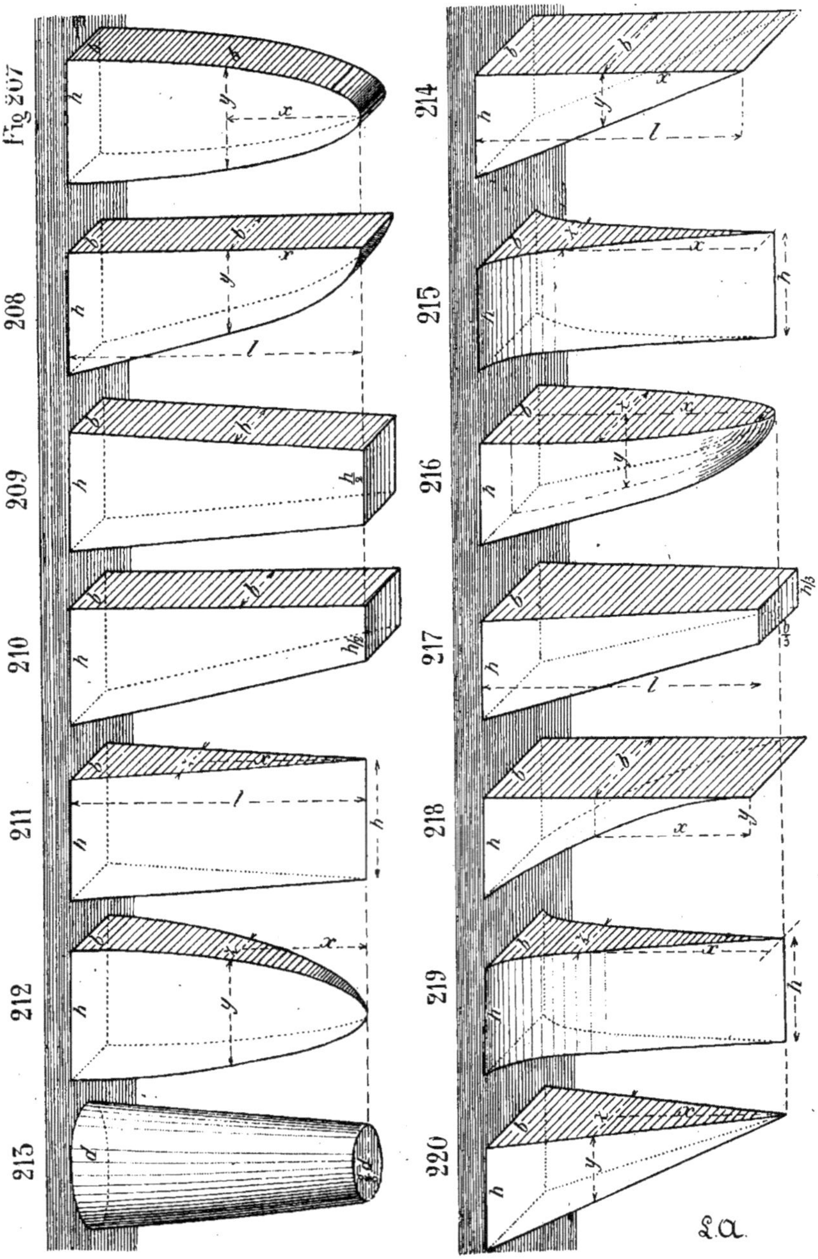


Fig. 207 à 220.

BLEAU DES SOLIDES D'ÉGALE RÉSISTANCE A LA FLEXION. (*Extrait de Reuxleaux, le constructeur.*)

| IÉROS des URES | MODE d'application de la force | ÉQUATION | CHARGE | VOLUME DU CORPS | OBSERVATIONS |
|---|---|---|---|---|---|
| 207 | La charge P agit à l'extrémité libre | Pour la section rectangulaire $\frac{zy^2}{bh^2}=\frac{x}{l}$ en faisant $z=b$ | $P=\frac{Rbh^2}{6l}$ | $\frac{2}{3}bhl$ | Flèche à l'extrémité libre $f=\frac{2}{3}\frac{Pl^3}{I_0E}$; $I_0=\frac{bh^2}{12}$ |
| 208 | | $\frac{y}{h}=\sqrt{\frac{x}{l}}$ Prisme arrondi paraboliquement | $P=\frac{Rbh^2}{6l}$ | $\frac{2}{3}bhl$ | La ligne élastique est, à l'état normal, une parabole |
| 209 | | Approximation de la forme 207, Prisme tronqué | $P=\frac{Rbh^2}{6l}$ | $\frac{3}{4}bhl$ | Section dangereuse au point d'encastrement |
| 210 | | Approximation de la forme 208, Prisme tronqué | $P=\frac{Rbh^2}{6l}$ | $\frac{3}{4}bhl$ | A l'état normal la ligne élastique est bissectrice de l'angle au sommet du prisme. |
| 211 | | $y=h$; $\frac{z}{b}=\frac{x}{l}$ Prisme droit. | $P=\frac{Rbh^2}{6l}$ | $\frac{1}{2}bhl$ | La ligne élastique est un arc de cercle $f=\frac{1}{2}\frac{Pl^3}{I_0E}$; $I_0=\frac{bh^3}{12}$ |
| 212 | | $\frac{z}{y}=\frac{b}{h}$; $\frac{y}{h}=\sqrt[3]{\frac{x}{l}}$ Pyramide à sommet arrondi par une parabole cubique. | $P=\frac{Rbh^2}{6l}$ | $\frac{3}{5}bhl$ | L'équation $\frac{y}{h}=\sqrt[3]{\frac{x}{l}}$ s'applique si toutes les sections sont semblables. |
| 213 | | Tronc de cône droit, forme approchée de la forme rigoureuse donnée par l'équation. $\frac{y}{h}=\sqrt[3]{\frac{x}{l}}$ | $P=\frac{R\pi}{32}\frac{d^3}{l}$ | $\frac{19}{108}\pi ld^2$ | Pour une même charge que dans les cas 204 à 212, on a : $\frac{d}{h}=\sqrt[3]{\frac{16d}{3\pi h}}$ |
| 214 | Charge P uniformément répartie | Pour les sections rectangulaires d'une manière générale. $\frac{zy^2}{bh^2}=\frac{x^2}{l^2}$ $z=b$; $\frac{y}{h}=\frac{x}{l}$. Coin | $P=\frac{Rbh^2}{3l}$ | $\frac{1}{2}bhl$ | Type admissible en abattant l'angle vif. |
| 215 | | $y=h$; $\frac{x}{l}=\sqrt{\frac{z}{b}}$ Coin à angle vif formé par des paraboles. | $P=\frac{Rbh^2}{3l}$ | $\frac{1}{3}bhl$ | La ligne élastique est un arc de cercle. $f=\frac{1}{4}\frac{Pl^3}{I_0E}$; $I_0=\frac{bh^3}{12}$ |
| 216 | | $\frac{z}{y}=\frac{b}{h}$; $\frac{y}{h}=\sqrt[3]{\frac{x^2}{l^2}}$. Pyramide arrondie suivant des paraboles semi-cubiques. | $P=\frac{Rbh^2}{3l}$ | $\frac{3}{7}bhl$ | Type avantageux pour les consoles en pierres. |
| 217 | | Approximation de la forme 216. Tronc de pyramide. | $P=\frac{Rbh^2}{3l}$ | $\frac{13}{27}bhl$ | Section dangereuse au point d'encastrement. |
| 218 | Charge P uniformément décroissante | Pour les sections rectangulaires d'une manière générale $\frac{zy^2}{bh^2}=\frac{x^3}{l^3}$ $z=b$; $\frac{x}{l}=\sqrt[3]{\frac{y^2}{h^2}}$ Coin à angle vif suivant une parabole semi-cubique. | $P=\frac{Rbh^2}{2l}$ | $\frac{2}{5}bhl$ | Type architectural satisfaisant |
| 219 | | $y=h$; $\frac{x}{l}=\sqrt[3]{\frac{z}{b}}$ Coin à angle vif formé par des paraboles cubiques. | $P=\frac{Rbh^2}{2l}$ | $\frac{1}{4}bhl$ | La ligne élastique est un arc de cercle. $f=\frac{1}{6}\frac{Pl^3}{I_0E}$; $I_0=\frac{bh^3}{12}$. |
| 220 | | $\frac{z}{y}=\frac{b}{h}$; $\frac{y}{h}=\frac{x}{l}$ Pyramide. | $P=\frac{Rbh^2}{2l}$ | $\frac{1}{3}bhl$ | Forme extrêmement simple. |

teur de la poutre constante, et cherchons quel doit être le profil de la poutre dans le plan horizontal pour qu'elle soit d'égale résistance.

Rapportons la poutre à deux axes AX et AZ (*fig.* 206), le premier étant le même que précédemment, et le deuxième étant perpendiculaire au premier mené dans le plan horizontal.

L'axe des $x$ partageant les diverses largeurs variables $b$ des diverses sections en deux parties égales, posons $b = 2z$; l'équation (3) devient alors :

$$\pm \frac{Rh^2}{3} z + \frac{px^2}{2} - \frac{plx}{2} = o\,;$$

elle représente une parabole dont l'axe est parallèle à l'axe des $z$; comme il y a deux signes, on a deux paraboles. La première avec le signe + est située au-dessous de l'axe des $x$, et la deuxième avec le signe — est située au-dessus de cet axe.

Pour $x = o$, on a $\mu = o$;

Pour $x = l$, on a encore $\mu = o$.

Le sommet de chaque parabole correspond à $x = \frac{l}{2}$, et son ordonnée a pour pression :

$$z = \frac{3pl^2}{8Rh^2}.$$

**309.** Les figures 207 à 220 indiquent les formes les plus usuelles données aux solides d'égale résistance, encastrés à l'une de leurs extrémités. Ces formes, dont quelques-unes sont approchées, trouvent de nombreuses applications dans la construction des machines.

Le tableau qui se rapporte à ces figures donne l'équation du profil, la valeur de la force P en fonction de R et des dimensions, le volume du solide et la valeur de la flèche.

Ces types sont les plus simples de ceux qui peuvent se présenter ; il serait facile d'en augmenter le nombre à l'infini, en se donnant, par exemple, une loi de variation plus complexe des dimensions en hauteur et en largeur.

### Pièce posée sur un nombre quelconque d'appuis de niveau, et soumise à des forces verticales agissant dans le plan de flexion.

**310.** Avant d'établir les formules permettant de trouver la valeur de l'effort tranchant et du moment fléchissant pour une section quelconque d'une poutre reposant sur plusieurs appuis de niveau, nous allons exposer la solution du problème à résoudre et faire encore usage du calcul différentiel et intégral, sans lequel il ne nous serait pas possible de traiter le problème et d'obtenir la formule très remarquable de Clapeyron.

Considérons une poutre (*fig.* 221) reposant sur plusieurs appuis $A_0$, $A_1$, $A_2$... $A_n$ de niveau. Chacun de ces appuis donnera une réaction verticale $Q_0$, $Q_1$... $Q_n$.

On peut écrire, pour chaque tronçon de poutre séparé par deux points d'appui consécutifs, l'équation de la fibre neutre déformée.

Pour chaque tronçon ou travée, l'intégration de l'équation différentielle de la fibre neutre déformée introduit, comme nous l'avons vu dans les cas précédents, deux constantes qu'il faut déterminer : s'il y a $n$ travées, cela fait $2n$ constantes inconnues qu'on introduit dans le calcul et qu'il faut déterminer. De plus, pour une poutre à $n$ travées, il y a évidemment $n + 1$ appuis et, par suite, $n + 1$ réactions inconnues. Il y a donc en tout $3n + 1$ inconnues à déterminer.

La statique ne fournit que deux équations, une de projection et une de moments. Mais, en écrivant que pour chaque travée la fibre neutre déformée doit passer par les deux points d'appui qui la limitent, on aura $2n$ équations de condition ; en exprimant enfin que les fibres neutres déformées des diverses travées se raccordent tangentiellement sur les points d'appui intermédiaires, on aura $n - 1$ équations de condition de plus. Soit en tout, y compris les deux équations fournies par la statique, $3n + 1$ équations qui suffiront pour déterminer les $3n + 1$ inconnues énumérées plus haut.

Cette méthode permet de résoudre le

problème dans toute sa généralité qui, d'ailleurs, se simplifie comme nous le verrons plus loin.

Nous supposerons que dans chaque travée la section est constante, ainsi que la valeur de la charge uniformément répartie qu'elle supporte. Mais la section de la poutre pourra varier d'une travée à une autre, et, par suite, la valeur de $EI = \varepsilon$, c'est-à-dire la valeur du moment d'inflexibilité. Il en sera de même pour la valeur de la charge uniformément répartie.

**311.** Remarque. — Soit $m$ une section d'une travée quelconque. Elle est en équilibre. Or, les actions mutuelles qui s'exercent d'un côté de la section, à droite par exemple, donnent lieu à un effort tranchant T et un à moment fléchissant $\mu$ : il faut donc que de l'autre côté de la section il y ait un effort tranchant $-$ T et un moment fléchissant $- \mu$.

Si on considère un intervalle infiniment petit $cd$ (*fig.* 222) de la fibre moyenne de la poutre considérée, l'effort tranchant subit la même loi, pourvu que dans cet intervalle il n'y ait aucune force isolée, car alors on ne fait que négliger la charge uniformément répartie sur l'intervalle infiniment petit $cd$. Mais si, dans cet intervalle agit une force isolée F, il faut en tenir compte.

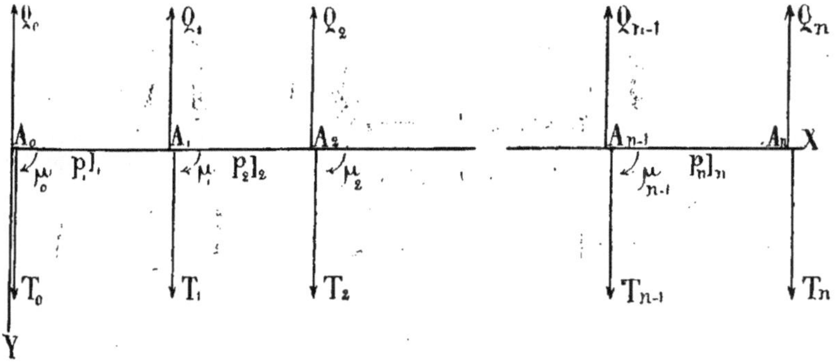


Fig. 221.

Ainsi l'équilibre de la portion $cd$ de la fibre moyenne exige que l'on ait :

$$T + F - T_1 = 0,$$

ou

$$T_1 = T + F.$$

Pour les moments fléchissants, il n'y a pas lieu d'en tenir compte, car, en prenant les moments autour du point $m$, le moment de la force F est nul, et, en prenant les moments autour des points $c$ et $d$, on multiplie la force F par un bras de levier infiniment petit.

Cette remarque trouve son application pour déterminer les efforts tranchants dans les sections situées à droite et à gauche des appuis intermédiaires des poutres à plusieurs travées.

**312.** *Formules générales.* — Nous allons établir la formule de l'effort tranchant, du moment fléchissant et l'équation de la fibre neutre pour une travée de rang $m$ ; elles s'appliqueront ensuite à toutes les autres en faisant varier $m$ de 1 à $n$, s'il y a $n$ travées.

**313.** 1° *Efforts tranchants.* — Soit $A_{m-1}$, $A_m$ la travée considérée (*fig.* 221) de longueur $l_m$ ; nous supposons qu'elle supporte une charge uniformément répartie représentée par $p_m$. Soit de même $Q_{m-1}$, $Q_m$ les réactions des deux appuis qui la limitent, et $\varepsilon_m$ le moment d'inflexibilité de la section de la poutre dans la travée considérée.

Nous voulons déterminer les expressions des efforts tranchants $T_{m-1}$ et $T_m$, le premier dans la section immédiatement à droite de $A_{m-1}$, et le deuxième immédiatement à droite de $A_m$, ainsi que l'expression de l'effort tranchant dans une section quelconque $a$ de la travée, située à une distance $x$ de l'appui de gauche.

Quand on passe d'une section à une autre section située à droite de la première, nous savons que l'effort tranchant est diminué, par définition de toutes les forces verticales qui se trouvent dans l'intervalle compris entre les deux sections. Nous aurons donc :

$$T = T_{m-1} - p_m x \qquad (1)$$

pour expression de l'effort tranchant dans la section $a$ ; et :

$$T_m = T_{m-1} - p_m l_m + Q_m \qquad (2)$$

**314.** 2° *Moments fléchissants.* — Nous

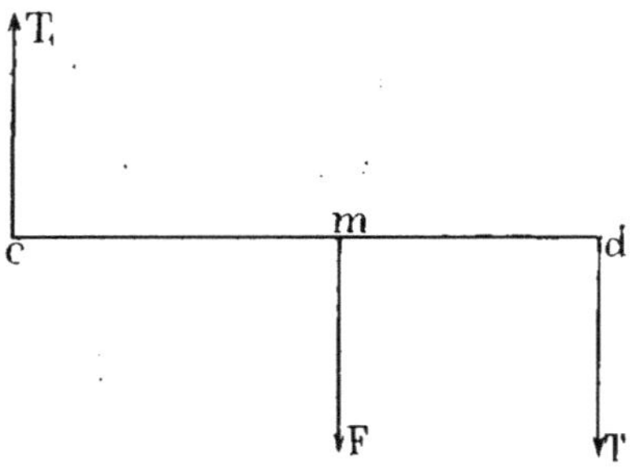


Fig. 222.

savons que, pour une même section, la dérivée du moment fléchissant par rapport à l'abscisse qui caractérise cette section est égale à l'effort tranchant changé de signe, c'est-à-dire :

$$\frac{d\mu}{dx} = -T,$$

ou $$d\mu = -Tdx.$$

En appliquant ce théorème à l'équation (1), on obtient :

$$\mu = -T_{m-1}x + \frac{1}{2}p_m x^2 + C^{te}$$

$$d\mu = -T_{m-1}dx + p_m x dx$$

et en intégrant pour déterminer la constante on remarque que, pour $x = 0$, on a $\mu = \mu_{m-1}$, valeur du moment fléchissant dans la section $A_{m-1}$, donc :

$$C^{te} = \mu_{m-1}$$

et l'équation précédente devient

$$\mu = \mu_{m-1} - T_{m-1}x + \frac{1}{2}p_m x^2 \qquad (3)$$

Telle est l'expression générale du moment fléchissant dans une section quelconque d'abscisse $x$ de la travée de rang $m$. Si dans cette équation on fait $x = l_m$, on aura :

$$\mu = \mu_m,$$

moment fléchissant dans la section $A_m$ de l'appui de droite ; on a ainsi

$$\mu_m = \mu_{m-1} - T_{m-1}l_m + \frac{1}{2}p_m l_m^2 \qquad (4)$$

**315.** 3° *Équation de la fibre neutre déformée.* — Pour obtenir l'équation de la fibre neutre déformée dans la travée considérée, nous partirons de l'équation différentielle dont nous avons déjà fait usage :

$$EI\frac{d^2y}{dx^2} = \mu.$$

Pour simplifier nous représentons EI par $\varepsilon$, et, comme il s'agit de la travée de rang $m$ dans laquelle le moment d'inertie est $I_m$, nous posons :

$$EI_m = \varepsilon_m.$$

On aura aussi :

$$\varepsilon_m\frac{d^2y}{dx^2} = \mu,$$

ou :

$$\varepsilon_m\frac{d^2y}{dx} = \mu dx,$$

équation dans laquelle $\mu$ est donné par l'expression (3). En remplaçant $\mu$ par sa valeur, on obtient :

$$\frac{d^2y}{dx} = \frac{1}{\varepsilon_m}\left[\mu_{m-1}dx - T_{m-1}xdx + \frac{1}{2}p_m x^2 dx\right]$$

En intégrant, il vient :

$$\frac{dy}{dx} = \frac{1}{\varepsilon_m}\left[\mu_{m-1}x - \frac{1}{2}T_{m-1}x^2 + \frac{1}{6}p_m x^3\right] + C^{te}$$

Or $\frac{dy}{dx}$ représente la tangente de l'angle $\alpha$ que fait la tangente à la courbe au point d'abscisse $x$ avec l'axe des $x$, c'est-à-dire avec la direction primitive de la fibre neutre avant la déformation. Comme ces déformations sont très petites, on peut écrire :

$$\frac{dy}{dx} = \operatorname{tg}\alpha = \alpha.$$

En remarquant que pour $x = o$, le premier membre de l'équation précédente, représente la valeur de la constante et que pour cette valeur de $x$, on a :

$$\frac{dy}{dx} = \left(\frac{dy}{dx}\right)_{m-1} = \alpha_{m-1}.$$

On voit que la dernière équation peut s'écrire :

$$\frac{dy}{dx} = \alpha = \alpha_{m-1} + \frac{1}{\varepsilon_m}\left[\mu_{m-1}x + \frac{1}{2}\,T_{m-1}x^2 + \frac{1}{6}\,p_m x^3\right]. \quad (5)$$

Cette équation donne la valeur $\alpha$ de l'inclinaison de la fibre neutre déformée sur sa direction primitive dans la section d'abscisse $x$ d'une travée de rang $m$. En faisant dans l'équation (5) $x = l_m$, on aura la valeur de cette inclinaison à l'extrémité de droite $A_m$ de la travée considérée, ou :

$$\alpha_m = \alpha_{m-1} + \frac{1}{\varepsilon_m}\left[\mu_{m-1}l_m - \frac{1}{2}\,T_{m-1}l_m^2 + \frac{1}{6}\,p_m l_m^3\right]. \quad (6)$$

En intégrant l'équation (5), on a :

$$y = \alpha_{m-1}x + \frac{1}{\varepsilon_m}\left[\frac{1}{2}\,\mu_{m-1}x^2 - \frac{1}{6}\,T_{m-1}x^3 + \frac{1}{24}\,p_m x^4\right] + C^{te}.$$

La constante se détermine en remarquant que pour $x = o$ on a :

$$y = y_{m-1} \quad \text{donc} \quad C = y_{m-1},$$

et l'équation précédente devient :

$$y = y_{m-1} + \alpha_{m-1}x + \frac{1}{\varepsilon_m}\left[\frac{1}{2}\,\mu_{m-1}x^2 - \frac{1}{6}\,T_{m-1}x^3 + \frac{1}{24}\,p_m x^4\right]. \quad (7)$$

Cette équation permet de calculer la valeur de l'ordonnée $y$ de la fibre neutre déformée en un point quelconque d'abscisse $x$.

En faisant dans l'équation (7) $x = l_m$, on aura la valeur de l'ordonnée $y_m$ à l'extrémité de la droite $A_m$ de la travée, c'est-à-dire :

$$y_m = y_{m-1} + \alpha_{m-1}l_m + \frac{1}{\varepsilon_m}\left[\frac{1}{2}\,\mu_{m-1}l_m^2 - \frac{1}{6}\,T_{m-1}l_m^3 + \frac{1}{24}\,p_m l_m^4\right]. \quad (8)$$

Telles sont les formules fondamentales pour une travée de rang $m$. En faisant varier $m$ de 1 à $n$, s'il y a $n$ travées, on aura la série des équations qui, combinées, peuvent servir comme nous l'avons dit au début, en exprimant les conditions auxquelles doit satisfaire la fibre neutre déformée, à établir les équations de condition permettant de déterminer les $3n + 1$ inconnues énumérées plus haut.

En opérant de la sorte, le nombre des équations à résoudre serait considérable et les calculs fort laborieux. Aussi on a cherché à simplifier cette manière d'opérer en se débarrassant tout d'abord de ce qui est inutile dans les calculs pratiques et en ne conservant que ce qui est absolument indispensable, c'est-à-dire les moments fléchissants et les ordonnées de la fibre neutre déformée.

**316.** *Formules simplifiées.* — Reprenons la formule (4) :

$$\mu_m = \mu_{m-1} - T_{m-1}l_m + \frac{1}{2}\,p_m l_m^2,$$

on en déduit :

$$T_{m-1} = \frac{\mu_{m-1} - \mu_m}{l_m} + \frac{1}{2}\,p_m l_m. \quad (8\ bis)$$

Remplaçons $T_{m-1}$ par cette valeur dans les équations (6) et (8), nous aurons :

$$\alpha_m = \alpha_{m-1} + \frac{1}{\varepsilon_m}\left[\mu_{m-1}l_m - \frac{1}{2}\,(\mu_{m-1} - \mu_m)\,l_m - \frac{1}{4}\,p_m l_m^3 + \frac{1}{6}\,p_m l_m^3\right],$$

et :

$$y_m = y_{m-1} + \alpha_{m-1}l_m + \frac{1}{\varepsilon_m}\left[\frac{1}{2}\,\mu_{m-1}l_m^2 - \frac{1}{6}\,(\mu_{m-1} - \mu_m)\,l_m^2 - \frac{1}{12}\,p_m l_m^4 + \frac{1}{24}\,p_m l_m^4\right].$$

Multiplions les deux membres de ces équations par 24, et divisons les deux membres de la deuxième par $l_m$, nous aurons :

$$24\,(\alpha_m - \alpha_{m-1}) = 12\,\frac{l_m}{\varepsilon_m}\,\mu_{m-1} + 12\,\frac{l_m}{\varepsilon_m}\,\mu_m - \frac{2p_m l_m^3}{\varepsilon_m} \quad (9)$$

$$24\,\frac{y_m - x_{m-1}}{l_m} = 24\alpha_{m-1} + 8\,\frac{l_m}{\varepsilon_m}\,\mu_{m-1} + 4\,\frac{l_m}{\varepsilon_m}\,\mu_m - \frac{p_m l_m^3}{\varepsilon_m}. \quad (10)$$

Mais l'équation (10) appliquée à la travée de rang $(m + 1)$ devient :

$$24 \frac{y_{m+1} - y_m}{l_{m+1}} = 24\alpha_m + 8 \frac{l_{m+1}}{\varepsilon_{m+1}} \mu_m + 4 \frac{l_{m+1}}{\varepsilon_{m+1}} \mu_{m+1} - \frac{p_{m+1} l_{m+1}^3}{\varepsilon_{m+1}} \quad (11)$$

Ceci fait, on voit qu'on éliminera les termes en $\alpha$, c'est-à-dire les inclinaisons de la fibre moyenne déformée sur les appuis, en ajoutant membre à membre les équations (9) et (10) et en retranchant l'équation (11) ; on obtient ainsi :

$$24 \left[ \frac{y_{m+1} - y_m}{l_{m+1}} - \frac{y_m - y_{m-1}}{l_m} \right] = 4 \frac{l_m}{\varepsilon_m} \mu_{m-1} + 8 \left[ \frac{l_m}{\varepsilon_m} + \frac{l_{m+1}}{\varepsilon_{m+1}} \right] \mu_m + 4 \frac{l_{m+1}}{\varepsilon_{m+1}} \mu_{m+1} - \frac{p_m l_m^3}{\varepsilon_m} - \frac{p_{m+1} l_{m+1}^3}{\varepsilon_{m+1}}$$

Cette formule peut s'écrire :

$$\frac{l_m}{\varepsilon_m} \mu_{m-1} + 2 \left[ \frac{l_m}{\varepsilon_m} + \frac{l_{m+1}}{\varepsilon_{m+1}} \right] \mu_m + \frac{l_{m+1}}{\varepsilon_{m+1}} \mu_{m+1} = \frac{1}{4} \left[ \frac{p_m l_m^3}{\varepsilon_m} + \frac{p_{m+1} l_{m+1}^3}{\varepsilon_{m+1}} \right] + 6 \left[ \frac{y_{m+1} - y_m}{l_{m+1}} - \frac{y_m - y_{m-1}}{l_m} \right] \quad (12)$$

**317.** On peut simplifier encore notablement cette dernière formule en faisant les hypothèses suivantes :

1° La poutre est supposée homogène et de section constante dans toute son étendue. Dans ces conditions on a :

$$\varepsilon = \mathrm{EI} = \text{constante};$$

2° Tous les points d'appui sont supposés sur une même droite avant et après la flexion, et la poutre n'est soumise qu'à l'action de charges uniformément réparties et des réactions des appuis.

La fibre moyenne de la poutre ayant été prise pour axe des $x$, il est clair que, d'après cette dernière hypothèse, les ordonnées de la fibre moyenne aux points d'appui seront nulles puisqu'on a supposé les extrémités de travées sur la fibre moyenne.

Dans ces conditions le dernier terme du deuxième membre de la formule (12) est nul et comme $\varepsilon_m = \varepsilon_{m+1} = \varepsilon$ on peut multiplier les deux membres par $\varepsilon$ ; on obtient ainsi :

$$l_m \mu_{m-1} + 2 (l_m + l_{m+1}) \mu_m + l_{m+1} \mu_{m+1} = \frac{1}{4} [p_m l_m^3 + p_{m+1} l_{m+1}^3] \quad (13)$$

Telle est la formule de Clapeyron ; elle fournit une relation entre les moments fléchissants sur les trois points d'appui qui limitent deux travées consécutives. Si, comme cela arrive souvent en pratique, les deux travées sont égales et également chargées, on aura :

$$l_m = l_{m+1} = l$$

et :

$$p_m = p_{m+1} = p$$

En introduisant ces hypothèses dans la formule (13) on obtient :

$$l\mu_{m-1} + 4l\mu_m + l\mu_{m+1} = \frac{pl^3}{2}$$

ou, en divisant les deux membres par $l$ :

$$\mu_{m-1} + 4\mu_m + \mu_{m+1} = \frac{pl^2}{2} \quad (14)$$

Cette formule remarquable s'énonce ainsi :

Dans deux travées consécutives, égales et également chargées, la somme des moments sur les deux appuis extrêmes plus quatre fois le moment sur l'appui intermédiaire est égale au moment de la charge totale sur une travée par rapport à une de ses extrémités. Cette formule facile à retenir porte le nom de formule des trois moments.

La formule (13) n'est autre chose que la généralisation de la formule des trois moments.

Si la poutre continue repose sur $n + 1$ appuis, c'est-à-dire si elle comporte $n$ travées, on pourra appliquer l'une ou l'autre de ces deux formules à deux travées consécutives ; on aura ainsi $(n - 1)$ équations entre les $n + 1$ moments fléchissants sur les appuis. En connaissant deux d'entre eux, on pourra calculer tous les autres à l'aide d'une série d'équations du premier degré.

Si la poutre repose sur des appuis simples, les moments fléchissants sur les deux appuis extrêmes sont évidemment nuls, puisqu'il n'y a pas, par hypothèse, de matière au-delà ; par suite le théorème des trois moments fournit $(n - 1)$ équations pour calculer les $(n-1)$ moments fléchissants inconnus sur les points d'appui intermédiaires.

**318.** *Application de la formule de Clapeyron.* — 1° Poutres à deux travées égales. Considérons le cas très simple d'une poutre à deux travées égales chargées du même poids $p$ par mètre courant, et reposant sur trois appuis de niveau ; $l$ étant la longueur d'une travée, $\mu_0, \mu_1, \mu_2$ les moments fléchissants aux appuis ; $T_0$, $T_1$, $T_2$ les efforts tranchants, et enfin $Q_0$, $Q_1$, $Q_2$ les réactions aux appuis.

La formule de Clapeyron :

$$\mu_0 + 4\mu_1 + \mu_2 = \frac{pl^2}{2}$$

donne, en observant que $\mu_0$ et $\mu_2$ sont nuls puisque les deux bouts de la pièce sont nuls :

$$4\mu_1 = \frac{pl^2}{2},$$

d'où :

$$\mu_1 = \frac{pl^2}{8}$$

Pour avoir les efforts tranchants, considérons la formule (4)

$$\mu_m = \mu_{m-1} - T_{m-1}l_m + \frac{1}{2}p_m l^2_m,$$

qui dans ce cas devient

$$\mu_m = \mu_{m-1} - T_{m-1}l + \frac{1}{2}pl^2.$$

En l'appliquant au premier point d'appui on a

$$\mu_1 = \mu_0 - T_0 l + \frac{1}{2}pl^2,$$

et remplaçant $\mu_1$ par $\frac{1}{8}pl^2$, et $\mu_0$ par $o$ il vient

$$\frac{1}{8}pl^2 = o - T_0 l + \frac{1}{2}pl^2,$$

d'où on tire

$$T_0 = \frac{1}{2}pl - \frac{1}{8}pl = \frac{4}{8}pl - \frac{1}{8}pl = \frac{3}{8}pl.$$

Appliquée au second point d'appui on a :

$$\mu_2 = \mu_1 - T_1 l + \frac{1}{2}pl^2,$$

et remplaçant $\mu_2$ par $o$, et $\mu_1$ par $\frac{1}{8}pl^2$, il vient :

$$o = \frac{1}{8}pl^2 - T_1 l + \frac{1}{2}pl^2,$$

d'où :

$$T_1 = \frac{1}{8}pl + \frac{4}{8}pl = \frac{5}{8}pl.$$

En raison de la symétrie, le moment fléchissant $T_2$ est égal à $T_0$, d'où :

$$T_2 = \frac{3}{8}pl.$$

Pour obtenir les réactions considérons la formule (2)

$$T_m = T_{m-1} - p_m l_m + Q_m,$$

qui donne :

$$T_0 = Q_0 = \frac{3}{8}pl$$

$$T_1 = T_0 - pl + Q_1,$$

d'où :

$$Q_1 = T_1 - T_0 + pl = \frac{5}{8}pl - \frac{3}{8}pl + pl = \frac{10}{8}pl,$$

ou :

$$Q_1 = \frac{5}{4}pl.$$

Quant à $Q_2$, à cause de la symétrie, il est le même que $Q_0$.

D'ailleurs on doit avoir :

$$Q_0 + Q_1 + Q_2 = \frac{3}{8}pl + \frac{10}{8}pl + \frac{3}{8}pl = 2pl,$$

c'est-à-dire la charge entière.

Pour avoir le maximum du moment fléchissant, considérons l'équation (3)

$$\mu = \mu_{m-1} - T_{m-1}x + \frac{1}{2}p_m x^2,$$

elle devient en remarquant que $\mu_{m-1} = \mu_0 = o$ et que $T_{m-1} = T_0 = \frac{3}{8}pl$ :

$$\mu = -\frac{3}{8}plx + \frac{1}{2}px^2;$$

le maximum de $\mu$ aura lieu pour le maximum de $x$, c'est-à-dire $l$, d'où :

$$\mu_{max} = -\frac{3}{8}pl^2 + \frac{1}{2}pl^2 = \frac{1}{8}pl^2.$$

Ce moment fléchissant maximum est le même que $\mu_1$ ; c'est celui qu'il faut introduire dans la formule générale

$$R = \frac{v\mu}{I}.$$

Donc, dans le cas de deux travées égales, on a :

$$\mu_0 = o \qquad \mu_1 = \frac{1}{8} pl^2 \qquad \mu_2 = o$$

$$T_0 = \frac{3}{8} pl \qquad T_1 = \frac{5}{8} pl \qquad T_2 = \frac{3}{8} pl$$

$$Q_0 = \frac{3}{8} pl \qquad Q_1 = \frac{5}{4} pl \qquad Q_2 = \frac{3}{8} pl.$$

En appliquant la formule (6), on trouverait que les angles $\alpha_0$, $\alpha_1$ et $\alpha_2$ de la fibre déformée aux points d'appui sont :

$$\alpha_0 = + \frac{pl^3}{48EI} \qquad \alpha_1 = o \qquad \alpha_2 = -\frac{pl^3}{48EI}$$

c'est-à-dire que les inclinaisons $\alpha_0$ et $\alpha_2$ sont égales et de signe contraire, et que $\alpha_1$ est nul, ce qui doit être à cause de la symétrie.

L'équation de la fibre moyenne donnée par l'équation (7) devient dans le cas qui nous occupe :

$$y = \frac{1}{EI}\left[\frac{pl^3x}{48} - \frac{plx^3}{16} + \frac{px^4}{24}\right].$$

La dérivée $y'$ de l'équation précédente égalée à zéro donne une équation qui admet la racine $x = l$ déjà connue ; en la débarrassant de cette racine, il reste une équation du second degré, dont une racine est comprise entre $o$ et $l$, c'est $x = 0{,}359l$. L'ordonnée de ce point est donc maximum ; c'est la flèche de la première travée ; on obtiendrait sa valeur en remplaçant $x$ par $0{,}359l$ dans la dernière équation qui donne $y$.

**319.** 2° *Poutre à cinq travées égales.* — Si l'on traite de la même manière le cas de cinq travées égales, chargées du même poids $p$ par mètre courant, on aura les quatre équations de Clapeyron :

$$\mu_0 + 4\mu_1 + \mu_2 = \frac{1}{2} pl^2$$

$$\mu_1 + 4\mu_2 + \mu_3 = \frac{1}{2} pl^2$$

$$\mu_2 + 4\mu_3 + \mu_4 = \frac{1}{2} pl^2$$

$$\mu_3 + 4\mu_4 + \mu_5 = \frac{1}{2} pl^2$$

Dans lesquelles $\mu_0 = o$, et $\mu_5 = o$ ; en les résolvant on trouve :

$$\mu_1 = \frac{4}{38} pl^2 \qquad \mu_2 = \frac{3}{38} pl^2$$

$$\mu_3 = \frac{3}{38} pl^2 \qquad \mu_4 = \frac{4}{38} pl^2$$

On trouve ensuite :

$$T_0 = \frac{15}{30} pl \qquad T_1 = \frac{20}{38} pl$$

$$T_2 = \frac{19}{38} pl \qquad T_3 = \frac{18}{38} pl$$

$$T_4 = \frac{23}{38} pl \qquad T_5 = o$$

d'où l'on déduit :

$$Q_0 = \frac{15}{38} pl \qquad Q_1 = \frac{43}{38} pl$$

$$Q_2 = \frac{27}{38} pl \qquad Q_3 = Q_2$$

$$Q_4 = Q_1 \qquad Q_5 = Q_0$$

Quantités dont la somme égale $5pl$ comme cela doit être, puisque, en considérant le système comme rigide, on voit que la somme des réactions des appuis doit être égale au poids total de la pièce prismatique.

En cherchant le maximun absolu de $\mu$, on trouve qu'il a pour valeur $\mu_1$ ou $\mu_4$, c'est à dire :

$$\mu_{max} = \frac{4}{38} pl^2.$$

C'est cette valeur qu'il faudra mettre dans la formule générale :

$$R = \frac{v\mu}{I}.$$

A l'aide des équations précédentes, on a également :

$$\alpha_0 = + \frac{11pl^2}{456EI} \qquad \alpha_1 = -\frac{3pl^2}{456EI}$$

$$\alpha_2 = + \frac{pl^2}{456EI}$$

$$\alpha_3 = -\alpha_2 \qquad \alpha_4 = -\alpha_1 \qquad \alpha_5 = -\alpha_0$$

Les signes de ces valeurs montrent que la fibre neutre est une courbe ondulée.

**320.** Remarque. — M. Bresse, qui a traité avec le plus grand détail un grand nombre de problèmes relatifs à la question des poutres à plusieurs travées, a recherché l'influence de la charge d'une travée sur les travées éloignées. Pour cela, il a supposé la dernière travée chargée d'un poids uniformément réparti, et toutes les autres sans charges ; et il a déterminé, au moyen des formules ci-dessus, les moments fléchissants et les efforts tranchants près des différents points d'appui. Le calcul montre qu'en représentant par l'unité le moment fléchissant au deuxième point d'appui ce moment et tous les suivants sont proportionnels aux nombres

1, 4, 15, 56, 209 ...

formant une série récurrente dont chaque terme, à partir du troisième, est égal au quadruple du précédent, diminué de celui qui le précède de deux rangs.

Quant aux efforts tranchants correspondant aux mêmes appuis, ils sont proportionnels aux nombres

1, 5, 19, 71, 765 ....

qui suivent la même loi. Ces moments fléchissants et ces efforts tranchants sont d'ailleurs alternativement positifs et négatifs.

Enfin M. Bresse a repris sous une forme nouvelle l'étude des poutres à plusieurs travées. Après avoir généralisé la formule de Clapeyron, en supposant la charge répartie d'une manière quelconque, il a examiné tous les cas de surcharge partielle ou totale qui peuvent se présenter et a donné pour le calcul du moment fléchissant dans divers cas des formules générales qu'il a réduites en tables numériques. Nous n'indiquerons pas dans cet ouvrage ces résultats qui sont plus théoriques que réellement pratiques.

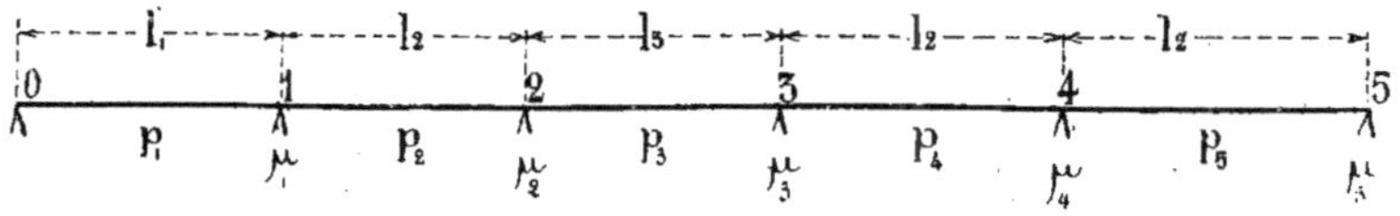


Fig. 223.

## Moments sur piles pour des poutres de deux à dix travées.

**321.** Nous empruntons à l'ouvrage de M. Maurice Koechlin les formules donnant les moments fléchissants sur les appuis des poutres à plusieurs travées. Elles sont déduites de la formule de Clapeyron :

$$l_m \mu_{m-1} + 2(l_m + l_{m+1})\mu_m + l_{m+1}\mu_{m+1} = \frac{1}{4}[p_m l_m^3 + p_{m+1} l_{m+1}^3].$$

En l'appliquant à deux travées inégales de longueur $l_1$ et $l_2$ et à des poutres de 3, 4, 5, 6, 7, 8, 9, 10 travées, ayant les deux travées de rives égales d'une longueur $l_1$, et toutes les travées intermédiaires égales d'une longueur $l_2$, en désignant $p_1, p_2, p_3, p_4$ ..... les charges uniformément réparties sur les travées 1, 2, 3, 4..... et par $\mu_1, \mu_2, \mu_3$ ... les moments sur les piles correspondantes, on arrive aux formules suivantes (*fig.* 223).

Ces formules donnent les moments sur les piles d'une moitié de la poutre ; celles des piles de l'autre moitié sont les mêmes, il suffit de changer le numérotage de droite à gauche au lieu de le mettre de gauche à droite :

**322.** 1° Poutre à deux travées inégales

$$\mu_1 = \frac{p_1 l_1^3 + p_2 l_2^3}{8(l_1 + l_2)}$$

**323.** 2° *Poutres à trois travées dont les deux extrêmes sont égales .*

$$\mu_1 = \frac{2p_1(l_1^4 + l_1^3 l_2) + p_2(l_2^4 + 2l_1 l_2^3) - p_3(l_1^3 l_2)}{4(4l_1^2 + 8l_1 l_2 + 3l_2^2)}$$

$$\mu_2 = \frac{-p_1 l_1^3 l_2 + p_2(l_2^4 + 2l_1 l_2^3) + 2p_3(l_1^4 + l_1^3 l_2)}{4(4l_1^2 + 8l_1 l_2 + 3l_2^2}$$

**324.** 3° *Poutres à quatre travées, dont les deux centrales sont égales ainsi que les deux extrêmes :*

$$\mu_1 = \frac{p_1 (8l_1^4 + 7l_1^3 l_2) + p_2 (5l_2^4 + 6l_1 l_2^3) - p_3 (2l_1 l_2^3 + l_2^4) + p_4 l_1^3 l_2}{4 (16l_1^2 + 12l_2^2 + 28l_1 l_2)}$$

$$\mu_2 = \frac{- p_1 l_1^3 + p_2 (2l_1 l_2^2 + l_2^3) + p_3 (2l_1 l_2^2 + l_2^3) - p_4 l_1^3}{2 (16l_1 + 12l_2)}$$

$$\mu_3 = \frac{p_1 l_1^3 l_2 - p_2 (2l_1 l_2^3 + l_2^4) + p_3 (5l_2^4 + 6l_1 l_2^3) + p_4 (8l_1^4 + 7l_1^3 l_2)}{4 (16l_1^2 + 12l_2^2 + 28l_1 l_2)}$$

**325.** 4° *Poutres à cinq travées dont les deux extrêmes sont égales ainsi que les trois centrales :*

$$\mu_1 = \frac{p_1 (30l_1^4 + 26l_1^3 l_2) + p_2 (22l_1 l_2^3 + 19l_2^4) - p_3 (6l_1 l_2^3 + 5l_2^4) + p_4 (2l_1 l_2^3 + l_2^4) - p_5 l_1^3 l_2}{4 (60l_1^2 + 104l_1 l_2 + 45l_2^2)}$$

$$\mu_2 = \frac{- p_1 (8l_1^4 + 7l_1^3 l_2) + p_2 (16l_1^2 l_2^2 + 22l_1 l_2^3 + 7l_2^4) + p_3 (12l_1^2 l_2^2 + 22l_1 l_2^3 + 10l_2^4) +}{4 (60l_1^2 + 104l_1 l_2 + 45l_2^2)}$$

$$\frac{- p_4 (4l_1^2 l_2^2 + 6l_1 l_2^3 + 2l_2^4) + p_5 (2l_1^4 + 2l_1^3 l_2)}{4 (60l_1^2 + 104l_1 l_2 + 45l_2^2)}$$

**326.** 5° *Poutres à six travées dont les quatre centrales sont égales ainsi que les deux extrêmes :*

$$\mu_1 = \frac{p_1 (112l_1^4 + 97l_1^3 l_2) + p_2 (82l_1 l_2^3 + 71l_2^4) - p_3 (22l_1 l_2^3 + 19l_2^4) + p_4 (6l_1 l_2^3 + 5l_2^4) -}{8 (112l_1^2 + 194l_1 l_2 + 84l_2^2)}$$

$$\frac{- p_5 (2l_1 l_2^3 + l_2^4) + p_6 l_1^3 l_2}{8 (112l_1^2 + 194l_1 l_2 + 84l_2^2)}$$

$$\mu_2 = \frac{- p_1 (15l_1^4 + 13l_1^3 l_2) + p_2 (30l_1^2 l_2^2 + 41l_1 l_2^3 + 13l_2^4) + p_3 (22l_1^2 l_2^2 + 41l_1 l_2^3 + 19l_2^4) -}{4 (112l_1^2 + 194l_1 l_2 + 84l_2^2)}$$

$$\frac{- p_4 (6l_1^2 l_2^2 + 11l_1 l_2^3 + 5l_2^4) + p_5 (2l_1^2 l_2^2 + 3l_1 l_2^3 + l_2^4) - p_6 (l_1^4 + l_1^3 l_2}{4 (112l_1^2 + 194l_1 l_2 + 84l_2^2)}$$

$$\mu_3 = \frac{p_1 (8l_1^4 + 7l_1^3 l_2) - p_2 (16l_1^2 l_2^2 + 22l_1 l_2^3 + 7l_2^4) + p_3 (48l_1^2 l_2^2 + 82l_1 l_2^3 + 35l_2^4) +}{8 (112l_1^2 + 194l_1 l_2 + 84l_2^2)}$$

$$\frac{+ p_4 (48l_1^2 l_2^2 + 82l_1 l_2^3 + 35l_2^4) - p_5 (16l_1^2 l_2^2 + 22l_1 l_2^3 + 7l_2^4) + p_6 (8l_1^4 + 7l_1^3 l_2)}{8 (112l_1^2 + 194l_1 l_2 + 84l_2^2)}$$

**327.** 6° *Poutres à sept travées dont les cinq centrales sont égales ainsi que les deux extrêmes :*

$$\mu_1 = \frac{p_1 (418l_1^4 + 362l_1^3 l_2) + p_2 (306l_1 l_2^3 + 265l_2^4 - p_3 (82l_1 l_2^3 + 71l_2^4) + p_4 (22l_1 l_2^3 + 19l_2^4) -}{4 (836l_1^2 + 627l_2^2 + 1\,448l_1 l_2)}$$

$$\frac{- p_5 (6l_1 l_2^3 + 5l_2^4) + p_6 (2l_1 l_2^3 + l_2^4) - p_7 l_1^2 l_2}{4 (836l_1^2 + 627l_2^2 + 1\,448\, l_1 l_2)}$$

$$\mu_2 = \frac{- p_1 (97l_1^3 l_2 + 112l_1^4) + p_2 (224l_1^2 l_2^2 + 306l_1 l_2^3 + 97l_2^4) + p_3 (164l_1^2 l_2^2 + 306l_1 l_2^3 + 142l_2^4) -}{4 (836l_1^2 + 627l_2^2 + 1\,448l_1 l_2)}$$

$$\frac{- p_4 (44l_1^2 l_2^2 + 82l_1 l_2^3 + 38l_2^4) + p_5 (12l_1^2 l_2^2 + 22l_1 l_2^3 + 10l_2^4) - p_6 (4l_1^2 l_2^2 + 6l_1 l_2^3 + 2l_2^4) +}{4 (836l_1^2 + 627l_2^2 + 1\,448l_1 l_2)}$$

$$\frac{+ p_7 (2l_1^4 + 2l_1^3 l_2)}{4 (836l_1^2 + 627l_2^2 + 1\,448l_1 l_2}$$

$$\mu_3 = \frac{p_1(26l_1^3l_2 + 30l_1^4) - p_2(60l_1^2l_2^2 + 82l_1l_2^3 + 26l_2^4) + p_3(180l_1^2l_2^2 + 306l_1l_2^3 + 130l_2^4) +}{4\,(836l_1^2 + 627l_2^2 + 1\,448l_1l_2)}$$

$$\frac{+ p_4\,(176l_1^2l_2^2 + 306l_1l_2^3 + 133l_2^4) - p_5\,(48l_1^2l_2^2 + 82l_1l_2^3 + 35l_2^4) +}{4\,(836l_1^2 + 627l_2^2 + 1\,448l_1l_2)}$$

$$\frac{+ p_6\,(16l_1^2l_2^2 + 22l_1l_2^3 + 7l_2^4) - p_7\,(8l_1^4 + 7l_1^3l_2}{4\,(836l_1^2 + 627l_2^2 + 1\,448l_1l_2)}$$

**328.** 7° *Poutres à huit travées dont six centrales sont égales ainsi que les deux extrêmes:*

$$\mu_1 = \frac{p_1\,(1\,560l_1^4 + 1\,351l_1^3l_2) + p_2\,(1\,142l_1l_2^3 + 989l_2^4) - p_3\,(306l_1l_2^3 + 265l_2^4)}{4\,(3\,120l_1^2 + 5\,404l_1l_2 + 2\,340l_2^2)}$$

$$\frac{+ p_4\,(82l_1l_2^3 + 71l_2^4 - p_5\,(22l_1l_2^3 + 19l_2^4) + p_6\,(6l_1l_2^3 + 5l_2^4 - p_7\,(2l_1l_2^3 + l_2^4) + p_8l_1^3l_2}{4\,(3\,120l_1^2 + 5\,404l_1l_2 + 2\,340l_2^2)}$$

$$\mu_2 = \frac{-p_1\,(418l_1^4 + 362l_1^3l_2) + p_2\,(836l_1^2l_2^2 + 1\,142l_1l_2^3 + 362l_2^4) + p_3\,(612l_1^2l_2^2}{4\,(3\,120\,l_1^2 + 5\,404l_1l_2 + 2\,340l_2^2)}$$

$$\frac{+ 1\,142l_1l_2^3 + 530l_2^4) - p_4\,(164l_1^2l_2^2 + 306l_1l_2^3 + 142l_2^4) + p_5\,(44l_1^2l_2^2 + 82l_1l_2^3 + 38l_2^4)}{4\,(3\,120l_1^2 + 5\,404l_1l_2 + 2\,340l_2^2)}$$

$$\frac{-p_6\,(12l_1^2l_2^2 + 22l_1l_2^3 + 10l_2^4) + p_7\,(4l_1^2l_2^2 + 6l_1l_2^3 + 2l_2^4) - p_8\,(2l_1^4 + 2l_1^3l_2)}{4\,(3\,120l_1^2 + 5\,404l_1l_2 + 2\,340l_2^2)}$$

$$\mu_3 = \frac{p_1\,(112l_1^4 + 97l_1^3l_2) - p_2\,(224l_1^2l_2^2 + 306l_1l_2^3 + 97l_2^4) + p_3\,(672l_1^2l_2^2 + 1\,142l_1l_2^3}{4\,(3\,120l_1^2 + 5\,404l_1l_2 + 2\,340l_2^2)}$$

$$\frac{+ 485l_2^4) + p_4\,(656l_1^2l_2^2 + 1\,142l_1l_2^3 + 497l_2^4) - p_5\,(176l_1^2l_2^2 + 306l_1l_2^3 + 133l_2^4}{4\,(3\,120l_1^2 + 5\,404l_1l_2 + 2\,340l_2^2)}$$

$$\frac{+ p_6\,(48l_1^2l_2^2 + 82l_1l_2^3 + 35l_2^4) - p_7\,(16l_1^2l_2^2 + 22l_1l_2^3 + 7l_2^4) + p_8\,(8l_1^4 + 7l_1^3l_2}{4\,(3\,120l_1^2 + 5\,404l_1l_2 + 2\,340l_2^2)}$$

$$\mu_4 = \frac{-p_1\,(30l_1^4 + 26l_1^3l_2) + p_2\,(60l_1^2l_2^2 + 82l_1l_2^3 + 26l_2^4) - p_3\,(180l_1^2l_2^2 + 306l_1l_2^3}{4\,(3\,120l_1^2 + 5\,404l_1l_2 + 2\,340l_2^2)}$$

$$\frac{+ 130l_2^4) + p_4\,(660l_1^2l_2^2 + 1\,142l_1l_2^3 + 494l_2^4) + p_5\,(660l_1^2l_2^2 + 1\,142l_1l_2^3 + 494l_2^4)}{4\,(3\,120l_1^2 + 5\,404l_1l_2 + 2\,340l_2^2)}$$

$$\frac{-p_6\,(180l_1^2l_2^2 + 306l_1l_2^3 + 130l_2^4) + p_7\,(60l_1^2l_2^2 + 82l_1l_2^3 + 26l_2^4) - p_8\,(30l_1^4 + 26l_1^3l_2)}{4\,(3\,120l_1^2 + 5\,404\,l_1l_2 + 2\,340l_2^2)}$$

**329.** 8° *Poutres à neuf travées dont les sept centrales sont égales ainsi que les deux extrêmes :*

$$\mu_1 = \frac{p_1\,(5\,822l_1^4 + 5\,042l_1^3l_2) + p_2\,(4\,262l_1l_2^3 + 3\,691l_2^4) - p_3\,(1\,142l_1l_2^3 + 989l_2^4)}{4\,(11\,644l_1^2 + 20\,168l_1l_2 + 8\,733l_2^2)}$$

$$\frac{+ p_4\,(306l_1l_2^3 + 265l_2^4 - p_5\,(82l_1l_2^3 + 71l_2^4) + p_6\,(22l_1l_2^3 + 19l_2^4) - p_7\,(6l_1l_2^3 + 5l_2^4)}{4\,(11\,644l_1^2 + 20\,168l_1l_2 + 8\,733l_2^2)}$$

$$\frac{+ p_8\,(2l_1l_2^3 + l_2^4) - p_9\,(l_1^3l_2)}{4\,(11\,644l_1^2 + 20\,168l_1l_2 + 8\,733l_2^2)}.$$

$$\mu_2 = \frac{-p_1(1\,560l_1^4 + 1\,351l_1^3l_2) + p_2(3\,120l_1^2l_2^2 + 4\,262l_1l_2^3 + 1\,351l_2^4)}{4(11\,644l_1^2 + 20\,168l_1l_2 + 8\,733l_2^2)}$$

$$\frac{+p_3(2\,284l_1^2l_2^2 + 4\,262l_1l_2^3 + 1\,978l_2^4) - p_4(612l_1^2l_2^2 + 1\,142l_1l_2^3 + 530l_2^4)}{4(11\,644l_1^2 + 20\,168l_1l_2 + 8\,733l_2^2)}$$

$$\frac{+p_5(164l_1^2l_2^2 + 306l_1l_2^3 + 142l_2^4) - p_6(44l_1^2l_2^2 + 82l_1l_2^3 + 38l_2^4) + p_7(12l_1^2l_2^2}{4(11\,644l_1^2 + 20\,168l_1l_2 + 8\,733l_2^2)}$$

$$\frac{+22l_1l_2^3 + 10l_2^4) - p_8(4l_1^2l_2^2 + 6l_1l_2^3 + 2l_2^4) + p_9(2l_1^4 + 2l_1^3l_2)}{4(11\,644l_1^2 + 20\,168l_1l_2 + 8\,733l_2^2}$$

$$\mu_3 = \frac{p_1(418l_1^4 + 362l_1^3l_2) - p_2(836l_1^2l_2^2 = 1\,142l_1l_2^3 + 362l_2^4) + p_3(2\,508l_1^2l_2}{4(11\,644l_1^2 + 20\,168l_1l_2 + 8\,733l_2^2)}$$

$$\frac{+4\,262l_1l_2^3 + 1\,810l_2^4) + p_4(2\,448l_1^2l_2^2 + 4\,262l_1l_2^3 + 1\,855l_2^4) - p_5(656l_1^2l_2^2}{4(11\,644l_1^2 + 20\,168l_1l_2 + 8\,733l_2^2)}$$

$$\frac{+1\,142l_1l_2^3 + 497l_2^4) + p_6(176l_1^2l_2^2 + 306l_1l_2^3 + 133l_2^4) - p_7(48l_1^2l_2^2 + 82l_1l_2^3 + 35l_2^4)}{4(11\,644l_1^2 + 20\,168l_1l_2 + 8\,733l_2^2)}$$

$$\frac{+p_8(16l_1^2l_2^2 + 22l_1l_2^3\ 7l_2^4) - p_9(8l_1^4 + 7l_1^3l_2}{4(11\,644l_1^2 + 20\,168l_1l_2 + 8\,733l_2^2)}$$

$$\mu_4 = \frac{-p_1(112l_1^4 + 97l_1^3l_2) + p_2(224l_1^2l_2^2 + 306l_1l_2^3 + 97l_2^4) - p_3(672l_1^2l_2^2 + 1\,142l_1l_2^3}{4(11\,644l_1^2 + 20\,168l_1l_2 + 8\,733l_2^2}$$

$$\frac{+485l_2^4) + p_4(2\,464l_1^2l_2^2 + 4\,262l_1l_2^3 + 1\,843l_2^4) + p_5(2\,460l_1^2l_2^2 + 4\,262l_1l_2^3 + 1\,846l_2^4).}{4(11\,644l_1^2 + 20\,168l_1l_2\ 873l_2^2}$$

$$\frac{-p_6(660l_1^2l_2^2 + 1\,142l_1l^3 + 4\,94l_2^4) + p_7(180l_1^2l_2^2 + 306l_1l_2^3 + 130l_2^4)}{4(11\,644l_1^2 + 20\,168l_1l_2 + 8\,733l_2^2)}$$

$$\frac{-p_8(60l_1^2l_2^2 + 82l_1l_2^3 + 26l_2^4) + p_9(30l_1^4 + 26\,l_1^3l_2)}{4(11644l_1^2 + 20168l_1l_2 + 8733l_2^2)}$$

**330.** 9° *Poutres à dix travées dont les huit centrales sont égales ainsi que les deux extrêmes :*

$$\mu_1 = \frac{p_1(21\,728l_1^4 + 18\,817l_2l_1^3)\,p_2(15\,906l_1l_2^3 + 13\,775l_2^4) - p_3(4\,262l_1l_2^3 + 3\,691l_2^4)}{4(43\,456l_1^2 + 75\,268l_1l_2 + 32\,592l_2^2)}$$

$$\frac{+p_4(11\,42l_1l_2^3 + 989l_2^4) - p_5(306l_1l_2^3 + 265l_2^4) + p_6(82l_1l_2^3 + 71l_1^4)}{4(43\,456l_1^2 + 75\,268l_1l_2 + 32\,592l_2^2)}$$

$$\frac{-p_7(22l_1l_2^3 + 19l_2^4) + p_8(6l_1l_2^3 + 5l_1^4) - p_9(2l_1l_2^3 + l_2^4) + p_{10}l_1^3l_2}{4(43\,456l_1^2 + 75\,268l_1l_2 + 32\,592l_2^2)}$$

$$\mu_2 = \frac{-p_1(5\,822l_1^4 + 5\,042l_1^3l_2) + p_2(11\,644l_1^2l_2^2 + 15\,906l_1l_2^3 + 5\,042l_2^4)}{4(43\,456l_1^2 + 75\,268l_1l_2 + 32\,592l_2^2)}$$

$$\frac{+p_3(8\,524l_1^2l_2^2 + 15\,906l_1l_2^3 + 7\,382l_2^4) - p_4(2\,284l_1^2l_2^2 + 4\,262l_1l_2^3 + 1\,978l_2^4)}{4(43\,456l_1^2 + 75\,268l_1l_2 + 32\,592l_2^2)}$$

$$\frac{+p_5(612l_1^2l_2^2 + 1\,142l_1l_2^3 + 530l_2^4) - p_6(164l_1^2l_2^2 + 306l_1l_2^3 + 142l_2^4)}{4(43\,456l_1^2 + 75\,268l_1l_2 + 32\,592l_2^2)}$$

$$\frac{+p_7(44l_1^2l_2^2 + 82l_1l_2^3 + 38l_2^4) - p_8(12l_1^2l_2^2 + 22l_1l_2^3 + 10l_2^4) + p_9(4l_2^2l_1^2 + 6l_1l_2^3 + 2l_2^4)}{4(43\,456l_1^2 + 75\,268l_1l_2 + 32\,592l_2^2)}$$

$$\frac{-p_{10}(2l_1^4 + 2l_1^3l_2)}{4(43\,456l_1^2 + 75\,268l_1l_2 + 32\,592l_2^2)}$$

$$\mu_3 = \frac{p_1(1\,360 l_1^4 + 135 l_1^3 l_2) - p_2(3\,120 l_1^2 l_2^2 + 4\,262 l_1 l_2^3 + 1\,351 l_2^4)}{4(43\,456 l_1^2 + 75\,268 l_1 l_2 + 32\,592 l_2^2)}$$

$$+ \frac{p_3(9\,360 l_1^2 l_2^2 + 15\,906 l_1 l_2^3 + 6\,755 l_2^4) + p_4(9\,136 l_1^2 l_2^2 + 15\,906 l_1 l_2^3 + 6\,923 l_2^4)}{4(43\,456 l_1^2 + 75\,268 l_1 l_2 + 32\,592 l_2^2)}$$

$$- \frac{p_5(2\,448 l_1^2 l_2 + 4\,262 l_1 l_2^3 + 1\,855 l_2^4) + p_6(656 l_1^2 l_2^2 + 1\,142 l_1 l_2^3 + 497 l_2^4)}{4(43\,456 l_1^2 + 75\,268 l_1 l_2 + 32\,592 l_2^2)}$$

$$- \frac{p_7(176 l_1^2 l_2^2 + 306 l_1 l_2^3 + 133 l_2^4) + p_8(48 l_1^2 l_2^2 + 82 l_1 l_2^3 + 35 l_2^4).}{4(43\,456 l_1^2 + 75\,268 l_1 l_2 + 32\,592 l_2^2)}$$

$$- \frac{p_9(16 l_1^2 l_2^2 + 22 l_1 l_2^3 + 7 l_2^4) + p_{10}(8 l_1^4 + 7 l_1^3 l_2)}{4(43\,456 l_1^2 + 75\,268 l_1 l_2 + 32\,592 l_2^2)}$$

$$\mu_4 = \frac{-p_1(418 l_1^4 + 362 l_1^3 l_2) + p_2(836 l_1^2 l_2^2 + 1\,142 l_1 l_2^3 + 362 l_2^4)}{4(43\,456 l_1^2 + 75\,268 l_1 l_2 + 32\,592 l_2^2)}$$

$$- \frac{p_3(2\,508 l_1^2 l_2^2 + 4\,262 l_1 l_2^3 + 1\,810 l_2^4) + p_4(9\,196 l_1^2 l_2^2 + 15\,906 l_1 l_2^3 + 6\,878 l_2^4)}{4(43\,456 l_1^2 + 75\,268 l_1 l_2 + 32\,592 l_2^2)}$$

$$+ \frac{p_5(9\,180 l_1^2 l_2^2 + 15\,906 l_1 l_2^3 + 6\,890 l_2^4) - p_6(2\,460 l_1^2 l_2^2 + 4\,262 l_1 l_2^3 + 1\,846 l_2^4)}{4(43\,456 l_1^2 + 75\,268 l_1 l_2 + 32\,592 l_2^2)}$$

$$+ \frac{p_7(660 l_1^2 l_2^2 + 1\,142 l_1 l_2^3 + 494 l_2^4) - p_8(180 l_1^2 l_2^2\ 306 l_1 l_2^3 + 130 l_2^4)}{4(43\,456 l_1^2 + 75\,268 l_1 l_2 + 32\,592 l_2^2)}$$

$$+ \frac{p_9(60 l_1^2 l_2^2 + 82 l_1 l_2^3 + 26 l_2^4) - p_{10}(30 l_1^4 + 26 l_1^3 l_2)}{4(43\,456 l_1^2 + 75\,268 l_1 l_2 + 32\,592 l_2^2)}$$

$$\mu_5 = \frac{p_1(112 l_1^4 + 97 l_1^3 l_2) - p_2(224 l_1^2 l_2^2 + 306 l_1 l_2^3 + 97 l_2^4) + p_3(672 l_1^2 l_2^2 + 1\,142 l_1 l_2^3 + 485 l_2^4)}{4(43\,456 l_1^2 + 75\,268 l_1 l_2 + 32\,592 l_2^2)}$$

$$- \frac{p_4(2\,464 l_1^2 l_2^2 + 4\,262 l_1 l_2^3 + 1\,843 l_2^4) + p_5(9\,184 l_1^2 l_2^2 + 15\,906 l_1 l_2^3 + 6\,887 l_2^4)}{4(43\,456 l_1^2 + 75\,268 l_1 l_2 + 32\,592 l_2^2)}$$

$$+ \frac{p_6(9\,184 l_1^2 l_2^2 + 15\,906 l_1 l_2^3 + 6\,887 l_2^4) - p_7(2\,464 l_1^2 l_2^2 + 4\,262 l_1 l_2^3 + 1\,843 l_2^4)}{4(43\,456 l_1^2 + 75\,268 l_1 l_2 + 32\,592 l_2^2)}$$

$$+ \frac{p_8(672 l_1^2 l_2^2 + 1\,142 l_1 l_2^3 + 485 l_2^4) - p_9(224 l_1^2 l_2^2 + 306 l_1 l_2^3 + 97 l_2^4) + p_{10}(112 l_1^4 + 97 l_1^3 l_2)}{4(43\,456 l_1^2 + 75\,268 l_1 l_2 + 32\,592 l_2^2).}$$

## Détermination de la section d'une poutre.

*1° Poutres en fer*

**331.** Après avoir déterminé la section la plus dangereuse, c'est-à-dire celle dont le moment fléchissant $\mu$ est maximum, on considère la formule générale

$$\frac{\mu}{R} = \frac{I}{v}$$

dans laquelle R est le coefficient de résistance dépendant de la qualité du fer employé.

Si la hauteur de la poutre ne dépasse pas $0^m,30$, on peut adopter un fer à double té laminé et chercher dans les tables le profil dont le module $\frac{I}{v}$, se rapproche le plus de la valeur $\frac{\mu}{R}$; mais, lorsque la valeur de ce rapport exige une hauteur de poutre plus considérable, il faut nécessairement faire usage d'une poutre composée, dont les divers éléments sont réunis entre eux au moyen de rivets. Lorsque la hauteur de la poutre n'est pas imposée, on peut, à priori, donner à l'âme une hauteur égale au $^1/_{10}$ de la portée et s'assurer que son épaisseur lui permettra de résister à l'effort tranchant et au glissement longitudinal. Les cornières doivent avoir, autant que possible, la même épaisseur que l'âme; quant à la largeur de leurs ailes, elles doivent permettre de les fixer aux âmes et aux plates-bandes par le nombre de rivets nécessaire pour que la poutre composée se comporte comme un solide homogène laminé d'une seule pièce.

La largeur des plates-bandes doit être assez grande pour donner à la poutre une résistance suffisante aux actions horizontales qui peuvent agir sur elles.

Ces dimensions à priori étant fixées, on calcule le moment d'inertie de la poutre ainsi constituée, d'abord avec une seule

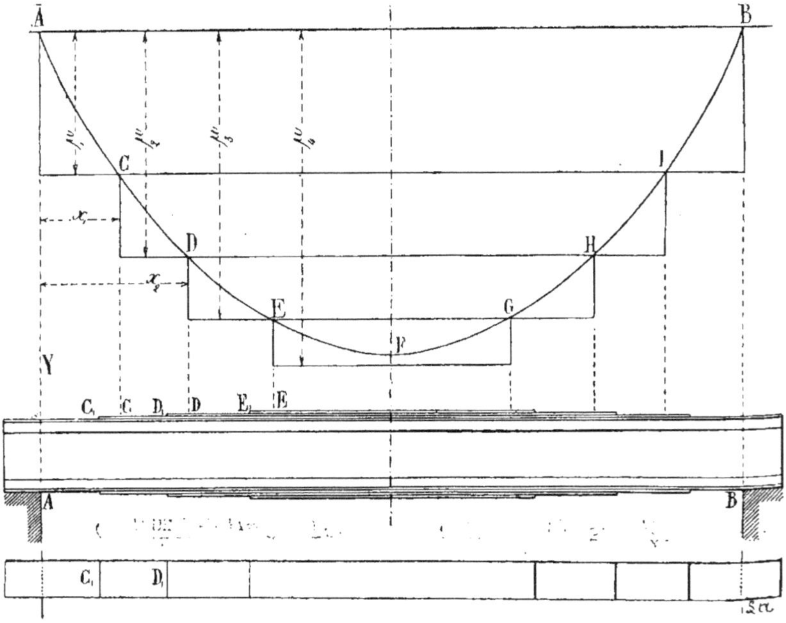


Fig. 224.

plate-bande, puis avec deux, et ainsi de suite jusqu'à ce que la valeur de $\frac{I}{v}$ satisfasse au rapport $\frac{\mu}{R}$.

Si l'épaisseur des plates-bandes ainsi obtenue était trop considérable, on pour rait augmenter les dimensions des cornières et, par suite, l'épaisseur de l'âme et la largeur des plates-bandes; il serait alors préférable de modifier la hauteur de la poutre en l'augmentant. Lorsque le profil maximum vérifie la formule

$$\frac{I}{v} = \frac{\mu}{R},$$

il n'y a pas lieu de laisser subsister l'épaisseur des plates-bandes superposées sur toute la longueur puisque le moment fléchissant n'est pas constant en tous les points de la poutre. Il suffit qu'en aucune section le travail du métal ne dépasse pas la limite R que l'on s'est imposée. La détermination des longueurs de plates-bandes se fait graphiquement au moyen de l'*épure de répartition des plates-bandes*. A cet effet on trace à une certaine échelle la courbe ACDE ... B représentative des moments fléchissants (*fig.* 224); puis on calcule les valeurs des quantités $\frac{RI}{v}$, pour une, deux, trois ... plates-bandes et à la même échelle que celle qui a servi à tracer la courbe des moments fléchissants; on porte ces valeurs sur l'axe vertical AY à partir du point A en $\mu_1$, $\mu_2$, $\mu_3$, $\mu_4$, qui coupent la ligne représentative des moments fléchissants en CDEG, qui limitent la deuxième, la troisième, la quatrième... plate-bande; on obtient ainsi une poutre dont les fibres extrêmes dans les sections C, D, E ... ont à résister à l'effort limite R. Dans toutes les autres sections, les fibres extrêmes n'auront évidemment à résister qu'à un effort moindre.

**332.** Remarque. — Dans le cas où la poutre n'aurait à supporter qu'une charge uniformément répartie $p$ par mètre courant, la courbe représentative des moments fléchissants est une parabole à axe vertical ayant pour équation

$$\frac{plx}{2} - \frac{px^2}{2} = \mu.$$

Si dans cette formule on remplace $\mu$ par les valeurs $\mu_1$ $\mu_2$... des moments résistants $\frac{RI}{v}$ de la section de la poutre avec une, deux... trois plates-bandes, on aura les abscisses des points C, D, E ... En la résolvant par rapport à $x$, on aura ainsi

$$x_1 = \frac{l}{2} + \sqrt{\frac{l^2}{4} - \frac{\mu_1}{p}}$$

$$x_2 = \frac{l}{2} + \sqrt{\frac{l^2}{4} - \frac{\mu_2}{p}}$$

et ainsi de suite.

Généralement, on ne calcule pas les abscisses des points C, D, E... et on limite les longueurs des plates-bandes aux points $C_1$, $D_1$, $E_1$ ... situés à 0m,30 environ des premiers.

## II. — Poutres en bois.

**333.** La section des poutres en bois est généralement rectangulaire, et les dimensions $b$ et $h$ de cette section sont dans un certain rapport $K = \frac{b}{h}$ (*fig.* 225).

Le moment d'inertie $I = \frac{bh^3}{12}$ et $v = \frac{h}{2}$; par suite:

$$\frac{I}{v} = \frac{bh^2}{6},$$

et

$$\frac{RI}{v} = \mu = \frac{Rbh^2}{6},$$

ou

$$\mu = \frac{R.Kh^3}{6},$$

d'où on tire:

$$h = \sqrt[3]{\frac{6\,\mu}{K.R}} \qquad (1)$$

Afin d'utiliser le mieux possible les

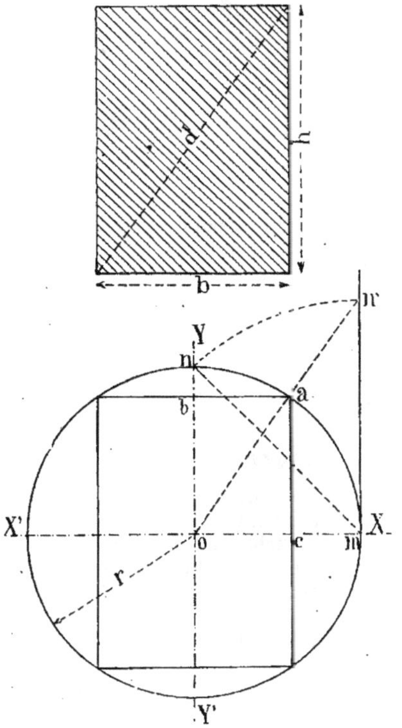


Fig. 225.

troncs d'arbres dont la section est sensiblement circulaire, il faut donner au rapport K une valeur telle que la section rectangulaire ait la résistance maximum; soit $d$ le diamètre de l'arbre; on a :

$$d^2 = b^2 + h^2.$$

Or:

$$\frac{I}{v} = \frac{bh^2}{6}.$$

donc :

$$\frac{I}{v} = \frac{b}{6}(d^2 - b^2) = \frac{\mu}{R}. \qquad (2)$$

Pour que la pièce ait une résistance maximum, il faut que le module de section $\frac{I}{v}$ soit maximum. Or le maximum du second nombre de l'équation s'obtient en égalant à zéro la dérivée par rapport à $b$, ce qui donne:

$$\frac{1}{6}(d^2 - b^2) - \frac{2b^2}{6} = o,$$

ou :

$$d^2 - 3b^2 = o$$

et:

$$b = \frac{d}{\sqrt{3}}.$$

Par suite:

$$h_2 = d^2 - b^2 = d^2 - \frac{d^2}{3} = \frac{2d^2}{3},$$

et:

$$h = \frac{d\sqrt{2}}{\sqrt{3}}$$

On en déduit pour la valeur du rapport K :

$$K = \frac{b}{h} = \frac{\frac{d}{\sqrt{3}}}{\frac{d\sqrt{2}}{\sqrt{3}}} = \frac{1}{\sqrt{2}} = \frac{\sqrt{2}}{2},$$

ou

$$K = \frac{1,414}{2} = 0,707,$$

c'est-à-dire sensiblement $\frac{5}{7}$.

On déduit de là une construction très simple pour tracer, sur une section circulaire d'un arbre, les côtés du rectangle de résistance maximum. On trace (*fig.* 225) deux axes rectangulaires XX′, YY′ par le centre; on joint $mn$ représentant le côté du carré inscrit dont la longueur est :

$$mn = r\sqrt{2};$$

puis, élevant en $m$ une perpendiculaire sur XX′, on reporte $mn' = mn$ par l'arc de cercle $nn'$ et on joint $n'o$. En menant par le point $a$, intersection de cette dernière ligne avec la circonférence, des parallèles aux axes XX′, YY′, on aura

$$ab = \frac{b}{2}, \text{ et } ac = \frac{h}{2}.$$

En effet, dans le triangle rectangle $omn'$, on a :

$$\frac{oc = ab}{ac} = \frac{om}{mn'} = \frac{r}{r\sqrt{2}} = \frac{1}{\sqrt{2}}$$
$$= \frac{\sqrt{2}}{2} = 0,707.$$

**334.** *Coefficient économique.* — Dans le calcul de la section d'une pièce soumise à la flexion, il y a lieu de tenir compte de la valeur $\omega$ de cette section de telle sorte que, pour la même résistance, le poids de la pièce soit minimum, ce qui aura lieu pour la plus faible valeur de $\omega$.

Admettons que, quelle que soit cette section, elle soit exprimée en fonction de la hauteur $h$ de la poutre, on pourra écrire :

$$\omega = nh^2, \qquad (1)$$

et par suite en divisant membre à membre avec la formule générale :

$$\mu = R\frac{I}{v},$$

il vient :

$$\frac{\omega}{\mu} = \frac{nh^2}{R\frac{I}{v}}. \qquad (2)$$

Le moment d'inertie I peut s'exprimer en fonction de la quatrième puissance de la dimension $h$, et $\frac{I}{v}$ en fonction de la troisième puissance de $h$. On peut donc écrire :

$$\frac{\omega}{\mu} = \frac{nh^2}{Rph^3} = \frac{n}{Rph} \qquad (3)$$

Pour que $\frac{\omega}{\mu}$ soit le plus petit possible, il faut que $h$ soit le plus grand possible, à la condition que $\frac{n}{p}$ soit constant. Si au contraire $h$ reste constant, il faudra que $\frac{n}{p}$ soit minimum. L'équation (3) peut se mettre sous une autre forme en éliminant $h$. De la relation

$$\mu = Rph^3$$

on a :

$$h = \sqrt[3]{\frac{\mu}{Rp}} = \left(\frac{\mu}{Rp}\right)^{\frac{1}{3}}$$

Donc $\frac{n}{Rph}$ peut s'écrire :

$$\frac{n}{Rph} = \frac{n}{Rp\left(\frac{\mu}{Rp}\right)^{\frac{1}{3}}} = \frac{n}{\frac{Rp}{R^{\frac{1}{3}}p^{\frac{1}{3}}}\mu^{\frac{1}{3}}}$$

ou :

$$\frac{n}{Rph} = \frac{n}{p^{\frac{2}{3}}} \times \frac{1}{R^{\frac{2}{3}}\mu^{\frac{1}{3}}}$$

L'équation (3) peut donc s'écrire :

$$\frac{\omega}{\mu} = \frac{n}{p^{\frac{2}{3}}}\left(\frac{1}{R^{\frac{2}{3}}\mu^{\frac{1}{3}}}\right). \qquad (4)$$

On voit alors que le minimum de $\frac{\omega}{\mu}$ correspondra au minimum de $\frac{n}{p^{\frac{2}{3}}}$, puisque R et $\mu$ sont constants.

C'est ce rapport $\frac{n}{p^{\frac{2}{3}}}$ qu'on appelle le *coefficient économique*.

Dans le calcul d'une poutre rectangulaire, nous avons trouvé que, pour la meilleure utilisation d'une pièce en bois, le rapport de la base à la hauteur devait être 0,707. Voyons quel serait dans ce cas le coefficient économique.

On aurait, en représentant par $b$ et $h$ les dimensions :

$$\omega = nh^2 = bh,$$

donc :

$$n = \frac{b}{h} = 0,707.$$

Pour avoir la valeur de $p$, exprimons le rapport $\frac{I}{v}$, on a :

$$\frac{I}{v} = ph^3 = \frac{\frac{1}{12}bh^3}{\frac{1}{2h}} = \frac{1}{6}\frac{b}{h}h^3$$

$$= \frac{1}{6}\,0,707\,h^3,$$

c'est-à-dire que :

$$p = \frac{1}{6}\,0,707 = 0,118.$$

En effectuant $p^{\frac{2}{3}}$ on trouve :

$$p^{\frac{2}{3}} = (0,118)^{\frac{2}{3}} = 0,24058$$

et enfin

$$\frac{n}{p^{\frac{2}{3}}} = \frac{0,707}{0,24058} = 2,95 \text{ environ.}$$

Telle est la valeur du coefficient économique de la pièce à section rectangulaire pour $\frac{b}{h} = 0,707$.

Ce coefficient, qui est un peu grand, peut être diminué pour les pièces en forme de **I** pour lesquelles on le fait généralement égal à 1.

Anciennement, c'est-à-dire avant l'usage des fers à **T**, on employait des fers rectangulaires dont l'épaisseur était le 1/5 de la hauteur, dans ce cas :

$$n = 0,2 \qquad p = 0,033 \qquad p^{\frac{2}{3}} = 0,103,$$

d'où le coefficient économique :

$$\frac{n}{p^{\frac{2}{3}}} = 1,94.$$

**335.** Il est facile de se rendre compte que la section à **I** donne un coefficient économique plus faible que la même section rectangulaire. En effet, prenons un fer rectangulaire (*fig.* 226) et divisons son épaisseur en deux parties : l'une

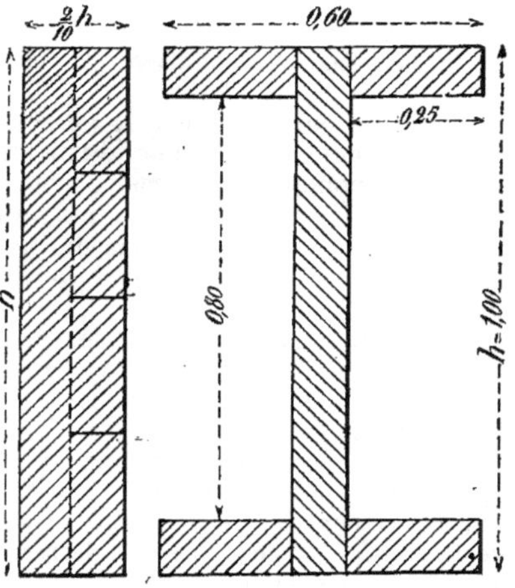


Fig. 226.

servira à former l'âme du **I**, tandis que l'autre moitié divisée en quatre permettra de constituer les ailes du second profil.

Admettons que :

$$h = 1,00, \; e = 0,1, \text{ et } b_1 = 0,25.$$

On aura :

$$I = \frac{1}{12}\left[0,6 \times 1^3 - 0,5 \times 0,8^3\right],$$

ou en fonction de $h$ :

$$I = \frac{1}{2}\left[\frac{3}{5}hh^3 - \frac{h}{2}(0,8h)^3\right] = \frac{43}{1\,500}h^4,$$

donc :

$$\frac{I}{v} = \frac{43}{750}h^3 \quad \text{et} \quad p = \frac{43}{750} = 0,0573.$$

Or la section $\omega$ est la même que celle du fer rectangulaire :

$$\omega = nh^2 = 0,2h^2$$

d'où : $$n = 0,2 = \frac{1}{5}.$$

Le coefficient économique sera donc :

$$\frac{n}{p^{\frac{2}{3}}} = \frac{0,20}{(0,0573)^{\frac{2}{3}}}.$$

En calculant $(0,0573)^{\frac{2}{3}}$, on trouve 0,1487, d'où :

$$\frac{n}{p^{\frac{2}{3}}} = \frac{0,20}{0,487} = 1,3452.$$

Alors que ce coefficient était de 1,931 pour la pièce rectangulaire de même section.

Ce qui revient à dire que la pièce à **I** est plus avantageuse comme résistance à la pièce rectangulaire de même poids.

Par des calculs analogues, on trouverait que le coefficient économique du profil circulaire est 3,790, et celui du profil carré 3,302.

**336.** On peut aisément se rendre compte que les constructions en fer sont plus dispendieuses que celles en bois, à résistance égale.

Pour une pièce en bois à section rectangulaire, le coefficient économique a été trouvé égal à 2,95 ; pour la section rectangulaire en fer, 1,94. En désignant par $\omega$ et $\omega'$ les sections correspondantes au même moment fléchissant $\mu$, on a :

Pour le bois :

$$\frac{\omega}{\mu} = 2,95 \frac{1}{R^{\frac{2}{3}}\mu^{\frac{1}{3}}};$$

Pour le fer :

$$\frac{\omega'}{\mu} = 1,94 \frac{1}{R'^{\frac{2}{3}}\mu^{\frac{1}{3}}}.$$

D'où en divisant :

$$\frac{\omega}{\omega'} = \frac{2,95}{1,94} \cdot \frac{R'^{\frac{2}{3}}}{R^{\frac{2}{3}}}$$

Les charges de sécurité étant $R' = 6^k$ par millimètre carré pour le fer, et $R = 0,6$ pour le bois, on a :

$$\frac{\omega}{\omega'} = \frac{2,95}{1,94} \frac{0,6^{\frac{2}{3}}}{0,6^{\frac{2}{3}}}.$$

Or : $$6^{\frac{2}{3}} = 3,3019$$
$$0,6^{\frac{2}{3}} = 0,71138$$

d'où : $$\frac{\omega}{\omega'} = \frac{2,95}{1,94} \cdot \frac{3,3019}{0,71138}$$

$$\frac{\omega}{\omega'} = \frac{1}{0,6576} \times \frac{1}{0,2154} = \frac{1}{0,1416}.$$

Ce qui montre d'abord que la section $\omega$ de la pièce en bois est bien supérieure à celle $\omega'$ de la pièce en fer, et, comme pour une même longueur, les volumes sont proportionnels aux sections, on aura :

$$\frac{\omega}{\omega'} = \frac{V}{V'} = \frac{1}{0,1416}.$$

Supposons $V = 1$ mètre cube à raison de 100 francs ; le volume $V'$ du fer sera :

$$V' = 0^{m^3},1416,$$

son poids : $0,1416 \times 7\,800$.

En prenant du fer à 40 fr. les 100 kilogrammes, le prix sera :

$$0,1416 \times 7\,800 \times \frac{40}{100} = 441,80.$$

On voit donc qu'une pièce rectangulaire en fer coûterait 4,41 fois plus que la pièce en bois de même résistance.

## APPLICATIONS

### Problème.

**337.** *Déterminer la section d'une poutrelle en fer laminé reposant sur deux appuis de niveau espacés de 4 mètres, capable de supporter une charge uniformément répartie égale à* $p = 700$ *kilogrammes par mètre courant, et telle que le travail du métal ne dépasse pas 6 kilogrammes par millimètre carré de section pour les fibres les plus fatiguées.*

Le moment fléchissant est maximum pour la section située au milieu de la poutre, ce moment est :

$$\mu = \frac{1}{8} pl^2$$

ou $$\mu = \frac{700 \times \overline{4}^2}{8} = 1\,400,$$

par suite $$\frac{I}{v} = \frac{\mu}{R}$$

donne :

$$\frac{I}{v} = \frac{1\,400}{6 \times 10^6} = 0,0002333.$$

La charge totale agissant sur la poutre est :

$$pl = 700 \times 4 = 2\,800.$$

Si nous cherchons dans le tableau des fers laminés à la colonne verticale correspondant à la portée de 4 mètres, nous trouvons que la charge totale qui se rapproche le plus de 2 800 kilogrammes, et le module de section le plus voisin de 0,0002333, correspond au fer laminé ayant $0^m,18$ de hauteur et dont le poids, par mètre courant, est $34^k,50$.

Nous pouvons donc adopter ce fer en nous rendant compte de la valeur de R d'après la charge donnée. Pour cela tirons de la formule générale :

$$R = \frac{v\mu}{I}.$$

Nous aurons :

$$R \times 10^6 = \frac{\mu}{\frac{I}{v}}$$

ou :

$$R = \frac{1\,400}{0,000250 \times 10^6} = \frac{1\,400}{250} = 5^k,6.$$

On voit que le travail des fibres les plus éloignées sera moindre que la limite maximum imposée.

### Problème.

**338.** *Un plancher est construit avec des solives en fer* **I** *ayant* $3^m,53$ *de longueur et espacées de* $0^m,646$ *d'axe en axe. Quel type de fer laminé devra-t-on prendre?*

Calculons d'abord la charge par mètre carré superficiel en prenant un type correspondant aux poids suivants.

*Hourdis.* — Epaisseur, compris garnissage, $0^m,20$ ; poids du mètre cube 1 400 kilogrammes.

| | |
|---|---|
| Le poids d'un mètre carré sera $0,20 \times 1 \times 1\,400$ . . . . . | 280 kil. |
| *Parquet.* — Parquet de $0^m,034$ d'épaisseur sur bitume de $0^m,05$. | 20 |
| *Fer.* — Moyenne au mètre carré . . . . . . . . . . . . . . | 25 |
| Ensemble . . . . . | 325 kil. |

Si nous adoptons une surcharge de 250 kilogrammes par mètre carré, nous aurons pour la charge totale par mètre superficiel :

$$325 + 250 = 575 \text{ kilogrammes.}$$

Les solives étant espacées de $0^m,646$ d'axe en axe, la charge par mètre linéaire de solive sera

$575 \times 0,646 = 371$ kilogrammes environ.

La formule $\frac{I}{v} = \frac{\mu}{R}$ devient en faisant :

$$\mu = \frac{1}{8} pl^2 = \frac{371 \times \overline{3,53}^2}{8}$$

$$\frac{I}{v} = \frac{371 \times \overline{3,53}^2}{8 \times 6 \times 10^6} = 0,000090631.$$

En consultant les tableaux pages 187 et suivantes, on voit que les moments d'inertie qui se rapprochent le plus de 0,000090631 sont :

0,000082292 correspondant à un fer de $0^m,16$ de hauteur;

0,000099153 correspondant à un fer de $0^m,14$ de hauteur;

0,000084196 correspondant à un fer de $0^m,12$ de hauteur.

Les largeurs des ailes sont respectivement :

$0^m,048$ — 0,0545 — 0,070,

et les épaisseurs des âmes :

$0^m,0065$ — 0,0135 — 0,007.

On peut à l'aide de ces tableaux se dispenser de calculer la valeur de $\frac{I}{v}$ ; en effet, la charge étant de 371 kilogrammes par mètre courant, la charge totale sera :

$pl = 371 \times 3,50$ environ $= 1\,298^k,5$.

En prenant dans le tableau (1) la colonne verticale correspondant à la portée $3^m,50$, on voit que la charge totale uniformément répartie qui se rapproche le plus de 1 298 kilogrammes, en supposant $R = 6^k$ par millimètre carré, est 1128 correspondant au fer de $0^m,16$ de hauteur.

Dans le tableau (2) c'est la charge 1 255 correspondant au fer de $0^m,14$ de haut; et dans le tableau (3) c'est la charge 1 151 correspondant au fer de $0^m,12$ de hauteur.

### Problème.

**339.** *Quelle charge peut-on faire supporter, avec sécurité, à une solive* **I** *à ailes ordinaires de* $0^m,20$ *de hauteur sur* *une longueur de 6m,50, le fer travaillant à 6 kilogrammes par millimètre carré.*

Prenons dans la première colonne du tableau (1) le nombre 0m,20, et suivons la première ligne horizontale correspondant à R = 6 kilogrammes, nous trouvons, dans la colonne verticale 6m,50, le nombre 1 074 kilogrammes.

Soit par mètre courant une charge

$$p = \frac{1\,074}{6,5} = 165 \text{ kilogrammes environ.}$$

**Problème.**

**340.** *Trouver une solive en fer* I *à larges ailes capable de supporter un poids de 5 500 kilogrammes uniformément réparti sur une portée de 3 mètres.*

En consultant la colonne verticale de portée 3 mètres du tableau (3), on trouve que les charges qui se rapprochent le plus de 5 500 kilogrammes sont :

5 477 correspondant au fer (200 — 17 — 117) travaillant à 6 kilogrammes;

5 540 correspondant au fer (220 — 14 — 100) travaillant à 6 kilogrammes.

**Problème.**

**341.** *Trouver une solive de 5 mètres de longueur chargée d'un poids de 450 kilogrammes au milieu de sa longueur.*

Lorsque la charge P agit au milieu de la poutre, on peut ramener le problème au cas de la charge 2P uniformément répartie. Donc nous serons ramené au cas d'une solive chargée d'un poids réparti uniformément de 900 kilogrammes sur 5 mètres de portée.

Le tableau (2) nous montre que le fer de 0m,14 de hauteur peut supporter une charge de 878 kilogrammes. Le tableau (3) donne un fer de 0m,120 de hauteur pouvant supporter une charge de 982 kilogrammes. On pourra donc prendre l'un ou l'autre de ces deux types; le premier travaillera à un peu plus de 6 kilogrammes, et le second à un peu moins.

**Problème.**

**342.** *Soit une solive de 3 mètres de longueur encastrée par une extrémité, et chargée à l'autre extrémité d'un poids P = 300 kilogrammes.*

Pour ramener ce cas à celui d'une solive chargée uniformément sur une longueur donnée, il faut quadrupler la charge, et la supposer uniformément répartie sur une barre de même longueur posée à ses deux extrémités.

En consultant le tableau (1), on voit que la solive de 3 mètres de portée pouvant supporter un poids de 300 × 4 = 1 200 kilogrammes serait celle ayant 0m,16 de haut, et travaillerait à moins de 6 kilogrammes. Le fer qui précède et ayant 0m,14 de haut travaillerait à environ 8 kilogrammes.

**Problème.**

**343.** *Soit une solive de 5m,50 encastrée par une extrémité, et chargée uniformément dans toute sa longueur d'un poids de 600 kilogrammes.*

Pour ramener au premier cas, il suffit de doubler la charge uniformément répartie en la supposant répartie sur la même longueur posée à ses deux extrémités.

Le tableau (3) donne un fer de 0m,14 de hauteur pouvant supporter une charge répartie de 1 192 kilogrammes.

Le tableau (2) donne un fer de 0m,180 pour une charge de 1 460 kilogrammes.

Et le tableau (1) donne un fer de 0m,200 pour la charge de 1 270 kilogrammes.

C'est ce dernier qu'il serait plus convenable d'adopter.

**Problème.**

**344.** *Soit une solive de 5 mètres, encastrée par ses deux extrémités, et chargée uniformément d'un poids de 1 500 kilogrammes.*

Pour ramener au premier cas, il suffit de multiplier 1 500 par 0m,66, ce qui donne 990 kilogrammes, et de chercher, dans le tableau (1), une solive capable de porter 990 kilogrammes sur 5 mètres de portée.

**Problème.**

**345.** *Déterminer la section d'une poutre en fer, composée de tôles et cornières, de*

$7^m,50$ *de portée, capable de supporter une charge uniformément répartie de 4 500 kilogrammes par mètre courant, et telle que le travail maximum des fibres les plus fatiguées ne dépasse pas 6 kilogrammes par millimètre carré de section.*

Le moment fléchissant maximum qui a lieu au milieu de la poutre a pour valeur :

$$\mu = \frac{1}{8} pl^2$$

ou $\mu = \frac{1}{8} 4\,500 \times \overline{7,5}^2 = 31\,641.$

Pour déterminer la section de cette poutre composée, nous nous donnerons les dimensions de l'âme et des cornières, et nous chercherons le nombre des platebandes nécessaires pour que la section la plus fatiguée travaille à 6 kilogrammes. Si ces platebandes étaient trop nombreuses, on recommencerait le calcul en se donnant à priori une hauteur plus grande.

Donnons à l'âme une hauteur de $0^m,450$ et une épaisseur de 12 millimètres (*fig.* 227). Les cornières auront une section de $\frac{100 \times 100}{12}$, et les platebandes une largeur de $0^m,250$ ; les épaisseurs de celles-ci et leur nombre constitueront les indéterminées du problème.

1° *Moment d'inertie de l'âme :*

$$I_a = \frac{0,012}{12} \overline{0,450}^3 = 0,00009734 ;$$

2° *Moment d'inertie des quatre cornières :*

$$I_c = \frac{1}{2} \left[ 0,20 \times \overline{0,45}^3 - 0,176 \times \overline{0,426}^3 - 0,024 \times \overline{0,25}^3 \right]$$

$$I_c = 0,00035366.$$

D'où : $I_a + I_c = 0,000451$ ;

3° *Moment d'inertie des premières platebandes.* Le moment d'inertie des deux premières plate bandes de 12 millimètres d'épaisseur en haut et en bas de la poutre a pour valeur :

$$I_p = \frac{0,250}{12} \left( \overline{0,474}^3 - \overline{0,450}^3 \right)$$

$$= 0,000319726 ;$$

4° *Moment d'inertie des deuxièmes platebandes.* Le moment d'inertie des deux

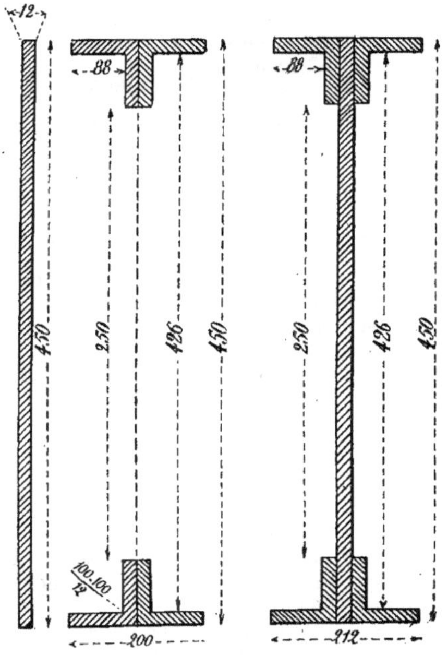


Fig. 725.

platebandes supplémentaires en haut et en bas de 10 millimètres d'épaisseur a pour valeur :

$$I_p = \frac{0,250}{12} \left( \overline{0,494}^3 - \overline{0,450}^3 \right)$$

$$= 0,000612187 ;$$

5° *Moment d'inertie des troisièmes platebandes.* — Ces troisièmes platebandes ayant 10 millimètres d'épaisseur donnent pour moment d'inertie des ailes :

$$I_p = \frac{0,250}{12}\left(\overline{0,514}^3 - \overline{0,450}^3\right) = 0,000929172.$$

On a donc pour valeur des moments d'inertie et des modules de section :

1° Avec une platebande haut et bas :

$$I = 0,0007707$$

$$\frac{I}{v} = \frac{0,0007707}{0,237} = 0,00322\,;$$

2° Avec deux platebandes haut et bas :

$$I = 0,001063118$$

$$\frac{I}{v} = \frac{0,0010631}{0,247} = 0,004282\,;$$

3° Avec trois platebandes haut et bas :

$$I = 0,001380172$$

$$\frac{I}{v} = \frac{0,00138}{0,257} = 0,005351.$$

Voyons si cette dernière valeur de $\frac{I}{v}$ applicable à la section du milieu de la poutre donnera R = 6 kilogrammes.

De la formule :

$$\frac{I}{v} = \frac{\mu}{R}$$

on a :

$$R = \frac{\mu}{\frac{I}{v} \times 10^6} = \frac{31\ 641}{5\ 351} = 5^k,91.$$

La section adoptée avec trois platebandes est donc suffisante.

On établira ensuite la répartition des platebandes comme nous l'avons indiqué au n° 331.

**346.** Remarque. — La détermination des sections des poutres composées donne lieu à une série de calculs de moments d'inertie toujours compliqués et pouvant donner lieu à des erreurs importantes.

Ces calculs peuvent être simplifiés, comme l'a indiqué M. Périssé dans une note contenue dans les *Mémoires* de la Société des Ingénieurs Civils, et que nous allons reproduire.

### Formule simplifiée pour la détermination des poutres compliquées en tôle et cornières.

**347.** Le moment fléchissant maximum $\mu$ est toujours très simple à évaluer, dans la plupart des cas, car il se présente presque toujours sous la forme

$$\mu = \frac{Pl}{n},$$

expression dans laquelle P désigne la somme des forces verticales, ou poids agissant sur la poutre ; $l$, la portée ou distance entre les appuis, et $n$, un nombre qui varie de 4 à 12 selon le mode de la répartition des charges et la nature des réactions que les points d'appui exercent sur la poutre.

Connaissant la valeur de $\mu$, on se donne, comme nous l'avons fait dans le problème précédent, une section transversale dont on calcule le module de section $\frac{I}{v}$ et on s'assure que la valeur de R est voisine ou égale à la limite donnée.

Il faut donc opérer par tâtonnement jusqu'à ce qu'on ait les dimensions qui conduisent, pour le coefficient R, à une valeur convenable.

M. Périssé propose la forme simplifiée suivante :

$$S = K\frac{\mu}{h}; \qquad (1)$$

dans laquelle :

S est la section en millimètres carrés de la table ou semelle de la poutre ;

$\mu$ moment fléchissant ;

$h$ hauteur de la poutre ;

K un coefficient numérique.

Examinons cette formule au point de vue théorique, et rendons-nous compte de son degré d'exactitude. Pour cela, considérons une poutre **I**, de hauteur $h$, soumise à des forces extérieures $p$, et composée de deux tables reliées entre elles par un système de croisillons, lesquels constituent une âme, de moment d'inertie nul, mais ayant pour effet de maintenir à la distance $h$ les deux tables ou semelles (*fig.* 228).

Supposons que toute la matière se trouve reportée en haut et en bas, de façon à avoir une poutre théorique dont les tables sont très larges et très minces, de section S pour chacune d'elles, et situées à une distance de l'axe neutre égale à $\frac{h}{2}$, dans le cas d'une poutre symétrique.

Si l'on considère une section verticale AB, pour laquelle les forces extérieures $p$, $p$, également verticales, donnent un moment fléchissant $\mu$, on voit qu'il doit y avoir équilibre entre les forces extérieures et les forces intérieures élastiques.

Celles-ci sont réduites à un couple de forces horizontales également distantes de l'axe neutre, et chacune de ces forces a évidemment pour expression SR, c'est-à-dire la section multipliée par le coefficient de travail par millimètre carré.

En prenant, par rapport à l'axe neutre G, les moments des forces qui se font équilibre, on a l'équation.

$$\mu = 2SR\frac{h}{2} = RSh,$$

d'où :
$$S = \frac{1}{R}\frac{\mu}{h} = K\frac{\mu}{h}.$$

Dans les hypothèses que nous venons de faire, on obtient donc la formule proposée.

Pour juger de son degré d'exactitude, il faut montrer les différences qui existent entre les poutres employées dans la pratique et la poutre théorique considérée.

Le plus souvent, les poutres métalliques se composent d'une âme reliée à deux platebandes au moyen de quatre cornières.

Convenons d'appeler table, la portion de la poutre, en haut et en bas, composée de la platebande, des deux cornières et de la partie de l'âme serrée entre ces cornières.

Nous voyons que ces poutres diffèrent de la poutre théorique en ce que, d'une part, les différentes pièces dont se compose la table se trouvent à des distances de l'axe neutre plus faibles que la demi-hauteur de la poutre, et, d'autre part, en ce que l'âme possède un moment d'inertie très appréciable qui le fait participer à la résistance. Les deux hypothèses que nous avons faites, savoir : *matière reportée entièrement aux deux extrémités de la section, et moment d'inertie de l'âme supposé nul*, donnent donc lieu à deux erreurs.

Mais ces erreurs sont de signe contraire et tendent à s'annuler l'une l'autre. En effet, par la première hypohtèse, nous avons augmenté la résistance en supposant les tables plus écartées de l'axe neutre qu'elles ne le sont en réalité, et, par la deuxième hypothèse, nous avons négligé une partie de la résistance : celle de l'âme de la poutre. Eh bien, il arrive quelquefois que ces erreurs se compensent.

Alors la formule devient exacte, et K est égal à $\frac{1}{R}$, c'est-à-dire $\frac{1}{6} = 0{,}166$, si nous prenons pour R la valeur de 6 kilogrammes.

Mais, le plus souvent, les deux erreurs ne se compensent pas. Aussi convient-il de prendre, pour le coefficient K, des va-

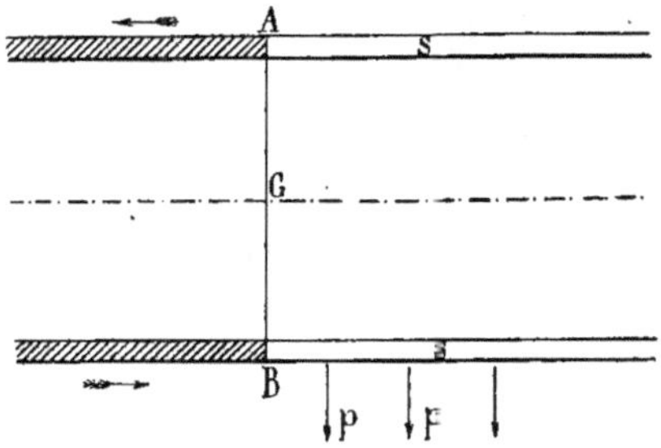


Fig. 228.

leurs un peu différentes de 0.166, soit en plus, soit en moins.

Déterminons les valeurs de ce coefficient dans les cas principaux de la pratique.

Il suffit, pour cela, de comparer, pour un assez grand nombre de poutres de toutes formes et de toutes dimensions, quelles sont les différences que l'on constate en appliquant soit la formule exacte

$$\mu = \frac{RI}{v},$$

soit la formule approchée $\mu = RSh$.

Si nous appelons Q un coefficient de correction par lequel il faudra multiplier la valeur RS$h$ pour la rendre égale à $\frac{RI}{v}$ on aura :

$$\frac{RI}{v} = QRSh,$$

d'où :

$$Q = \frac{I}{\frac{Sh}{v}}.$$

Q sera égal à 1 lorsque les deux erreurs signalées plus haut viendront à se compenser.

**348.** Les différentes poutres dont on fait usage peuvent être classées comme suit en quatre catégories :

1° Poutres à âme pleine à quatre cornières avec platebande (*fig.* 229) ;

2° Poutres à âme pleine, à quatre cornières sans platebande (*fig.* 230) ;

3° Poutres en treillis, avec âme longitudinale haut et bas, quatre cornières avec ou sans platebandes (*fig.* 231 et 232) ;

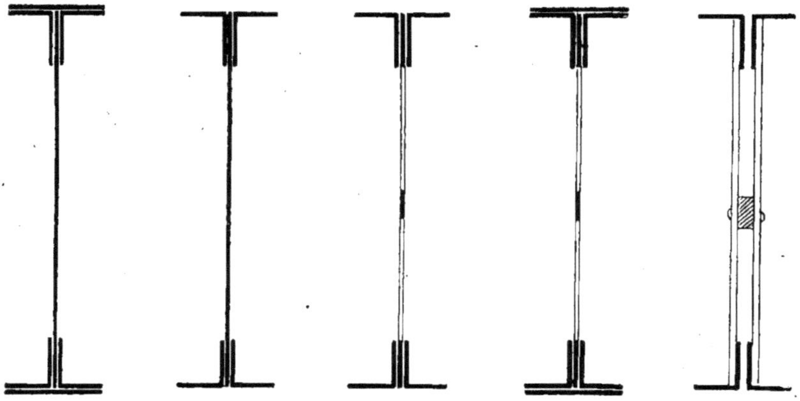

Fig. 229 à 233.

4° Poutres en treillis avec quatre cornières seulement (*fig.* 233).

Les différentes valeurs de Q déduites d'un très grand nombre d'expériences sont les suivantes :

| DÉSIGNATION | HAUTEURS DES POUTRES | VALEURS DE Q |
|---|---|---|
| | m. | |
| 1° Poutres à âme pleine, avec quatre cornières et platebande haut et bas | 0.35 à 0.50 | Q = 0.82 |
| | 0.55 0.70 | 0.90 |
| | 0.75 0.95 | 0.97 |
| | 1.00 1.20 | 1.04 |
| | 1.20 2.00 | 1.11 |
| 2° Poutres à âme pleine, à quatre cornières sans platebande | 0.30 0.40 | Q = 0.81 |
| | 0.45 0.55 | 0.90 |
| | 0.60 0.70 | 0.98 |
| 3° Poutres en treillis, avec âme longitudinale haut et bas, quatre cornières avec ou sans platebandes | 0.80 1.50 | Q = 1.01 |
| | 1.60 et au dessus | 1.08 |
| 4° Poutres à croisillons, avec quatre cornières seulement sans âme ni platebande | 0.25 à 0.40 | 0.81 |
| | 0.45 1.00 | 0.87 |

**349.** Remarquons que Q varie depuis 0,81 jusqu'à 1,11. La valeur est plus petite que l'unité, lorsque la cause d'erreur provenant de la première hypothèse est prédominante sur l'autre, tandis que cette valeur dépasse 1 toutes les fois que, au contraire, la prédominance appartient à l'erreur provenant de l'âme négligée.

Nous pouvons maintenant poser à nouveau la formule dont nous proposons l'emploi :

$$S = \frac{1}{QR}\frac{\mu}{h} = K\frac{\mu}{h}.$$

Le coefficient K est donc égal à $\frac{1}{QR}$.

Le tableau suivant en donne les différentes valeurs ; la première colonne pour R = 6 kilogrammes par millimètre carré, et la deuxième pour R = 7$^k$,200.

TABLEAU DONNANT LES VALEURS DE K.

| NATURE DES POUTRES EN TÔLE FORME I | HAUTEUR DES POUTRES | COEFFICIENT DE TRAVAIL PAR MILLIMÈTRE CARRÉ 6k.00 | 7k.200 |
|---|---|---|---|
| 1° Ame pleine, cornières et platebandes........ | m. 0.35 à 0.50 | K = 0.200 | 0.170 |
| | 0.55 0.70 | 0.185 | 0.155 |
| | 0.75 0.95 | 0.170 | 0.140 |
| | 1.00 1.20 | 0.160 | 0.130 |
| | 1.20 2.00 | 0.150 | 0.125 |
| 2° Ame pleine et cornières sans platebande..... | 0.30 0.40 | K = 0.205 | 0.170 |
| | 0.45 0.55 | 0.185 | 0.155 |
| | 0.60 0.70 | 0.170 | 0.140 |
| 3° En treillis, âme longitudinale haut et bas, etc. | 0.80 1.50 | K = 0.165 | 0.135 |
| | 1.60 et au-dessus | 0.155 | 0.130 |
| 4° En treillis, avec quatre cornières seulement.. | 0.25 à 0.40 | K = 0.205 | 0.170 |
| | 0.45 1.00 | 0.190 | 0.160 |

**350.** Rappelons que, dans la formule proposée, S est, pour un seul côté, en haut ou en bas, la section totale en millimètres carrés de la platebande, des deux cornières et de la portion de l'âme serrée entre ces cornières ; ou bien, la section d'une ou deux seulement de ces parties intégrantes de la poutre, si l'autre ou les deux autres n'existent pas dans la forme de la poutre que l'on aura choisie.

$\mu$ est le moment fléchissant dans la section la plus dangereuse ; $h$, la hauteur de la poutre.

Nous avons déjà fait remarquer que, dans la plupart des cas, le moment fléchissant se présente sous la forme $\frac{PL}{n}$, P étant la charge entre les appuis, L la portée ou distance des appuis, et $n$ un coefficient numérique dont les valeurs principales sont consignées dans le tableau suivant :

| POSITION DE LA CHARGE P | VALEURS DE $n$ POUR $\mu$ MAXIMUM — pièce simplement appuyée à ses deux extrémités | pièce encastrée à une extrémité appuyée à l'autre | pièce encastrée à ses deux extrémités |
|---|---|---|---|
| Charge P au milieu de la portée............... | 4.0 | 5.3 | 8.0 |
| Charge P au tiers de la portée................ | 4.5 | 5.4 | 6.7 |
| Charge P uniformément répartie.............. | 8.0 | 8.0 | 12.0 |

Quant à la hauteur de la poutre, on se la donne plus ou moins grande, suivant les conditions à remplir et l'importance des charges.

Elle est presque toujours comprise entre le 1/10 et le 1/15 de la portée.

### Application de la formule simplifiée à quelques exemples.

PROBLÈME.

**351.** *Déterminer la section d'une poutre de pont pour route de 9 mètres de portée, supportant une charge de 2 500 kilogrammes par mètre courant.*

La formule qui donne le moment fléchissant maximum

$$\mu = \frac{PL}{n}$$

devient, en remarquant que $n = 8$ et $P = 2\,500 \times 9$:

$$\mu = \frac{2\,500 \times \overline{9}^2}{8} = 25\,312{,}5.$$

Le genre de poutre le plus convenable, pour le cas indiqué dans l'énoncé, est celui de la première catégorie avec âme pleine et platebandes.

Donnons-nous une hauteur de poutre égale au 1/12 de la portée, soit

$$h = \frac{1}{12}\,9 = 0{,}75.$$

La valeur de K pour une poutre de cette hauteur est d'après le tableau et pour un travail de 6 kilogrammes par millimètre carré :

$$K = 0{,}170.$$

La formule $S = K\frac{\mu}{h}$

devient :

$$S = 0{,}17\,\frac{25\,312{,}5}{0{,}75} = 5\,737 \text{ millimètres}$$

carrés.

Or S est la section de la platebande, des deux cornières et de la portion de l'âme serrée entre ces cornières, et cela pour un seul côté, en haut ou en bas.

Il nous faut donc trouver ces éléments, tels que la section totale fasse 5 737 millimètres carrés :

Soit cornières $80 \times 80 \times 11$;

Soit platebandes $170 \times 10$;

Soit âme de 10 millimètres d'épaisseur;

Ces pièces ont pour section :

| | | | |
|---|---|---|---|
| Cornières | $1\,640 \times 2$ | = | $3\,280$ |
| Platebandes | $1\,700 \times 1$ | = | $1\,700$ |
| Ame | $80 \times 10$ | = | $800$ |
| | | Total S = | $5\,780^{m/m2}$ |

Ce nombre 5 780 étant très voisin de 5 737 peut être adopté, et la poutre ainsi composée sera parfaitement déterminée et

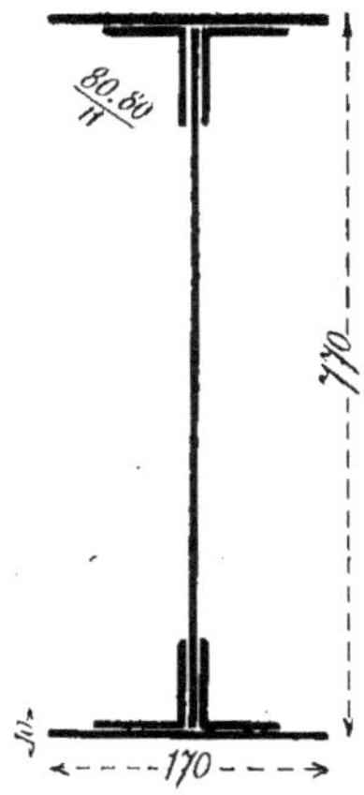


Fig. 234.

convient à la question : cette section est représentée par la figure 234.

Pour trouver le poids de cette poutre par mètre courant, nous aurons :

Section haut et bas :

$$5\,780 \times 2 = 11\,560;$$

Ame entre les tables :

$$570 \times 10 \quad 5\,700$$

$$17\,260^{m/m2}$$

Le poids par mètre courant sera :

$$1{,}7260 \times 10 \times 7{,}8 = 134^k{,}628,$$

soit 135 kilogrammes.

**352.** Remarque. — Si l'on appliquait la formule exacte :

$$R = \frac{v\mu}{I},$$

on trouverait pour R la valeur :

$$R = \frac{25\ 312{,}5}{0{,}00415} = 6^k{,}1 \text{ par millimètre carré.}$$

On voit donc que la formule approchée donne très à peu près la même exactitude.

### Problème.

**353.** *Calculer une poutre formant solive maîtresse de plancher, chargée de 1 800 kilogrammes par mètre courant et sur une longueur de 6 mètres entre appuis.*

Prenons pour ce cas une poutre sans platebande, avec âme pleine et quatre cornières, de hauteur égale à 1/15 seulement de la portée, et faisons-la travailler à 7 kilogrammes par millimètre carré.

On aura :

$$P = 1\ 800 \times 6 = 10\ 800^k$$

$$L = 6 \text{ mètres,}$$

d'où : $\mu = \frac{PL}{8} = \frac{10\ 800 \times 6}{8} = 8\ 100.$

La formule simplifiée

$$S = K \frac{\mu}{h}$$

devient

$$S = 0{,}17 \frac{8\ 100}{0{,}40} = 3\ 440^{m}/^{m2}.$$

La poutre peut alors être composée comme il suit :

Cornières 75 × 75 × 10

Section = 1 400 × 2 = 2 800

Ame 400 × 9

Section = 75 × 9 = 675

Section S = 3 475.

Pour obtenir le poids par mètre courant, cherchons la section totale qui est :

| | |
|---|---|
| Section haut et bas | 3 475 × 2 = 6 950 |
| Ame entre les tables | 250 × 9 = 2 250 |
| | Section totale = 9 200 |

Poids par mètre courant :

$$9\ 200 \times 0{,}0078 = 71^k{,}76,$$

soit 72 kilogrammes.

**354.** Remarque. — L'application de la formule exacte

$$R = \frac{v\mu}{I}$$

donnerait

$$R = \frac{8\ 100}{0{,}00116} = 7^k \text{ par millimètre carré.}$$

### Problème.

**355.** *Calculer une pièce de charpente en fer, apparente, 7 mètres de portée avec une charge de 1 200 kilogrammes par mètre courant.*

C'est le cas d'employer une poutre en treillis avec quatre cornières seulement :

$$\text{Hauteur} = 0{,}55 \quad \text{et} \quad K = 0{,}19$$

$$P = 1\ 200 \times 7 = 8\ 400 \quad L = 7^m{,}00$$

$$\mu = \frac{PL}{8} = \frac{8\ 400 \times 7}{8} = 7\ 350$$

$$S = K\frac{\mu}{h} = 0{,}19\ \frac{7\ 350}{0{,}55} = 2\ 540^{m}/^{m2}.$$

Cette section est obtenue par des cornières de :

70 × 70 × 10,

qui donnent 1 300 × 2 = 2 600.

Pour calculer le poids, on double la section, et on l'augmente d'environ 1/3 pour tenir compte des croisillons formant âme en treillis.

Le poids de cette poutre par mètre courant sera

$$(5\ 200 + 1\ 600)\ 0{,}0078 = 53^k \text{ environ.}$$

Nous donnons ci-après trois tableaux, calculés aux bureaux de la Société des houillères de Commentry, sous la direction de M. Y-van Flachat, qui permettront de déterminer facilement la section d'une poutre, connaissant la valeur du moment fléchissant calculé par la formule

$$\mu = \frac{PL}{n}.$$

Ces tableaux donnent séparément les valeurs de $\mu$ pour les quatre cornières ensemble, pour l'âme et enfin pour les tables par décimètre de largeur.

Donnons un exemple pour indiquer l'emploi de ces tableaux. Supposons que les données du problème conduisent à une poutre en tôle et cornières à âme pleine dont la hauteur $h = 1$ mètre, et le moment fléchissant $\mu = 95\ 000$.

Ce moment fléchissant maximum se compose du moment de résistance des

TABLEAU N° 1. — RÉSISTANCE DES POUTRES COMPOSÉES.

MOMENTS DE RÉSISTANCE DES POUTRES COMPOSÉES EN TOLE ET CORNIÈRES
(Les fers dans ce tableau travaillent à 6 k. par millimètre carré.)

| Hauteur de la poutre. | 4 CORNIÈRES | | AMES | | TABLES horizontales | |
|---|---|---|---|---|---|---|
| | Dimensions | Moment de résistance. | Épaisseur. | Moment de résistance. | Épaisseur. | Moment de résistance par décim. de larg. |
| 0m,30 | 40-40 / 5 | 1154 | 1 | 90 | 1 | 180 |
| | 50 50 / 6 | 1672 | 5 | 430 | 5 | 900 |
| | 50-50 / 9 | 2390 | 6 | 540 | 6 | 1080 |
| | 60-60 / 8 | 2548 | 8 | 720 | 8 | 1441 |
| | 60—60 / 10 | 3093 | 10 | 900 | 10 | 1802 |
| | 70-70 / 9 | 3239 | 12 | 1080 | 12 | 2164 |
| | 70—70 / 12 | 4142 | 15 | 1350 | 15 | 2708 |
| | 80-80 / 9 | 3[illegible]20 | | » | 20 | 3616 |
| | 80—80 / 14 | 5289 | | » | 22 | 3984 |
| | 90—90 / 10 | 4377 | | » | 25 | 4535 |
| | 90—90 / 16 | 6519 | | » | 30 | 5460 |
| | 100-100 / 13 | 5982 | | » | | » |
| | 100 100 / 17 | 7472 | | » | | » |
| | 120—90 / 15 | 7649 | | » | | » |
| 0m,40 | 40-40 / 5 | 1539 | 1 | 160 | 1 | 240 |
| | 50-50 / 6 | 2399 | 5 | 800 | 5 | 1200 |
| | 50-50 / 9 | 3357 | 6 | 9[illegible]0 | 6 | 1440 |
| | 60-60 / 8 | 3599 | 8 | 1280 | 8 | 1920 |
| | 60—60 / 10 | 4384 | 10 | 1600 | 10 | 2401 |
| | 70—70 / 9 | 4606 | 12 | 1920 | 12 | 2883 |
| | 70—70 / 12 | 5929 | 15 | 2400 | 15 | 36[illegible]6 |
| | 80-80 / 9 | 518[illegible] | | » | 20 | [illegible]814 |
| | 80—80 / 14 | 7644 | | » | 22 | 5299 |
| | 90—90 / 10 | 6318 | | » | 25 | 6027 |
| | 90-90 / 16 | 9051 | | » | 30 | 7246 |
| | 100 100 / 13 | 8723 | | » | | » |
| | 100-100 / 17 | 10073 | | » | | » |
| | 120-90 / 15 | 11008 | | » | | » |
| 0m,50 | 60-60 / 8 | 4661 | 1 | 250 | 1 | 30[illegible] |
| | 60 60 / 10 | 5686 | 5 | 1[illegible]0 | 5 | 15[illegible]0 |
| | 70-70 / 9 | 5997 | 6 | 1500 | 6 | 1800 |
| | 70-70 / 12 | 7739 | 8 | 2000 | 8 | 24[illegible]0 |
| | 80-80 / 9 | 6[illegible]92 | 10 | 2500 | 10 | 3[illegible]01 |
| | 80 · 8 / 14 | 10038 | 12 | 3000 | 12 | 3602 |
| | 90—90 / 10 | 82[illegible]9 | 15 | 3750 | 15 | 4505 |
| | 90—90 / 16 | 12501 | | » | 20 | 6011 |
| | 100 100 / 1[illegible] | 11535 | | » | 22 | 6615 |
| | 100 100 / 17 | 14567 | | » | 25 | 7522 |
| | 120-90 / 15 | 14428 | | » | 30 | 9038 |
| | 125—125 / 13 | 13977 | | » | | » |
| | 125—125 / 19 | 19560 | | » | | » |
| 0m,60 | 60—60 / 8 | 5726 | 1 | 360 | 1 | 360 |
| | 60—60 / 10 | 6934 | 5 | 1800 | 5 | 1800 |
| | 70—70 / 9 | 7395 | 6 | 2160 | 6 | 2160 |
| | 70-70 / 12 | 9559 | 8 | 2880 | 8 | 2880 |
| | 80—80 / 9 | 8388 | 10 | 3600 | 10 | 3600 |
| | 80 80 / 14 | 12451 | 12 | 4320 | 12 | 4320 |
| | 90-90 / 10 | 10300 | 15 | 5400 | 15 | 5400 |
| | 90-90 / 16 | 15616 | | » | 20 | 7210 |
| | 100—100 / 13 | 14382 | | » | 22 | 7933 |
| | 100—100 / 17 | 18207 | | » | 25 | 9019 |
| | 120—90 / 15 | 17878 | | » | 30 | 10832 |
| | 125—125 / 13 | 17537 | | » | | » |
| | 125 125 / 19 | 24566 | | » | | » |
| 0m,70 | 60—60 / 8 | 6956 | 1 | 490 | 1 | 419 |
| | 60 · 60 / 10 | 8689 | 5 | 2450 | 10 | 4202 |
| | 70—70 / 9 | 9052 | 6 | 2910 | 12 | 5[illegible]44 |
| | 70 70 / 12 | 10915 | 8 | 3392 | 15 | 6301 |
| | 80 80 / 9 | 10292 | 10 | 4900 | 18 | 7566 |
| | 80—80 / 14 | 15557 | 12 | 5880 | 20 | 8409 |
| | 90 · 90 / 16 | 19609 | 15 | 7350 | 22 | 9251 |
| | 100—100 / 17 | 23125 | | | 25 | 10517 |
| | 120 · 90 / 15 | 21310 | | | 28 | 11770 |
| | 125—125 / 13 | 21250 | | | 30 | 126[illegible]9 |
| | 125 125 / 19 | 25760 | | | 40 | 16365 |

## TABLEAU N° 2. — RÉSISTANCE DES POUTRES COMPOSÉES.

MOMENTS DE RÉSISTANCE DES POUTRES COMPOSÉES EN TOLE ET CORNIÈRES
(Les fers dans ce tableau travaillent à 6k par m/m carré.)

| Hauteur de la poutre | 4 CORNIÈRES — Dimensions | 4 CORNIÈRES — Moment de résistance | AMES — Epaisseur | AMES — Moment de résistance | Tables horizontales — Epaisseur | Tables horizontales — Moment de résistance par d cm. de larg. |
|---|---|---|---|---|---|---|
| 0m80 | 70-70 / 9 | 10224 | 1 | 640 | 1 | 480 |
| | 80-80 / 9 | 11619 | 5 | 3200 | 12 | 5761 |
| | 80—80 / 14 | 17308 | 6 | 3800 | 15 | 7203 |
| | 90-90 / 10 | 14331 | 8 | 5120 | 18 | 8615 |
| | 90-90 / 16 | 21864 | 10 | 6400 | 20 | 9607 |
| | 100—100 / 13 | 20128 | 12 | 7680 | 22 | 10570 |
| | 100—100 / 17 | 25558 | 15 | 4680 | 25 | 12014 |
| | 120—90 / 15 | 24822 | | | 28 | 13460 |
| | 125-125 / 13 | 24721 | | | 30 | 14425 |
| | 125—125 / 19 | 34847 | | | 40 | 19258 |
| 0m90 | 80—80 / 9 | 13239 | 1 | 810 | 1 | 540 |
| | 80—80 / 14 | 19744 | 5 | 4050 | 12 | 6481 |
| | 90—90 / 10 | 16357 | 6 | 4860 | 15 | 8102 |
| | 90-90 / 16 | 24986 | 8 | 6480 | 18 | 9724 |
| | 100—100 / 13 | 23016 | 10 | 8100 | 20 | 10106 |
| | 100 100 / 17 | 29252 | 12 | 9720 | 22 | 11889 |
| | 120—90 / 15 | 28307 | 15 | 12150 | 25 | 13513 |
| | 125—125 / 13 | 28102 | | » | 28 | 15138 |
| | 125—125 / 19 | 40030 | | » | 30 | 16222 |
| | » | » | | » | 40 | 21652 |
| 1m00 | 80—80 / 9 | 14862 | 1 | 1000 | 1 | 600 |
| | 80--80 / 14 | 22184 | 5 | 5000 | 12 | 7201 |
| | 90 90 / 10 | 18381 | 6 | 6000 | 15 | 9002 |
| | 90 90 / 16 | 28114 | 8 | 8000 | 18 | 10804 |
| | 100 100 / 13 | 25910 | 10 | 10000 | 20 | 12006 |
| | 100—100 / 17 | 32954 | 12 | 12000 | 22 | 13208 |
| | 120 90 / 15 | 31797 | 15 | 15000 | 25 | 15011 |
| | 125-125 / 13 | 32052 | | » | 28 | 16816 |
| | 125—125 / 19 | 45229 | | » | 30 | 18020 |
| | » | » | | » | 40 | 24047 |
| 1m10 | 60-60 / 8 | 11081 | 1 | 1210 | 1 | 660 |
| | 80-80 / 9 | 16486 | 5 | 6050 | 12 | 7021 |
| | 80—80 / 14 | 24626 | 6 | 7260 | 15 | 9902 |

| Hauteur de la poutre | 4 CORNIÈRES — Dimensions | 4 CORNIÈRES — Moment de résistance | AMES — Epaisseur | AMES — Moment de résistance | Tables horizontales — Epaisseur | Tables horizontales — Moment de résis. avec par d cm. de larg. |
|---|---|---|---|---|---|---|
| 1m10 | 90—90 / 10 | 20411 | 8 | 9680 | 18 | 11894 |
| | 90—90 / 16 | 31245 | 10 | 12100 | 20 | 13205 |
| | 100 100 / 13 | 28808 | 12 | 14520 | 22 | 14527 |
| | 100—100 / 17 | 36662 | 15 | 18150 | 25 | 16510 |
| | 120 90 / 15 | 35291 | | » | 28 | 18495 |
| | 125—125 / 13 | 35712 | | » | 30 | 19818 |
| | 125—125 / 19 | 50441 | | » | 40 | 26443 |
| 1m20 | 90—90 / 10 | 22442 | 1 | 1440 | 1 | 720 |
| | 90—90 / 16 | 34380 | 5 | 7200 | 12 | 8641 |
| | 100—100 / 13 | 31709 | 6 | 8640 | 15 | 10802 |
| | 100 100 / 17 | 40374 | 8 | 11520 | 18 | 12963 |
| | 120—90 / 15 | 38787 | 10 | 14400 | 20 | 14405 |
| | 125—125 / 13 | 39378 | 12 | 17280 | 22 | 15846 |
| | 125 125 / 19 | 55602 | 15 | 21600 | 25 | 18010 |
| | 160—140 / 14 | 50902 | | | 28 | 20173 |
| | 200—110 / 15 | 58639 | | | 30 | 21617 |
| | » | » | | | 40 | 28840 |
| 1m30 | 90—90 / 10 | 24474 | 1 | 1690 | 1 | 780 |
| | 90 90 / 16 | 37516 | 5 | 8450 | 12 | 9361 |
| | 100—100 / 13 | 34613 | 6 | 10140 | 15 | 11702 |
| | 100—100 / 17 | 44090 | 8 | 13520 | 18 | 14043 |
| | 120 90 / 15 | 42285 | 10 | 16900 | 20 | 15604 |
| | 125 - 125 / 13 | 43019 | 12 | 20280 | 22 | 17166 |
| | 125—125 / 19 | 60890 | 15 | 25350 | 25 | 19509 |
| | 160—140 / 14 | 55667 | | | 28 | 21852 |
| | 200 - 110 / 15 | 63928 | | | 30 | 23415 |
| | » | » | | | 40 | 31237 |
| 1m40 | 80 80 / 9 | 21364 | 1 | 1960 | 1 | 840 |
| | 90 - 90 / 10 | 26508 | 5 | 9800 | 15 | 12601 |
| | 90—90 / 16 | 40654 | 6 | 11760 | 18 | 15123 |
| | 100 - 100 / 13 | 37518 | 8 | 15680 | 20 | 16804 |
| | 100—100 / 17 | 47808 | 10 | 19600 | 22 | 18485 |
| | 125 125 / 13 | 46724 | 12 | 23520 | 25 | 21008 |

## TABLEAU N° 3. — RÉSISTANCE DES POUTRES COMPOSÉES.

MOMENTS DE RÉSISTANCE DES POUTRES COMPOSÉES EN TOLE ET CORNIÈRES

(Les fers dans ce tableau travaillent à 6 k. par millimètre carré.)

| Hauteur de la poutre. | 4 CORNIÈRES — Dimensions | 4 CORNIÈRES — Moment de résistance. | AMES — Épaisseur. | AMES — Moment de résistance. | TABLES horizontales — Épaisseur. | TABLES horizontales — Moment de résistance par décim. de larg. |
|---|---|---|---|---|---|---|
| 1m,40 | 125—125 / 19 | 66124 | 15 | 29400 | 28 | 23532 |
| | 160—140 / 14 | 60438 | | » | 30 | 25214 |
| | 200—110 / 15 | 68220 | | » | 40 | 33634 |
| 1m,50 | 80—80 / 9 | 22901 | 1 | 2250 | 1 | 900 |
| | 90—90 / 10 | 28542 | 5 | 11250 | 15 | 13501 |
| | 90—90 / 16 | 43794 | 6 | 13500 | 18 | 16203 |
| | 100—100 / 13 | 40425 | 8 | 18000 | 20 | 18004 |
| | 100—100 / 17 | 51527 | 10 | 22500 | 22 | 19805 |
| | 125—125 / 13 | 50402 | 12 | 27000 | 25 | 22508 |
| | 125—125 / 19 | 71362 | 15 | 33750 | 28 | 25211 |
| | 160—140 / 14 | 65213 | | » | 30 | 27013 |
| | 200—110 / 15 | 74514 | | » | 40 | 36032 |
| 1m,60 | 90—90 / 10 | 30577 | 1 | 2560 | 1 | 960 |
| | 90—90 / 16 | 46935 | 5 | 12800 | 15 | 14401 |
| | 100—100 / 13 | 43334 | 6 | 15360 | 18 | 17282 |
| | 100—100 / 17 | 55249 | 8 | 20480 | 20 | 19203 |
| | 125—125 / 13 | 54082 | 10 | 25600 | 22 | 21125 |
| | 125—125 / 19 | 76603 | 12 | 30720 | 25 | 24007 |
| | 160—140 / 14 | 69992 | 15 | 38400 | 28 | 26890 |
| | 200—110 / 15 | 79810 | | » | 30 | 28813 |
| | » | » | | » | 40 | 38430 |
| 1m,70 | 70—70 / 9 | 22860 | 1 | 2890 | 1 | 1020 |
| | 90—90 / 10 | 32613 | 5 | 14450 | 15 | 15301 |
| | 90—90 / 16 | 50077 | 6 | 17340 | 18 | 18362 |
| | 100—100 / 13 | 46243 | 8 | 23120 | 20 | 20403 |
| | 100—100 / 17 | 58972 | 10 | 28900 | 22 | 22444 |
| | 125—125 / 13 | 57764 | 12 | 31680 | 25 | 25507 |
| | 125—125 / 19 | 81848 | 15 | 43350 | 28 | 28570 |
| | 160—140 / 14 | 74774 | | » | 30 | 30612 |
| | 200—110 / 15 | 85108 | | » | 40 | 40828 |
| 1m,80 | 90—90 / 10 | 34649 | 1 | 3240 | 1 | 1080 |
| | 90—90 / 16 | 53219 | 5 | 16200 | 15 | 16201 |
| | 100—100 / 13 | 49153 | 6 | 19440 | 18 | 19442 |

| Hauteur de la poutre. | 4 CORNIÈRES — Dimensions | 4 CORNIÈRES — Moment de résistance. | AMES — Épaisseur. | AMES — Moment de résistance. | TABLES horizontales — Épaisseur. | TABLES horizontales — Moment de résistance par décim. de larg. |
|---|---|---|---|---|---|---|
| 1m,80 | 100—100 / 17 | 52696 | 8 | 25920 | 20 | 21603 |
| | 125—125 / 13 | 61448 | 10 | 32400 | 22 | 23664 |
| | 125—125 / 19 | 87095 | 12 | 38880 | 25 | 27006 |
| | 160—140 / 14 | 79559 | 15 | 48600 | 28 | 30249 |
| | 240—110 / 15 | 90408 | | » | 30 | 32411 |
| | » | » | | » | 40 | 42227 |
| 1m,90 | 90—90 / 10 | 36686 | 1 | 3610 | 1 | 1140 |
| | 90—90 / 16 | 56362 | 5 | 18050 | 15 | 17101 |
| | 100—100 / 13 | 52065 | 6 | 21660 | 18 | 20522 |
| | 100—100 / 17 | 66421 | 8 | 28880 | 20 | 22803 |
| | 125—125 / 13 | 65133 | 10 | 36100 | 22 | 25084 |
| | 125—125 / 19 | 92344 | 12 | 43320 | 25 | 28506 |
| | 160—140 / 14 | 84345 | 15 | 54150 | 28 | 31928 |
| | 200—110 / 15 | 95708 | | » | 30 | 34211 |
| | » | » | | » | 40 | 45625 |
| 2m,00 | 90—90 / 10 | 38722 | 1 | 4000 | 1 | 1200 |
| | 90—90 / 16 | 59506 | 5 | 20000 | 15 | 18001 |
| | 100—100 / 13 | 54976 | 6 | 24000 | 18 | 21602 |
| | 100—100 / 17 | 70147 | 8 | 32000 | 20 | 24003 |
| | 125—125 / 13 | 68819 | 10 | 40000 | 22 | 26404 |
| | 125—125 / 19 | 97595 | 12 | 48000 | 25 | 30006 |
| | 160—140 / 14 | 89134 | 15 | 60000 | 28 | 33608 |
| | 200—110 / 15 | 101009 | | » | 30 | 36010 |
| | » | » | | » | 40 | 48024 |
| 2m,10 | 90—90 / 10 | 40760 | 1 | 4410 | 1 | 1260 |
| | 90—90 / 16 | 62650 | 5 | 22050 | 15 | 18901 |
| | 100—100 / 13 | 57888 | 6 | 26460 | 18 | 22682 |
| | 100—100 / 17 | 73874 | 8 | 35282 | 20 | 25202 |
| | 125—125 / 13 | 72507 | 10 | 44100 | 22 | 27723 |
| | 125—125 / 19 | 102847 | 12 | 52920 | 25 | 31505 |
| | 160—140 / 14 | 93024 | 15 | 66150 | 28 | 35288 |
| | 200—110 / 15 | 106311 | | » | 30 | 37810 |
| | » | » | | » | 40 | 50423 |

quatre cornières, de l'âme et des tables horizontales: il faut donc trouver dans les tableaux ces divers éléments tels qu'en additionnant leur moment de résistance on obtienne pour la somme le nombre $\mu = 95\,000$.

Reportons nous au tableau (2) dont la première colonne contient la hauteur 1,00 et supposons que nous composions la poutre comme il suit:

$$\text{Quatre cornières } \frac{100 \times 100}{13};$$

Une âme de $0^m,012$ d'épaisseur;

Enfin des tables horizontales haut et bas, de $0^m,40$ de largeur sur $0^m,025$ d'épaisseur.

Nous aurons en cherchant dans le tableau (2) et pour la hauteur de 1 mètre les nombres suivants pour les résistances des diverses parties:

| | Moment de résistance |
|---|---|
| Quatre cornières $\frac{100 \times 100}{13}$ | 25 910 |
| Ame de $0^m,012$ d'épaisseur | 12 000 |
| 2 tables $(0,40 \times 0,025)$ $15\,011 \times 4$ | 60 044 |
| $\mu =$ | 97 954 |

La poutre ainsi composée est largement suffisante, puique nous trouvons pour $\mu$, le nombre 97 954 au lieu de 95 000.

## Calcul des combles.

**356.** Nous avons indiqué dans la première partie de cet ouvrage comment on déterminait graphiquement les différents efforts agissant sur les pièces de charpente et, en particulier, sur les fermes les plus usitées. La valeur, ainsi déterminée de ces forces permettrait, à l'aide des formules de l'extension, de la flexion et de la compression, de calculer les dimensions des éléments qui constituent ces pièces composées. Nous indiquerons ici comment on peut, par le calcul, obtenir les moments fléchissants et les efforts tranchants, ainsi que les forces d'extension et de compression auxquels sont soumis les diverses parties des fermes, et nous donnerons ensuite une application des résultats obtenus sur une ferme Polonceau.

### Ferme à deux arbalétriers réunis par un seul tirant.

**357.** Considérons une ferme composée de deux arbalétriers AB et A'B (*fig.* 235) et d'un tirant AA'.

Soient $l$ la longueur de l'arbalétrier, $2a$ la longueur du tirant, $h$ la hauteur BH du faîtage au-dessus de ce tirant. Soit P le poids de la toiture porté par l'arbalétrier, poids que l'on peut supposer uniformément réparti sur AB, et dont la résultante est appliquée au milieu I de l'arbalétrier. Cette pièce est, en outre, soumise à une réaction S au point A, et à une réaction Q au point B; à cause de la symétrie, cette dernière est horizontale puisque les réactions des deux arbalétriers l'un sur l'autre sont égales et opposées.

En regardant d'abord l'arbalétrier AB

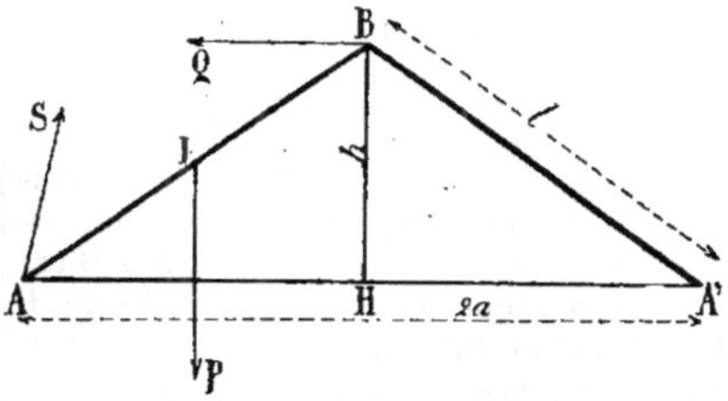


Fig. 235.

comme un corps rigide, et en désignant par $S_x$ et $S_y$ les composantes horizontales et verticales de S, on aura comme équations d'équilibre:

$$S_x + Q = o$$
$$S_y + P = o$$
$$P\frac{a}{2} - Qh = o,$$

d'où l'on tire:

$$Q = P\frac{a}{2h},$$

$$S_x = -P\frac{a}{2h},$$

$$S_y = -P.$$

Soit $p$ le poids de la toiture par mètre carré, et $e$ la distance de deux arbalétriers consécutifs, on aura $P = pel$, et le poids par mètre courant que porte AB sera exprimé par $pe$.

Si l'on a maintenant égard à la flexibilité de l'arbalétrier, on pourra le considérer comme une pièce posée sur deux appuis A et B, chargée d'un poids uniformément réparti, qui par mètre courant sera la composante perpendiculaire à AB de la force verticale $pe$ ; c'est-à-dire $pe. \frac{a}{l}$ ou $pe \cos \alpha$ ; et en outre à une force dirigée suivant sa longueur, qui correspondra à la composante de P suivant BA, et celle de Q suivant la même direction ; c'est-à-dire à une force longitudinale T donnée en valeur absolue par la relation

$$T = P\frac{h}{l} + Q\frac{a}{l}$$

ou

$$T = peh + pe\frac{a^2}{2h}.$$

Le moment fléchissant maximum aura lieu au point I, et l'on aura

$$\mu = \frac{1}{8} pel^2 \cos \alpha.$$

On peut s'assurer, en effet, afin de justifier la méthode employée, que la composante de Q perpendiculairement à AB est égale à la moitié de la composante de P dans la même direction, comme cela a lieu pour une pièce posée sur deux appuis et chargée uniformément d'un poids total P.

Pour calculer l'arbalétrier, on appliquera ici la formule générale

$$R = \frac{v\mu}{I} + \frac{T}{\Omega},$$

en mettant $+$ devant le dernier terme parce que la force T est une pression.

Afin d'utiliser les tables des fers à double T, on négligera le second membre, en se contentant de :

$$R = \frac{v\mu}{I}$$

ou,

$$\frac{I}{v} = \frac{\mu}{R},$$

Comme les tables que nous avons données contiennent la valeur de $\Omega$, on pourra toujours s'assurer si la poutre choisie ne travaille pas au-delà de la limite imposée de 6 kilogrammes par millimètre carré.

Le tirant est sollicité par son poids, et s'il porte un plancher, par un poids uniformément réparti. Il est soumis en outre, à la composante horizontale de la réaction de l'arbalétrier, c'est-à-dire à une force égale et contraire à $S_x = \frac{Pa}{2h}$, et à une force égale s'exerçant en A'. Si le tirant est en fer, on peut négliger son propre poids et calculer sa section comme une pièce soumise à l'extension.

Si le tirant est en bois et qu'il porte un plancher, on le calculera comme une pièce reposant à ses deux extrémités, et soumise à une charge de 90 kilogrammes par mètre de longueur et à une tension longitudinale.

Le moment fléchissant maximum $\mu$ serait :

$$\mu = \frac{1}{8} q (2a)^2 = \frac{1}{2} qa^2$$

et la tension longitudinale :

$$T = \frac{Pa}{2h}.$$

Si la section de ce tirant est un rectangle ayant $x$ pour base et $Kx$ pour hauteur, on aurait :

$$v = \frac{1}{2} Kx$$

$$I = \frac{1}{12} xK^3x^3$$

et la formule :

$$R = \frac{v\mu}{I} + \frac{T}{\Omega}.$$

deviendrait :

$$R = \frac{6}{K^2x^3} \times \frac{1}{12} qa^2 + \frac{Pa}{2hKx^2},$$

ou :

$$R = \frac{qa^2}{2K^2x^3} + \frac{Pa}{2hKx^2}.$$

Si la ferme n'avait pas de tirant, la force $Sx$ représenterait, en signe contraire, la poussée exercée par l'arbalétrier sur le mur.

Supposons, comme cela a lieu ordinairement, qu'indépendamment du tirant AA' la ferme comprenne un poinçon BH. Ce poinçon a pour but de soutenir le tirant en son milieu. On peut alors considérer le tirant comme une pièce posée sur trois appuis, savoir : sur les murs, en A et A', et en H sur l'étrier qui le lie au poinçon. Dans ce cas les réactions des appuis extrêmes sont égales à $\frac{3}{8}\ qa$ et celle de l'appui moyen $\frac{5}{4}\ qa$. Le poinçon est donc sollicité de haut en bas par une force égale à $\frac{5}{4}\ qa$; et chaque arbalétrier peut être considéré comme soumis à son extrémité supérieure à la moitié de cette force ou à $\frac{5}{8}\ qa$ dans le sens vertical.

Dans ce cas, les équations d'équilibre des arbalétriers deviennent :

$$S_x + Q = o$$

$$S_y + P + \frac{5}{8} qa = o$$

$$P \frac{1}{2} a + \frac{5}{8} qa^2 - Qh = o$$

d'où :

$$Q = \frac{Pa}{2h} + \frac{5qa^2}{8h}$$

$$S_y = -\left(P + \frac{5}{8} qa\right)$$

$$S_x = -Q$$

et, en suivant la même marche que ci-dessus, on trouvera :

$$T = pe\left(h + \frac{a^2}{2h}\right) + \frac{5qa}{8l}\left(h + \frac{a^2}{h}\right),$$

valeur qu'on substituera avec $\mu = \frac{1}{8} pel^2 \cos\alpha$ dans l'équation générale :

$$R = \frac{v\mu}{I} + \frac{T}{\Omega},$$

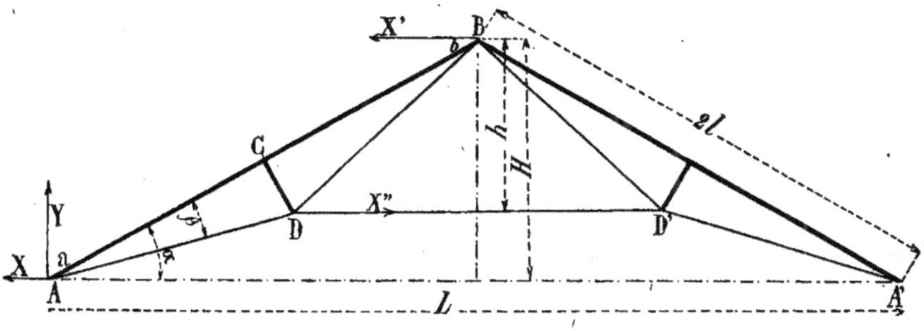


Fig. 236.

pour en déduire les dimensions de l'arbalétrier.

Les dimensions du tirant s'obtiendront en considérant cette pièce comme posée sur trois appuis de niveau ; dans ce cas le moment fléchissant maximum sera :

$$\mu = \frac{1}{8} qa^2.$$

La section transversale du poinçon se calculera comme une pièce soumise à l'extension dont l'intensité est $\frac{5}{4}\ qa$.

### Comble Polonceau à un poinçon par arbalétrier.

**358.** Le comble Polonceau se compose de deux poutres armées, c'est-à-dire présentant des poinçons tels que CD qui sont reliés par des tirants aux points d'appui et constituent ainsi des points d'appui artificiels entre les points d'appuis effectifs. La figure 236 représente le comble *Polonceau* à un poinçon par arbalétrier.

Le poids de la couverture, des surcharges dues au vent, à la neige, et le poids de la poutre et de ses armatures sont représentés par un poids $p$, par unité de la poutre. Ce poids $p$ étant vertical on le décomposera en une force perpendiculaire à la poutre qui donnera lieu, en chaque point, à un moment fléchissant et à un effort tranchant, et en une force parallèle à la fibre moyenne qui entrera dans la tension longitudinale.

Cherchons d'abord l'équilibre de la

poutre AB en remplaçant BA′ par une poussée horizontale X′, le tirant DD′ par une poussée horizontale X″, et en remplaçant le point d'appui A par une force dont les composantes sont X et Y.

Soient H la hauteur du point B, $h$ la distance de ce point au tirant horizontal, L la portée du comble, $2l$ la longueur de la poutre, et $\alpha$ l'inclinaison de l'arbalétrier. Le tirant DD′ a surtout pour but de supprimer la poussée de la ferme sur ses points d'appui A et A′, de telle sorte que, si on fait $X = 0$ et si on projette horizontalement, on a $X' = X''$.

D'autre part, si on prend les moments de toutes les forces relativement au point A, on a :

$$p.2l.l \cos\alpha - X'H + X''(H - h) = o$$

et en faisant $X' = X''$ on tire :

$$X' = X'' = \frac{2pl^2 \cos\alpha}{h}.$$

En projetant les forces verticalement, on a :

$$Y = 2pl.$$

Pour établir l'équilibre d'élasticité de l'arbalétrier, on considère une section en $a$ près de l'articulation de l'arbalétrier avec le tirant AD et au-dessus, et une section $b$ très près de l'articulation de l'arbalétrier avec BD et au dessous.

Soient $a$ et $b$ ces sections. On compare ensuite l'arbalétrier à une poutre droite horizontale posée sur trois appuis équidistants et de niveau $a$, C, $b$, et soumise à des forces verticales dont l'intensité par mètre de longueur serait $p \cos\alpha$.

En appliquant la formule de Clapeyron, on obtient pour les réactions aux appuis :

$$Q_0 = Q_2 = \frac{3}{8} pl \cos\alpha$$

$$Q_1 = \frac{10}{8} pl \cos\alpha$$

et pour moment fléchissant maximum au point C :

$$\mu = \frac{1}{8} pl^2 \cos\alpha.$$

Il est évident que ce n'est là qu'une approximation, car, pour traiter le problème complètement, il faudrait tenir compte de la tension longitudinale.

Pour déterminer les tensions que nous appellerons S et S′ sur les tirants AD, DB, nous allons écrire les conditions d'équilibre des articulations A et B.

Considérons l'équilibre de la pièce depuis la section $a$ (*fig.* 237) jusqu'à son extrémité : nous écrirons que les forces qui y sont appliquées ont une projection égale à $Q_0$ sur une direction perpendiculaire à la pièce ; d'où l'équation

$$Q_0 - Y \cos\alpha + S \sin\beta = o.$$

En appelant $\beta$ l'inclinaison des tirants AD, DB sur l'arbalétrier.

L'équilibre de l'articulation B donnerait, d'après les mêmes considérations :

$$Q_2 - X' \sin\alpha + S' \sin\beta = o.$$

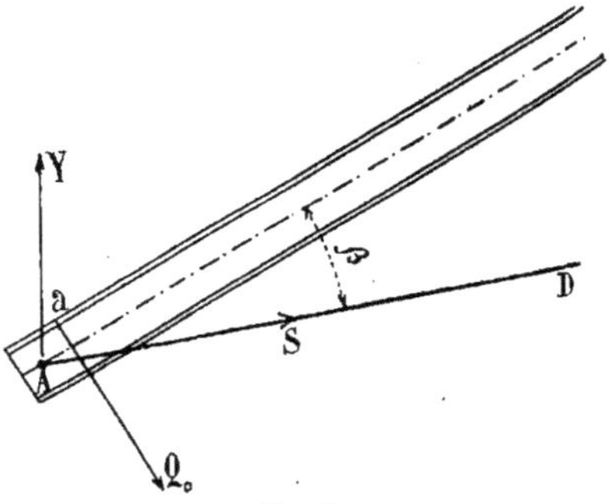


Fig. 237.

De ces équations, on déduit :

$$S = \frac{13}{8} pl \frac{\cos\alpha}{\sin\beta}$$

$$S' = \left(\frac{2l}{h} \sin\alpha - \frac{3}{8}\right) \frac{pl \cos\alpha}{\cos\beta}.$$

Il ne faut pas oublier que, ce calcul n'est qu'approché, ou plutôt que pour l'établir, on a fait des hypothèses restrictives ; aussi est-il nécessaire d'avoir une vérification de l'équilibre du système. On l'obtient en écrivant que l'articulation D est en équilibre sous l'action des forces X″, S, S′ et $Q_1$. Projetons-les perpendiculairement à l'arbalétrier, on a :

$$Q_1 - (S + S') \sin\beta + X'' \sin\alpha = o$$

et en les projetant parallèlement à l'arbalétrier.

$$(S' - S) \cos\beta + X'' \cos\alpha = o.$$

L'une de ces équations pourra servir à déterminer $\beta$, et l'autre indiquera, si elle est à peu près identique pour les valeurs calculées, que l'on peut s'en tenir au calcul effectué.

On pourra, à l'aide des formules établies, calculer les différentes pièces de l'appareil. Cependant il sera bon de faire une vérification pour l'arbalétrier en tenant compte de la tension longitudinale. Cette tension en B est :

$$X' \cos \alpha + S' \cos \beta ;$$

puis elle va en croissant de $p \sin \alpha$ par mètre courant de l'arbalétrier à partir du point B.

**359.** Remarque. — Nous avons dit que l'on fait en sorte que X = O, en réglant la tension du tirant DD'. Pour y arriver, celui-ci est fait en deux parties réunies par un étrier dont les extrémités sont des écrous où s'engagent les extrémités filetées des deux parties du tirant (*fig.* 238).

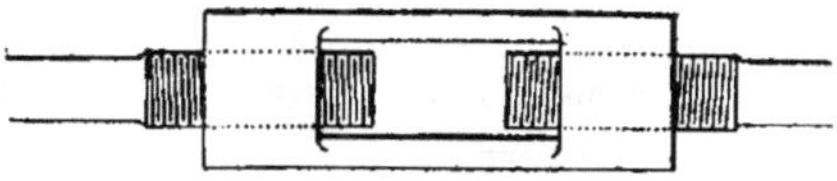

Fig. 238.

Souvent on fait pendre du point B une tringle de fer destinée à faire disparaître la courbure du tirant DD', et à supporter, s'il y a lieu, un motif de décoration.

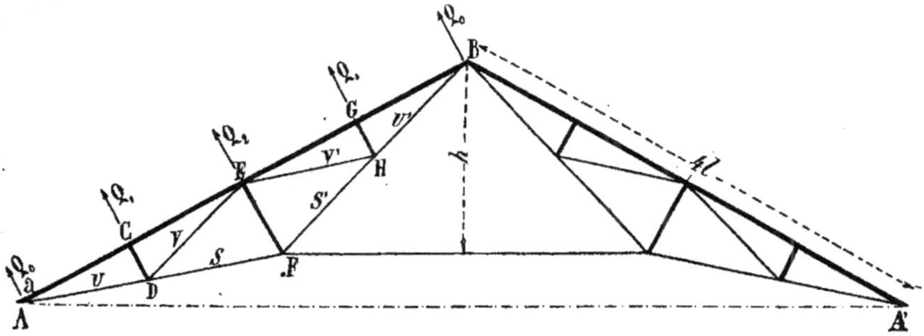


Fig. 239.

## Comble Polonceau à trois poinçons par arbalétrier.

**360.** Désignons par $4l$ la longueur de l'arbalétrier (*fig.* 239), $Q_0$, $Q_1$, $Q_2$ les réactions, et par U, V, S, U', V', S' les tensions sur les divers tirants.

L'équilibre général de la poutre AB, donne :

$$Y = 4pl$$

$$X' = X'' = 8 \frac{pl^2 \cos \alpha}{h}.$$

On suppose que l'arbalétrier AB est une poutre droite posée sur cinq appuis de niveau ; alors la formule de Clapeyron donne :

$$Q_0 = \frac{11}{28} pl \cos \alpha$$

$$Q_1 = \frac{32}{28} pl \cos \alpha$$

$$Q_2 = \frac{26}{28} pl \cos \alpha$$

et

$$\mu_2 = \frac{1}{14} pl^2 \cos \alpha.$$

L'équilibre de l'articulation A donne :

$$Q_0 - Y \cos \alpha + R \sin \beta = o.$$

L'équilibre de l'articulation B donne :

$$Q_0 - X' \sin \alpha + U' \sin \beta = o.$$

L'articulation D reçoit la force $Q_1$ par l'intermédiaire du poinçon CD. Si on projette sur CD, puis sur une direction perpendiculaire, on a les deux équations:

$$Q_1 - (U + V' - S) \sin \beta = o$$

$$U - V - S = o.$$

L'articulation D' donne par les mêmes projections :

$$Q_1 - (U' + V' - S') \sin \beta = o$$
$$U' - V' - S' = o.$$

L'articulation E est en équilibre sous les forces $Q_2$, V, V' et T qui représentera la tension du poinçon EF.

En projetant sur la direction EF, on a :

$$Q_2 - T + (V + V') \sin \beta = o.$$

L'articulation F reçoit les forces T, S, S', $X'' = X'$ ; elle donne lieu aux deux équations :

$$T - (S + S') \sin \beta + X'' \sin \alpha = o$$
$$(S' - S) \cos \beta + X'' \cos \alpha - o.$$

Toutes ces équations pourront servir à déterminer les sections des différentes pièces qui constituent la ferme.

La tension longitudinale a la même forme que dans le cas précédent ; elle est au point B

$$X' \cos \alpha + U' \cos \beta,$$

et elle augmente de $p \sin \alpha$ par mètre courant.

## Problème.

**361.** *Calculer les dimensions des pièces d'un comble Polonceau à une contrefiche, sachant que la portée est de 18 mètres et l'écartement des fermes 5 mètres. Sa couverture est en zinc, et on tiendra compte des charges accidentelles. La charpente elle-même sera comptée pour 35 kilogrammes par mètre carré de surface couverte. L'angle α = 18 degrés, et l'angle β = 7 degrés.*

L'épure de l'une des fermes, et la projection horizontale du comble sont représentées sur la figure 240.

Nous allons, dans cette application, indiquer la marche des calculs en employant les logarithmes.

Déterminons d'abord les dimensions des axes des différentes pièces, par la considération des triangles qu'elles forment. Les tableaux qui suivent contiennent dans la première colonne les formules donnant la valeur algébrique des inconnues ; dans la deuxième, les logarithmes des quantités connues ; dans la troisième, le logarithme de l'inconnue cherchée, et enfin dans la quatrième, le nombre correspondant à ce logarithme, c'est-à-dire la valeur numérique du résultat. Nous supposerons que la charge par mètre carré de toiture se composera comme il suit :

| | |
|---|---|
| Zinc sur voliges . . . . . . . . | 35 kil. |
| Charpente . . . . . . . . . . . | 35 |
| Charges accidentelles . . . . . | 25 |
| Total . . . . . . . . . . | 95 kil. |

**362.** *Dimensions des axes des différentes pièces.*

| | | | |
|---|---|---|---|
| $bd = ab \operatorname{tg} \alpha$ | Log $ab$ = 0,9542425<br>Log tg $\alpha$ = $\bar{1}$,5117760 | Log $bd$ = 0,4660185 | $bd$ = 2$^m$,924 |
| $ad = \dfrac{ab}{\cos \alpha}$ | Log $ab$ = 0,9542425<br>Log cos $\alpha$ = $\bar{1}$,9782063 | Log $ad$ = 0,9760362 | $ad$ = 9$^m$,463 |
| $cf = \dfrac{ad \operatorname{tg} \beta}{2}$ | Log $ad$ = 0,9760358<br>Log tg $\beta$ = $\bar{1}$,0891438<br>Colog 2 = $\bar{1}$,6989700 | Log $cf$ = $\bar{1}$,7641500 | $cf$ = 0$^m$,5809 |
| $ae = \dfrac{ad}{2 \cos \beta}$ | Log $ad$ = 0,9760362<br>Colog 2 = $\bar{1}$ 6989700<br>Colog cos $\beta$ = 0,0032493 | Log $ae$ = 0,6782555 | $ac$ = 4$^m$,767 |
| $eh = ed \cos (\alpha + \beta)$ | Log $ed$ = 0,6782555<br>Log cos $(\alpha + \beta)$ = $\bar{1}$,9572757 | Log $eh$ = 0,6355312 | $ch$ = 4$^m$,320 |
| $hd = ed \sin (\alpha + \beta)$ | Log $ed$ = 0,6782555<br>Log sin $(\alpha + \beta)$ = $\bar{1}$,6259483 | Log $hd$ = 0,3042038 | $hd$ = 2$^m$,014 |

### 363. *Charges sur l'arbalétrier.*

La charge M par mètre carré est égale à 95 kilogrammes.

| | | | |
|---|---|---|---|
| Charge par mètre courant $p = \text{MD}$ | Log M = 1,9777236<br>Log D = 0,6989700 | Log $p$ = 2,6766936 | $p = 475^{\text{K}}$ |
| Charge sur la longueur $l$ $pl = 475 \times 4,7315$ | Log $p$ = 2,6766936<br>Log $l$ = 0,6749529 | Log $pl$ = 3,3516465 | $pl = 2\,247^{\text{K}}$ |
| Charge sur la longueur $ad$ $\text{P} = 2pl$ | Log $p$ = 2,6766936<br>Log $l$ = 0,6749529<br>Log 2 = 0,3010300 | Log P = 3,6526765 | $\text{P} = 4\,494^{\text{K}}$ |

### 364. *Pressions normales sur les appuis de l'arbalétrier.*

Les réactions sur les appuis sont n° 358.

| | | | |
|---|---|---|---|
| $Q_0 = \frac{3}{8} pl. \cos \alpha$<br>$Q_0 = Q_2.$ | Log 3 = 0,4771212<br>Log $p$ = 2,6766936<br>Log $l$ = 0,6749529<br>log cos $\alpha$ = $\overline{1}$,9782063<br>Colog 8 = $\overline{1}$,0969101 | Log $Q_0$ = 2.9038841 | $Q_0 = Q_2 = 801^{\text{K}}$ |
| $Q_1 = \frac{10}{8} pl. \cos \alpha$ | Log 10 = 1,0000000<br>Log $p$ = 2,6766936<br>Log $l$ = 0,6749529<br>Log cos $\alpha$ = $\overline{1}$,9782063<br>Colog 8 = $\overline{1}$,0969101 | Log $Q_1$ = 3,4267628 | $Q_1 = 2\,670^{\text{K}}$ |
| $Y_0 = 2\,pl.$ | Log $p$ = 2,6766936<br>Log $l$ = 0,6749529<br>Log 2 = 0,3010300 | Log $Y_0$ = 3,6526765 | $Y_0 = 4\,494^{\text{K}}$ |

### 365. *Moment fléchissant de l'arbalétrier.*

Le moment fléchissant maximum est n° 358.

| | | | |
|---|---|---|---|
| $\mu = \frac{1}{8}\, pl^2 \cos \alpha$ | Log $p$ = 2,6766936<br>2 log $l$ = 1,3499058<br>Log cos $\alpha$ = $\overline{1}$,9782063<br>Colog 8 = $\overline{1}$,0969101 | Log $\mu$ = 3,1017158 | $\mu = 1\,264$ |

**366.** *Tensions des tirants.* — Pour obtenir les tensions des tirants, considérons les formules données au numéro 358.

$$Q_0 - \text{Y} \cos \alpha + \text{S} \sin \beta = o. \quad (1)$$

$$Q_2 - \text{X}' \sin \alpha + \text{S}' \sin \beta = o. \quad (2)$$

Dans lesquelles :

$$Q_0 = Q_2 = \frac{3}{8}\, pl \cos \alpha\,;$$

$$\text{Y} = 2pl$$

$$\text{X}' = \frac{2pl^2 \cos \alpha}{h}.$$

De l'équation (1), on tire :

$$S = \frac{Y \cos \alpha - Q_0}{\sin \beta};$$

$$S = \frac{2pl \cos \alpha - \frac{3}{8} pl \cos \alpha}{\sin \beta}$$

et

$$S = \frac{13}{8} \cdot \frac{pl \cos \alpha}{\sin \beta}.$$

L'équation (2) donne :

$$S' = \frac{\frac{2pl^2 \cos \alpha . \sin \alpha}{h} - \frac{3}{8} pl \cos \alpha}{\sin \beta}$$

ou

$$S' = \frac{2pl^2 \cos \alpha . \sin \alpha}{h . \sin \beta} - \frac{3}{8} \frac{pl \cos \alpha}{\sin \beta}$$

$$S' = \frac{2pl \cos \alpha . \sin \alpha}{\frac{h}{l} \sin \beta} - \frac{3}{8} \frac{pl \cos \alpha}{\sin \beta}$$

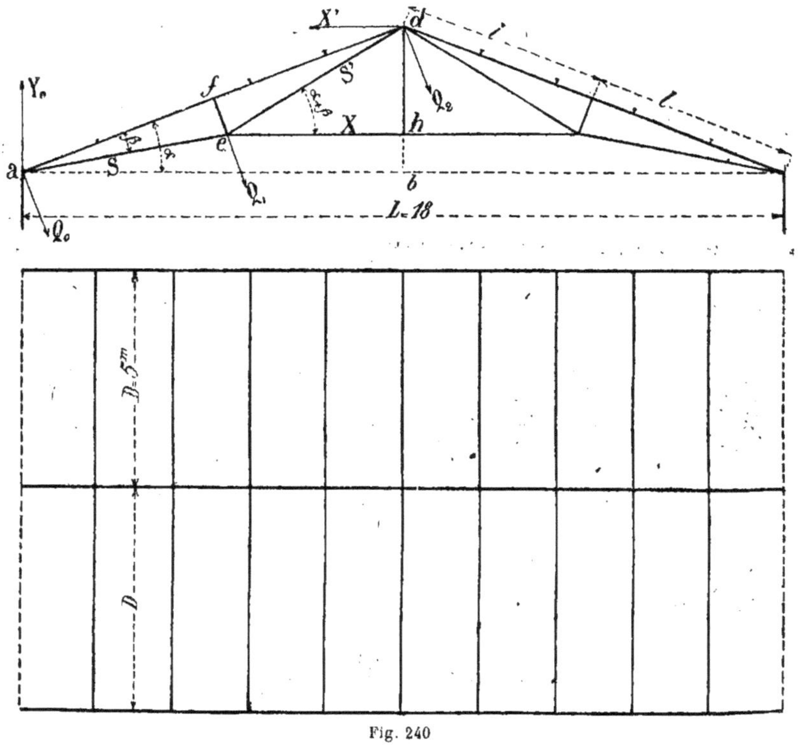


Fig. 240

Mais

$$\frac{h}{l} = \frac{\sin (\alpha + \beta)}{\cos \beta};$$

donc

$$S' = \frac{2pl \cos \alpha . \sin \alpha}{\sin (\alpha + \beta) \frac{\sin \beta}{\cos \beta}} - \frac{3}{8} \frac{pl \cos \alpha}{\sin \beta}$$

et enfin

$$S' = \frac{2pl \cos \alpha . \sin \alpha}{\sin (\alpha + \beta) \operatorname{tg} \beta} - \frac{3}{8} \frac{pl \cos \alpha}{\sin \beta}.$$

Pour calculer S', nous égalerons le premier terme du second membre à $m$, et le second terme à $n$, de sorte qu'on aura :

$$S' = m - n.$$

| | | | |
|---|---|---|---|
| Tirant S<br>$S = \frac{13}{8} \frac{pl \cos\alpha}{\sin\beta}$ | Log 13 = 1,1139433<br>Log $p$ = 2,6766936<br>Log $l$ = 0,6749529<br>Log cos $\alpha$ = $\bar{1}$,9782063<br>Colog 8 = $\bar{1}$,0969101<br>Colog sin $\beta$ = 0,9141055 | Log S = 4,4548117 | S = 28 498^K |
| Tirant S'<br>$S' = m - n$<br>$m = \frac{2pl \sin\alpha \cos\alpha}{\operatorname{tg}\beta \sin(\alpha+\beta)}$ | Log 2 = 0,3010300<br>Log $p$ = 2,6766936<br>Log $l$ = 0,6749529<br>Log sin $\alpha$ = $\bar{1}$,4899824<br>Log cos $\alpha$ = $\bar{1}$,9782063<br>Colog tg $\beta$ = 0,9108562<br>Colog sin $(\alpha+\beta)$ = 0,3740517 | Log $m$ = 4,4057731 | $m$ = 25 455 |
| $n = \frac{3pl \cos\alpha}{8 \sin\beta}$ | Log 3 = 0,4771212<br>Log $p$ = 2,6766936<br>Log $l$ = 0,6749529<br>Log cos $\alpha$ = $\bar{1}$,9782063<br>Colog 8 = $\bar{1}$,0969101<br>Colog sin $\beta$ = 0,9141055 | Log $n$ = 3,8171796 | $n$ = 6 564<br>S' = 25 455 — 6 564<br>= 18 891 |
| Tirant X<br>$X = \frac{2pl \cos\alpha \cos\beta}{\sin(\alpha+\beta)}$ | Log 2 = 0,3010300<br>Log $p$ = 2,6766936<br>Log $l$ = 0,6749529<br>Log cos $\beta$ = $\bar{1}$,9967507<br>Log cos $\alpha$ = $\bar{1}$,9782063<br>Colog sin $(\alpha+\beta)$ = 0,9141055 | Log X = 4,0016852 | X = 10 037^K |

*Compressions longitudinales.*

**367.** D'après le numéro 358, la compression $N_2$ de l'arbalétrier au point $d$ est donnée par l'équation

$$N_2 = X' \cos\alpha + S' \cos\beta \qquad (1)$$

et au point $a$

$$N_0 = N_2 + 2pl \sin\alpha. \qquad (2)$$

Dans l'équation (1), remplaçons X' et S' par leurs valeurs qui sont :

$$X' = \frac{2pl^2 \cos\alpha}{h} = \frac{2pl \cos\alpha}{\frac{\sin(\alpha+\beta)}{\cos\beta}}$$

$$X' = \frac{2pl \cos\alpha \cos\beta}{\sin(\alpha+\beta)}$$

$$S' = \frac{2pl \sin\alpha \cos\alpha}{\operatorname{tg}\beta \sin(\alpha+\beta)} - \frac{3pl \cos\alpha}{8 \sin\beta}$$

on aura :

$$N_2 = \frac{2pl\cos\alpha\cos\beta\cos\alpha}{\sin(\alpha+\beta)} + \frac{2pl\sin\alpha\cos\alpha\cos\beta}{\operatorname{tg}\beta \sin(\alpha+\beta)} - \frac{3pl\cos\alpha\cos\beta}{8\sin\beta}$$

ou :

$$N_2 = \frac{2pl \cos\alpha \cos\beta}{\sin(\alpha+\beta)} \left(\cos\alpha + \frac{\sin\alpha}{\operatorname{tg}\beta}\right) - \frac{3}{8} \frac{pl \cos\alpha \cos\beta}{\sin\beta},$$

la parenthèse peut s'écrire :

$$\cos\alpha + \frac{\sin\alpha \cos\beta}{\sin\beta} = \frac{\cos\alpha \sin\beta + \sin\alpha \cos\beta}{\sin\beta}$$

ou :

$$\frac{\sin(\alpha+\beta)}{\sin\beta},$$

donc :

$$N_2 = \frac{2pl \cos\alpha \cos\beta}{\sin\beta} - \frac{3}{8} \frac{pl \cos\alpha \cos\beta}{\sin\beta},$$

et enfin :

$$N_2 = \frac{13}{8} pl \cos\alpha \operatorname{cotg}\beta.$$

En calculant par logarithmes les valeurs des compressions longitudinales $N_2$ et $N_0$, on trouve :

$N_2$ = 28 286 kilogrammes
$N_0$ = 29 674 kilogrammes.

*Diamètre des tirants et des boulons d'attache.*

**368.** Les tirants étant soumis à des

forces d'extension, nous calculerons leur diamètre $d$ en supposant que chaque millimètre carré de section supporte une charge de 6 kilogrammes ; on aura donc, pour le tirant S, l'équation :

$$\frac{\pi d^2}{4} \mathrm{R} = \mathrm{S},$$

d'où :

$$d = \sqrt{\frac{4\mathrm{S}}{\pi \mathrm{R}}} = \sqrt{\frac{4}{\pi \mathrm{R}}} \times \sqrt{\mathrm{S}} = 0,46 \sqrt{\mathrm{S}}.$$

Les boulons d'attache doivent résister au cisaillement ; on leur donne généralement un diamètre $d'$ tel que $d' = 1,12d$.

| DÉSIGNATION DES TIRANTS | S | $\sqrt{\mathrm{S}}$ | $d = 0,46 \sqrt{\mathrm{S}}$ | $d' = 1,12d$ |
|---|---|---|---|---|
| Tirant S.................. | 28 498 | 168 | 77$^{\mathrm{mm}}$,2 | 86$^{\mathrm{mm}}$ |
| Tirant S'.................. | 18 891 | 137 | 63 | 70 |
| Tirant X.................. | 10 037 | 100 | 46 | 51,5 |

*Dimensions des fourches des tirants.*

**369.** Les tirants S et S' affectent, à leur point d'attache avec l'arbalétrier, la forme d'une fourche, de manière à embrasser cet arbalétrier ; les deux lames de la fourche ont un écartement au moins égal à la largeur des ailes de l'arbalétrier.

Nous désignerons par $b'$ et $e'$ les dimensions de la section rectangulaire de chaque lame, et par $b$ et $e$ les dimensions de l'œil de chaque lame (*fig.* **241**).

On calcule $e$ en supposant que la pression exercée par les lames sur le boulon d'attache, ne dépasse pas 6 kilogrammes par millimètre carré. La projection de la surface pressée sur une direction perpendiculaire à la tension du tirant est $2ed'$, d'où :

$$2ed'.\mathrm{R} = \mathrm{S}$$

$$e = \frac{\mathrm{S}}{2\mathrm{R}d'}.$$

L'épaisseur $b$ de l'œil de la fourche s'obtiendra en faisant supporter à la section $4be$ la tension du tirant à raison de 6 kilogrammes par millimètre carré, d'où :

$$4b.e.\mathrm{R} = \mathrm{S}$$

$$b = \frac{\mathrm{S}}{4e.\mathrm{R}}.$$

Les dimensions $b'$ et $c'$ des lames devront aussi supporter une tension de 6 kilogrammes par millimètre carré, d'où :

$$2b'e.'\mathrm{R} = \mathrm{S}$$

$$b' = \frac{\mathrm{S}}{2e'\mathrm{R}}.$$

En se donnant, *a priori*, l'épaisseur $e'$ moindre que $e$, on calculera l'autre dimension $b'$.

Remarquons que les dimensions trouvées dans le tableau précédent et dans les suivants supposent l'emploi d'un fer de

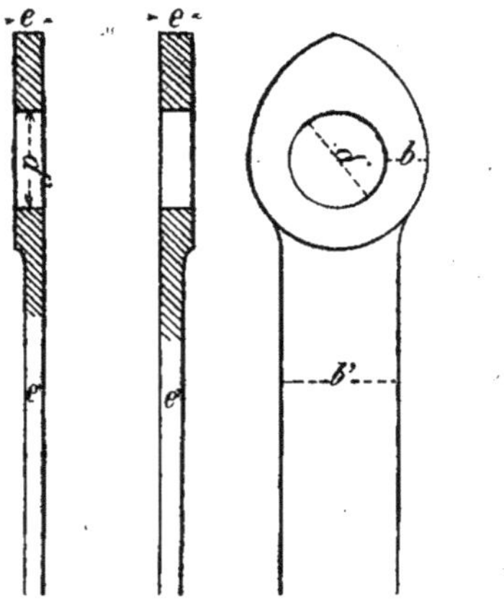


Fig. 241.

bonne qualité. Dans le cas où la matière employée serait d'une qualité inférieure, on prendrait pour la charge R de sécurité une valeur inférieure à 6 kilogrammes.

Ces formules calculées par logarithmes donnent le tableau suivant :

TIRANT S

| | | | |
|---|---|---|---|
| $e = \dfrac{S}{2 \times 6 \times d'}$<br>$d' = 86^{mm}$ | Log S = 4,4548117<br>Colog 2 = $\bar{1}$,6989700<br>Colog R = $\bar{1}$,2218488<br>Colog $d'$ = $\bar{2}$,0655016 | Log $e$ = 1,4411321 | $e = 27^{mm},6$<br>soit $30^{mm}$ |
| $b = \dfrac{S}{4Re}$ | Log S = 4,4548117<br>Colog 4 = $\bar{1}$,3979401<br>Colog R = $\bar{1}$,2218488<br>Colog $e$ = $\bar{2}$,5588679 | Log $b$ = 1,6334685 | $b = 43^{mm}$<br>soit $50^{mm}$ |
| $b' = \dfrac{S}{2Re'}$<br>$e' = 25^{mm}$ | Log S = 4,4548117<br>Colog 2 = $\bar{1}$,6989700<br>Colog R = $\bar{1}$,2218488<br>Colog $e'$ = $\bar{2}$,6020600 | Log $b'$ = 1,9776905 | $b' = 94^{mm},99$<br>soit $100^{mm}$ |

TIRANT S'

| | | | |
|---|---|---|---|
| $e = \dfrac{S'}{2Rd'}$<br>$d' = 70^{mm}$ | Log S' = 4,2762549<br>Colog 2 = $\bar{1}$,6989700<br>Colog R = $\bar{1}$,2218488<br>Colog $d'$ = $\bar{2}$,1549020 | Log $e$ = 1,3519757 | $e = 22^{mm},5$<br>soit $25^{mm}$ |
| $b = \dfrac{S'}{4Re}$ | Log S' = 4,2762549<br>Colog 4 = $\bar{1}$,3979401<br>Colog R = $\bar{1}$,2218488<br>Colog $e$ = $\bar{2}$,6480243 | Log $b$ = 1,5440681 | $b = 35^{mm}$<br>soit $40^{mm}$ |
| $b' = \dfrac{S'}{2Re'}$<br>$e' = 20^{mm}$ | Log S' = 4,2762549<br>Colog 2 = $\bar{1}$,6989700<br>Colog R = $\bar{1}$,2218488<br>Colog $e'$ = $\bar{2}$,6989700 | Log $b'$ = 1,8960437 | $b' = 78^{mm},71$<br>soit $80^{mm}$ |

*Calcul de l'arbalétrier.*

**370.** L'arbalétrier étant soumis à un effort de flexion dont le moment fléchissant maximum est :

$$\mu = \frac{1}{8} pl^2 \cos\alpha = 1\ 264,$$

et à une compression dont le maximum est :

$$N_0 = 29\ 674 \text{ kilogrammes},$$

nous prendrons la formule de résistance :

$$R = \frac{v\mu}{I} + \frac{N}{\omega}.$$

La compression $N_0$ étant très grande par rapport au moment fléchissant $\mu$, il y a lieu d'en tenir compte, et en effet, supposons que l'on se contente de l'équation :

$$R = \frac{v\mu}{I},$$

d'où :

$$\frac{I}{v} = \frac{\mu}{R},$$

et en substituant :

$$\frac{I}{v} = \frac{1\ 264}{6\ 000\ 000} = 0{,}00021066.$$

En consultant les tableaux des pages 187 et 188, nous trouvons que le fer dont le module de section $\frac{I}{v}$, se rapproche le plus de 0,00021066 est celui qui est au bas de la page 187, et dont les dimensions sont les suivantes :

| | |
|---|---|
| Hauteur totale . . . . . . | $260^{mm}$ |
| Epaisseur de l'âme . . . . | 10 |
| Largeur des ailes . . . . . | 69 |
| Epaisseur des ailes . . . . | 13 |
| $\frac{I}{v}$ . . . . . . . . . . . . . | 0,000282265 |

Voyons quelle serait la charge par millimètre carré que supporterait cette section si on l'utilisait pour l'arbalétrier de notre ferme.

La section de ce profil est :

$$\omega = 234 \times 10 + 69 \times 26 = \overline{4\,134}^{mm^2}$$

d'où :

$$R' = \frac{\mu}{\frac{I}{v}} + \frac{N_0}{\omega}$$

$$R' = \frac{1\,264}{0{,}000282265} + \frac{29\,674}{0{,}004134}$$

$$= 11\,650\,000 \text{ environ.}$$

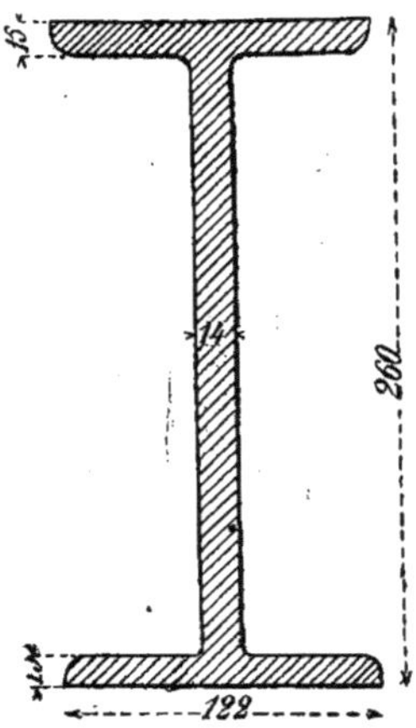

Fig. 242.

Soit pour les fibres les plus comprimées, une charge de $11^k,65$ par millimètre carré. Il faut donc modifier les dimensions de ce profil.

Voyons le profil page 191, dont les dimensions sont :

| | |
|---|---|
| Hauteur totale . . . . . . . . | $260^{mm}$ |
| Epaisseur de l'âme. . . . . . | 14 |
| Largeur des ailes. . . . . . . | 122 |
| $\frac{I}{v}$ . . . . . . . . . . . . . . . . | 0,000536 |

La section est :

$$\omega = 230 \times 14 + 122 \times 30 = \overline{6\,880}^{mm^2}$$

d'où :

$$R'' = \frac{1\,264}{0{,}000536} + \frac{29\,674}{0{,}006880} = 6\,600\,000$$

environ.

Cette charge maximum de $6^k,60$ peut très bien être adoptée, d'autant plus qu'au point où se trouve appliqué le moment fléchissant maximum la compression longitudinale est moindre que $N_0$.

Nous composerons notre arbalétrier avec ce fer du commerce pesant 51 kilogrammes par mètre courant, et dont le profil est représenté par la figure 242.

*Calcul des pannes.*

**371.** Les pannes auront à supporter par mètre carré de la toiture, le poids de la couverture et celui de la charge accidentelle, soit :

$$35 + 25 = 60.$$

En admettant qu'il y ait quatre pannes sur chaque arbalétrier, leur distance sera :

$$\frac{ad}{5} = \frac{9{,}463}{5} = 1^m,90 \text{ environ,}$$

et la charge $p$ par mètre courant qu'elles auront à supporter sera :

$$p = 1{,}9 \times 60 = 114^k,$$

leur moment fléchissant maximum sera :

$$\mu = \frac{1}{8} pl^2 \cos \alpha.$$

| | | | |
|---|---|---|---|
| $\mu = \frac{1}{8} pl^2 \cos \alpha$<br>$l = 5$ m. | Log $p = 2{,}0569048$<br>2 log $l = 1{,}3974000$<br>Log cos $\alpha = \bar{1}{,}9782063$<br>Colog $8 = \bar{1}{,}0969101$ | Log $\mu = 2{,}5294212$ | $\mu = 338^k$ |

La formule $R = \frac{v\mu}{I}$ donne :

$$\frac{I}{v} = \frac{\mu}{R} = \frac{338}{6\,000\,000} = 0{,}000056333.$$

En consultant le tableau page 188, nous trouvons un fer du commerce dont le module de section qui se rapproche le plus du nombre ci-dessus est :

0,000065333,

et dont les dimensions sont les suivantes :

| | |
|---|---|
| Hauteur totale . . . . . . . . | $120^{mm}$ |
| Epaisseur de l'âme . . . . . | 12,5 |
| Largeur des ailes . . . . . . | 52,5 |
| Epaisseur des ailes . . . . . | 7 |
| Poids du mètre . . . . . . . . | $17^k$ |

*Calcul des contre-fiches.*

**372.** Les contre-fiches sont soumises à un effort de compression dont la valeur $Q_1$ a été trouvée égale à 2670 kilogrammes. Ces contre-fiches ont une section en forme de croix ; le diamètre $d$ inscrit se calcule par une formule dont nous parlerons plus tard, et qui est :

$$d = 0{,}004276\ (Nl^{1,7})^{\frac{1}{2,6}}$$

dans laquelle N est la pression agissant suivant l'axe ; $l$ la longueur de la pièce.

D'après nos calculs :

$$N = Q_1 = 2\ 670^k$$
$$l = ef = 0{,}58,$$

on a donc :

| | | | |
|---|---|---|---|
| $d = 0{,}004276\ (Nl^{1,7})^{\frac{1}{2,6}}$ | Log 0,004276 = $\bar{3}{,}6310377$<br>Log 2670 = 3,4267628<br>Log 0,58 = $\bar{1}{,}7641500$<br>1,7 log 0,58 = $\bar{1}{,}5990450$<br>$\frac{1}{2,6}$ (log N + 1,7 log $l$)<br>= 1,1637722 | Log $d = \bar{2}{,}7948099$ | $d = 0^m{,}062$<br>soit $0^m{,}065$. |

Le diamètre $d'$ au milieu se fait un peu supérieur à celui calculé aux extrémités :

$$d' = d + \frac{d}{8} = d\left(1 + \frac{1}{8}\right)$$

$$d' = 0{,}65 \times \frac{9}{8} = 0^m{,}073.$$

*Dimensions de la lanterne.*

**373.** Nous avons dit que le tirant X était formé de deux parties, reliées au milieu au moyen d'une pièce portant deux écrous filetés en sens contraire, comme l'indique la figure 238.

En désignant par $b$ la hauteur de chaque joue, et $e$ leur épaisseur, on aura la relation :

$$2beR = X,$$

d'où :

$$e = \frac{X}{2bR}.$$

En faisant $b = 50$ millimètres,
$R = 6$ kilogrammes,
$X = 10\ 037$,

on trouve :

$$e = \frac{10\ 037}{2 \times 50 \times 6} = 16^{mm}{,}73,$$

soit 20 millimètres.

On peut sans crainte donner au poinçon qui soutient le tirant X un diamètre de 20 millimètres. Les plaques d'assemblage de l'articulation $e$ se calculeront aisément d'après les tensions S, S′, X.

**374.** Remarque. — Dans l'exemple précédent nous avons adopté, pour les charges et surcharges par mètre carré de toiture, des nombres moyens.

Lorsque ces constructions seront établies dans des contrées où le vent atteint de grandes vitesses, on consultera les nombres donnés au numéro 130, page 73.

## Résistance au flambage des pièces chargées debout.

**375.** Si les poteaux ou les colonnes verticales pouvaient être disposés de manière à n'éprouver aucune flexion, on pourrait leur appliquer les règles relatives à la résistance des prismes à la compression. C'est-à-dire qu'en nommant E le coefficient d'élasticité de la matière employée, P la charge du poteau dans le sens longitudinal, $\omega$ la section, et $i$ le raccourcissement par mètre de longueur, on aurait :

$$P = E\omega i,$$

et en se donnant le raccourcissement proportionnel qu'il convient de ne pas dépasser pour ne pas altérer l'élasticité de la matière, on aurait une relation entre P et $\omega$ d'où l'on pourrait tirer l'une de ces quantités si l'autre était connue. La limite de charge qu'il conviendrait alors de ne pas dépasser serait, comme nous l'avons déjà dit, d'environ 60 kilogrammes par centimètre carré pour le bois de chêne, 80 kilogrammes pour le sapin, 6 kilogrammes par millimètre carré pour le fer, et 10 kilogrammes pour la fonte.

Mais par suite des ébranlements auxquels une construction, quelle qu'elle soit, est continuellement exposée, il peut arriver que le poteau ou la colonne fléchisse ; et alors sa résistance dépend de sa longueur aussi bien que de sa section transversale.

Pour le comprendre, considérons un

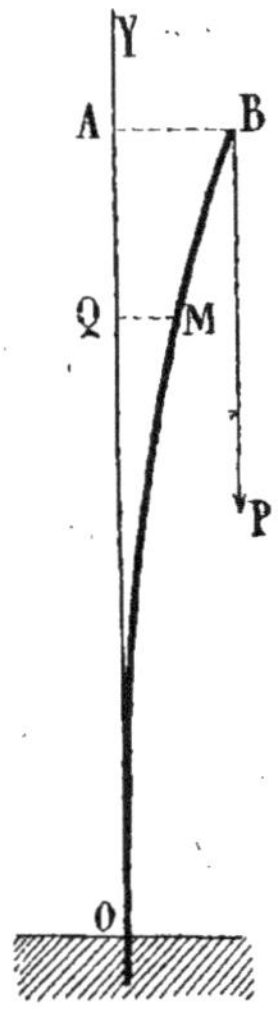


Fig. 243.

poteau vertical de longueur $l$, encastré à son extrémité inférieure et chargé à l'autre d'un poids appliqué au centre de gravité de la section supérieure.

**376.** Soit OA (*fig.* 243) la position primitive de la fibre moyenne, et OMB la position que prend cette fibre par suite des ébranlements auxquels le poteau est soumis. Soit P la charge supportée par le poteau et appliquée en B. Supposons que l'on puisse négliger le poids du poteau lui-même vis-à-vis du poids P. Prenons pour axe des $x$ la verticale OX, et pour axes des $y$ l'horizontale OY. Soit M un point quelconque de la courbe OB, ayant pour coordonnées $OQ = x$ et $MQ = y$ ; enfin soit $f$ la flèche AB résultant de la flexion. Si E désigne le coefficient d'élasticité de la matière du poteau, I le moment d'inertie de la section transversale par rapport à un axe perpendiculaire au plan de la figure et passant par le point M, le moment fléchissant du poids P par rapport au point M est :

$$\mu = P(f - y),$$

et l'équation différentielle de la fibre neutre fléchie sera :

$$EI \frac{d^2y}{dx^2} = P(f - y).$$

Multipliant les deux membres par $2dy$, intégrant, et remarquant que pour $y = o$, on doit avoir $\frac{dy}{dx} = o$, puisque la pièce est encastrée, la tangente en O à la courbe OB est verticale, on aura :

$$EI \left(\frac{dy}{dx}\right)^2 = P(2fy - y^2),$$

d'où :

$$dx \sqrt{\frac{P}{EI}} = \frac{dy}{\sqrt{2fy - y^2}}.$$

Intégrant de nouveau, et remarquant que pour $y = o$ on doit avoir $x = o$, on obtient :

$$x \sqrt{\frac{P}{EI}} = \text{arc cos} \frac{f - y}{y},$$

pour $y = f$, on doit avoir $x = l$ ; il vient donc :

$$l \sqrt{\frac{P}{EI}} = \text{arc cos } 0.$$

Or les arcs ayant pour cosinus zéro, sont :

$$\frac{\pi}{2}, \quad \frac{3\pi}{2}, \quad \frac{5\pi}{2}, \text{ etc.}$$

ou de la forme $(2n + 1)\frac{\pi}{2}$, $n$ étant un nombre entier, par suite :

$$l \sqrt{\frac{P}{EI}} = (2n + 1)\frac{\pi}{2},$$

d'où l'on tire :

$$P = \frac{EI(2n + 1)^2\pi^2}{4l^2}.$$

La plus petite valeur de P correspond évidemment à la plus petite valeur de $n$ qui est O, on obtient alors :

$$P = \frac{EI\pi^2}{4l^2}. \qquad (1)$$

C'est la plus faible valeur de la force susceptible de faire fléchir latéralement la pièce.

La valeur du moment d'inertie qu'on doit adopter dans cette formule est évidemment celle qui donne la plus faible valeur de P. C'est donc le plus petit moment d'inertie de la section transversale qu'on doit introduire dans cette formule.

Appliquons la formule (1) à un poteau à section carrée ayant pour côté $c$; on a :

$$I = \frac{1}{12}c^4,$$

et par suite :

$$P = \frac{E\pi^2}{48} \cdot \frac{c^4}{l^2},$$

d'où on tire :

$$c^2 = \frac{4l}{\pi}\sqrt{\frac{3P}{E}},$$

formule qui montre que la section $c^2$ doit être proportionnelle à la hauteur $l$, pour que le poteau puisse supporter une même charge P.

Si la section est un cercle de rayon $r$, on trouvera de même :

$$\pi r^2 = 2l\sqrt{\frac{2P}{\pi E}}$$

formule qui conduit à la même conclusion.

**377.** Remarque I. — Si le prisme n'est pas encastré à sa partie inférieure et que les deux extrémités soient maintenues dans la direction de l'axe primitif de la pièce, la section dangereuse sera au milieu, et la formule qui donne la valeur minimum capable de produire la flexion latérale est :

$$P = \pi^2 \frac{EI}{l^2}.$$

**378.** Remarque II. — La pièce étant encastrée à une de ses extrémités, l'autre assujettie à se déplacer suivant la direction primitive de l'axe, on aurait :

$$P = 2\pi^2 \frac{EI}{l^2}.$$

**379.** Remarque III. — Enfin, si la pièce est encastrée à ses deux extrémités, les sections dangereuses seront au milieu et aux extrémités, et l'on a :

$$P = 4\pi^2 \frac{EI}{l^2}.$$

**380.** Ces formules sont établies pour le cas de corps parfaitement élastiques, elles ne sont donc exactes que si la charge est une fraction suffisamment faible de la force P. La charge pratique pourrait s'obtenir à l'aide des formules précédentes en remplaçant le coefficient d'élasticité E de la matière qui constitue le solide :

1° Par $\frac{E}{4}$ ou $\frac{E}{5}$ pour le fer.

2° Par $\frac{E}{5}$ ou $\frac{E}{6}$ pour la fonte.

3° Par $\frac{E}{18}$ ou $\frac{E}{11}$ pour le bois.

Ces différences tiennent, en majeure partie, à ce qu'on ne saurait toujours déterminer exactement, dans la pratique, quel est celui de ces cas dont il convient d'appliquer la formule.

### Résultats d'expériences sur la résistance des pièces chargées debout.

**381.** — Les seuls renseignements que nous possédons sur la résistance des piliers ou colonnes résultent des expériences exécutées par Tredgold et Hodgkinson et, dont les résultats ont été étudiées par Love, Rondelet et Morin.

Nous croyons intéressant de reproduire un extrait des *Comptes-rendus* de la Société des ingénieurs civils, sur un mémoire de Love traitant cette partie de la résistance des matériaux.

A cette époque, c'est-à-dire vers 1850, on trouve dans les auteurs qui traitent de la résistance des matériaux, un tableau que nous reportons ci-après, et qui donne les résistances décroissantes des colonnes en fer et en fonte, à mesure que le rapport de leur longueur à leur diamètre augmente, et deux formules de Tredgold, que l'on a considérées à tort comme empiriques, et qui sont, au contraire, le résultat d'une théorie particulière sur la résistance des piliers.

| DÉSIGNATION des MÉTAUX | DENSITÉ | RAPPORT DE LA LONGUEUR DE LA PIÈCE A LA PLUS PETITE DIMENSION TRANSVERSALE OU $\frac{L}{D}$ | | | | |
|---|---|---|---|---|---|---|
| | | au-dessous de 12 | 12 | 24 | 48 | 60 |
| Fonte | 7,21 | 10 000 | 8 333 | 5 000 | 1 666 | 833 |
| Fer | 7,79 | 4 900 | 4 084 | 2 450 | 516 | 408 |

Les deux formules de Tredgold sont :

1° Résistance d'un pilier en fonte de longueur L et de diamètre D :

$$P = \frac{230D^4}{1,24D^2 + 0,00039L^2};$$

2° Résistance d'un pilier en fer de longueur L et de diamètre D :

$$P = \frac{267D^4}{1,24D^2 + 0,00034L^2}.$$

D'après Love, le tableau ci-dessus est inexact, et il se trouve en désaccord complet avec les formules de Tredgold ; ce qui n'empêche pas qu'on les trouve à côté l'un de l'autre dans les mêmes auteurs, comme s'ils donnaient des résultats concordants.

Relativement aux formules de Tredgold, Love ne conteste pas absolument qu'elles puissent dans certains cas très rares donner des résultats d'accord avec l'expérience ; mais il fait aux auteurs, qui les ont rapportés, le reproche d'avoir négligé d'avertir le praticien des circonstances où elles peuvent s'appliquer, et de la valeur des résultats obtenus. Ainsi il paraîtrait d'après Tredgold lui-même.

1° Que ses formules ne sont applicables qu'à des colonnes dont la longueur excède trente fois le diamètre, et composées d'une fonte dont la résistance maximum à la compression par centimètre carré atteint 10 000 kilogrammes ;

2° Qu'elles ne donnent que le tiers du poids de rupture ;

3° Qu'elles supposent la résultante des pressions dirigées suivant une génératrice au lieu de l'être dans la direction de l'axe du palier.

Or, d'après les expériences d'Hodgkinson, un pilier pressé comme le suppose Tredgold perd les deux tiers de sa résistance. De sorte que les formules en question ne représentent que le neuvième de la résistance du pilier à bases planes pressé suivant l'axe. Il suit de là qu'un ingénieur habitué à des formules qui donnent la résistance finale à la rupture, et ignorant les circonstances qui viennent d'être énumérées, multiplierait par le coefficient de sécurité 3 ou 4 le poids P, et se trouverait ainsi à son insu, avoir déterminé le diamètre d'une colonne capable de supporter vingt-sept ou trente fois la charge permanente qui lui serait destinée.

**382.** Hodgkinson a déduit de ses expériences des formules qui ne sont autres que les formules théoriques d'Euler, dans lesquelles il a introduit un coefficient pratique et des exposants fractionnaires un peu différents de ceux théoriques. Ces formules sont d'une application incommode, car le diamètre du pilier y entre à la puissance 3,60, et la longueur à la puissance 1,70. En outre, elles ne sont pas disposées pour s'adapter aux résistances variables des fontes de provenances diverses.

Enfin, elles ne s'appliquent qu'à des piliers dont la longueur atteint trente fois le diamètre. Pour les piliers plus courts, Hodgkinson a composé une formule particulière dépendante de la formule des piliers longs, et qui s'accorde assez bien avec les résultats de l'expérience.

En partant des expériences d'Hodgkinson, Love a obtenu des formules beaucoup plus simples, et qui ont, en outre, d'après lui, l'avantage d'être générales, c'est-à-dire de s'adapter aussi bien aux piliers courts qu'aux piliers longs.

En appliquant les formules de Love qui seront indiquées plus loin, à deux séries de piliers de 1 centimètre carré de section, l'une en fonte et l'autre en fer, la première présentant une résistance maximum à la compression de 8 000 kilogrammes ; la seconde à une résistance de 4 000 kilogrammes ; la hauteur des piliers étant comprise entre dix et cent fois le diamètre, on trouve :

| DÉSIGNATION des MÉTAUX | RAPPORT DE LA LONGUEUR DE LA PIÈCE À LA PLUS PETITE DIMENSION TRANSVERSALE OU $\frac{L}{D}$ | | | | | | | | | | |
|---|---|---|---|---|---|---|---|---|---|---|---|
| | au-dessous de 5 | 10 | 20 | 30 | 40 | 50 | 60 | 70 | 80 | 90 | 100 |
| Fonte............. | 8 000 | 4 476 | 2 859 | 1 784 | 1 168 | 1 013 | 588 | 445 | 351 | 277 | 230 |
| Fer............... | 4 000 | 2 500 | 2 283 | 2 000 | 1 702 | 1 428 | 1 194 | 1 000 | 842 | 714 | 610 |

D'après le tableau, qui sert encore de guide aux praticiens français, il résulterait que, tant que la longueur du pilier n'atteint pas douze fois son diamètre, le métal conserve sa résistance maximum à la compression, tandis que d'après le tableau dressé par Love, cette résistance n'est plus que la moitié environ de la résistance maximum, lorsque la largeur du pilier n'est encore égale qu'à dix fois le diamètre seulement.

En outre, il suivrait encore du premier tableau que la fonte conserve pour toutes les longueurs la supériorité qu'elle a sur le fer dès le commencement ; suivant le dernier, au contraire, le fer l'emporterait sur la fonte dès que la longueur du pilier atteindrait trente fois le diamètre. Ce fait nouveau, qui découle des nombreuses expériences d'Hodgkinson, explique et justifie la préférence donnée par les ingénieurs anglais au fer sur la fonte dans certaines de leurs constructions.

**383.** Love entre ensuite dans les détails les plus circonstanciés sur la marche qu'il a suivie pour obtenir les nouvelles formules. La méthode consiste d'abord à disposer les résultats d'Hodgkinson dans un ordre particulier, capable de faire ressortir la manière dont se comportent, les uns par rapport aux autres, les divers éléments de la résistance des piliers ; puis à rechercher si les évolutions de ces éléments, convenablement combinés entre eux, peuvent être représentées par une courbe de forme régulière. Il fait voir que l'on arrive par ce moyen à une courbe parfaitement définie, appartenant à la forme parabolique et représentée par l'équation générale

$$Y = AX^m + B ;$$

et en y introduisant les valeurs de A et de $m$ déduites des expériences, il obtient finalement une formule générale d'une forme très simple, dans laquelle le diamètre et la longueur du pilier entrent seulement à la seconde puissance.

**384.** *Piliers creux cylindriques.* — Les résultats fournis par l'expérience permettent de considérer, sans erreur appréciable, la résistance d'un pilier creux cylindrique en fonte ou en fer, comme étant égale à *la différence des résistances de deux piliers pleins, de même longueur, et ayant respectivement pour diamètre : le premier, le diamètre extérieur ; le second, le diamètre intérieur du pilier creux proposé.*

**385.** *Piliers creux carrés ou rectangulaires en fer.* — Il paraîtrait qu'Hodgkinson n'a pas tiré grand parti de ses expériences nombreuses sur la résistance des tubes en fer à section carrée, rectangulaire, etc. Il en a conclu que la résistance de cette sorte de piliers n'était assujettie à aucune loi ; Love a trouvé, au contraire, que cette résistance pouvait être exprimée assez exactement par la formule :

$$R = \frac{A + B'}{2} + B,$$

dans laquelle R désigne la résistance totale du pilier proposé ;

A, celle de deux parois opposées, calculées comme si elles appartenaient à un pilier plein, ayant les dimensions extérieures du pilier creux ;

B′, celle de ces mêmes parois, calculées séparément comme deux piliers rectangulaires, ayant pour épaisseur celle de la tôle des tubes et pour hauteur la dimension transversale de ce tube perpendiculaire à ces parois ;

B, la résistance des deux autres parois calculées de la même manière que B′.

Love fait observer ici que, quoique cette règle paraisse compliquée au premier abord, elle est néanmoins d'un emploi très facile, puisqu'elle consiste purement et simplement dans trois applications successives de sa formule générale des piliers pleins dont il vient d'être question. Il a appliqué cette règle à tous les cas d'expérience d'Hodgkinson, et il montre, dans un grand tableau disposé à cet effet, que les résultats du calcul cadrent d'une manière suffisamment approchée avec ceux de l'expérience.

L'analogie qui existe entre les lois de résistance du fer et de la fonte lui fait supposer qu'une formule semblable donnerait la résistance des tubes en fonte carrés ou rectangulaires. Mais il pense que cette formule serait plus simple et se réduirait à $R = A + B$.

A et B auraient des valeurs analogues à celles décrites précédemment. Il resterait seulement à déterminer quelle hauteur il faudrait attribuer au pilier rectangulaire dont B représente la résistance.

Il rapporte ensuite les résultats des expériences d'Hodgkinson sur l'influence qu'exerce, sur la résistance des piliers longs, la manière dont leurs extrémités sont terminées ou fixées. On remarque, entre autres faits importants, celui-ci : c'est qu'un pilier dont les extrémités sont planes et solidement assises offre une résistance trois fois plus grande que celui dont les extrémités sont arrondies.

Comme on le pense bien, la forme de la section a aussi une grande influence sur la résistance. Ainsi, par exemple, Hodgkinson a trouvé que la forme adoptée pour les bielles de machines à vapeur à balancier présente une résistance moitié de celle qu'aurait une bielle à section égale, uniformément cylindrique.

**386.** *Flexion des piliers.* — Hodgkinson a conclu de ses expériences, contrairement aux idées généralement reçues avant lui, que les piliers devaient commencer à fléchir sous les plus petites charges.

De ces mêmes expériences, Love a déduit un fait important qui semble avoir échappé à Hodgkinson : c'est que la flèche du pilier, correspondant à la charge de rupture, n'atteignait jamais la moitié du diamètre de ce pilier.

Il en a conclu qu'au moment où le pilier atteint son maximum de résistance aucune partie de sa section n'est encore soumise à un effort de traction, et que, par conséquent, toutes les théories de la résistance des piliers, basées sur cette hypothèse, qu'une partie de la section *est à ce moment* comprimée et l'autre tirée, sont fausses.

Il en résulte aussi, suivant Love, qui entre à cet égard dans quelques développements, que l'on ne peut tirer le moindre enseignement de l'aspect présenté par la section de rupture, sur le mode de résister du solide. Il fait voir ensuite que l'hypothèse ancienne, qui consiste à regarder les solides comme divisés en tranches parallèles et perpendiculaires à l'axe ne peut rendre compte du phénomène de la flexion, et il l'explique par une nouvelle hypothèse basée en partie sur la manière dont s'effectue la rupture d'un prisme trop court pour éprouver une flexion.

Au reste, il fait remarquer que les formules qu'il a obtenues sont tout à fait indépendantes de cette hypothèse ou de toute autre qu'il plairait à un physicien d'imaginer pour expliquer la flexion des colonnes ou piliers.

## Formules de Hodgkinson.

**387.** D'après les expériences de Hodgkinson, dont nous venons de parler, il en a déduit les formules suivantes.

**388.** *Poteaux en bois*, dont la plus petite dimension transversale varie entre $\frac{1}{30}$ et $\frac{1}{45}$ de la hauteur :

1° $P = K \frac{c^4}{l^2}$ (section carrée) ;

2° $P = K \frac{bc^3}{l^2}$ (section rectangulaire).

Dans ces formules :

P est la charge de rupture en kilogrammes ;

$c$ est le côté de la section carrée ou le plus petit côté de la section rectangulaire exprimé en centimètres ;

$b$ est le plus grand côté de la section rectangulaire, également en centimètres ;

$l$ est la longueur du poteau en décimètres ;

Enfin K est un coefficient qui a les valeurs suivantes, d'après l'essence du bois :

K = 2 565 (chêne fort)
K = 1 800 (chêne faible)
K = 2 142 (sapin fort)
K = 1 600 (sapin faible).

**389.** *Colonnes pleines en fonte.* — La formule proposée par Hodgkinson pour les colonnes pleines en fonte est :

$$P = 337\,600\,000 \frac{d^{3,6}}{l^{1,7}}$$

dans laquelle :

P est la charge permanente qu'on peut faire supporter à la colonne en toute sécurité ;

$d$ est le diamètre exprimé en mètres ;

$l$ est la hauteur également en mètres.

**390.** *Colonnes creuses en fonte.* — Soient $d'$ le diamètre extérieur de la colonne, et $d''$ son diamètre intérieur. A l'aide de la formule précédente, on peut calculer les charges P' et P'' correspondant à ces deux diamètres en supposant la colonne pleine ; on aura alors, puisque la colonne est creuse, en désignant par P la charge permanente qu'elle peut supporter en toute sécurité :

$$P = P' - P''$$

ou :

$$P = 337\,600\,000 \frac{d'^{3,6} - d''^{3,6}}{l^{1,7}}.$$

En désignant par $d_1$ le diamètre moyen de la colonne, c'est-à-dire :

$$d_1 = \frac{d' + d''}{2},$$

et par $e$ l'épaisseur de la colonne, ou

$$e = \frac{d' - d''}{2},$$

on en déduit :

$$d' = d_1 + e$$
$$d'' = d_1 - e.$$

Dans ces conditions il vient :

$$P = 337\,600\,000 \frac{(d_1 + e)^{3,6} - (d_1 - e)^{3,6}}{l^{1,7}}.$$

En développant les deux puissances fractionnaires suivant la formule du binôme, et en s'arrêtant à la première puissance de $e$, on obtient :

$$P = 337\,600\,000 \times 7,2 \times e \times \frac{d_1^{2,6}}{l^{1,7}},$$

d'où on tire :

$$d_1 = 0,0002455 \left[\frac{Pl^{1,7}}{e}\right]^{0,385}.$$

On se donnera l'épaisseur de fonte $e$ d'après la hauteur de la colonne, et on en déduira $d_1$, puis les deux diamètres extérieur et intérieur $d'$ et $d''$. Ces formules peuvent être employées pour des colonnes lorsque la hauteur est comprise entre vingt et cent vingt-cinq fois le diamètre extérieur.

## Formules de Love.

**391.** Comme nous l'avons déjà dit, les formules de Love ne renferment pas d'exposants fractionnaires, aussi sont-elles préférées à celles d'Hodgkinson.

**392.** *Colonnes pleines.* — La hauteur variant entre quatre et cent vingt fois le diamètre, la formule est la suivante :

$$P = \frac{R}{1,45 + 0,00337 \left(\frac{l}{d}\right)^2},$$

dans laquelle :

P est la charge de rupture en kilogrammes ;

R est la résistance maximum de la fonte à la compression par centimètre carré, soit 7 500 kilogrammes ;

$l$ est la hauteur de la colonne en centimètres ;

$d$ est le diamètre de la colonne en centimètres.

Si la hauteur de la colonne est comprise entre cinq et trente fois le diamètre, on peut appliquer la formule :

$$P = \frac{R}{0,68 + 0,1 \frac{l}{d}},$$

les lettres ayant la même signification que dans la précédente.

En supposant la résistance maximum de la fonte à la compression égale à 7 500 kilogrammes par centimètre carré, et si on la fait travailler à un sixième de cette résistance, les formules précédentes donnent pour charges qu'on peut faire supporter aux colonnes en toute sécurité :

1° $l$ compris entre $4d$ et $120d$ :

$$P = \frac{1\,250}{1{,}45 + 0{,}00337 \left(\frac{l}{d}\right)^2};$$

2° $l$ compris entre $5d$ et $30d$ :

$$P = \frac{1\,250}{0{,}68 + 0{,}1 \frac{l}{d}}.$$

**393.** *Colonnes creuses.* — Soient $d$ le diamètre extérieur, et $d'$ le diamètre intérieur, on aura pour valeurs des charges qu'on peut faire supporter aux colonnes en toute sécurité :

1° $l$ compris entre $4d$ et $120\,d$ :

$$P = \frac{1\,250 d^2}{1{,}45 + 0{,}00337 \left(\frac{l}{d}\right)^2} - \frac{1\,250}{1{,}45 + 0{,}00337 \left(\frac{l}{d'}\right)^2};$$

2° $l$ compris entre $5d$ et $30d$ :

$$P = \frac{1\,250}{0{,}68 + 0{,}1 \frac{l}{d}} - \frac{1\,250}{0{,}68 + 0{,}1 \frac{l}{d'}}.$$

**394.** *Piliers en fer.* — Soient $l$ la hauteur du pilier, et $c$ la plus petite dimension de la section transversale ; Love a proposé :

1° Pour $l$ compris entre $10c$ et $180c$ :

$$P = \frac{471 c^2}{1{,}55 + 0{,}0005 \left(\frac{l}{c}\right)^2};$$

2° Pour $l$ compris entre $5c$ et $30c$ :

$$P = \frac{471 c^2}{0{,}85 + 0{,}04 \left(\frac{l}{d}\right)}.$$

## Résultats des expériences faites par Rondelet sur la résistance des poteaux en bois.

**395.** D'après Rondelet, un cube de chêne chargé suivant la longueur de ses fibres s'écrase sous une charge qui varie entre 385 et 462 kilogrammes par centimètre carré de section ; le sapin s'écrase sous la charge de 439 à 462 kilogrammes. Il constate de plus, que cette charge de rupture reste à peu près la même tant que la longueur de la pièce prismatique ne dépasse pas sept à huit fois le côté ou le plus petit côté de la section transversale supposée carrée ou rectangulaire.

En représentant par 1 la résistance d'un cube à l'écrasement, la résistance proportionnelle des poteaux prend les valeurs du tableau suivant, dans lequel $r$ représente le rapport $\frac{h}{c}$ de la longueur du poteau à sa plus petite dimension transversale.

En admettant que pour un cube de chêne la charge de rupture soit de 420 kilogrammes, la charge permanente que l'on pourra faire supporter en toute sécurité sera le 1/7 de la charge de rupture.

| | | | | | | | |
|---|---|---|---|---|---|---|---|
| Valeur de $r$.................... | 1 | 12 | 24 | 36 | 48 | 60 | 72 |
| Résistance proportionnelle........ | 1 | $\frac{5}{6}$ | $\frac{1}{2}$ | $\frac{1}{3}$ | $\frac{1}{6}$ | $\frac{1}{12}$ | $\frac{1}{24}$ |
| Charge permanente............. | kil. 60 | kil. 50 | kil. 30 | kil. 20 | kil. 10 | kil. 5 | kil. 2.5 |

Le général Morin a complété les recherches de Rondelet en représentant les résultats trouvés par ce dernier sur une courbe rectifiée. Il en a déduit les charges

| RAPPORT $r$ / Charge permanente $p$ — Côté $b$ | Section $s$ | | 12<br>44.3 | 14<br>42.0 | 16<br>39.4 | 18<br>37.0 | 20<br>35.0 | 23<br>32.7 | 24<br>30.0 | 28<br>26.0 | 32<br>22.0 | 36<br>19.1 | 40<br>15.4 | 48<br>10.2 | 60<br>5.4 | 72<br>2.5 |
|---|---|---|---|---|---|---|---|---|---|---|---|---|---|---|---|---|
| 10 | 100 | $l$<br>P | 1.20<br>4 430 | 1.40<br>4 200 | 1.60<br>3 940 | 1.80<br>3 700 | 2.00<br>3 500 | 2.20<br>3 270 | 2.40<br>3 000 | 2.80<br>2 600 | 3.20<br>2 200 | 3.60<br>1 910 | 4.00<br>1 540 | 4.80<br>1 020 | 6.00<br>5 40 | 7.20<br>250 |
| 11 | 121 | $l$<br>P | 1.32<br>5 360 | 1.54<br>5 082 | 1.76<br>4 767 | 1.98<br>4 477 | 2.20<br>4 235 | 2.42<br>3 957 | 2 64<br>3 630 | 3.08<br>3 146 | 3.52<br>2 672 | 3.96<br>2 311 | 4.40<br>1 863 | 5.28<br>1 23 | 6.60<br>6 53 | 7.92<br>303 |
| 12 | 144 | $l$<br>P | 1.44<br>6 379 | 1.68<br>6 048 | 1.92<br>5 674 | 2.16<br>5 328 | 2.40<br>5 040 | 2.64<br>4 709 | 2 88<br>4 320 | 3.36<br>3 744 | 3.84<br>3 168 | 4.32<br>2 750 | 4.80<br>2 218 | 5.76<br>1 469 | 7.20<br>7 78 | 8.64<br>360 |
| 13 | 169 | $l$<br>P | 1.56<br>7 487 | 1.82<br>7 098 | 2.08<br>6 659 | 2.34<br>6 353 | 2.60<br>3 915 | 2.86<br>5 525 | 3.12<br>5 070 | 3.64<br>4 394 | 4.16<br>3 718 | 4.6<br>3 228 | 5.20<br>2 603 | 6.24<br>1 724 | 7.80<br>9 13 | 9.36<br>423 |
| 14 | 196 | $l$<br>P | 1.68<br>8 083 | 1.96<br>8 232 | 2.24<br>7 722 | 2.52<br>7 252 | 2.80<br>6 860 | 3.08<br>6 409 | 3.36<br>5 880 | 3.92<br>5 096 | 4.48<br>4 312 | 5.04<br>3 744 | 5.60<br>3 018 | 6.72<br>1 999 | 8.40<br>10 58 | 10.08<br>490 |
| 15 | 225 | $l$<br>P | 1.80<br>9 968 | 2.10<br>9 450 | 2.40<br>8 865 | 2.75<br>8 320 | 3.00<br>7 875 | 3.30<br>7 358 | 3.60<br>6 750 | 4.20<br>5 850 | 4.80<br>4 950 | 5.40<br>4 298 | 6.00<br>3 465 | 7.20<br>2 295 | 9.00<br>12 15 | 10.80<br>563 |
| 16 | 256 | $l$<br>P | 1.92<br>11 341 | 2.24<br>10 752 | 2.56<br>10 086 | 2.88<br>9 472 | 3.20<br>8 960 | 3.52<br>8 371 | 3.84<br>7 680 | 4.48<br>6 656 | 5.12<br>5 632 | 5.76<br>4 890 | 6.40<br>3 942 | 7.68<br>2 611 | 9.60<br>1 382 | 11.52<br>640 |
| 17 | 289 | $l$<br>P | 2.04<br>12 803 | 2.38<br>12 138 | 2.72<br>11 387 | 3.06<br>10 693 | 3.40<br>10 115 | 3.74<br>9 450 | 4.08<br>8 670 | 4·76<br>7 514 | 5.44<br>6 358 | 1.12<br>5 520 | 6.80<br>4 451 | 8.16<br>2 948 | 10.20<br>1 561 | 12.24<br>723 |
| 18 | 324 | $l$<br>P | 2.16<br>14 353 | 2.52<br>13 608 | 2.88<br>12 766 | 3.24<br>11 988 | 3 60<br>11 340 | 3.96<br>10 595 | 4.32<br>9 720 | 5.04<br>8 424 | 5.76<br>7 128 | 6.48<br>1 188 | 7.20<br>4 990 | 8.64<br>3 385 | 10.80<br>1 750 | 12.56<br>810 |
| 19 | 361 | $l$<br>P | 2.28<br>15 992 | 2.66<br>15 162 | 3.04<br>14 223 | 3.42<br>13.357 | 3.80<br>12 635 | 4.18<br>11 805 | 4.56<br>10 830 | 5.32<br>9 386 | 6.08<br>7 942 | 6.84<br>6 895 | 7.60<br>5 559 | 9.12<br>3 682 | 11.40<br>1 949 | 13.68<br>903 |
| 20 | 400 | $l$<br>P | 2.40<br>17 720 | 2.80<br>16 800 | 3.20<br>15 760 | 3.60<br>14 800 | 4.00<br>14 000 | 4.40<br>13 080 | 4.80<br>12 000 | 5.60<br>10 400 | 6.40<br>8 800 | 7.20<br>7 640 | 8.00<br>6 160 | 9.60<br>4 080 | 12.00<br>2 160 | 14.40<br>1000 |
| 21 | 441 | $l$<br>P | 2.52<br>19 536 | 2.94<br>18 522 | 3.36<br>17 375 | 3.78<br>16 317 | 4.20<br>15 435 | 4.62<br>14 421 | 5.04<br>13 230 | 5.88<br>11 466 | 6.72<br>9 702 | 7.56<br>8 423 | 8.40<br>6 791 | 10.08<br>4 498 | 12.60<br>2 381 | 15.12<br>1103 |
| 22 | 484 | $l$<br>P | 2.64<br>21 441 | 3.08<br>20 328 | 3.52<br>19 070 | 3.96<br>17 903 | 4.40<br>16 940 | 4.84<br>15 827 | 5.28<br>14 520 | 6.16<br>12 584 | 7.04<br>10 648 | 7.92<br>9 244 | 8.80<br>7 494 | 10.56<br>4 937 | 13.20<br>2 614 | 15.84<br>1210 |
| 28 | 529 | $l$<br>P | 2.76<br>23.435 | 3.22<br>22 218 | 3.68<br>20 843 | 4.14<br>19 573 | 4.60<br>18 515 | 5.06<br>17 298 | 5.52<br>15.870 | 6.44<br>13 754 | 7.36<br>11 638 | 8.28<br>10 104 | 9.20<br>8 147 | 11.04<br>5 396 | 13.80<br>2 857 | 16.56<br>1323 |
| 24 | 576 | $l$<br>P | 2.88<br>25 517 | 3.36<br>24 192 | 3.84<br>22 694 | 4.32<br>21 312 | 4.80<br>20 160 | 5.28<br>18 835 | 5 76<br>17 280 | 6.72<br>14 976 | 7.68<br>12 672 | 8.64<br>11 002 | 9.60<br>8 870 | 11.52<br>5 875 | 14.40<br>3 110 | 17.28<br>1440 |
| 25 | 625 | $l$<br>P | 3.00<br>27 688 | 3.50<br>26 250 | 4.00<br>24 625 | 4.50<br>23 125 | 5.00<br>21 875 | 5.50<br>20 438 | 6.00<br>18 750 | 7.00<br>16 250 | 8.00<br>13 750 | 9.00<br>11 938 | 10.00<br>9 625 | 12.00<br>6 375 | 15.00<br>3 375 | 18.00<br>1563 |
| 26 | 676 | $l$<br>P | 3.12<br>29 947 | 3.64<br>28 392 | 4.16<br>26 634 | 4.68<br>25 012 | 5.20<br>23 660 | 5.72<br>22 105 | 6.24<br>20 280 | 7.28<br>17 576 | 8.32<br>14 872 | 9.36<br>12 912 | 10.40<br>10 410 | 12.48<br>6 895 | 15.60<br>3 650 | 18.72<br>1690 |
| 27 | 729 | $l$<br>P | 3.24<br>32 295 | 3.78<br>30 618 | 4·32<br>28 723 | 4.86<br>26 973 | 5.40<br>25 515 | 5.94<br>23 838 | 6.48<br>21 870 | 7 56<br>18 954 | 8.64<br>16 038 | 9.72<br>13 924 | 10.80<br>11 227 | 12.96<br>7 436 | 16.20<br>3 937 | 19.44<br>1823 |
| 28 | 784 | $l$<br>P | 3.36<br>34 731 | 3.92<br>32 928 | 4.48<br>30 890 | 5.04<br>29 008 | 5.60<br>27 440 | 6.16<br>25 637 | 6.72<br>23 520 | 7.84<br>20 384 | 8.96<br>17 248 | 10.08<br>14 974 | 11.20<br>12 074 | 13.44<br>7 997 | 16.80<br>4 234 | 20.16<br>1960 |
| 29 | 841 | $l$<br>P | 3.48<br>37 256 | 4.06<br>35 322 | 4.64<br>33 135 | 5.22<br>31 117 | 5.80<br>39 435 | 6.38<br>27.501 | 6.96<br>25 230 | 8.12<br>21 866 | 9.28<br>18 502 | 10.44<br>16 063 | 11.60<br>12 551 | 13.92<br>8.578 | 17.40<br>4 541 | 20.88<br>2103 |
| 30 | 900 | $l$<br>P | 3.60<br>39 870 | 4.20<br>37 800 | 4.80<br>35 460 | 5.40<br>33 300 | 6.00<br>31 500 | 6.60<br>29 430 | 7.20<br>27 000 | 8.40<br>23 400 | 9.60<br>19 800 | 10.80<br>17.190 | 12.00<br>13 860 | 14.40<br>9 180 | 18.00<br>4 860 | 21.60<br>2250 |
| 31 | 961 | $l$<br>P | 3.72<br>42 572 | 4.34<br>40 362 | 4.96<br>37 863 | 5.58<br>35 557 | 6.20<br>33 635 | 6.82<br>31 425 | 7.44<br>28 830 | 8.68<br>24.986 | 9.92<br>21 143 | 11.16<br>18 355 | 12.40<br>14 799 | 14.88<br>9 802 | 18.60<br>5 189 | 22.32<br>2403 |
| 32 | 1 024 | $l$<br>P | 3.84<br>45 863 | 4.48<br>43 008 | 5.12<br>40 346 | 5.76<br>37 888 | 6.40<br>35 840 | 7.04<br>33 485 | 7.68<br>30 720 | 8.96<br>26 624 | 10.24<br>22 528 | 11.52<br>19 558 | 12.80<br>75 770 | 15.36<br>10 445 | 19.20<br>5 530 | 23.04<br>2560 |
| 33 | 1 089 | $l$<br>P | 3.96<br>48 243 | 4.62<br>45 738 | 5.28<br>42 907 | 5.94<br>40 293 | 6.60<br>38 115 | 7.26<br>35 610 | 7.92<br>32 070 | 9.24<br>28 314 | 10.56<br>23 958 | 11.88<br>20 800 | 13.20<br>16 771 | 15.84<br>11 108 | 19.80<br>5 881 | 23.76<br>2723 |
| 34 | 1 156 | $l$<br>P | 4.08<br>51 211 | 4.76<br>48 552 | 5.44<br>45 546 | 6 12<br>42 772 | 6.80<br>40 460 | 7.48<br>37 801 | 8.16<br>34 680 | 9.52<br>30 056 | 10.88<br>25 432 | 12.24<br>22 080 | 13.60<br>17 803 | 16.32<br>11 799 | 20.40<br>6 242 | 24.48<br>2890 |

| Côté b | Section s | RAPPORT r<br>Charge permanente p | 12<br>44.3 | 14<br>42.00 | 16<br>39.4 | 18<br>37.00 | 20<br>35.00 | 22<br>32.7 | 24<br>30.00 | 28<br>26.00 | 32<br>22.00 | 36<br>19.1 | 40<br>15.40 | 48<br>10.2 | 60<br>5.4 | 72<br>2.5 |
|---|---|---|---|---|---|---|---|---|---|---|---|---|---|---|---|---|
| 35 | 1225 | l | 4.20 | 4.90 | 5.60 | 6.30 | 7.00 | 7.70 | 8.40 | 9.80 | 11.20 | 12.60 | 14.00 | 16.80 | 21.00 | 25.20 |
| | | P | 54 268 | 51 450 | 48 265 | 45 325 | 42 875 | 40 058 | 36 750 | 31 850 | 26 950 | 23 398 | 18 865 | 12 495 | 6 615 | 3 063 |
| 36 | 1296 | l | 4.32 | 5.04 | 5.76 | 6.48 | 9.20 | 7.92 | 8.64 | 10.08 | 11.52 | 12.96 | 14.40 | 17.28 | 21.60 | 25.92 |
| | | P | 57 413 | 54 432 | 51 062 | 47 952 | 45 360 | 42 379 | 58 880 | 33 696 | 28 512 | 24 754 | 19 958 | 13 219 | 6 998 | 3 240 |
| 37 | 1369 | l | 4.44 | 5.18 | 5.92 | 6.66 | 6.40 | 8.14 | 8.88 | 10.36 | 11.84 | 13.32 | 14.80 | 17.76 | 22.20 | 26.64 |
| | | P | 60 647 | 57 400 | 53 939 | 50 653 | 47 915 | 44 766 | 41 070 | 35 594 | 30 118 | 26 148 | 21 083 | 13 964 | 7 393 | 3 423 |
| 38 | 1444 | l | 4.56 | 5.32 | 6.08 | 6.84 | 7.60 | 8.36 | 9.12 | 60.64 | 12.16 | 13.68 | 15.20 | 18.24 | 22.80 | 27.36 |
| | | P | 63 969 | 60 648 | 56 894 | 53 428 | 50 540 | 47 219 | 43 320 | 37 544 | 31 768 | 27 580 | 22 238 | 14 729 | 7 798 | 3 010 |
| 39 | 1521 | l | 4.68 | 5.46 | 6.24 | 7.02 | 7.80 | 8.58 | 9.36 | 10.92 | 12.48 | 14.04 | 15.60 | 18.72 | 23.40 | 28.08 |
| | | P | 67 380 | 63 882 | 59.927 | 56 277 | 53 235 | 49 737 | 45 630 | 39 546 | 33 462 | 29 051 | 23 423 | 15 514 | 8 213 | 3 803 |
| 40 | 1600 | l | 4.80 | 5.60 | 6.40 | 7.20 | 8.00 | 8.80 | 9.60 | 11.20 | 12.80 | 14.40 | 16.00 | 19.20 | 24.00 | 28.80 |
| | | P | 70 880 | 67 200 | 63 040 | 59.200 | 56 000 | 52 320 | 48 000 | 41 600 | 35 200 | 30 560 | 24 640 | 16 320 | 8 640 | 4 000 |
| 41 | 1681 | l | 4.92 | 5.74 | 6.56 | 7.38 | 8.20 | 9.02 | 9.84 | 11.48 | 13.12 | 14.76 | 16.40 | 19.68 | 24.60 | 29.52 |
| | | P | 74 468 | 70 602 | 66 231 | 62 197 | 58 835 | 54 969 | 50 430 | 43 706 | 36 982 | 32 107 | 25 087 | 17 146 | 9 077 | 4 203 |
| 42 | 1764 | l | 5.04 | 5.88 | 6.72 | 7.56 | 8.40 | 9.24 | 10.08 | 11.76 | 13.44 | 15.12 | 16.80 | 20.16 | 25.20 | 30.24 |
| | | P | 78 145 | 74 088 | 69 502 | 65 268 | 61 740 | 57 683 | 52 920 | 45 864 | 38 808 | 33 692 | 27 166 | 17 993 | 9 526 | 4 410 |
| 43 | 1849 | l | 5.16 | 6.02 | 6.88 | 7.74 | 8.60 | 9.46 | 10.32 | 12.00 | 13.76 | 15.48 | 17.20 | 20.64 | 25.80 | 30.96 |
| | | P | 81 911 | 77 658 | 72 851 | 68 413 | 64 715 | 60 402 | 55 470 | 48 070 | 40 678 | 35 316 | 28 475 | 18 860 | 9 985 | 4 623 |
| 44 | 1936 | l | 5.28 | 6.16 | 7.04 | 7.92 | 8.80 | 9.68 | 10.56 | 12.32 | 14.08 | 15.84 | 17.60 | 21.12 | 26.40 | 31.68 |
| | | P | 85 765 | 81 312 | 76 278 | 71 632 | 67 760 | 63 307 | 55 080 | 50 336 | 42 592 | 36 978 | 29 814 | 19 747 | 10 454 | 4 840 |
| 45 | 2025 | l | 5.40 | 6.30 | 7.20 | 8.10 | 9.00 | 9.90 | 10.80 | 12.60 | 14.40 | 16.20 | 18.00 | 21.60 | 27.00 | 32.40 |
| | | P | 89 708 | 85 050 | 79 785 | 74 925 | 70 875 | 66 218 | 60 750 | 52.650 | 44 550 | 38 678 | 31 185 | 20 655 | 11 426 | 5 063 |
| 46 | 2116 | l | 5.52 | 6.44 | 7.36 | 8.28 | 9.20 | 10.12 | 11.04 | 12.88 | 14.72 | 16.56 | 18.40 | 22.08 | 28.20 | 33.12 |
| | | P | 93 739 | 88 872 | 83 370 | 78 292 | 74 060 | 69 193 | 63 480 | 55 016 | 46 552 | 40 416 | 32 586 | 21 583 | 12 442 | 5 290 |
| 47 | 2209 | l | 5.64 | 6.58 | 7.52 | 8.46 | 9.40 | 10.34 | 11.28 | 13.16 | 15.04 | 16.92 | 18.80 | 22.56 | 29.40 | 33.84 |
| | | P | 97 859 | 92 778 | 87 035 | 81 733 | 77 315 | 72 234 | 66 270 | 57 434 | 40 598 | 42 192 | 34 019 | 22 532 | 12 965 | 5 523 |
| 48 | 2304 | l | 5.76 | 6.72 | 7.68 | 8.64 | 9.60 | 10.56 | 11.52 | 13.44 | 15.36 | 77.28 | 19.20 | 23.04 | 30.00 | 34.56 |
| | | P | 102 067 | 96 768 | 90 778 | 85 248 | 80 640 | 75 341 | 69 120 | 59 904 | 50 688 | 44 005 | 35 482 | 23 501 | 13 500 | 5 760 |
| 49 | 2401 | l | 5.88 | 6.86 | 7.84 | 8.82 | 9.80 | 10.78 | 11.70 | 13.72 | 15.68 | 17.64 | 19.60 | 23.42 | 29.40 | 35.28 |
| | | P | 106 364 | 100 842 | 94 599 | 88 837 | 84 035 | 75 513 | 72 030 | 62 426 | 52 822 | 45 859 | 36 975 | 24 490 | 12 965 | 6 003 |
| 50 | 2500 | l | 6.00 | 7.00 | 8.00 | 9.00 | 1.000 | 11.00 | 12.00 | 14.00 | 16.00 | 18.00 | 20.00 | 24.00 | 30.00 | 36.00 |
| | | P | 110 750 | 105 000 | 98 500 | 92 500 | 87 500 | 81 750 | 75 000 | 65 000 | 55 000 | 57 750 | 38 500 | 25 500 | 13.500 | 6 250 |
| 51 | 2601 | l | 6.12 | 7.14 | 8.16 | 9.18 | 10.20 | 11.22 | 12.24 | 14.28 | 16.32 | 18.36 | 20.40 | 24.48 | 30.60 | 36.72 |
| | | P | 115 224 | 109 242 | 102 479 | 96 237 | 91 035 | 85 053 | 78 030 | 67 626 | 57 222 | 49.679 | 40 055 | 26 550 | 14 045 | 6 503 |
| 52 | 2704 | l | 6.24 | 7.28 | 8.32 | 9.36 | 10.40 | 11.44 | 12.48 | 14.56 | 16.64 | 18.72 | 20.80 | 24.96 | 31.20 | 37.44 |
| | | P | 119 787 | 113 568 | 106 538 | 100 048 | 94 640 | 88.421 | 81 120 | 70 304. | 59 488 | 51 646 | 41 642 | 27 581 | 14 602 | 6 760 |
| 53 | 2809 | l | 6.36 | 7.42 | 8.48 | 9.54 | 10.60 | 11.66 | 12.72 | 14.84 | 16.96 | 19.08 | 21.20 | 25.44 | 31.80 | 38.16 |
| | | P | 124 439 | 117 978 | 110 675 | 103 933 | 98 305 | 91 854 | 84 270 | 73 034 | 61 798 | 53 652 | 43 259 | 28 652 | 15 169 | 7 023 |
| 54 | 2916 | l | 6.48 | 7.56 | 8.64 | 9.72 | 10.80 | 11.88 | 12 96 | 15.12 | 17.28 | 19.44 | 21.60 | 25.92 | 32.40 | 38.88 |
| | | P | 129 179 | 122 472 | 114 890 | 107 892 | 102 060 | 95 353 | 87 480 | 75 816 | 74 152 | 55 696 | 44 906 | 29 743 | 15 746 | 7 290 |
| 55 | 3025 | l | 6.60 | 7.70 | 8.80 | 9.90 | 11.00 | 12.10 | 1.320 | 15.40 | 17.60 | 19.80 | 22.00 | 26.40 | 33.00 | 39.60 |
| | | P | 134 008 | 127 050 | 119 185 | 111 925 | 105 875 | 90 918 | 90 750 | 78 650 | 66 550 | 57 778 | 46 585 | 30 855 | 16 335 | 7 563 |
| 56 | 3136 | l | 6.72 | 7.84 | 8.96 | 10.08 | 11.20 | 12.32 | 13.44 | 15.68 | 17.92 | 20.16 | 22.40 | 26.88 | 33.60 | 40.32 |
| | | P | 138 925 | 131 712 | 123 558 | 116 032 | 109 760 | 120 547 | 94 080 | 81 536 | 68 992 | 59 898 | 48 294 | 31 987 | 16 934 | 7 840 |
| 57 | 3249 | l | 6.84 | 7.98 | 9.12 | 10.26 | 11.40 | 12.54 | 13.68 | 15.96 | 18.24 | 20.52 | 22.80 | 27.56 | 34.20 | 41.04 |
| | | P | 143 931 | 136 458 | 128 011 | 120 213 | 113 71b | 106 242 | 97 470 | 84 476 | 71 478 | 62 056 | 50 035 | 33 140 | 17.545 | 8 123 |
| 58 | 3364 | l | 6.96 | 8.12 | 9.28 | 10.44 | 11.60 | 12.76 | 13.92 | 16.24 | 18.56 | 20.88 | 23.20 | 27.84 | 34.80 | 41.76 |
| | | P | 149 025 | 141 288 | 132 542 | 124 468 | 117 740 | 110 003 | 100 920 | 87 464 | 74 008 | 64 252 | 51 806 | 34 313 | 18 166 | 8 410 |
| 59 | 3481 | l | 7.08 | 8.26 | 9.44 | 10.62 | 11.80 | 12 98 | 14.16 | 16.52 | 18.88 | 21.24 | 23.60 | 28.32 | 35.40 | 42.48 |
| | | P | 134 208 | 146 202 | 127 151 | 128 797 | 121 835 | 113 829 | 104 430 | 90 506 | 76 582 | 62 487 | 53 607 | 35 506 | 18 797 | 8 703 |
| 60 | 3600 | l | 7.20 | 8.40 | 9.50 | 10.80 | 12.00 | 13.20 | 14.40 | 16.80 | 19.20 | 21.60 | 24.00 | 28.00 | 36.00 | 43.20 |
| | | P | 155 480 | 151 200 | 141 840 | 133 200 | 126 000 | 117 720 | 108 000 | 93 600 | 79 200 | 68 760 | 55 440 | 36 720 | 19 440 | 9 000 |

permanentes P qu'on peut faire supporter aux poteaux en chêne de diverses hauteurs et à section carrée. Ces charges sont consignées dans le tableau, p. 245, 246, extrait de l'*Aide-mémoire* de Claudel, dans lequel $l$ représente la hauteur du poteau, $b$ le côté de la section transversale en centimètres, et $s$ la section en centimètres carrés.

**396.** Un exemple fera comprendre comment on peut faire usage de ce tableau.

*Soit à déterminer les dimensions de la section d'un poteau en chêne de* 2m,40 *de hauteur, capable de supporter, suivant son axe, un effort de* 6 000 *kilogrammes.*

Supposons $r = 24$, c'est-à-dire :

$$r = \frac{h}{c} = 24,$$

$c$ étant la plus petite dimension transversale de la section, on en déduit :

$$c = \frac{h}{24} = \frac{240}{24} = 0^{m},10.$$

Or, pour $r = 24$, la charge pratique par centimètre carré est 30 kilogrammes ; la section $s$ cherchée aura donc pour valeur :

$$bc = s = \frac{6\,000}{30} = 200 \text{ centimètres carrés,}$$

et comme $c = 10$ centimètres, on aura :

$$b = \frac{200}{10} = 0^{m},20.$$

### Formules de Rankine.

**397.** Nous terminerons ces renseignements sur les pièces chargées debout par les formules empiriques de Rankine, qui sont fréquemment employées :

Pilier à faces planes :

$$f = \frac{P}{\omega}\left(1 + a\frac{l^2}{I}\omega\right)$$

ou :

$$P = \frac{f\omega}{1 + a\frac{l^2}{I}\omega}.$$

Pilier articulé à ses extrémités :

$$P = \frac{f\omega}{1 + 4a\frac{l^2}{I}\omega}.$$

Dans ces formules :

P, est la charge agissant sur le pilier ;

$l$, la longueur du pilier ;

$\omega$, sa surface de section ;

I, le moment d'inertie de la section ;

$f$, l'intensité totale des plus grandes actions moléculaires ;

$a$, un coefficient déterminé par l'expérience.

Les valeurs de $a$ et de $f$ sont les suivantes pour la résistance P admissible :

| | $a$ | $f$ par cm² |
|---|---|---|
| Fer | 0,0001 | 750k |
| Fonte | 0,0008 | 1 500k |
| Bois | 0,0008 | 70k |

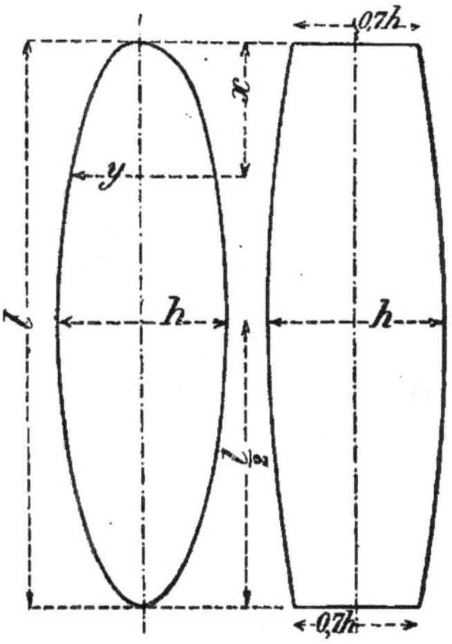


Fig. 244.

### Solides d'égale résistance pour les pièces chargées debout.

**398.** Si, à partir de la section dangereuse, on fait décroître les sections, de telle sorte qu'en supposant produite une petite flexion le maximum de tension reste le même dans toutes les sections, on obtiendra une forme d'égale résistance.

Redtenbacher a établi la formule suivante pour le cas où la pièce chargée debout a ses deux extrémités maintenues dans la direction de l'axe primitif. Cette formule est la suivante :

$$\frac{x}{\frac{l}{2}} = \frac{2}{\pi}\left[\text{arc sin } \frac{y}{h} - \frac{y}{h}\sqrt{1 - \left(\frac{y}{h}\right)^2}\right]$$

On peut la mettre sous une forme plus simple à comprendre, en la décomposant en deux équations :

$$\frac{y}{h} = \sin\varphi$$

ce qui donne :

$$\frac{x}{\frac{l}{2}} = \frac{1}{\pi}(2\varphi - \sin 2\varphi.$$

A l'aide de ces deux équations on peut construire le contour de la pièce.

Si l'on prend pour variable indépendante l'angle $\varphi$, la courbe a pour équation de ses abscisses l'équation d'une cycloïde, et, pour celle des ordonnées, une sinusoïde.

La forme de solide que l'on obtient ainsi est représentée approximativement par la deuxième partie de la figure 244. La génératrice est ici un arc de cercle, dont le rayon est le rayon de courbure de la courbe réelle pour le point $x = \frac{l}{2}$.

Généralement, comme cela se fait pour les bielles, on peut remplacer la courbe réelle par une ligne à faible courbure, d'autant plus que la pièce ne doit pas éprouver de flexion sensible.

## Résistance à la torsion.

**399.** On entend par torsion la déformation que subit un solide sous l'action d'un effort transversal, qui tend à faire tourner une de ses sections autour de son axe géométrique.

Rendons-nous compte du mode de déformation qui se produit, et pour cela considérons un cylindre OO'BA (*fig.* 245), dont la base inférieure est supposée fixe. Imaginons que ce cylindre soit formé de N tranches égales, très minces ; et que chacune d'elles, tournant autour de l'axe OO' du cylindre, se déplace par rapport à celle qui la précède d'une même quantité angulaire $\varepsilon$ ; la base supérieure du cylindre aura tourné, par rapport à la base inférieure, d'un angle égal à $N\varepsilon$, que nous désignerons par $\alpha$ ; et une tranche MC, occupant le rang $n$ à partir de la base inférieure, aura tourné par rapport à cette base d'un angle égal à $n\varepsilon$, que nous désignerons par $\theta$.

Soit H la hauteur AB du cylindre, $h$ la distance MB entre la base inférieure du cylindre et la base supérieure de la $n^{\text{ième}}$ tranche ; soit $\delta$ la hauteur d'une tranche, on aura :

$$H = N\delta \text{ et } h = n\delta.$$

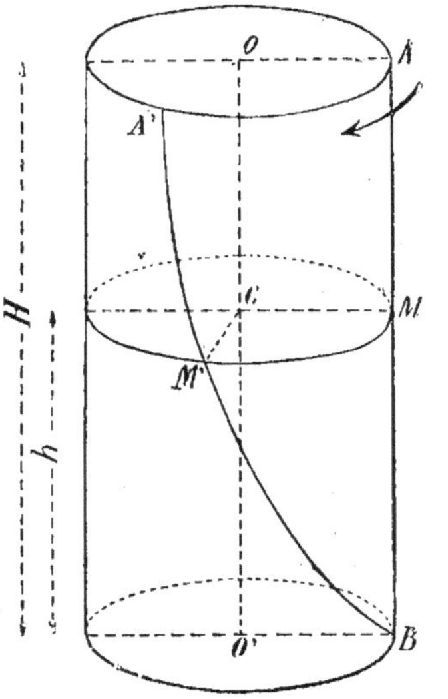


Fig. 245.

Des relations précédentes, on tire :

$$\frac{\alpha}{\theta} = \frac{N\varepsilon}{n\varepsilon} = \frac{N}{n}$$

et :

$$\frac{H}{h} = \frac{N\delta}{n\delta} = \frac{N}{n}$$

d'où :

$$\frac{\alpha}{\theta} = \frac{H}{h}.$$

Les angles $\alpha$ et $\theta$ étant mesurés par les arcs AOA' et MCM', on aura :

$$\frac{AOA'}{MCM'} = \frac{H}{h} = \frac{AB}{MB}. \qquad (1)$$

Cette relation subsistera encore si les

nombres N et $n$ deviennent un même nombre de fois plus grand ; elle subsistera donc encore lorsque ces nombres seront infiniment grands, et que les tranches seront devenues infiniment petites.

La relation (1) qui donne :

$$\mathrm{MCM'} = \mathrm{AOA'}\,\frac{\mathrm{MB}}{\mathrm{AB}}$$

montre que chacune des tranches infiniment minces aura tourné d'une quantité proportionnelle à sa distance MB à la base fixe. C'est cette déformation à laquelle on donne le nom de torsion.

La relation (1) montre aussi que les trois points AMB, placés primitivement sur une génératrice du cylindre, sont venus prendre les positions A'M'B qui appartiennent à une hélice, puisque les arcs AA' et MM' sont proportionnels aux hauteurs AB et MB.

Généralement, la torsion est une déformation qui consiste en ce que les diverses sections du prisme tournent autour d'un certain axe parallèle à ses arêtes latérales, et que nous déterminerons plus loin, des quantités angulaires proportionnelles aux distances de ces sections à la base fixe.

Dans ce mouvement, les points qui étaient placés sur une même parallèle à l'axe, comme A, M, B, viennent se placer sur une même hélice en A', M', B. Toutes les droites parallèles à l'axe, que l'on peut concevoir dans l'intérieur du prisme ou à sa surface, se transforment ainsi en hélice ; ces hélices ont des inclinaisons différentes, mais elles ont toutes le même pas.

En effet, le pas d'une hélice est la distance entre deux points consécutifs de cette hélice placés sur une même parallèle à l'axe ; imaginons, en prolongeant pour cela le prisme par la pensée, si cela est nécessaire, qu'une certaine section S située à la distance L de la base fixe ait tourné d'un tour entier ; tous les points de cette section auront fait un tour complet et seront revenus à leur position primitive, par conséquent sur la parallèle à l'axe où ils se trouvaient ; le pas de chacune des hélices est donc la distance L de la section S considérée à la base fixe.

*Angle de torsion.* — On appelle *angle de torsion par unité de longueur* l'angle $\theta_1$ décrit par la section placée à 1 mètre de distance de la base fixe. On en conclut que l'angle $\theta$ décrit par la section située à la distance $h$ de cette base a pour valeur $\theta_1 h$.

L'expression numérique de cet angle, est celle de l'axe décrit par un point de cette section situé à l'unité de distance de l'axe. Par conséquent, l'arc décrit par un point de cette même section, situé à la distance $r$ de l'axe, est exprimé par $\theta_1 hr$.

L'arc décrit par un point de la base mobile situé à la distance $r$ de l'axe serait de même exprimé par $\theta_1 \mathrm{H}r$ ; et l'arc $\alpha$ décrit par un point de cette même base situé à 1 mètre de l'axe aurait pour valeur :

$$\alpha = \theta_1 \mathrm{H}.$$

**400.** Supposons maintenant que, la base inférieure étant fixe, le prisme soit sollicité par deux forces égales, parallèles et de sens contraire P, — P appliquées dans le plan de la base supérieure à la distance $\frac{1}{2}\,p$ de l'axe, par conséquent, à la distance $p$ l'une de l'autre ; et considérons l'équilibre de la portion du prisme comprise entre la base mobile et une section quelconque située à la distance $h$ de la base fixe. Les forces P et — P feront éprouver au prisme une certaine torsion ; et l'équilibre ne pourra s'établir que parce que cette déformation fait naître dans la section considérée des forces moléculaires $f$, que l'on nomme *forces élastiques*, et qui tendent à s'opposer à la rotation de la section considérée, par rapport à la section qui la précède.

On conçoit qu'on ne puisse, par des expériences directes, déterminer la valeur de chacune de ces forces ; mais on fait une hypothèse sur la loi que suit cette valeur ; et les conséquences auxquelles on est conduit peuvent être vérifiées par l'expérience et se vérifient en effet.

On admet que la force $f$ (*fig.* 246) qui s'exerce sur un élément $\omega$ de la section, est proportionnelle à l'étendue de cet élément, à l'arc qu'il a décrit autour de l'axe O pour venir prendre la position $m$, et en raison inverse de la distance $h$ de la section considérée à la base fixe.

D'après ce qu'on a vu ci-dessus, l'arc décrit par le point $m$ situé à la distance $om = r$ de l'axe, et à la distance $h$ de la base fixe, a pour expression :

$$\theta_1 hr.$$

on a donc, en désignant par G un coefficient numérique :

$$f = G\omega \frac{\theta_1 hr}{h}$$

ou :

$$f = G\omega\theta_1 r. \qquad (2)$$

Le coefficient G est ce qu'on appelle *le coefficient de torsion*. On appelle *résistance par mètre carré* sur l'élément $\omega$, le quotient $\frac{f}{\omega}$, et on désigne cette résistance par F.

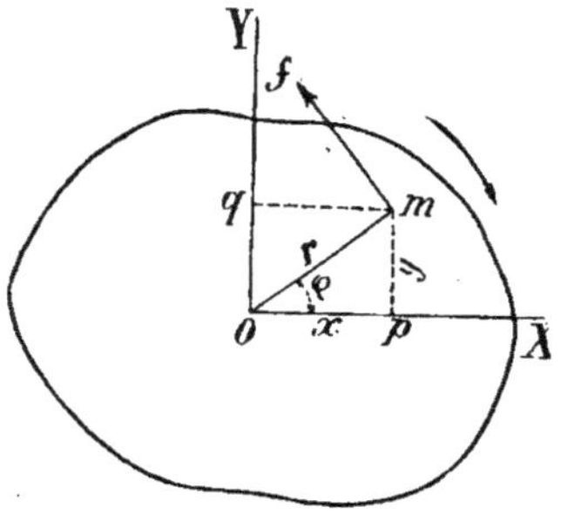


Fig. 246.

En vertu de l'équation (2), on a donc :

$$F = G\theta_1 r. \qquad (3)$$

La portion du prisme que nous considérons est donc en équilibre sous l'action du couple P, — P et des forces élastiques $f$ que nous venons de définir.

Il s'exerce bien entre deux tranches consécutives quelconques, comprises dans cette portion de prisme, des forces élastiques analogues ; mais ce sont des *forces mutuelles*, c'est-à-dire que les actions exercées par l'une des deux tranches consécutives sur l'autre sont respectivement égales et opposées à celles que cette autre exerce sur la première ; et par conséquent ces forces disparaissent quand on considère l'équilibre de la portion de prisme dont il s'agit ; et l'on n'a à tenir compte que du couple P, — P et des forces élastiques $f$ exercées dans le plan situé à la distance $h$ de la base fixe, de la part de la tranche immédiatement inférieure à ce plan, sur celle qui a sa base inférieure dans ce même plan.

**101.** Appliquons au système des forces $f$ et des forces P et — P, les conditions d'équilibre. Prenons deux axes rectangulaires OX et OY passant par le point O. Projetons d'abord les forces sur l'axe des $x$ ; la somme algébrique des projections des forces P et — P sera nulle, et il restera :

$$\Sigma f \cos \varphi = o,$$

en appelant $\varphi$ l'angle de la droite $om$ avec l'axe des $x$. Si l'on met pour $f$ sa valeur $G\omega\theta_1 r$ et pour cos $\varphi$ sa valeur $\frac{x}{r}$, en appelant $x$ l'abscisse du point $m$, il viendra :

$$\Sigma G\omega\theta_1 r \frac{x}{r} = o,$$

ou :

$$G\theta_1 \Sigma x\omega = o. \qquad (4)$$

Projetons de même les forces sur l'axe des $y$, il viendra :

$$\Sigma f \sin \varphi = o,$$

ou, en remplaçant $f$ par sa valeur et sin $\varphi$ par $\frac{y}{r}$, $y$ étant l'ordonnée du point $m$ :

$$\Sigma G\omega\theta_1 r \frac{y}{r} = o,$$

ou :

$$G\theta_1 \Sigma y\omega = o. \qquad (5)$$

Or, si X et Y désignent les coordonnées du centre de gravité de la section considérée, et $\Omega$ l'aire de cette section, on a ;

$$\Sigma x\omega = \Omega X$$

et :

$$\Sigma y\omega = \Omega Y ;$$

les équations (4) et (5) deviennent donc :

$$G\theta_1 \Omega X = o$$

et :

$$G\theta_1 \Omega Y = o$$

équations qui exigent qu'on ait :

$$X = o, Y = o$$

C'est-à-dire que le centre de gravité de la section n'est autre que le point O. Et comme on en pourrait dire autant pour une section quelconque, on voit que *l'axe de torsion est celui qui passe par le centre de gravité de toutes les sections transversales du prisme*.

Prenons maintenant les moments des forces par rapport à l'axe, nous aurons :

$$\Sigma fr = Pp$$

ou, en remplaçant $f$ par sa valeur :

$$G\theta_1 \Sigma r^2 \omega = Pp.$$

Mais $\Sigma r^2 \omega$ n'est autre chose que le moment d'inertie de la section par rapport à l'axe; en le désignant par I on aura donc :

$$G\theta_1 I = Pp. \qquad (6)$$

On tire de là :

$$G = \frac{Pp}{\theta_1 I} = \frac{PpH}{\alpha I}. \qquad (7)$$

Cette relation permet de déterminer le coefficient de torsion G. Pour cela, il suffit de déterminer l'intensité P des forces qui produisent la torsion, la distance $p$ de ces forces, la longueur H du prisme, l'angle $\alpha$ dont la base mobile a tourné par rapport à la base fixe et enfin le moment d'inertie I de la section transversale par rapport à l'axe de torsion.

C'est ainsi qu'on a pu déterminer les valeurs de G consignées dans le tableau suivant :

| Nature des matériaux | Coefficient de torsion |
|---|---|
| *Fer* | $6.10^9$ à $6{,}66.10^9$ |
| *Acier* | $10.10^9$ |
| *Fonte* | $2.10^9$ |
| *Cuivre* | $4{,}37.10^9$ |
| *Chêne* | $0{,}4.10^9$ |
| *Sapin* | $0{,}43.10^9$ |

**402.** La résistance F par mètre carré, donnée par l'équation (3), peut s'écrire en vertu de la relation (7) :

$$F = \frac{Pp}{I} \cdot r. \qquad (8)$$

Cette force est donc, toutes choses égales d'ailleurs, proportionnelle à la distance $r$ de l'élément considéré à l'axe de torsion. Son maximum a donc lieu pour le point de la section transversale qui est le plus éloigné de cet axe.

Si, par exemple, la section est un cercle de rayon $\rho$, le maximum de F aura lieu pour :

$$r = \rho.$$

En même temps on aura :

$$I = \frac{1}{2} \pi \rho^4.$$

Il viendra donc pour le maximum de F :

$$F = \frac{2Pp\rho}{\pi\rho^4} = \frac{2Pp}{\pi\rho^3}. \qquad (9)$$

Si la section est un carré dont le côté soit $c$, le maximum de F aura lieu pour l'un des points situés à l'extrémité d'une des diagonales, c'est-à-dire pour :

$$r = \frac{1}{2} c\sqrt{2}$$

En même temps on aura :

$$I = \frac{1}{6} c^4$$

On aura donc pour le maximum de F :

$$F = \frac{6Pp \frac{1}{2} c\sqrt{2}}{c^4} = \frac{3Pp\sqrt{2}}{c^3}. \qquad (10)$$

D'après les propriétés connues de l'hélice, la tangente en M' (*fig.* 245) à l'hélice A'M'B fait avec l'axe du cylindre un angle $\beta$ dont la tangente est donnée par la relation :

$$\text{tg}\beta = \frac{AA'}{AB} = \frac{\theta_1 hr}{h} = \theta_1 r = \frac{F}{G}. \qquad (11)$$

L'expérience a montré que, pour le fer, le maximum de l'angle $\beta$ correspond à la fibre la plus éloignée de l'axe, c'est-à-dire que la valeur de cet angle, qu'il ne faut pas atteindre pour que la limite d'élasticité de la matière ne soit pas dépassée, est celle qui répond à :

$$\text{tg}\,\beta = 0{,}0023.$$

On a donc, en appelant F le maximum de résistance à la torsion pour ce métal :

$$F = G \times 0{,}0023 = 6 \times 10^9 \times 0{,}0023,$$

ce qui donne :

$$F = 13\ 800\ 000 \text{ kil.},$$

ou environ 14 kilogrammes par millimètre carré.

Dans la pratique, on ne dépasse pas 6 kilogrammes par millimètre carré, ce qui donne :

$$\text{tg}\beta = \frac{6.10^6}{6.10^9} = 0{,}001$$

d'où : $\beta = 3'26''$.

Pour la fonte, on ne dépasse pas 2 kilogrammes par millimètre carré, ce qui donne également :

$$\text{tg}\beta = \frac{2.10^6}{2.10^9} = 0{,}001$$

ou : $\beta = 3'26''$

On voit qu'en réalité les hélices que forment les fibres longitudinales du prisme, lorsqu'il a été tordu de manière à ne pas altérer l'élasticité de la matière, n'ont qu'une très faible inclinaison par rapport à l'axe de torsion.

On pourrait, comme pour l'allongement, diviser la torsion en deux parties: l'une qui subsiste après que la cause qui a produit la torsion a disparu, et que l'on pourrait nommer la *torsion permanente*; l'autre qui disparaît quand cette cause cesse d'agir, et qu'on pourrait appeler la *torsion élastique*.

La torsion permanente est insensible tant qu'on se renferme dans les limites indiquées ci-dessus.

**403.** *Application.* — Une barre de fer de 10 mètres de longueur et à section carrée, est solidement maintenue par une de ses extrémités. L'autre extrémité est soumise à deux forces formant un couple, appliquées à $0^m,25$ de l'axe. Quelle doit être la section de cette barre, de telle sorte que la résistance à la torsion ne dépasse pas 12 kilogrammes par millimètre carré, en supposant que l'extrémité libre, fasse un quart de tour.

D'après les données, on a :

$$\alpha = \frac{\pi}{2},$$

$$H = 10 \text{ mètres},$$

$$p = 0^m,50,$$

$$F = 12 \times 10^6.$$

La formule (3) peut s'écrire :

$$F = G\frac{\alpha}{H}r,$$

d'où:
$$r = \frac{F}{G}\cdot\frac{H}{\alpha},$$

ou:
$$r = \frac{12.10^6}{6.10^6} \times \frac{10.2}{\pi} = 0^m,0127.$$

et par suite :

$$\frac{1}{2}c\sqrt{2} = 0^m,0127,$$

et:
$$c = \frac{0,0127 \times 2}{\sqrt{2}} = 0,01796.$$

Le côté de la section sera donc $0^m,01796$.

La valeur de chacune des forces formant le couple est donnée par l'équation (10) :

$$P = \frac{Fc^3}{3p\sqrt{2}} = \frac{Fc^3\sqrt{2}}{6p},$$

ou :

$$P = \frac{12.10^6\,(0,01796)^3 \times 1,4142}{6 \times 0,50} = 16^k,388.$$

**404.** *Résumé de la théorie précédente.* — Désignons, comme nous l'avons fait, par :

P, la force qui tend à rompre le corps en agissant dans un plan normal à l'axe ;

$p$, le bras du levier de cette force ;

I, le moment d'inertie polaire de la section droite du corps;

$r$, la distance à l'axe de la fibre extrême soumise à la torsion ;

$l$, la longueur de la pièce prismatique ;

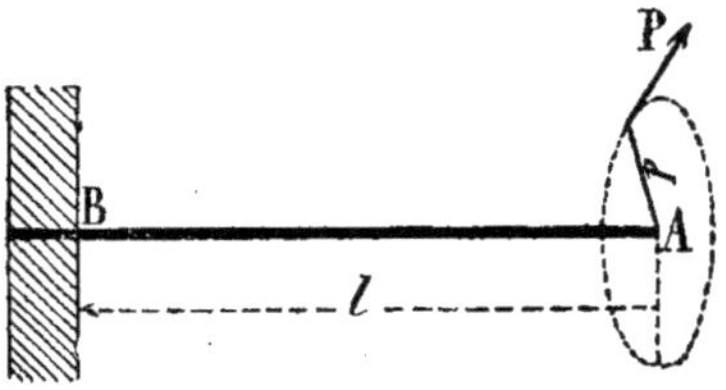

Fig. 247

$\theta$, l'angle de torsion des deux extrémités, exprimée en longueur d'arc ;

F, le coefficient de résistance pratique, ou tension de glissement par mètre carré sur un élément de la section ;

G, coefficient de torsion, ou module d'élasticité de torsion de la matière, qui a pour valeur les 2/5 du module d'élasticité E. Les formules qui lient ces diverses quantités, lorsque la pièce est fixée à une extrémité et soumise à l'autre à la force P, sont (*fig.* 247):

Moment de torsion $\quad M = Pp \quad (1)$

Charge P $\quad P = \frac{F.I}{r.p} \quad (2)$

Angle de torsion $\quad \theta = \frac{Pp.l}{IG} = \frac{F}{G}\cdot\frac{l}{r} \quad (3)$

Le moment de torsion est le même pour tous les points entre A et B, par suite toutes les sections sont également résistantes.

**405.** La formule (2) permet de déduire les dimensions de la pièce ou la résistance, suivant le problème que l'on se pose.

Suivant la section de la pièce on obtient les résultats suivants :

1° Section circulaire de diamètre $d$ (*fig.* 159).

On a :

$$I = \frac{\pi d^4}{32}$$
$$r = \frac{d}{2},$$

d'où :

$$Pp = \frac{\pi d^3}{16} F$$
$$d = \sqrt[3]{\frac{16Pp}{\pi F}}$$
$$d = 1{,}7 \sqrt[3]{\frac{Pp}{F}};$$

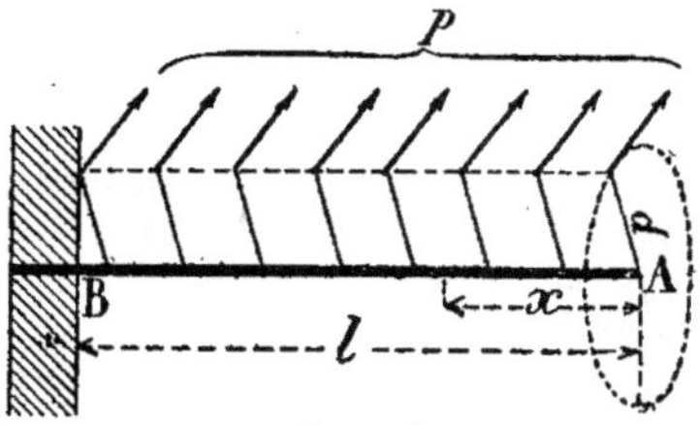


Fig. 248.

2° Section circulaire évidée, les diamètres extérieur et intérieur étant D et $d$ (*fig.* 160).

$$Pp = \frac{\pi}{16} \frac{D^4 - d^4}{D} F;$$

3° Section carrée, ayant pour côté $c$ (*fig.* 145).

$$Pp = \frac{c^3}{3\sqrt{2}} F = \frac{c^3}{4{,}2426} F;$$

4° Section rectangulaire, ayant pour dimensions $b$ et $h$.

$$Pp = \frac{b^2h^2}{3\sqrt{b^2 + h^2}} F;$$

5° Section cruciforme (*fig.* 152), en supposant la figure symétrique, c'est-à-dire

$b + b_1 = h$ et $b = h_1$.

$$Pp = \frac{bh^3 + (h - b)^3}{3h} F.$$

**406.** Remarque I. — Les formules précédentes s'appliquent au cas où la force qui produit la torsion agit à l'extrémité de la pièce. On rencontre dans les machines d'autres types fréquemment employés et qui sont les suivants :

1° *La force agit uniformément sur toute la longueur de la pièce* (*fig.* 248).

Si P, représente la résultante de ces forces ayant pour bras de levier $p$, le moment de torsion en un point quelconque $x$ de la tige est :

$$M = Pp \frac{x}{l}.$$

La charge P est :

$$P = \frac{F.I}{pr}.$$

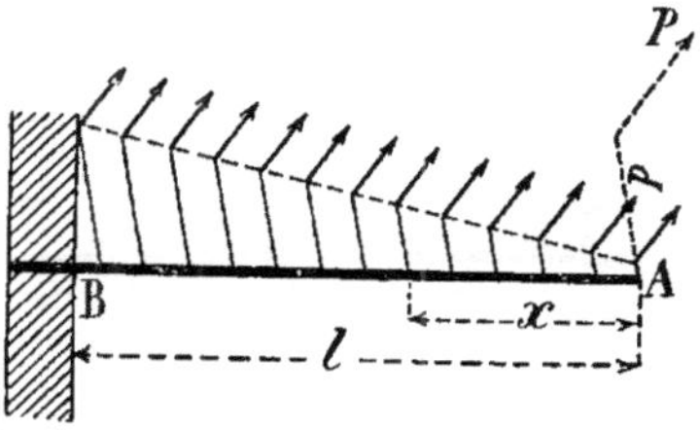


Fig. 249.

L'angle de torsion, entre les extrémités A et B, est :

$$\theta = \frac{1}{2} \frac{P.p.l}{I.G} = \frac{1}{2} \frac{F.l}{Gr}.$$

La section dangereuse est au point B.

2° *Les forces de torsion décroissent uniformément de* B *jusqu'en* A (*fig.* 249).

En désignant par $Pp$ le moment total des forces de rotation, le moment de torsion en un point quelconque $x$ est :

$$M = Pp \frac{x^2}{l^2}.$$

La charge P est :

$$P = \frac{F.I}{p.r}.$$

L'angle de torsion $\theta$, exprimé en longueur d'arc, est :

$$\theta = \frac{1}{3} \frac{P.p.l}{I.G} = \frac{1}{3} \frac{Fl}{Gr}.$$

La section dangereuse est en B :

3° *Les forces de torsion sont inégales et ont même bras de levier p* (*fig.* 250).

Pour une section quelconque, le moment de torsion est égal à la somme des moments agissant sur la longueur $x$.

La résultante de ces forces étant P, sa valeur est :

$$P = \frac{F.I}{p.r}$$

L'angle total de torsion est :

$$\theta = \frac{Ppl_0}{I.G} = \frac{F}{G} \cdot \frac{l_0}{r}.$$

La section dangereuse est en B.

4° *La force* P *unique agit en un point de la tige, encastrée en ses deux extrémités* (*fig.* 251).

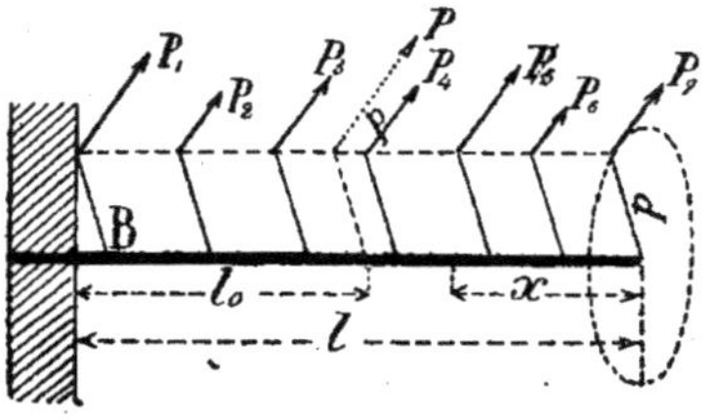


Fig. 250.

Le moment de torsion dans la partie $l_1$ est :

$$M = Pp\frac{l_2}{l},$$

et dans la partie $l_2$ :

$$M = Pp\frac{l_1}{l}.$$

Si $l_2 < l_1$, on a :

$$P = \frac{F.I}{r.p}\frac{l}{l_1}.$$

L'angle de torsion est :

$$\theta = \frac{P.p}{IG} \cdot \frac{l_1 l_2}{l} = \frac{F}{G} \cdot \frac{l_2}{r}.$$

La section dangereuse est dans la partie la plus petite $l_2$.

5° *La force de torsion* P *est répartie uniformément sur la tige, maintenue fixe à ses deux extrémités* (*fig.* 252).

Le moment de torsion pour une section est :

$$M = Pp\left(\frac{1}{2} - \frac{x}{l}\right).$$

$$P = 2\frac{F.I}{r.p}$$

$$\theta = \frac{1}{8}\frac{Ppl}{IG} = \frac{1}{4}\frac{F}{G} \cdot \frac{l}{r}.$$

Les sections dangereuses sont en A et B.

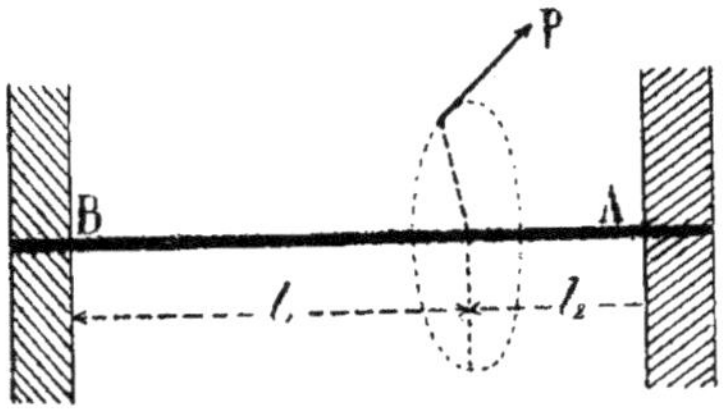


Fig. 251.

## Solides d'égale résistance à la torsion.

**407.** Un solide d'égale résistance à la torsion est celui pour lequel la tension de glissement F, est constante pour toutes les sections, c'est-à-dire :

$$F = \frac{P.p.r}{I} = \text{Constante}.$$

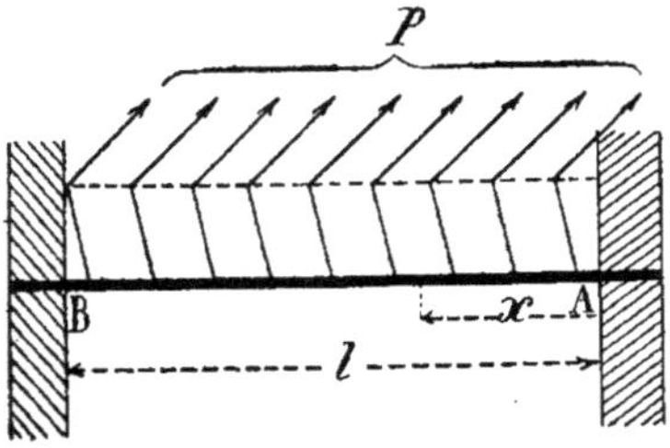


Fig. 252.

Dans le cas de la figure 247, c'est-à-dire lorsque la force P agit à l'extrémité du solide, on a $Pp$ = constante pour toutes les sections ; par suite, celles-ci doivent être égales entre elles, et par conséquent la pièce doit être prismatique pour satisfaire à la condition de résistance.

Pour les solides d'égale résistance, dans le cas des figures 248 et 249, il est clair que l'angle de torsion doit être plus grand que dans les pièces prismatiques. Cet angle se détermine par l'équation différentielle :

$$\frac{d\theta}{dx} = \frac{\text{Moment de torsion M}}{\text{I.G}}.$$

Le solide d'égale résistance pour le mode d'application des forces de la figure 248 est représenté par la figure 253, dont l'équation est :

$$\frac{y}{d} = \sqrt[3]{\frac{x}{l}}$$

Le moment de torsion :

$$M = Pp = F\,\frac{\pi}{16}\,d^3,$$

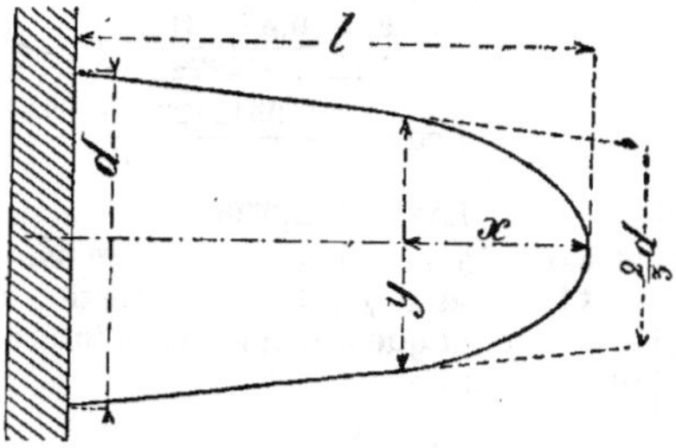


Fig. 253.

et l'angle de torsion :

$$\theta = 3\,\frac{F}{G}\,\frac{l}{d}.$$

La forme approximative est celle d'un tronc de cône circulaire avec un diamètre supérieur égal à $\frac{2}{3}d$.

La figure 254, représente le solide d'égale résistance, pour le cas où le mode d'application des forces est celui de la figure 249.

Son équation est :

$$\frac{y}{d} = \sqrt[3]{\frac{x^2}{l^2}},$$

son moment de torsion :

$$M = Pp = F\,\frac{\pi}{16}\,d^3,$$

et l'angle de torsion :

$$\theta = 6\,\frac{F}{G}\cdot\frac{l}{d}.$$

La forme approximative est celle d'un tronc de cône circulaire avec un diamètre supérieur égal à $\frac{d}{3}$.

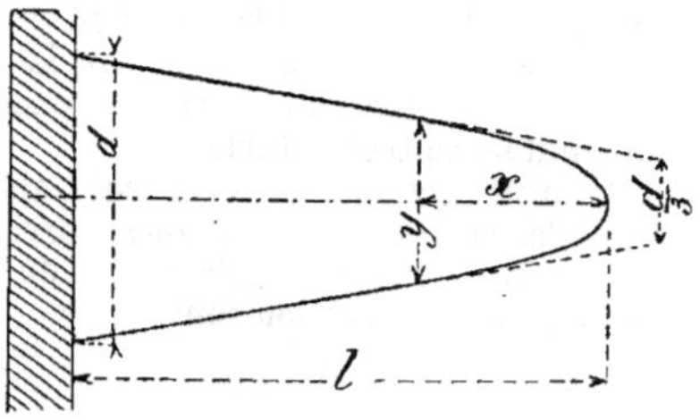


Fig. 254.

## Moment d'inertie polaire.

**408.** Dans les formules relatives à la torsion, rentre le moment d'inertie de la section par rapport au centre de gravité de cette section. Ce moment d'inertie polaire, que nous désignerons ici par $I_p$, se détermine facilement par la relation connue :

$$I_p = I' + I'', \qquad (1)$$

dans laquelle I′ et I″ sont les moments d'inertie de la même section par rapport aux deux axes principaux d'inertie.

Les valeurs de I′ et I″ pour diverses sections sont données à la page 145.

Le *module de section polaire*, qui est le rapport :

$$\frac{I_p}{r}$$

dans lequel $I_p$ est le moment d'inertie polaire, et $r$ la distance des fibres les plus éloignées du centre de gravité, pourra facilement s'obtenir pour la plupart des cas de la pratique.

**409.** Remarque I. — Les moments d'inertie I′ et I″ sont égaux, pour les sections représentées par les figures 145, 149, 159, 160 et 164.

On aura pour ces sections :

$$I_p = 2I'.$$

En particulier, pour la section circulaire, on aura :

Moment d'inertie polaire :

$$I_p = \frac{\pi}{32} d^4.$$

Module de section polaire :

$$\frac{I_p}{r} = \frac{\pi}{16} d^3 ;$$

pour la section carrée :

$$I_p = \frac{b^4}{6}$$

$$\frac{I_p}{r} = \frac{b^3}{3\sqrt{2}}.$$

**410.** REMARQUE II, — Pour les autres sections, dans lesquelles I′ et I″ sont différents, il faut faire subir aux valeurs de $I_p$ et de $\frac{I_p}{r}$ des corrections qui nécessitent de longs calculs, attendu que la déformation des sections, par le fait même de la torsion, se trouve exercer une influence très notable.

Pour le rectangle, qui est très employé dans la pratique, les valeurs corrigées du moment d'inertie polaire et du module polaire de section sont :

$$I_p = \frac{1}{3} \frac{b^3 h^3}{b^2 + h^2}$$

$$\frac{I_p}{r} = \frac{b^2 h^2}{3\sqrt{b^2 + h^2}},$$

et approximativement :

$$\frac{I_p}{r} = \frac{b^2 h^2}{3 (0,4b + 0,96h)}.$$

## Problème.

**411.** *Un arbre vertical, n'éprouvant aucune flexion, est soumis à une torsion par une force* P = 300 *kilogrammes, agissant à* $1^m,50$ *de l'axe. On suppose que cet arbre en fer est cylindrique et qu'il peut être soumis à des chocs. Quel diamètre doit-on lui donner?*

Prenons la formule n° 404, et désignons par $r$ le rayon demandé; on a :

$$P = \frac{FI}{rp}, \qquad (1)$$

dans laquelle P = 300 kilogrammes :

$$p = 1^m,50$$

$$I = \frac{\pi}{32} d^4 = \frac{\pi}{2} r^4.$$

L'arbre étant susceptible de recevoir des chocs, nous ferons F = 3 000 000.

On tire de l'équation (1) :

$$P = \frac{\pi r^3 F}{2p},$$

d'où :

$$r = \sqrt[3]{\frac{2Pp}{\pi F}}.$$

Calculons cette expression par logarithmes, on a :

$$\text{Log } 2 = 0,30103$$
$$\text{Log} P = \text{Log } 300 = 2,4771213$$
$$\text{Log} p = \text{Log } 1,5 = 0,1760913$$
$$\text{Log } 2Pp = 2,9542426$$
$$\text{Log } \pi = 0,4971509$$
$$\text{Log F} = 6,4771213$$
$$\text{Log } \pi F = 6,9742722$$

d'où : $$\text{Log } r = \frac{2,9542426 - 6,9742722}{3}$$

$$\text{Log } r = \bar{2},6599901$$

et par suite $r = 0^m,0457$, soit $0^m,05$.

**412.** REMARQUE I. — Si la section était annulaire et que $r'$ soit le rayon intérieur, on aurait :

$$I = \frac{1}{2} \pi (r^4 - r'^4).$$

On fait généralement $r' = 0,6r$.

Donc :

$$I = \frac{1}{2} \pi r^4 \times 0,8704,$$

par suite :

$$P = \frac{0,8704 \pi r^3 F}{2p},$$

d'où :

$$r = \sqrt[3]{\frac{2Pp}{0,8704 \pi F}}.$$

**413.** REMARQUE II. — Si au lieu de donner l'effort P qui produit la flexion, on donnait le nombre de chevaux N que doit transmettre cet arbre, et le nombre de tours $n$ qu'il fait par minute, on pourrait déterminer le moment de torsion $Pp$, de la manière suivante :

Le travail pour un tour est :

$$P.2\pi p,$$

dans une minute :

$$P.2\pi p.n,$$

et dans une seconde :

$$\frac{2P.\pi.p.n}{60}.$$

Ce travail doit être égal à N × 75 kilogrammètres, d'où :

$$\frac{2P\pi pn}{60} = 75N,$$

et :

$$Pp = \frac{2\ 250N}{\pi n}.$$

C'est cette valeur qu'il faudrait introduire dans la formule donnant le rayon $r$ de l'arbre.

## Pièces soumises à des efforts différents.

**414.** Nous avons étudié, dans ce qui précède, les effets produits par des forces de même nature agissant soit par extension, compression et torsion ; nous avons déduit les formules permettant de calculer les dimensions des pièces soumises à l'un quelconque de ces efforts. Mais il arrive fréquemment, surtout dans les organes des machines, que certains sont soumis à la fois à plusieurs forces susceptibles de produire des effets différents ; qu'une section, par exemple, travaille à la fois par compression et par flexion, ou par torsion et par flexion, etc.

La résistance de la pièce et le maximum de tension qui s'y développe doivent alors être calculés d'une manière différente de la méthode ordinaire. Nous étudierons divers cas.

**415.** 1° *Une pièce* AB (*fig.* 255) *fixée verticalement à son extrémité supérieure est soumise, à son extrémité inférieure, à l'action d'une force verticale* P *qui n'agit pas suivant l'axe de la pièce.*

On comprend que ce mode d'action de la force agit par extension et tend, en même temps, à la faire fléchir. Les fibres auront donc à résister à la force P, qui tend à les allonger dans le sens de l'axe, et à un moment fléchissant. L'équation d'équilibre sera alors (n° 239) :

$$R = \frac{v\mu}{I} + \frac{P}{\Omega}. \qquad (1)$$

En désignant par $p$ le bras de levier de la force P ; le moment fléchissant $\mu$ sera $Pp$.

La formule (1) devient :

$$R = \frac{Pp}{\frac{I}{v}} + \frac{P}{\Omega}.$$

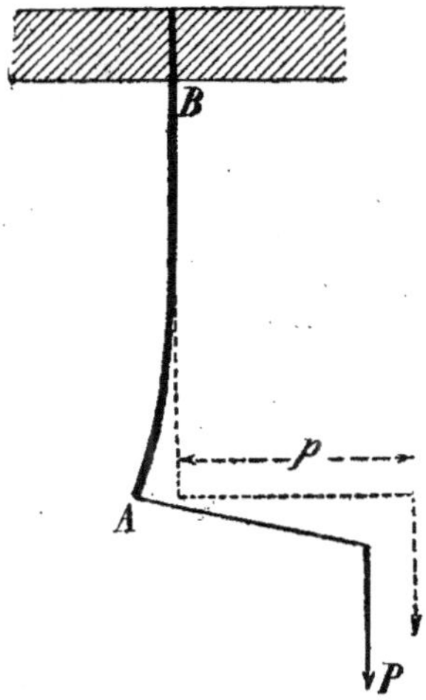


Fig. 255.

Pour simplifier, désignons par Z le module de section $\frac{I}{v}$, on a alors :

$$R = \frac{Pp}{Z} + \frac{P}{\Omega} = P\left(\frac{p}{Z} + \frac{1}{\Omega}\right). \qquad (2)$$

De cette relation, on peut tirer la valeur de la charge P que peut supporter la pièce :

$$P = \frac{R}{\frac{p}{Z} + \frac{1}{\Omega}} = \frac{R\Omega}{1 + p\frac{\Omega}{Z}} \qquad (3)$$

Si la section de la pièce était un rectangle de dimensions $b$ et $h$, on aurait :

$$\Omega = bh$$

$$Z = \frac{I}{v} = \frac{bh^2}{6},$$

et par suite :

$$P = \frac{Rbh}{1 + \frac{bh}{\frac{bh^2}{6}}} = \frac{R.b.h}{1 + 6\frac{p}{h}}. \qquad (4)$$

**416.** Remarque. — On peut transformer cet effort composé en un moment fléchissant unique, qu'on appelle moment fléchissant idéal, que nous désignerons par $(\mu_f)_i$. Si alors on prend la formule de la flexion, qui est :

$$R = \frac{v\mu}{I} = \frac{\mu}{Z}$$

et qu'on remplace $\mu$ par le moment fléchissant idéal, on aura :

$$(\mu_f)_i = RZ\,;$$

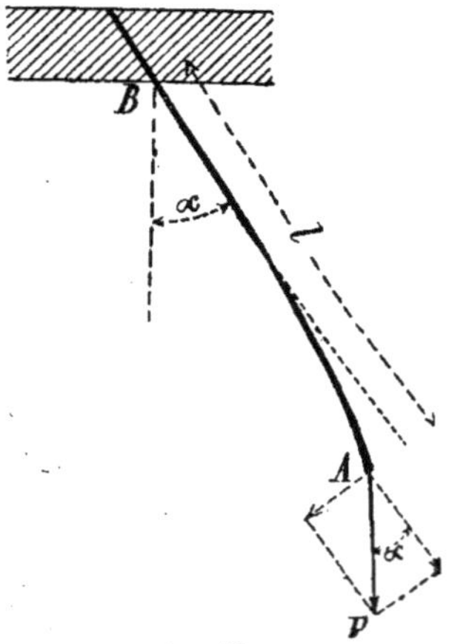


Fig. 256.

et en remplaçant R par sa valeur tirée de l'équation (2), on a :

$$(\mu_f)_i = P\left(\frac{p}{Z} + \frac{1}{\Omega}\right)Z = P\left(p + \frac{Z}{\Omega}\right).$$

Si la section de la pièce est un cercle de diamètre $d$, le moment fléchissant idéal pour la tension R est :

$$(\mu_f)_i = P\left(p + \frac{d}{8}\right).$$

Si la section est elliptique $(bh)$, on aura :

$$(\mu_f)_i = P\left(p + \frac{h}{8}\right).$$

Enfin, si la section est rectangulaire $(bh)$, on aura :

$$(\mu_f)_i = P\left(p + \frac{h}{6}\right).$$

**417.** 2° *La pièce* AB (*fig.* 256) *est encastrée obliquement à sa partie supérieure et supporte à son autre extrémité une charge verticale* P.

En raisonnant comme dans le cas précédent, on trouve que la charge P que peut supporter la pièce pour une tension R est :

$$P = \frac{R\Omega}{\cos\alpha + \frac{\Omega}{Z}\,l.\,\sin\alpha}.$$

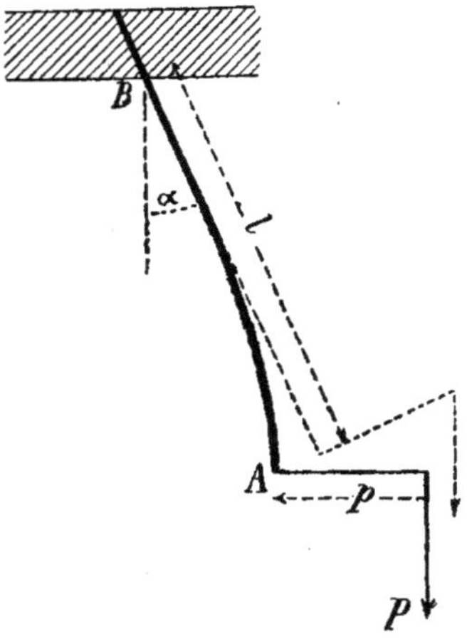


Fig. 257.

Si la section de la pièce est rectangulaire $(bh)$, on a :

$$P = \frac{R.\,bh}{\cos\alpha + 6\,\frac{l}{h}\sin\alpha}.$$

**418.** Remarque. — Le moment fléchissant idéal pour la tension R est :

$$(\mu_f)_i = P\left(l.\,\sin\alpha + \frac{Z}{\Omega}\cos\alpha\right)$$

Ce moment de flexion idéal devient :

Pour une section circulaire ($d$) :

$$(\mu_f)_i = \mathrm{P}\left(l \sin\alpha + \frac{d}{8}\cos\alpha\right);$$

Pour une section elliptique ($bh$) :

$$(\mu_f)_i = \mathrm{P}\left(l \sin\alpha + \frac{h}{8}\cos\alpha\right);$$

Pour une section rectangulaire ($bh$) :

$$(\mu_f)_i = \mathrm{P}\left(l \sin\alpha + \frac{h}{6}\cos\alpha\right).$$

**419.** 3° *La pièce* AB (*fig.* 257) *est encastrée obliquement et son extrémité inférieure est soumise à une charge* P *agissant à l'extrémité d'un levier* $p$.

Dans ce cas, on aura :

$$\mathrm{P} = \frac{\mathrm{R}\Omega}{\cos\alpha + \frac{\Omega}{\mathrm{Z}}(l \sin\alpha + p\cos\alpha)}.$$

Si la section est rectangulaire ($bh$) :

$$\mathrm{P} = \frac{\mathrm{R}.bh}{\cos\alpha + 6\,\frac{l}{h}\left(\sin\alpha + \frac{p}{l}\cos\alpha\right)}.$$

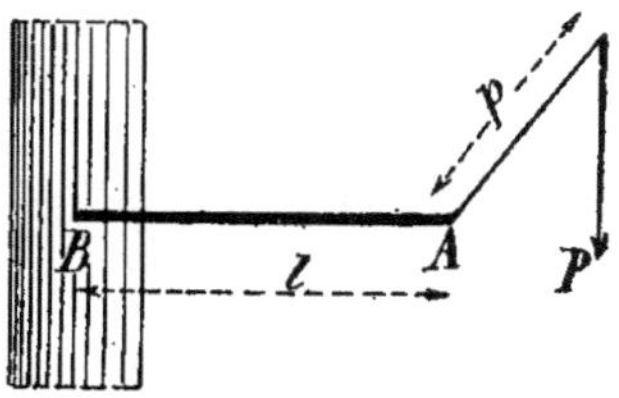


Fig. 258.

**420.** Remarque. — Le moment fléchissant idéal pour la tension R sera :

$$(\mu_f)_i = \mathrm{P}\left(p\cos\alpha + l\sin\alpha + \frac{\mathrm{Z}}{\Omega}\cos\alpha\right);$$

Pour une section circulaire ($d$) :

$$(\mu_f)_i = \mathrm{P}\left(p\cos\alpha + l\sin\alpha + \frac{d}{8}\cos\alpha\right);$$

Pour une section elliptique ($bh$) :

$$(\mu_f)_i = \mathrm{P}\left(p\cos\alpha + l\sin\alpha + \frac{h}{8}\cos\alpha\right);$$

Pour une section rectangulaire ($bh$) :

$$(\mu_f)_i = \mathrm{P}\left(p\cos\alpha + l\sin\alpha + \frac{h}{6}\cos\alpha\right).$$

**421.** 4° *La pièce est encastrée à son extrémité et soumise à l'autre extrémité à un moment de torsion* P$p$ (*fig.* 258).

On voit facilement que la force P, qui tend à tordre la pièce, produit également une flexion ; les fibres sont donc soumises à la force de glissement F par unité de surface due à la torsion, puis la tension R′, aussi par unité de surface due à la flexion. Ces deux actions étant rectangulaires, on peut s'imposer la condition que la résistance unique R, qu'on ne doit pas dépasser, soit donnée par la résultante de F et R′, ou :

$$\mathrm{R} = \sqrt{\mathrm{F}^2 + \mathrm{R}'^2}.$$

D'après notre figure, le moment de flexion serait $\mu^f = \mathrm{P}l$, et le moment de torsion $\mathrm{P}p = \mu_t$.

Reuleaux donne pour la charge P de la pièce :

$$\mathrm{P} = \frac{\mathrm{RZ}}{\frac{3}{8}l + \frac{5}{8}\sqrt{l^2 + p^2}},$$

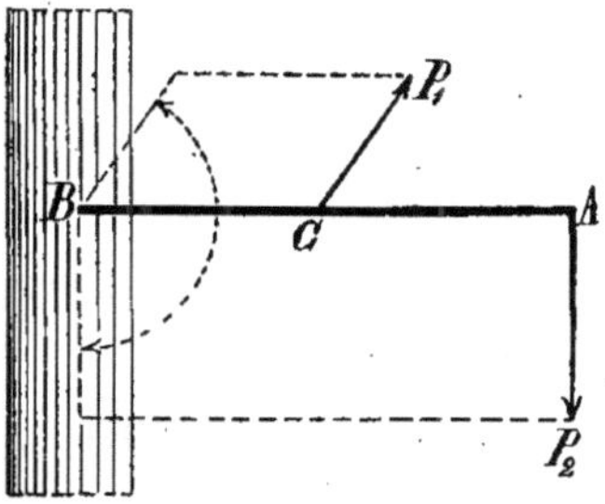


Fig. 259.

le moment fléchissant idéal pour la tension R :

$$(\mu_f)_i = \frac{3}{8}\mu_f + \frac{5}{8}\sqrt{\mu_f^2 + \mu_t^2},$$

et le moment de torsion idéal :

$$(\mu_t)_i = \frac{3}{5}\mu_f + \sqrt{\mu_f^2 + \mu_t^2}.$$

**422.** 5° *La pièce* AB (*fig.* 259) *est soumise à deux forces* $\mathrm{P}_1$ *et* $\mathrm{P}_2$ *agissant par flexion et faisant entre elles un angle* $\alpha$.

Le moment fléchissant résultant, pour la section d'encastrement B, sera donné par la diagonale du parallélogramme construit sur les moments fléchissants $\mu_1$ et $\mu_2$

des forces $P_1$ et $P_2$ par rapport à la même section. On aura alors :

$$(\mu_f)_i = \sqrt{\mu_1^2 + \mu_2^2 + 2\mu_1\mu_2 \cos \alpha}$$

Ce moment résultant, introduit dans la formule de la flexion, donne :

$$R = \frac{(\mu_f)_i}{Z},$$

formule qui permettra de calculer les dimensions de la section dangereuse.

**423.** Remarque. — Nous aurons à appliquer, plus tard, les formules des deux derniers cas, dans les calculs des arbres et des axes des machines.

### Problème.

**424.** *Une pièce rectangulaire en fer (fig. 260) est encastrée à sa partie supérieure. Ses dimensions sont* $b = 0^m,10$ *et* $h = 0^m,30$. *Quel effort* P *peut-on lui appliquer en toute sécurité, s'il agit parallèlement à l'axe et au bord de la section.*

L'action de la force P est analogue au premier cas que nous avons examiné (*fig.* 255).

Considérons alors la formule :

$$P = \frac{Rbh}{1 + 6\frac{p}{h}},$$

dans laquelle le bras de levier de la force P est $\frac{h}{2}$ ; elle devient :

$$P = \frac{Rbh}{1 + 6\frac{h}{2h}} = \frac{Rbh}{4}.$$

Supposons R = 6 kilogrammes par millimètre carré, on aura :

$$P = \frac{6 \times 100 \times 300}{4} \text{ 45 000 kilos.}$$

Remarquons que, si la force P agissait suivant l'axe, cette force P deviendrait :

$$P' = R\,bh = 6 \times 100 \times 300 = 180\,000.$$

Ce qui montre que la résistance de la

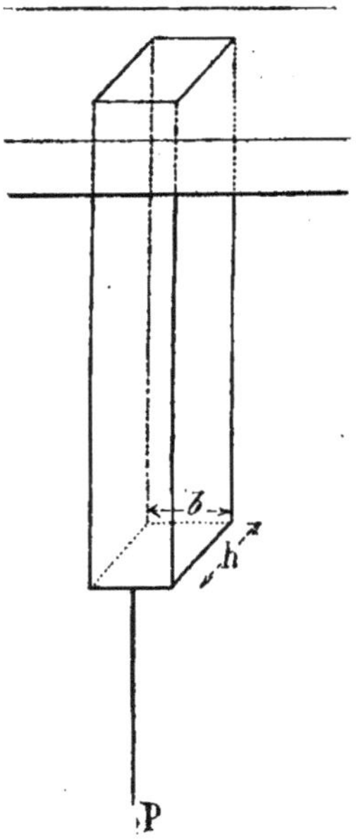

Fig. 260.

pièce, dans les conditions du problème, est seulement le quart de ce qu'elle serait si la force agissait au centre.

## DES RESSORTS

**425.** Les ressorts, formés par des substances élastiques, sont utilisés soit pour amortir les chocs, comme dans les tampons ou ressorts de wagons, soit pour produire un mouvement, comme dans les horloges, soit enfin pour obtenir des appuis présentant à la fois de la solidité et une certaine douceur. Il suit de là que les ressorts doivent se composer de systèmes de corps susceptibles d'éprouver entre les limites, d'élasticité des variations de forme relativement considérables, et, comme ces variations sont soumises aux lois précédemment émises, il est naturel d'en parler à cette place.

**426.** La théorie des ressorts en acier a été établie par M. Phillips, membre de l'Institut et ancien professeur à l'Ecole Centrale.

Nous ne reproduirons pas tous les calculs donnés par M. Phillips, qui constituent un volumineux mémoire ; nous nous contenterons d'indiquer la marche qu'il a suivie pour établir les formules principales servant à la détermination pratique des dimensions principales des ressorts.

**427.** Rappelons (n° 233) que, lorsqu'une pièce droite est encastrée à une de ses extrémités et soumise à l'autre à une force P, l'équation qui exprime la condition d'équilibre est :

$$\mu = \frac{M}{\rho} = \frac{IE}{\rho},$$

dans laquelle $\rho$ est le rayon de courbure de la ligne neutre en un point où le moment fléchissant est $\mu$.

M = EI est le moment d'élasticité de cette section ; E, le coefficient d'élasticité.

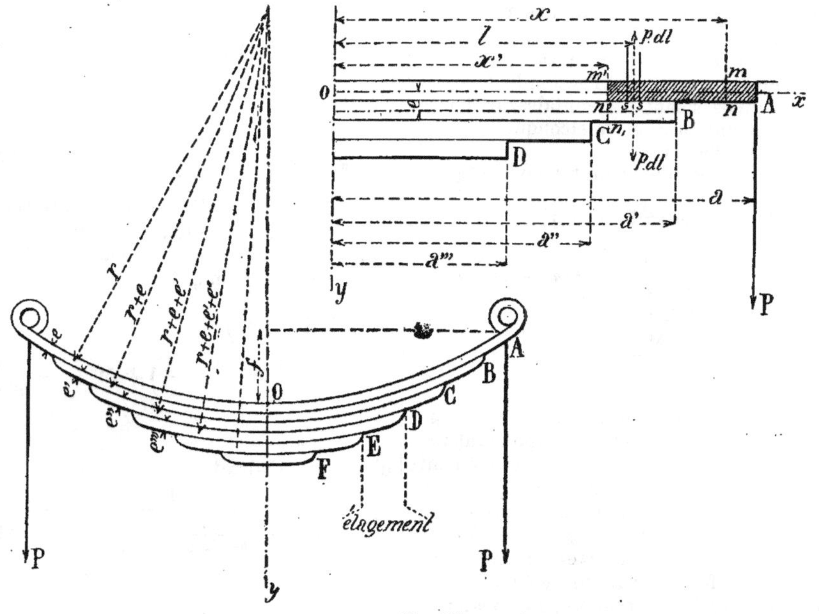

Fig. 261.

Pour une section quelconque située à une distance $x$ de l'encastrement, on a :

$$\mu = P\,(a - x),$$

$a$ étant la longueur de la pièce ;

d'où : $$\frac{M}{\rho} = P\,(a - x).$$

La flèche maximum $f$ est :

$$f = \frac{Pa^3}{3M} = \frac{Pa^3}{3EI}.$$

L'allongement ou le raccourcissement $i$ en un point de la section considérée et à la distance $v$ de la ligne neutre est :

$$i = \frac{v}{\rho} = \frac{vP(a - x)}{M}.$$

Si la pièce, au lieu d'être droite en fa brication, avait une courbure initiale d'un rayon $r$, on aurait de même pour la même section :

$$\mu = M\left(\frac{1}{r} - \frac{1}{\rho}\right)$$

ou :

$$P\,(a - x) = M\left(\frac{1}{r} - \frac{1}{\rho}\right) \qquad (1)$$

et :

$$i = v\left(\frac{1}{r} - \frac{1}{\rho}\right). \qquad (2)$$

**428.** Ceci rappelé, considérons un ressort formé de plusieurs lames superposées (*fig.* 261); la feuille supérieure, appelée maîtresse feuille, supporte à ses deux extrémités une action P verticale ; les feuilles inférieures, ayant des épaisseurs égales ou différentes de celle de la maîtresse feuille, sont en retrait les unes des autres, des quantités AB, BC, CD, etc., qu'on appelle *étagement*. Les rayons de fabrication de l'axe de ces feuilles sont $r$, $r + e$, $r + e' + e''$, etc.

Admettons que, sous l'action des forces P, les feuilles soient horizontales, et considérons une section quelconque $mn$ du premier étagement AB.

Le moment fléchissant a pour expression :

$$\mu = P(a - x)$$

d'où :

$$M\left(\frac{1}{r} - \frac{1}{\rho}\right) = P(a - x),$$

d'où l'on déduit :

$$\frac{1}{\rho} = \frac{\frac{M}{r} - P(a - x)}{M}. \qquad (3)$$

En une section $m'n'$ du second étagement, le moment fléchissant a pour valeur P $(a - x')$ diminué de la somme des moments fléchissants des pressions que la seconde feuille exerce sur la première feuille.

En représentant par $p$ la pression par unité de longueur exercée par cette seconde feuille sur un élément quelconque $ss$ de la première, on aura, pour le moment fléchissant en $m'n'$ :

$$\mu' = P(a - x') - \int_{x'}^{a'} p\,dl\,(l - x')$$

et comme :

$$\mu' = M\left(\frac{1}{r} - \frac{1}{\rho'}\right),$$

il vient :

$$M\left(\frac{1}{r} - \frac{1}{\rho'}\right) = P(a - x') - \int_{x'}^{a'} p\,dl\,(l - x').$$

Mais, en considérant la portion $n_1n'$B de la seconde feuille, on peut écrire :

$$M'\left(\frac{1}{r + e} - \frac{1}{\rho' + e}\right) = + \int_{x'}^{a'} p\,dl\,(l - x').$$

En substituant dans l'expression de $\mu'$ la valeur de cette intégrale, on a :

$$\mu' = M\left(\frac{1}{r} - \frac{1}{\rho'}\right) = P(a - x') - M_1\left(\frac{1}{r + e} - \frac{1}{\rho' + e}\right).$$

L'épaisseur $e$ étant très petite par rapport au rayon $r$ de fabrication et, *a fortiori*, par rapport à $\rho'$, peut être négligée à côté de ces rayons; on peut donc écrire :

$$\left(\frac{1}{r} - \frac{1}{\rho'}\right)(M + M') = P(a - x'),$$

ou :

$$\frac{1}{r}(M + M') - \frac{1}{\rho'}(M + M') = P(a - x'),$$

d'où l'on tire :

$$\frac{1}{\rho'} = \frac{(M + M')\frac{1}{r} - P(a - x')}{M + M'}. \qquad (4)$$

Si l'on considérait, de même, des sections $m''n''$, $m'''n'''$, etc., de la maîtresse feuille au-dessous des étagements de la troisième, quatrième, etc., lame, on aurait :

$$\mu'' = M\left(\frac{1}{r} - \frac{1}{\rho''}\right) = P(a - x'') - \left[M'\left(\frac{1}{r} - \frac{1}{\rho''}\right) + M''\left(\frac{1}{r} - \frac{1}{\rho''}\right)\right.$$

» » »

» » »

d'où l'on déduirait :

$$\frac{1}{\rho''} = \frac{(M + M' + M'')\frac{1}{r} - P(a - x'')}{M + M' + M''} \qquad (5)$$

» » »

» » »

On obtiendrait ainsi une série de formules donnant le rayon de courbure en un point quelconque de la fibre moyenne de la maîtresse feuille, et par suite les rayons de courbure aux différents points de la fibre moyenne d'une feuille quelconque.

Connaissant ainsi les rayons de courbure, on déduirait facilement la tension ou la compression des fibres dans les divers éléments du ressort, ou bien les allongements ou raccourcissements, au moyen de la formule (2).

Les formules précédentes se simplifient lorsqu'on suppose, ce qui se fait ordinairement, que les feuilles sont de même matière et qu'elles ont même épaisseur ; alors :

$$M = M' = M'' = M''' = \dots$$

ou : $EI = EI' = E''I'' = E'''I''' \dots$

En faisant ces suppositions, et en représentant par $x$ la distance d'une section de la maîtresse feuille à l'axe, et par $\mu$ le moment fléchissant de cette section, on a :

De A en B :

$$\mu = EI\left(\frac{1}{r} - \frac{1}{\rho}\right) = P(a - x),$$

$$\frac{1}{\rho} = \frac{\frac{EI}{r} - P(a - x)}{EI} = \frac{1}{r} - \frac{P(a - x)}{EI};$$

De B en C :

$$\mu = EI\left(\frac{1}{r} - \frac{1}{\rho'}\right) = P(a - x) - EI\left(\frac{1}{r} - \frac{1}{\rho}\right),$$

$$\frac{1}{\rho'} = \frac{\frac{2EI}{r} - P(a - x)}{2EI} = \frac{1}{r} - \frac{P(a - x)}{2EI};$$

De C en D :

$$\mu = EI\left(\frac{1}{r} - \frac{1}{\rho''}\right) = P(a - x) - 2EI\left(\frac{1}{r} - \frac{1}{\rho''}\right),$$

$$\frac{1}{\rho''} = \frac{\frac{3EI}{r} - P(a - x)}{3EI} = \frac{1}{r} - \frac{P(a - x)}{3EI}.$$

**429.** En représentant par R, la tension ou la compression des fibres les plus éloignées et situées à la distance $v$ de l'axe neutre de la maîtresse feuille, on aura (n° 233) :

$$R = Ei,$$

et comme : $i = v\left(\frac{1}{r} - \frac{1}{\rho}\right)$,

il s'ensuit que :

$$R = Ev\left(\frac{1}{r} - \frac{1}{\rho}\right).$$

Cette relation appliquée à la maîtresse feuille donnera, en remarquant que $v = \frac{e}{2}$ :

De A en B : $R = \frac{e}{2}\frac{P(a - x)}{I}$

De B en C : $R = \frac{e}{2}\frac{P(a - x)}{2I}$

De C en D : $R = \frac{e}{2}\frac{P(a - x)}{3I}$

» »

» »

**430.** Admettons, ce qui a toujours lieu, que les étagements soient égaux entre eux, et qu'il y ait $n$ lames ; chaque étagement aura une longueur égale à $\frac{a}{n}$.

On pourra écrire, pour valeurs approchées de R des fibres extrêmes, dans les diverses sections de la maîtresse lame et des feuilles situées au-dessous d'elle :

De A en B { en A : $R = o$, en B : $R = \frac{e}{2}\frac{P}{I}\frac{a}{n}$ ;

De B en C { en B : $R = \frac{e}{2}\frac{P}{I}\frac{a}{2n}$, en C : $R = \frac{e}{2}\frac{P}{I}\frac{a}{n}$ ;

De C en D { en C : $R = \frac{e}{2}\frac{P}{I}\frac{2a}{3n}$, en D : $R = \frac{e}{2}\frac{P}{I}\frac{a}{n}$ ;

De D en E { en D : $R = \frac{e}{2}\frac{P}{I}\frac{3a}{4n}$, en E : $R = \frac{e}{2}\frac{P}{I}\frac{a}{n}$.

Ces valeurs montrent, que la plus grande tension ou compression des fibres des diverses lames est égale à :

$$R = \frac{e}{2}\frac{P}{I}\frac{a}{n}.$$

On voit aussi, qu'à l'origine de chaque étagement, cette plus grande fatigue diminue brusquement pour croître ensuite graduellement et atteindre cette même valeur à l'extrémité de l'intervalle considéré, et que cette diminution dans la valeur de R est d'autant plus petite que l'on se rapproche davantage de l'axe du ressort.

Remarquons qu'au point A, la section de la lame maîtresse doit résister à l'effort tranchant P.

Cette formule $R = \frac{e}{2}\frac{P}{I}\frac{a}{n}$ permettra de déterminer les éléments d'un ressort, connaissant la charge P et la valeur de R qu'il ne faut pas dépasser pour la sécurité complète. Pour un acier de ressort de bonne qualité, corroyé et trempé, on peut donner à R une valeur comprise entre 8 et 10 kilogrammes par millimètre carré.

**431.** *Déformations qu'un ressort subit sous l'action d'une charge P.* — Pour ne pas entrer dans des calculs trop longs, que l'on pourrait consulter dans le mémoire de M. Phillips, nous indiquerons l'abaissement $y$, de l'extrémité A de la maîtresse feuille soumise à la charge P.

Si le ressort se compose de deux lames seulement, on a :

$$y = 9\,\frac{Pa^3}{48EI}.$$

S'il se compose de $n$ feuilles superposées de même épaisseur et dont les étagements soient égaux, on trouve :

$$y = P\left[\frac{a^3}{3nEI}\left(1 + \frac{(n-1)(n-2)}{2} + \frac{1}{2n^2} + \frac{1}{3n^2} + \frac{1}{4n^2} + \dots + \frac{1}{n^3}\right)\right] = KP.$$

Pour que cette flèche soit égale à la flèche $f$ de fabrication, c'est-à-dire pour que la maîtresse feuille soit horizontale, il faut faire dans cette formule $y = f = \frac{a^2}{2r}$, ce qui donne :

$$P = \frac{3nEI}{2ar\left[1 + \frac{1}{n^2}\left(\frac{(n-1)(n-2)}{2} + \frac{1}{2} + \frac{1}{3} + \frac{1}{4} + \dots \frac{1}{n}\right)\right]}$$

**432.** *Oscillations d'un ressort sous l'action instantanée de la charge.* — Dans les calculs précédents, nous avons supposé que la charge P agissait statiquement, c'est-à-dire graduellement. Si cet effort agit instantanément, les extrémités du res ort prennent un mouvement oscillatoire, dont la durée d'une oscillation complète, donnée par le calcul est :

$$2\theta = \pi\sqrt{\frac{y}{g}},$$

dans laquelle $y$ est la flexion du ressort supposé en équilibre sous l'action de la charge qu'il supporte. Cette formule montre que le ressort oscille comme un pendule simple de longueur $y$.

Dans le cas d'une charge instantanée P, la flexion totale de l'extrémité du ressort est le double de $y$ ; par conséquent, les efforts intérieurs qui se développent ont une valeur double de celle qui répond au cas où la charge agit statiquement.

**433.** *Travail annulé par un ressort.* — Les ressorts de choc ont généralement pour but d'amortir un choc et, par suite, d'annuler un travail.

Soient $T_m$ le travail que l'une des extrémités A doit amortir ; P, la pression contre cette extrémité qui maintiendrait l'abaissement $y$ à la fin de la course ; et soit $p$ la pression correspondant à un abaissement quelconque $z$.

On a : $z = Kp$.

K étant la parenthèse de la formule donnant la flèche, laquelle est une constante dépendant des dimensions du ressort, on a donc :

$$T_m = \int_0^P p.dz = \int_0^P \frac{z.dz}{K}$$

$$= \frac{z^2}{K}\left\{\begin{matrix} z = y \\ \\ z = o \end{matrix}\right. = \frac{y^2}{2K}.$$

Et, comme $y = KP$, il vient :

$$T_m = \frac{KP^2}{2} = \frac{y^2}{2K}$$

Cette formule permet de déduire P et, par suite, la valeur de R.

Un calcul analogue donne pour expression du travail à développer pour aplatir un ressort de volume V :

$$T_m = \frac{R^2}{E}\frac{V}{6}$$

Dans ce cas, le volume du ressort aplati a pour valeur :

$$V = \frac{2abe}{n}(1 + 2 + 3 + 4 + \dots n)$$
$$= abe\,(1 + n),$$

dans laquelle $a$, $b$, $e$ sont les dimensions de la maîtresse feuille.

Tels sont les résultats déduits de la théorie des ressorts, et vérifiés par l'expérience.

Comme nous n'avons pas jugé utile de donner, en détails, les calculs faits par M. Phillips, nous reproduirons le rapport, ou le résumé du Mémoire de cet auteur, fait par MM. Poncelet, Séguier et Combes.

**434.** *Rapport sur le Mémoire de M. Phillips.* — « Le Mémoire de M. Phillips est divisé en trois chapitres. Il établit, dans le premier, les formules générales qui servent à calculer le rayon de courbure en un point quelconque d'un ressort formé de feuilles réunies au besoin par des liens qui les maintiennent au contact; les allongements et raccourcissements proportionnels dans une section quelconque de chaque feuille, les pressions mutuelles en chaque point de feuilles juxtaposées, la flexion du ressort sous une charge donnée, la quantité de travail développée, dans l'acte de la flexion, par les actions moléculaires, ce qui donne la mesure du choc que le ressort est capable d'amortir.

« Dans le second chapitre, il traite des propriétés générales des ressorts, des formes les plus convenables à adopter, et expose les règles des constructions applicables à la fabrication des ressorts qui, sous une longueur donnée, doivent satisfaire à certaines conditions de flexibilité et de résistance absolue.

« Le dernier chapitre contient les résultats des expériences que l'auteur a faites, pour déterminer les coefficients d'élasticité d'aciers de diverses sortes, et la limite des allongements et raccourcissements proportionnels qu'ils peuvent subir sans être énervés.

« M. Phillips donne d'abord l'expression du rayon de courbure en un point quelconque de la *maîtresse* feuille (on appelle ainsi la feuille extrême et la plus longue) d'un ressort, et montre comment, à l'aide de cette expression, on peut déterminer graphiquement la forme que prendra le ressort sous une charge donnée.

Les épures de plusieurs ressorts de suspension de machines locomotives, de wagons pour marchandises et de voitures pour voyageur, tracées d'après cette méthode, sont jointes à son Mémoire et indiquent, pour des charges qui ont été, suivant la destination des divers ressorts, de 1 500 kilogrammes jusqu'à 4 500 kilogrammes, des flexions qui diffèrent à peine de celles qui ont été obtenues par l'expérience directe.

« L'auteur a pris, dans ses calculs, le coefficient d'élasticité de l'acier égal à 20 000 kilogrammes par millimètre carré.

« L'allongement ou raccourcissement proportionnel maximum, dans une section transversale quelconque de chacune des feuilles du ressort, se déduit, comme on sait, du rayon de courbure de la feuille en place dans le ressort chargé, et de son rayon de courbure primitif au même point.

« M. Phillips fait voir que, pour tous les ressorts dans lesquels les feuilles juxtaposées n'éprouvent aucune bande par l'effet des liens qui les maintiennent en contact, dans le ressort non chargé, ce qui exige que, dans une même section transversale du ressort, toutes les feuilles soient cintrées suivant des rayons de courbure sensiblement égaux (le rayon de courbure est toujours très grand par rapport aux épaisseurs des feuilles), la nature de la courbe suivant laquelle les feuilles sont cintrées, dans la fabrication; et les rayons de courbure primitifs n'ont aucune influence sur les allongements et raccourcissements proportionnels correspondant à des charges données, et, par conséquent, n'en ont aucune sur la charge maximum que le ressort puisse supporter sans être énervé, et qui est la mesure de sa résistance.

« Il donne l'équation de la courbe qu'affecte sous une charge quelconque l'axe de la maîtresse feuille d'un ressort composé de feuilles, dont chacune est d'épaisseur uniforme, dans toute son étendue, et courbée dans la fabrication en arc de cercle, les épaisseurs et les rayons de courbure pouvant d'ailleurs varier d'une feuille à l'autre.

« En supposant dans cette équation la charge égale à 0, on a l'équation de la courbe de la maîtresse feuille, dans le ressort assemblé et non chargé.

« La dépression d'un point quelconque

de la maîtresse feuille, sous une charge donnée, s'obtient par une simple soustraction. Cette dépression croît proportionnellement à la charge tant que l'élasticité n'est point altérée ; elle est, de plus, indépendante des rayons de courbure primitifs des feuilles dont le ressort se compose.

« Il en est de même de la diminution du sinus de l'angle compris entre la tangente à un point quelconque de l'axe de la maîtresse feuille du ressort chargé et la perpendiculaire au plan qui divise toujours le ressort en deux parties égales et symétriquement placées. Cette propriété subsisterait lors même que les épaisseurs et les rayons de courbure primitifs varieraient d'une section à l'autre de la même feuille.

« La formule générale qui exprime la pression ou, plus exactement, l'action mutuelle de deux feuilles en contact, dans le ressort chargé, sert à reconnaître les cas dans lesquels les feuilles juxtaposées tendent à se séparer, à *bâiller*, et ne sont retenues au contact que par les liens d'assemblage du ressort.

« Si une lame élastique, d'une épaisseur uniforme $e$, et dont l'axe neutre est courbé en fabrication suivant un arc de cercle de rayon $r$, est aplatie dans toute son étendue, par l'action de forces extérieures, la quantité de travail développée, dans l'acte de l'aplatissement, par les réactions moléculaires intérieures, a pour expression :

$$\frac{E}{3}\,U\alpha^2,$$

où E est le coefficient d'élasticité. U le volume de la lame, $\alpha$ le plus grand allongement proportionnel des fibres dans une section transversale quelconque de de la lame aplatie, lequel est égal à :

$$\frac{l}{2r}.$$

« Si un ressort est composé de feuilles ayant toutes même épaisseur, et cintrées en fabrication suivant des arcs de cercle de même rayon, qui soit assez grand, par rapport à la somme des épaisseurs de toutes les feuilles réunies, pour que l'assemblage de celles-ci ne donne lieu à aucune bande sensible, il est clair que l'aplatissement complet de ce ressort donnera lieu aux mêmes allongements proportionnels *maxima* dans toute l'étendue de chacune des feuilles, et, par conséquent, la quantité de travail développée, dans l'acte de l'aplatissement, par les actions moléculaires intérieures, sera exprimée par :

$$\frac{E}{3}\,V\alpha^2,$$

V étant le volume entier du ressort, E et $\alpha$ ayant la même signification que précédemment.

« De là, M. Phillips conclut que les ressorts composés de manière que leur bande de fabrication soit nulle, et que, dans leurs déformations, toutes les parties subissent les mêmes allongements et raccourcissements proportionnels, doivent, pour être capables d'amortir un même choc, avoir des volumes égaux ; et, réciproquement, que tous les ressorts composés de feuilles d'épaisseurs égales entre elles et réunies sans aucune bande sensible d'assemblage sont équivalents entre eux comme ressorts de choc, quand ils ont le même volume.

« De ce que la forme et la courbe initiale des feuilles n'ont aucune influence sur la flexion d'un ressort, M. Phillips conclut qu'il convient d'adopter la forme la plus simple, et de courber les feuilles en arcs de cercle. Il faut, d'ailleurs, que toutes les parties du ressort, autant que cela sera possible, fatiguent également sous une charge quelconque, et surtout sous la charge limite considérée comme mesure de la résistance absolue du ressort. C'est ce qui aura lieu pour la maîtresse feuille, si elle est d'épaisseur uniforme et si, ayant été courbée primitivement en arc de cercle, elle conserve en fléchissant la forme circulaire et s'aplatit, dans toute son étendue, sous une certaine charge, que l'auteur considère d'abord comme assurant la résistance du ressort.

« Quant aux feuilles inférieures, pour que, lors de l'aplatissement, elles subissent les mêmes allongements proportionnels que la maîtresse feuille, il faudra évidemment que l'épaisseur de chacune d'elles, uniforme dans toute son étendue, soit à celle de la maîtresse feuille dans le même rapport que les rayons des arcs de cercle suivant lesquels ces deux feuilles ont été cintrées primitivement. Ainsi, si les feuilles sont toutes courbées suivant le même rayon, elles devront avoir toutes la même épaisseur. Si leurs épaisseurs vont en croissant ou en décroissant, à partir de la maîtresse feuille leurs rayons primitifs devront croître ou décroître dans le même rapport.

« De la formule générale qui exprime le rayon de courbure de la maîtresse feuille, dans le ressort chargé, il résulte que, pour que ce rayon devienne infini, dans toute l'étendue de cette feuille, sous une certaine charge, les deux conditions suivantes sont nécessaires :

« 1° Chaque feuille doit dépasser la feuille inférieure à chaque extrémité d'une longueur égale à :

$$\frac{M}{Pr},$$

dans laquelle M est le moment d'élasticité de la feuille ;

« $r$, son rayon de fabrication ;

« P, la demi-charge capable de produire l'aplatissement complet du ressort.

« 2° La partie dont chaque feuille dépasse la feuille inférieure, et qu'on appelle l'*étagement*, doit être amincie ou rétrécie, de façon que le moment d'élasticité aille en croissant, à partir de l'extrémité de la feuille où il est nul, dans le même rapport que la distance à cette extrémité.

« On peut satisfaire à cette dernière condition de diverses manières; la plus simple est de conserver à la feuille la même largeur jusqu'au bout, et de l'amincir dans la partie étagée, de façon que son épaisseur aille en croissant proportionnellement à la racine cubique de la distance à l'extrémité.

« On voit que, si les feuilles sont toutes de même épaisseur, les étagements doivent être égaux.

« Un ressort semblable, lorsqu'il est complet, c'est-à-dire lorsque la dernière feuille en descendant a une longueur tout au plus égale au double de l'étagement, fléchit en conservant toujours la forme circulaire, et la flexion, sous une charge quelconque, est exprimée par la formule extrêmement simple :

$$i = \frac{QL^2 l}{2M},$$

« Où Q est la demi-charge ;

« L, la longueur de la maîtresse feuille ;

« $l$, la longueur commune des étagements ;

« M, le moment d'élasticité de chaque feuille, dans la partie où elle a toute son épaisseur.

« Si le ressort est incomplet, par suite de la suppression d'une ou plusieurs feuilles à partir du bas, il ne conserve plus la forme circulaire, sous des charges variées, et sa flexion est donnée par la formule aussi très simple :

$$i = \frac{Q}{6nM}\left[2L^3 + (nl)^2\right],$$

dans laquelle $n$ exprime le nombre de feuilles.

« M. Phillips démontre que les ressorts à établir conformément aux principes qu'il a posés jouissent des propriétés suivantes :

« 1° Un ressort formé de feuilles de même épaisseur et courbées suivant des arcs de même rayon, a un volume moindre que tout autre ressort ayant une égale flexibilité et une aussi grande résistance absolue, qui serait construit sur la même maîtresse feuille, et dont tout ou partie des feuilles inférieures auraient des épaisseurs moindres, et seraient, par conséquent, cintrées en fabrication, suivant des arcs de cercle d'un plus petit rayon ; il a, au contraire, un volume plus grand que tout autre ressort de même flexibilité et de même résistance absolue, construit sur la même maîtresse feuille, et dont les feuilles inférieures auraient des épaisseurs croissantes et seraient courbées suivant des arcs de cercle d'un rayon plus grand ;

« 2° L'épaisseur totale d'un ressort de même épaisseur est directement proportionnelle au carré de la charge capable de produire un allongement proportionnel déterminé à la flexibilité du ressort, et en raison inverse de la largeur du ressort et de la longueur totale de la maîtresse feuille ;

« 3° Tous les ressorts à feuille de même épaisseur, ayant même flexibilité et même résistance absolue, ont sensiblement le même volume et, par conséquent, le même poids. Les poids des deux ressorts de même genre sont entre eux comme leurs flexibilités et comme les carrés de leurs résistances absolues.

« Toutes les règles de construction que M. Phillips a déduites d'une analyse exacte il les a appliquées à la construction de ressorts de diverses sortes en acier fondu, dont le nombre dépassait trois cents, lors de la rédaction de son Mémoire, et qui ont été mis en service sur des voitures de toutes espèces circulant sur les principales lignes de chemin de fer.

« Dans le calcul, il a adopté 20 000 kilogrammes par millimètre carré pour le coefficient d'élasticité du métal, 5 millièmes pour la limite de l'allongement ou raccourcissement proportionnel que le métal peut subir sans être énervé, et 2 à 3 millièmes pour l'allongement proportionnel maximum correspondant à la charge habituelle.

« A l'épreuve, tous ces ressorts ont fléchi de quantités très peu différentes des flexions données par le calcul pour les pressions diverses auxquelles ils ont été soumis. Ils n'ont pas été sensiblement déformés par des flexions qui devaient donner lieu à un allongement proportionnel de 5 millièmes des fibres situées à la surface de chaque feuille. Dans le service habituel, ils se sont parfaitement comportés ; nous citerons, entre autres, trois types de grands ressorts de choc et de traction, composés :

« Le premier, de treize feuilles, chacune de 12 millimètres d'épaisseur, ayant une flexibilité constante de 55 millimètres par 1 000 kilogrammes de charge, et s'aplatissant complètement sous une charge de 4 400 kilogrammes ;

« Le second composé de sept feuilles de 11 millimètres, d'épaisseur, plus deux grosses feuilles auxiliaires ayant l'une 22,5 et l'autre 25 millimètres d'épaisseur, ayant d'abord une flexibilité de 95 millimètres pour les premiers 1 000 kilogrammes de charge, fléchissant ensuite de 109 millimètres seulement par l'addition de charge de 2 000 kilogrammes, puis de 32 millimètres pour chaque nouvelle addition de 1 000 kilogrammes jusqu'à 5 000 kilogrammes, qui correspondent à l'aplatissement complet et à la résistance absolue ;

« Le troisième composé de cinq feuilles de 13 millimètres d'épaisseur, plus trois feuilles auxiliaires de 26 millimètres, avec une flexibilité de 76 millimètres pour les 1 000 kilogrammes de charge, fléchissant ensuite de 75 millimètres seulement par une addition de charge de 2 000 kilogrammes, et puis de 22 millimètres pour chaque 1 000 kilogrammes de charge additionnelle jusqu'à la limite de 6 000 kilogrammes, qui correspondent à l'aplatissement complet et à la résistance absolue.

« Le premier de ces ressorts pesait 81, le second 84, et le troisième 80 kilogrammes seulement. Ces nombres mettent en évidence les avantages des ressorts auxiliaires.

« M. Phillips a expérimenté principalement sur des lames d'acier fondu, trempé et recuit au rouge, à peine lumineux dans l'obscurité, tel qu'il est actuellement employé le plus souvent pour la fabrication des ressorts. Il a fait des essais moins nombreux sur l'acier cémenté, corroyé et non corroyé, trempé et recuit ; sur l'acier naturel trempé et recuit; sur l'acier fondu trempé et recuit à des températures diverses, ou même non recuit par la trempe ; sur l'acier fondu à l'état naturel, c'est-à-dire n'ayant reçu ni trempe, ni recuit, ni martelage.

« Pour tous ces aciers, le coefficient d'élasticité déduit de l'observation des flexions de la lame posée sur deux appuis, et chargée au milieu de l'intervalle des appuis, a été compris entre 19 000 et 21 000 kilogrammes par millimètre carré, sans qu'il soit possible de reconnaître aucune influence de la nature de l'acier, du degré de trempe ou du recuit, et du corroyage, sur la valeur de ce coefficient qui, dans la pratique, peut être considéré comme égal, dans tous les cas, à 20 000 kilogrammes par millimètre carré.

« L'acier fondu, trempé et recuit, comme il l'est ordinairement dans les ateliers de fabrication, ne commence à éprouver de déformation permanente appréciable que lorsque le plus grand allongement ou raccourcissement proportionnel des fibres du métal sous la charge a atteint la limite de 4 à 5 millièmes. Après des allongements sous charge de 6, 7 et 8 millièmes, la flèche persistante n'est jamais considérable ; il est à remarquer, en outre, que cette flèche permanente n'augmente pas du tout lorsqu'on charge et décharge plusieurs fois de suite la lame d'un même poids, tant que l'allongement proportionnel, dû à la flexion sous la charge, ne dépasse pas 6 millièmes. Lorsque cette dernière limite est dépassée, la flèche persistante après la suppression de la charge augmente un peu avec le nombre des épreuves, mais toujours d'une quantité très petite.

« L'acier non trempé a été déformé d'une manière permanente par l'action peu prolongée d'un poids qui n'a déterminé qu'un allongement proportionnel maximum de 3 millièmes. Le martelage paraît aussi abaisser la limite au-delà de laquelle commençent à se manifester des déformations permanentes.

« Dans le cours des expériences, les lames d'acier fondu ont subi des flexions qui ont dû produire des allongements et raccourcissements des fibres extrêmes s'élevant à 7, 8 et même 9,5 millièmes de la longueur primitive, sans éprouver de rupture.

« Pour reconnaître l'effet de charges persistantes pendant longtemps, l'auteur a placé plusieurs lames d'acier dans un appareil composé d'une traverse en bois portant, vers ses extrémités, deux supports en fer sur lesquels repose la lame d'acier ; celle-ci est pressée, au milieu de l'intervalle des appuis, par un étrier en fer, qui embrasse la lame ainsi que la traverse de bois et est retenue par une bride en fer placée au dessous et par deux écrous. En vissant les écrous, on fait fléchir la lame, qui est d'abord plane, d'une quantité déterminée, et on la laisse dans cette position pendant un temps aussi long que l'on veut.

« Huit lames d'acier fondu et une lame d'acier cémenté, mises ainsi en expérience, ont été examinées après quinze jours. La distance des appuis était de 66 à 76 centimètres. Une feuille d'acier fondu, fléchie de manière que l'allongement proportionnel des fibres extrêmes fût de 4 millièmes, n'a conservé, après ce laps de temps, aucune flèche persistante sensible. Deux feuilles, fléchies de manière que l'allongement proportionnel fût de 5 millièmes, sont restées, après le desserrage des écrous, sensiblement infléchies.

« La flèche persistante a été trouvée égale à 2/3 de millimètre pour l'une de ces feuilles, et à 1/4 de millimètre pour l'autre.

« La feuille d'acier cémenté, fléchie de manière que l'allongement proportionnel fût de 4 millièmes seulement, a conservé une flèche persistante de 1/2 millimètre. »

**435.** La théorie et les renseignements qui précèdent s'appliquent seulement aux ressorts à lames superposées. Il est d'autres formes données à ces appareils, et dont la théorie a été établie par différents auteurs et particulièrement par Reuleaux, professeur à l'École polytechnique de Berlin. C'est à son ouvrage (*Le Constructeur*) que nous empruntons les résultats suivants : il divise les ressorts en deux classes : ceux qui travaillent à la flexion, et ceux qui travaillent à la torsion.

**436.** Dans les formules qui suivent, les lettres ont les significations suivantes :

E désigne toujours le module d'élasticité ;

G, le module d'élasticité de torsion de la matière du ressort, lequel est égal à $\frac{2}{5}$ E;

R, le maximum de tension dans la section dangereuse.

Lorsque les ressorts travaillent par torsion, la valeur de R ne doit être que les $\frac{4}{5}$ de celle que l'on applique s'ils travaillent à la flexion.

Toutes ces formules restent applicables, quand la direction de la force P est de sens contraire à celle qu'indiquent les figures.

D'après Reuleaux, le volume V des ressorts est donné par la relation :

$$V = C.P.f \frac{E}{R^2},$$

dans laquelle :

C est une constante, qui dépend de la forme du ressort.

P. $f$ est le produit de la charge par la flèche, c'est-à-dire le travail du ressort.

Cette formule montre que, tous les ressorts appartenant au même type, composés de la même matière, présentant la même sécurité et donnant lieu à un même travail, le poids reste le même, quelle que soit la longueur $l$ ou de quelque façon qu'on choisisse les dimensions arbitraires.

Le rapport $\frac{E}{R^2}$ montre que les matières les plus avantageuses pour les ressorts

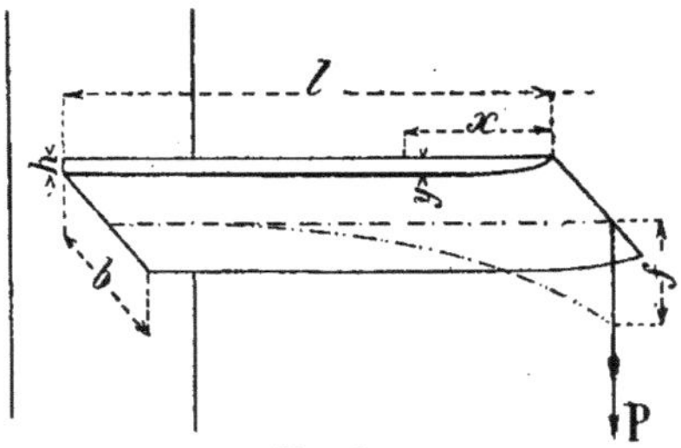

Fig. 262.

sont celles qui ont un faible coefficient d'élasticité et surtout un module de charge élevé.

En consultant le tableau de la page 123, et en désignant par T la charge correspondant à la limite d'élasticité par millimètre carré, on a :

Pour l'acier fondu, trempé et recuit :

$$\frac{E}{T^2} = \frac{30\ 000}{65^2} = 7,10;$$

Pour l'acier ordinaire non trempé :

$$\frac{E}{T^2} = \frac{20\ 000}{25^2} = 32,00;$$

Pour le laiton :

$$\frac{E}{T^2} = \frac{6\ 500}{4,8^2} = 28,21;$$

Pour le bois :

$$\frac{E}{T^2} = \frac{1\ 100}{2^2} = 275,00.$$

On voit donc que l'acier trempé et recuit est la matière la plus avantageuse pour les ressorts.

## Ressorts de flexion.

**437.** La figure 262 représente un ressort composé d'une seule lame rectangu-

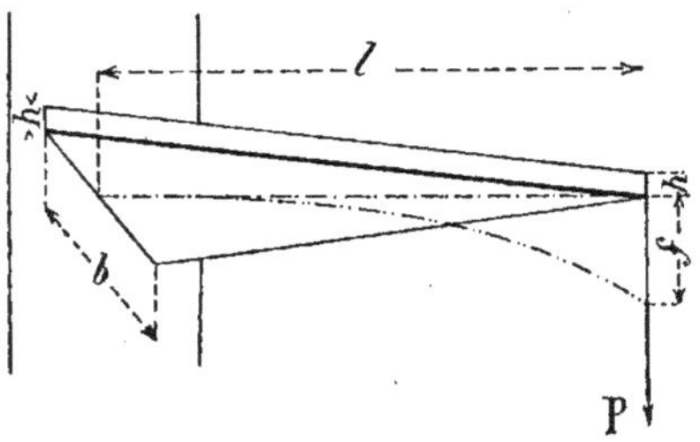

Fig. 263.

laire, limitée à son extrémité par une section longitudinale ayant la forme d'une parabole cubique; elle est encastrée à l'autre extrémité. Pour cette lame on a:

$$P = \frac{R}{6} \frac{bh^2}{l};$$

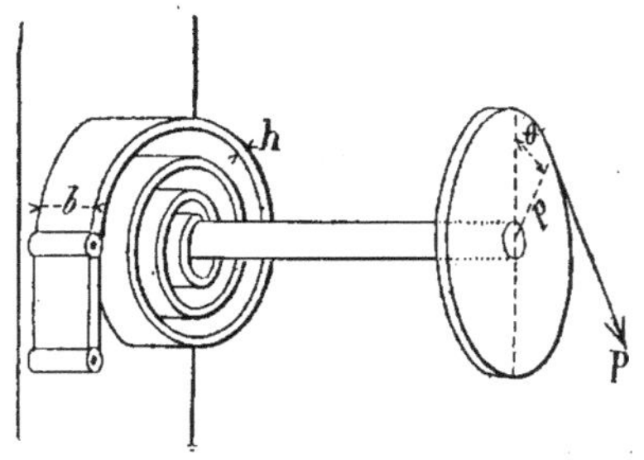

Fig. 264.

flèche :

$$f = 6 \frac{Pl^3}{Ebh^3};$$

flexibilité :

$$\frac{f}{l} = \frac{Rl}{Eh}.$$

**438.** Le ressort triangulaire simple, représenté par la figure 263, est un corps d'égale résistance; dans la pratique, on doit renforcer l'extrémité où est appliquée la force P, afin qu'elle puisse résister à l'effort tranchant P.

Les formules applicables à ce type sont :

$$P = \frac{R}{6}\frac{bh^2}{l},$$

$$f = 6\frac{Pl^3}{Ebh^3},$$

$$\frac{f}{l} = \frac{Rl}{Eh}.$$

**439.** Dans le ressort formé d'une lame de section constante et enroulée en spirale, la longueur de la lame supposée dévelop-

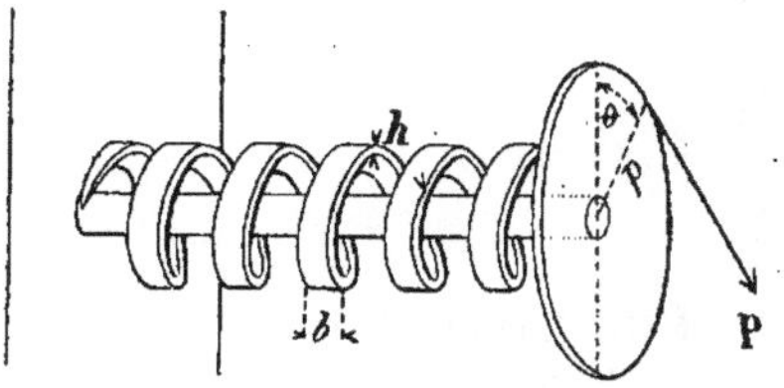


Fig. 265.

pée est $l$ (*fig.* 264), son épaisseur est $h$, et sa largeur $b$ ; on a :

$$P = \frac{R}{6}\frac{bh^2}{p},$$

$$f = p\theta = \frac{12\,Plp^2}{Ebh^3},$$

$$\frac{f}{p} = \frac{2Rl}{Eh} = \text{angle de torsion } \theta.$$

**440.** Une autre forme est celle indiquée par la figure 265 ; c'est un ressort à fil plat, enroulé en hélice ; c'est également un corps d'égale résistance à la flexion, comme le précédent. Les formules sont :

$$P = \frac{R}{6}\frac{bh^2}{p},$$

$$f = p\theta = \frac{12Plp^2}{Ebh^3};$$

angle de torsion $\theta : \frac{f}{p} = \frac{2Rl}{Eh}.$

**441.** Le ressort à hélice en fer rond, que représente la figure 266, est aussi un corps d'égale résistance à la flexion. On a :

$$P = \frac{R\pi d^3}{32p},$$

$$f = p\theta = \frac{64}{\pi}\frac{P}{E}\frac{lp^2}{d^4},$$

$$\theta = \frac{f}{p} = \frac{2Rl}{Ed}.$$

## Ressorts de torsion.

**442.** Une tige cylindrique fixée à une extrémité et soumise à l'autre à un mo-

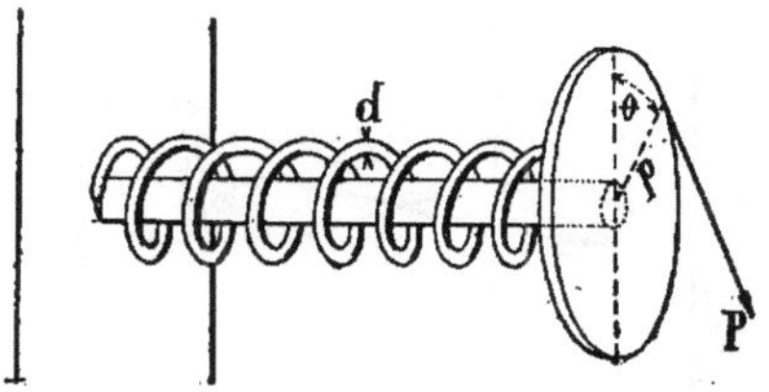


Fig. 266.

ment de torsion P.$p$ (*fig.* 267) est un ressort de torsion simple et d'égale résistance :

$$P = R\frac{\pi}{16}\frac{d^3}{p},$$

$$f = p\theta = \frac{32}{\pi}\frac{P}{G}\frac{p^2l}{d^4},$$

$$\theta = \frac{f}{p} = 2\frac{R}{G}\frac{l}{d}.$$

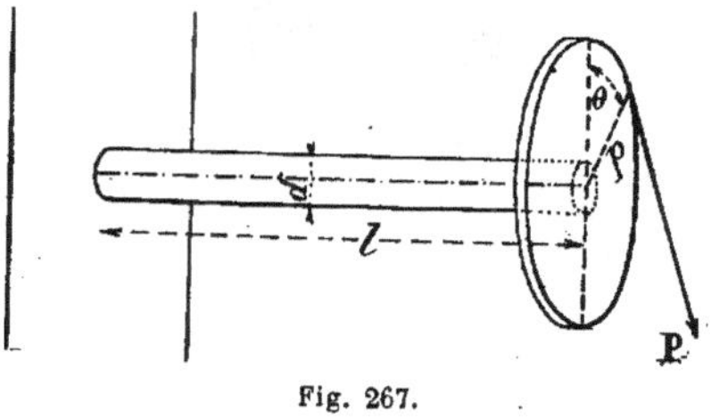


Fig. 267.

**443.** Si la tige ronde est remplacée par une lame plate, on obtient un ressort représenté par la figure 268, d'égale résistance, pour lequel :

$$P = \frac{R}{3p}\frac{b^2h^2}{\sqrt{b^2 + h^2}},$$

si $h > b$, on a approximativement :

$$P = \frac{R}{p}\frac{b^2h^2}{3\,(0{,}4b + 0{,}96h)},$$

$$f = p\theta = 3\,\frac{Pp^2l}{G}\,\frac{b^2 + 4^2}{b^3h^3},$$

$$\theta = \frac{f}{p} = \frac{R}{G}\,\frac{l\sqrt{b^2 + h^2}}{bh}.$$

Ces deux types précédents conviennent spécialement pour former des ressorts composés ou en faisceaux.

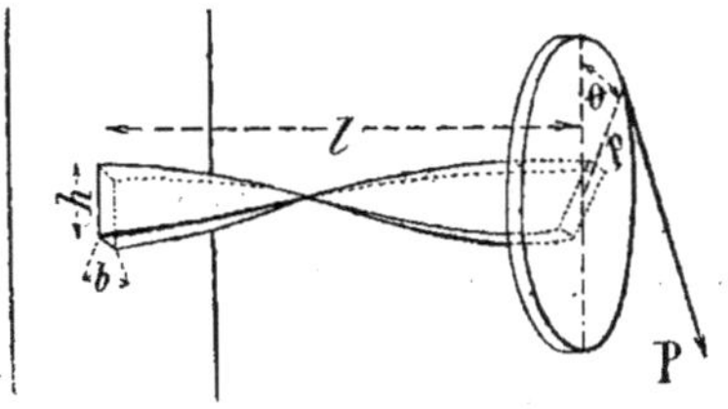


Fig. 268.

**444.** Le ressort à fil rond contourné en hélice, ou ressort à boudin (*fig.* 269), peut être chargé suivant son axe, dans un sens ou dans l'autre. La longueur du fil

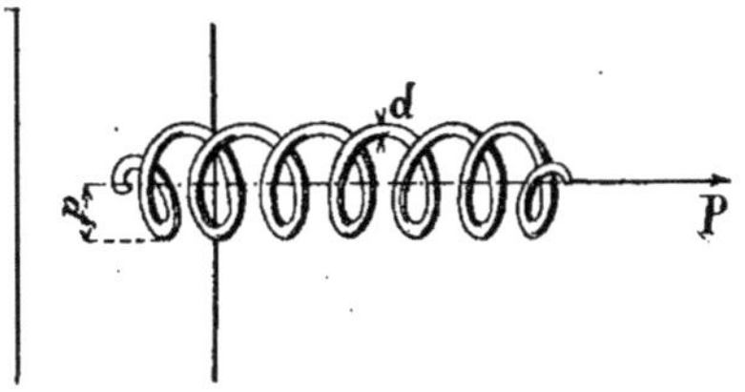


Fig. 269.

supposé étendu est toujours représentée par $l$ ; c'est également un solide d'égale résistance :

$$P = R\,\frac{\pi}{16}\,\frac{d^2}{p},$$

$$f = \frac{32}{\pi}\,\frac{Pp^2l}{Gd^4},$$

$$\frac{f}{p} = 2\,\frac{R}{G}\,\frac{l}{d},$$

**445.** La même disposition en hélice, mais formée d'une lame plate, est celle de la figure 270 ; le plus grand côté de la section peut être indifféremment parallèle, normal ou oblique à l'axe. Il est d'égale résistance :

$$P = \frac{R}{3p}\,\frac{b^2h^2}{\sqrt{b^2 + h^2}},$$

$$f = 3\,\frac{Pp^2l}{G}\,\frac{b^2 + h^2}{b^3h^3},$$

$$\frac{f}{p} = \frac{R}{G}\,\frac{l\sqrt{b^2 + h^2}}{bh}.$$

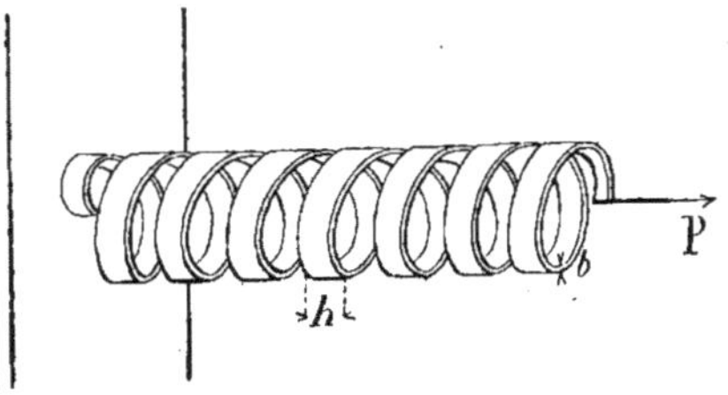


Fig. 270.

**446.** Si le fil est contourné en spirale conique, comme le montre la figure 271, la section dangereuse est en B, et l'on a :

$$P = R\,\frac{\pi}{16}\,\frac{d^3}{p},$$

$$f = \frac{16}{\pi}\,\frac{Pp^2l}{Gd^4},$$

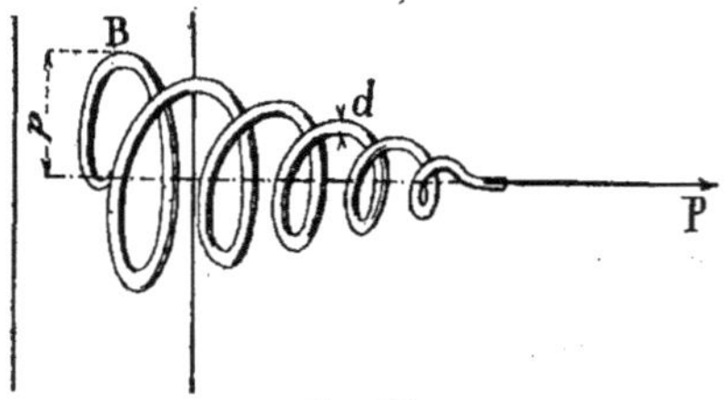


Fig. 271.

approximativement

$$\frac{f}{p} = \frac{R}{G}\,\frac{l}{d}.$$

**447.** Enfin la forme spirale conique peut être faite par une lame plate (*fig.* 272). Si la hauteur $h$ de la section est constante, la section dangereuse est en B. On pourrait en faire un solide d'égale résistance par une diminution progressive de cette hauteur :

Pour ce ressort on a :

$$P = \frac{R}{3p} \frac{b^2h^2}{\sqrt{b^2 + h^2}}$$

$$f = \frac{3}{2} \frac{Pp^2l}{G} \frac{b^2 + h^2}{b^3h^3},$$

approximativement :

$$\frac{f}{p} = \frac{1}{2} \frac{R}{G} \frac{bh}{l\sqrt{b^2 + h^2}}$$

**448.** Pour terminer, rappelons que, pour tous ces types de ressorts, leur dépression, ou le déplacement du point d'application de la force, est proportionnelle à la charge P.

De là résulte que les oscillations d'un ressort chargé sont analogues à celles d'un pendule, et que leur durée peut se calculer facilement, comme nous l'avons déjà dit, à propos des ressorts à lames superposées.

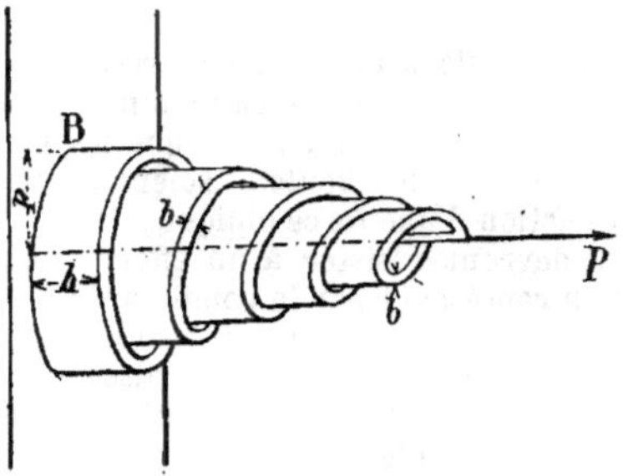


Fig. 272.

La durée d'une oscillation simple est :

$$t = \pi \sqrt{\frac{f}{g}},$$

dans laquelle $g = 9^m,81$, à Paris.

---

# CHAPITRE II

## CONSTRUCTION ET RÉSISTANCE DES ÉLÉMENTS DE MACHINES

### § I. — *BOULONS ET ÉCROUS*

**449.** Lorsque les diverses parties d'un assemblage doivent être intimement reliées, on les fixe à l'aide de vis à écrous (boulons), surtout si cet assemblage doit être démontable. La vis sert non seulement à assembler ou à fixer, mais encore à exercer des pressions et à transmettre des mouvements.

Les boulons doivent être calculés de manière à résister à l'extension et jamais à des efforts transversaux ou cisaillement.

Il peut alors se présenter trois cas :

1° Les pièces reliées par des boulons tendent à s'écarter normalement l'une de l'autre, comme les fonds des cylindres dans l'intérieur desquels agit une pression supérieure à la pression extérieure. Les boulons travaillent alors directement à l'extension ;

2° Les forces qui agissent sur les pièces assemblées tendent à les faire glisser les unes par rapport aux autres. On calcule alors les boulons de telle sorte qu'ils produisent un serrage supérieur à l'effort de glissement, de cette façon ils ne pourront être cisaillés.

En désignant par Q l'effort total qui tend à faire glisser deux pièces l'une sur l'autre, et par $f$ le coefficient de frottement des surfaces en contact, la force P normale au plan de séparation capable d'équilibrer ce frottement sera :

$$P = \frac{Q}{f}.$$

Les boulons auront donc à résister à un effort total d'extension au moins égal à P.

3° Il peut enfin arriver que les pièces réunies par les boulons soient soumises à l'action d'une force oblique ; dans ce cas ils devront résister à un effort d'extension représenté par la composante Y normale à la surface de séparation et à la force capable d'équilibrer le glissement dû à la composante X dirigée suivant la surface. D'après les sens de la force oblique, la valeur de l'effort P d'extension des boulons sera :

$$P = \pm Y + \frac{X}{f}.$$

Connaissant, dans les trois cas, la valeur de P, l'effort F d'extension sur chaque boulon sera :

$$\frac{P}{n},$$

$n$ représentant le nombre des boulons.

**450.** Un boulon se compose d'un corps cylindrique ou prismatique quadrangulaire, terminé à l'une de ses extrémités par une tête affectant des formes différentes, et d'une partie cylindrique filetée. Son écrou, qui est généralement hexagonal, carré ou circulaire, sert à produire le serrage à l'aide d'une clef.

La figure 273 représente quelques dispositifs d'assemblages réunis à l'aide de boulons les plus usités dans la pratique.

Nous croyons inutile de donner une description de ces divers types ; toute personne ayant quelques notions du dessin pourra comprendre aisément ces assemblages.

## Corps du boulon.

**451.** La partie la plus faible d'un boulon correspond au noyau de la tige filetée ; c'est le diamètre $d$ de ce noyau que l'on calcule pour que le boulon puisse résister à l'effort d'extension P dirigé suivant son axe.

Le plus souvent on détermine le diamètre $d$ du corps du boulon, lorsqu'on se donne le rapport $\frac{d_1}{d} = m$ de ces deux diamètres.

Soit R la charge de sécurité à laquelle peut être soumise la matière qui compose le boulon, on aura :

$$\frac{\pi d_1^2}{4} R = P = \frac{\pi m^2 d^2}{4} R,$$

d'où :

$$d_1 = \frac{2}{\sqrt{\pi}} \sqrt{\frac{P}{R}}$$

$$d_1 = 1{,}128 \sqrt{\frac{P}{R}} \qquad (1)$$

ou bien :

$$d = \frac{d_1}{m} = 1{,}128 \sqrt{\frac{P}{R}}. \qquad (2)$$

Ce rapport $m$, du diamètre du noyau à celui du corps du boulon, dépend du système de filetage employé ; il n'a donc rien d'absolu ; cependant il varie généralement entre 0,80 et 0,84.

Si nous admettons ces deux limites, dont la première est employée pour les boulons, d'un diamètre inférieur à $0^m{,}015$, et la seconde pour les boulons d'un diamètre supérieur, la formule (2) deviendra :

$$d = \frac{1{,}128}{0{,}80} \sqrt{\frac{P}{R}} = 1{,}41 \sqrt{\frac{P}{R}} \qquad (3)$$

et :

$$d = \frac{1{,}128}{0{,}84} = 1{,}34 \sqrt{\frac{P}{R}}. \qquad (4)$$

Ces formules peuvent se simplifier suivant la valeur attribuée à la charge de sécurité R, qui dépend de la qualité du métal employé et de la fatigue qu'éprouvent les fibres du noyau lors du filetage, lorsque la partie filetée est obtenue avec la filière. On comprend en effet que la filière imprime une torsion en hélice, par le fait même du travail, et par suite on ne peut attribuer à R la même valeur que pour des fibres rectilignes soumises à l'extension. Cet effet de la filière est d'autant plus conséquent, que le fer est de plus mauvaise qualité. Cet inconvénient du filetage n'a pas lieu lorsque les filets sont obtenus au tour ; aussi on peut, dans ce

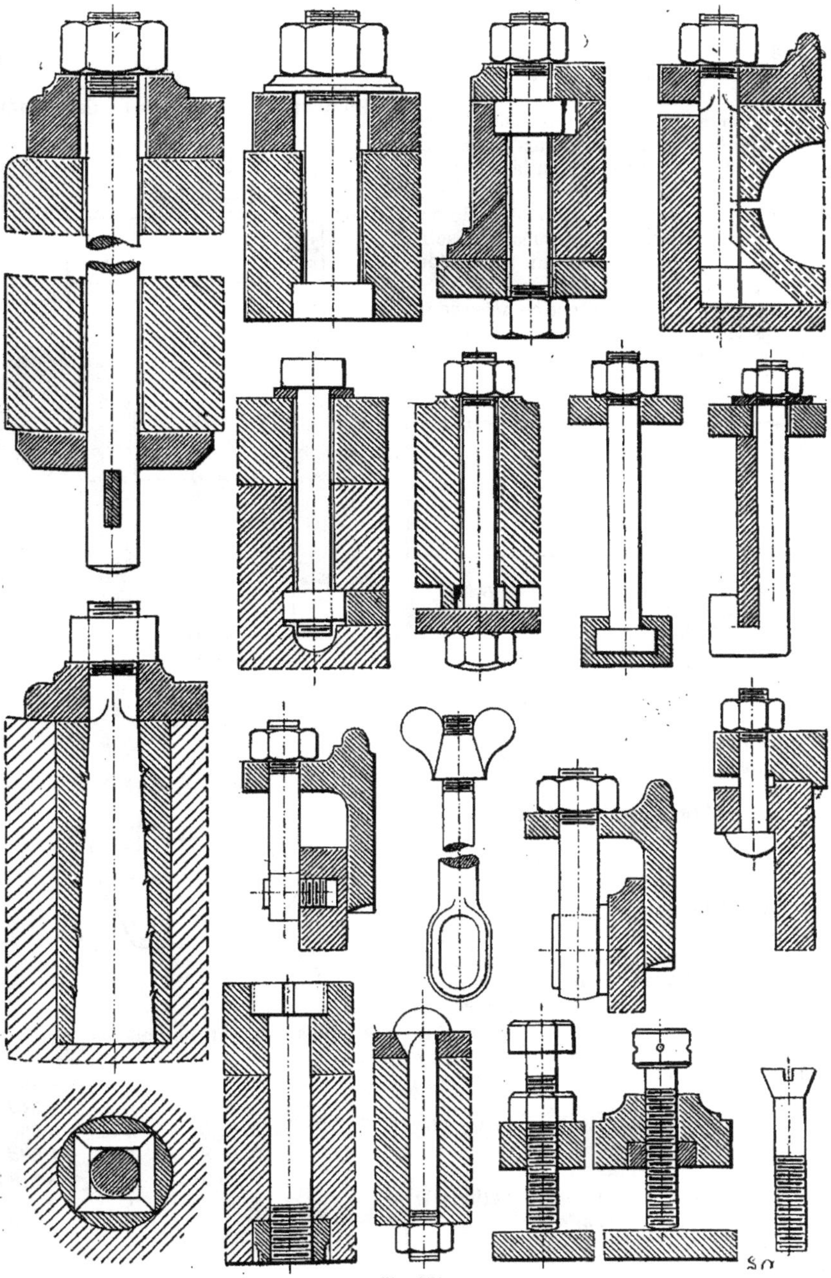

Fig. 273.

cas, et si le fer est de qualité supérieure, augmenter la valeur de R.

Dans l'industrie on adopte pour R les valeurs suivantes :

R = 3 kilogrammes *par millimètre carré*, pour les boulons de qualité ordinaire employés dans le bâtiment ou la charpente de fer;

R = 4 kilogrammes pour boulons de machines ordinaires et fabriqués avec soin ;

R = 6 kilogrammes pour les boulons en fer de bonne qualité ;

R = $8^k$ pour les boulons en acier doux.

Ces valeurs de R mises dans les formules (3) et (4) donnent les résultats suivants :

| $m = 0{,}80$ | | $m = 0{,}84$ | |
|---|---|---|---|
| VALEUR de R | BOULONS D'UN DIAMÈTRE INFÉRIEUR à $0^m{,}015$ | VALEUR de R | BOULONS D'UN DIAMÈTRE SUPÉRIEUR à $0^m{,}015$ |
| k | | k | |
| 2.5 | $d = 0{,}89\ \sqrt{P}$ | 2.5 | $d = 0{,}847\ \sqrt{P}$ |
| 3 | $d = 0{,}814\ \sqrt{P}$ | 3 | $d = 0{,}773\ \sqrt{P}$ |
| 4 | $d = 0{,}705\ \sqrt{P}$ | 4 | $d = 0{,}67\ \sqrt{P}$ |
| 6 | $d = 0{,}576\ \sqrt{P}$ | 6 | $d = 0{,}547\ \sqrt{P}$ |
| 8 | $d = 0{,}498\ \sqrt{P}$ | 8 | $d = 0{,}473\ \sqrt{P}$ |

Le diamètre $d$ du corps du boulon est exprimé en millimètres.

## Tête des boulons.

**452.** Les têtes des boulons sont obtenues en portant leur extrémité au rouge et en refoulant la matière ainsi rendue molle ; ou bien par une bande enroulée que l'on soude au rouge blanc à l'extrémité du boulon. Quel que soit son mode de fabrication, la hauteur de la tête doit être calculée de telle sorte que l'effort d'arrachement au pourtour du corps du boulon ne dépasse pas 1 kilogramme par millimètre carré de section.

En désignant par $h$ cette hauteur (*fig.* 274) on aura :

$$\pi dh\, 1 = > \mathrm{P},$$

ou en remplaçant P tiré de l'équation (1) :

$$\pi dh = > \frac{\pi m^2 d^2 \mathrm{R}}{4},$$

d'où on tire :

$$h = > \frac{m^2}{4} \cdot \mathrm{R}.d. \qquad (5)$$

En donnant à $m$ et R les valeurs indi-

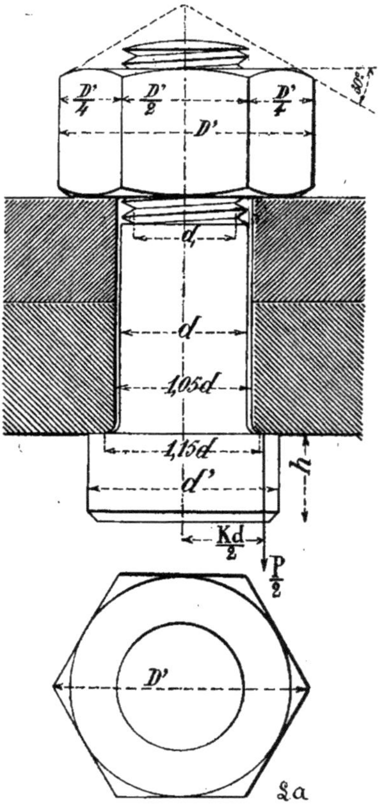


Fig. 274.

quées plus haut, on obtient les résultats suivants :

$$m = 0{,}80 \begin{cases} \mathrm{R} = 3^k & h = > 0{,}48d \\ \mathrm{R} = 4 & h = > 0{,}64d \\ \mathrm{R} = 6 & h = > 0{,}96d \\ \mathrm{R} = 8 & h = > 1{,}28d \end{cases}$$

$$m = 0{,}84 \begin{cases} \mathrm{R} = 3^k & h = > 0{,}528d \\ \mathrm{R} = 4 & h = > 0{,}704d \\ \mathrm{R} = 6 & h = > 1{,}056d \\ \mathrm{R} = 8 & h = > 1{,}408d \end{cases}$$

Le diamètre extérieur $d'$ de la tête du boulon, se détermine de telle sorte que la pression entre la tête et sa surface d'appui ne dépasse pas la plus grande tension admise dans le noyau du boulon.

La surface d'appui annulaire de la tête du boulon est un peu moindre que la différence des deux cercles de diamètre, $d'$ et $d$, en raison du diamètre du trou et du congé qui relie la tête au corps du boulon. En admettant les proportions indiquées par la figure, on trouve pour valeur de $d'$ :

$$\frac{\pi}{4}[d'^2 - (1,15d)^2] => \frac{\pi m^2 d^2}{4},$$

ou :

$$d' => d\sqrt{(1,15d)^2 + m^2}.$$

En donnant à $m$ les deux valeurs adoptées ci-dessus, on trouve :

1° Pour les boulons d'un diamètre inférieur à $0^m,015$ :

$$d' => 1,40d;$$

2° Pour les boulons d'un diamètre supérieur à $0^m,015$ :

$$d' = 1,42d.$$

Ces valeurs sont très inférieures à la règle pratique qui est généralement adoptée et par laquelle on fait :

$$d' => 1,5 \text{ à } 2d.$$

**453.** Remarque. — Il ne faut pas croire qu'il y ait avantage à augmenter le diamètre $d'$ de la tête du boulon, surtout si son épaisseur est peu considérable, car alors celle-ci pourrait devenir insuffisante pour résister à l'effort de flexion auquel la tête est soumise par l'action du serrage.

Si l'on veut calculer $h$, pour que la tête du boulon puisse résister à cette flexion, on considère la formule :

$$R = \frac{v\mu}{I},$$

dans laquelle : $v = \frac{h}{2}$

$$\mu = \frac{P}{2} \times \frac{Kd}{2};$$

$\frac{Kd}{2}$ étant la distance, à l'axe du boulon, de la résultante des réactions exercées par chaque secteur de la portée contre la tête du boulon, on aura alors :

$$R = \frac{h}{2I}\frac{P}{2}\frac{Kd}{2},$$

et en remplaçant P par sa valeur :

$$\frac{\pi m^2 d^2}{4} R,$$

il vient :

$$R = \frac{6}{\pi d h^2}\frac{\pi m^2 d^2}{8} R \frac{Kd}{2},$$

ou en simplifiant :

$$1 = \frac{3}{8}\frac{Km^2 d^2}{h^2}$$

et :

$$h = md\sqrt{\frac{3}{8}K} = \frac{md}{4}\sqrt{6K}.$$

La valeur de K est sensiblement égale à $\frac{1}{2}$, surtout lorsque $d' = 2d$, il vient alors :

$$h => 0,866md,$$

et par suite en faisant $m = 0,80$ ou $0,84$, on trouve :

$$h => 0,70d \quad \text{ou} \quad h => 0,73d.$$

## Partie filetée.

**454.** La partie filetée d'un boulon est celle qui permet, à l'aide de son écrou, de produire le serrage; elle se compose d'un noyau de diamètre $d_1$, auquel adhère un filet saillant qui fait le tour du noyau en s'élevant, pour chaque tour, d'une hauteur que l'on nomme le *pas de vis*. Ces filets contournés en hélice ont tantôt une forme triangulaire, tantôt un profil trapézoïdal, tantôt un profil rectangulaire. Les filets triangulaires sont adoptés pour les boulons d'assemblage et de fixation, lorsque leur diamètre n'est pas trop grand; ils affectent la forme carrée ou la forme d'un trapèze rectangle lorsque le diamètre est plus grand et quand la vis est destinée à supporter de très grands efforts.

Quelle que soit la forme du filet adopté, sa génération peut être imaginée de la manière suivante :

Le triangle, le carré ou le trapèze se meuvent de telle sorte :

1° Que son plan passe constamment par l'axe du noyau ;

2° Que l'un de ses côtés soit constamment appliqué sur le noyau ;

3° Que l'un des sommets, qui terminent

ce côté, décrive une hélice tracée sur le noyau.

Tous les points de la figure mobile décriront ainsi des hélices de même pas, et elles engendreront une surface hélicoïdale que l'on nomme le *filet*.

Si la surface génératrice est un triangle, on obtiendra une vis à filet triangulaire, et, si la surface est un carré, la vis sera à filet carré.

**455.** *Hélice.* — Avant d'indiquer les formes génératrices les plus employées dans l'industrie, il est bon de rappeler quelques propriétés de l'hélice et des surfaces qui limitent les filets.

Soit ADQP (*fig.* 498, tome I) le rectangle qu'on obtient en développant, sur un plan, la surface convexe du cylindre droit ABDC à base circulaire. Si l'on divise sa hauteur AD en parties égales, AE = EF, = FD et qu'après avoir pris sur le côté opposé PQ une longueur PR = AE, et tiré la droite AR, ainsi que les parallèles ES, FQ ... on enroule le rectangle ADQP sur le cylindre; les droites AR, ES, FQ traceront sur la surface convexe du cylindre une courbe continue qu'on appelle hélice. Cette courbe est bien continue, car l'axe formé par la droite AR vient aboutir au point E, où commence celle que forme la droite ES, et ainsi de suite.

Chacun des arcs AR, ES ... de l'hélice qui ont leurs extrémités sur la même génératrice AD de la surface cylindrique et font le tour entier du cylindre se nomme *spire*. Le pas de l'hélice est la portion constante AE de la génératrice AD, comprise entre les extrémités d'une spire.

La longueur de la circonférence de la base du cylindre, la longueur de la spire de l'hélice tracée sur le cylindre et le pas de cette hélice sont les trois côtés du triangle rectangle APR dont l'enroulement sur le cylindre produit la spire AR. La connaissance de deux des éléments de ce triangle suffit donc à la détermination de l'hélice.

Remarquons que la droite AR et ses parallèles ES, FQ font le même angle avec toutes les génératrices de la surface du cylindre; cet angle constant permet de définir l'hélice de la manière suivante : *La courbe tracée sur un cylindre droit à base circulaire de manière à couper ses génératrices sous un angle constant.*

L'inclinaison de l'hélice, c'est-à-dire l'angle RAP, est le complément de l'angle que chacun de ses éléments fait avec la génératrice qu'il rencontre ; la tangente de cet angle est :

$$\text{tg. RAP} = \frac{\text{RP}}{\text{AP}},$$

ou :

$$\text{tg.}\, i = \frac{p}{2\pi r},$$

$i$ représentant l'inclinaison de l'hélice ;
$p$, le pas de l'hélice ;
$r$, le rayon du cylindre.

*La distance d'un point* M *de l'hélice à la base du cylindre est proportionnelle à l'arc* MA *de cette courbe comprise entre la base du cylindre et le point* M ; *elle est aussi proportionnelle à la projection* AN *de cet arc sur la base.*

En effet, soit $m$ la position du point M sur la droite AR, lorsqu'on développe la surface du cylindre sur le plan DAP ; menons $mn$ parallèle à RP ; la droite $mn$ est égale à la distance MN du point M à la base du cylindre, et la droite A$n$ est égale à la projection de l'arc d'hélice AM sur cette base.

Les triangles rectangles semblables ARP, A$mn$ donnent :

$$\frac{mn}{\text{RP}} = \frac{\text{A}m}{\text{AR}} = \frac{\text{A}n}{\text{AP}}.$$

Or les dénominateurs de ces rapports égaux sont constants, quelle que soit la position du point M ; donc leurs numérateurs $mn$, A$m$, A$n$ sont directement proportionnels.

Si $l$ représente la longueur AR d'une spire, on aura :

$$mn = \frac{p}{l} \times \text{A}m,$$

et :

$$mn = \frac{p}{2\pi r} \times \text{A}n.$$

La projection A$n$ de l'arc d'hélice AM sur la base du cylindre est égale à l'arc de cercle AN lorsque le point M se trouve sur la première spire. Dans l'hypothèse contraire, la droite A$n$ surpasse l'arc AN d'autant de circonférences que l'arc d'hélice AM fait de fois le tour entier du cylindre.

La *tangente* en un point de l'hélice est facile à obtenir. Soit MT (*fig.* 499, tome I) la tangente au point M de l'hélice AMM'; cette droite est située dans le plan tangent MNT qui touche le cylindre suivant la génératrice MN. Pour la tracer, il suffit dès lors de connaître le point T, où elle rencontre la ligne d'intersection NT du plan tangent et de la base du cylindre. Cette distance, appelée *sous-tangente*, est égale à la projection AN de l'arc d'hélice AM sur la base du cylindre. En effet, conduisons par la droite MN un plan qui coupe la surface du cylindre, suivant une seconde génératrice M'N'; joignons MM' et NN' qui se rencontrent au point K, et remarquons qu'en faisant tourner le plan MNM'N' autour de la droite MN, jusqu'à ce que la génératrice M'N' se confonde avec MM, les sécantes KMM', KNN' deviendront simultanément tangentes, la première à l'hélice et la seconde à la circonférence de la base du cylindre. Par conséquent, la sous-tangente NT est la limite vers laquelle tend la longueur variable NK. La similitude des triangles MNK, M'N'K' donne :

$$\frac{NK}{NM} = \frac{N'K}{N'M'}.$$

Or, d'après ce qui a été dit plus haut, on a aussi :

$$\frac{MN}{\text{arc AN}} = \frac{M'N'}{\text{arc AN}'}.$$

En multipliant membre à membre ces deux égalités, il vient :

$$\frac{NK}{\text{arc AN}} = \frac{N'K}{\text{arc AN}'},$$

et par suite :

$$\frac{NK}{\text{arc AN}} = \frac{N'K - NK}{\text{arc AN}' - \text{arc AN}}$$

ou bien :

$$\frac{NK}{\text{arc AN}} = \frac{\text{corde NN}'}{\text{arc NN}'}.$$

Si nous supposons maintenant que le point M' vienne coïncider avec le point M, l'arc NN' et sa corde décroissent en même temps jusqu'à zéro, donc :

$$\text{limite}\ \frac{\text{corde NN}'}{\text{arc NN}'} = 1,$$

et par suite :

$$\text{limite NK} = \text{arc AN}.$$

Donc : *Pour construire la tangente au point* M *de l'hélice, il faut dès lors prendre sur l'intersection du plan tangent et de la base du cylindre, à partir du point* N *et dans le sens de l'arc* NA, *une longueur* NT *égale à cet arc, et tracer la droite* MT.

Il est facile de constater que la tangente à l'hélice fait un angle constant avec la génératrice du cylindre, menée par le point de contact. Soient MT (*fig.* 500, tome I) la tangente au point M de l'hélice, et NT sa projection sur le plan de la base ; la droite NT étant égale à la longueur de l'arc AN, si on prend sur le développement rectiligne AR de l'hélice une longueur A*m* égale à l'arc AM de cette courbe, et si on abaisse du point *m* la perpendiculaire sur la base A*n* suivant laquelle se développe la circonférence de la base du cylindre, nous aurons:

$$An = \text{arc AN} = NT.$$

Donc les triangles MNT, *mn*A, qui ont un angle droit compris entre côtés égaux sont égaux entre eux ; l'angle TMN est, par suite, égal à l'angle A*mn*, c'est-à-dire à l'angle constant suivant lequel la droite AR, qui engendre l'hélice, coupe toutes les génératrices du cylindre.

Lorsque l'angle A*mn* est connu, cette propriété de la tangente à l'hélice permet d'éviter la rectification de l'arc AN pour tracer cette droite. Il suffit par le point M de mener dans le plan tangent la droite MT, de manière qu'elle fasse avec la génératrice MN l'angle NMT égal à l'angle A*mn*.

**456.** *Projections de l'hélice.* — Par suite de l'importance que joue la vis dans les machines, nous croyons utile de donner les tracés des projections de l'hélice, de la bande hélicoïdale, de la surface gauche à plan directeur, de la surface gauche à cône directeur, ainsi que les projections du filet carré et du filet triangulaire.

Nous prendrons le plan vertical de projection parallèle à l'axe de la vis, et pour plan horizontal celui perpendiculaire à l'axe.

Soient *oa* le rayon de la base du cylindre, et *aa'* l'origine de l'hélice; le cylindre étant droit, il a pour projection horizontale le cercle *oa*, et pour projection verticale un rectangle (*fig.* 501, tome I).

Portons sur la génératrice du contour apparent une longueur *a'a''* égale au pas de l'hélice, puis divisons le pas et la circonférence de base en un même nombre de parties égales, 12 par exemple; par les points de divisions du pas menons des parallèles à la ligne de terre et par les points de divisions *a*, *b*, *c* ... de la base élevons des perpendiculaires à LT jusqu'aux points de rencontre *a'*, *b'*, *c'* .. des horizontales correspondantes. En réunissant par un trait continu les points *a'b'*... *g'*, *a''* ainsi obtenus, on aura la projection de l'hélice.

Le tracé de cette projection peut être rectifié en menant la tangente en chacun des points déterminés par la méthode précédente.

Pour construire les projections de la tangente en un point (*cc'*) de l'hélice, menons la droite *ct* tangente au point *c* de la base du cylindre. Cette droite est la trace horizontale du plan tangent au point *cc'* de l'hélice; car le plan tangent est perpendiculaire au plan horizontal de projection. Prenons ensuite la droite *ct* égale à l'arc *ca*, c'est-à-dire à la sous-tangente du point *cc'*; par conséquent, d'après ce qui a été dit plus haut, le point *t* est la trace horizontale de la tangente qui se projette verticalement en *t'* sur la ligne de terre.

La droite *t'c'* est la projection verticale de la tangente au point (*cc'*). En ne considérant qu'une spire *a'g'a''*, on reconnaît :

1° Que la courbe *a'g'a''* est symétrique par rapport à la droite qui joint les milieux *g'* et *m'* des côtés du rectangle *a'n'k'a''*;

2° Que les côtés *a'a''*, *n'k'* sont tangents à l'hélice aux points *a'a''* et *g'*;

3° Que la tangente au point *d'* coupe la courbe *a'g'*, c'est-à-dire que la partie *a'd'* est au-dessous de cette tangente, et la partie *d'g'* est au dessus; il en est de même de la tangente au point *j'*;

4° Que la distance de la projection verticale *c'*, d'un point de la courbe, à la projection verticale de l'axe du cylindre est proportionnelle au cosinus de l'arc de cercle *ac*;

5° Que chacun des points *d'* et *j'* est un centre de la courbe *a'g'a''*, c'est-à-dire que toute corde qui passe par l'un de ces points sera divisée en deux parties égales;

6° Que le plus court chemin de deux points de la surface d'un cylindre droit à base circulaire, mesuré sur cette surface elle-même, est le plus petit des arcs d'hélice qui joint ces deux points.

**157.** *Bande hélicoïdale.* — La bande hélicoïdale est la surface engendrée par une portion de génératrice d'un cylindre qui se meut de manière que tous ses points décrivent des hélices égales.

La projection verticale représentée par la figure 503, tome I, suppose le cylindre enlevé. On l'obtient en déterminant les projections des deux hélices parallèles décrites par les extrémités *a'* et $a''_1$ ; le contour apparent est formé par des portions des génératrices du contour apparent du cylindre.

La projection horizontale est la circonférence de base du cylindre. Cette surface se trouve dans la vis à filets carrés.

**158.** *Surface hélicoïdale à plan directeur perpendiculaire à l'axe du cylindre.* — Cette surface est engendrée par une droite qui se meut en suivant le contour d'une hélice cylindrique circulaire en restant toujours perpendiculaire à l'axe du cylindre.

Soient *ah*, *a'h'* les projections de la ligne génératrice (*fig.* 505, tome I) ; l'extrémité (*hh'*) s'appuie sur l'hélice tracée sur le cylindre de rayon *oh* qui forme noyau.

Dans son mouvement elle occupe différentes positions représentées en projection horizontale par les lignes *ah*, *ib* ... *ng*, etc. La projection verticale est limitée aux deux hélices de mêmes pas décrites par les extrémités de la droite *ah*, *a'h'*.

La figure suppose que cette surface est fixée sur le cylindre de rayon *oh*. La projection horizontale se compose de deux circonférences concentriques et de la droite *ng*, qui est l'intersection de la surface gauche avec la base supérieure du cylindre. Cette surface se trouve dans la vis à filets carrés.

**459.** *Surface hélicoïdale à cône directeur.* — Cette surface qui forme la vis à filets triangulaires est engendrée par une droite qui se meut en suivant le contour d'une hélice cylindrique, en rencontrant l'axe et faisant avec cet axe un angle constant.

Soient (*am*, *a'm'*) les projections de la ligne génératrice, supposée parallèle au plan vertical de projection (*fig.* 506, t. I). Après avoir dessiné la projection de l'hélice sur le cylindre de rayon *oa*, on tracera les différentes projections de la génératrice en remarquant que les deux extrémités s'élèvent de quantités égales. Le contour apparent sera la ligne enveloppe de toutes les projections verticales de la génératrice.

Tout plan, perpendiculaire à l'axe, coupe la surface suivant une spirale d'Archimède, qui se projette en vraie grandeur sur le plan horizontal.

**460.** *Projections de la vis à filets carrés.* — Comme nous l'avons déjà dit, le filet est engendré par un carré qui se meut de manière que son plan passe toujours par l'axe du cylindre de révolution ; deux des côtés engendrent des bandes hélicoïdales, et les deux autres, perpendiculaires à l'axe du cylindre, engendrent des surfaces gauches à plan directeur.

Le filet, ainsi engendré, fait saillie sur le cylindre intérieur qu'on appelle le noyau de la vis.

Soit *a'b'c'd'* la projection verticale du carré générateur (*fig.* 507, tome I), supposons que le pas *a'a''* égale 2 *a'd'*. Il suffira de tracer les projections des hélices de même pas, décrites par les quatre sommets du carré.

Les projections du filet seront limitées aux bandes hélicoïdales et aux surfaces gauches engendrées par les côtés horizontaux du carré.

L'écrou à filets carrés représenté, en coupe, par la figure 508, tome I, est engendré par le même carré qui a servi à la formation du filet de la vis ; mais, au lieu de former une saillie, elle détermine dans un cylindre creux, de même diamètre intérieur que celui du noyau de la vis, une rainure hélicoïdale qui offre, en creux, une forme exactement semblable à la saillie de la vis. L'écrou est, pour ainsi dire, le moule de la vis.

**461.** *Projections de la vis à filets triangulaires.* — Le filet triangulaire est engendré par un triangle isocèle dont la base s'appuie constamment sur le noyau de la vis, en décrivant sur la surface du cylindre une bande hélicoïdale, de manière que le plan du triangle passe constamment par l'axe.

Ce filet est donc limité par cette bande hélicoïdale et par les deux surfaces hélicoïdales à cône directeur, engendrés par les côtés égaux du triangle isocèle.

Soit *a'b'c'* (*fig.* 509, tome I) la projection verticale du triangle générateur ; chaque sommet décrit des hélices de même pas ; l'hélice décrite par le sommet représente l'intersection des surfaces hélicoïdales gauches.

Les lignes de contour apparent de la surface du filet ne sont pas des lignes droites, comme le montre la figure 506 (tome I), mais en diffèrent très peu, et, comme leurs projections sont tangentes aux projections des hélices qui sont tracées sur la surface, on obtiendra la projection verticale du contour apparent, avec une approximation suffisante, en menant une série de tangentes communes aux projections des hélices.

Le pas de la vis à filets triangulaires est égal à la base du triangle générateur.

L'écrou est analogue à celui décrit plus haut ; ses projections s'obtiennent de la même manière, en remarquant que le creux de l'écrou correspond au filet plein de la vis (*fig.* 510, tome I).

**462.** Remarque. — Les projections d'une vis à filet trapézoïdal, se dessineraient de la même manière, connaissant le profil du trapèze générateur.

Ces constructions rappelées, nous allons étudier les divers profils employés pour les parties filetées des boulons.

### Système de filets Withworth.

**463.** Le profil presque généralement adopté en Angleterre est celui que proposa Withworth en 1841 (*fig.* 275). Dans ce système le filet est engendré par un triangle isocèle, dont la base est égale au pas, et l'angle au sommet de 55 degrés, ce qui donne pour la hauteur du triangle ;

$$t = 0,96\,p,$$

$p$ étant la base ou le pas.

A l'intérieur et à l'extérieur le filet est arrondi sur une longueur égale à $\frac{1}{6}\,t$, de telle sorte que la profondeur réelle du filet est $0,64\,p$.

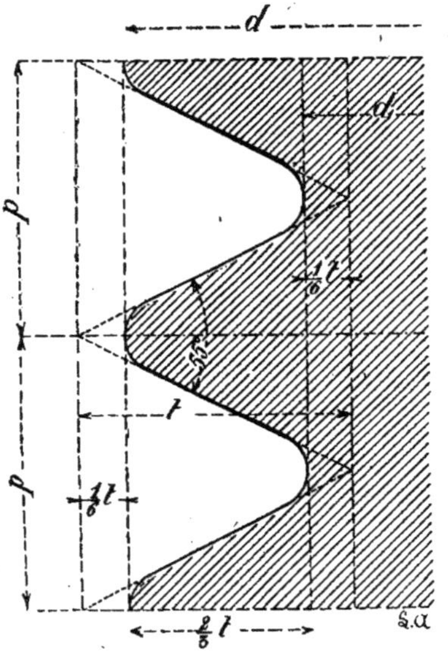


Fig. 275.

Withworth avait établi, sous forme de tableau les pas de ses vis d'après leurs diamètres. Après avoir reconnu quelques imperfections dans les règles qu'il employait, il modifia en 1857 la gradation des diamètres et remplaça son ancienne échelle par une nouvelle, qui est adoptée aujourd'hui en Angleterre pour tous les boulons.

Briggs est arrivé à exprimer la valeur du pas, dans le système Withworth, d'une manière relativement exacte par la formule :

$$p = 0,1075\,d - 0,0075\,d^2 + 0,024,$$

dans laquelle $p$ et $d$ sont exprimés en pouces anglais.

Pour transformer ces dimensions en millimètres, il suffit de rappeler que le pouce anglais correspond à $0^m,0254$.

Le tableau suivant se rapportant à la figure 276 donne les dimensions des vis et écrous du système Withworth.

## Système de filets de Sellers.

**464.** La plupart des usines des États-Unis adoptent aujourd'hui le système de

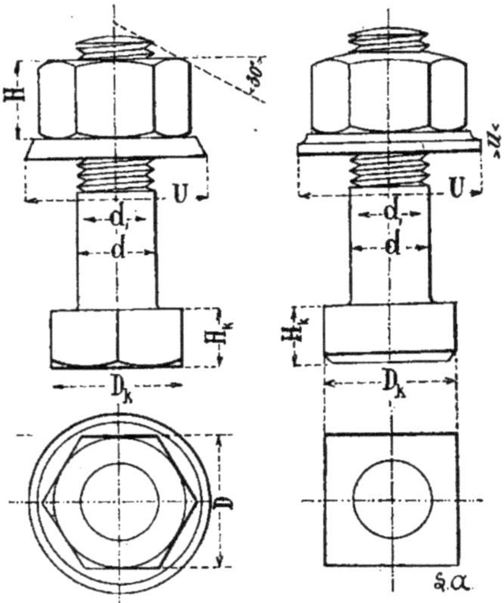


Fig. 276.

William-Sellers. Dans ce système le profil du filet, (*fig.* 277) a la forme d'un trapèze isocèle dont les côtés, non parallèles, font un angle de 60 degrés, de telle sorte que ces côtés prolongés forment un triangle équilatéral.

La profondeur du filet est égale aux $\frac{3}{4}$ de la hauteur de ce triangle équilatéral, et, comme le pas est égal au côté du triangle, la profondeur est les 0,65 de ce pas.

D'après Sellers, le pas se calcule par la relation :

$$p = 0,24\,\sqrt{d + 0,625} - 0,175$$

## VIS ET ÉCROUS DU SYSTÈME WITHWORTH.

| Nos | DIAMÈTRE DE LA VIS en pouces anglais | DIAMÈTRE DE LA VIS en millimètres | NOMBRE DES PAS au pouce anglais | NOMBRE DES PAS par longueur = diamètre | DIAMÈTRE DU NOYAU en pouces anglais | DIAMÈTRE DU NOYAU en millimètres | Charge pratique en kilogrammes | Hauteur de l'écrou. Diamètre des boulons en millimètres (nombre rond) | Ouverture de la clef qui, suivant la forme de l'écrou, est le côté du carré ou le diamètre du cercle inscrit dans l'hexagone | Diamètre du cercle circonscrit à l'hexagone de l'écrou | Hauteur de la tête | Diamètre de la rondelle | Épaisseur de la rondelle | Poids de 100 millimètres du boulon en kilogrammes | Poids de la tête carrée en kilogrammes | Poids de l'écrou, y compris la hauteur correspondante de la vis | Poids de la rondelle, y compris la hauteur correspondante de la vis |
|---|---|---|---|---|---|---|---|---|---|---|---|---|---|---|---|---|---|
| | $d$ | $d$ | $n$ | $n_1$ | $d_1$ | $d_1$ | $P$ | $H = d$ $d_1 + 1,28s$ | $Dk = D$ $5 + 1,4d$ | $D_1$ $1,155D$ | $Hk$ $0,7d$ | $U$ $1,3D$ | $u$ $0,1D$ | $P_b$ | $P\square$ | $P_e$ | $P_r$ |
| 1 | $1/4$ | 6.35 | 20 | 5 | 0.18 | 4.72 | 48 | 7 | 15 | 17.5 | 5 | 20 | 1.5 | 0.030 | 0.008 | 0.010 | 0.004 |
| 2 | $5/16$ | 7.94 | 18 | $5\,5/8$ | 0.24 | 6.09 | 81 | 8 | 16 | 18.5 | 6 | 21 | 1.5 | 0.039 | 0.012 | 0.014 | 0.004 |
| 3 | $3/8$ | 9.52 | 16 | 6 | 0.29 | 7.36 | 118 | 10 | 19 | 22 | 7 | 25 | 2 | 0.061 | 0.020 | 0.024 | 0.007 |
| 4 | $7/16$ | 11.11 | 14 | $6\,1/8$ | 0.34 | 8.64 | 164 | 12 | 22 | 25.5 | 8 | 29 | 2 | 0.088 | 0.030 | 0.039 | 0.010 |
| 5 | $1/2$ | 12.70 | 12 | 6 | 0.39 | 9.91 | 215 | 13 | 24 | 28 | 9 | 32 | 2.5 | 0.103 | 0.040 | 0.050 | 0.015 |
| 6 | $5/8$ | 15.87 | 11 | $6\,7/8$ | 0.51 | 12.92 | 470 | 16 | 27 | 31 | 11 | 35 | 3 | 0.156 | 0.092 | 0.078 | 0.022 |
| 7 | $3/4$ | 19.05 | 10 | $7\,1/2$ | 0.62 | 15.74 | 542 | 20 | 33 | 38 | 14 | 43 | 4 | 0.244 | 0.118 | 0.147 | 0.044 |
| 8 | $7/8$ | 22.22 | 9 | $7\,7/8$ | 0.73 | 18.54 | 752 | 23 | 38 | 48 | 16 | 50 | 4 | 0.323 | 0.180 | 0.224 | 0.060 |
| 9 | 1 | 25.40 | 8 | 8 | 0.84 | 21.33 | 998 | 26 | 42 | 44.5 | 18 | 55 | 4 | 0.413 | 0.247 | 0.309 | 0.073 |
| 10 | $1\,1/8$ | 28.57 | 7 | $7\,7/8$ | 0.94 | 23.87 | 1 250 | 29 | 45 | 52 | 20 | 58 | 4 | 0.514 | 0.315 | 0.396 | 0.081 |
| 11 | $1\,1/4$ | 31.75 | 7 | $8\,3/4$ | 1.06 | 26.92 | 1 590 | 32 | 50 | 58 | 22 | 65 | 5 | 0.625 | 0.428 | 0.539 | 0.124 |
| 12 | $1\,3/8$ | 34.92 | 6 | $8\,1/4$ | 1.16 | 29.46 | 1 900 | 35 | 54 | 62.5 | 24 | 70 | 5 | 0.748 | 0.544 | 0.738 | 0.148 |
| 13 | $1\,1/2$ | 38.10 | 6 | 9 | 1.29 | 32.68 | 2 350 | 39 | 60 | 69.5 | 27 | 78 | 6 | 0.931 | 0.756 | 0.947 | 0.222 |
| 14 | $1\,5/8$ | 41.27 | 5 | $8\,1/8$ | 1.37 | 35.28 | 2 740 | 42 | 64 | 74 | 29 | 84 | 6 | 1.077 | 0.956 | 1.160 | 0.258 |
| 15 | $1\,3/4$ | 44.45 | 5 | $8\,3/4$ | 1.49 | 37.84 | 3 140 | 45 | 68 | 78.5 | 32 | 88 | 7 | 1.237 | 1.151 | 1.341 | 0.328 |
| 16 | $1\,7/8$ | 47.62 | $4\,1/2$ | $8\,7/16$ | 1.59 | 40.38 | 3 590 | 48 | 72 | 83 | 34 | 93 | 7 | 1.407 | 1.371 | 1.678 | 0.364 |
| 17 | 2 | 50.82 | $4\,1/2$ | 9 | 1.71 | 43.43 | 4 140 | 51 | 76 | 88 | 36 | 98 | 8 | 1.589 | 1.617 | 1.987 | 0.460 |
| 18 | $2\,1/4$ | 57.15 | 4 | 9 | 1.93 | 49.02 | 5 280 | 58 | 85 | 97.5 | 40 | 110 | 9 | 2.054 | 2.301 | 2.893 | 0.666 |
| 19 | $2\,1/2$ | 63.50 | 4 | 10 | 2.18 | 55.37 | 6 750 | 64 | 94 | 109 | 45 | 121 | 9 | 2.502 | 3.400 | 3.896 | 0.825 |
| 20 | $2\,3/4$ | 69.85 | $3\,1/2$ | $9\,5/8$ | 2.38 | 60.45 | 8 030 | 70 | 103 | 119 | 49 | 134 | 10 | 2.993 | 4.075 | 5.025 | 1.099 |
| 21 | 3 | 76.20 | $3\,1/2$ | $10\,1/2$ | 2.63 | 66.80 | 9 820 | 77 | 112 | 130 | 54 | 145 | 12 | 3.621 | 5.325 | 7.667 | 1.323 |

exprimé en pouces anglais ; ou :

$$p = 1{,}208\sqrt{d + 16} - 4{,}43$$

exprimé en millimètres.

En calculant le pas, on doit modifier légèrement sa valeur de manière que le nombre des pas pour une hauteur de un pouce anglais, ou la réciproque du pas $\frac{1}{p}$, ait une valeur simple.

Les dimensions correspondantes des diamètres et des pas adoptés par l'Institut de Franklin sont contenues dans le tableau suivant :

| | | | | | | | | | | | | | | | | | |
|---|---|---|---|---|---|---|---|---|---|---|---|---|---|---|---|---|---|
| $d$ | $1/4$ | $5/16$ | $3/8$ | $7/16$ | $1/2$ | $9/16$ | $5/8$ | $3/4$ | $7/8$ | 1 | $1\,1/8$ | $1\,1/4$ | $1\,3/8$ | $1\,1/2$ | $1\,5/8$ | $1\,3/4$ | $1\,7/8$ |
| $\frac{1}{p}$ | 20 | 18 | 16 | 14 | 13 | 12 | 11 | 10 | 9 | 8 | 7 | 7 | 6 | 6 | $5\,1/2$ | 5 | 5 |
| $d$ | 2 | $2\,1/4$ | $2\,1/2$ | $2\,3/4$ | 3 | $3\,1/4$ | $3\,1/2$ | $3\,3/4$ | 4 | $4\,1/4$ | $4\,1/2$ | $4\,3/4$ | 5 | $5\,1/4$ | $5\,1/2$ | $5\,3/4$ | 6 |
| $\frac{1}{p}$ | $4\,1/2$ | $4\,1/2$ | 4 | 4 | $3\,1/2$ | $3\,1/2$ | $3\,1/4$ | 3 | 3 | $2\,7/8$ | $2\,3/4$ | $2\,5/8$ | $2\,1/2$ | $2\,1/2$ | $2\,3/8$ | $2\,3/8$ | $2\,1/4$ |

Ce filet Sellers présente sur celui de Withworth l'avantage d'avoir un profil

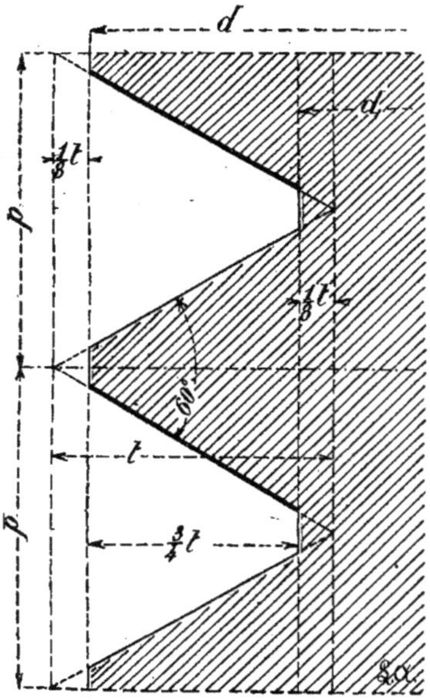


Fig. 277.

plus simple et pouvant s'obtenir plus facilement à l'aide des tarauds ; ensuite son angle de 60 degrés est plus commode. La gradation des pas est d'ailleurs plus continue que dans la série Withworth.

**465.** Remarque. — La question d'avoir des séries pour les filets pouvant remplir les conditions désirables pour la pratique, a été très souvent discutée. Plusieurs auteurs ont cherché à employer le système métrique, mais les résultats auxquels ils sont arrivés présentent entre eux des différences assez notables.

Les conditions indispensables qui devraient être remplies dans l'adoption d'un système uniforme pour les boulons et les vis sont les suivantes :

1° La forme du profil doit pouvoir être exécutée facilement, avec toute la précision désirable ;

2° Le pas doit, autant que possible, pouvoir se déduire des formules, sans qu'il soit nécessaire d'arrondir les chiffres ;

3° Les gradations des diamètres des boulons doivent être établies de telle sorte, qu'aucun d'eux ne comporte de fractions de millimètres, et que les divers termes de la série ne s'écartent pas trop du système décimal.

Ces trois conditions, si elles étaient remplies, permettraient de remplacer aisément des vis ou des écrous lorsque l'une ou l'autre de ces pièces devrait être changée.

**Nombre de filets engagés dans l'écrou.**

**466.** Au point de vue de la résistance, les filets dont nous venons de parler constituent un tracé suffisant, et cela parce que le nombre de filets engagés dans l'écrou est une conséquence de la valeur que la plus grande pression entre les éléments en contact peut atteindre lorsqu'on a égard aux conditions de graissage.

Pour que les matières lubrifiantes ne soient pas expulsées entre le filet de la vis et le contre-filet de l'écrou, il faut que le travail du frottement ne dépasse pas, au moment du serrage, une limite dépendant du mode de graissage. Il faut, en d'autres termes, que la pression par unité de surface ne dépasse pas une valeur N, qui va nous servir à chercher le nombre de filets qui doivent être engagés dans l'écrou.

Si P est la tension totale à laquelle doit être soumis le boulon, il doit y avoir équilibre entre cette force P et la plus grande compression N, entre les éléments de l'écrou et ceux des filets.

Représentons par $f$ le coefficient de frottement des surfaces en contact, dont la valeur dépendra de la matière lubrifiante et de la nature des matériaux employés (*fig.* 278).

Soit $\omega$ un élément de la surface du filet, la valeur de la compression sur cet élément sera $N\omega$ N étant la plus grande compression par unité de surface.

Cette force $N\omega$ donne lieu à un frottement $fN\omega$, dirigé suivant l'élément $\omega$.

Ecrivons la condition d'équilibre, en projetant sur l'axe toutes les forces qui agissent sur la partie filetée, on aura :

$$P = \Sigma N\omega \cos\alpha - \Sigma fN\omega \sin\beta.$$

$\alpha$ étant l'angle de $N\omega$ avec l'axe ;

$\beta$ étant l'angle de $fN\omega$ avec la perpendiculaire à l'axe, c'est-à-dire l'angle que fait la tangente à l'hélice moyenne avec le plan perpendiculaire à l'axe de la vis.

Cette équation peut s'écrire :

$$P = N(\Sigma\omega \cos\alpha - f\Sigma\omega . \sin\beta)$$

ou :

$$P = N\Sigma\omega \cos\alpha \left(1 - \frac{f \sin\beta}{\cos\alpha}\right).$$

Or :

$$\Sigma\omega \cos\alpha = n\frac{\pi d^2}{4}(1 - m^2)$$

et :

$$P = \frac{\pi m^2 d^2}{4} R$$

dans lesquelles : $n$ est le nombre de filets; $m$ le rapport $\frac{d_1}{d}$ du diamètre du noyau au diamètre du boulon.

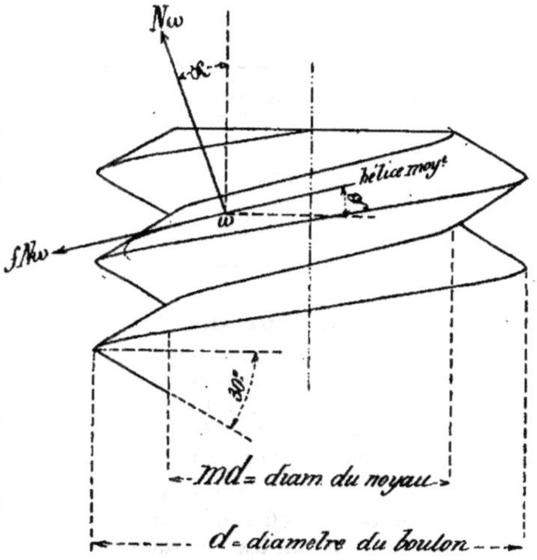


Fig. 278.

En substituant, il vient :

$$n = \frac{m^2}{(1 - m^2)\left(1 - \frac{f \sin\beta}{\cos\alpha}\right)}\left(\frac{R}{N}\right).$$

Si l'on néglige le rapport très petit $\frac{f \sin\beta}{\cos\alpha}$, il vient :

$$n = \left(\frac{m^2}{1 - m^2}\frac{R}{N}\right)$$

Si, comme nous l'avons déjà fait, nous adoptons :

$$m = 0,80$$

pour les boulons d'un diamètre plus petit que 0,015, on trouve :

$$n = 1,77\frac{R}{N}$$

et, si $m = 0,84$ pour les boulons d'un diamètre supérieur, on a :

$$n = 2,39\,\frac{R}{N}.$$

La valeur de N peut être prise égale à 750 000 kilogrammes par mètre carré pour des boulons de qualité ordinaire ; elle peut aller jusqu'à 900 000 kilogrammes pour des boulons en fer de bonne qualité, graissés à l'huile.

Le tableau suivant pourra servir de guide dans les principaux cas de la pratique.

| DÉSIGNATION DES BOULONS | $n$ = NOMBRE DE FILETS A ENGAGER DANS L'ÉCROU | | |
|---|---|---|---|
| | FILETS TRIANGULAIRES | | FILETS RECTANGULAIRES |
| | $m = 0,80$ | $m = 0,84$ | $m = 0,84$ |
| Boulons de bâtiments pour lesquels ($R = 3 \times 10^6$) et ($N = 0,75 \times 10^6$) | $n = 7,08$ soit 8 filets | $n = 9,56$ soit 10 filets | $n = 9,56$ soit 10 filets |
| Boulons pour machines communes ($R = 4 \times 10^6$) et ($N = 0,80 \times 10^6$) | $n = 8,85$ soit 9 filets | $n = 11,95$ soit 12 filets | $n = 11,95$ soit 12 filets |
| Boulons de bonne qualité ($R = 6 \times 10^6$) et ($N = 0,90 \times 10^6$) | $n = 11,78$ soit 12 filets | $n = 15,91$ soit 16 filets | $n = 15,91$ soit 16 filets |

## Hauteur de l'écrou.

**467.** Connaissant le pas de la vis et le nombre de filets qui doivent être engagés dans l'écrou, il sera facile de déterminer la hauteur de celui-ci par la relation :

$$h = n \times p.$$

Les calculs effectués suivant les cas ci-dessus donnent les résultats suivants :

Si :

$m = 0,80 \quad R = 3 \times 10^6 \quad N = 0,75 \times 10^6$

on a : $h = \left(0,2035\,\frac{R}{N}\right) d$

ou : $h = 0,81d$ ;

pour $m = 0,84$ :

$h = \left(0,275\,\frac{R}{N}\right) d$ ou : $h = 1,1d$.

Si :

$m = 0,80 \quad R = 4 \times 10^6 \quad N = 0,80 \times 10^6$

on a : $h = 1,017d$

et pour $m = 0,84$ :

$h = 1,375d.$

Enfin si :

$m = 0,80 \quad R = 6 \times 10^6 \quad N = 0,90 \times 10^6$

on a : $h = 1,355d$

et pour $m = 0,84$ :

$h = 1,831d.$

**468.** Remarque. — Dans la pratique, on donne aux écrous une hauteur égale au diamètre du boulon ; cette valeur est généralement suffisante, surtout lorsque l'effet du cisaillement est empêché par la disposition de l'assemblage, dont nous donnerons quelques exemples plus loin. Ce n'est que lorsque les écrous doivent servir à produire de grandes pressions, comme dans les presses à vis, qu'on leur donne une hauteur $h$ supérieure à $d$.

## Diamètre extérieur de l'écrou.

**469.** Le plus généralement les écrous sont à quatre ou à six pans, ils reposent sur des portées bien dressées et dont le plan est perpendiculaire à l'axe du boulon. Lorsque les boulons sont d'un diamètre trop petit et que, pour des raisons de montage, le trou dans lequel passe le boulon est d'un diamètre beaucoup plus grand que $d$, on interpose entre la portée et l'écrou une rondelle, comme le montre un certain nombre d'exemples donnés plus haut.

Dans le serrage de l'écrou, contre la rondelle ou la portée, il faut que le coefficient de frottement ne dépasse pas $f$, dépendant du système de graissage adopté entre l'écrou et le filet ; par conséquent, la pression entre les surfaces en contact, ne doit pas dépasser le nombre N par unité de surface.

Afin d'éviter que les angles des prismes carrés ou hexagonaux ne viennent gripper sur les portées, on les abat en chanfreinant les deux bases par un cône dont les génératrices font 30 degrés avec ces bases. Si l'une des bases ne doit pas s'appuyer contre une portée, on la termine par une partie sphérique.

Ce chanfrein produit un cercle tangent aux faces de l'hexagone ou du carré, de telle sorte que la surface de contact entre l'écrou et la rondelle est comprise entre cette circonférence inscrite à la base du prisme et à la circonférence du trou du boulon dont le diamètre peut être pris égal à $1,05d$ (*fig.* 274).

1° Si D′ est le diamètre de la circonférence circonscrite à l'hexagone, on a pour le diamètre du cercle inscrit:

$$\frac{D'}{4}\sqrt{3}.$$

La surface de contact est donc :

$$\pi\left(\frac{D'}{4}\sqrt{3}\right)^2 - \pi\,\frac{(1,05d)^2}{4}$$

ou :

$$\frac{3\pi D'^2}{16} - \frac{\pi}{4}(1,05d)^2$$

et par suite :

$$\left[\frac{16}{3}\pi D'^2 - \frac{\pi}{4}(1,05)^2\right]N = P = \frac{\pi m^2 d^2}{4}R,$$

équation de laquelle on tire :

$$D' = d\left(2\sqrt{\frac{1,1052N + mR^2}{3N}}\right).$$

Si on fait $m = 0,80$, on a :

$$D' = d\left(2\sqrt{\frac{0,368N + 0,213R}{N}}\right),$$

et pour $m = 0,84$, on trouve :

$$D' = d\left(2\sqrt{\frac{0,368N + 0,235R}{N}}\right);$$

2° Pour l'écrou carré, si le diamètre circonscrit est D′, celui du cercle inscrit sera (*fig.* 279) :

$$\frac{D'}{\sqrt{2}},$$

et la surface de contact :

$$\frac{\pi D'^2}{8} - \frac{\pi}{4}(1,05d)^2,$$

d'où l'équation :

$$\left[\frac{\pi D'^2}{8} - \frac{\pi}{4}(1,05d)^2\right]N = P = \frac{\pi m^2 d^2}{4}R,$$

d'où :

$$D' = d\left(2\sqrt{\frac{1,1025N + m^2R}{2N}}\right).$$

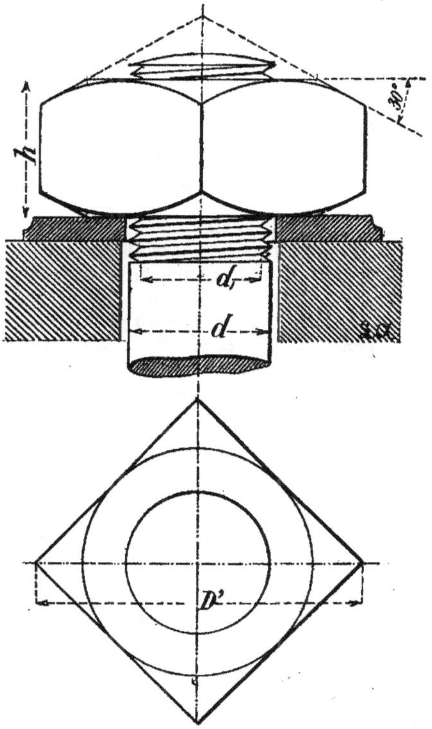


Fig. 279.

Si $m = 0,80$, on a :

$$D' = d\left(2\sqrt{\frac{0,55N + 0,32R}{N}}\right),$$

et si $m = 0,84$ :

$$D' = d\left(2\sqrt{\frac{0,55N + 0,353R}{N}}\right).$$

En appliquant ces formules aux hypothèses que nous avons déjà faites, on obtient les valeurs numériques suivantes :

| VALEUR DE R ET DE N | ÉCROUS A 6 PANS | | | ÉCROUS A 4 PANS | | |
|---|---|---|---|---|---|---|
| | D' DIAMÈTRE DU CERCLE circonscrit | D DIAMÈTRE DU CERCLE inscrit = 0,866D' | COTÉ DE L'HEXAGONE $c = \frac{D'}{2}$ | D' DIAMÈTRE DU CERCLE circonscrit | D DIAMÈTRE DU CERCLE inscrit = 0,707D' | COTÉ DU CARRÉ $c = 0{,}707D'$ |
| Fers communs $\begin{cases} R = 3 \times 10^6 \\ N = 0{,}75 \times 10^6 \end{cases}$ | 2.287$d$ | 1.98$d$ | 1.143$d$ | 2.846$d$ | 1.98$d$ | 1.98$d$ |
| Fers ordinaires $\begin{cases} R = 4 \times 10^6 \\ N = 0{,}80 \times 10^6 \end{cases}$ | 2.484$d$ | 2.153$d$ | 1.242$d$ | 3.0$d$ | 2.153$d$ | 2.153$d$ |
| Fers supérieurs $\begin{cases} R = 6 \times 10^6 \\ N = 0{,}90 \times 10^6 \end{cases}$ | 2.78$d$ | 2.407$d$ | 1.39$d$ | 3.41$d$ | 2.407$d$ | 2.407$d$ |
| Aciers $\begin{cases} R = 8 \times 10^6 \\ N = 1 \times 10^6 \end{cases}$ | 2.998$d$ | 2.596$d$ | 1.499$d$ | 3.678$d$ | 2.596$d$ | 2.596$d$ |

**470.** REMARQUE I. — Si on tenait compte de l'influence de la torsion, pour calculer le diamètre du boulon, on reconnaîtrait que le diamètre ainsi calculé n'est que les 0,68 de celui nécessaire pour résister à l'extension, à la condition que le coefficient $f$ de frottement entre l'écrou et le filet ne soit pas supérieur à $0^m,15$, c'est pourquoi il est indispensable de tenir grand compte du graissage.

**471.** REMARQUE II. — Les calculs que nous venons d'indiquer conduisent à des résultats différents de ceux donnés par plusieurs constructeurs. Ainsi Armengaud et Redtenbacher donnent des formules empiriques, correspondant assez approximativement aux règles de Withworth.

D'après ces deux auteurs, le diamètre d'un boulon est donné par la formule :

$$d = 0{,}0011\sqrt{P}.$$

Le profil triangulaire, pour des boulons d'un diamètre inférieur à $0^m,060$, doit avoir les dimensions suivantes :

Pas du filet : $p = 0{,}08d + 0^m,001$ ;

Profondeur du filet $= \frac{19}{30}p$ ;

Diamètre du noyau : $d_1 = 0{,}8988d - 0^m,00126$.

L'écrou à six pans, a les proportions ci-dessous :

Diamètre du cercle inscrit à l'hexagone $= 1{,}40\ d + 0^m,005$.

Diamètre du cercle circonscrit à l'hexagone $= 1{,}61\ d + 0^m,00575$.

Pour l'écrou à quatre pans :

Diamètre du cercle inscrit dans le carré $= 1{,}40\ d + 0^m,005$.

La hauteur des écrous, dans les deux cas, est comprise entre 1,2 et 1,4 du diamètre du boulon.

La tête du boulon, a une hauteur donnée par la relation :

$$0{,}7\ d + 0^m,0025.$$

Les dimensions obtenues par ces formules, ne tiennent pas compte de la qualité du métal employé, aussi ne sont-elles pas appliquées par plusieurs constructeurs qui font usage des relations données par Claudel dans son *Aide-mémoire*.

D'après cet auteur, le diamètre $d$ du corps du boulon serait, en faisant le diamètre $d_1$ du noyau égal à 0,8 $d$ :

$$P = \frac{\pi d'^2}{4}R = \frac{0{,}64\pi d^2}{4}R$$

$$P = 0{,}16\pi R d^2,$$

d'où :

$$d = \sqrt{\frac{1}{0{,}16\pi R}}\sqrt{P} = K\sqrt{P}.$$

Ce coefficient $K = \sqrt{\frac{1}{0{,}16\pi R}}$ adopté par la Compagnie du chemin de fer du Nord, a les valeurs suivantes :

Boulons des bâtiments, fer de qualité inférieure . . . . . $K = 0{,}7$

| | |
|---|---|
| Boulons en bon fer. . . . . | $K = 0,6$ |
| Boulons en acier corroyé. . | 0,5 |
| Boulons en acier aimanté. . | 0,45 |
| Boulons en acier fondu et trempé. . . . . . . . . . . . | 0,4 |

Enfin, pour terminer ces considérations sur les dimensions des boulons, donnons les proportions indiquées par Reuleaux, dans son ouvrage (*Le Constructeur*).

En faisant $R = 2^k,5$ par millimètre carré :

$$d_1 = 0,7 \sqrt{P}$$
$$P = 2d_1^2.$$

La hauteur de l'écrou est égale au diamètre extérieur de la partie filetée ; de cette façon la pression N par unité de surface sur le filet est comprise entre $0^k,5$ à 1 kilogramme par millimètre carré.

Le diamètre du cercle circonscrit à l'hexagone est :

Pour les écrous travaillés :

$$D' = 5 + 1,4\, d;$$

Pour les écrous bruts :

$$D' = 7 + 1,45d.$$

Dans ces formules les dimensions sont exprimées en millimètres.

## Dispositifs à boulons déchargés.

**472.** Nous avons déjà dit que, dans les assemblages par boulons, ceux-ci devaient être calculés de manière à produire entre les pièces assemblées, un serrage suffisant pour empêcher le glissement des pièces réunies, afin de soustraire les boulons à des efforts de cisaillement.

Il est indispensable dans certains cas d'éviter l'effet des efforts transversaux, et d'empêcher que le desserrage d'un écrou ne vienne permettre ce cisaillement.

Plusieurs dispositions sont employées. La figure 280 représente un assemblage de deux pièces en fonte, s'emboîtant l'une dans l'autre ; il en est de même de celui indiqué par la figure 281. Les boulons se trouvent ainsi protégés contre tous les efforts de traction ou de pression qui peuvent s'exercer normalement à leur direction.

La figure 282 représente l'encastrement prismatique, laquelle indique par une coupe transversale et une projection horizontale que le boulon est à l'abri de toute action transversale.

Un autre assemblage très simple et à recommander, en raison de sa simplicité, consiste à interposer entre les deux pièces

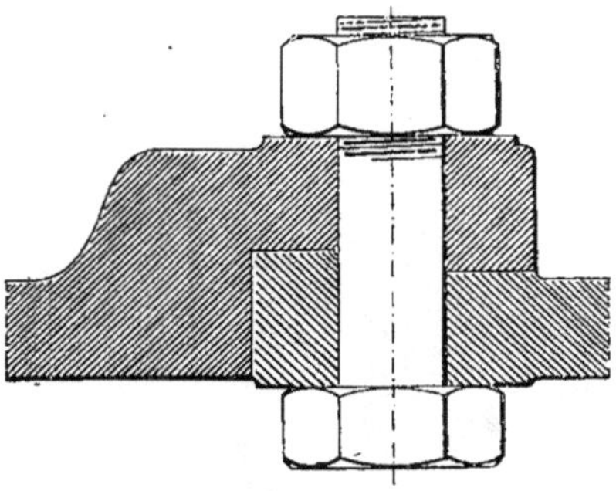

Fig. 280.

assemblées une rondelle qui entoure le boulon et qui s'engage à mi-épaisseur dans chaque pièce (*fig.* 283). Cette rondelle, généralement en fer, ajuste parfaitement dans le trou cylindrique et est concentrique au corps du boulon ; si elle doit avoir une grande dimension, on la

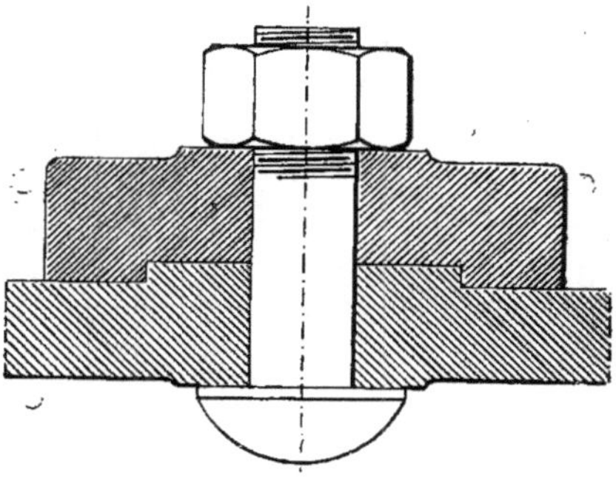

Fig. 281.

fait en fonte. On peut la remplacer par une tête intermédiaire faisant corps avec le boulon qui est tourné et engagé à moitié dans chacune des deux pièces.

Lorsque les efforts latéraux sont de faible importance, on peut se contenter, pour assurer la position relative des pièces, de placer en quelques points, soit des petites clavettes, soit des goujons cylindriques, qu'on chasse au marteau dans des trous percés bien en regard dans les deux pièces.

Ces assemblages à boulons déchargés doivent être étudiés avec soin, lorsque

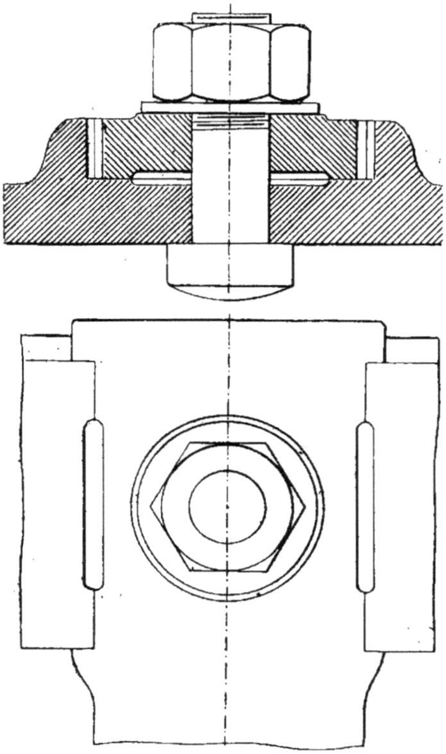

Fig. 282.

les efforts latéraux deviennent considérables. Ainsi, dans les semelles des ponts métalliques en arc, où la charge totale tend à faire glisser ces semelles sur leurs sabots, il faut que ces deux pièces, reliées par des boulons, ne puissent glisser l'une sur l'autre, ce qui, inévitablement, produirait sur les boulons des efforts tranchants qui amèneraient leur rupture.

## Dispositifs de sûreté.

**473.** Tout le monde connaît les inconvénients que présentent les écrous, lorsqu'ils servent à relier ou rattacher des pièces ou organes soumis à des trépidations ou chocs répétés. Lorsque les assemblages sont de peu d'importance, les écrous

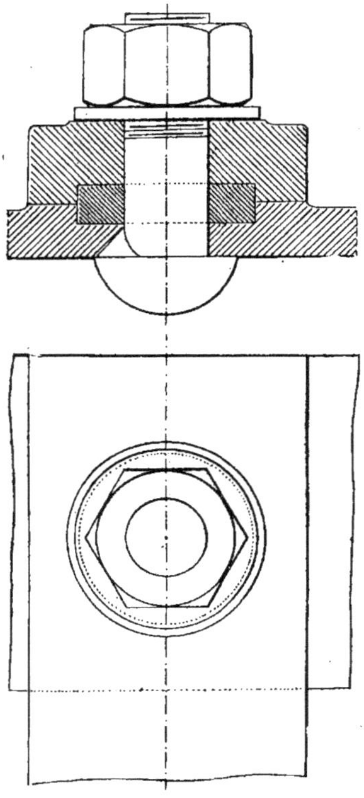

Fig. 283.

primitivement serrés à fond ne se desserrent pas en raison de l'inclinaison faible donnée aux filets. Il n'en est pas de même quand les pièces sont soumises à des ébranlements ou à des chocs répétés : l'écrou finit par prendre du jeu et détruit ainsi la sûreté de l'assemblage.

C'est surtout dans les machines à grande vitesse, comme les locomotives, qu'il est indispensable d'employer des dispositifs de sûreté.

Sans vouloir indiquer tous les systèmes employés, nous ferons connaître les dispositions les plus répandues.

L'emploi du contre-écrou (*fig.* 284), qui est le plus fréquemment employé, consiste à ajouter à l'écrou ordinaire un deuxième écrou, de manière que les deux faces bien dressées soient en contact et s'appliquent exactement l'une contre l'autre. Le contre-écrou, qui a une hauteur plus faible que l'écrou ordinaire, peut être placé au-dessus de celui-ci. La sécurité qu'il fournit n'est pas très grande,

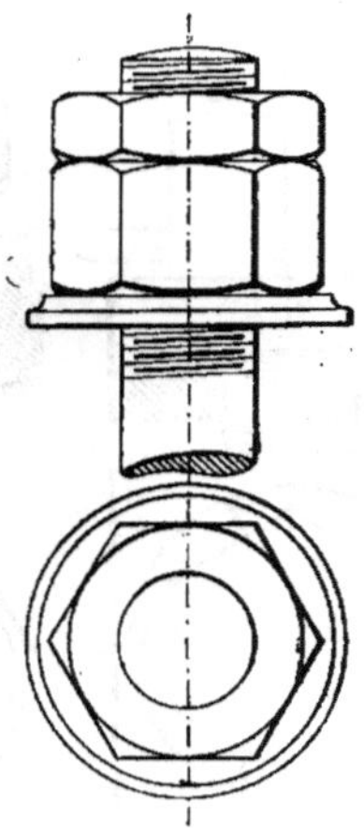

Fig. 284.

car, si l'écrou se desserre, il peut, si les chocs sont trop forts, entraîner dans son mouvement le contre-écrou. En somme, il ne fait qu'augmenter le nombre de filets, en prises avec les boulons.

On peut augmenter la sécurité du contre-écrou en taraudant l'extrémité du boulon en sens inverse du pas de vis ordinaire. Cette extrémité, qui reçoit le contre-écrou, doit avoir un diamètre extérieur un peu moindre que celui du noyau de la partie filetée qui est destinée à l'écrou simple. On voit alors que, si l'écrou se desserre, il tendra à faire tourner le contre-écrou dans le sens de son serrage. Afin d'empêcher que le contre-écrou ne vienne à se déplacer, auquel cas il ne serait plus en contact avec l'écrou, il est bon de les relier tous les deux lorsqu'on leur a donné leur position définitive. M. Baye, chef de section au chemin de fer de l'Est, a employé un système de liaison aussi simple que peu dispendieux.

L'écrou et le contre-écrou (*fig.* 285) sont réunis par un simple fil métallique d'une force suffisante, et qui n'exige pour le mettre en place aucun outil spécial. Il

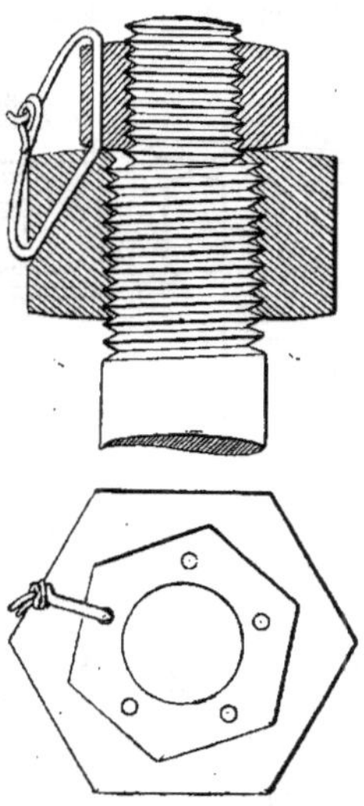

Fig. 285.

résulte de cette liaison que, si le contre-écrou tend à se desserrer, il entraîne dans son mouvement l'écrou, qui tend alors à se serrer davantage. L'écrou supérieur est percé de cinq trous, tandis que l'écrou ordinaire en a six, de telle sorte que la différence à racheter entre deux trous est de 12 degrés au maximum.

Les trous ainsi percés augmentent beaucoup le prix de revient; on peut alors y suppléer en ne perçant qu'un trou au contre-écrou, et un ou deux à l'écrou. Pour obtenir alors la concordance des trous et le contact des écrous, il suffit d'interposer entre ceux-ci une rondelle en fer, en plomb, ou toute autre matière compressible, de l'épaisseur voulue. Les trous étant en regard, on passe dans leur intérieur un fil métallique que l'on tord simplement, comme le montre la figure. Pour le démontage, il suffit de couper le fil avec une simple pince.

Le diamètre extérieur du contre-écrou se fait généralement égal à celui de l'écrou.

La figure 286 représente un écrou maintenu dans sa position définitive par une goupille fendue, et dont les extrémités sont écartées afin d'empêcher celle-ci de sortir de son logement. Ce système à

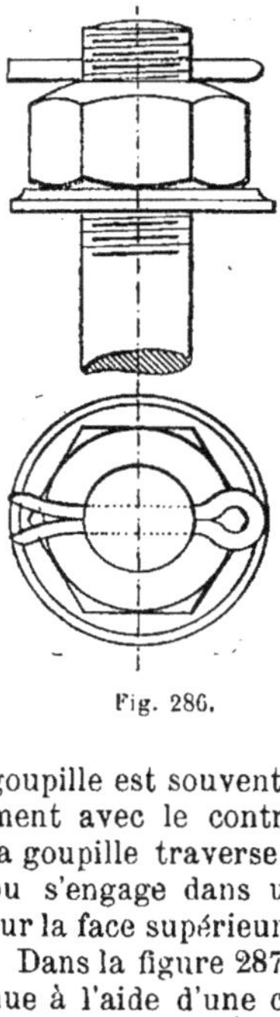

Fig. 286.

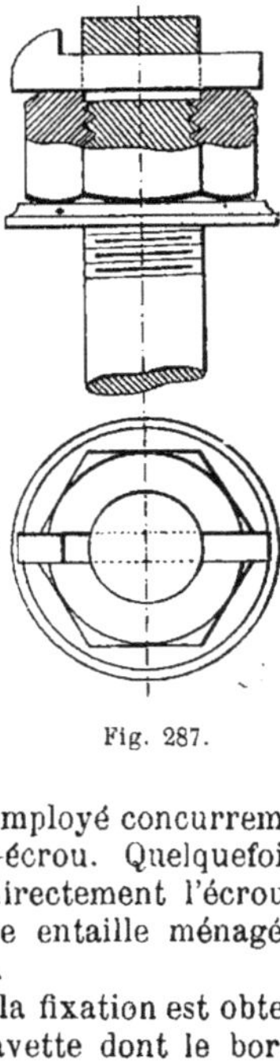

Fig. 287.

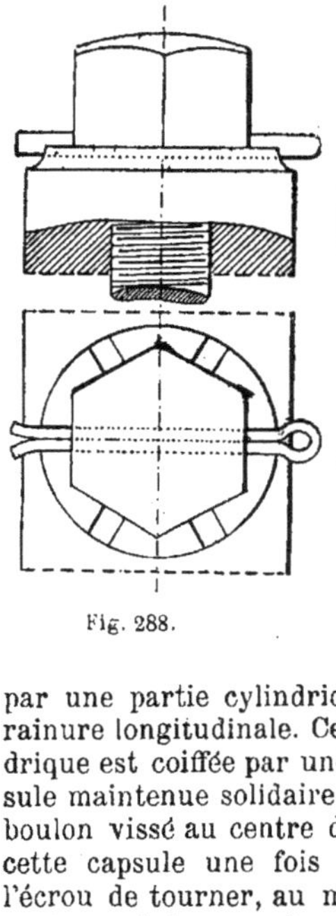

Fig. 288.

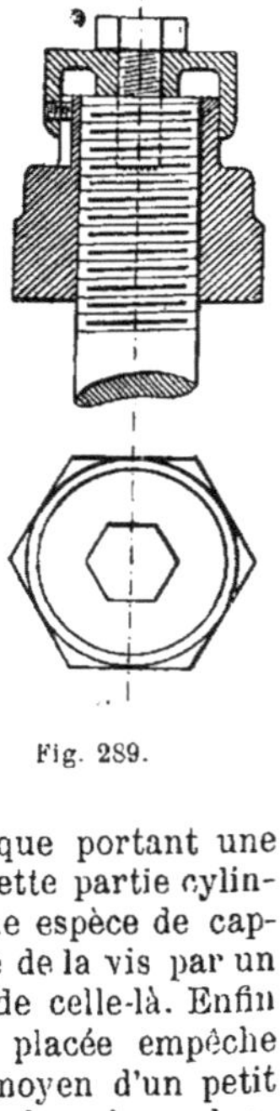

Fig. 289.

goupille est souvent employé concurremment avec le contre-écrou. Quelquefois la goupille traverse directement l'écrou, ou s'engage dans une entaille ménagée sur la face supérieure.

Dans la figure 287, la fixation est obtenue à l'aide d'une clavette dont le bord supérieur est incliné, afin de pouvoir la chasser plus ou moins, de manière à ce qu'elle appuie toujours sur l'écrou.

Une autre disposition analogue, représentée par la figure 288, consiste à terminer la face sur laquelle repose la tête du boulon par une partie en saillie présentant, suivant son diamètre, trois sillons demi-circulaires, et faisant entre elles des angles de 60 degrés. La partie inférieure de cette tête porte un sillon de même forme perpendiculaire à deux des faces parallèles de l'écrou. Une goupille fendue rend solidaire le boulon avec l'écrou. Ce système permet des rotations d'un sixième de tour. Dans le cas où le serrage exigerait une rotation moindre, il suffirait d'interposer une mince feuille de zinc, de plomb ou de tôle de fer. Ce dispositif est assez souvent employé pour les boulons de fixation des têtes de bielles dans les locomotives.

La figure 289 suppose l'écrou terminé par une partie cylindrique portant une rainure longitudinale. Cette partie cylindrique est coiffée par une espèce de capsule maintenue solidaire de la vis par un boulon vissé au centre de celle-là. Enfin cette capsule une fois placée empêche l'écrou de tourner, au moyen d'un petit goujon qui s'engage dans la rainure longitudinale.

Un système analogue est celui représenté par la figure 290. La partie inférieure de l'écrou, qui est cylindrique, s'engage dans un boitard, à travers duquel passe une vis de pression. Cette disposition, comme la précédente, permet une rotation quelconque de l'écrou; mais elles ne doivent pas être employées lorsque les pièces ont des mouvements rapides ou des chocs violents.

La figure 291 représente ce qu'on appelle une clef de position, très en usage pour les boulons de chapeaux de paliers; en raison des entailles dont elle est pourvue, cette clef permet de donner à l'écrou des rotations d'un douzième de tour.

Lorsqu'on veut produire de faibles mouvements de l'écrou, on peut faire usage des systèmes représentés par les figures 292 et 293. Les écrous portent à leur partie inférieure des roues à dents, entre lesquelles s'engage l'extrémité d'un levier d'arrêt, appelé *rochet* ou *pied-de-biche;* ces rochets sont généralement en acier et forment ressort, de manière à pouvoir être écartés aisément lorsqu'on veut produire le serrage. Si le nombre des dents de la roue est $n$, on pourra produire une rotation de $\frac{1}{n}$ de tour. Ces dispositifs se rencontrent sous un assez grand nombre de formes différentes.

Une autre disposition, fréquemment employée pour boulon de suspension des

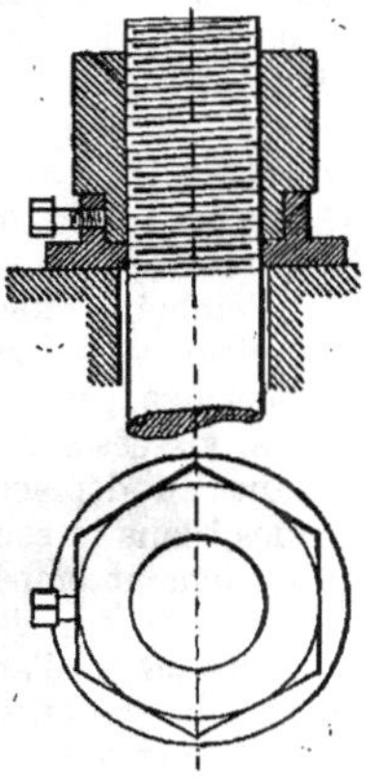

Fig. 290.

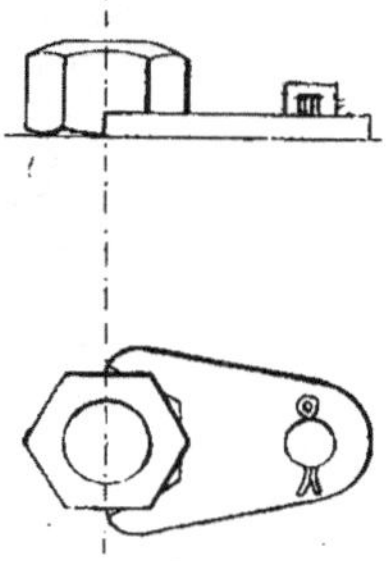

Fig. 291.

ressorts de locomotive, est indiquée par la figure 294. La tension du ressort se produit par la rotation du boulon sur la

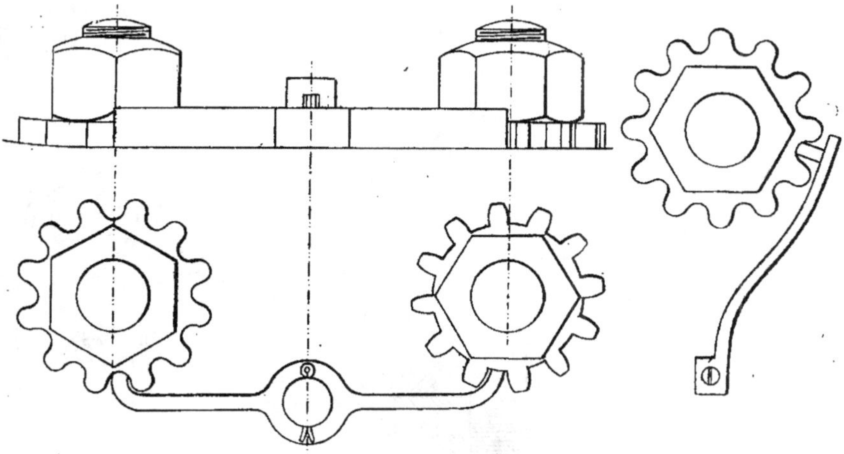

Fig. 292 et 293.

tête duquel se trouve placée la chape de sûreté, dont les faces viennent saisir le cadre qui transmet la charge à l'extrémité du ressort. Cette chape permet, comme on le voit, des rotations d'un sixième de tour.

Un dispositif employé par *Penn*, pour fixer un grand nombre de vis identiquement placées et coopérant au même but, comme dans la bride d'une hélice par exemple, consiste à faire reposer toutes ces vis, par leurs têtes, sur une rondelle commune, de forme annulaire (*fig.* 295). Lorsque ces vis ont été serrées à fond, on place sur chaque tête à six pans un disque denté, creux, qui l'emboîte exactement. La rotation des disques et, par suite, des écrous est empêchée par des pièces d'arrêt prismatiques, vissées sur la rondelle annulaire ; quant au déplacement de ces mêmes disques, dans le sens des axes des vis, il est également empêché par de larges écrous vissés sur des parties filetées que portent les pièces d'arrêt. Chaque disque porte onze dents, ce qui permet de donner à chaque vis une rotation de $\frac{1}{66}$ de tour seulement, et de la munir ensuite de nouveau de son dispositif de sûreté.

Dans les anciennes machines de *Maudslay*, on trouve une disposition très répandue aujourd'hui, qui consiste à maintenir deux vis voisines par une double clef de position (*fig.* 296). Le nombre des entailles permet de donner à chaque vis des rotations de $\frac{1}{18}$ de tour. Au lieu, comme dans la figure précédente, d'avoir une rondelle

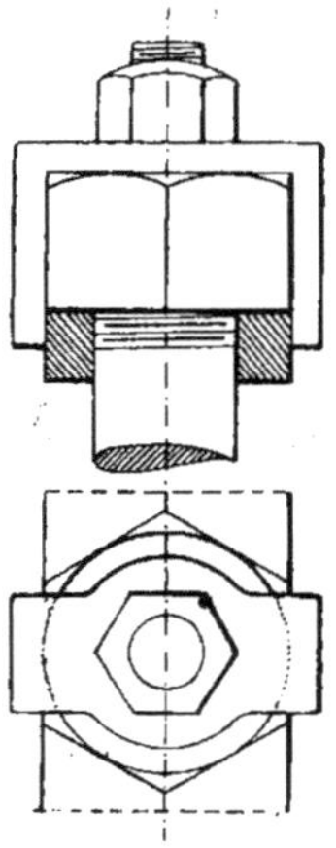

Fig 294.

annulaire, il y a pour chaque couple de vis une plaque commune, sur laquelle la

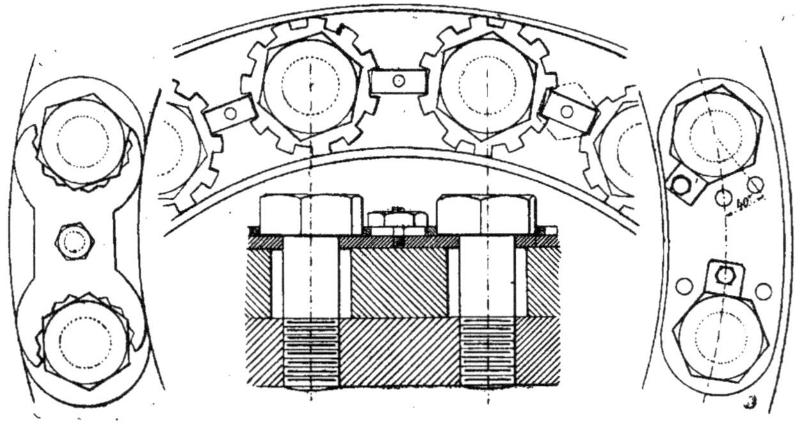

Fig. 295 à 297.

clef de position vient se serrer au moyen d'une vis à tête.

Une variante de ce système, représentée par la figure 297, consiste en deux taquets maintenus par des vis à tête et dont un côté appuie fortement sur l'une des faces de la tête de la vis correspondante et s'oppose ainsi à tout déplacement. Afin de permettre une fraction de rotation assez faible, les pièces d'arrêt peuvent occuper trois positions différentes déterminées par trois trous taraudés dans la plaque pour recevoir la vis de fixation. Si les axes de ces trous, disposés sur un arc ayant son centre sur l'axe du boulon, sont à des distances angulaires de 40 degrés, on pourra obtenir une rotation de 60 — 40 ou 20 degrés, soit $\frac{1}{18}$ de tour.

Ces divers systèmes, que nous venons

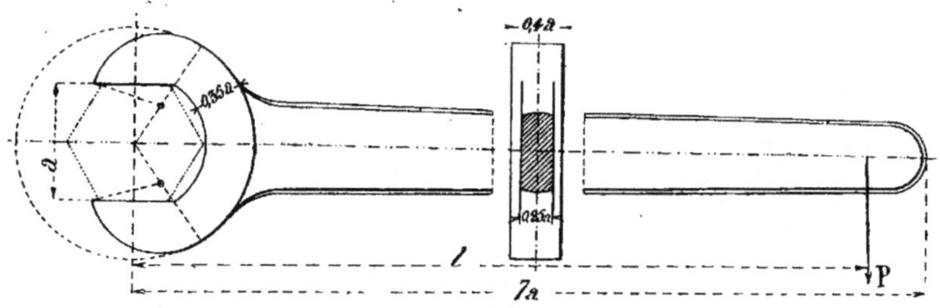


Fig. 298.

d'indiquer et dont quelques-uns se trouvent dans Reuleaux, suffisent pour fixer le choix que l'on aurait à faire suivant le degré de sûreté qu'on désirerait obtenir.

## Clefs servant à manœuvrer les écrous.

**474.** Le serrage des écrous est obtenu à l'aide de leviers de forme spéciale appelés clefs. Les clefs simples, représentées par les figures 298 et 299, se composent d'une partie évidée en forme de fourchette destinée à saisir l'écrou ou la tête des vis suivant deux faces parallèles ; elles sont manœuvrées à l'aide d'une tige ayant une section rectangulaire ou circulaire ; cette dernière s'emploie de préférence lorsque les clefs sont fréquemment maniées.

**475.** On peut, par le calcul, détermi-

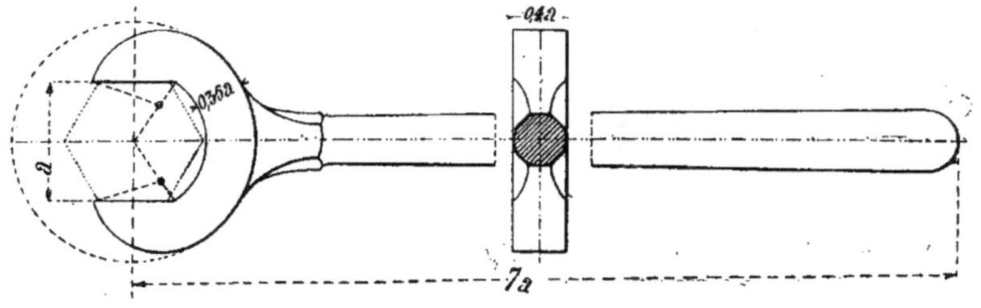


Fig. 299.

ner la longueur du levier, connaissant le moment MP de l'effort P qu'il faut exercer à son extrémité pour produire le maximum de serrage. Sans entrer dans ce calcul, qui ne nous paraît pas avoir une grande importance, nous donnerons la valeur de ce moment qui est :

1° Pour des boulons à filets triangu-

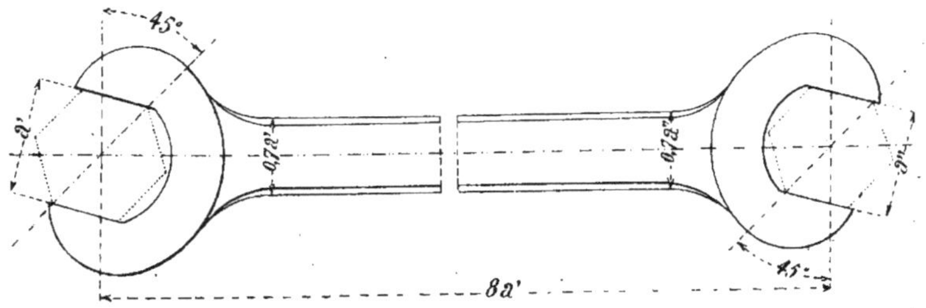


Fig. 300.

laires d'un diamètre plus grand que $0^m,015$, et, en admettant que le coefficient de frottement $f = 0,15$, on a :

$$MP = 0,217Fd,$$

dans laquelle F est l'effort d'extension totale auquel le boulon a à résister et $d$ le diamètre du boulon. Ce moment devient, en remplaçant $d$ par la formule donnée au numéro 451 :

$$MP = 0,217F \times 1,34\sqrt{\frac{F}{R}},$$

ou :

$$MP = 0,291\sqrt{\frac{F^3}{R}},$$

R étant pris égal à $3 \times 10^6$ ;

2° Dans le cas de boulons à filets rectangulaires, on a :

$$MP = 0,215Fd.$$

On peut remarquer que les moments de la force P diffèrent peu dans les deux cas, ce qui montre que les mêmes clefs peuvent servir à serrer les écrous de boulons à filets triangulaires et rectangulaires de même diamètre.

Le couple MP étant connu, on en déduit la longueur $l$ que doit avoir la clef, en remarquant que :

$$MP = Pl.$$

La valeur de P est prise égale à 15 kilogrammes par homme qui agit sur la clef.

En appliquant cette relation aux différents écrous, on obtiendrait, pour chaque clef, la longueur du levier. Ces calculs ne présentant pas une importance bien grande, nous indiquons, d'après Reuleaux, les dimensions qu'il convient de donner aux différentes parties, en prenant pour unité le diamètre du cercle inscrit à l'hexagone, ou le double de l'apothème de ce polygone.

**476.** *Clef double.* — Afin de ne pas augmenter l'outillage, plusieurs industriels emploient des clefs doubles, dont les mâchoires correspondent à deux écrous de diamètres différents. Une disposition proposée par l'ingénieur Proell, et indiquée sur la figure 300, consiste à donner à chaque mâchoire, par rapport à

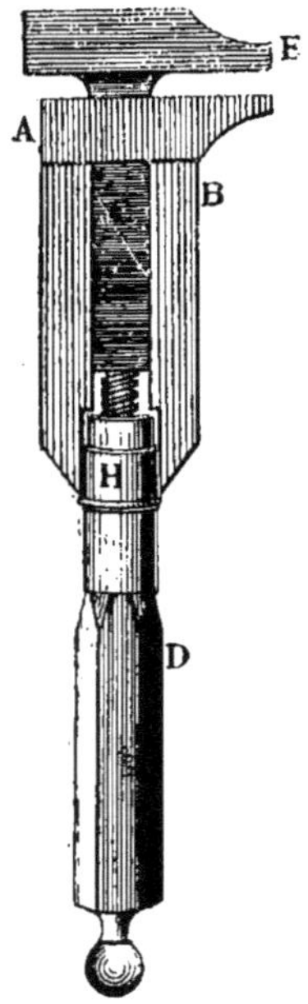


Fig. 301

l'axe de la tige, une inclinaison telle que, pour un écrou hexagonal, serré avec cette clef, l'axe fait des angles de 15 degrés et de 45 degrés avec deux rayons consécutifs de l'hexagone. Cette disposition présente l'avantage de produire le serrage dans un espace restreint qui ne permettrait, à chaque manœuvre, qu'une rotation de 1/12 de tour pour l'écrou.

**477.** *Clef anglaise.* — La clef, dite anglaise, est universellement employée pour le serrage et le desserrage des écrous de diamètres différents. Elle peut affecter diverses formes qui se réduisent toutes à celle indiquée par la figure 301.

Une coulisse AB est terminée en A par une pièce en fer ou en acier ayant la forme d'un marteau ; la partie inférieure porte

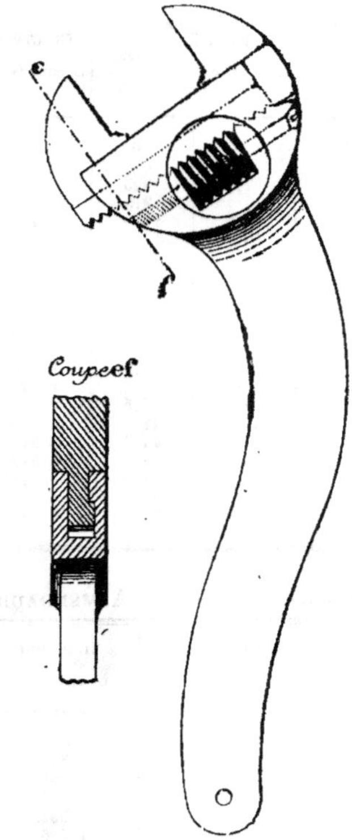


Fig. 302.

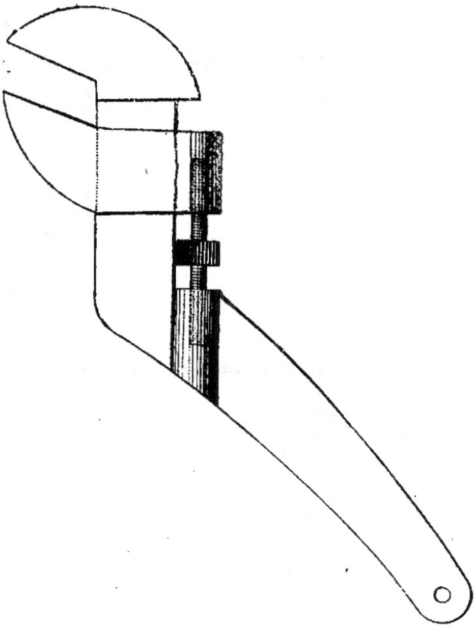

Fig. 303.

un cylindre creux intérieurement dans lequel est ajustée une pièce D qu'on peut faire tourner à la main. Cette pièce D est évidée à l'intérieur pour le logement de la vis soudée à la mâchoire mobile E et porte à son ouverture un écrou qui ne peut prendre qu'un mouvement de rotation.

Si on fait tourner dans un sens ou dans l'autre la poignée D, la vis ne pouvant tourner entraînera, dans un sens ou dans l'autre la mâchoire E. L'écartement entre ces mâchoires permettra de pincer des écrous ou des pièces de largeurs différentes.

**478.** *Clef à molette.*— Cette clef, représentée par la figure 302, et qui est moins résistante que la précédente, permet aussi de faire varier l'écartement des deux joues de serrage. La tête porte une vis sans fin triangulaire qui ne peut se déplacer suivant son axe et qu'on peut faire tourner aisément avec le pouce et l'index. La joue mobile est munie d'une crémaillère à dents triangulaires, guidée de manière à se mouvoir parallèlement à l'axe de la molette. Quoique son usage soit très répandu, elle ne peut être utilisée pour de trop grands efforts.

La figure 303 représente une autre clef à molette à deux tarauds, de pas contraire. En agissant sur la molette, on rapproche ou on écarte à volonté la distance des deux branches.

**479.** PROPORTIONS DES VIS ET BOULONS A FILETS TRIANGULAIRES D'APRÈS ARMENGAUD

| DIAMÈTRE EXTÉRIEUR | DIAMÈTRE au fond DES FILETS | PROFONDEUR des FILETS | PAS | DIAMÈTRE EXTÉRIEUR DE L'ÉCROU à 6 pans | HAUTEUR DE L'ÉCROU | HAUTEUR de la tête DU BOULON | TRACTION LONGITUDINALE |
|---|---|---|---|---|---|---|---|
| mill. | mill. | mill. | mill. | mill. | mill. | mill. | kil. |
| 5 | 3.2 | 0.9 | 1.4 | 13.7 | 5 | 6 | 20 |
| 7.5 | 5.5 | 1.0 | 1.6 | 17 | 7.5 | 7.5 | 45 |
| 10 | 7.7 | 1.1 | 1.8 | 22 | 10 | 9.5 | 81 |
| 12.5 | 9.9 | 1.3 | 2.0 | 26 | 12.5 | 11 | 126 |
| 15 | 12.2 | 1.4 | 2.2 | 30 | 15 | 13 | 182 |
| 17.5 | 14.5 | 1.5 | 2.4 | 35 | 17.5 | 14.5 | 248 |
| 20 | 16.7 | 1.6 | 2.6 | 38 | 20 | 16.5 | 324 |
| 22.5 | 19.1 | 1.7 | 2.8 | 42 | 22.5 | 18 | 410 |
| 25 | 21.2 | 1.9 | 3.0 | 46 | 25 | 20 | 506 |
| 30 | 25.7 | 2.1 | 3.4 | 54 | 30 | 23.5 | 729 |
| 35 | 30.2 | 2.4 | 3.8 | 62 | 35 | 27 | 992 |
| 40 | 34.7 | 2.6 | 4.2 | 70 | 40 | 30.5 | 1 296 |
| 45 | 39.2 | 2.9 | 4.6 | 78 | 45 | 34 | 1 640 |
| 50 | 43.7 | 3.2 | 5.0 | 86 | 50 | 37.5 | 2 025 |
| 55 | 48.0 | 3.5 | 5.4 | 94 | 55 | 41 | 2 450 |
| 60 | 52.4 | 3.8 | 5.8 | 102 | 60 | 44.5 | 2 916 |
| 65 | 56.8 | 4.1 | 6.2 | 110 | 65 | 48 | 3 422 |
| 70 | 61.1 | 4.4 | 6.6 | 118 | 70 | 51.5 | 3 659 |
| 75 | 65.5 | 4.7 | 7.0 | 126 | 75 | 55 | 4 556 |
| 80 | 69.9 | 5.0 | 7.4 | 134 | 80 | 58.5 | 5 184 |

**480.** PROPORTIONS DES VIS ET BOULONS A FILETS CARRÉS D'APRÈS ARMENGAUD

| DIAMÈTRE EXTÉRIEUR | PROFONDEUR DES FILETS | PAS | ÉPAISSEUR DES FILETS | HAUTEUR DE L'ÉCROU | TRACTION LONGITUDINALE |
|---|---|---|---|---|---|
| mill. | mill. | mill. | mill. | mill. | kil. |
| 20 | 1.80 | 3.80 | 1.90 | 45.6 | 324 |
| 25 | 2.02 | 4.25 | 2.12 | 51.0 | 506 |
| 30 | 2.23 | 4.70 | 2.35 | 56.4 | 729 |
| 35 | 2.45 | 5.15 | 2.57 | 61.8 | 992 |
| 40 | 2.66 | 5.60 | 2.80 | 67.2 | 1 296 |
| 45 | 2:87 | 6.05 | 3.02 | 72.6 | 1 640 |
| 50 | 3.19 | 6.50 | 3.25 | 78.0 | 2 025 |
| 55 | 3.30 | 6.95 | 3.47 | 83.4 | 2 450 |
| 60 | 3.51 | 7.40 | 3.70 | 88.8 | 2 916 |
| 65 | 3.73 | 7.85 | 3.92 | 94.2 | 3 422 |
| 70 | 3.94 | 8.30 | 4.15 | 99.6 | 3 969 |
| 75 | 4.16 | 8.75 | 4.37 | 105.0 | 4 556 |
| 80 | 4.37 | 9.20 | 4.60 | 110.4 | 5 184 |
| 85 | 4.58 | 9.65 | 4.82 | 115.8 | 5 852 |
| 90 | 4.80 | 10.10 | 5.05 | 121.2 | 6 561 |
| 95 | 5.01 | 10.55 | 5.27 | 126.6 | 7 300 |
| 100 | 5.22 | 11.00 | 5.50 | 132.0 | 8 100 |
| 105 | 5.44 | 11.45 | 5.72 | 137.4 | 8 930 |
| 110 | 5.65 | 11.90 | 5.95 | 142.8 | 9 801 |
| 115 | 5.87 | 12.35 | 6.17 | 148.2 | 10 712 |
| 120 | 6.08 | 12.80 | 6.40 | 153.6 | 11 664 |

**481.** TABLEAU DU POIDS MOYEN DES BOULONS BRUTS DITS MÉCANIQUES. TÊTE ET ÉCROU A SIX PANS

| DIAMÈTRE de LA TIGE | POIDS MOYEN D'UNE PIÈCE EN GRAMMES | | | | | | | | | | | | | | | |
|---|---|---|---|---|---|---|---|---|---|---|---|---|---|---|---|---|
| | LONGUEUR DE LA TIGE CYLINDRIQUE EN MILLIMÈTRES | | | | | | | | | | | | | | | |
| en millim. | 25 | 30 | 35 | 40 | 45 | 50 | 55 | 60 | 65 | 70 | 75 | 80 | 85 | 90 | 95 | 100 |
| 6 | 11.6 | 12.7 | 13.8 | 14.9 | 16.0 | | | | | | | | | | | |
| 7 | 17.4 | 18.9 | 20.4 | 21.9 | 23.4 | | | | | | | | | | | |
| 8 | 23.4 | 25.4 | 27.4 | 29.3 | 31.3 | 33.2 | | | | | | | | | | |
| 9 | 33 | 35.5 | 38.0 | 40.5 | 43.0 | 45.4 | 47.9 | | | | | | | | | |
| 10 | 42.8 | 45.9 | 48.9 | 52.0 | 55.1 | 58.1 | 61.2 | 64.2 | | | | | | | | |
| 11 | 55.7 | 59.4 | 63.1 | 66.8 | 70.5 | 74.2 | 77.9 | 81.6 | 85.3 | | | | | | | |
| 12 | 71.9 | 76.3 | 80.7 | 85.1 | 89.5 | 93.9 | 98.3 | 102.7 | 107.1 | 111.5 | | | | | | |
| 13 | » | 92.9 | 98.1 | 103.3 | 108.4 | 113.6 | 118.8 | 123.9 | 129.1 | 134.3 | 139.5 | | | | | |
| 14 | » | 114.9 | 120.9 | 126.9 | 132.9 | 138.9 | 144.9 | 150.9 | 156.9 | 162.9 | 168.9 | 174.9 | | | | |
| 15 | » | » | 146.8 | 153.7 | 160.6 | 167.5 | 174.4 | 181.2 | 188.1 | 195.0 | 201.9 | 208.8 | 215.7 | | | |
| 16 | » | » | 176.9 | 184.7 | 192.6 | 200.4 | 208.2 | 216.0 | 223.9 | 231.7 | 239.5 | 247.4 | 255.2 | 263.0 | | |
| 18 | » | » | » | 250.9 | 260.9 | 270.8 | 280.7 | 290.6 | 300.5 | 310.4 | 320.3 | 330.3 | 340 2 | 350.1 | 360.0 | |
| 20 | » | » | » | 338.2 | 350.5 | 362.7 | 375.0 | 387.2 | 399.4 | 411.7 | 423.9 | 436.2 | 448.4 | 460.6 | 472.9 | 485.1 |
| 22 | » | » | » | » | 451.2 | 466.0 | 480.8 | 495.6 | 510.4 | 525.2 | 540.1 | 554.9 | 596.7 | 584.5 | 599.3 | 614.1 |
| 25 | » | » | » | » | 640.5 | 659.2 | 677.8 | 696.4 | 715.1 | 733.7 | 752.3 | 770.9 | 789.5 | 808.2 | 826.8 | 845.4 |
| 28 | » | » | » | » | » | 908.5 | 931.5 | 954.4 | 977.4 | 1 001.4 | 1 025.4 | 1 049.4 | 1 073.4 | 1 097.4 | 1 121.3 | 1 145.3 |
| 30 | » | » | » | » | » | » | 1 137.0 | 1 164.5 | 1 192.0 | 1 219.6 | 1 247.1 | 1 274.7 | 1 302.2 | 1 329.7 | 1 357.3 | 1 384.8 |
| 35 | » | » | » | » | » | » | » | » | 1 796.1 | 1 833.6 | 1 871.1 | 1 908.6 | 1 946.1 | 1 983.5 | 2 021.0 | 2 058.5 |
| 40 | » | » | » | » | » | » | » | » | » | » | 2 710.7 | 2 759.7 | 2 808.6 | 2 857.6 | 2 903.5 | 2 955.5 |

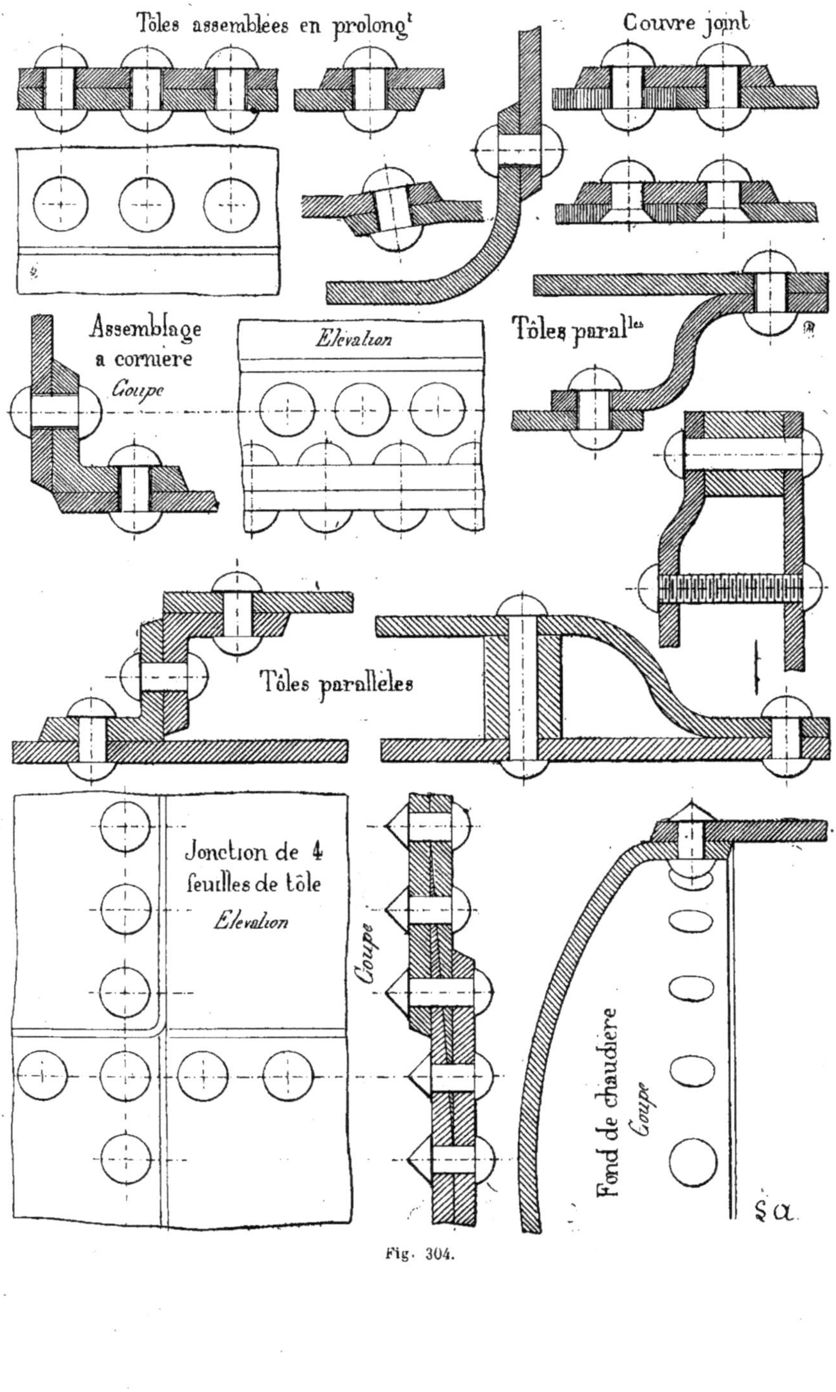
Tôles assemblées en prolongt
Couvre joint
Assemblage
a corniere
Coupe
Elevation
Tôles paralles
Tôles parallèles
Jonction de 4
feuilles de tôle
Elevation
Coupe
Fond de chaudiere
Coupe

Fig. 304.

## Rivures.

**482.** *Rivets.* — On entend par rivet une sorte de cheville en métal qui sert à assurer la liaison invariable de corps affectant la forme de plaques. La figure 304 indique quelques assemblages par rivets. Un rivet se compose d'un corps cylindrique et d'une tête ayant la forme d'un segment sphérique ; l'autre extrémité opposée se termine par une seconde tête ayant soit la forme conique, soit la forme sphérique (*fig.* 305).

Ils sont le plus souvent posés à chaud dans les trous cylindriques ayant un diamètre supérieur de un millimètre environ à celui du corps du rivet ; la deuxième tête est alors obtenue par écrasement, soit au marteau ou bien avec une bouterolle, sur laquelle on exerce une forte pression avec un marteau de grand poids, ou à l'aide de la vapeur ou de l'eau sous pression.

Les rivets de 25 à 30 millimètres au corps peuvent être refoulés avec un marteau d'un poids de 4 kilogrammes à $4^k,5$ ; pour donner à la tête sa forme définitive, au moyen de la bouterolle ou étampe, on fait usage d'un marteau allant jusqu'à $7^k,5$.

D'après *Molinos* et *Prosnier*, une équipe d'ouvriers exercés, travaillant sur des pièces placées horizontalement, peut mettre en place par jour :

| | | | | |
|---|---|---|---|---|
| 200 à 250 | rivets de | $18^{mm}$ | de | diamètre. |
| 180 à 200 | — | 20 | — | — |
| 100 à 125 | — | 22 | — | — |
| 90 à 100 | — | 25 | — | — |

pour des pièces disposées verticalement, on ne doit admettre que les trois quarts de ces nombres.

Dans une usine, le nombre de rivets placés par une équipe, sur des chaudières complètement préparées, a été le suivant, pour une journée de onze heures :

| | | | |
|---|---|---|---|
| 350 | rivets de | 14 à 16 | millimètres. |
| 324 | — | 17 à 18 | — |
| 300 | — | 19 à 20 | — |
| 280 | — | 21 à 22 | — |
| 260 | — | 23 à 24 | — |
| 240 | — | 25 à 26 | — |
| 220 | — | 27 à 28 | — |
| 200 | — | 29 à 30 | — |

Pour des chaudières cylindriques, de plus d'un mètre de diamètre, ces nombres doivent être augmentés de 10 0/0, tandis qu'ils doivent, au contraire, être réduits de 10 0/0 dans le cas de formes difficiles et incommodes.

Une équipe complète d'ouvriers comprend : un riveur, deux frappeurs et deux manœuvres, l'un pour chauffer les rivets, l'autre pour faire contre-coup avec un marteau du côté opposé à celui de la tête en formation ; pour les rivets de 14 à 16 millimètres de diamètre, un seul frappeur suffit.

Lorsque le nombre de rivets à poser devient considérable, comme dans la charpente en fer, on fait usage de machines appelées riveuses ; elles offrent l'avantage de donner immédiatement sa forme au rivet, et, de plus, permettent d'accélérer considérablement le travail. Ces riveuses qui fonctionnent soit par la vapeur, ou par l'eau sous pression, sont fixes ou mobiles, suivant que les pièces à assembler sont rivées à l'atelier ou sur le chantier.

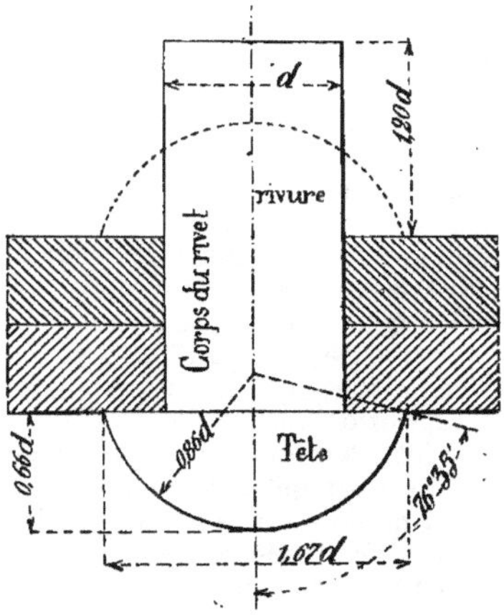


Fig. 305.

Il est très important de donner à la bouterolle le profil bien exact que doit avoir la rivure. En effet, si son volume creux est plus grand que celui de la rivure, il arrive forcément qu'elle n'appuie pas exactement par toute sa surface sur la tôle. Il est préférable que la flèche donnée à la bouterolle soit un peu plus petite que celle admise pour la tête; dans ce cas, la matière est expulsée au pourtour de la bouterolle et forme des bavures que l'on enlève facilement. Et, comme ces bavures ne peuvent se produire que lorsque toute la matière qui était sous la bouterolle a été appliquée contre la tôle, il en résulte qu'on peut les considérer comme une garantie de bon contact.

### Riveuses hydrauliques.

**483.** Il serait intéressant, pour nos lecteurs, de donner la description des principales riveuses hydrauliques employées dans l'industrie. En le faisant, nous sortirions du cadre imposé à cet ouvrage qui traite de la résistance des pièces et non de leur fabrication. Cependant, en raison du développement considérable des constructions métalliques, dans lesquelles la rivure joue un grand rôle, nous nous contenterons de décrire la riveuse hydraulique du système Delaloë-Piat, qui a été très remarquée à l'Exposition universelle de 1889.

**484.** *Riveuse hydraulique Delaloë-Piat.* — Ce n'est qu'en 1865 que M. Twedell imagina de remplacer la pression de la vapeur par celle de l'eau et inventa la machine hydraulique, à laquelle il donna diverses combinaisons.

Toutes ces riveuses nécessitent, malheureusement, une dépense de force motrice journalière considérable et des installations coûteuses, étant donnée la multiplicité des machines et organes accessoires, tels que pompes, accumulateurs, réservoir, tuyauterie droite et articulée, etc., qui sont indispensables pour leur service.

Ainsi une installation de trois riveuses seulement entraîne une dépense de 80 à 90 000 francs.

De plus, ces machines ne peuvent, sans de grands frais encore, se déplacer pour finir le travail comme rivetage sur place, ce qui est cependant une des parties les plus importantes d'un ouvrage et qui se trouve toujours le plus mal exécuté.

On peut faire remarquer aussi que, pendant la course perdue du piston pour amener les bouterolles sur le rivet, cette *course perdue étant la plus grande*, comparée à celle qu'il faut pour former le rivet, l'eau dépensée à la pression des accumulateurs constitue une perte sèche, qui atteint un chiffre assez élevé et qui augmente, par conséquent, les frais généraux.

Enfin les machines en question devant nécessairement employer de l'eau ordinaire, leur travail est presque nul par les grands froids.

Toutes les dépenses de première installation, nécessitées par les riveuses marchant par accumulateur, ont pu être faites jusqu'ici par certaines maisons, parce que les bénéfices que l'on réalisait le permettaient ; mais pour des maisons moins importantes qui ne peuvent pas faire face à ces frais de premier établissement, il faut des outils plus économiques.

C'est pénétré de cette situation, que M. Delaloë, ingénieur, a imaginé d'abord une machine simple, peu coûteuse, pouvant se déplacer à volonté et posant des rivets de 12 à 15 millimètres ; il l'a appelée : « Riveuse hydraulique française ».

M. A. Piat, constructeur à Paris, 85, rue Saint-Maur, est chargé de la construction de cette machine, qu'il a d'ailleurs perfectionnée de manière à lui permettre de faire des rivets ayant jusqu'à 25 millimètres de diamètre; en outre, il a étudié l'adaptation du même système à une machine fixe, marchant à courroie et prenant très peu de force.

Des expériences de rivetage ont été faites avec la machine portative, en présence des ingénieurs de la Compagnie de Paris-Lyon-Méditerranée ; il a été constaté que le rivetage était parfait et que la machine pouvait être rendue pratique pour river les joints et les assemblages des ponts à pied-d'œuvre.

**485.** *Riveuse fixe.* — La riveuse fixe, représentée par les figures 306 et 307, se compose, comme tous les outils du même genre, d'un bâti en forme d'**U**, plus ou moins ouvert, selon les travaux à exécuter. Dans le côté du bâti qui porte la transmission, le piston porte-bouterolle

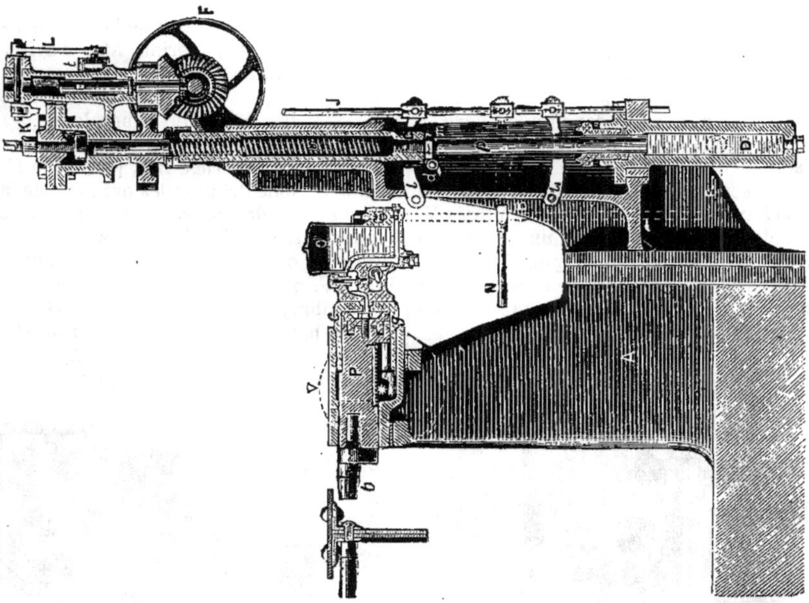

Fig. 307.

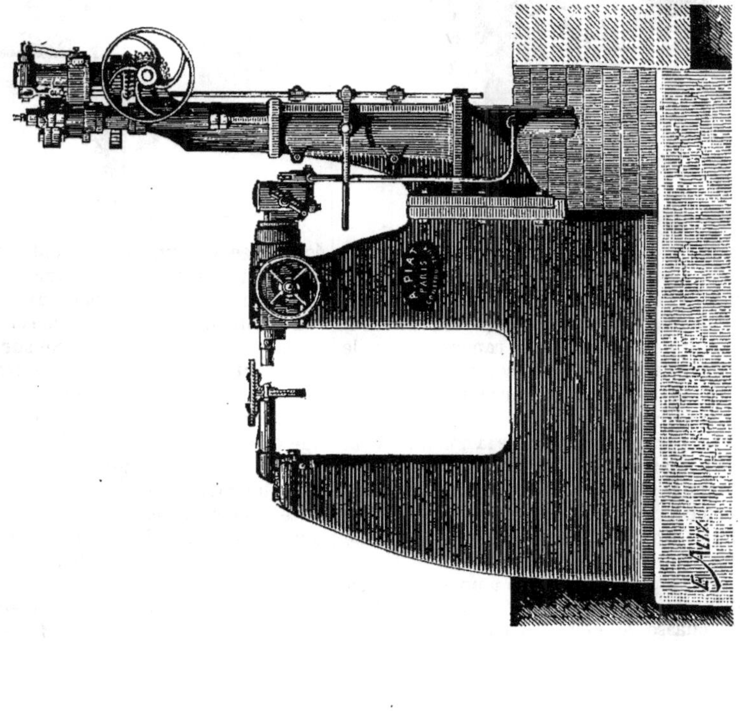

Fig. 306.

P est muni d'une double garniture, dont une sert pour rendre le piston étanche, du côté où la pression s'exerce, et l'autre destinée à empêcher les rentrées d'air.

Ce piston se meut dans un cylindre C, et son déplacement est obtenu soit sous l'action d'une presse hydraulique, soit sous l'action d'une crémaillère mise en mouvement à l'aide d'un volant à main V.

Cette disposition forme une partie du système, qui, s'il était appliqué à toutes les riveuses existantes, leur apporterait déjà un perfectionnement notable, puis-

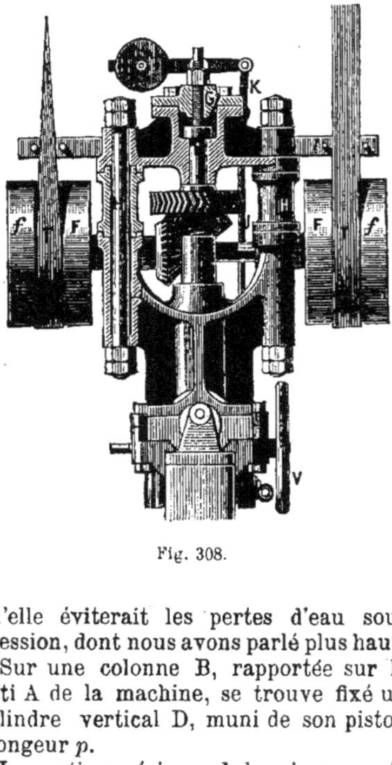


Fig. 308.

qu'elle éviterait les pertes d'eau sous pression, dont nous avons parlé plus haut.

Sur une colonne B, rapportée sur le bâti A de la machine, se trouve fixé un cylindre vertical D, muni de son piston plongeur $p$.

La partie supérieure de la colonne porte une transmission par courroies, qui donne le mouvement au piston $p$ par l'intermédiaire d'engrenages, d'une vis $v$ et d'un écrou à longue douille à l'extrémité duquel est fixé le piston.

En imprimant à la vis $v$ un mouvement de rotation, le fourreau-écrou $c$ se déplace et chasse le piston $p$ dans le corps de presse D, où il comprime de l'eau mélangée de 30 0/0 de glycérine, afin d'éviter toute congélation possible.

Cette eau peut avantageusement être remplacée par de l'huile minérale.

Un chapeau mobile G, maintenu par des boulons de serrage HH, permet le démontage facile de tous les organes de la transmission de mouvement. Une barre à fourche $t$, servant à l'embrayage, fait glisser les courroies TT, sur les poulies fixes FF, ou folles $ff$, suivant que l'on veut embrayer ou débrayer (*fig.* 308).

Cette barre est commandée automatiquement par une tige verticale J, et un mouvement de sonnette KL. La tige J est

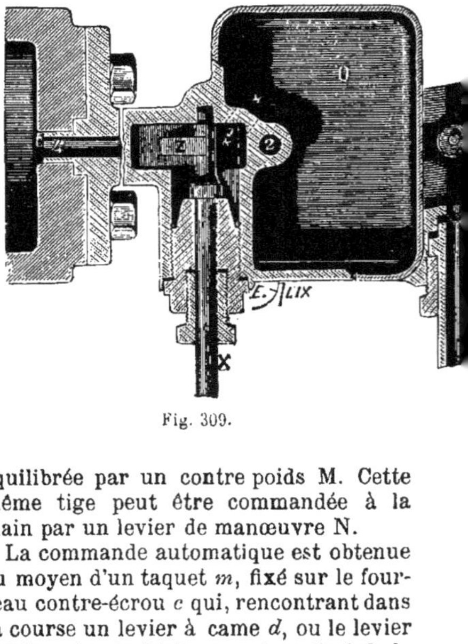


Fig. 309.

équilibrée par un contre poids M. Cette même tige peut être commandée à la main par un levier de manœuvre N.

La commande automatique est obtenue au moyen d'un taquet $m$, fixé sur le fourreau contre-écrou $c$ qui, rencontrant dans sa course un levier à came $d$, ou le levier $l$, détermine le déplacement vertical de la tige de commande J.

De même, en descendant, le taquet $m$ vient heurter le levier supérieur $l$ et, par suite, déplacer les courroies TT. L'eau comprimée dans le cylindre D est envoyée par le conduit E dans le cylindre C, où elle agit sur le piston P ; cette eau passe par un distributeur à soupapes, en suivant les conduits (1, 2, 3, 4) (*fig.* 309 et 310). Les soupapes S.1 et S.3 sont appliquées sur leurs sièges : l'une, S.3, par l'effet de l'eau sous pression ; et l'autre, S.1 (soupape de sûreté), par l'action d'un contrepoids.

La soupape S.3, selon qu'elle repose sur son siège ou qu'elle est soulevée, ferme ou établit la communication du conduit de l'eau sous pression, d'abord avec la chambre où se trouve le levier *z*, et ensuite avec le réservoir G, par l'orifice *xx*.

Pour desserrer la bouterolle, on fait tourner le petit levier *z*, et on soulève la soupape S.3 ; à ce moment la communication est établie entre le fond du cylindre C et le réservoir O ; l'eau s'échappe par les conduits 4, 3, S.3 et *xx*, et vient dans le réservoir O.

Grâce à la soupape de sûreté S.1, il n'y a pas de crainte d'accidents, car on peut régler le contrepoids de manière à exercer sur cette soupape une pression inférieure à la limite de résistance qu'il ne faudrait pas atteindre.

Pour exécuter une rivure, on commence par manœuvrer le volant V, et à amener par un mouvement rapide la bouterolle au contact du rivet ; le piston P faisant le vide derrière lui, aspire l'eau du réservoir O par les conduits *xx*, S.3, 3 et 4. A ce moment, manœuvrant le levier N, on fait embrayer les courroies ; le piston plongeur *p* descend dans le cylindre D et y comprime l'eau qui, trouvant une issue en E, vient par les conduits 1, 2, 3, 4 agir sur le piston.

Le piston *p* dans sa descente, en arrivant à fond de course, par l'action du taquet *m* sur le levier *l*, détermine automatiquement le désembrayage à chaque rivure.

Ces machines peuvent, suivant les dimensions du rivet, et suivant qu'elles sont plus ou moins bien alimentées, arriver à une production de deux mille à trois mille rivets par jour.

La riveuse pour chaudronnier est construite absolument d'après les mêmes principes que celle que nous venons d'indiquer pour constructeurs de charpente en fer ; seulement le bâti au lieu d'être en fonte, est moitié en fonte et moitié en acier coulé, pour pouvoir donner des proportions moindres à la partie qui reçoit la bouterolle fixe, et pour pouvoir, par exemple, river des viroles ayant 550 à 600 de diamètre.

Cette riveuse, qui a $1^{m},600$ d'ouverture au lieu de $1^{m},200$ comme la précédente, peut écraser des rivets ayant jusqu'à 35 millimètres de diamètre, avec une pression de 50 000 kilogrammes sur la tête du rivet.

La colonne qui porte le mouvement peut au besoin être fixée en contre-bas du bâti, comme dans la figure 311, ou bien être posée contre un mur de l'atelier, pour dégager complètement la machine et ses abords.

**486.** *Riveuse mobile.* — Pour certains

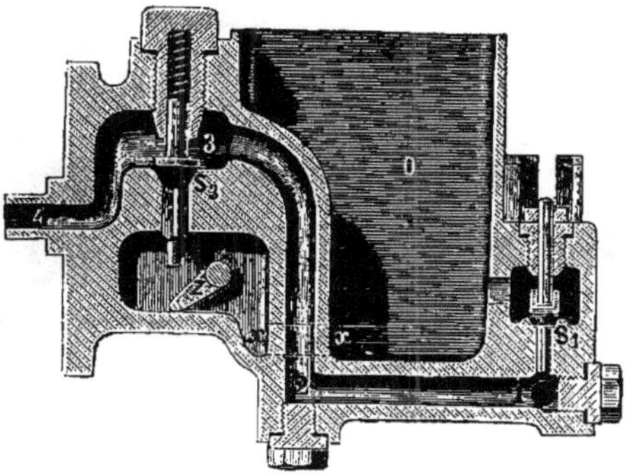


Fig. 310.

travaux d'atelier, et surtout pour le cas des assemblages sur chantier, la riveuse doit pouvoir se transporter tout en conservant les principes qui font l'avantage des riveuses hydrauliques ; mais pour arriver à produire de grands efforts, malgré la faiblesse du moteur, il fallait une disposition spéciale, et cette riveuse mobile est en effet caractérisée, par rapport aux autres machines similaires, par le système de *pression croissante*.

Elle se compose (*fig.* 312) d'un bâti en acier en forme de C, à branches allongées, pour pouvoir opérer la rivure sur des tôles ou pièces d'une certaine largeur. Ce bâti porte tous les organes de pression et est muni de deux anneaux de suspension, l'un pour river horizontalement, l'autre pour river verticalement.

Un volant muni d'une manivelle est fixé sur une douille portant un pignon

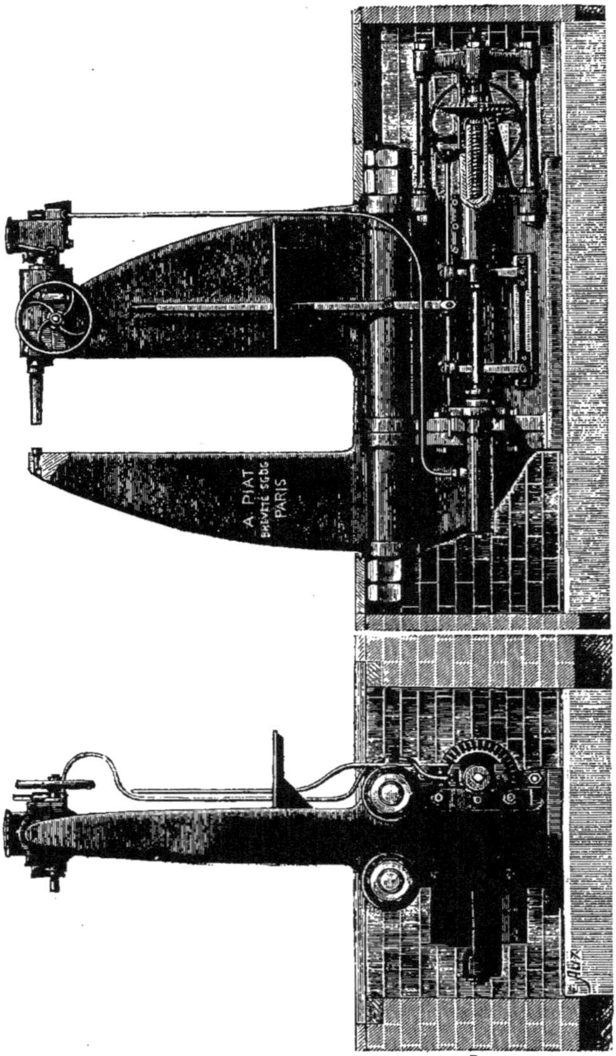


Fig. 311.

d'angle, qui engrène avec un autre pignon semblable, dont le moyeu est fileté pour former écrou sur une vis qui prolonge le piston compresseur et qui le commande.

La boîte à soupapes R (*fig.* 313, 314, 315, 316) forme réservoir, et les soupapes sont au nombre de trois : la soupape A met en communication le cylindre F avec l'eau du cylindre G, dans lequel se meut le gros piston N ; la soupape B met en communication l'eau du cylindre F avec le réservoir ; la soupape C peut mettre en communication à un moment donné l'eau du cylindre avec le réservoir.

Pour arriver à la pression croissante, le piston plongeur N est à deux diamètres, disposition qui n'est adoptée que pour la riveuse de 20 à 25 millimètres (*fig.* 317). La partie de gros diamètre ou partie annulaire plonge dans le cylindre G.

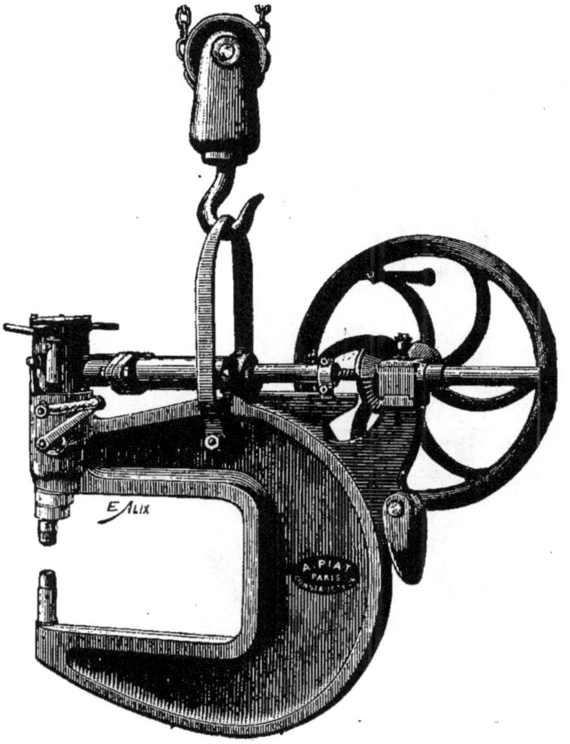


Fig. 312.

Ces deux cylindres F et G sont séparés par une garniture étanche formée de deux cuirs emboutis CC, et que traverse la partie du petit diamètre N.

Entre ces deux cuirs se trouve une petite cavité annulaire mise à la partie inférieure, en communication avec la partie extérieure du cylindre par un conduit *e*. Ce conduit permet de constater la parfaite étanchéité des cuirs ou de visiter les fuites si l'eau s'échappe un peu.

La partie du cylindre F au-dessous de la cloison de la boîte à soupapes reçoit le gros piston compresseur, à l'extrémité intérieure duquel est fixé le porte-bouterolle supérieur au moyen d'une vis de pression U (*fig.* 318).

Une crémaillère C fixée au piston compresseur H et engrenant avec un pignon M fixé sur un axe portant une manivelle, sert à faire mouvoir à la main ledit piston compresseur.

Une plaque de direction T, fixée intérieurement au cylindre F et ajustée dans le piston H, le guide dans un mouvement rectiligne.

Le remplissage se fait par le réservoir R dont le couvercle s'enlève facilement. On abaisse à la fin de course le piston H, au moyen de la manivelle, et l'eau passant par la soupape B, soulevée dans ce but par la poignée S, pénètre dans le cylindre F qu'elle remplit ; puis, en faisant fonctionner le piston N au moyen du volant à main, l'eau pénètre par la soupape C

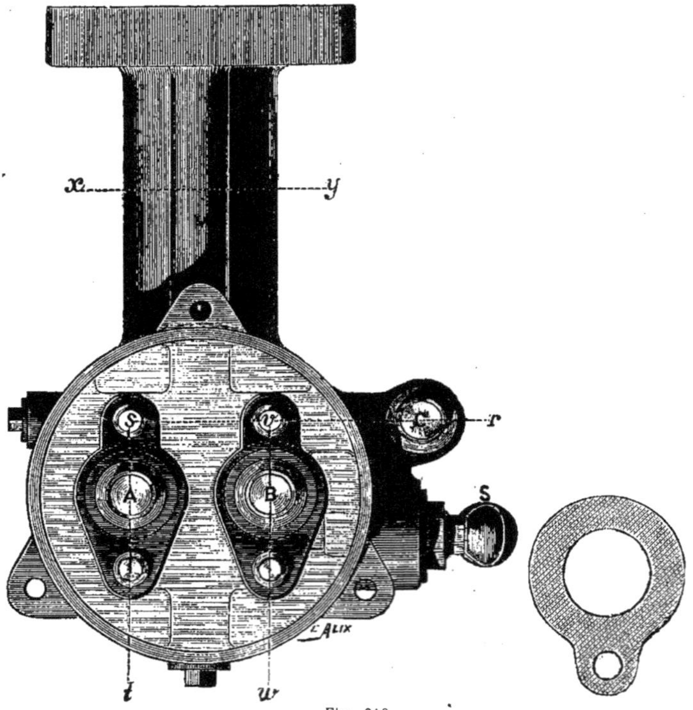


Fig. 313.

dans le cylindre G qu'elle vient remplir également.

Voici maintenant comment fonctionne cette machine :

Au repos, le piston plongeur N est en arrière de la machine, et le piston porte-bouterolle H est relevé et maintenu en contact avec le bâti par la pression atmosphérique.

La pièce à river étant placée sur deux tréteaux, et la machine étant suspendue à sa grue pivotante, on place le rivet chauffé complètement rouge blanc dans le trou, la tête en dessus, puis on amène la riveuse, en appliquant la bouterolle supérieure sur la tête du rivet, et tout cela très vivement pour ne pas laisser refroidir ; l'ouvrier, qui est devant la machine, abaisse le piston porte-bouterolle supérieur au moyen de la petite manivelle placée sur le côté du cylindre de la machine qui, de ce fait, pivote légèrement sur son point de suspension.

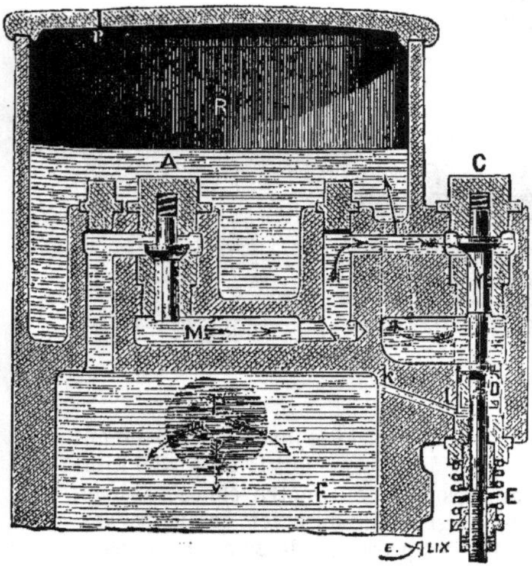


Fig. 314.

Fig. 315.

Pendant que cette opération se fait, l'aide qui est derrière actionne le volant pour le lancer et finit l'écrasement.

Le rivet terminé, l'aide tourne en sens contraire pour ramener le piston à son point de départ, en ayant soin que la vis ne vienne pas buter trop vivement à fond de course, puis l'ouvrier placé devant la machine appuie sur le levier de la soupape pour permettre au liquide intérieur de retourner au réservoir et relève avec la petite manivelle le piston porte-bouterolle.

L'opération, très prompte en elle-même, se divise en trois périodes que nous allons décrire.

**487.** *Première période.* — Pendant la première période, la partie annulaire ou de grand diamètre du plongeur N dans le cylindre G et la partie du petit dia-

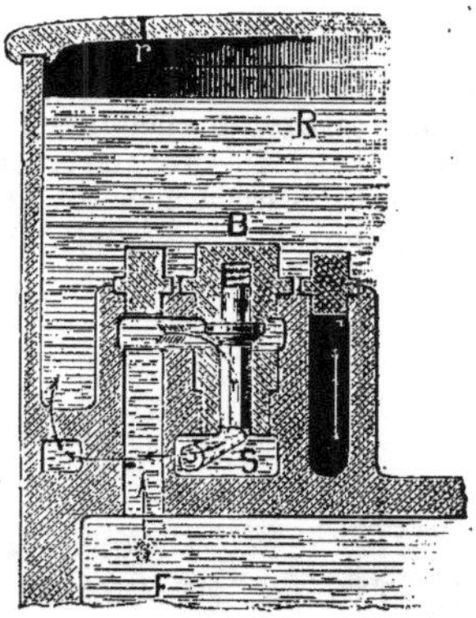


Fig. 316.

mètre de ce piston dans le cylindre F travaillent ensemble pour produire la plus grande partie de la course d'écrasement.

L'eau, refoulée par la partie annulaire de ce plongeur, arrive par le conduit M, soulève alors la soupape A en parcourant le chemin indiqué par les flèches (*fig.* 315), pénètre dans le cylindre F, et, s'ajoutant à celle directement refoulée par la partie du petit diamètre du plongeur N projetée en P, force le piston H à descendre et, par suite, la bouterolle qu'il porte à accomplir la première partie du travail.

Cette même eau, refoulée par la partie annulaire du gros piston, appuie sur une soupape C.

**488.** *Deuxième période.* — Quand la pression atteint le 1/4 ou le 1/3 de celle maximum finale, le petit piston D, en communication constante avec le cylindre F par un orifice KL et équilibré extérieurement par un ressort à pression voulue, cédera à l'action du ressort, et, par sa tige centrale, forcera la soupape C à s'ouvrir et à établir rapidement la communication entre le cylindre G et le réservoir,

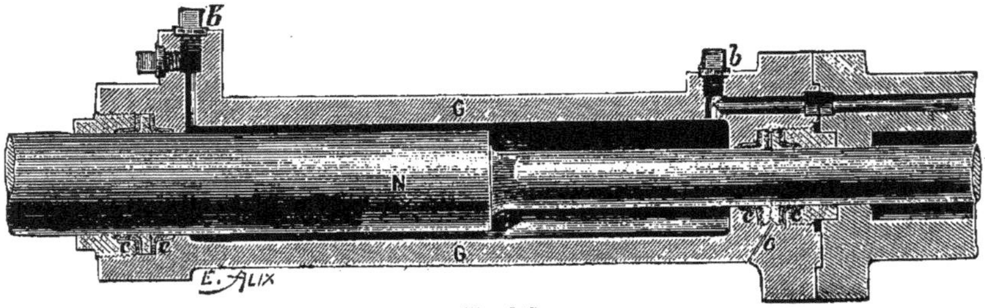

Fig 317.

ainsi qu'on le voit par les flèches indiquant, dans ce cas, le chemin suivi par l'eau qui s'écoule. Aussitôt que la soupape C s'est ouverte, A est fermée, et le petit piston continue seul à travailler et fournit la pression croissante jusqu'à l'écrasement complet du rivet, soit 120 à 200 kilogrammes par centimètre carré environ, selon la grosseur du rivet, ce qui correspond à des pressions de 20 à 30 tonnes.

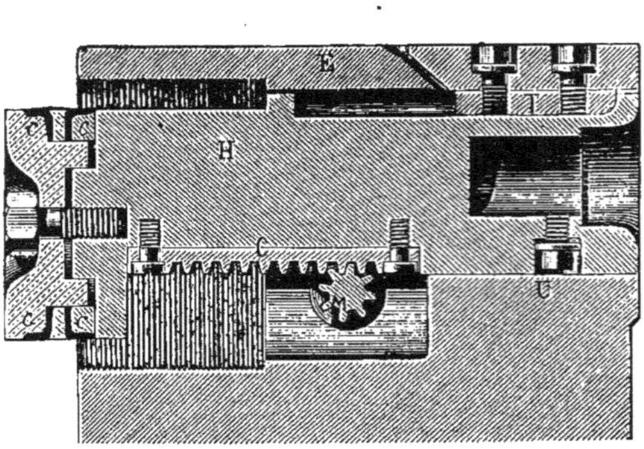

Fig. 318.

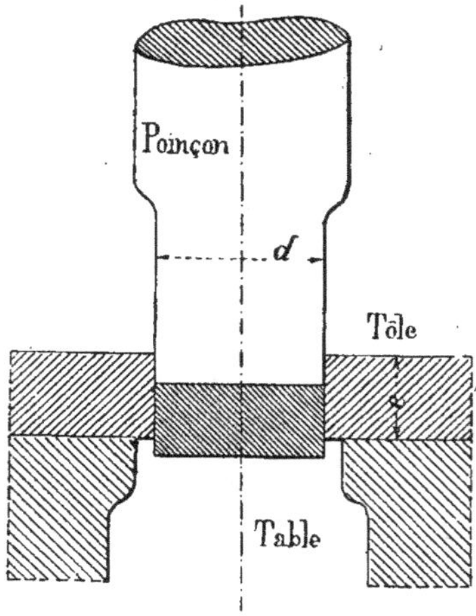


Fig. 319.

Lorsqu'il s'agit d'écraser des rivets n'exigeant qu'un effort de 15 à 16 tonnes, la machine est des plus simples, ainsi que nous le disions plus haut, et n'exige pas l'emploi du piston à deux diamètres. La vitesse de l'opération est également accrue. Grâce, du reste, à une disposition très simple, la machine à double piston peut être transformée en une machine à simple piston et opérer comme elle. Il suffit, en effet, pour cela, de caler, à l'aide d'une bague, le petit piston D, et l'on supprime du même coup la petite complication que nécessite forcément l'effort considérable de tonnes qu'il faut atteindre avec un seul homme, effort que la machine en question réalise seule dans de très bonnes conditions.

**489.** *Troisième période.* — Aussitôt l'opération terminée, l'ouvrier qui est au volant ramène le piston N en tournant en sens contraire, l'eau aspirée à nouveau

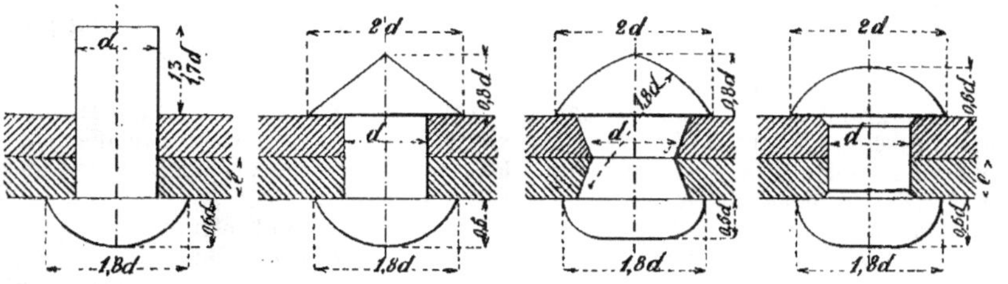


Fig. 320 à 323.

dans le cylindre G reviendra par la soupape C, ainsi que l'indiquent les traits en sens contraire de la période de compression, puis, au tiers environ de la course de la vis, quand toute pression sensible a cessé, on remonte le piston porte-bouterolle H, au moyen de la manivelle, en soulevant, pendant ce temps, la soupape B à l'aide de la poignée S, pour permettre à l'eau de retourner au réservoir suivant le mouvement indiqué par la flèche (*fig.* 316).

La machine est de nouveau prête à fonctionner. Ces machines, construites par la maison Piat, peuvent placer cent vingt à cent cinquante rivets à l'heure.

**490.** Remarque. — Le travail développé, en un assez court espace de temps, pour faire l'opération du rivetage est assez considérable, et, bien que la cons-

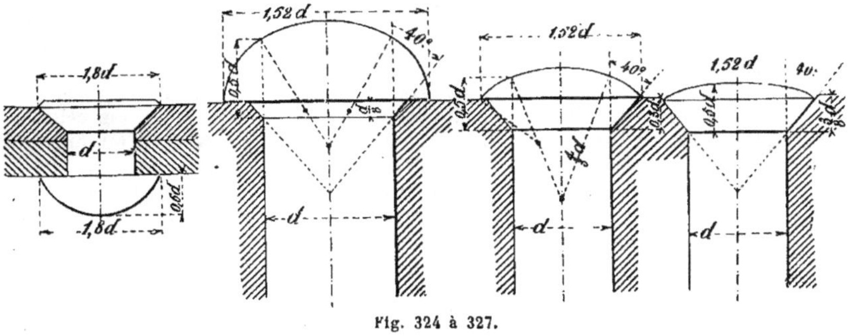


Fig. 324 à 327.

truction rationnelle de la machine permette d'utiliser le travail musculaire dans les meilleures conditions possibles, il n'en est pas moins vrai que pour un service constant, et pour pouvoir poser soixante-dix à quatre-vingts rivets à l'heure, il faut que les hommes qui desservent la riveuse se relaient et prennent de temps en temps la manivelle.

Pour soulager le travail manuel et pour obtenir un plus grand rendement, M. Piat a eu l'idée d'utiliser les dynamos qui sont maintenant très répandues dans tous les ateliers et peuvent donner la force et la lumière. La riveuse avec moteur électrique peut recevoir sa force dans les coins de l'atelier où son action est nécessaire sans grande dépense supplémentaire, sans frais d'installation coûteuse. Le problème du renversement du courant pour la marche avant et la marche arrière est résolu par une disposition ingénieuse brevetée, consistant en un levier, bien à la main de l'ouvrier, de course peu grande, qui actionne en même temps un frein, agissant sur le volant dès qu'il est nécessaire d'en produire l'arrêt.

**491.** *Poinçonnage des tôles.* — Les trous pour le passage des rivets se percent soit à la mèche, soit au poinçon. Avec la mèche, on peut leur donner tel diamètre que l'on veut, tandis qu'au poinçon il y a une limite que le calcul peut déterminer.

Représentons par $R_p$ l'effort de compression, limite que le poinçon peut supporter, et $R_a$ la résistance moyenne, par unité de surface à l'arrachement au pourtour de l'embouchure (*fig.* 319).

Pour que le poinçon ne casse pas, il faut que l'on ait, en désignant par $d$ son diamètre et $e$ l'épaisseur de la tôle :

$$\pi de R_a < \frac{\pi d^2}{4} R_p,$$

d'où :

$$d > 4 \frac{R_a}{R_p} e.$$

Cette relation montre que si $R_a = R_p$, c'est-à-dire si la matière qui forme le poinçon était la même que celle de la tôle, il faudrait que le diamètre $d$ du trou soit plus grand que quatre fois l'épaisseur de la tôle, ce qui conduirait à des rivets d'un trop grand diamètre. Aussi les poinçons destinés à percer les tôles en fer, se font en acier trempé pouvant supporter, sans se rompre, une compression de 80 kilogrammes par millimètre carré. Si on admet alors que, pour des tôles d'une épaisseur inférieure à 20 millimètres et pour lesquelles $R_a$ est sensiblement égal à 30 kilogrammes par millimètre carré, on aura l'inégalité :

$$d > 4 \times \frac{30}{80} e,$$

ou :

$$d > 1{,}5e.$$

Cette relation correspond à la règle empirique qui consiste à donner au trou, percé au poinçon, un diamètre voisin du double de la plus grande épaisseur des tôles réunies par le rivet.

**492.** *Différentes formes des rivets.* — Nous avons indiqué, par la figure 305, la forme générale et les proportions des rivets déduites du diamètre $d$ du corps du rivet. Ces dimensions, qui ne sont pas absolues, seront vérifiées plus loin par le calcul.

Nous indiquons, dans les figures suivantes, les formes différentes qu'affectent les rivets et dont les proportions sont indiquées par Reuleaux.

Le rivet, tel qu'il est avant la pose (*fig.* 320), se compose d'une tête et d'un corps cylindrique ; la portion qui déborde de la tôle a une hauteur qui varie de 1,3 à 1,7 du diamètre du corps, suivant la forme donnée à la rivure, c'est-à-dire à la deuxième tête.

La tête conique (*fig.* 321) se fait surtout lorsque la rivure est obtenue au marteau à main, sans aucun outil intermédiaire. Lorsqu'on fait usage d'une estampe, la tête affecte, le plus souvent, une forme sphérique ou une forme se rapprochant de celle d'un conoïde (*fig.* 322). Le corps de ce rivet est formé de deux troncs de cône, qu'on peut facilement obtenir par le perçage au poinçon, en donnant à la matrice un diamètre supérieur à celui du poinçon. L'expérience démontre, en effet, qu'un poinçon cylindrique donne un trou conique à bords bien nets lorsque le diamètre de la matrice surpasse celui du poinçon d'une quantité égale au quart de l'épaisseur de la tôle.

Cette rivure semble augmenter l'adhérence, mais elle présenterait un inconvénient si les pièces assemblées devaient, à un moment donné, être démontées ; on voit qu'après avoir fait sauter l'une des têtes au burin on aurait de la difficulté à dégager le corps, doublement conique, du rivet.

La figure 323 représente un rivet dont les extrémités, légèrement évasées, ont pour résultat d'augmenter sa résistance dans une assez forte proportion.

Le rivet indiqué par la figure 324, et

qu'on emploie pour les tôles formant les parois des navires en fer, présente une tête entièrement noyée dans l'épaisseur de la tôle. Ce logement conique est obtenu avec la fraise et amène, par suite, un surcroît notable de dépense.

L'ingénieur Krüger a adopté, pour les rivures des ponts qui nécessitent une étude complète dans la détermination des éléments des rivets, les formes indiquées par les figures 325, 326, 327. La première donne la tête de rivet normale avec un léger évasement ; la deuxième se compose d'une tête demi-fraisée et la troisième d'une tête entièrement fraisée.

## Résistance des rivets.

**493.** Le rivet résiste de deux manières :

1° A un effort de *cisaillement* exercé par

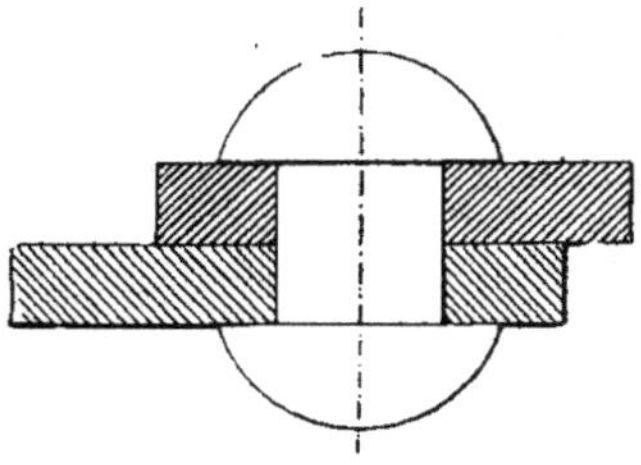

Fig. 328.

les tôles dans le sens perpendiculaire à son axe ;

2° A un *glissement* qui tend à se produire entre l'une des feuilles et la tête du rivet, quand il reste du jeu entre le corps et le trou dans lequel il a pénétré.

Ce glissement tend à se produire lorsque les trous des tôles sont faits au poinçon ; dans ce cas, et pour éviter le déplacement des tôles ainsi assemblées, il faut que les rivets produisent un serrage suffisant pour s'opposer au mouvement des tôles.

Lorsque les trous sont forés à la mèche, on peut percer à la fois toutes les pièces à réunir et donner au trou le diamètre juste du rivet ; le déplacement relatif des surfaces en contact n'étant alors plus à craindre, les rivets peuvent être calculés pour résister au cisaillement.

Dans quelques cas, les rivets n'ont pas à résister à de grands efforts et ont simplement pour but de relier des tôles de manière à former un joint parfait, comme dans les récipients à faible pression tels que les gazomètres. Enfin ils peuvent avoir à réaliser ces deux conditions de résistance et d'étanchéité, comme dans les chaudières à vapeur. C'est en raison de ces conditions qu'on distingue les rivures de force et les

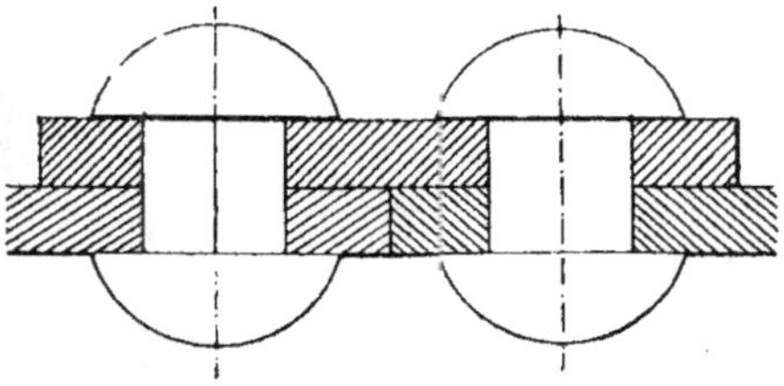

Fig. 329.

rivures d'étanchéité, entre lesquelles sont comprises les rivures de chaudières à vapeur.

Les rivures de force, lorsqu'elles sont à joint sur une seule face (*fig.* 328 et 329), portent le nom de rivures à recouvrement ; tandis qu'elles constituent des rivures à chaîne lorsque le joint a lieu sur les deux faces (*fig.* 330).

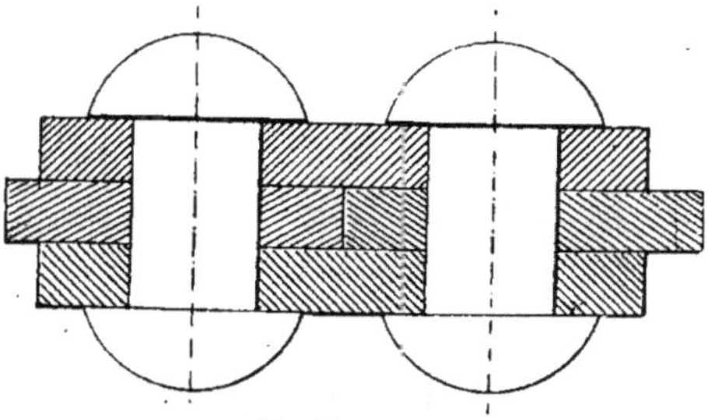

Fig. 330.

**494.** Nous allons voir comment on peut déterminer, par le calcul, les dimensions à donner aux rivets de force en supposant qu'ils agissent de manière à serrer l'une contre l'autre les pièces à réunir.

Représentons par (*fig.* 331) :

$d$, le diamètre du rivet ;

$kd$, le diamètre du trou ;

$h$, l'épaisseur des tôles à réunir ;

$d' = md$, le diamètre de la tête et de la rivure ;

E, le coefficient d'élasticité de la matière composant le rivet ;

E', celui des tôles ;

$\alpha$, le coefficient de dilatation du rivet ;

F, la tension totale à laquelle est soumis le rivet.

Cette tension F est la traction qui s'exerce entre deux sections consécutives

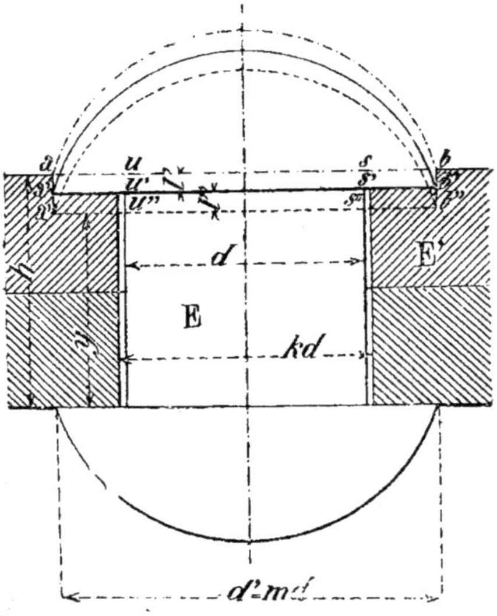


Fig. 331.

de la tige du rivet, celle exercée, par exemple, en $s'u'$ par la tige sur la rivure. Soit T la température du rivet au moment où il est achevé, et $t$ la température du milieu dans lequel il se refroidit.

Si le rivet pouvait se refroidir librement, sa tige prendrait finalement une longueur $y$, et la rivure viendrait en $a''b''$ : alors la tension du rivet serait nulle ; mais, comme ce raccourcissement ne peut se produire, il en résulte que par le refroidissement la tête du rivet comprime de plus en plus la tôle en augmentant la tension du rivet. Lorsque celui-ci est à la température ambiante, la tête occupe une position $a'b'$, et à ce moment la tension du rivet fait équilibre à la réaction des tôles comprimées. La compression totale subie par la tôle, que nous désignerons par $l'$, est la distance de $ab$ à $a'b'$, et l'allongement total conservé par la tige du rivet est la distance de $a'b'$ à $a''b''$ que nous désignerons par $l''$.

En désignant par R la traction rapportée à l'unité de surface, à laquelle la tige du rivet est soumise, on a la relation :

$$F = \frac{\pi d^2}{4} R,$$

ou :

$$R = \frac{4F}{\pi d^2}.$$

Admettons que R ne dépasse pas la limite d'élasticité de la matière qui compose le rivet et supposons que la réaction des tôles comprimées entre la rivure soit celle qui serait donnée par un anneau cylindrique dont les diamètres extérieurs et intérieurs sont $md$ et $Kd$.

On a alors, d'après ces hypothèses, les relations suivantes :

1° La longueur de la tige pouvant se contracter librement étant $y$ à la température $t$, et $h$ à la température T, on a, d'après les formules de la dilatation :

$$h - y = y\alpha\,(T - t),$$

ou :

$$l' + l'' = y\alpha\,(T - t); \qquad (1)$$

2° D'après la formule établie au n° 201 :

$$R = Ei,$$

dans laquelle $i$ est l'allongement ou le raccourcissement rapporté à l'unité de longueur, on a :

$$R = E\,\frac{l''}{y},$$

ou, en remplaçant R en fonction de F :

$$\frac{4F}{\pi d^2} = E\,\frac{l''}{y},$$

ou :

$$F = E\,\frac{\pi d^2}{4} \times \frac{l''}{y}; \qquad (2)$$

3° On aurait de même pour la tôle :

$$F = E'\left(\frac{\pi m^2 d^2}{4} - \frac{\pi k^2 d^2}{4}\right)\frac{l'}{h}; \qquad (3)$$

4° Enfin :

$$h = y + l' + l'',$$

ou :

$$h = y + y\alpha(T - t) = y\,[1 + \alpha(T - t)]. \qquad (4)$$

La différence de température $T - t$ ne

doit pas dépasser 250 degrés, et, comme $\alpha = \frac{1}{81\,500}$ est très petit, il s'ensuit que $y$ diffère très peu de $h$ ; on peut donc sans erreur sensible remplacer l'équation (1) par la suivante :

$$l' + l'' = h\alpha\,(T - t),$$

ou :

$$\frac{l'}{h} + \frac{l''}{h} = \alpha\,(T - t) \qquad (5)$$

De l'équation (2) on tire, en faisant $y = h$ :

$$\frac{l''}{h} = \frac{F}{E\,\frac{\pi d^2}{4}} = \frac{F}{\frac{\pi d^2}{4}} \times \frac{1}{E},$$

et de l'équation (3) :

$$\frac{l'}{h} = \frac{F}{E'\left(\frac{\pi m^2 d^2}{4} - \frac{\pi k^2 d^2}{4}\right)} = \frac{F}{\frac{\pi d^2}{4}}\left(\frac{1}{E'(m^2 - k^2)}\right).$$

Ces valeurs mises dans l'équation (5) donnent :

$$\frac{F}{\frac{\pi d^2}{4}}\left[\frac{1}{E} + \frac{1}{E'(m^2 - k^2)}\right] = \alpha\,(T - t). \quad (6)$$

En remplaçant $\frac{F}{\frac{\pi d^2}{4}}$ par R, il vient :

$$R\left[\frac{E'(m^2 - k^2) + E}{EE'(m^2 - k^2)}\right] = \alpha\,(T - t),$$

d'où l'on déduit :

$$R = \left(\frac{EE'\alpha}{E' + \frac{E}{m^2 - k^2}}\right)(T - t). \quad (7)$$

Cette formule montre que la tension d'un rivet est proportionnelle au nombre de degrés dont il se refroidit lorsque E, E', $m$ et $h$ restent constants.

Si au contraire $T - t$ est constant ainsi que $k$, on remarque que cette tension croît avec la valeur de $m$, et que la limite supérieure de cette tension aura lieu pour $m = \infty$, auquel cas la formule devient :

$$R = \left(\frac{EE'\alpha}{E' + 0}\right)(T - t) = E\alpha\,(T - t).$$

On peut remarquer que, si $m = \infty$, la compression des tôles est nulle, c'est-à-dire que $l' = 0$, d'où il résulte que le rivet reste allongé de :

$$y\alpha\,(T - t).$$

La formule (7) se simplifie, lorsqu'on suppose que la matière qui constitue le rivet et les tôles est la même ($E = E'$), et que le trou du rivet est égal à $d$, c'est-à-dire $k = 1$.

Elle devient :

$$R = \frac{E\alpha\,(T - t)}{1 + \frac{1}{m^2 - 1}} = \frac{E\alpha\,(T - t)}{\frac{m^2}{m^2 - 1}}$$

$$R = E\alpha\,(T - t)\,\frac{m^2 - 1}{m^2},$$

ou :

$$R = E\alpha\,(T - t)\left(1 - \frac{1}{m^2}\right) \qquad (8)$$

Cette formule montre, mieux que la précédente, l'influence exercée sur la tension par le diamètre donné à la rivure et à la tête du rivet.

On voit que, si $m = 1$, c'est-à-dire si la rivure n'a pas de tête, la valeur de R devient nulle, ce qui est évident *a priori ;* et que si $m = \infty$, la valeur maximum de R est : $R = E\alpha\,(T - t)$.

**495.** Appliquons la formule (8) au cas de rivets en fer, réunissant des tôles également en fer et pour lequel :

$$\alpha = \frac{1}{81\,500}, \qquad E = 18 \times 10^9,$$

on aura :

$$R = 220\,858\left(1 - \frac{1}{m^2}\right)(T - t),$$

d'où l'on déduit le tableau suivant :

| VALEURS DE $m$ | VALEURS DE R |
|---|---|
| $m = 1{,}1$ | $R = 38\,208\,(T-t)$ |
| $= 1{,}2$ | $= 67\,582\,(T-t)$ |
| $= 1{,}3$ | $= 90\,331\,(T-t)$ |
| $= 1{,}4$ | $= 107\,999\,(T-t)$ |
| $= 1{,}67$ | $= 141\,790\,(T-t)$ |
| $= 2{,}00$ | $= 165\,643\,(T-t)$ |
| $= \infty$ | $= 220\,858\,(T-t)$ |

Ce tableau est établi en supposant $K = 1$. Or, dans la pratique, lorsque les trous sont faits au poinçon, $K > 1$ ; si l'on veut en tenir compte, la formule (8) devient :

$$R = \left[\frac{m^2 - k^2}{m^2 - (k^2 - 1)}\right] E\alpha\,(T - t) \quad (9)$$

Et en supposant comme précédemment :

$$E = 18 \times 10^9, \qquad \alpha = \frac{1}{81\ 500},$$

on a :

$$R = 220\ 858 \left[\frac{m^2 - k^2}{m^2 - k^2 + 1}\right] (T - t) \quad (10)$$

et on déduit les résultats suivants pour $K = 1{,}05$ :

| VALEURS DE $m$ | VALEURS DE R |
|---|---|
| $m = 1{,}1$ | $R = 21\ 423\ (T-t)$ |
| $= 1{,}2$ | $= 55\ 656\ (T-t)$ |
| $= 1{,}3$ | $= 81\ 717\ (T-t)$ |
| $= 1{,}4$ | $= 102\ 036\ (T-t)$ |
| $= 1{,}5$ | $= 117\ 938\ (T-t)$ |
| $= 1{,}67$ | $= 136\ 932\ (T-t)$ |
| $= 2{,}00$ | $= 164\ 097\ (T-t)$ |
| $= \infty$ | $= 220\ 858\ (T-t)$ |

Ces résultats et les précédents confirment la justification du rapport $m = 1{,}67$ que nous avons indiqué sur la figure ; ils font également ressortir les inconvénients d'un bouterollage incomplet. Si, par exemple, la surface de contact est réduite de ce fait à $1{,}2\ d$, la tension du rivet, au lieu d'être proportionnelle à 136 932, ne l'est plus qu'à 55 656, c'est-à-dire que cette tension diminue de plus de moitié.

Ces chiffres prouvent que la rivure doit porter sur toute sa surface, et c'est ce dont on doit s'assurer dans les réceptions d'ouvrages importants.

Si maintenant nous adoptons $m = 1{,}67$ et $k = 1{,}05$, et que nous cherchions les tensions des rivets répondant à différentes températures, on trouve :

| VALEURS DE $(T - t)$ | VALEURS DE R |
|---|---|
| $T - t = 100°$ | $R = 13\ 693\ 200^k$ |
| $= 120$ | $= 16\ 431\ 840$ |
| $= 140$ | $= 19\ 170\ 480$ |
| $= 150$ | $= 20\ 539\ 800$ |
| $= 160$ | $= 21\ 909\ 120$ |
| $= 180$ | $= 24\ 647\ 760$ |
| $= 200$ | $= 27\ 386\ 400$ |

Cette valeur de R ne devant pas dépasser la limite d'élasticité de la matière composant le rivet, on voit que la température, au moment où la rivure est terminée, ne doit pas dépasser 150 à 160 degrés. Si le rivet est en fer doux, c'est-à-dire à grand allongement permanent après rupture, on pourra, sans de bien grands inconvénients dépasser ces chiffres.

**496.** Admettons maintenant des *rivets en cuivre*, réunissant des tôles de fer, on aura, en admettant $k = 1$ et $m = 1{,}67$ :

$$E = 10 \times 10^9$$
$$E' = 18 \times 10^9$$
$$\alpha = \frac{1}{58\ 200}.$$

La formule (7) deviendra alors :

$$R = 131\ 121\ (T - t),$$

d'où l'on déduit :

| $T - t$ | R |
|---|---|
| 100° | $13\ 112\ 100^k$ |
| 140 | 18 356 940 |
| 150 | 19 668 150 |
| 160 | 20 979 360 |

**497.** Si les *rivets en cuivre* réunissent des *plaques en cuivre*, on aura, en faisant $K = 1$ et $m = 1{,}67$ :

$$E = E' = 10 \times 10^9$$
$$\alpha = \frac{1}{58\ 200}.$$

La formule (7) devient :

$$R = 110\ 206\ (T - t),$$

d'où les résultats suivants :

| $T - t$ | R |
|---|---|
| 100° | $11\ 020\ 600^k$ |
| 140 | 15 428 840 |
| 150 | 16 530 900 |
| 160 | 17 632 960 |

**498.** *Adhérence produite par les rivets.* — Comme nous l'avons déjà dit, les rivets posés à chaud produisent par le refroidissement une compression sur les tôles par le fait de la tension qu'ils exercent. Si les pièces assemblées tendent à glisser l'une contre l'autre, il faut que le frottement résultant de cette compression, et qu'on appelle l'adhérence, soit supérieur aux efforts transversaux.

Si A représente l'adhérence, et $f$ le coefficient de frottement, on devra avoir :

$$A = f.\ R.$$

Les surfaces métalliques n'étant ni dressées ni enduites d'un corps gras, on peut, d'après les expériences, prendre $f = 0{,}60$, d'où :

$$A = 0{,}60\ R\ ;$$

et, si l'on admet que la limite d'élasticité du fer soit de $20^k,539$ par millimètre carré, valeur qui correspond à $T - t = 150°$, on a :

$$A = 20,539 \times 0,60$$
$$= 12^k,24 \text{ par millimètre carré.}$$

Dans la pratique, on peut, avec du fer très ductile et de bonne qualité, compter sur une adhérence de 13 à 15 kilogrammes par millimètre carré.

Cette adhérence maximum ne doit pas être atteinte dans la pratique ; de même que la charge de sécurité n'est que le cinquième environ de la charge de rupture ; il faut, dans le calcul des rivets, ne compter que sur une adhérence égale à environ le cinquième de celle indiquée plus haut.

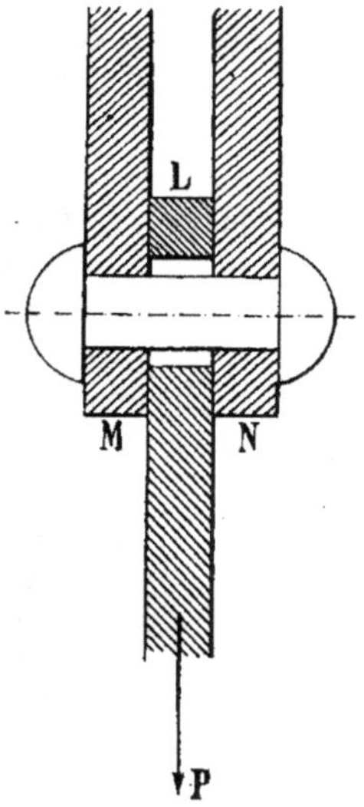

Fig. 332.

Dans les ponts et les charpentes, on admet une adhérence de 3 kilogrammes par millimètre carré de section du rivet, et dans les chaudières on ne dépasse pas 2 kilogrammes et demi. Ces chiffres, relativement faibles, permettent de compter sur une sécurité encore suffisante lorsque, par suite de charges accidentelles, les efforts transversaux viendraient à augmenter ; d'ailleurs, dans bien des cas, la température de pose peut être incertaine.

On peut, par l'expérience suivante, déterminer l'adhérence maximum produite par un rivet posé dans de bonnes conditions. Il suffit de river ensemble (*fig.* 332) trois feuilles de tôles, L, M, N, en donnant au trou de la tôle du milieu un diamètre plus grand que le rivet ; on détermine alors quel est l'effort P qui, appliqué sur cette tôle, produirait le glissement. L'adhérence par unité de section

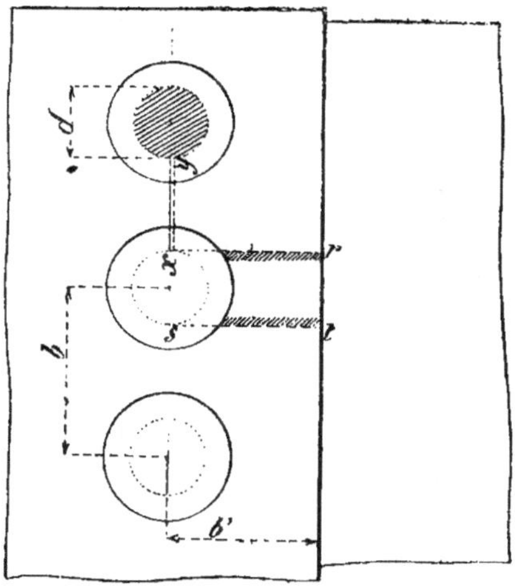

Fig. 333.

de rivet entre deux surfaces de tôles en contact serait :

$$A = \frac{P}{2\Omega},$$

$\Omega$ étant la section du rivet.

**499.** *Rivets posés à froid.* — Lorsque les rivets sont posés à froid, ils agissent par leur résistance au cisaillement ; et si l'on admet que cet effort ne doit pas dépasser l'adhérence de sécurité admise plus haut, il est évident que le nombre de rivets, calculé par cette considération, sera identiquement égal à celui calculé dans l'hypothèse où ils agissent par tension.

Dans le cas de cisaillement, les rivets doivent être disposés de manière que les tôles ne puissent se rompre suivant $xy$ (*fig.* 333), c'est-à-dire entre les trous des rivets, et que les bords des tôles ne se déchirent pas suivant les plans $xr$ et $st$.

Comme dans une rivure bien disposée, il ne doit pas pouvoir se produire plus

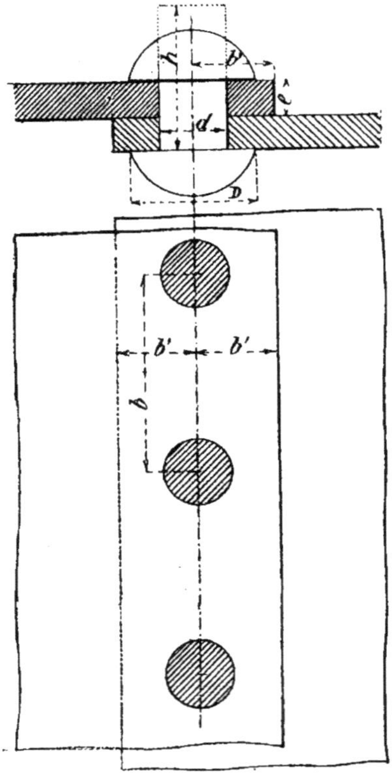


Fig. 334.

d'accident par rupture au cisaillement que par rupture de la tôle suivant les faces $xy$, $xr$, $st$; on admet souvent comme règle à suivre, dans le cas de la rivure à froid, que ces trois surfaces doivent être égales, ou plutôt qu'elles doivent présenter la même résistance rapportée à l'unité de surface.

Si l'on admet cette règle, on a les relations suivantes :

$$\frac{\pi d^2}{4} = (b - d)\, e = 2b'e,$$

dans lesquelles :

$b$ est la distance d'axe en axe de deux rivets;

$b'$, la distance de l'axe du rivet au bord de la tôle;

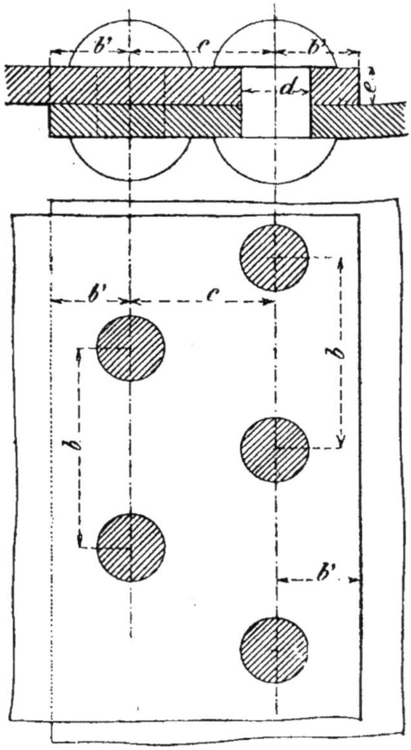


Fig. 335.

$e$, l'épaisseur de la tôle.

D'où l'on tire :

$$b = \frac{\pi d^2}{4e} + \frac{de}{e} = \left[\frac{\pi}{4}\left(\frac{d}{e}\right)^2 + \frac{d}{e}\right] e,$$

et :

$$b' = \frac{\pi}{8}\left(\frac{d}{e}\right)^2 e.$$

Si l'on représente par Z le rapport entre la résistance de la rivure et celle de la tôle, ou le *module de force* de la rivure, on a :

$$Z = \frac{b-d}{b} = 1 - \frac{d}{b}$$

et en remplaçant $b$ par sa valeur :

$$Z = 1 - \frac{d}{\frac{\pi}{4} \cdot \frac{d^2}{e} + d} = \frac{1}{1 + \frac{4}{\pi} \cdot \frac{e}{d}}.$$

En admettant que le diamètre du rivet soit double de l'épaisseur de la tôle ($d = 2e$), on obtient les résultats suivants :

$$b = \left(\frac{\pi}{4} \cdot 4 + 2\right) e = 5{,}14e,$$

$$b' = \frac{\pi}{8} \cdot 4e = 1{,}56e,$$

$$Z = \frac{1}{1{,}64} = 0{,}61.$$

**500.** Les formules ci-dessus ont été établies en supposant que la tension dans la section des rivets soit égale à la tension dans la tôle, et qu'il n'y a qu'une file de rivets. Si l'on suppose que la première de ces tensions soit les 0,8 de la seconde, et que le nombre des files de rivets soit $n$, on a les relations suivantes :

1° Pour la rivure à recouvrement (*fig.* 328) :

$$b = \left[\frac{\pi}{5}\left(\frac{d}{e}\right)^2 + \frac{d}{e}\right] n.e,$$

$$b' = \frac{\pi}{8}\left(\frac{d}{e}\right)^2$$

$$Z = 1 - \frac{d}{b} = \frac{1}{1 + \frac{5}{n\pi} \cdot \frac{e}{d}};$$

2° Pour la rivure à chaîne (*fig.* 330) :

$$b = \left[\frac{\pi}{5}\left(\frac{d}{e}\right)^2 + \frac{d}{e}\right] 2ne,$$

$$b' = \frac{\pi}{4}\left(\frac{d}{e}\right)^2,$$

$$Z = 1 - \frac{d}{b} = \frac{1}{1 + \frac{1}{2n} \cdot \frac{5}{\pi} \cdot \frac{e}{d}}.$$

## Dimensions des rivets d'après Fairbairn.

**501.** Dans beaucoup d usines, on suit encore les dimensions des rivets données par Fairbairn, constructeur anglais. Le tableau suivant donne les proportions, dans le cas de recouvrements à simple rivure (*fig.* 334) et à double rivure (*fig.* 335), des rivets travaillant au cisaillement.

| ÉPAISSEUR DE LA TOLE $e$ | DIAMÈTRE DES RIVETS $d$ | $\frac{d}{e}$ | LONGUEUR DE LA TIGE $h$ | ÉCARTEMENT $b$ | RECOUVREMENT simple RIVURE $2b'$ | RECOUVREMENT double RIVURE $2b' + c$ | DIAMÈTRE DE LA TÊTE D |
|---|---|---|---|---|---|---|---|
| 4 | 8 | 2 | 20 | 30 à 36 | 30 | 48 | 11 |
| 6 | 12 | 2 | 27 | 36 à 43 | 37 | 61 | 15 |
| 8 | 16 | 2 | 36 | 42 à 48 | 47 | 81 | 19 |
| 9 | 18 | 2 | 40 | 46 à 52 | 54 | 85 | 21 |
| 10 | 19 | 1.9 | 45 | 48 à 54 | 57 | 87 | 24 |
| 12 | 20 | 1.7 | 55 | 53 à 58 | 59 | 93 | 31 |
| 14 | 22 | 1.5 | 63 | 56 à 63 | 63 | 104 | 34 |
| 16 | 24 | 1.5 | 71 | 65 à 71 | 72 | 126 | 38 |
| 18 | 27 | 1.5 | 78 | 72 à 78 | 78 | 142 | 42 |
| 19 | 28.5 | 1.5 | 82 | 77 à 82 | 82 | 151 | 44 |

Dans beaucoup de constructions métalliques, on est conduit à établir des rivures à plus de deux rangs de rivets qu'on peut calculer d'après les formules de Fairbairn, dans lesquelles $i$ représente le nombre des sections de rivets qui seraient coupés en cas de rupture, par rangée de rivets ; $n$, le nombre de rangées ou files de rivets. Ces formules sont :

$$\frac{b}{e} = ni\,\frac{\pi}{4}\left(\frac{d}{e}\right)^2 + \frac{d}{e},$$

et :

$$\left(b' - \frac{d}{2}\right) e = \frac{3}{4}\,\frac{\pi d^2}{4}.$$

**502.** *Formules de la marine française.* — Dans les ateliers de la marine française, on fait usage, pour les rivures de tôles entre elles, ou de tôles et de fers profilés, des formules suivantes, dans lesquelles :

$d$ = diamètre des rivets;
$e$ = épaisseur de la tôle ;
$md$ = écartement des rivets ;

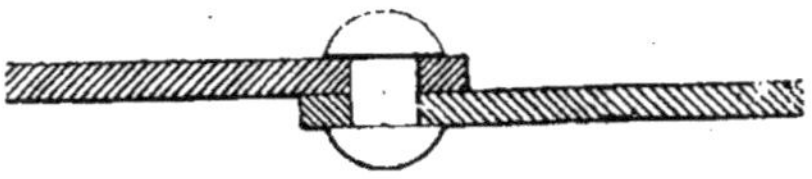

Fig. 336.

1° *Tôles de fer :*

Rivetage à un rang de rivets, à clin ou à simple couvre-joint (*fig.* 336 et 337) :

$$m = 1{,}125 + \frac{d}{e}.$$

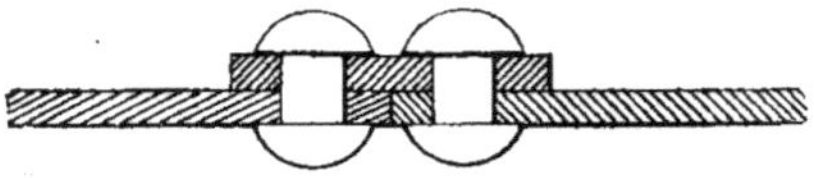

Fig. 337.

Rivetage à deux rangs de rivets, à clin ou à simple couvre-joint (*fig.* 338 et 339) :

$$m = 1{,}125 + 2\frac{d}{e}.$$

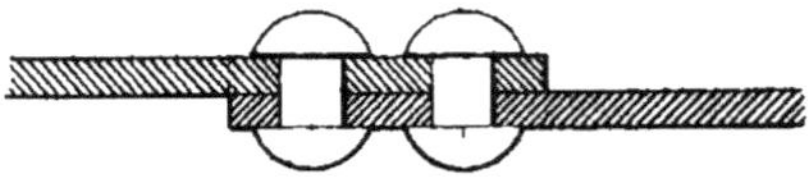

Fig. 338.

Rivetage à un rang de rivets et à double couvre-joint (*fig.* 340) :

$$m = 1 + 2\frac{d}{e}.$$

Rivetage à deux rangs de rivets et à double couvre-joint (*fig.* 341) :

$$m = 1 + 4\frac{d}{e}.$$

2° *Tôles d'acier :*

Rivetage à un rang de rivets, à clin ou à simple couvre-joint (*fig.* 336 et 337) :

$$m = 1{,}125 + 0{,}53\frac{d}{e}.$$

Rivetage à deux rangs de rivets, à clin ou à simple couvre-joint (*fig.* 338 et 339) :

$$m = 1{,}125 + 1{,}05\frac{d}{e}.$$

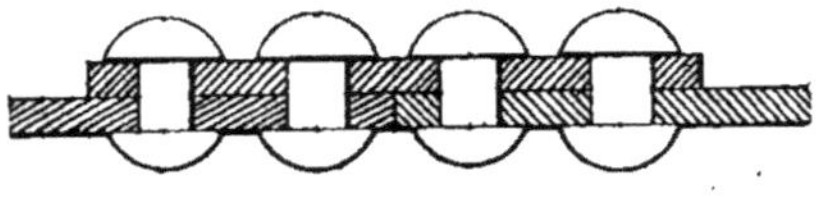

Fig. 339.

Rivetage à un rang de rivets et à double couvre-joint (*fig.* 340) :

$$m = 1 + 1{,}05\frac{d}{e}.$$

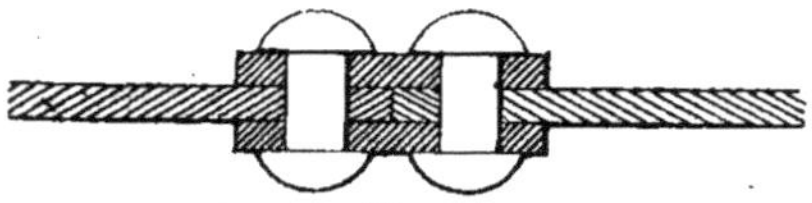

Fig. 340.

Rivetage à deux rangs de rivets et à double couvre-joint (*fig.* 341) :

$$m = 1 + 2{,}10\frac{d}{e}.$$

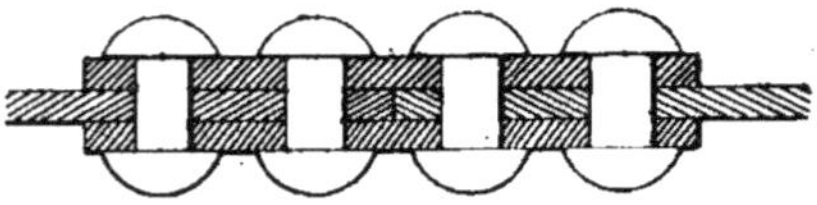

Fig. 341.

Ces formules ont été établies de manière à égaliser la résistance des rivets au cisaillement, et celle des tôles par le travers des trous de rivets. Elles supposent que la charge de rupture des fers à rivets par cisaillement est de 30 kilogrammes par millimètre carré, que les tôles de fer poinçonnées résistent à 24 kilogrammes perpendiculairement au sens du laminage, et enfin que les tôles d'acier peuvent porter 45 kilogrammes par millimètre carré dans les deux sens.

**503.** *Disposition convergente des rivets.* — Nous avons indiqué plus haut la disposition des rivets et leur écartement, dans le cas d'une rivure simple ou double, suivant que le joint a lieu sur une face ou sur les deux faces des tôles. Lorsqu'il y a lieu d'établir plus de deux files de rivets, on peut obtenir une rivure d'une très grande résistance, en la disposant de manière que le nombre de rivets dans chaque file décroisse en progression arithmétique, à partir de la file du milieu. En suivant cette loi, les nombres de rivets dans les files successives sont alors entre eux dans les rapports suivants :

| | | |
|---|---|---|
| 1 : 2 : 1 | Total | 4 |
| 1 : 2 : 3 : 2 : 1 | — | 9 |
| 1 : 2 : 3 : 4 : 3 : 2 : 1 | — | 16 |

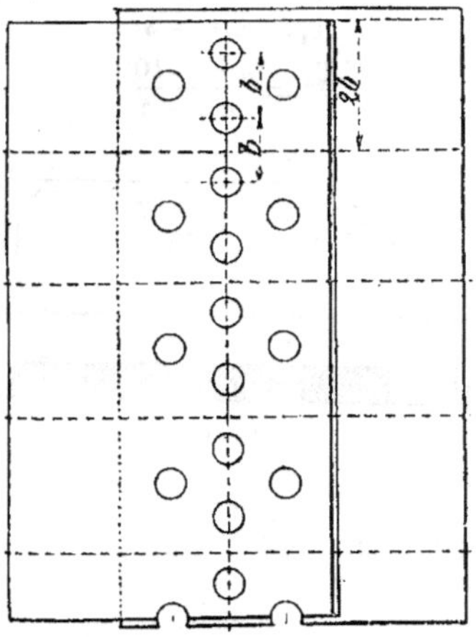


Fig. 342.

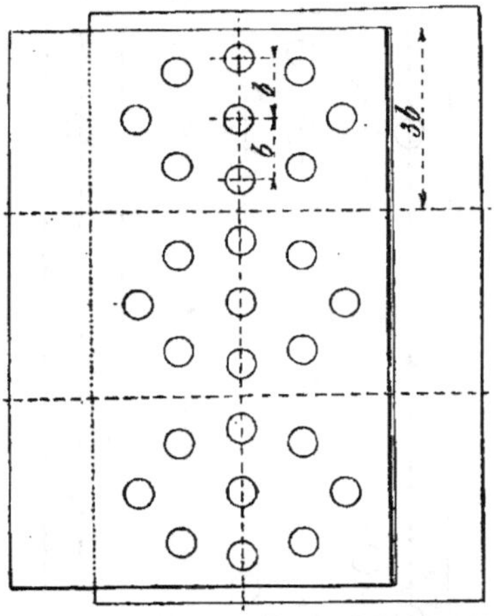


Fig. 343.

Ces dispositions, qu'on désigne par abréviation sous le nom de rivures convergentes, sont représentées par les figures 342, 343, 344. Les espacements dans lesquels la disposition des rivets se reproduit régulièrement sont indiqués par des traits pointillés ; dans le sens de la longueur de chaque file, la répartition de ces rivets est uniforme.

En désignant par $m$ le nombre des rivets contenus dans la file du milieu, entre deux traits de division, la somme de tous les rivets compris entre ces mêmes traits est égale à $m^2$.

A droite et à gauche de la file du milieu, les rivets forment une progression arithmétique dont le premier terme est 1, le dernier $m-1$, et le nombre de termes $m-1$ ; leur somme S est :

$$S=\frac{1+(m-1)}{2}(m-1),$$

ou :

$$S=\frac{m-1+m^2-2m+1}{2}=\frac{m^2-m}{2}.$$

En doublant cette somme et en y ajoutant les $m$ rivets de la file moyenne, on a pour le total :

$$\left(\frac{m^2-m}{2}\right)2+m=m^2.$$

Cette relation très simple permet de désigner, avec plus de précision, la rivure correspondante ; ainsi la figure 342 représente une rivure convergente à deux rangs ; la figure 343, une rivure convergente à trois rangs, etc.

Pour distinguer ces rivures convergentes de celles étudiées précédemment, on peut donner à celles-ci le nom de rivures parallèles.

En supposant, comme nous l'avons déjà fait, que la tension P exercée sur la partie de l'assemblage comprise entre deux divisions soit uniformément répartie entre tous les rivets, on obtient les conditions les plus avantageuses pour les rivets de la première file, en observant la relation suivante :

$$\left.\begin{aligned} \frac{b}{e} &= m\,\frac{\pi}{5}\left(\frac{d}{e}\right)^2 + \frac{1}{m}\cdot\frac{d}{e}, \\ \text{ou :}\quad \frac{b}{d} &= m\,\frac{\pi}{5}\left(\frac{d}{e}\right) + \frac{1}{m}\cdot \end{aligned}\right\} \quad (1)$$

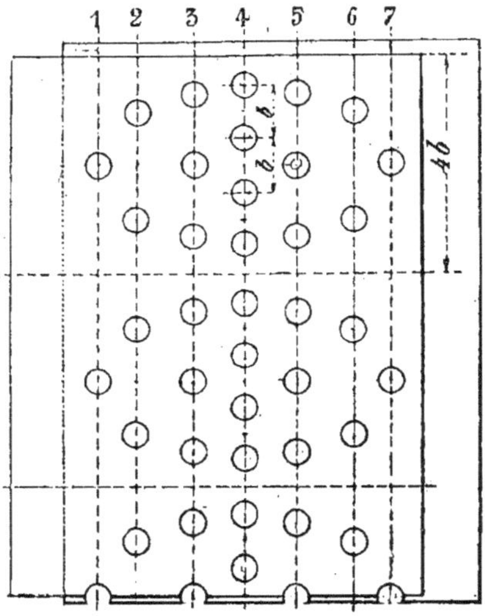

Fig. 344.

Si maintenant on désigne par $T_1$, $T_2$, $T_3$, $T_4$ les tractions exercées dans la tôle supérieure percée de trous, suivant les lignes 1, 2, 3, 4 (*fig.* 344), on a :

$$\left.\begin{aligned} P &= T_1\,(m.b - d)\,e \\ P &= T_2\,(m.b - 2d)\,\frac{m^2}{m^2-1}\,e \\ P &= T_3\,(mb - 3d)\,\frac{m^2}{m^2-3}\,e \\ P &= T_4\,(mb - 4d)\,\frac{m^2}{m^2-6}\,e \\ P &= T_5\,(mb - 5d)\,\frac{m^2}{m^2-10}\,e \end{aligned}\right\} \quad (2)$$

Dans le cas où $T_1$ doit être égal à $T_2$, on tire des relations ci-dessous :

$$(mb - d) = (m.b - d)\,\frac{m^2}{m^2-1},$$

ou :

$$m^3b - m^2d - mb + d = m^3b - m^2d$$

en simplifiant :

$$d\left(1 + m^2\right) = mb,$$

et par suite :

$$\frac{b}{d} = \frac{m^2+1}{m}. \quad (3)$$

En faisant les mêmes hypothèses, on a :

$$\frac{T_3}{T_1} = \frac{m^2-3}{m^2-2}$$

$$\frac{T_4}{T_1} = \frac{m^2-6}{m^2-3}$$

$$\frac{T_5}{T_1} = \frac{m^2-10}{m^2-4}$$

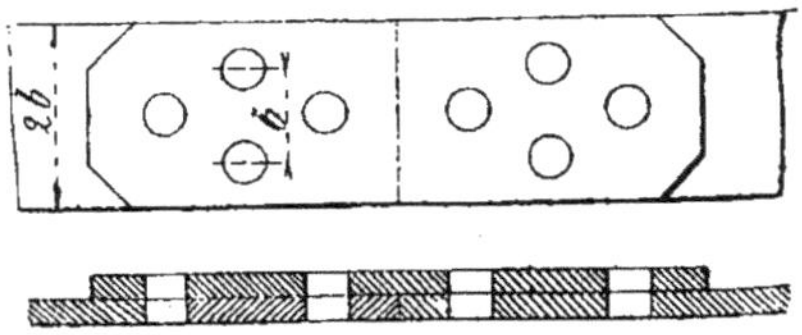

Fig. 345.

C'est-à-dire que les tensions exercées dans les lignes 3, 4, 5, etc., sont alors inférieures à :

$$T_1 = T_2.$$

Il en résulte que l'hypothèse précédente est utilisable ; en l'introduisant dans la formule (1), on obtient :

$$\frac{d}{l} = \frac{5}{\pi} = 1{,}5916 \text{ ou } 1{,}6. \quad (4)$$

C'est-à-dire que $\frac{d}{e}$, ou le rapport du diamètre du boulon à l'épaisseur de la tôle est constant et doit être pris égal à 1,6.

Le module de force Z s'obtiendra, en désignant par T' la traction dans la tôle pleine :

$$Z = 1 - \frac{d}{mb} = \frac{m^2}{m^2+1}. \quad (5)$$

En adoptant ces rapports, qui sont très

favorables, on obtient pour différentes valeurs de $m$ les résultats suivants :

| | | | | |
|---|---|---|---|---|
| $m =$ | 2 | 3 | 4 | 5 |
| $\frac{d}{e} =$ | 1,6 | 1,6 | 1,6 | 1,6 |
| $\frac{b}{d} =$ | 2,50 | 3,33 | 4,25 | 5,20 |
| $\frac{b}{e} =$ | 4,00 | 5,32 | 6,80 | 8,32 |
| $Z =$ | 0,80 | 0,90 | 0,94 | 0,96 |

**504.** Pour l'assemblage de plaques d'une grande longueur, il paraît convenable de se borner à l'emploi de la rivure convergente à deux rangs, tandis que celle à trois rangs, au plus, convient plutôt pour la fonction de barres à section rectangulaire, comme il s'en rencontre dans les poutres ; dans ces deux cas, la rivure se fait à plat joint. La figure 345 représente une rivure de ce genre à deux rangs, et la figure 346 une rivure à trois rangs.

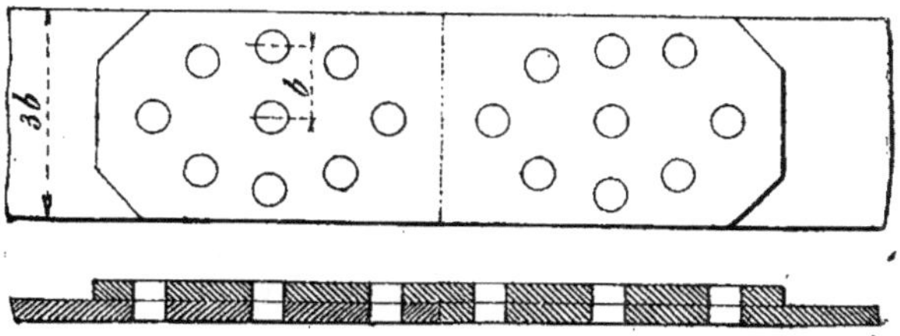


Fig. 346.

**505.** *Rivures d'étanchéité.* — Lorsque l'étanchéité est une condition essentielle à réaliser, comme dans les réservoirs contenant des liquides ou des gaz, il faut éviter de donner un grand écartement aux rivets ; d'un autre côté, le diamètre des rivets et leur écartement doivent être relativement plus considérables pour les tôles minces que pour les tôles fortes.

Afin d'obtenir un contact parfait entre

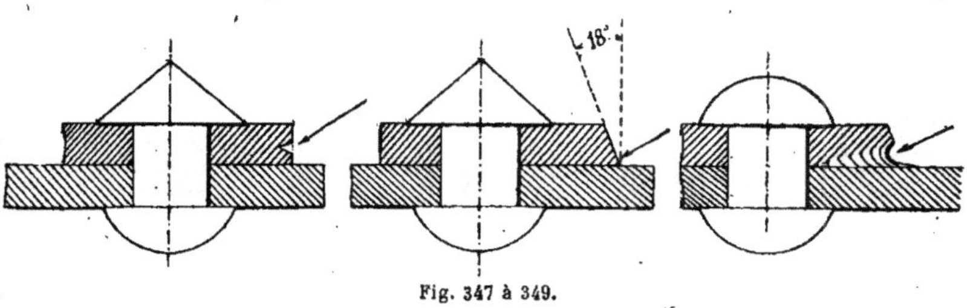


Fig. 347 à 349.

les tôles il faut que les rivets et les bords des tôles soient soigneusement mattés. Ces bords sont alors préparés à l'avance d'une manière spéciale. Anciennement, on pratiquait au burin une rainure longitudinale sur la tranche de la tôle, et on mattait la partie inférieure de cette rainure (*fig.* 347). Actuellement, les tôles sont coupées obliquement, au moyen de la cisaille, sur toute l'épaisseur de la tranche, comme dans la figure 348; de cette façon l'opération du mattage peut se faire aisément sans autre travail préparatoire. L'angle d'abatage est d'environ 18 degrés et demi, ce qui correspond à une inclinaison de 1/3. Ce mattage se fait avec le marteau ordinaire, ou bien avec un outil fortement arrondi (*fig.* 349), qui a l'avantage d'éviter toute action nuisible sur l'autre tôle et de produire le contact des deux tôles sur une plus grande largeur.

**506.** *Rivures diverses.* — Les tôles en fer peuvent être réunies avec des rivets en cuivre, à la condition de leur donner un diamètre plus considérable ; ce mode de rivure, qui peut donner une étanchéité suffisante, ne permettrait pas d'en faire une bonne rivure d'assemblage en raison de la différence de dilatation et d'élasticité des deux métaux.

L'assemblage de planches de cuivre fortes peut se faire avec des rivets en cuivre ; lorsqu'elles ont au moins 8 millimètres d'épaisseur, on emploie une rivure spéciale : les trous se percent au poinçon, à coups de marteau, dans les pièces présentées en place l'une sur l'autre ; on

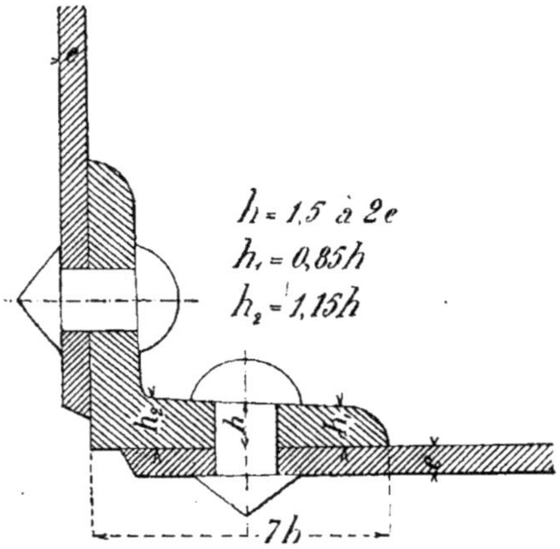


Fig. 350.

emploie des rivets à large tête fraisée (*fig.* 350) et on frappe sur une châsse évidée et concave, jusqu'à ce que la tête soit entièrement noyée et que les planches fassent saillie autour du corps du rivet, en se moulant dans la châsse. Généralement on interpose du papier entre les pièces.

Les gazomètres se rivent à froid, avec des rivets de 6 à 8 millimètres de diamètre, écartés de 25 millimètres de centre à centre, avec 26 millimètres de recouvrement. On assure l'étanchéité en interposant sous la pince une corde molle ou une bande de toile imprégnée de mastic au minium.

| DIAMÈTRE BRUT de la tige en m.m. | POIDS DE 100 RIVETS BRUTS (en kilogrammes) Longueur de la tige en millimètres | | | | | | | | | | | | | | | | | POIDS DE 100 TÊTES | | |
|---|---|---|---|---|---|---|---|---|---|---|---|---|---|---|---|---|---|---|---|---|
| | 10 | 15 | 20 | 25 | 30 | 35 | 40 | 45 | 50 | 55 | 60 | 65 | 70 | 75 | 80 | 85 | 90 | Rondes (brutes) | Coniques | Ogivales |
| 6 | 0.490 | 0.600 | 0.710 | 0.828 | 0.930 | | | | | | | | | | | | | 0.290 | | |
| 7 | 0.645 | 0.795 | 0.945 | 1.095 | 1.245 | 1.395 | | | | | | | | | | | | 0.420 | | |
| 8 | 0.929 | 1.115 | 1.321 | 1.516 | 1.712 | 1.908 | | | | | | | | | | | | 0.580 | | |
| 9 | | 1.500 | 1.751 | 1.996 | 2.247 | 2.492 | 2.743 | | | | | | | | | | | 0.760 | | |
| 10 | | 1.847 | 2.154 | 2.459 | 2.766 | 3.071 | 3.378 | | | | | | | | | | | 0.910 | 0.700 | 0.830 |
| 12 | | | 3.335 | 3.775 | 4.216 | 4.656 | 5.097 | | | | | | | | | | | 1.500 | 1.160 | 1.380 |
| 14 | | | | 5.398 | 5.997 | 6.597 | 7.196 | 7.796 | 8.395 | | | | | | | | | 2.320 | 1.770 | 2.120 |
| 15 | | | | | 6.862 | 7.547 | 8.239 | 8.924 | 9.616 | 10.291 | 10.993 | | | | | | | 2.790 | 2.150 | 2.550 |
| 16 | | | | | 8.119 | 8.995 | 9.619 | 10.561 | 11.347 | 12.127 | 12.907 | | | | | | | 3.300 | 2.500 | 3.100 |
| 18 | | | | | 11.349 | 12.339 | 13.332 | 14.322 | 15.315 | 16.305 | 17.298 | 18.288 | 19.281 | 20.281 | 21.264 | | | 4.670 | 3.610 | 4.300 |
| 20 | | | | | | 16.056 | 17.284 | 18.504 | 19.732 | 20.952 | 22.180 | 23.300 | 24.628 | 25.848 | 27.076 | 28.306 | 29.524 | 6.300 | 4.880 | 5.800 |
| 22 | | | | | | | | 22.714 | 24.194 | 25.684 | 24.164 | 28.644 | 30.120 | 31.600 | 33.082 | 34.563 | 36.044 | 8.270 | 6.400 | 7.600 |
| 25 | | | | | | | | | | 35.454 | 37.318 | 39.178 | 41.038 | 42.902 | 44.766 | 46.628 | 48.490 | 12.910 | 9.230 | 10.960 |

On se sert de cornières pour former les angles et pour armer les grandes parois planes. Les proportions convenables des cornières sont indiquées sur la figure 350 où $h = 1,5$ à $2e$.

Le tableau suivant donne pour cent rivets :

1° Le poids des rivets bruts ;

2° Le poids des têtes rondes, de :

$$D = 1,8d, \ H = 0,6d ;$$

3° Le poids des têtes coniques, de :

$$D = 1,8d, \ H = 0,8d ;$$

4° Le poids des têtes ogivales, de :

$$D = 1,8d, \ H = 0,8d.$$

Pour le travail à la main, les chiffres de ce tableau sont des moyennes pour les têtes coniques ; pour les têtes ogivales, ce sont des maxima. Quant aux têtes rondes, les poids donnés sont ceux des têtes des rivets bruts. Les têtes rondes faites à la main n'atteignent guère que 0,8 de ces poids et sont d'ailleurs difficiles à bien serrer. Lorsqu'on rive mécaniquement, on peut renforcer les têtes, ogivales ou rondes ; les têtes coniques sont moins solides.

## Épaisseur et rivures de chaudières à vapeur.

**507.** Les chaudières à vapeur et les récipients pour les fluides en pression se construisent en forte tôle et fers spéciaux ou en cuivre laminé. Les assemblages se font par rivure. L'épaisseur des tôles des parois cylindriques était déterminée anciennement par l'ordonnance royale du 22 mai 1843 et l'instruction ministérielle du 17 décembre 1848. Dans le cas de plus grande pression à l'intérieur, cette épaisseur se déduisait de la formule :

$$e = 1,8 \, D \, (n' - 1) + 3,$$

dans laquelle $n'$ était l'ancien timbre en kilogrammes par centimètre carré, à partir du vide absolu, D, le diamètre moyen exprimé en mètres ; $e$, l'épaisseur en millimètres. La constante, 3 millimètres, était destinée à tenir compte des défauts et irrégularités de fabrication des tôles.

Quant aux chaudières ou tuyaux de vapeur pressés du dehors au dedans, l'ordonnance de 1843 portait que l'on emploierait pour leur construction une tôle d'une plus grande épaisseur, et qu'ils seraient, en outre, munis d'armatures. Une instruction ministérielle du 17 décembre 1848 exigeait que, dans ce cas, l'épaisseur de la tôle fût une fois et demie celle qui résulterait de la formule précédente, et elle indiquait comme le meilleur mode d'armature à essayer l'emploi d'anneaux en fer forgé concentrique au tuyau à renforcer.

L'épaisseur de la tôle ne devait d'ailleurs jamais dépasser 15 millimètres ; si, en raison du diamètre projeté de la chaudière et de la tension de la vapeur, une épaisseur plus forte était nécessaire, le fabricant devait substituer à une chaudière unique plusieurs chaudières séparées, de diamètre plus petit.

Enfin, aucune chaudière à vapeur ne pouvait être mise en activité dans un établissement quelconque, sans avoir été préalablement essayée à une pression triple de la pression effective de $n$ atmosphères pour les chaudières, tubes, bouilleurs et réservoirs en tôle ou en cuivre laminé, et quintuple pour les chaudières ou bouilleurs en fonte.

Les cylindres en fonte des machines à vapeur et les enveloppes en fonte de ces cylindres étaient éprouvés à une pression triple de cette pression effective.

Le décret du 25 janvier 1865 et, plus tard, celui du 1er mai 1880 ont profondément modifié le régime des générateurs à vapeur. De toutes les mesures préventives auxquelles étaient soumises les chaudières, l'épreuve seule a été conservée.

Quant à la construction même des chaudières, toute liberté est laissée au fabricant sur le choix et l'épaisseur des matériaux qu'il emploie.

Nous reproduisons ci-après les dispositions relatives à l'installation et à la conduite des chaudières, d'après ce décret du 1er mai 1880.

## TITRE PREMIER

### MESURES DE SURETÉ RELATIVES AUX CHAUDIÈRES PLACÉES A DEMEURE

. . . . . . . . . . . . . . . .

**508.** Article 2. — Aucune chaudière neuve ne peut être mise en service qu'après avoir subi l'épreuve réglementaire ci-après définie. Cette épreuve doit être faite chez le constructeur et sur sa demande.

Toute chaudière venant de l'Étranger est éprouvée avant sa mise en service, sur le point du territoire français désigné par le destinataire sur sa demande.

Article 3. — Le renouvellement de l'épreuve peut être exigé de celui qui fait usage d'une chaudière :

1° Lorsque la chaudière ayant déjà servi est l'objet d'une nouvelle installation ;

2° Lorsqu'elle a subi une réparation notable ;

3° Lorsqu'elle est remise en service après un chômage prolongé.

A cet effet, l'intéressé devra informer l'ingénieur des mines de ces diverses circonstances. En particulier, si l'épreuve exige la démolition du massif du fourneau, ou l'enlèvement de l'enveloppe de la chaudière et un chômage plus ou moins prolongé, cette épreuve pourra ne point être exigée, lorsque des renseignements authentiques sur l'époque et les résultats de la dernière visite, intérieure et extérieure, constitueront une présomption suffisante en faveur du bon état de la chaudière. Pourront être notamment considérés comme renseignements probants les certificats délivrés aux membres des associations de propriétaires d'appareils à vapeur par celle de ces associations que le ministre aura désignée.

Le renouvellement de l'épreuve est exigible également lorsque, à raison des conditions dans lesquelles une chaudière fonctionne, il y a lieu pour l'ingénieur des mines d'en suspecter la solidité.

Dans tous les cas, lorsque celui qui fait usage d'une chaudière constatera la nécessité d'une nouvelle épreuve, il sera, après une instruction où celui-ci sera entendu, statué par le préfet.

En aucun cas, l'intervalle entre deux épreuves consécutives n'est supérieur à dix années. Avant l'expiration de ce délai, celui qui fait usage d'une chaudière à vapeur doit lui-même demander le renouvellement de l'épreuve.

Article 4. — L'épreuve consiste à soumettre la chaudière à une pression hydraulique supérieure à la pression effective qui ne doit point être dépassée dans le service. Cette pression d'épreuve sera maintenue pendant le temps nécessaire à l'examen de la chaudière, dont toutes les parties doivent être visitées.

La surcharge d'épreuve, par centimètre carré, est égale à la pression effective, sans jamais être inférieure à un demi-kilogramme, ni supérieure à 6 kilogrammes.

L'épreuve est faite sous la direction de l'ingénieur des mines et en sa présence, ou, en cas d'empêchement, en présence du garde-mine opérant d'après ses instructions.

Elle n'est pas exigée pour l'ensemble d'une chaudière dont les diverses parties, éprouvées séparément, ne doivent être réunies que par des tuyaux placés sur tout leur parcours, en dehors du foyer et des conduites de flammes, et dont les joints peuvent être facilement démontés.

Le chef de l'établissement où se fait l'épreuve fournit la main-d'œuvre et les appareils nécessaires à l'opération.

Article 5. — Après qu'une chaudière ou partie de chaudière a été éprouvée avec succès, il y est apposé un timbre, indiquant, en kilogrammes par centimètre carré, la pression effective que la vapeur ne doit pas dépasser.

Les timbres sont poinçonnés et reçoivent trois nombres indiquant le jour, le mois et l'année de l'épreuve.

Un de ces timbres est placé de manière à être toujours apparent après la mise en place de la chaudière.

Article 6. — Chaque chaudière est munie de deux soupapes de sûreté, chargées de manière à laisser la vapeur s'écouler dès que sa pression effective atteint la limite maximum indiquée par le timbre réglementaire.

L'orifice de chacune des soupapes doit suffire à maintenir, celle-ci étant au besoin convenablement déchargée ou soulevée et quelle que soit l'activité du feu, la vapeur dans la chaudière à un degré de pression qui n'excède, pour aucun cas, la limite ci-dessus.

Le constructeur est libre de répartir, s'il le préfère, la section totale d'écoulement nécessaire des deux soupapes réglementaires entre un plus grand nombre de soupapes.

ARTICLE 7. — Toute chaudière est munie d'un manomètre en bon état, placé en vue du chauffeur et gradué de manière à indiquer, en kilogrammes, la pression effective de la vapeur dans la chaudière.

Une marque très apparente indique sur l'échelle du manomètre la limite que la pression effective ne doit pas dépasser.

La chaudière est munie d'un ajutage terminé par une bride de 0m,04 de diamètre et de 0m,005 d'épaisseur, disposée pour recevoir le manomètre vérificateur.

ARTICLE 8. — Chaque chaudière est munie d'un appareil de retenue, soupape ou clapet, fonctionnant automatiquement et placé au point d'intersection du tuyau d'alimentation qui lui est propre.

ARTICLE 9. — Chaque chaudière est munie d'une soupape ou d'un robinet d'arrêt de vapeur, placé, autant que possible, à l'origine du tuyau de conduite de vapeur, sur la chaudière même.

ARTICLE 10. — Toute paroi en contact par une de ses faces avec la flamme doit être baignée par l'eau sur sa face opposée.

Le niveau d'eau doit être maintenu, dans chaque chaudière, à une hauteur de marche telle qu'il soit, en toute circonstance, à 0m,06 au moins au-dessus du plan pour lequel la condition précédente cesserait d'être remplie. La position limite sera indiquée, d'une manière très apparente, au voisinage du tube de niveau mentionné à l'article suivant.

Les prescriptions énoncées au précédent article ne s'appliquent point :

1° Aux surchauffeurs de vapeur distincts de la chaudière ;

2° A des surfaces relativement peu étendues et placées de manière à ne jamais rougir, même lorsque le feu est poussé à son maximum d'activité, telles que les tubes ou parties de cheminées qui traversent le réservoir de vapeur, envoyant directement à la cheminée principale les produits de la combustion.

ARTICLE 11. — Chaque chaudière est munie de deux appareils indicateurs du niveau de l'eau, indépendants l'un de l'autre et placés en vue de l'ouvrier chargé de l'alimentation.

L'un de ces indicateurs est un tube en verre, disposé de manière à pouvoir être facilement nettoyé et remplacé au besoin.

Pour les chaudières verticales de grande hauteur, le tube en verre est remplacé par un appareil disposé de manière à reporter, en vue de l'ouvrier chargé de l'alimentation, l'indication du niveau de l'eau dans la chaudière.

. . . . . . . . . . . . . . . .

. . . . . . . . . . . . . . . .

**509.** On voit que le décret du 1er mai 1880 ne donne aucune indication sur les dimensions que doivent avoir les chaudières proprement dites. L'industriel et le fabricant doivent donc s'imposer à eux-mêmes des règles pour calculer l'épaisseur à donner aux générateurs, et, comme leur responsabilité est directement engagée dans le choix de ces règles, nous allons indiquer sommairement les considérations qui doivent les guider dans ces études.

**510.** Admettons que la chaudière soit parfaitement cylindrique, que les pressions intérieures et extérieures soient exercées par des fluides sans poids, que toutes les autres forces soient négligées : poids propre du vase, réaction des appuis et des fonds circulaires. Dans cette hypothèse qui n'est jamais réalisée, nous pouvons admettre que, sous l'action de la résultante de ces efforts, la rupture tende à se produire :

1° Suivant un plan perpendiculaire à l'axe de la chaudière ;

2° Suivant un plan diamétral.

Dans la première de ces suppositions, la surface de rupture aurait la forme d'une section annulaire (*fig.* 351) et aurait pour valeur :

$$\pi\left(\frac{d^2}{4} - \frac{d^2}{4}\right), \text{ ou sensiblement } \pi de.$$

L'effort intérieur, en désignant par $p_0$

la pression par unité de surface, serait :

$$\frac{\pi d^2}{4} p_0,$$

et l'effort extérieur, en désignant par $p'$ la pression par unité de surface serait :

$$\frac{\pi d'^2}{4} p', \text{ ou sensiblement } \frac{\pi d^2}{4} p'.$$

En désignant par R la tension uniformément répartie dans la section de rupture supposée, tension à laquelle on peut attribuer la valeur de l'effort de sécurité auquel on peut soumettre la matière qui compose la chaudière, on aura l'égalité :

$$\pi de.\text{R} = \frac{\pi}{4} d^2 p_0 - \frac{\pi}{4} d^2 p',$$

ou, en simplifiant :

$$\text{R}.e = \frac{d(p_0 - p')}{4},$$

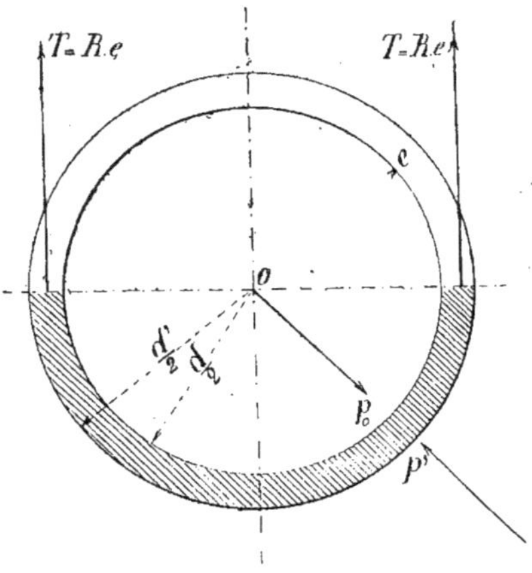


Fig. 351.

de laquelle on tirerait :

$$e = \frac{d(p_0 - p')}{4\text{R}}. \qquad (1)$$

Dans la seconde hypothèse, la section de rupture se composerait de deux rectangles ayant pour épaisseur l'épaisseur $e$ de la tôle, et pour autre dimension la longueur $l$ du corps cylindrique ; cette section aurait pour valeur :

$$2l.e.$$

La résultante des pressions intérieures, normale au plan diamétral, est :

$$d.l.p_0 ;$$

celle des pressions extérieures est :

$$d'lp',$$

d'où la relation :

$$2l.e.\text{R} = d.l.p_0 - d'lp' ;$$

ou, en remplaçant $d'$ par $d + 2e$ :

$$2\text{R}.e = d.p_0 - dp' - 2p'e,$$

et enfin :

$$\text{R} = \frac{(p_0 - p')d}{2e} - p'.$$

La pression $p'$ étant très petite par rapport à R, on peut la négliger et l'on a :

$$\text{R} = \frac{(p_0 - p')d}{2e},$$

d'où:
$$e = \frac{(p_0 - p'd)}{2e}. \qquad (2)$$

On voit que la formule (2) donnerait une épaisseur double de la formule (1), c'est-à-dire que la résistance suivant le plan diamétral est moindre que celle dans le plan perpendiculaire à l'axe ; aussi nous ne considérerons que la formule (2).

Nous avons admis que la tension R est uniformément répartie dans la section suivant un plan diamétral, ce qui suppose que la chaudière, en se déformant, reste cylindrique, d'où il résulte que la situation angulaire entre deux sections ne varie pas, et que, par suite, le moment fléchissant dans toute section diamétrale est nul.

**511.** Si on traitait cette question, non d'une manière approchée, mais par la théorie mathématique de l'élasticité des corps solides, comme l'a fait M. Lainé dans son ouvrage de *Mécanique*, on trouve que la tension n'est plus uniformément répartie dans la section faite par un plan diamétral, et qu'elle est maximum sur la surface inférieure, où elle a pour valeur :

$$\text{R} = \frac{p_0 d^2 - p'd'^2 + d'^2(p_0 - p')}{d'^2 - d^2},$$

ou:
$$\text{R} = \frac{p_0(d^2 + d'^2) - 2p'd'^2}{d'^2 - d^2},$$

et en remplaçant $d'$ par $d + 2e$ :

$$\text{R} = \frac{(p_0 - p')d}{2e\left(1 + \frac{e}{d}\right)} + (p_0 - 2p').$$

Quant à la plus petite valeur de cette

tension, qui a lieu à la surface extérieure, elle est donnée par la relation :

$$R' = \frac{2p_0d^2 - p'(d'^2 + d^2)}{d'^2 - d^2}$$

ou :

$$R' = \frac{(p_0 - p')d}{2e\left(1 + \frac{e}{d}\right)} - p'.$$

Dans la plupart des chaudières, on peut négliger $\frac{e}{d}$ à côté de l'unité ; les formules donnant les plus grandes et les plus petites tensions des fibres deviennent alors :

$$R = \frac{(p_0 - p')d}{2e} + (p_0 - 2p') \quad (3)$$

et :

$$R' = \frac{(p_0 - p')d}{2e} - p' \quad (4)$$

**512.** Revenons à notre formule (2), qui diffère peu des deux précédentes (3) et (4) ; elle devient en remplaçant $p_0 - p'$ par $n \,.\, 10\,330$, et R par $6 \times 10^6$ :

$$e = 0{,}00086nd. \quad (5)$$

En rapprochant cette valeur de celle donnée par la formule administrative, on voit qu'à la constante près elle donnerait une épaisseur moitié moindre. Cette anomalie n'est qu'apparente, car les chaudières ne sont pas mathématiquement cylindriques, puisqu'elles sont formées de viroles fabriquées avec des tôles qui viennent se recouvrir pour former les joints ; de plus, on ne peut pas dire que les pressions sont exercées par des fluides sans poids, et que les réactions des appuis et des fonds sont négligeables ; enfin, la température à laquelle se trouve portée la tôle ne permet pas de donner en toute sécurité le coefficient $R = 6 \times 10^6$.

**513.** Bellanger a étudié dans sa *Résistance des matériaux*, quelle serait la plus grande tension dans le cas d'une chaudière à profil elliptique. En appliquant les formules déduites de sa théorie à un cas particulier, il arrive aux conclusions suivantes :

Considérons une chaudière à pression extérieure, pour laquelle les demi-axes des ellipses sont avant la déformation :

$$a_0 = 0^m{,}507$$
$$b_0 = 0{,}495$$

L'épaisseur de la tôle $e$ = 15 millimètres est soumise à une pression résultante $p = 40\,000$ kilogrammes. On trouve, en supposant $E = 20 \times 10^6$, que les demi-axes après la déformation sont :

$$a = 0{,}510$$
$$b = 0{,}490$$

et: $R = 6.691200$,

alors que la compression serait seulement de $1^k{,}36$ par millimètre carré, si le profil était parfaitement circulaire. Le profil légèrement excentré a donc pour effet de presque quintupler les plus grands efforts intérieurs auxquels le vase a à résister.

Si la pression, au lieu d'être extérieure, est intérieure et dans l'hypothèse de :

$$a_0 = 0^m{,}507$$
$$b_0 = 0{,}493$$
$$e = 0^m{,}010$$
$$p = 40\,000$$
$$E = 20 \times 10^6$$

On trouve :

$$a = 0^m{,}503$$
$$b = 0{,}497$$
$$R = 5{,}613500$$

L'excentricité, qui était dans le cas précédent de 24 millimètres avant la déformation et de 40 millimètres après déformation, n'est plus que de 28 millimètres avant et 20 millimètres après ; elle diminue donc du fait de la pression. De plus, avec les mêmes dimensions primitives du diamètre et une épaisseur de tôle de 10 millimètres au lieu de 15 millimètres, la tension n'est plus augmentée que dans le rapport de 2,79 à 1.

On reconnaît ainsi qu'avec les mêmes dimensions géométriques de chaudières la pression extérieure influe beaucoup plus sur les conditions de résistance du profil supposé légèrement elliptique, que la pression intérieure.

Ces considérations justifient l'instruction ministérielle de décembre 1848.

**514.** Les viroles dont la réunion forme les corps de chaudières s'obtiennent en cintrant les tôles, puis en rivant les extrémités repliées l'une sur l'autre (*fig.* 352).

Ce système de construction exclut donc l'idée d'un profil parfaitement cylindrique et aussi celui d'un profil elliptique. Les formules précédentes ne peuvent donc être rigoureusement employées pour le calcul de l'épaisseur à donner au corps de la chaudière.

**515.** Aujourd'hui que la fabrication des tôles est plus perfectionnée et que la plupart des chaudières marchent à haute pression, on peut employer la formule (2) dans laquelle on donne à R le tiers de l'effort de sécurité qui se rapporte à la matière composant le vase cylindrique.

Pour des tôles de qualité ordinaire :

$$e = \frac{pd}{\frac{2}{3}\mathrm{R}} = \frac{p.d}{5 \times 10^6} = 0{,}00206.\, n.\, d,$$

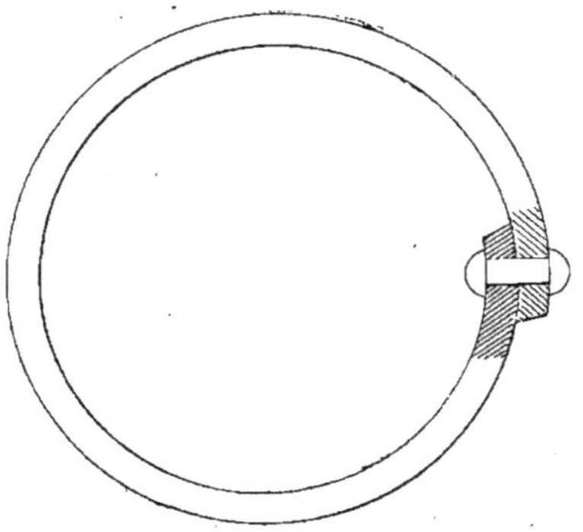

Fig. 352.

et pour des tôles en métal homogène :

$$e = \frac{pd}{\frac{2}{3}\mathrm{R}} = \frac{p.d}{8 \times 10^6} = 0{,}0013.n.d,$$

dans lesquelles : $n$ est la différence des pressions exprimées en atmosphères, $d$ le diamètre intérieur exprimé en mètres.

D'après Reiche, on peut prendre la formule :

$$e = d\,(n + 2) + 2,$$

dans laquelle $n$ est le timbre en kilogrammes par centimètre carré, à partir de la pression atmosphérique, $d$ le diamètre moyen en mètres; $e$ l'épaisseur en millimètres.

On peut également calculer l'épaisseur par la formule :

$$e = \frac{pr}{\mathrm{Z.R}} + a,$$

dans laquelle $e$ est l'épaisseur en centimètres, $p$ la pression d'épreuve (Décret de 1880) en kilogrammes par centimètre carré ; $r$, le rayon de la virole de chaudière, en mètres; R, la résistance admise par millimètre carré; Z, le module de force de la rivure; $a$, une constante de 3 millimètres pour les petits diamètres à 1 millimètre pour 1 mètre de diamètre environ et au delà.

Pour les foyers et les carnaux intérieurs, on prend le plus souvent 1,5 fois l'épaisseur que l'on tirerait des formules précédentes. On peut aussi prendre :

$$e' = 1{,}8n.d + 4.$$

Pour de très fortes pressions ou des grands diamètres, il est prudent d'appliquer la formule de Lainé :

$$e = \frac{r'}{\mathrm{Z}}\left(\sqrt{\frac{\mathrm{R} + p}{\mathrm{R} - p}} - 1\right),$$

où $r'$ est le rayon intérieur et où la pression $p$ doit être comptée d'après les mêmes unités que R, en kilogrammes par millimètre carré, par exemple.

**516.** *Épaisseur des fonds bombés.* — Les fonds ont la forme d'une calotte sphérique, ayant pour rayon le diamètre de la chaudière (flèche 0,134 de la corde), et alors on leur donne la même épaisseur qu'aux tôles de la virole cylindrique. Avec de très bonnes tôles on peut les faire un peu plus minces. Pour les fortes pressions il est bon de leur donner un emboutissage plus fort et d'arrondir la carre vers la rivure pour se rapprocher de la forme elliptique, comme le montre la figure 304.

**517.** *Disposition des tôles.* — Dans la construction des chaudières, il faut déterminer la répartition des tôles d'après les considérations suivantes : la résistance à la pression, et la conservation du matage.

Pour la résistance, on doit éviter de disposer les rivures en long suivant des lignes droites, qui constituent alors des lignes de rupture ; il faut les alterner le plus possible. Les rivures en long doivent avoir toute la résistance possible : on les fait le plus souvent à double rang de rivets. Quant aux rivures en travers, elles ne doivent être qu'à simple rang, puisque l'effort qu'elles supportent n'est que la moitié de l'effort dans le sens transversal. On peut en profiter pour écarter davantage les rivets, en ayant toutefois égard au mattage.

Autant que le permet la largeur des tôles (la largeur se mesure en travers du cintrage, suivant les génératrices), il faut que le cintrage ait lieu dans le *bon sens*, c'est-à-dire que la tôle passe à la machine à cintrer, dans le même sens qu'elle a passé au laminoir. Le cintrage dans le mauvais sens (et surtout à froid) expose à des ruptures. Si on ne peut éviter de cintrer en travers, il faut avoir soin qu'à la forge, le paquetage des fers et les premières passes du laminoir soient faits en conséquence.

Les corps cylindriques se font quelquefois par série de viroles légèrement coniques, toutes emboîtées dans le même sens. Il vaut mieux employer des viroles cylindriques, alternativement grandes et petites ; les poinçonnages présentent alors plus de précision. On doit éviter d'exposer des rivures directement au rayonnement du foyer.

Les intersections des cylindres doivent être placées en pleine tôle, loin des rivures, et lorsque le rapport de la largeur $l'$, qui subsiste après le découpage du trou, à la largeur totale $l$ de la tôle est plus petit que le rapport de la résistance de l'assemblage à celle de la tôle, il faut donner à la tôle une épaisseur :

$$e' = eZ' \frac{l}{l'},$$

$Z'$ étant ce rapport de résistance.

Il est prudent, également, de faire au plus petit des deux cylindres une collerette en bonne tôle d'une épaisseur voisine de celle de la tôle du gros cylindre, et dont la hauteur suivant les génératrices soit de $0^m,15$. Il est avantageux de faire ces collerettes en deux pièces et d'en placer les rivures à 45 degrés du plan médian, en sorte qu'on découpe les deux pièces presque sans perte dans une tôle rectangulaire.

Pour ces découpages, il faut employer des poinçons carrés ou rectangulaires, la plus petite dimension étant au moins égale à l'épaisseur de la tôle, et la longueur aussi grande que le permet l'alésage de la poinçonneuse ; on arrondit légèrement les angles.

Comme avant-projet, on peut admettre que la croisure des tôles, pour une rivure simple, est de $0^m,07$ à $0^m,08$, et pour une rivure double, dix fois l'épaisseur de la plus mince des deux tôles.

Si la rivure assure la solidité, c'est le mattage seul qui rend l'assemblage étanche, et le mattage est détruit aussitôt que la tôle se trouve assez échauffée pour que l'écrouissage, produit par le choc du mattoir, disparaisse, ce qui semble avoir lieu vers 500 degrés. Il faut donc disposer les rivures à l'abri du contact direct de la première flamme, et surtout du rayonnement du foyer, et pour cela :

1° Donner aux tôles de *coup de feu* la plus grande dimension possible ($2^m,50$ est un minimum dans les chaudières à foyer extérieur) ;

2° Placer les rivures aux endroits qui seront bloqués par la maçonnerie du fourneau, ou tout au moins en retour, et à l'abri du courant de flamme ; pour les foyers intérieurs, mettre ces rivures entièrement dans l'eau en rivant les tôles par collets superposés, ce qui sert en même temps d'armature contre l'écrasement. On met dans la rivure, entre deux collets, un cercle en fer plat, qui permet de matter par l'intérieur.

**518.** *Qualités et choix des tôles.* — Les tôles de fer se font de plusieurs qualités, distinguées généralement par des numéros, de 2 à 6. Le n° 2 s'emploie pour les poutres, les parties planes ou cintrées à grand rayon des réservoirs ; quand il vient de bonnes usines, on peut aussi en faire des viroles de chaudières, en cintrant dans le bon sens. Lorsque les tôles doivent être embouties, comme les fonds de chaudière, ou plissées en collets, il faut prendre les nos 3 et 4 ; et pour les forts emboutissages, gueulards repoussés en pleine tôle, pièces gauches ou à doubles courbures, collets à angle vif, les nos 5 ou 6 sont nécessaires.

En général, on ne doit pas hésiter à prendre une qualité supérieure à celle qui serait rigoureusement nécessaire pour le travail; la plus-value d'achat sera largement compensée par la diminution du travail très coûteux de la forge, et on évitera les rebuts en cours d'exécution.

Les usines qui fabriquent spécialement les tôles à chaudière livrent des tôles *dites à chaudière*, dont on peut faire les viroles et qui supportent les emboutissages modérés et les collets à angles très arrondis. Les tôles *demi-fort* et *fer fort* conviennent pour les forts emboutissages et les collets des raccordements à double courbure.

**519.** *Tôles d'acier.* — On emploie de plus en plus les tôles d'acier Bessemer ou Martin, très doux, ne prenant pas la trempe ($R = 42$k. à la rupture; allongement à la rupture, 27 p. 0/0). Au point de vue de la résistance, ces tôles ne doivent être considérées que comme du fer très homogène, que l'on peut charger pratiquement en long comme en travers, jusqu'à 12 kilogrammes à l'épreuve. On en fait de très belles pièces forgées; toutefois leur emploi exige beaucoup de précautions: il faut recuire, avec grand soin, au rouge les parties forgées et recuire également au sombre les parties poinçonnées, de manière à enlever au moins 1 millimètre de métal, tout autour du trou. Au-delà de 9 millimètres d'épaisseur, ces tôles paraissent fragiles, et leur emploi n'est pas sûr.

A cause de leur homogénéité, elles sont particulièrement bonnes pour les tôles de coup de feu et les foyers intérieurs.

**520.** *Cintrage.* — On ne perce, avant le cintrage, que les trous que des raisons d'outillage ne permettent pas de percer après.

Le cintrage peut se faire à la main, au marteau, sur deux cylindres massifs posés côte à côte. Ce procédé est bon pour les formes coniques. Généralement on se sert de la machine à cintrer, qui est une sorte de laminoir à trois cylindres, dont un est mobile sur des poupées perpendiculaires au plan des deux autres; on règle son écartement, au moyen de fortes vis, et suivant le rayon de la courbure à obtenir. Le cintrage se fait au rouge dans beaucoup d'usines; dans d'autres, on préfère le faire à froid, comme épreuve de la ductilité du métal.

Certaines machines à cintrer permettent d'obtenir des tôles coniques, en obliquant le cylindre mobile; toutefois on ne peut faire de la sorte que des cônes assez aigus, et il faut les régulariser au marteau.

Les cylindres fixes de la machine à cintrer sont généralement en fonte, creux, et le cylindre supérieur, en fer massif. Ils doivent avoir au minimum les diamètres suivants:

| LARGEUR DE TABLE | DIAMÈTRES DES CYLINDRES | |
|---|---|---|
| | FONTE | FER |
| $2^m,50$ | $0^m,30$ | $0^m,20$ |
| $3^m,00$ | $0^m,36$ | $0^m,24$ |
| $4^m,00$ | $0^m,43$ | $0^m,30$ |

Il est préférable de faire le cylindre en fer de même diamètre que les autres.

La machine à cintrer doit être desservie par une grue ou un pont roulant, qui permette de manœuvrer les tôles chaudes et de retirer le cylindre supérieur ou les viroles, suivant la disposition de la machine en les faisant glisser suivant leur axe.

**521.** *Forge et emboutissage.* — Les pièces de tôle étant souvent très pesantes et de grandes dimensions, il faut avoir une forge basse, très large, desservie par une grue et munie de deux à trois tuyères de 40 millimètres de débit, soufflées mécaniquement. On procède par grandes chaudes, en menant le feu très régulièrement. Il est très utile d'avoir une série de formes ou matrices en fonte sur lesquelles ont peut forger les pièces rapidement, avec l'aide de simples frappeurs.

**522.** *Collets.* — Le travail le plus fréquent est celui des collets rabattus (ou tombés); on doit laisser l'angle (ou carre) aussi arrondi que le permet l'assemblage. On doit compter en traçant $0^m,07$ de largeur pour un collet fait par extension, et $0^m,06$ seulement pour un collet restreint, celui-ci s'élargissant à mesure qu'on efface les plis du métal.

Les collets plans peuvent souvent se remplacer par des cornières cintrées, ce qui permet des tôles moins chères.

**523.** *Soudage.* — On assemble aussi la tôle en la soudant, travail très délicat, mais excellent quand il est bien fait. La soudure se fait par amorce (ou chaude portée), sur un mandrin, disposé à côté de la forge, ou même au dessus, de manière qu'il n'y ait qu'à retourner la pièce à l'instant où elle arrive au blanc soudant.

**524.** *Emboutissage.* — L'emboutissage se fait au rouge ; la pièce est placée sur une coupole creuse ou *salière* en fonte, et plusieurs hommes, armés de gros maillets en bois, dont le manche a $1^m,50$ de long, frappent en suivant les indications du forgeron. Ce travail, qui doit se terminer en une chaude, est très pénible, et il faut disposer une double équipe pour relayer les hommes. A la chaude suivante le forgeron régularise la courbure en frappant sur la convexité.

Avec des matrices en fonte, faites au calibre des pièces, on gagne beaucoup de temps et on évite les cassures.

**525.** *Rivures.* — L'assemblage des tôles de chaudières se fait ordinairement à l'aide de rivures parallèles. Comme l'étanchéité est, dans ce cas, une condition essentielle à réaliser, on doit éviter de donner un grand écartement aux rivets ; d'un autre côté, le diamètre des rivets et leur écartement doivent être relativement plus considérables pour les tôles minces que pour les tôles fortes. Dans toutes les rivures de ce genre, les bords des tôles doivent être soigneusement mattés ainsi que les têtes des rivets (n° 505)... Nous allons déterminer le nombre de rivets, par mètre de développement qu'il faut pour réunir :

1° Deux viroles ;

2° Les extrémités d'une virole.

**526.** *Nombre de rivets nécessaires pour réunir ensemble les deux viroles d'une chaudière.* — Dans les calculs qui suivent, nous supposerons que le diamètre du rivet est égal au double de l'épaisseur des tôles assemblées ($d = 2e$).

Nous avons démontré que, la tension tangentielle étant R, la tension longitudinale qui s'exerce dans un plan perpendiculaire à l'axe est $\frac{R}{2}$. L'effort, qui par mètre de développement tend à faire glisser les deux viroles l'une sur l'autre, est (*fig.* 353) :

$$F = e \times 1^m \times \frac{R}{2}.$$

L'adhérence produite par *n* rivets, qui réunissent chaque mètre de développement des deux viroles, devant être égale à F, on aura la relation :

$$n \frac{\pi d^2}{4} A = \frac{Re}{2},$$

d'où :
$$n = \frac{2e}{\pi d^2} \left(\frac{R}{A}\right).$$

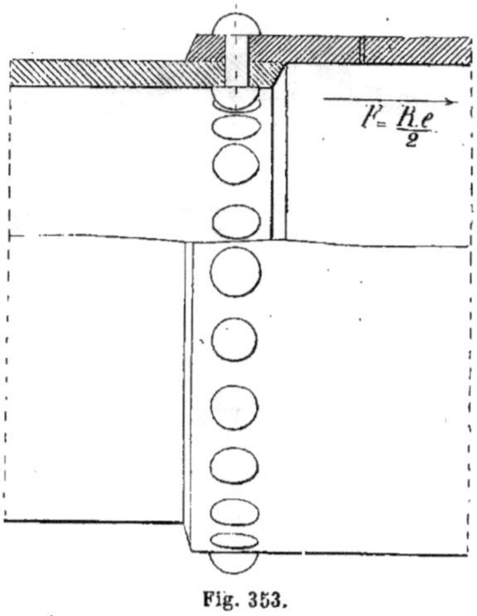


Fig. 353.

Admettons pour R et pour l'adhérence A le même chiffre $(2^k,5)\ 10^6$ ; pour $d = 2e$, la formule précédente devient :

$$n = \frac{1}{\pi d} \qquad (1)$$

d'où on déduit pour la distance *b* d'axe en axe de deux rivets consécutifs :

$$b = 3{,}1415d,$$

soit $3d$ en nombre rond, relation consacrée par l'expérience.

**527.** *Nombre de rivets nécessaires pour réunir les extrémités d'une virole.* — L'effort tangentiel étant double de l'effort longitudinal, la force qui tend à faire glisser l'une sur l'autre les extrémités d'une virole sur 1 mètre de joint aura une valeur double de celle trouvée précédemment ; le nombre de rivets nécessaires pour réunir ces extrémités sera aussi double du nombre donné par la formule (1) ci-dessus.

La distance d'axe en axe de deux rivets ne pouvant être égale à $1,5d$, on ne peut plus, comme dans le cas précédent, placer les rivets sur un seul rang, si l'on veut maintenir : $b = 3d$.

La disposition générale adoptée est celle en quinconce, indiquée par la figure 354.

**528.** Remarque. — Si les rivets, au

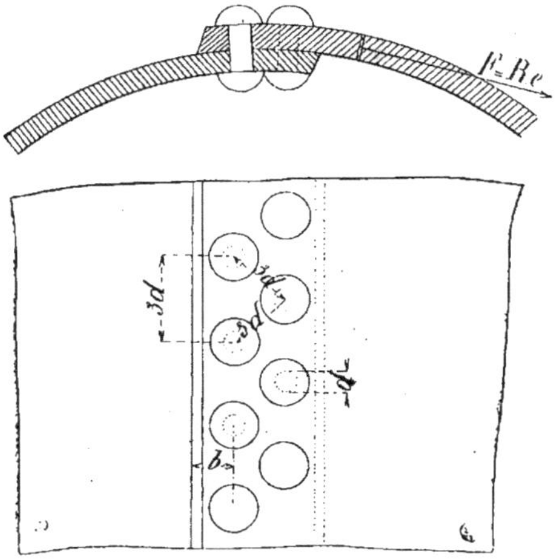

Fig. 354.

lieu d'être posés à chaud, l'étaient à froid et travaillaient par cisaillement, il serait prudent de les calculer pour ne résister qu'à un effort tranchant égal, par unité de surface, à l'adhérence admise dans les calculs qui précèdent.

Lorsqu'on part de cette base, on trouve que le nombre de rivets nécessaires pour assembler les diverses parties de la chaudière est le même que celui donné par les formules établies ci-dessus, en considérant l'adhérence.

**529.** *Formules de Lemaître.* — Dans la pratique, on fait souvent usage des dimensions établies par Lemaître.

En désignant par :

$d$, le diamètre du rivet ;

$e$, l'épaisseur de la tôle;

$b$, la distance d'axe en axe des rivets ;

$b'$, la distance de l'axe des rivets au bord de la tôle, on a pour les rivures simples, réunissant deux viroles :

$$d = 4 + 1,5e$$
$$b = 10 + 2d$$
$$b' = 1,5d.$$

Pour les rivures parallèles à deux files,

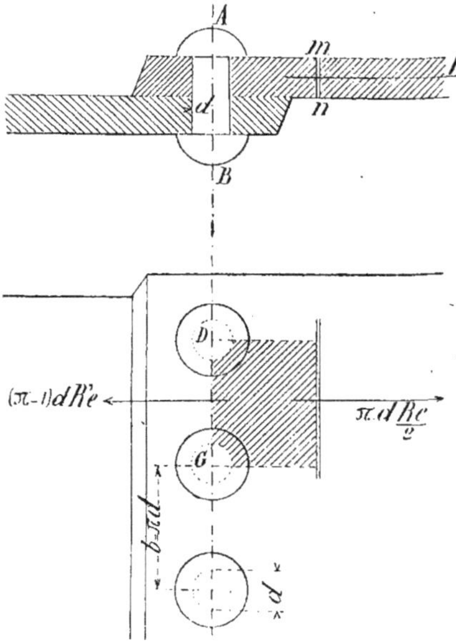

Fig. 355.

l'écartement $b_1$ des rivets dans chaque file est :

$$b_1 = 20 + 3d,$$

et la distance d'un rivet d'une des files au rivet le plus rapproché de la seconde reste égale à :

$$10 + 2d.$$

Quelques constructeurs conservent cette dernière valeur pour l'écartement des rivets dans chaque file.

**530.** *Diminution de résistance dans la ligne de rivets réunissant ensemble deux viroles.* — Considérons l'équilibre de la portion de virole comprise entre le plan AB, passant par l'axe des rivets et le plan *mn* situé à droite, en dehors de cette ligne d'axes (*fig.* 355).

La tension exercée par la portion de chaudière à droite du plan *mn* sur cette section a pour valeur par mètre de développement :

$$\frac{R.e}{2}.$$

Si les rivets étaient posés à chaud, on a pour adhérence totale produite par la moitié de la section des rivets, lorsqu'on ne considère que la portion de virole comprise entre deux rivets consécutifs :

$$\frac{1}{2} \times \frac{\pi d^2}{4} A.$$

La tôle a donc à résister dans la section DG à un effort d'extension R′ donné par la relation :

$$(\pi - 1)\, d.e.R' + \frac{1}{2}\frac{\pi d^2}{4} A = \frac{\pi d.R.e}{2}$$

et en remarquant que :

$$\frac{\pi d^2}{4} A = \frac{\pi.d.R.e}{2},$$

on a :

$$R' = \frac{\pi}{4(\pi - 1)} R = 0{,}367 R.$$

Si les rivets posés à froid ne résistent que par cisaillement, on a pour expression de la tension entre les rivets :

$$R'_1 = \frac{\pi}{2(\pi - 1)} R = 0{,}73 R.$$

L'effort d'extension longitudinal dans la ligne des rivets est alors double de celui qui prend naissance, lorsque les rivets posés à chaud peuvent agir par l'adhérence des tôles qu'ils pressent l'une contre l'autre.

L'opération du poinçonnage ayant toujours pour résultat de modifier plus ou moins la constitution moléculaire de la matière au pourtour du trou et de diminuer par suite ses propriétés résistantes, il est très important, au point de vue de la sécurité, de toujours poser les rivets à chaud. Lorsqu'on les pose à froid, il faut forer les trous à la mèche, opération qui altère beaucoup moins la constitution moléculaire de la matière.

**531.** *Diminution de résistance dans la première et la seconde ligne de rivets réunissant les extrémités d'une virole.* — Considérons d'abord la diminution de résistance dans la première ligne de rivets (*fig.* 356) : à cet effet, exprimons l'équilibre d'une portion de virole DG*m.n*, comprise entre deux rivets consécutifs,

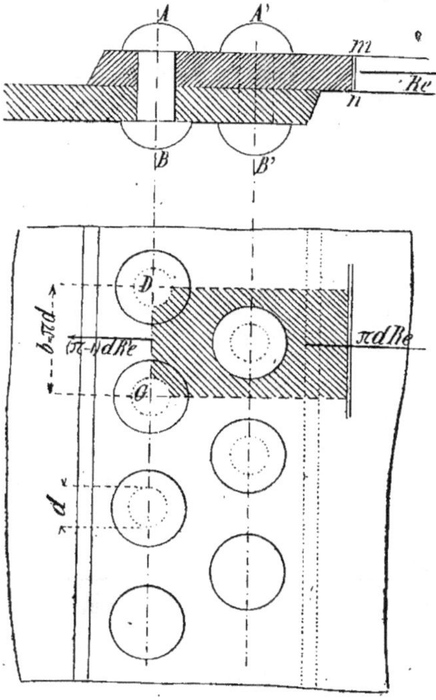


Fig. 356.

le plan qui passe par les axes de cette première ligne de rivets et un plan *mn* situé à droite, en dehors de la rivure, on aura :

$$(\pi - 1)\, e.d.R' = \pi.ed.R - \frac{3}{2}\frac{\pi d^2}{4} A.$$

Or :

$$2.\frac{\pi d^2}{4} A = \pi e.d.R,$$

on aura :

$$R' = \frac{\pi}{4(\pi - 1)} R = 0{,}367 R.$$

Dans la seconde ligne de rivets, cette tension résulte de la relation :

$$(\pi - 1)\, e.d.R'' = \pi e d.R - \frac{1}{2}\frac{\pi d^2}{4} A,$$

d'où :

$$R'' = \frac{3\pi}{4(\pi - 1)} R = 1{,}1R.$$

Si les rivets posés à froid étaient simplement cisaillés, on aurait pour valeur de la tension dans chacune des lignes de rivets :

$$R_1 = \frac{3}{2} R = 1{,}5R.$$

## Rivures des gazomètres.

**532.** Au point de vue de la tôle et du genre de rivure, les gazomètres présentent de faibles variations. Dans un grand nombre d'appareils de ce genre, ayant subi l'épreuve du temps, on trouve des rivets de 6 à 8 millimètres, écartés de 25 millimètres de centre à centre, avec 26 millimètres de recouvrement.

L'étanchéité est assurée par une garniture de chanvre imprégnée de minium qu'on chasse sous le recouvrement extérieur.

## Rivure des poutres composées.

**533.** Lorsque les pièces de charpente en fer ayant la forme d'un double T dépassent 30 centimètres de hauteur, il est plus économique de les composer au moyen de tôles, de fers plats et de cornières. Ces différentes pièces sont réunies par des boulons et des rivets dont les proportions sont celles que nous avons indiquées. La rivure est la partie coûteuse des charpentes ; aussi on a intérêt à réduire le plus possible le nombre des rivets. Pour cela, l'écartement d'axe en axe des rivets est constant pour accélérer le poinçonnage ; cet écartement, d'après l'expérience, ne doit pas dépasser cinq fois le diamètre du rivet.

**534.** TABLE DES POIDS DES PLAQUES MÉTALLIQUES.

| ÉPAISSEUR DE LA TOLE en m. m. | POIDS EN KILOGRAMMES POUR 1 MÈTRE CARRÉ | | | | | |
|---|---|---|---|---|---|---|
| | FER | FONTE | LAITON | CUIVRE | PLOMB | ZINC |
| 1 | 7.79 | 7.24 | 8.51 | 8.79 | 11.35 | 6.86 |
| 2 | 15.58 | 14.49 | 17.02 | 17.58 | 22.76 | 13.72 |
| 3 | 23.16 | 21.73 | 25.52 | 26.36 | 34.06 | 20.58 |
| 4 | 31.15 | 28.97 | 34.03 | 35.15 | 45.41 | 27.44 |
| 5 | 38.94 | 36.22 | 42.54 | 43.94 | 56.76 | 34.31 |
| 6 | 46.73 | 43.46 | 51.05 | 52.73 | 68.11 | 41.17 |
| 7 | 54.52 | 50.70 | 59.56 | 61.52 | 79.46 | 48.03 |
| 8 | 62.30 | 57.94 | 68.06 | 70.30 | 90.82 | 54.89 |
| 9 | 70.09 | 65.19 | 76.57 | 79.09 | 102.17 | 61.75 |
| 10 | 77.88 | 72.43 | 85.08 | 87.88 | 113.52 | 68.61 |
| 11 | 85.67 | 79.67 | 93.59 | 96.67 | 124.85 | 75.47 |
| 12 | 93.46 | 86.92 | 102.10 | 105.40 | 136.22 | 82.33 |
| 13 | 101.24 | 94.16 | 110.60 | 114.24 | 147.58 | 89.19 |
| 14 | 109.03 | 101.40 | 119.11 | 123.03 | 158.93 | 96.05 |
| 15 | 116.82 | 108.65 | 127.62 | 131.82 | 170.28 | 102.92 |
| 16 | 124.61 | 115.89 | 136.13 | 140.61 | 181.63 | 109.78 |
| 17 | 132.40 | 123.13 | 144.64 | 149.40 | 192.98 | 116.64 |
| 18 | 140.18 | 130.37 | 153.14 | 158.18 | 204.34 | 123.50 |
| 19 | 147.97 | 137.62 | 161.65 | 166.97 | 215.69 | 130.36 |
| 20 | 155.76 | 144.86 | 170.16 | 175.76 | 227.04 | 137.22 |
| 21 | 163.55 | 152.10 | 178.67 | 184.55 | 238.39 | 144.08 |
| 22 | 171.34 | 159.35 | 187.18 | 193.34 | 249.74 | 150.94 |
| 23 | 179.12 | 166.59 | 195.68 | 202.12 | 261.10 | 157.80 |
| 24 | 186.91 | 173.83 | 204.19 | 210.91 | 272.45 | 164.66 |
| 25 | 194.70 | 181.08 | 212.70 | 219.70 | 283.80 | 171.53 |

## § III. — RÉSERVOIRS, TUYAUX ET ASSEMBLAGES DE TUYAUX

### Réservoirs.

**535.** Les réservoirs destinés à emmagasiner des liquides ont généralement la forme circulaire et sont formés d'anneaux emboîtés les uns dans les autres ; le fond, qui est concave, est réuni à l'anneau inférieur par une cornière. Toutes ces pièces sont liées entre elles par des rivets. A l'extérieur se trouve une cornière en forme de couronne, qui a pour but de maintenir le réservoir sur un bâti en fonte également circulaire, fixé à la maçonnerie (*fig.* 357).

Si l'on donnait à chaque anneau la même épaisseur, il faudrait leur donner celle nécessaire à la zone la plus fatiguée, qui est celle de la partie inférieure. Lorsque ces réservoirs sont de grandes dimensions, il y a une économie notable à faire varier cette épaisseur de bas en haut, non pas d'une manière continue, mais en donnant à chaque anneau une épaisseur calculée d'après la pression intérieure qui s'exerce à leur partie inférieure.

Si l'on considère un plan horizontal à une distance $z$ du niveau supérieur du liquide, la pression par un élément de surface $\omega$ est : $p = 1\,000\,z\,.\,\omega$,
et la pression par unité de surface sera :

$$P = 1\,000\,.\,z.$$

Ceci suppose que le réservoir contient de l'eau ; s'il contenait un liquide de densité D, la pression serait :

$$1\,000.\,D\,.\,z.$$

L'épaisseur à donner pourra se calculer par la même formule établie pour les chaudières :

$$e = \frac{P\,.\,r}{R},$$

d'où :

$$e = \frac{1\,000 z\,.\,r}{R}.$$

En supposant le rayon du réservoir constant, on voit que l'épaisseur variera proportionnellement à $z$. Comme nous l'avons dit, il suffira de déterminer l'épaisseur de chaque anneau à sa base.

La valeur de R pourrait être prise égale à 7 ou 8 kilogrammes par millimètre carré, si le réservoir avait une forme parfaitement cylindrique, si l'épaisseur des feuilles de tôle était uniforme, s'il n'existait ni piqûre ni gravelure, si enfin l'oxydation ne venait à la longue diminuer l'épaisseur des feuilles. Pour ces diffé-

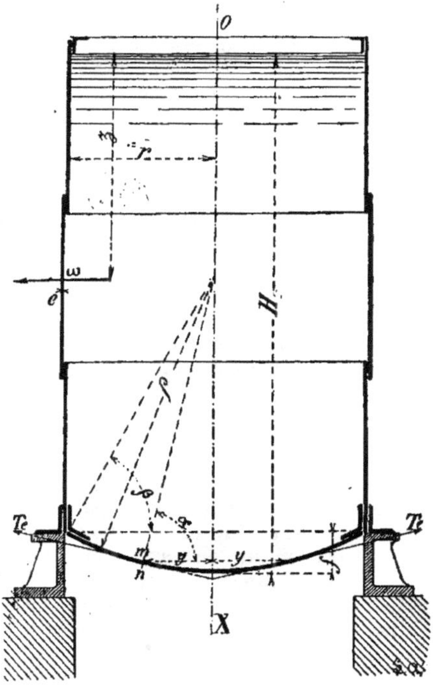


Fig. 357.

rentes raisons, on fait $R = 3^k,5 \times 10^6$, et on augmente l'épaisseur d'une constante $0^m,0015$, ce qui donne pour formule pratique :

$$e = \frac{1\,000\,.\,z\,.\,r}{3{,}5 \times 10^6} + 0^m{,}0015\,.$$

En calculant les valeurs numériques, on a :

$$e = 0{,}000286\,.\,z\,.\,r + 0^m{,}0015. \quad (1)$$

**536.** Exemple. — *Supposons un réservoir de 4 mètres de diamètre et d'une hauteur de* $3^m,60$, *pouvant par suite contenir un volume* :

$$V = \frac{\pi d^2}{4} h = \frac{3,1416}{4} \times 16 \times 3,60 = 45 \text{ mètres cubes.}$$

En prenant des tôles ayant 1 mètre de hauteur, et en admettant que la différence (4-3,60) ou $0^m,40$ soit utilisée pour les recouvrements, on trouvera l'épaisseur de chaque anneau en appliquant la formule (1), et l'on aura :

Premier anneau $e = 0,000286 \times 0,90 \times 2 + 0,0015 = 0,002014$ soit $2^{mm},00$ ;
Deuxième anneau $e = 0,000286 \times 1,80 \times 2 + 0,0015 = 0,002530$ soit $2^{mm},50$ ;
Troisième anneau $e = 0,000286 \times 2,70 \times 2 + 0,0015 = 0,003034$ soit $3^{mm},00$ ;
Quatrième anneau $e = 0,000286 \times 3,60 \times 2 + 0,0015 = 0,003590$ soit $3^{mm},50$ ;

**537.** *Fond du réservoir.* — Le fond du réservoir affecte la forme sphérique. Soit $\rho$ le rayon de cette calotte, $f$ sa flèche, et $s$ sa surface, on a :

$$\rho = \frac{r^2 + f^2}{2f}$$

et :

$$s = 2\pi\rho \times f.$$

En adoptant le rapport $\rho = 2r$, on obtient :

$$f = 0,268r$$
$$s = 1,072\pi r^2$$

et :

$$\beta = 60°.$$

L'épaisseur aux différentes parties du fond se calculera d'après la tension exercée en ces points. Calculons la tension exercée sur un élément de section $mn$, à une distance $y$ de l'axe.

De la symétrie du fond par rapport à l'axe OX du réservoir, et de la symétrie des forces qui agissent sur lui par rapport au même axe, il résulte que les efforts intérieurs doivent, eux aussi, être symétriques par rapport à cet axe ; d'où l'on peut déduire que la tension sera la même en tous les points de la section de la calotte situés sur le cercle de rayon $y$. Si T représente cette tension rapportée à l'unité de surface, on aura, en projetant sur l'axe OX toutes les forces qui agissent sur cette portion de calotte :

$$2\pi y e T \cos\alpha = 1\,000 H \pi y^2.$$

En remarquant que $\frac{y}{\cos\alpha} = \rho$, on déduit pour la tension moyenne T, exercée sur les éléments $mn$, à une distance $y$ de l'axe :

$$T = \frac{1\,000 H\rho}{2e}.$$

Cette tension moyenne est indépendante de $y$, c'est-à-dire qu'elle est constante pour tous les points du fond ; l'épaisseur à donner au fond sera donc :

$$e = \frac{1\,000 H\rho}{2T}. \qquad (2)$$

La tension moyenne T, que nous avons supposée, diffère peu de la tension maximum qui a lieu contre la surface intérieure. En effet, quand on étudie les conditions de résistance des parois parfaitement sphériques soumises à une pression intérieure $p_0$, à une pression extérieure $p_1$, d'un diamètre intérieur D et d'une épaisseur $e$, cette plus grande tension est donnée par la relation :

$$e = \frac{(p_0 - p_1) D}{2\,[2R + 2p_1 - (p_0 - p_1)]}.$$

Dans le cas qui nous occupe, la plus grande tension R qui se développe dans la section devient :

$$e = \frac{1\,000 H\rho}{2R + 2p_1 - (p_0 - p_1)}.$$

Or $p_0 - p_1 = 1\,000$ H, laquelle valeur ne dépasse jamais, dans la pratique, 10 à 15 000 kilogrammes ; $p_1 = 10\,330$ kilogrammes. Ces valeurs peuvent se négliger à côté de R qui est supérieure à plusieurs millions de kilogrammes, par conséquent la formule (2) peut convenir pour les applications.

La surface inférieure du fond d'un réservoir n'est jamais parfaitement sphérique ; aussi il est prudent d'attribuer à la tension moyenne T une valeur relativement faible ($3 \times 10^6$) ; dans ces conditions, la formule donnant l'épaisseur du fond est :

$$e = 0,000166 H\rho + 0^m,0015. \qquad (3)$$

Le terme constant ayant la même raison d'être que dans la partie cylindrique.

**538.** Remarque. — Si l'on voulait que l'épaisseur donnée au fond soit la même que celle donnée à la dernière virole, il faudrait comparer les formules (1) et (3), qui montrent que l'on devrait prendre :

$$\rho = 1{,}72r.$$

En attribuant à T la même valeur qu'à R, on trouverait :

$$\rho = 2r.$$

**539.** *Assemblage du fond à la partie cylindrique.* — Ces deux parties sont réunies au moyen d'une cornière ouverte rivée, d'une part, au dernier anneau et, d'autre part, au pourtour du fond (*fig.* 358). Proposons-nous de calculer le nombre $n$ de rivets par mètre de longueur, pour fixer le fond à cette cornière. L'adhérence due aux rivets doit être égale à la tension totale exercée sur cette même longueur par le fond du réservoir, c'est-à-dire qu'en représentant par $d$ le diamètre des rivets, et A l'adhérence par unité de surface, on aura :

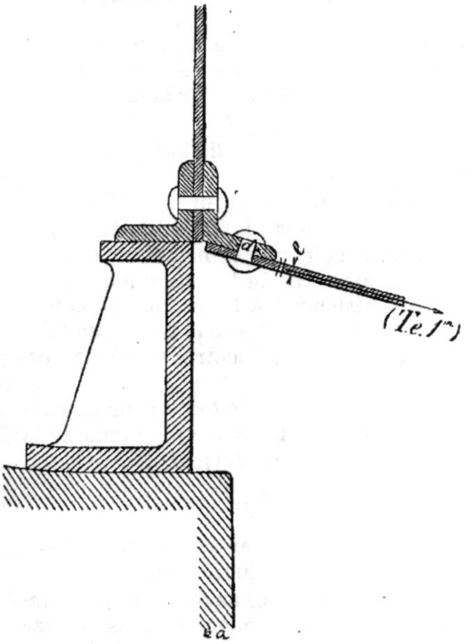

Fig. 358.

$$n\frac{\pi d^2}{4}A = T \times e.$$

Or nous avons trouvé :

$$T = \frac{1\,000H\rho}{2e},$$

d'où en remplaçant T par sa valeur :

$$n\frac{\pi d^2}{4}A = 500H\rho,$$

ce qui donne :

$$n = \frac{2\,000H.\rho}{\pi d^2.A}. \qquad (4)$$

**540.** Voyons maintenant le nombre $n'$ de rivets nécessaires par mètre de cornière, pour l'attacher à la paroi cylindrique du réservoir.

La pression totale exercée par le liquide sur le fond du réservoir est sensiblement égale à :

$$\pi r^2 \times 1\,000H.$$

L'effort qui, par mètre de cornière, tend à la faire glisser sur la paroi cylindrique est donc :

$$\frac{\pi r^2 1\,000H}{2\pi r} = \frac{1\,000Hr}{2} = 500Hr,$$

d'où la relation :

$$n'\frac{\pi d^2}{4}A = 500Hr,$$

d'où :

$$n' = \frac{2\,000Hr}{\pi d^2 A}. \qquad (5)$$

En comparant les formules (4) et (5), on a :

$$\frac{n}{n'} = \frac{\rho}{r},$$

et si l'on fait comme nous l'avons déjà supposé :

$$\rho = 2r,$$

on a :

$$n = 2n'.$$

C'est-à-dire que le nombre de rivets reliant le fond est double de celui qui relie le corps cylindrique à la cornière.

**541.** La cornière rivée à l'extérieur du réservoir et qui permet de le poser sur la couronne en fonte doit s'appliquer sur toute sa largeur, afin de diminuer autant que possible le moment fléchissant.

En représentant par $\delta$ (*fig.* 359) la distance de la résultante des réactions de la couronne à la section d'encastrement *mn* de l'aile horizontale de la cornière, on trouve pour expression approchée du moment fléchissant dans cette section :

$$\mu = \pi r^2 (1\,000H)\delta.$$

En représentant par $b$ l'épaisseur de la couronne à la section *mn*, on appliquera la relation connue :

$$R = \frac{v\mu}{I},$$

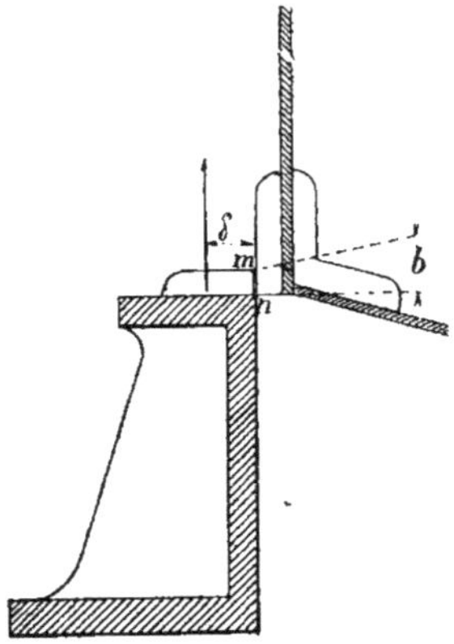


Fig. 359.

dans laquelle :

$$v = \frac{b}{2}$$

$$I = 2\pi r \frac{b^3}{12},$$

d'où en substituant on trouve :

$$b = \sqrt{\frac{3\,000Hr}{R}\delta}. \qquad (6)$$

L'épaisseur $b$ doit non seulement satisfaire à cette relation, mais aussi à la condition relative à l'effort tranchant :

$$\frac{1\,000H\pi r^2}{2\pi r b} = < 0{,}8R,$$

d'où :

$$b = > \frac{625Hr}{R}. \qquad (7)$$

## Proportions des tuyaux de conduite

**542.** On emploie, surtout dans la construction des machines, des tuyaux de fonte, d'acier, de fer, de bronze et de cuivre ; les autres substances telles que le plomb, le zinc, le bois, l'argile et le papier bitumé sont d'un usage beaucoup moins répandu.

Pour les conduites souterraines d'eau et de gaz, les tuyaux en fonte présentent des avantages incontestables.

L'épaisseur à donner à un tuyau cylindrique, soumis à une certaine pression intérieure, est donnée par la formule :

$$e = \frac{h.D}{2R},$$

dans laquelle :

$e$ représente l'épaisseur en millimètres ;

$h$, la pression intérieure du tuyau exprimée en mètres de hauteur d'eau ;

D, le diamètre du tuyau en mètres ;

R, la résistance à la traction de la matière dont est composé le tuyau, en kilogrammes par millimètre carré de section.

Dans les tuyaux de fonte pour les conduites, on fait R = 2 kilogrammes ; la formule précédente devient :

$$e = \frac{hD}{4} = 0{,}25h.D.$$

Cette épaisseur exprimée en mètres devient : $e = 0{,}00025h.\ D.$

Cette formule donne des épaisseurs inférieures à celles adoptées dans la pratique ; cela tient à la difficulté d'obtenir, sans défauts, des tuyaux en fonte de $1^m{,}50$ et $2^m{,}50$ et plus de longueur.

Dans l'industrie, les épaisseurs des tuyaux se déterminent à l'aide des formules empiriques suivantes :

| | | |
|---|---|---|
| Fonte | coulée horizontalement. . . . | $e = 0^m{,}0100 + 0^m{,}00200Dn$; |
| | coulée verticalement . . . . . | $e = 0\ ,0080 + 0\ ,00160Dn$; |
| Fer . . . . . . . . . . . . . . . . . . . . | | $e = 0\ ,0030 + 0\ ,00086D.n$; |
| Cuivre laminé . . . . . . . . . . . . | | $e = 0\ ,0040 + 0\ ,00147Dn$; |

| | |
|---|---|
| Plomb . . . . . . . . . . . . . . . . . . | $e = 0{,}0050 + 0{,}00242D.n$; |
| Zinc . . . . . . . . . . . . . . . . . . . | $e = 0{,}0040 + 0{,}00620D.n$; |
| Bois . . . . . . . . . . . . . . . . . . . | $e = 0{,}0270 + 0{,}03230D.n$; |
| Pierres naturelles . . . . . . . . . . . | $e = 0{,}0300 + 0{,}00363Dn$; |
| Pierres factices . . . . . . . . . . . . | $e = 0{,}0400 + 0{,}00538D.n$. |

dans lesquelles :

*e, épaisseur du tuyau en mètres ;*

D, *diamètre du tuyau en mètres ;*

*n, pression à laquelle on essaye les tuyaux, en atmosphères.*

Pour $n = 10$, on a pour les tuyaux en fonte coulés horizontalement :

$$e = 0^m{,}01 + 0{,}02D.$$

Depuis plusieurs années, on coule les tuyaux debout. Avec cette précaution, on peut diminuer leur épaisseur, en faisant $n = 10$, à l'aide de la formule :

$$e = 0{,}008 + 0{,}016D.$$

Reuleaux donne les formules suivantes, dans lesquelles les dimensions sont exprimées en millimètres.

*Tuyaux en fonte pour conduite d'eau et de gaz :*

$$e = 8 + \frac{D}{80};$$

*Tuyaux de vapeur en fonte et cylindres de pompe à air :*

$$e = 12 + \frac{D}{50};$$

*Cylindres à vapeur et corps de pompes alésés en fonte :*

$$e = 20 + \frac{D}{100};$$

*Tuyaux en fer étirés :*

$$e = 2 + \frac{D}{12};$$

*Tuyaux en cuivre ou en laiton :*

$$e = 1 + \frac{D}{24};$$

*Tuyaux en plomb :*

$e$ = 3 à 6 millimètres.

### Tuyaux soumis à une forte pression intérieure

**543.** Dans le calcul des tuyaux parfaitement circulaires et constitués par une matière homogène et d'élasticité constante, on applique la formule de Lamé :

$$e = \frac{D}{2}\left[\sqrt{\frac{R + p_0}{R + 2p' - p_0}} - 1\right] \qquad (1)$$

dans laquelle :

$e$ est l'épaisseur des parois ;

D, le diamètre intérieur du tuyau ;

$p_0$, la pression intérieure ;

$p'$, la pression extérieure ;

R, le plus grand effort d'extension auquel les fibres sont soumises.

Comme nous l'avons déjà dit, les plus grandes tensions ont eu lieu sur les parois intérieures, tandis que les fibres de la surface extérieure, qui sont les moins fatiguées, ont pour tension :

$$R' = \frac{(p_0 - p')D^2}{2(De + e^2)} - p'. \qquad (2)$$

Lorsque la pression intérieure $p_0$ est très grande, 100 atmosphères et au delà, et que la pression extérieure $p'$ représente la pression atmosphérique, on peut remplacer les deux formules précédentes par les relations plus simples :

$$e = \frac{D}{2}\left(\sqrt{\frac{R + p_0}{R - p_0}} - 1\right) \qquad (3)$$

et :

$$R' = \frac{p_0 D^2}{2(De + e^2)}. \qquad (4)$$

Le maximum de tension est donné par la formule :

$$R'' = p_0 \frac{\left(\frac{D}{2} + e\right)^2 + \left(\frac{D}{2}\right)^2}{\left(\frac{D}{2} + e\right)^2 - \left(\frac{D}{2}\right)^2}. \qquad (5)$$

Comme on le voit, ce maximum de tension est proportionnel à la pression intérieure $p_0$.

Pour des cylindres de presse hydraulique (*fig.* 360), où la pression agit lentement, on peut admettre, lorsqu'ils sont coulés en fonte et qu'il n'existe pas de soufflure, $R = 3 \times 10^6$.

Dans ces conditions on voit que, si $p_0 = 300$ atmosphères, ou 3 kilogrammes par millimètre carré, l'épaisseur $e$ devient infinie. Il faut doncpour des grandes pressions changer la nature de la matière, ou entourer le cylindre de frettes qui, faisant naître une pression $p'$ plus ou moins considérable, rendent positif le dénominateur de la formule (1).

En faisant $R = 3$ kilogrammes par millimètre carré, on obtient les valeurs suivantes du coefficient de $\frac{D}{2}$ répondant aux pressions les plus usitées dans les presses hydrauliques :

| Valeur de $p_0$ en atmosphères | Valeur de $e$ (formule 3) |
|---|---|
| $p_0 = 50$ | $e = 0{,}19\frac{D}{2}$ |
| 60 | $e = 0{,}23\frac{D}{2}$ |
| 70 | $e = 0{,}28\frac{D}{2}$ |
| 80 | $e = 0{,}33\frac{D}{2}$ |
| 90 | $e = 0{,}38\frac{D}{2}$ |
| 100 | $e = 0{,}43\frac{D}{2}$ |
| 110 | $e = 0{,}49\frac{D}{2}$ |
| 120 | $e = 0{,}55\frac{D}{2}$ |
| 130 | $e = 0{,}62\frac{D}{2}$ |
| 140 | $e = 0{,}69\frac{D}{2}$ |
| 150 | $e = 0{,}77\frac{D}{2}$. |

Si l'on admet pour R les valeurs suivantes, d'après la nature et la qualité de la matière :

Fonte, 3 à 7 kilogrammes par millimètre carré ;

Fer, 6 à 14 kilogrammes par millimètre carré ;

Acier, 13 à 20 kilogrammes par millimètre carré ;

Bronze, 2 à 5 kilogrammes par millimètre carré ;

Cuivre, 2 à $2^k,5$ par millimètre carré,

On obtient pour le rapport $\frac{e}{D}$ les nombres

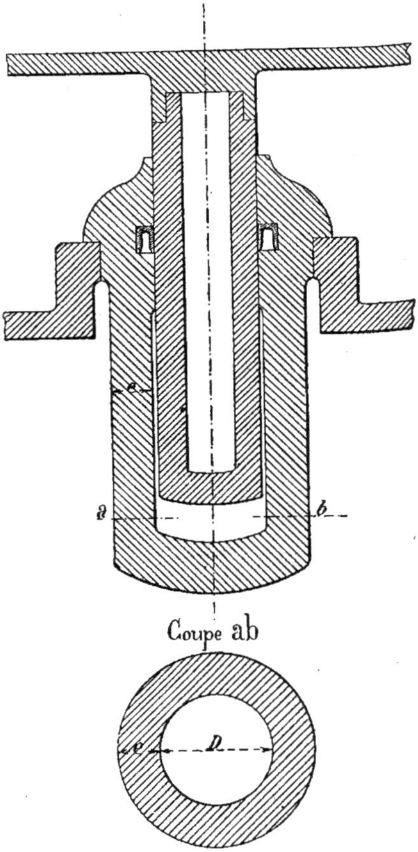


Fig. 360.

contenus dans le tableau suivant. Dans cette table, on suppose que la pression par millimètre carré, pour une atmosphère, était simplement de $0^k,01$ au lieu de $0^k,01033$. La différence est tout à fait négligeable.

| PRESSION INTÉRIEURE | | VALEURS DE $\frac{e}{D}$ POUR LES VALEURS DE R EN KILOGRAMMES PAR MILLIMÈTRE CARRÉ | | | | | | | | |
|---|---|---|---|---|---|---|---|---|---|---|
| $n$ atm. | $p$ EN KIL. par millimètre carré | R = 2 | 3 | 4 | 5 | 6 | 8 | 10 | 15 | 20 |
| 50 | 0.5 | 0.14 | 0.09 | 0.07 | 0.05 | 0.04 | 0.03 | 0.03 | 0.02 | 0.01 |
| 100 | 1.0 | 0.37 | 0.21 | 0.14 | 0.11 | 0.09 | 0.07 | 0.05 | 0.03 | 0.03 |
| 150 | 1.5 | 0.82 | 0.50 | 0.24 | 0.18 | 0.15 | 0.11 | 0.08 | 0.05 | 0.04 |
| 200 | 2.0 | » | 0.62 | 0.37 | 0.26 | 0.21 | 0.15 | 0.11 | 0.07 | 0.05 |
| 250 | 2.5 | » | 1.66 | 0.54 | 0.37 | 0.28 | 0.19 | 0.15 | 0.09 | 0.07 |
| 300 | 3.0 | » | » | 0.82 | 0.50 | 0.37 | 0.24 | 0.18 | 0.11 | 0.08 |
| 350 | 3.5 | » | » | 1.43 | 0.69 | 0.47 | 0.30 | 0.22 | 0.13 | 0.10 |
| 400 | 4.0 | » | » | » | 1.00 | 0.61 | 0.37 | 0.26 | 0.15 | 0.11 |
| 450 | 4.5 | » | » | » | 1.71 | 0.82 | 0.44 | 0.31 | 0.18 | 0.12 |
| 500 | 5.0 | » | » | » | » | 1.16 | 0.54 | 0.37 | 0.20 | 0.14 |
| 600 | 6.0 | » | » | » | » | » | 0.82 | 0.50 | 0.26 | 0.16 |
| 700 | 7.0 | » | » | » | » | » | 1.43 | 0.69 | 0.32 | 0.22 |
| 800 | 8.0 | » | » | » | » | » | » | 1.00 | 0.40 | 0.26 |
| 900 | 9.0 | » | » | » | » | » | » | 1.68 | 0.50 | 0.31 |
| 1 000 | 10.0 | » | » | » | » | » | » | » | 0.61 | 0.37 |

Les traits contenus dans les diverses colonnes indiquent que la formule (3) fournit des valeurs imaginaires, c'est-à-dire que la paroi du cylindre soumise aux pressions correspondant à ces traits se romprait dans tous les cas, quelle que fût d'ailleurs son épaisseur.

**544.** Les parties les plus exposées correspondent aux sections longitudinales du cylindre, de telle sorte qu'en cas de rupture il doit se produire des fissures, dirigées dans le sens de la longueur.

Si la fonte se trouve imposée pour des cylindres de presses hydrauliques d'une grande puissance, il faut chercher à réduire cette épaisseur en augmentant la valeur de R.

Dans ce cas, il faut apporter le plus grand soin dans le moulage du cylindre, de manière à obtenir une fonte aussi dense, aussi homogène et aussi résistante que possible.

L'expérience indique qu'on arrive à une matière très convenable pour les cylindres de presses hydrauliques, en faisant usage de fonte qu'on soumet un certain nombre de fois à la fusion, en ayant soin chaque fois de la couler en plaques minces. On a obtenu aussi d'excellents résultats par l'addition d'une certaine quantité de fer dans le four de fusion.

Nous avons indiqué précédemment que, pour la fonte, la valeur de R pouvait aller de 3 à 7 kilogrammes par millimètre carré. En pratique, on dépasse encore parfois ce dernier nombre, mais il convient de ne le faire que dans les cas tout à fait exceptionnels, alors qu'on est sûr d'avoir une fonte de première qualité.

Le bronze donne lieu à des observations de même genre. Le bon cuivre rouge ordinaire ne peut supporter, sans déformations permanentes, des tensions supérieures à 3 ou $3^k,5$.

Les cylindres de presses hydrauliques se trouvent soumis à des efforts considérables et difficiles à évaluer, là où le fond se raccorde avec la paroi cylindrique; le danger de rupture est d'autant plus prononcé que le raccord entre les deux parties se fait brusquement. Ainsi l'une des presses employées pour le montage du pont Britannia, destinée à soulever une pièce dont le poids était de 1 162 400 kilogrammes, avait un piston de 500 millimètres, celui du cylindre 559, et l'épaisseur des parois 254 millimètres. Avec ces dimensions la pression de l'eau s'élevait à 575 atmosphères, et la valeur de R, atteignait 10 kilogrammes. Avant que la pièce soulevée ne fût arrivée au niveau des piles, le cylindre de la presse se brisa, non pas longitudinalement, mais transversalement, le fond s'étant séparé du cylindre, comme l'indique la figure 361. Le détachement du fond tenait à ce que son raccordement avec le cylindre avait été fait à angle vif.

Le nouveau cylindre, pour lequel la fonte avait été préalablement soumise à une double fusion, reçut les mêmes dimensions que le premier, mais le raccordement fut disposé d'une manière plus convenable, ainsi que l'indique la figure en pointillé.

Afin d'éviter les inconvénients qu'entraîne le raccordement du fond, on a imaginé de remplacer le fond par une

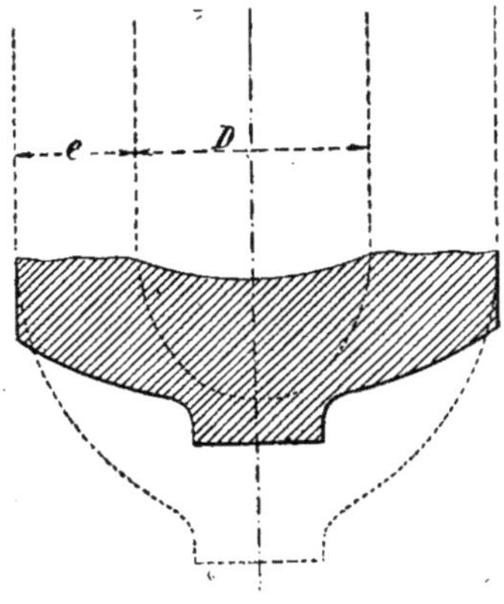


Fig. 361.

plaque séparée à laquelle le cylindre est réuni par une pièce à bord rectangulaire formant joint, comme l'indique la figure 362.

Pour les presses qui doivent développer une grande puissance, il y a intérêt à augmenter le diamètre du piston, plutôt que de donner à l'eau une pression exagérée, puisque la quantité de matière à employer pour produire une pression donnée ne change pas beaucoup avec le diamètre. On a, en effet, pour expression de la surface du cylindre :

$$s = \pi (D + e) e = \frac{\pi D^2}{4} \left( \frac{2p_0}{R - p_0} \right).$$

La pression P exercée sur le piston, est:

$$P = \pi \frac{d^2}{4} p_0.$$

On a donc :

$$s = \left( \frac{D}{d} \right)^2 \cdot \frac{2P}{R - p_0}$$

et comme $\frac{D}{d}$ est sensiblement le même pour toutes les presses, on voit que $s$ est d'autant plus petit que $p_0$ est lui-même plus petit. La quantité de la matière composant la paroi cylindrique de la presse est d'autant moins grande que $p_0$ est

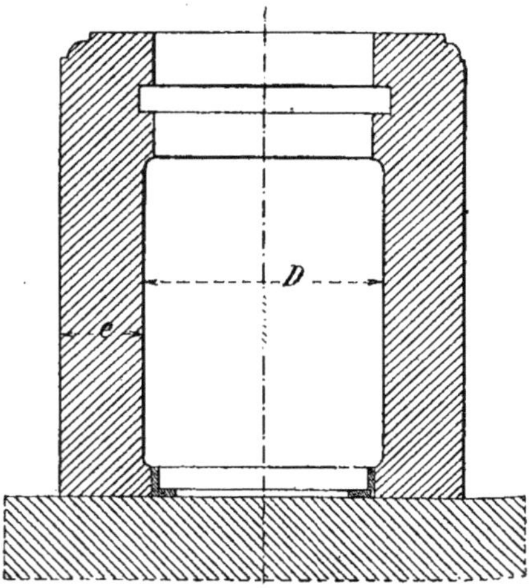


Fig. 362.

faible, c'est-à-dire que le diamètre de la presse est grand. Comme les volumes du fond et du piston augmentent avec le diamètre lui-même, on peut admettre que, pour produire un effort P, la quantité de matière est sensiblement indépendante du diamètre.

## Réservoirs sphériques soumis à une forte pression intérieure.

**545.** Pour des réservoirs de forme sphérique, Reuleaux remplace la formule de Lamé par la suivante :

$$e_1 = \frac{D_1}{2} \left( \sqrt[3]{\frac{2 (R + p_0)}{2R - p_0}} - 1 \right),$$

qui donne une épaisseur beaucoup plus faible que celle d'un tuyau cylindrique de même diamètre.

Pour une même épaisseur de paroi et pour le même coefficient de sécurité, les diamètres de deux réservoirs cylindriques et sphériques sont dans le rapport :

$$\frac{D_1}{D} = \frac{\sqrt{\frac{R + p_0}{2R - p_0}} - 1}{\sqrt[3]{\frac{2(R + p_0)}{2R - p_0}} - 1}.$$

## Tubes de chaudière soumis à une pression extérieure.

**546.** Les tubes soumis à une pression extérieure doivent avoir une épaisseur plus grande que celle des tubes recevant la pression à l'intérieur. Ces tubes éprouvent un effet analogue à celui que nous avons signalé pour les pièces chargées debout, c'est-à-dire que, pour une certaine valeur limite de la pression, une légère déformation peut entraîner la rupture

Les expériences de Fairbairn ont établi que la longueur des tuyaux est un des éléments les plus importants au point de vue de la résistance à l'écrasement. Cette résistance est d'autant plus faible que la longueur est grande, ou, plus exactement, que la distance entre deux sections protégées contre la déformation est considérable.

Fairbairn a déduit de ses expériences, que la pression extérieure effective P capable de produire l'écrasement pouvait être représentée par la formule :

$$P = 806\,300.\frac{e^{2,19}}{LD},$$

dans laquelle P est exprimé en livres anglaises par pouce carré, D le diamètre et $e$ l'épaisseur du tube exprimées en pouces, et L la longueur du tube en pieds.

En transformant les dimensions en millimètres et la pression en kilogrammes par millimètre carré, on a la relation :

$$P = \frac{n}{100} = 367\,937\,\frac{e^{2,19}}{L.D},$$

$n$ désignant la pression en atmosphères.

Love a déduit des expériences de Fairbairn une formule du deuxième degré, donnant une approximation suffisante :

$$P = 428C\left(\frac{e^2}{L.D}\right) + 641\frac{e^2}{D} - 224\frac{e}{D},$$

ou :

$$P = \frac{e^2}{D}\left(\frac{128C}{4} + 641 - \frac{224}{e}\right),$$

Dans cette formule : $e$ représente l'épaisseur du tuyau, L sa longueur, et D son diamètre, exprimés en centimètres ; C représente la charge d'écrasement à la compression par centimètre carré, de la matière dont le tube est composé. Pour la

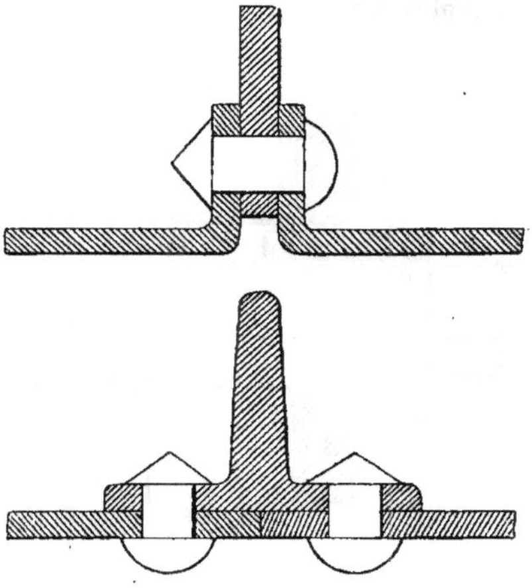

Fig. 363.

bonne tôle on prend C = 4 000 kilogrammes. Cette formule montre que la pression P, par centimètre carré, qui produirait l'écrasement, devient d'autant plus grande que la longueur L du tube est petite ; on élève donc le coefficient de sécurité en diminuant la valeur de L ; aussi Fairbairn a conseillé, dans ce but, l'emploi d'anneaux de renforcement aux joints d'assemblage des feuilles de tôle des tuyaux.

En Angleterre, on emploie de préférence, pour les tubes des chaudières, les deux dispositions indiquées par la figure 363. La première, due à Adamson, consiste à interposer entre deux brides une rondelle circulaire ; la rivure qui est extérieure n'expose au feu aucune tête de rivet. La seconde disposition, due à Hick, est formée d'un couvre-joint ayant la forme d'un T.

Les formules empiriques que nous venons de donner résument des expériences dans lesquelles le rapport $\frac{D}{e}$ variait de 36 à 280, et où celui de $\frac{L}{D}$ ne dépassait pas 15 ; elles ne doivent pas être appliquées aux tubes de locomotives dans lesquels passent les produits de la combustion, car le rapport $\frac{L}{D}$ est beaucoup plus grand.

Love propose pour ces tubes la formule :

$$P = 1,50 \frac{Ce^2}{D}.$$

## Tubes de chaudières à vapeur.

**547.** On sait que les surfaces de chauffe des chaudières ont été augmentées par l'emploi de tubes en fer, en cuivre rouge, en laiton et même en acier Bessemer ; ces tubes, qui sont maintenus sur des plaques ou des boîtes tubulaires, sont chauffés par dedans et par dehors. Le premier mode est le plus répandu ; son principal inconvénient consiste en ce que le tartre qui s'attache à la surface extérieure est difficile à enlever. Les tubes

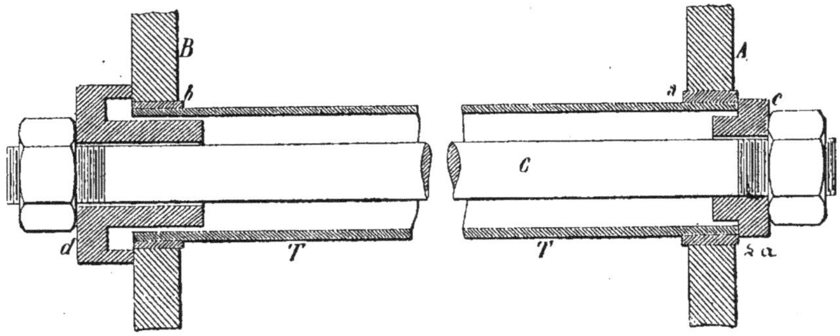


Fig. 364.

chauffés par le dehors sont plus faciles à nettoyer et permettent d'enlever les incrustations soit avec une brosse à lame d'acier, soit avec une tarière au besoin.

**548.** *Assemblages à viroles coniques.* — Anciennement, on assemblait les tubes à leurs extrémités, sur les plaques tubulaires, en les serrant au moyen d'un mandrin conique, à coups de masse ; puis on enfonçait une virole conique, en fer, également à grands coups. On mettait ensuite soigneusement le bord du tube entre la virole et la plaque tubulaire. Ce travail long et pénible a été remplacé par le système Bérendorf, dans lequel la virole est placée à l'extérieur du tube. Ce procédé ne diminue pas le rétrécissement à l'entrée, et permet de nettoyer les tubes et d'enlever les incrustations extérieures, dans le cas où ils sont chauffés en dedans.

**549.** *Tubages Bérendorf.* — Le tube T (*fig.* 364) porte à chaque bout deux viroles coniques *a* et *b*, qui sont rendues solidaires par un soudage ou une brasure ; elles sont coniques dans le même sens pour faciliter l'entrée du tube, celle *b* d'entrée est un peu plus faible de diamètre que l'autre. On met donc le tube en place, en le faisant passer au travers de la première paroi A, et en le faisant avancer jusqu'à ce que les viroles viennent s'engager dans les parois respectives A et B ; pour forcer cet assemblage, on procède de la manière suivante :

On passe au travers du tube un boulon C, dont les deux extrémités sont armées d'écrous que l'on fait appuyer sur deux rondelles *c* et *d*, l'une disposée pour porter exclusivement sur le bout du tube, l'autre sur la paroi de la plaque tubulaire. Par conséquent, en serrant fortement l'écrou situé du côté *d*, on tire sur le boulon et, en même temps, sur le tube qui s'avance à joint.

Le même procédé est applicable pour démonter le tube en changeant seulement les viroles *c* et *d* de bout.

Ces tubes pouvant quelquefois être expulsés par la différence de pression sur les deux cônes, on peut placer par devant une plaque de garde, maintenue sur des prisonniers par des écrous en bronze, et

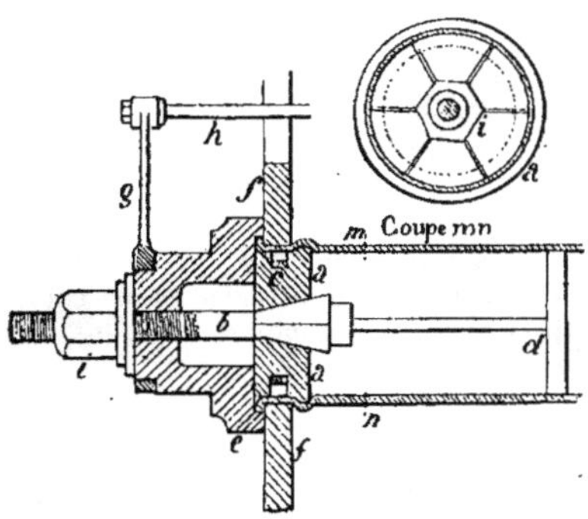


Fig. 365.

percée de trous n'ayant que le diamètre intérieur des tubes.

**550.** *Serre-tube.* — Dans certaines usines, le rivetage des tubes des chaudières s'exécutait sans bague, ce qui exigeait de la part des ouvriers beaucoup d'habileté, parce qu'elle se faisait avant le refroidissement complet du métal.

Pour éviter les inconvénients que présentait ce système de fixation, il fallait combiner le martelage avec le refroidissement du tube, et encore dans ce cas la difficulté était grande.

MM. Benet et Peyruc ont imaginé un outil pour la pose des tubes. Cet outil repose sur l'emploi d'un mandrin en acier formé de six morceaux, lequel est traversé par un axe conique se prolongeant à l'intérieur, pour être guidé par une rondelle pénétrant dans le tube ; à l'extérieur, cet axe reçoit un écrou qui sert à le rappeler et à faire ouvrir le mandrin en six pièces (*fig.* 365).

La forme extérieure de ce mandrin *a* est circulaire, et sur cette face est ménagée une gorge dans laquelle se loge un ressort circulaire *c* ; celui-ci relie les six morceaux d'acier, tout en leur permettant un certain jeu, pour faciliter l'extension de la bague.

L'axe en fer, *b*, porte au milieu de sa longueur un renflement conique à six pans qui agit sur la bague *a*, il se termine d'un bout par un filetage triangulaire, et de l'autre par une large embase ou rondelle *d* qu'il traverse et à laquelle il est assemblé.

Cette rondelle est d'un diamètre un peu moindre que celui du tube, ce qui sert à diriger cet axe pendant la rotation. La douille en fonte *e*, qui est traversée par l'axe *b*, s'appuie contre la cloison de la chaudière *f*, à laquelle les tubes doivent être fixés; pour éviter que cette douille ne porte sur l'extrémité des tubes voisins déjà posés, elle est munie sur ses bords de plusieurs échancrures qui évitent ce contact. Un levier *g*, ajusté sur la douille *e*, porte un goujon *h*, qui pénètre dans un trou ou tube voisin, pour empêcher la douille de tourner quand on serre l'écrou *i*.

Le rivetage des tubes à l'aide de cet outil s'opère de la manière suivante : l'écrou *i* étant desserré complètement, et l'axe *b* presque entièrement dégagé de la bague *a*, ce qui permet de la resserrer, on l'introduit dans le tube à river en y faisant d'abord entrer la rondelle *d*, et la bague *a* jusqu'à ce que la douille *e* touche à la plaque à tube.

On doit aussi avoir soin de placer les échancrures de cette douille sur les bords des tubes voisins en même temps que l'on a engagé le goujon *h* du levier *g* dans le trou qui environne celui où on opère. On tourne ensuite l'écrou *i* avec une clef pour déterminer l'avancement de l'axe et l'extension de la bague, qui élargit le tube dans la plaque *f*. Pour éviter qu'aucun glissement du tube ne puisse se faire par la dilatation ou la contraction, la circonférence extérieure de la bague porte deux renflements circulaires espacés de l'épaisseur de la plaque *f*: ces deux cordons obligent le tube à s'élargir d'une plus forte quantité de chaque coté de la plaque en formant deux bourrelets qui assurent sa solidité.

**551.** *Serre-tube Légal.* — Un autre outil du même genre, imaginé par M. Légal de Nantes, et représenté par la figure 366, se compose d'une vis conique *a*, en acier, à tête hexagonale et à filets triangulaires, pénétrant dans un écrou *b*; ce dernier est composé de six parties mobiles pouvant s'écarter les unes des autres à mesure que la vis *a* y pénètre. Ces parties mobiles, qui constituent l'écrou, présentent, réunies, un cylindre qui, extérieurement, correspond au diamètre intérieur du tube non rivé; sa circonférence est garnie d'une saillie circulaire destinée à élargir le tube *c*, dans la partie qui s'appuiera contre le plateau ; et le rebord *d* de cet écrou élargit aussi le tube extérieurement à la plaque sur laquelle on le fixe. Afin que cet écrou formé de six fragments d'acier n'en fasse qu'un, on assemble chaque morceau qui reçoit

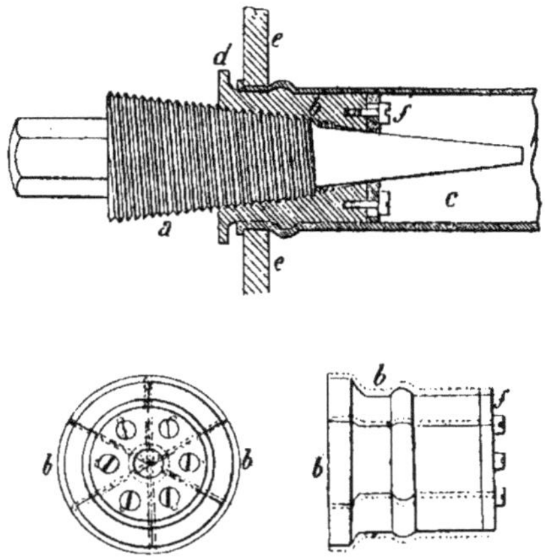

Fig. 366.

une vis par un plateau *f*, percé de six trous ovales; le jeu réservé dans cette partie permet à chaque fragment de

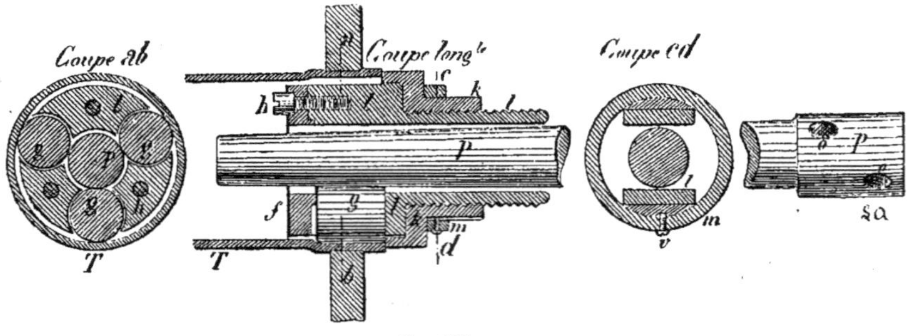


Fig. 367.

l'écrou *b* un petit mouvement qui produit l'extension de la bague, lorsqu'on introduit dans son intérieur la vis *a*.

**552.** *Extenseur.* — Aujourd'hui, on se sert pour renfler ou mandriner les tubes d'un appareil extenseur, qu'on appelle quelquefois *outil Dudgeon* et représenté par la figure 367.

Cet instrument se compose de trois galets *g* cylindriques ou coniques, en acier, maintenus dans des logements de même forme, par une plaque *f* et trois vis *h*. La pièce *l*, dans laquelle sont logés les galets, est terminée à son extrémité par deux languettes à section rectangulaire, dont les faces extérieures sont taillées en crémaillères, ou autrement dit par des filets rectilignes. Une double pièce K, présentant intérieurement une crémaillère analogue, appuie sur l'extrémité du tube, et permet de régler ainsi la position du porte-galet et de le mantenir fixe. Afin d'éviter l'écartement et aussi le glissement de la pièce *l*, une rondelle *m* maintient, au moyen d'une ou deux vis *v*, le contact entre les pièces K et *l*.

L'appareil étant réglé, il suffit de tourner le mandrin P à l'aide d'un levier engagé dans les trous *o* ; dans son mouvement, les galets tournent et mandrinent ainsi l'extrémité du tube. A l'aide d'un marteau, ou enfonce par petits coups et peu à peu le cône central P, et on arrive ainsi à produire un effort considérable ; aussi cet instrument doit être manié avec soin.

La longueur L du mandrin conique P varie entre $0^m,25$ et $0^m,40$ ; la différence des diamètres à ses extrémités est 0,044 ; la hauteur des galets est de 1,6 à deux fois l'épaisseur de la plaque tubulaire.

La valeur F de l'adhérence d'un tube bien mandriné avec cet outil, ou l'effort qui arracherait le tube de son trou, est en kilogrammes :

$$F = 80ee'.$$

Dans cette formule, *e* est l'épaisseur de la paroi du tube, *e'* l'épaisseur de la plaque tubulaire, toutes deux en millimètres.

Cette valeur est suffisante pour que dans bien des cas on puisse considérer comme solidement entretoisées les parties de plaques tubulaires.

**553.** Remarque. — Les tubes en cuivre ou en laiton se posent comme ceux en fer; toutefois on ne peut pas les mandriner aussi fortement, et leur adhérence est moindre ; elle peut s'exprimer, pour des tubes posés dans des plaques en fer, par la formule :

$$F' = 54ee'$$

avec les mêmes notations que ci-dessus.

Mais on peut rendre l'assemblage beaucoup plus solide, en insérant dans les tubes, modérément mandrinés, une virole ou bout de tube en fer, de 3 à 4 millimètres d'épaisseur, que l'on mandrine alors comme un tube en fer. Toutefois ces viroles ont l'inconvénient de réduire la section du tube. A cause de la plus grande dilatation du cuivre, les tubages faits avec ce métal ne présentent de bonnes garanties d'étanchéité, à chaud, que si la pression tend à bomber les plaques tubulaires dans le sens de la dilatation, c'est-à-dire si l'eau est à l'extérieur des tubes.

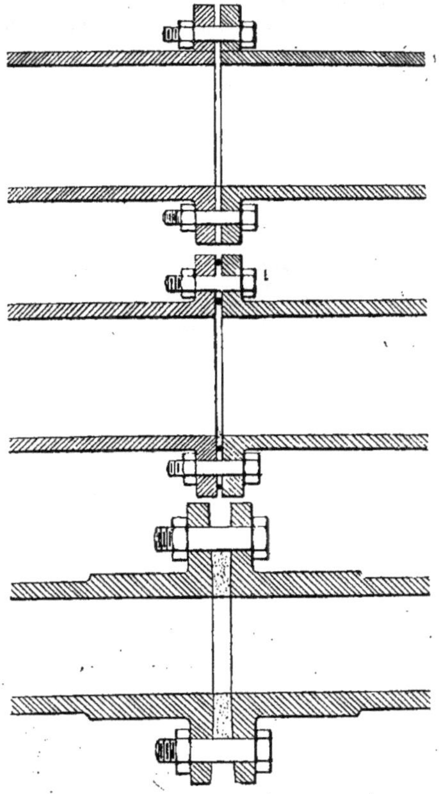


Fig. 368.

## Assemblages des tuyaux de fonte.

**554.** Pour les conduites d'eau, de gaz, de vapeur, etc., il est nécessaire de n'employer que des joints d'une étanchéité parfaite ; mais il n'est pas moins utile qu'ils puissent être disposés de manière à éviter toute altération par l'usage. Les différents assemblages que nous allons indiquer remplissent plus ou moins toutes les conditions exigées dans l'établissement des conduites.

**555.** *Tuyaux à brides.* — Le mode d'assemblage le plus simple, par suite le moins dispendieux et le plus généralement employé, est l'assemblage à brides. Les extrémités des tuyaux sont terminées par

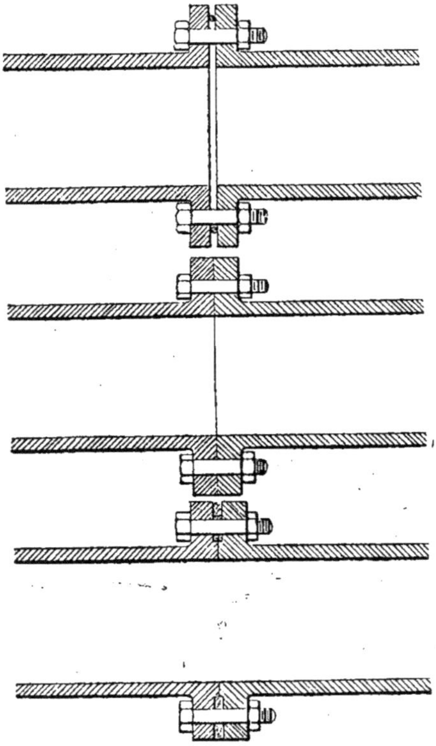

Fig. 369.

des brides, venues de fonte, entre lesquelles on interpose une matière plastique destinée à faire le joint et serrée à l'aide de boulons.

La figure 368 représente trois assemblages; dans le premier, on place entre les brides une rondelle de toile métallique et de mastic rouge au minium; dans le deuxième, le joint est obtenu à l'aide de deux boudins de mastic rouge, situés de part et d'autre des boulons et s'engageant dans des rainures creuses pratiquées sur chaque bride; enfin le troisième a ses brides évasées vers l'extérieur, et comprend une rondelle de plomb dont la section conique favoriserait le joint au cas où la pression intérieure tendrait à chasser la garniture métallique.

Trois autres assemblages sont indiqués par la figure 369 : dans l'un, le joint est fait au moyen de fil de cuivre comprimé entre les brides; dans l'autre, les brides sont dressées au tour, et le joint est formé par un peu de céruse; très souvent on pratique sur chaque bride plusieurs rainures concentriques dans lesquelles la céruse pénètre et vient ainsi augmenter la fixité du joint; le troisième assemblage présente des portées d'ajustement laissant un espace dans lequel on met du mastic de fonte. Dans ces tuyaux, soumis en général à une faible pression, on peut prendre pour le nombre K des boulons des brides :

$$K = 2 + \frac{D}{50},$$

D étant le diamètre du tuyau exprimé en millimètres. Ainsi pour un tuyau de 100 millimètres on aura :

$$K = 2 + \frac{100}{50} = 4 \text{ boulons},$$

pour un tuyau de $1^{m},50$ de diamètre :

$$K = 2 + \frac{1\,500}{50} = 32 \text{ boulons}.$$

Si la pression est moyenne, il vaut mieux prendre la formule :

$$K = \frac{n}{180}\left(\frac{D}{d}\right)^2, \qquad (2)$$

dans laquelle $d$ est le diamètre des boulons, D le diamètre du tuyau, et $n$ le nombre d'atmosphères de la pression exercée sur ce tuyau.

Ainsi, un cylindre à vapeur de 1 mètre de diamètre, soumis à une pression effective de 4 atmosphères, doit avoir une épaisseur $e = 30$ millimètres, le diamètre des boulons, $d = \frac{4}{3}\,30 = 40$ millimètres, et par suite le nombre des boulons du couvercle, d'après la formule (2) :

$$K = \frac{4}{180}\left(\frac{1\,000}{40}\right)^2 = \frac{625}{45} = 14.$$

**556.** *Assemblage à emboîtement.* — Cet assemblage à emboîtement ou à manchon, représenté sur la figure 370, est surtout employé pour les conduites d'eau et de gaz. L'un des tubes est évasé à l'une des extrémités pour recevoir l'extrémité de l'autre tube qui présente un bourrelet. La garniture se fait au moyen de plomb, auquel on donne la forme d'un anneau en deux parties ; cet anneau est introduit et fortement serré sur une première garniture d'étoupes.

Quelques constructeurs pratiquent à l'intérieur de la couronne du manchon une rainure annulaire destinée à maintenir la garniture de plomb. Depuis quelques années, on supprime le bourrelet à l'extrémité du tuyau enveloppé ; cette suppression est surtout avantageuse, lorsqu'on emploie la méthode anglaise pour le coulage des tuyaux ; dans ce cas, le manchon est muni d'une saillie intérieure près du bord.

Pour les conduites d'eau, qui sont solidement posées, on peut remplacer la garniture de plomb par une autre plus éco-

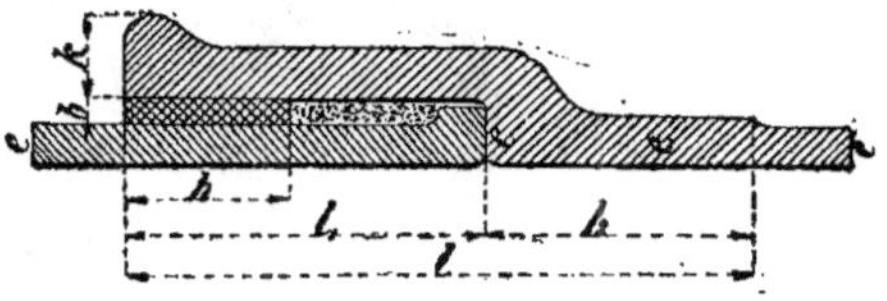

Fig. 370.

nomique, en imbibant, dans un mélange, opéré à chaud, de poix et de poudre de brique, des tresses de chanvre qu'on chasse aussi fortement que possible.

Les dimensions des manchons des tuyaux sont données par les nombres suivants.

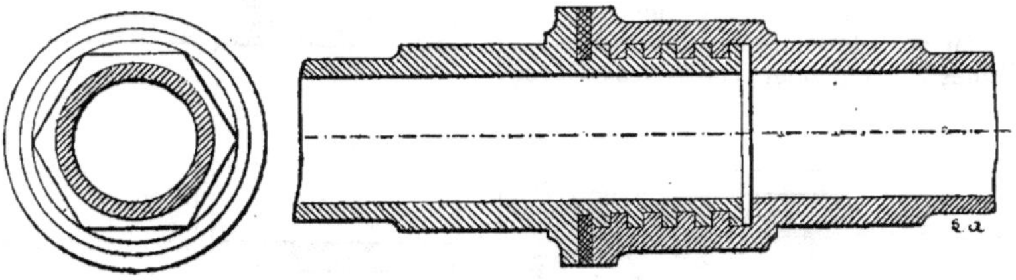

Fig. 371.

L'épaisseur $e$ du tuyau est fournie par la formule donnée plus haut :

$$e = 8 + \frac{D}{80},$$

les autres dimensions sont :

$e_1 = 10 + 0{,}0135D \qquad b = 5 + 0{,}007D$

$k = 18 + 0{,}0025D \qquad h = 28 + 0{,}07D$

$l_1 = 67 + 0{,}11D \qquad a = 1{,}2e$

$l_2 = 49 + 0{,}09D \qquad c = e + b - 2$

$l = 116 + 0{,}20D.$

**557.** *Assemblage à manchon fileté.* — La figure 371 représente une coupe longitudinale et une vue de bout d'un joint pour tuyaux en fonte de conduite d'eau. Les filets sont venus de fonte, et la garniture consiste en une rondelle en plomb, qui se trouve comprimée par la surface plane annulaire terminant la partie filetée extérieure. C'est, en somme, un assemblage à brides à un seul boulon, établi concentriquement au tuyau et avec des dimensions en largeur telles qu'il puisse être percé d'une ouverture égale à la section de la conduite. Pour pouvoir produire le serrage en tournant les tuyaux, chacun d'eux est muni, en avant du manchon, d'un renflement à plusieurs pans, qu'on peut saisir au moyen de grosses clefs.

**558.** *Assemblage à manchon de Normandy.* — Cet assemblage (*fig.* 372), d'une construction très simple, est à recommander lorsque le caoutchouc qui forme le joint n'est pas exposé à une altération rapide. Les tuyaux sont complètement unis à leurs extrémités ; celles-ci sont entourées d'un manchon cylindrique en fonte également ; aux deux bouts du manchon se trouvent des rondelles en caoutchouc serrées par deux brides mobiles à oreilles au moyen de deux boulons. Cette disposition peu coûteuse, facile à installer, per-

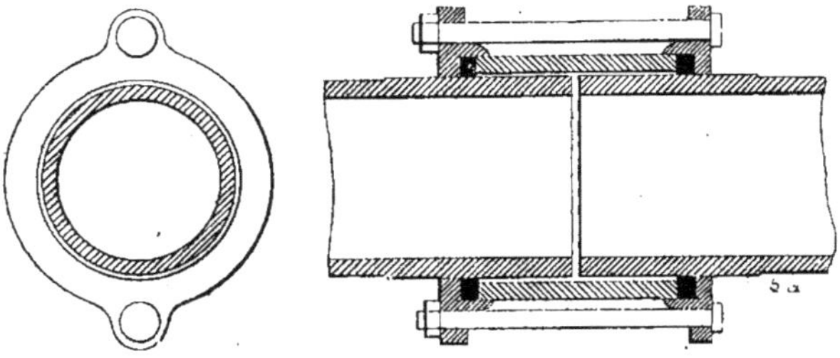

Fig. 372.

met un certain degré de déformation de la ligne de tuyaux.

**559.** *Joint universel.* — Le joint Legat (*fig.* 373) présente de l'analogie avec le joint Normandy. Les tuyaux sont munis de rebords entre lesquels on peut intercaler une matière plastique. Les colliers forment de véritables presse-étoupes destinés à comprimer, contre les rebords

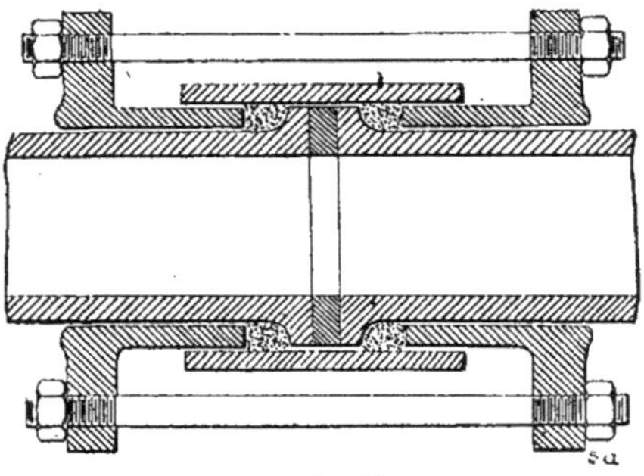

Fig. 373.

des tuyaux et le manchon extérieur, une matière élastique (étoupes, chiffons, etc.).

Ce joint dont l'étanchéité est doublement assurée, et la séparation des tuyaux empêchée, est d'un emploi général, mais il présente l'inconvénient de sa grande complication.

**560.** *Joint Fortin Hermann.* — Pour les tuyaux d'eau d'un grand diamètre on emploie l'un des joints indiqués par la figure 374. Les tubes sont d'un égal diamètre sur toute la longueur ; les extrémités sont entourées d'un manchon en

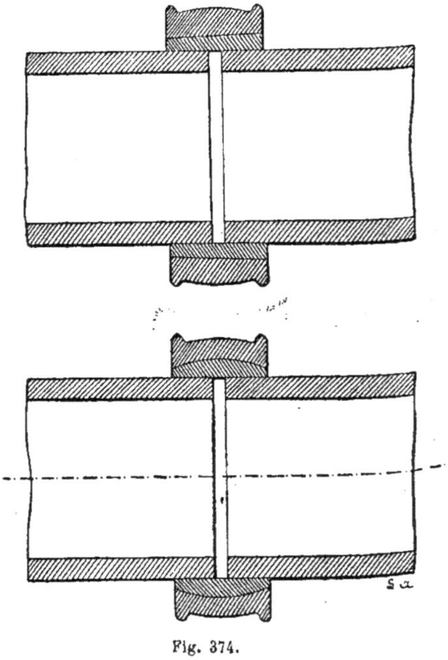

Fig. 374.

fonte, conique ou sphérique à l'intérieur, que l'on cale bien concentriquement par rapport aux tuyaux ; cela fait, on remplit le vide avec du plomb que l'on matte fortement.

**561.** *Joint Lavril.* — Le joint est obtenu par une rondelle de caoutchouc à section triangulaire (*fig.* 375) comprimée contre une bride venue de fonte avec l'un des tuyaux, par un collier mobile présentant une portée en biseau. Ces colliers ou brides ont une forme ovale, et sont liés par deux boulons de serrage. Comme pour les deux systèmes précédents, ce joint permet une certaine déformation de la ligne des tuyaux ; la pose est très rapide et beaucoup plus simple que celle du joint universel.

**562.** *Joint Petit.* — Le système imaginé par M. Petit et représenté par la figure 376 présente de véritables avantages par la facilité de sa pose et de ses réparations, en même temps que par son prix peu élevé.

Il se compose d'une sorte de cheminée double ou triple, placée à l'extrémité des tuyaux et servant à tenir comprimée une rondelle de caoutchouc vulcanisé placée à la jonction de deux tubes, en se servant de ces tubes mêmes pour comprimer ladite rondelle. Ce principe, que l'auteur appelle à *pression et levier*, peut se trans-

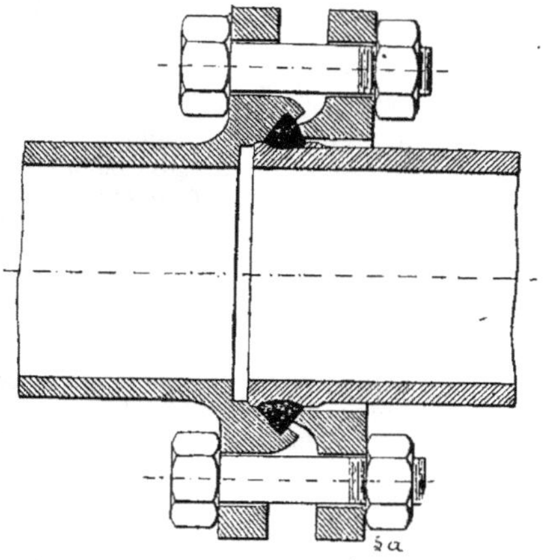

Fig. 375.

former et donner lieu à plusieurs combinaisons mécaniques diverses.

La figure 376 représente une coupe

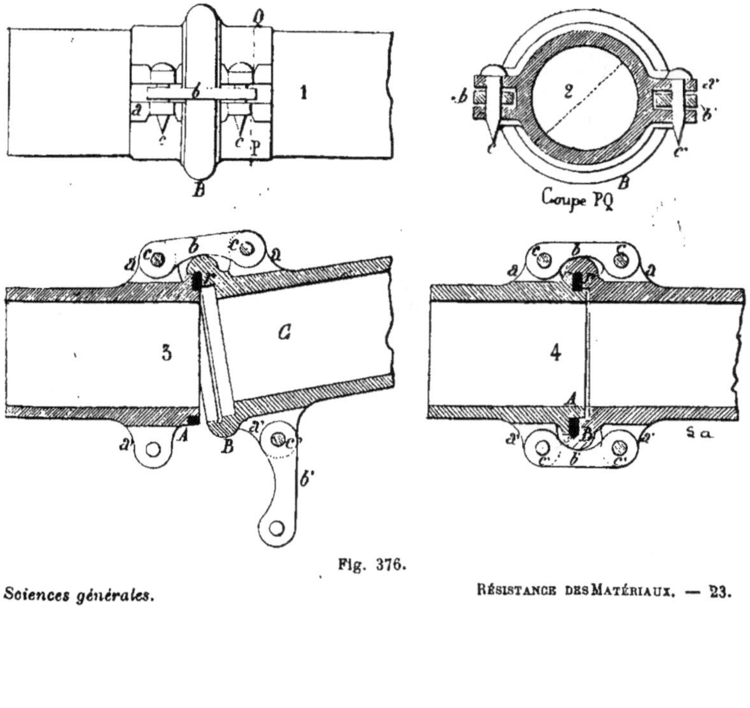


Fig. 376.

longitudinale, une coupe transversale, une projection horizontale, et une coupe montrant le joint entr'ouvert.

On peut remarquer que les tuyaux sont toujours fondus d'un bout à l'autre avec une portée A, et de l'autre avec un renflement B; c'est sur l'embase formée par la portée que l'auteur applique de préférence une rondelle de caoutchouc vulcanisé *r*, d'une certaine épaisseur, mais à laquelle on peut substituer une matière compressible quelconque, comme la gutta-percha, le cuir, le bois, le carton, l'étoupe tressée et enduite ou non, un ciment quelconque, etc.

En supposant que ce soit le caoutchouc, ladite rondelle occupe à son état normal un certain volume qu'il s'agit de réduire pour obtenir un joint parfait.

A cet effet, les tuyaux sont fondus à chaque extrémité avec des oreilles *a* et *a'* recevant un tirant *b* et *b'*, qu'il est facultatif d'établir en fonte ou en fer, et qui peut affecter les formes les plus diverses. Ce tirant devient solidaire avec les renflements *a* et *a'* au moyen d'une cheville ou goujon *c* et *c'*.

Lorsqu'il s'agit d'emboîter deux tuyaux, et de faire le joint, on place la rondelle *r* sur l'embase *e*, puis, soulevant le tuyau C, jusqu'à ce que les points *c* puissent être unis par la patte *b* et maintenus par la goupille, on fait basculer ledit tuyau jusqu'à ce que la rondelle soit serrée convenablement pour permettre l'introduction de la deuxième patte *b'* dans l'œil *c'*, qui lui correspond, et que la solidarité soit définitivement maintenue par une cheville.

Dans cette opération, on n'a besoin de dépenser aucune force, le tuyau formant lui-même levier, est suffisant par son poids pour procurer une pression plus que suffisante.

Le nombre des tirants *b*, *b'* peut varier et être porté à trois ou quatre suivant le diamètre des tuyaux.

L'emploi du tuyau comme levier est un moyen très simple et d'une grande puissance : il donne une facilité et une promptitude telles dans la pose, qu'avec deux ou quatre manœuvres on peut poser, en une journée, plus d'un kilomètre de tuyaux, depuis $0^m,040$ jusqu'à $0^m,135$ de diamètre, et les autres diamètres en proportion.

**563.** *Joint Laforest et Boudeville.* — Le principe de ce système, qui s'applique également bien aux joints des tuyaux, cou-

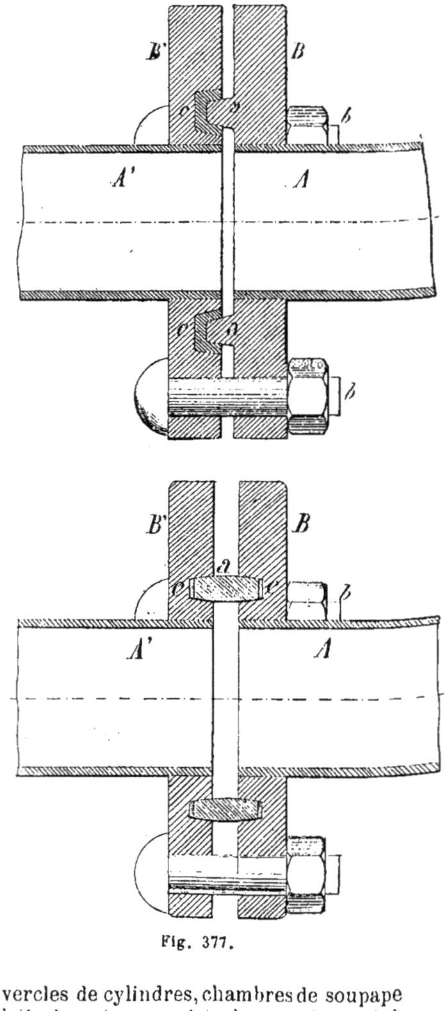


Fig. 377.

vercles de cylindres, chambres de soupape à tiroirs, etc., consiste à comprimer et à écraser dans des rainures circulaires, à section angulaire et de même rayon, pratiquées dans les brides des pièces à joindre, une virole ou anneau de métal peu dur, tel que du cuivre, de telle sorte que cette virole, prenant exactement la forme des rainures coniques ou angulaires, forme un joint parfait. La figure 377 indique une coupe longitudinale du joint appliqué à deux tuyaux AA′. Chacun de ces tuyaux est muni d'une bride BB′, et ces brides s'assemblent au moyen de boulons à écrous *b*,

On comprend qu'en serrant avec force les écrous des boulons *b*, la virole *a*, sera comprimée et écrasée dans les rainures, dont elle prendra exactement la forme, en donnant un joint hermétique.

Les auteurs incrustent quelquefois dans les brides BB′ des anneaux en cuivre, ou en général de même métal que la virole *a*. C'est alors dans ces anneaux que se pratiquent les rainures *c*. Cette disposition peut être avantageuse en ce que, comme on sait, l'adhérence est plus grande entre des pièces de même métal qu'entre des métaux différents.

Au lieu de faire usage d'un anneau indépendant, on pourrait munir l'une des brides B′ d'une saillie annulaire s'engageant dans une rainure correspondante de l'autre bride B′.

Les inventeurs proposent aussi de donner au centre de l'une des brides la forme d'un cône extérieur s'engageant et se comprimant dans un cône rentrant, formant le centre de l'autre bride.

**564.** Données moyennes sur les assemblages des tuyaux en fonte, a brides.

| Diamètre intérieur D | Épaisseur normale pour 6 à 7 atmosphères | Diamètre des brides | Épaisseur des brides | Diamètre du cercle des centres des boulons | Nombre des boulons | Diamètre des boulons en millimètres | Diamètre des trous des boulons | Longueur des tuyaux | Poids d'un tuyau (nombre rond) | Poids d'une bride et de ses accessoires | Poids de 1 mètre de tuyau sans la bride |
|---|---|---|---|---|---|---|---|---|---|---|---|
| mm. | mm. | mm. | mm. | mm. | | mm. | mm. | m. | kg. | kg. | kg. |
| 40 | 8 | 150 | 18 | 115 | 4 | 13 | 15 | 2 | 21.4 | 2 | 8.75 |
| 50 | 8 | 160 | 18 | 125 | 4 | 15.5 | 17 | 2 | 25.5 | 2.2 | 10.58 |
| 60 | 8.5 | 175 | 19 | 135 | 4 | 15.5 | 17 | 2 | 45 | 2.7 | 13.26 |
| 70 | 8.5 | 185 | 19 | 145 | 4 | 15.5 | 17 | 2 | 51.4 | 2.9 | 15.20 |
| 80 | 9 | 200 | 20 | 160 | 4 | 15.5 | 17 | 3 | 61.7 | 3.5 | 18.25 |
| 90 | 9 | 215 | 20 | 170 | 4 | 15.5 | 17 | 3 | 68.8 | 4 | 20.30 |
| 100 | 9 | 230 | 20 | 180 | 4 | 19 | 21 | 3. | 76 | 4.4 | 22.32 |
| 125 | 10 | 260 | 21 | 210 | 4 | 19 | 21 | 3 | 98 | 5.6 | 28.94 |
| 150 | 10 | 290 | 22 | 240 | 6 | 19 | 21 | 3 | 122 | 6.9 | 36.45 |
| 175 | 10.5 | 320 | 22 | 270 | 6 | 19 | 21 | 3 | 149 | 8 | 44.38 |
| 200 | 11 | 350 | 23 | 300 | 6 | 19 | 21 | 3 | 178 | 9.6 | 52.91 |
| 225 | 11.5 | 370 | 23 | 320 | 6 | 19 | 21 | 3 | 206 | 9.9 | 61.96 |
| 250 | 12 | 400 | 24 | 350 | 8 | 19 | 21 | 3 | 238 | 11.6 | 71.61 |
| 275 | 12.5 | 425 | 25 | 375 | 8 | 19 | 21 | 3 | 273 | 12.9 | 82.30 |
| 300 | 13 | 450 | 25 | 400 | 8 | 19 | 21 | 3 | 306 | 13.7 | 93.00 |
| 325 | 13.5 | 490 | 26 | 435 | 10 | 22.5 | 25 | 3 | 343 | 17.2 | 102.87 |
| 350 | 14 | 520 | 26 | 465 | 10 | 22.5 | 25 | 3 | 376 | 18.9 | 112.75 |
| 375 | 14 | 550 | 27 | 495 | 10 | 22.5 | 25 | 3 | 415 | 21.5 | 121.04 |
| 400 | 14.5 | 575 | 27 | 520 | 10 | 22.5 | 25 | 3 | 456 | 22.6 | 136.85 |
| 425 | 14.5 | 600 | 28 | 545 | 12 | 22.5 | 25 | 3 | 484 | 24.5 | 145.16 |
| 450 | 15 | 630 | 28 | 570 | 12 | 22.5 | 25 | 3 | 539 | 26.5 | 162.00 |
| 475 | 15.5 | 655 | 29 | 600 | 12 | 22.5 | 25 | 3 | 582 | 28.6 | 178.84 |
| 500 | 16 | 680 | 30 | 625 | 12 | 22.5 | 25 | 3 | 624 | 30.7 | 187.68 |
| 550 | 16.5 | 740 | 33 | 675 | 14 | 26 | 28.5 | 3 | 723 | 39 | 214.97 |
| 600 | 17 | 790 | 33 | 725 | 16 | 26 | 28.5 | 3 | 813 | 42 | 243.28 |
| 650 | 18 | 840 | 33 | 775 | 18 | 26 | 28.5 | 3 | 916 | 43 | 276.60 |
| 700 | 19 | 900 | 33 | 830 | 18 | 26 | 28.5 | 3 | 1 034 | 50 | 311.27 |
| 750 | 20 | 950 | 33 | 880 | 20 | 26 | 28.5 | 3 | 1 148 | 53 | 347.96 |
| 800 | 21 | 1 020 | 36 | 940 | 20 | 29.5 | 32 | 3 | 1 297 | 68 | 387.10 |
| 900 | 22.5 | 1 120 | 36 | 1 040 | 22 | 29.5 | 32 | 3 | 1 567 | 74 | 472.81 |
| 1 000 | 24 | 1 220 | 36 | 1 140 | 24 | 29.5 | 32 | 3 | 1 872 | 90 | 560.00 |

**565.** Données moyennes sur les assemblages a manchons des tuyaux en fonte

| Garniture quand on en fait usage — Largeur | Garniture quand on en fait usage — Hauteur | Diamètre extérieur du manchon | Diamètre intérieur du manchon | Longueur du manchon | Poids d'un mètre de tuyau sans manchon | Poids du manchon | Poids par mètre courant posé y compris le manchon | Le même en nombre rond | Longueur ordinaire |
|---|---|---|---|---|---|---|---|---|---|
| mm. | mm. | mm. | mm. | mm. | kg. | kg. | kg. | kg. | m. |
| 25 | 3 | 120 | 69 | 74 | 8.75 | 2.00 | 9.75 | 10 | 2 |
| 25 | 3 | 132 | 81 | 77 | 10.58 | 2.6 | 11.88 | 12 | 2 |
| 25 | 3 | 143 | 91 | 80 | 13.26 | 3.15 | 14.83 | 15 | 3 |
| 25 | 3 | 153 | 101 | 82 | 15.20 | 3.7 | 17.05 | 17 | 3 |
| 25 | 3 | 164 | 112 | 83 | 18.25 | 4.32 | 19.70 | 20 | 3 |
| 25 | 3 | 175 | 122 | 86 | 20.30 | 5.00 | 21.83 | 22 | 3 |
| 28 | 3 | 186 | 133 | 88 | 22.32 | 5.80 | 24.25 | 24 | 3 |
| 28 | 3 | 213 | 158 | 91 | 28.94 | 7.34 | 31.38 | 32 | 3 |
| 28 | 3 | 242 | 185 | 94 | 56.45 | 8.90 | 39.06 | 39 | 3 |
| 30 | 3 | 270 | 211 | 97 | 44.38 | 10.61 | 47.90 | 48 | 3 |
| 30 | 3 | 299 | 238 | 99 | 42.91 | 12.33 | 57.00 | 57 | 3 |
| 30 | 3 | 315 | 264 | 100 | 61.96 | 14.32 | 66.73 | 67 | 3 |
| 30 | 3 | 351 | 291 | 101 | 71.61 | 16.32 | 77.09 | 77 | 3 |
| 30 | 3 | 378 | 317 | 102 | 82.30 | 19.12 | 88.67 | 89 | 3 |
| 30 | 3 | 408 | 343 | 104 | 93.00 | 21.93 | 100.00 | 100 | 3 |
| 35 | 4 | 433 | 368 | 105 | 102.87 | 24.91 | 111.17 | 111 | 3 |
| 35 | 4 | 460 | 394 | 106 | 112.75 | 27.90 | 122.06 | 122 | 3 |
| 35 | 4 | 489 | 421 | 107 | 124.04 | 30.00 | 134.04 | 134 | 3 |
| 35 | 4 | 518 | 448 | 109 | 136.85 | 34.09 | 147.21 | 147 | 3 |
| 35 | 4 | 545 | 473 | 110 | 145.16 | 37.27 | 157.58 | 158 | 3 |
| 35 | 4 | 573 | 499 | 111 | 162.00 | 40.45 | 175.53 | 176 | 3 |
| 40 | 4 | 600 | 525 | 112 | 174.84 | 44.09 | 189.54 | 190 | 3 |
| 40 | 4 | 628 | 551 | 114 | 187.68 | 47.74 | 204.13 | 204 | 3 |
| 40 | 5 | 682 | 603 | 116 | 214.97 | 55.33 | 233.43 | 233 | 3 |
| 40 | 5 | 736 | 655 | 119 | 243.28 | 63.52 | 264.46 | 264 | 3 |
| 40 | 5 | 791 | 707 | 122 | 276.60 | 73.47 | 301.08 | 301 | 3 |
| 40 | 5 | 846 | 759 | 125 | 311.27 | 84.63 | 339.45 | 340 | 3 |
| 40 | 5 | 897 | 812 | 127 | 347.96 | 94.40 | 379.44 | 380 | 3 |
| 45 | 5 | 949 | 865 | 129 | 387.10 | 104.64 | 421.98 | 422 | 3 |
| 45 | 5 | 1 066 | 968 | 134 | 472.81 | 135.94 | 518.15 | 518 | 3 |
| 45 | 5 | 1 177 | 1 074 | 140 | 560.00 | 168.47 | 616.21 | 616 | 3 |

## Assemblages des tuyaux en fer.

**566.** Les tuyaux en fer étirés s'assemblent soit au moyen de brides brasées, soit à l'aide de collets rabattus. Très souvent ils sont réunis par des manchons filetés comme l'indique la figure 378. Dans la première disposition l'un des

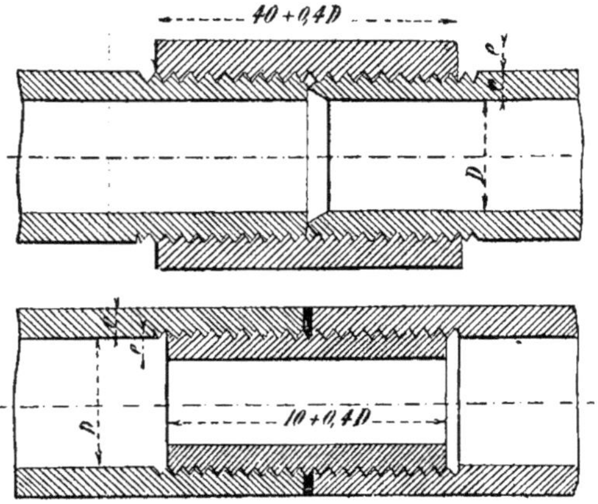


Fig. 378.

bords est taillé en biseau et est pressé contre la base de l'autre de manière à former un joint aussi hermétique que possible ; l'autre disposition représente un manchon intérieur ; le joint est obtenu en interposant entre les extrémités assemblées une garniture spéciale.

Il existe deux espèces de tuyaux de fer : les tuyaux soudés par *rapprochement* ou encollage, et les tubes soudés par *recouvrement*, c'est-à-dire en biseau.

Les dimensions courantes de ces tuyaux sont données dans le tableau n° 567.

Les tuyaux de conduite d'eau, formés

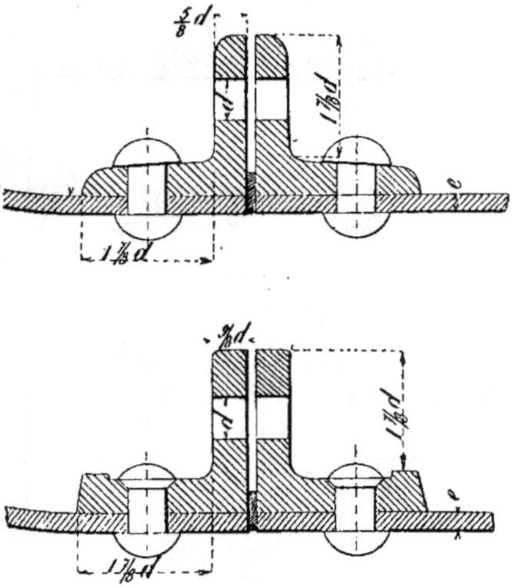

Fig. 379.

de feuilles de tôle rivées, s'assemblent au moyen de brides en fer, ou bien à l'aide de brides en fonte (*fig.* 379).

Les dimensions des différents éléments de ces assemblages peuvent s'obtenir de la façon suivante. On commence par chercher le diamètre *d* des boulons et le nombre des boulons, en se servant des formules indiquées plus haut ; les autres dimensions sont alors indiquées au moyen des nombres proportionnels indiqués sur les figures.

Le tableau n° 568 donne le diamètre et les poids des tubes en fer les plus répandus dans le commerce.

**567.** DIMENSIONS COURANTES DES TUYAUX EN FER SOUDÉS PAR RAPPROCHEMENT, EN BOUTS DE 4 MÈTRES A $4^m$,50, FILETÉS AUX EXTRÉMITÉS.

| DIAMÈTRES BRUTS | | POIDS MOYEN DU MÈTRE COURANT en kilogrammes |
|---|---|---|
| Intérieur | Extérieur | |
| 5 | 10 | 0.4 |
| 8 | 13 | 0.6 |
| 12 | 17 | 0.85 |
| 15 | 21 | 1.21 |
| 20 | 27 | 1.8 |
| 26 | 34 | 2.6 |
| 33 | 42 | 3.6 |
| 40 | 49 | 4.68 |
| 50 | 60 | 6.6 |
| 57 | 67 | 8.0 |
| 60 | 70 | 8.4 |
| 66 | 76 | 9.6 |
| 72 | 82 | 11.0 |
| 80 | 90 | 12.5 |
| 90 | 100 | 14.5 |
| 110 | 112 | 18.4 |

**568.** DIMENSIONS COURANTES DES TUBES EN FER SOUDÉS A RECOUVREMENT, PAR BOUTS DE 4 A 5 MÈTRES.

| DIAMÈTRE EXTÉRIEUR en millimètres | ÉPAISSEUR MOYENNE en millimètres | POIDS MOYEN DU MÈTRE COURANT en kilogrammes |
|---|---|---|
| 25 | 2 | 1.125 |
| 30 | 2 | 1.4 |
| 32 | 2 | 1.5 |
| 35 | 2 | 1.65 |
| 40 | 2.2 | 2.15 |
| 45 | 2.5 | 2.6 |
| 50 | 2.5 | 2.9 |
| 55 | 3 | 3.85 |
| 60 | 3 | 4.2 |
| 65 | 3 | 4.6 |
| 70 | 3 | 5.4 |
| 75 | 3 | 6.2 |
| 80 | 3.5 | 6.6 |
| 85 | 3.5 | 7.0 |
| 90 | 3.5 | 7.5 |
| 95 | 3.5 | 8.2 |
| 100 | 3.6 | 8.7 |
| 105 | 4 | 9.9 |
| 110 | 4 | 10.4 |
| 115 | 4.3 | 11.6 |
| 120 | 4.3 | 12.1 |
| 125 | 4.3 | 12.6 |
| 130 | 4.4 | 13.2 |
| 135 | 4.5 | 14.4 |
| 140 | 4.5 | 15 |
| 145 | 4.5 | 16.1 |
| 150 | 5 | 18.3 |
| 155 | 5 | 18.9 |
| 160 | 5 | 19.65 |
| 170 | 5 | 20.4 |
| 175 | 5 | 21 |
| 180 | 5 | 21.7 |

## Assemblages divers.

**569.** *Tuyaux en cuivre.* — Les tuyaux en laiton, étant difficiles à travailler, sont peu employés en tuyauterie.

Les tuyaux en cuivre rouge sont de deux sortes : tuyaux brasés et tuyaux sans soudure. Ces derniers se font jusqu'à 300 millimètres de diamètre intérieur.

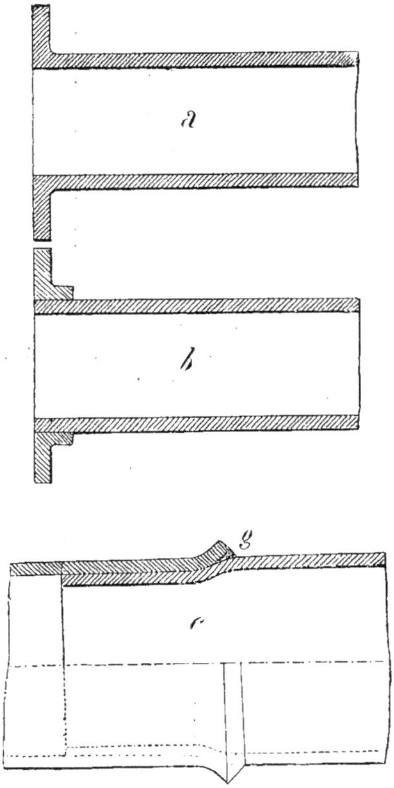


Fig. 380.

Les assemblages bout à bout se font soit par des brides brasées, soit à l'aide de collets pris entre les brides. Les collets peuvent être rabattus au marteau (*fig.* 380, *a*), ou rapportés et brasés, ce qui permet de les faire plus solides, surtout en les faisant à pinces relevés (*fig.* 380, *b*). On peut aussi employer le mandrinage ou dudgeonnage ; toutefois il n'est réellement solide qu'à la condition de mandriner dans le tube une bague en fer, à l'aide du dudgeon, ce qui a l'inconvénient de réduire la section de passage. On peut réunir bout à bout les tubes en cuivre en les emboîtant l'un dans l'autre et en les fixant par une soudure. L'un des tuyaux étant restreint à son extrémité, sur une longueur au moins égale à son diamètre, pénètre dans l'autre, qui est au contraire évasé en pavillon (*fig.* 380, *c*). Les surfaces du godet annulaire, où prend la soudure, doivent être bien nettes.

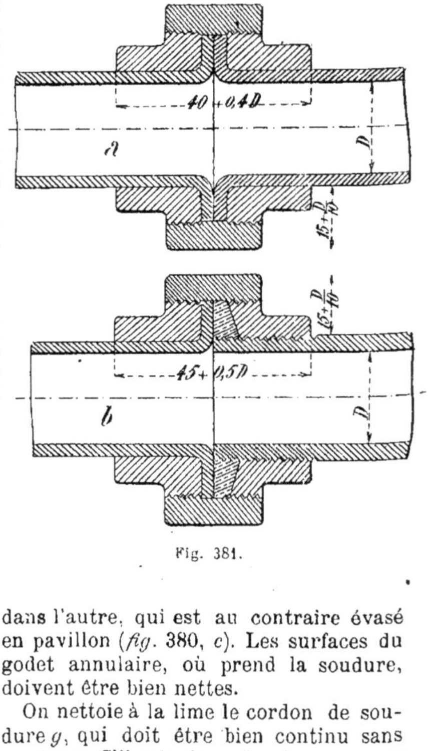


Fig. 381.

On nettoie à la lime le cordon de soudure *g*, qui doit être bien continu sans soufflures. S'il est nécessaire de conserver au tuyau un diamètre extérieur uniforme, on enlève le cordon saillant à la lime ou à la meule, mais l'emboîtage ainsi perdu diminue la solidité de l'assemblage.

Les emboîtages de fer sur fer se font de la même manière, mais avec une soudure moins fusible. On peut les faire à la fonte blanche, bien cristalline, ce qui est très solide.

Lorsqu'une pièce doit recevoir plusieurs brasures très rapprochées, et qu'on ne peut les effectuer simultanément, il est nécessaire de se servir de soudures graduées dont les points de fusion diffèrent notablement. On emploie d'abord le moins fusible, et on continue par ordre de fusibilité. Toutes les brasures doivent être combinées de manière que les pièces puissent se contracter librement en se refroidissant. Les deux tableaux qui suivent donnent les dimensions et les poids des tubes en cuivre les plus usités.

**570.** *Tuyaux en plomb.* — Les tuyaux en plomb s'assemblent généralement au moyen de brides en fer, qui pressent l'un contre l'autre les rebords obtenus en rabattant les extrémités des tuyaux.

**571.** *Joint Louch.* — On peut également les assembler au moyen d'un manchon en fonte (*fig.* 381, *a*) présentant à l'intérieur deux pas de vis de sens contraire. Ce manchon, en tournant, presse les brides, également en fonte, sur les collets qui terminent les tuyaux. La fig. 381, *b* représente l'assemblage d'un tuyau en plomb avec un tuyau en fer. Sur ce dernier tuyau est vissé un petit rebord en bronze, contre lequel se trouve pressé le rebord d'un tuyau en plomb au moyen d'un manchon en fonte.

Les deux parties du manchon qui portent sur les tuyaux se terminent à l'extérieur par des surfaces de six ou huit pans de même que l'écrou qui les réunit.

**574.** *Joint Bloch.* — Le système de jonction imaginé par M. Bloch consiste à relier chacune des extrémités des tuyaux qu'on veut réunir par des douilles taraudées l'une avec un pas à gauche, l'autre avec un pas à droite, et sur lesquelles se visse un écrou central. En faisant tourner cet écrou, les deux douilles taraudées se rapprochent naturellement et font parfaitement joindre les extrémités des tuyaux ; en interposant une rondelle de cuir ou d'un métal mou, on obtient une herméticité complète, quelle que soit la pression du gaz ou du liquide qui passe

**572.** Poids du mètre courant des tuyaux brasés, en cuivre rouge en longueur de 3m,30 ou 4 mètres.

| Diamètre intérieur en millimètres | Épaisseur en millimètres | | | | | | | | |
|---|---|---|---|---|---|---|---|---|---|
| | 1 | 1 1/4 | 1 1/2 | 1 3/4 | 2 | 2 1/2 | 3 | 4 | 5 |
| | kil. | kil. | kil. | kil. | kil. | kil. | kil. | kil. | kil. |
| 10 | 0.304 | 0.393 | 0.483 | 0.572 | 0.663 | 0.870 | 1.078 | 1.548 | 2.073 |
| 15 | 0.442 | 0.566 | 0.691 | 0.815 | 0.939 | 1.216 | 1.492 | 2.101 | 2.464 |
| 20 | 0.580 | 0.739 | 0.898 | 1.057 | 1.216 | 1.562 | 1.907 | 2.654 | 3.453 |
| 25 | 0.719 | 0.912 | 1.105 | 1.299 | 1.492 | 1.908 | 2.322 | 3.207 | 4.146 |
| 30 | 0.857 | 1.085 | 1.313 | 1.541 | 1.769 | 2.254 | 2.737 | 3.760 | 4.837 |
| 35 | 0.895 | 1.258 | 1.520 | 1.783 | 2.045 | 2.599 | 3.150 | 4.313 | 5.528 |
| 40 | 1.134 | 1.431 | 1.728 | 2.025 | 2.322 | 2.944 | 3.566 | 4.866 | 6.219 |
| 45 | 1.272 | 1.604 | 1.935 | 2.267 | 2.598 | 3.289 | 3.981 | 5.419 | 6.910 |
| 50 | 1.410 | 1.776 | 2.143 | 2.509 | 2.875 | 3.634 | 4.396 | 5.972 | 7.501 |
| 55 | 1.590 | 1.949 | 2.350 | 2.751 | 3.151 | 3.979 | 4.810 | 6.525 | 8.292 |
| 60 | 1.714 | 2.122 | 2.557 | 2.993 | 3.428 | 4.324 | 5.225 | 7.078 | 8.993 |
| 65 | 1.895 | 2.295 | 2.765 | 3.253 | 3.704 | 4.669 | 5.640 | 7.631 | 9.674 |
| 70 | 2.150 | 2.468 | 2.972 | 3.477 | 3.981 | 5.015 | 6.055 | 8.184 | 10.365 |
| 75 | 2.228 | 2.641 | 3.180 | 3.719 | 4.257 | 5.361 | 6.469 | 8.732 | 11.058 |
| 80 | 2.407 | 2.814 | 3.387 | 3.961 | 4.534 | 5.707 | 6.884 | 9.289 | 11.749 |
| 85 | 2.548 | 2.987 | 3.595 | 4.203 | 4.810 | 6.053 | 7.299 | 9.842 | 12.440 |
| 90 | 2.995 | 3.160 | 3.802 | 4.445 | 5.087 | 6.399 | 7.714 | 10.385 | 13.13 |
| 95 | 3.085 | 3.333 | 4.010 | 4.887 | 5.363 | 6.745 | 8.128 | 10.948 | 13.822 |
| 100 | 3.148 | 3.406 | 4.217 | 5.229 | 5.640 | 7.091 | 8.543 | 11.501 | 14.513 |
| 105 | 3.321 | 3.771 | 4.424 | 5.640 | 5.916 | 7.437 | 8.958 | 12.054 | 15.204 |
| 110 | 3.520 | 4.052 | 4.995 | 5.772 | 6.193 | 7.883 | 9.373 | 12.607 | 15.896 |
| 115 | 4.015 | 4.418 | 5.320 | 6.049 | 6.469 | 8.129 | 9.787 | 13.160 | 16.387 |
| 120 | 4.442 | 4.957 | 5.832 | 6.350 | 6.746 | 8.478 | 10.201 | 13.713 | 17.278 |

**573.** POIDS DU MÈTRE COURANT DES TUBES SANS SOUDURE, EN CUIVRE ROUGE.

| DIAMÈTRE INTÉRIEUR | ÉPAISSEUR EN MILLIMÈTRES | | | | | | | | | | | |
|---|---|---|---|---|---|---|---|---|---|---|---|---|
| | 1 | 1 1/4 | 1 1/2 | 1 3/4 | 2 | 2 1/4 | 2 1/2 | 2 3/4 | 3 | 3 1/2 | 4 | 5 |
| | kil. | kil. | kil. | kil. | kil. | kil. | kil. | kil. | kil. | kil. | kil. | kil. |
| 10 | 0.305 | 0.390 | 0.479 | 0.571 | 0.667 | 0.766 | 0.868 | 0.974 | 1.084 | 1.313 | 1.556 | 2.085 |
| 11 | 0.333 | 0.425 | 0.521 | 0.620 | 0.722 | 0.828 | 0.938 | 1.051 | 1.167 | 1.411 | 1.668 | 2.224 |
| 12 | 0.361 | 0.460 | 0.563 | 0.639 | 0.778 | 0.891 | 1.007 | 1.127 | 1.251 | 1.508 | 1.779 | 2.363 |
| 13 | 0.389 | 0.495 | 0.604 | 0.717 | 0.834 | 0.953 | 1.077 | 1.204 | 1.334 | 1.605 | 1.890 | 2.502 |
| 14 | 0.417 | 0.529 | 0.646 | 0.766 | 0.889 | 1.016 | 1.146 | 1.280 | 1.417 | 1.702 | 2.001 | 2.641 |
| 15 | 0.444 | 0.564 | 0.688 | 0.814 | 0.945 | 1.079 | 1.216 | 1.357 | 1.501 | 1.800 | 2.113 | 2.780 |
| 16 | 0.472 | 0.599 | 0.729 | 0.863 | 1.000 | 1.141 | 1.285 | 1.433 | 1.584 | 1.897 | 2.224 | 2.919 |
| 17 | 0.500 | 0.634 | 0.771 | 0.912 | 1.056 | 1.204 | 1.355 | 1.509 | 1.668 | 1.994 | 2.335 | 3.058 |
| 18 | 0.528 | 0.669 | 0.813 | 0.960 | 1.112 | 1.266 | 1.424 | 1.586 | 1.751 | 2.092 | 2.446 | 3.197 |
| 19 | 0.556 | 0.703 | 0.854 | 1.009 | 1.167 | 1.329 | 1.494 | 1.662 | 1.835 | 2.189 | 2.557 | 3.336 |
| 20 | 0.583 | 0.738 | 0.896 | 1.058 | 1.223 | 1.391 | 1.563 | 1.739 | 1.918 | 2.286 | 2.669 | 3.475 |
| 25 | 0.722 | 0.912 | 1.105 | 1.301 | 1.501 | 1.704 | 1.911 | 2.121 | 2.335 | 2.713 | 3.225 | 4.170 |
| 30 | 0.861 | 1.086 | 1.313 | 1.544 | 1.779 | 2.017 | 2.259 | 2.503 | 2.752 | 3.199 | 3.781 | 4.865 |
| 35 | 1.000 | 1.259 | 1.522 | 1.788 | 2.057 | 2.330 | 2.606 | 2.886 | 3.169 | 3.686 | 4.337 | 5.560 |
| 40 | 1.139 | 1.433 | 1.730 | 2.031 | 2.335 | 2.643 | 2.954 | 3.268 | 3.586 | 4.173 | 4.893 | 6.255 |
| 45 | 1.278 | 1.607 | 1.939 | 2.274 | 2.613 | 2.955 | 3.301 | 3.650 | 4.003 | 4.659 | 5.449 | 6.950 |
| 50 | 1.417 | 1.781 | 2.147 | 2.517 | 2.891 | 3.268 | 3.649 | 4.033 | 4.420 | 5.146 | 6.005 | 7.645 |
| 55 | 1.556 | 1.954 | 2.356 | 2.761 | 3.169 | 3.581 | 3.996 | 4.415 | 4.837 | 5.632 | 6.561 | 8.340 |
| 60 | 1.695 | 2.128 | 2.564 | 3.004 | 3.447 | 3.894 | 4.344 | 4.797 | 5.254 | 6.119 | 7.117 | 9.035 |
| 65 | 1.835 | 2.302 | 2.773 | 3.247 | 3.635 | 4.206 | 4.691 | 5.179 | 5.671 | 6.605 | 7.673 | 9.731 |
| 70 | 1.974 | 2.476 | 2.981 | 3.491 | 4.003 | 4.519 | 5.039 | 5.562 | 6.088 | 7.092 | 8.229 | 10.426 |
| 75 | 2.113 | 2.649 | 3.190 | 3.734 | 4.281 | 4.832 | 5.386 | 5.944 | 6.505 | 7.578 | 8.785 | 11.121 |

dans les tubes. Avec cette disposition la pression du serrage se répartit uniformément sur toute la circonférence, ce qui évite les fuites qui se manifestent si souvent avec les joints à brides et à boulons.

Ce système de jonction peut s'appliquer indifféremment aux tubes et tuyaux de tous diamètres et de toutes matières ; pour les tuyaux dont les extrémités se terminent par un cordon ou bourrelet les douilles taraudées sont en deux pièces.

La figure 382 représente la coupe longitudinale d'une jonction de deux tuyaux de plomb ou de tout autre métal facilement compressible. Sur chacune des extrémités des deux tuyaux à réunir A et A' est placée une douille *d* ou *d'*, taraudée en sens contraire; on rabat le métal du tube, de façon à former une petite bride *a*. L'écrou E, partagé intérieurement en deux parties dans sa longueur, est taraudé de manière à correspondre aux pas de vis des douilles *d* et *d'*.

Pour opérer la jonction, il n'y a qu'à placer chacune des extrémités des tuyaux bien en regard et à visser l'écrou E, en ayant le soin d'empêcher, à l'aide d'une clef spéciale, les douilles *d* et *d'* de tourner; ces douilles pénètrent de plus en plus dans l'écrou jusqu'à ce que les parties rabattues *a* des deux tuyaux soient en contact et au besoin plus ou moins écrasées pour s'opposer aux fuites. Dans ces conditions, il ne doit pas exister

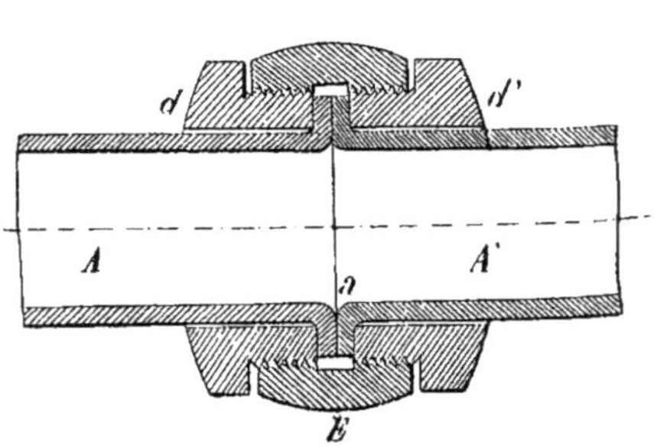


Fig. 382.

d'intervalle entre la tête des douilles et l'écrou E. Si on le jugeait nécessaire, on pourrait interposer entre les tubes une rondelle de cuir ou de caoutchouc.

Les douilles *d* et *d'* pourraient être coniques extérieurement, pour faciliter l'entrée de l'écrou qui les rapproche l'une de l'autre, et elles peuvent être construites en tous métaux.

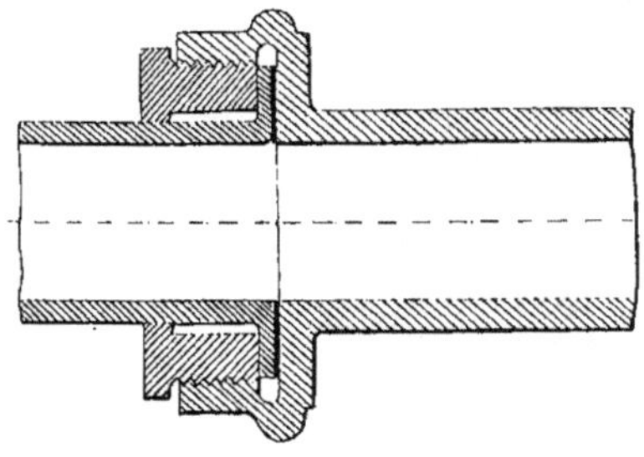

Fig. 383.

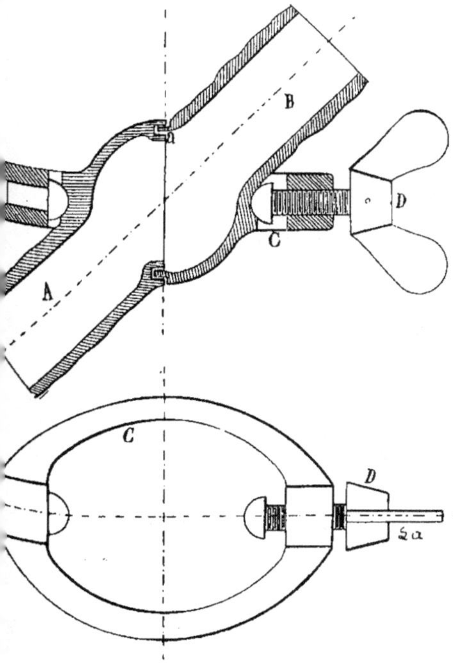


Fig. 384.

**575.** Les tuyaux de plomb ont une longueur de construction très considérable, qui va facilement à 10 mètres.

Pour les assemblages de tuyaux en fonte avec tuyaux de plomb, on emploie une garniture intermédiaire composée d'une rondelle de caoutchouc ou d'une matière de même genre (*fig.* 383).

**576.** *Joint Schaffer et Budenberg.* — Dans ce système de jonction les deux tuyaux A et B, ou les pièces de raccord destinées à réunir deux tuyaux, doivent

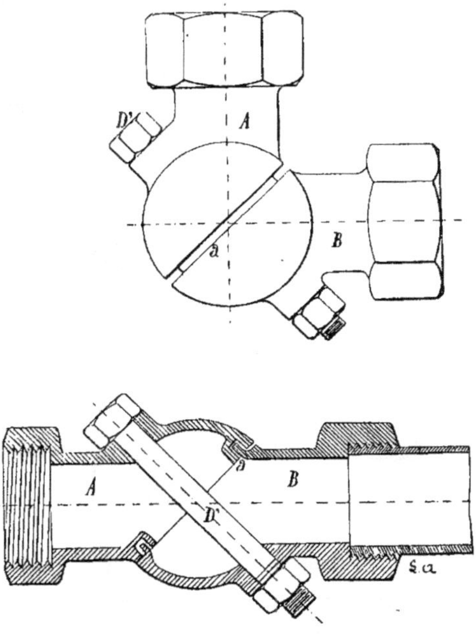


Fig. 385.

être terminés par une demi-sphère coupée sous une inclinaison de 45 degrés.

La figure 384 montre une pièce de raccord construite d'après ce système et disposée pour recevoir deux tubes en caoutchouc par exemple.

La figure 385 représente de même un raccord, mais muni de bossages à six pans, afin de pouvoir se visser aux tuyaux de gaz ou autres. Cette même disposition pourrait être appliquée directement sur les tuyaux.

Dans ces divers exemples, l'une des parties, celle A du raccord, présente une rainure *a* dans le fond de laquelle on introduit un anneau de mastic ou en caoutchouc; l'autre partie, la partie mâle B, présente, au contraire, une saillie ou boudin qui doit s'engager dans la rainure *a* et y comprimer le mastic qui s'y trouve. On peut aussi, pour la facilité de la pose, supprimer la rainure *a*, et obtenir un emboîtage extérieur pour faire le joint autour extérieurement.

Pour rapprocher les deux pièces A et B et les maintenir serrées l'une contre l'autre, en rendant le joint hermétique, il faut une troisième pièce qui peut se faire de différentes manières : soit un

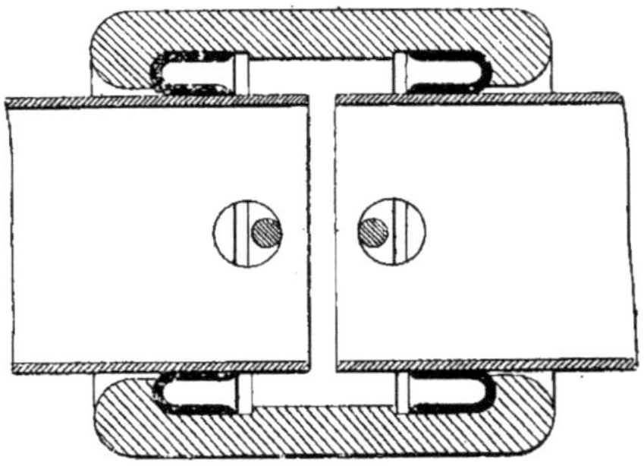

Fig. 386.

serre-joint muni d'une vis de pression ou bien une bague C portant également une vis à oreille D.

On peut aussi faire usage d'un boulon à écrou D' et qui traverse les deux demi-sphères.

Il est évident que dans ce dernier cas, pour bien faire le joint, il faudra placer sous les têtes de petites rondelles en tôle.

Enfin, on peut encore adopter un serre-joint qui fermerait, à charnière, sur une oreille ménagée à cet effet dans la direction du serrage, la demi-sphère du tuyau A.

D'après les auteurs, ce raccord présente les avantages suivants :

1° Il peut être appliqué à n'importe quel point de la conduite, aussi bien sur une direction rectiligne que curviligne, ainsi qu'aux coudes obtus et aux coudes droits, comme l'indique la figure 385 ;

2° Il n'est pas, comme les raccords à

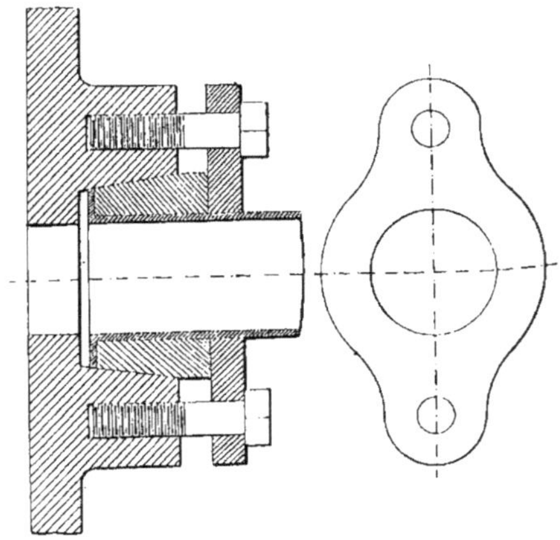

Fig. 387.

pas de vis et manchons à écrous, exposé à faire rejeter les tuyaux par suite de l'écrasement des filets ;

3° L'assemblage des tuyaux, par ce procédé, a lieu très rapidement, de même

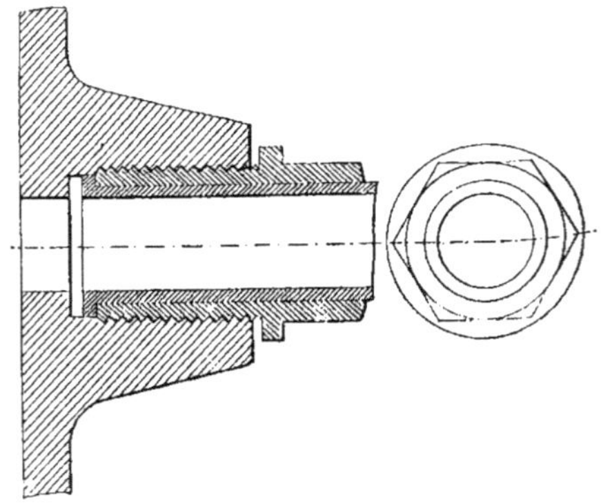

Fig. 388.

que le démontage, et peut donner, comme les meilleurs systèmes, une fermeture hermétique.

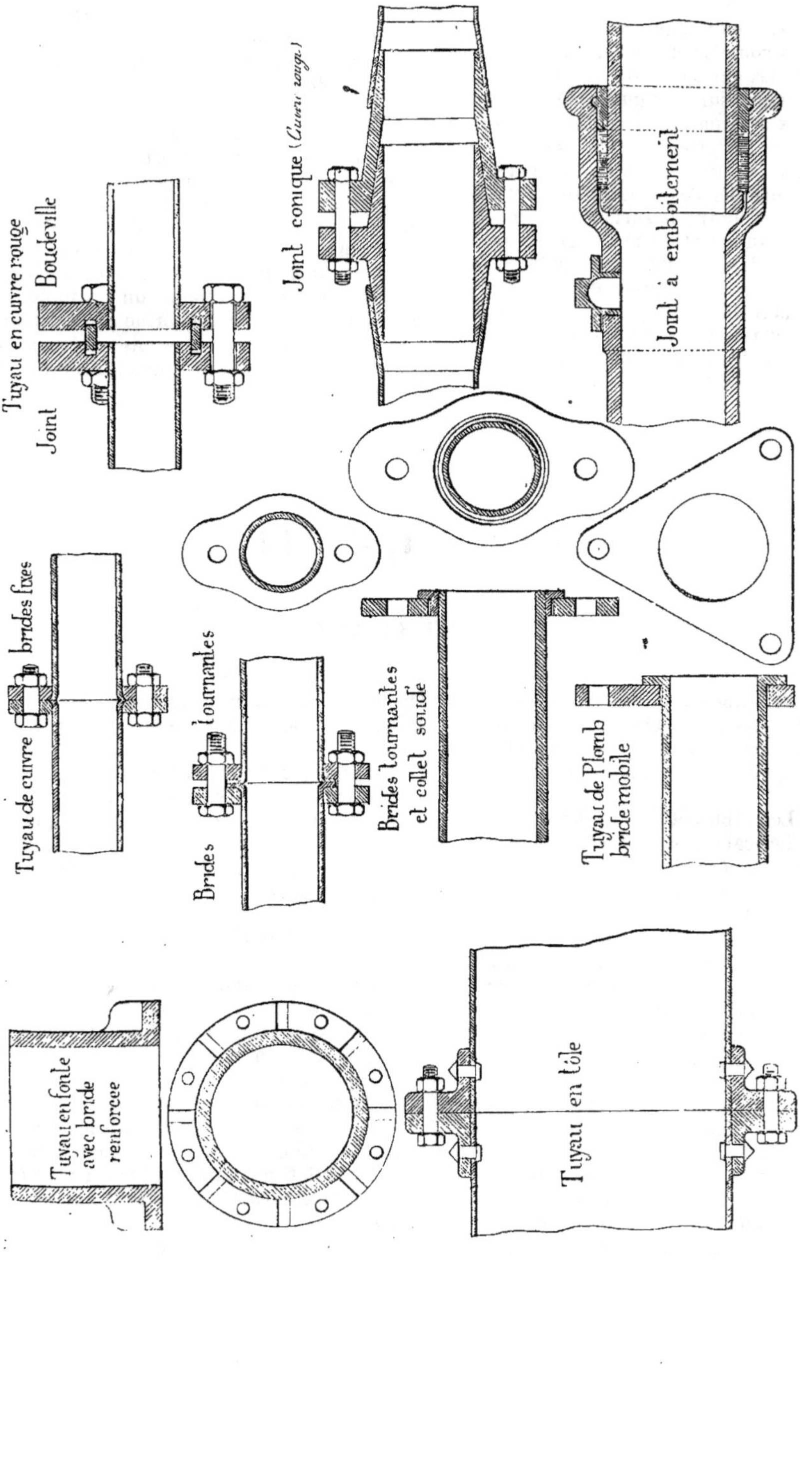
Tuyau en cuivre rouge
Joint Boudeville
Joint conique (Cuivre rouge)
Joint à emboîtement
Tuyau de cuivre brides fixes
Brides tournantes
Brides tournantes et collet soudé
Tuyau de Plomb bride mobile
Tuyau en fonte avec bride renforcée
Tuyau en tôle

Fig. 389.

**577.** *Joint Taverdon.* — Pour des tuyaux soumis à des pressions d'eau considérables, on peut faire usage du joint représenté sur la figure 386. Les deux tuyaux sont entourés par un manchon en fonte, à l'intérieur duquel se trouvent logés deux cuirs emboutis, que la pression intérieure de l'eau maintient fortement appliqués contre la surface extérieure de chaque tuyau et le manchon lui-même. Chacun des tuyaux porte, près de son extrémité, une ouverture circulaire, dans laquelle vient passer une goupille, qu'on chasse de l'extérieur dans un trou percé sur le manchon lui-même ; ces goupilles viennent former saillie à l'intérieur et s'opposent, par suite, à la séparation des tuyaux dans le sens longitudinal.

Ces cuirs emboutis permettent encore un certain degré de déformation de la ligne des tuyaux.

Nous terminerons ce chapitre relatif aux assemblages des tuyaux en indiquant deux dispositions fréquemment employées dans les presses hydrauliques : ce sont celles représentées sur les figures 387 et 388 ; la première est un tuyau de cuivre rouge réuni à un rebord en fonte avec une bride en fer ; la seconde, un tuyau de bronze maintenu par une bride à vis.

Enfin la figure 389 représente quelques assemblages que nous croyons inutile de décrire.

---

# CHAPITRE III

## CABLES ET CHAINES

**578.** *Diverses espèces de câbles et de chaînes.* — Les câbles et les chaînes employées pour produire des efforts de traction peuvent être divisés en deux classes :

1° Les câbles et chaînes fixes ;

2° Les câbles et chaînes mobiles.

La première classe comprend ceux de ces organes employés pour supporter simplement des charges, ou pour consolider certaines pièces, comme les ponts de bateaux, les cordages des navires, les haubans des chèvres, des cheminées, etc. Les organes de la seconde classe se trouvent dans les moufles, les treuils, les cabestans et dans tous les appareils de transmission à action directe.

Dans cette deuxième classe, qu'on peut diviser en deux catégories suivant que les câbles et les chaînes ont à supporter des charges, ou à transmettre un mouvement, ces organes présentent des dispositions différentes tenant à ce que les câbles de transmission doivent résister à l'usure, et présenter la forme sans fin, comme dans les transmissions télédynamiques.

Les câbles sont en chanvre (quelquefois en aloès) ou formés de fils de fer ou d'acier. Pour les chaînes on n'emploie guère que le fer.

Occupons nous d'abord des câbles ou cordes en chanvre.

### Câbles en chanvre

**579.** La résistance des cordes formées de matières fibreuses dépend :

1° De la résistance des fibres élémentaires du chanvre ;

2° Du nombre de ces fils qui entrent dans la section du câble ;

Et 3° des soins apportés à la fabrication.

La qualité du chanvre, les variations qu'elle subit par l'usage et par l'action des agents atmosphériques, sont des facteurs qui entrent dans la résistance des fibres élémentaires de la matière fibreuse ;

aussi il est impossible d'établir des formules rigoureuses pour le calcul de ces organes ; il suffit de connaître la résistance moyenne de ceux qui sont dans de bonnes conditions d'emploi.

Les câbles dont l'usage est le plus répandu sont les câbles ronds à trois torons, ils sont plus ou moins serrés, suivant qu'ils doivent être employés comme câbles fixes ou comme câbles mobiles ; la tension qu'on peut leur faire supporter est évidemment plus faible dans le second cas que dans le premier. Le chiffre généralement admis pour leur résistance à la rupture est de 5 kilogrammes par millimètre carré de section ; on peut les faire travailler sans inconvénient au cinquième de la charge de rupture.

En désignant par :

$d$ le diamètre du cercle circonscrit aux trois torons ;

$c$, le contour du câble ;

$\delta$, le diamètre du toron

on a d'abord :

$$d = 2,15\ \delta$$
$$c = 6,14\ \delta = 2,85\ d;$$

En admettant pour les câbles lâches ou peu serrés une charge de sécurité de 1 kilogramme par millimètre carré, et en désignant par P l'effort de traction exercé sur le câble, on aura :

$$\frac{\pi d^2}{4} \times 1 = P$$

d'où :

$$\left.\begin{array}{l} d = 1,113\ \sqrt{P} \\ c = 3,22\ \sqrt{P} \\ P = 0,8d^2 = 0,096c^2 \end{array}\right\} \quad (1)$$

Si la charge de sécurité était de $\frac{4}{5}$ de kilogrammes, ces formules deviendraient :

$$\left.\begin{array}{l} d = 1,2\ \sqrt{P} \\ c = 3,42\ \sqrt{P} \\ P = 0,7d^2 = 0,085c^2. \end{array}\right\} \quad (2)$$

Pour les câbles très fortement serrés, la tension peut s'élever jusqu'à 2 kilogrammes, et on a :

$$\left.\begin{array}{l} d = \sqrt{P} \\ c = 2,85\ \sqrt{P} \\ P = d^2 = 0,125c^2. \end{array}\right\} \quad (3)$$

**580.** La durée des câbles varie d'après les conditions de leur emploi. Dans les locaux secs ils peuvent durer très longtemps, tandis qu'exposés à l'humidité ils se détériorent rapidement. Dans les puits de mines ils ne résistent guère plus de quatre à six mois.

Les cordes goudronnées n'ont que les trois quarts de la résistance d'une corde blanche d'un même nombre de fils de carets, et la résistance d'une corde blanche mouillée n'est que la moitié de la corde sèche.

D'après Morin, la résistance des cordes en chanvre goudronnées employées dans la marine anglaise est de $3^k,89$, valeur inférieure admise dans la marine française.

En France, on calcule la force des cordages goudronnés par la formule :

$$35c^2,$$

$c$ étant, comme précédemment, la circonférence exprimée en centimètres, ce qui revient à $345d^2$, le diamètre $d$ étant exprimé en centimètres.

Cette règle revient à :

$3,45 \times 1,273 = 4^k,39$ par millimètre carré de section.

La résistance par unité de surface des cordes varie aussi avec leur diamètre ; elle est plus élevée pour les cordes d'un petit diamètre que pour les grosses.

Les valeurs de ces résistances sont mises en évidence dans le tableau suivant extrait de l'*Aide-Mémoire* de Claudel.

| DÉSIGNATION DE LA CORDE | CHARGE DE RUPTURE |
|---|---|
| Aussières et grelins en chanvre de Strasbourg, de 13 à 14 millimètres de diamètre . . . . | $8^k$, 000 |
| Aussières et grelins en chanvre de Lorraine, de 13 à 17 millimètres. . . . . . . . . . . . | $6^k$, 500 |
| Aussières et grelins en chanvre de Lorraine ou de Strasbourg, de 23 millimètres. . . . | $6^k$, 000 |
| Aussières et grelins de Strasbourg de 40 à 54 millimètres. | $5^k$, 500 |
| Cordages goudronnés. . . . | $4^k$, 400 |

Le coefficient d'élasticité du chanvre est très faible ; il ne dépasse pas 200 $\times 10^6$, c'est-à-dire que sous une même charge le chanvre s'allonge cent fois plus que le fer.

On fait des cordages en chanvre jusqu'à 100 millimètres de diamètre, mais ils ont alors l'inconvénient d'être très rigides, de présenter une grande résistance à la flexion et par suite à l'enroulement.

Dans le cas où il s'agit de cordes mobiles sur des poulies ou des tambours, le rayon de ces poulies mesuré du centre au milieu de la corde ne doit jamais être inférieur à $3d$ ou $4d$ pour les cordes lâches, et de $6d$ à $8d$ pour les cordes fortement serrées. Dans les appareils d'extraction des mines, le rayon de la poulie est rarement inférieur à $25d$. Ces câbles en chanvre sont plats afin de diminuer l'épaisseur de la partie enroulée et d'avoir une plus grande flexibilité. Ils sont formés de quatre à six câbles ronds juxtaposés, qui doivent être calculés chacun pour une charge égale au quart ou au sixième de la charge totale, en admettant que la jonction des câbles soit faite avec soin.

**581.** *Poids des câbles en chanvre.* — Le poids M par mètre courant est, en moyenne :

Pour les câbles peu serrés :

$$M = 0{,}00071d^2;$$

Pour les câbles très serrés :

$$M = 0{,}00106d^2,$$

Ce poids peut encore être représenté par une même expression pour ces deux natures de câbles, ronds ou plats, à trois ou quatre torons :

$$M = \frac{P}{1\,000},$$

d'où :

$$P = 1\,000M.$$

Cette relation montre, que le poids d'un câble en chanvre de bonne qualité et d'une exécution soignée peut servir à déterminer l'effort que ce câble est susceptible de supporter. Cet effort, en négligeant l'action du poids propre du câble, s'élève à mille fois la valeur du poids par mètre courant.

Si l'on veut tenir compte du poids propre de la longueur L (en mètres), du câble qui est verticale, ce qui, en général, n'est pas nécessaire, on doit dans les formules précédentes (2) et (3) remplacer P par :

$$\frac{P}{1 - \frac{L}{1\,000}}.$$

Pour $L = 1\,000$, $d$ devient infiniment grand, c'est-à-dire que, pour cette longueur limite, un câble ne peut supporter que son propre poids.

Pour une longueur plus grande, le poids seul du câble donne lieu à une tension supérieure à la charge de sécurité admise. Pour $L = 5\,000$ à $6\,000$ mètres, le câble arrive à se rompre sous son propre poids.

**582.** Table relative aux cables en chanvre a trois torons (Reuleaux).

| DIMENSIONS | | CABLES LACHES | | | CABLES SERRÉS | | | |
|---|---|---|---|---|---|---|---|---|
| DIAMÈTRE *d* | CIRCONFÉRENCE *c* | CHARGE P | RAYON de la poulie R | POIDS du mètre courant M | P | R TREUILS | R APPAREILS d'extraction | M |
| mm. | mm. | kil. | mm. | kil. | kil | mm. | mm. | kil. |
| 10 | 28.5 | 70 | 30 | 0.071 | 100 | 60 | 250 | 0.106 |
| 12 | 34 | 101 | 36 | 0.102 | 144 | 72 | 300 | 0.153 |
| 15 | 43 | 158 | 45 | 0.160 | 225 | 90 | 375 | 0,229 |
| 20 | 57 | 280 | 60 | 0.284 | 400 | 120 | 500 | 0.424 |
| 25 | 71 | 438 | 75 | 0.444 | 625 | 150 | 625 | 0.663 |
| 30 | 85 | 630 | 90 | 0.64 | 900 | 180 | 750 | 0.95 |
| 35 | 100 | 858 | 105 | 0.87 | 1 225 | 210 | 875 | 1.30 |
| 40 | 114 | 1 120 | 120 | 1.14 | 1 600 | 240 | 1 000 | 1.70 |
| 45 | 128 | 1 418 | 135 | 1.44 | 2 025 | 270 | 1 125 | 2.15 |
| 50 | 143 | 1 750 | 150 | 1.78 | 2 500 | 300 | 1 250 | 2.65 |
| 55 | 157 | 2 118 | 165 | 2.15 | 3 025 | 330 | 1 375 | 3.21 |
| 60 | 171 | 2 520 | 180 | 2.56 | 3 600 | 360 | 1 500 | 3.82 |
| 65 | 185 | 2 958 | 195 | 3.00 | 4 225 | 390 | 1 625 | 4.48 |
| 70 | 200 | 3 430 | 210 | 3.48 | 4 900 | 420 | 1 750 | 5.19 |
| 75 | 214 | 3 938 | 225 | 4.00 | 5 625 | 450 | 1 875 | 5.96 |
| 80 | 228 | 4 480 | 240 | 4.54 | 6 400 | 580 | 2 000 | 6.78 |
| 90 | 257 | 5 670 | 270 | 5.75 | 8 100 | 540 | 2 250 | 8.59 |
| 100 | 285 | 7 000 | 300 | 7.10 | 10 000 | 600 | 2 500 | 10.60 |

**583.** TABLE RELATIVE AUX CABLES RONDS EN CHANVRE (REDTENBACHER).

| d | P | d | P | d | P |
|---|---|---|---|---|---|
| mm. | kil. | mm. | kil. | mm. | kil. |
| 6 | 28 | 22 | 377 | 38 | 1 125 |
| 8 | 50 | 24 | 449 | 40 | 1 248 |
| 10 | 78 | 26 | 527 | 42 | 1 376 |
| 12 | 112 | 28 | 610 | 44 | 1 509 |
| 14 | 153 | 30 | 702 | 46 | 1 650 |
| 16 | 200 | 32 | 798 | 48 | 1 797 |
| 18 | 252 | 34 | 902 | 50 | 1 950 |
| 20 | 312 | 36 | 1 010 | 52 | 2 109 |

**584.** CABLES PLATS EN CHANVRE GOUDRONNÉ.

| DIMENSIONS en MILLIMÈTRES | POIDS PAR MÈTRE courant en kilog. | CHARGE DE RUPTURE en kil. | CHARGE D'EXTRACTION coefficient de sécurité 0.8 |
|---|---|---|---|
| 92/23 | 2.35 | 13 500 | 1 000 |
| 105/26 | 3.04 | 18 000 | 1 300 |
| 118/26 | 3.36 | 20 000 | 1 500 |
| 130/29 | 4.26 | 25 000 | 1 800 |
| 130/33 | 4.80 | 28 000 | 2 000 |
| 144/33 | 5.28 | 31 000 | 2 200 |
| 157/33 | 5.60 | 34 000 | 2 400 |
| 157/36 | 6.24 | 37 000 | 2 700 |
| 183/36 | 7.20 | 43 000 | 3 000 |
| 183/39 | 7.84 | 47 000 | 3 300 |
| 200/44 | 9.25 | 57 000 | 4 000 |
| 250/46 | 12.10 | 76 000 | 5 000 |

## Câbles métalliques.

**585.** Les câbles en fils de fer se composent en général de six torons, comprenant chacun 6 fils (*fig.* 390). Chaque toron, ainsi que le câble, est muni d'une âme en chanvre goudronnée, interposée au milieu des fils, et qui a pour objet de les empêcher de se rouiller et de frotter les uns contre les autres.

La résistance d'un câble métallique dépend de la résistance de la matière dont les fils sont formés et de la surface totale des sections de ces fils.

Si nous désignons par $d$ le diamètre de l'un des fils, par P l'effort de traction auquel le câble est soumis dans la section considérée, et par R la tension à laquelle on peut soumettre les fils par unité de surface, on aura, pour un câble de trente-six fils :

$$\frac{36\pi d^2}{4} R = P,$$

d'où :

$$d = \frac{1}{3}\sqrt{\frac{P}{\pi R}} =$$

Le diamètre D du câble étant égal à 9 fois le diamètre des fils, on aura:

$$D = 3\sqrt{\frac{P}{\pi R}} = 1,69\sqrt{\frac{P}{R}}.$$

Le diamètre D dépendra donc de la valeur attribuée à R. En Allemagne, on

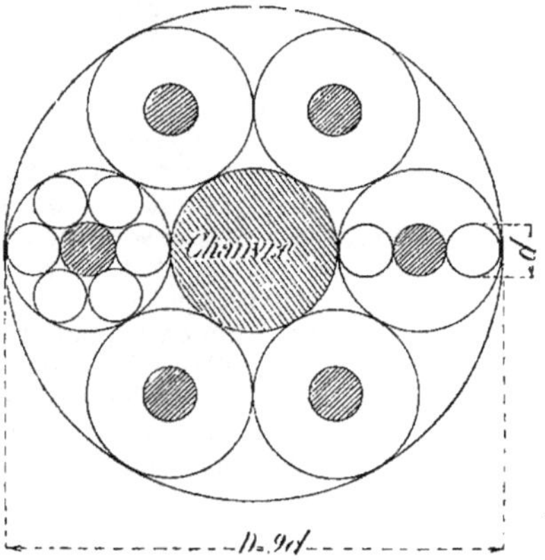


Fig. 390.

fait R = 9 kilogrammes par millimètre carré, ce qui donne :

$$D = 0,56\sqrt{P}. \quad (1)$$

En France, on dépasse rarement 8 kilogrammes, on a alors :

$$D = 0,69\sqrt{P}. \quad (2)$$

Si les fils sont en acier, on peut augmenter la valeur de R jusqu'à 14 kilogrammes par millimètre carré, ce qui donne :

$$D = 0,45\sqrt{P}.$$

Cette dernière formule montre, qu'en la comparant à celle donnée pour les cordes en chanvre, le diamètre du câble en fils de fer est les $\frac{397}{1\,000}$ du diamètre des câbles en chanvre, soit les quatre dixièmes.

Lorsque ces câbles doivent s'enrouler sur des tambours comme dans les machines d'extraction, ou dans les transmissions à grandes distances, le rayon K de la poulie ne doit pas être inférieur à celle que donne la relation :

$$\frac{K}{d} = 555.$$

Ainsi, pour un câble de trente-six fils, on a approximativement :

$$K = 70D.$$

Pour les charges considérables, on a recours à l'emploi de câbles plats, qui exigent des diamètres de tambour relativement plus petits que les câbles ronds et s'enroulent de façon que leur ligne moyenne reste toujours dans le même plan. Le plus souvent les câbles plats sont formés de six torons, comprenant chacun vingt-quatre fils, soit en tout cent quarante-quatre fils ; ces torons sont réunis ensemble soit par d'autres fils transversaux, soit par des goupilles plates. Le calcul des dimensions d'un câble plat se fait au moyen des formules précédentes.

**586.** *Poids des câbles métalliques.* — Le poids M d'un mètre courant de câble métallique formé de trente-six fils est donné par la formule :

$$M = \frac{36\pi d^2}{4} \times 7\,800 + 15\,\frac{\pi d^2}{4}\,950.$$

7 800 et 950 représentent les densités rapportés au mètre cube, du fer et du chanvre.

Cette formule simplifiée devient sensiblement :

$$M = \frac{\pi d^2}{4}\left(36 + \frac{15}{8}\right) 7\,800.$$

$$M = 8\,190\,\frac{P}{R}.$$

Si $R = 14$ kilogrammes par millimètre carré, il vient :

$$M = 0{,}000585P$$

ou :

$$M = 3\,646\,\frac{\pi D^2}{4}.$$

Dans le cas de câbles en chanvre, on trouve :

$$M' = 0{,}00093P = 950\,\frac{\pi D^2}{4}.$$

En comparant ces poids par mètre courant, on voit que pour lever une charge donnée, le câble en fils de fer ne pèse que les $\frac{62}{100}$ de ce que pèse un câble en chanvre.

Ces formules permettent de calculer l'influence du poids propre du câble lorsque sa longueur est assez grande pour qu'il y ait lieu d'en tenir compte.

**587.** TABLE RELATIVE AUX CABLES MÉTALLIQUES.

| DIAMÈTRE DES fils $d$ | CABLES RONDS A 36 FILS | | | CABLES PLATS A 144 FILS | | | | K minimum |
|---|---|---|---|---|---|---|---|---|
| | D | P | M | Epaisseur D | Largeur L | P | M | |
| millim. | millim. | kil. | kil. | millim. | millim. | kil. | kil. | millim. |
| 1 | 8.0 | 256 | 0,25 | 6.0 | 36.0 | 1 024 | 1.00 | 555 |
| 1.2 | 9.6 | 369 | 0.36 | 7.2 | 43.2 | 1 474 | 1.45 | 666 |
| 1.4 | 11.2 | 502 | 0.49 | 8.4 | 50.4 | 2 007 | 1.98 | 777 |
| 1.6 | 12.8 | 655 | 0.64 | 9.6 | 57.0 | 2 621 | 2.58 | 888 |
| 1.8 | 14.4 | 829 | 0.81 | 10.8 | 64.8 | 3 317 | 3.27 | 999 |
| 2.00 | 16.0 | 1 024 | 1.00 | 12.0 | 72.0 | 4 095 | 4.03 | 1 110 |
| 2.25 | 18.0 | 1 296 | 1.26 | 13.5 | 81.0 | 5 183 | 5.10 | 1 249 |
| 2.50 | 20.0 | 1 600 | 1.56 | 15.0 | 90.0 | 6 399 | 6.30 | 1 388 |
| 2.75 | 22.0 | 1 936 | 1.89 | 16.5 | 99.0 | 7 743 | 7.62 | 1 526 |
| 3.00 | 24.0 | 2 304 | 2.25 | 18.0 | 108.0 | 9 215 | 9.07 | 1 665 |

**588.** CABLES RONDS EN MÉTAL POUR PUITS, PLANS INCLINÉS, TRACTIONS, ETC.

TOUS CES CABLES SONT COMPOSÉS DE SIX TORONS DE SEPT FILS.

| DIAMÈTRE du CABLE Δ | DIAMÈTRE DU FIL d | POIDS approximatif DU MÈTRE courant | FER AU BOIS SUPÉRIEUR $R_r = 70$ | | ACIER MARTIN $R_r = 100$ | | ACIER FONDU AU CREUSET $R_r = 125$ | |
|---|---|---|---|---|---|---|---|---|
| | | | RUPTURE | CHARGE d'extraction pour une profondeur de 250 m. | RUPTURE | CHARGE d'extraction pour une profondeur de 300 m. | RUPTURE | CHARGE d'extraction pour une profondeur de 350 m. |
| mm. | mm. | kil. | kil. | kil. | kil. | kil. | kil. | kil. |
| 8 | 0.9 | 0.250 | 1 500 | 125 | 2 250 | 200 | 3 000 | 290 |
| 9 | 1.0 | 0.300 | 1 800 | 150 | 2 700 | 250 | 3 600 | 345 |
| 10 | 1.1 | 0.400 | 2 400 | 200 | 3 600 | 330 | 4 800 | 460 |
| 11 | 1.2 | 0.500 | 3 000 | 250 | 4 500 | 410 | 6 000 | 575 |
| 12 | 1.3 | 0.550 | 3 300 | 275 | 4 900 | 450 | 6 600 | 630 |
| 13 | 1.4 | 0.650 | 3 900 | 325 | 5 850 | 475 | 7 800 | 750 |
| 14 | 1.5 | 0.750 | 4 500 | 375 | 6 750 | 620 | 9 [illegible]00 | 860 |
| 15 | 1.6 | 0.820 | 4 920 | 410 | 7 380 | 675 | 9 840 | 940 |
| 16 | 1.8 | 0.930 | 5 580 | 460 | 8 370 | 760 | 11 160 | 1 075 |
| 17 | 1.9 | 1.000 | 6 000 | 500 | 9 000 | 820 | 12 000 | 1 150 |
| 18 | 2.0 | 1.100 | 6 600 | 550 | 9 900 | 910 | 13 200 | 1 265 |
| 20 | 2.2 | 1.400 | 8 400 | 700 | 12 600 | 1 150 | 16 800 | 1 610 |
| 22 | 2.4 | 1.750 | 10 500 | 875 | 15 750 | 1 530 | 21 000 | 2 000 |
| 25 | 2.7 | 2.000 | 12 000 | 1 000 | 18 000 | 1 650 | 24 000 | 2 300 |
| 27 | 3.0 | 2.500 | 13 800 | 1 100 | 20 700 | 1 840 | 27 600 | 2 575 |
| 30 | 3.4 | 3.000 | 16 500 | 1 300 | 24 750 | 2 160 | 33 000 | 3 075 |

**589.** AUTRES CABLES RONDS EN MÉTAL.

| DIAMÈTRE du CABLE | FILS | | POIDS APPROXIMATIF du mètre courant | FER AU BOIS SUPÉRIEUR $R_r = 70$ | | ACIER FONDU AU CREUSET 125 | |
|---|---|---|---|---|---|---|---|
| | DIAMÈTRE | NOMBRE | | RUPTURE | CHARGE d'extraction pour une profondeur de 250 mètres | RUPTURE | CHARGE d'extraction pour une profondeur de 300 mètres |
| m. m. | - | | kil. | kil. | kil. | kil. | kil. |
| 33 | 3.1 | 42 | 3.04 | 19 000 | 1 700 | 34 000 | 2 500 |
| 33 | 3.5 | 36 | 3.20 | 20 000 | 1 800 | 35 000 | 2 500 |
| 33 | 2.5 | 72 | 3.52 | 21 600 | 1 900 | 46 000 | 3 500 |
| 35 | 3.1 | 49 | 3.72 | 22 000 | 1 900 | 40 000 | 2 900 |
| 35 | 3.5 | 42 | 3.98 | 23 300 | 2 000 | 41 000 | 2 900 |
| 35 | 2.5 | 84 | 4.00 | 25 000 | 2 100 | 55 000 | 4 300 |
| 38 | 2.5 | 98 | 4.64 | 29 000 | 2 400 | 64 000 | 5 000 |
| 40 | 3.5 | 49 | 4.80 | 27 500 | 2 200 | 48 000 | 3 [illegible]00 |
| 40 | 2.5 | 114 | 5.44 | 34 200 | 2 600 | 75 000 | 5 700 |
| 40 | 3.1 | 84 | 5.60 | 37 000 | 2 800 | 68 000 | 5 200 |
| 43 | 2.5 | 133 | 6.90 | 40 000 | 3 000 | 86 000 | 6 500 |
| 45 | 3.1 | 114 | 8.00 | 51 000 | 4 000 | 90 000 | 6 600 |
| 50 | 3.1 | 133 | 9.28 | 60 000 | 5 000 | 108 000 | 8 000 |
| 50 | 3.5 | 114 | 10.30 | 64 000 | 5 000 | 113 000 | 8 200 |

**590.** CABLES PLATS, EN MÉTAL (EXTRACTION)

| FERS AU BOIS MARTELÉS | | | | | | ACIER FONDU | |
|---|---|---|---|---|---|---|---|
| DIMENSIONS en millimètres | NOMBRE des fils | DIAMÈTRE des fils en millimètres | POIDS par mètre en kilogrammes | CHARGE DE RUPTURE en kilogrammes | CHARGE D'EXTRACTION pour une profondeur de 250 mètres | CHARGE DE RUPTURE en kilogrammes | CHARGE D'EXTRACTION pour une profondeur de 300 mètres |
| 40/8 | 144 | 0.9 | 1.07 | 3 600 | 800 | 13 300 | 1 000 |
| 55/11 | 144 | 1.2 | 1.60 | 7 200 | 600 | 22 000 | 1 500 |
| 65/13 | 120 | 1.5 | 2.66 | 13 000 | 1 000 | 29 200 | 2 000 |
| 75/16 | 144 | 1.5 | 3.50 | 16 000 | 1 200 | 35 000 | 2 500 |
| 90/16 | 168 | 1.5 | 4.10 | 18 500 | 1 400 | 40 000 | 3 000 |
| 75/14 | 120 | 1.9 | 3.68 | 21 000 | 1 500 | 49 000 | 3 500 |
| 80/17 | 144 | 1.9 | 4.25 | 25 000 | 1 700 | 58 000 | 4 500 |
| 100/20 | 168 | 1.9 | 5.10 | 29 000 | 2 000 | 68 000 | 5 000 |
| 110/20 | 196 | 1.9 | 5.84 | 34 000 | 2 500 | 80 000 | 6 000 |
| 125/20 | 224 | 1.9 | 6.67 | 39 000 | 2 800 | 90 000 | 6 500 |
| 135/22 | 256 | 1.9 | 8.00 | 45 000 | 3 500 | 102 000 | 7 000 |
| 130/23 | 168 | 2.5 | 7.97 | 50 000 | 4 000 | 108 000 | 8 000 |
| 150/23 | 196 | 2.5 | 9.30 | 58 800 | 4 500 | 117 000 | 9 000 |
| 170/23 | 224 | 2.5 | 10.70 | 67 000 | 5 000 | 130 000 | 10 000 |
| 175/28 | 256 | 2.5 | 14.50 | 77 000 | 5 500 | 150 000 | 11 000 |

## CHAINES

**591.** Les chaînes peuvent se diviser en deux catégories principales : les chaînes de charges et les chaînes de transmission. Dans la première se trouvent comprises les chaînes qui servent simplement à supporter ou à déplacer des charges, tandis que la seconde renferme celles qu'on emploie pour la transmission du mouvement, dans les roues à action directe.

Les chaînes de charge, pour lesquelles le fer est le seul métal employé, présentent plusieurs variétés de formes, dont les plus importantes sont :

1° Les chaînes à larges maillons (chaînes allemandes) (*fig.* 391, *a*) ;

2° Les chaînes à maillons étroits (chaînes anglaises) ;

3° Les chaînes à étançons (*fig.* 391, *b*) ;

4° Les chaînes à crochets (chaînes de Vaucanson) (*fig.* 391, *c*) ;

5° Les chaînes à articulations (chaînes de Galle) (*fig.* 392).

La chaîne à larges maillons ne se distingue de la chaîne à maillons étroits que par sa plus grande longueur, qui est (*fig.* 393) $\delta_0 = 5{,}5d$ au lieu de $2{,}6d$. Cette augmentation permet de souder un maillon après qu'on y a introduit les deux autres, ce qu'il n'est pas possible de faire

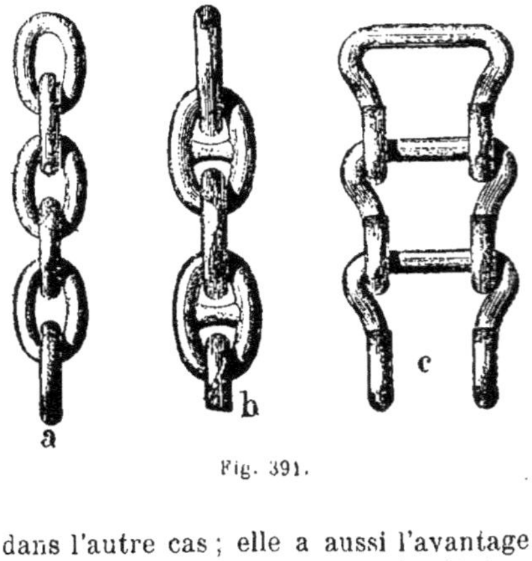


Fig. 391.

dans l'autre cas ; elle a aussi l'avantage de donner une chaîne un peu plus légère.

Les chaînes allemandes et anglaises sont généralement désignées sous le nom de chaînes ouvertes, par rapport à la chaîne à étançons qui remplit le vide en partie.

Cette pièce transversale a pour but de donner non seulement plus de résistance à la chaîne, mais encore d'empêcher les maillons de s'enchevêtrer les uns dans les autres. Elle est fréquemment employée comme chaîne d'ancre.

Les chaînes à articulations que l'on emploie aussi comme chaînes de charges dans les grues de *Neustadt*, sont employées pour transmettre un mouvement de rotation entre deux arbres parallèles. Cette chaîne est formée de boulons d'articulation dont les extrémités sont reliées les unes aux autres par deux séries de maillons composés d'un même nombre de plaquettes et laissant entre eux un intervalle un peu plus grand que la largeur des dents qui engrènent avec la chaîne.

**592.** *Charges d'épreuve.* — Avant d'être livrées, les chaînes sont toujours soumises à une charge d'épreuve. Il en résulte que, même pour les chaînes non en service, on connaît par expérience les charges qu'elles peuvent supporter. On admet que la charge d'épreuve doit être proportionnelle à la section totale des deux brins d'un maillon. Pour les chaînes ouvertes, elle est de 14 kilogrammes par millimètre carré, et pour les chaînes à étançons, de 17 à 18 kilogrammes.

Ces charges correspondent à la limite d'élasticité, et pour des charges plus considérables il commence à se produire des allongements permanents.

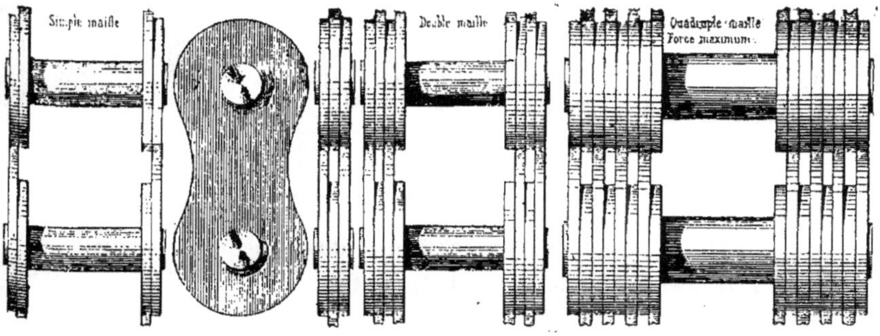

Fig. 392.

Dans la marine, les efforts réels ne sont connus que d'une manière approximative, tandis que dans les appareils élévatoires la charge est parfaitement déterminée, et il convient de ne pas dépasser, autant que possible, la moitié de la charge d'épreuve.

La charge de rupture des chaînes a une importance encore plus considérable que la charge d'épreuve. Aussi, pour les grandes fournitures de chaînes, prescrit-on toujours un minimum pour cette charge; la vérification se fait sur un certain nombre de maillons, prélevés à cet effet.

On exige ordinairement que, pour les tiges de fer destinées à la confection des chaînons, la charge de rupture soit comprise entre 32 et 36 kilogrammes par millimètre carré de la section, et que celle de la chaîne terminée soit de 23 à 26 kilogrammes. On attache, en outre, une grande importance à la ténacité de la matière, et on exige, par exemple, qu'avant la rupture le fer brut soit capable de prendre un allongement relatif permanent compris entre 10 et 20 0/0.

A l'usine de Guérigny l'allongement permanent doit être pour les tiges :

| | | | | |
|---|---|---|---|---|
| De 40 mill. | à 21 mill. | de diamètre | | 18 0/0 |
| 20 » | 12 | » | » | 16 |
| | 10 | » | » | 14 |
| | 8 | » | » | 12 |
| | 6 | » | » | 10 |

Pour les chaînes ouvertes, avec l'hypothèse d'une tension de 14 kilogrammes, la charge d'épreuve est donnée par la formule :

$$\frac{\pi d^2}{2} \times 14 = P,$$

d'où : $$P = 22d^2,$$

et pour les chaînes à étançons, avec une tension de 17 kilogrammes :

$$P = 26,7d^2.$$

**593.** *Proportion des chaînes à maillons rectangulaires non étançonnés.* — Les chaînes sans étançons sont à maillons elliptiques ou à maillons circulaires.

Les dimensions des chaînes à maillons rectangulaires sont très variées : celles indiquées sur la figure 393 sont les plus courantes et sont exprimées en fonction du diamètre $d$ du maillon.

1° Longueur du maillon :

$$\delta_0 = 2(h + b) + d = 5,50d;$$

2° Distance entre deux maillons :

$$\delta_1 = 4(h + b) - 2d = 7d;$$

3° Largeur de maillon :

$$l = (2b + d) = 3,20d;$$

4° Longueur développée de maillon :

$$s = 4h + 2\pi b = 11,51d;$$

5° Volume d'un maillon :

$$v = 2(4h + 2\pi b)\frac{\pi d^2}{4} = 23,02\frac{\pi d^2}{4} = 18,07d^2$$

d'où le volume V par mètre de chaîne :

$$V = \left[\frac{4h + 2\pi b}{2(h + b) - d}\right]\frac{\pi d^2}{4} = 2,581d^2$$

et par suite le poids $p$, par mètre de chaîne :

$$p = 15\,600\left[\frac{2h + \pi b}{2(h + b) - d}\right]\frac{\pi d^2}{4} = 20\,136d^2.$$

Cette dernière formule montre que le poids $p$ diminue lorsque $h$ augmente ; mais, comme la difficulté d'enrouler la chaîne devient d'autant plus grande que $h$ est lui-même plus grand, il faut recourir à la pratique pour trouver les proportions les plus convenables à adopter, qui sont :

$$h = 1,15\,d \quad \text{et} \quad b = 1,1d$$

Le tableau suivant donne les dimensions générales des chaînes, dont le diamètre est compris entre 4 et 50 millimètres.

**594.** TABLE RELATIVE AUX CHAINES ORDINAIRES A MAILLONS SOUDÉS

| DIAMÈTRE DES MAILLONS de la chaîne | POIDS D'UN MÈTRE de chaîne $p = 20136d^2$ | LONGUEUR des MAILLONS $\delta_0 = 5,5d$ | LARGEUR des MAILLONS $l = 3,2d$ |
|---|---|---|---|
| millim. | kil. | millim. | millim. |
| 4 | 0.322 | 22 | 12.8 |
| 6 | 0.725 | 33 | 19.2 |
| 8 | 1.288 | 44 | 25.6 |
| 10 | 2.013 | 55 | 32.0 |
| 12 | 2.899 | 66 | 38.4 |
| 14 | 3.946 | 77 | 44.8 |
| 16 | 5.154 | 88 | 51.2 |
| 18 | 6.524 | 99 | 57.6 |
| 20 | 8.054 | 110 | 64.0 |
| 22 | 9.745 | 121 | 70.4 |
| 24 | 11.596 | 132 | 76.8 |
| 26 | 13.608 | 143 | 83.2 |
| 28 | 15.784 | 154 | 89.6 |
| 30 | 18.122 | 165 | 96.0 |
| 32 | 20.619 | 176 | 102.4 |
| 34 | 23.277 | 187 | 108.8 |
| 36 | 26.096 | 198 | 115.2 |
| 38 | 29.076 | 209 | 121.6 |
| 40 | 32.217 | 220 | 128.0 |
| 42 | 35.519 | 231 | 134.4 |
| 44 | 38.983 | 242 | 140.8 |
| 46 | 42.697 | 253 | 147.2 |
| 48 | 46.313 | 264 | 153.6 |
| 50 | 50.340 | 275 | 160.0 |

## Calcul des chaînes à maillons soudés (1).

**595.** Les maillons des chaînes ayant une section constante le problème revient à déterminer la section la plus fatiguée et à calculer ses dimensions, de manière que la plus grande action ne dépasse pas une limite donnée R.

Suivant que la chaîne est neuve, ou suivant qu'elle a subi l'épreuve dont il a été question plus haut, la section la plus fatiguée n'est pas la même.

1° Dans la première hypothèse, que nous examinerons d'abord, le contact de deux maillons peut être considéré comme ayant lieu en un point géométrique B (*fig.* 393).

Les deux axes principaux OX et OY partagent les maillons en parties symétriques ; il n'y a donc lieu de considérer que la partie ABCD.

La charge totale P exercée sur la chaîne peut être décomposée en deux parties

(1) Théorie extraite de la *Résistance des matériaux* de Coulamin.

égales à $\frac{P}{2}$, dont l'une agit sur la section CD. Si cette charge $\frac{P}{2}$ agissait uniformément sur cette section, il n'y aurait qu'à l'introduire dans les formules suivantes; mais, comme rien n'indique que cette répartition a lieu, nous supposerons que $\frac{P}{2}$ est appliquée au centre de gravité G de la section CD, et que de plus il existe un couple $\mu_0$ qui, composé avec $\frac{P}{2}$, donne une force égale et directement opposée à la résultante des tractions exercées dans la section CD.

Appliquons les formules de la flexion plane à une section quelconque $mn$ ; on aura :

$$R = \frac{v\mu}{I} + \frac{N}{\Omega} \qquad (1)$$

$$\mu = \mu_0 + \frac{P}{2}(b - x) \qquad (2)$$

$$N = \frac{P}{2}\cos\alpha \qquad (3)$$

La valeur de R sera déterminée si l'on peut exprimer le moment inconnu $\mu_0$ en fonction des données, ce qui peut se faire en exprimant que la position angulaire des sections AB et CD ne varie pas du fait de la charge. Cette condition a lieu, puisque le maillon étant symétriquement chargé par rapport à OX et OY, il reste symétrique par rapport à ces axes.

Le moment $\mu_0$ résulte de l'équation :

$$\int_{G_0}^{G_1} \frac{\mu ds}{EI} = 0$$

qui exprime que le déplacement est nul.

Cette équation peut s'écrire :

$$\int_{G_0}^{G_1} \mu ds = 0 \qquad (4)$$

Tirons $\mu$ de l'équation (2) et remplaçons sa valeur dans l'équation (4), il vient :

$$\mu_0 \int_{G_0}^{G_1} ds + \frac{Pb}{2}\int_{G_0}^{G_1} ds - \frac{P}{2}\int_{G_0}^{G_1} xds = 0 \qquad (5)$$

or :

$$\int_{G_0}^{G_1} ds = h + \frac{\pi b}{2}$$

$$\int_{G_0}^{G_1} xds = bh + b^2.$$

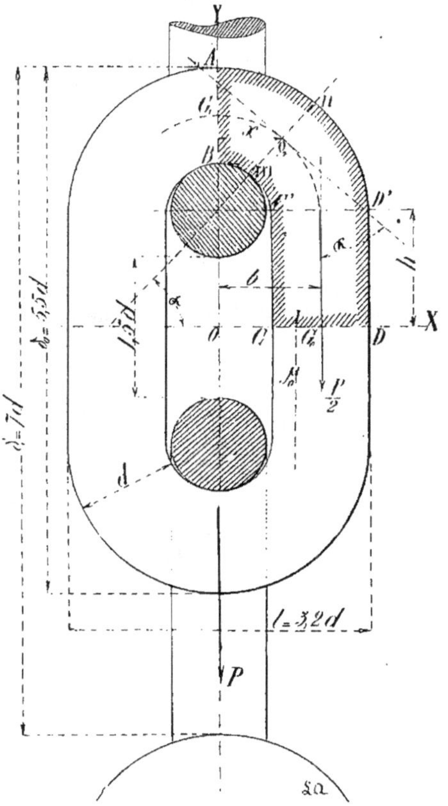

Fig. 393.

L'équation (5) devient alors :

$$\mu_0 (2h + \pi b) - \frac{Pb^2}{2}(2 - \pi) = 0$$

et :

$$\mu_0 = -\left[\frac{(\pi - 2)\, b^2}{2\,(2h + \pi b)}\right] P$$

ou :

$$\mu_0 = -\,0{,}57075\left[\frac{b^2}{\pi b + 2h}\right] P$$

La valeur de $\mu_0$ ainsi déterminée étant négative, la résultante des tractions exercées sur la section CD est appliquée entre C et $G_0$, en un point I, à une distance de $G_0$ égale à :

$$x_0 = \frac{1,1415\, b^2}{\pi b + 2h} \quad (7)$$

La formule (7) montre que plus $h$ sera grand, par rapport à $b$, moins la section CD sera fatiguée.

D'après les valeurs de $b$ et $h$ exprimées en fonction du diamètre $d$ du maillon ; valeurs indiquées sur la figure, on a dans ce cas :

$$\mu_0 = -0,119\ Pd$$
$$x_0 = 0,238\ d$$

Pour toute section du maillon, comprise entre CD et C'D', le moment fléchissant $\mu$ sera égal à $\mu_0$ ou :

$$\mu = -0,57075 \left[\frac{b^2}{\pi b + 2h}\right] P.$$

et la tension N sera :

$$N = \frac{P}{2}$$

Ces valeurs de $\mu$ et de N mises dans l'équation (1) donneront, pour la plus grande tension R' des fibres le long de CC', la valeur suivante :

$$R' = -\left[0,57075 \left(\frac{b^2}{\pi b + 2h}\right) P. \frac{32}{\pi d^3} + \frac{4P}{2\pi d^2}\right]$$

ou

$$R' = -\frac{P}{2\left(\frac{\pi d^2}{4}\right)} \left[9,132 \frac{b^2}{(\pi b + 2h) d} + 1\right] \quad (8)$$

et, d'après les proportions adoptées :

$$R' = -\frac{P}{2\left(\frac{\pi d^2}{4}\right)} \left[1,92 + 1\right] = -2,92 \left[\frac{P}{2\left(\frac{\pi d^2}{4}\right)}\right]$$

En comparant cette tension avec la tension moyenne $R_1$ dans la section CD, sous l'action de la charge $\frac{P}{2}$ et qui est :

$$R_1 = \frac{\frac{P}{2}}{\frac{\pi d^2}{4}} = \frac{P}{\frac{2\pi d^2}{4}}$$

On voit que R' est sensiblement le triple de $R_1$. Pour les fibres le long de DD', elles ont à résister à un effort longitudinal;

$$R'' = 0,57075 \left(\frac{b^2}{\pi b + 2h}\right) P. \frac{32}{\pi d^3} - \frac{P}{\frac{2\pi d^2}{4}}$$

ou :

$$R'' = \frac{P}{\frac{2\pi d^2}{4}} \left[9,132 \frac{b^2}{(\pi b + 2h)\, d} - 1\right] \quad (9)$$

qui devient, d'après les proportions adoptées :

$$R'' = 0,92 \frac{P}{\frac{2\pi d^2}{4}}$$

c'est-à-dire sensiblement la tension moyenne.

Voyons maintenant la valeur de la tension ou de la compression pour une section $mn$ comprise entre CD et BA ; on aura :

$$\mu = -0,57075 \left(\frac{b^2}{\pi b + 2h}\right) P + (b - x) \frac{P}{2}$$

et :

$$N = \frac{P}{2} \cos \alpha$$

L'effort longitudinal R' des fibres, le long de C'B, sera en remarquant que $x = b \cos \alpha$ :

$$R' = \frac{b}{d} \left[\left(8 - \frac{9,13b}{\pi b + 2h}\right) - \cos \alpha \left(8 + \frac{d}{b}\right)\right] \frac{2P}{\pi d^2} \quad (10)$$

et pour expression de l'effort longitudinal R" le long de D'A :

$$R'' = -\frac{b}{d} \left[\left(8 - \frac{9,13b}{\pi b + 2h}\right) - \cos \alpha \left(8 - \frac{d}{b}\right)\right] \frac{2P}{\pi d^2} \quad (11)$$

La formule (10) montre que R′ diminue en valeur absolue au fur et à mesure que $\alpha$ diminue, et cette tension est nulle pour :

$$\cos\alpha = \frac{16\,(b + h)\,b}{(\pi b + 2h)\,(8b - d)} \qquad (12)$$

quantité plus petite que l'unité.

Ce qui montre qu'il existe entre C′ et B, un point pour lequel la tension devient nulle et au-delà duquel elle se change en compression.

Il en est de même entre D′ et A. Et comme au-delà de ces deux points les efforts longitudinaux vont en augmentant jusqu'à BA, on reconnaît que parmi les sections, la section la plus fatiguée du quart du maillon sera celle des deux sections BA, CD, pour laquelle R aura la plus grande valeur absolue.

Pour avoir la valeur de R dans la section AB il suffit de remplacer dans les formules (10) et (11), cos $\alpha$ par sa valeur en BA, qui est :

$$\cos\alpha = \cos 90° = 0$$

et en remarquant que :

$$9{,}132 = (\pi - 2)\,8$$

On aura pour l'effort de compression en B :

$$R' = +\left[\frac{16b\,(h + b)}{(\pi b + 2h)\,d}\right]\frac{P}{\frac{2\pi d^2}{4}} \qquad (13)$$

et pour effort d'extension en A :

$$R'' = -\left[\frac{16b\,(h + b)}{(\pi b + 2h)\,d}\right]\frac{P}{\frac{2\pi d^2}{4}} \qquad (14)$$

Les formules (13) et (14), comparées aux relations (8) et (9), montrent que la section BA est la plus fatiguée, car $h > b$.

D'après les proportions adoptées, les deux formules précédentes donnent pour la plus grande tension ou compression :

$$R = 6{,}88\,\frac{P}{2\,\frac{\pi d^2}{4}} \qquad (15)$$

$$d = 2{,}09\sqrt{\frac{P}{R}} \qquad (16)$$

**596.** On voit d'après ces formules que, si le contact entre deux maillons se faisait en un seul point B pendant toute la période d'épreuve, les fibres de la section BA la plus fatiguée, seraient soumises à des efforts longitudinaux égaux à près de sept fois la tension moyenne dans chaque branche du maillon. Or la charge d'épreuve étant d'environ 15 kilogrammes par millimètre carré de section, les fibres en BA auraient à résister à un effort d'environ 100 kilogrammes par millimètre carré.

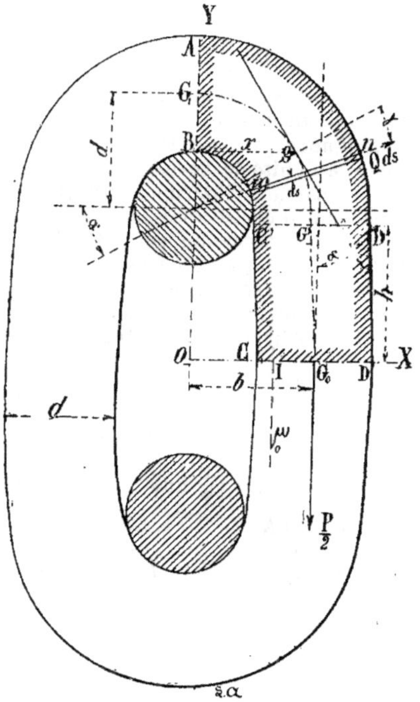


Fig. 394.

Si, comme cela doit être, le fer employé est très ductile et de bonne qualité, les fibres, sous l'action de la charge d'épreuve, subiront des déformations permanentes et les maillons arriveront à se toucher suivant un arc de cercle qui finit toujours par atteindre une demi-circonférence. Si l'on admet alors ce contact, qui d'ailleurs a toujours lieu après quelque temps de service, on arrive par la théorie à des résultats conformes à ceux indiqués par l'expérience.

Si le fer était de mauvaise qualité et peu ductile, la théorie précédente montre que la chaîne ne pourrait pas résister à l'épreuve et se casserait en BA ; c'est un fait vérifié tous les jours par l'expérience.

**597.** Admettons alors ce contact, et cherchons les formules de résistance répondant aux conditions réelles des charges.

En chaque point de cette demi-circonférence de contact, la compression par unité de surface est la même, car, s'il n'en était pas ainsi, l'usure en ces différents points serait inégale.

Désignons par Q cette pression rapportée à l'unité de surface et admettons que la partie cylindrique CDC'D' reste sensiblement droite après la déformation, et que la distance du point $G_0$ à l'axe reste toujours égale à $b$ (*fig.* 394).

Dans ces conditions on aura, en employant les mêmes notations que dans la première hypothèse de CD en C'D' :

$$\mu = \mu_0 + \frac{P}{2}(b - x) \qquad (17)$$

$$N = \frac{P}{2}\cos\alpha. \qquad (18)$$

$$T = \frac{P}{2}\sin\alpha. \qquad (19)$$

De C'D' en BA :

$$\mu = \mu_0 + \frac{P}{2}(b - x) - \int_g^{G'} Qds.\sin\gamma.d$$

ou :

$$\mu = \mu_0 + \frac{P}{2}(b - x) - Q\frac{d^2}{2}(1 - \cos\alpha)$$

et, comme $Qd = P$, cette relation devient :

$$\mu = \mu_0 + \frac{P}{2}(b - d) \qquad (20)$$

de même :

$$N = \frac{P}{2}\cos\alpha + Q\int_g^{G'} ds.\sin\gamma$$
$$= \frac{P}{2}\cos\alpha + \frac{P}{2}(1 - \cos\alpha)$$

ou :

$$N = \frac{P}{2} \qquad (21)$$

et :

$$T = \frac{P}{2}\sin\alpha - Q\int_g^{G'} ds.\cos\alpha = 0 \quad (22)$$

Il s'agit de déterminer la valeur de $\mu_0$, en fonction des données de la question. Ecrivons à cet effet que l'angle des sections BA et CD ne varie pas, c'est-à-dire que :

$$\int_{G_0}^{G'} \mu ds + \int_{G'}^{G_1} \mu ds = 0$$

ou :

$$\int_{G_0}^{G_1} \mu_0 ds + \int_{G_0}^{G'} \frac{P}{2}(b - x)\,ds + \int_{G'}^{G_1} \frac{P}{2}(b - d)\,ds = 0$$

et, en développant sans tenir compte de l'allongement des maillons :

$$\mu_0\left(h + \frac{\pi b}{2}\right) = -\frac{Pb}{2}\left(h + \frac{\pi b}{2}\right) + \frac{P}{2}\left[h + \frac{\pi}{2}(b - d)\right]\left(\frac{b + d}{2}\right) + \frac{P\pi d^2}{4}$$

d'où :

$$\mu_0 = -\left[\frac{[2h + \pi(b + d)](b - d)}{4(2h + \pi b)}\right] (23)$$

Ce moment étant négatif, on en conclut que la résultante des tensions exercées en CD est appliquée en un point I situé entre C et $G_0$, à une distance de ce dernier point égale à :

$$\delta_0 = \frac{[2h + \pi(b + d)](b - d)}{2(2h + \pi b)} \qquad (24)$$

quantité d'autant plus petite que la différence entre $b$ et $d$ est elle-même petite.

La tension des fibres en C est donnée par la relation :

$$R' = -\left[\frac{4[2h + \pi(b + d)](b - d)}{(2h + \pi b)d} + 1\right]\frac{P}{\frac{2\pi d^2}{4}} \qquad (25)$$

En représentant par K, la quantité placée entre les crochets, on aura :

$$R' = -K\frac{P}{\frac{2\pi d^2}{4}}$$

Or $\frac{P}{\frac{2\pi d^2}{4}}$ représente la tension moyenne de la section CD ; par suite R' est égale à cette tension moyenne multipliée par le coefficient K.

D'après les proportions adoptées, la valeur de ce coefficient K est :

$$K = (0{,}618 + 1) = 1{,}618 \qquad (26)$$

La tension des fibres en D est donnée par la formule :

$$R'' = -\left[1 - \frac{4[2h + \pi(b+d)](b-d)}{(2h+\pi b)\,d}\right] \frac{P}{\frac{2\pi d^2}{4}} \qquad (27)$$

qui démontre qu'elle est les $\frac{618}{2000}$ de la tension moyenne dans chaque bras.

Dans la section C'D', on a :

$$\mu = \mu_0 + \frac{P}{2}(b-d) = + \left[\frac{[2h + \pi(b+d)](b-d)}{2(2h+\pi b)}\right]\frac{P}{2} \qquad (28)$$

et très sensiblement :

$$N = \frac{P}{2} \qquad (29)$$

Le moment fléchissant dans cette section étant positif, il en résulte qu'il existe entre CD et C'D' une section pour laquelle le moment fléchissant est nul, et par suite dans laquelle la tension est uniformément répartie; cette section a pour abscisse la racine de l'équation :

$$\mu_0 + \frac{P}{2}(b-x) = 0$$

c'est-à-dire :

$$x = \frac{b(2h+\pi b) + d(2h+\pi d)}{2(2h+\pi b)} \qquad (30)$$

quantité peu différente de :

$$x = \frac{b+d}{2}$$

et, comme cette section est la moins fatiguée du maillon, c'est là qu'il convient de faire la soudure du chaînon.

Des formules (28) et (29) on déduit pour expression de la tension des fibres en C' :

$$R' = -\left[1 - \frac{4[2h+\pi(b-d)](b-d)}{(2h+\pi b)\,d}\right] \frac{P}{\frac{2\pi d^2}{4}}$$

ou :

$$R' = -K' \frac{P}{\frac{2\pi d^2}{4}} \qquad (31)$$

d'après les proportions admises, la valeur du coefficient K' est :

$$K' = 0,819$$

d'où :

$$R' = 0,819 \frac{P}{\frac{2\pi d^2}{4}}$$

Quant à la tension des fibres en D', elle est donnée par la relation :

$$R'' = -\left[\frac{4[2h+\pi(b-d)](b-d)}{(2h+\pi b)\,d} + 1\right] \frac{P}{\frac{2\pi d^2}{4}}$$

ou :

$$R'' = -K'' \frac{P}{\frac{2\pi d^2}{4}} \qquad (32)$$

la valeur numérique de K'' est :

$$K'' = 1,181.$$

Enfin l'examen des formules (20) et (21) montre que, dans les diverses sections du maillon comprises entre C'D' et BA, la tension des fibres le long de BC' sera donnée partout par la formule (31), puisque pour toutes ces sections :

$$\mu = \mu_0 + \frac{P}{2}(b-d)$$

et :

$$N = \frac{P}{2}.$$

Quant à la tension des fibres extrêmes le long de AD', elle sera donnée par la formule (32).

D'après la théorie précédente, on voit que la section la plus fatiguée est CD; c'est donc pour cette section qu'il faudra calculer le diamètre à donner au fer rond servant à fabriquer les maillons.

Ce diamètre résultera de la relation :

$$R = K \frac{P}{\frac{2\pi d^2}{4}}$$

d'où :

$$d = \sqrt{\frac{2KP}{\pi R}}$$

et, dans le cas particulier qui nous occupe

$$d = 1,0148\sqrt{\frac{P}{R}}$$

et sensiblement :

$$d = \sqrt{\frac{P}{R}}$$

Si on admet qu'on puisse, en toute sécurité, soumettre les fibres les plus fatiguées à une tension de 6 kilogrammes par millimètre carré, l'expression du diamètre en millimètres devient :

$$d = 0{,}41\sqrt{P}. \qquad (34)$$

**598.** Remarque I. — Si l'on admettait qu'avant l'épreuve le contact des maillons ait lieu sur une demi-circonférence, on pourrait appliquer la formule donnée par Reuleaux :

$$d = 0{,}211\sqrt{P}$$

ou

$$P = 22\, d^2$$

pour l'hypothèse d'une tension de 14 kilogrammes par millimètre carré.

**599.** Remarque II. — Lorsque, dans le calcul des dimensions à donner aux maillons, on veut tenir compte du poids de la longueur de la chaîne déroulée, il suffit, si $l$ est cette longueur, de remplacer dans les formules qui précèdent P par :

$$P_0 + 15600\left[\frac{2\,h + \pi b}{2\,(h + b) - d}\right]\frac{\pi d^2}{4}\,l = P_0 + 20136\,ld^2$$

$P_0$ étant le poids du crochet et de la charge qui y est attachée, et les dimensions générales des maillons étant celles admises dans l'établissement des formules numériques établies plus haut.

La formule donnant le diamètre devient alors :

$$d = \sqrt{\frac{2KP_0}{\pi R - 2\,(20136 K l)}}$$

et dans le cas particulier considéré :

$$d \text{ en mètres} = \sqrt{\frac{2KP_0}{18849000 - 65160 l}}$$

Nous donnons ci-après les diamètres des maillons et les charges que les chaînes peuvent soulever d'après la formule (34).

**600.** Tableau des charges et des diamètres pour chaines ouvertes.

| CHARGE à SOULEVER | DIAMÈTRE | CHARGE à SOULEVER | DIAMÈTRE |
|---|---|---|---|
| kil. | mill. | kil. | mill. |
| 100 | 4.1 | 2 600 | 20.9 |
| 200 | 5.8 | 2 700 | 21.3 |
| 300 | 7.1 | 2 800 | 21.7 |
| 400 | 8.2 | 2 900 | 22.1 |
| 500 | 9.1 | 3 000 | 22.4 |
| 600 | 10.0 | 3 100 | 22.8 |
| 700 | 10.8 | 3 200 | 23.2 |
| 800 | 11.6 | 3 300 | 23.5 |
| 900 | 12.3 | 3 400 | 23.9 |
| 1 000 | 13.0 | 3 500 | 24.3 |
| 1 100 | 13.6 | 3 600 | 24.6 |
| 1 200 | 14.2 | 3 700 | 24.9 |
| 1 300 | 14.8 | 3 800 | 25.3 |
| 1 400 | 15.3 | 3 900 | 25.6 |
| 1 500 | 15.9 | 4 000 | 25.9 |
| 1 600 | 16.4 | 4 100 | 26.2 |
| 1 700 | 16.9 | 4 200 | 26.6 |
| 1 800 | 17.4 | 4 300 | 26.9 |
| 1 900 | 17.9 | 4 400 | 27.2 |
| 2 000 | 18.3 | 4 500 | 27.5 |
| 2 100 | 18.8 | 4 600 | 27.8 |
| 2 200 | 19.2 | 4 700 | 28.1 |
| 2 300 | 19.6 | 4 800 | 28.4 |
| 2 400 | 20.0 | 4 900 | 28.7 |
| 2 500 | 20.5 | 5 000 | 30.0 |

**601.** Tableau des épreuves réglementaires de la marine et du poids approximatif par mètre des chaines ouvertes.

| DIAMÈTRE | CHARGE D'ÉPREUVE | POIDS $p$ DU MÈTRE | DIAMÈTRE | CHARGE D'ÉPREUVE | POIDS $p$ DU MÈTRE |
|---|---|---|---|---|---|
| mm. | kil. | kil. | mm. | kil. | kil. |
| 6 | 800 | 0.800 | 29 | 18 500 | 18.950 |
| 7 | 1 050 | 1.100 | 30 | 19 800 | 20.250 |
| 8 | 1 400 | 1.450 | 31 | 21 150 | 21.650 |
| 9 | 1 750 | 1.800 | 32 | 22 500 | 23.050 |
| 10 | 2 200 | 2.250 | 33 | 23 950 | 24.500 |
| 11 | 2 650 | 2.700 | 34 | 25 450 | 26.500 |
| 12 | 3 150 | 3.250 | 35 | 26 950 | 27.500 |
| 13 | 3 700 | 3.800 | 36 | 28 500 | 29.150 |
| 14 | 4 300 | 4.400 | 37 | 30 100 | 30.850 |
| 15 | 4 950 | 5.100 | 38 | 31 750 | 32.500 |
| 16 | 5 650 | 5.750 | 39 | 33 450 | 34.150 |
| 17 | 6 350 | 6.500 | 40 | 35 200 | 36.150 |
| 18 | 7 100 | 7.300 | 41 | 36 700 | 38.150 |
| 19 | 7 950 | 8.100 | 42 | 38 800 | 40.150 |
| 20 | 8 800 | 9.000 | 43 | 40 650 | 41.830 |
| 21 | 9 700 | 9.900 | 44 | 42 600 | 42.660 |
| 22 | 10 600 | 10.900 | 45 | 44 550 | 43.600 |
| 23 | 11 650 | 11.900 | 50 | 55 000 | 56.700 |
| 24 | 12 700 | 12.950 | 55 | 66 500 | 69.300 |
| 25 | 13 750 | 14.100 | 60 | 79 150 | 83.700 |
| 26 | 14 900 | 15.200 | 65 | 93 000 | 98.700 |
| 27 | 16 050 | 16.650 | 70 | 107 750 | 114.400 |
| 28 | 17 250 | 17.650 | | | |

## Chaînes à maillons circulaires.

**602.** Les chaînes à maillons circulaires sont peu en usage, on ne les emploie guère que pour de faibles charges. A cause de la forme des maillons, le contact ne peut avoir lieu que sur une faible étendue.

Nous ne considérerons que l'équilibre d'un quart de maillon rapporté à deux axes rectangulaires OX et OY. Comme précédemment nous supposerons que le couple $\mu_0$, composé avec la traction P, agissant au centre de gravité de la section CD, donne une force égale et directement opposée à la résultante des efforts exercés sur cette section par la partie inférieure du maillon (*fig.* 395).

Ce moment $\mu_0$ se déterminera en exprimant que l'angle des sections CD et BA ne varie pas ; on aura donc, en représentant par $a$ le rayon moyen

$$\int_{G_0}^{G_1} \mu ds = 0$$

et comme :

$$\mu = \mu_0 + \frac{P}{2}(a - x)$$

il vient en substituant :

$$\mu_0 \pi \frac{a}{2} + \frac{P}{2}\frac{\pi a^2}{2} - \frac{Pa^2}{2} = = 0$$

d'où :

$$\mu_0 = -\left(\frac{\pi - 2}{2\pi}\right)Pa = -0{,}182\, Pa \quad (1)$$

Le moment fléchissant dans une section quelconque $mn$, d'abscisse $x$, est donné par la formule :

$$\mu = P\left(\frac{a}{\pi} - \frac{x}{2}\right) = \left(\frac{2 - \pi \cos\alpha}{2\pi}\right) P.a \quad (2)$$

et comme la tension longitudinale dans cette même section a pour valeur :

$$N = \frac{P}{2}\cos\alpha$$

on a pour expression de la tension des fibres le long de BC, en écrivant que $a = md$ :

$$R' = \left[\frac{16m}{\pi} - (8m + 1)\cos\alpha\right]\frac{P}{\frac{2\pi d^2}{4}}$$

ou :

$$R' = \left[5{,}093m - (8m + 1)\cos\alpha\right]\frac{P}{\frac{2\pi d^2}{4}} \quad (4)$$

Cette tension est donc nulle pour :

$$\cos\alpha = \frac{5{,}093m}{8m + 1} \quad (5)$$

Au point C, les fibres sont soumises à une tension :

$$R'_1 = -\left[(8m + 1) - 5{,}093m\right]\frac{P}{\frac{2\pi d^2}{4}} \quad (6)$$

et au point B à une compression :

$$R_2' = 5{,}093m\frac{P}{\frac{2\pi d^2}{4}} \quad (7)$$

On a de même pour expression de la tension des fibres le long de AD :

$$R'' = -\left[5{,}093m + (1 - 8m)\cos\alpha\right]\frac{P}{\frac{2\pi d^2}{4}} \quad (8)$$

la tension au point D sera :

$$R''_1 = -\left[(5{,}093m + 1) - 8m\right]\frac{P}{\frac{2\pi d^2}{4}} \quad (9)$$

et au point A :

$$R''_2 = -5{,}093m\frac{P}{\frac{2\pi d^2}{4}} \quad (10)$$

Si l'on suppose, ce qui a lieu ordinairement, que $m = 2$, ces formules deviennent :

SECTION CD

*Tension en* C

$$R'_1 = -6{,}814\frac{P}{\frac{2\pi d^2}{4}}$$

*Compression en* D

$$R''_1 = +4{,}814\frac{P}{\frac{2\pi d^2}{4}}$$

SECTION BA

*Compression en* B

$$R'_2 = +\ 10{,}186\ \frac{P}{\frac{2\pi d^2}{4}}$$

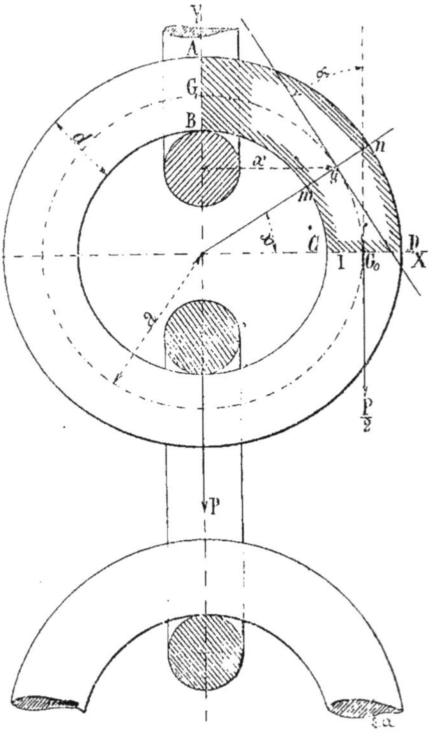


Fig. 395.

*Extension en* A

$$R''_2 = -\ 10{,}186\ \frac{P}{\frac{2\pi d^2}{4}}$$

Ces résultats montrent que la section BA est de beaucoup la plus fatiguée ; on doit donc calculer le diamètre du maillon par l'une des formules (7) ou (10) donnant pour expression du diamètre :

$$d = \sqrt{\frac{3{,}243 m.\ P}{R}} \qquad (11)$$

et, si l'on fait R = 6 kilogrammes par millimètre carré :

$$d = 0{,}985\ \sqrt{P}$$

formule qui montre que, pour soulever une charge donnée, le diamètre des maillons ronds est plus du double de celui nécessaire aux maillons droits.

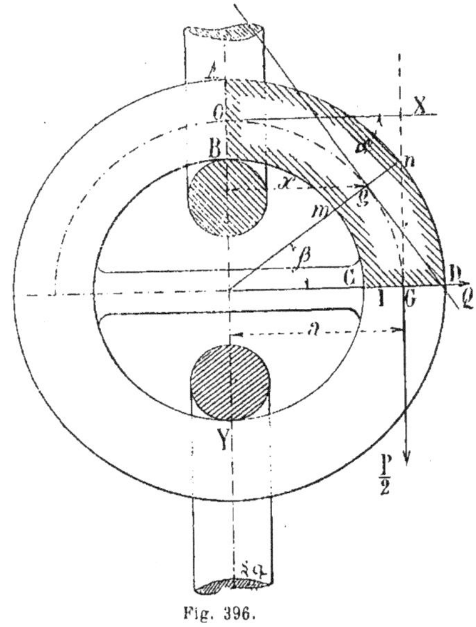


Fig. 396.

Pour de faibles charges donnant des maillons de moins de 5 millimètres de diamètre, et avec du fer de très bonne qualité, on peut faire R = 10, ce qui donne alors :

$$d = 0{,}76\ \sqrt{P}$$

## Calcul des chaînes avec étançons.

**603.** Pour des chaînes destinées à supporter de grandes tractions, on renforce les maillons au moyen d'une entretoise en fonte, appelée étançon, qui les empêche de se déformer suivant leur petit axe et augmente leurs propriétés résistantes. Ces chaînes sont plus coûteuses à cause de la complication des maillons ; de plus, l'étançon nécessite une plus grande longueur de maillon, ce qui n'est pas sans inconvénient lorsque la chaîne doit s'enrouler sur un tambour.

On admet que l'étançon augmente la résistance de la chaîne d'environ 20 0/0. Ce dernier chiffre varie évidemment avec le profil du maillon ; dans le cas des chaînes à maillons circulaires, il dépasse 30 0/0.

Pour établir leurs conditions de résistance, représentons par Q la réaction de l'étançon contre le maillon, et par $\mu_0$ le couple qui, composé avec la traction totale $\frac{P}{2}$ appliquée au centre de gravité de CD (*fig.* 396), détermine la résultante des tractions exercées sur cette section.

Si les quantités Q et $\mu_0$ étaient évaluées en fonction des données, on connaîtrait les conditions de résistance du quart de maillon ABCD, et par suite celles de la chaîne. On les détermine en exprimant que la situation angulaire des sections BA et CD ne varie pas et que l'étançon empêche toute variation de l'abscisse du centre de gravité de la section CD.

Les équations exprimant ces conditions sont :

$$\int_{G_0}^{G_1} \mu . ds = 0 \qquad (1)$$

et :

$$\int_0^{\frac{\pi}{2}} \frac{N \cos\alpha}{\Omega} ds + \int_0^{\frac{\pi}{2}} y \frac{\mu}{I} ds + \int_0^{\frac{\pi}{2}} a \frac{\mu}{I} ds = 0 \quad (2)$$

On a pour une section quelconque :

$$\mu = \frac{P}{2}(a - x) + \mu_0 - Q\,(a - y) \quad (3)$$

$$N = \frac{P}{2} \sin\alpha + Q \cos\alpha. \qquad (4)$$

En substituant dans (1) et (2) les valeurs de $\mu$ et N tirées de (3) et (4), on a :

$$\mu_0 - \frac{2a}{\pi} Q + \left(\frac{\pi - 2}{2\pi}\right) aP = 0 \quad (5)$$

$$P\left(\frac{1}{\Omega} - \frac{a^2}{I}\right) + Q\left[\pi\left(\frac{1}{\Omega} + \frac{a^2}{I}\right)\right] - \mu_0 \frac{4a}{I} = 0 \quad (6)$$

De ces équations on déduit $\mu_0$ et Q; en représentant par $d$ le diamètre du fer qui compose le maillon, il vient :

$$\mu_0 = -0{,}182Pa + \left(\frac{17{,}3a^2 - 3{,}97d^2}{60a^2 + 19{,}7d^2}\right) P.a \quad (7)$$

et :

$$Q = \frac{27{,}47a^2 - 6{,}28d^2}{60a^2 + 19{,}7d^2} P \qquad (8)$$

d'où enfin, en représentant par $m$ le rapport entre $a$ et $d$ :

$$Q = \frac{27{,}47m^2 - 6{,}28}{60m^2 + 19{,}7} P \qquad (9)$$

et :

$$\mu_0 = \left[\left(\frac{17{,}5m^2 - 3{,}97}{60m^2 + 19{,}7}\right) - 0{,}182\right] Pa \quad (10)$$

Ces formules appliquées au cas de $m = 2d$, deviennent :

$$Q = 0{,}4P \text{ et } \mu_0 = 0{,}14Pd$$

Ces valeurs connues, on aura pour une section quelconque $mn$ :

$$\mu = [1{,}14 - (\cos\beta + 0{,}8 \sin\beta)]\ Pd$$

et :

$$N = (0{,}5 \cos\beta + 0{,}4 \sin\beta)\ P$$

On a donc pour expressions des efforts longitudinaux auxquels sont soumises les fibres intérieures du maillon :

$$R_1 = [18{,}24 - (17 \cos\beta + 13{,}6 \sin\beta)]\ \frac{P}{\frac{2\pi d^3}{4}}$$

et pour expression des efforts auxquels sont soumises les fibres extérieures :

$$R_2 = -[18{,}24 - (15 \cos\beta + 12 \sin\beta)]\ \frac{P}{2\pi \frac{a^2}{4}}$$

Pour $\beta = 0$, c'est-à-dire dans la section CD, on a :

Effort de compression en C :

$$R_1 = 1,24 \frac{P}{\frac{2\pi d^2}{4}}$$

Effort d'extension en D :

$$R_2 = -3,24 \frac{P}{\frac{2\pi d^2}{4}}$$

Pour $\beta = 90$ degrés, c'est-à-dire dans la section BA, on a :

Effort de compression en B :

$$R_1 = 4,64 \frac{P}{\frac{2\pi d^2}{4}}$$

Effort d'extension en A :

$$R^2 = -6,24 \frac{P}{\frac{2\pi d^2}{4}}$$

Pour les maillons circulaires sans étançon, on a trouvé, dans le cas de $m = 2$, que le plus grand effort longitudinal auquel les maillons étaient soumis avait pour valeur :

$$10,186 \frac{P}{\frac{2\pi d^2}{4}}$$

L'effet de l'étançon est donc bien de diminuer cette tension de 30 0/0.

**604.** Remarque. — On peut calculer ces chaînes pour leur charge d'épreuve, d'autant plus que dans la marine, où elles sont presque exclusivement employées, on ne peut apprécier leur charge en service.

Si l'on admet une tension d'épreuve de 17 kilogrammes par millimètre carré, on aura d'après Reuleaux :

$$d = 0,194 \sqrt{P}$$

ou :

$$P = 26,7\, d^2.$$

Le tableau suivant donne les épreuves prescrites par la marine nationale, pour les chaînes étançonnées.

**605.** Tableau des épreuves réglementaires de la marine et du poids approximatif par mètre courant des chaines étançonnées.

| DIAMÈTRE | CHARGE D'ÉPREUVE $R_1 = 17^K$ | POIDS $p$ DU MÈTRE | DIAMÈTRE | CHARGE D'ÉPREUVE $R^1 = 17^K$ | POIDS $p$ DU MÈTRE |
|---|---|---|---|---|---|
| mm. | kil. | kil. | mm. | kil. | kil. |
| 20 | 10 700 | 9.200 | 42 | 47 100 | 39.700 |
| 21 | 11 800 | 10.200 | 43 | 49 400 | 41.600 |
| 22 | 12 900 | 10.900 | 44 | 51 700 | 43.700 |
| 23 | 14 100 | 11.900 | 45 | 54 400 | 45.550 |
| 24 | 15 400 | 12.950 | 46 | 54 500 | 47.650 |
| 25 | 16 700 | 14.100 | 47 | 59 000 | 49.750 |
| 26 | 18 050 | 15.200 | 48 | 61 500 | 51.850 |
| 27 | 19 450 | 16.600 | 49 | 64 100 | 54.100 |
| 28 | 20 950 | 17.650 | 50 | 66 750 | 56.250 |
| 29 | 22 450 | 18.900 | 51 | 69 450 | 58.550 |
| 30 | 24 050 | 20.250 | 52 | 72 200 | 60.850 |
| 31 | 25 650 | 21.600 | 53 | 75 000 | 63.200 |
| 32 | 27 350 | 23.600 | 54 | 77 900 | 65.600 |
| 33 | 29 100 | 24.500 | 55 | 80 750 | 68.050 |
| 34 | 30 850 | 26.500 | 56 | 83 750 | 70.550 |
| 35 | 32 700 | 27.750 | 57 | 86 750 | 73.100 |
| 36 | 34 600 | 29.150 | 58 | 89 000 | 75.100 |
| 37 | 36 550 | 30.750 | 59 | 93 000 | 78.200 |
| 38 | 38 550 | 32.500 | 60 | 96 100 | 81.200 |
| 39 | 40 600 | 34.200 | 65 | 112 800 | 94.200 |
| 40 | 42 700 | 36.000 | 70 | 120 000 | 108.200 |
| 41 | 44 900 | 37.800 | 80 | 170 900 | 140.200 |

**606.** *Poulies et tambours pour chaînes.* — Pour les poulies et les tambours destinés à l'enroulement des chaînes étudiées plus haut, le rayon R, supposé mesuré de l'axe au milieu de la chaîne, doit être compris entre $10d$ et $12d$. Pour recevoir convenablement les chaînons, la couronne de la poulie est tournée et présente soit une rainure unique (*fig.* 397 *a*), de telle sorte que, de deux chaînons consécutifs, l'un se trouve dans le plan de la poulie, et l'autre dans un plan perpendiculaire, soit (d'après une disposition plus récente) une double rainure (*fig.* 397, *b*), de manière à ce que les maillons soient tous inclinés de 45 degrés sur l'axe de la poulie. Cette nouvelle disposition a l'avantage de ne pas obliger la chaîne à une flexion transversale, comme le fait l'ancienne.

## Chaînes de Galle.

**607.** Les maillons ou chaînons de ces chaînes sont composés de plaquettes en tôle, réunies entre elles par des boulons servant d'axe d'articulation. Les maillons ont successivement $n$ et $n+1$ plaquettes. Chacun des $n$ maillons des chaînons intermédiaires a à résister à un effort longitudinal $\frac{P}{n}$ ; quant aux autres maillons à $n+1$ plaquettes, on démontre facilement que les deux plaquettes

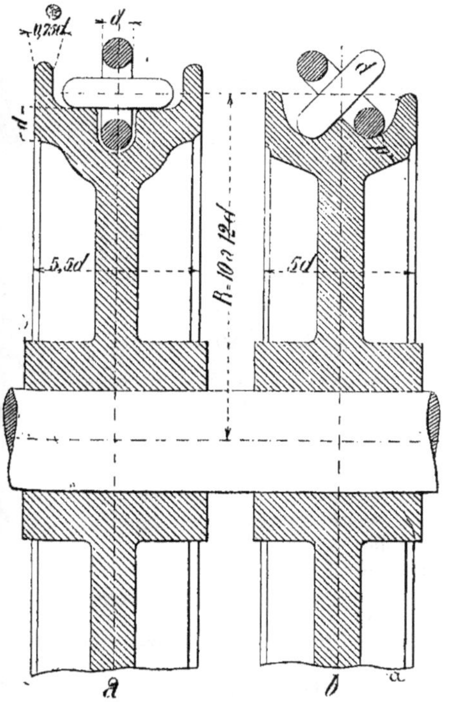


Fig. 397.

extrêmes sont soumises à une traction $\frac{P}{2n}$ et les intermédiaires à une traction $\frac{P}{n}$ (*fig.* 398).

Il suffit, à cet effet, de remarquer qu'une plaquette de chaînon intermédiaire étant en équilibre sous l'action de l'effort $\frac{P}{n}$, chacune des sections contiguës $mn$ et $st$ du boulon d'articulation est soumise à un effort tranchant égal à $\frac{P}{2n}$.

Les maillons ayant tous les mêmes dimensions, il suffit de les déterminer pour résister à la plus grande de ces tractions, c'est-à-dire à $\frac{P}{n}$. Ces dimensions se détermineront facilement en s'imposant la condition que la plus grande tension des fibres de la plaquette ne dépasse pas

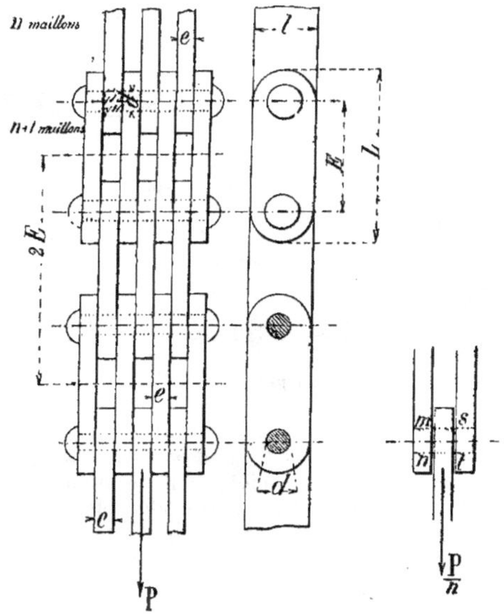


Fig. 398.

la limite de sécurité de R kilogrammes par mètre carré, et que l'effort tranchant moyen dans les sections cisaillées des boulons ne dépasse pas R′ kilogrammes. En ajoutant à ces deux conditions celle relative au poids qui doit être le plus petit possible, on obtiendra trois relations entre les quantités à considérer et qui sont :

$$p,\ L,\ E,\ l,\ e,\ d,\ n.$$

Pour déterminer ces quantités inconnues, en fonction des autres données R, R′ et le poids P à soulever, il faut admettre comme connues quatre de ces quantités. On adopte généralement pour relations entre $l$, E, L et $d$, les suivantes ;

$$l = 3d, E = 4d \text{ et } L = 7{,}5d \qquad (1)$$

Les considérations de résistance conduisent aux deux relations :

$$\frac{P}{n} = (l - d)\,eR = 2edR \qquad (2)$$

$$\frac{P}{2n} = \frac{\pi d^2}{4} R' \qquad (3)$$

d'où, en les comparant, on tire :

$$e = \frac{\pi}{4}\frac{R'}{R} d \qquad (4)$$

si l'on suppose que $R' = 0{,}8$ R, il vient :

$$e = 0{,}628d$$

Les mêmes formules (2) et (3) donnent :

$$d = \sqrt{\frac{2P}{\pi n R'}} \qquad (5)$$

formule qui permet de calculer $d$ en fonction du nombre $n$ de plaquettes. Le diamètre $d$ des boulons étant connu, on aura, d'après les formules (1), toutes les autres dimensions.

L'expression du poids $p$ par mètre courant dans le cas de maillons tout en fer, en supposant $R' = 0{,}8R$ est :

$$p = 7800 \left[\frac{[(13.5 \times 0{,}628)\,d^3 + (7{,}07 \times 0{,}628)\,d^3]\,(2n + 1) + 8{,}37\,d^3}{8d}\right]$$

ou : $p = [25194n + 20748]\,d^2$

et comme :

$$nd^2 = 0{,}79\,\frac{P}{R}$$

on a :

$$p = 19903\,\frac{P}{R} + 20748d^2 = \left(19903 + \frac{16381}{n}\right)\frac{P}{R} \qquad (6)$$

On voit que $p$ est d'autant plus petit que $n$ est grand, c'est-à-dire que la chaîne pèserait d'autant moins que le nombre de plaquettes sera plus considérable.

Au point de vue de la bonne fabrication, on ne dépasse guère le nombre de cinq plaquettes par maillon, et, d'autre part, on construit peu de chaînes avec des boulons d'articulation d'un diamètre inférieur à 8 millimètres.

En appliquant les formules précédentes on obtient les résultats suivants :

| $n$ | $d$ | $p$ |
|---|---|---|
| $n = 5$ | $d = 0{,}4\sqrt{\frac{P}{R}}$ | $p = 23181\,\frac{P}{R}$ |
| $n = 4$ | $d = 0{,}45\sqrt{\frac{P}{R}}$ | $p = 24001\,\frac{P}{R}$ |
| $n = 3$ | $d = 0{,}51\sqrt{\frac{P}{R}}$ | $p = 25367\,\frac{P}{R}$ |
| $n = 2$ | $d = 0{,}63\sqrt{\frac{P}{R}}$ | $p = 28098\,\frac{P}{R}$ |
| $n = 1$ | $d = 0{,}89\sqrt{\frac{P}{R}}$ | $p = 36293\,\frac{P}{R}$ |

**608.** Remarque. — En comparant ces formules à celle donnant le poids des chaînes à maillons droits, n° 593, et qui est :

$$p = 20136d^2 = 20740\,\frac{P}{R}$$

on constate que, pour soulever un même poids, on a, au point de vue du poids, économie à prendre la chaîne ordinaire à maillons droits, surtout lorsqu'il s'agit de charges qui ne sont pas trop grandes et pour lesquelles, dans la chaîne de Galle, le maillon serait composé de moins de cinq plaquettes.

**609.** *Chaînes articulées de Neustadt.* — Les chaînes de Galle ont reçu une application très importante dans les appareils de levage. En France, les appareils de Neustadt sont fort répandus, ils comprennent non seulement les grues de petites et grandes dimensions, mais encore les grandes machines à mater d'une puissance de 50 tonnes et de 40 mètres de haut.

La chaîne articulée est formée de boulons d'articulation dont les extrémités sont reliées les unes aux autres par deux séries de maillons, composés d'un même nombre de plaquettes et laissant entre eux un intervalle un peu plus grand que la largeur des dents d'un pignon qui engrènent avec la chaîne. Cette chaîne est établie absolument comme si elle devait remplir l'office de chaîne de transmission.

Dans les grues, la chaîne fait une fraction de tour sur le pignon. Le brin conducteur de la chaîne est soumis à la traction de la charge, tandis que le brin libre, ou conduit, se trouve guidé par une boîte, en tôle ou en fonte, qui enveloppe le pignon. L'ouverture de cette boîte est évasée pour faciliter l'entrée de la chaîne qui, après son passage sur le pignon, s'élève dans une gaine.

Considérons le cas représenté par la figure 399, c'est-à-dire celui où deux dents de chaque roue transmettent l'effort à la chaîne, et proposons-nous de calculer les dimensions à donner à ses diverses parties pour qu'elles puissent résister à une traction totale P.

Représentons par $n$ le nombre des plaquettes de chaque maillon ; par $d$ le diamètre du boulon d'articulation à son

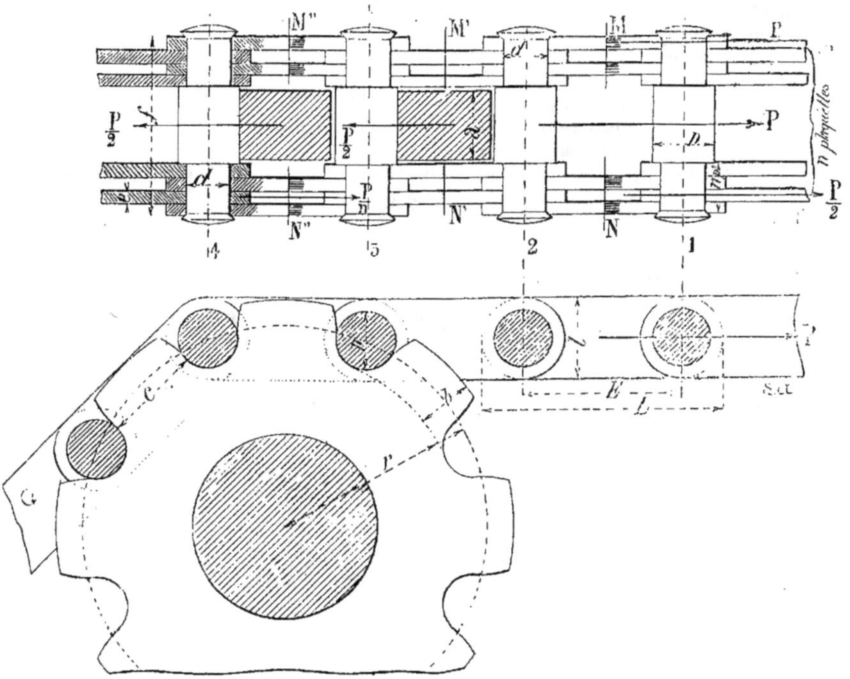


Fig. 399.

passage à travers ces maillons, et par D, celui de la partie de ce boulon sur laquelle agissent les dents des roues d'engrenages.

Nous admettons les proportions de la chaîne de Galle, c'est-à-dire :

$$l = 3d, \quad E = 4d, \quad L = 7{,}5d \qquad (1)$$

Il reste à déterminer $d$, D, $n$, $a$ et $e$ en fonction des données de la question P, R, $R_1$.

Les plaquettes des maillons qui réunissent entre eux les axes (1) et (2), (2) et (3) et ceux situés au-delà de (1) sont soumises à une traction égale à $\frac{P}{n}$. Cette traction se réduisant à $\frac{P}{2n}$, pour les plaquettes qui réunissent les axes (3) et (4), et à 0, pour les maillons situés au-delà de (4) lorsqu'on néglige le poids de la chaîne, il en résulte que ces pièces doivent être calculées pour résister à la traction $\frac{P}{n}$, ce que l'on exprime par l'équation :

$$(l - d)\, eR = \frac{P}{n}$$

qui devient, d'après les proportions admises :

$$2ned.R = P \qquad (2)$$

Quant aux boulons d'articulation, si l'on considère, tout d'abord, la partie de ces boulons engagés dans les maillons, on reconnaît que leur section la plus fatiguée est celle au collet, c'est-à-dire la section $ss_1$, si l'on considère la portion du boulon (2) engagée dans le maillon du bas. Pour cet axe (2), ainsi que pour tous ceux situés à droite, l'expression du moment fléchissant dans cette section est :

$$\mu = \frac{P}{2} e \qquad (3)$$

et celle du plus grand effort tranchant auquel cette partie du boulon a à résister :

$$T = \frac{P}{n} \qquad (4)$$

Pour le boulon (3) sur lequel agit la première dent, on a pour cette même section :

$$\mu = \frac{Pe}{8} (n - 3)$$

ou :

$$\mu = \frac{Pe}{8} (n + 3) \qquad (5)$$

suivant que les plaquettes, soumises à la traction totale $\frac{P}{2}$, sont les plus rapprochées ou les plus éloignées de l'axe de la chaîne. Et, comme dans le mouvement de la chaîne, c'est alternativement l'une ou l'autre de ces hypothèses qui se réalise, nous devons considérer le cas le plus défavorable, c'est-à-dire que nous ne devons tenir compte que de l'équation (5).

Enfin pour les boulons d'articulation (4) sur lesquels agit la seconde dent, on a :

$$\mu = \frac{Pe}{8} (n - 1)$$

et :

$$\mu = \frac{Pe}{8} (n + 1) \qquad (6)$$

suivant que l'on considère, comme précédemment, le cas où la traction agit sur les plaquettes les plus rapprochées ou les plus éloignées de l'axe ; pour la même raison, c'est l'équation (6) que nous prendrons. Quant aux efforts tranchants, ils ont respectivement pour valeurs :

Pour le boulon d'articulation (3), ainsi que pour le boulon d'articulation (4) :

$$T = \frac{P}{4} \quad \text{et} \quad T = \frac{P}{n} \qquad (7)$$

suivant que $n$ est plus grand ou égal à 2.

De l'examen des formules (3), (4), (5), (6), (7), il résulte que la portion du boulon engagée dans les maillons doit être calculée pour résister :

1° A un moment fléchissant :

$$\mu = \frac{Pe}{8} (n + 3) \qquad (8)$$

puisque $n$ ne peut jamais être inférieur à 2 ;

2° A l'un des efforts tranchants :

$$T = \frac{P}{4} \text{ ou } T = \frac{P}{n} \qquad (9)$$

suivant que $n$ est égal ou supérieur à 4, ou plus petit, c'est-à-dire égal à 2, puisque $n$ est forcément pair.

Les dimensions à donner à cette partie du boulon d'articulation résulteront donc des relations, lorsque $n = > 4$ :

$$d = > \sqrt[3]{\left(\frac{4(n+3)e}{\pi R'}\right) P} \qquad (10)$$

et :

$$d = > \sqrt{\frac{P}{0{,}8\ \pi R'}} \qquad (11)$$

si l'on admet que l'effort tranchant moyen peut être pris égal aux $\frac{8}{10}$ de l'effort d'extension.

Lorsque $n = 2$ ces mêmes relations deviennent :

$$d = > \sqrt[3]{\left(\frac{4(n+3)e}{\pi R'}\right) P} \qquad (10')$$

et :

$$d = > \sqrt{\frac{2P}{0{,}8\ \pi R'}} \qquad (12)$$

Lorsqu'on combine les équations (10) et (11) avec la relation (2), on trouve pour rapport entre $d$ et $e$ :

$$\frac{d}{e} = > \sqrt{\frac{8n(n+3)R}{\pi R'}}$$

et :

$$\frac{d}{e} = > \frac{2nR}{0{,}8\,\pi R'}$$

et, comme les boulons et les plaquettes sont, en général, composés de la même matière que $R = R'$, on satisfait toujours à ces conditions en adoptant :

$$\frac{d}{e} = \sqrt{\frac{8n(n+3)}{\pi}} \qquad (13)$$

puisque les équations (10) et (11) supposent que $n$ est au moins égal à 4.

Lorsqu'on combine les équations (10') et (12) avec la relation (2), ce qui suppose des maillons à deux plaquettes, on trouve :

$$\frac{d}{e} = > \sqrt{\frac{80}{\pi}}$$

et :

$$\frac{d}{e} = > \frac{10}{\pi},$$

conditions auxquelles on satisfait encore par la relation (13).

Nous pouvons donc adopter cette relation comme exprimant le rapport qui doit exister entre le diamètre de la partie du boulon engagée dans les maillons et l'épaisseur donnée aux plaquettes dont ces maillons sont composés, lorsqu'on s'impose la condition que les fibres de ces pièces ne soient pas soumises à des efforts d'extension dépassant R, kilogrammes par unité de surface, et à des efforts tranchants de 0,8R.

Remplaçant dans l'équation (10) $e$ par sa valeur tirée de l'équation (13) il vient pour expression de $d$ :

$$d = 0{,}89\sqrt{\left(\sqrt{\frac{n+3}{n}}\right)\frac{P}{R}} \qquad (14)$$

Cette relation combinée avec les équations (13) et (1) détermine complètement les dimensions des plaquettes et de la partie du boulon d'articulation qui y est engagée lorsqu'on se donne $n$. On trouve pour :

$$\left.\begin{array}{l} n=2 \quad e=0{,}198d \text{ et } d=1{,}121\sqrt{\frac{P}{R}} \\ n=4 \quad e=0{,}118d \text{ et } d=1{,}027\sqrt{\frac{P}{R}} \\ n=6 \quad e=0{,}085d \text{ et } d=0{,}990\sqrt{\frac{P}{R}} \end{array}\right\} \qquad (15)$$

Et, comme au fur et à mesure que $n$ augmente, l'expression du diamètre se rapproche de la limite :

$$d = 0{,}89\sqrt{\frac{P}{R}}$$

on reconnaît que le diamètre déterminé par l'équation (10) qui se reporte à la considération de la flexion devra toujours satisfaire aux conditions relatives à l'effort tranchant représenté par les inégalités (11) et (12).

**610.** Voyons maintenant le diamètre D à donner à la partie centrale du boulon d'articulation.

Le plus grand moment fléchissant auquel ce boulon peut avoir à résister ayant pour expression :

$$\mu = \frac{Pe}{8}(n+3) + \frac{Pa}{16} \qquad (16)$$

son diamètre sera donné par la formule :

$$D = \sqrt[3]{\left(\frac{4\left[(n+3)e + \frac{a}{2}\right]}{\pi R}\right)} \qquad (17)$$

qui est déterminé lorsque $a$ est lui-même connu, c'est-à-dire lorsque les dimensions des dents du pignon qui conduit la chaîne sont déterminées, les dimensions résultent, comme nous le verrons plus loin, de la relation :

$$R'_d = \frac{3{,}9P}{mc^2}$$

dans laquelle $R'_d$ représente le plus grand effort d'extension ou de compression auquel on peut soumettre la matière qui compose les dents et dans laquelle on admet *a priori*

$$b = 1{,}3c \qquad a = mc$$

On a très sensiblement :

$$c = 2\sqrt{\frac{P}{mR'_d}}$$

et :

$$a = 2\sqrt{\frac{mP}{R'_d}}$$

et, si l'on suppose $m = 4$, rapport généralement adopté :

$$\left.\begin{array}{l} c = \sqrt{\frac{P}{R'_d}} \\ a = 4\sqrt{\frac{P}{R'_d}} \end{array}\right\}$$

d'où enfin, en substituant dans l'équation (17) :

$$D = \sqrt[3]{\frac{4\left[(n+3)\,e + 2\sqrt{\frac{P}{R'_d}}\right] P}{\pi R}} \quad (19)$$

L'équation (19) détermine le diamètre de la partie centrale du boulon, et les équations (18) les dimensions principales de la dent qui conduit la chaîne articulée. La distance d'axe en axe, entre deux boulons étant $E = 4d$, il ne faut pas que l'épaisseur des dents dépasse l'espace libre qui reste entre les boulons d'articulation. Avec les dents en fer ou en acier il en sera toujours ainsi, ce qui n'est pas vrai de prime abord avec la fonte.

**611.** Tous les appareils de Neustadt correspondent à des charges de 500 à 30 000 kilogrammes; les dimensions de ces chaînes se trouvent, d'après Reuleaux, convenablement exprimées par les formules suivantes :

$$e = \frac{0{,}35}{n+1}\sqrt{P} \quad (20)$$

$$d = 0{,}2\,\frac{n+2}{n+1}\sqrt{P}$$

ou :

$$\frac{d}{e} = 0{,}57\,(n+2) \quad (21)$$

Comme le nombre $n$, représentant le nombre de plaquettes doit être pair, on prend pour $n$ le nombre pair qui se rapproche le plus de la valeur fournie par l'expression :

$$n = \frac{1}{3}\sqrt[3]{P} \quad (22)$$

Le pignon doit avoir huit dents au minimum; d'après Neustadt, ce nombre doit être légèrement augmenté pour les fortes charges; c'est ainsi qu'il prend :

$Z = 8$ dents pour $P =$ 250 à 3 000$^k$
$Z = 9$ id. $P =$ 4 000 à 20 000$^k$
$Z = 10$ id. $P =$ 20 000 et au-delà

Le rayon $r$ du cercle primitif doit être déterminé, de manière à ce que la corde, qui correspond à un pas, soit égale à la longueur E des maillons. C'est ce qui a lieu si l'on fait :

$$r = \frac{E}{2\sin.\frac{180}{Z}}$$

d'où l'on déduit :

Pour $Z = 8$ $r = 1{,}3066E$
— $Z = 9$ $r = 1{,}3619E$
— $Z = 10$ $r = 1{,}6180E$.

**612.** Les chaînes de Galle pour appareils de levage sont construites avec la plus grande précision, en fer et tôle de bois, d'après les séries ci-après, par les forges d'Audincourt. Les charges sont calculées pour $R = 7$ dans toutes les pièces. Les chaînes à trois cours de mailles, dont un au milieu, sont employées pour les efforts considérables ; cette disposition évite toute déformation du fuseau par flexion. Pour les chaînes destinées à un service très actif, on devra adopter la rivure avec rondelles ou, mieux, l'écrou sur l'extrémité du fuseau.

**613.** CHAINES DE GALLE (NEUSTADT) POUR DEUX COURS DE MAILLES.

| CHARGES | E | CHAINONS OU MAILLES | | | FUSEAUX | | | LARGEUR sans la rivure DU FUSEAU | POIDS PAR mètre courant |
|---|---|---|---|---|---|---|---|---|---|
| | | NOMBRE $n$ | $l$ | $c$ | $a$ | $D$ | $d$ | | |
| kil | m.m. | | m.m. | m.m. | mm. | m.m. | mm. | mm. | kil. |
| 50 | 10 | 2 | 6.5 | 1 | 10 | 3 | 2.5 | 14 | 0.20 |
| 100 | 12 | 2 | 8.5 | 1.5 | 10 | 4 | 3.5 | 16 | 0.40 |
| 150 | 15 | 2 | 11 | 1.5 | 10 | 5 | 4 | 16 | 0.49 |
| 200 | 16 | 2 | 11.5 | 2 | 12 | .5 | 4.5 | 20 | 0.65 |
| 250 | 18 | 2 | 15 | 2 | 14 | 6 | 5 | 22 | 0.90 |
| 500 | 21 | 2 | 16.5 | 2 | 15 | 7.5 | 6.5 | 27 | 1.45 |
| 750 | 23 | 4 | 19 | 2 | 16 | 9 | 7.5 | 32 | 2.25 |
| 1 000 | 28 | 4 | 23 | 2 | 18 | 10 | 8 | 34 | 2.70 |
| 1 500 | 32 | 4 | 25 | 3 | 20 | 12 | 10 | 44 | 4.30 |
| 2 000 | 38 | 4 | 31 | 3 | 24 | 14 | 11 | 48 | 5.50 |
| 3 000 | 41 | 6 | 34 | 3 | 28 | 17 | 14 | 64 | 9 |
| 4 000 | 44 | 6 | 36 | 4 | 32 | 19 | 16 | 80 | 12 |
| 5 000 | 51 | 6 | 42 | 4 | 35 | 20 | 17 | 83 | 17 |
| 7 500 | 66 | 6 | 56 | 4 | 40 | 23 | 19.5 | 88 | 21 |
| 10 000 | 71 | 8 | 61 | 4 | 45 | 28 | 23 | 109 | 31 |
| 15 000 | 86 | 8 | 73 | 5 | 55 | 34 | 29 | 135 | 46 |
| 20 000 | 100 | 8 | 85 | 6 | 65 | 40 | 35 | 161 | 64 |

**614.** Chaines a trois tours de mailles.

| CHARGES | E | CHAINONS OU MAILLES *n* | *l* | *e* | FUSEAUX *a* | D | *d* | LARGEUR avec RONDELLES ou écrous | POIDS PAR MÈTRE COURANT rivées | avec rondelles |
|---|---|---|---|---|---|---|---|---|---|---|
| kil. | mm. | | mm. | mm. | mm. | mm. | mm. | mm. | kil. | kil. |
| 1 500 | 32 | 4 | 25 | 3 | 10 | 11.5 | 8 | 54 | 4.9 | 5.2 |
| 2 000 | 38 | 4 | 31 | 3 | 12 | 12.5 | 9 | 60 | 6 | 6.3 |
| 3 000 | 41 | 4 | 34 | 4.5 | 13.5 | 15.5 | 12 | 78.5 | 10 | 10.5 |
| 4 000 | 44 | 8 | 36 | 3 | 16 | 18 | 14 | 98 | 12 | 12.8 |
| 5 000 | 51 | 8 | 42 | 3 | 18 | 19 | 16 | 102 | 16 | 17 |
| | | | | | | | | | avec écrous | |
| 7 500 | 66 | 8 | 56 | 3 | 20 | 22 | 17 | 114 | 21 | |
| 10 000 | 71 | 8 | 61 | 4 | 23 | 25.5 | 19 | 140 | 31.5 | |
| 12 500 | 79 | 8 | 67 | 4.5 | 25 | 29 | 23 | 157 | 40 | |
| 15 000 | 86 | 8 | 73 | 5 | 28 | 32 | 24 | 174 | 48 | |
| 20 000 | 100 | 8 | 85 | 6 | 32 | 38 | 29 | 207.5 | 68 | |
| 25 000 | 112 | 8 | 96 | 7 | 38 | 44 | 36 | 237 | 88 | |
| 30 000 | 130 | 8 | 108 | 8 | 40 | 48 | 40 | 259 | 110 | |

## Crochets de câbles et de chaînes.

**615.** Les crochets sont les organes intermédiaires qu'on emploie pour suspendre les charges aux câbles, aux moufles et aux chaînes. Ils sont, en général, composés de deux parties : une prismatique ou circulaire terminée par une tige filetée munie d'un écrou destiné à fixer le crochet à sa chape, et une partie courbe à laquelle on attache la charge. Les crochets exigent des dimensions relativement considérables en raison de différents genres d'action auxquels ils se trouvent soumis.

Étant donné le profil de la fibre moyenne, voyons comment on calcule ses dimensions, en s'imposant la condition que la plus grande tension ou compression des fibres ne dépasse pas R kilogrammes par unité de surface et le plus grand effort tranchant 0,8R.

Ce profil doit être étudié de manière à permettre à la charge de se trouver dans le prolongement de la portion prismatique.

Les dimensions de la partie filetée et de l'écrou se calculeront comme il a été indiqué par les formules applicables à ces organes ; il ne nous reste qu'à déterminer les dimensions des parties courbes.

Rapportons la fibre moyenne (*fig.* 400) aux axes OX et OY; l'expression du mo-

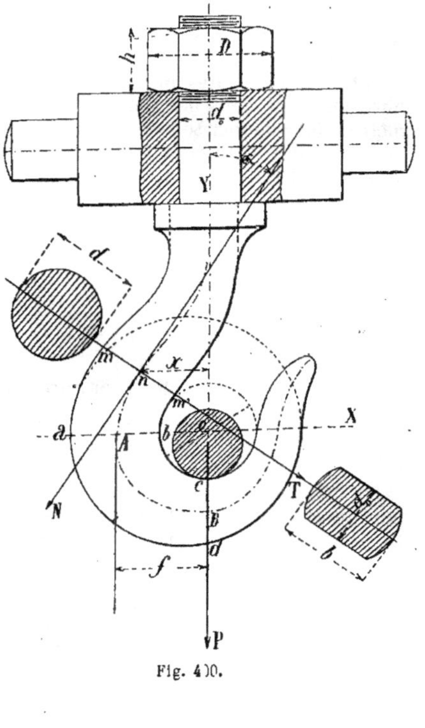

Fig. 400.

ment fléchissant dans une section quelconque $m.\ n$ est :

$$\mu = \mathrm{P}x\ ; \qquad (1)$$

celle de l'effort tranchant :

$$\mathrm{T} = \mathrm{P} \sin \alpha, \qquad (2)$$

et celle de la tension longitudinale :

$$\mathrm{N} = \mathrm{P} \cos \alpha \qquad (3)$$

La formule générale :

$$\mathrm{R} = \frac{v\mu}{\mathrm{I}} + \frac{\mathrm{N}}{\Omega}$$

devient :

$$\mathrm{R} = \frac{v}{\mathrm{I}}\,\mathrm{P}x + \frac{\mathrm{P}\cos\alpha}{\Omega} \qquad (4)$$

et la condition relative à l'effort tranchant est :

$$\frac{\mathrm{P}\sin\alpha}{\Omega} = < 0{,}8\,\mathrm{R} \qquad (5)$$

Les équations (4) et (5) permettent de résoudre complètement les problèmes de résistance qui se rapportent à la partie courbe du crochet, lorsque sa fibre moyenne est donnée. Elles permettent, de plus, de vérifier ses conditions de résistance lorsqu'on a ses dimensions transversales.

Si les sections faites normalement à la fibre moyenne sont des cercles, le diamètre à leur donner se déduira de la formule (4) en remplaçant $v$ et I par leur valeur, d'où :

$$\mathrm{R} = \frac{\frac{d}{2}}{\frac{\pi d^4}{64}}\,\mathrm{P}x + \frac{\mathrm{P}\cos\alpha}{\frac{\pi d^2}{4}}$$

ou :

$$\mathrm{R} = \frac{32\mathrm{P}x}{\pi d^3} + \frac{4\mathrm{P}\cos\alpha}{\pi d^2} \qquad (6)$$

Quant à l'effort tranchant, on aura par la formule (5) :

$$\frac{\pi d^2}{4} = > 1{,}25\,\frac{\mathrm{P}}{\mathrm{R}}\sin\alpha. \qquad (7)$$

La section la plus fatiguée est en $ab$, puisque $x$ est maximum, ainsi que cos $\alpha$. On aura en désignant par $d_1$ le diamètre de cette section :

$$\mathrm{R} = \frac{32\mathrm{P}x_1}{\pi d_1{}^3} + \frac{4\mathrm{P}}{\pi d_1{}^2} \qquad (8)$$

Dans les crochets bien conditionnés, on fait :

$$x_1 = 0{,}75 d_1,$$

d'où la formule (8) devient :

$$\mathrm{R} = \frac{24\mathrm{P}}{\pi d^2{}_1} + \frac{4\mathrm{P}}{\pi d^2{}_1} = \frac{28\mathrm{P}}{\pi d_1{}^2} = 8{,}91\,\frac{\mathrm{P}}{d_1{}^2} \quad (9)$$

En supposant le crochet en fer travaillé à la forge, on peut faire $\mathrm{R} = 7$ kilogrammes par millimètre carré, d'où :

$$d_1 = \sqrt{\frac{8{,}91\mathrm{P}}{7}} = 1{,}13\sqrt{\mathrm{P}} \text{ en millim.} \quad (10)$$

La section inférieure $cd$ n'a qu'à résister à l'effort tranchant maximum qui est P ; d'où, en désignant par $d_2$ son diamètre, on a :

$$\frac{\mathrm{P}}{\frac{\pi d_2{}^2}{4}} = 0{,}8\mathrm{R}$$

et, en effectuant le calcul avec $\mathrm{R} = 6$ :

$$d_2 = 0{,}5\sqrt{\mathrm{P}} \qquad (11)$$

**616.** Le plus généralement, les sections des crochets de grandes dimensions sont rectangulaires ; la largeur $d_0$ constante est égale à la partie prismatique ; l'autre dimension $b$ se calculera d'après la formule (4), en remplaçant $v$ par $\frac{b}{2}$ et I par $\frac{d_0 b^3}{12}$.

Si l'on compare deux sections, l'une circulaire et l'autre rectangulaire, ayant même coordonnée $x$, on voit que, $b$ étant forcément plus grand que $d$, le profil rectangulaire donne une section moins grande et, par suite, plus avantageuse que le profil circulaire ; en supposant, bien entendu, aux deux crochets une même fibre moyenne ; de plus, les crochets à sections rectangulaires sont d'une fabrication beaucoup plus simple.

Déterminons les dimensions à donner aux trois sections principales du crochet :

1° Celle de la partie prismatique ;

2° Celle qui passe par la fibre moyenne la plus éloignée de l'axe ;

3° La section au point d'application de la charge.

Le diamètre du noyau de la partie filetée étant supposé les $\frac{84}{100}$ du diamètre $d_0$ du corps de la partie prismatique, ce diamètre aura pour expression :

$$d_0 = 1{,}34\sqrt{\frac{\mathrm{P}}{\frac{2\mathrm{R}}{3}}} = 1{,}64\sqrt{\frac{\mathrm{P}}{\mathrm{R}}}$$

La dimension $b_1$ de la section $ab$ se déduira de la relation (4) ;

$$R = \frac{v}{I} Px + \frac{P \cos\alpha}{\Omega},$$

qui devient en remplaçant $v$ et I par leur valeur :

$$R = \frac{\frac{b}{2}}{\frac{d_1 b^3}{12}} Px + \frac{P \cos\alpha}{\Omega}$$

ou :

$$R = \frac{6Px}{b\Omega} + \frac{P \cos\alpha}{\Omega},$$

de laquelle on tire :

$$\Omega = \frac{P}{R}\left(6 \frac{x}{b} + P \cos\alpha\right)$$

Pour la section maximum, $\Omega = d_0 b_1$.

$x = f, \cos\alpha = 1$ ;

$$\text{d'où : } b_1 = \frac{P}{d_0 R}\left(6 \frac{f}{b_1} + 1\right)$$

En remplaçant $d_0$ par sa valeur et le rapport $\frac{f}{b_1}$ par $m$, on a :

$$b_1 = 0{,}61 \sqrt{\frac{P}{R}} (6m + 1)$$

ou :

$$b_1 = (3{,}66m + 0{,}61) \sqrt{\frac{P}{R}} \qquad (13)$$

La section $cd$ doit résister à l'effort tranchant P, d'où :

$$\frac{P}{d_0 b_2} = < 0{,}8R,$$

de laquelle on tire :

$$b_2 > \left(1{,}25 \frac{P}{Rd_0} = \frac{1{,}25}{1{,}64} \sqrt{\frac{P}{R}}\right).$$

Le contact des maillons sur cette partie du crochet produit une usure assez rapide, aussi on augmente l'épaisseur $b_2$ de 50 0/0, on a alors :

$$b_2 = 1{,}143 \sqrt{\frac{P}{R}}. \qquad (14)$$

On peut remarquer par la formule (13) que l'on a intérêt à faire $m$ le plus petit possible ; on adopte en général $m = 0{,}90$.

Nous pouvons alors résumer les formules donnant $d_0$, $b_1$ et $b_2$ :

$$d_0 = 1{,}64 \sqrt{\frac{P}{R}}$$

$$b_1 = 3{,}904 \sqrt{\frac{P}{R}}$$

$$b_2 = 1{,}143 \sqrt{\frac{P}{R}}$$

et, lorsque R = 6 kilogrammes par millimètre carré :

$$d = 0{,}67 \sqrt{P}$$
$$b_1 = 1{,}59 \sqrt{P}$$
$$b_2 = 0{,}47 \sqrt{P}$$

Ainsi pour P = 100 kilogrammes on trouve :

$$d_0 = 6^{mm},7$$
$$b_1 = 15^{mm},9$$
$$b_2 = 4^{mm},7$$

Pour P = 1 000 kilogrammes on trouve :

$$d_0 = 21^{mm}$$
$$d_1 = 50^{m},2$$
$$d_0 = 14^{mm},8$$

## § V. — *TOURILLONS*

**617.** Les tourillons, dans les machines, sont les organes qui permettent à certaines pièces de tourner autour de leurs axes géométriques ; ils doivent donc affecter la forme de solides de révolution emboîtés en totalité ou en partie par des corps creux présentant la même forme géométrique.

Sous l'action des différentes forces qui agissent sur eux, les tourillons peuvent avoir à supporter deux genres d'efforts très différents ; dans certains cas la résultante des forces donne naissance à une pression transversale perpendiculaire à l'axe de rotation ; dans d'autres cas, au contraire, elle correspond à une pression dirigée suivant son axe. Il convient dès lors de distinguer :

1° *Les tourillons à pression transversale ou proprement dits ;*

2° *Les tourillons à pression longitudinale ou pivots.*

Sur la pièce de la machine à laquelle il appartient, un tourillon peut occuper différentes positions et à chacune d'elles correspond une forme particulière. Il peut être placé complètement à l'extrémité de cette pièce et ne lui être relié que d'un seul côté; il peut, tout en étant placé à une extrémité de l'arbre, être terminé par une portée cylindrique destinée à recevoir la manivelle ou la poulie par lesquelles le travail est transmis à cet arbre ; il peut enfin se trouver établi au-dessus d'un palier intermédiaire, ce qui conduit à trois nouvelles divisions :

« *Tourillons d'extrémité ;*

« *Tourillons d'extrémité suivie de portée ;*

« *Tourillons intermédiaires.* »

Dans le calcul des tourillons, on a à faire intervenir les conditions, de résistance et de frottement.

### Tourillons d'extrémité.

**618.** Un tourillon à charge transversale, qui n'est relié que d'un côté à la pièce à laquelle il appartient, se nomme tourillon frontal. Il affecte ordinairement la forme cylindrique et se termine, à l'une de ses extrémités au moins, le plus souvent même à toutes les deux, par une saillie ou embase, dont la hauteur pour un diamètre $d$, est donnée par la formule (*fig.* 401):

$$e = 3 + \frac{7}{100} d.$$

Ces tourillons d'extrémité ne sont soumis qu'aux réactions exercées contre eux par les coussinets des paliers contre lesquels ils sont appuyés par leur poids, celui de l'arbre et des organes qu'il supporte et par les efforts exercés par les courroies ou les dents d'engrenages qui transmettent le mouvement.

Admettons que le contact entre les tourillons et les coussinets ait lieu sur une demi-surface cylindrique, et qu'en chacun de ces points la pression, rapportée à l'unité de surface, ait la même valeur toutes les fois que les corps qui frottent l'un contre l'autre sont parfaitement homogènes.

Cette hypothèse est d'ailleurs conforme à la réalité, car, si la pression était plus grande en certains points, l'usure y serait plus considérable et la pression, en y

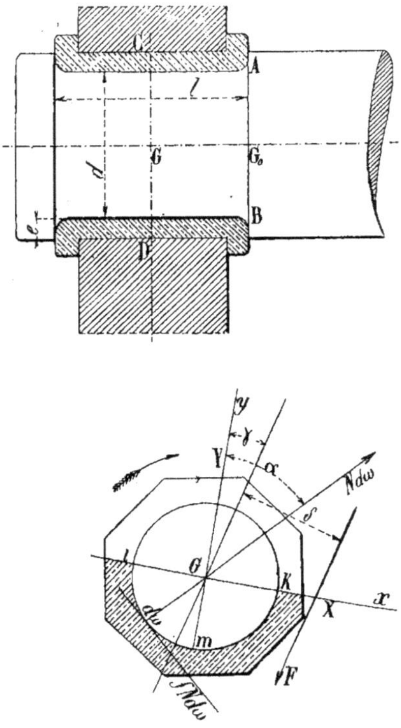


Fig. 401.

diminuant, arriverait rapidement à être égale à celle qui existe au contact des autres éléments.

Elle est donc uniformément répartie sur toute cette surface de contact, d'où il résulte que l'ensemble des réactions du coussinet contre le tourillon, peut être considéré comme ayant pour équivalents un couple et une force unique passant par l'axe et située dans la section CD du tourillon.

Cherchons les valeurs de ces deux quantités en fonction de l'effort F, obtenu en remplaçant les actions réelles des forces contre l'arbre par deux forces équivalentes passant, la première, par cette section CD, et la seconde par la section milieu de l'autre tourillon. Cet effort F, résultant des données de la question, doit être considéré comme connu.

L'arbre n'étant animé que d'un mouvement de rotation, il en résulte que les réactions du coussinet contre la surface demi-cylindrique du tourillon projetée en $iKm$ (*fig.* 401), ont pour équivalentes : une force unique, passant par l'axe et égale à $(-F)$, et un couple égal à $(F\delta)$, lorsque le mouvement de rotation est uniforme, et différent de ce couple lorsque ce mouvement est varié.

Si (N), représente alors la composante normale de la réaction d'un élément $(d\omega)$ du coussinet contre le tourillon $(fN)$, sa composante de frottement, et $(\gamma)$, l'angle que le diamètre perpendiculaire à $(iK)$ fait avec la parallèle à F passant par l'axe du tourillon, on trouve pour composantes de la résultante de translation des réactions du coussinet, suivant ces deux diamètres :

$$Y = N\Sigma d\omega \cos \alpha + fN\Sigma d\omega \sin \alpha = Nld \quad (1)$$

$$X = fN\Sigma d\omega \cos \alpha + N\Sigma d\omega \sin \alpha = fNld \quad (2)$$

et comme cette résultante de translation est égale à (F), il vient :

$$F^2 = (Nld)^2 + (fNld)^2$$

ou :

$$F = Nld\sqrt{1+f^2} \quad (3)$$

Quant au couple qui, combiné avec cette résultante de translation, est équivalent à l'ensemble des réactions du coussinet contre le tourillon, il a pour expression :

$$\Sigma fNd\omega \frac{d}{2} = \left[\frac{\pi}{2}\left(\frac{f}{\sqrt{1+f^2}}\right)F\right]\frac{d}{2} \quad (4)$$

Enfin la position du diamètre $(iK)$, qui termine la demi-circonférence de contact dans la section moyenne, résulte de la relation :

$$\text{tang } \gamma = \frac{X}{Y} = \frac{fNld}{Nld} = f. \quad (5)$$

On connaît ainsi les réactions du coussinet contre le tourillon, ainsi que la demi-surface cylindrique de contact entre ces deux corps ; on peut, par suite, déterminer les dimensions du tourillon cylindrique.

Ces dimensions doivent satisfaire, comme nous l'avons déjà dit, à deux conditions : l'une relative à la résistance et l'autre à l'usure. Il faut, pour la résistance, que la plus grande tension, ainsi que la plus grande compression des fibres, dans la section la plus fatiguée, ne dépasse pas l'effort de sécurité R, qui se rapporte à la matière qui compose le tourillon, et que le plus grand effort tranchant moyen reste inférieur ou soit, au plus, égal aux $\frac{8}{10}$ de cet effort R. Pour que le tourillon ne s'use pas du fait de son frottement dans les coussinets, il faut de plus que ces dimensions rendent le graissage possible, il faut donc que la plus grande compression au contact de corps, rapportée à l'unité de surface ne dépasse pas la limite à partir de laquelle ces corps seraient décomposés par l'élévation de la température.

Les dimensions $l$ et $d$ à donner aux tourillons, doivent donc satisfaire aux trois conditions suivantes :

1° Les fibres les plus fatiguées ne soient pas soumises à des efforts longitudinaux dépassant R kilogrammes ; l'effort tranchant moyen étant, au plus, égal à 0,8R ;

2° La compression N, au contact du tourillon et du coussinet, ne dépasse pas la limite au-delà de laquelle les corps lubréfiants sont expulsés ;

3° Le travail du frottement, par unité de surface, doit rester inférieur ou, au plus, égal à la limite $Tf$, au-delà de laquelle ces corps lubréfiants seraient décomposés par la température que peut atteindre le tourillon en frottant contre le coussinet.

Pour satisfaire aux conditions de résistance, il suffit de remarquer que le tourillon peut être assimilé à un solide de section constante, encastré à son extrémité AB dans le corps de l'arbre, soumis à l'action d'un couple de torsion égal, dans cette section, à :

$$\frac{\pi}{2}\left[\frac{f}{\sqrt{1+f^2}}\right]F\frac{d}{2}$$

et à celle de deux charges uniformément réparties, l'une le long de G$y$, ayant une résultante appliquée dans le plan milieu CD du tourillon, égale à :

$$Nld = \frac{F}{\sqrt{1+f^2}}$$

et l'autre le long du plan G$x$, ayant une résultante appliquée dans le même plan et égale à :

$$fNld = \frac{f}{\sqrt{1+f^2}}F$$

Le tourillon devrait donc être calculé pour résister simultanément à une torsion et à des efforts de flexion dans deux directions perpendiculaires l'une à l'autre; mais on peut, l'un de ces efforts étant faible comparé à l'autre, ne calculer ses dimensions que pour résister simultanément à la torsion et à la flexion due à la force totale :

$$\frac{F}{\sqrt{1+f^2}}$$

Si $\mu$, est le moment fléchissant dû à cette force dans la section AB, et si MP est le couple de torsion dans cette même section, ses dimensions résulteront donc de la relation (n° 421) se rapportant aux arbres simultanément fléchis et tordus :

$$R = \sqrt{F^2 + R'^2}$$

qui devient :

$$R = \sqrt{\left(\frac{16}{\pi d^3}MP\right)^2 + \left(\frac{32}{\pi d^3}\mu\right)^2}$$

ou :

$$R = \frac{16}{\pi d^3}\sqrt{(MP)^2 + 4\mu^2}$$

de laquelle on tire :

$$d^3 = \frac{16}{\pi R}\sqrt{(MP)^2 + 4\mu^2}.$$

Cette relation devient dans le cas qui nous occupe :

$$d^3 = \frac{16}{\pi R}\sqrt{\left(\frac{\pi}{2}\frac{f}{\sqrt{1+f^2}}F\frac{d}{2}\right)^2 + 4\left(\frac{F}{\sqrt{1+f^2}}\cdot\frac{l}{2}\right)^2}.$$

ou :

$$d^3 = \frac{16}{\pi R}\frac{Fl}{\sqrt{1+f^2}}\sqrt{1+\left(\frac{\pi^2}{16}\cdot\frac{d^2}{l^2}\right)^2 f^2} \quad (6)$$

et comme $f$, est toujours très faible et $\frac{d}{l}$ plus petit que l'unité, on peut, sans erreur sensible, admettre pour relation de résistance l'expression :

$$d^3 = \frac{16}{\pi R}Fl = \frac{5,095}{R}F.l,$$

d'où :

$$d = 1,72\sqrt[3]{\frac{Fl}{R}} \quad (7)$$

ou bien :

$$d = 2,256\sqrt{\frac{F}{R}\cdot\frac{l}{d}} = \left(2,256\sqrt{\frac{1}{R}\cdot\frac{l}{d}}\right)\sqrt{F} \quad (8)$$

Il faut aussi qu'à ces dimensions l'effort tranchant dans la section la plus fatiguée, soit au plus égal à 0,8R, d'où l'équation de condition :

$$\frac{F}{\frac{\pi d^2}{4}} <= 0,8R$$

ou :

$$d = > 1,26\sqrt{\frac{F}{R}} \quad (9)$$

Cette inégalité est toujours remplie d'après la formule (8), car les conditions relatives au graissage conduisent comme nous allons le voir à $\frac{l}{d} > 1$.

Donc au point de vue de la résistance il suffit que les dimensions satisfassent à l'équation (7).

Cette relation est insuffisante pour déterminer les deux dimensions $l$ et $d$, qui doivent aussi satisfaire aux conditions relatives à l'usure.

Il faut tout d'abord que la pression entre les éléments en contact ne dépasse pas la limite N, au-delà de laquelle les corps lubréfiants seraient expulsés, et, comme la relation entre la force F, les dimensions du tourillon et la composante normale des pressions entre les éléments en contact est donnée par la formule (3), nous obtenons, en substituant, dans cette équation, à N la valeur de la pression limite qui se rapporte au mode de graissage adopté, une seconde relation entre les données et les dimensions inconnues, relation que l'on peut remplacer sans erreur appréciable par :

$$F = Nld. \qquad (10)$$

Si les dimensions $l$ et $d$ ne devaient satisfaire qu'aux deux conditions que nous venons de passer en revue, le problème serait résolu par les équations (7) et (10). Mais il faut aussi que les corps lubréfiants ne soient pas décomposés, il faut donc que le travail du frottement rapporté à l'unité de surface soit toujours inférieur à une limite $T_f$.

En représentant par $n$, le nombre de tours faits par l'arbre en une minute, ce travail a pour expression :

$$\frac{fNd\omega.v}{d\omega} = \frac{fF}{ld\sqrt{1+f^2}} \frac{\pi dn}{60} = \frac{\pi nfF}{60l\sqrt{1+f^2}}$$

Le facteur $\sqrt{1+f^2}$, différant peu de l'unité, ce travail peut s'écrire :

$$T_f = < \frac{\pi nfF}{60l}$$

d'où :

$$l = > \frac{\pi nfF}{60T_f} \qquad (11)$$

Les équations (7) et (10) déterminent $l$ et $d$, et l'inégalité (11) permet de vérifier si, eu égard au nombre de tours faits par l'arbre et au mode de graissage adopté, la longueur donnée au tourillon est suffisante.

Lorsque $l$, est reconnu insuffisant, on le déduit de l'égalité (11) et on calcule $d$, en remplaçant dans l'équation (7) la valeur de $l$.

Ces dimensions satisfont alors évidemment à la condition relative à la pression limite N, puisqu'elles sont plus grandes que celles obtenues en suivant la marche indiquée plus haut, marche qu'il est tout naturel de commencer par suivre, puisque, avant d'exprimer que les graisses ne sont pas décomposées par la chaleur, il est tout naturel d'écrire qu'elles ne sont pas expulsées.

Lorsqu'on calcule $l$ et $d$ au moyen des équations (7) et (10), on trouve pour expression de ces dimensions en fonction des données de la question :

$$\left.\begin{aligned} d &= \sqrt[4]{\frac{5,095\,F^2}{N.R}} \\ l &= \sqrt[4]{\frac{RF^2}{5,095\,N^3}} \end{aligned}\right\} \qquad (12)$$

relations desquelles on déduit :

$$l = d\sqrt{\frac{R}{5,095N}} \qquad (13)$$

et qu'on ne doit adopter que si la longueur trouvée pour le tourillon satisfait à l'inégalité (11).

Pour appliquer ces formules, il faut connaître les valeurs de $f$, N, $T_f$, qui se rapportent aux divers modes de graissage qu'on peut adopter, ainsi que la valeur qu'on peut attribuer à R.

Les coefficients et les angles de frottement sont indiqués dans le tableau page suivante.

**619.** Peu d'expériences ont été faites pour déterminer les valeurs limites de N ; on peut cependant dire que, dans le cas de tourillons en fer et de coussinets en bronze, il faut prendre :

N = 100 000 kilogrammes par mètre carré, dans le cas de surfaces simplement mouillées ou $0^k,1$ par millimètre carré ;

N = 200 000 kilogrammes dans le cas d'un enduit de saindoux et de suif ;

N = 250 à 300 000 kilogrammes dans le cas d'huile sans cesse renouvelée.

Quant au travail $T_f$, on possède encore moins de renseignements sur les valeurs qu'il peut atteindre, on sait seulement que dans le cas de tourillons en fer et de coussinets en bronze avec enduit de saindoux et de suif, il est prudent de ne pas faire dépasser à ce facteur 15 000 kilogrammètres ; dans le cas d'huile sans cesse renouvelée il peut atteindre 20 000 kilogrammètres.

**620.** Reste, pour appliquer ces formules, à indiquer les valeurs que l'on peut attribuer à R. On prend ce facteur un peu inférieur à la limite de sécurité, et cela parce que l'arbre, étant animé d'un mouvement de rotation, est fléchi successivement dans tous les sens, et que les réactions des courroies sur les poulies ou des dents d'engrenages, n'étant pas constantes, mettent en jeu la résistance vive d'élasticité de la matière.

## 621. Coefficient de frottement des tourillons en mouvement sur leurs coussinets.

| INDICATION DES SURFACES en contact | ÉTAT DES SURFACES | VALEUR de $f$ | ANGLES de frottement |
|---|---|---|---|
| Tourillons en bronze sur coussinets en bronze | Avec enduit d'huile renouvelé à la manière ordinaire | 0.100 | 5° 43′ |
| | Avec enduit de suif renouvelé à la manière ordinaire | 0.093 | 5° 19′ |
| Tourillons en bronze sur coussinets en bronze | Enduit d'huile continuellement renouvelé | 0.052 | 2° 58′ |
| | Enduit de suif continuellement renouvelé | 0.045 | 2° 34′ |
| Tourillons en fer sur coussinets en bronze | Enduit de saindoux et de plombagine qui n'est pas sans cesse renouvelé | 0.111 | 6° 20′ |
| | Enduit de cambouis un peu dur | 0.090 | 5° 9′ |
| | Enduit d'huile, de saindoux ou de suif, l'enduit étant sans cesse renouvelé | 0.054 | 3° 6′ |
| | Enduit formé d'eau et de graisse | 0.190 | 10° 45′ |
| | Enduit formé d'eau seule | 0.250 | 14° 2′ |
| Tourillons en fonte sur coussinets en fonte | Enduit d'huile, de saindoux et de suif sans cesse renouvelé | 0.054 | 3° 6′ |
| | Enduit d'huile et mouillé d'eau | 0.079 | 4° 31′ |
| | Surfaces onctueuses | 0.137 | 7° 48′ |
| | Surfaces très onctueuses ou avec enduit renouvelé à la manière ordinaire | 0.073 | 4° 11′ |
| | Surfaces très onctueuses et mouillées d'eau | 0.073 | 4° 11′ |
| Tourillons en fonte sur coussinets en bronze | Enduit d'huile, de saindoux et de suif sans cesse renouvelé | 0.054 | 3° 6′ |
| | Surfaces onctueuses | 0.065 | 3° 44′ |
| | Surfaces onctueuses et mouillées d'eau | 0.194 | 10° 59′ |

On prend généralement pour R les 2/3 de la valeur adoptée pour les pièces de même nature simplement fléchies.

Dans ces conditions, on peut prendre, dans le cas d'arbres en fer et de coussinets en bronze avec graissage continu à l'huile :

$$N = 250\,000$$
$$R = 4 \times 10^6$$
$$T_f = 15\,000$$
$$f = 0{,}05.$$

Les expressions de $d$ et de $l$ deviennent alors en mètres :

$$\left.\begin{aligned} d &= 0{,}0015\,\sqrt{F} \\ l &= 1{,}78d \end{aligned}\right\} \quad (14)$$

Quant à l'équation de condition relative au travail du frottement, elle devient :

$$l = > (0{,}000000175\,\sqrt{F})\,n. \quad (15)$$

Dans le cas de tourillons en acier, placés dans les mêmes conditions de graissage, on prend pour N, $T_f$ et $f$ les valeurs ci-dessus, mais pour R on peut adopter $8 \times 10^6$ ; il vient alors :

$$\left.\begin{aligned} d &= 0{,}00126\,\sqrt{F} \\ l &= 2{,}52d \end{aligned}\right\} \quad (16)$$

**622.** Remarque I. — D'après Reuleaux, en faisant R = 3 kilogrammes par millimètre carré pour la fonte, 6 kilogrammes pour le fer et 8 kilogrammes pour l'acier fondu, on a, en désignant par $n$ le nombre de tours par minute, et en supposant les coussinets en bronze :

$$n < 150$$

$$\frac{l}{d} = 1{,}33 = \frac{4}{3}, \quad \text{d'où :} \quad d = 1{,}5\sqrt{F}$$

pour la fonte ;

$$\frac{l}{d} = 1{,}5 \qquad d = 1{,}125\,\sqrt{F}$$

pour le fer ;

$$\frac{l}{d} = 1{,}78 \qquad d = 0{,}95\,\sqrt{F}$$

pour l'acier fondu ;

$$n > 150$$

$$\frac{l}{d} = 0{,}12\sqrt{n} \qquad d = 0{,}32\sqrt{F}\sqrt{n}$$

pour le fer ;

$$\frac{l}{d} = 0{,}15\sqrt{n} \qquad d = 0{,}27\sqrt{F}\sqrt{n}$$

pour l'acier fondu.

### Tourillons creux.

**623.** En désignant (*fig.* 402) par $d_0$ le diamètre extérieur d'un tourillon creux, $d_1$ le diamètre intérieur, $d$ le diamètre d'un tourillon plein équivalent, K le rapport $\frac{d_1}{d_0}$, et, si l'on suppose que les deux tourillons doivent avoir la même longueur, on doit prendre pour obtenir le même degré de sécurité :

$$\frac{d_0}{d} = \frac{1}{\sqrt[3]{1 - K^4}}.$$

Si le rapport de la longueur au diamètre doit être le même pour le tourillon creux que pour le tourillon plein, il convient de prendre :

$$\frac{d_0}{d} = \frac{1}{\sqrt{1 - K^4}}$$

Ces valeurs calculées donnent :

| $\frac{d_1}{d_0}$ | $\frac{1}{\sqrt[3]{1 - K^4}}$ | $\frac{1}{\sqrt{1 - K^4}}$ |
|---|---|---|
| 0.4 | 1.01 | 1.01 |
| 0.5 | 1.02 | 1.03 |
| 0.6 | 1.05 | 1.06 |
| 0.7 | 1.10 | 1.15 |
| 0.75 | 1.14 | 1.21 |
| 0.80 | 1.19 | 1.30 |

Dans les deux cas, la pression par unité de surface est plus faible pour le tourillon creux que pour le tourillon plein. Le rapport 0,6 est assez fréquemment utilisé dans la pratique.

Les tourillons creux trouvent leur application dans les arbres creux en fonte, ainsi que dans les arbres creux en acier fondu, en usage depuis quelques années.

**624.** Remarque II. — Redtenbacher donne la règle suivante pour les tourillons animés d'une grande vitesse :

« Pour qu'un tourillon, tournant très vite, n'éprouve pas d'usure sensible et ne soit pas exposé à s'échauffer, il importe que la pression exercée contre le tourillon et son coussinet ne dépasse pas une certaine limite, qui est d'ailleurs d'autant plus faible que la vitesse du tourillon à sa circonférence est plus considérable. Comme cette pression peut être supposée proportionnelle à la quantité F, il semble rationnel de poser :

$$\frac{F}{ld} = \frac{1}{a + b.n.d}$$

$a$ et $b$ étant des constantes à déterminer par expérience et $n$ le nombre de tours

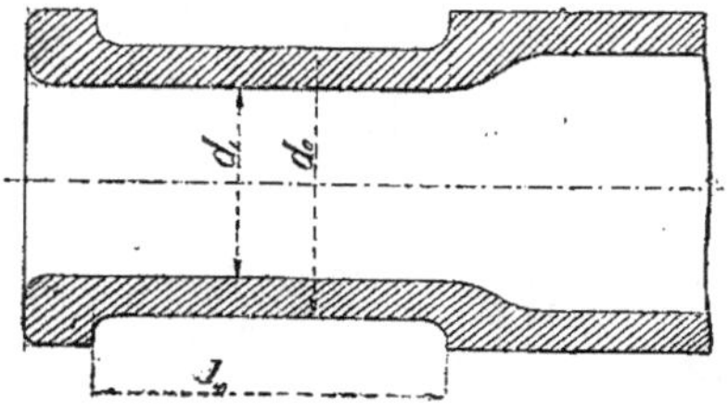


Fig. 402.

de l'arbre par minute. Cette équation combinée avec la relation :

$$d = \sqrt{\frac{16}{\pi R} \cdot \frac{l}{d}}\sqrt{F}$$

établie précédemment, détermine les dimensions qu'il convient de donner à un tourillon pour qu'il se trouve dans des conditions satisfaisantes au point de vue de la résistance, de l'usure et de l'échauffement. » On tire de ces équations :

$$d^2 = \left[\sqrt{\frac{16}{\pi R}(a + bnd)}\right] F$$

$$l = \frac{a + bnd}{d} F$$

relations pour lesquelles il propose de prendre :

$$a = 0{,}017, \qquad b = 0{,}0000177.$$

**625.** Remarque III. — D'après les formules de Reuleaux, donnant des dimensions approchées de celles indiquées par les formules que nous avons établies, il déduit le tableau suivant relatif aux tourillons frontaux, tournant avec des vitesses plus petites ou, au plus, égales à cent cinquante tours par minute.

**626.** Tableau relatif aux tourillons frontaux (Reuleaux)

| $d$ | $e$ | Charge $F$ d'un seul coté | | | Charge $F$ alternative | | |
|---|---|---|---|---|---|---|---|
| | | fer $\frac{l}{d} = 1,5$ | fonte $\frac{l}{d} = 2,5$ | acier fondu $\frac{l}{d} = 1,94$ | fer $\frac{l}{d} = 1$ | fonte $\frac{l}{d} = 1$ | acier fondu $\frac{l}{d} = 1,3$ |
| mill. | mill. | kil. | kil. | kil. | kil. | kil. | kil. |
| 25 | 5 | 494 | 241 | 625 | 625 | 318 | 807 |
| 30 | 5 | 720 | 351 | 900 | 900 | 450 | 1 162 |
| 35 | 6 | 968 | 479 | 1 225 | 1 225 | 613 | 1 582 |
| 40 | 6 | 1 280 | 625 | 1 600 | 1 600 | 880 | 2 066 |
| 45 | 6 | 1 620 | 791 | 2 025 | 2 025 | 1 013 | 2 615 |
| 50 | 7 | 2 000 | 977 | 2 500 | 2 500 | 1 250 | 3 228 |
| 55 | 7 | 2 420 | 1 182 | 3 025 | 3 025 | 1 513 | 3 906 |
| 60 | 8 | 2 880 | 1 406 | 3 600 | 3 600 | 1 800 | 4 649 |
| 65 | 8 | 3 380 | 1 650 | 4 225 | 4 225 | 2 113 | 5 45[illegible] |
| 70 | 8 | 3 920 | 1 914 | 4 900 | 4 900 | 2 450 | 6 327 |
| 75 | 8 | 4 500 | 2 197 | 5 625 | 5 625 | 2 813 | 7 264 |
| 80 | 8 | 5 120 | 2 500 | 6 400 | 6 400 | 3 200 | 8 264 |
| 85 | 9 | 5 780 | 2 822 | 7 225 | 7 225 | » | 9 330 |
| 90 | 10 | 6 480 | 3 164 | 8 100 | 8 100 | » | 10 460 |
| 95 | 10 | 7 220 | 3 525 | 9 025 | 9 025 | » | 11 654 |
| 100 | 10 | 8 000 | 3 906 | 10 000 | 10 000 | » | 12 913 |
| 105 | 10 | 8 800 | 4 307 | 11 025 | 11 025 | » | 14 257 |
| 110 | 11 | 9 680 | 4 727 | 12 100 | 12 100 | » | 15 625 |
| 115 | 11 | 10 580 | 5 166 | 13 225 | 13 225 | » | 17 078 |
| 120 | 12 | 11 520 | 5 625 | 14 400 | 14 400 | » | 18 595 |
| 130 | 12 | 13 520 | 6 602 | 16 900 | 16 900 | » | 21 823 |
| 140 | 13 | 15 680 | 7 656 | 19 600 | 19 600 | » | 25 310 |
| 150 | 13 | 18 000 | 8 789 | 22 500 | 22 500 | » | 29 054 |
| 160 | 15 | 20 480 | 10 000 | 25 600 | 25 600 | » | 33 058 |
| 170 | 15 | 23 120 | 11 289 | 28 900 | 28 900 | » | 37 319 |
| 180 | 16 | 25 900 | 12 656 | 32 400 | 32 400 | » | 41 838 |
| 190 | 16 | 28 880 | 14 102 | 36 100 | 36 100 | » | 46 616 |
| 200 | 17 | 32 000 | 15 625 | 40 000 | 40 000 | » | 51 652 |
| 210 | 18 | 35 280 | 17 226 | 44 100 | 44 100 | » | 56 947 |
| 220 | 18 | 38 720 | 18 906 | 48 400 | 48 400 | » | 62 499 |
| 230 | 19 | 41 796 | 20 664 | 52 900 | 52 900 | » | 68 310 |
| 240 | 20 | 46 080 | 22 500 | 57 600 | 57 600 | » | 74 379 |
| 260 | 21 | 54 080 | 26 406 | 67 600 | 67 600 | » | 87 292 |
| 280 | 23 | 62 720 | 30 625 | 78 400 | 78 400 | » | 101 230 |
| 300 | 24 | 72 000 | 35 156 | 90 000 | 90 000 | » | 116 218 |

### Tourillons intermédiaires et tourillons d'extrémité suivis d'une portée.

**627.** Ces deux catégories de tourillons se calculent en suivant exactement la même marche. Les tourillons intermédiaires (*fig.* 403) conservent ordinairement le diamètre de l'arbre et sont limités par des collets rapportés à chaud ou, mieux, tournés dans un renflement venu de forge avec l'arbre, ou encore par des bagues ajustées à froid ; la hauteur des collets est :

$$e = 3 + 0,1d$$

et leur longueur :

$$e_1 = 1,5e$$

Indiquons comment on peut calculer les dimensions $l$ et $d$ de ces tourillons.

Considérons un tourillon à côté duquel

est une manivelle (*fig.* 404); la section la plus fatiguée sera la section d'encastrement *mn* dans le corps de l'arbre, et on devra, au point de vue de la résistance, la calculer pour celui des deux efforts résultants de torsion et de flexion dans le plan vertical ou de torsion et de flexion dans le plan horizontal qui produit la plus grande fatigue des fibres.

Si $Pp$ est le couple de torsion dû à l'action de la bielle sur la manivelle, $Q_0$ la composante verticale des réactions du coussinet sur le tourillon, $X_0$ leur composante horizontale, $\beta$ l'angle de la bielle avec l'axe de la tige du piston, il viendra pour expression du moment fléchissant dû aux forces verticales dans la section *mn* :

$$\mu_v = Q_0 \frac{l}{2} + (P \operatorname{tg} \beta)\delta$$

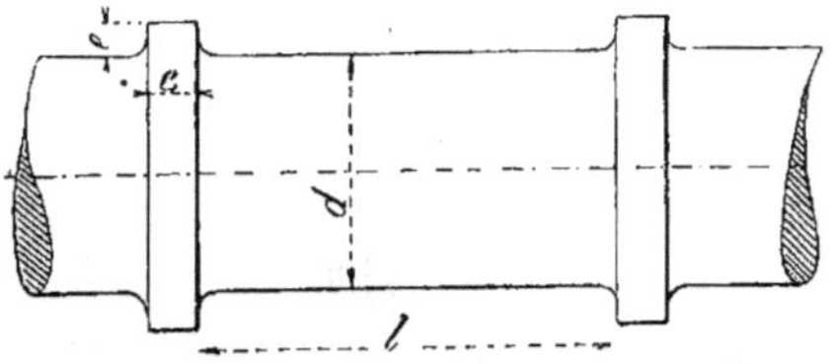


Fig. 403.

et pour expression du moment fléchissant dû aux composantes horizontales :

$$\mu_h = \frac{X_0 l}{2} + P\delta^2.$$

L'équation de résistance sera donc celle des deux relations :

$$d^3 = \frac{16}{\pi R} \sqrt{(Pp)^2 + 4\mu_v^2}$$

$$d^3 = \frac{16}{\pi R} \sqrt{(Pp)^2 + 4\mu_h^2}$$

qui donnera, à la quantité placée sous le radical, la plus grande valeur.

La relation relative à la pression limite exprimera qu'à l'instant, où la résultante de $Q_0$ et $X_0$, passe par son maximum, la composante normale N, des pressions au contact des corps, est égale à une valeur donnée et qu'au même instant l'équation de condition relative au travail du frottement, rapportée à l'unité de surface, ne dépasse pas une autre limite également donnée. La recherche de ces deux dernières relations ne présente aucune difficulté une fois que l'on connaît la résultante maxima de $Q_0$ et $X_0$ ; en les combinant avec l'équation ci-dessus et en résolvant le problème par substitutions successives, on arrive, sans aucune difficulté, à déterminer ces deux quantités rien qu'en fonction des données de la question.

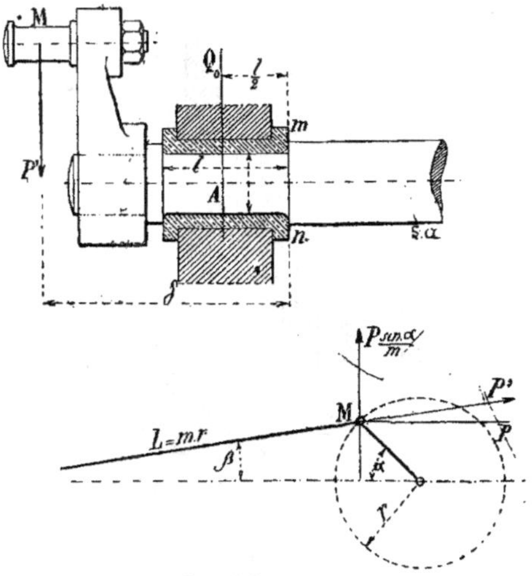


Fig. 404.

## Tourillons d'appui ou pivots.

**628.** On donne le nom de pivot à un tourillon établi à l'extrémité d'un arbre et dont la base doit supporter la pression que cet arbre exerce dans le sens de sa longueur; leur base repose et frotte contre des grains, le plus souvent en acier, placés dans une boîte en bronze dont la position est réglée dans un support en fonte au moyen de vis de calage (*fig.* 405); le corps lubréfiant arrive au contact du pivot et du grain par les parois de la boîte et un conduit placé dans l'axe même du pivot.

La seule dimension inconnue est leur diamètre, qu'on détermine en fonction de la pression totale P, qu'il exerce sur le grain et des conditions de résistance et d'usure auxquelles on doit satisfaire.

En représentant par R, l'effort de sécurité auquel on peut soumettre la matière qui compose le pivot, par N la compression limite rapportée à l'unité de surface au-delà de laquelle les corps lubréfiants sont expulsés, et par $T^f$ le travail de frottement rapporté à l'unité de surface qu'il convient de ne pas dépasser, le diamètre

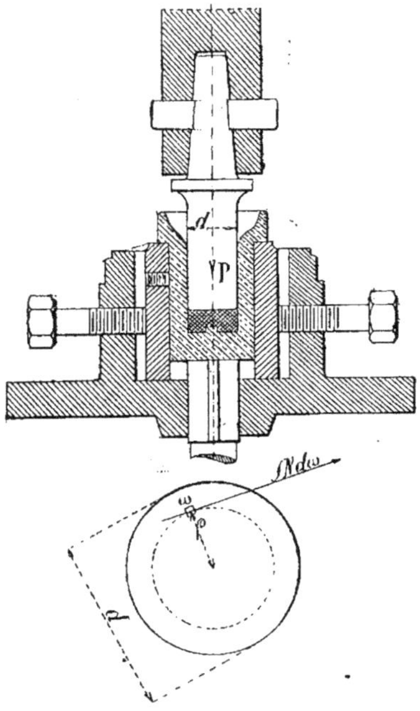


Fig. 405.

devra d'abord satisfaire aux deux relations suivantes :

$$\frac{P}{\frac{\pi d^2}{4}} = < R$$

$$\frac{P}{\frac{\pi d^2}{4}} = < N,$$

et comme N, est toujours beaucoup plus petit que l'effort de compression R, les deux premières conditions sont satisfaites lorsque le diamètre vérifie l'inégalité :

$$d^2 => \frac{4P}{\pi N}$$

ou :

$$d = > 1{,}128 \sqrt{\frac{P}{N}} \qquad (1)$$

Quant à la troisième condition, on l'exprime comme suit :

Le travail du frottement par unité de surface contre un élément à une distance ($\rho$) de l'axe, a pour expression, si $v$ représente la vitesse dont sont animés les points du pivot à cette distance :

$$T^f = f N v = \frac{fPn}{15 d^2} 2\rho.$$

Ce travail atteint sa plus grande valeur pour :

$$\rho = \frac{d}{2},$$

d'où :

$$T_f = < \frac{fPn}{15 d}$$

et par suite :

$$d = > \left(\frac{fP}{15\, T^f}\right) n \qquad (6)$$

et comme l'expression du travail absorbé en une seconde par le frottement est :

$$T = \frac{2}{3} fP \frac{\pi n}{60} d,$$

que ce travail est proportionnel au diamètre, on devra calculer ce dernier par celle des deux formules :

$$d = 1{,}128 \sqrt{\frac{P}{N}}$$

ou :

$$d = \frac{fP}{15 T^f} n$$

qui donnera le plus grand diamètre.

Dans les pivots, il n'existe, pour ainsi dire, pas de cas où la charge agisse alternativement dans des directions différentes.

**629.** Reuleaux arrive aux dimensions de $d$ données dans le tableau suivant :

*Pivots dormants.*

| Fer ou acier sur bronze | Fonte sur fonte |
|---|---|
| $N = 1^k$ par $^{mm2}$ | $N = 05$ |
| $d = 1{,}31 \sqrt{P}$ | $d = 1{,}86 \sqrt{P}$ |

*Pivots tournants* $n = < 150$

| Fer ou acier sur bronze | Fonte sur fonte | Fer ou acier sur gaïac immergé |
|---|---|---|
| $N = 0,5$ | $N = 0,25$ | $N = 1$ |
| $d = 1,86\sqrt{P}$ | $d = 2,62\sqrt{P}$ | $d = 1,31\sqrt{P}$ |

*Pivots à grande vitesse* $n > 150$

| Fer ou acier sur bronze | Fer ou acier sur gaïac immergé |
|---|---|
| $d = 0,15\sqrt{Pn}$ | $d = 1,31\sqrt{P}$ |

Ce tableau montre que, pour les coussinets en bois de gaïac qui restent constamment immergés dans l'eau, on peut admettre, même avec une vitesse de rotation considérable, une charge $N = 1$ kilogramme par millimètre carré. Les expériences de Penn ont montré que des tourillons tournant dans l'eau sur du bois de gaïac peuvent même supporter, sans danger, une pression allant jusqu'à 4 et 5 kilogrammes par millimètre car ré

**630.** Tableau donnant les valeurs correspondantes de $d$ et de P pour les tourillons pivots dormants et tournants.

| $d$ | $1,31\sqrt{P}$ | $1,86\sqrt{P}$ | $2,62\sqrt{P}$ | $d$ | $1,31\sqrt{P}$ | $1,86\sqrt{P}$ | $2,62\sqrt{P}$ |
|---|---|---|---|---|---|---|---|
| 15 | 131 | 65 | 35 | 120 | 8 391 | 4 176 | 2 097 |
| 20 | 233 | 116 | 58 | 130 | 9 848 | 4 901 | 2 462 |
| 25 | 364 | 181 | 94 | 140 | 11 421 | 5 684 | 2 855 |
| 30 | 524 | 261 | 131 | 150 | 13 111 | 5 525 | 3 279 |
| 35 | 715 | 365 | 178 | 160 | 14 918 | 7 424 | 3 729 |
| 40 | 932 | 464 | 233 | 170 | 16 841 | 8 381 | 4 210 |
| 45 | 1 180 | 587 | 295 | 180 | 18 880 | 9 296 | 4 720 |
| 50 | 1 457 | 725 | 364 | 190 | 21 036 | 10 469 | 5 259 |
| 55 | 1 763 | 877 | 440 | 200 | 23 309 | 11 600 | 5 827 |
| 60 | 2 097 | 1 044 | 524 | 210 | 25 698 | 12 780 | 6 424 |
| 65 | 2 462 | 1 225 | 615 | 220 | 28 204 | 14 036 | 7 051 |
| 70 | 2 855 | 1 421 | 714 | 230 | 30 826 | 15 341 | 7 706 |
| 75 | 3 279 | 1 631 | 819 | 240 | 33 565 | 16 704 | 8 391 |
| 80 | 3 729 | 1 856 | 932 | 250 | 36 420 | 18 125 | 9 105 |
| 85 | 4 210 | 2 095 | 1 053 | 260 | 39 392 | 19 604 | 9 848 |
| 90 | 4 720 | 2 349 | 1 606 | 270 | 42 480 | 21 141 | 10 620 |
| 95 | 5 259 | 2 617 | 1 763 | 280 | 45 650 | 22 736 | 12 421 |
| 100 | 5 827 | 2 900 | 2 097 | 290 | 49 007 | 24 389 | 12 252 |
| 105 | 6 424 | 3 197 | 3 462 | 300 | 52 445 | 26 100 | 13 111 |
| 110 | 7 051 | 3 509 | 2 855 | | | | |

**631.** Dans les arbres verticaux la longueur du tourillon du pivot reste comprise entre $d$ et $1,5\,d$ ; en principe, elle doit être assez grande pour que la pression par unité de surface résultant des actions latérales se trouve avoir une valeur suffisamment petite.

Lorsque la pression supportée par le pivot par unité de surface est assez élevée, on arrive à diminuer l'influence du nombre de tours $n$ en ayant recours à l'emploi de rondelles mobiles. Si, entre la base du pivot proprement dit et la crapaudine, on intercale 1, 2, 3... $i$ rondelles (*fig.* 406), le nombre de tours des surfaces de glissement paraît être représenté par $\frac{n}{2}\frac{n}{3}\frac{n}{4}, \ldots, \frac{n}{i} + 1$.

Cette disposition a été essayée avec avantage pour des arbres de turbines et de moulins.

Pour les crapaudines, on a souvent cherché à employer d'autres substances que le fer, le bois, le bronze et les alliages analogues (métal blanc, plomb durci, etc.).

En dehors de l'acier dur, dont l'emploi est également peu satisfaisant pour des pressions trop considérables, on a essayé différentes matières, telles que la pierre, le verre et l'argile durcie par la cuisson; mais l'emploi d'aucune de ces matières ne s'est jusqu'ici généralisé.

Dans certaines turbines on emploie des paliers à eau ou à air comprimé, système imaginé par Girard.

### Tourillons d'appui à collets.

**632.** La figure 407 montre un tourillon pivot à collets; le diamètre intérieur $2r_1$ doit être au moins égal au diamètre D de l'arbre auquel le tourillon appartient. Il est même bon de le prendre un peu plus fort, afin de pouvoir ménager à l'intérieur

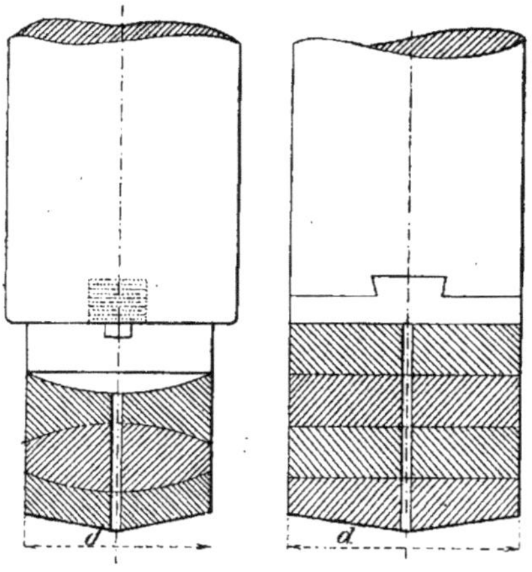

Fig. 406.

une petite chambre à huile. Il convient, en outre, de ménager des rainures à huile dans la bague ou le coussinet.

Si l'on donne à $r_0 - r_1$ la même valeur que pour le tourillon à pivot équivalent, on obtient des dimensions qu'on peut d'autant mieux utiliser que la pression N se trouve être plus faible, puisqu'elle répond à une vitesse de rotation plus considérable. Mais, par contre, en raison des valeurs plus grandes de $r_1$ et $r_0$, le moment nécessaire pour vaincre le frottement est beaucoup plus fort que dans le cas de pivot ordinaire, de telle sorte que le tourillon d'appui à collets doit être considéré comme désavantageux pour de grandes valeurs de la charge P.

### Tourillons à cannelures.

**633.** En superposant une série de tourillons d'appui à collets, on obtient ce

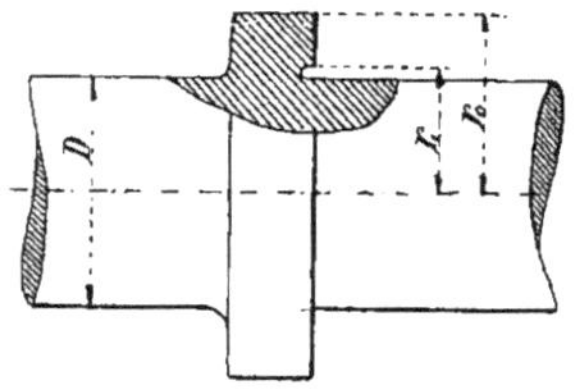

Fig. 407.

qu'on appelle un tourillon à cannelures (*fig.* 408).

Si tous les anneaux sont identiques, la pression, pour un tourillon ayant déjà servi, peut être considérée comme uniformément répartie sur toutes les surfaces annulaires. Si l'on suppose, en outre, que $f$ soit une valeur constante, le frottement

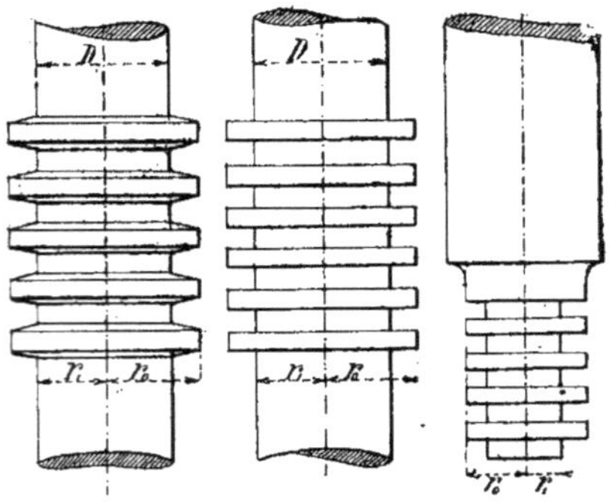

Fig. 408.

sur chacune de ces surfaces dans le cas de $m$ anneaux ne serait que la $m^e$ partie de la valeur donnée dans le cas du pivot ordinaire; le frottement total étant $m$ fois plus considérable se trouverait, par suite, indépendant du nombre des anneaux. Il convient, toutefois, de remarquer que, contrairement à cette conclusion, la pratique a montré la nécessité, notamment pour les navires à hélice, de donner à $m$ une grande valeur, c'est-à-dire d'assurer à la pression N par unité de surface une valeur très faible.

La véritable raison de ce fait semble uniquement tenir à ce que, dans les tourillons fortement chargés, le travail du frottement devient tellement considérable que l'on doit faire tous ses efforts pour le diminuer, afin d'éviter les échauffements et leurs conséquences, et qu'en définitive le seul moyen efficace d'y arriver est d'abaisser la valeur de $f$ en diminuant N.

Dans un grand nombre d'installations ayant subi l'épreuve de l'expérience, on trouve N compris entre $\frac{1}{20}$ à $\frac{1}{40}$ de kilogramme par millimètre carré. Ce n'est guère que dans les tourillons à cannelures, utilisés comme tourillons de pied et ayant, en conséquence, de petits diamètres que N a de plus grandes valeurs et atteint même parfois $\frac{1}{4}$ de kilogramme, aussi constate-t-on en pareil cas des échauffements.

# CHAPITRE V

## ESSIEUX ET ARBRES DE TRANSMISSION

**634.** On donne le nom d'essieu à des pièces en bois, en fer ou en acier supportant des efforts notables dans une direction transversale et animés de mouvements de rotation ou d'oscillation. Ils sont, par suite, munis de tourillons. Les efforts transversaux agissant sur l'essieu peuvent toujours être décomposés en trois composantes : l'une, parallèle à l'arbre, sera reçue par les coussinets ou pivots ; son effet de déformation est généralement négligeable. Une seconde composante sera perpendiculaire à l'axe de l'essieu et donnera lieu à un moment fléchissant. La troisième, perpendiculaire aux deux premières, produira dans l'arbre un moment de torsion que nous supposerons d'abord négligeable. La charge transversale peut agir en un point unique ou se trouver répartie en plusieurs points ; d'où la division suivante :

1° *Essieux chargés en un seul point, ou essieux simples ;*

2° *Essieux chargés en plusieurs points.*

Dans chacun de ces deux cas il y a lieu d'établir deux subdivisions comprenant, l'une les essieux à sections circulaires, l'autre les essieux à sections de formes plus ou moins complexes.

Les essieux pour roues de wagons et

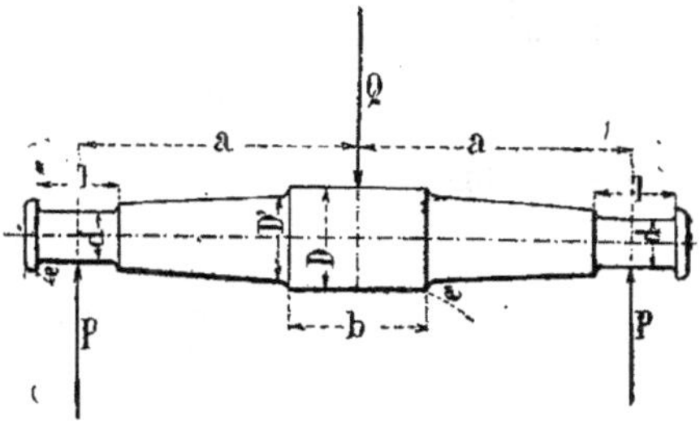

Fig. 409.

même ceux des roues ordinaires doivent être exempts d'angles rentrants vifs ; les parties de différents diamètres doivent être raccordées par des congés arrondis.

**635.** *Essieu simple à fuseaux égaux.* — Supposons un essieu terminé à ses deux extrémités par des tourillons et chargé en son milieu par une charge Q perpendiculaire à l'axe. Cette charge étant généralement une roue, le moyeu de celle-ci est emboîté sur une partie cylindrique d'un diamètre D qui forme la tête de l'essieu et qu'on appelle *portée*. Les parties qui réunissent la tête de l'essieu aux tourillons portent le nom de fuseaux et affectent la forme conique (*fig.* 409).

Les réactions P exercées par chaque coussinet sont ici égales à :

$$P = \frac{Q}{2}.$$

Il sera donc facile de calculer les dimensions des tourillons, comme nous l'avons indiqué au chapitre précédent. Ce calcul fait, l'essieu doit être établi de manière à présenter en tous ses points la même résistance que ses tourillons.

En désignant par :

$d$, le diamètre et $l$ la longueur des tourillons ;

$e$, la hauteur du collet de ce tourillon ;

D, le diamètre du renflement du moyeu ;

$b$, sa longueur ;

D′, le plus grand diamètre du fuseau près du moyeu ;

$e' = \frac{1}{2}(D - D')$, la saillie du renflement sur cette partie ;

$a$, la longueur d'un fuseau.

Si l'on prend :

$$\frac{D'}{d} = \sqrt[3]{\frac{a - 0{,}5b}{0{,}5l}},$$

ou en négligeant $0{,}5b$ :

$$D' = d\sqrt[3]{\frac{2a}{l}},$$

on obtient un essieu qui présente partout le même degré de résistance que le tourillon, c'est-à-dire que la tension maxima atteint 6 kilogrammes lorsque l'essieu est en fer forgé, et 3 kilogrammes seulement lorsqu'il est en fonte.

Pour avoir une tension différente, il faudrait faire intervenir un tourillon idéal qui serait déterminé précisément de manière à donner cette tension.

Théoriquement, le fuseau devrait être une portion de paraboloïde cubique (*fig.* 212), pour présenter en toutes ses sections la même résistance. Cette forme, difficile d'ailleurs à réaliser, est remplacée par un tronc de cône ayant pour diamètres extrêmes D′ et $d + 2e$. Quant à $e'$, on lui donne une valeur suffisante pour permettre l'établissement d'une rainure destinée à recevoir la clavette de fixation du moyeu de la roue avec la tête de l'essieu.

**636.** *Essieu simple à fuseaux inégaux.* — Si la charge Q agit en un point quelconque de la longueur de l'essieu, elle se répartit inégalement sur les tourillons. Les réactions $P_1$ et $P_2$, sur chaque tourillon, sont les composantes de la charge totale.

En désignant par $a_1$ et $a_2$ les distances

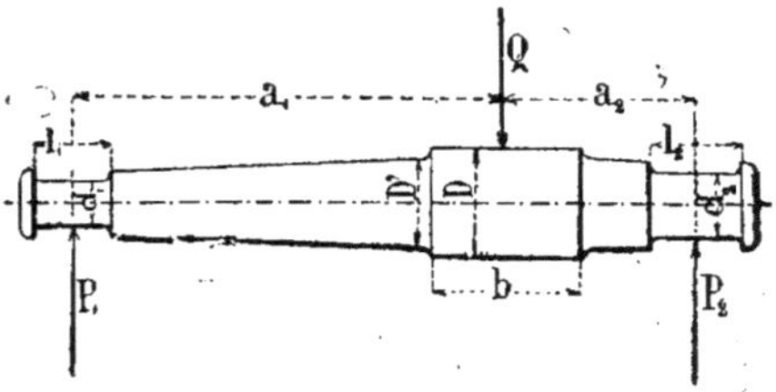


Fig. 410.

de Q au milieu de chaque tourillon, on a les relations (*fig.* 410) :

$$P_1 = \frac{a_2}{a_1 + a_2} Q$$

$$P_2 = \frac{a_1}{a_1 + a_2} Q$$

et : $$\frac{P_1}{P_2} = \frac{a_2}{a_1}$$

ainsi que : $$P_1 + P_2 = Q.$$

Le plan moyen du renflement partage l'essieu en deux parties, dont chacune peut être considérée comme la moitié d'un essieu simple à fuseaux égaux. On calcule, pour chacun de ces essieux, la valeur de D′, et la plus grande sert à déterminer la valeur de D.

Le diamètre $y$ de l'arbre, pour une section située à la distance $x$ du point d'application de la charge (milieu du tourillon) du même côté est exprimé par :

$$y_1 = d_1\sqrt[3]{\frac{2x_1}{l_1}} \text{ pour le fuseau de gauche ;}$$

$$y_2 = d_2 \sqrt[3]{\frac{2x_2}{l_2}}$$ pour le fuseau de droite.

Le diamètre D de la portée est:

$$D = d_1 \sqrt[3]{\frac{2a_1}{l_1}} = d_2 \sqrt[3]{\frac{2a_2}{l_2}}.$$

La longueur $b$ de la portée est égale à celle du moyeu qui y est calé, plus, à chaque extrémité, la demi-hauteur de la clavette.

**637.** *Essieu en porte-à-faux.* — L'essieu est en porte-à-faux, lorsque la charge Q agit en dehors des tourillons à l'extrémité de l'axe, c'est-à-dire si $a_2$ est négatif comme le montre la figure 411. Le tourillon D devient, dans ce cas, un tourillon intérieur.

La décomposition de la charge Q donne pour efforts sur les tourillons:

$$P_1 = \frac{a_2}{a_1} Q,$$

$$P_3 = \frac{a_1 + a_2}{a_1} Q,$$

d'où :

$$\frac{P_1}{P_3} = \frac{a_2}{a_1 + a_2}.$$

Au moyen des formules précédentes, on calculera $d_1$ et $d_2$ et $l_2$ la longueur du tourillon idéal où agit la force Q; le diamètre du tourillon intermédiaire :

$$D = d_1 \sqrt[3]{\frac{2a_1}{l_1}}$$

et le diamètre de la partie de calage :

$$\delta = d_2 \sqrt{\frac{b}{l_2}}$$

$b$ désignant sa longueur.

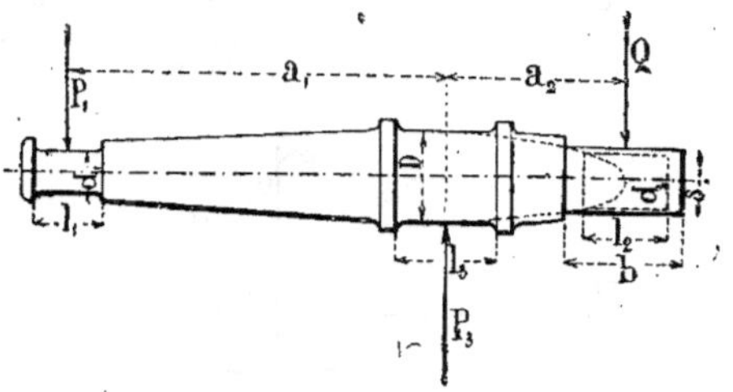

Fig. 411.

**638.** *Essieu chargé en deux points.* — Lorsqu'un essieu est chargé en deux points, comme celui de la figure 412, les extrémités portent le nom de fuseaux, tandis que la partie moyenne s'appelle le corps ou le fût.

Si $Q_1$ et $Q_2$ désignent les charges, $s$ la

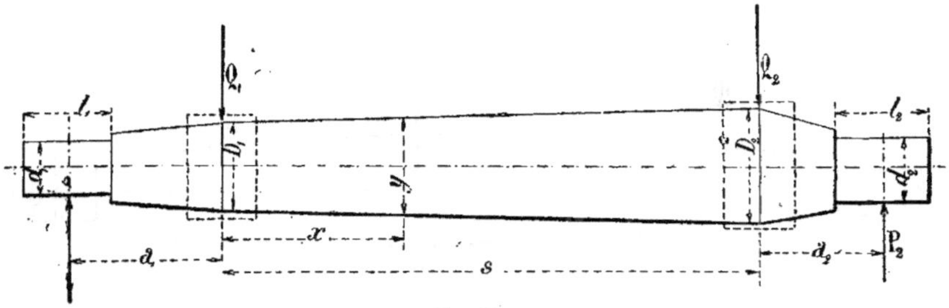

Fig. 412.

longueur du fût, $a_1$ et $a_2$ celles des fuseaux, on a pour les réactions des coussinets :

$$P_1 = Q_1 \frac{s + a_2\left(1 + \frac{Q_2}{Q_1}\right)}{a_1 + s + a_2},$$

$$P_2 = Q_2 \frac{s + a_1\left(1 + \frac{Q_1}{Q_2}\right)}{a_1 + s + a_2}.$$

Ces valeurs connues, il sera facile de calculer les diamètres $d_1$ et $d_2$ des tourillons, ainsi que les fuseaux $a_1$ et $a_2$, à la condition de déterminer préalablement les diamètres $D_1$ et $D_2$, en les considérant comme appartenant à deux têtes d'essieux idéales, sur chacune desquelles l'action des forces $Q_1$ et $Q_2$ serait supposée concentrée en un seul point.

Le diamètre $y$ du fût pour tout point situé à la distance $x$ du point d'application de la charge $Q_1$ se détermine par la relation :

$$\frac{y}{D_1} = \sqrt[3]{1 + \frac{x}{a_1}\left(1 - \frac{Q_1}{P_1}\right)}$$

équation qui montre que le profil du corps de l'essieu se trouve formé par deux arcs de paraboles cubiques. Ces deux arcs sont remplacés dans la pratique par de simples lignes droites, de façon que le fût présente la forme d'un tronc de cône. Les deux têtes d'essieu se déterminent, comme dans les cas précédents, en supposant qu'on donne une faible profondeur aux rainures des clavettes ; la largeur $b$ des portées est celle des moyeux des pièces qu'elles doivent recevoir.

**639.** REMARQUE I. — Si les charges sont égales et les fusées de même longueur, c'est-à-dire si :

$$a_1 = a_2 \text{ et } Q_1 = Q_2,$$

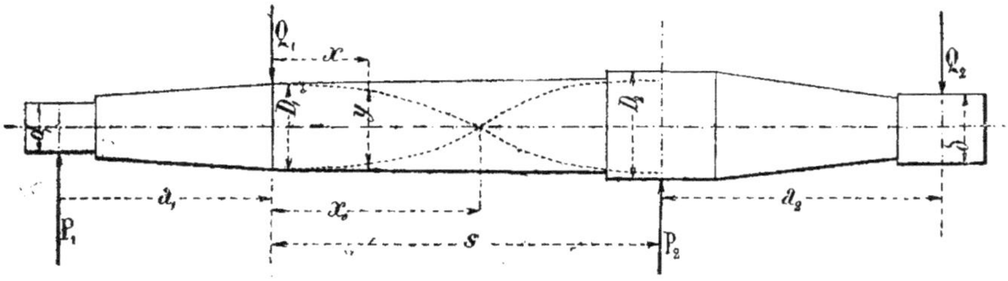

Fig. 413.

il en résulte :

$$P_1 = P_2 = Q_1 = Q_2$$

et :

$$y = D ;$$

ce qui revient à dire que le fût est cylindrique.

**640.** REMARQUE II. — Si, pour l'un des fuseaux, la charge est en porte-à-

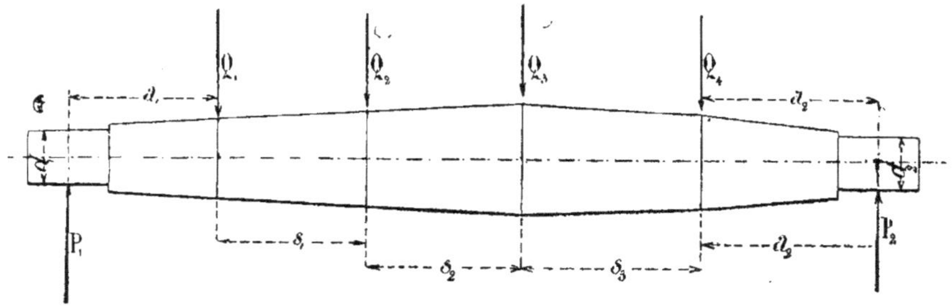

Fig. 414.

faux, comme l'indique la figure 413, les valeurs des réactions sont :

$$P_1 = Q_1 . \frac{s - a_2 \frac{Q_2}{Q_1}}{s + a_1}$$

$$P_2 = Q_2 \frac{s + a_2 + a_1\left(1 + \frac{Q_1}{Q_2}\right)}{s + a_1}$$

Les valeurs de $\frac{y}{D_1}$ se déterminent encore par la formule :

$$\frac{y}{D_1} = \sqrt[3]{1 + \frac{x}{a_1}\left(1 - \frac{Q_1}{P_1}\right)}$$

En appliquant cette relation, on remarquera que l'une des valeurs de $y$ est égale à zéro pour un certain point situé à une distance $x_0$ du point d'application de $Q_1$ ; cette valeur de $x_0$ est:

$$x_0 = \frac{P_1 a_1}{Q_1 - P_1}.$$

Dans ce cas, on se rapprochera, le plus possible, de la forme indiquée, en faisant usage d'un tronc de cône creux; on peut encore économiser la matière en faisant un rétrécissement dans cette partie de l'arbre; cependant le diamètre correspondant à l'abscisse $x_0$ ne doit pas être infiniment petit, car il existe toujours en ce point un certain effort de glissement.

**641.** *Essieu chargé en plus de deux points.* — Supposons un arbre chargé normalement en quatre points (*fig.* 414) et soient $Q_1$, $Q_2$, $Q_3$, $Q_4$ les valeurs de ces efforts; $s_1$, $s_2$, $s_3$ les longueurs de l'arbre, comprises entre les directions de ces forces. En désignant par $P_1$ et $P_2$ les réactions sur les tourillons, provenant de la décomposition des charges, on a :

$$P_1 = Q\frac{s_1 + s_2\left(1+\frac{Q_2}{Q_1}\right) + s_3\left(1+\frac{Q_2}{Q_1}+\frac{Q_3}{Q_1}\right) + a_2\left(1+\frac{Q_2}{Q_1}+\frac{Q_3}{Q_1}+\frac{Q_4}{Q_1}\right)}{a_1 + s_1 + s_2 + s_3 + a_2}.$$

La valeur de $P_2$ s'obtiendra par une relation analogue en changeant convenablement les indices; d'ailleurs, on vérifiera les valeurs de $P_1$ et $P_2$ par la relation:

$$P_1 + P_2 = Q_1 + Q_2 + Q_3 + Q_4.$$

L'équation donnant les valeurs de $P_1$ et $P_2$ permettent de trouver les expressions se rapportant à un arbre chargé en trois points, en supposant nulles les quantités $Q_4$ et $s_3$.

De plus, si l'on fait $Q_3 = o$ et $s_2 = o$, on retombe sur les formules d'un arbre chargé en deux points. Enfin, pour $Q_2 = o$ et $s_1 = o$, on se trouve dans le cas d'un essieu chargé en un point.

Le profil d'un pareil essieu pourra se déterminer, pour les différentes parties, en établissant des formules analogues à la relation déjà donnée:

$$\frac{y}{D_1} = \sqrt[3]{1 + \frac{x}{a_1}\left(1 - \frac{Q_1}{P_1}\right)}.$$

Dans la pratique, on réunit par de simples troncs de cônes les différentes têtes de ces arbres.

Le diamètre de la tête de l'arbre correspondant à $Q_4$ se détermine par la formule :

$$\frac{D_4}{d_1} = \sqrt{\frac{a_1 + s_1\left(1-\frac{Q_1}{P_1}\right) + s_2\left(1-\frac{Q_1}{P_1}-\frac{Q_2}{P_1}\right) + s_3\left(1-\frac{Q_1}{P_1}-\frac{Q_2}{P_1}-\frac{Q_3}{P_1}\right)}{0{,}5 l_1}}.$$

Si dans cette formule on égale successivement à zéro les quantités $s_3$, $s_2$, $s_1$, on obtient les valeurs de :

$$\frac{D_3}{d_1}, \qquad \frac{D_2}{d_1}, \qquad \frac{D_1}{d_1}.$$

Dans le cas où l'un des fuseaux serait chargé en porte-à-faux, la méthode à suivre peut se déduire facilement de ce qui a été fait pour ces cas analogues ; on peut y arriver directement en considérant $a_1$ ou $a_2$ comme négatif.

**642.** *Essieu soumis simultanément à la flexion et à la torsion.* — Dans la plupart des cas, les arbres chargés travaillent en même temps à la torsion. Si $\mu$ est le moment fléchissant dans une section considérée, et $Pp$ le moment de torsion, on peut calculer le diamètre de l'arbre, en le considérant seulement comme sollicité à la flexion par un moment fléchissant idéal:

$$\mu_1 = \frac{3}{8}\mu + \frac{5}{8}\sqrt{\mu^2 + (Pp)^2}.$$

On peut se servir des expressions approchées suivantes, dans lesquelles l'erreur est plus petite que 4 0/0 de $\mu_1$ :

Si : $\mu > Pp$ $\quad \mu_1 = 0{,}975\mu + 0{,}25Pp$;
Si : $\mu < Pp$ $\quad \mu_1 = 0{,}625\mu + 0{,}6Pp$.

La valeur de $\mu_1$ étant connue, il suffit de l'introduire dans l'équation générale :

$$\mu_1 = R\frac{I}{v},$$

d'où, en remplaçant I et $v$ par leur valeur :

$$d^3 = \frac{10,18}{R}\mu_1.$$

Ainsi, dans le cas d'une manivelle (*fig.* 415) placée à l'extrémité d'un arbre et dont l'effort P agit au milieu B du maneton, on a :

$$\mu = Pl$$

et le moment fléchissant idéal devient :

$$\mu_1 = P\frac{3l + 5\lambda}{8}.$$

Cette valeur mise dans l'équation :

$$d^3 = \frac{10,18}{R}\mu_1$$

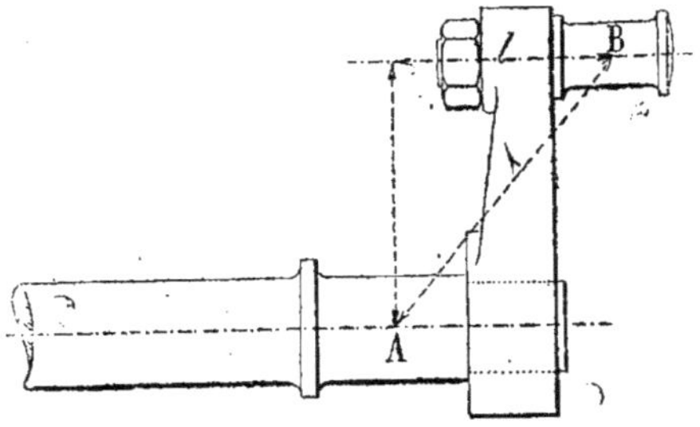

Fig. 415.

donnera le diamètre de l'arbre au point A, milieu du tourillon.

**643.** Remarque I. — Lorsque les forces agissant sur un arbre sont situées dans des plans différents, le calcul analytique présente quelques difficultés, dont on peut se dispenser en employant la méthode graphostatique, que nous verrons plus loin.

### Calcul graphique des efforts sur les tourillons et des moments fléchissants.

**644.** Nous avons vu aux nos 91 et suivants de la statique graphique comment le polygone funiculaire, par ses ordonnées parallèles à la direction des forces, fournit les moments fléchissants et les efforts tranchants correspondant aux différents points d'une pièce chargée perpendiculairement ou obliquement à son axe. Les principes déjà exposés vont nous permettre de les appliquer aux essieux diversement chargés.

**645.** 1° *La charge unique agit normalement à l'axe.* — Supposons d'abord (*fig.* 416) que la charge Q agisse entre les tourillons ; sur une perpendiculaire en A on porte à une certaine échelle A$b$ = Q, on joint les points A et $b$ à un pôle O, puis on trace AO jusqu'à sa rencontre B avec la charge Q prolongée ; par B on mène BC parallèle à O$b$ et on trace AC qui ferme le polygone funiculaire. Si

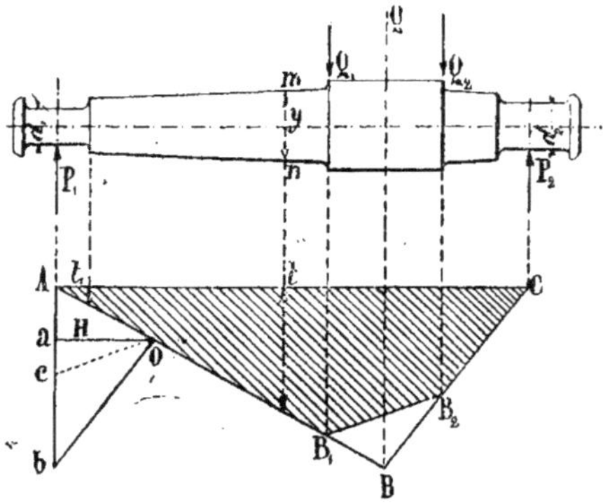

Fig. 416.

alors on mène O$a$ parallèle à AC, on obtient :

$$Aa = P_1, \qquad ab = P_2.$$

Comme les points $B_1$ et $B_2$ correspondent aux extrémités du moyeu, il en résulte que la force Q se décompose en deux, $Q_1$ et $Q_2$, agissant précisément en ces points et qui sont données par le polygone des forces, en menant O$c$ parallèle à $B_1B_2$ ; on a alors :

$$Ac = Q_1 \text{ et } cb = Q_2.$$

Pour simplifier la construction, nous avons pris AC parallèle à l'axe de l'essieu, de sorte que la distance du pôle O à A$b$ est précisément O$a$.

Le moment fléchissant dans une section

quelconque $mn$ de l'essieu est proportionnel à l'ordonnée $t$ de la surface des moments, c'est-à-dire que ce moment est mesuré à l'échelle par le produit de l'ordonnée $t$ correspondante, multipliée par la distance H. Si donc H est pris égal à l'unité, la valeur de $t$ mesure à l'échelle le moment dans la section $mn$.

Ce moment fléchissant $\mu$ étant connu, on l'introduit dans la formule générale :

$$R\frac{I}{v}=\mu,$$

ce qui donne pour le diamètre $y$ de cette section circulaire :

$$y^3=\frac{10,18}{R}\mu=\frac{10,18}{R}t$$

ou :

$$y=2,167\sqrt[3]{\frac{t}{R}}.$$

Le moment fléchissant à l'origine du tourillon étant l'ordonnée $t_1$ de la surface, son diamètre $d_1$ s'obtient en remplaçant dans la formule, $\frac{I}{v}$ par $\frac{\pi}{32}d_1{}^3$, ce qui donne :

$$d_1{}^3=\frac{32}{\pi R}t_1,$$

et comme on a également :

$$y^3=\frac{32}{\pi R}t$$

on en déduit la relation :

$$\frac{y}{d_1}=\sqrt[3]{\frac{t}{t_1}},$$

qui permet de calculer simplement $y$ en fonction de $d_1$.

**646.** Remarque I. — L'échelle des ordonnées $t$ dépend des échelles adoptées pour les charges et pour la distance polaire H. Si H est égal à l'unité de longueur, l'ordonnée $t$, comptée à l'échelle des forces, représente la valeur numérique du moment en unité de même espèce.

Ainsi, si H = 1 mètre (à l'échelle du dessin) et que les forces soient représentées en tonnes, les ordonnées doivent être lues en *tonnes-mètres* ; et, si les forces sont représentées en kilogrammes, les moments doivent se lire en kilogrammètres. Dans le cas où, pour la commodité de l'épure, on aurait dû prendre pour H une valeur différente de l'unité, $\frac{1}{n}$ par exemple, il faudrait multiplier par $\frac{1}{n}$ toutes les mesures des ordonnées $t$.

**647.** Remarque II. — Il est évident que, si la charge Q, au lieu d'agir en un point, était uniformément répartie sur toute la longueur de l'essieu, le polygone funiculaire $AB_1B_2C$ serait une parabole (n° 104).

**648.** 2° *Le moyeu est entre les tourillons et la charge agit en dehors* (*fig.* 417). —

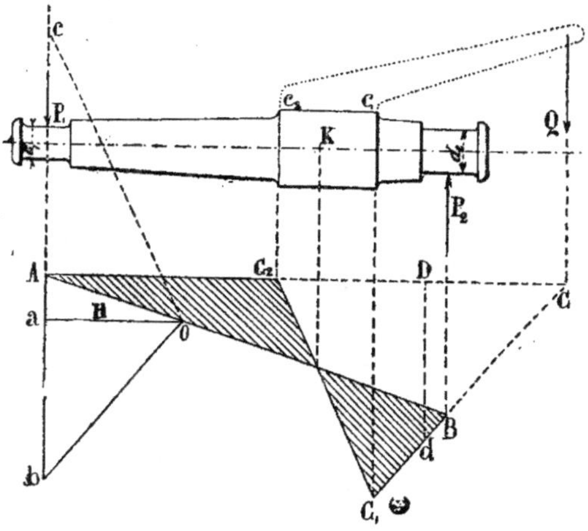


Fig 417.

Sur la ligne AC que nous prenons parallèle à l'axe, on construit le triangle ABC, dont les trois sommets tombent sur les directions des forces et on cherche le point D dont l'ordonnée $Dd = Q$ ; on mène ensuite $Oa$ parallèle à AC et égal à Q, puis $Ob$ parallèle à CB ; la ligne $Aab$ étant perpendiculaire à AC, on obtient alors :

$$ab=Q$$
$$Aa=P_1$$
$$bA=P_2.$$

La force Q doit se décomposer en deux autres, situées dans les plans qui limitent le moyeu ; si l'on joint les deux points $C_1$ et $C_2$ et si l'on mène $Oc$ parallèle à

$C_1C_2$, les longueurs $cb$ et $ca$ représentent les forces correspondant relativement à $C_1$ et $C_2$.

Le tracé indique que, sur la longueur du

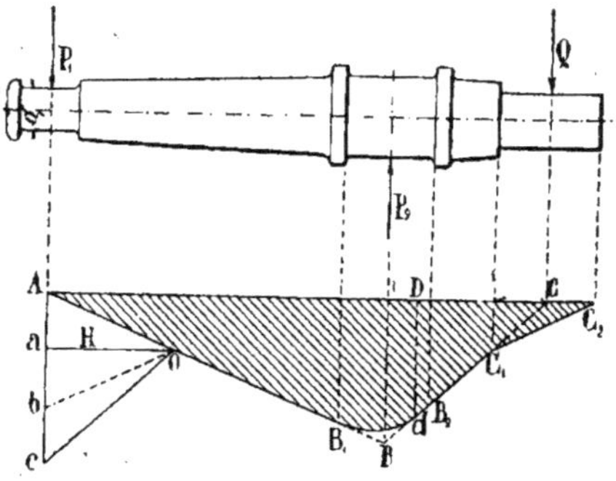


Fig. 418.

renflement de l'arbre, il existe un point $k$ de la ligne élastique pour lequel le moment fléchissant est nul.

Les différents diamètres de l'essieu se

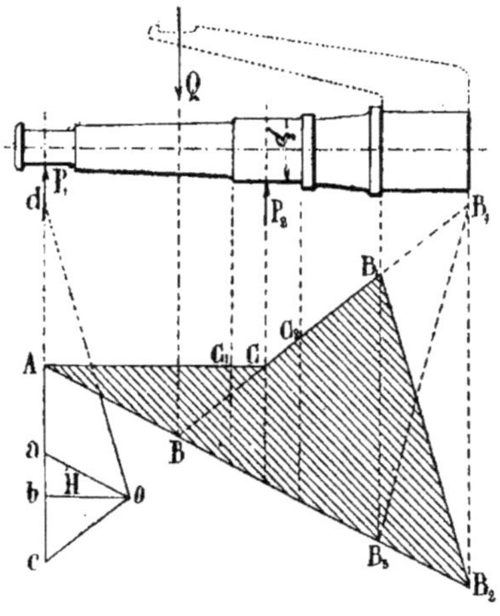


Fig. 419.

calculeront, comme nous l'avons dit dans l'exemple précédent, d'après les ordonnées correspondantes de la surface des moments.

**649.** 3° *La charge est en dehors des tourillons* (*fig.* 418). — Nous construirons comme ci-dessus le triangle ABC, en déterminant le point D, par la condition que :

$$Dd = Q\,;$$

nous mènerons $Ac$ normal à AC, en faisant $Oa = CD$ et parallèle à AC, puis $Oc$ parallèle à CB ; on obtient ainsi :

$$Aa = P_1$$
$$Ac = P_2.$$

Pour décomposer la charge Q en deux forces aux points $C_1$ et $C_2$, il suffira de mener $Ob$ parallèle à $C_1C_2$, et les longueurs $bc$ et $ba$ donnent les composantes en $C_1$ et $C_2$.

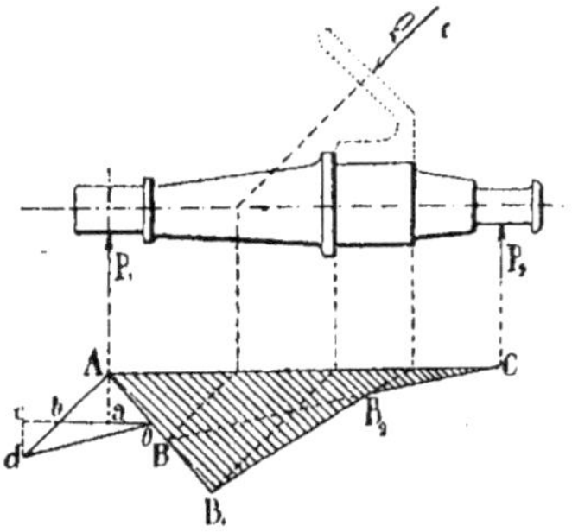


Fig. 420

Le tourillon où agit $P_2$ étant supposé chargé uniformément sur toute sa longueur, la surface des moments pour cette longueur est limitée par un arc de parabole.

**650.** 4° *La charge tombe entre les tourillons* (*fig.* 419). — Après avoir construit le triangle ABC, on a à décomposer la force Q en deux autres correspondant aux points $B_1$ et $B_2$ et, pour cela, à construire le polygone $ACB_1B_2$ (auquel est équivalent le polygone $ACB_4B_3$). Dans le polygone des forces, on a :

$$ac = Q$$
$$ab = P_1$$
$$cb = P_2.$$

Si l'on mène $Od$ parallèle à $B_2B_1$, les longueurs $dc$ et $da$ représentent les composantes cherchées pour $B_1B_3$ et $B_2B_4$.

**651.** 5° *La charge agit obliquement sur l'axe* (*fig.* 420). — Le polygone des forces a, dans ce cas, une certaine inclinaison qui est déterminée par la direction de Q.

Les projections verticales $aA$ et $dc$ représentent les pressions $P_1$ et $P_2$ exercées

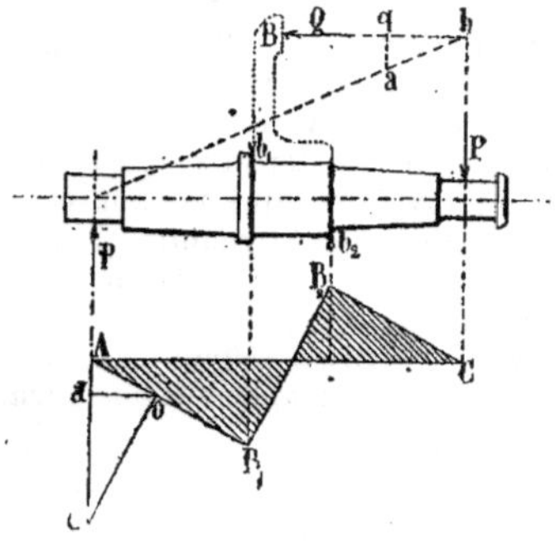


Fig. 421.

sur les tourillons ; la composante horizontale de Q s'exerce sur l'un des tourillons ou sur tous les deux.

**652.** 6° *L'effort est parallèle à l'axe*

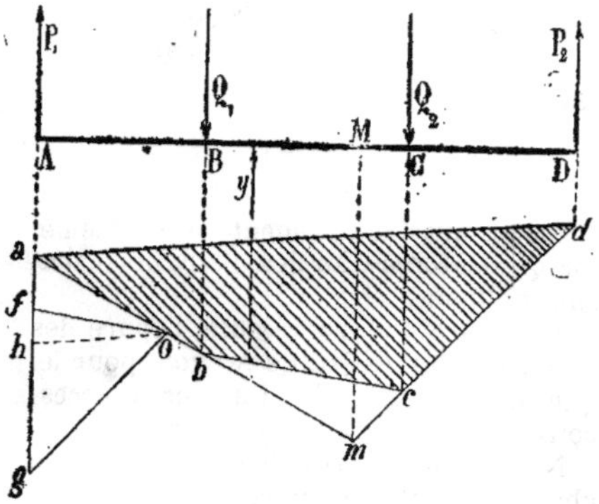


Fig. 422.

(*fig.* 421). — Dans ce cas, il se produit deux couples composés, l'un des actions égales exercées par le moyeu sur l'arbre, l'autre des forces P agissant sur les tourillons.

Si par les points A et C correspondant au milieu des tourillons on mène des parallèles $AB_1$ et $CB_2$ jusqu'aux verticales des extrémités du moyeu, et si l'on joint les points $B_1$ et $B_2$, la surface $AB_1B_2C$ est celle des moments.

Pour déterminer les différents efforts qui agissent sur l'arbre, transportons la

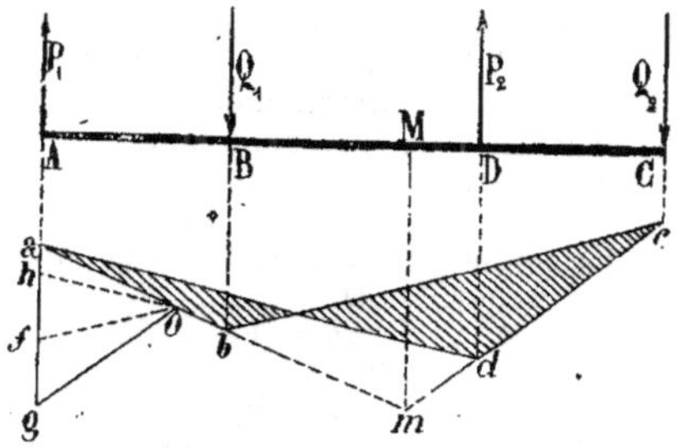


Fig. 423.

force Q, parallèlement à elle-même, en $bq$ (le point $b$ devant se trouver sur la verticale $Cb$ du milieu du tourillon), joignons $b$ au milieu de l'autre tourillon et menons par le point $q$ la verticale $qa$ jusqu'à la

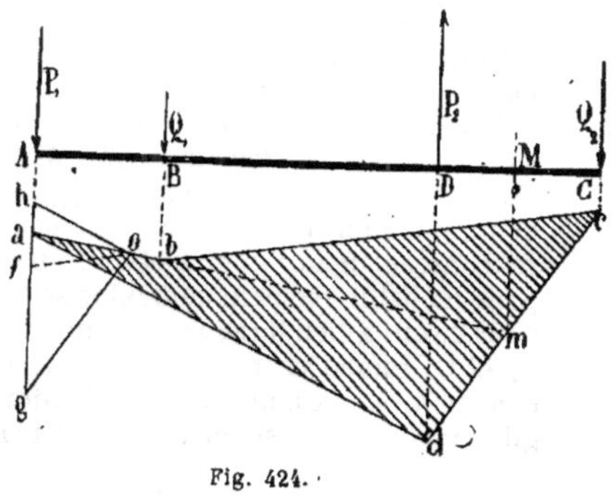


Fig. 424.

rencontre de cette ligne de jonction ; la longueur $qa$ représentera la force P.

Si l'on porte cette longueur en $Ad$ et si on mène $dO$ et $cO$ parallèles à AC et à $B_1B_2$, la distance $dc$ représentera l'effort qui s'exerce en $b_1$, et $ac$, celui qui s'exerce en $b_2$.

**653.** 7° *L'essieu est chargé normalement en deux points situés entre les tourillons* (*fig.* 422). — Soient $Q_1$ et $Q_2$ les forces agissant perpendiculairement à l'axe et dans le même sens. Sur la ligne *ag* perpendiculaire à l'axe AD, portons les longueurs $af = Q_1$ $fg = Q_2$ ; du point O pris comme pôle, menons les rayons O*a*, O*f* et O*g*, prolongeons *a*O jusqu'à sa rencontre O*b* avec la direction de $Q_1$ ; par *b*, menons *bc* parallèle à O*f* et par le point *c*, qui se trouve sur la direction de $Q_2$, traçons *cd* parallèle à O*g* ; joignons enfin le point *d* au point *a*.

Si par le pôle on mène, dans le polygone des forces, O*h* parallèle à *ad*, on obtient sur le tourillon D :

$$gh = P_2$$

et sur le tourillon A :

$$ha = P_1.$$

La surface *abcd*, qui est celle des moments, donnera par ses ordonnées, les moments fléchissants, permettant de calculer les diamètres des diverses sections.

Le point d'intersection *m* des côtés *ab* et *cd* fournit un point par lequel doit passer la résultante des forces $Q_1$ et $Q_2$. Si donc on détermine d'abord la ligne M*m*, le problème actuel se trouve ramené à celui d'un essieu chargé en un point M, et, dès lors, la direction de la ligne *ad* peut être choisie d'avance, comme nous l'avons fait plusieurs fois.

**654.** 8° *L'un des deux efforts s'exerce en dehors d'un des tourillons* (*fig.* 423). — Dans le cas où l'un des efforts $Q_2$ agit en dehors de l'un des tourillons, il peut se rencontrer sur la ligne élastique un point pour lequel le moment de flexion soit nul ; c'est ce qui a lieu lorsque la résultante de $Q_1$ et $Q_2$ tombe entre les appuis A et B comme au deuxième exemple. L'effort de glissement qui existe en ce point se trouve représenté par *fh*.

**655.** Remarque I. — Si la résultante tombe en dehors des deux tourillons, comme dans la figure 424, ce point de flexion nulle n'existe plus, mais la pression $P_1$ agit dans le même sens que les forces $Q_1$ et $Q_2$ ; la méthode à suivre dans ce cas est, d'ailleurs, identique à celle que nous venons d'indiquer.

**656.** Remarque II. — Il peut encore arriver que la résultante tombe directement sur le support D. Dans ce cas, les moments des forces, qui tendent à produire la flexion, sont complètement nuls sur la longueur AB (*fig.* 425), tandis que dans l'hypothèse précédente ils étaient simplement très petits ; les deux lignes limitant la surface des moments coïncident sur cette longueur AB. Dans ce cas, il convient de donner simplement au fuseau AB et au tourillon A des dimensions suffisantes pour résister aux efforts accidentels ou aux forces qui ne sont pas comprises dans celles introduites dans le calcul ; ces dimensions peuvent donc être très faibles.

**657.** 9° *Essieu soumis à deux efforts obliques.* — La graphostatique permet de

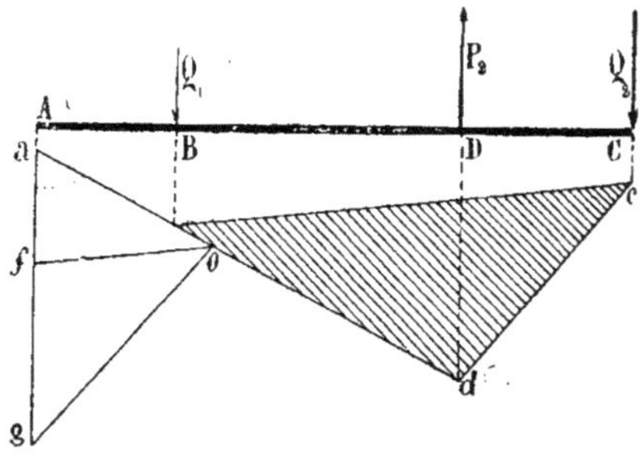


Fig. 425.

résoudre aussi simplement le problème, lorsque les forces, au lieu d'être normales, sont obliques.

La figure 426 représente l'épure des moments d'un essieu de wagon, pour lequel on a négligé les influences accessoires ayant une faible importance.

Nous supposerons qu'en dehors de la charge Q appliquée au centre de gravité S du wagon il y ait au même point une force horizontale H, résultante de la force centrifuge et des vibrations, qui peuvent quelquefois s'élever jusqu'à 0,4Q. Ces deux forces ont une résultante R, qui agit obliquement sur l'essieu. Cette force donne naissance à des pressions, à la fois sur les têtes de rail $K_1$ et $K^2$ et sur les tourillons en A et D.

Pour obtenir les composantes sur les rails, il faut remarquer que pour le rail $K_2$ il ne peut y avoir qu'une pression normale au bandage et que, par suite, on doit prendre l'angle $LK_2S' = 90$ degrés. Aux points d'intersection B et C de l'axe et des directions des pressions exercées sur les rails, ces dernières peuvent se dé-

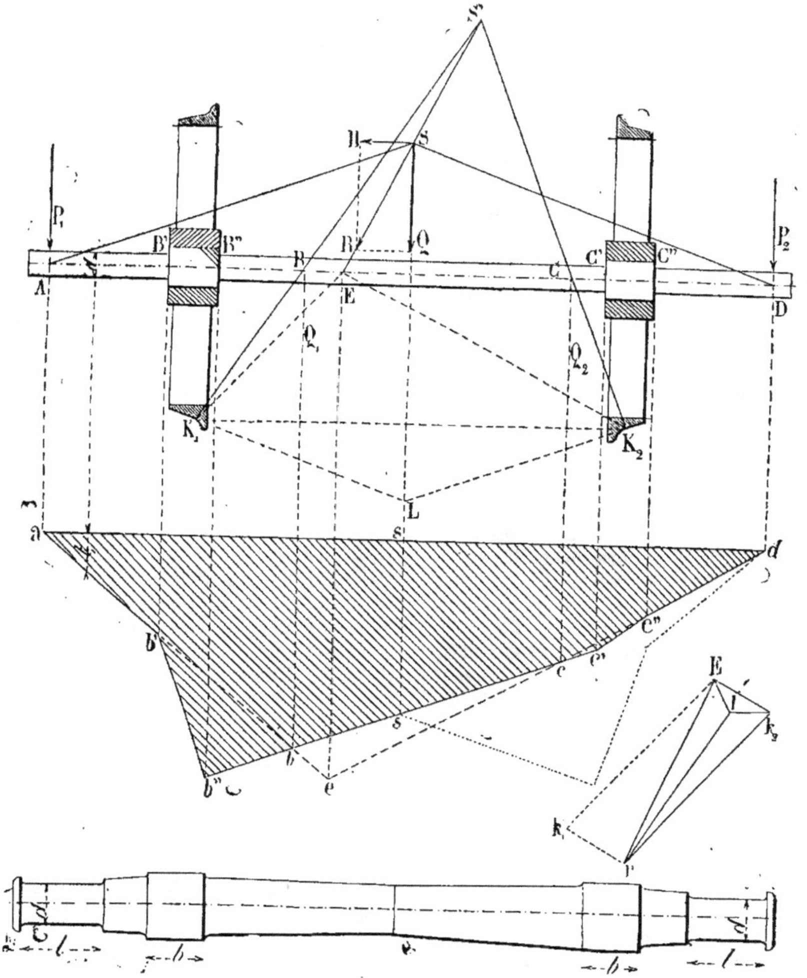


Fig. 426.

composer en forces verticales $Q_1$ et $Q_2$ et en forces horizontales, qu'on peut négliger; les efforts obliques exercés sur les tourillons peuvent de même être remplacés par des composantes horizontales et les pressions verticales $P_1$ et $P_2$; ces dernières permettent de calculer les diamètres $d_1$ et $d_2$ et d'obtenir ainsi le résultat le plus important.

Par le point d'application E de la résultante R sur l'axe, menons E*e* perpendiculaire à AD et à *ad*, joignons *ea* et *ed*, et réunissons par une ligne droite les points *b* et *c*, où les lignes précédentes sont rencontrées par les directions de $Q_1$ et $Q_2$ prolongées; enfin, par les extrémités B,B″, C C″ menons des perpendiculaires à *ad* et joignons *b′b″*, *c′c″*; nous obtenons ainsi le polygone funiculaire *ab′b″c′c″d* pour le cas actuel.

Les ordonnées *t* de ce polygone servent à déterminer, comme précédemment, les diamètres *y* de l'essieu, en partant du diamètre $d_1$ du tourillon et de l'ordonnée $t_1$ correspondant au collet de ce tourillon.

La direction de la pression $K_1B$ peut être déterminée par un procédé plus simple que celui qui consiste à faire usage du point S′, dont le tracé est souvent incommode. Imaginons qu'on joigne un point quelconque de la résultante R, le point E par exemple, avec les têtes de rail $K_1$ et $K_2$, qu'on décompose cette résultante $R = Er$ en deux composantes $Ek_2$, et $k_2r = Ek_1$, suivant les directions $EK_2$ et $Ek_1$, qu'on mène $k_2l$ horizontal et $El$ parallèle à la direction connue $K_2S'$ : les deux longueurs ainsi déterminées, *l*E et *rl*, représentent respectivement les efforts exercés en $K_2$ et $K_1$, et la seconde donne la direction cherchée; $Ek_2$ et $k_2l$ sont les forces intérieures, agissant au sommet $K_2$ du polygone funiculaire et qui doivent être en équilibre avec la pression, de direction connue $K_2S'$.

Comme la force horizontale H peut être dirigée aussi bien à droite qu'à gauche, il convient de faire usage, pour chacune des moitiés de l'essieu, de la partie du polygone *qss′b″b′* qui a la plus grande surface; c'est pour ce motif que cette surface se trouve reproduite symétriquement à gauche, en pointillé. En outre, on peut tracer le polygone funiculaire pour la seule charge Q.

Ce tracé fournit, pour le corps de l'essieu, une ordonnée plus grande que *ss′* et c'est celle dont on doit se servir.

La forme générale du corps de l'essieu est alors celle d'une surface de révolution, évidée au milieu, et qui est représentée au bas de la figure.

Les tourillons des essieux de wagons ayant une vitesse de rotation de 250 à 300 tours par minute, il convient, lorsqu'on les fait en fer forgé, d'adopter le nombre 2 pour le rapport de la longueur au diamètre. Les collets de ces tourillons jouent, dans les courbes, un rôle assez important, en raison de la force latérale H; il convient, par suite, de donner à la saillie *e* de ces collets une hauteur égale à $\frac{d}{7}$ ou même $\frac{d}{6}$, c'est-à-dire de la faire notablement plus forte que dans les tourillons ordinaires.

**658.** 10° *Essieu chargé en plus de deux points.* — La figure 427 donne la construction graphique d'un essieu soumis à cinq charges normales à l'essieu, $Q_1Q_2Q_3Q_4Q_5$.

Après avoir formé le polygone des forces ayant pour pôle le point O, puis le polygone funiculaire *abcdefg*, on trace O*r* parallèle à *ga*, ce qui donne:

$$qr = P_2 \text{ appliquée en G}$$
$$ra = P_1 \quad — \quad \text{en A}$$

Ces réactions $P_1$ et $P_2$ permettront de calculer les diamètres $d_1$ et $d_2$ des tourillons. Les ordonnées de la surface des moments serviront à calculer les divers diamètres du corps de l'essieu.

Le point d'intersection *m* des côtés *ab* et *gf* prolongés est un point de la direction *m*M de la résultante des cinq forces qui agissent sur l'essieu.

Si l'on veut commencer par déterminer la position de cette résultante, au moyen de la composition successive des charges, il est très commode de se donner le point O, tel que *ag* soit parallèle à AG. On peut d'ailleurs rabattre facilement le polygone funiculaire oblique de la figure sur une ligne parallèle à AG.

**659.** Remarque. — Si l'arbre a plus d'un fuseau chargé en porte-à-faux, comme l'indique la figure 428, la marche à suivre reste toujours la même. En partant du point *a*, on construit d'abord le polygone des forces *aq*O, puis le premier côté du polygone funiculaire *ba* jusqu'à l'aplomb A*a* de la première force, le second côté *ac* jusqu'à la direction C*c* de la seconde force, et ainsi de suite, jusqu'au dernier côté *eb*, qui ferme le polygone.

Les directions du premier côté du polygone et de l'avant-dernier se coupent en un point de la résultante $mM$.

**660.** 11° *Essieu soumis à des forces situées dans les plans différents.* — Nous avons

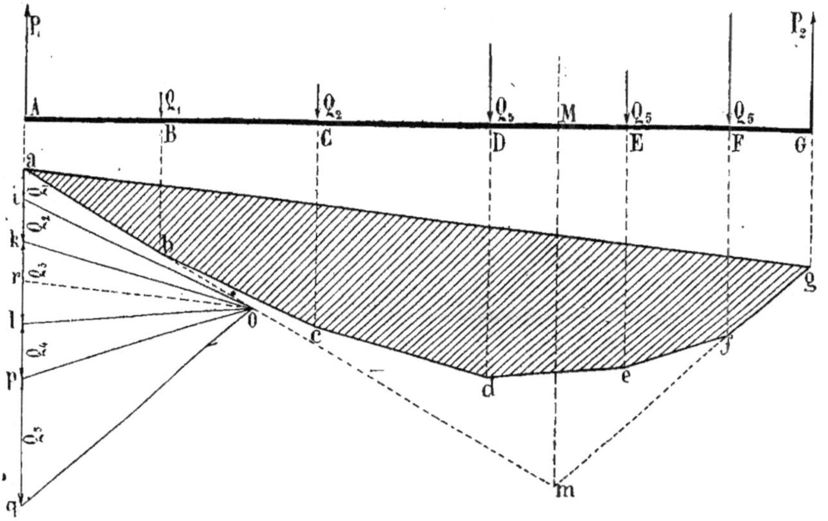


Fig. 427.

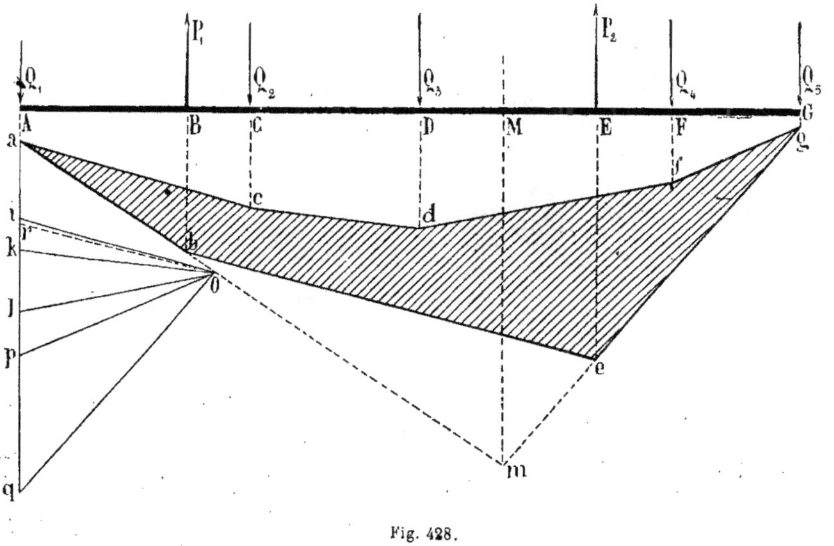


Fig. 428.

dit précédemment que la méthode graphique remplaçait avantageusement les calculs dans le cas où les charges qui s'exercent sur les essieux avaient des directions situées dans des plans différents. La figure 429 donne l'exemple d'un essieu AD, recevant deux actions $Q_1$ et $Q_2$ non situées dans le même plan avec l'axe.

On commence par construire les polygones des forces $AO_1Q_1$ et $DO_2Q_2$, avec des distances polaires $GO_1 = HO_2$, de manière à faire coïncider en AD les deux lignes de fermeture des polygones funiculaires Ab'D et Ac″D, qu'on trace ensuite ; cela fait, on reporte les ordonnées du second de ces polygones sur des ordonnées inclinées :

$$BB'' = Bb''$$
$$CC'' = Cc'', \text{ etc.,}$$

qui font avec les ordonnées verticales du premier polygone, et en arrière, un angle $\beta$, précisément égal à celui que font les

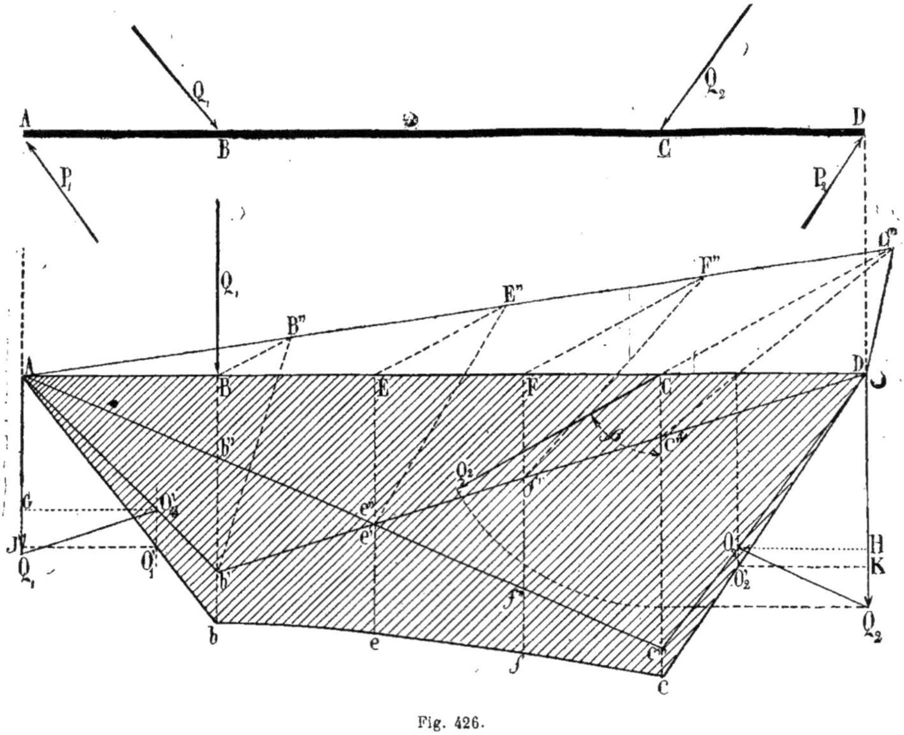


Fig. 426.

deux plans passant par l'axe et chacune des deux forces $Q_1$ et $Q_2$.

Si l'on prend ensuite :

$$Bb = B''b'$$
$$Cc = C''c'$$
$$Ee = E''e', \text{ etc.,}$$

on obtient un polygone funiculaire AbefcD, dont les ordonnées verticales fournissent les moments de flexion nécessaires pour déterminer les dimensions de l'arbre.

La ligne befc est une courbe (arc d'hyperbole), tandis que Ab et cD sont des lignes droites.

Si l'on mène encore $O_1O'_1$ parallèle à $AQ_1$ et $O_2O'_2$ parallèle à $DQ_2$ et que, par les points $O'_1$ et $O'_2$, on trace des lignes $O'_1J$, $O'_2K$ perpendiculaires aux verticales, les longueurs AJ et DK représentent les pressions $P_1$ et $P_2$ des tourillons, mesurées à l'échelle adoptée pour les polygones des forces.

## ARBRES DE TRANSMISSION

**661.** On donne le nom d'arbres de transmission aux arbres destinés à transmettre des mouvements de rotation. Ils doivent présenter une résistance suffisante pour que, sous l'action des forces qui produisent la rotation, ils n'éprouvent que des déformations extrêmement faibles. Ils sont soumis à des efforts simultanés de flexion et de torsion ; il faut donc déterminer leurs dimensions pour que le plus grand effort auquel leurs éléments ont à résister ne dépasse pas, dans ces conditions, la charge de sécurité qui se rapporte à la matière, et aussi pour qu'ils ne subissent pas une déformation supérieure à une limite également donnée.

On ne s'occupe généralement que de la première de ces conditions, qui permet de déterminer leurs dimensions en appliquant le principe de la superposition des effets des forces dont la solution est formulée par Bélanger dans sa *théorie de la résistance, de la flexion plane et de la torsion dans les solides* :

« Lorsqu'un prisme est simplement tordu par des forces équivalentes à un couple, nous savons déterminer ses dimensions transversales de manière que la force F par unité de surface, résistant au glissement transversal des points les plus éloignés de l'axe de torsion ou axe moyen, n'ait pas à excéder une limite donnée, qui a été déduite d'expériences faites sur la même substance, dans des conditions analogues.

« Si le prisme subit seulement une flexion plane, la détermination des dimensions nécessaires se résout par la considération des forces élastiques longitudinales R, aux mêmes points les plus éloignés de l'axe moyen.

« Or il arrive fréquemment, dans les machines, qu'un arbre cylindrique subit simultanément les deux déformations dues à la torsion et à la flexion. Dans ce cas, une règle fort simple et qui doit suffire dans la pratique serait de calculer, en fonction du rayon inconnu du cylindre et des forces connues, d'abord la force de glissement longitudinal F, par unité de surface, due à la torsion, puis la tension R', aussi par unité de surface, due à la flexion, et de s'imposer la condition que la résultante

$$\sqrt{F^2 + R'^2}$$

de ces deux forces rectangulaires n'excède pas la limite qu'on se donne quand le corps ne subit qu'une des deux déformations. »

Pour le fer forgé, par exemple, cette limite serait au plus de 6 kilogrammes par millimètre carré; nous disons *au plus* par la raison qu'une pièce tournante, fléchie alternativement dans les deux sens, est plus exposée à l'altération de son élasticité qu'une pièce toujours fléchie du même côté, comme dans les constructions sensiblement immobiles.

Si $\mu$ est le moment fléchissant dans la section la plus fatiguée de l'arbre et P$p$ la valeur du couple de torsion dans cette même section, si enfin nous représentons par $d$ le diamètre de cette section supposée circulaire, on aura :

$$F = \frac{16Pp}{\pi d^3}$$

$$R' = \frac{32Pp}{\pi d^3}$$

et si la résultante de ces deux actions moléculaires ne doit pas dépasser R kilogrammes, on déduira le diamètre à donner à la section la plus fatiguée de l'arbre de la relation :

$$R = \frac{16}{\pi d^3}\sqrt{(Pp)^2 + 4\mu^2},$$

d'où :

$$d^3 = \frac{16}{\pi R}\sqrt{(Pp)^2 + 4\mu^2}, \qquad (1)$$

relation qui permet soit de calculer la section constante à donner à l'arbre lorsqu'on s'impose simplement la condition que, dans la section la plus fatiguée, le plus grand effort total exercé sur les éléments ne dépasse pas une limite donnée R par unité de surface ; soit de calculer le diamètre à donner à chaque section lorsqu'on s'impose la condition qu'il présente la forme d'égale résistance.

Il est bien évident que, une fois ces dimensions déterminées, il faudra s'assurer si l'effort tranchant moyen est partout inférieur ou au plus égal à $\frac{8}{10}$ R, mais cette condition est presque toujours satisfaite.

Quant à la déformation subie par l'arbre, elle se détermine en remarquant que le déplacement total de chaque élément est la

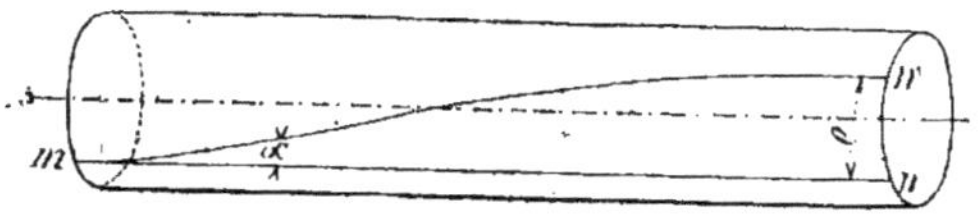


Fig. 430.

résultante des déplacements dus à la flexion et à la torsion.

Si, la plupart du temps, il n'y a pas lieu de s'occuper de la déformation de la flexion, il n'en est pas de même de celle de la torsion, et l'on a souvent à s'imposer la condition, surtout lorsque les arbres sont longs et que les transmissions se font par engrenages, que le déplacement relatif des sections extrêmes ne dépasse pas une limite donnée $e$ (*fig.* 430).

Lorsque le couple de torsion est sensiblement constant dans toute la longueur de l'arbre, et ce n'est guère pour ce cas de transmission, d'un travail déterminé d'une extrémité à l'autre de cet arbre, que cette condition est intéressante à faire intervenir :

$$e = l \operatorname{tg} \alpha = l \frac{16Pp}{G\pi d^4},$$

G étant le coefficient de torsion, d'où l'on déduit :

$$d = 1{,}72 \sqrt[3]{\frac{lPp}{Ge}}, \qquad (2)$$

diamètre qu'il n'y a lieu d'adopter que si

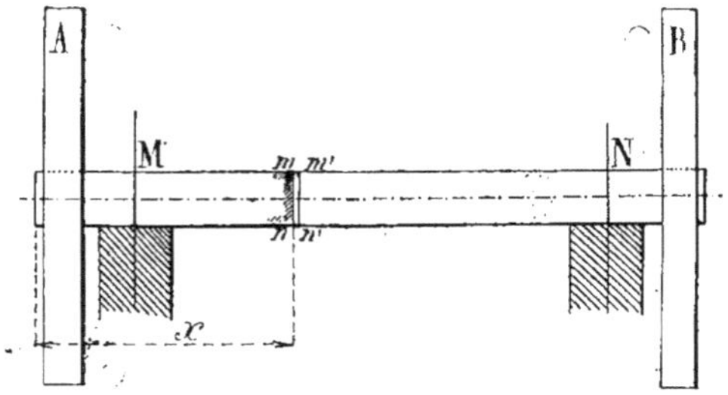


Fig. 431.

la résultante des efforts exercés sur les éléments les plus fatigués, de la section elle-même la plus fatiguée, ne dépasse pas la limite R qui se rapporte à la matière.

**662.** *Arbre mû par engrenages ou courroies.* — Admettons qu'un arbre (*fig.* 431) ait un mouvement de rotation uniforme, faisant $n$ tours par minute, recevant en A par engrenages ou courroies un travail de C chevaux qu'il transmet en B, également par engrenages ou courroies, à un autre arbre.

L'effort exercé sur la roue ou poulie en

A a pour équivalentes un couple P$p$ et une force unique passant par l'axe de l'arbre, le premier produisant la déformation par torsion, et le second par flexion.

Si l'on considère une portion d'arbre quelconque A$mn$, et si l'on exprime que son accélération angulaire $\frac{dw}{dt}$ est nulle, puisque son mouvement est uniforme, on aura :

$$\frac{dw}{dt} = \frac{\Sigma M_x F}{\Sigma mr^2} = o,$$

relation montrant que dans toutes les sections, comprises entre A et B, on a à chaque instant le couple de torsion constant et égal à P$p$, si l'on néglige le moment des forces de frottement des paliers en M et N contre l'arbre, ce que l'on peut faire sans inconvénient. Le couple de torsion étant constant dans toutes les sections, on devra déterminer le diamètre à donner à l'arbre en appliquant la formule (1) à la section où $\mu$ est maximum. Et si le moment fléchissant est, comme cela arrive le plus souvent dans ce cas, faible lorsqu'on le compare à P$p$, on pourra prendre pour formule donnant le diamètre de l'arbre :

$$d^3 = \frac{16Pp}{\pi F} = \frac{5{,}09Pp}{F},$$

d'où :

$$d = 1{,}72 \sqrt[3]{\frac{Pp}{F}}, \quad (3)$$

formule devenant, lorsqu'on exprime le couple P$p$ en fonction du nombre de chevaux transmis et du nombre de tours $n$ de l'arbre par minute :

$$d = 15{,}4 \sqrt{\frac{C}{nF}}. \quad (4)$$

Dans le cas d'arbres en fer, on peut prendre :

$$F = 4 \times 10^6,$$

ce qui donne :

$$d = 0{,}0969 \sqrt[3]{\frac{C}{n}}.$$

Si l'arbre est en acier, on peut prendre :

$$F = 7 \times 10^6,$$

et alors :

$$d = 0{,}0804 \sqrt[3]{\frac{C}{n}}.$$

Enfin, si l'arbre est en bois, on fait :

$$F = 0{,}3 \times 10^6,$$

d'où :

$$d = 0{,}228 \sqrt[3]{\frac{C}{n}}.$$

**663.** Remarque I. — Le diamètre s'exprime quelquefois en fonction du nombre de kilogrammètres qui lui est transmis dans une minute.

Si A est ce nombre de kilogrammètres, on aura :

$$Pp = \frac{75 \times C \times 60}{2\pi n} = \frac{A}{2\pi n},$$

d'où on déduit :

$$d^3 = \frac{5{,}09A}{2\pi nF} = \frac{0{,}811}{F} \cdot \frac{A}{n} = K \frac{A}{n}, \quad (5)$$

K représentant le coefficient variable avec la nature de la matière, c'est-à-dire :

$$K = \frac{0{,}811}{F}.$$

Cette formule, qui suppose l'influence des efforts de flexion négligeable et le mouvement de rotation uniforme, est souvent employée comme formule empirique pour calculer le diamètre à donner à un arbre animé d'un mouvement quelconque en donnant alors au coefficient K des valeurs variant avec ces conditions d'établissement. Le tableau suivant donne les valeurs de K, dont on fait usage.

**664.** Relativement à la torsion, pour que la transmission s'effectue convenablement, il convient que l'angle de torsion $\theta$ ne dépasse pas un quart de degré par mètre courant, c'est-à-dire qu'on doit poser :

$$\theta^\circ = \frac{1}{4} L.$$

| CONDITION DE LA TRANSMISSION DU TRAVAIL | ARBRES RONDS EN FER | | ARBRES RONDS EN FONTE | |
|---|---|---|---|---|
| | F | K | F | K |
| Travail régulier avec moteur régulier (roue ou turbine) | $4 \times 10^6$ | $\frac{0.20}{10^6}$ | $2 \times 10^6$ | $\frac{0.405}{10^6}$ |
| Travail régulier avec moteur irrégulier (machine à vapeur) | $3.5 \times 10^6$ | $\frac{0.22}{10^6}$ | $1.75 \times 10^6$ | $\frac{0.44}{10^6}$ |
| Travail irrégulier avec moteur régulier | $3 \times 10^6$ | $\frac{0.27}{10^6}$ | $1.5 \times 10^6$ | $\frac{0.54}{10^6}$ |
| Travail irrégulier avec moteur irrégulier | $2.5 \times 10^6$ | $\frac{0.325}{10^6}$ | $1.25 \times 10^6$ | $\frac{0.65}{10^6}$ |
| Laminoirs | $1.5 \times 10^6$ | $\frac{0.54}{10^6}$ | — | — |
| Marteaux | $0.75 \times 10^6$ | $\frac{1.08}{10^6}$ | — | — |

La formule donnant le diamètre et qui est :

$$d = \sqrt[4]{\frac{32}{\pi G} \cdot \frac{L}{\theta} \cdot \frac{360}{2\pi} Pp} \qquad (6)$$

devient :

$$d = 0{,}00413 \sqrt{Pp} = 0{,}120 \sqrt[4]{\frac{C}{n}}.$$

Dans la formule (6), L est la longueur de l'arbre, et G le coefficient de torsion qui est égal aux $\frac{2}{5}$ du module d'élasticité E.

**665.** Le tableau suivant extrait du Reuleaux donne les dimensions des arbres en fer, pour lesquels R = 6 kilogrammes par millimètre carré.

Des nombres contenus dans cette table il résulte qu'un arbre, tout en présentant une sécurité complètement satisfaisante au point de vue des déformations permanentes, peut cependant n'avoir que des dimensions insuffisantes au point de vue de la torsion.

Supposons, par exemple, qu'un arbre de 8 mètres de longueur soit sollicité à l'une de ses extrémités par une force de 100 kilogrammes agissant sur un bras de levier de $0^m,50$ et qu'il ait simplement à transmettre ce moment de rotation de 50 kilogrammètres à l'autre extrémité ; d'après la ligne 2 de la table, il suffirait, pour cela, de donner à l'arbre un diamètre de 35 millimètres, mais, sur la même ligne, le nombre de la colonne 4 indique que ce moment est environ dix fois celui qu'on peut admettre pour la torsion d'un arbre de ce diamètre ; et, d'après ce qui a été dit précédemment, le déplacement de deux points des extrémités, situés primitivement sur la même fibre, correspondrait, dans ce cas, à un angle de $10 . 8 \frac{1}{4} = 20$.

Comme, d'après ce que nous avons admis, l'angle de torsion ne doit pas dépasser $\frac{1}{4}$ de degré par mètre courant, c'est dans la colonne 4 que nous devons chercher le moment qui nous est donné ; il ne se trouve pas directement dans cette table, mais il est compris entre les nombres de la septième et huitième ligne ; nous devons donc prendre pour le diamètre le nombre intermédiaire entre ceux qui, sur ces deux lignes, se trouvent dans la colonne 1. On obtient ainsi 63 millimètres environ pour le diamètre qu'il convient de donner à l'arbre. D'après la colonne 2, au point de vue de la résistance, cet arbre pourrait être soumis à un moment six fois plus considérable que celui dont il s'agit.

**666.** Remarque I. — Cette table, qui sert pour les arbres en fer, peut être employée pour les arbres en fonte, à la condition de prendre pour *d*, dans chaque cas, le nombre correspondant à une valeur double de celle qui est donnée pour $Pp$ et $\frac{C}{n}$.

**667.** Remarque II. — La charge limite pour l'acier étant les $\frac{5}{3}$ de celle du fer, il en résulte que, pour obtenir les diamètres d'arbres en acier, il suffit de multiplier ceux que la table donne, pour les arbres en fer, respectivement par

$$\sqrt[3]{0,6} = 0,84$$

ou :

$$\sqrt[4]{0,6} = 0,88,$$

suivant qu'on le calcule au point de vue de la résistance ou, au contraire, au point de vue de la torsion.

**668.** Arbres en fer forgé

| $d$ | Calculés au point de vue de la résistance | | Calculés au point de vue de la torsion (arbres moteurs). | |
|---|---|---|---|---|
| | $Pp$ | $\frac{C}{n}$ | $Pp$ | $\frac{C}{n}$ |
| 30 | 32 968 | 0.046 | 2 776 | 0.004 |
| 35 | 50 511 | 0.071 | 5 142 | 0.007 |
| 40 | 75 398 | 0.105 | 8 775 | 0.012 |
| 45 | 107 354 | 0.150 | 14 053 | 0.020 |
| 50 | 147 263 | 0.206 | 21 418 | 0 030 |
| 55 | 196 096 | 0.274 | 31 339 | 0.044 |
| 60 | 254 470 | 0.355 | 44 413 | 0.062 |
| 65 | 323 536 | 0.452 | 61 175 | 0.085 |
| 70 | 404 088 | 0.564 | 82 280 | 0.115 |
| 75 | 497 012 | 0.694 | 108 430 | 0 151 |
| 80 | 603 187 | 0.842 | 140 367 | 0.196 |
| 85 | 723 501 | 1.010 | 178 888 | 0.250 |
| 90 | 858 835 | 1.199 | 224 842 | 0.314 |
| 95 | 1 010 075 | 1.411 | 279 126 | 0.390 |
| 100 | 1 178 100 | 1 645 | 342 694 | 0.478 |
| 110 | 1 568 051 | 2.19 | 501 738 | 0.71 |
| 120 | 2 035 756 | 2.84 | 710 610 | 0.99 |
| 130 | 2 588 286 | 3.61 | 978 768 | 1.37 |
| 140 | 3 252 706 | 4.51 | 1 316 493 | 1.84 |
| 150 | 3 976 088 | 5.55 | 1 734 888 | 2.42 |
| 160 | 4 825 498 | 6.74 | 2 245 879 | 3.14 |
| 170 | 5 788 005 | 8.08 | 2 862 815 | 4.00 |
| 180 | 6 870 679 | 9.59 | 3 597 465 | 5.02 |
| 190 | 8 080 588 | 11.28 | 4 466 022 | 6.24 |
| 200 | 9 424 800 | 13.16 | 5 483 104 | 7.66 |
| 220 | 12 541 231 | 17.51 | 8 027 813 | 11.21 |
| 240 | 16 286 054 | 22.74 | 11 369 764 | 15.88 |
| 260 | 20 706 285 | 28.91 | 15 660 293 | 21.87 |
| 280 | 25 861 651 | 36.11 | 21 063 892 | 29.41 |
| 300 | 31 808 700 | 44.11 | 27 758 214 | 38.76 |

## Arbres creux. — Arbres pleins.

**669.** Les arbres creux, qui sont souvent employés, présentent de grands avantages, comme économie de poids, sur les arbres pleins.

En effet, considérons deux arbres de même longueur, soumis aux actions des mêmes forces déformatrices de flexion et de torsion et voyons les relations qui existent entre les sections de ces arbres et les dimensions de ces sections dans l'hypothèse où leurs éléments les plus fatigués sont soumis à l'action du même effort total R, rapporté à l'unité de surface (*fig.* 432).

Pour l'arbre plein, on a :

$$R = \frac{16}{\pi d^3} \sqrt{(Pp)^2 + 4\mu^2},$$

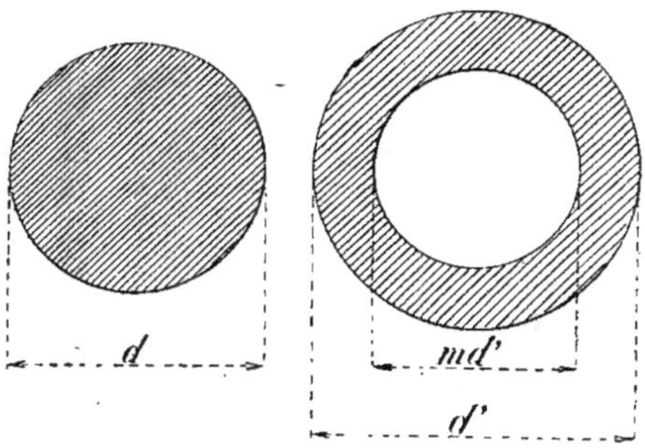


Fig. 432.

pour l'arbre creux il vient :

$$R = \frac{16}{\pi d'^3 (1 - m^4)} \sqrt{(Pp)^2 + 4\mu^2},$$

d'où l'on déduit pour relation entre $d$, $d'$ et $m$ :

$$d' = \frac{d}{\sqrt[3]{1 - m^4}}$$

et pour rapport entre la section $\Omega_c$ de l'arbre creux et celle de $\Omega_p$ de l'arbre plein :

$$\frac{\Omega_c}{\Omega_p} = \frac{1 - m^2}{\sqrt[3]{(1 - m^4)^2}} = \sqrt[3]{\frac{(1 - m^2)^3}{(1-m^2)^2 (1+m^2)^2}}$$

ou :

$$\frac{\Omega_c}{\Omega_p} = \sqrt[3]{\frac{1 - m^2}{(1 + m^2)^2}}.$$

Cette quantité est évidemment plus petite que l'unité, puisque le numérateur de la fraction placée sous le radical est plus petit que l'unité et que le dénominateur est plus grand.

A égalité de résistance, l'arbre creux est d'une section plus petite que l'arbre plein.

Plus $m$ se rapproche de l'unité, plus le rapport $\frac{\Omega_c}{\Omega_p}$ est petit, comme le montre la discussion de la formule précédente, ainsi que le tableau ci-dessous.

| $m$ | $\frac{\Omega c}{\Omega p}$ | $d'$ |
|---|---|---|
| 0.5 | 0.783 | 1.021$d$ |
| 0.6 | 0.702 | 1.047$d$ |
| 0.7 | 0.612 | 1.095$d$ |
| 0.8 | 0.512 | 1.192$d$ |
| 0.9 | 0.387 | 1.427$d$ |

Lorsque $m = 0{,}8$, rapport généralement adopté, on constate une diminution de poids de près de 50 0/0 sans que le diamètre de l'arbre augmente de plus de 20 0/0.

**670.** Remarque. — Quoique ces considérations purement géométriques démontrent l'avantage des arbres creux, il ne faut pas en conclure qu'il y aurait économie en pratique, et cela à cause des difficultés que présente la confection des arbres creux, et des conditions de l'établissement de la transmission. Il n'y aurait que les arbres en fonte qui puissent présenter une section annulaire, mais ils sont rarement employés pour les transmissions, à cause de leur faible résistance à la flexion; leurs diamètres seraient trop considérables et les paliers de support augmenteraient dans de notables proportions.

**671.** *Arbres à sections carrées.* — Les arbres à sections carrées sont plus lourds que les arbres ronds, pour la même résistance.

Supposons deux arbres soumis à l'action du même couple de torsion, construits avec la même matière et devant tous deux être soumis au même effort de glissement F.

En représentant par $d$ le diamètre de l'arbre rond, et par $c$ le côté de l'arbre à section carrée, on aura :

Pour l'arbre rond :

$$Pp = F\frac{\pi d^3}{16},$$

et pour l'arbre carré :

$$Pp = F\frac{\frac{c^4}{6}}{\frac{c}{\sqrt{2}}} = \frac{Fc^3}{\sqrt{18}},$$

d'où on déduit :

$$c = \left(\sqrt[3]{\frac{4{,}242}{5{,}095}}\right) d = 0{,}9405d,$$

et par suite pour les sections :

$$S_c = 1{,}133\ S_r,$$

relation qui démontre qu'à égalité de résistance l'arbre à section carrée est plus lourd d'environ 13 0/0 que celui à section circulaire.

Il doit en être d'ailleurs ainsi, la matière de l'arbre à section carrée étant moins bien utilisée que celle de l'arbre à section ronde, puisque ses quatre arêtes sont seules soumises à l'effort de glissement maximum F. Il y a enfin lieu de remarquer, en faveur de la section circulaire, que les formules employées pour calculer les dimensions à donner aux arbres ne s'appliquent plus, que par à peu près, aux sections transversales qui ne sont pas des cercles.

**672.** *Arbre animé d'un mouvement varié.* — Lorsque la transmission du travail est effectuée, comme dans la figure 431, par courroies ou engrenages, on a, en exprimant l'état du mouvement du système A$mn$, et en représentant par MF la somme des moments des forces de frottement autour du toursillon M, et par P'$p'$ la valeur du couple de torsion dans la section $mn$ :

$$\frac{dw}{dt} = \frac{Pp - P'p' - MF}{\Sigma mr^2},$$

d'où l'on déduit pour valeur du couple de torsion en $mn$ :

$$P'p' = Pp + \frac{dw}{dt}\Sigma mr^2 - MF,$$

et si, ce qui arrive presque toujours, la section à donner à l'arbre est constante, et les efforts de flexion négligeables, on doit calculer cette section constante pour la plus grande valeur que $P'p'$ peut atteindre.

En discutant la formule précédente, on voit que $P'p'$ atteint son maximum près de la roue B et que ce maximum a pour valeur le couple de torsion en A, augmenté du produit de l'accélération angulaire par le moment d'inertie de la roue A et de la portion d'arbre comprise entre l'origine et la section près la roue B, diminué de la somme des moments des forces de frottements au pourtour des tourillons M et N pris par rapport à l'axe de l'arbre. Et, comme $Pp$ peut varier dans un même tour et qu'il en est de même de $\frac{dw}{dt}$, on doit chercher les valeurs de $P'p'$ répondant à diverses situations angulaires de l'arbre, et introduire dans la formule donnant le diamètre celle des valeurs $P'p'$ qui est la plus grande.

Lorsque le travail est transmis par bielle et manivelle, la recherche de la plus grande valeur que le couple $Pp$ peut atteindre à l'extrémité A, là où l'arbre est actionné par la manivelle, ne présente aucune difficulté ; il y a alors trois cas à considérer :

1° L'arbre est actionné par une seule manivelle dans l'hypothèse d'une machine sans détente ;

2° L'arbre est actionné par une seule manivelle dans l'hypothèse d'une machine à détente ;

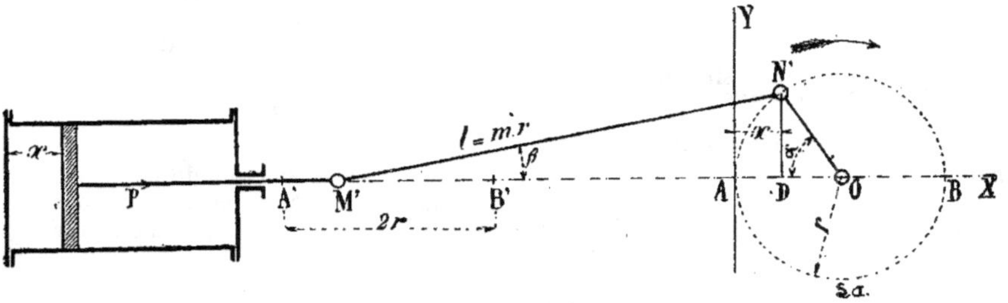


Fig. 433.

3° L'arbre est actionné par deux machines, soit sans détente, soit à détente.

Voyons comment dans chacun de ces trois cas on peut calculer la valeur du plus grand couple de torsion à introduire dans la formule du calcul de l'arbre.

**673.** *Arbre actionné par une machine sans détente.* — Si la machine est sans détente, la vapeur agit à pleine pression pendant toute la durée de la course, c'est-à-dire que la résultante des actions qui agissent sur le piston est une force constante.

Représentons par (*fig.* 433) :

P, cette force constante ;

$r$, le rayon de la manivelle ;

$l = mr$, la longueur de la bielle ;

$\alpha$, l'angle que fait une position de la manivelle avec l'axe de la tige du piston ;

$\beta$, l'angle correspondant de la bielle avec la tige du piston.

En ne tenant pas compte de l'état de mouvement de la bielle et de la tige ainsi que des frottements, on aura :

$$MP = Pr \sin \alpha + P \operatorname{tg} \beta r \cos \alpha, \quad (1)$$

ou en mettant $Pr$ en facteur commun :

$$MP = Pr (\sin \alpha + \operatorname{tg} \beta \cos \alpha). \quad (2)$$

$Pr$ étant constant, on voit que le maximum de MP répond à la position de la manivelle pour laquelle la quantité entre parenthèses est elle-même maxima.

Pour trouver la valeur de $\alpha$, répondant à cette condition, il faut exprimer $\operatorname{tg} \beta$, en fonction des données de la question.

Or dans le triangle rectangle M'DN' on a :

$$\operatorname{tg} \beta = \frac{DN'}{DM'},$$

mais : $DN' = r \sin \alpha$

et : $DM' = \sqrt{m^2 r^2 - r^2 \sin^2 \alpha},$

d'où : $$\operatorname{tg} \beta = \frac{r \sin \alpha}{\sqrt{m^2 r^2 - r^2 \sin^2 \alpha}}$$

et : $$\operatorname{tg} \beta = \frac{\sin \alpha}{\sqrt{m^2 - \sin^2 \alpha}}. \quad (3)$$

En remarquant que $m$ est toujours égal à 5, et sin $\alpha$ toujours plus petit que l'unité, on peut sans erreur sensible substituer à $\sqrt{m^2 - \sin^2 \alpha}$ la quantité $\sqrt{m^2} = m$ ; donc :

$$\operatorname{tg} \beta = \frac{\sin \alpha}{m}. \quad (4)$$

Cette valeur mise dans l'équation (2) donne :

$$MP = Pr \left( \sin \alpha + \frac{\sin \alpha \cos \alpha}{m} \right). \quad (5)$$

La valeur du couple MP devient maximum pour :

$$\cos \alpha_m = \frac{m}{4} \left[ \left( \sqrt{1 + \frac{8}{m^2}} \right) - 1 \right]. \quad (6)$$

Pour chaque position de la manivelle répond une position du piston dont la distance $x$ au fond du cylindre est :

$$x = r(1 - \cos \alpha) + mr\left(1 - \sqrt{1 - \frac{\sin^2 \alpha}{m^2}}\right) \quad (7)$$

ou :

$$x = r(1 - \cos \alpha) + \frac{r \sin^2 \alpha}{m + \sqrt{m^2 - \sin^2 \alpha}}. \quad (8)$$

La position du piston donnant naissance au plus grand couple de torsion a donc pour abscisse :

$$x_m = r(1 - \cos \alpha_m) + mr\left(1 - \sqrt{1 - \frac{\sin^2 \alpha_m}{m^2}}\right). \quad (9)$$

Le plus grand couple de torsion auquel l'arbre a à résister est par suite connu, quel que soit le rapport de la bielle à la manivelle.

Lorsque $m$ est très grand, c'est-à-dire que la bielle reste, dans son mouvement, sensiblement parallèle à l'axe de la tige du piston, on a très sensiblement :

$$MP = Pr \sin \alpha$$

et : $$x = r(1 - \cos \alpha).$$

Ces deux formules montrent que le couple de torsion est maximum pour $\sin \alpha = 1$ et a pour valeur :

$$MP = Pr.$$

Ce maximum répond à une position de la manivelle donnée pour $\alpha = 90°$ et à une position du piston donnée par $x = r$.

En introduisant cette valeur de MP dans la formule déterminant le diamètre de l'arbre, pour le cas où l'influence des efforts de flexion peut être négligée, on trouve :

$$d^3 = 5{,}09 \frac{Pr}{F};$$

et comme $4Pr$, travail transmis en un tour, a pour valeur :

$$4Pr = \frac{75 \times 60 \times C}{n}$$

ou : $$Pr = \frac{1125 C}{n}.$$

Le diamètre, en fonction du nombre de chevaux transmis et du nombre de tours faits par l'arbre, est donné par la formule :

$$d = 17{,}89 \sqrt[3]{\frac{C}{nF}}.$$

Cette formule comparée à celle du n° 662 qui est :

$$d = 15{,}4 \sqrt[3]{\frac{C}{nF}},$$

applicable au cas d'un arbre soumis à l'action d'un couple moteur constant, fait connaître que le rapport des sections de deux arbres, transmettant un même travail, en faisant un même nombre de tours, le premier étant actionné par une machine sans détente au moyen de bielle et manivelle, la bielle étant supposée de longueur infinie, et le second étant animé d'un mouvement de rotation uniforme et pour cela actionné par roues d'engrenages ou courroies, a pour valeur :

$$\frac{\Omega_v}{\Omega_u} = \frac{\overline{17{,}89}^2}{\overline{15{,}4}^2} = 1{,}35,$$

c'est-à-dire que la section de l'arbre animé d'un mouvement varié est, dans ce cas, de 35 0/0 plus élevée que celle de l'arbre animé d'un mouvement uniforme.

Les diamètres sont dans le rapport :

$$\frac{d_v}{d_u} = \frac{17,89}{15,4} = 1,162.$$

Il est bien entendu que dans la pratique la longueur de la bielle n'est pas infiniment grande, comme nous l'avons supposé, mais en donnant à $m$ une valeur convenable, au moins égale à 5, le maximum de MP diffère peu de $Pr$, comme le montre le tableau ci-dessous :

| $m$ | VALEURS de cos $\alpha$ répondant au MAXIMUM de MP | VALEURS correspondant de $\alpha$ | PLUS GRANDS COUPLES de torsion MP |
|---|---|---|---|
| $m = 5$ | $\cos \alpha_m = 0.1875$ | $\alpha_m = 79° 12'$ | $MP = 1.075Pr$ |
| » = 6 | » = 0.1590 | » = 80° 51' | » = 1.066Pr |
| » = 7 | » = 0.1365 | » = 82° 9' | » = 1.059Pr |
| » = 8 | » = 0.1200 | » = 83° 6' | » = 1.053Pr |
| » = 10 | » = 0.0975 | » = 84° 24' | » = 1.044Pr |
| » = 15 | » = 0.0723 | » = 85° 51' | » = 1.031Pr |
| » = $\infty$ | » = 0.0000 | » = 90° 00 | » = 1.000Pr |

Ce tableau montre que pour $m = 5$ le couple de torsion ne diffère de celui pour l'hypothèse de la bielle infinie que de 8 0/0 environ.

Si l'on veut connaître les valeurs intermédiaires par lesquelles passe le couple de torsion avant d'atteindre son maximum, il est prudent de les déterminer par la formule réelle (5); la formule approchée donnant des valeurs qui diffèrent d'autant plus de la réalité que $\alpha$ et $m$ sont petits.

Les chiffres du tableau suivant font ressortir ce fait avec plus d'évidence.

RAPPORT DE LA BIELLE A LA MANIVELLE $m = 5$

| VALEURS DE $\alpha$ | MOMENTS DE TORSION | |
|---|---|---|
| | CAS DE BIELLE infinie | Cas de $m = 5$ |
| 10° | 0.173Pr | 0.208Pr |
| 20° | 0.342Pr | 0.406Pr |
| 30° | 0.500Pr | 0.587Pr |
| 40° | 0.643Pr | 0.740Pr |
| 50° | 0.766Pr | 0.864Pr |
| 60° | 0.866Pr | 1.039Pr |
| 70° | 0.939Pr | 1.067Pr |
| 80° | 0.984Pr | 1.059Pr |
| 90° | 1.000Pr | 1.000Pr |

**674.** *Arbre actionné par une machine à détente.* — Déterminons l'expression du plus grand couple de torsion, dans le cas d'une machine dans laquelle la vapeur agit à pleine pression pendant une fraction seulement de la course du piston ; nous négligeons, comme précédemment, l'état de mouvement des pièces qui réunissent le piston à l'arbre de transmission, ainsi que les frottements. Désignons par P la pression résultante exercée sur le piston dans une position telle que la bielle fasse un angle $\beta$, et la manivelle un angle $\alpha$ (*fig.* 434). L'expression du couple de torsion sera :

$$MP = Pr\left(\sin \alpha + \frac{\sin \alpha \cos \alpha}{m}\right). \quad (1)$$

La pression P n'étant pas constante pendant toute la course du piston, on ne peut trouver le maximum de MP par la seule détermination de la valeur de $\alpha$ qui rende maximum la quantité entre parenthèses. Il faudra prendre la plus grande valeur que peut atteindre MP pendant la période de pleine pression, et celle maxima qu'elle acquiert pendant la période de détente et prendre, pour le calcul de l'arbre, la plus grande de ces deux maxima.

Occupons-nous d'abord de la marche à pleine pression. P étant constant pendant cette période, le couple de torsion sera maximum pour :

$$\cos \alpha = \frac{m}{4}\left(\sqrt{1 + \frac{8}{m^2}} - 1\right) \quad (2)$$

Cette valeur ne peut être adoptée que si l'angle de marche à pleine pression est plus grand, ou au moins égal à celui donné par cette formule.

Lorsqu'il en est ainsi, le problème est résolu, la plus grande valeur du couple de torsion est déterminée et il n'y a pas lieu de s'occuper de la période de détente.

Mais, le plus souvent, l'angle de marche à pleine pression est plus petit que l'angle ainsi calculé; dans ce cas, le couple de torsion atteint sa plus grande valeur à l'instant où l'angle $\alpha$ devient égal à l'angle de pleine pression $(\alpha_0)$ et il a pour valeur, si $P_0$ est la pression résultante exercée sur le piston pendant cette période :

$$MP = P_0 r\left(\sin\alpha_0 + \frac{\sin\alpha_0\cos\alpha_0}{m}\right), \quad (3)$$

et pour trouver le maximum que le couple de torsion atteint en une course il ne reste plus qu'à comparer cette valeur à la plus grande valeur qu'il atteint pendant la période de détente.

Voyons comment on la détermine.

Après avoir construit la surface $aa'c'b'b$ représentative du travail transmis pendant sa course de $A_0$ à $B_0$, on procède de deux manières: graphiquement lorsque cette surface tient compte des conditions réelles d'introduction, d'échappement et de détente de la vapeur, et algébriquement lorsque, pour simplifier, on admet que la vapeur se détend suivant la loi de Mariotte, que la contre-pression est constante, que l'on peut négliger les actions exercées sur la pression de la vapeur par les orifices d'admission ou d'échappement qui diminuent ou augmentent graduellement, ainsi que celles exercées par l'introduction et l'échappement anticipés, et que l'on représente l'influence de tous ces éléments par un coefficient de correction $(\rho)$ affectant le travail déterminé en partant des hypothèses que nous venons d'énumérer.

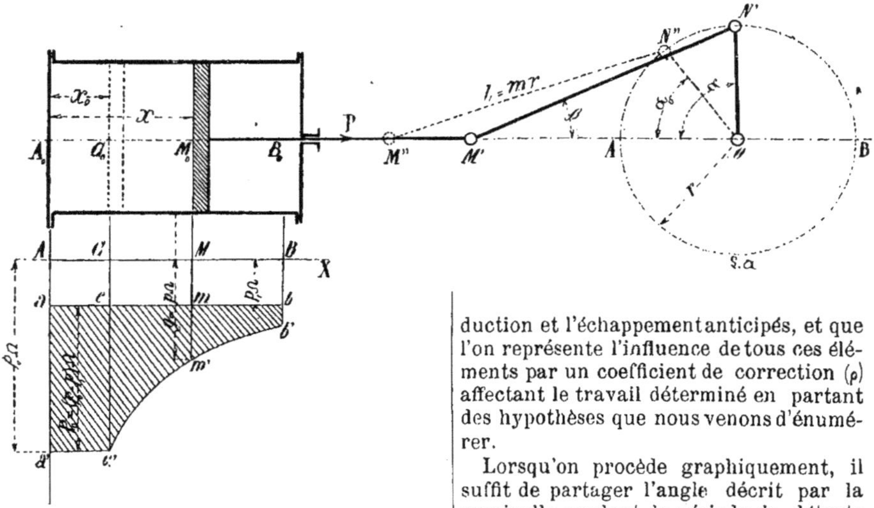


Fig. 434.

Lorsqu'on procède graphiquement, il suffit de partager l'angle décrit par la manivelle pendant la période de détente en un certain nombre de parties égales et, portant ces angles en abscisses, d'élever des ordonnées ayant pour valeurs :

$$\left[Pr\left(\sin\alpha + \frac{\sin\alpha\cos\alpha}{m}\right)\right],$$

quantités faciles à obtenir puisque, $\alpha$ étant donné, la quantité entre parenthèses est connue, ainsi que la pression P, égale à la portion d'ordonnée $mm'$ comprise dans la surface représentative du travail.

La courbe qui réunit ces ordonnées étant tracée, on reconnaît toujours, et le raisonnement direct indique d'ailleurs qu'il doit en être ainsi, que le couple de orsion atteint sa plus grande valeur à l'origine de la période de détente et que cette valeur est donnée par la formule déjà citée :

$$MP = P_0 r\left(\sin\alpha_0 + \frac{\sin\alpha_0\cos\alpha_0}{m}\right).$$

On arrive algébriquement au même résultat lorsque les conditions d'action de la vapeur sont celles indiquées plus haut.

En effet, on a pour expression du couple de torsion répondant à une position quelconque du piston, d'abscisse ($x$) :

$$MP = r\left[P\sin\alpha\left(1+\frac{\cos\alpha}{m}\right)\right] \quad (4)$$

et :

$$x = r(1-\cos\alpha) + mr\left(1-\sqrt{1-\frac{\sin^2\alpha}{m^2}}\right). \quad (5)$$

Si on représente par K' le rapport de la pression initiale $p_0$ de la vapeur contre le piston à la contre-pression $p_1$, et par K le rapport de la course $2r$ du piston, à sa marche à pleine pression $x_0$, il vient :

$$P = (p-p')\,\Omega = \left(\frac{p_0 x_0}{x} - p'\right)\Omega$$

$$= \left(\frac{2r}{Kx} - \frac{1}{K'}\right)p_0\Omega,$$

d'où, en substituant à $x$ sa valeur tirée de l'équation (5) :

$$P = \left\{\frac{2K' - K\left[(1+m) - \cos\alpha + \sqrt{m^2-\sin^2\alpha}\right]}{K'K\left[(1+m) - \cos\alpha + \sqrt{m^2-\sin^2\alpha}\right]}\right\}p_0\Omega. \quad (6)$$

Cette pression connue, on en déduit pour expression, en fonction des données de la question, du couple de torsion répondant à une position $\alpha$ de la manivelle :

$$MP = \left\{\frac{\left[2K' - K(1+m) - (\cos\alpha + \sqrt{m^2-\sin^2\alpha})\right]\left(1+\frac{\cos\alpha}{m}\right)\sin\alpha}{K'K\left[(1+m) - (\cos\alpha + \sqrt{m^2-\sin^2\alpha})\right]}\right\}p_0\Omega r, \quad (7)$$

expression devenant, lorsqu'on suppose que la détente est parfaite, c'est-à-dire que :

$$K' = \frac{p_0}{p_1} = K = \frac{2r}{x_0},$$

$$MP = \left\{\frac{\left[(1+\cos\alpha) - m\left(1-\sqrt{1-\frac{\sin^2\alpha}{m^2}}\right)\right](m+\cos\alpha)\sin\alpha}{\left((1-\cos\alpha) + m\left(1-\sqrt{1-\frac{\sin^2\alpha}{m^2}}\right)\right]}\right\}\frac{p_0\Omega r}{K.m} \quad (8)$$

formule donnant un couple de torsion d'autant plus grand que $\alpha$ est petit ; et comme $\alpha$ ne peut pas, pendant cette période de détente, descendre au-dessous de $\alpha_0$, c'est encore pour cette valeur de l'angle de marche à pleine pression que le couple de torsion est le plus grand.

Si l'arbre n'est calculé que pour résister au plus grand couple de torsion, il suffira donc de remplacer dans l'équation :

$$d = 1,72\sqrt{\frac{Pp}{F}}.$$

$Pp$, par sa valeur tirée de la formule :

$$MP = P_0 r\left(\sin\alpha_0 + \frac{\sin\alpha_0\cos\alpha_0}{m}\right).$$

**675.** Remarque. — La relation donnant, dans ce cas, le diamètre de l'arbre peut être mise sous une forme très simple, lorsque, se plaçant dans les conditions qui ont servi à établir les formules (6) et (8), on admet de plus que $m = \infty$, c'est-à-dire que la bielle peut être supposée se mouvoir parallèlement à l'axe de la tige du piston.

Si $m = \infty$, on a en effet :

$$MP = (p_0 - p_1)\,\Omega r \sin \alpha_0$$

ou : $$MP = p_0\left(\frac{K-1}{K}\right)\Omega r.\sin\alpha. \quad (9)$$

L'expression du travail transmis au piston pendant une seconde étant :

$$75C = \frac{p_0\Omega r}{K}\cdot\frac{2n}{30}\left[1+2,3026\log K - \frac{p_1}{p_0}K\right]$$

formule que nous retrouverons plus tard dans la partie qui traitera des machines à vapeur, et dans laquelle $n$ représente le nombre de tours de l'arbre fait par minute, C le nombre de chevaux transmis au piston, et dans l'hypothèse de $\rho = 1$.

On en déduit pour valeur de :

$$\frac{p_0\Omega r}{K},$$

dans le cas particulier considéré de $K = K'$, c'est-à-dire de :

$$\frac{p_1 K}{p_0} = 1,$$

$$\frac{p\Omega r}{K} = \frac{488,5C}{n\log(=K)};$$

mais d'autre part on a :

$$\sin\alpha_0 = \frac{2}{K}\sqrt{K-1}.$$

Il vient donc, en substituant dans l'équation (9) à $\frac{p_0\Omega r}{K}$ et à $\sin\alpha_0$ leurs valeurs en fonction des données de la question :

$$MP = 977\left[\frac{\sqrt{(K-1)^3}}{K\log(=K)}\right]\frac{C}{n} = 977A\frac{C}{n} \quad (10)$$

et lorsqu'on tient compte du coefficient $\rho$ :

$$MP = 977A\frac{C}{n}\cdot\frac{1}{\rho}.$$

Si l'on représente par A le coefficient constant, pour un degré de détente donné :

$$\left[\frac{\sqrt{(K-1)^3}}{K\log(=K)}\right].$$

Substituant enfin d ns l'équation :

$$d = 1,72\sqrt{\frac{Pp}{F}}$$

à MP sa valeur, on en déduit, pour expression du diamètre à donner à l'arbre, supposé calculé pour ne résister qu'à la torsion :

$$d = 17,08\sqrt[3]{\frac{AC}{nF}}. \quad (11)$$

Aux différentes valeurs de K répondent les valeurs numériques suivantes de A :

| K | A | K | A |
|---|---|---|---|
| 2 | 1.66 | 7 | 2.485 |
| 3 | 1.97 | 8 | 2.562 |
| 4 | 2.16 | 9 | 2.635 |
| 5 | 2.29 | 10 | 2.700 |
| 6 | 2.395 | | |

On peut donc appliquer la formule (11) sans aucune difficulté aux différents cas de détente le plus généralement admis.

Si, par exemple, on veut l'appliquer à une machine détendant au 1/10, elle vient :

$$d = 23,77\sqrt[3]{\frac{AC}{nF}},$$

formule qui, comparée à la relation du

$$d = 15,4\sqrt[3]{\frac{C}{nF}},$$

n° 622, montre que le fait de transmettre un travail donné par machine à détente au lieu de le transmettre par un couple constant conduit à augmenter le diamètre de l'arbre de plus de 50 0/0.

Le rapport de ces diamètres devient :

$$d_1 = 1,543d.$$

et fait plus que doubler la section dont la valeur a pour expression :

$$\Omega_1\ \omega = 2,38\ \Omega.$$

Cette formule montre, enfin, l'influence exercée sur le diamètre par le mode de transmission du travail.

**676.** *Arbre actionné par deux manivelles calées à 90 degrés.* — Les arbres actionnés par deux manivelles calées à 90 degrés peuvent affecter deux dispositions : dans la première, représentée par la figure 435, les manivelles sont de part et d'autre de la poulie motrice; dans la deuxième, indiquée par la figure 436, les manivelles sont du même côté de la poulie V.

Dans le cas de la figure 435, si on considère le mouvement de la portion de l'arbre comprise entre une section quelconque *mn*, puis la poulie V et l'extrémité B la plus rapprochée de l'une des bielles, on trouve pour expression du couple de torsion dans cette section :

$$\text{Couple de torsion} = \frac{dw}{dt}\,\Sigma mr^2 + \mathrm{MP'}$$

$$- \Sigma \text{ moment des forces de frottement,}$$

c'est-à-dire qu'un arbre placé dans ces conditions se calcule en suivant une marche identique à celle que nous venons de développer pour la détermination du plus grand couple de torsion auquel il peut avoir à résister.

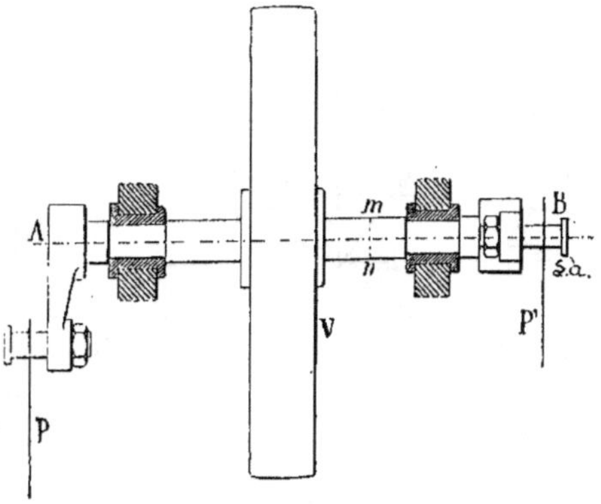


Fig. 435.

Lorsque les bielles agissent comme dans la figure 436, d'un même côté de la poulie V, on a de même, en considérant le mouvement de la portion de l'arbre comprise entre une section *mn*, près de la poulie et l'extrémité de l'arbre du côté où il est actionné par les bielles :

$$\text{Couple de torsion} = \frac{dw}{dt}\,\Sigma mr^2 + \mathrm{MP'}$$

$$- \Sigma \text{ moment des forces de frottement.}$$

On peut donc écrire dans ce cas, pour valeur du couple de torsion dans la section la plus fatiguée, en négligeant l'état de mouvement du système et le moment des forces du frottement au pourtour des tourillons, termes qui se compensent sensiblement :

$$\mathrm{P}p = \left[\mathrm{P}\sin\alpha\left(1 + \frac{\cos\alpha}{m}\right) + \mathrm{P'}\cos\alpha\left(1 - \frac{\sin\alpha}{m}\right)\right] r,$$

relation dont il ne reste qu'à trouver le maximum pour chaque cas d'action des machines.

Lorsque la vapeur se détend dans chaque cylindre, le procédé le plus simple pour obtenir le couple de torsion maximum est de construire la courbe de ses moments en superposant les ordonnées représentatives des moments de torsion

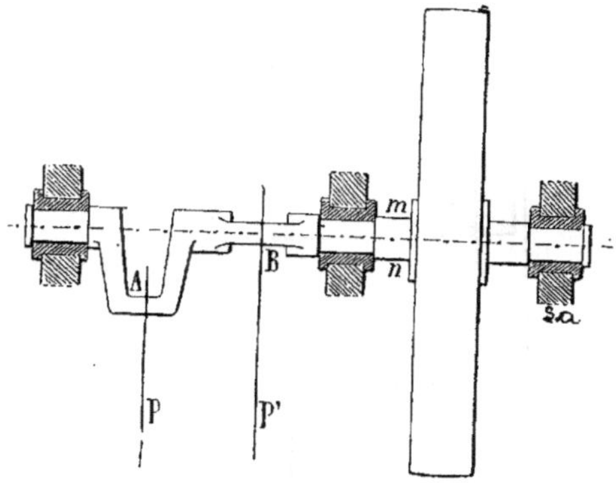


Fig. 436.

répondant à l'action de chacune des bielles des deux cylindres.

Lorsque, dans le cas particulier, la pression est constante dans chaque cylindre et qu'on peut supposer le rapport de la longueur de la bielle au rayon de la manivelle se rapprochant de l'infini, on a :

$$\mathrm{P}p = (\sin\alpha + \cos\alpha)\,\mathrm{P}r,$$

quantité devenant maxima pour $\alpha = 45$ degrés et ayant alors pour valeur :

$$\mathrm{P}p = 1{,}414\ \mathrm{P}r.$$

Si l'arbre peut être calculé pour ne résister qu'au plus grand couple de torsion, on obtiendra son diamètre en remplaçant cette valeur de P*p* dans l'équation :

$$d = 1{,}72\sqrt[3]{\frac{\mathrm{P}p}{\mathrm{F}}},$$

ce qui donne :

$$d_1 = 1,93 \sqrt[3]{\frac{Pr}{F}},$$

tandis qu'un autre arbre, actionné par une seule machine, lui transmettant le même travail dans les mêmes conditions, devrait être calculé pour résister à un couple de torsion égal à $2Pr$, ce qui conduirait à lui donner un diamètre :

$$d = 2,168 \sqrt{\frac{Pr}{F}}.$$

Le diamètre de cet arbre serait donc de 12 0/0 plus grand que celui nécessaire dans le cas de deux machines agissant d'un même côté de la roue V et transmettant, dans des conditions identiques, le même travail ; quant à la section, elle serait de 26 0/0 plus élevée.

Il y a donc avantage évident, au point de vue de la section à donner à l'arbre, à lui transmettre un travail déterminé par le plus grand nombre possible de moteurs.

**677.** *Arbre soumis simultanément à la torsion et à la flexion.* — Dans les exemples qui précèdent nous n'avons pas tenu compte de la flexion à laquelle un arbre peut être soumis ; nous avons déterminé le diamètre d'un arbre d'après le moment

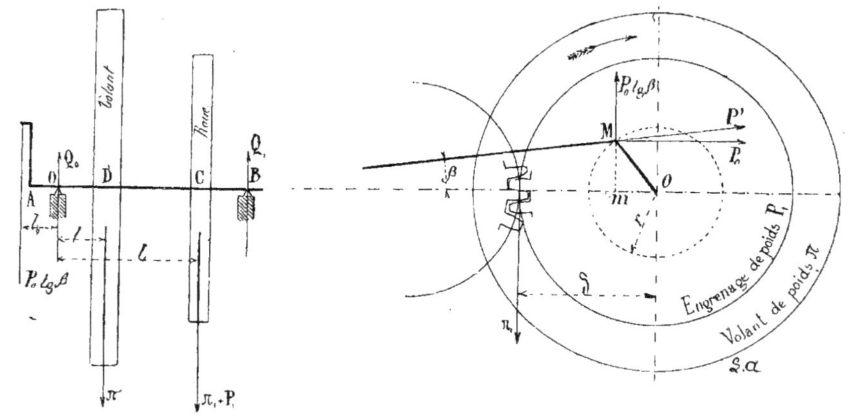


Fig. 437.

de torsion maximum. Dans bien des cas, ces pièces supportent des charges assez considérables pour qu'elles entrent dans le calcul, en même temps que celles qui produisent un effort de torsion.

L'exemple que nous allons considérer sera celui d'un arbre actionné par une machine horizontale et portant un volant, ainsi qu'une roue d'engrenage dont les poids sont donnés.

Soit AB (*fig.* 437) un arbre reposant à ses deux extrémités, entre lesquelles se trouvent un volant de poids $\pi$ et une roue dentée dont le poids est $P_1$. Désignons par R la résultante des réactions de la roue conduite contre la roue montée sur l'arbre, et substituons à cette force une force parallèle et égale passant par l'axe de l'arbre et un couple $R\delta$. Négligeons la somme des composantes horizontales de ces réactions et substituons, de même, à la pression P exercée par la bielle contre la manivelle :

1° Une parallèle à P passant par l'axe de l'arbre, dont la composante horizontale a pour valeur la pression $P_0$ exercée sur le piston et dont la composante verticale est $P_0$ tg $\beta$ ou bien $P_0 \frac{\sin \alpha}{m}$ ;

2° Un couple égal au produit de P par la distance des deux parallèles, ou bien à :

$$P_0 r \left(\sin \alpha + \frac{\sin \alpha \cos \alpha}{m}\right).$$

Remplaçons enfin l'ensemble des réactions exercées par les coussinets contre les tourillons de cet arbre par des couples $Mf$ pour le palier O, et $Mf'$ pour le palier B, et des forces uniques passant par l'axe de l'arbre, ayant des composantes verticales que nous représenterons par $Q_0$ et $Q_1$, et des composantes horizontales que nous représenterons par $Z_0$ et $Z_1$.

L'arbre pourra alors être assimilé à un solide soumis à l'action déformante de trois groupes de forces : des couples agissant dans des plans perpendiculaires à son axe, une série de forces verticales agissant sur cet axe en (A, O, D, C, B) et une série de forces horizontales agissant sur (A, O et B), lorsqu'on néglige, comme nous l'avons fait, les composantes horizontales des actions de la roue conduite contre les dents de la roue montée sur l'arbre.

L'effort moléculaire, auquel chacun de ses éléments est soumis, est donc la résultante des efforts dus séparément à la torsion, à la flexion dans le sens horizontal et à celle dans le sens vertical.

Et comme les éléments les plus fatigués par les flexions dans le sens vertical et le sens horizontal sont à 90 degrés les uns des autres, on peut, sans erreur sensible, se contenter de déterminer le diamètre nécessaire à chaque section pour résister à celle des deux résultantes de torsion et de flexion dans le sens vertical, ou de torsion et de flexion dans le sens horizontal, qui donne les plus grandes dimensions.

Si dans une section quelconque on représente par $\mu_v$ le moment fléchissant dû aux forces verticales, et par $\mu_h$ celui dû aux forces horizontales, ses dimensions résulteront de celle des deux relations :

$$d = \sqrt[3]{\frac{16}{\pi R} \sqrt{(Pp)^2 + 4\mu_v^2}},$$

$$d' = \sqrt[3]{\frac{16}{\pi R} \sqrt{(Pp)^2 + 4\mu_h^2}}$$

qui donnera le plus grand diamètre.

On peut sans inconvénient négliger le poids de l'arbre ; ce que l'on est forcé d'ailleurs de faire pour déterminer une première valeur des dimensions qu'il y a lieu de lui donner.

Dans ces conditions, si $\frac{dw}{dt}$ représente l'accélération du système tournant pour une position angulaire donnée $\alpha$ de la manivelle, si $I_m$ représente le moment d'inertie de la manivelle et $I_v$ celui du volant, on a pour expression des couples de torsion auxquels les différentes sections de l'arbre ont à résister :

De A au palier O :

$$Pp = P_0 r \left( \sin\alpha + \frac{\sin\alpha \cos\alpha}{m} \right) \pm \frac{dw}{dt} I_m.$$

Du palier O à D :

$$Pp = P_0 r \left( \sin\alpha + \frac{\sin\alpha \cos\alpha}{m} \right) - Mf \pm \frac{dw}{dt} I_m;$$

De D à C :

$$Pp = P_0 r \left( \sin\alpha + \frac{\sin\alpha . \cos\alpha}{m} \right) - Mf' \pm \frac{dw}{dt} (I_m + I_v).$$

On a de même, pour expression du moment fléchissant dans le sens vertical en O, suivant que $P_0 \operatorname{tg}\beta$ est dirigé du haut vers le bas ou du bas vers le haut :

$$\mu_v' = \mp P_0 \operatorname{tg} \beta l^2,$$

en D :

$$\mu_v'' = Q_0 l \mp P_0 \operatorname{tg} \beta (l_2 + l),$$

et en C :

$$\mu_v''' = Q_0 l_1 \mp P_0 \operatorname{tg} \beta (l_1 + l_2) - \pi (l_1 - l).$$

La réaction $Q_0$ étant déterminée par la condition que la somme des moments des composantes verticales des forces qui agissent sur l'arbre, prise par rapport à l'axe projeté en B, soit nulle, ces trois moments fléchissants sont connus et par suite la section où elle atteint sa plus grande valeur.

Dans le cas considéré, cette section est toujours celle du plan moyen du volant, et c'est aussi dans cette section que le couple de torsion est maximum, lorsqu'on ne tient pas compte de la masse de l'arbre. On voit donc que l'arbre doit être calculé pour résister simultanément à un couple de torsion et à un moment fléchissant dans le sens vertical qui sont tous deux connus ; son diamètre est donc déterminé.

Le moment fléchissant, dans le sens horizontal, atteint son maximum en O ; le diamètre à donner à l'arbre en ce point, pour résister à la torsion et à cette flexion, s'obtient donc en exprimant que, dans cette section, la plus grande valeur de R, due simultanément à ces deux causes déformatrices, ne dépasse pas une limite donnée.

Mais, comme le moment de torsion maximum n'a pas lieu en O, mais bien dans la section contre le volant entre D et C, on ne peut pas dire *a priori*, que le diamètre ainsi déterminé soit suffisant pour résister à ces deux groupes de forces; lorsque la section de l'arbre est constante, il y a donc lieu de la calculer également dans la section près du volant.

Les dimensions ainsi trouvées, comparées à celles nécessaires pour résister simultanément à la torsion et à la flexion dans le sens vertical, permettent alors de déterminer celles qu'il y a lieu d'adopter pour l'arbre supposé avoir une section constante.

Lorsque, par économie, ou pour diminuer le poids à donner à cet organe, on ne veut pas lui donner une section constante, on détermine celles nécessaires aux points O, D et C, en exprimant que la résultante due à la flexion et à la torsion ne dépasse pas, dans ces sections, la limite qui se rapporte à la matière employée à sa construction. On conserve les arbres cylindriques en D et C sur les longueurs nécessaires pour supporter la roue ainsi que le volant; on détermine de même les dimensions à donner aux tourillons et à la portée de la manivelle, et l'on réunit ces portions d'arbres par des troncs de cône. Le profil ainsi obtenu enveloppe celui d'égale résistance et donne toute satisfaction aux conditions du problème.

Les divers exemples donnés suffisent pour indiquer la marche des calculs qu'il faudrait suivre quelles que soient les conditions d'action des forces qui agissent sur lui.

**678.** Remarque. — Nous venons de voir que, si l'on veut tenir compte de la torsion et de la flexion, on est conduit à des calculs de résistance assez longs. Afin d'arriver au résultat plus simplement, il convient de transformer les deux moments statiques de torsion et de flexion en un moment fléchissant idéal et de calculer dès lors l'arbre donné, en le supposant soumis à l'action de ce moment.

En désignant par :

$M^t$, le moment de torsion pour une section$_t$;

$M^f$, le moment de flexion pour la même section;

Le moment fléchissant idéal, susceptible de les remplacer tous les deux, a pour expression :

$$(M_f)_i = \frac{3}{8} M_f + \frac{5}{8} \sqrt{M_f^2 + M_t^2}.$$

Pour les calculs numériques, on peut, au moyen du théorème de Poncelet, remplacer cette formule par les expressions approximatives suivantes :

Lorsque : $M_f > M_t$

$$(M_f)_i = 0{,}975 M_f + 0{,}25 M_t.$$

Lorsque : $M_f < M_t$

$$(M_f)_i = 0{,}625 M_f + 0{,}6 M_t.$$

**679.** *Procédé graphostatique.* — Supposons un arbre ACB (*fig.* 438) portant en C une roue dentée de rayon R, à la circonférence de laquelle agit tangentiellement la force Q; le corps de l'arbre CB se trouve alors sollicité à la torsion par le moment $M^t = QR$; cette force Q tend également à faire fléchir l'axe et donne lieu, dans les tourillons A et B, aux réactions :

$$P_1 = Q \frac{l_2}{l_1 + l_2},$$

$$P_2 = Q \frac{l_1}{l_1 + l_2}.$$

La section la plus fatiguée est en C, puisqu'en ce point les deux moments fléchissants atteignent leur maximum :

$$M_f = P_1 l_1 = P_2 l_2;$$

c'est donc dans cette section qu'on doit, avant tout, appliquer les calculs précédents.

Voyons comment on peut traiter la question par la graphostatique :

On commence par tracer, pour le moment fléchissant, le polygone funiculaire *aiO*; on obtient ainsi les réactions :

$$P_1 = ag$$

$$P_2 = gi$$

et en *acc'* la surface des moments pour le fuseau AC. Cela fait, pour déterminer le moment de torsion M', il suffit, dans le polygone des forces, à une distance R du pôle O, de mener une ordonnée verticale $M_d$ qui est précisément égale à $M_t$. Si nous portons cette donnée en $c'c_1$ et $bb_1$, et que sur ces lignes nous prenions :

$$c'c_3 = bb_0 = \frac{5}{8}\,c'c_1\,;$$

Le rectangle $c'c_0b_0b$ est le rectangle de torsion pour la longueur CB de l'arbre.

Il nous reste maintenant à effectuer la composition des moments de flexion et de torsion d'après la formule :

$$(M_f)_i = \frac{3}{8}\,M_f + \frac{5}{8}\,\sqrt{M_f^2 + M_t^2}.$$

Pour cela, prenons $cc^2 = \frac{3}{8}\,cc'$ et menons la droite $bc_2$; pour un point quelconque du polygone, $f$ par exemple, on aura :

$$ff_2 = \frac{3}{8}\,ff.$$

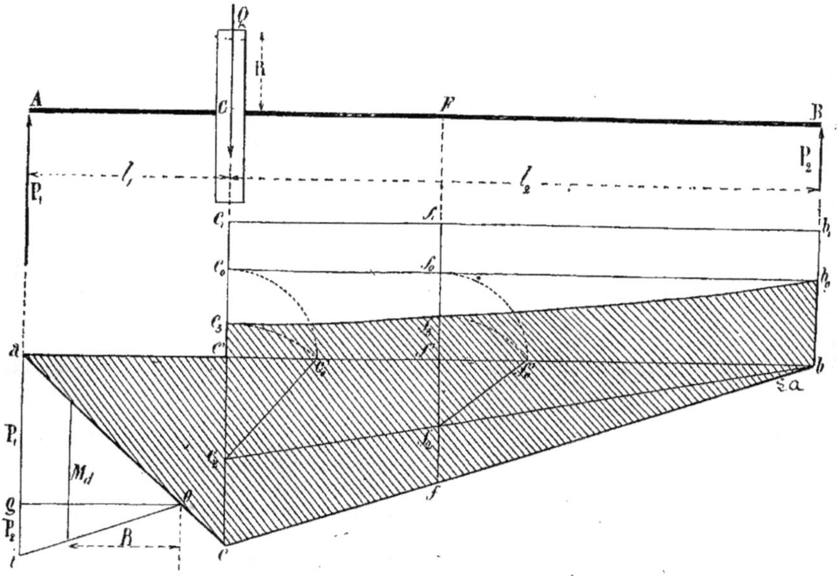


Fig. 138.

Si on rabat $c'c_0$ sur $ab$, on a $c'c'_0$, dans le triangle rectangle $c_2c'c'_0$, l'hypoténuse :

$$c_2c'_0 = \sqrt{\left(\frac{5}{8}\,cc_2\right)^2 + \left(\frac{5}{8}\,c'c_1\right)^2}$$

et, par suite, la somme :

$$cc_2 + c_2c_0' = cc_2 + c_2c_3$$

représente le moment cherché $(M_f)_i$, pour la section C ; de même :

$$ff_2 + f_2f'_0 = ff_2 + f_2f'_3$$

donne le moment $(M_f)_i$ pour le point F.

La ligne $C_3f_3b_0$ est une courbe hyperbolique qui, dans le cas actuel, peut être remplacée, avec une approximation suffisante, par la ligne $c_3b_0$.

Le polygone $acbb_0c_3c'$, ainsi obtenu, permet de déterminer les dimensions des arbres chargés en opérant comme nous l'avons fait dans tous les cas qui précèdent.

**680.** *Formules américaines.* — Pour

le calcul des arbres de transmission, les Américains se servent de la formule :

$$d = K \sqrt[3]{\frac{N}{n}},$$

dans laquelle $d$ est exprimé en millimètres, N le nombre de chevaux à transmettre, $n$ le nombre de tours par minute, et K un coefficient dépendant de la nature du métal, dont les valeurs sont les suivantes :

| | | |
|---|---|---|
| Arbres de fatigue | En fer . . . | K = 118 |
| | En acier. . . | 101 |
| | En fonte. . . | 139,8 |
| Arbres secondaires | En fer . . . | 93,5 |
| | En acier. . . | 79,8 |
| | En fonte. . . | 111 |

De là résulte le tableau suivant :

| DIAMÈTRE DES ARBRES | | FORCE N EN CHEVAUX TRANSMISE PAR L'ARBRE POUR $n = 100$ TOURS PAR MINUTE | | | | | |
|---|---|---|---|---|---|---|---|
| | | ARBRES DE FATIGUE | | | ARBRES SECONDAIRES | | |
| en pouces anglais | en millimètres (nombre rond) | FER | ACIER | FONTE | FER | ACIER | FONTE |
| 1.00 | 25 | 1 | 1.60 | 0.60 | 2 | 3.20 | 1.20 |
| 1.25 | 32 | 1.95 | 3.12 | 1.17 | 3.90 | 6.24 | 2.34 |
| 1.50 | 38 | 3.37 | 5.39 | 2.03 | 6.74 | 10.78 | 4.06 |
| 2.00 | 50 | 8 | 12.80 | 4.80 | 16 | 25.60 | 9.60 |
| 2.50 | 64 | 15.62 | 24.99 | 9.37 | 31.24 | 49.98 | 18.74 |
| 3.00 | 75 | 27 | 43.20 | 16.20 | 54 | 86.40 | 32.40 |
| 3.50 | 90 | 42.87 | 68.59 | 25.70 | 85.74 | 137.18 | 51.44 |
| 4.00 | 100 | 64 | 102.40 | 38.40 | 128 | 204.80 | 76.80 |
| 4.50 | 115 | 91.12 | 145.74 | 54.67 | 182.24 | 291.58 | 109.34 |
| 5.00 | 130 | 125 | 200 | 75 | 250 | 400 | 150 |
| 6.00 | 150 | 216 | 345.60 | 129.60 | 432 | 691.20 | 259.20 |
| 7.00 | 180 | 343 | 548.80 | 205.8 | 686 | 1 097.60 | 411.60 |
| 8.00 | 200 | 512 | 819.20 | 307.2 | 1 024 | 1 638.40 | 614.40 |
| 9.00 | 230 | 729 | 1 166.40 | 437.4 | 1 458 | 2 332.80 | 874.80 |
| 10.00 | 250 | 1 000 | 1 600 | 600 | 2 000 | 3 200 | 1 200 |

**681.** *Vélocités moyennes de quelques arbres de transmission.*

ARBRES ACTIONNANT

1° Les grosses machines à métaux ; de cent vingt à cent cinquante tours par minute ;

2° Les petites machines à métaux ; de cent trente à deux cents tours par minute ;

3° Toutes les machines à bois ; de deux cent cinquante à trois cents tours par minute ;

4° Les filatures de coton et de laine ; de trois à quatre cents tours par minute.

Des arbres tournant vite permettent d'employer, sur les poulies, des courroies plus étroites ; les poulies elles-mêmes sont moins larges ou de moindre diamètre ; les manchons et les paliers sont moins lourds.

Toutefois le travail du frottement, provenant des tensions des courroies, est plus fort, dans le rapport inverse des carrés des diamètres des arbres.

Pour une transmission importante, il y a donc lieu de comparer avec soin l'économie de prix que peut procurer une augmentation de vélocité, et la dépense de travail qui peut s'ensuivre. Pour des usines ordinaires, on peut considérer cent cinquante tours comme une bonne moyenne.

**682.** *Portée des arbres.* — On ne doit pas espacer les supports des arbres ou paliers, en calculant l'arbre simplement comme résistant à la flexion ; cette méthode conduirait à des distances tout à fait excessives. La considération dominante est d'éviter que les arbres, en tournant, ne prennent des vibrations gênantes, sinon même dangereuses. Dans le défaut de règles raisonnées à ce sujet, on suivra les usages d'une bonne pratique en déterminant l'écartement L des paliers, soit d'après la flèche maximum qu'on se sera imposée, soit d'après l'une des formules empiriques :

$$L = 0{,}13\sqrt[3]{d^2},$$

ou :

$$L = 0{,}60\sqrt[3]{d}$$

dans lesquelles L est pris en mètres, et $d$ en millimètres. Ces expressions supposent que l'arbre peut porter des poulies ou engrenages, pour des efforts modérés.

Les praticiens prennent :

$$L = 2^m{,}50 \text{ à } 3^m{,}5 \text{ environ.}$$

Les endroits où l'arbre reçoit des efforts transversaux considérables, tels que les poulies d'attaque, ou celles qui conduisent des appareils sujets à des secousses, doivent être au voisinage immédiat d'un support, sinon entre deux supports rapprochés.

L'arbre doit être considéré, eu égard à la flexion, comme une poutre continue reposant sur plusieurs supports, et il s'ensuit que les portées finales devront être plus courtes que les autres.

Il en résulte aussi qu'au point de vue de la flexion de l'arbre seul, on peut le considérer comme encastré sur les paliers intermédiaires, à condition que les manchonnages soient immuables.

Toutefois cet encastrement n'est jamais rigoureux, et ne consiste qu'en une flexion sur le palier.

Lorsque les transmissions sont montées sur des paliers à rotule, comme ceux de Sellers, et qu'elles sont, ainsi que leurs poulies, très bien équilibrées, on peut donner aux portées, suivant l'usage américain, des valeurs plus grandes d'environ moitié que ne le donnent les formules ci-dessus.

## § VII. — *MANIVELLES ET BIELLES*

### Manivelles à main.

**683.** Dans les manivelles à main sur lesquelles agissent les hommes, l'effort moyen est de 8 kilogrammes, avec une vitesse de $0^m{,}75$ par seconde, suivant la

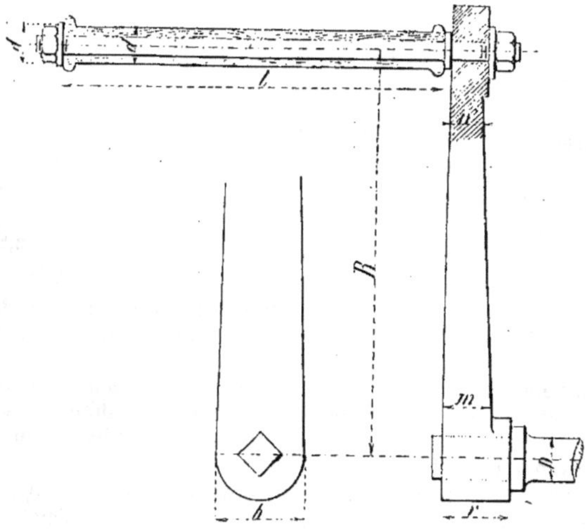


Fig. 439.

circonférence décrite par le maneton. Exceptionnellement cet effort peut aller à 15 kilogrammes avec une vitesse de $0^m,60$.

La distance de l'arbre de la manivelle au sol doit varier de $0^m,90$ à $1^m,00$. Le rayon de la manivelle $R = 300$ à 450 millimètres.

La longueur $l$ de la poignée, 250 à 450 millimètres. Le diamètre de la poignée, entourée de bois, ou simplement en fer, est $d = 30$ à 45 millimètres.

Quand on emploie deux manivelles placées aux extrémités d'un même arbre, il faut les caler à 120 degrés l'une de

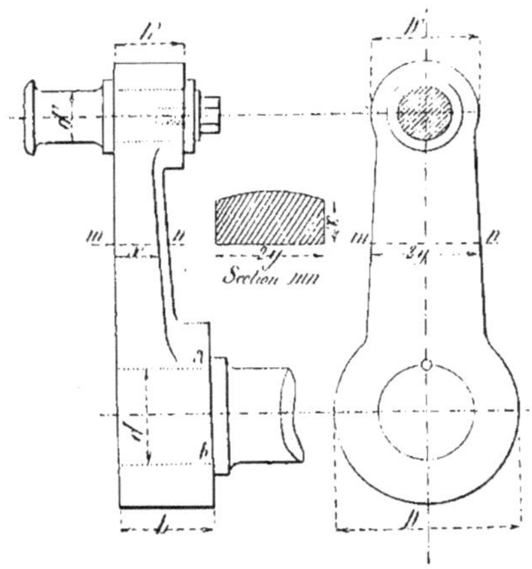

Fig. 440.

l'autre. Les autres dimensions généralement adoptées sont (*fig.* 439) :

$m = 34$ à 40 millimètres
$n = 30$ à 35 »
$v = 60$ à 80 »
$b = D + 30$ »

## Manivelles de machines.

**684.** Les manivelles des machines sont également des leviers simples, reliés à des bielles et disposés de manière à pouvoir décrire des cercles complets ; elles peuvent se diviser en quatre classes principales :

1° Manivelles ordinaires ;
2° Contre-manivelles ;
3° Arbres coudés ;
4° Excentriques.

La figure 440 représente la forme la plus employée pour les manivelles en fer ; la figure 441 indique une manivelle en fonte avec tourillon sphérique ; enfin, la figure 442 donne un exemple d'une contre-manivelle.

Les manivelles des machines se font aujourd'hui presque exclusivement en fer ; aussi nous ne nous occuperons que de celles-là dans le calcul suivant.

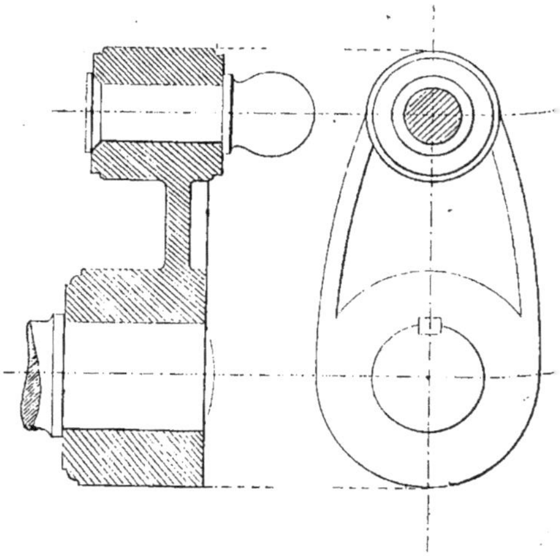

Fig. 441.

Admettons les relations empiriques adoptées dans les ateliers et qui sont :

$$D = 1,8 \text{ à } 2,2d$$
$$L = 1,2d$$
$$D' = 1,8 \text{ à } 2,2d'$$
$$L' = 1,2d',$$

ces valeurs qui résultent de la pratique donnent aux manivelles une stabilité acceptable.

Les dimensions de la manivelle seront complètement déterminées, lorsqu'on connaîtra $d, d'$ et les dimensions du corps de la manivelle.

Le diamètre $d$ est toujours donné par des considérations spéciales à l'arbre.

**685.** *Maneton de la manivelle.* — Supposons la disposition de maneton indiquée sur la figure 443, et voyons comment on détermine les dimensions qu'il faut donner au tourillon ainsi qu'à la

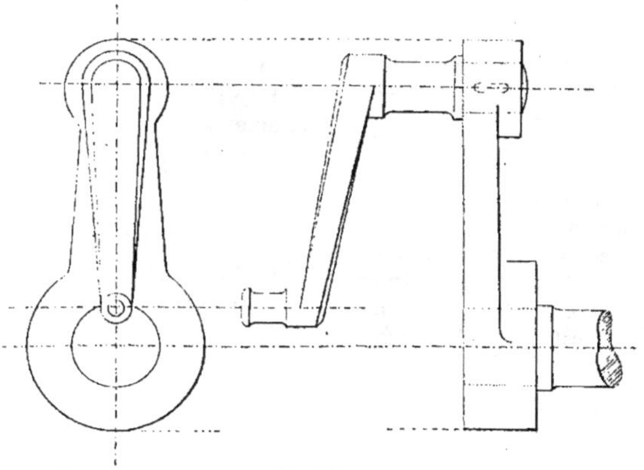

Fig. 442.

partie du maneton engagée dans le corps de la manivelle, pour que ces dimensions satisfassent aux conditions relatives à la résistance et à l'usure.

Désignons par :

P, la pression totale exercée par la bielle sur les coussinets ;

$f$, le coefficient de frottement entre le tourillon et les coussinets ;

N, la compression limite répondant au mode de graissage adopté ;

$T_f$, le travail limite par unité de surface répondant à ce même mode de graissage.

Si l'on admet que le contact entre le tourillon et le coussinet a lieu sur une demi-surface cylindrique, terminée au plan projeté suivant le diamètre $ik$, faisant avec la perpendiculaire à P un angle $\gamma$, et si, considérant le mouvement des coussinets, on rapporte ce mouvement au système des axes OX et OY, l'axe OX étant le diamètre $ik$, on aura :

$$\Sigma m \frac{d^2y}{dt^2} = P \cos \gamma - N\Sigma d\omega \cos \alpha$$
$$- fN\Sigma d\omega \sin \alpha = P \cos \gamma - Nl'd'$$

$$\Sigma m \frac{d^2x}{dt^2} = P \sin \gamma - N\Sigma d\omega \sin \alpha$$
$$- fN\Sigma d\omega \cos \alpha = P \sin \gamma - fNl'd',$$

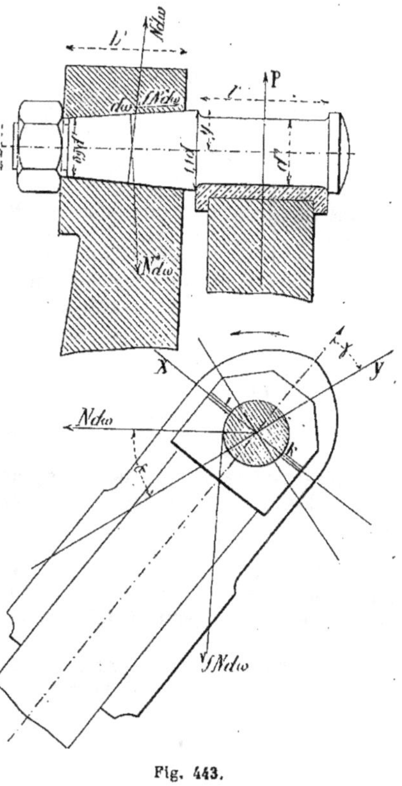

Fig. 443.

d'où, en négligeant la masse des coussinets à côté de la pression P :

$$P = Nl'd'\sqrt{1+f^2} \qquad (1)$$

et :

$$\operatorname{tg} \gamma = f,$$

formules déterminant : l'une, la relation qui existe entre la pression P, les dimensions du tourillon, la compression N, qui existe à son contact avec les coussinets et le coefficient de frottement ; et l'autre, la position du plan $ik$, qui limite la demi-surface cylindrique de contact.

L'analogie qui existe entre les formules (1) et (2) et celles établies pour les tourillons d'arbres, montre que les deux dimensions $l'$ et $d'$ résulteront des mêmes relations établies pour ces derniers, c'est-à-dire de :

$$\left.\begin{array}{l} d' = \sqrt[4]{\dfrac{5{,}095\,P^2}{NR}} \\ l' = \sqrt[4]{\dfrac{RP^2}{5{,}095\,N^3}} \end{array}\right\} \qquad (3)$$

et :

$$l' = d'\sqrt{\frac{R}{5{,}095\,N}}, \qquad (4)$$

résultats que l'on ne devra adopter que si la condition relative au travail du frottement est satisfaite, si :

$$T_f = > fNv,$$

$v$. étant la vitesse à la circonférence du maneton. Et, comme on peut admettre que la vitesse relative d'un point de la surface du tourillon par rapport aux coussinets de la bielle est sensiblement égale à :

$$\frac{\pi d' n}{60},$$

cette équation de condition devient :

$$l' = > \frac{\pi f P n}{60\,T_f}, \qquad (5)$$

$n$ représentant le nombre de tours que l'arbre des manivelles fait dans une minute.

Les valeurs de R, N, et $T_f$, ont ici des valeurs plus ou moins différentes de celles que l'on adopte pour les tourillons d'arbres, et que l'on peut justifier comme il suit :

Le maneton étant en fer forgé, on peut sans inconvénient prendre pour R une valeur de $5 \times 10^6$ ; et comme à l'inverse de ce qui se passe pour les tourillons d'un arbre, celui du maneton appuie tantôt contre le coussinet inférieur de la bielle et tantôt contre le coussinet supérieur, que les corps lubrifiants sont ainsi chassés d'un coussinet sur l'autre, on peut doubler la valeur de N et augmenter sensiblement celle de $T_f$.

On prend généralement, dans le cas de graissage à l'huile :

$$N = 500\ 000 \text{ kilogrammes ;}$$

$$T_f = 25\ 000 \text{ kilogrammètres.}$$

Les formules qui déterminent alors $d'$ et $l'$ deviennent :

$$d' = 0{,}00119\sqrt{P}$$

$$l' = 1{,}48\,d'.$$

résultats que l'on ne doit adopter que si la longueur $l'$ vérifie l'inégalité :

$$l' = > \left[\frac{\pi f P}{1\ 500\ 000}\right] n.$$

Dans le cas de tourillons en acier, on trouve, en attribuant à R la valeur $10 \times 10^6$ :

$$d' = 0{,}001\sqrt{P},$$

$$l' = 2d'.$$

Voyons maintenant comment on détermine les dimensions de la partie du maneton, engagée dans le corps de la manivelle, en supposant les dimensions indiquées sur la figure 440.

Il faut, pour l'équilibre, que le moment des actions exercées contre la queue du maneton par rapport au diamètre de la section d'encastrement $ab$, projeté en G, soit au moins égal à la valeur du moment fléchissant dans cette section. On doit donc avoir, en représentant par N' la compression au contact de la queue du maneton et de la tête de bielle, et par $f$ le coefficient de frottement entre ces corps :

$$fN' \int d\omega y = > \frac{Pl'}{2}, \qquad (6)$$

et comme, à cause de la faible inclinaison de la queue, on a très sensiblement :

$$\int y d\omega = L'd'^2,$$

il vient en substituant dans la relation (6) :

$$fN'L'd'^2 = > \frac{Pl'}{2}. \qquad (7)$$

La valeur de N′ connue, on déduit de cette relation une formule permettant de vérifier la dimension L′.

On détermine N′ en écrivant que cette compression ne doit pas dépasser la limite qui se rapporte à celui des deux corps en contact qui est le moins dur; et que la tension dans le noyau du boulon qui termine la queue du maneton ne dépasse pas l'effort de sécurité R′ qui se rapporte à la matière dont il est composé.

La traction exercée sur ce boulon étant :

$$T = N' \int d\omega \cos \alpha$$

$$= N' \frac{\pi}{4} \left((1{,}1\, d')^2 - (0{,}9\, d')^2\right) = 0{,}314 N' d'^2$$

et il en résulte que les fibres de son noyau sont soumises à un effort d'extension par unité de surface :

$$\frac{T}{\frac{\pi\,(0{,}56 d')^2}{4}} = R',$$

d'où si l'on s'impose la condition de prendre :

$$R' = 0{,}8\, R$$
$$N' = 0{,}63\, R$$

il vient en la substituant dans l'égalité (7) :

$$f'\,(0{,}63\, R)\, L' d'^2 => \left[\frac{Pl'}{2} = \frac{\pi d'^3}{32} R\right],$$

d'où l'on déduit :

$$L' => 0{,}155 \frac{d'}{f}. \qquad (8)$$

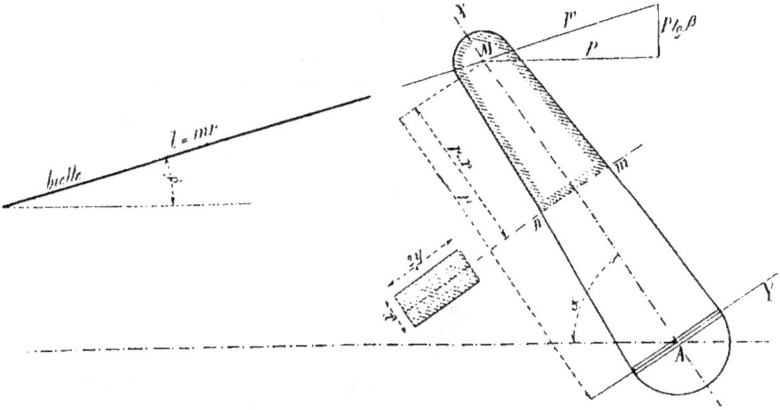

Fig. 444.

Enfin, par suite du poli des surfaces en contact, $f$ peut être supposé peu différent de 0,15; cette relation justifie donc la formule empirique :

$$L' = 1{,}2\, d'$$

Le demi-angle au sommet du cône qui forme la queue du maneton a pour tangente $^1/_{20}$. On fixe la queue, soit par un écrou fileté d'un pas très fin, soit en la rivant à froid, soit par une clavette.

**686.** *Corps de la manivelle.* — La manivelle occupant une situation angulaire quelconque $\alpha$ (*fig.* **444**), on peut assimiler la partie qui réunit son moyeu à sa tête à un solide encastré à l'une de ses extrémités dans le moyeu et soumis à l'autre extrémité à une force P′ égale à l'action exercée par la bielle sur la manivelle.

Si on néglige l'état de mouvement du système, et si l'on suppose le corps de la manivelle encastré dans le plan AY, perpendiculaire à son axe et passant par celui de l'arbre sur lequel est calée la manivelle, on devra, pour calculer ses dimensions, exprimer que la plus grande tension ainsi que la plus grande compression des fibres dans une section quelconque *mn*, ne dépassent pas l'effort de sécurité R, qui se rapporte à la matière dont le corps de la manivelle est composé, et que le plus grand effort tranchant dans cette même section ne dépasse pas les 0,8 R.

Considérons, tout d'abord, la flexion dans le plan perpendiculaire à l'axe; les dimensions données à une section quelconque devront satisfaire aux relations :

$$R = \frac{v\mu}{I} + \frac{N}{\Omega}$$

et : $$\frac{T}{\Omega} = < 0{,}8\,R.$$

Pour les déterminer il nous suffira donc d'exprimer, en fonction des données de la question, le moment fléchissant, la tension totale et l'effort tranchant dans cette section.

Si l'on rapporte le corps de la manivelle au système d'axes AYX, si l'on représente par $r$ son rayon, par P la pression exercée sur le piston, par $mr$ la longueur de la bielle, et par $\beta$ l'angle que l'axe de la bielle fait avec celui de la tige du piston, on trouve :

$$\mu = P\,(r - x) \sin\alpha \left(1 + \frac{\cos\alpha}{m}\right) \quad (9)$$

$$N = -P\left(\cos\alpha - \frac{\sin^2\alpha}{m}\right) \quad (10)$$

et, $$T = P \sin\alpha \left(1 + \frac{\cos\alpha}{m}\right) \quad (11)$$

Les formules donnant les dimensions de cette section, supposée rectangulaire, et dans l'hypothèse de $x = y$ deviennent par suite :

$$R = \frac{3P\,(r - x)}{2y^3} \sin\alpha \left(1 + \frac{\cos\alpha}{m}\right) + \frac{P\left(\cos\alpha - \frac{\sin^2\alpha}{m}\right)}{2y^2}$$

ou :

$$R = \frac{P}{2y^2}\left[\frac{3\,(r - x)}{y} \sin\alpha \left(1 + \frac{\cos\alpha}{m}\right) + \left(\cos\alpha - \frac{\sin^2\alpha}{m}\right)\right] \quad (12)$$

et : $$0{,}8\,R = > \frac{P}{2y^2} \sin\alpha \left(1 + \frac{\cos\alpha}{m}\right); \quad (13)$$

et si, ce qui a lieu généralement, on se contente, pour déterminer le corps de la manivelle, de raccorder par des génératrices rectilignes les sections extrêmes, et de limiter le solide ainsi constitué à ses intersections avec le moyeu et la tête de la manivelle, il suffira de calculer la section en A, qui résultera de la relation (12), dans laquelle on fera $x = o$, et de déterminer la section en B, par celle des relations (12) et (13) qui, eu égard à la position de la manivelle, donnera les plus grandes dimensions.

Lorsque la machine est à détente fixe, il faut évidemment, pour appliquer ces formules, chercher la position de la manivelle rendant maximum la quantité entre parenthèse de la seconde expression de R dans la formule (12), et puis celle rendant l'effort tranchant le plus grand possible.

Si la machine marche sans détente, on peut, pour simplifier et sans commettre d'erreur appréciable, supposer $m = \infty$ ; les dimensions à donner aux sections en A et M résultent alors des relations :

*Pour la section* A :

$$R = \frac{3Pr}{2y^3} = \frac{P}{\Omega}\left(\frac{3r}{y}\right),$$

d'où : $$y = \sqrt[3]{\frac{3Pr}{2R}} \quad (14)$$

et *pour la section M* :

$$0{,}8\,R = \frac{P}{2y^2},$$

d'où : $$y = \sqrt{\frac{P}{1{,}6\,R}}. \quad (15)$$

Lorsque la machine est à détente variable, il faudrait de même considérer les positions de la manivelle pour lesquelles les valeurs des parenthèses des formules (12) et (13) deviennent les plus grandes possibles. Il est souvent plus simple de les calculer par les formules (14) et (15) qui ne peuvent conduire qu'à exagérer un peu les dimensions.

**687.** *Moyeu de la manivelle.* — Il faut tout d'abord connaître le diamètre que présente la portée de l'arbre sur laquelle la manivelle est montée. Voici comment on le détermine :

La portée a à résister, dans sa section la plus fatiguée $ab$, à un couple de torsion (*fig.* 440) :

$$Pp = Pr \sin\alpha \left(1 + \frac{\cos\alpha}{m}\right)$$

et à un moment fléchissant :

$$\mu = P'\left(L + \frac{l'}{2}\right),$$

son diamètre résulte donc de l'équation :

$$R = \frac{16}{\pi d^3}\sqrt{(Pp)^2 + 4\mu^2}, \qquad (16)$$

que l'on résout par substitutions successives, lorsque L n'étant pas donné *a priori* on est obligé de partir de l'hypothèse que $\mu = 0$.

Lorsque, au contraire, on vérifie que les dimensions L et D sont suffisantes, on connaît une première expression de $\mu$ et l'on peut, au moyen de l'équation (16), calculer une valeur beaucoup plus approchée du diamètre à donner à la portée.

Quant aux valeurs de L et de D, voici comment on vérifie qu'au point de vue de la résistance elles peuvent être adoptées :

Considérons d'abord le cas d'un emmanchement de la manivelle effectué à la presse hydraulique sur une portée légèrement conique (*fig.* 445).

L'effort d'emmanchement doit être suffisant pour que la compression qui en résulte entre le moyeu et le tourillon fasse naître des forces de frottement qui empêchent l'arbre de tourner dans le moyeu et identifient par suite le mouvement de ces deux corps.

Cette compression résultera donc de la relation suivante qui suppose qu'on néglige le poids du système :

$$\int f N d\omega \, \frac{d}{2} = f N \frac{\pi d^2}{2} L = M_A P' + \frac{dw}{dt}\, \Sigma m\rho^2$$

dans laquelle $\frac{dw}{dt}$ est l'accélération angulaire, et $\rho$ la distance d'un point matériel quelconque à l'axe A.

I étant le moment d'inertie de toute la manivelle par rapport à l'axe de l'arbre, on déduit de cette équation que, si l'on veut être assuré que la résistance au frottement sera plus que suffisante pour empêcher la manivelle de tourner sur l'arbre, il faut prendre :

$$N => \frac{2\left[M_A P' + \frac{dw}{dt} I\right]}{f\pi d^2 L}. \qquad (17)$$

De cette formule, il résulte que lorsque la machine est sans détente, que l'on suppose $m = \infty$ et que l'on néglige l'état de mouvement du système :

$$N => \frac{2Pr}{f\pi d^2 L}, \qquad (18)$$

on adopte généralement :

$$N = \frac{4Pr}{f\pi d^2 L}. \qquad (19)$$

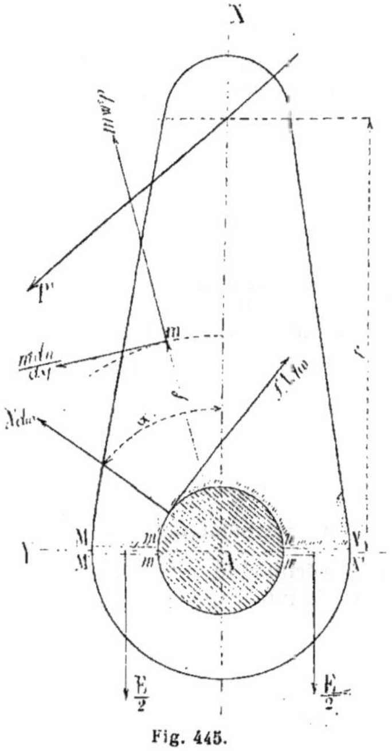

Fig. 445.

L'effort d'emmanchement répondant à cet effort de compression est alors :

$$Q_0 = \frac{4Pr}{d},$$

ou si l'on adopte le double du plus grand effort donné par la formule (17) :

$$Q_1 = 4\,\frac{\left[M_A P' + \frac{dw}{dt} I\right]}{d}. \qquad (20)$$

La manivelle étant emmanchée sous cet effort, on vérifie L en s'assurant que la compression N qui en résulte et qui est donnée soit par la formule (19), soit par le double du second membre de l'inégalité (17), ne dépasse pas la limite que le moins dur des deux corps en contact peut supporter.

Le diamètre D doit pouvoir résister aux tractions totales $\frac{F}{2}$ exercées dans chacune des sections M$m$ et N$n$. Si nous remplaçons dans chacune d'elles la résultante $\frac{F}{2}$ des tractions, laquelle est inconnue de position, par une force égale et parallèle appliquée au centre de gravité de la section et un couple $\mu$, il viendra :

$$F = Nld + P_x' + w^2\Sigma mx$$

$$= \frac{4\left[M_A P' + \frac{dw}{dt} I\right]}{f\pi d} + P_x' + w^2\Sigma mx \quad (21)$$

et : $2\mu = fN\frac{\pi l d^2}{4} - \left(M_A P' + \frac{dw}{dt} I\right)$.

Or comme nous prenons :

$$N = \frac{4\left(M_A P' + \frac{dw}{dt} I\right)}{f\pi l d^2}$$

il en résulte que $\mu = 0$ et que chacune des sections M$m$ et N$n$ est soumise à une traction uniformément répartie $\frac{F}{2}$.

Pour vérifier le diamètre D il suffit donc de s'assurer que :

$$\frac{F}{(D - d)L} =< R. \quad (22)$$

Lorsque l'assemblage est effectué par clavette, on serre cette clavette de façon à ce que le moment des forces de frottement au contact de la demi-surface cylindrique qui lui est opposée soit égal au moment des forces qui tendent à déplacer la manivelle sur l'arbre, c'est-à-dire que :

$$N = \frac{4\left(M_A P' + \frac{dw}{dt} I\right)}{f\pi d^2 l}$$

lorsqu'on néglige, comme précédemment, l'influence due à l'action de la pesanteur.

La traction dans les deux sections M$m$ et N$n$ est donc donnée par la formule (21), et nous pouvons, en procédant comme tout à l'heure, vérifier que les dimensions L et D sont suffisantes.

La compression totale exercée sur la clavette étant :

$$F = \frac{4\left(M_A P' + \frac{dw}{dt} I\right)}{f\pi d} + P_x' + w^2\Sigma mx,$$

on peut de même s'assurer si la hauteur peut être conservée.

**688.** Remarque. — On peut simplifier le calcul du corps de la manivelle au moyen de la formule :

$$r' = \frac{3}{8} r + \sqrt{r^2 + c^2},$$

dans laquelle $r'$ représente le rayon fictif de la manivelle, et $c$ la distance du plan d'action de la force P, au plan médian de la manivelle et $r$ le rayon réel. Cette formule tient compte de l'action composée à laquelle est soumise la manivelle.

Le bras se calcule comme un solide d'égale résistance, de section rectangulaire, mais généralement, pour simplifier le tracé et l'ajustage, on remplace les profils courbes résultant du calcul, par des tangentes au profil d'égale résistance, ou même quelquefois par les tangentes aux deux moyeux :

On fait souvent :

$$\frac{2y}{x} = 3 \text{ à } 4,$$

d'où :

$$x = 0{,}874 \text{ à } 0{,}721 \sqrt[3]{\frac{Pr}{R}}.$$

**689.** *Manivelle à tourillon sphérique.* — Dans certaines manivelles, le tourillon, au lieu d'être cylindrique, est sphérique. Cette dernière forme est assez employée pour les manivelles en fonte (*fig.* 441).

Le diamètre de cette sphère, pour être dans de bonnes conditions, doit être pris égal à une fois et demie celui du tourillon cylindrique normal, soumis à la même charge.

Un mode de fixation très convenable consiste à l'introduire de force dans le trou de la manivelle et à river son extrémité à froid.

## Contre-manivelle.

**690.** On appelle contre-manivelle, une manivelle à bras incliné, qui part du tourillon d'une manivelle ordinaire et qui a le même axe de rotation que cette manivelle. La figure 442 représente une contre-manivelle en fer forgé, exécutée d'une seule pièce.

Ordinairement, le petit bras est dirigé, comme l'indique la figure, en sens contraire du bras principal, mais souvent aussi il occupe une position différente.

Le tourillon et le bras d'une contre-manivelle se déterminent exactement comme ceux d'une manivelle ordinaire. Le moment de la pression sur le tourillon de la contre-manivelle ayant, en général, une faible importance, le bras de la manivelle peut rester tel que nous l'avons déterminé précédemment. Mais il n'en est pas de même du tourillon correspondant, qui doit être calculé spécialement, en tenant compte des efforts simultanés de torsion et de flexion, auxquels il se trouve soumis.

Il est indispensable que le maneton soit claveté dans la manivelle principale.

L'emploi des contre-manivelles n'est pas à l'abri de toute critique, car le maneton principal est exposé à être faussé ou brisé, s'il se produit une résistance imprévue, un grippement, par exemple, dans le mouvement des organes que conduit la contre-manivelle.

## Plateau-manivelle.

**691.** La manivelle est une pièce d'un travail coûteux et difficile, vu sa forme compliquée et délicate à poser sur l'arbre. En outre, son mouvement n'est pas sans danger dans bien des cas, pour le personnel de service.

Il y a avantage, le plus souvent, à la remplacer par un *plateau-manivelle* (*fig.* 446). Le diamètre extérieur du plateau se détermine par la condition qu'aucune partie de la tête de bielle, dans le mouvement de rotation, ne dépasse la circonférence extérieure du disque.

Sur la face postérieure du plateau, on fait venir de fonte un contre-poids A, destiné à équilibrer les efforts perturbateurs de la bielle et, de préférence, ceux qui se produisent dans le sens du serrage du chapeau du palier.

Le plateau manivelle peut se travailler entièrement sur le tour, ce qui est à la fois économique et précis ; il faut le claveter à demeure sur l'arbre aussitôt que les deux moyeux sont alésés, et achever de le tourner sur l'arbre lui-même monté en pointe.

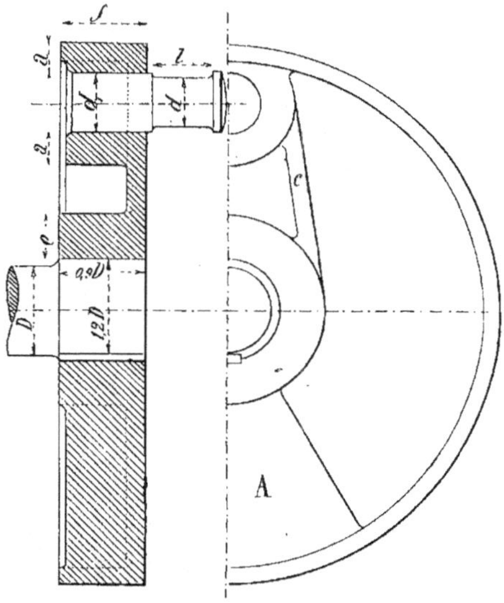

Fig. 446.

Par sa forme même, le plateau-manivelle constitue un petit volant et ajoute à la régularité de la marche.

Sa face antérieure étant tournée bien plane, les vérifications de position de l'arbre sont beaucoup facilitées. Enfin le plateau risque moins d'être faussé que la manivelle.

Les proportions les plus usitées sont les suivantes :

$$a = 0,75\,d$$
$$b = g = 0,33\,d$$
$$c = 0,5\,d$$
$$e = 5,9\,\frac{Pr}{D^2R}.$$

$Pr$ étant le maximum du moment auquel l'arbre est soumis de la part de la bielle :

$$f = 0{,}9\,D - 0{,}1\,l,$$

pour $\frac{l}{d}$, voir les calculs qui précèdent.

## Arbres coudés.

**692.** La détermination des dimensions des arbres coudés ne peut se faire, avec quelque exactitude, par la méthode analytique, qu'en entraînant de grandes complications. Nous nous contenterons d'indiquer les proportions données par Grashof (*fig.* 447). En représentant en centimètres par :

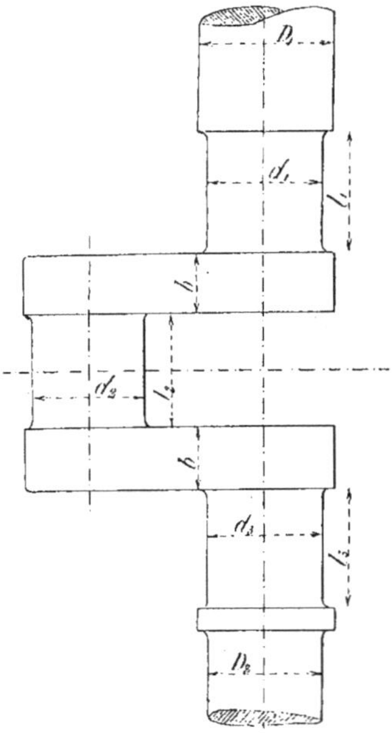


Fig. 447.

$d_2$, le diamètre du maneton ;

$e$, la distance du plan médian de la partie coudée au milieu des paliers ;

$d_1 = d_3$, les diamètres de l'arbre dans les paliers ;

$r$, le rayon de la manivelle ;

Cet auteur prend :

$$d_2 = 0{,}230\,\sqrt[3]{P.l}$$

et :

$$\frac{d_1}{d_2} = \sqrt[3]{\frac{3e + 5\sqrt[2]{e^2 + 4r^2}}{8e}},$$

formules qui impliquent R = 2,1 kilogrammes par millimètre carré.

L'équation précédente donne pour :

| $\frac{r}{e} =$ | 0,4 | 0,6 | 0,8 | 1,0 |
|---|---|---|---|---|
| $\frac{d_1}{d_2} =$ | 1,055 | 1,105 | 1,158 | 1,210 |

## Excentriques.

**693.** Si dans une manivelle dont le bras de levier est $r$ et qui est calée sur un arbre de diamètre D, on augmente le diamètre $d$ du tourillon, de manière à ce qu'il devienne supérieur à $D + 2r$, l'arbre peut être entouré par le tourillon, qui constitue alors un excentrique. La figure 448 donne les dispositions les plus simples de ce genre d'organes. La plus convenable pour les cas ordinaires est celle de la figure $b$ ; les deux rebords du collier forment une espèce de réservoir qui a l'avantage de maintenir constamment le disque dans l'huile et de réduire, par suite, notablement l'usure.

La largeur $l$ du disque est égale à la longueur du tourillon d'extrémité équivalent, c'est-à-dire correspondant à la même pression ; de la valeur $e$ du collet de ce tourillon se déduit la saillie $f$ de l'excentrique, au moyen de la relation :

$$f = 1{,}5\,e = 5 + \frac{7}{100}\,l,$$

c'est à cette longueur $f$ que se trouvent rapportées la plupart des autres dimensions.

Les arbres qui portent des coudes de manivelles, ou toutes autres parties saillantes de position invariable, ne peuvent pas, le plus souvent, recevoir d'excentriques, disposés comme ceux de la figure précédente. Dans ce cas, il convient de les faire en deux parties, qu'on réunit par des boulons. Dans le cas particulier, où l'excentrique doit avoir une faible saillie sur l'arbre, on dispose son moyen de fixation en dehors du disque proprement dit et en ayant soin de lui donner une épaisseur suffisante, c'est-à-dire $3{,}5 f$.

Le disque d'un excentrique se fait toujours en fonte, et le collier en bronze, en fonte ou en fer ; souvent on y adapte une garniture intérieure en bronze.

## Des tiges de piston et des traverses.

**694.** La tige d'un piston de machine peut être assimilée à une pièce soumise à des efforts successifs de compression pendant l'une des courses et d'extension pendant l'autre course. La tige calculée pour résister aux efforts de compression donne des dimensions plus considérables que pour l'effort d'extension ; aussi on ne se préoccupe que des premiers, et par suite il convient de chercher pour quelle position de la manivelle ces efforts de compression donnent naissance aux plus grandes actions moléculaires.

Pour simplifier, admettons que la tige se meuve comme la projection du bouton de la manivelle, sur son axe AB (*fig.* 433) ; on aura, en représentant par X l'effort exercé en M', suivant cet axe par la bielle ; par P, la pression résultant de la vapeur

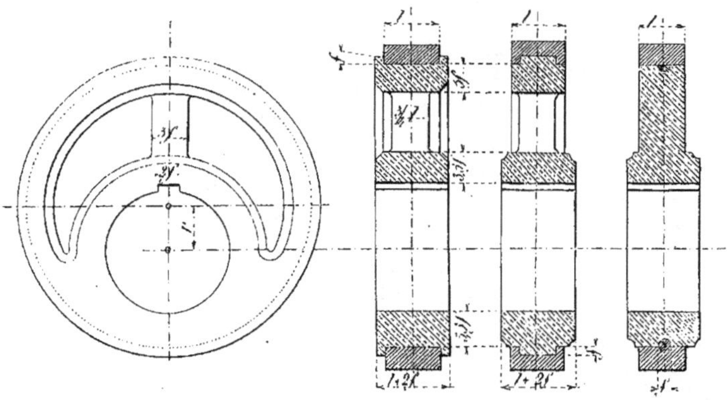

Fig. 448.

sur le piston ; par $\Sigma f$, la somme des efforts de frottement ; par M, la masse du piston de la tige et de la traverse par laquelle celle-ci se termine ; par $\omega$, la vitesse angulaire de l'arbre, supposée sensiblement constante, et par $n$, le nombre de tours qu'il fait par minute :

$$X = P - \Sigma f - M\omega^2 r \cos \alpha,$$

d'où, en négligeant le terme $\Sigma f$, ce qui n'a d'autre inconvénient que d'attribuer à X une valeur un peu plus grande que la réalité, et en représentant par $p$ le poids $Mg$ :

$$X = P - \frac{\pi^2 n^2}{900} \cdot \frac{p}{g} r \cdot \cos \alpha,$$

et, par suite, très sensiblement :

$$X = P - (0{,}0011\, prn^2) \cos \alpha. \qquad (1)$$

Lorsque la machine marche à pleine pression, X devient maximum pour :

$$\cos (\alpha = \pi) = -1,$$

la plus grande compression à laquelle la tige a à résister devient alors :

$$X = P + (0{,}0011\, pr)\, n^2, \qquad (2)$$

et, comme en ce moment la longueur libre de la portion de tige sortie du piston est égale à $2r$, cette pièce doit être assimilée, pour le calcul, à un solide de longueur connue, égale à $2r$, et soumis à un effort de compression dirigé suivant son axe, également connu et déterminé par la formule (1).

La formule de Love, pour piliers en fer :

$$\frac{N}{\Omega}=\frac{R}{1,55+0,0005\left(\frac{l}{d}\right)^2}$$

permet de trouver le diamètre $d$ de cette tige sans difficulté.

Elle devient dans ce cas :

$$X=\frac{R\pi\frac{d^2}{4}}{1,55+0,0005\left(\frac{2r}{d}\right)^2}$$

d'où :

$$d^4-\left(1,97\frac{X}{R}\right)d^2-0,0025\,r^2\frac{X}{R}=0, \quad (3)$$

équations que l'on peut résoudre une fois que X et R sont déterminés.

X se calcule par substitutions successives, puisqu'on ne connaît pas *a priori* le poids de la tige du piston ; quant à R, on lui attribue en général pour valeur les deux tiers de l'effort de sécurité qui se rapporte à la matière qui compose la tige, et cela afin de tenir compte de l'influence exercée par les efforts successifs de compression et d'extension auxquels on la soumet, et des actions essentiellement variables de la force X, qui agit à l'une de ses extrémités.

Lorsque la machine est à détente et que l'angle de marche à pleine pression est plus petit que 90 degrés, l'examen de la formule (1) montre que la position la plus défavorable à la résistance répond précisément à cet angle de marche à pleine pression ; on calcule alors la tige par la formule (3) en y substituant à X la valeur de la pression résultante P exercée sur le piston. En opérant ainsi, on place la tige dans des conditions un peu plus défavorables que la réalité, puisqu'on substitue à la pression exercée sur la tige une pression plus forte ; mais cette méthode de calcul est simple, et il n'y a aucun inconvénient à forcer un peu les dimensions reconnues nécessaires. Lorsque l'angle de marche à pleine pression est plus grand que 90 degrés (cos $\alpha$) devient négatif et on calcule la tige par la formule (3) dans laquelle on substitue à X sa valeur tirée de l'équation (1).

**695.** Remarque. — Plusieurs auteurs donnent des formules empiriques pour calculer le diamètre de la tige en fonction de celui du piston. Cette règle s'explique en remarquant que la pression exercée sur la tige est, lorsqu'on représente par $P_0$ la pression résultante exercée par unité de surface sur le piston et par $\Omega$ sa section :

$$P=P_0\Omega,$$

tandis que la résistance présentée par cette tige a pour expression, en représentant par $\omega$ sa section, et par R l'effort de sécurité par unité de surface :

$$\omega R,$$

d'où :

$$\omega=\frac{P_0}{R}\Omega=K\Omega.$$

Mais, comme les valeurs de $P_0$ et de R varient avec le type de la machine considérée, on ne doit accorder de confiance au rapport K que lorsqu'on étudie la machine par comparaison avec d'autres déjà construites et fonctionnant dans des conditions toutes semblables.

On trouve dans plusieurs traités les relations suivantes : dans les machines à basse pression, le diamètre de la tige du piston est le 1/20 de celui du piston ; dans les machines à haute pression, on a :

$$d=0,1\,D+0^{m},004$$

Reuleaux donne les formules suivantes :

**696.** 1° En ne tenant compte que de la traction et en désignant par D le diamètre du piston ; $d$, celui de la tige ; $n$, la pression effective en atmosphères ; la pression totale P de la vapeur sur le piston a pour expression :

$$P=\frac{n}{100}\frac{\pi}{4}D^2.$$

Pour une tige en fer soumise simplement à la traction et devant supporter au maximum une tension de 6 kilogrammes par millimètre carré, on a :

$$\frac{d}{D}=0,0408\sqrt{n},$$

ou avec une approximation suffisante :

$$\frac{d}{D}=\frac{57+7n}{1\,000}.$$

Pour une tige en acier, soumise simplement à un effort de traction, le diamètre doit être pris égal à 0,8 de celui d'une tige en fer.

Lorsque la tige du piston se trouve affaiblie par un trou de clavette, ou par un filetage, cet affaiblissement doit être compensé par une augmentation du diamètre, ce qui conduit à adopter un renflement aux extrémités de la tige ; de là, la nécessité de faire le chapeau du stuffing-box en deux parties.

**697.** 2° Si la tige du piston est considérée comme une pièce chargée de bout, Reuleaux donne la relation suivante :

$$\frac{d}{D} = 0,0573 \sqrt{\frac{L}{D}} \sqrt[4]{n},$$

formule dans laquelle L représente la longueur de la tige, et qui a servi à calculer la petite table suivante.

| $\frac{L}{D}$ | $n = 1$ | $n = 2$ | $n = 3$ | $n = 4$ | $n = 5$ | $n = 6$ | $n = 7$ | $n = 8$ |
|---|---|---|---|---|---|---|---|---|
| 1.5 | 0.070 | 0.083 | 0,093 | 0.099 | 0.105 | 0.110 | 0.114 | 0.118 |
| 2 | 0.081 | 0.096 | 0.107 | 0.115 | 0.121 | 0.127 | 0.132 | 0.136 |
| 2.5 | 0.091 | 0.108 | 0.120 | 0.120 | 0.136 | 0.142 | 0.148 | 0.158 |

Pour la clavette du piston, qui doit toujours être en acier, on détermine ses dimensions, de manière à ce qu'elle ne soit soumise qu'à un effort de cisaillement de 4 à 6 kilogrammes par millimètre carré. Il convient, en outre, de ne pas donner à cette clavette une largeur trop faible, afin que la pression par unité de surface, sur le plus petit côté, ne soit pas trop considérable. Cette pression, par unité de surface, varie de 5 à 6 kilogrammes pour les machines fixes, et de 8 à 10 kilogrammes dans les locomotives.

**698.** *Traverse de la tige du piston.* — La traverse, ou crosse d'un piston, sert à relier entre elles la bielle et la tige du piston, et à guider cette dernière dans son mouvement rectiligne. La disposition adoptée pour ces crosses varie avec le type de la machine. Elles se composent néanmoins, comme pièces essentielles, d'un bloc ABCD (*fig.* 449) maintenu contre le collet terminant la tige du piston par un écrou E, et muni de deux tourillons, *abcd*, *a'b'c'd'*, auxquels s'assemblent les coussinets de l'extrémité de la fourchette par laquelle se termine la bielle.

Ces tourillons sont suivis de deux portées cylindriques auxquelles sont fixées les pièces engagées dans les glissières, lorsque ce n'est pas le bloc ABCD lui-même qui l'est.

Les dimensions à donner à ce bloc ABCD doivent être suffisantes pour laisser pas-

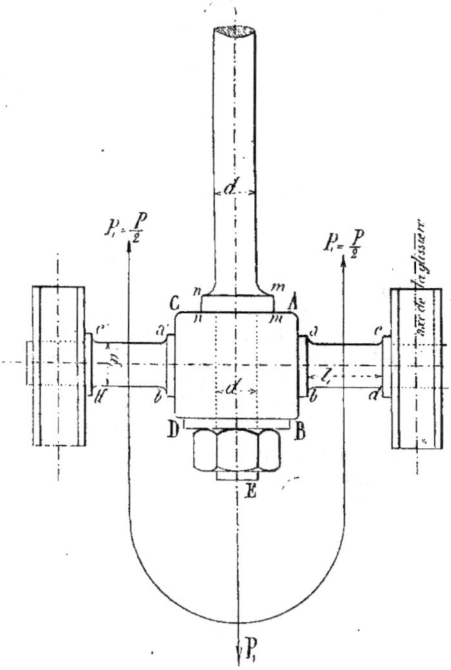

Fig. 449.

ser le boulon qui termine la tige du piston, pour recevoir la portée contre laquelle serre l'écrou E, et pour présenter une surface d'appui contre le collet *mn*, *m'n'* pouvant résister dans de bonnes conditions à l'effort de compression maximum auquel cette tige est soumise.

Le boulon, ainsi que son écrou E, se calculent en suivant la méthode donnée pour les boulons de machines, et en supposant qu'ils ont à résister au plus grand effort d'extension auquel la tige du piston est soumise, effort donné par la formule (1).

Son diamètre $d'$ résulte donc de la formule :

$$d' = 1{,}34\sqrt{\frac{X}{R}} = 0{,}0007\sqrt{X},$$

si, la tige étant en fer, on admet que l'on peut, sans inconvénient, la soumettre à un effort d'extension R égal à $4 \times 10^6$ kilogrammes par unité de surface.

Ce diamètre connu, celui de l'écrou E calculé et la surface d'appui contre le collet déterminée, en s'imposant la condition que la plus grande compression au contact des corps ne dépasse pas la même limite de $4 \times 10^6$, on en déduit les dimensions du bloc par des considérations de construction; il doit être, en effet, disposé pour que les tourillons qui sont forgés après cette pièce puissent se travailler sans trop de difficultés.

La seule recommandation est de faire cette pièce aussi petite que possible, afin de réduire à son minimum l'ouverture de la fourche de la bielle.

Lorsque le bloc est engagé dans les glissières, les deux tourillons *abcd*, *a'b'c'd'* se calculent comme des tourillons de maneton de manivelle, puisque, comme eux, ils sont tantôt en contact avec les coussinets antérieurs et tantôt avec les coussinets postérieurs de la fourche qui termine la bielle ; leurs dimensions résultent donc des deux relations :

$$\left.\begin{aligned} d_1 &= \sqrt[4]{\frac{5{,}095\,P_1^2}{NR}} \\ \text{et :}\quad l_1 &= d_1\sqrt{\frac{R}{5{,}095\,N}} \end{aligned}\right\} \quad a$$

dans lesquelles $P_1$ représente la moitié du plus grand effort de compression ou d'extension auquel la bielle est soumise, N et R ayant les valeurs indiquées pour les manetons.

Lorsque les tourillons sont suivis de portées engagées dans chaque glissière, les sections *ab* ou *a'b'* doivent être calculées pour résister à un moment fléchissant $\mu$ :

$$\mu = \frac{P_1 l_1}{2} + fQ\delta$$

$$= \frac{X}{2\sqrt{m^2 - \sin^2\alpha}}\left[\frac{ml_1}{2} + f\sin\alpha.\delta\right],$$

$m$ représentant le rapport de la bielle au rayon de la manivelle.

Ce moment fléchissant ne peut se calculer que par substitutions successives, puisque $\delta$ n'est connu que lorsque $l_1$ l'est.

Voici comment on procède: on détermine les deux dimensions $l_1$ et $d_1$ par les formules $a_1$ ; on en déduit une première valeur approchée de $\delta$, et on les calcule à nouveau pour résister tout d'abord au moment fléchissant dont nous venons d'indiquer la valeur, et pour que la plus grande compression au contact du tourillon et du coussinet ne dépasse pas la limite N, donnée par la considération du graissage.

Dans ces relations entre le terme $P_1$, dont la valeur est :

$$\frac{1}{2}\,\frac{mX}{\sqrt{m^2 - \sin^2\alpha}},$$

et $P_1$ il est bien évident qu'on ne doit faire intervenir dans les formules de résistance que le maximum de $\mu$.

## Bielles.

**699.** La bielle est un organe qui reçoit à l'une de ses extrémités l'action d'un levier, pour la transmettre à l'autre extrémité, à une autre pièce mobile, qui peut être elle-même un levier (balancier et manivelle), mais qui, le plus souvent est une pièce à mouvement alternatif en ligne droite (tige de piston à vapeur). Une bielle est composée de trois parties: du corps de la bielle, de la tête ou portion par laquelle elle s'assemble à la manivelle et de la fourche ou portion par laquelle elle s'assemble à la traverse, qui termine la tige du piston.

**700.** Le *corps de la bielle* peut s'exécuter en fer, en fonte, en acier et même quelquefois en bois de chêne. C'est un solide soumis à des efforts successifs d'extension et de compression ; c'est pour résister à ces derniers efforts qu'on détermine ses dimensions.

A l'endroit où la bielle s'assemble à la tige du piston elle est soumise à un effort de compression (*fig.* 434) donné par la relation :

$$P' = \frac{X}{\cos\beta} = \frac{X}{\sqrt{1-\sin^2\beta}} = \frac{mX}{\sqrt{m^2-\sin^2\alpha}}, \quad (1)$$

et comme X est donné en fonction de la pression P qui agit sur le piston, de sa masse, de celle de la tige et la traverse par la relation :

$$X = P - (0{,}0011\ prn^2, \cos\alpha) \quad (2)$$

on peut toujours trouver la position de la manivelle, en ayant égard aux conditions de la détente, pour laquelle cette compression atteint sa plus grande valeur.

Si on néglige la masse de la bielle et si l'on suppose que son corps est un solide de révolution, on peut déduire ses dimensions de la formule de Love :

$$\frac{N}{\Omega} = \frac{R}{1{,}55 + 0{,}0005\left(\frac{l}{d}\right)^2},$$

en y remplaçant N par P'; $\Omega$ par $\frac{\pi d^2}{4}$ et $l$ par $mr$.

Elles résultent alors de la relation :

$$d^4 - \left(1{,}97\frac{P'}{R}\right)d^2 - 0{,}000636\, m^2r^2\frac{P'}{R} = o. \quad (3)$$

Lorsqu'on tient compte de la masse, la compression au point où la bielle s'articule à la manivelle diffère non seulement de celle calculée ci-dessus, mais de plus elle n'est plus dirigée suivant l'axe de la bielle. Celle-ci se trouve donc, en réalité, non seulement comprimée, mais aussi soumise à un effort de flexion donnant naissance à un moment fléchissant qui atteint son maximum dans sa région milieu. Or, pour tenir compte de la masse, il faut procéder par substitutions successives ; on préfère attribuer simplement à R, dans la formule (3), une valeur égale à la moitié seulement de l'effort de sécurité auquel on peut soumettre la pièce, et en augmentant le diamètre dans le milieu de sa longueur du 1/5 de sa valeur à ses extrémités. Les dimensions à donner à la tête sont une conséquence de son assemblage aux coussinets du tourillon du maneton de la manivelle, et, comme les dimensions de ces derniers résultent de la longueur et du diamètre trouvés pour ce tourillon, il faut consulter les traités spéciaux de construction, comme celui de Reuleaux par exemple.

**701.** D'après Reuleaux, le corps de la bielle, lorsqu'elle est soumise à des efforts de traction seulement, peut être calculé d'après les relations :

*Fer :* $\frac{D}{\sqrt{P}} = 0{,}56$

*Acier :* $\frac{D}{\sqrt{P}} = 0{,}44$

*Fonte :* $\frac{D}{\sqrt{P}} = 0{,}80$

*Chêne :* $\frac{D}{\sqrt{P}} = 2{,}18$

dans lesquelles :

D est le diamètre du corps supposé cylindrique :

P, l'effort de traction.

Ces valeurs correspondent à des charges de sécurité de $4^k$, $2^k$, $6^k$ 2/3, $0^k$,27, c'est-à-dire aux 2/3 seulement de celles que nous admettons ordinairement ; cette réduction a pour but de tenir compte, dans une certaine mesure, de l'action des chocs auxquels la bielle peut se trouver soumise par suite de l'usure des coussinets.

D'après le même auteur, ces formules peuvent encore être employées pour les bielles soumises à des efforts de compression, mais seulement dans le cas où la longueur de ces pièces est faible. Lorsque la bielle a une longueur assez grande pour qu'elle puisse éprouver des actions de flexion, il convient généralement d'adopter, pour le diamètre, une valeur supérieure à celle que fourniraient ces formules.

Pour une bielle qui se trouverait placée

dans les conditions du n° 377, l'effort P doit être inférieur à :

$$\pi^2 \frac{EI}{L},$$

dans laquelle I désigne le moment d'inertie de la section de la bielle et E le coefficient d'élasticité de la matière.

On doit alors prendre :

$$P = \frac{1}{m} \pi^2 \frac{EI}{L^2},$$

Quant au coefficient de sécurité $m$, l'examen d'un grand nombre de bielles montre qu'il varie dans des limites assez étendues.

En laissant provisoirement $m$ indéterminé, et en faisant $I = \frac{\pi D^4}{64}$ et $E = 20\,000$ pour le fer et l'acier ; 10 000 pour la fonte et 1 100 pour le bois, on obtient pour le diamètre du corps de la bielle, les expressions suivantes :

*Fer et acier :*

$$D = 0{,}10 \sqrt[4]{m} \sqrt{L \sqrt{P}}$$

*Fonte :*

$$D = 0{,}12 \sqrt[4]{m} \sqrt{L \sqrt{P}}$$

*Chêne :*

$$D = 0{,}21 \sqrt[4]{m} \sqrt{L \sqrt{P}}$$

En désignant par C les coefficients de $\sqrt{L \sqrt{P}}$, ces formules peuvent se mettre sous la forme :

$$\frac{D}{\sqrt{P}} = C \sqrt{\frac{L}{\sqrt{P}}}.$$

Cette valeur de C dépendra du degré de sécurité $m$ qu'on veut obtenir.

Pour les machines à vapeur de force moyenne et pour celles de grandes dimensions, $m$ est compris entre 5 et 25 ; on le trouve fréquemment égal à 20, pour lequel $\sqrt[4]{m} = 2{,}11$ et par suite $C = 0{,}21$).

Ainsi pour une bielle de 3 mètres soumise à une pression de 14 400 kilogrammes, son diamètre sera :

$$D = 0{,}21 \sqrt{3\,000 \sqrt{14\,400}} = 126 \text{ millim.}$$

**702.** *Corps de bielle à section rectangulaire.* — Lorsqu'on a à construire un corps de bielle à section rectangulaire, on peut, d'après Reuleaux, déterminer d'abord le conoïde correspondant à la section circulaire, d'après les règles précédentes, et transformer ensuite ses sections en rectangles.

Si l'on désigne par :

$h$ le plus grand côté d'une section rectangulaire quelconque ;

$b$ le plus petit côté d'une section rectangulaire quelconque ;

$d$ le diamètre de la section circulaire pour le même point.

On doit prendre, dans le cas où la hauteur $h$ est donnée :

$$\frac{b}{d} = \sqrt[3]{\frac{3\pi}{16} \frac{d}{h}} = 0{,}84 \sqrt[3]{\frac{d}{h}},$$

si au contraire c'est la largeur $b$ qui est connue, on a :

$$\frac{h}{d} = \frac{3\pi}{16} \left(\frac{d}{b}\right)^3 = 0{,}59 \left(\frac{d}{b}\right)^3.$$

Enfin lorsqu'on donne simplement le rapport $\frac{b}{h}$, on doit prendre :

$$\frac{b}{d} = \sqrt[4]{\frac{3\pi}{16} \frac{b}{h}} = 0{,}88 \sqrt[4]{\frac{b}{h}}.$$

La table suivante contient une série de valeurs fournies par ces formules.

Dans certains cas, il est avantageux de pouvoir calculer directement la section rectangulaire du corps de bielle en un point ; on a alors à introduire le plus petit des moments d'inertie de la section, en posant :

$$I = \frac{1}{12} bh^3.$$

| $\frac{h}{d}$ | $\frac{b}{d}$ | $\frac{b}{d}$ | $\frac{h}{d}$ | $\frac{h}{b}$ | $\frac{b}{d}$ |
|---|---|---|---|---|---|
| 1.0 | 0.84 | 0.50 | 4.72 | 1.0 | 0.88 |
| 1.1 | 0.81 | 0.53 | 3.98 | 1.25 | 0.83 |
| 1.2 | 0.79 | 0.56 | 3 38 | 1.50 | 0.79 |
| 1.3 | 0.77 | 0.60 | 2.75 | 1.75 | 0.76 |
| 1.4 | 0.75 | 0.63 | 2.37 | 2.00 | 0.74 |
| 1.5 | 0.73 | 0.66 | 2.07 | 2.5 | 0.70 |
| 1.6 | 0.72 | 0.70 | 1.75 | 3.0 | 0.67 |
| 1.7 | 0.70 | 0.75 | 1.39 | 3.5 | 0.64 |
| 1.8 | 0.69 | 0.80 | 1.15 | 4.0 | 0.62 |
| 2.0 | 0.67 | 0.84 | 1.00 | 4.5 | 0.60 |

on obtient les formules suivantes dans le cas de bielles en fer et en acier :

Pour une valeur déterminée de $b$ :

$$h = 0,00006m \frac{Pl^2}{b^3};$$

Pour une valeur déterminée de $h$ :

$$b = 0,039 \sqrt[3]{m} \sqrt[3]{\frac{Pl^2}{h}},$$

et enfin pour une valeur donnée du rapport $\frac{h}{b}$ :

$$h = 0,088 \sqrt[4]{m} \sqrt[4]{\left(\frac{h}{b}\right)^3} \sqrt{l\sqrt{P}}.$$

Dans cette dernière formule on a pour :

$\frac{h}{b} = 1,5 - 1,6 - 1,7 - 1,8 - 1,9 - 2,0 - 2,1 - 2,2 - 2,3 - 2.4 - 2,5$

$\sqrt[4]{\left(\frac{h}{b}\right)^3} = 1,36 - 1,42 - 1,49 - 1,55 - 1,62 - 1,68 - 1,74 - 1,80 - 1,87 - 1,93 - 1,99.$

C'est dans les locomotives qu'on rencontre les applications les plus nombreuses de ce genre de bielle ; le coefficient $m$ varie de 2 à 1,5 pour la section moyenne. A partir de ce point, la hauteur diminue jusqu'à l'une des extrémités et finit par n'être plus que 0,8 à 0,7 de la hauteur au milieu ; dans les bielles en acier, il arrive assez fréquemment qu'à cette extrémité les efforts de pression et de tension atteignent 5 kilogrammes. La figure 450 *a* représente une bielle de piston de locomotive. A partir du milieu, la hauteur $h$ va en croissant jusqu'à la tête qui embrasse le bouton de manivelle, ce qui a pour résultat de faciliter la construction et le raccordement du corps avec la tête de la bielle.

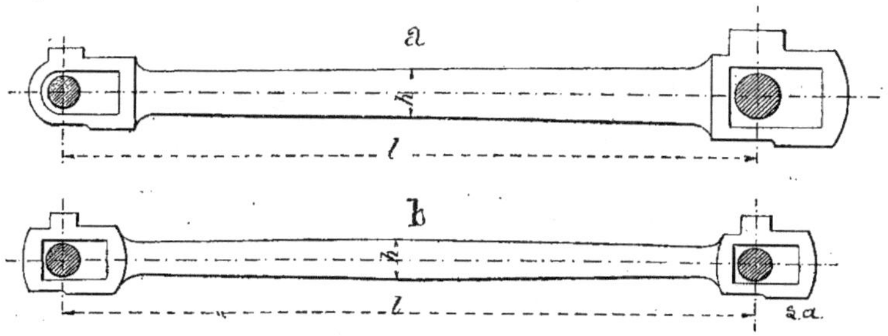


Fig. 450.

Dans les bielles d'accouplement des locomotives, l'action du fouettement est beaucoup plus prononcée que dans les bielles de transmission. C'est au milieu que se produit le maximum de flexion et, par suite, c'est en ce point que la section doit avoir la plus grande valeur.

La figure 450 *b* représente une bielle de ce genre. Les coussinets sont munis de clavettes de serrage de chaque côté du tourillon, de manière à ce que le rapprochement de ces coussinets puisse s'opérer sans modifier la longueur de la bielle ; c'est aussi dans ce but qu'on donne aux deux tourillons la même grandeur, afin que l'usure soit sensiblement égale pour tous les deux.

Dans le calcul de la section du corps de la bielle, on suppose les deux roues couplées soumises, à leurs circonférences, à une même fraction de la résistance. Par conséquent, avec deux paires de roues couplées, l'effort sur la bielle d'accouplement est égal aux 2/3 de cette force ; tandis que celui qui s'exerce sur la seconde n'en est que le 1/3. Mais il convient de tenir compte de ce fait que, dans certaines circonstances, l'une des roues peut glisser, ce qui conduit à ne pas prendre le coefficient $m$ aussi faible pour les bielles d'accouplement que pour celles de transmission. Il ne faut jamais descendre pour $m$ au-dessous de 1, il vaut mieux se tenir un peu au-dessus, surtout dans le cas de deux roues couplées.

**703.** *Fourche d'une bielle.* — Dans le cas où la bielle s'articule à la crosse du piston à l'aide d'une fourche, comme dans la figure 449, le rayon $r$ de la demi-circonférence, qui raccorde les axes des deux branches rectilignes, est évidemment égal à la distance qui sépare la section milieu de chaque tourillon de la traverse de l'axe de la tige du piston ; l'épaisseur de chacune des branches est prise égale au diamètre $d_0$ des extrémités du corps de la bielle, leur largeur $a$ (*fig.* 451) résulte de la longueur des coussinets des tourillons de la traverse et l'habitude est de raccorder ces deux branches entre elles et à la tige par un demi-anneau dont la fibre moyenne est une demi-circonférence de rayon $r$ et la section génératrice celle $(ad_0)$ de chacune des branches.

Ces dimensions, qui résultent de la pratique, sont généralement suffisantes. Si cependant, la longueur et l'ouverture des branches étaient plus grandes que celles de l'usage ordinaire, on pourrait vérifier ces dimensions de la manière suivante :

Chacune des parties droites des branches est assimilable à un solide soumis à un effort de compression $\frac{P'}{2}$, de section transversale connue et d'une longueur également déterminée par les conditions d'établissement de la machine.

Cette longueur doit être telle que l'on puisse retirer l'écrou E, qui fixe la traverse à la tige, sans être obligé de démonter la bielle, et, lorsque le bloc de la traverse est engagé dans les glissières, cette longueur doit, de plus, pouvoir contenir cette glissière entre ses branches.

La formule de Love permet de vérifier si les dimensions adoptées *a priori* sont suffisantes.

Quant à la partie courbe, pour vérifier que les plus grandes tensions et compressions des fibres dans une section quelconque $mn$ ne dépassent pas une limite donnée R, qui se rapporte aux conditions de résistance de la matière, et que le plus grand effort tranchant ne dépasse pas les $\frac{8}{10}$ de R, il suffit de s'assurer que ces dimensions vérifient les deux inégalités :

$$R => \frac{v\mu}{I} + \frac{N}{\Omega},$$

et :

$$\frac{T}{\Omega} =< 0,8\,R,$$

devenant, en remplaçant $\mu$, N et T, par leurs valeurs :

$$\mu = \frac{P'}{2}\,y = \frac{P'}{2}\,r\,(1 - \cos\alpha),$$

$$N = \frac{P'}{2}\cos\alpha,$$

$$T = \frac{P'}{2}\sin\alpha,$$

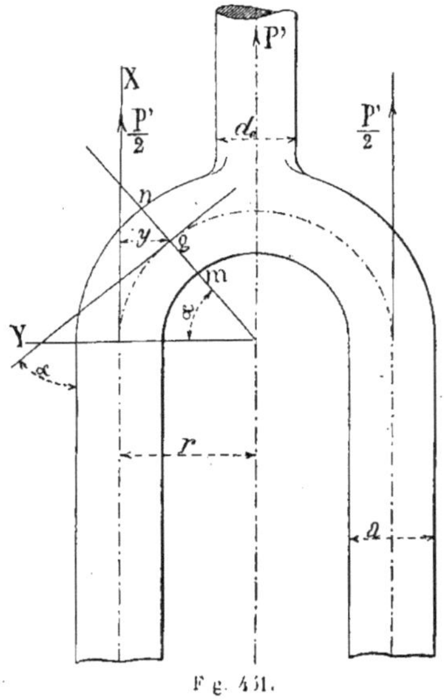


Fig. 451.

et $v$, I et Ω par :

$$v = \frac{a}{2},$$

$$I = \frac{a^3 d_0}{12},$$

$$\Omega = ad_0,$$

$$R => \frac{P'}{ad_0}\left[\frac{6r\,(1 - \cos\alpha)}{a} + \cos\alpha\right],$$

$$R => \frac{P'}{ad_0}\left(\frac{\sin\alpha}{1,6}\right).$$

Si cette vérification donnait pour R des valeurs trop considérables, on augmenterait les dimensions, de manière à satisfaire à la valeur attribuée à R.

## § *VIII. — COURROIES ET POULIES*

**704.** Nous nous sommes occupés, aux n° 199 et suivants de la dynamique (tome II), de l'établissement des courroies de transmission, ce qui nous permettra de rappeler seulement les formules et d'indiquer comment on peut déterminer les résultats des questions qui se rapportent aux courroies de transmission (*fig.* 452).

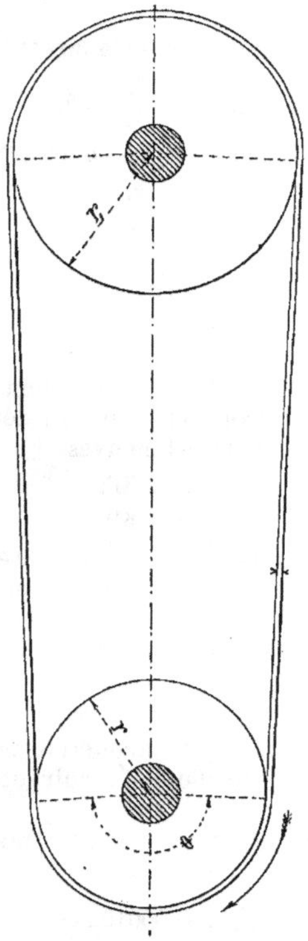

Fig. 452.

Soient : N le nombre de chevaux-vapeur à transmettre, P l'effort tangentiel en kilogrammes, $r$ et $r_1$ les rayons de poulies, $n$ le nombre de tours par minute, $b$ la largeur et $\delta$ l'épaisseur de la courroie en millimètres, R sa tension pratique par millimètre carré, $f$ le coefficient de frottement relatif aux matières en contact et à l'état des surfaces de la courroie et des poulies, $\theta$ l'arc de contact de la courroie sur la plus petite poulie, exprimé en fonction du rayon, T la tension du brin conducteur, $t$ la tension du brin conduit, et enfin soit $e = 2,7183$ la base des logarithmes népériens.

On a d'abord pour l'adhérence :

$$P = T - t = \frac{75\,N}{v} = 716\,200\,\frac{N}{nr},$$

$v$ étant la vitesse de la courroie, en mètres par seconde.

De plus :

$$\frac{T}{t} = e^{f\theta}$$

d'où, l'on a pour la tension du brin conduit en marche :

$$t = \frac{P}{e^{f\theta} - 1}.$$

La tension du brin conducteur T est alors :

$$T = P\,\frac{e^{f\theta} - 1}{e^{f\theta}},$$

et l'effort qui tend à rapprocher les arbres, est :

$$T + t = P\,\frac{e^{f\theta} + 1}{e^{f\theta} - 1}.$$

La tension commune des deux brins, devient :

$$\frac{T + t}{2} = \frac{P}{2}\,\frac{e^{f\theta} + 1}{e^{f\theta} - 1}.$$

D'après Leloutre, l'expérience vérifie ces formules, si ce n'est qu'à de grandes charges, et pour des cuirs gras la valeur de $f$ diminue légèrement, par suite de l'expulsion de l'huile qui graisse la jante.

Le frottement est un peu moindre pour

les petites poulies sur les jantes bombées que sur celles qui sont plates ; mais sur les grandes poulies, la différence est négligeable. On doit prendre pour $f$ les valeurs suivantes :

*Courroies neuves et très sèches sur poulies en fonte tournées :*

$$f = 0{,}155\ ;$$

*Courroies neuves en caoutchouc et vieilles courroies en cuir chargées de cambouis :*

$$f = 0{,}200.$$

Pour les courroies neuves et sèches, $f$ peut s'abaisser jusqu'à 0,09, mais il suffit d'enduire la face interne d'un mélange d'huile et de colophane et de tendre au début un peu plus fortement, pour revenir au chiffre normal.

Il faut observer que les coefficients d'adhérence peuvent varier suivant l'état des surfaces en contact (la poulie doit être parfaitement polie et la courroie doit s'y appliquer par le côté *cuir* et non *chair*), et que la marche doit être régulière et sans fouettement.

Les courroies en caoutchouc vulcanisé avec toiles interposées, étant bien fabriquées, sont plus souples, plus durables et aussi solides que celles en cuir. Elles s'étendent moins et ne craignent pas l'humidité ; mais on doit éviter de les croiser, ce qui les détériore. On peut les avoir en toutes largeurs et longueurs, ce qui permet, pour les grands efforts, de les faire moins épaisses ; il n'y a qu'une seule couture. Elles marchent plus droit que les courroies en cuir et coûtent moins cher pour les grandes largeurs.

Pour transmettre de grands efforts, on fait usage de courroies doubles ou triples, tandis que pour les petites forces et pour les mouvements très rapides on se sert surtout de cordons en chanvre, de coton ou de cuir.

**705.** *Résistance.* — La rupture du cuir, par charges très lentement croissantes, a lieu vers 2 kilogrammes par millimètre carré. Lorsque la charge augmente rapidement, la rupture n'a lieu que pour 3 kilogrammes à $3^k,30$. On peut donc prendre pour charge de sécurité $R = 0^k,4$ par millimètre carré de section.

Les courroies en cuir bien fabriquées se rompent vers 3 kilogrammes ; on peut donc leur appliquer le même coefficient $R = 0,4$.

De la relation :

$$\frac{T}{t} = e^{f\theta},$$

on déduit en logarithmes ordinaires :

$$\log \frac{T}{t} = 0{,}434 f\theta,$$

$\theta$ étant exprimé en mesures circulaires naturelles, pour $\theta$ en degré, on aurait :

$$\log \frac{T}{t} = 0{,}007578 f\theta,$$

et pour $\theta$ en fraction de la circonférence :

$$\log \frac{T}{t} = 2{,}729 f\theta.$$

Dans le cas de poulies égales :

$$\theta = \pi,$$

et par suite : $\dfrac{T}{t} = \dfrac{5}{3}$,

pour les poulies neuves, et :

$$\frac{T}{t} = 1{,}90,$$

pour les courroies en caoutchouc ou les vieilles courroies en cuir. On déduit de là pour les courroies neuves :

$$T = 2{,}5P,$$
$$t = 1{,}5P.$$

**706.** Remarque. — Outre les efforts T et $t$, la courroie doit encore supporter, pour compenser la diminution d'adhérence sur la poulie, produite par la force centrifuge, une tension :

$$t_1 = 0{,}000102 b\delta v^2,$$

$v$ étant la vitesse de la courroie en mètres et le poids spécifique du cuir étant pris égal à 1.

Il en résulte une tension par millimètre carré :

$$\frac{t_1}{b\delta} = 0{,}000102\, v^2,$$

d'où :

$$\frac{T}{b\delta} = R - \frac{t_1}{b\delta} = R' \text{ tension utile.}$$

Pour les bonnes courroies en caoutchouc, dont la densité moyenne est 1,18 à 1,20, l'effet de la force centrifuge augmente proportionnellement ; mais il est toujours nécessaire de s'assurer de la densité du caoutchouc à employer.

Dans le cas fréquent où la courroie simple est cousue par superposition et sur une longueur approchant de l'arc $\theta$, il faut doubler le résultat et prendre :

$$\frac{T}{b\delta} = R - 2\frac{t_1}{b\delta} = R'' \text{ tension utile.}$$

**707.** VALEURS DE $\frac{t_1}{b\delta}$, DIMINUTION DE R EN KILOGRAMMES

| Pour $v$ = | | 5 mètres | 10 mètres | 15 mètres | 20 mètres | 25 mètres | 30 mètres |
|---|---|---|---|---|---|---|---|
| Courroies en cuir densité = 1 | $\frac{t_1}{b\delta}$ = | 0.003 | 0.010 | 0.023 | 0.041 | 0.064 | 0.092 |
| | $2\frac{t_1}{b\delta}$ = | 0.006 | 0.020 | 0.046 | 0.082 | 0.128 | 0.184 |
| Courroies en caoutchouc densité = 1,20 | $1{,}2\frac{t_1}{b\delta}$ = | 0.003 | 0.012 | 0.027 | 0.049 | 0.076 | 0.110 |
| | $2{,}4\frac{t_1}{b\delta}$ = | 0.006 | 0.024 | 0.055 | 0.098 | 0.152 | 0.220 |

## Dimensions des courroies.

**708.** La largeur $b$ exprimée en millimètres est :

$$b = \frac{T+t}{\delta R} = \frac{T}{\delta\left(R - \frac{t_1}{b\delta}\right)}$$

en supposant la courroie assemblée bout à bout. On calculera d'abord :

$$P = \frac{75\,N}{v} = 7\,126\,200\,\frac{N}{nr},$$

puis avec l'aide des tables :

$$T = P\,\frac{e^{f\theta}}{e^{f\theta} - 1},$$

et : $$b\delta = \frac{T}{R - \left(\frac{t_1}{b\delta}\right)} \text{ ou : } \frac{T}{R - 2\frac{t_1}{b\delta}}$$

suivant le cas.

De là on tirera $b$ ou $\delta$ suivant les conditions de la question. Les cuirs ayant de 4 à 8 millimètres d'épaisseur, on augmentera plutôt $b$ pour que $\delta$ soit le plus faible possible..

Donnons un exemple de l'application de ces formules, en supposant N = 30 chevaux, le diamètre de la poulie = 3,00 et faisant cent soixante-cinq tours par minute, la poulie à laquelle est transmise le travail ayant $1^m,20$ de diamètre, l'enroulement est d'environ $0^m,4$ de la circonférence.

On a d'abord :

$$P = 716\,200\,\frac{30}{165 \times 1\,500} = 86^k,9.$$

La table suivante donne pour :

$$\theta = 0{,}04$$

et : $$f = 0{,}155,$$

$$\frac{e^{f\theta}}{e^{f\theta} - 1} = 3{,}08,$$

par suite :

$$T = 86{,}9 \times 3{,}88 = 268 \text{ kilogrammes.}$$

La vitesse de la courroie étant de :

$$\frac{\pi \,.\, 3 \,.\, 165}{60} = 25^m,90,$$

la tension due à la force centrifuge, sans tenir compte de la croisure est :

$$t_1 = 0{,}000102 \times \overline{25{,}9}^2 = 0^k,068,$$

d'où :

$$R - \frac{t_1}{b\delta} = 0^k,4 - 0^k,068 = 0^k,332,$$

donc :

$$b\delta = \frac{268}{0{,}332} = 807 \text{ millimètres carrés.}$$

Si le cuir a 5 millimètres d'épaisseur :

$$b = \frac{807}{5} = 161 \text{ millimètres.}$$

La jante de la poulie devra donc avoir 180 millimètres de largeur.

Les courroies minces et larges sont les plus avantageuses.

La largeur des courroies n'est limitée que par les dimensions des cuirs du commerce. Les courroies doubles sont moins flexibles ; on les emploie souvent quand la largeur de la courroie simple doit être supérieure à 300 millimètres.

On prendra pour épaisseur $\delta$ des courroies doubles, la somme des épaisseurs de leurs cuirs et on appliquera les mêmes valeurs de R qu'aux courroies simples.

Cependant lorsque les courroies doubles s'enroulent sur des poulies de moins de 1 mètre de diamètre, les coutures s'usent vite et il est prudent de faire $R'' = 0{,}30 - 2\frac{t_1}{b\delta}$.

Les courroies en caoutchouc sont toujours simples.

La vitesse la plus avantageuse est :

$$v = 20 \text{ à } 25 \text{ mètres}$$

et on admet qu'il ne faut pas descendre au-dessous de 6 à 7 mètres ni dépasser 30 mètres.

**709.** Remarque. — Quand les arcs d'enroulement sont voisins de 180 degrés, on peut employer les formules approximatives suivantes, qui supposent :

$$\delta = 5 \text{ millimètres},$$

$$v < 15 \text{ mètres},$$

$$b = \frac{P}{0{,}8} = \frac{T - t}{0{,}8} = 93{,}7\,\frac{N}{v} = 900\,000\,\frac{N}{nr}.$$

Des formules précédentes, on tire :

$$N = b\,\frac{v}{93{,}7},$$

c'est-à-dire que la puissance en chevaux-vapeur, que peut transmettre couramment une courroie simple, est égale, en chiffres ronds, et pour $v < 15$, au produit de sa largeur en centimètres par sa vitesse en mètres divisé par 10.

Autrement dit, pour transmettre un cheval-vapeur il faut qu'il passe une surface de 1 000 centimètres carrés de courroie par seconde.

**710.** *Formules de Reuleaux.* — D'après cet auteur, on peut admettre, pour la tension par millimètre carré :

$$R = \frac{1}{200}\sqrt[4]{b^3},$$

ou bien si les cuirs sont ordinaires :

$$R = \frac{1}{290}\sqrt[4]{b^3},$$

Pour les courroies d'une grande largeur, on emploie généralement du cuir plus épais que pour celles où cette largeur est faible, et on obtient pour cette épaisseur des valeurs qui se rapprochent de celles de la pratique, en posant :

$$\delta = 1{,}5\sqrt[4]{b}.$$

Si on désigne par $p = R\delta$ la tension, par millimètre de largeur, qui se produit dans la courroie, on a le tableau suivant :

| | | | | | | |
|---|---|---|---|---|---|---|
| $b =$ | 50 | 100 | 150 | 200 | 250 | 300mm |
| $\delta =$ | 3,97 | 4,74 | 5,25 | 5,64 | 5,97 | 0,36 |
| $R =$ | 0,09 | 0,16 | 0,21 | 0,27 | 0,31 | 0k,36 |
| $p =$ | 0,36 | 0,76 | 1,10 | 1,52 | 1,85 | 2k,25 |

En partant des relations précédentes, on arrive pour la largeur d'une courroie aux différentes expressions suivantes :

1° Pour une résistance P, appliquée tangentiellement à la poulie :

$$b = 18\sqrt{P};$$

2° Pour une force de N chevaux à transmettre avec une vitesse de $n$ tours par minute :

$$b = 15\,250\sqrt{\frac{N}{nr}}.$$

3° Pour une transmission de N chevaux, avec une vitesse $v$ en mètres de la courroie :

$$b = 156\sqrt{\frac{N}{v}};$$

4° Pour un moment statique $Pr$ :

$$b = 0{,}87\sqrt[3]{\frac{b}{r}(Pr)};$$

5° Ou encore :

$$b = 615\sqrt[3]{\frac{b}{r}\frac{N}{n}}.$$

**711.** TRAVAIL EN CHEVAUX-VAPEUR, TRANSMIS PAR UN MILLIMÈTRE D'ÉPAISSEUR DE COURROIE ENROULÉE DE 180 DEGRÉS SUR UNE JANTE EN FONTE UNIE

| VITESSES | CUIR SIMPLE A L'ÉTAT ORDINAIRE $e^{f\theta} = 1.63$ $1 - \frac{1}{e^{f\theta}} = 0.387$ | | | | | | | | CAOUTCHOUC OU COURROIES COUVERTES DE CAMBOUIS $e^{f\theta} = 1.87$ $1 - \frac{1}{e^{f\theta}} = 0.465$ | | | | | | | |
|---|---|---|---|---|---|---|---|---|---|---|---|---|---|---|---|---|
| | 10 MÈTRES | | 15 MÈTRES | | 20 MÈTRES | | 25 MÈTRES | | 10 MÈTRES | | 15 MÈTRES | | 20 MÈTRES | | 25 MÈTRES | |
| sans croisure R′ = | 0.39 | | 0.377 | | 0.359 | | 0.336 | | 0.388 | | 0.373 | | 0.351 | | 0.324 | |
| avec croisure R″ = | | 0.38 | | 0.354 | | 0.318 | | 0.272 | | 0.376 | | 0.345 | | 0.302 | | 0.248 |
| Largeur de la courroie en millimètres. 50 | 1.00 | 0.98 | 1.46 | 1.37 | 1.85 | 1.64 | 2.16 | 1.75 | 1.20 | 1.17 | 1.74 | 1.60 | 2.18 | 1.87 | 2.51 | 1.92 |
| 60 | 1.21 | 1.18 | 1.75 | 1.64 | 2.23 | 1.97 | 2.60 | 2.11 | 1.44 | 1.40 | 2.08 | 1.93 | 2.61 | 2.24 | 3.01 | 2.31 |
| 70 | 1.41 | 1.37 | 2.04 | 1.92 | 2.60 | 2.30 | 3.03 | 2.45 | 1.68 | 1.63 | 2.43 | 2.25 | 3.05 | 2.62 | 3.52 | 2.69 |
| 80 | 1.61 | 1.57 | 2.33 | 2.19 | 2.97 | 2.63 | 3.47 | 2.81 | 1.92 | 1.86 | 2.68 | 2.56 | 3.48 | 3.00 | 4.01 | 3.07 |
| 90 | 1.81 | 1.76 | 2.62 | 2.47 | 3.34 | 2.96 | 3.90 | 3.16 | 2.16 | 2.10 | 3.13 | 2.88 | 3.92 | 3.37 | 4.52 | 3.46 |
| 100 | 2.01 | 1.96 | 2.92 | 2.74 | 3.71 | 3.29 | 4.33 | 3.51 | 2.40 | 2.33 | 3.47 | 3.21 | 4.35 | 3.75 | 5.02 | 3.84 |
| 120 | 2.42 | 2.36 | 3.50 | 3.28 | 4.46 | 3.94 | 5.20 | 4.21 | 2.82 | 2.80 | 4.16 | 3.86 | 5.22 | 4.48 | 6.02 | 4.62 |
| 150 | 3.02 | 2.94 | 4.32 | 4.11 | 5.56 | 4.93 | 6.50 | 5.26 | 3.60 | 3.50 | 5.21 | 4.81 | 6.53 | 5.62 | 7.53 | 5.76 |
| 180 | 3.62 | 3.52 | 5.25 | 4.94 | 6.68 | 5.91 | 7.80 | 6.32 | 4.32 | 4.20 | 6.24 | 5.76 | 7.83 | 6.74 | 9.04 | 6.92 |
| 200 | 4.02 | 3.92 | 5.83 | 5.48 | 7.42 | 6.57 | 8.67 | 7.02 | 4.81 | 4.66 | 6.94 | 6.42 | 8.70 | 7.49 | 10.04 | 7.69 |
| 220 | 4.42 | 4.31 | 6.41 | 6.03 | 8.16 | 7.23 | 9.54 | 7.72 | 5.29 | 5.13 | 7.63 | 7.06 | 9.57 | 8.24 | 11.04 | 8.40 |
| 250 | 5.03 | 4.90 | 7.29 | 6.85 | 9.27 | 8.21 | 10.83 | 8.78 | 6.01 | 5.82 | 8.68 | 8.01 | 10.88 | 9.37 | 12.55 | 9.61 |
| 300 | 6.04 | 5.88 | 8.75 | 8.22 | 11.13 | 9.85 | 13.00 | 10.53 | 7.21 | 6.99 | 10.42 | 9.63 | 13.05 | 11.24 | 15.07 | 11.53 |
| 350 | 7.04 | 6.96 | 10.21 | 9.50 | 12.98 | 11.49 | 15.16 | 12.28 | 8.41 | 8.16 | 12.19 | 11.23 | 15.23 | 13.11 | 17.58 | 13.45 |
| 400 | 8.05 | 7.84 | 11.66 | 10.96 | 14.84 | 13.14 | 17.34 | 14.04 | 9.62 | 9.32 | 13.89 | 12.82 | 17.40 | 14.90 | 20.09 | 15.37 |
| 450 | 9.05 | 8.82 | 13.12 | 12.33 | 16.69 | 14.78 | 19.50 | 15.79 | 10.82 | 10.40 | 15.63 | 14.42 | 19.58 | 16.86 | 22.60 | 17.29 |
| 500 | 10.06 | 9.80 | 14.58 | 13.70 | 18.55 | 16.47 | 21.67 | 17.55 | 12.02 | 11.65 | 17.36 | 16.03 | 21.76 | 18.73 | 25.11 | 19.22 |

## Travail transmis par une courroie.

**712.** — Pour une courroie donnée, de dimensions $b$, $\delta$, ayant une vitesse $v$, le travail transmis est :

$$(\mathrm{T} - t)\, v = \mathrm{P}v = \frac{\frac{b\delta \mathrm{R}.v}{e^{f\theta}}}{e^{f\theta} - 1}$$

ou :

$$\mathrm{P}v = b\delta \mathrm{R}v \left(1 - \frac{1}{e^{f\theta}}\right),$$

Pour tenir compte de la force centrifuge, on fera $\mathrm{R} = \mathrm{R}'$ ou $\mathrm{R}''$.

En chevaux-vapeur, le travail est :

$$\frac{\mathrm{P}v}{75} = \mathrm{N} = \frac{b\delta \mathrm{R}v}{75}\left(1 - \frac{1}{e^{f\theta}}\right).$$

La table de la page 457 donne en chevaux-vapeur le travail $\frac{\mathrm{P}v}{75}$ que peut transmettre un millimètre d'épaisseur de courroie à diverses vitesses et sous la charge totale $\mathrm{R} = 0^{k},4$ sur des jantes en fonte, et pour $\theta = 180$ degrés.

Il suffira donc, pour trouver le nombre de chevaux, de multiplier les chiffres de la table par l'épaisseur en millimètres.

Le maximum que peut transmettre une courroie en cuir simple, collée, sans croisure ni renflement, est de 4,96 chevaux par 100 millimètres carrés de section, pour $v = 36^{m},18$.

Pour une courroie simple, avec croisure, ce maximum est de 3,52 chevaux, pour $v = 25^{m},60$.

Pour le caoutchouc, avec croisure, le maximum est de 3,86 chevaux, pour $v = 23^{m},40$.

Si $\theta$ est différent de 180 degrés, on devra multiplier les chiffres de la table par :

$$\frac{1}{0,387}\left(1 - \frac{1}{e^{f\theta}}\right),$$

pour le cuir ordinaire, et par :

$$\frac{0,465}{1}\left(1 - \frac{1}{e^{f\theta}}\right),$$

pour le caoutchouc ou les courroies couvertes de cambouis d'après le tableau ci-dessous.

| $\theta$ en fraction de la circonférence | $\frac{1}{0.387}\left(1 - \frac{1}{e^{f\theta}}\right)$ | $\frac{1}{0.465}\left(1 - \frac{1}{e^{f\theta}}\right)$ |
|---|---|---|
| 0.2 | 0.465 | 0.494 |
| 0.3 | 0.656 | 0.678 |
| 0.4 | 0.837 | 0.840 |
| 0.5 | 1 | 1 |
| 0.6 | 1.141 | 1.140 |
| 0.7 | 1.278 | 1.258 |
| 0.8 | 1.396 | 1.363 |
| 0.9 | 1.505 | 1.458 |
| 1.0 | 1.606 | 1.539 |

## Poulies et tambours en fonte.

**713.** Pour les dimensions pratiques des poulies et tambours en fonte, voir le n° 680 et suivants de la *Cinématique* (tome I, page 316).

**714.** *Poids des poulies en fonte.* — Les poids des poulies en fonte ne peuvent être calculés d'avance, en raison de l'alésage du moyeu de l'arbre et de la forme donnée aux bras qui relient la jante au moyeu.

On peut obtenir approximativement ce poids à l'aide de la formule suivante :

$$p = b^3\left[4,73\,\frac{\mathrm{R}}{b} + 0,44\left(\frac{\mathrm{R}}{b}\right)^2 + 0,09\left(\frac{\mathrm{R}}{b}\right)^3\right],$$

dans laquelle le rayon R de la poulie et la largeur $b$ de la jante sont exprimés en décimètres.

C'est à l'aide de cette formule qu'a été calculée la table de la page suivante :

**715.** *Poulies en bois.* — Depuis plusieurs années les poulies de transmission en deux pièces, en bois, sont fort répandues en Amérique ; leur usage tend à se généraliser en France, en raison des avantages sérieux qu'elles présentent sur les poulies en fonte.

Ces organes de transmission (*fig.* 453), provenant de la « *Dodge Manufacturing C°* » (1), sont fabriqués de la manière suivante :

La couronne est composée d'une série de segments qui sont assemblés avec de la colle forte insoluble, cloués et jointés. Cette couronne forme la partie centrale de la pou-

(1) Ph. Roux et C^ie^, seuls agents pour la France (54, boulevard du Temple, Paris).

| $\frac{R}{b}$ | $\frac{p}{b^3}$ | $\frac{R}{b}$ | $\frac{p}{b^3}$ | $\frac{R}{b}$ | $\frac{p}{b^3}$ | $\frac{R}{b}$ | $\frac{p}{b^3}$ |
|---|---|---|---|---|---|---|---|
| 1.0 | 5.26 | 2.5 | 15.98 | 5.0 | 45.90 | 8.25 | 119.51 |
| 1.1 | 5.86 | 2.6 | 16.85 | 5.2 | 49.15 | 8.50 | 127.26 |
| 1.2 | 6.47 | 2.7 | 17.75 | 5.4 | 52.54 | 8.75 | 135.37 |
| 1.3 | 7.09 | 2.8 | 18.67 | 5.6 | 56.03 | 9.00 | 143.82 |
| 1.4 | 7.73 | 2.9 | 19.61 | 5.8 | 59.80 | 9.25 | 152.63 |
| 1.5 | 8.39 | 3.0 | 20.58 | 6.0 | 63.66 | 9.50 | 161.82 |
| 1.6 | 9.06 | 3.2 | 22.59 | 6.2 | 67.69 | 9.75 | 171.36 |
| 1.7 | 9.75 | 3.4 | 24.71 | 6.4 | 71.88 | 10.00 | 181.30 |
| 1.8 | 10.46 | 3.6 | 26.92 | 6.6 | 76.26 | 10.25 | 191.63 |
| 1.9 | 11.19 | 3.8 | 29.27 | 6.8 | 80.81 | 10.50 | 202.35 |
| 2.0 | 11.94 | 4.0 | 31.72 | 7.0 | 85.54 | 11.00 | 225.06 |
| 2.1 | 12.71 | 4.2 | 34.30 | 7.25 | 91.72 | 11.50 | 249.46 |
| 2.2 | 13.49 | 4.4 | 37.00 | 7.50 | 98.19 | 12.00 | 275.64 |
| 2.3 | 14.30 | 4.6 | 38.83 | 7.75 | 104.98 | 12.50 | 303.65 |
| 2.4 | 15.13 | 4.8 | 42.79 | 8.00 | 112.08 | 13.00 | 333.58 |

lie et, après avoir été tournée, elle est coupée en deux transversalement. Les rayons ou barres du moyeu sont ajustés ensemble, puis découpés par la scie à ruban. Ces parties sont fixées à la jante par une queue d'hironde.

Construites avec ce soin, en bois parfaitement sec, ces poulies ne peuvent s'ovaliser par retrait ou par gonflement du bois dans le sens du fil; elles ne peuvent se déformer

Ces poulies sont tournées sur toute leur surface et par conséquent parfaitement équilibrées; puis elles sont imprégnées d'un ciment ou enduit électrique, broyé dans l'huile et appliqué à chaud.

La surface de la couronne est alors recouverte de plusieurs couches de vernis imperméable et incombustible de couleur noire bleue, qui protègent complètement le bois contre la haute température ou la moisissure résultant de la vapeur et aussi des localités humides.

Le moyeu de ces poulies, percé d'un trou du diamètre maximum (soit 88 millimètres pour poulie d'un diamètre excédant 60 centimètres), se raccorde aux diamètres variés des arbres au moyen d'un manchon fendu en deux pièces.

Ces manchons ou fourrures sont établis en bois dur et bien séché à l'air, puis percés et ensuite séchés au four, ayant ainsi séché intérieurement et extérieurement.

On réalise alors le manchon à la dimension exacte de l'arbre qu'il doit saisir, puis on le tourne au diamètre extérieur correspondant exactement au trou du moyeu de la poulie.

Fig. 453.

Après cela, on scie ce manchon en deux, transversalement, ce qui permet de séparer en deux la poulie comme avant.

L'adaptation de manchons ayant différents diamètres à une même poulie permet de les monter immédiatement sur les arbres de transmission. Ce mode de fixation ne peut les mettre hors de l'équilibre, comme cela arrive quelquefois avec les poulies métalliques que l'on cale sur l'arbre par vis de pression ou clavette. De plus, ce système de manchon permet d'utiliser la même poulie sur des arbres de différents diamètres, simplement en changeant le manchon.

L'arbre sur lequel on veut les monter doit d'abord être soigneusement essuyé avec un chiffon sec ou du déchet de coton. Après avoir fait travailler la poulie un ou deux jours, il faut voir si l'on peut augmenter le serrage du manchon sur l'arbre.

En dehors de la facilité de montage que présentent ces poulies, elles donnent lieu aux qualités suivantes.

*Adhérence.* — A même tension de courroie, elles transmettent de 25 à 60 0/0 de plus de force que les poulies métalliques.

*Légèreté.* — Elles sont de 40 0/0 plus légères que les poulies en fer ou en acier, et 75 0/0 plus légères que les poulies en fonte.

*Solidité.* — Elles peuvent supporter l'effort auquel une courroie en cuir double résiste.

*Economie.* — D'après des expériences faites par M. C. de Laharpe, ingénieur, il résulte que, pour transmettre le même travail, le serrage entre les arbres est de 1,59 avec jante en bois, 4,18 avec jante en fonte, soit :

$$\frac{1,59}{4,18} = 0,38.$$

La perte due aux frottements, qui proviennent des tensions de courroies est donc réduite de 0,62 ou presque les 2/3. Cette perte est généralement beaucoup supérieure à celle qui provient du poids seul des transmissions, en sorte que c'est le principal élément qui est ainsi réduit des 2/3.

La largeur de la courroie qu'il faut adapter sur une jante en bois est environ la moitié de celle qui est nécessaire sur une jante en fonte, à la condition, bien entendu, que les deux jantes soient en bois.

Il y a donc économie considérable sur les frottements que consomment les transmissions, environ 60 0/0, et économie de près de 50 0/0 sur l'achat et l'entretien de courroies.

Nous donnons page suivante les dimensions des poulies et tambours en deux pièces en bois.

## Transmission par cordes.

**716.** La transmission entre deux arbres, par câbles ronds en chanvre, reçoit actuellement de nombreuses applications, surtout pour transmettre le mouvement de l'arbre du volant d'un moteur au premier arbre de commande.

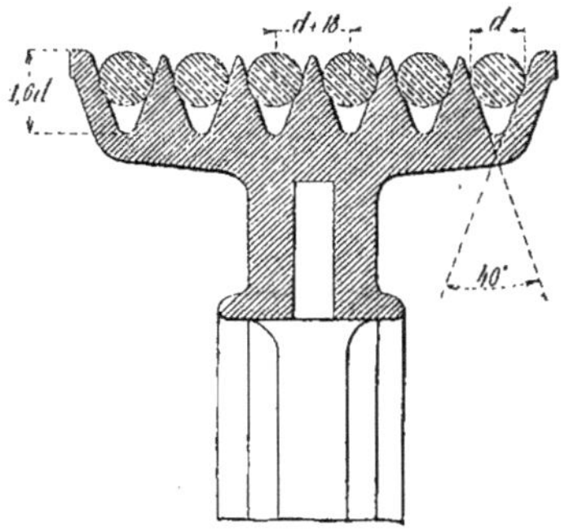


Fig. 454.

Les jantes des volants et des poulies portent un certain nombre de rainures ou de gorges en forme de V, dans lesquelles les cordes viennent s'insérer tangentiellement (*fig.* 454).

L'angle formé par les deux faces de chaque gorge a une assez grande importance; s'il est trop ouvert, l'adhérence est trop faible; s'il est au contraire trop aigu, le coincement est trop prononcé et l'usure devient très rapide.

L'ouverture de 40 degrés est celle indiquée par l'expérience comme étant la plus favorable.

Les cordes pour transmission doivent être en chanvre de première qualité, à longues fibres et bien tordu ; elles doivent être souples et élastiques. L'épissure des-

POULIES ET TAMBOURS EN DEUX PIÈCES EN BOIS DE LA DODGE MANUFACTURING C°

| ALÉSAGE maximum millimètres | DIAMÈTRES en millimètres | LARGEUR DE LA COURROIE EN MILLIMÈTRES | | | | | | | | | | | |
|---|---|---|---|---|---|---|---|---|---|---|---|---|---|
| | | 50 | 75 | 100 | 125 | 150 | 175 | 205 | 255 | 305 | 355 | 410 | 455 |
| 48 | 75 | 10.50 | 11.50 | 12.50 | 13.50 | 15 » | | | | | | | |
| 60 | 100 | 10.50 | 12 » | 13 » | 14.50 | 16 » | | | | | | | |
| 63 | 125 | 11 » | 12.50 | 14 » | 16 » | 17 » | 19 » | 20 » | | | | | |
| 76 | 150 | 11.50 | 13 » | 15 » | 17 » | 18.50 | 20.50 | 22.50 | | | | | |
| » | 175 | 12 » | 14 » | 15.50 | 17.50 | 19.50 | 22 » | 24.50 | | | | | |
| » | 200 | 12.50 | 14.50 | 16 » | 18.50 | 20.50 | 23 » | 26 » | | | | | |
| » | 230 | | 13.25 | 14 » | 15.50 | 16.75 | 17.50 | 18 » | | | | | |
| » | 255 | | 13.75 | 14.50 | 15.75 | 17.25 | 18 » | 18.75 | 20.50 | 25 » | | | |
| » | 280 | | 14.25 | 15 » | 16.25 | 18 » | 18.75 | 19.50 | 21.50 | 26 » | | | |
| 90 | 305 | | 14.75 | 15.50 | 16.75 | 18.75 | 19 50 | 20.25 | 22.50 | 27 » | | | |
| » | 330 | | 15.25 | 16.25 | 17 75 | 19.75 | 21 » | 22.50 | 25.25 | 29.50 | | | |
| » | 355 | | 15.75 | 17 » | 19.25 | 21.50 | 23.25 | 24.75 | 28 » | 31.50 | | | |
| » | 410 | | 17.50 | 19.25 | 21.25 | 24 » | 25.50 | 29 » | 33 » | 36.75 | 40.50 | | |
| » | 455 | | 19.50 | 21.25 | 24 » | 26.75 | 29.75 | 32.50 | 37.25 | 42 » | 47.25 | 56.25 | |
| » | 510 | | 21.50 | 23.50 | 27.25 | 31.50 | 34.75 | 37.50 | 42 » | 50 » | 57.75 | 66 » | |
| » | 560 | | 24 » | 26 » | 31 » | 36 » | 39 » | 42 » | 49.50 | 58 75 | 68.25 | 74.50 | |
| 100 | 610 | | 26.25 | 28.25 | 33.25 | 38.25 | 42.25 | 46.25 | 54.75 | 66.50 | 79.25 | 92 » | |
| » | 660 | | 31.50 | 33.50 | 36.75 | 41.75 | 46.25 | 50.50 | 60 » | 74.50 | 91.75 | 109 » | |
| » | 710 | | | 37.75 | 41 » | 45.25 | 49.50 | 54 » | 63.50 | 80 » | 100 » | 122 » | |
| » | 760 | | | 42 » | 45 » | 49.25 | 55 » | 60.50 | 69.50 | 86.50 | 110 » | 133 » | |
| » | 810 | | | 46 » | 49.25 | 54 » | 61 » | 67.75 | 78.75 | 94 » | 120 » | 145 » | |
| » | 860 | | | 50.50 | 55 » | 60.50 | 68.50 | 76 » | 89.50 | 105 » | 129 » | 158 » | |
| » | 915 | | | 55.50 | 62.50 | 68.50 | 76 » | 84 » | 100 » | 119 » | 140 » | 170 » | |
| » | 965 | | | 68 » | 72.50 | 76 » | 84.50 | 92.50 | 108 » | 130 » | 150 » | 182 » | |
| » | 1 015 | | | 73.50 | 76 » | 84 » | 92 » | 100 » | 118 » | 140 » | 163 » | 190 » | |
| » | 1 065 | | | 81.50 | 84.50 | 92 » | 102 » | 112 » | 131 » | 152 » | 176 » | 202 » | |
| » | 1 110 | | | 89 » | 92 » | 102 » | 114 » | 125 » | 145 » | 165 » | 189 » | 214 » | |
| » | 1 165 | | | 100 » | 102 » | 115 » | 126 » | 137 » | 158 » | 176 » | 202 » | 226 » | |
| » | 1 220 | | | 110 » | 115 » | 129 » | 139 » | 147 » | 171 » | 189 » | 216 » | 236 » | |
| » | 1 320 | | | | | 163 » | 171 » | 178 » | 200 » | 220 » | | | 315 » |
| » | 1 420 | | | | | 195 » | 204 » | 212 » | 234 » | 254 » | | | 365 » |
| » | 1 520 | | | | | 224 » | 234 » | 247 » | 270 » | 295 » | | 360 » | 410 » |

NOTA. — Le limbe des poulies a environ 15 m/m de plus que la largeur de la courroie.

tinée à réunir les extrémités d'une même corde, doit se faire sur une grande longueur, de manière à ne pas produire une augmentation sensible du diamètre ; cette longueur varie de $2^{m},05$ à 3 mètres pour une corde de 50 mètres.

D'après l'expérience, on peut admettre que la tension normale à donner à une corde, pour transmettre une puissance déterminée, est à peine les 2/3 de celle qu'il faudrait donner à une courroie pour la même puissance. En supposant la même valeur au coefficient de frottement dans les deux cas, la différence doit être attribuée à l'influence de la gorge.

Reuleaux donne les considérations suivantes :

La vitesse doit rester comprise entre 10 et 25 mètres par seconde ; le diamètre de la plus petite poulie ne doit jamais être inférieur à trente fois le diamètre de la corde.

La distance entre les arbres peut varier de 7 à 15 mètres.

Il y a intérêt à placer le brin moteur en bas, afin d'augmenter l'arc embrassé, surtout lorsque la transmission est horizontale.

Si l'on désigne par K le nombre de cordes à placer sur le volant, par N le travail en chevaux à transmettre, $n$ le nombre de tours de l'arbre du volant, R le rayon de ce volant (en millimètres), la force totale P (en kilogrammes) à transmettre, supposée appliquée à la circonférence, est donnée par l'expression :

$$P = \frac{716\,200 \,.\, N}{n \,.\, R}.$$

L'effort correspondant à une corde sera donc :

$$\frac{P}{K} = \frac{716\,200}{K} \cdot \frac{N}{nR}.$$

Le diamètre de cette corde peut se déterminer, avec une exactitude suffisante, par la relation :

$$d = 4,5\sqrt{\frac{P}{K}} = 3\,800\sqrt{\frac{N}{K\,.\,nR}},$$

qui fournit $d$ en millimètres.

Si l'on se donne le diamètre des cordes qu'on veut employer, cette même relation permet de calculer K.

Pour transmettre le mouvement d'un moteur au premier arbre de commande, on fait généralement usage de cordes dont le diamètre varie de 30 à 53 millimètres. Pour les transmissions peu importantes, on descend notablement au-dessous du plus petit de ces chiffres.

## § IX. — *TRANSMISSIONS PAR CABLES MÉTALLIQUES OU TÉLÉDYNAMIQUES*

**717.** Lorsque la distance du moteur au récepteur devient considérable, on transmet le mouvement à l'aide de câbles métalliques, de la même manière que la transmission par courroie. Ces deux genres ne diffèrent entre eux qu'en ce que la courroie est remplacée par un câble en fil de fer, dont la tension est due à son propre poids. Depuis la première application faite en 1850, par les frères Hirn, ce système a reçu de très nombreuses applications et pour des distances considérables qui dépassent quelquefois 1 000 mètres.

Les poulies principales d'une transmission télédynamique ont généralement leurs axes parallèles, ainsi qu'un plan commun, de telle sorte que le câble se trouve guidé lui-même.

De plus, les axes des poulies se trouvent ordinairement dans un même plan horizontal et donnent, dans ce cas, ce qu'on appelle un *transmission horizontale*.

Si le plan des axes est incliné par rapport à la surface du sol, la transmission est *dite oblique*.

On rencontre très peu d'exemples de la transmission télédynamique à deux arbres non parallèles ; on préfère ramener la transmission de manière que les axes soient parallèles, avec plan moyen, à l'aide d'engrenages coniques.

Dans la transmission simple, par câble, les deux poulies ont ordinairement le même diamètre qui varie entre 2 et 4 mètres.

La distance entre deux poulies varie de 16 à 20 mètres jusqu'à 120 mètres.

Pour éviter que les câbles, lorsque la distance des poulies extrêmes est trop grande, ne viennent toucher le sol, il convient de les soutenir par des galets qui peuvent être utilisés comme rouleaux tenseurs, dans le cas où cet écartement est au contraire très faible.

Dans le cas où la transmission est

Fig. 455.

appliquée à deux axes non parallèles, on peut donner à ces galets une inclinaison convenable pour guider le câble.

Les distances des rouleaux-supports se déterminent d'après le degré de flexibilité du câble et son élévation au-dessus du sol.

Les poulies intermédiaires d'une transmission composée sont supportées par des charpentes en bois ou en fer, ou mieux par un massif en briques ou en pierres sur lequel se fixent les paliers, qui dans ce cas ont une faible hauteur.

Si la hauteur du câble est très considérable, on peut faire usage de paliers surélevés par l'addition de bâtis, que l'on

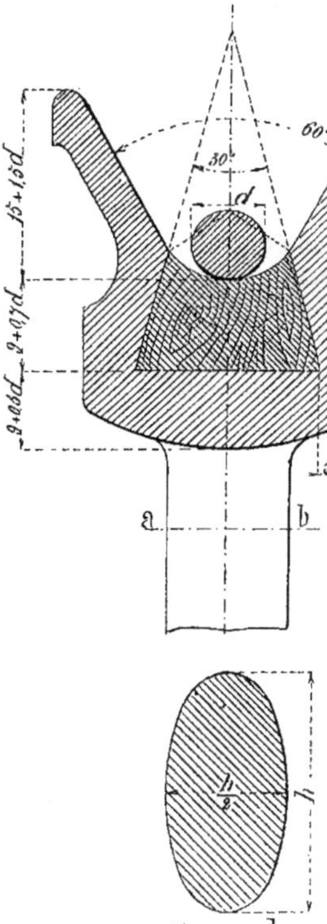


Fig. 456.

fixe solidement sur ces pylônes en maçonnerie.

La longueur de l'axe entre les milieux des tourillons, est généralement égale au rayon R de la poulie.

Pour les stations à deux poulies, le massif se trouve divisé sur une grande hauteur et l'axe de la poulie supérieure repose sur des paliers à bâtis métalliques.

Dans quelques cas, comme le montre la figure 455, les poulies sont placées en porte-à-faux. Cette disposition est surtout commode pour la mise en place d'un câble neuf.

## Poulies de câbles.

**718.** Les poulies de transmission télédynamiques sont presque exclusivement métalliques. La jante porte une gorge ou rainure dont les faces sont inclinées

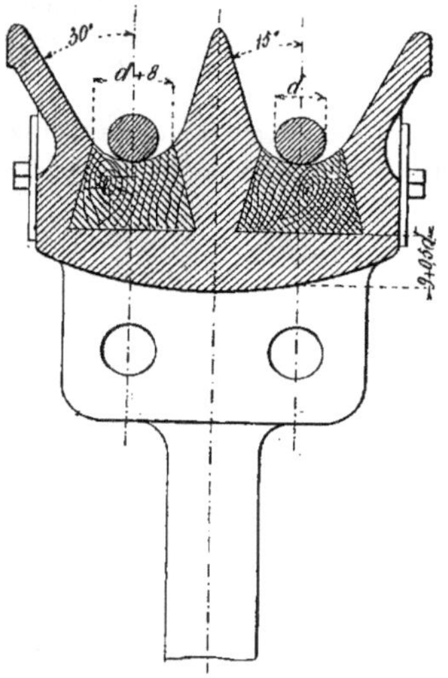


Fig. 457.

toutes deux d'un angle de 30 degrés sur le plan moyen de la poulie (*fig.* 456).

Le fond de la rainure se termine par une entaille en forme de queue d'aronde destiné à recevoir une garniture, qui se compose soit d'une bande de gutta-percha fortement tassée, soit d'une série de petites douves en bois de saule qu'on introduit dans l'entaille par une ouverture latérale ménagée sur le pourtour de la couronne et qu'on bouche ensuite.

Cette garniture peut être remplacée par de vieilles courroies grasses qu'on découpe en lanières et qu'on introduit dans l'entaille parallèlement au plan moyen.

Quelquefois l'entaille est remplie avec une garniture composée de ficelle qu'on enroule et qui ne tarde pas à former une masse résistante.

La figure 457 représente la coupe de la jante d'une poulie double dans laquelle les faces des rainures ont une inclinaison plus faible que dans la poulie unique. Cette inclinaison n'est en réalité que de 15 degrés.

Les poulies de grandes dimensions, atteignant 4 à 5 mètres de diamètre, sont ordinairement fondues en deux pièces; des saillies transversales, ménagées sur la couronne et le moyeu, permettent de réunir les deux moitiés de la poulie par des boulons.

La vitesse à la circonférence des poulies doit être telle que l'action de la force centrifuge ne soit pas une cause de danger sérieux pour la jante. Il convient de ne pas dépasser 30 à 32 mètres. La vitesse à la circonférence la plus en usage est de 25 à 28 mètres par seconde.

Le corps de la poulie est généralement en fonte comme la couronne; cependant, dans les poulies-supports, on fait les bras en fer forgé, encastrés dans la fonte du moyeu et de la couronne.

Le nombre K des bras est déterminé par la relation :

$$K = 4 + \frac{1}{40}\frac{r}{d},$$

dans laquelle :

$r$ est le rayon de la poulie;

$d$, le diamètre du cable.

Les bras en fonte sont à section en croix

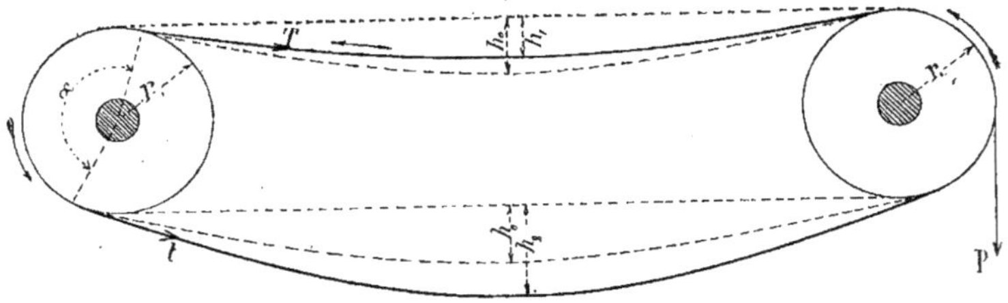

Fig. 458.

ou ovale; dans les deux cas, la hauteur $h$ de cette section, dans le plan moyen de la poulie, a pour expression :

$$h = 4d + \frac{1}{4}\frac{r}{K}.$$

Dans la section en croix, l'épaisseur de la nervure principale est :

$$e = \frac{1}{5}h,$$

et celle des nervures secondaires

$$e' = \frac{2}{3}e.$$

Pour la section ovale, la largeur est, en chaque point, la moitié de la hauteur près de la couronne; cette hauteur n'est plus que les deux tiers de sa valeur mesurée près du moyeu.

## Câbles télédynamiques.

**719.** Les câbles pour transmissions à grandes distances se composent de trente-six fils de fer divisés en six torons, dont chacun comprend six fils enroulés autour d'une âme en chanvre ; les six torons sont eux-mêmes disposés autour d'une âme également en chanvre, comme l'indique la figure 390.

Lorsque le câble doit avoir un nombre de fils supérieur à trente-six, on conserve les torons de six fils avec une âme en chanvre; ces torons sont également entourés autour d'une âme centrale en chanvre.

Lorsqu'on veut renforcer le câble, on peut remplacer cette âme centrale par un véritable toron en fil de fer, identique aux six autres.

Quelquefois même, on remplace par un fil métallique l'âme en chanvre des divers torons, afin d'éviter le relâchement du câble qui peut tendre à se produire par suite de l'usure du chanvre.

**720.** *Tension d'un câble.* — Les tensions T et $t$ du brin conducteur et du brin conduit peuvent être déterminées par les relations données par les courroies (*fig.* 458) :

$$\frac{t}{P} = \frac{1}{e^{f\theta} - 1}, \qquad (1)$$

$$\frac{T}{P} = \frac{e^{f\theta} - 1}{e^{f\theta}} = 1 + \frac{t}{P}, \qquad (2)$$

lesquelles peuvent être remplacées approximativement par les suivantes :

$$\frac{t}{P} = \frac{1}{f\alpha + \frac{f^2\alpha^2}{2}} \qquad (3)$$

$$\frac{T}{P} = 1 + \frac{1}{f\alpha + \frac{f^2\alpha^2}{2}} \qquad (4)$$

dans lesquelles :

$e = 2,718$ (base des logarithmes népériens ;

$f =$ le coefficient de frottement pour le glissement du câble sur la poulie ;

$\alpha =$ l'angle d'enroulement, exprimé par le rapport de l'arc embrassé à la circonférence entière de la poulie considérée.

Si l'on veut tenir compte de la raideur du câble et du frottement des axes, ces formules deviennent :

$$\frac{t}{P} = \frac{1}{e^{f\theta}(1-u) - (1+u)} \qquad (1')$$

$$\frac{T}{P} = \frac{e^{f\theta}}{e^{f\theta}(1-u) - (1+u)} \qquad (2')$$

$$\frac{t}{P} = \frac{1}{\left(1 + f\alpha + \frac{f^2\alpha^2}{2}\right)(1-u) - (1+u)} \qquad (3')$$

$$\frac{T}{P} = \left(1 + f\alpha + \frac{f^2\alpha^2}{2}\right)\frac{t}{P} \qquad (4')$$

dans lesquelles on doit faire :

$$u = \frac{f_1 D}{2r}.$$

$f_1$ désignant le coefficient de frottement des tourillons ;

D, le diamètre de ces tourillons et $r$ le rayon des poulies.

Dans cette expression de $u$, nous ne tenons pas compte de la raideur du câble, qui a une valeur très faible.

Le rapport généralement adopté entre D et $r$ est :

$$\frac{D}{r} = \frac{1}{16}$$

et si alors on fait $f_1 = 0,1$, la valeur de $u$ devient :

$$u = 0,003.$$

Si on prend $f = 0,24$ et $\alpha = \pi$, on obtient par les formules 3' et 4' les tensions les plus faibles qu'on puisse adopter.

$$\frac{t}{P} = 0,97$$

$$\frac{T}{P} = 2,02$$

$$\frac{T+t}{P} = 2,99$$

$$\frac{t}{T} = 0,48$$

ou en nombre rond :

$$\frac{t}{P} = 1$$

$$\frac{T}{P} = 2$$

$$\frac{T+t}{P} = 3$$

$$\frac{t}{T} = 0,5.$$

**721.** *Diamètre des fils de câbles télédynamiques.* — Dans un câble de transmission, on a à distinguer deux efforts différents : l'un R, correspondant à la tension nécessaire pour produire le mouvement, l'autre $R_1$, à la tension que détermine l'enroulement du câble sur les poulies.

Au maximum de tension T = 2P, dans le brin conducteur, correspond l'effort maximum d'extension R, de telle sorte qu'on a :

$$\frac{1}{4}\pi\delta^2 i R = T = 2P,$$

dans laquelle $\delta$ est le diamètre d'un fil, et $i$ le nombre des fils.

De cette relation on tire :

$$\delta = 1{,}60 \sqrt{\frac{1}{i}} \sqrt{\frac{P}{R}}. \qquad (1)$$

Pour une force de N chevaux à transmettre, avec une vitesse $v$ en mètres, à la circonférence de la poulie, cette formule devient :

$$\delta = 13{,}86 \sqrt{\frac{1}{i}} \sqrt{\frac{N}{Rv}}, \qquad (2)$$

formule dans laquelle $v$ ne doit pas dépasser 30 ou 32 mètres.

Pour une force de N chevaux à transmettre, avec une vitesse de rotation de $n$ tours par minute, on a :

$$\delta = 13{,}49 \sqrt{\frac{1}{i}} \sqrt{\frac{N}{Rrn}}. \qquad (3)$$

Si l'on tient compte de la tension $R_1$ que détermine l'enroulement, ces formules se modifient de la manière suivante :

En considérant un fil unique, de diamètre $\delta$, enroulé sur une poulie de rayon $r$, la fibre la plus éloignée de l'axe éprouve, par rapport à la fibre neutre, un allongement relatif :

$$\frac{\delta}{2r}$$

et l'effort maximum $R_1$, correspondant à l'extension de cette fibre, a pour expression :

$$R_1 = E\frac{\delta}{2r}.$$

Si l'on passe maintenant à un câble formé de trente-six fils, ces fils pouvant glisser les uns par rapport aux autres, on peut admettre que la flexion, pour chacun d'eux, est sensiblement la même que s'ils étaient isolés. Pour le fil en contact avec la poulie, l'allongement relatif est encore :

$$\frac{\delta}{2r}$$

et pour le fil le plus éloigné :

$$\frac{\delta}{2(r + 8\delta)}.$$

Cette expression peut être remplacée par la première, à la condition que le diamètre du câble $8\delta$ soit négligeable par rapport à $r$. C'est ce qui a lieu généralement.

L'effort $R_1$, combiné avec R, donne pour la tension maximum que le câble ait à supporter :

$$R_1 + R = \frac{E\delta}{2r} + \frac{8P}{\pi\delta^2 i}.$$

En divisant membre à membre les équations qui donnent R et $R_1$, on obtient la formule :

$$\delta = 0{,}0634 \sqrt[3]{\frac{1}{i}} \sqrt[3]{\frac{R_1}{R}(P.r)}, \qquad (4)$$

dans laquelle $Pr$ représente le moment statique de rotation de la poulie.

Cette formule devient en fonction de N et $n$ :

$$\delta = 5{,}67 \sqrt[3]{\frac{1}{i}} \sqrt[3]{\frac{R_1}{R}\frac{N}{n}}. \qquad (5)$$

L'examen de plusieurs transmissions marchant très bien a donné :

$$R_1 + R = 18 \text{ kilogrammes.}$$

Mais il est prudent, dans les études de projets, de ne pas dépasser 15 kilogrammes pour cette somme.

**722.** Remarque. — Si dans la formule :

$$R_1 = E\frac{\delta}{2r}$$

on fait E = 20 000, on obtient :

$$\frac{r}{\delta} = \frac{10\,000}{R_1}, \qquad (6)$$

relation qui donne le rapport minimum du rayon $r$ des poulies au diamètre des fils.

Cette relation, jointe à $R_1 + R = 18$, a servi à calculer la table suivante :

| R | $R_1$ | $\frac{r}{\delta}$ | R | $R_1$ | $\frac{r}{\delta}$ |
|---|---|---|---|---|---|
| 0.5 | 17.5 | 571 | 9 | 9 | 1 111 |
| 1 | 17 | 588 | 10 | 8 | 1 250 |
| 2 | 16 | 625 | 11 | 7 | 1 429 |
| 3 | 15 | 667 | 12 | 6 | 1 667 |
| 4 | 14 | 714 | 13 | 5 | 2 000 |
| 5 | 13 | 769 | 14 | 4 | 2 500 |
| 6 | 12 | 833 | 15 | 3 | 3 333 |
| 7 | 11 | 909 | 16 | 2 | 5 000 |
| 8 | 10 | 1 000 | 17 | 1 | 10 000 |

Les formules (5) et (6) permettent, pour

une valeur constante de $R + R_1$, de trouver le minimum du rayon de la poulie.

Elles donnent :

$$r = K \sqrt[3]{\frac{1}{R.R_1^2}};$$

le maximum du produit $R.R_1^2$ aura lieu pour :

$$R_1 = 2R,$$

ce qui correspond à :

$$R = 6 \quad \text{et} \quad R_1 = 12,$$

d'où :

$$\frac{r}{\delta} = 833.$$

**723.** Les tables suivantes ont été calculées, la première à l'aide des formules 1, 2, 3, et la seconde par les formules 4 et 5.

Afin de ne pas avoir des nombres trop petits, la valeur $\frac{N}{Rr.n}$, qui entre dans la formule (3), a été remplacée par $\frac{1\,000N}{Rrn}$

| DIAMÈTRE DU FIL δ POUR UN NOMBRE DE FILS | | | | | $\frac{P}{R}$ | $\frac{N}{R.v}$ | $\frac{1000N}{R.r}$ |
|---|---|---|---|---|---|---|---|
| $i = 36$ | $i = 42$ | $i = 48$ | $i = 60$ | $i = 72$ | | | |
| 0.5 | 0.46 | 0.43 | 0.39 | 0.35 | 3.52 | 0.047 | 0.005 |
| 0.6 | 0.55 | 0.52 | 0.46 | 0.42 | 5.06 | 0.068 | 0.007 |
| 0.7 | 0.65 | 0.61 | 0.54 | 0.49 | 6.89 | 0.092 | 0.010 |
| 0.8 | 0.74 | 0.69 | 0.62 | 0.57 | 9.00 | 0.121 | 0.013 |
| 0.9 | 0.83 | 0.78 | 0.70 | 0.64 | 11.39 | 0.153 | 0.016 |
| 1.0 | 0.92 | 0.87 | 0.77 | 0.71 | 14.06 | 0.188 | 0.020 |
| 1.2 | 1.11 | 1.04 | 0.93 | 0.85 | 20.25 | 0.279 | 0.028 |
| 1.4 | 1.29 | 1.21 | 1.08 | 0.99 | 27.56 | 0.369 | 0.039 |
| 1.6 | 1.48 | 1.39 | 1.24 | 1.13 | 36.00 | 0.842 | 0.051 |
| 1.8 | 1.66 | 1.56 | 1.39 | 1.27 | 45.56 | 0.610 | 0.064 |
| 2.0 | 1.85 | 1.73 | 1.55 | 1.41 | 56.25 | 0.753 | 0.079 |
| 2.2 | 2.03 | 1.91 | 1.70 | 1.56 | 68.06 | 0.912 | 0.096 |
| 2.4 | 2.22 | 2.08 | 1.86 | 1.70 | 81.00 | 1.085 | 0.114 |
| 2.6 | 2.40 | 2.25 | 2.01 | 1.84 | 95.06 | 1.273 | 0.134 |
| 2.8 | 2.59 | 2.42 | 2.17 | 1.98 | 110.25 | 1.477 | 0.155 |
| 3.0 | 2.77 | 2.60 | 2.32 | 2.12 | 126.56 | 1.700 | 0.178 |

**724.** Les diamètres des fils télédynamiques sont généralement compris entre 0,5 millimètre et 2 millimètres.

Dans la table ci-dessus et dans la suivante, toutes les colonnes, depuis la seconde jusqu'à la cinquième, donnent les diamètres des fils, exprimés en centièmes de millimètres; cela tient à ce que les nombres de ces colonnes ont été calculés directement au moyen de ceux de la première.

Le meilleur fer employé pour ces câbles est le fer de Suède qui possède de la ténacité et une grande résistance. Ainsi un câble de bonne qualité et bien établi peut durer cinq ans environ. Son entretien se fait simplement avec de l'huile, si la garniture de la poulie est en cuir. Lorsqu'elle est en gutta-percha, il convient de recourir à un enduit formé par le mélange de quatre parties de suif, deux parties d'huile et une partie de colophane.

**725.** Remarque. — Dans les formules 1, 2, 3, le rayon $r$ des poulies est supposé connu ; les valeurs qu'elles fournissent pour $\delta$ ne sont admissibles qu'autant que le rapport $r : \delta$, donne pour la tension R une valeur qui, ajoutée à $R_1$, ne dépasse pas 18 kilogrammes.

Dans le cas où $R + R_1$ serait supérieur à cette limite, il faudrait recommencer le calcul, en admettant pour $r$ une valeur plus grande.

**726.** *Flèches d'un câble de transmission horizontale.* — Dans une transmission par câble, il faut que les tensions T et $t$ des deux brins ne soient pas trop petites, sans quoi le câble glisserait ; il ne faut pas, non plus, qu'elles soient trop grandes, car alors les frottements se-

| DIAMÈTRE DU FIL $\delta$ POUR UN NOMBRE DE FILS | | | | | $\frac{R'}{R}$ (Pr) | $\frac{R'}{R}$ $\frac{N}{n}$ |
|---|---|---|---|---|---|---|
| $i = 36$ | $i = 42$ | $i = 48$ | $i = 60$ | $i = 72$ | | |
| 0.5 | 0.47 | 0.45 | 0.42 | 0.40 | 17 658 | 0.025 |
| 0.6 | 0.57 | 0.55 | 0.51 | 0.48 | 30 513 | 0.043 |
| 0.7 | 0.66 | 0.64 | 0.59 | 0.56 | 48 454 | 0.068 |
| 0.8 | 0.76 | 0.73 | 0.67 | 0.63 | 72 328 | 0.101 |
| 0.9 | 0.85 | 0.82 | 0.76 | 0.71 | 102 982 | 0.144 |
| 1.0 | 0.95 | 0.91 | 0.84 | 0.79 | 141 265 | 0.197 |
| 1.2 | 1.14 | 1.09 | 1.01 | 0.95 | 244 106 | 0.341 |
| 1.4 | 1.33 | 1.27 | 1.18 | 1.11 | 387 631 | 0.542 |
| 1.6 | 1.52 | 1.45 | 1.35 | 1.27 | 578 621 | 0.894 |
| 1.8 | 1.71 | 1.64 | 1.52 | 1.43 | 823 857 | 1.152 |
| 2.0 | 1.91 | 1.82 | 1.69 | 1.59 | 1 130 120 | 1.580 |
| 2.2 | 2.09 | 2.00 | 1.86 | 1.75 | 1 504 190 | 2.103 |
| 2.4 | 2.28 | 2.18 | 2.02 | 1.90 | 1 952 847 | 2.730 |
| 2.6 | 2.47 | 2.36 | 2.19 | 2.06 | 2 482 874 | 3.471 |
| 2.8 | 2.66 | 2.54 | 2.36 | 2.22 | 3 101 049 | 4.355 |
| 3.0 | 2.85 | 2.73 | 2.53 | 2.38 | 3 814 155 | 5.332 |

raient augmentés. Il faut donc qu'elles aient des valeurs convenables et, par conséquent, la flèche à l'état de repos doit avoir une grandeur déterminée. D'après M. Léauté, la valeur de la flèche au repos exerce une grande influence sur la régularité de la transmission. Cet auteur a démontré que l'on pouvait admettre pour coefficient de régularisation l'expression :

$$\frac{3}{16} p A_3 \left(\frac{1}{h_1^3} + \frac{1}{h_2^3}\right),$$

dans laquelle :

$p$ est le poids du câble ;

A, l'écartement des poulies ;

$h_1$ et $h_2$, les flèches du brin conducteur et du brin conduit.

La discussion de cette expression montre que, toutes choses égales d'ailleurs, la flèche relative $\frac{h_0}{A}$, à l'état de repos, doit être prise d'autant plus grande que la distance des poulies extrêmes est plus petite, et doit varier sensiblement en raison inverse de la racine carrée de cette distance.

D'un autre côté, la flèche relative $\frac{h_0}{A}$, qui peut atteindre 1/20 pour les petites distances de 20 à 30 mètres, ne doit pas, à moins de circonstances particulières, descendre au-dessous de 1/40 pour les câbles exposés au soleil et à la pluie.

Nous ne rentrerons dans aucun calcul pour l'établissement de ces flèches, nous indiquerons les formules empruntées à Reuleaux et qui sont les suivantes :

Désignons par :

A, l'écartement des poulies d'une transmission horizontale, évalué en mètres ;

$h$, la flèche du câble, également en mètres ($h_1$ pour le brin conducteur, $h_2$ pour le brin conduit, $h_0$ au repos) ; R, la tension par millimètre carré des fils ($R_1$ pour le brin conducteur, $R_2$ pour le brin conduit, $R_0$ au repos). Dans un câble métallique d'un nombre quelconque de fils, on a les relations :

$$\frac{h}{A} = 0,3535 \left(160 \frac{R}{A} - \sqrt{\left(160 \frac{R}{A}\right)^2 - 1}\right) \quad (1)$$

et :

$$\frac{R}{A} = 0,00877 \left(\frac{h}{A} + \frac{A}{8h}\right). \quad (2)$$

C'est à l'aide de ces formules qu'a été calculée la table suivante.

Comme première approximation, on peut poser :

$$\frac{h}{A} = \frac{1}{912} \frac{A}{R}. \quad (3)$$

Pour pouvoir se servir de la table, on doit commencer par former, au moyen des quantités données, le quotient $\frac{A}{R}$ de l'écartement des poulies et de la tension développée dans les fils, puis on cherche, dans la table, le nombre qui s'en rapproche le plus; on en déduit alors la valeur de $\frac{h}{A}$, qui sert elle-même à calculer la hauteur de la flèche $h$. La tension $R_0$ du câble à l'état de repos n'est pas la moyenne arithmétique de $R_1$ et $R_2$, et on peut d'ailleurs, par un moyen assez compliqué, la déterminer d'après la longueur des deux brins.

La valeur dont on a besoin est la flèche $h_0$ des deux brins en repos et on a approximativement :

$$h_0 = \sqrt{\frac{h_2^2 + h_1^2}{2}} = 0,67h_2 + 0,28h_1. \quad (4)$$

Cette valeur donne pour $h_0$ une valeur qui est un peu trop forte, mais qui se rapproche d'autant plus de la valeur réelle que les tensions $R_1$ et $R_2$ sont plus faibles L'erreur se trouve encore diminuée, lorsqu'on remplace les valeurs exactes de $h_1$ et $h_2$ par celles que fournit la formule (3).

Il peut arriver que le brin conducteur n'occupe pas la position la plus élevée, comme dans la figure 458, et peut aussi être placé à la partie inférieure comme l'indique la figure 459.

Les deux brins ne se coupent pas tant qu'on a :

$$h_2 - h_1 < 2r.$$

Dans les installations, on place généralement au point le plus bas de la courbe du câble une échelle graduée qui permet d'observer l'état de tension de ce câble et par suite de donner, si elle est graduée, la tension R.

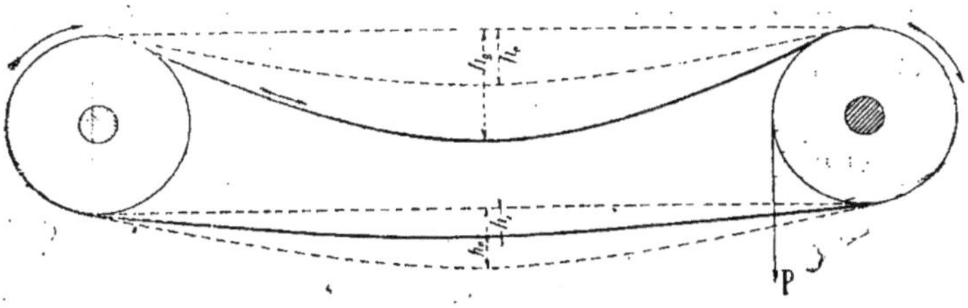


Fig. 459.

**727.** *Transmission par câbles inclinée.* — Il est bien rare, pour des distances assez grandes, que les poulies extrêmes soient sur un même plan horizontal ; le plus généralement les niveaux sont différents et constituent une transmission inclinée.

Dans les cas ordinaires de la pratique, les transmissions par câbles inclinées peuvent se calculer identiquement comme les transmissions horizontales, à la seule condition de prendre pour flèche la portion $GG_1$ qui se trouve comprise entre le câble et le milieu $G_1$ de sa corde (*fig.* 460).

Nous donnerons néanmoins les règles applicables à l'établissement de cette disposition.

Dans le câble BCD (*fig.* 460), le sommet de la courbe de l'axe du câble ne tombe pas au milieu de la distance com-

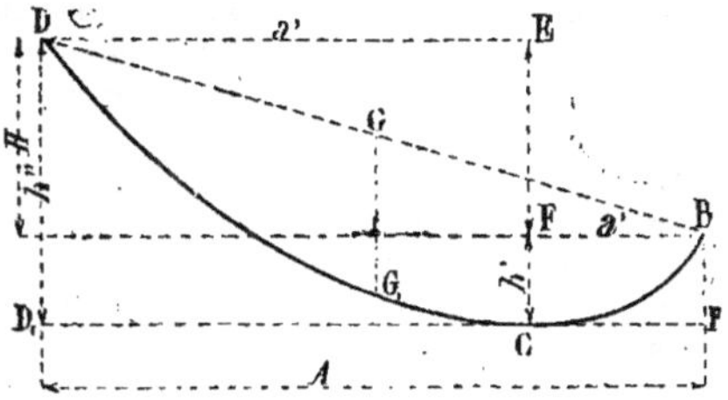


Fig. 460.

prise entre les verticales des points de suspension, et les flèches sont nécessaire-

**728.** Table relative aux flèches des cables

| $\frac{h}{L}$ | $\frac{L}{R}$ | $\frac{h}{L}$ | $\frac{L}{R}$ | $\frac{h}{L}$ | $\frac{L}{R}$ | $\frac{h}{L}$ | $\frac{L}{R}$ |
|---|---|---|---|---|---|---|---|
| 0.003 | 2.74 | 0.033 | 29.84 | 0.063 | 55.69 | 0.093 | 79.33 |
| 0.004 | 3.65 | 0.034 | 30.72 | 0.064 | 56.52 | 0.094 | 80.07 |
| 0.005 | 4.56 | 0.035 | 31.61 | 0.065 | 57.34 | 0.095 | 80.81 |
| 0.006 | 5.47 | 0.036 | 32.49 | 0.066 | 58.17 | 0.096 | 81.54 |
| 0.007 | 6.38 | 0.037 | 33.38 | 0.067 | 58.99 | 0.097 | 82.27 |
| 0.008 | 7.29 | 0.038 | 34.26 | 0.068 | 59.80 | 0.098 | 83.00 |
| 0.009 | 8.20 | 0.039 | 35.14 | 0.069 | 60.62 | 0.099 | 83.72 |
| 0.010 | 9.11 | 0.040 | 36.02 | 0.070 | 61.43 | 0.100 | 84.44 |
| 0.011 | 10.02 | 0.041 | 36.91 | 0.071 | 62.24 | 0.101 | 85.16 |
| 0.012 | 10.93 | 0.042 | 37.79 | 0.072 | 63.05 | 0.102 | 85.88 |
| 0.013 | 11.86 | 0.043 | 38.67 | 0.073 | 63.85 | 0.105 | 88.05 |
| 0.014 | 12.75 | 0.044 | 39.51 | 0.074 | 64.66 | 0.110 | 91.51 |
| 0.015 | 13.66 | 0.045 | 40.39 | 0.075 | 65.45 | 0.115 | 94.85 |
| 0.016 | 14.56 | 0.046 | 41.25 | 0.076 | 66.25 | 0.120 | 98.13 |
| 0.017 | 15.47 | 0.047 | 42.12 | 0.077 | 67.04 | 0.125 | 101.36 |
| 0.018 | 16.37 | 0.048 | 42.98 | 0.078 | 67.83 | 0.130 | 104.42 |
| 0.019 | 17.28 | 0.049 | 43.85 | 0.079 | 68.62 | 0.135 | 107.47 |
| 0.020 | 18.18 | 0.050 | 44.71 | 0.080 | 69.41 | 0.140 | 110.38 |
| 0.021 | 19.08 | 0.051 | 45.56 | 0.081 | 70.19 | 0.145 | 113.23 |
| 0.022 | 19.99 | 0.052 | 46.42 | 0.082 | 70.97 | 0.150 | 116.00 |
| 0.023 | 20.89 | 0.053 | 47.27 | 0.083 | 71.75 | 0.155 | 118.65 |
| 0.024 | 21.77 | 0.054 | 48.13 | 0.084 | 72.52 | 0.160 | 121.17 |
| 0.025 | 22.69 | 0.055 | 48.97 | 0.085 | 73.28 | 0.165 | 123.53 |
| 0.026 | 23.59 | 0.056 | 49.82 | 0.086 | 74.05 | 0.170 | 126.00 |
| 0.027 | 24.48 | 0.057 | 50.67 | 0.087 | 74.81 | 0.175 | 128.27 |
| 0.028 | 25.37 | 0.058 | 51.53 | 0.088 | 75.57 | 0.180 | 130.37 |
| 0.029 | 26.27 | 0.059 | 52.35 | 0.089 | 76.33 | 0.185 | 132.43 |
| 0.030 | 27.16 | 0.060 | 53.19 | 0.090 | 77.08 | 0.190 | 134.46 |
| 0.031 | 28.06 | 0.061 | 54.02 | 0.091 | 77.84 | 0.195 | 136.41 |
| 0.032 | 28.95 | 0.062 | 54.86 | 0.092 | 78.58 | 0.200 | 138.21 |

ment différentes de celles d'un câble appartenant à une transmission horizontale. Toutefois, ces flèches et les abscisses du sommet se déterminent facilement, en fonction des éléments d'une transmission horizontale ayant le même écartement de poulies et présentant très sensiblement le même degré de tension.

Soient :

$h$ et A, la flèche et l'écartement des poulies d'une transmission horizontale;

R, la tension correspondant au point de suspension du brin considéré;

$h'$ et $h''$, la plus petite flèche et la plus grande FC et EC dans une transmission inclinée, pour laquelle la distance des poulies, mesurée horizontalement, est égale à A ;

$a'$, $a''$, les distances $CB_1$ et $CD_1$ du sommet de la courbe aux verticales des points de suspension;

R′ et R″, les tensions en B et D aux points de suspension inférieur et supérieur;

H, la différence de niveau EF des points de suspension.

On commence par déterminer, au moyen des règles indiquées précédemment, les valeurs de $h$ et R, et on a alors :

$$\left\{\begin{aligned} h' &= h\left(1 + \frac{H^2}{16h^2}\right) - \frac{H}{2}, \\ h'' &= H + h'; \end{aligned}\right.$$

$$\left\{\begin{aligned} a' &= \frac{A}{2}\left(1 - \frac{H}{4h}\right), \\ a'' &= A - a'; \end{aligned}\right.$$

$$R' = R - \frac{h - h'}{114},$$

$$R'' = R + \frac{h'' - h}{114},$$

$$R'' - R' = \frac{H}{114}.$$

Dans certains cas, la valeur de $a'$ peut être négative ; le sommet de la courbe du câble prolongée se trouve alors au-delà de la poulie située au niveau le plus bas. La tension de flexion $R_1$ et, par suite, le diamètre des poulies se déterminent, quand on a calculé la tension $R''$ qui le plus souvent est peu différente de R. La différence entre ces deux valeurs ne devient, en réalité, importante que dans le cas où plusieurs transmissions inclinées se succèdent sur le même câble ascendant. La différence entre la tension du point de suspension le plus bas et celle du point le plus haut se trouve ensuite exprimée par le rapport de la différence de niveau de ces deux points à 114.

**729.** *Poulies-supports et poulies intermédiaires.* — Lorsque les deux poulies d'une transmission sont très éloignées l'une de l'autre et qu'elles sont à une hauteur trop faible au-dessus du sol, il est indispensable de soutenir le câble par d'autres poulies. Dans certains cas, il peut être suffisant de supporter en un seul point le brin mené, tandis que le brin menant reste complètement libre (*fig.* 461, *a*).

Lorsqu'il est nécessaire d'employer plusieurs poulies-supports, le brin conducteur en a généralement une de moins que le brin conduit (*fig.* 461, *b*). Dans d'autres cas, le nombre de ces poulies est le même pour les deux brins ; il convient de placer les poulies de ces brins les unes au-dessous des autres. Dans la disposition de la figure 461, *c*, afin de gagner le plus possible sur la hauteur, les poulies-supports du brin menant se trouvent au-dessous de celles du brin mené.

**730.** Remarque. — Lorsqu'on est conduit à trop multiplier le nombre des points d'appui, on remplace cette disposition par l'emploi d'une série de transmissions successives, comme l'indique la figure 461, *d*. Les poulies-supports sont alors remplacées par des poulies intermédiaires à double rainure qu'on dispose autant que possible à la même distance. Les divers points où le câble se trouve supporté portent le nom de stations de la transmission, ou stations intermédiaires.

**731.** *Dimensions des poulies-supports.* — Les poulies destinées à soutenir le brin conducteur doivent toujours avoir le même diamètre que les poulies de transmission proprement dites. Celles du brin mené doivent avoir des dimensions plus faibles ; le tableau suivant indique les limites au-dessous desquelles il convient de ne pas descendre, pour le rayon $r_0$ de ces poulies.

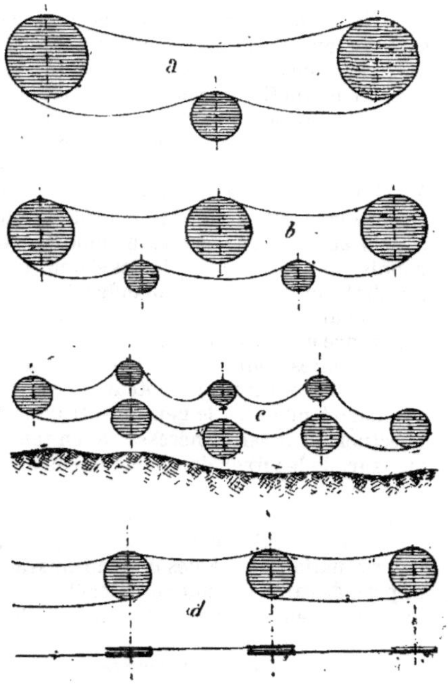

Fig. 461.

Les nombres de ce tableau ont été calculés par la formule :

$$\frac{r_0}{\delta} = \frac{10\ 000}{18 - 0{,}5R}.$$

| $R$ | $R_1$ | $\frac{r_0}{\delta}$ | $R$ | $R_1$ | $\frac{r_0}{\delta}$ |
|---|---|---|---|---|---|
| 0.5 | 17.5 | 563 | 9 | 9 | 741 |
| 1 | 17 | 571 | 10 | 8 | 769 |
| 2 | 16 | 588 | 11 | 7 | 800 |
| 3 | 15 | 606 | 12 | 6 | 833 |
| 4 | 14 | 625 | 13 | 5 | 870 |
| 5 | 13 | 645 | 14 | 4 | 909 |
| 6 | 12 | 667 | 15 | 3 | 952 |
| 7 | 11 | 690 | 16 | 2 | 1 000 |
| 8 | 10 | 714 | 17 | 1 | 1 033 |

**732.** Nous terminerons ces notions sur la transmission télédynamique par quelques considérations pratiques.

Le bon fonctionnement d'un câble dépend surtout de la manière dont le mouvement se transmet d'une extrémité à l'autre, et il importe de maintenir entre des limites convenables le coefficient qui mesure la régularité. Cette considération a pris surtout une certaine importance depuis que, l'emploi des câbles s'étant généralisé, on leur fait commander des machines-outils isolées, dans lesquelles la résistance est très variable.

Les limites dont il s'agit dépendent à la fois de la nature du moteur et de la régularité qu'exige le genre de travail à effectuer, et il serait nécessaire, en toute rigueur, de les fixer dans chaque cas particulier.

La connaissance de ces limites supprimerait l'aléa qui existe en général dans la détermination des câbles de transmission et permettrait de calculer tous les éléments du câble à employer dans le cas que l'on a en vue.

Toutefois, dans les circonstances de la pratique, on peut éviter jusqu'à un certain point cette discussion toujours délicate et qui exige des calculs assez longs, en prenant pour coefficient de régularité une moyenne entre celles que présentent un certain nombre de câbles dont le fonctionnement a été reconnu suffisant.

Dans cet ordre d'idées, M. Léauté a dressé un tableau que nous donnons ci-après, tableau d'un emploi facile, qui fournit, à l'aide de calculs très simples, les principaux éléments nécessaires pour l'établissement d'une transmission. Ce tableau qui a été établi en admettant que :

$$R + R_1 = 15 \text{ kilogrammes},$$

donne naturellement des câbles plus forts que ceux qu'on obtient en prenant le chiffre de 18 kilogrammes pour la somme des tensions.

Un câble calculé d'après ce tableau peut d'ailleurs transmettre sans inconvénients graves, à un moment donné, un travail notablement supérieur à celui qui avait été prévu dans l'étude du projet primitif.

Les notations de ce tableau sont :

$N_0$, puissance transmise en chevaux ;

$2r$, diamètre minimum des poulies à gorge ;

$d$, diamètre du câble ;

$p$, poids du câble par mètre courant ;

$\delta$, diamètre des fils composant le câble ;

A, distance des poulies ou portée du câble ;

$h_0$, limites entre lesquelles il convient de maintenir la flèche au repos ;

$\varphi$, différence approximative des flèches pendant le mouvement.

**733.** TABLEAU DONNANT, POUR LES CAS ORDINAIRES DE LA PRATIQUE, LE NOMBRE DE CHEVAUX QUE PEUT TRANSMETTRE UN CABLE DE 36 FILS, MARCHANT A LA VITESSE DE 26 MÈTRES PAR SECONDE, ET LE DIAMÈTRE MINIMUM DES POULIES A EMPLOYER

| A = | | | $20^m$ | | $30^m$ | | $40^m$ | | $50^m$ | | $60^m$ | | $80^m$ | | $100^m$ | | $120^m$ | |
|---|---|---|---|---|---|---|---|---|---|---|---|---|---|---|---|---|---|---|
| $d$ | $p$ | $\delta$ | $N_0$ | $2r$ | $N_0$ | $2r$ | $N_0$ | $2r$ | $N_0$ | $2r$ | $N_0$ | $2r$ | $N_0$ | $2r$ | $N_0$ | $2r$ | $N_0$ | $2r$ |
| mm | k | mm | ch | m | ch | m | ch | m | ch | m | ch | m | ch | m | ch | m | ch | m |
| 4 | 0.062 | 0.50 | 0.7 | 0.70 | 1.2 | 0.70 | 1.9 | 0.75 | 2.7 | 0.80 | 3.5 | 0.85 | 4.2 | 0.90 | 5.1 | 1.00 | 6.0 | 1.15 |
| 4.8 | 0.090 | 0.60 | 1.0 | 0.85 | 1.8 | 0.85 | 2.8 | 0.90 | 3.9 | 0.95 | 5.1 | 1.00 | 6.1 | 1.10 | 7.4 | 1.20 | 8.7 | 1.40 |
| 5.6 | 0.122 | 0.70 | 1.3 | 0.95 | 2.4 | 1.00 | 3.8 | 1.05 | 5.3 | 1.10 | 6.9 | 1.15 | 8.3 | 1.25 | 10.2 | 1.40 | 11.0 | 1.60 |
| 6.4 | 0.160 | 0.80 | 1.8 | 1.10 | 3.2 | 1.15 | 4.9 | 1.20 | 7.0 | 1.25 | 9.0 | 1.30 | 11.0 | 1.45 | 13.0 | 1.60 | 15.5 | 1.80 |
| 7.2 | 0.203 | 0.90 | 2.2 | 1.25 | 4.1 | 1.30 | 6.3 | 1.35 | 8.9 | 1.40 | 11.5 | 1.50 | 14.0 | 1.60 | 16.5 | 1.80 | 19.5 | 2.05 |
| 8.0 | 0.250 | 1.00 | 2.7 | 1.40 | 5.0 | 1.45 | 7.7 | 1.50 | 11.0 | 1.55 | 14.0 | 1.65 | 17.0 | 1.80 | 20.5 | 2.00 | 24.0 | 2.30 |
| 9.6 | 0.360 | 1.20 | 4.0 | 1.65 | 7.2 | 1.70 | 11.0 | 1.80 | 15.5 | 1.85 | 20.5 | 2.00 | 24.5 | 2.15 | 29.5 | 2.40 | 35.0 | 2.70 |
| 11.2 | 0.490 | 1.40 | 5.4 | 1.95 | 9.8 | 2.00 | 15.0 | 2.10 | 21.5 | 2.20 | 27.5 | 2.30 | 33.0 | 2.50 | 40.0 | 2.80 | 47.5 | 3.20 |
| 12.6 | 0.640 | 1.60 | 7.0 | 2.20 | 13.0 | 2.30 | 19.5 | 2.40 | 28.0 | 2.50 | 36.0 | 2.65 | 43.5 | 2.90 | 52.5 | 3.20 | 62.0 | 3.65 |
| 14.4 | 0.810 | 1.80 | 8.9 | 2.50 | 16.0 | 2.55 | 25.0 | 2.70 | 35.5 | 2.80 | 46.0 | 2.95 | 55.0 | 3.25 | 66.5 | 3.60 | 78.5 | 4.10 |
| 16.0 | 1.000 | 2.00 | 11.0 | 2.75 | 20.0 | 2.85 | 31.0 | 3.00 | 43.5 | 3.10 | 56.5 | 3.30 | 68.0 | 3.60 | 82.0 | 4.00 | 95.0 | 4.55 |
| 17.6 | 1.210 | 2.20 | 13.5 | 3.05 | 24.0 | 3.15 | 37.5 | 3.30 | 53.0 | 3.40 | 68.5 | 3.60 | 82.0 | 3.95 | 99.0 | 4.40 | 115.0 | 5.00 |
| 19.2 | 1.440 | 2.40 | 16.0 | 3.30 | 29.0 | 3.40 | 44.5 | 3.60 | 63.0 | 3.70 | 81.5 | 3.95 | 98.0 | 4.30 | 120.0 | 4.80 | 140.0 | 5.45 |
| 20.8 | 1.690 | 2.60 | 18.5 | 3.60 | 34.0 | 3.70 | 52.0 | 3.90 | 74.0 | 4.00 | 95.5 | 4.30 | 115.0 | 4.70 | 140.0 | 5.20 | 165.0 | 5.90 |
| 22.4 | 1.960 | 2.80 | 21.5 | 3.85 | 39.0 | 4.00 | 60.5 | 4.20 | 85.5 | 4.35 | 110.0 | 4.60 | 135.0 | 5.05 | 160.0 | 5.60 | 190.0 | 6.40 |
| 24.0 | 2.250 | 3.00 | 24.5 | 4.15 | 45.0 | 4.30 | 69.0 | 4.55 | 98.0 | 4.65 | 125.0 | 4.95 | 155.0 | 5.40 | 185.0 | 6.00 | 215.0 | 6.85 |
| $h_0$ = | | | 1.05<br>1.50 | | 1.15<br>1.60 | | 1.20<br>1.80 | | 1.25<br>2.00 | | 1.50<br>2.50 | | 2.00<br>3.35 | | 2.50<br>4.15 | | 3.00<br>5.00 | |
| $\varphi$ = | | | 0.75 | | 0.90 | | 1.05 | | 1.15 | | 1.25 | | 1.35 | | 1.40 | | 1.50 | |

## § X. — ROUES D'ENGRENAGES

**734.** Nous nous sommes occupés, aux nos 687 et suivants de la *Cinématique*, des différents tracés des dents d'engrenages ; nous n'y reviendrons pas, et nous nous contenterons, dans ce chapitre, d'indiquer les formules qui servent à déterminer les dimensions des roues d'engrenages.

Lorsque les dents sont venues de fonte avec la jante, on peut les assimiler, pour le calcul, à des solides encastrés à une extrémité et soumis à l'autre à l'action

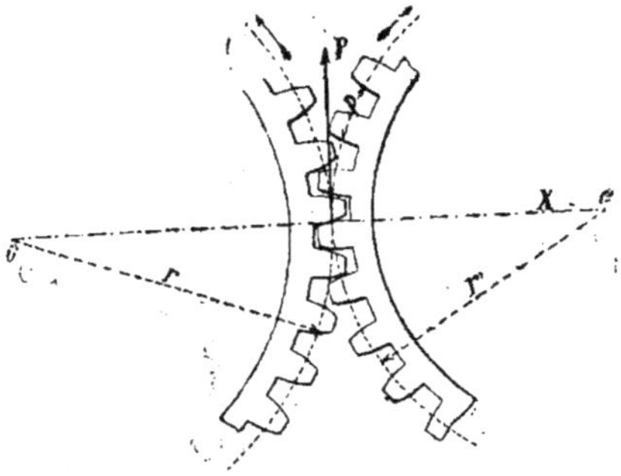


Fig. 462.

d'une force transversale, dont on peut déterminer la valeur de la manière suivante :

Si O est la roue conduite par la roue O′ (*fig.* 462), et si P représente la somme des composantes normales à la ligne des centres des pressions exercées par les dents de la roue O′ contre celles de la roue O, on a évidemment :

$$P = \frac{75 \times 60 \times C}{2\pi rn} = 716,3 \frac{C}{rn}, \qquad (1)$$

C étant le nombre de chevaux transmis, *n*, le nombre de tours de la roue O en une minute.

La pression P ainsi calculée, on en déduit que la valeur de la composante normale à la ligne des centres de la pression exercée par chacune des dents de la roue O′ contre la dent correspondante de la roue O est égale à cette résistance P, divisée par le nombre des dents en contact. Et, comme ce nombre ne peut pas être inférieur à 2, lorsqu'on considère les actions réciproques sur les extrémités des dents, nous les étudierons pour résister à une force transversale :

$$P' = \frac{P}{2} = 328,2 \frac{C}{r.n}.$$

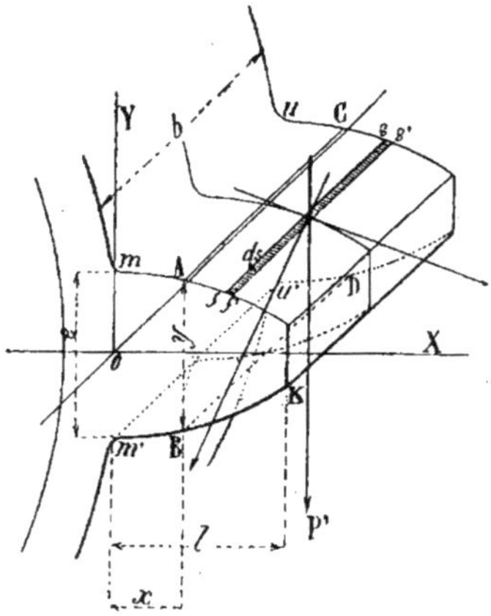


Fig. 463.

Le profil étant arrêté par des considérations de mécanique et de cinématique, nous avons à déterminer les dimensions de la section d'encastrement *mm′*, *uu′* (*fig.* 463), la plus fatiguée, et à montrer comment on vérifie que, dans les sections intermédiaires, les plus grandes tensions et compressions des fibres ne dépassent pas R kilogrammes par unité de surface, et le plus grand effort tranchant moyen les 0,8R.

**735.** Pour déterminer les dimensions de la section *mn*, il faut écrire qu'elles satisfont aux relations :

et :

$$
\left.\begin{aligned}
R &= \text{ou} > \frac{v\mu}{I} + \frac{N}{\Omega} \\
\frac{T}{\Omega} &= < 0{,}8R.
\end{aligned}\right\} \qquad (2)
$$

et par suite chercher les valeurs de $\mu$, de N et de T dans une section quelconque de la dent.

Le moment fléchissant atteint son maximum dans la section d'encastrement lorsque la pression due à la roue conductrice agit sur l'extrémité de la dent considérée, et ce moment fléchissant est sensiblement égal à $\mu l$.

L'effort tranchant est de même très peu différent de P'. Quant à la tension longitudinale N, elle est égale à la somme des projections de ces pressions sur l'axe OX de la dent ; mais, comme cette composante N n'exerce pas dans ce cas une influence bien sensible, on peut la négliger et se contenter, pour le calcul, d'assimiler la dent à un solide soumis à une force P', normale à son axe OX ; cette force, occupant la position la plus défavorable à la résistance, c'est-à-dire agissant sur son extrémité.

Dans ces conditions, on a pour la section d'encastrement :

$$
\left.\begin{aligned}
\mu &= P'l \\
T &= P'
\end{aligned}\right\} \qquad (3)
$$

dans une section intermédiaire quelconque ABCD :

$$
\left.\begin{aligned}
\mu &= P'(l - x) \\
T &= P'
\end{aligned}\right\} \qquad (4)
$$

Ces quantités connues, on en déduit facilement les dimensions nécessaires en *mm'uu'* et on vérifie sans aucune difficulté si les sections intermédiaires sont suffisantes.

Les dimensions de la section d'encastrement résultent des relations :

$$R = \frac{v\mu}{I},$$

$$\frac{T}{\Omega} = < 0{,}8R ;$$

c'est-à-dire qu'elles doivent satisfaire l'égalité :

$$R = \frac{6P'l}{be^2} \qquad (5)$$

et vérifier l'équation de condition :

$$\frac{P'}{\Omega} = < 0{,}8R. \qquad (6)$$

Les dimensions de la dent à l'encastrement sont données par l'équation (5) ; non seulement les dents doivent satisfaire aux conditions de résistance, mais aussi à des conditions de cinématique et d'usure, lesquelles donnent un complément des relations nécessaires.

En effet, la condition d'avoir trois dents en contact, sans que leurs extrémités soient affaiblies, conduit généralement à adopter pour rapport entre $l$ et $e$ le nombre 1,3 ; ce qui donne une nouvelle relation :

$$l = 1{,}3e. \qquad (7)$$

En exprimant, enfin, que la pression par unité de surface au contact des dents ne dépasse pas la limite qui expulserait les corps lubrifiants interposés pour diminuer la perte de travail par le frottement et empêcher leur usure, on obtient une troisième relation.

Cette dernière relation est, en réalité, assez difficile à exprimer théoriquement, parce qu'on ne connaît pas exactement la largeur $ds$ de la surface de contact *ff'gg'* ; mais on peut la représenter par une relation empirique :

$$b = m.e, \qquad (8)$$

dans laquelle $m$ est un coefficient variable avec P', d'autant plus grand que P' lui-même est plus grand. La relation que l'expérience indique entre $m$ et P' est :

$$m = \frac{1}{2}\sqrt[3]{P'}. \qquad (9)$$

Les trois équations (5), (7) et (8) permettent alors de déterminer les dimensions des dents à l'encastrement.

En remplaçant dans l'équation (5) $l$ et $b$ par leurs valeurs, en fonction de $e$, il vient :

$$R = \frac{7{,}8P'}{me^2},$$

d'où on déduit :

$$e = 2{,}8\sqrt{\frac{P'}{mR}} \qquad (10)$$

et par suite :

$$l = \left(1{,}3e = 3{,}64\sqrt{\frac{P'}{mR}}\right) \qquad (11)$$

et :

$$b = m.e = 2{,}8\sqrt{\frac{mP'}{R}}. \qquad (12)$$

Ces dimensions connues, il faut, avant de les adopter, s'assurer qu'elles satisfont à l'équation de condition :

$$\frac{P'}{\Omega} = \frac{P'}{be} = < 0{,}8R, \qquad (13)$$

devenant, lorsqu'on y remplace $b$ par sa valeur $me$ :

$$\frac{P'}{me^2} = < 0{,}8R$$

ou :

$$\frac{1}{7{,}8} = < 0{,}8,$$

relation toujours satisfaite et qui montre que, dans les conditions admises, il n'est nécessaire de calculer les dimensions à donner à la section d'encastrement que pour résister à la tension ou compression limite R.

Enfin, il reste à vérifier que dans les sections intermédiaires les valeurs de R et T ne dépassent pas les limites admises. Il suffit de vérifier la formule :

$$R = > \frac{6P'(l-x)}{by^2},$$

relation qui devient, lorsqu'on remplace $b$ par sa valeur $m.e$ :

$$y = > 0{,}877\sqrt{e(l-x)} \qquad (14)$$

et lorsqu'on considère la condition relative à l'effort tranchant :

$$\frac{P'}{by} = < 0{,}8R$$

ou :

$$y = > 0{,}16e. \qquad (15)$$

On peut donc, sous la réserve de vérifier les formules 14 et 15, déterminer le profil des dents en partant de la formule (10) :

$$e = 2{,}8\sqrt{\frac{P'}{mR}}.$$

Dans le cas de dents en fonte et de mouvements transmis avec chocs, il ne faut pas que R dépasse $(1.10^6)$, d'où :

$$e = 0{,}0028\sqrt{\frac{P'}{m}}.$$

Si la transmission est effectuée sans chocs, on peut prendre $R = 2 \times 10^6$, d'où :

$$e = 0{,}00198\sqrt{\frac{P'}{m}}.$$

Dans le cas de dents en fer et d'efforts transmis avec chocs, il est prudent de faire $R = 3 \times 10^6$, d'où :

$$e = 0{,}00161\sqrt{\frac{P'}{m}}.$$

Si les dents sont en fer et qu'il n'y ait pas de choc, R peut atteindre $6 \times 10^6$, ce qui donne :

$$e = 0{,}00114\sqrt{\frac{P'}{m}}.$$

On trouverait de même :

| | | | |
|---|---|---|---|
| Dents en acier | Transmission avec chocs | $R = 6 \times 10^6$. . . . | $e = 0{,}00114\sqrt{\frac{P}{m}}$ |
| | id. sans chocs | $R = 12 \times 10^6$. . . . | $e = 0{,}00081\sqrt{\frac{P'}{m}}$ |
| Dents en bois | Transmission avec chocs | $R = 0{,}3 \times 10^6$. . . . | $e = 0{,}0051\sqrt{\frac{P'}{m}}$ |
| | id. sans chocs | $R = 0{,}6 \times 10^6$. . . . | $e = 0{,}0036\sqrt{\frac{P'}{m}}$ |

**736.** Remarque. — Dans certains engrenages, où on veut éviter le bruit, on construit en bois les dents de la roue, celles du pignon étant en métal ; il est bien évident que, dans ce cas, les dents en bois ont même saillie et même largeur que celles en métal et qu'elles n'en diffèrent que par leur épaisseur.

Soient R' le coefficient de résistance du bois, R celui du métal, $e'$ l'épaisseur donnée aux dents en bois, et $e$ celle donnée aux dents en métal ; on aura :

$$e = 2{,}8\sqrt{\frac{P'}{mR}}$$

et :

$$e' = 2{,}8\sqrt{\frac{P'}{mR'}},$$

d'où :

$$e' = e\sqrt{\frac{R}{R'}},$$

relation déterminant l'épaisseur des dents en bois et montrant que, lorsque les dents du pignon et de la roue sont construites avec des matières différentes, le rapport des épaisseurs à donner à ces dents est égal au rapport inverse des racines carrées des coefficients de résistance des matières qui les composent.

Pour recevoir les dents en bois, on pratique dans la couronne des ouvertures rectangulaires dans lesquelles on les fixe par diverses dispositions. (Voir *Cinématique*, *fig.* 462, 463, 464.)

**737.** Dans les engrenages mûs mécaniquement, le nombre des dents ne doit jamais être inférieur à vingt, afin d'éviter que les erreurs d'exécution ne prennent une importance trop considérable ; pour le même motif, et plus spécialement au point de vue de l'usure, on doit prendre ce nombre de dents Z d'autant plus grand que la vitesse de rotation est plus considérable. C'est ainsi que dans les engrenages de turbines, qui sont animés d'un mouvement de rotation rapide, le nombre des dents est rarement inférieur à quarante et s'élève souvent jusqu'à quatre-vingts.

Dans les engrenages à dents de fonte sur bois, pour arriver à l'usure la plus faible, il y a avantage à placer les dents de bois sur la roue motrice, puisque dans cette roue l'engrènement commence à la racine de la dent pour finir à la tête, tandis que l'inverse a lieu pour la roue menée.

Le tableau suivant renferme les dimensions adoptées dans la pratique pour certains engrenages exposés à des chocs. Les notations sont les suivantes :

C désigne le nombre de chevaux à transmettre ;

$n$, nombre de tours par minute ;

$r$, rayon du cercle primitif ;

Z, nombre de dents ;

$p$, pas de l'engrenage ;

$b$, largeur de la dent ;

$v$, vitesse à la circonférence du cercle primitif ;

P, pression sur les dents supposées au repos ;

R, tension produite par la force P ;

$\frac{P}{b}$, rapport de la pression à la largeur de la dent.

Les signes F/F, B/F, F/B désignent respectivement des engrenages de fonte sur fonte, de bois sur fonte et de fonte sur bois.

**738.** *Couronne d'une roue dentée.* — La couronne d'une roue dentée est la partie annulaire sur laquelle se fixent les dents. Dans les engrenages cylindriques en fonte, on peut prendre pour épaisseur de la couronne :

$$\delta = 3 + 0{,}4p.$$

L'épaisseur de la couronne n'est pas uniforme ; jusqu'au milieu ou d'un bord à l'autre elle augmente de $\delta$ à $\frac{6}{5}\delta$ ; elle est renforcée, de plus, par une nervure qui, pour les pas de faibles dimensions et pour les bras à section ovale, peut être profilée en arc de cercle.

Dans les roues coniques en fonte, l'épaisseur va en augmentant de l'intérieur à l'extérieur où elle atteint $\frac{6}{5}\delta$, et se raccorde avec les bras.

Dans les roues à dents en bois, la couronne doit avoir une plus grande épaisseur et, de plus, être renforcée latéralement ; cette augmentation a pour but de permettre un encastrement convenable des dents.

**739.** *Bras d'une roue dentée.* — Les

| Nos | C | n | r | Z | p | b | v | P | R | P/b | P.n/b | OBSERVATIONS |
|---|---|---|---|---|---|---|---|---|---|---|---|---|
| 1 | 300 | 25 / 100 | 3 724 / 939 | 230 / 58 | 10 2 | 356 | 9.70 | 2 320 | 1.1 | 6.52 | 2.163 / 622 | F/F Machine à vapeur. |
| 2 | 270 | 60 / 12 | 498 / 2 490 | 19 / 95 | 15 8 | 525 | 3.13 | 6 500 | 1.3 | 12.40 | 744 / 149 | F/F Machine à vapeur. |
| 3 | 240 | 13.3 / 44 | 2 790 / 843 | 208 / 68 | 79 | 406 | 3.89 | 4 633 | 2.3 | 11.60 | 154 / 510 | F/F Engrenages de transmission du n° 8. |
| 4 | 192 | 1.33 / 15.14 | 10 193 / 897 | 704 / 62 | 91 | 381 | 1.42 | 10 110 | 5.1 | 26.53 | 35 / 402 | F/F Roue hydraulique. |
| 5 | 192 | 15 14 / 50 | 2 691 / 815 | 208 / 63 | 81 | 381 | 4.27 | 3 375 | 1.6 | 8.86 | 134 / 443 | F/F Engrenages de transmission du n° 4. |
| 6 | 140 | 30 / 55 | 1 485 / 815 | 132 / 72 | 71 | 218 | 4.62 | 2 273 | 3.0 / 3.4 | 10.42 | 313 / 573 | F/F Machine à vapeur. |
| 7 | 140 | 30 / 54.5 | 1 690 / 905 | 138 / 76 | 77 | 330 | 5.31 | 1 977 | 2.6 | 5.99 | 180 / 326 | F/F Machine à vapeur. |
| 8 | 120 | 1.51 / 13.3 | 7 391 / 838 | 560 / 80 | 79 | 381 | 1.22 | 7 377 | 4.0 | 19.36 | 29.2 / 257 | F/F Roue hydraulique. |
| 9 | 90 | 26 / 80 | 2 170 / 705 | 228 / 74 | 60 | 150 | 5.91 | 1 142 | 2.1 | 7.61 | 198 / 609 | B/F Machine à vapeur. |
| 10 | 82.5 | 54 / 83 | 1 400 / 910 | 114 / 74 | 78 | 2.120 / 300 | 7.92 | 1 563 | 1.3 / 1.0 | 6.50 | 351 / 2.540 | B/F Navire à hélice. |
| 11 | 50 | 4.0 / 7.32 | 1 282 / 700 | 96 / 52 | 83 | 270 | 0.53 | 7 075 | 5.3 | 26.20 | 105 / 192 | F/F Roue hydraulique. |
| 12 | 20 | 7.74 / 40 | 2 170 / 420 | 248 / 48 | 55 | 160 | 1.67 | 900 | 1.7 | 5.60 | 43 / 224 | F/F Roue hydraulique. |
| | | | | | | ENGRENAGES CONIQUES | | | | | | |
| 13 | 300 | 93 / 50 | 620 / 1 160 | 50 / 93 | 78 | 330 | 6.04 | 3 750 | 2.3 / 2.6 | 11.23 | 1 044 / 562 | F/F Turbine. |
| 14 | 300 | 100 / 111.8 | 755 / 679 | 55 / 49 | 68 | 254 | 8.01 | 2 806 | 2.7 | 11.04 | 110 / 123 | F/F Engrenages de transmission du n° 1. |
| 15 | 240 | 44 / 44 | 1 067 | 75 | 89 | 457 | 4.92 | 3 659 | 1.5 | 7.70 | 389 | F/F Engrenages de transmission du n° 3. |
| 16 | 200 | 41 / 80 | 1 500 / 765 | 98 / 50 | 96 | 300 | 6.40 | 2 344 | 1.4 | 7.80 | 320 / 624 | B/F Turbine. |
| 17 | 130 | 93 / 124 | 795 / 650 | 80 / 60 | 62 | 204 | 7.74 | 1 260 | 1.6 / 1:7 | 6.18 | 575 / 766 | B/F Turbine. |
| 18 | 100 | 93 / 144.7 | 595 / 380 | 70 / 45 | 53 | 160 | 5.79 | 1 300 | 2.1 / 2.7 | 8.14 | 757 / 1 178 | B/F Turbine. |
| 19 | 50 | 93 / 218 | 645 / 275 | 75 / 32 | 54 | 160 | 6.28 | 597 | 1.1 / 1.3 | 3.70 | 344 / 807 | B/F Turbine. |
| | | | | | | ENGRENAGES HYPERBOLOÏDES | | | | | | |
| 20 | 16 | 72 / 81.6 | 548 / 483 | 68 / 60 | 50.7 / 50.6 | 150 | 4.13 | 291 | 0.65 / 0.88 | 1.94 | 140 / 158 | F/B Engrenages de transmission. |

sections des bras présentent généralement la forme d'une croix dont l'épaisseur des branches est sensiblement égale à celle des dents.

Quelquefois la section est ovale, et en chaque point la largeur est la moitié de la hauteur.

Le nombre K des bras d'une roue se trouve convenablement déterminé par la relation :

$$K = \frac{1}{4} \sqrt{Z} \sqrt[4]{p}$$

ou :

$$K = \frac{1}{3} \sqrt{Z} \sqrt[4]{\frac{p}{\pi}},$$

au moyen de laquelle on a déterminé la série des valeurs suivantes :

| | | | | | | | | |
|---|---|---|---|---|---|---|---|---|
| K = | 3 | 4 | 5 | 6 | 7 | 8 | 10 | 12 |
| $Z\sqrt{p}$ = | 144 | 256 | 400 | 576 | 784 | 1024 | 1600 | 2304 |
| $Z\sqrt{\frac{P}{\pi}}$ = | 81 | 144 | 225 | 324 | 441 | 576 | 900 | 1296 |

Dans la section à nervures, la hauteur $h$ du bras, contenue dans le plan moyen de la roue se détermine au sentiment.

On obtient cependant pour $h$ une valeur très convenable, en prenant pour $\frac{h}{p}$ un nombre compris entre 2 et 2,5 ; l'épaisseur $\beta$ de la nervure perpendiculaire au plan moyen de la roue se détermine à l'aide de la formule :

$$\frac{\beta}{b} = 0,07\, \frac{Z}{K} \left(\frac{p}{h}\right)^2$$

Dans les bras à section ovale, la hauteur $h$ près du moyeu est en général égale à $2p$ et va en diminuant jusqu'à la couronne, où elle n'est plus que les $2/3\, 2p$.

Les bras à nervures en croix d'une roue à dents en bois et de la roue à dents de fonte, qui engrène avec elle, ne doivent avoir comme dimensions que les 8/10 de celles qu'on donne aux roues de fonte sur fonte.

**740.** *Moyeu d'une roue dentée.* — La surface extérieure du moyeu d'une roue dentée comporte généralement une ou deux parties légèrement coniques suivant la forme de section adoptée pour les bras.

Dans les roues de grandes dimensions, chaque tronc de cône se termine par une partie arrondie, dont le profil est un quart d'ellipse. La longueur L du moyeu, qui est ordinairement égale à $5/4\, b$, peut être prise un peu plus forte, lorsque le rayon $r$ est très grand ; l'épaisseur du moyeu est donnée par l'expression :

$$w = 10 + 0,4h,$$

$h$, désignant la hauteur du bras.

Dans les roues destinées à transmettre de grands efforts, le moyeu se trouve renforcé par une saillie, ménagée directement au-dessus du logement de la clavette.

Une précaution, souvent utilisée, consiste à renforcer chacune des extrémités du moyeu, ou au moins l'une d'elles, par un anneau en fer rapporté. Ces anneaux à section carrée, dont le côté peut être pris égal à $1/2\, w$, augmentent notablement la résistance du moyeu et permettent de chasser la clavette avec force sans aucun danger de rupture.

**741.** *Poids des roues dentées.* — Il est difficile d'apprécier exactement le poids d'une roue dentée; cependant, en conservant les règles admises plus haut, le poids peut être représenté approximativement par l'expression suivante :

$$G = bp^2\,(6,23Z + 0,04Z^2)$$

dans laquelle $b$ et $p$ sont exprimées en décimètres.

L'usage de cette formule est facilité par la table suivante, qui donne $\frac{G}{bp^2}$ pour une série de valeurs du nombre de dents.

Chacune des quantités fournies par cette table correspond à un nombre de dents qui est précisément la somme des chiffres inscrits à l'entrée des deux lignes horizontale et verticale correspondantes.

Les roues coniques et les roues à dents en bois, avec des bras en croix légers, ont des poids un peu supérieurs à ceux de cette table.

| Z | 0 | 2 | 4 | 6 | 8 |
|---|---|---|---|---|---|
| 20 | 141.0 | 156.9 | 173.0 | 189.5 | 206.4 |
| 30 | 223.5 | 241.0 | 258.7 | 276.8 | 295.3 |
| 40 | 314.0 | 333.0 | 352.4 | 372.1 | 392.2 |
| 50 | 412.5 | 433.2 | 454.1 | 475.4 | 497.1 |
| 60 | 519.0 | 541.3 | 563.8 | 586.7 | 610 |
| 70 | 633.5 | 657.4 | 681.5 | 706.0 | 730.7 |
| 80 | 756.0 | 781.5 | 807.2 | 833.3 | 859.8 |
| 90 | 886.5 | 913.6 | 940.9 | 968.6 | 996.7 |
| 100 | 1 025.0 | 1 053.7 | 1 082.6 | 1 111.9 | 1 141.6 |
| 120 | 1 326.0 | 1 357.9 | 1 390 | 1 422.5 | 1 455.4 |
| 140 | 1 659.0 | 1 694.1 | 1 729.4 | 1 765.1 | 1 801.1 |
| 160 | 2 024.0 | 2 062.3 | 2 100.8 | 2 139.7 | 2 179.0 |
| 180 | 2 421.0 | 2 462.5 | 2 504.2 | 2 546.3 | 2 588.8 |
| 200 | 2 850.0 | 2 894.7 | 2 936.9 | 2 984.9 | 3 030.6 |
| 220 | 3 311.0 | 3 358.9 | 3 407.0 | 3 455.5 | 3 504.4 |

# TABLE DES MATIÈRES

## CINQUIÈME PARTIE

## STATIQUE GRAPHIQUE


Pages.

*Considérations préliminaires*............. 1

CHAPITRE PREMIER

NOTIONS PRÉLIMINAIRES D'ARITHMOGRAPHIE

Addition et soustraction — Multiplication des lignes. — Division des lignes. — Multiplication et division combinées.............. 2

Puissance des lignes. — Puissance des fonctions trigonométriques. — Extraction des racines............................... 9

Surfaces du triangle. — Surface des quadrilatères. — Surface des polygones — Surface d'un segment parabolique — Surface d'une figure limitée par une courbe quelconque............................... 14

Représentation du volume par une ligne proportionnelle. — Volume du parallélipipède rectangle. — Volume engendré par la rotation d'une surface plane................. 19

Représentation du moment statique d'une force. — Représentation du moment d'une surface. — Représentation du moment d'inertie des surfaces planes. — Observation. 22

CHAPITRE II

ÉLÉMENTS DE STATIQUE GRAPHIQUE

Force. — Éléments d'une force. — Résultante de deux forces concourantes. — Résultante de plusieurs forces qui se coupent au même point. — Résultante des forces ne se coupant pas en un même point..................... 24

Résultante des forces parallèles de même sens. — Résultante des forces parallèles et de directions opposées....................... 27

Couple. — Résultante d'un couple et d'une force. — Décomposition d'une force en deux composantes de directions angulaires données. Décomposition d'une force en plusieurs composantes de directions angulaires données................................... 30

Décomposition d'une force en deux composantes parallèles à cette force. — Décomposition d'une force en trois composantes dont les directions ne se coupent pas au même point.—Application des principes précédents 33

Pages.

Des poutres. — Poutre reposant en ses deux extrémités. —Moments fléchissants. —Efforts tranchants.......................... 39

Moments fléchissants et efforts tranchants d'une poutre reposant en ses deux extrémités sous une charge répartie d'une manière variable.................................. 43

Poutre reposant en ses deux extrémités et soumise à une charge uniformément répartie. — Poutre reposant en ses deux extrémités et chargée uniformément sur une partie de sa longueur.......................... 45

Poutre soumise à l'influence de différentes charges uniformément réparties. — Poutre soumise à l'action de surcharges concentrées et de surcharges réparties................ 48

Poutre en porte-à-faux ou supportée en une extrémité, soumise à l'action de charges concentrées. — Poutre en porte-à-faux chargée uniformément sur toute sa longueur. — Poutre en porte-à-faux, chargée uniformément sur une partie de sa longueur....... 53

Poutre reposant en deux points d'appui intermédiaires. — Poutre reposant à une extrémité et en un point intermédiaire, soumise à l'action de charges concentrées..... 57

Charges roulantes ou mobiles. — Courbe des moments fléchissants maxima. — Charges des ponts de chemins de fer. — Poids des ponts en fer au mètre courant............ 62

Charges des ponts pour routes. — Poids du plancher. — Poids du tablier métallique. — Poids des matières les plus employées pour la confection des ponts.............. 69

Charges des toitures métalliques. — Poids propre de l'ossature. — Poids de la couverture. — Surcharges.................. 73

Des forces extérieures et des forces intérieures dans une poutre homogène. — Forces intérieures et extérieures dans une poutre composée. — Méthode de Culmann. — Méthode de Ritter. — Méthode de Crémona. 75

Poutre armée à une seule contrefiche. — Poutre armée à deux contrefiches. — Poutre à trois contrefiches. — Poutre armée à plusieurs contrefiches...................... 82

Pages.
Poutre droite en treillis simple en V. — Poutre à treillis simple en N.................... 87
Ferme simple sans contrefiche. — Ferme avec arbalétriers munis de contrefiches. — Autre forme de ferme avec arbalétriers contre-butés en un seul point.................... 92
Ferme Polonceau à une bielle. — Ferme Polonceau à trois bielles. — Fermes anglaises.................................... 94
Ferme reposant en deux points intermédiaires. — Ferme reposant en deux points avec marquise d'un seul côté............ 96
Ferme pour marquise à fiches et contrefiches.
Pièce en treillis libre à une de ses extrémités, chargée en un point. — Pièce libre à une de ses extrémités chargée en deux points.................................... 100
Construction graphique du centre de gravité des surfaces planes. — Centre de gravité d'un triangle, d'un parallélogramme, d'un trapèze, d'un quadrilatère, d'un arc de cercle, d'un secteur de cercle, d'un segment de cercle, d'un segment parabolique. — Centre de gravité de la section d'un rail......... 103
Moment d'inertie d'une surface plane. — Fibre neutre, noyau central............. 108

---

# SIXIÈME PARTIE

# RÉSISTANCE DES MATÉRIAUX

## CHAPITRE PREMIER

### GÉNÉRALITÉS

Définitions.................................. 113
Résistance du fer et de la fonte à des efforts d'extension.............................. 114
Résistance du fer et de la fonte à des efforts de compression. — Résistance des bois.... 120
Résistance du cuivre, de métaux divers et des alliages. — Résistance des pierres naturelles et artificielles. — Tableaux des coefficients de résistance.................. 122
Résistance vive d'élasticité d'une pièce soumise à l'extension ou à la compression. — Problèmes............................. 127
Conditions de résistance imposées par la marine pour les fers et fontes. — Classifications des fers. — Épreuves à chaud et à froid........................................ 130
Résistance au cisaillement. — Résistance à la flexion. — Pièce encastrée à l'une de ses extrémités et sollicitée à l'autre par une force unique P. — Ligne élastique des solides fléchis. — Flèche de courbure.............. 135
Pièce encastrée à une extrémité et soumise à une force perpendiculaire à son axe et à une force normale à sa section transversale. — Table des sections. — Problèmes. — Sections d'égale résistance................... 142
Moments d'inertie calculés pour les applications usuelles. — Moments d'inertie des cornières à ailes égales. — Moments d'inertie des fers à I laminés symétriques. — Moments d'inertie des fers à U. — Moment d'inertie des poutres composées symétriques. 148
Pièce à section constante encastrée à une extrémité et libre à l'autre, chargée sur toute sa longueur d'une charge uniformément répartie et supportant en outre à son extrémité un poids P......................... 156
Formules pratiques pour le calcul des solides suivant leur forme et leur nature......... 158
Poutre encastrée à ses deux extrémités et supportant une charge uniformément répartie. — Poutre encastrée à ses deux extrémités et chargée d'un poids unique en un point de sa longueur... ......... .......... 162
Poutre encastrée à une de ses extrémités et appuyée simplement à l'autre. — Poutre reposant librement sur deux appuis de niveau et soumise à l'action d'une charge uniformément répartie..................... 166
Poutre reposant librement sur deux appuis de niveau et chargée d'un poids unique en un point de sa portée. — Poutre reposant librement sur deux appuis de niveau et chargée de plusieurs poids isolés agissant en des points différents de la portée. — Poutre reposant librement sur deux appuis de niveau et chargée uniformément sur une partie de sa longueur. — Poutre reposant librement sur deux appuis simples et supportant à la fois une charge uniformément répartie et une charge isolée en son milieu.......................................... 172
Poutre posée sur deux appuis simples de niveau, supportant des charges mobiles liées invariablement. — Tableau résumé des principaux cas des poutres à une travée... 179
Solides d'égale résistance. — Tableau des solides d'égale résistance à la flexion........ 189
Pièce posée sur un nombre quelconque d'appuis de niveau et soumise à des forces verticales agissant dans le plan de la flexion. — Formules générales. — Formules simplifiées. — Application de la formule de Clapeyron. — Moments sur piles pour des poutres de deux à dix travées............ 196
Détermination de la section d'une poutre. Coefficient économique. — Applications.... 207

Pages.

Formule simplifiée pour la détermination des poutres composées en tôle et cornières. — Applications. — Tableaux de résistance des poutres composées ........ 216

Calcul des combles. — Ferme à deux arbalétriers réunies par un seul tirant. — Comble Polonceau à un poinçon par arbalétrier. — Comble Polonceau à trois poinçons par arbalétrier. — Problème ........ 225

Résistance au flambage des pièces chargées debout. — Résultats d'expériences sur la résistance des pièces chargées debout. — Formules de Hodgkinson. — Formules de Love. — Résultats des expériences faites par Rondelet sur la résistance des poteaux en bois. — Formules de Rankine. — Solides d'égale résistance ........ 237

Résistance à la torsion. — Solides d'égale résistance à la torsion. — Moment d'inertie polaire. — Problèmes ........ 248

Pièces soumises à des efforts différents. — Problèmes ........ 257

Ressorts. — Ressorts de flexion. — Ressorts de torsion ........ ..

CHAPITRE II

CONSTRUCTION ET RÉSISTANCE DES ÉLÉMENTS DE MACHINES

§ I. — *Boulons et écrous*

Différentes formes de boulons. — Corps du boulon. — Tête des boulons. — Partie filetée. — Système de filets de Sellers. — Système Withworth. — Nombre de filets engagés dans l'écrou. — Hauteur de l'écrou. — Diamètre extérieur de l'écrou ........ 273

Dispositifs à boulons déchargés. Dispositifs de sûreté. — Clefs servant à manœuvrer les écrous ........ 289

§ II. — *Rivures*

Rivets. — Riveuses hydrauliques. — Poinçonnage des tôles. — Différentes formes de rivets ........ 301

Résistance des rivets. — Adhérence produite par les rivets. — Rivets posés à froid. — Dimensions des rivets d'après Fairbairn. — Disposition convergente des rivets. — Rivures d'étanchéité ........ 313

Épaisseur et rivures de chaudières à vapeur. — Épaisseur des fonds bombés. — Disposition des tôles. — Qualités et choix des tôles. — Tôles d'acier. — Cintrage. — Forge et emboutissage. — Rivures. — Formules de Lemaître. — Rivures des gazomètres. — Rivures des poutres composées ........ 325

§ III. — *Réservoirs. — Tuyaux et assemblages de tuyaux*

Épaisseurs des réservoirs en tôle. — Fond du réservoir. — Assemblage du fond à la partie cylindrique ........ 337

Proportions des tuyaux de conduite. — Tuyaux soumis à une forte pression intérieure. — Cylindres de presses hydrauliques. — Réservoirs sphériques, soumis à une forte pression intérieure ........ 340

Tubes de chaudière soumis à une pression extérieure. — Assemblages des tubes à viroles coniques. — Tubages Bérendorf. — Serre-tube Benet et Peyruc. — Serre-tube Légal, Extenseur ou Dudgeon ........ 345

Assemblages des tuyaux de fonte. — Tuyaux à brides. — Assemblage à emboîtement. — Assemblage à manchon fileté. — Assemblage à manchon de Normandy ........ 349

Joint universel. — Joint Fortin Hermann. — Joint Lavril. — Joint Petit. — Joint Laforest et Boudeville ........ 352

Assemblages des tuyaux en fer. — Dimensions courantes des tuyaux en fer soudés par rapprochement et par recouvrement ........ 352

Assemblages divers. — Tuyaux en cuivre. — Tuyaux en plomb. — Joint Louch. — Joint Bloch. — Joint Schaffer et Budenberg. — Joint Taverdon ........ 356

§ IV. — *Câbles et chaînes.*

Diverses espèces de câbles et de chaînes. — Câbles en chanvre. — Poids des câbles en chanvre. — Câbles métalliques. — Tables relatives aux câbles ronds et plats ........ 364

Différentes formes de chaînes. — Charges d'épreuves. — Proportions des chaînes à maillons rectangulaires non étançonnés. — Calcul des chaînes à maillons soudés ........ 370

Chaînes à maillons circulaires. — Calcul des chaînes avec étançons. — Poulies et tambour pour chaînes ........ 379

Chaînes de Galle. — Chaînes articulées de Neustadt. — Crochets de câbles et de chaînes ........ 382

§ V. — *Tourillons.*

Différentes espèces de tourillons. — Tourillons d'extrémité. — Coefficients de frottement des tourillons en mouvement sur leurs coussinets. — Tourillons creux. — Tourillons intermédiaires et tourillons d'extrémité suivis d'une portée ........ 391

Tourillons d'appui ou pivots. — Pivots dormants et tournants. — Tourillons d'appui à collets. — Tourillons à cannelures ........ 399

§ VI. — *Essieux et arbres de transmission*

Classification des essieux. — Essieu simple à fuseaux inégaux. — Essieu en porte-à-faux. — Essieu chargé en deux points. — Essieu chargé en plus de deux points. — Essieu soumis simultanément à la flexion et à la torsion ........ 403

Calcul graphique des efforts sur les tourillons et des moments fléchissants. — Différents cas ........ 408

Arbres de transmission. — Arbre mû par engrenages ou courroies. — Calcul d'un arbre de transmission. — Arbres creux. — Arbres pleins. — Arbres à section carrée. 417

Pages.

Arbre animé d'un mouvement varié. — Arbre actionné par une machine sans détente. — Arbre actionné par une machine à détente. Arbre actionné par deux manivelles calées à 90 degrés .......... 422

Arbre soumis simultanément à la flexion et à la torsion. — Procédé graphostatique — Formules américaines. — Vélocités moyennes de quelques arbres. — Portée des arbres.. 430

§ VII. — *Manivelles et bielles.*

Manivelles à main. — Manivelles de machines. — Maneton de la manivelle. — Corps de la manivelle. — Moyeu de la manivelle. — Manivelle à tourillon sphérique. — Centre manivelle. — Plateau manivelle. — Arbres coudés. — Excentriques......... 435

Tiges de piston et traverses.............. 445

Bielles. — Corps de la bielle à section circulaire. — Corps de la bielle à section rectangulaire. — Fourche d'une bielle........ 448

§ VIII. — *Courroies et poulies.*

Tensions des deux brins d'une courroie. — Résistance. — Dimensions des courroies. — Formules de Reuleaux. — Travail transmis par une courroie. —Tableau.............. 453

Poulies et tambours en fonte. — Poulies en bois. — Transmission par corde........... 458

§ IX. — *Transmissions télédynamiques.*

Dispositions des transmissions par câble. — Poulies de câbles. — Câbles télédynamiques. Tension d'un câble. — Diamètres des fils des câbles. — Tables.......................... 462

Flèches d'un câble de transmission horizontale. — Table relative aux flèches des câbles. Transmission par câble incliné..........

Poulies-supports et poulies intermédiaires. — Dimensions des poulies-supports. — Considérations pratiques sur les transmissions à grandes distances.......................... 467

§ X. — *Roues d'engrenages.*

Tracés des engrenages. — Calcul des dents d'un engrenage. — Formules. — Couronne d'une roue dentée. — Bras d'une roue dentée. — Moyeu d'une roue dentée. — Poids des roues dentées.......................... 474

TOURS. — IMPRIMERIE DESLIS FRÈRES, 6, RUE GAMBETTA

Tours. — Imp. Deslis Frères, rue Gambetta, 6.

www.ingramcontent.com/pod-product-compliance
Lightning Source LLC
Chambersburg PA
CBHW031611210326
41599CB00021B/3133